中国大豆品种志

2015—2020

中国农业科学院作物科学研究所 编

中国农业出版社

北 京

主　　编　邱丽娟

执行主编　刘章雄

副 主 编　阎　哲

编 写 人（按姓氏音序排列）

曹永强	陈海峰	程艳波	杜成章	冯　雷
傅旭军	谷勇哲	关荣霞	郭兵福	郭荣起
郭　勇	侯云龙	胡国玉	胡润芳	黄志平
姬月梅	李海朝	李清华	李盛有	李小红
李英慧	梁　江	刘兵强	刘　薇	刘章雄
龙　萍	罗瑞萍	吕美琴	马俊奎	孟宪欣
年　海	邱红梅	邱丽娟	屈　洋	任海红
孙如建	孙　石	王金社	王可珍	王　强
王　涛	王兴荣	王　幸	王跃强	吴海英
向仕华	谢镕洲	徐泽俊	闫春娟	闫　龙
阎　哲	阳小凤	杨春燕	杨　华	杨华伟
杨守臻	杨文英	杨中路	尹振功	张继君
张礼凤	张丽娟	张　亮	张彦军	赵朝森
赵晋铭	赵银月	周艳峰	朱星陶	竹龙鸣

审 稿 人	常汝镇	陈海峰	陈怀珠	傅旭军	郭兵福
	李海朝	李小红	刘章雄	罗瑞萍	吕美琴
	马俊奎	梅捍卫	年　海	邱丽娟	孙宾成
	孙　石	王曙明	王　涛	王文斌	王兴荣
	王　幸	魏淑红	吴海英	肖金平	杨春燕
	杨华伟	张继君	张　磊	赵银月	朱星陶

前　言

　　近年来，随着居民消费结构升级，大豆需求快速增加，我国采取政策、科技等综合措施振兴国产大豆，大豆育种又取得长足进展。《中国大豆品种志 2015—2020》编入了26个省（自治区、直辖市）911个品种。这些品种是我国大豆品种资源的精华，代表着当代我国大豆育种的水平。《中国大豆品种志 2015—2020》的出版，对于了解我国大豆品种育种脉络，总结育种成就，充分扩大利用现有优良品种，以及为进一步育种提供宝贵基础材料等，必将起到有益的作用。

　　《中国大豆品种志 2015—2020》由中国农业科学院作物科学研究所主持编写，在前四册品种志的基础上，由相关省、自治区、直辖市有关农业科研单位共同完成。2020年3月在中国农业科学院作物科学研究所邱丽娟研究员的提议下，启动了《中国大豆品种志》续编工作，确定了相关省（自治区、直辖市）品种志编写负责人，研究并决定新品种志编写内容、格式参照之前出版的《中国大豆品种志 2005—2014》体例，以保证品种志的连续性和一致性，同时还要求，对入志品种进行编目性状评价，全部数据将汇入国家作物种质资源信息系统，入志品种提供足量种子提交国家种质库保存。

　　《中国大豆品种志 2015—2020》系统记述了2015—2020年我国大豆品种选育成就，在品种记述部分之前，有概论，综合分析了我国大豆生产概况，介绍了2015—2020年我国大豆品种的发展，总结了我国大豆育种的经验。书首的编辑说明和大豆品种性状分级标准及术语说明，介绍了本书品种特征特性描述规范。书尾附有本书所列品种的中英文名称及性状表，以备查找利用。书籍数据翔实可靠，配有大量图片，信息量大，内容丰富。

本书的出版，是全国大豆科研相关单位协作的结果，是广大从事大豆种质资源和育种研究科技人员心血的结晶，另外，相关省（自治区、直辖市）种子管理局（站）在本书编写过程中给予了大力支持；本书的出版得到农业农村部保种项目和科技部国家自然科技资源共享平台项目的资助；中国农业出版社对书稿做了认真细致的编辑加工，保证了图书出版质量。在此书出版之际，谨向本书所有参加编写、审校、出版的各位同事表示衷心感谢。

由于时间仓促和水平有限，书中如有不妥之处，敬请同行专家和读者批评指正。

编　者

2023年10月

总 目 录

前言

编　辑　说　明

一、本书编入的品种为2015—2020年经省级或国家审定的品种，共911个。

二、凡编入本书的品种给予顺序编号，按北方春大豆区、黄淮海夏大豆区和南方多作大豆区排列，顺序为：1.黑龙江省，2.吉林省，3.辽宁省，4.内蒙古自治区，5.北京市，6.宁夏回族自治区，7.甘肃省，8.河北省，9.山西省，10.山东省，11.河南省，12.陕西省，13.安徽省，14.江苏省，15.上海市，16.浙江省，17.江西省，18.福建省，19.湖北省，20.湖南省，21.四川省，22.重庆市，23.贵州省，24.广东省，25.广西壮族自治区，26.云南省。

三、一个省内有两个以上编写单位的，自北向南分别排列，原则上所有品种都编排在育种单位所在地，如中黄302在安徽审定，但由位于北京市的中国农业科学院作物科学研究所育成，故编在北京市内。为保持品种序号的连续性，将黑龙江省育成的两个品种吉育633和吉育639，放入吉林省育成品种中。

四、品种名称有数字编号的，用阿拉伯数字表示，10号以内的品种名称在数字后加"号"字，如北豆3号、华疆1号，数字在11以上的则不加"号"字，如绥农22、合丰48等。

五、品种选育单位一律用本书编写时的单位名称，单位名称一律用全称。

六、品种描述按品种来源、特征、特性、产量品质、栽培要点及适宜地区分别记述，品种特征特性根据区域试验和品种审定资料并经田间种植观察与核实，确保准确无误。品种抗病性分为接种鉴定和田间观察结果，凡经过接种鉴定的均加以注明。蛋白含量和脂肪含量为品种审定时的检测结果，基本由法定检验单位完成。

七、本书图片均为彩色照片，可以更生动地展现品种特征，照片一般由成熟的植株、荚和种子组成，由数码相机拍摄，在计算机上合成。

八、大豆品种性状分级标准参照2007年版品种志，以尽可能保持连续性和一致性。

九、品种名称除中文名外增加了中文拼音。书后除有品种性状中文简表外，还附有英文简表，以便于对外交流。

十、本书版权归主编单位，全部资料属于主编和参编单位，若引用本书资料，需经主编单位同意，否则视为侵权。

大豆品种性状分级标准及术语说明

一、本品种志所叙述的品种特征特性根据区域试验和品种审定资料并经田间种植观察与核实。

二、大豆品种按播种时期和种植区域分为北方春大豆、黄淮海夏大豆、南方春大豆、南方夏大豆和南方秋大豆5类。

1.北方春大豆 东北、华北和西北地区春季播种的大豆品种；

2.黄淮海夏大豆 黄河、淮河、海河流域麦收后夏季播种的大豆品种；

3.南方春大豆 长江流域及以南地区春季播种的大豆品种；

4.南方夏大豆 长江流域及以南地区油菜、麦类等作物收获后夏季播种的大豆品种；

5.南方秋大豆 南方在早稻收获后于立秋前后播种的大豆品种。

三、生长习性 指大豆植株生长发育的形态，分4种类型。

1.直立型 植株生长健壮，主茎直立向上；

2.半直立型 植株生长较健壮，主茎上部稍细，略呈波状弯曲，但不缠绕；

3.半蔓生型 植株生长比较软弱，主茎下部直立，中上部轻度爬蔓和缠绕；

4.蔓生型 植株生长细弱，茎枝细长爬蔓，强度缠绕。

四、株高 大豆成熟时测量子叶节至主茎顶端的长度，田间调查时测量地面到主茎顶端的长度，分高（≥90cm）、较高（81～90cm）、中等（61～80cm）、较矮（41～60cm）、矮（≤40cm）5类。

五、主茎节数 从子叶节至主茎顶端的实际节数。

六、分枝数 指主茎上具有2个以上茎节并有1个以上成荚的一级分枝。

七、株型 指植株生长的形态，成熟时调查下部分枝的着生方向，测量与主茎的自然夹角。

1.收敛型 植株整体较紧凑，下部分枝与主茎夹角＜30°；

2.开张型 植株上下均松散，下部分枝与主茎夹角＞60°；

3.半开张型 介于上述两型之间，下部分枝与主茎夹角为30°～60°。

八、底荚高度 指子叶节至主茎最低豆荚着生处的高度。

九、叶大小 开花盛期以后测量植株中上部发育成熟的复叶中间小叶的大小，用叶面积仪测量，也可目测划分大中小。

1.小 小叶面积＜70cm^2；

2.中 小叶面积70～150cm^2；

3.大 小叶面积＞150cm^2。

十、叶形 开花盛期调查植株中上部发育成熟的三出复叶顶小叶的形状,分为披针形、卵圆形、椭圆形、圆形4类。

十一、叶色 开花盛期以后观察植株中上部叶片的颜色,分淡绿色、绿色、深绿色3类。

十二、花色 大豆花瓣的颜色,分白色、紫色2类。

十三、茸毛色 成熟时调查植株茎秆中上部或荚皮上茸毛的颜色,分灰色、棕色2类。

十四、结荚习性 指植株开花结荚性状,分无限、有限、亚有限3类。

1.无限 开花结荚顺序由下而上,花序短,结荚分散,主茎顶端荚不成簇;

2.有限 开花结荚顺序由中上部而下,多为长花序,结荚密集,主茎顶端结荚成簇;

3.亚有限 开花结荚顺序由下而上,花序中等,结荚状况介于无限与有限之间,主茎顶端荚簇较小。

十五、单株荚数 单株实际结荚数,不计瘪荚,以10株平均数表示。

十六、荚大小 成熟时调查植株中上部荚的长度,分大、中、小3类。

1.小 豆荚长度＜3.0cm;

2.中 豆荚长度3.0～5.0cm;

3.大 豆荚长度＞5.0cm。

十七、荚形 调查鼓粒盛期至成熟期主茎中上部荚的形状,分为直葫芦形、弯镰形、弓形3类。

十八、荚色 指成熟后豆荚的颜色,分灰褐色、黄褐色、褐色、深褐色、黑色5类。

十九、荚长 菜用大豆采摘鲜荚时测量植株中上部荚的长度,鲜荚指刚鼓满粒的荚,标准荚长4.5cm以上。

二十、荚宽 菜用大豆采摘鲜荚时测量植株中上部荚的宽度,鲜荚指刚鼓满粒的荚,标准荚宽1.3cm以上。

二十一、百荚鲜重 菜用大豆100个刚鼓满粒的鲜荚重量,百荚鲜重一般应在230g以上。

二十二、粒形 指籽实的形状,分圆、扁圆、椭圆、扁椭圆、长椭圆、肾形6类。

二十三、粒色 指籽实种皮的颜色,分黄色、绿(青)色、黑色、褐色、双色5类,每一种粒色又可做如下细分。

1.黄 白黄色、淡黄色、黄色、浓黄色、暗黄色;

2.绿 淡绿色、绿色、暗绿色;

3.黑 黑色、乌黑色;

4.褐 茶色、淡褐色、褐色、深褐色、紫红色;

5.双色 虎斑、鞍挂。

二十四、子叶色 指子叶的颜色,分黄色、绿色2类。

二十五、种皮光泽 指种皮的光泽度,分强光、微光、无光3类。

二十六、脐色 指籽粒种脐的颜色,分黄色、淡褐色、褐色、深褐色、蓝色、淡黑色、黑色7类。

二十七、粒大小 按100粒完整籽粒的重量区分籽粒的大小。

1.极小粒 百粒重＜5.0g；

2.小粒 5.0g≤百粒重＜12.0g；

3.中粒 12.0g≤百粒重＜20.0g；

4.大粒 20.0g≤百粒重＜30.0g；

5.特大粒 百粒重≥30.0g。

二十八、物候期

1.播种期 播种当天的日期，以月、日表示；

2.出苗期 子叶出土达50%以上的日期；

3.开花期 开花的株数达50%的日期；

4.结荚期 幼荚形成长达2cm以上的日期；

5.鼓粒期 豆荚放扁，籽粒较明显凸起的植株达50%以上的日期；

6.成熟期 全株95%的荚变为成熟颜色，摇动时有响声的植株达50%以上的日期。

二十九、生育期类型 按栽培季节，根据生育期划分熟期类型。

（一）北方春大豆 生育期从出苗翌日到成熟的天数，分7个熟期类型。

1.特早熟种 生育期90d以下；

2.极早熟种 生育期91～100d；

3.早熟种 生育期101～110d；

4.中早熟种 生育期111～120d；

5.中熟种 生育期121～130d；

6.中晚熟种 生育期131～140d；

7.晚熟种 生育期141d以上。

（二）黄淮海夏大豆 生育期从播种翌日到成熟的天数，分5个熟期类型。

1.极早熟种 生育期90d以下；

2.早熟种 生育期91～100d；

3.中熟种 生育期101～110d；

4.中晚熟种 生育期111～120d；

5.晚熟种 生育期121d以上。

（三）南方春大豆 生育期从出苗翌日到成熟的天数，分4个熟期类型。

1.极早熟种 生育期90d以下；

2.早熟种 生育期91～100d；

3.中熟种 生育期101～110d；

4.晚熟种 生育期111d以上。

（四）南方夏大豆 生育期从播种翌日到成熟的天数，分4个熟期类型。

1.早熟种 生育期120d以下；

2.中熟种 生育期121～130d；

3.晚熟种　生育期131～140d；

4.极晚熟种　生育期141d以上。

（五）秋大豆　生育期从播种翌日到成熟的天数，分4个熟期类型。

1.早熟种　生育期95d以下；

2.中熟种　生育期96～105d；

3.晚熟种　生育期106～115d；

4.极晚熟种　生育期116d以上。

三十、耐肥性　在土地肥沃或施肥多的条件下，根据植株生长的繁茂性、叶色、抗倒伏程度和产量等观察比较，分强、中、弱3级。

三十一、倒伏性　除记载倒伏时期、面积和原因外，在成熟前后观察植株倒伏程度，分5级。

1.不倒　全部植株直立不倒；

2.轻倒　0＜倒伏植株率≤25%；

3.中倒　25%＜倒伏植株率≤50%；

4.重倒　50%＜倒伏植株率≤75%；

5.严重倒　倒伏植株率＞75%。

三十二、耐阴性　在间混作条件下观察植株生育表现，分3级。

1.强　植株生育正常，基本无徒长表现；

2.弱　植株表现徒长甚至蔓化，生育失常；

3.中等　植株生育较正常，但表现有徒长现象。

三十三、裂荚性　大豆成熟时观察豆荚自然开裂程度，分4级。

1.不裂　豆荚均未自然开裂；

2.轻裂　0＜豆荚自然开裂率≤9%；

3.中裂　9%＜豆荚自然开裂率≤25%；

4.易裂　豆荚自然开裂率＞25%。

三十四、耐湿性　降水和土壤含水多的条件下，根据植株生长状况和叶片枯黄情况等反应划分级别，分强、中、弱3级。

三十五、耐盐性　根据植株田间耐盐性表现划分5级。

1.耐　植株生长正常，叶片绿，植株下部少数叶片轻微受害，无死亡株；

2.较耐　植株生长基本正常，植株下部有30%以下叶片出现褐斑或轻微卷缩，无死亡株；

3.中耐　植株生长受抑制，大部分植株叶片出现褐斑或卷缩，死亡株50%以下；

4.较敏感　大部分植株生长基本停止，叶片变褐，卷缩，仅有上部1～2片绿叶，死亡株在80%以下；

5.敏感　植株停止生长，80%以上植株枯死或只有心叶存活。

大豆芽期和苗期耐盐性根据盐害指数划分级别。

三十六、耐旱性　在大气干旱和土壤干旱条件下，根据植株生长状况和叶片萎蔫程度目测，分3级。

1.耐旱　叶片无萎蔫，与正常叶片相似或顶部1～2叶片稍有萎蔫现象；

2.中耐　中上部叶片稍萎蔫，叶片不翻白；

3.不耐　全株叶片萎蔫、下坠、叶片翻白，下部叶片黄化脱落。

抗旱性精确评价则采用相应耐旱处理，计算抗旱系数或选择与耐旱性密切相关的性状计算抗旱隶属值划分耐旱等级。

三十七、抗病性

（一）**大豆花叶病毒病**　2片真叶时采用人工摩擦接种，在开花结荚期发病最重时调查植株发病级别，计算病情指数。

$$病情指数 = \frac{\sum (各级指数 \times 相应级别)}{调查株数 \times 最高发病级别} \times 100$$

根据植株生育表现和病情指数划分抗性级别。

1. 1级　高抗（HR）：叶片无症状或其他感病标志，病情指数为0；

2. 3级　抗（R）：植株生长正常，叶片有轻微花叶，病情指数10以下；

3. 5级　中抗（MR）：植株生长无明显异常，叶片花叶和斑驳较明显，病情指数11～25；

4. 7级　中感（MS）：植株稍矮化，皱缩花叶，叶缘卷缩，叶片有波状隆起，病情指数26～40；

5. 9级　高感（HS）：植株僵缩矮化，叶片皱缩畸形，叶片上系统性脉枯，或发生顶芽枯死，病情指数40以上。

（二）**大豆胞囊线虫病**　采用田间病圃或接种鉴定，病圃要求每百克风干土平均含胞囊30～50个，接种方法为每一鉴定材料接种卵或二龄幼虫2 000个，出苗后5周在显囊盛期调查根系上附着的白色胞囊，根据根系胞囊数量分级。

1. 0级　免疫（0）：根系胞囊为0，植株生长正常；

2. 1级　高抗（HR）：0＜根系胞囊数≤3.0，植株生长正常；

3. 3级　抗（R）：3.0＜根系胞囊数≤10.0，植株生长基本正常或部分植株下部出现黄叶；

4. 7级　感（S）：10.0＜根系胞囊数≤30.0，植株矮小，叶片发黄，结实少；

5. 9级　高感（HS）：根系胞囊数＞30.0，植株不结实，干枯死亡。

（三）**大豆锈病**　根据南方各地发病情况，在常发地区设立秋播病圃，在花荚期调查植株叶片发病情况，确定抗性级别。

1. 1级　高抗（HR）：叶片上无病斑；

2. 3级　抗（R）：叶片上出现黑色针点状病斑（抗病型斑），不产孢，叶片正常；

3. 5级　中抗（MR）：叶片上孢子堆少而分散，呈红褐色（感病型斑），仅少数孢子堆破裂，孢子堆占叶面积30%以下，叶色正常或病斑周围有黄色环斑；

4. 7级　感（S）：叶片上孢子堆较多，黑褐色，孢子堆破裂产生大量夏孢子，孢子堆占叶面积31%～70%，叶色变黄；

5. 9级　高感（HS）：叶片上孢子堆密布，散生大量夏孢子，叶片枯萎或脱落。

（四）大豆灰斑病　大豆开花期于阴天或傍晚无风天用喷雾法接种，每隔7～10d接种1次，共接种2～3次，以流行小种或多小种混合接种，接种1个月后，在结荚期调查叶部发病情况，确定抗性级别。

1. 1级　高抗（HR）：叶片上无病斑或仅有少数植株叶片发病，病斑为枯死斑，直径在1mm以下，病斑面积占叶片面积1%以下；

2. 3级　抗（R）：植株少数叶片发病，病斑数量少，直径1～2mm，占叶片面积1%～5%；

3. 5级　中抗（MR）：植株大部发病，病斑直径2mm，病斑占叶片面积6%～20%，叶片不枯死；

4. 7级　感（S）：植株普遍发病，叶片病斑较多，病斑直径3mm左右，病斑占叶片面积21%～50%，部分叶片枯死；

5. 9级　高感（HS）：植株普遍发病，叶片布满病斑，病斑直径3～6mm，病斑占叶片面积51%以上，多数叶片枯死。

（五）大豆霜霉病　大豆开花结荚期，于发病盛期调查植株叶片发病最重级别，确定抗性级别。

1. 0级　免疫（I）：叶片上无病斑；

2. 1级　高抗（HR）：叶片上仅有少数局限型点状病斑，直径0.5mm以下，病斑占叶面积1%以下；

3. 3级　抗（R）：叶片上散生不规则形褪绿病斑，直径1～2mm，1%<病斑叶面积≤5%；

4. 5级　中抗（MR）：病斑扩展，直径3～4mm，5%<病斑占叶面积≤20%；

5. 7级　感（S）：扩展型病斑，直径4mm以上，20%<病斑占叶面积≤50%；

6. 9级　高感（HS）：扩展型病斑，病斑相连呈不规则形大型斑，病斑占叶面积>50%。

（六）细菌性斑点病　主要采用田间自然发病鉴定，于7月中、下旬和8月中、下旬，调查叶部发病情况，测量病斑大小，确定抗性级别。

1. 1级　高抗（HR）：叶片无病斑或仅散生少量局限型褐色斑点，直径0.5mm左右，病斑占叶面积1%以下；

2. 3级　抗（R）：病斑散生呈不规则形，不扩展，直径1mm，1%<病斑叶面积≤5%；

3. 5级　中抗（MR）：病斑散生，不规则扩散，直径2mm，5%<病斑叶面积≤10%；

4. 7级　感（S）：病斑不规则，扩展相连呈小片坏死斑，10%<病斑叶面积≤25%；

5. 9级　高感（HS）：病斑扩展，大块连片，病斑叶面积>25%以上，叶片萎蔫死亡。

（七）紫斑病　一般情况下收获脱粒后取100粒种子，调查紫斑病粒的数量，以紫斑粒率表示抗病性。

三十八、抗虫性

（一）大豆食心虫　采用田间自然被害鉴定和人工接虫鉴定，大豆成熟时调查籽粒虫食情况，计算虫食粒率，虫食粒率＝虫食粒数/调查总粒数（不少于1 000粒）×100％，过于早熟和过于晚熟品种表现高抗的列为避虫，根据虫食粒率确定抗虫级别。

1. 1级　高抗（HR）：中发生年虫食粒率≤5.0％，轻发生年虫食粒率≤2.0％；

2. 3级　抗（R）：5.0％＜中发生年虫食粒率≤8.0％，2.0％＜轻发生年虫食粒率≤4.0％；

3. 5级　中抗（MR）：8.0％＜中发生年虫食粒率≤10.0％，4.0％＜轻发生年虫食粒率≤6.0％；

4. 7级　感（S）：10.0％＜中发生年虫食粒率≤15.0％，6.0％＜轻发生年虫食粒率≤10.0％；

5. 9级　高感（HS）：中发生年虫食粒率＞15.0％，轻发生年虫食粒率＞10.0％。

（二）大豆蚜虫　采用田间自然被害鉴定和人工接虫鉴定，于大豆蚜虫发生盛期，调查植株上蚜虫多少，上部叶片和顶部嫩叶受蚜虫危害程度，确定抗病级别。

1. 1级　高抗（HR）：全部无蚜；

2. 3级　抗（R）：株上有零星蚜虫；

3. 5级　中抗（MR）：心叶及嫩叶蚜虫较多，但未卷叶；

4. 7级　感（R）：心叶及嫩茎布满蚜虫，心叶卷曲；

5. 9级　高感（HS）：全株蚜虫极多，较多叶片卷曲，植株矮小。

（三）豆荚螟　采用田间自然被害鉴定和人工接虫鉴定，大豆成熟时随机抽取不少于300个荚，调查虫食荚数，计算被害荚率，被害荚率＝（虫食荚数/调查总荚数）×100％，按被害荚率分级。

1. 1级　高抗（HR）：中发生年被害荚率≤5.0％，轻发生年被害荚率≤1.0％；

2. 3级　抗（R）：5.0％＜中发生年被害荚率≤15.0％，1.0％＜轻发生年被害荚率≤5.0％；

3. 5级　中抗（MR）：15.0％＜中发生年被害荚率≤20.0％，5.0％＜轻发生年被害荚率≤10.0％；

4. 7级　感（S）：20.0％＜中发生年被害荚率≤30.0％，10.0％＜轻发生年被害荚率≤15.0％；

5. 9级　高感（HS）：中发生年被害荚率＞30.0％，轻发生年被害荚率＞15.0％。

（四）豆秆黑潜蝇　采用田间自然被害鉴定，一般于结荚期检查受害情况，如果在幼苗期受蝇害较重，则于大豆单叶展开期调查，剥开茎秆，记述主茎内的虫数，根据调查结果，分别确定单叶展开期和结荚期抗虫级别。

◆ 结荚期抗性级别

1. 1级　高抗（HR）：主茎平均虫头数≤1.00；

2. 3级　抗（R）：主茎平均虫头数1.00～1.90；

3. 5级　中抗（MR）：主茎平均虫头数1.91～3.00；

4. 7级　感（S）：主茎平均虫头数3.01～4.50；

5. 9级　高感（HS）：主茎平均虫头数＞4.50。

◆ 单叶展开期抗性级别

1. 1级　高抗（HR）：主茎平均虫头数轻发生年为0，重发生年＜0.10；

2. 3级　抗（R）：主茎平均虫头数轻发生年0～0.10，重发生年0.11～0.20；

3. 5级　中抗（MR）：主茎平均虫头数轻发生年0.11～0.20，重发生年0.21～0.30；

4. 7级　感（S）：主茎平均虫头数轻发生年0.21～0.30，重发生年0.31～0.40；

5. 9级　高感（HS）：主茎平均虫头数轻发生年＞0.30，重发生年＞0.40。

三十九、籽粒外观品质　根据籽粒色泽，整齐度，饱满度，病斑粒，虫食粒，完全粒，种皮有无皱缩、裂皮等综合评定，可分优、良、中、较差、差5级。

四十、蛋白质及脂肪含量　根据2017年新修订的《主要农作物品种审定标准（国家级）》，东北地区大豆籽粒蛋白质含量两年区域试验平均43.0%以上、且单年42.0%以上，黄淮海地区和南方地区两年区域试验平均45.0%以上、且单年44.0%以上，为高蛋白型。大豆籽粒脂肪含量两年区域试验平均21.5%以上，且单年21.0%以上，为高油型。

中国大豆品种概述（2015—2020）

　　大豆起源于我国，种植历史已经超过2 000年。大豆是粮食和油料兼用型作物，大豆及豆制品也是高质量植物蛋白的主要来源，我国居民食用油消费与肉类消费依赖大豆，因此，大豆是关系国计民生的基础性、关键性、战略性农产品。全力推进大豆产业发展，对于保障国家经济安全和人民营养健康具有重大而深远的意义。近年来，大豆为我国供需矛盾最为突出和产业风险最大的大宗农产品，大豆产能问题受到格外关注。为缓解进口压力，我国出台一系列政策振兴国产大豆，并在《"十四五"全国种植业发展规划》对大豆面积、产量提出了要求，以期推动提升大豆自给率。种质资源是国家农业可持续发展不可替代的战略资源，是选育突破性新品种的物质基础，而育成品种是经多年育种与生产实践证明最为重要的种质资源。据统计，品种对大豆产量的贡献率超过了30%，因此，良种的选育、推广、种植对增加大豆自给率，保障粮食安全具有重要意义。

一、中国大豆生产概况

　　2002年，我国启动第一次大豆振兴计划，以大豆良种补贴为代表性政策，将扩大油用大豆生产作为重点，大豆播种面积和产量迅速提升，2004年总产量达到阶段性峰值1 740万t，2005年播种面积达到高峰0.096亿hm^2。但由于进口大豆成本更低，再加上收益、抗风险能力更高的玉米逐年扩产，大豆种植面积开始下降，2015年达到阶段性低点，种植面积0.068亿hm^2，总产量约1 236.7万t。2018年实施第二次大豆振兴计划，2020年播种面积达到高峰，即约0.98亿hm^2，总产量也达到了历史最高峰值1 960万t。由于玉米临储政策取消，生猪产能不断恢复，玉米需求大幅提升，价格也随之上涨至历史高位，农户种植收益得到较大幅度提升，挤压了大豆种植面积，最终2021年国产大豆产量下降320万t至1 640万t，种植面积也下降到0.084亿hm^2。

　　总体来看，2015—2020年，我国大豆生产得到恢复性增长，大豆播种面积、单位面积产量及总产量均稳定增长。大豆播种面积从2015年0.0680亿hm^{2}增加到2020年0.098 7亿hm^2，净增约0.030 7亿hm^2，增长45.1%，年均增长7.5%；总产量从2015年的1 236.7万t增加到2020年的1 960.0万t，净增723.3万吨，增长58.5%，年均增长9.75%；单位面积产量从2015年的1 812kg/hm^{2}增加到2020年的1 986kg/hm^2，净增174kg/hm^2，增长9.6%，年均增长1.6%。

二、中国大豆面临的主要挑战及应对策略

在20世纪60年代之前，我国大豆种植面积、总产量都居世界首位，目前总产量居世界第四位，种植面积居第五位。我国先民很早就采用留优汰劣方法改良大豆品种，也是最早采用现代遗传学方法培育大豆品种的国家之一。新中国成立后，特别是改革开放以来，我国大豆育种工作取得了巨大进步，对大豆产业发展提供了强力支撑，保证了食用大豆的完全自给。但总体来看，我国大豆育种与世界先进水平相比仍存在较大差距。新的发展阶段，尽快补齐短板，提高自主创新能力，打好大豆翻身仗，保障我国食用植物蛋白供给安全，具有十分重要的意义。

我国大豆生产上最突出的问题是单产水平低。2021年全国单产1 953kg/hm^2，仅为世界平均单产的70%，不到美国、巴西单产的60%，且与大豆主产国单产差距越来越大。品种产量潜力低严重限制了大豆产能的提升。针对我国主要生态区大豆生产中迫切需要解决的产量低、品质差、适应性低等问题，要重点解决大豆产量相关性状、重要品质性状、主要适应性性状的分子调控基础等关键科学问题，着重加强大豆育种基础理论研究。综合利用基因组学、蛋白质组学、转录组学、代谢组学、基因编辑等方法与技术，鉴定控制不同产区大豆产量、品质、抗病虫、抗逆、营养高效利用、株型等主要育种性状的关键基因，解析基因功能并鉴定其优异等位基因。同时，开展大豆优异亲本形成的遗传解析、大豆营养因子形成与调控的分子机制等相关研究；明确大豆产量形成、形态建成、抗病和耐逆机制及蛋白、油分及功能性成分合成通路和基因网络，解析基因与环境的关系，解决我国大豆优良品种培育中的重大基础理论和技术瓶颈。同时，深入开展大豆分子标记辅助选择、基因编辑技术、转基因技术、全基因组选择等现代生物育种技术的创新和优化，构建常规育种和生物技术紧密结合的大豆育种技术体系，加强大豆育种的机械化、规模化、信息化、智能化建设，提高大豆育种精度和效率。要整合国家、省、市、县等各级政府和技术团体的资源和人才优势，进一步加快培育养分高效利用、高产高油高蛋白、耐密多抗宜机收的大豆新品种，稳步提高大豆单产水平。针对不同生态区育成的高产、优质、专用、多抗大豆"核心品种"，围绕影响产量、品质和效益的水肥管理、栽培调控、植物保护等技术进行优化、集成、组装及配套，形成适用于核心品种配套的增产、增效生产技术体系。通过良种与良法配套，充分挖掘新品种的增产潜力，提高大豆的综合产能和效益。

近年来我国每年进口9 000多万t大豆，主要用于畜牧业饲料。我国耕地资源有限，扩大大豆种植面积的主要途径是与主粮作物轮作倒茬，通过粮豆轮作，在适度扩大大豆种植面积的同时，改善土壤肥力，实现粮豆持续均衡高产优质。可在东北地区主推大豆—玉米轮作，在黄淮海冬麦区提高麦豆两熟制比例，在南方和西北地区发展多种形式的粮豆间套复种，实行条带轮作。未来可以将饲用玉米和饲用大豆间作种植，玉米和大豆均作饲料，既可利用籽粒，还要利用它们的秸秆，通过间套作来解决饲料问题，扩大大豆产业。

三、中国大豆品种（2015—2020）选育情况

（一）入志品种的基本概况

《中国大豆品种志 2015—2020》编入26个省（自治区、直辖市）选育品种911个，其中品种（系）间杂交型855个，占93.85%；系统选种19个，占2.09%；辐射等诱变方法育成品种17个，占1.87%；杂交大豆品种18个，占1.98%；利用雄性核不育系采用轮回选择法育成品种2个，占0.22%。

入志品种以北方春大豆区品种最多，共567个，占62.24%；黄淮海夏大豆区207个（其中2个既适宜黄淮海夏播种植，又适宜南方种植，为便于统计，纳入黄淮海夏大豆），占22.72%；南方大豆区137个，占15.04%。北方春大豆区种植面积大，育种单位多，育成品种也多，如黑龙江省育成品种311个，占入志品种的34.14%；其次为吉林省，育成110个，占12.07%；辽宁省84个，占9.22%。

黄淮海夏大豆区主产省安徽、河南、河北、山东育成的品种数分别为41个、40个、25个和27个。北京地处黄淮海夏大豆区和北方春大豆区交汇地带，育成品种既有春豆，又有夏豆，北京地区选育品种29个，其中夏大豆21个、春大豆7个、既适合黄淮海夏播种植又适于南方春播种植品种1个。

南方多熟制大豆区雨量充沛，积温高，无霜期长，适合于不同栽培要求，选育的品种类型有春豆、夏豆、秋豆和冬豆。入志品种中南方春大豆有88个，夏大豆40个，秋大豆9个。

南方各地菜用大豆发展很快，共育成品种68个，其中浙江省育成17个，江苏省16个，上海市6个，广东省2个，其他27个。

（二）大豆育种单位育成品种概况

入志品种的选育单位共233个（含4个个人及香港中文大学），其中东北4省份118个，育成品种542个（第一单位育成534，第二单位参与育成8个），其中北方春大豆539份，南方春大豆3份。黄淮海夏大豆及华北、西北春大豆各省（自治区、直辖市）育种单位76个，育成品种239个（第一育成单位育成221个，第二单位参与育成18个），其中黄淮海夏大豆（包括1个黄淮夏/南方春）186个、北方春大豆37个、南方春大豆5个、南方夏大豆11个。南方各省份大豆育种单位39个，育成品种162个（第一单位育成156个，第二单位参与育成6个），其中南方春大豆87个、南方秋大豆9个、南方夏大豆37个（含1份南方夏大豆/黄淮夏大豆）、北方春大豆7个、黄淮夏大豆22个。

黑龙江省从事大豆育种的单位最多，有74家，既有科研院（所）、大学，又有民营种业公司，其次为辽宁省19家，吉林省和河南省分别18家，山东省12家，安徽省11家，山西省10家。吉林省农业科学院大豆研究所育成品种数最多，为66个，其次为垦丰种业股份有限公司54个，中国农业科学院作物科学研究所35个，黑龙江省农业科学院佳木斯分院29个，铁岭市农业科学院28个，黑龙江省农业科学院大豆研究所25个，黑龙江省农

垦科学院农作物开发研究所24个，东北农业大学22个，辽宁省农业科学院作物研究所22个，黑龙江省农业科学院绥化分院20个。

育成品种10个品种以上的单位还有黑龙江省农业科学院牡丹江分院（18个）、孙吴贺丰种业有限公司（18个）、北安市昊疆农业科学技术研究所（17个）、山东圣丰种业科技有限公司（17个）、安徽省农业科学院作物研究所（15个）、吉林农业大学（15个）、南京农业大学（15个）、中国科学院东北地理与农业生态研究所（14个）、华南农业大学（13个）、黑龙江省农业科学院黑河分院（12个）、南充市农业科学院（12个）、阜阳市农业科学院（11个）、呼伦贝尔市农业科学研究所（11个）、浙江省农业科学院作物与核技术利用研究所（11个）、北安市华疆种业有限责任公司（10个）、黑龙江省农业科学院耕作栽培研究所（10个）、自贡市农业科学研究院（10个）。

与《中国大豆品种志 2005—2014》相比，本品种志一个显著特点是合作选育品种比重增加。在《中国大豆品种志 2005—2014》入志的918个品种中，有78个品种为合作选育，占8.50%，其中71个品种由2个合作单位选育，占7.73%，7个品种为3个合作单位选育，占0.76%。而本品种入志911个品种中，有179个品种为合作选育，占19.65%，其中172个品种由2个单位合作选育，占18.80%，有7个为3个单位合作选育，占0.77%。

与《中国大豆品种志 2005—2014》相比，本品种志另一个显著特点是公司选育品种比重增加。《中国大豆品种志 2005—2014》918个品种中，43家公司选育品种107个，占11.66%，其中以第一单位选育品种74个，占8.06%，以第二单位等选育品种33个，占3.59%。辽宁铁研种业科技有限公司育成品种12个，北安市华疆种业有限公司9个，辽宁东亚种业有限公司9个，北大荒垦丰种业股份有限公司7个，山东圣丰种业科技有限公司7个。本品种志911个品种，98家公司育成品种272个，占29.86%，其中以第一单位育成品种203个，占22.28%，以第二单位等选育品种69个，占7.57%。北大荒垦丰种业股份有限公司育成品种54个，孙吴贺丰种业有限公司18个，山东圣丰种业科技有限公司17个，北安市华疆种业有限责任公司10个。

四、中国大豆品种（2005—2014）选育进展

（一）大豆品种产量水平的提高

我国大豆单产近几年有上升趋势，2020年突破1 950kg/hm²，新品种产量的提高，促进了生产上大豆产量水平的提高。本品种志入志品种中，区试产量在3 300kg/hm²以上的高产品种有95个（不含鲜食大豆），包括北方春大豆品种51个，黄淮海夏大豆40个，南方大豆品种4个。如东北地区高产品种有宁豆7号（4 563.0kg/hm²）、中黄318（4 444.5kg/hm²）、宁京豆7号（4 366.5kg/hm²）、长豆35（3 886.5kg/hm²）、吉育611（3 765.9kg/hm²）、蒙科豆6号（3 633.8kg/hm²）、铁豆110（3 573.0kg/hm²）、吉农51（3 525.6kg/hm²）、德豆12（3 515.1kg/hm²）、长农38（3 508.5kg/hm²）、佳密豆9号（3 429.6kg/hm²）、中吉602（3 420.0kg/hm²）、辽豆75（3 408.0kg/hm²）、辽豆69（3 384.0kg/hm²）、赤豆5号（3 349.5kg/hm²）、鹏豆158（3 338.6kg/hm²）、佳吉1号

（3 335.4kg/hm²）、东农67（3 329.8kg/hm²）、丹豆22（3 328.5kg/hm²）、绥农52（3 309.9kg/hm²）、东农豆252（3 300.5kg/hm²）；黄淮海地区高产品种有山宁18（3 982.5kg/hm²）、菏豆28（3 949.5kg/hm²）、潍豆138（3 907.5kg/hm²）、华豆19（3 762.0kg/hm²）、中黄311（3 645.0kg/hm²）、安豆203（3 601.5kg/hm²）、晋豆50（3 595.5kg/hm²）、郓豆1号（3 591.0kg/hm²）、中黄605（3 545.4kg/hm²）、中黄78（3 483.0kg/hm²）、邯豆16（3 466.5kg/hm²）、周豆23（3 373.8kg/hm²）、圣豆127（3 364.5kg/hm²）、商豆1 310（3 356.6kg/hm²）、冀豆29（3 322.5kg/hm²）、石豆14（3 310.5kg/hm²）、郑16 158（3 310.5kg/hm²）等；南方地区高产品种有云黄16（3 801.0kg/hm²）、云黄18（3 375.8kg/hm²）、云黄13（3 362.3kg/hm²）等。

部分品种具有高产潜力，如中黄301免耕覆秸精播，连续7年实收每公顷超过4 500kg，4 720.5kg/hm²（2016）、4 672.5kg/hm²（2017）、5 008.5kg/hm²（2018）、4 690.5kg/hm²（2019）、4 518.0kg/hm²（2020）、4 531.5kg/hm²（2021）、4 554.0kg/hm²（2022）；7年平均单产4 670.8kg/hm²。郑1 307，2022年在河南省获嘉县实收0.308hm²，平均产量5 086.8kg/hm²；在江苏响水县实收0.12hm²，平均产量5 524.5kg/hm²。合农71，2022年在黑龙江省肇源县实收面积0.14hm²，平均产量5 124.0kg/hm²，创造了寒地旱作条件下东北地区大豆单产新纪录，该品种于2019年曾在新疆石河子市创造平均产量6 712.5kg/hm²的纪录。

（二）大豆品种品质的改进

2017年新修订的《主要农作物品种审定标准（国家级）》规定，东北地区高蛋白质含量大豆要求两年区域试验籽粒蛋白质含量平均达43.0%以上，且单年42.0%以上；黄淮海地区和南方地区两年区域试验籽粒蛋白质含量平均45.0%以上，且单年44.0%以上。高脂肪含量大豆要求两年区域试验籽粒脂肪含量平均21.5%以上，且单年21.0%以上。国家审定品种还要求北方春大豆区两年区域试验平均粗脂肪和粗蛋白质含量之和≥58.0%，其他区组两年区域试验平均粗脂肪和粗蛋白质含量之和≥59.0%。以上修订内容，促进了大豆品种品质的提高。

入志品种蛋白质平均含量为40.97%（不含鲜食大豆），高蛋白含量品种（北方春大豆品种43.0%以上，黄淮海和南方大豆品种45.0%以上）104个，占12.34%，其中北方春大豆品种53个、黄淮海23个、南方大豆品种28个。蛋白质含量在48.0%以上的品种有2个，南夏豆27为50.40%、南夏豆30为50.10%。

入志品种脂肪平均含量为20.42%（不含鲜食大豆），脂肪含量≥21.5%品种有183个，占21.71%，其中含油量在22%以上的有112个，23%以上的有24个。兴豆7号的含油量最高，达到24.24%，东生79为24.16%，合农77为24.13%，长豆35为24.00%。入志品种中，有2个品种脂肪氧化酶缺失品种，东富豆1号脂肪氧化酶全缺失，绥无腥豆3号缺失脂肪氧化酶-2。

（三）大豆品种抗病性的提高

国家审定品种，对不同主产区主要病害抗性有明确规定。大豆花叶病毒病抗性，要求在人工接种鉴定下，对弱致病优势株系抗性级别达到中感及以上，对强致病优势株系抗性级别达到感及以上。大豆灰斑病抗性，人工接种鉴定，北方春大豆区的早熟和中早熟品种，对优势生理小种抗性级别达到中感及以上；大豆炭疽病抗性人工接种鉴定，长江流域春大豆、热带亚热带春大豆、菜用品种抗性级别达到感及以上。另外，各省（自治区、直辖市）审定的大豆品种，对当地主要病害的抗性，也有一定的要求。因此，育种家在新品种选育过程中，加强了对主要病害抗性的选择，提高了品种的抗病性。

大豆胞囊线虫病是大豆的主要病害之一，世界各大豆产区均有发生，我国东北和黄淮海大豆主要产区均有胞囊线虫危害。入志品种中，有部分品种中抗或抗大豆胞囊线虫病，如安豆162、齐农3号、齐农5号、齐农12、鹏豆158、农庆豆20、农庆豆24、农庆豆28、金臣168、陇黄3号等。

（四）大豆品种抗逆性的提高

我国自古以来就是农业气象灾害最频繁的国家之一，干旱、盐碱、渍涝、高温等是制约当前和未来我国大豆生产的主要非生物逆境因子。我国盐碱地面积约1亿hm²，干旱半干旱地区占耕地面积51%左右。我国人口众多，在土壤盐渍化扩大、水资源日益贫乏的双重压力下，盐碱、干旱等非生物逆境影响日益严重。因此，加强作物耐逆研究，培育耐逆品种显得尤为迫切。在入志品种中，有部分大豆耐逆品种，如耐旱品种有陇中黄601、桂夏豆109；耐盐品种有合农71、品豆21；耐涝品种青酥7号、青酥8号；耐阴品种贡夏豆9号、贡夏豆11、贡夏豆12、贡夏豆13、渝豆11等。

（五）杂交大豆育种取得进展

杂种优势利用可大幅度提高大豆单产，我国1993年育成了世界上第一个大豆细胞质雄性不育系，2002年审定了世界上第一个大豆杂交种，在大豆杂种优势利用研究领域一直处于国际领先水平。近年来，在国家相关部门及各省级项目支持下，杂交大豆在亲本创制、强优势杂交种选育、规模化制种技术及杂种优势分子基础研究方面均取得了显著进展。

目前，我国已选育适于不同生态区种植的大豆细胞质雄性不育系和保持系500余对，恢复系700余个。其中，高不育率、高配合力、高异交率的"三高"不育系40余个，在自然条件下的异交结实率可达到70%以上。高异交率"三系"的获得，使杂交大豆的制种产量得到了显著的提升。

近年来，杂交种选育速度显著加快，至2020年，东北春大豆区已审定大豆杂交种23个，黄淮春夏大豆区已审定杂交种9个，有20个杂交种在2015—2020年通过审定。春大豆杂交种吉育610比对照品种绥农28增产18.7%，在东北中部地区具有良好的推广前景；吉育635、吉育639、吉育641、吉育643、佳吉1号、吉农H1等6个杂交种脂肪含量超过21.5%；吉育612蛋白质、脂肪合计达到63%，区试比对照品种吉育72增产16.2%，适合东北中南部种植，是国内首个高产双高春大豆杂交种。上述品种的育成，实现了东北春大豆杂交种产量和品质的协同提升。2015年以来，全国已累计推广大豆杂交种3.33万hm²。

"昆虫－环境－作物三位一体"综合调控的制种技术逐年优化。2019—2020年，在吉林西部的松原、黑水等地连续开展了百亩*连片杂交大豆制种试验，通过父母本1:2行比种植，错期播种确保花期相遇，优化栽培模式及病虫草害防治等技术措施，专家实收1hm²以上进行测产，在父本行额外收获70～80kg基础上，杂交种吉育608每667m²制种产量达110.26kg，吉育611每667m²制种产量达113.87kg，两个品种繁殖系数均达到1:30以上，接近于常规大豆的水平，杂交大豆产业化步伐逐步加快。

随着现代分子生物学技术发展，基础研究方面也取得了显著进展。研发了鉴定大豆细胞质雄性不育系和杂交种育性稳定性的方法；高效大规模鉴定大豆种质对传粉昆虫吸引力的方法；基于不育表型对大豆雄性不育基因快速鉴定和遗传定位的方法；提高大豆不育系结实性的方法；杂交大豆核不育系和不育胞质鉴定方法。制定了杂交大豆质核互作雄性不育系鉴定规程；杂交大豆三系原种生产技术规程；杂交大豆不育系转育技术规程；杂交大豆生产技术规程；杂交大豆制种技术规程。新方法、相关技术规程显著提高了亲本和杂交种选育效率。

（六）转基因大豆品种的研究与储备

转基因大豆的推广种植，对美国、巴西和阿根廷等世界主产国大豆产业的发展发挥了重要作用。我国是世界上最大的大豆消费市场，进口的大豆基本上都是转基因大豆，利用基因工程技术培育转基因大豆新品种，推进其产业化应用，已成为提高我国大豆产业国际竞争力的重要选择。在国家科技项目的支持下，我国耐除草剂、抗病虫、抗逆、品质改良、养分高效利用转基因大豆研发方面取得重要进展。其中，耐除草剂大豆中黄6106、SHZD3201和DBN9004等获批生产应用安全证书，这些转基因大豆对广谱、低残留除草剂草甘膦表现出高耐受性，生产上喷施4倍剂量的草甘膦除草剂不影响大豆生长，可在生产中安全使用，转育的中联豆等耐除草剂大豆新品种综合性状优良，已经具备产业化应用条件。转Bt基因抗虫大豆对大豆食叶性害虫、食心虫具有较强的抗性，广谱抗大豆花叶病毒转基因大豆对我国大豆产区主要花叶病毒小种表现高抗。在营养功能型转基因大豆研发方面，转反义RNA和RNAi高油酸大豆的油酸含量达到70%以上，这些都为产业化持续发展奠定了基础。

五、中国大豆育种体系的建设

（一）大豆品种资源体系建设

2020年，国务院办公厅印发《关于加强农业种质资源保护与利用的意见》，进一步明确农业种质资源保护的基础性、公益性定位，坚持保护优先、高效利用、政府主导、多元参与的原则，提出力争到2035年，建成系统完整、科学高效的农业种质资源保护与利用体系，资源深度鉴定评价和综合开发利用水平显著提升，资源创新利用达到国际先进水平。

---

* 亩为非法定计量单位，1亩约为667m²。——编者注

2021年9月，国家农作物种质资源库新库在中国农业科学院建成，并投入试运行，作为全球单体量最大、保存能力最强的国家级种质库，可以收藏品种资源150万份，贮藏寿命最长可达50年，作为保障粮食安全的战略资源，堪称种子的"诺亚方舟"。

我国种植大豆历史悠久，经过5 000多年持续不断的驯化和改良，积累了丰富多样的大豆种质资源。1956年、1979年和1990年，我国先后组织了3次全国范围的大豆种质资源收集，共收集和保存栽培大豆种质资源23 587份。2015年之后又进行了补充征集，迄今，国家农作物种质资源库中保存的大豆种质资源已有43 000余份。评价与利用方面。在广泛开展大豆种质资源收集的同时，我国对大豆种质资源的生育期类型、籽粒性状（粒色、粒形、脐色和百粒重）、植株性状（生长习性、结荚习性、茸毛色、花色、叶形和株高）进行了系统鉴定与评价，并完成了约1.7万份大豆种质的抗病性、耐逆及品质等性状的鉴定，共筛选出优异种质6 977份次，为大豆品种改良提供了优异亲本。

（二）大豆品种试验审定改革发展进入新阶段

新中国成立之初至今，大豆品种试验审定经历了初步建立阶段、恢复发展阶段以及依法管理阶段和改革发展阶段。新修订的《中华人民共和国种子法》于2016年1月1日正式实施，标志着农作物品种试验审定改革发展进入新阶段。新《种子法》大幅缩减了主要农作物审定种类范围，只保留稻、小麦、玉米、棉花、大豆5种主要农作物实行品种审定制度。"十三五"期间，审定推广一批高产绿色大豆品种，取得显著成效。

调整优化试验布局，增加了北方春大豆超早熟品种类型区、极早熟品种类型区试验组别，该区域代表从北纬47°30′至漠河的北部高寒大豆产区，覆盖大豆种植面积约166.7万hm²。同时，根据需要对全国各试验区组的部分试点进行了优化，调整后的国家大豆品种试验体系更加完善，试验点布局更加合理，试验点结构更趋优化。

拓宽试验渠道，增加试验容量。从2017年开始，启动黄淮海夏大豆区（南片）科企联合体大豆品种试验工作，牵头单位为中国农业科学院作物科学研究所，参加单位15家，其中科研单位14家、企业1家。从2018年开始，启动大豆绿色通道试验，牵头单位为山东圣丰种业科技有限公司，包括北方春大豆极早熟组、北方春大豆早熟组、长江流域夏大豆早中熟组、黄淮海夏大豆区（南片）。大豆科企联合体试验和绿色通道试验的开展，满足了实力雄厚育种单位的需要，提高了大豆品种试验审定的服务效能。设置了引种备案制度，建立同一适宜生态区省际品种试验数据共享互认机制，简化了省级审定品种在临近省同一适宜生态区的地域引种推广程序，提高了优良品种推广应用效率。

品种试验质量稳步提高。修订和完善农业行业标准《农作物品种试验技术规程　大豆》（NY/T 1299—2022），加快了国家大豆品种试验标准化进程。强化队伍建设，开展试验技术培训；按照统一归口、分类管理的原则，统筹抓好各渠道试验管理，组织开展国家大豆品种试验联合监督检查；构建国家农作物品种试验信息与运行管理平台和国家农作物品种审定材料申报系统，实现国家大豆品种试验参试品种材料网上申报、试验过程信息化管理、品种审定材料受理线上办理，提高了大豆品种试验审定的标准化、信息化、智能化管理水平；DNA指纹检测和转基因成分检测成效显著，实现国家大豆品种区域试验参试品种检测全覆盖。强化展示示范，促进新品种推广，在全国推进跨省份大豆品种展示示范网络建设，开展跨省区大豆品种公益性展示示范工作。

目前，国家大豆品种试验审定工作还存在问题：一是国家大豆品种审定标准有待进一步优化；二是部分试验点试验质量有待进一步提高；三是大豆品种展示示范体系有待进一步完善。下一步，紧紧围绕打赢种业翻身仗和提高良种化水平的目标要求，充分发挥大豆品种审定制度优势，引导品种创新，促进大豆产业发展。

中国大豆品种（2015-2020）目录

（续）

（续）

序号	品种名称	页码	序号	品种名称	页码
127	绥农53	111	163	建农2号	135
128	绥农56	112	164	垦豆38	136
129	绥农69	112	165	垦豆43	137
130	绥农71	113	166	垦豆47	137
131	绥农76	114	167	垦豆48	138
132	绥农94	114	168	垦豆57	139
133	绥无腥豆3号	115	169	垦豆58	140
134	绥黑豆1号	116	170	垦豆60	140
135	棱豆3号	116	171	垦豆61	141
136	安豆162	117	172	垦豆62	142
137	克豆29	118	173	垦豆63	142
138	克豆30	118	174	垦豆66	143
139	克豆31	119	175	垦豆67	144
140	克豆35	120	176	垦豆68	144
141	克豆38	121	177	垦豆69	145
142	克豆44	121	178	垦豆76	146
143	克豆48	122	179	垦豆94	146
144	克豆57	123	180	垦豆95	147
145	齐农3号	123	181	垦科豆1号	148
146	齐农5号	124	182	垦科豆2号	149
147	齐农10号	125	183	垦科豆7号	149
148	齐农12	125	184	垦科豆13	150
149	鹏豆158	126	185	垦科豆14	151
150	鹏豆172	127	186	垦科豆17	151
151	正绿毛豆1号	127	187	垦科豆28	152
152	德顺5号	128	188	九研2号	153
153	农庆豆20	129	189	九研9号	153
154	农庆豆24	129	190	九研13	154
155	农庆豆28	130	191	龙垦302	155
156	垦农36	131	192	龙垦303	156
157	垦农38	131	193	龙垦304	156
158	宝研7号	132	194	龙垦305	157
159	宝研8号	133	195	龙垦306	158
160	红研7号	133	196	龙垦309	158
161	红研12	134	197	龙垦310	159
162	红研15	135	198	龙垦314	160

（续）

（续）

（续）

序号	品种名称	页码	序号	品种名称	页码
336	吉育481	255	372	吉农42	281
337	吉育513	256	373	吉农46	281
338	吉育552	256	374	吉农47	282
339	吉育554	257	375	吉农48	283
340	吉育584	258	376	吉农51	283
341	吉育593	259	377	吉农54	284
342	吉育594	259	378	吉农71	285
343	吉育609	260	379	吉农74	285
344	吉育611	261	380	吉农75	286
345	吉育612	261	381	吉农82	287
346	吉育626	262	382	吉农84	287
347	吉育627	263	383	吉农89	288
348	吉育633	263	384	吉农105	289
349	吉育635	264	385	吉农青1号	290
350	吉育637	265	386	吉农H1	290
351	吉育639	265	387	吉大豆19	291
352	吉育641	266	388	长农32	292
353	吉育643	267	389	长农33	292
354	吉育647	268	390	长农34	293
355	吉育702	268	391	长农35	294
356	吉育761	269	392	长农38	295
357	吉青4号	270	393	长农39	295
358	吉青5号	270	394	长农45	296
359	吉青6号	271	395	长农65	297
360	吉科豆11	272	396	长农75	297
361	吉科豆12	273	397	东生104	298
362	吉密豆4号	273	398	东生105	299
363	吉黑6号	274	399	东生112	299
364	吉黑7号	275	400	省原豆1号	300
365	吉黑8号	275	401	吉利豆6号	301
366	吉黑9号	276	402	九农40	302
367	吉黑10号	277	403	九农43B	302
368	吉鲜豆1号	278	404	九农CE2	303
369	东盛1号	278	405	九农黑皮青1号	304
370	东盛2号	279	406	九久青	304
371	军农68	280	407	九青豆	305

（续）

（续）

（续）

序号	品种名称	页码	序号	品种名称	页码

北 京 市 品 种

序号	品种名称	页码	序号	品种名称	页码
535	中黄76	391	550	中黄327	402
536	中黄78	392	551	中黄605	403
537	中黄79	392	552	中黄606	404
538	中黄80	393	553	中黄901	404
539	中黄203	394	554	中黄902	405
540	中黄204	395	555	中黄909	406
541	中黄209	395	556	中黄911	407
542	中黄211	396	557	中作豆1号	407
543	中黄212	397	558	中吉602	408
544	中黄301	398	559	京通绥1号	409
545	中黄302	399	560	科豆2号	409
546	中黄311	399	561	科豆7号	410
547	中黄313	400	562	科豆17	411
548	中黄314	401	563	北农109	411
549	中黄318	401			

宁夏回族自治区银川市品种

序号	品种名称	页码	序号	品种名称	页码
564	宁豆6号	413	566	宁京豆7号	414
565	宁豆7号	413			

甘 肃 省 品 种

序号	品种名称	页码	序号	品种名称	页码
567	陇中黄601	416	573	银豆2号	420
568	陇中黄602	416	574	银豆3号	421
569	陇中黄603	417	575	银豆4号	422
570	陇黄1号	418	576	张农1号	422
571	陇黄2号	419	577	泾豆1号	423
572	陇黄3号	419	578	庆豆2号	424

河 北 省 品 种

序号	品种名称	页码	序号	品种名称	页码
579	承豆8号	425	583	冀豆29	428
580	承豆9号	426	584	冀豆1258	429
581	冀豆23	426	585	冀黑豆1号	430
582	冀豆24	427	586	石豆11	430

（续）

序号	品种名称	页码	序号	品种名称	页码
587	石豆12	431	596	沧豆09Y1	438
588	石豆14	432	597	邯豆11	439
589	石豆15	433	598	邯豆12	439
590	石豆17	433	599	邯豆13	440
591	石885	434	600	邯豆14	441
592	石936	435	601	邯豆15	442
593	石黑豆1号	436	602	邯豆16	443
594	沧豆11	437	603	邯豆17	443
595	沧豆13	437			

山 西 省 品 种

序号	品种名称	页码	序号	品种名称	页码
604	晋豆49	445	615	优势豆-A-5	453
605	晋豆50	446	616	强丰1号	454
606	晋黄9号	446	617	汾豆92	455
607	晋科2号	447	618	汾豆93	455
608	晋科5号	448	619	晋大88	456
609	晋科8号	449	620	晋大滞绿1号	457
610	晋遗51	449	621	长豆31	458
611	晋遗53	450	622	长豆32	458
612	晋青1号	451	623	长豆33	459
613	品豆20	452	624	长豆34	460
614	品豆21	452	625	长豆35	461

山 东 省 品 种

序号	品种名称	页码	序号	品种名称	页码
626	潍豆10号	462	637	山宁18	469
627	潍豆126	462	638	山宁21	470
628	潍豆138	463	639	山宁24	470
629	潍豆1897	464	640	祥丰4号	471
630	潍黑豆1号	464	641	圣豆5号	472
631	临豆11	465	642	圣豆12	473
632	沂豆12	466	643	圣豆25	473
633	苍黑1号	466	644	圣豆27	474
634	华豆10号	467	645	圣豆30	475
635	华豆19	468	646	圣豆127	475
636	华豆14	468	647	菏豆23	476

（续）

序号	品种名称	页码	序号	品种名称	页码
648	菏豆28	477	651	菏豆33	479
649	菏豆29	477	652	郓豆1号	480
650	菏豆32	478			

河 南 省 品 种

序号	品种名称	页码	序号	品种名称	页码
653	安豆203	481	673	郑16377	495
654	安豆5156	481	674	长义豆3号	496
655	安豆5240	482	675	开豆46	497
656	安豆5246	483	676	开豆49	498
657	濮754	484	677	洛豆1号	498
658	濮豆820	484	678	洛豆1304	499
659	濮豆1788	485	679	周豆23	500
660	濮豆5110	486	680	周豆25	501
661	濮豆5136	487	681	周豆28	501
662	丁村941药黑豆	487	682	周豆29	502
663	先豆168	488	683	周豆31	503
664	商151	489	684	周豆32	504
665	商豆161	489	685	周豆34	504
666	商豆1201	490	686	周豆11019	505
667	商豆1310	491	687	泛豆9号	506
668	明豆1号	491	688	漯豆100	506
669	郑1307	492	689	囤豆1号	507
670	郑1311	493	690	驻豆19	508
671	郑1440	494	691	驻豆20	509
672	郑16158	495	692	驻豆23	509

陕 西 省 品 种

序号	品种名称	页码	序号	品种名称	页码
693	延豆6号	511	697	陕垦豆4号	514
694	秦豆2014	511	698	陕垦豆6号	514
695	秦豆2018	512	699	陕垦青豆1号	515
696	XD0632	513	700	金豆228	516

安 徽 省 品 种

序号	品种名称	页码	序号	品种名称	页码
701	濉科20	517	703	德纯豆6号	518
702	濉科23	517	704	德纯豆8号	519

（续）

江 苏 省 品 种

（续）

序号	品种名称	页码	序号	品种名称	页码
772	苏豆17	566	778	苏新6号	571
773	苏豆18	567	779	苏奎2号	571
774	苏豆19	568	780	苏奎3号	572
775	苏豆20	568	781	通豆11	573
776	苏豆21	569	782	通豆12	574
777	苏新5号	570			

上 海 市 品 种

序号	品种名称	页码	序号	品种名称	页码
783	交大11	575	786	交大23	577
784	交大12	576	787	青酥7号	578
785	交大22	576	788	青酥8号	579

浙 江 省 品 种

序号	品种名称	页码	序号	品种名称	页码
789	浙秋5号	580	799	浙鲜86	587
790	浙鲜9号	580	800	浙农秋丰2号	588
791	浙鲜10号	581	801	浙农秋丰4号	589
792	浙鲜12	582	802	浙农11	589
793	浙鲜15	583	803	浙农18-2	590
794	浙鲜16	583	804	衢春豆1号	591
795	浙鲜18	584	805	衢秋7号	592
796	浙鲜19	585	806	衢鲜8号	592
797	浙鲜84	586	807	衢鲜9号	593
798	浙鲜85	586	808	丽秋6号	594

江 西 省 品 种

序号	品种名称	页码	序号	品种名称	页码
809	赣豆9号	595	812	赣豆12	597
810	赣豆10号	595	813	赣黑豆1号	597
811	赣豆11	596			

福 建 省 品 种

序号	品种名称	页码	序号	品种名称	页码
814	福豆71	599	820	兴化豆618	603
815	闽豆9号	599	821	泉豆5号	604
816	莆豆6号	600	822	泉豆12	605
817	莆豆11	601	823	泉豆13	605
818	莆豆12	602	824	泉豆17	606
819	兴化豆1号	602			

（续）

（续）

中国大豆品种 (2015—2020)

Zhongguo Dadou Pinzhong（2015—2020）

黑龙江省品种

1. 加农1号 （Jianong 1）

品种来源　大兴安岭地区农业林业科学研究院以东农44为母本，975为父本，进行有性杂交，系谱法选育而成，原品系号兴安08-094。2015年通过黑龙江省农作物品种审定委员会审定，审定编号为黑审豆2015020。全国大豆品种资源统一编号ZDD33183。

加农1号

特征　亚有限结荚习性，株高75.0cm，有分枝。披针叶，白花，灰毛，荚褐色。籽粒圆形，种皮黄色，有光泽，脐黄色，百粒重19.0g。

特性　北方春大豆，黑龙江省春播生育期95d。中抗灰斑病。

产量品质　2012—2013年区域试验平均产量1 951.5kg/hm²，较对照品种黑河49增产13.6%。2014年生产试验平均产量1 783.0kg/hm²，较对照品种黑河49增产18.2%。蛋白质含量42.25%，脂肪含量18.62%。

栽培要点　选择中上等肥力地块种植，5月中上旬播种，采用垄三栽培方式，保苗35万株/hm²。施尿素25kg/hm²，磷酸二铵150kg/hm²，硫酸钾50kg/hm²，深施或分层施。化学与机械除草相结合，三蹚，拔大草1次，适时收获。

适宜地区　黑龙江省第六积温带。

2. 黑科56 （Heike 56）

品种来源　黑龙江省农业科学院黑河分院、黑龙江省龙科种业集团有限公司黑河分公司以黑河33为母本，黑河34为父本，进行有性杂交，系谱法选育而成，原品系号黑交09-2145。2015年经黑龙江省农作物品种审定委员会审定，审定编号为黑审豆2015019。全国大豆品种资源统一编号ZDD31256。

　　特征　亚有限结荚习性，株高75.0cm，有分枝。披针叶，白花，灰毛，荚褐色。籽粒圆形，种皮黄色，有光泽，脐黄色，百粒重19.0g。

　　特性　北方春大豆，黑龙江省春播生育期109d。中抗灰斑病。

　　产量品质　2012—2014年区域试验平均产量2 151.0kg/hm²，较对照品种华疆2号增产11.8%。2014年生产试验平均产量2 265.9kg/hm²，较对照品种华疆2号增产16.1%。蛋白质含量41.43%，脂肪含量18.56%。

　　栽培要点　选择中等肥力地块种植，5月中上旬播种，采用垄三栽培方式，保苗30万～35万株/hm²。施尿素25kg/hm²，磷酸二铵150kg/hm²，硫酸钾50kg/hm²，深施或分层施。化学与机械除草相结合，三蹚，拔大草1次，适时收获。

　　适宜地区　黑龙江省第六积温带上限。

黑科56

3. 黑科57（Heike 57）

　　品种来源　黑龙江省农业科学院黑河分院以黑交05-978为母本，黑交02-1210为父本，进行有性杂交，系谱法选育而成，原品系号黑科57。2019年经黑龙江省农作物品种审定委员会审定，审定编号为黑审豆20190037。全国大豆品种资源统一编号ZDD33005。

　　特征　亚有限结荚习性，株高70.0cm，有分枝。披针叶，紫花，灰毛，荚褐色。籽粒圆形，种皮黄色，有光泽，脐黄色，百粒重20.0g。

　　特性　北方春大豆，黑龙江省春播生育期95d。中抗灰斑病。

　　产量品质　2015—2016年区域试验平均产量1 808.4kg/hm²，较对照品种黑河49增产13.5%。2017—2018年生产试验平均产量1 712.7kg/hm²，较对照品种黑河49增产11.9 %。蛋白质含量37.78%，脂肪含量21.46%。

　　栽培要点　选择中等肥力地块种植，5月中旬播种，采用垄三栽培方式，保苗30万～35万株/hm²。施基肥磷酸二铵150kg/hm²，尿

黑科57

素25kg/hm²，钾肥50kg/hm²。生育期及时铲蹚，防治病虫害，拔大草1次或采用除草剂除草，成熟后及时收获。

适宜地区　黑龙江省≥10℃活动积温2 000℃区域。

4. 黑科58（Heike 58）

品种来源　黑龙江省农业科学院黑河分院以黑交05-1013为母本，黑交02-1278为父本，进行有性杂交，系谱法选育而成，原品系号黑科58。2018年经黑龙江省农作物品种审定委员会审定，审定编号为黑审豆2018041。全国大豆品种资源统一编号ZDD31611。

黑科58

特征　亚有限结荚习性，株高70.0cm，有分枝。披针叶，白花，灰毛，荚褐色。籽粒圆形，种皮黄色，有光泽，脐黄色，百粒重20.0g。

特性　北方春大豆，黑龙江省春播生育期95d。中抗灰斑病。

产量品质　2015—2016年区域试验平均产量1 754.9kg/hm²，较对照品种黑河49增产10.6%。2017年生产试验平均产量1 726.3kg/hm²，较对照品种黑河49增产11.8%。蛋白质含量39.71%，脂肪含量21.30%。

栽培要点　选择中等肥力地块种植，5月中旬播种，采用垄三栽培方式，保苗35万株/hm²。施基肥磷酸二铵150kg/hm²，尿素25kg/hm²，钾肥50kg/hm²。生育期及时铲蹚，防治病虫害，拔大草1次或采用除草剂除草，及时收获。

适宜地区　黑龙江省≥10℃活动积温2 000℃区域。

5. 黑科59（Heike 59）

品种来源　黑龙江省农业科学院黑河分院以黑河03-3559为母本，华疆04-19为父本，进行有性杂交，系谱法选育而成，原品系号黑科59。2018年经黑龙江省农作物品种审定委员会审定，审定编号为黑审豆2018034。全国大豆品种资源统一编号ZDD31255。

特征　亚有限结荚习性，株高80.0cm，无分枝。披针叶，紫花，灰毛，荚褐色。籽粒圆形，种皮黄色，有光泽，脐黄色，百粒重20.0g。

特性　北方春大豆，黑龙江省春播生育期100d。中抗灰斑病。

产量品质　2015—2016年区域试验平均产量1 936.5kg/hm²，较对照品种华疆2号增产7.9%。2017年生产试验平均产量2 086.1kg/hm²，较对照品种华疆2号增产12.9%。蛋白质含量40.16%，脂肪含量20.89%。

栽培要点　选择中等肥力地块种植，5月中旬播种，采用垄三栽培方式，保苗30万～35万株/hm²。施基肥磷酸二铵150kg/hm²，尿素25kg/hm²，钾肥50kg/hm²。生育期及时铲蹚，防治病虫害，拔大草1次或采用除草剂除草，及时收获。

适宜地区　适宜在黑龙江省≥10℃活动积温2 100℃区域。

6. 黑科60（Heike 60）

品种来源　黑龙江省农业科学院黑河分院以黑交05-1013为母本，黑河49为父本，进行有性杂交，系谱法选育而成，原品系号黑交11-1161。2019年经黑龙江省农作物品种审定委员会审定，审定编号为黑审豆20190024。全国大豆品种资源统一编号ZDD33006。

特征　亚有限结荚习性，株高70.0cm，有分枝。披针叶，紫花，灰毛，荚褐色。籽粒圆形，种皮黄色，有光泽，脐黄色，百粒重19.0g。

特性　北方春大豆，黑龙江省春播生育期110d。中抗灰斑病。

产量品质　2015—2016年区域试验平均产量2 305.9kg/hm²，较对照品种黑河43增产11.3%。2017—2018年生产试验平均产量2 762.4kg/hm²，较对照品种黑河43增产12.8%。蛋白质含量39.59%，脂肪含量20.46%。

栽培要点　选择中等肥力地块种植，5月上旬播种，采用垄三栽培方式，保苗30万～35万株/hm²。施基肥磷酸二铵150kg/hm²，尿素25kg/hm²，钾肥50kg/hm²。生育期及时铲蹚，防治病虫害，拔大草1次或采用除草剂除草，及时收获。

适宜地区　黑龙江省≥10℃活动积温2 250℃区域。

黑科59

黑科60

7. 黑科67 （Heike 67）

品种来源　黑龙江省农业科学院黑河分院以黑交06-1625为母本，黑河04-5285为父本，进行有性杂交，系谱法选择育成，原品系号黑科67。2020年经黑龙江省农作物品种审定委员会审定，审定编号为黑审豆20200057。全国大豆品种资源统一编号ZDD33007。

黑科67

特征　亚有限结荚习性，株高75.0cm，有分枝。披针叶，紫花，灰毛，荚褐色。籽粒圆形，种皮黄色，有光泽，脐黄色，百粒重19.0g。

特性　北方春大豆，黑龙江省春播生育期95d。中抗灰斑病。

产量品质　2017—2018年区域试验平均产量1 888.5kg/hm²，较对照品种黑河49增产15.0%。2019年生产试验平均产量1 810.1kg/hm²，较对照品种黑河49增产12.6%。蛋白质含量38.63%，脂肪含量21.07%。

栽培要点　选择中等肥力地块种植，5月中旬播种，采用垄三栽培方式，保苗30万～35万株/hm²。施基肥磷酸二铵100kg/hm²，尿素15kg/hm²，钾肥25kg/hm²；施种肥磷酸二铵50kg/hm²，尿素10kg/hm²，钾肥25kg/hm²；开花结荚期叶面喷施叶面肥10kg/hm²。田间采用除草剂除草，生育期及时中耕管理，防治病虫害，成熟后及时收获。

适宜地区　在黑龙江省第六积温带下限，≥10℃活动积温1 850℃区域。

8. 黑科68 （Heike 68）

品种来源　黑龙江省农业科学院黑河分院以黑交00-5329为母本，黑河44为父本，进行有性杂交，系谱法选择育成，原品系号黑科68。2020年经黑龙江省农作物品种审定委员会审定，审定编号为黑审豆20200058。全国大豆品种资源统一编号ZDD33008。

特征　亚有限结荚习性，株高75.0cm，有分枝。披针叶，紫花，灰毛，荚褐色。籽粒圆形，种皮黄色，有光泽，脐黄色，百粒重20.0g。

特性　北方春大豆，黑龙江省春播生育期95d。感灰斑病。

产量品质　2017—2018年区域试验平均产量1 730.4kg/hm²，较对照品种黑河49增产11.9%。2019年生产试验平均产量1 826.4kg/hm²，较对照品种黑河49增产14.0%。蛋白质含量39.01%，脂肪含量20.66%。

栽培要点 选择中等肥力地块种植，5月中旬播种，采用垄三栽培方式，保苗30万～35万株/hm²。施基肥磷酸二铵100kg/hm²，尿素15kg/hm²，钾肥25kg/hm²；施种肥磷酸二铵50kg/hm²，尿素10kg/hm²，钾肥25kg/hm²；开花结荚期叶面喷施叶面肥10kg/hm²。田间采用除草剂除草，生育期及时中耕管理，防治病虫害，成熟后及时收获。

适宜地区 黑龙江省第六积温带下限，≥10℃活动积温1 850℃区域。

9. 黑科69 （Heike 69）

品种来源 黑龙江省农业科学院黑河分院以黑交07-3063为母本，黑河16为父本，进行有性杂交，系谱法选择育成，原品系号黑科69。2020年经黑龙江省农作物品种审定委员会审定，审定编号为黑审豆20200049。全国大豆品种资源统一编号ZDD33009。

特征 亚有限结荚习性，株高80.0cm，有分枝。披针叶，紫花，灰毛，荚褐色。籽粒圆形，种皮黄色，有光泽，脐黄色，百粒重19.0g。

特性 北方春大豆，黑龙江省春播生育期100d。中抗灰斑病。

产量品质 2017—2018年区域试验平均产量1 999.9kg/hm²，较对照品种华疆2号增产10.1%。2019年生产试验平均产量2 079.1kg/hm²，较对照品种华疆2号增产7.6%。蛋白质含量40.24%，脂肪含量20.06%。

栽培要点 选择中等肥力地块种植，5月中旬播种，采用垄三栽培方式，保苗30万～35万株/hm²。施基肥磷酸二铵100kg/hm²，尿素15kg/hm²，钾肥25kg/hm²；施种肥磷酸二铵50kg/hm²，尿素10kg/hm²，钾肥25kg/hm²；开花结荚期追施叶面肥10kg/hm²。田间采用除草剂除草，生育期及时中耕管理，防治病虫

黑科68

黑科69

害，成熟后及时收获。

　　适宜地区　黑龙江省第六积温带上限，≥10℃活动积温1 900℃区域。

10. 黑科71（Heike 71）

　　品种来源　黑龙江省农业科学院黑河分院以黑交07-2235为母本，黑交02-1408为父本，进行有性杂交，系谱法选育而成，原品系号黑科71。2020年经黑龙江省农作物品种审定委员会审定，审定编号为黑审豆20200046。全国大豆品种资源统一编号ZDD33010。

　　特征　亚有限结荚习性，株高80.0cm，有分枝。披针叶，紫花，灰毛，荚褐色。籽粒圆形，种皮黄色，有光泽，脐黄色，百粒重20.0g。

黑科71

　　特性　北方春大豆，黑龙江省春播生育期108d。中抗灰斑病。

　　产量品质　2017—2018年区域试验，平均产量2 786.2kg/hm²，较对照品种黑河45增产12.8%。2019年生产试验平均产量2 515.4kg/hm²，较对照品种黑河45增产11.5%。蛋白质含量38.34%，脂肪含量21.22%。

　　栽培要点　选择中等肥力地块种植，5月上旬播种，采用垄三栽培方式，保苗30万～35万株/hm²。施基肥磷酸二铵100kg/hm²，尿素15kg/hm²，钾肥25kg/hm²；施种肥磷酸二铵50kg/hm²，尿素10kg/hm²，钾肥25kg/hm²；开花期追施叶面肥10kg/hm²。田间采用除草剂除草，生育期及时中耕管理，防治病虫害，成熟后及时收获。

　　适宜地区　黑龙江省第五积温带，≥10℃活动积温1 950℃区域。

11. 黑科77（Heike 77）

　　品种来源　黑龙江省农业科学院黑河分院以黑河9号为母本，Minimax为父本，进行有性杂交，系谱法选育而成，原品系号黑科77。2019年经黑龙江省农作物品种审定委员会审定，审定编号为黑审豆20190043。全国大豆品种资源统一编号ZDD33011。

　　特征　亚有限结荚习性，株高70.0cm，有分枝。叶圆形，紫花，灰毛，荚褐色。籽粒圆形，种皮黄色，有光泽，脐黄色，百粒重9.0g。

　　特性　北方春大豆，黑龙江省春播生育期100d。中抗灰斑病。小粒品种。

产量品质　2016—2017年区域试验平均产量2 308.2kg/hm²，较对照品种华疆2号增产9.4%。2018年生产试验平均产量2 380.2kg/hm²，较对照品种华疆2号增产10.4%。蛋白质含量42.97%，脂肪含量16.71%。

栽培要点　选择中等肥力地块种植，5月中旬播种，采用垄三栽培方式，保苗30万～35万株/hm²。施基肥磷酸二铵150kg/hm²，尿素25kg/hm²，钾肥50kg/hm²。生育期及时铲蹚，防治病虫害，拔大草1～2次或采用除草剂除草，成熟后及时收获。

适宜地区　黑龙江省≥10℃活动积温2 100℃区域。

12. 金源71（Jinyuan 71）

品种来源　黑龙江省农业科学院黑河分院以华疆2号为母本，黑河03-1398为父本，进行有性杂交，并用⁶⁰Co（1.6万伦琴）处理F₂代风干种子选育而成，原品系号黑河09-3307。2016年经黑龙江省农作物品种审定委员会审定，审定编号为黑审豆2016014。全国大豆品种资源统一编号ZDD33012。

特征　亚有限结荚习性，株高71.0cm，无分枝。披针叶，紫花，灰毛，荚褐色。籽粒圆形，种皮黄色，有光泽，脐黄色，百粒重19.4g。

特性　北方春大豆，黑龙江省春播生育期99d。中抗灰斑病。

产量品质　2013—2014年区域试验平均产量1 790.5kg/hm²，较对照品种黑河49增产11.4%。2015年生产试验平均产量1 903.1kg/hm²，较对照品种黑河49增产11.5%。蛋白质含量41.00%，脂肪含量20.08%。

栽培要点　选择中等肥力地块种植，5月中旬播种。采用垄三栽培方式，保苗35万/hm²。施基肥磷酸二铵100kg/hm²，尿

黑科77

金源71

素30kg/hm²，钾肥30kg/hm²；施种肥磷酸二铵50kg/hm²，尿素20kg/hm²，钾肥20kg/hm²；花期追施叶面肥2次。播后或三叶期药剂灭草，生育期间及时铲趟，防治病虫害。及时收获。

适宜地区　黑龙江省第六积温带下限种植。

13. 金源73（Jinyuan 73）

品种来源　黑龙江省农业科学院黑河分院以黑河19为母本，华疆4号为父本，进行有性杂交，系谱法选育而成，原品系号黑河11-2428。2018年经黑龙江省农作物品种审定委员会审定，审定编号为黑审豆2018029。全国大豆品种资源统一编号ZDD33013。

金源73

特征　亚有限结荚习性，株高80.0cm，无分枝。披针叶，紫花，灰毛，荚褐色。籽粒圆形，种皮黄色，脐黄色，有光泽，百粒重21.0g。

特性　北方春大豆，黑龙江省春播生育期110d。中抗灰斑病。高油品种。

产量品质　2015—2016年区域试验平均产量2 224.5kg/hm²，较对照品种黑河43增产5.6%。2017年生产试验平均产量2 639.9kg/hm²，较对照品种黑河43增产9.4%。蛋白质含量37.75%，脂肪含量21.90%。

栽培要点　选择中等肥力地块种植，5月上旬播种。采用垄三栽培方式，保苗30万～35万株/hm²。施种肥磷酸二铵150kg/hm²，尿素40kg/hm²，钾肥50kg/hm²，玉米茬减施或不施尿素。生育期及时铲趟，防治病虫害，拔大草1～2次或采用除草剂除草，及时收获。

适宜地区　黑龙江省≥10℃活动积温2 250℃区域。

14. 华疆5号（Huajiang 5）

品种来源　北安市华疆种业有限责任公司以哈贝46-1为母本，华菜豆1号为父本，进行有性杂交，系谱法选择育成，原品系号华疆5号。2020年经黑龙江省农作物品种审定委员会审定，审定编号为黑审豆20200053。全国大豆品种资源统一编号ZDD33062。

特征　亚有限结荚习性，株高76.0cm，无分枝。披针叶，紫花，灰毛，荚褐色。籽粒圆形，种皮黄色，有光泽，脐黄色，百粒重21.0g。

特性 北方春大豆，黑龙江省春播生育期100d。中抗灰斑病。高蛋白品种。

产量品质 2016—2017年区域试验平均产量1 861.5kg/hm²，较对照品种华疆2号增产9.1%。2018年生产试验平均产量2 039.1kg/hm²，较对照品种华疆2号增产9.2%。蛋白质含量43.97%，脂肪含量19.04%。

栽培要点 选择中等肥力地块种植，5月中旬播种，采用垄三栽培方式，保苗30万～35万株/hm²。施磷酸二铵150kg/hm²，尿素40kg/hm²，钾肥50kg/hm²。田间采用除草剂除草。生育期及时中耕管理，防治病虫害，成熟后及时收获。

适宜地区 黑龙江省第六积温带上限，≥10℃活动积温1 900℃区域。

15. 华疆6号（Huajiang 6）

品种来源 北安市华疆种业有限责任公司、哈尔滨丰景农业科技有限公司以华疆2号为母本，华疆4号为父本，进行有性杂交，系谱选择法选育而成，原品系号华疆8916。2017年经黑龙江省农作物品种审定委员会审定，审定编号为黑审豆2017022。全国大豆品种资源统一编号ZDD34334。

特征 亚有限结荚习性，株高70.0cm，无分枝。披针叶，紫花，灰毛，荚褐色。籽粒圆形，种皮黄色，有光泽，脐黄色，百粒重18.0g。

特性 北方春大豆，黑龙江省春播生育期100d。中抗灰斑病。

产量品质 2014—2015年区域试验平均产量2 204.7kg/hm²，较对照品种华疆2号增产10.3%。2016年生产试验平均产量1 732.8kg/hm²，较对照品种华疆2号增产10.1%。蛋白

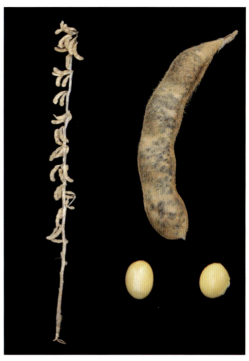
华疆5号

华疆6号

质含量40.95%，脂肪含量19.97%。

栽培要点　选择中等及以上肥力地块种植，5月中旬播种，采用垄三栽培方式，保苗35万株/hm²，大垄密栽培方式，保苗40万株/hm²。基肥施磷酸二铵150kg/hm²，尿素40kg/hm²，钾肥50kg/hm²。生育期及时铲蹚，防治病虫害，采用除草剂除草，及时收获。

适宜地区　黑龙江省第六积温带上限。

16. 华疆18 （Huajiang 18）

华疆18

品种来源　北安市华疆种业有限责任公司以华疆0704为母本，华疆4号为父本，进行有性杂交，系谱法选择育成，原品系号华疆18。2020年经黑龙江省农作物品种审定委员会审定，审定编号为黑审豆2020L0007。全国大豆品种资源统一编号ZDD33063。

特征　亚有限结荚习性，株高86.0cm，无分枝。叶圆形，紫花，棕毛，荚黄褐色。籽粒圆形，种皮黄色，有光泽，脐黄色，百粒重18.7g。

特性　北方春大豆，黑龙江省春播生育期115d。中抗灰斑病。

产量品质　2017—2018年区域试验平均产量2861.6kg/hm²，较对照品种北豆40增产6.1%。2019年生产试验平均产量2529.8kg/hm²，较对照品种北豆40增产5.6%。蛋白质含量38.50%，脂肪含量21.07%。

栽培要点　选择中等肥力地块种植，5月上旬播种，采用垄三栽培或大垄密栽培方式，保苗30万～35万株/hm²。施磷酸二铵150kg/hm²，尿素40kg/hm²，钾肥50kg/hm²。田间采用除草剂除草，生育期及时中耕管理，防治病虫害，成熟后及时收获。

适宜地区　黑龙江省第三积温带西部区，≥10℃活动积温2350℃区域。

17. 华疆34 （Huajiang 34）

品种来源　北安市华疆种业有限责任公司以华疆926为母本，华菜豆1号为父本，进行有性杂交，系谱选择育成，原品系号华疆34。2020年经黑龙江省农作物品种审定委员会审定，审定编号为黑审豆2020L0020。全国大豆品种资源统一编号ZDD33064。

特征　亚有限结荚习性，株高76.0cm，无分枝。叶圆形，紫花，灰毛，荚褐色。籽粒圆形，种皮黄色，有光泽，脐黄色，百粒重22.9g。

特性 北方春大豆，黑龙江省春播生育期100d。中抗灰斑病。

产量品质 2017—2018年区域试验平均产量2 123.6kg/hm²，较对照品种华疆2号增产8.5%。2019年生产试验平均产量2 199.5kg/hm²，较对照品种华疆2号增产10.4%。蛋白质含量41.55%，脂肪含量19.72%。

栽培要点 选择中等肥力地块种植，5月中旬播种，采用小垄或大垄密植栽培方式，保苗30万～35万株/hm²。施磷酸二铵150kg/hm²，尿素40kg/hm²，钾肥50kg/hm²。田间采用除草剂除草，生育期及时中耕管理，防治病虫害，成熟后及时收获。

适宜地区 黑龙江省第六积温带上限，≥10℃活动积温1 900℃区域。

华疆34

18. 华疆36（Huajiang 36）

品种来源 北安市华疆种业有限责任公司以华疆6415为母本，华疆2号为父本，进行有性杂交，系谱法选择育成，原品系号华疆36。2020年经黑龙江省农作物品种审定委员会审定，审定编号为黑审豆2020L0021。全国大豆品种资源统一编号ZDD33065。

特征 亚有限结荚习性，株高74.0cm，有分枝。披针叶，紫花，灰毛，荚褐色。籽粒圆形，种皮黄色，有光泽，脐黄色，百粒重19.6g。

特性 北方春大豆，黑龙江省春播生育期100d。中抗灰斑病。

产量品质 2017—2018年区域试验平均产量1 999.8kg/hm²，较对照品种华疆2号增产5.8%。2019年生产试验平均产量2 155.2kg/hm²，较对照品种华疆2号增产8.3%。蛋白质含量38.86%，脂肪含量20.35%。

华疆36

栽培要点　选择中等肥力地块种植，5月中旬播种，采用小垄或大垄密植栽培方式，保苗30万～35万株/hm²。施磷酸二铵150kg/hm²，尿素40kg/hm²，钾肥50kg/hm²。田间采用除草剂除草，生育期及时中耕管理，防治病虫害，成熟后及时收获。

适宜地区　黑龙江省第六积温带上限，≥10℃活动积温1 900℃区域。

19. 华菜豆2号（Huacaidou 2）

华菜豆2号

品种来源　北安市华疆种业有限责任公司以华疆0116为母本，华疆4404为父本，进行有性杂交，系谱法选育而成，原品系号华菜豆2号。2018年经黑龙江省农作物品种审定委员会审定，审定编号为黑审豆2018045。全国大豆品种资源统一编号ZDD33057。

特征　亚有限结荚习性，株高80.0cm，有分枝。披针叶，紫花，灰毛，荚褐色。籽粒圆形，种皮黄色，有光泽，脐黄色，百粒重27.0g。

特性　北方春大豆，黑龙江省春播生育期110d。感灰斑病。大粒豆。

产量品质　2015—2016年区域试验平均产量2 610.2kg/hm²，较对照品种华菜豆1号增产13.8%，2017年生产试验平均产量3 117.0kg/hm²，较对照品种华菜豆1号增产13.1%。蛋白质含量40.50%，脂肪含量20.10%。

栽培要点　选择中等以上肥力地块种植，5月上旬播种，采用垄三栽培方式，保苗30万株/hm²。施基肥磷酸二铵150kg/hm²，尿素40kg/hm²，钾肥50kg/hm²。生育期及时铲蹚，防治病虫害，采用除草剂除草，及时收获。

适宜地区　黑龙江省≥10℃活动积温2 250℃区域。

20. 华菜豆3号（Huacaidou 3）

品种来源　北安市华疆种业有限责任公司以华疆0116为母本，华疆4404为父本，进行有性杂交，系谱法选育而成，原品系号华菜豆3号。2018年经黑龙江省农作物品种审定委员会审定，审定编号为黑审豆2018046。全国大豆品种资源统一编号ZDD33058。

特征　亚有限结荚习性，株高80.0cm，无分枝。披针叶，紫花，灰毛，荚褐色。籽粒圆形，种皮黄色，有光泽，脐黄色，百粒重26.0g。

特性　北方春大豆，黑龙江省春播生育期105d。中抗灰斑病。大粒豆。

产量品质　2015—2016年区域试验平均产量2 540.0kg/hm²，较对照品种黑河45增产9.3%。2017年生产试验平均产量2 704.1kg/hm²，较对照品种黑河45增产9.2%。蛋白质含量41.56%，脂肪含量19.91%。

栽培要点　选择中等以上肥力地块种植，5月上中旬播种，采用垄三栽培方式，保苗30万株/hm²。基肥施磷酸二铵150kg/hm²，尿素40kg/hm²，钾肥50kg/hm²。生育期及时铲蹚，防治病虫害，采用除草剂除草，及时收获。

适宜地区　黑龙江省≥10℃活动积温2 150℃区域。

21. 华菜豆4号 (Huacaidou 4)

品种来源　北安市华疆种业有限责任公司以哈北46-1为母本，华菜豆1号为父本，进行有性杂交，系谱法选育而成，原品系号华菜豆4号。2019年经黑龙江省农作物品种审定委员会审定，审定编号为黑审豆20190048。全国大豆品种资源统一编号ZDD33059。

特征　亚有限结荚习性，株高77.1cm，无分枝。披针叶，紫花，灰毛，荚褐色。籽粒圆形，种皮黄色，有光泽，脐黄色，百粒重26.9g。

特性　北方春大豆，黑龙江省春播生育期105d。中抗灰斑病，大粒品种。

产量品质　2016—2017年区域试验平均产量2 536.5kg/hm²，较对照品种黑河45增产11.3%。2018年生产试验平均产量2 843.9kg/hm²，较对照品种黑河45增产9.8%。蛋白质含量41.17%，脂肪含量18.74%。

栽培要点　选择中等肥力地块种植，5月上中旬播种，采用垄三栽培方式，保苗30万～35万株/hm²。基肥施磷酸二铵150kg/hm²，

华菜豆3号

华菜豆4号

尿素40kg/hm²，钾肥50kg/hm²。生育期及时铲蹚，防治病虫害，拔大草1～2次，或采用除草剂除草，成熟后及时收获。

适宜地区　黑龙江省≥10℃活动积温2 150℃区域。

22. 华菜豆5号（Huacaidou 5）

华菜豆5号

品种来源　北安市华疆种业有限责任公司以哈北46-1为母本，华菜豆1号为父本，进行有性杂交，系谱法选育而成，原品系号华菜豆5号。2019年经黑龙江省农作物品种审定委员会审定，审定编号为黑审豆20190049。全国大豆品种资源统一编号ZDD33060。

特征　亚有限结荚习性，株高74.0cm，有分枝。叶圆形，白花，灰毛，荚褐色。籽粒圆形，种皮黄色，有光泽，脐黄色，百粒重27.6g。

特性　北方春大豆，黑龙江省春播生育期110d。中抗灰斑病，大粒品种。

产量品质　2016—2017年区域试验平均产量2 601.0kg/hm²，较对照品种华菜豆1号增产9.5%。2018年生产试验平均产量2 432.4kg/hm²，较对照品种华菜豆1号增产12.6%。蛋白质含量43.13%，脂肪含量18.62%。

栽培要点　选择中等肥力地块种植，5月上中旬播种，采用垄三栽培方式，保苗30万～35万株/hm²。基肥施磷酸二铵150kg/hm²，尿素40kg/hm²，钾肥50kg/hm²。生育期间及时铲蹚，防治病虫害，拔大草1～2次，或采用除草剂除草，成熟后及时收获。

适宜地区　黑龙江省≥10℃活动积温2 250℃区域。

23. 华菜豆7号（Huacaidou 7）

品种来源　北安市华疆种业有限责任公司以华疆6977为母本，华疆7146为父本，进行有性杂交，系谱法选育而成，原品系号华菜豆7号。2019年经黑龙江省农作物品种审定委员会审定，审定编号为黑审豆20190061。全国大豆品种资源统一编号ZDD33061。

特征　亚有限结荚习性，株高87.0cm，无分枝。披针叶，白花，灰毛，荚褐色。籽粒圆形，种皮黄色，有光泽，脐黄色，百粒重27.6g。

特性　北方春大豆，黑龙江省春播生育期105d。中抗灰斑病，大粒品种。

　　产量品质　2017—2018年区域试验平均产量2 634.0kg/hm²，较对照品种黑河45增产7.2%。蛋白质含量43.36%，脂肪含量17.77%。

　　栽培要点　选择中等肥力地块种植，5月中上旬播种，采用垄三栽培方式，保苗30万～35万株/hm²。基肥施磷酸二铵150kg/hm²，尿素40kg/hm²，钾肥50kg/hm²。生育期及时铲蹚，防治病虫害，拔大草2次，或采用除草剂除草，成熟后及时收获。

　　适宜地区　黑龙江省≥10℃活动积温2 150℃区域（做鲜食大豆种植）。

24. 昊疆1号（Haojiang 1）

　　品种来源　北安市昊疆农业科学技术研究所、孙吴贺丰种业有限公司以昊疆810为母本，北丰11为父本，进行有性杂交，经系谱法选育而成，原品系号昊疆10-2040。2016年经黑龙江省农作物品种审定委员会审定，审定编号为黑审豆2016012。全国大豆品种资源统一编号ZDD33048。

　　特征　亚有限结荚习性，株高82.0cm，有分枝。披针叶，白花，灰毛，荚褐色。籽粒圆形，种皮黄色，有光泽，脐黄色，百粒重21.0g。

　　特性　北方春大豆，黑龙江省春播生育期100d。中感至抗灰斑病。

　　产量品质　2013—2014年区域试验平均产量2 051.6kg/hm²，较对照品种华疆2号增产13.7%。2015年生产试验平均产量2 151.3kg/hm²，较对照品种华疆2号增产9.3%。蛋白质含量42.02%，脂肪含量19.51%。

　　栽培要点　选择中等肥力地块种植，5月中旬播种，采用垄三栽培方式，保苗30万～35万株/hm²。施基肥磷酸二铵150kg/hm²，尿素40kg/hm²，钾肥50kg/hm²；施种肥磷酸二铵40kg/hm²；花期、结荚期分别追施磷酸二氢钾2kg/hm²和尿素5kg/hm²。生育期及时铲蹚，防治病虫害，拔

华菜豆7号

昊疆1号

大草2次或采用除草剂除草，及时收获。合理轮作，避免重迎茬。

适宜地区 黑龙江省第六积温带上限。

25. 昊疆2号 （Haojiang 2）

品种来源 北安市昊疆农业科学技术研究所、孙吴贺丰种业有限公司以昊疆875为母本，昊疆639为父本，进行有性杂交，经系谱法选育而成，原品系号昊疆09-2379。2016年经黑龙江省农作物品种审定委员会审定，审定编号为黑审豆2016010。全国大豆品种资源统一编号ZDD33049。

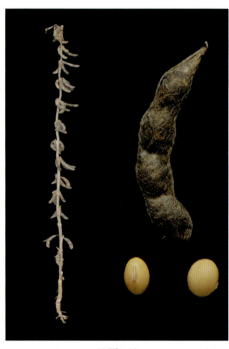

昊疆2号

特征 亚有限结荚习性，株高88.0cm，无分枝。披针叶，白花，灰毛，荚褐色。籽粒圆形，种皮黄色，有光泽，脐黄色，百粒重22.0g。

特性 北方春大豆，黑龙江省春播生育期105d。中感至抗灰斑病。

产量品质 2013—2014年区域试验平均产量2 560.0kg/hm^2，较对照品种黑河45增产10.0%。2015年生产试验平均产量2 866.6kg/hm^2，较对照品种黑河45增产10.7%。蛋白质含量43.65%，脂肪含量18.03%。

栽培要点 选择中等肥力地块种植，5月上旬播种，采用垄三栽培方式，保苗28万株/hm^2。施基肥磷酸二铵160kg/hm^2，尿素40kg/hm^2，钾肥50kg/hm^2；施种肥磷酸二铵50kg/hm^2；花期、结荚期分别追施磷酸二氢钾4kg/hm^{2}和尿素4kg/hm^2。生育期及时铲蹚，防治病虫害，拔大草2次或采用除草剂除草，及时收获。

适宜地区 黑龙江省第五积温带。

26. 昊疆3号 （Haojiang 3）

品种来源 北安市昊疆农业科学技术研究所、孙吴贺丰种业有限公司以昊疆2255为母本，昊疆172为父本，进行有性杂交，经系谱法选育而成，原品系号昊疆11-1200。2017年经黑龙江省农作物品种审定委员会审定，审定编号为黑审豆2017023。全国大豆品种资源统一编号ZDD33050。

特征 无限结荚习性，株高88.0cm，有分枝。披针叶，紫花，灰毛，荚褐色。籽粒圆形，种皮黄色，有光泽，脐黄色，百粒重18.0g。

特性 北方春大豆，黑龙江省春播生育期100d。中抗灰斑病。

产量品质 2014—2015年区域试验平均产量 2 207.0kg/hm²，较对照品种华疆2号增产8.1%。2016年生产试验平均产量1 735.5kg/hm²，较对照品种华疆2号增产9.4%。蛋白质含39.18%，脂肪含量20.69%。

栽培要点 选择中等肥力地块种植，5月下旬播种，采用垄三栽培方式，保苗35万株/hm²。施基肥磷酸二铵125kg/hm²，尿素25kg/hm²，钾肥30kg/hm²；施种肥磷酸二铵30kg/hm²，尿素20kg/hm²，钾肥20kg/hm²；花期、结荚期分别追施磷酸二氢钾2kg/hm²和尿素5kg/hm²。及时铲蹚，化学除草，及时防治病虫害，及时收获。

适宜地区 黑龙江省第六积温带上限。

27. 昊疆4号 （Haojiang 4）

品种来源 北安市昊疆农业科学技术研究所、孙吴贺丰种业有限公司以昊疆2255为母本，黑河48为父本，进行有性杂交，系谱法选育而成，原品系号昊疆11-1265。2018年经黑龙江省农作物品种审定委员会审定，审定编号为黑审豆2018028。全国大豆品种资源统一编号ZDD33051。

特征 亚有限结荚习性，株高85.0cm，无分枝。披针叶，紫花，灰毛，荚褐色。籽粒圆形，种皮黄色，有光泽，脐黄色，百粒重20.0g。

特性 北方春大豆，黑龙江省春播生育期110d。中抗灰斑病。

产量品质 2015—2016年区域试验平均产量2 305.1kg/hm²，较对照品种黑河43增产10.1%。2017年生产试验平均产量2 638.2kg/hm²，较对照品种黑河43增产9.4%。蛋白质含量39.54%，脂肪含量19.62%。

栽培要点 选择中等肥力地块种植，5月上旬播种，采用垄三栽培方式，保苗30万株/hm²。施基肥磷酸二铵120kg/hm²，尿素25kg/hm²，钾肥40kg/hm²；施种肥磷酸二铵36kg/hm²，尿素

昊疆3号

昊疆4号

15kg/hm²，钾肥25kg/hm²；花期、结荚期分别追施磷酸二氢钾2kg/hm²和尿素5kg/hm²。生育期及时铲蹚，防治病虫害，拔大草1～2次或采用除草剂除草，及时收获。

适宜地区　黑龙江省≥10℃活动积温2 250℃区域。

28. 昊疆5号（Haojiang 5）

品种来源　北安市昊疆农业科学技术研究所、孙吴贺丰种业有限公司以昊疆171为母本，昊疆167为父本，进行有性杂交，系谱法选育而成，原品系号昊疆11-1295。2018年经黑龙江省农作物品种审定委员会审定，审定编号为黑审豆2018033。全国大豆品种资源统一编号ZDD34335。

昊疆5号

特征　无限结荚习性，株高88.0cm，有分枝。披针叶，紫花，灰毛，荚褐色。籽粒圆形，种皮黄色，有光泽，脐黄色，百粒重21.0g。

特性　北方春大豆，黑龙江省春播生育期105d。中抗灰斑病。

产量品质　2015—2016年区域试验平均产量2 480.6kg/hm²，较对照品种黑河45增产11.7%。2017年生产试验平均产量2 612.3kg/hm²，较对照品种黑河45增产10.4%。蛋白质含量40.02%，脂肪含量20.72%。

栽培要点　选择中等肥力地块种植，5月中旬播种，采用垄三栽培方式，保苗32万株/hm²。施基肥磷酸二铵120kg/hm²，尿素25kg/hm²，钾肥40kg/hm²；施种肥磷酸二铵38kg/hm²，尿素15kg/hm²，钾肥26kg/hm²；花期、结荚期分别追施磷酸二氢钾2kg/hm²和尿素5kg/hm²。生育期及时铲蹚，防治病虫害，拔大草1～2次或采用除草剂除草，及时收获。

适宜地区　黑龙江省≥10℃活动积温2 150℃区域。

29. 昊疆7号（Haojiang 7）

品种来源　北安市昊疆农业科学技术研究所、孙吴贺丰种业有限公司以北疆九1号为母本，昊疆2038为父本，进行有性杂交，系谱法选育而成，原品系号昊疆7号。2018年经黑龙江省农作物品种审定委员会审定，审定编号为黑审豆2018035。全国大豆品种资源统一编号ZDD33052。

特征 亚有限结荚习性，株高85.0cm，无分枝。披针叶，紫花，灰毛，荚褐色。籽粒圆形，种皮黄色，有光泽，脐黄色，百粒重20.0g。

特性 北方春大豆，黑龙江省春播生育期95d。中抗灰斑病。高油品种。

产量品质 2015—2016年区域试验平均产量1 768.1kg/hm²，较对照品种黑河49增产10.6%。2017年生产试验平均产量1 621.8kg/hm²，较对照品种黑河49增产14.5%。蛋白质含量39.68%，脂肪含量21.68%。

栽培要点 选择中等肥力地块种植，5月中旬播种，采用垄三栽培方式，保苗35万株/hm²。施基肥磷酸二铵120kg/hm²，尿素25kg/hm²，钾肥40kg/hm²；施种肥磷酸二铵35kg/hm²，尿素15kg/hm²，钾肥30kg/hm²；花期、结荚期分别追施磷酸二氢钾2kg/hm²和尿素5kg/hm²。生育期及时铲蹚，防治病虫害，拔大草1～2次或采用除草剂除草，及时收获。

适宜地区 适宜在黑龙江省≥10℃活动积温2 000℃区域。

昊疆7号

30. 昊疆8号 （Haojiang 8）

品种来源 北安市昊疆农业科学技术研究所、孙吴贺丰种业有限公司以昊疆193为母本，黑河43为父本，进行有性杂交，系谱法选育而成，原品系号昊疆8号。2019年经黑龙江省农作物品种审定委员会审定，审定编号为黑审豆20190029。全国大豆品种资源统一编号ZDD31265。

特征 亚有限结荚习性，株高85.0cm，无分枝。披针叶，白花，灰毛，荚褐色。籽粒圆形，种皮黄色，有光泽，脐黄色，百粒重21.0g。

特性 北方春大豆，黑龙江省春播生育

昊疆8号

期105d。中抗灰斑病。

产量品质　2016—2017年区域试验平均产量2 351.4kg/hm²，较对照品种黑河45增产10.1%。2018年生产试验平均产量2 598.3kg/hm²，较对照品种黑河45增产10.1%。蛋白质含量39.30%，脂肪含量19.79%。

栽培要点　选择中等肥力地块种植，5月中旬播种，采用垄三栽培方式，保苗30万株/hm²。施基肥磷酸二铵125kg/hm²，尿素20kg/hm²，钾肥40kg/hm²；施种肥磷酸二铵37kg/hm²，尿素15kg/hm²，钾肥35kg/hm²；花期、结荚期分别追施磷酸二氢钾肥2kg/hm²和尿素5kg/hm²。生育期及时铲蹚、防治病虫害，采用除草剂除草，成熟后及时收获。

适宜地区　黑龙江省≥10℃活动积温2 150℃区域。

31. 昊疆13 （Haojiang 13）

昊疆13

品种来源　北安市昊疆农业科学技术研究所、孙吴贺丰种业有限公司以昊疆829为母本，昊疆711为父本，进行有性杂交，系谱法选育而成，原品系号昊疆13。2018年经黑龙江省农作物品种审定委员会审定，审定编号为黑审豆2018042。全国大豆品种资源统一编号ZDD33053。

特征　亚有限结荚习性，株高82.0cm，无分枝。披针叶，白花，灰毛，荚褐色。籽粒圆形，种皮黄色，有光泽，脐黄色，百粒重14.0g。

特性　北方春大豆，黑龙江省春播生育期110d。中抗灰斑病。芽豆品种。

产量品质　2015—2016年区域试验平均产量2 728.9kg/hm²，较对照品种东农60增产12.4%。2017年生产试验平均产量2 950.1kg/hm²，较对照品种东农60增产14.2%。蛋白质含量39.71%，脂肪含量20.55%。

栽培要点　选择中等肥力地块种植，5月上旬播种，采用垄三栽培方式，保苗30万株/hm²。施基肥磷酸二铵120kg/hm²，尿素25kg/hm²，钾肥40kg/hm²；施种肥磷酸二铵36kg/hm²，尿素15kg/hm²，钾肥25kg/hm²；花期、结荚期分别追施磷酸二氢钾2kg/hm²和尿素5kg/hm²。生育期间及时防治病虫害。田间采用化学药剂除草，拔大草2～3次，及时收获。

适宜地区　黑龙江省≥10℃活动积温2 250℃区域。

32. 昊疆14 （Haojiang 14）

品种来源 北安市昊疆农业科学技术研究所、孙吴贺丰种业有限公司以昊疆145为母本，黑河48为父本，进行有性杂交，系谱法选育而成，原品系号昊疆14。2019年经黑龙江省农作物品种审定委员会审定，审定编号为黑审豆20190034。全国大豆品种资源统一编号ZDD31253。

特征 亚有限结荚习性，株高86.0cm，无分枝。披针叶，白花，灰毛，荚褐色。籽粒圆形，种皮黄色，有光泽，脐黄色，百粒重21.5g。

特性 北方春大豆，黑龙江省春播生育期100d。中抗灰斑病。

产量品质 2016—2017年区域试验平均产量1 891.4kg/hm²，较对照品种华疆2号增产10.8%。2018年生产试验平均产量2 055.9kg/hm²，较对照品种华疆2号增产9.9%。蛋白质含量40.73%，脂肪含量20.03%。

栽培要点 选择中等肥力地块种植，5月下旬播种，采用垄三栽培方式，保苗35万株/hm²。施基肥磷酸二铵125kg/hm²，尿素20kg/hm²，钾肥40kg/hm²；施种肥磷酸二铵37kg/hm²，尿素15kg/hm²，钾肥35kg/hm²；花期、结荚期分别追施磷酸二氢钾肥2kg/hm²和尿素5kg/hm²。生育期及时铲蹚，防治病虫害，采用除草剂除草，成熟后及时收获。

适宜地区 黑龙江省≥10℃活动积温2 100℃区域。

昊疆14

33. 昊疆20 （Haojiang 20）

品种来源 北安市昊疆农业科学技术研究所、孙吴贺丰种业有限公司以昊疆2254为母本，黑河43为父本，进行有性杂交，系谱法选择育成，原品系号昊疆20。2020年经黑龙江省农作物品种审定委员会审定，审定编号为黑审豆

昊疆20

20200031。全国大豆品种资源统一编号ZDD33054。

特征　亚有限结荚习性，株高85.0cm，无分枝。披针叶，紫花，灰毛，荚褐色。籽粒圆形，种皮黄色，有光泽，脐黄色，百粒重21.5g。

特性　北方春大豆，黑龙江省春播生育期115d。中抗灰斑病。

产量品质　2017—2018年区域试验平均产量2 731.2kg/hm²，较对照品种北豆40增产7.9%。2019年生产试验平均产量2 678.1kg/hm²，较对照品种北豆40增产9.6%。蛋白质含量41.32%，脂肪含量18.98%。

栽培要点　选择中等肥力地块种植，5月上旬播种，采用垄三栽培方式，保苗30万株/hm²。施基肥磷酸二铵130kg/hm²，尿素25kg/hm²，钾肥50kg/hm²；施种肥磷酸二铵35kg/hm²，尿素15kg/hm²，钾肥35kg/hm²；开花结荚期叶面喷施磷酸二氢钾2kg/hm²和尿素5kg/hm²。田间采用除草剂除草，生育期间及时中耕管理，防治病虫害，成熟后及时收获。

适宜地区　黑龙江省第三积温带西部区，≥10℃活动积温2 350℃区域。

34. 昊疆21（Haojiang 21）

品种来源　北安市昊疆农业科学技术研究所、孙吴贺丰种业有限公司以黑河35为母本，华菜豆1号为父本，进行有性杂交，系谱法选育而成，原品系号昊疆21。2019年经黑龙江省农作物品种审定委员会审定，审定编号为黑审豆20190038。全国大豆品种资源统一编号ZDD33055。

昊疆21

特征　亚有限结荚习性，株高85.0cm，无分枝。披针叶，白花，灰毛，荚褐色。籽粒圆形，种皮黄色，有光泽，脐黄色，百粒重28.0g。

特性　北方春大豆，黑龙江省春播生育期115d。中抗灰斑病，大粒品种。

产量品质　2016—2017年区域试验平均产量2 682.9kg/hm²，较对照品种华菜豆1号增产14.5%。2018年生产试验平均产量2 975.3kg/hm²，较对照品种华菜豆1号增产12.7%。蛋白质含量40.39%，脂肪含量20.24%。

栽培要点　选择中等肥力地块种植，5月上旬播种，采用垄三栽培方式，保苗30万株/hm²。施基肥磷酸二铵130kg/hm²，尿素25kg/hm²，钾肥40kg/hm²，施种肥磷酸二铵40kg/hm²，尿素20kg/hm²，钾肥35kg/hm²；花期、结荚期分别追施磷酸二氢钾肥2kg/hm²和尿素5kg/hm²。生育期及时铲蹚，防治病虫害，采用除草剂除草，成熟后及时收获。

适宜地区　黑龙江省≥10℃活动积温2 450℃区域。

35. 龙达3号 （Longda 3）

品种来源　北安市大龙种业有限责任公司以哈北46-1为母本，黑河18为父本，进行有性杂交，系谱法选育而成，原品系号龙达11-182。2018年经黑龙江省农作物品种审定委员会审定，审定编号为黑审豆2018026。全国大豆品种资源统一编号ZDD33042。

特征　亚有限结荚习性，株高80.0cm，无分枝。披针叶，白花，灰毛，荚褐色。籽粒圆形，种皮黄色，脐黄色，有光泽，百粒重20.0g。

特性　北方春大豆，黑龙江省春播生育期110d。中抗灰斑病。

产量品质　2015—2016年区域试验平均产量2 318.4kg/hm²，较对照品种黑河43增产10.3%。2017年生产试验平均产量2 690.8kg/hm²，较对照品种黑河43增产11.5%。蛋白质含量40.71%，脂肪含量20.11%。

栽培要点　选择中等肥力地块种植，5月上中旬播种。采用垄三栽培方式，保苗30万

龙达3号

株/hm²。施肥磷酸二铵150kg/hm²，尿素50kg/hm²，钾肥50kg/hm²。生育期及时铲蹚，防治病虫害，采用除草剂除草，及时收获。

适宜地区　黑龙江省≥10℃活动积温2 250℃区域。

36. 龙达4号 （Longda 4）

品种来源　北安市大龙种业有限责任公司以哈北46-1母本，北疆05-38为父本，进行有性杂交，系谱法选育而成，原品系号龙达11-612。2018年经黑龙江省农作物品种审定委员会审定，审定编号为黑审豆2018016。全国大豆品种资源统一编号ZDD33043。

特征　亚有限结荚习性，株高85.0cm，有分枝。披针叶，白花，灰毛，荚褐色。籽粒圆形，种皮黄色，脐黄色，有光泽，百粒重19.4g。

特性　北方春大豆，黑龙江省春播生育期115d。中抗灰斑病。

产量品质　2015—2016年区域试验平均产量2 737.7kg/hm²，较对照品种北豆40增产

龙达4号

龙达5号

8.9％。2017年生产试验平均产量2 614.7kg/hm²，较对照品种北豆40增产10.2％。蛋白质含量41.84％，脂肪含量19.68％。

栽培要点　选择中上等肥力地块种植，5月上中旬播种。采用垄三栽培方式，保苗28万～30万株/hm²。施肥磷酸二铵150kg/hm²，尿素50kg/hm²，钾肥50kg/hm²。生育期及时铲蹚，防治病虫害，拔大草1次或采用除草剂除草，及时收获。

适宜地区　黑龙江省≥10℃活动积温2 450℃区域。

37. 龙达5号 （Longda 5）

品种来源　北安市大龙种业有限责任公司以黑河36为母本，边研07-815为父本，进行有性杂交，系谱法选育而成，原品系号龙达11-142。2018年经黑龙江省农作物品种审定委员会审定，审定编号为黑审豆2018017。全国大豆品种资源统一编号ZDD33044。

特征　亚有限结荚习性，株高90.0cm，无分枝。披针叶，紫花，灰毛，荚褐色。籽粒圆形，种皮黄色，脐黄色，有光泽，百粒重21.0g。

特性　北方春大豆，黑龙江省春播生育期115d。中抗灰斑病。

产量品质　2014—2015年区域试验平均产量2 928.1kg/hm²，较对照品种北豆40增产8.8％。2016—2017年生产试验平均产量2 545.7kg/hm²，较对照品种北豆40增产9.9％。蛋白质含量40.84％，脂肪含量19.65％。

栽培要点　选择中等肥力地块种植，5月上中旬播种。采用垄三栽培方式，保苗28万～30万株/hm²。施肥磷酸二铵150kg/hm²，尿素50kg/hm²，钾肥50kg/hm²。生育期及时铲蹚，防治病虫害，拔大草1次或采用除草剂除草，及时收获。

适宜地区 黑龙江省≥10℃活动积温2 450℃区域。

38. 龙达6号（Longda 6）

品种来源 北安市大龙种业有限责任公司以华疆965为母本，台毛豆112为父本，进行有性杂交，系谱法选择育成，原品系号龙达6号。2020年经黑龙江省农作物品种审定委员会审定，审定编号为黑审豆20200072。全国大豆品种资源统一编号ZDD33045。

特征 无限结荚习性，株高92.0cm，有分枝。叶圆形，紫花，灰毛，荚褐色。籽粒椭圆形，种皮黄色，有光泽，脐黄色，百粒重32.5g，鲜籽粒百粒重84.4g。

特性 北方春大豆，黑龙江省春播生育期113d。高抗灰斑病。鲜食大粒品种。

产量品质 2017—2018年区域试验鲜重平均产量12 864.5kg/hm²，较对照品种华菜豆1号增产11.2%。2019年生产试验鲜重平均产量15 112.7kg/hm²，较对照品种华菜豆1号增产11.0%。成熟籽粒蛋白质含量39.89%，脂肪含量20.25%。鲜籽粒蛋白质含量10.30%，脂肪含量5.30%，可溶性糖含量2.31%，水分73.1%。

龙达6号

栽培要点 选择中等肥力地块种植，5月中旬播种。采用垄三栽培方式，保苗28万~30万株/hm²。施肥磷酸二铵150kg/hm²，尿素50kg/hm²，钾肥50kg/hm²。田间采用除草剂除草，生育期及时中耕管理，防治病虫害，成熟后及时收获。

适宜地区 黑龙江省第四积温带，≥10℃活动积温2 250℃区域。

39. 龙达130（Longda 130）

品种来源 北安市大龙种业有限责任公司以早2为母本，北疆09-277为父本，进行有性杂交，系谱法选择育成，原品系号龙达130。2020年经黑龙江省农作物品种审定委员会审定，审定编号为黑审豆20200051。全国大豆品种资源统一编号ZDD33046。

特征 亚有限结荚习性，株高70.0cm，无分枝。披针叶，白花，灰毛，荚褐色。籽粒圆形，种皮黄色，有光泽，脐黄色，百粒重19.0g。

龙达130

龙达菜豆2号

特性 北方春大豆，黑龙江省春播生育期100d。中抗灰斑病。

产量品质 2017—2018年区域试验平均产量2 098.9kg/hm²，较对照品种华疆2号增产12.3%。2019年生产试验平均产量2 098.9kg/hm²，较对照品种华疆2号增产8.7%。蛋白质含量40.54%，脂肪含量21.52%。

栽培要点 选择中等肥力地块种植，5月上中旬播种。采用垄三栽培方式，保苗35万～38万株/hm²。施肥磷酸二铵150kg/hm²，尿素50kg/hm²，钾肥50kg/hm²。田间采用除草剂除草，生育期及时中耕管理，防治病虫害，成熟后及时收获。

适宜地区 黑龙江省第六积温带上限，≥10℃活动积温1 900℃区域。

40. 龙达菜豆2号
（Longdacaidou 2）

品种来源 北安市大龙种业有限责任公司以华疆965为母本，台毛豆112为父本，进行有性杂交，系谱法选育而成，原品系号龙达菜豆2号。2019年经黑龙江省农作物品种审定委员会审定，审定编号为黑审豆2019Z0003。全国大豆品种资源统一编号ZDD33047。

特征 亚有限结荚习性，株高90.0cm，有分枝。叶圆形，紫花，灰毛，荚褐色。籽粒椭圆形，种皮黄色，有光泽，脐黄色，百粒鲜重90.3g。

特性 北方春大豆，黑龙江省春播生育期110d。抗灰斑病，鲜食大粒品种。

产量品质 2016—2017年区域试验鲜荚平均产量12 766.7kg/hm²，较对照品种华菜豆1号增产11.5%。2018年生产试验鲜荚平均产量12 733.3kg/hm²，较对照品种华菜豆1号增产13.3%。鲜籽粒蛋白质含量11.44%，脂肪含量4.50%，可溶性糖含量1.37%，水分71.90%。

栽培要点　选择中等肥力地块种植，5月上中旬播种。采用垄三栽培方式，保苗28.5万～30.5万株/hm²。施肥磷酸二铵150kg/hm²，尿素50kg/hm²，钾肥50kg/hm²。生育期及时铲蹚，防治病虫害，拔大草1～2次，或采用除草剂除草，及时收获。

适宜地区　黑龙江省≥10℃活动积温2 150℃区域（做鲜食大豆种植）。

41. 汇农2号（Huinong 2）

品种来源　嫩江县金土地农业科技发展有限公司以北豆42为母本，汇农08-10为父本，进行有性杂交，系谱法选择育成，原品系号汇农2号。2020年经黑龙江省农作物品种审定委员会审定，审定编号为黑审豆20200045。全国大豆品种资源统一编号ZDD31268。

特征　亚有限结荚习性，株高90.0cm，无分枝。披针叶，紫花，灰毛，荚褐色。籽粒圆形，种皮黄色，有光泽，脐黄色，百粒重23.0g。

特性　北方春大豆，黑龙江省春播生育期108d。中抗灰斑病。

产量品质　2017—2018年区域试验平均产量2 718.0kg/hm²，较对照品种黑河45增产12.2%。2019年生产试验平均产量2 507.8kg/hm²，较对照品种黑河45增产11.1%。蛋白质含量39.93%，脂肪含量20.33%。

汇农2号

栽培要点　选择中等肥力地块种植，5月中旬播种，采用垄三栽培方式，保苗30万～35万株/hm²。施基肥磷酸二铵120kg/hm²，尿素45kg/hm²，钾肥50kg/hm²；施种肥磷酸二铵50kg/hm²，尿素5kg/hm²，钾肥8kg/hm²；开花结荚期追施钾肥5kg/hm²。田间采用除草剂除草，生育期及时中耕管理，防治病虫害，成熟后及时收获。

适宜地区　黑龙江省第五积温带，≥10℃活动积温1 950℃区域。

42. 汇农4号（Huinong 4）

品种来源　北安市汇农大豆育种所、嫩江县圣源种子粮食加工有限公司以北豆9号为母本，华疆4号为父本，进行有性杂交，系谱法选择育成，原品系号汇农4号。2020年经黑龙江省农作物品种审定委员会审定，审定编号为黑审豆20200042。全国大豆品种资源统一编号ZDD31289。

汇农4号

汇农416

特征 无限结荚习性，株高95.0cm，有分枝。披针叶，紫花，灰毛，荚褐色。籽粒圆形，种皮黄色，有光泽，脐黄色，百粒重21.0g。

特性 北方春大豆，黑龙江省春播生育期113d。中抗灰斑病。

产量品质 2017—2018年区域试验平均产量2 841.2kg/hm²，较对照品种黑河43增产9.4%。2019年生产试验平均产量2 498.2kg/hm²，较对照品种黑河43增产9.2%。蛋白质含量38.90%，脂肪含量21.35%。

栽培要点 选择中等肥力地块种植，5月中旬播种，采用垄三栽培方式，保苗30万～35万株/hm²。施基肥磷酸二铵120kg/hm²，尿素45kg/hm²，钾肥50kg/hm²；施种肥磷酸二铵50kg/hm²，尿素5kg/hm²，钾肥8kg/hm²；开花结荚期追施钾肥5kg/hm²。田间采用除草剂除草，生育期及时中耕管理，防治病虫害，成熟后及时收获。

适宜地区 黑龙江省第四积温带，≥10℃活动积温2 250℃区域。

43. 汇农416（Huinong 416）

品种来源 北安市汇农大豆育种所、黑龙江普兰种业有限公司以合03-199为母本，北丰11为父本，进行有性杂交，系谱法选育而成，原品系号汇农416。2018年经黑龙江省农作物品种审定委员会审定，审定编号为黑审豆2018025。全国大豆品种资源统一编号ZDD33259。

特征 无限结荚习性，株高90.0cm，有分枝。披针叶，紫花，灰毛，荚褐色。籽粒圆形，种皮黄色，有光泽，脐黄色，百粒重20.0g。

特性 北方春大豆，黑龙江省春播生育期110d。中抗灰斑病。

产量品质 2015—2016年区域试验平均产量2 354.6kg/hm²，较对照品种黑河43增产

11.9%。2017年生产试验平均产量2 693.8kg/hm²，较对照品种黑河43增产11.7%。蛋白质含量40.20%，脂肪含量20.46%。

栽培要点　选择中等肥力地块种植，5月上中旬播种，采用垄三栽培方式，保苗30万～35万株/hm²。施种肥磷酸二铵120kg/hm²，尿素45kg/hm²，钾肥55kg/hm²；初花期结合中耕追施尿素10kg/hm²。生育期及时铲蹚，防治病虫害，拔大草2次或采用除草剂除草，及时收获。

适宜地区　黑龙江省≥10℃活动积温2 250℃区域。

44. 汇农417（Huinong 417）

品种来源　黑龙江普兰种业有限公司、北安市汇农大豆育种所以合03-199为母本，北丰11为父本，进行有性杂交，系谱法选育而成，原品系号汇农417。2018年经黑龙江省农作物品种审定委员会审定，审定编号为黑审豆2018031。全国大豆品种资源统一编号ZDD33260。

特征　无限结荚习性，株高90.0cm，有分枝。披针叶，紫花，灰毛，荚褐色。籽粒圆形，种皮黄色，有光泽，脐黄色，百粒重20.0g。

特性　北方春大豆，黑龙江省春播生育期105d。中抗灰斑病。

产量品质　2015—2016年区域试验平均产量2 439.9kg/hm²，较对照品种黑河45增产9.8%。2017年生产试验平均产量2 672.2kg/hm²，较对照品种黑河45增产13.0%。蛋白含量40.10%，脂肪含量20.98%。

栽培要点　选择中等肥力地块种植，5月中旬播种，采用垄三栽培方式，保苗35万株/hm²。

汇农417

施种肥磷酸二铵120kg/hm²，尿素45kg/hm²，钾肥55kg/hm²；初花期结合中耕追施尿素10kg/hm²。生育期及时铲蹚，防治病虫害，拔大草2次或采用除草剂除草，及时收获。

适宜地区　黑龙江省≥10℃活动积温2 150℃区域。

45. 圣豆15（Shengdou 15）

品种来源　黑龙江圣丰种业有限公司、黑龙江省振北种业北疆农业科学研究所、黑河市振边农业科学研究所以黑交99-1842为母本，华疆22-2011为父本，进行有性杂交，系谱法选育而成，原品系号北疆08-280。2015年经黑龙江省农作物品种审定委员会审定，

圣豆15

圣豆39

审定编号为黑审豆2015018。全国大豆品种资源统一编号ZDD33038。

特征　亚有限结荚习性，株高95.0cm，有分枝。披针叶，紫花，灰毛，荚褐色。籽粒圆形，种皮黄色，有光泽，脐黄色，百粒重20.0g。

特性　北方春大豆，黑龙江省春播生育期115d。中抗灰斑病。

产量品质　2012—2013年区域试验平均产量2 436.7kg/hm²，较对照品种黑河43增产8.8%。2014年生产试验平均产量2 923.6kg/hm²，较对照品种黑河43增产11.3%。蛋白质含量39.89%，脂肪含量20.48%。

栽培要点　选择中等肥力地块种植，5月上中旬播种。采用垄三栽培方式，保苗28万株/hm²。施种肥磷酸二铵150kg/hm²，尿素40kg/hm²，钾肥50kg/hm²，深施或分层施。生育期及时铲蹚，防治病虫害，拔大草1次或采用除草剂除草，及时收获。播前建议用种衣剂拌种。

适宜地区　黑龙江省第四积温带。

46. 圣豆39（Shengdou 39）

品种来源　黑龙江圣丰种业有限公司、嫩江鑫宇农业科技有限公司以北丰13为母本，北疆97-829为父本，进行有性杂交，经系谱法选育而成，原品系号圣鑫10-501。2017年经黑龙江省农作物品种审定委员会审定，审定编号为黑审豆2017026。全国大豆品种资源统一编号ZDD33035。

特征　亚有限结荚习性，株高85.0cm，无分枝。披针叶，白花，灰毛，荚褐色。籽粒圆形，种皮黄色，有光泽，脐黄色，百粒重21.0g。

特性　北方春大豆，黑龙江省春播生育期93d。一年抗，一年中抗，一年感灰斑病。

产量品质　2014—2015年区域试验平均产量1 923.7kg/hm²，较对照品种黑河49增产13.9%。2016年生产试验平均产量1 610.4kg/hm²，较对照品种黑河49增产9.9%。蛋白质含量39.70%，脂肪含量20.16%。

栽培要点　选择中等肥力地块种植，5月中旬播种。采用垄三栽培方式，保苗35万～40万株/hm²。施种肥，磷酸二铵120kg/hm²，尿素45kg/hm²，钾肥55kg/hm²；追肥，初花期结合中耕追施10kg/hm²尿素。生育期间及时铲蹚，防治病虫害，拔大草2次或采用除草剂除草，及时收获。

适宜地区　黑龙江省第六积温带。

47. 圣豆43（Shengdou 43）

品种来源　黑龙江圣丰种业有限公司以北疆九1号为母本，垦鉴豆27为父本，进行有性杂交，经系谱法选育而成，原品系号汇农08-10。2016年经黑龙江省农作物品种审定委员会审定，审定编号为黑审2016011。全国大豆品种资源统一编号ZDD33039。

特征　无限结荚习性，株高90.0cm，有分枝。披针叶，紫花，灰毛，荚褐色。籽粒圆形，种皮黄色，有光泽，脐黄色，百粒重21.5g。

特性　北方春大豆，黑龙江省春播生育期105d。中抗灰斑病。高蛋白大豆品种。

产量品质　2012—2013年区域试验平均产量2 421.4kg/hm²，较对照品种黑河45增产10.0%。2014—2015年生产试验平均产量2 907.6kg/hm²，较对照品种黑河45增产9.3%。蛋白质含量44.15%，脂肪含量17.74%。

圣豆43

栽培要点　选择中等肥力地块种植，5月上中旬播种。采用垄三栽培方式，保苗35万株/hm²。施基肥磷酸二铵150kg/hm²，尿素40kg/hm²，钾肥50kg/hm²；施种肥磷酸二铵50kg/hm²，钾肥25kg/hm²；追施钾肥3kg/hm²和尿素8kg/hm²。生育期间及时铲蹚，防治病虫害，拔大草2次或采用除草剂除草，及时收获。合理轮作，避免重茬。

适宜地区　黑龙江省第五积温带。

48. 圣豆44（Shengdou 44）

品种来源　黑龙江圣丰种业有限公司以垦鉴豆27为母本，绥02-423为父本，进行有

圣豆44

圣豆45

性杂交，经系谱法选育而成，原品系号汇农10-09。2016年经黑龙江省农作物品种审定委员会审定，审定编号为黑审豆2016013。全国大豆品种资源统一编号ZDD33040。

特征　亚有限结荚习性，株高90.0cm，有分枝。披针叶，紫花，灰毛，荚褐色。籽粒圆形，种皮黄色，有光泽，脐黄色，百粒重21.0g。

特性　北方春大豆，黑龙江省春播生育期100d。中抗灰斑病。

产量品质　2012—2014年区域试验平均产量2 086.1kg/hm²，较对照品种华疆2号增产10.7%。2015年生产试验平均产量2 139.7kg/hm²，较对照品种华疆2号增产7.6%。蛋白质含量42.4%，脂肪含量19.2%。

栽培要点　选择中等肥力地块种植，5月上中旬播种。采用垄三栽培方式，保苗40万～45万株/hm²。施基肥，磷酸二铵150kg/hm²，尿素40kg/hm²，钾肥50kg/hm²；施种肥，磷酸二铵50kg/hm²，钾肥25kg/hm²，追施钾肥3kg/hm²和尿素8kg/hm²。生育期间及时铲蹚，防治病虫害，拔大草2次或采用除草剂除草，及时收获。合理轮作，避免重茬。

适宜地区　黑龙江省第六积温带。

49. 圣豆45（Shengdou 45）

品种来源　黑龙江圣丰种业有限公司以合丰25为母本，北疆610为父本，进行有性杂交，系谱法选育而成，原品系号圣鑫11-5006。2018年经黑龙江省农作物品种审定委员会审定，审定编号为黑审豆2018036。全国大豆品种资源统一编号ZDD33041。

特征　亚有限结荚习性，株高85.0cm，无分枝。披针叶，白花，灰毛，荚褐色。籽粒圆形，种皮黄色，有光泽，脐黄色，百粒重21.8g。

特性　北方春大豆，黑龙江省春播生育期95d。两年中抗灰斑病，一年感灰斑病。

产量品质　2015—2016年区域试验平均产量1 792.4kg/hm²，较对照品种黑河49增产12.2%。2017年生产试验平均产量1 720.3kg/hm²，较对照品种黑河49增产13.3%。蛋白质含量40.06%，脂肪含量20.41%。

栽培要点　选择中等肥力地块种植，5月中旬播种。采用垄三栽培方式，保苗35万~ 40万株/hm²。施基肥磷酸二铵125kg/hm²，尿素25kg/hm²，钾肥30kg/hm²；施种肥磷酸二铵30kg/hm²，尿素20kg/hm²，钾肥20kg/hm²；花期、结荚期分别追施磷酸二氢钾2kg/hm²和尿素5kg/hm²。生育期间及时铲蹚，防治病虫害，拔大草2次或采用除草剂除草，及时收获。

适宜地区　黑龙江省≥10℃活动积温2 000℃区域。

50. 鑫科4号 （Xinke 4）

品种来源　黑龙江圣丰种业有限公司、肇源县鑫科农业技术研究所用北疆01-777为母本，北丰11为父本，进行有性杂交，系谱法选择育成，原品系号鑫科4号。2020年经黑龙江省农作物品种审定委员会审定，审定编号为黑审豆20200034。全国大豆品种资源统一编号ZDD33036。

特征　亚有限结荚习性，株高90.0cm，无分枝。披针叶，白花，灰毛，荚褐色。籽粒圆形，种皮黄色，脐黄色，有光泽，百粒重20.0g。

特性　北方春大豆，黑龙江省春播生育期115d。中抗灰斑病。

产量品质　2018—2019年区域试验平均产量2 881.4kg/hm²，较对照品种北豆40增产9.3%，2019年生产试验平均产量2 677.2kg/hm²，较对照品种北豆40增产9.6%。蛋白质含量40.49%，脂肪含量20.74%。

鑫科4号

栽培要点　选择中等肥力地块种植，5月上中旬播种。采用垄三栽培方式，保苗32万株/hm²。施基肥磷酸二铵135kg/hm²，尿素30kg/hm²，钾肥50kg/hm²；施种肥磷酸二铵35kg/hm²，尿素15kg/hm²，钾肥35kg/hm²；开花结荚期叶面喷施磷酸二氢钾肥2.5kg/hm²和尿素5kg/hm²。田间采用除草剂除草，生育期间及时中耕管理，防治病虫害，成熟后及时收获。

适宜地区　黑龙江省第三积温带西部区，≥10℃活动积温2350℃区域。

双602

东富豆1号

51. 双602（Shuang 602）

品种来源 黑龙江圣丰种业有限公司、黑龙江省丰禾种业有限公司用绥农26为母本，双80-54为父本，进行有性杂交，系谱法选择育成，原品系号双602。2020年经黑龙江省农作物品种审定委员会审定，审定编号为黑审豆20200038。全国大豆品种资源统一编号ZDD33034。

特征 亚有限结荚习性，株高88.0cm，有分枝。披针叶，紫花，灰毛，荚褐色。籽粒圆形，种皮黄色，脐黄色，有光泽，百粒重20.9g。

特性 北方春大豆，黑龙江省春播生育期116d。中抗灰斑病。

产量品质 2017—2018年区域试验平均产量3 170.3kg/hm²，较对照品种合丰51增产8.7%，2019年生产试验平均产量2 534.7kg/hm²，较对照品种合丰51增产7.8%。蛋白质含量43.82%，脂肪含量21.20%。

栽培要点 选择中等肥力地块种植，5月上旬播种。采用垄三栽培方式，保苗30万株/hm²。施磷酸二铵150kg/hm²，尿素30kg/hm²，钾肥75kg/hm²。田间采用除草剂除草，生育期及时中耕管理，防治病虫害，成熟后及时收获。建议播种前对种子进行包衣处理。

适宜地区 黑龙江省第三积温带东部区，≥10℃活动积温2400℃区域。

52. 东富豆1号（Dongfudou 1）

品种来源 东北农业大学国家大豆工程技术研究中心、黑龙江省五大连池市富民种子集团有限公司以华疆1号为母本，Ichihme为父本，进行有性杂交，系谱法选育而成，原品系号东富豆1号。2018年经黑龙江省农作物品种审定委员会审定，审定编号为黑审豆2018043。全国大豆品种资源统一编号ZDD33027。

特征 无限结荚习性，株高68.0cm，有分枝。披针叶，紫花，灰毛，荚褐色。籽粒圆形，种皮黄色，有光泽，脐黄色，百粒重19.0g。

特性 北方春大豆，黑龙江省春播生育期105d。中抗灰斑病。无腥豆品种。

产量品质 2015—2016年区域试验平均产量2 630.5kg/hm²，较对照品种黑河45增产6.9%。2017年生产试验平均产量2 710kg/hm²，较对照品种黑河45增产7.2%。蛋白质含量43.33%，脂肪含量18.59%，缺失脂肪氧化酶Lox_1、Lox_2、Lox_3。

栽培要点 适宜中等以上肥力地块种植，5月上中旬播种，采用垄三栽培方式，保苗28万株/hm²。施基肥磷酸二铵150kg/hm²，尿素40kg/hm²，钾肥50kg/hm²；施种肥磷酸二铵3kg/hm²，尿素8kg/hm²，钾肥5kg/hm²；追施氮肥5kg/hm²。生育期及时铲蹚，防治病虫害，拔大草3次或采用除草剂除草，及时收获。

适宜地区 黑龙江省≥10℃活动积温2 150℃区域。

53. 东富豆3号 （Dongfudou 3）

品种来源 黑龙江省五大连池市富民种子集团有限公司以绥07-502为母本，Ichihime为父本，进行有性杂交，系谱法选育而成，原品系号东富豆3号。2019年经黑龙江省农作物品种审定委员会审定，审定编号为黑审豆20190045。全国大豆品种资源统一编号ZDD33028。

特征 亚有限结荚习性，株高85.0cm，有分枝。叶圆形，紫花，灰毛，荚黄色。籽粒圆形，种皮黄色，有光泽，脐黄色，百粒重24.0g。

特性 北方春大豆，黑龙江省春播生育期118d。中抗灰斑病。无腥豆品种。

产量品质 2016—2017年区域试验平均产量2 632.0kg/hm²，较对照品种绥无腥1号增产6.8%。2018年生产试验平均产量2 691.0kg/hm²，较对照品种绥无腥1号增产7.7%。蛋白质含量44.50%，脂肪含量18.60%。

东富豆3号

栽培要点 适宜中等肥力地块种植，5月上中旬播种，采用垄三栽培方式，保苗21万～23万株/hm²。施种肥磷酸二铵100kg/hm²，尿素35kg/hm²，钾肥40kg/hm²；追施大豆叶面肥1～2次。生育期及时铲蹚，防治病虫害，拔大草1～2次或采用除草剂除草，成熟后及时收获。

适宜地区 黑龙江省≥10℃活动积温2 500℃区域。

五豆151

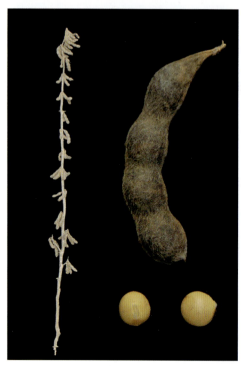

五豆188

54. 五豆151（Wudou 151）

品种来源　黑龙江省五大连池市富民种子集团有限公司以黑豆为母本，克山1号为父本，进行有性杂交，系谱法选择育成，原品系号五豆151。2020年经黑龙江省农作物品种审定委员会审定，审定编号为黑审豆20200063。全国大豆品种资源统一编号ZDD33029。

特征　亚有限结荚习性，株高73.0cm，有分枝。披针叶，紫花，灰毛，荚褐色。籽粒椭圆形，种皮黑色，脐黑色，有光泽，百粒重18.7g。

特性　北方春大豆，黑龙江省春播生育期113d。中抗灰斑病，黑色种皮大豆。

产量品质　2018—2019年区域试验平均产量2 535.0kg/hm²，较对照品种黑河43增产6.5%。蛋白质含量39.89%，脂肪含量20.04%。

栽培要点　选择中等肥力地块种植，5月上旬播种。采用垄三栽培方式，保苗28万～30万株/hm²。施基肥磷酸二铵50kg/hm²，尿素25kg/hm²，钾肥40kg/hm²；施种肥磷酸二铵100kg/hm²，尿素20kg/hm²，钾肥35kg/hm²；开花结荚期追施氮肥5kg/hm²。田间采用除草剂除草，生育期及时中耕管理，防治病虫害，成熟后及时收获。

适宜地区　黑龙江省第四积温带，≥10℃活动积温2 250℃区域。

55. 五豆188（Wudou 188）

品种来源　黑龙江省五大连池市富民种子集团有限公司以黑河36为母本，北豆14为父本，进行有性杂交，系谱法选育而成，原品系号克良08-5833。2015年经黑龙江省农作物品种审定委员会审定，审定编号为黑审豆2015015。全国大豆品种资源统一编号ZDD33024。

特征　亚有限结荚习性，株高90.0cm，无分枝。披针叶，白花，灰毛，荚褐色。籽粒圆形，种皮黄色，有光泽，脐黄色，百粒重18.8g。

特性　北方春大豆，黑龙江省春播生育期115d。中抗灰斑病。

产量品质　2011—2012年区域试验平均产量2 406.1kg/hm²，较对照品种丰收25增产8.8%。2013—2014年生产试验平均产量2 392.7kg/hm²，较对照品种丰收25增产9.6%。蛋白质含量41.38%，脂肪含量18.75%。

栽培要点　选择中等肥力地块种植，5月上旬播种。采用垄三栽培方式，保苗30万～35万株/hm²。施基肥磷酸二铵150kg/hm²，尿素40kg/hm²，钾肥50kg/hm²；施种肥磷酸二铵3kg/hm²，尿素8kg/hm²，钾肥5kg/hm²；追施氮肥5kg/hm²。生育期及时铲蹚，防治病虫害，拔大草3次或采用除草剂除草，及时收获。

适宜地区　黑龙江省第三积温带。

56. 五黑1号（Wuhei 1）

品种来源　黑龙江省五大连池市富民种子集团有限公司以克山1号为母本，龙黑大豆为父本，进行有性杂交，系谱法选育而成，原品系号恒黑1号。2019年经黑龙江省农作物品种审定委员会审定，审定编号为黑审豆20190051。全国大豆品种资源统一编号ZDD33030。

特征　亚有限结荚习性，株高90.0cm，无分枝。披针叶，白花，棕毛，荚黄褐色。籽粒椭圆形，种皮黑色，无光泽，脐黑色，百粒重19.0g。

特性　北方春大豆，黑龙江省春播生育期115d。中抗灰斑病，黑色种皮品种。

产量品质　2016—2017年区域试验平均产量2 625.0kg/hm²，较对照品种龙黑大豆1号增产5.9%。2018年生产试验平均产量2 707.8kg/hm²，较对照品种龙黑大豆1号增产4.6%。蛋白质含量40.78%，脂肪含量18.50%。

栽培要点　选择中上等肥力地块种植，5月上旬播种。采用大垄双行栽培方式，保苗23万～28万株/hm²。施基肥磷酸二铵50kg/hm²，尿素25kg/hm²，钾肥40kg/hm²；施种肥磷酸二铵

五黑1号

100kg/hm²，尿素20kg/hm²，钾肥35kg/hm²。生育期及时铲蹚，防治病虫害，拔大草2次，或采用除草剂除草，成熟后及时收获。

适宜地区　黑龙江省≥10℃活动积温2 450℃区域。

57. 五芽豆1号 （Wuyadou 1）

五芽豆1号

品种来源　黑龙江省五大连池市富民种子集团有限公司以东农690为母本，绥小粒豆为父本，进行有性杂交，系谱法选育而成，原品系号五芽豆1号。2018年经黑龙江省农作物品种审定委员会审定，审定编号为黑审豆2018044。全国大豆品种资源统一编号ZDD33032。

特征　无限结荚习性，株高90.0cm，有分枝。披针叶，紫花，灰毛，荚黄褐色。籽粒圆形，种皮黄色，有光泽，脐黄色，百粒重10.0g。

特性　北方春大豆，黑龙江省春播生育期110d。中抗灰斑病。小粒豆品种。

产量品质　2015—2016年区域试验平均产量2 360.5kg/hm²，较对照品种东农60增产6.9％。2017年生产试验平均产量2 349.8kg/hm²，较对照品种东农60增产6.9％。蛋白质含量44.43％，脂肪含量16.23％。

栽培要点　选择中上等肥力地块种植，5月上中旬播种。采用大垄双行栽培方式，保苗28万株/hm²。施基肥磷酸二铵150kg/hm²，尿素40kg/hm²，钾肥50kg/hm²；施种肥磷酸二铵3kg/hm²，尿素8kg/hm²，钾肥5kg/hm²；追施氮肥5kg/hm²。生育期及时铲蹚，防治病虫害，拔大草3次或采用除草剂除草，及时收获。

适宜地区　黑龙江省≥10℃活动积温2 250℃区域。

58. 五芽豆2号 （Wuyadou 2）

品种来源　黑龙江省五大连池市富民种子集团有限公司以东农69为母本，绥小粒2号为父本，进行有性杂交，系谱法选育而成，原品系号五芽豆2号。2019年经黑龙江省农作物品种审定委员会审定，审定编号为黑审豆20190040。全国大豆品种资源统一编号ZDD33033。

特征　无限结荚习性，株高90.0cm，有分枝。披针叶，紫花，灰毛，荚褐色。籽粒圆形，种皮黄色，有光泽，脐黄色，百粒重10.0g。

特性　北方春大豆，黑龙江省春播生育期115d。中抗灰斑病。小粒豆品种。

产量品质　2016—2017年区域试验平均产量2 575.9kg/hm²，较对照品种东农60增产

6.6%。2018年生产试验平均产量2 322.0kg/hm²，较对照品种东农60增产6.9%。蛋白质含量44.70%，脂肪含量16.40%。

栽培要点 选择中上等肥力地块种植，5月上中旬播种。采用大垄双行栽培方式，保苗24万～26万株/hm²。施基肥磷酸二铵50kg/hm²，尿素25kg/hm²，钾肥30kg/hm²；施种肥磷酸二铵100kg/hm²，尿素25kg/hm²，钾肥50kg/hm²。生育期及时铲蹚，防治病虫害，拔大草1～2次或采用除草剂除草，成熟后及时收获。

适宜地区 黑龙江省≥10℃活动积2 450℃区域。

59. 五毛豆1号 (Wumaodou 1)

品种来源 黑龙江省五大连池市富民种子集团有限公司以东生5号为母本，孙毛为父本，进行有性杂交，系谱法选育而成，原品系号恒科毛豆1号。2019年经黑龙江省农作物品种审定委员会审定，审定编号为黑审豆20190046。全国大豆品种资源统一编号ZDD33031。

特征 无限结荚习性，株高90.0cm，有分枝。披针叶，紫花，灰毛，荚黄色。籽粒圆形，种皮黄色，有光泽，脐黄色，百粒重23.0g。

特性 北方春大豆，黑龙江省春播生育期115d。中抗灰斑病，大粒品种。

产量品质 2016—2017年区域试验平均产量2 700.0kg/hm²，较对照品种东生5号增产5.9%。2018年生产试验平均产量2 743.0kg/hm²，较对照品种东生5号增产5.6%。蛋白质含量38.94%，脂肪含量19.43%。

栽培要点 选择中上等肥力地块种植，5月上旬播种。采用大垄双行栽培方式，保苗28万～30万株/hm²。施基肥磷酸二铵

五芽豆2号

五毛豆1号

50kg/hm², 尿素 20kg/hm², 钾肥 30kg/hm²; 施种肥磷酸二铵 100kg/hm², 尿素 30kg/hm², 钾肥 50kg/hm²。生育期及时铲蹚, 防治病虫害, 拔大草 2 次, 或采用除草剂除草, 成熟后及时收获。

适宜地区　黑龙江省 ≥10℃ 活动积温 2 450℃ 区域。

60. 大地8号（Dadi 8）

大地 8 号

品种来源　五大连池市大地种业有限责任公司以黑河 38 为母本, 黑河 43 为父本, 进行有性杂交, 系谱法选择育成, 原品系号大地 8 号。2020 年经黑龙江省农作物品种审定委员会审定, 审定编号为黑审豆 2020L0010。全国大豆品种资源统一编号 ZDD33022。

特征　亚有限结荚习性, 株高 84.0cm, 无分枝。披针叶, 紫花, 灰毛, 荚褐色。籽粒圆形, 种皮黄色, 有光泽, 脐黄色, 百粒重 19.7g。

特性　北方春大豆, 黑龙江省春播生育期 113d。中抗灰斑病。

产量品质　2017—2018 年区域试验平均产量 3 043.0kg/hm², 较对照品种黑河 43 增产 7.0%。2019 年生产试验平均产量 2 586.3kg/hm², 较对照品种黑河 43 增产 10.6%。蛋白质含量 41.32%, 脂肪含量 19.70%。

栽培要点　适宜中等肥力地块种植, 5 月上旬播种, 采用垄三栽培方式, 保苗 28 万～ 32 万株/hm²。施基肥磷酸二铵 100kg/hm², 尿素 28kg/hm², 钾肥 32kg/hm²; 种肥施磷酸二铵 50kg/hm², 尿素 12kg/hm², 钾肥 18kg/hm²。田间采用除草剂除草, 生育期间及时中耕管理, 防治病虫害, 成熟后及时收获。

适宜地区　黑龙江省第四积温带, ≥10℃ 活动积温 2 250℃ 区域。

61. 峰豆3号（Fengdou 3）

品种来源　五大连池市丰信种业有限公司以北丰 17 为母本, 北豆 10 号为父本, 进行有性杂交, 系谱法选择育成, 原品系号峰豆 3 号。2020 年经黑龙江省农作物品种审定委员会审定, 审定编号为黑审豆 20200041。全国大豆品种资源统一编号 ZDD33023。

特征　无限结荚习性, 株高 95.0cm, 有分枝。披针叶, 紫花, 灰毛, 荚褐色。籽粒圆形, 种皮黄色, 有光泽, 脐黄色, 百粒重 20.0g。

特性 北方春大豆，黑龙江省春播生育期113d。中抗灰斑病。

产量品质 2017—2018年区域试验平均产量2 780.4kg/hm²，较对照品种黑河43增产7.2%。2019年生产试验平均产量2 545.1kg/hm²，较对照品种黑河43增产11.3%。蛋白质含量39.35%，脂肪含量22.09%。

栽培要点 选择中等肥力地块种植，5月中旬播种，采用垄三栽培方式，保苗30万～35万株/hm²。施基肥磷酸二铵120kg/hm²，尿素45kg/hm²，钾肥50kg/hm²；施种肥磷酸二铵50kg/hm²，尿素5kg/hm²，钾肥8kg/hm²；开花结荚期追施钾肥5kg/hm²。田间采用除草剂除草，生育期及时中耕管理，防治病虫害，成熟后及时收获。

适宜地区 黑龙江省第四积温带，≥10℃活动积温2 250℃区域。

峰豆3号

62. 金杉3号（Jinshan 3）

品种来源 五大连池市金杉种业有限公司以金杉01母本，垦鉴豆27为父本，进行有性杂交，系谱法选择育成，原品系号金杉3号。2020年经黑龙江省农作物品种审定委员会审定，审定编号为黑审豆2020L0009。全国大豆品种资源统一编号ZDD33025。

特征 亚有限结荚习性，株高88.0cm，无分枝。披针叶，紫花，灰毛，荚褐色。籽粒圆形，种皮黄色，有光泽，脐黄色，百粒重19.8g。

特性 北方春大豆，黑龙江省春播生育期113d。中抗灰斑病。

产量品质 2017—2018年区域试验平均产量3 028.1kg/hm²，较对照品种黑河43增产6.8%。2019年生产试验平均产量2 551.0kg/hm²，较对照品种黑河43增产9.2%。蛋白质含量40.64%，脂肪含量19.11%。

栽培要点 选择中等肥力地块种植，5月上旬播种。采用垄三栽培方式，保苗30万株/hm²。

金杉3号

施基肥磷酸二铵125kg/hm²，尿素20kg/hm²，钾肥40kg/hm²；施种肥磷酸二铵37kg/hm²，尿素15kg/hm²，钾肥35kg/hm²；开花结荚期叶面喷施磷酸二氢钾2kg/hm²和尿素5kg/hm²。田间采用除草剂除草，生育期及时中耕管理，防治病虫害，成熟后及时收获。

适宜地区 黑龙江省第四积温带，≥10℃活动积温2 250℃区域。

63. 贺豆1号（Hedou 1）

贺豆1号

品种来源 孙吴贺丰种业有限公司、北安市昊疆农业科学技术研究所以疆莫豆1号为母本，北疆872为父本，进行有性杂交，经系谱法选育而成，原品系号贺丰10-1259。2017年经黑龙江省农作物品种审定委员会审定，审定编号为黑审豆2017019。全国大豆品种资源统一编号ZDD33014。

特征 亚有限结荚习性，株高85.0cm，无分枝。披针叶，紫花，灰毛，荚褐色。籽粒圆形，种皮黄色，脐黄色，有光泽，百粒重21.0g。

特性 北方春大豆，黑龙江省春播生育期115d。中抗灰斑病。

产量品质 2014—2015年区域试验平均产量2 713.3kg/hm²，较对照品种黑河43增产10.4%，2016年生产试验平均产量2 202.0kg/hm²，较对照品种黑河43增产10.5%。蛋白质含量41.20%，脂肪含量19.17%。

栽培要点 选择中等肥力地块种植，5月上旬播种，采用垄三栽培方式，保苗30万～35万株/hm²。施基肥磷酸二铵160kg/hm²，尿素40kg/hm²，钾肥55kg/hm²；施种肥磷酸二铵35kg/hm²，尿素20kg/hm²，钾肥30kg/hm²；花期、结荚期分别追施磷酸二氢钾2kg/hm²和尿素5kg/hm²。生育期及时铲蹚，防治病虫害，拔大草2次或采用除草剂除草，及时收获。

适宜地区 黑龙江省第四积温带。

64. 贺豆2号（Hedou 2）

品种来源 孙吴贺丰种业有限公司、北安市昊疆农业科学技术研究所以昊疆162为母本，昊疆172为父本，进行有性杂交，经系谱法选育而成，原品系号贺丰11-2107。2017年经黑龙江省农作物品种审定委员会审定，审定编号为黑审豆2017025。全国大豆品种资源统一编号ZDD33015。

特征　无限结荚习性，株高86.0cm，有分枝。披针叶，紫花，灰毛，荚褐色。籽粒圆形，种皮黄色，脐黄色，有光泽，百粒重18.0g。

特性　北方春大豆，黑龙江省春播生育期93d。中抗灰斑病。

产量品质　2014—2015年区域试验平均产量2 020.5kg/hm²，较对照品种黑河49增产15.8%。2016年生产试验平均产量1 628.4kg/hm²，较对照品种黑河49增产10.5%。蛋白质含量38.31%，脂肪含量20.94%。

栽培要点　选择中等肥力地块种植，5月下旬播种，采用垄三栽培方式，保苗35万株/hm²。施基肥磷酸二铵120kg/hm²，尿素30kg/hm²，钾肥35kg/hm²；施种肥磷酸二铵35kg/hm²，尿素20kg/hm²，钾肥20kg/hm²；花期、结荚期分别追施磷酸二氢钾2kg/hm²和尿素5kg/hm²。生育期及时铲蹚、防治病虫害，拔大草2次或采用除草剂除草，及时收获。

适宜地区　黑龙江省第六积温带下限。

贺豆2号

65. 贺豆3号（Hedou 3）

品种来源　孙吴贺丰种业有限公司、北安市昊疆农业科学技术研究所以昊疆171为母本，北豆14为父本，进行有性杂交，系谱法选育而成，原品系号贺丰11-1124。2018年经黑龙江省农作物品种审定委员会审定，审定编号为黑审豆2018030。全国大豆品种资源统一编号ZDD33016。

特征　无限结荚习性，株高87.0cm，有分枝。披针叶，紫花，灰毛，荚褐色。籽粒圆形，种皮黄色，脐黄色，有光泽，百粒重19.0g。

特性　北方春大豆，黑龙江省春播生育期105d。中抗灰斑病。

产量品质　2015—2016年区域试验平均

贺豆3号

产量2 464.4kg/hm²，较对照品种黑河45增产10.9%。2017年生产试验平均产量2 673.4kg/hm²，较对照品种黑河45增产13.3%。蛋白质含量40.02%，脂肪含量19.96%。

栽培要点 选择中等肥力地块种植，5月中旬播种，采用垄三栽培方式，保苗30万株/hm²。施基肥磷酸二铵115kg/hm²，尿素26kg/hm²，钾肥40kg/hm²；施种肥磷酸二铵40kg/hm²，尿素15kg/hm²，钾肥28kg/hm²；花期、结荚期分别追施磷酸二氢钾2kg/hm²和尿素5kg/hm²。生育期及时铲蹚，防治病虫害，拔大草1～2次或采用除草剂除草，及时收获。

适宜地区 黑龙江省≥10℃活动积温2 250℃区域。

66. 贺豆6号 （Hedou 6）

贺豆6号

品种来源 孙吴贺丰种业有限公司、北安市昊疆农业科学技术研究所以昊疆788为母本，昊疆798为父本，进行有性杂交，系谱法选育而成，原品系号贺丰6号。2019年经黑龙江省农作物品种审定委员会审定，审定编号为黑审豆20190036。全国大豆品种资源统一编号ZDD31258。

特征 亚有限结荚习性，株高85.0cm，无分枝。披针叶，白花，灰毛，荚褐色。籽粒圆形，种皮黄色，有光泽，脐黄色，百粒重23.5g。

特性 北方春大豆，黑龙江省春播生育期100d。中抗灰斑病。

产量品质 2015—2016年区域试验平均产量1 924.7kg/hm²，较对照品种华疆2号增产6.7%。2017—2018年生产试验平均产量1 995.3kg/hm²，较对照品种华疆2号增产8.9%。蛋白质含量39.05%，脂肪含量20.26%。

栽培要点 选择中等肥力地块种植，5月下旬播种，采用垄三栽培方式，保苗35万株/hm²。施基肥磷酸二铵127kg/hm²，尿素25kg/hm²，钾肥40kg/hm²；施种肥磷酸二铵35kg/hm²，尿素15kg/hm²，钾肥30kg/hm²；花期、结荚期分别追施磷酸二氢钾肥2kg/hm²和尿素5kg/hm²。生育期及时铲蹚，防治病虫害，采用除草剂除草，成熟后及时收获。

适宜地区 黑龙江省≥10℃活动积温2 100℃区域。

67. 贺豆7号（Hedou 7）

品种来源 孙吴贺丰种业有限公司、北安市昊疆农业科学技术研究所以昊疆904为母本，北疆九1号为父本，进行有性杂交，系谱法选育而成，原品系号贺丰7号。2018年经黑龙江省农作物品种审定委员会审定，审定编号为黑审豆2018037。全国大豆品种资源统一编号ZDD31248。

特征 亚有限结荚习性，株高85.0cm，无分枝。披针叶，白花，灰毛，荚褐色。籽粒圆形，种皮黄色，有光泽，脐黄色，百粒重21.0g。

特性 北方春大豆，黑龙江省春播生育期95d。中抗灰斑病。

产量品质 2015—2016年区域试验平均产量1 767.4kg/hm²，较对照品种黑河49增产10.5%。2017年生产试验平均产量1 759.5kg/hm²，较对照品种黑河49增产13.2%。蛋白质含量40.03%，脂肪含量20.20%。

栽培要点 选择中等肥力地块种植，5月中旬播种，采用垄三栽培方式，保苗35万株/hm²。施基肥磷酸二铵120kg/hm²，尿素25kg/hm²，钾肥40kg/hm²；施种肥磷酸二铵35kg/hm²，尿素15kg/hm²，钾肥30kg/hm²；花期、结荚期分别追施磷酸二氢钾2kg/hm²和尿素5kg/hm²。生育期及时铲蹚，防治病虫害，拔大草1～2次或采用除草剂除草，及时收获。

适宜地区 黑龙江省≥10℃活动积温2 000℃区域。

贺豆7号

68. 贺豆9号（Hedou 9）

品种来源 孙吴贺丰种业有限公司、北安市昊疆农业科学技术研究所以昊疆0603为母本，黑河35为父本，进行有性杂交，系谱法选育而成，原品系号贺丰9号。2019年经黑龙江省农作物品种审定委员会审定，审定编号为黑审豆20190027。全国大豆品种资源统一编号ZDD31269。

特征 无限结荚习性，株高90.0cm，有分枝。披针叶，紫花，灰毛，荚褐色。籽粒圆形，种皮黄色，有光泽，脐黄色，百粒重20.0g。

特性 北方春大豆，黑龙江省春播生育期105d。中抗灰斑病。

产量品质 2016—2017年区域试验平均产量2 359.3kg/hm²，较对照品种黑河45增

贺豆9号

贺豆25

产9.8%。2018年生产试验平均产量2 565.8kg/hm², 较对照品种黑河45增产12.6%。蛋白质含量38.32%, 脂肪含量20.95%。

栽培要点　选择中等肥力地块种植, 5月中旬播种, 采用垄三栽培方式, 保苗30万株/hm²。施基肥磷酸二铵125kg/hm², 尿素20kg/hm², 钾肥40kg/hm²; 施种肥磷酸二铵37kg/hm², 尿素15kg/hm², 钾肥35kg/hm²; 花期、结荚期分别追施磷酸二氢钾肥2kg/hm²和尿素5kg/hm²。生育期及时铲蹚, 防治病虫害, 采用除草剂除草, 成熟后及时收获。

适宜地区　黑龙江省≥10℃活动积温2 150℃区域。

69. 贺豆25 （Hedou 25）

品种来源　孙吴贺丰种业有限公司、北安市北丰种业有限责任公司以昊疆1456为母本, 昊疆962为父本, 进行有性杂交, 系谱法选择育成, 原品系号贺豆25。2020年经黑龙江省农作物品种审定委员会审定, 审定编号为黑审豆20200048。全国大豆品种资源统一编号ZDD33017。

特征　亚有限结荚习性, 株高85.0cm, 无分枝。披针叶, 白花, 灰毛, 荚褐色。籽粒圆形, 种皮黄色, 有光泽, 脐黄色, 百粒重23.0g。

特性　北方春大豆, 黑龙江省春播生育期108d。中抗灰斑病。

产量品质　2018—2019年区域试验平均产量2 593.9kg/hm², 较对照品种黑河45增产7.7%。2019年生产试验平均产量2 449.5kg/hm², 较对照品种黑河45增产8.8%。蛋白质含量41.56%, 脂肪含量19.72%。

栽培要点　选择中等肥力地块种植, 5月中旬播种, 采用垄三栽培方式, 保苗32万株/hm²。施基肥磷酸二铵126kg/hm², 尿素25kg/hm², 钾肥50kg/hm²; 施种肥磷酸二铵35kg/hm², 尿素15kg/hm², 钾肥35kg/hm²; 开花结荚期叶面喷施磷酸二氢钾2kg/hm² 和尿素5kg/hm²。田间采用除草剂除草，生育期及时中耕管理，防治病虫害，成熟后及时收获。

适宜地区 黑龙江省第五积温带，≥10℃活动积温1 950℃区域。

70. 北兴3号（Beixing 3）

品种来源 孙吴县北早种业有限责任公司以北7492为母本，东农434为父本，进行有性杂交，系谱法选择育成，原品系号北兴3号。2020年经黑龙江省农作物品种审定委员会审定，审定编号为黑审豆2020L0013。全国大豆品种资源统一编号ZDD33019。

特征 无限结荚习性，株高90.0cm，无分枝。披针叶，紫花，灰毛，荚褐色。籽粒圆形，种皮黄色，脐黄色，有光泽，百粒重21.0g。

特性 北方春大豆，黑龙江省春播生育期108d。中抗灰斑病。

产量品质 2017—2018年区域试验平均产量2 604.1kg/hm²，较对照品种黑河45增产7.6%。2019年生产试验平均产量2 385.7kg/hm²，较对照品种黑河45增产7.9%。蛋白质含量40.95%，脂肪含量18.33%。

北兴3号

栽培要点 适宜中等肥力地块种植，5月上旬播种，采用垄三栽培方式，保苗30万～35万株/hm²。施基肥磷酸二铵125kg/hm²，尿素20kg/hm²，钾肥40kg/hm²，施种肥磷酸二铵37kg/hm²，尿素15kg/hm²，钾肥35kg/hm²；开花结荚期追施磷酸二铵肥2kg/hm² 及尿素5kg/hm²。田间采用除草剂除草，生育期及时中耕管理，防治病虫害，成熟后及时收获。

适宜地区 黑龙江省第四积温带，≥10℃活动积温2 250℃区域。

71. 北兴4号（Beixing 4）

品种来源 孙吴县北早种业有限责任公司以东大1号为母本，黑河41为父本，进行有性杂交，系谱法选择育成，原品系号北兴4号。2020年经黑龙江省农作物品种审定委员会审定，审定编号为黑审豆2020L0019。全国大豆品种资源统一编号ZDD33020。

特征 亚有限结荚习性，株高80.0cm，有分枝。披针叶，紫花，灰毛，荚褐色。籽粒圆形，种皮黄色，有光泽，脐黄色，百粒重19.0g。

特性 北方春大豆，黑龙江省春播生育期95d。中抗灰斑病。

北兴4号

年豆7号

产量品质   2017—2018年区域试验平均产量1 935.7kg/hm²，较对照品种黑河49增产13.36%。2019年生产试验平均产量2 217.1kg/hm²，较对照品种黑河49增产10.5%。蛋白质含量41.38%，脂肪含量19.17%。

栽培要点   适宜中等肥力地块种植，5月中上旬播种，采用垄三栽培方式，保苗35万株/hm²。施基肥磷酸二铵125kg/hm²，尿素20kg/hm²，钾肥40kg/hm²；施种肥磷酸二铵37kg/hm²，尿素15kg/hm²，钾肥35kg/hm²；开花结荚期追施磷酸二铵肥2kg/hm²及尿素5kg/hm²。田间采用除草剂除草，生育期及时中耕管理，防治病虫害，成熟后及时收获。

适宜地区   黑龙江省第六积温带下限，≥活动积温1 850℃区域。

72. 年豆7号（Niandou 7）

品种来源   孙吴年丰种业有限公司以疆丰3349为母本，克山1号为父本，进行有性杂交，系谱法选择育成，原品系号年豆7号。2020年经黑龙江省农作物品种审定委员会审定，审定编号为黑审豆2020L0011。全国大豆品种资源统一编号ZDD33018。

特征   亚有限结荚习性，株高86.0cm，有分枝。披针叶，紫花，灰毛，荚褐色。籽粒圆形，种皮黄色，有光泽，脐黄色，百粒重20.0g。

特性   北方春大豆，黑龙江省春播生育期113d。中抗灰斑病。

产量品质   2017—2018年区域试验平均产量2 895.8kg/hm²，较对照品种黑河43增产6.9%。2019年生产试验平均产量2 406.2kg/hm²，较对照品种黑河43增产8.4%。蛋白质含量40.08%，脂肪含量19.10%。

栽培要点   选择中等肥力地块种植，5月上旬播种。采用垄三栽培方式，保苗30

万～35万株/hm²。施基肥磷酸二铵100kg/hm²，尿素15kg/hm²，钾肥25kg/hm²；施种肥磷酸二铵50kg/hm²，尿素10kg/hm²，钾肥25kg/hm²；开花结荚期叶面喷施磷酸二氢钾2kg/hm²和尿素5kg/hm²。田间采用除草剂除草，生育期及时中耕管理，防治病虫害，成熟后及时收获。

适宜地区 黑龙江省第四积温带，≥10℃活动积温2 250℃区域。

73. 北亿8号 （Beiyi 8）

品种来源 黑龙江北亿农业科技开发股份有限公司以华疆2号变异株，经系统选育而成，原品系号嫩华09-131。2017年经黑龙江省农作物品种审定委员会审定，审定编号为黑审豆2017029。全国大豆品种资源统一编号ZDD33175。

特征 亚有限结荚习性，株高75.0cm，有分枝。叶椭圆形，白花，灰毛，荚黄褐色。籽粒圆形，种皮黄色，有光泽，脐黄色，百粒重32.0g。

特性 北方春大豆，黑龙江省春播生育期116d。抗灰斑病。菜用大豆品种。

产量品质 2014—2015两年区域试验平均产量2 415.8kg/hm²，较对照品种华菜豆1号增产8.1%。2016年生产试验平均产量2 406.3kg/hm²，较对照品种华菜豆1号增产8.0%。蛋白质含量40.91%，脂肪含量19.64%。

北亿8号

栽培要点 适宜中等以上肥力地块种植，5月中上旬播种，采用垄三栽培方式，保苗28万株/hm²。施基肥磷酸二铵150kg/hm²，尿素50kg/hm²，钾肥50kg/hm²。生育期间及时铲蹚，防治病虫害，拔大草2次，及时收获。禁用除草剂。

适宜地区 黑龙江省第四积温带。

74. 北亿9号 （Beiyi 9）

品种来源 黑龙江北亿农业科技开发股份有限公司以华疆2号为母本，北丰13为父本，进行有性杂交，系谱法选择育成，原品系号北亿9号。2020年经黑龙江省农作物品种审定委员会审定，审定编号为黑审豆20200059。全国大豆品种资源统一编号ZDD33176。

特征 亚有限结荚习性，株高80.0cm，有分枝。披针叶，白花，灰毛，荚褐色。籽粒

北亿9号

圆形，种皮黄色，有光泽，脐黄色，百粒重19.0g。

特性　北方春大豆，黑龙江省春播生育期95d。中抗灰斑病。

产量品质　2017—2018年区域试验平均产量1 849.0kg/hm²，较对照品种黑河49增产14.6%。2019年生产试验平均产量1 819.2kg/hm²，较对照品种黑河49增产12.4%。蛋白质含量38.96%，脂肪含量20.15%。

栽培要点　适宜中等肥力地块种植，5月中旬播种，采用垄三栽培方式，保苗35万株/hm²。施基肥磷酸二铵130kg/hm²，尿素47kg/hm²，钾肥30kg/hm²；施种肥磷酸二铵50kg/hm²，尿素50kg/hm²，钾肥30kg/hm²。田间采用除草剂除草，生育期及时中耕管理，防治病虫害，成熟后及时收获。

适宜地区　黑龙江省第六积温带下限，≥10℃活动积温1 850℃区域。

75. 北亿13（Beiyi 13）

品种来源　黑龙江北亿农业科技开发股份有限公司以疆莫豆1号为母本，黑河43为父本，进行有性杂交，系谱法选择育成，原品系号北亿13。2020年经黑龙江省农作物品种审定委员会审定，审定编号为黑审豆2020L0016。全国大豆品种资源统一编号ZDD33177。

特征　亚有限结荚习性，株高78.0cm，无分枝。披针叶，紫花，灰毛，荚褐色。籽粒圆形，种皮黄色，有光泽，脐黄色，百粒重20.0g。

特性　北方春大豆，黑龙江省春播生育期108d。中抗灰斑病。

产量品质　2017—2018年区域试验平均产量2 577.3kg/hm²，较对照品种黑河45增产5.4%。2019年生产试验平均产量2 413.6kg/hm²，较对照品种黑河45增产5.0%。蛋白质含量40.17%，脂肪含量20.46%。

栽培要点　适宜中上等肥力地块种植，5月

北亿13

中旬播种，采用垄三栽培方式，保苗32万～35万株/hm²。施基肥磷酸二铵100kg/hm²，尿素35kg/hm²，钾肥50kg/hm²；施种肥磷酸二铵50kg/hm²；花荚期追施尿素15kg/hm²。田间采用除草剂除草，生育期间及时中耕管理，防治病虫害，成熟后及时收获。

适宜地区 黑龙江省第五积温带，≥10℃活动积温1 950℃区域种植。

76. 北亿27（Beiyi 27）

品种来源 黑龙江北亿农业科技开发股份有限公司以北亿05-28为母本，黑河18为父本，进行有性杂交，系谱法选择育成，原品系号北亿27。2020年经黑龙江省农作物品种审定委员会审定，审定编号为黑审豆2020L0008。全国大豆品种资源统一编号ZDD33178。

特征 亚有限结荚习性，株高83.0cm，无分枝。披针叶，白花，灰毛，荚褐色。籽粒圆形，种皮黄色，有光泽，脐黄色，百粒重19.0g。

特性 北方春大豆，黑龙江省春播生育期115d。中抗灰斑病。

产量品质 2017—2018年区域试验平均产量2 691.3kg/hm²，较对照品种北豆40增产6.3%。2019年生产试验平均产量2 859.1kg/hm²，较对照品种北豆40增产7.8%。蛋白质含量40.76%，脂肪含量19.24%。

北亿27

栽培要点 适宜中上等肥力地块种植，5月中旬播种，采用垄三栽培方式，保苗28万～30万株/hm²。施基肥磷酸二铵100kg/hm²，尿素35kg/hm²，钾肥50kg/hm²；施种肥磷酸二铵50kg/hm²，开花结荚期追施氮肥15kg/hm²。田间采用除草剂除草，生育期及时中耕管理，防治病虫害，成熟后及时收获。

适宜地区 黑龙江省第三积温带西部区，≥10℃活动积温2 350℃区域。

77. 嫩奥5号（Nen'ao 5）

品种来源 嫩江县远东种业有限责任公司以北疆94-610为母本，疆莫豆1号为父本，进行有性杂交，经系谱法选育而成，原品系号嫩奥09-1092。2017年经黑龙江省农作物品种审定委员会审定，审定编号为黑审豆2017020。全国大豆品种资源统一编号ZDD31266。

特征 亚有限结荚习性，株高90.0cm，无分枝。披针叶，紫花，灰毛，荚褐色。籽粒圆形，种皮黄色，有光泽，脐黄色，百粒重21.0g。

特性 北方春大豆，黑龙江省春播生育期113d。中抗灰斑病。

嫩奥5号

嫩奥6号

产量品质 2014—2015年区域试验平均产量2 939.5kg/hm²，较对照品种黑河45增产10.5%。2016 年生产试验平均产量2 939.5kg/hm²，较对照品种黑河45增产13.4%。蛋白质含量41.06%，脂肪含量19.46%。

栽培要点 选择中等肥力地块种植，5月上旬播种。采用垄三栽培方式，保苗28万～35万株/hm²。施种肥磷酸二铵150kg/hm²，尿素30kg/hm²，钾肥50kg/hm²；初花期追施尿素15kg/hm²。生育期及时铲蹚，防治病虫害，拔大草2次或采用除草剂除草，及时收获。

适宜地区 黑龙江省第五积温带。

78. 嫩奥6号 (Nen'ao 6)

品种来源 嫩江县远东种业有限责任公司以北疆424为母本，北疆1号为父本，进行有性杂交，经系谱法选育而成，原品系号嫩奥11-639。2017年经黑龙江省农作物品种审定委员会审定，审定编号为黑审豆2017027。全国大豆品种资源统一编号ZDD34336。

特征 亚有限结荚习性，株高80.0cm，无分枝。披针叶，白花，灰毛，荚褐色。籽粒圆形，种皮黄色，脐黄色，有光泽，百粒重23.0g。

特性 北方春大豆，黑龙江省春播生育期90d。两年中抗，一年感灰斑病。

产量品质 2014—2015年区域试验平均产量1 827.9kg/hm²，较对照品种黑河49增产8.8%。2016年生产试验平均产量1 630.3kg/hm²，较对照品种黑河49增产8.6%。蛋白质含量40.50%，脂肪含量20.48%。

栽培要点 选择中等肥力地块种植，5月中旬播种。采用垄三栽培方式，保苗33万～40万株/hm²。施种肥磷酸二铵120kg/hm²，硫酸钾55kg/hm²，尿素45kg/hm²。及时进行中耕除草、排灌，8月上旬防治食心虫。适时收获。

适宜地区 黑龙江省第六积温带下限。

79. 嫩奥7号（Nen'ao 7）

品种来源　嫩江县远东种业有限责任公司以北疆5011为母本，泉03-26为父本，进行有性杂交，系谱法选育而成，原品系号嫩奥12-559。2018年经黑龙江省农作物品种审定委员会审定，审定编号为黑审豆2018038。全国大豆品种资源统一编号ZDD31263。

特征　无限结荚习性，株高90.0cm，有分枝。披针叶，紫花，灰毛，荚褐色。籽粒圆形，种皮黄色，有光泽，脐黄色，百粒重22.0g。

特性　北方春大豆，黑龙江省春播生育期95d。中抗灰斑病。高油品种。

产量品质　2015—2016年区域试验平均产量1 811.3kg/hm^2，较对照品种黑河49增产12.9%。2017年生产试验平均产量1 639.4kg/hm^2，较对照品种黑河49增产11.6%。蛋白质含量40.40%，脂肪含量21.12%。

嫩奥7号

栽培要点　选择中等肥力地块种植，5月中旬播种。采用垄三栽培方式，保苗35万～40万株/hm^2。施基肥磷酸二铵125kg/hm^2，尿素25kg/hm^2，钾肥30kg/hm^2；施种肥磷酸二铵30kg/hm^2，尿素20kg/hm^2，钾肥20kg/hm^2；花期、结荚期分别追施磷酸二氢钾2kg/hm^{2}和尿素5kg/hm^2。生育期及时铲蹚，防治病虫害，拔大草1～2次或采用除草剂除草，及时收获。

适宜地区　黑龙江省≥10℃活动积温2 000℃区域。

80. 嫩奥8号（Nen'ao 8）

品种来源　嫩江县远东种业有限责任公司以北疆1号为母本，黑河27为父本，进行有性杂交，系谱法选育而成，原品系号嫩奥8号。2020年经黑龙江省农作物品种审定委员会审定，审定编号为黑审豆20200054。全国大豆品种资源统一编号ZDD33056。

特征　亚有限结荚习性，株高85.0cm，无分枝。披针叶，紫花，灰毛，荚褐色。籽粒圆形，种皮黄色，有光泽，脐黄色，百粒重19.0g。

特性　北方春大豆，黑龙江省春播生育期100d。中抗灰斑病。

产量品质　2016—2017年区域试验平均产量1 875.6kg/hm^2，较对照品种华疆2号增产10.3%。2018年生产试验平均产量1 989.4kg/hm^2，较对照品种华疆2号增产6.7%。蛋白质含量41.02%，脂肪含量20.16%。

嫩奥8号

金丰2号

栽培要点　选择中等肥力地块种植，5月上旬播种。采用垄三栽培方式，保苗28万～35万株/hm²。施基肥磷酸二铵125kg/hm²，尿素25kg/hm²，钾肥30kg/hm²；施种肥磷酸二铵30kg/hm²，尿素20kg/hm²，钾肥20kg/hm²；开花结荚期追施磷酸二氢钾3kg/hm²，尿素5kg/hm²。生育期及时铲蹚，防治病虫害，拔大草2次或采用除草剂除草，成熟后及时收获。

适宜地区　黑龙江省≥10℃活动积温2 100℃区域。

81. 金丰2号 （Jinfeng 2）

品种来源　嫩江县金土地农业科技发展有限公司以华疆2号为母本，垦鉴豆27为父本，进行有性杂交，系谱法选择育成，原品系号金丰2号。2020年经黑龙江省农作物品种审定委员会审定，审定编号为黑审豆2020L0018。全国大豆品种资源统一编号ZDD33261。

特征　无限结荚习性，株高80.0cm，有分枝。披针叶，紫花，灰毛，荚褐色。籽粒圆形，种皮黄色，有光泽，脐黄色，百粒重21.3g。

特性　北方春大豆，黑龙江省春播生育期100d。中抗灰斑病。

产量品质　2017—2018年区域试验平均产量2 233.4kg/hm²，较对照品种华疆2号增产7.0%。2019年生产试验平均产量2 328.1kg/hm²，较对照品种华疆2号增产8.1%。蛋白质含量41.88%，脂肪含量18.72%。

栽培要点　选择中等肥力地块种植，5月中旬播种。采用垄三栽培方式，保苗35万株/hm²。施基肥磷酸二铵100kg/hm²，尿素28kg/hm²，钾肥32kg/hm²；施种肥磷酸二铵50kg/hm²，尿素12kg/hm²，钾肥18kg/hm²；开花结荚期叶面喷施磷酸二氢钾2kg/hm²和尿素5kg/hm²。田间采用除草剂除草，生育期及时中耕管理，防治病虫害，成熟后及时收获。

适宜地区　黑龙江省第六积温带上限，≥10℃活动积温1 900℃区域。

82. 合农71（Henong 71）

品种来源 黑龙江省农业科学院佳木斯分院以swsi-1(swsi×rocki)F₂经⁶⁰Co-γ射线辐射诱变，系谱法选育而成，原品系号合农71。2017年经黑龙江省农作物品种审定委员会审定，审定编号为黑审豆2017001。全国大豆品种资源统一编号ZDD33217。

特征 无限结荚习性，株高89.0cm，有分枝。叶圆形，紫花，棕毛，荚黄褐色。籽粒圆形，种皮黄色，有光泽，脐黄色，百粒重18.5g。

特性 北方春大豆，黑龙江省春播生育期125d。中抗灰斑病。

产量品质 2015—2016年生产试验平均产量2 979.1kg/hm²，较对照品种黑农61增产11.3%。蛋白质含量39.28%，脂肪含量20.41%。

栽培要点 选择中等肥力地块种植，5月上旬播种，采用垄三栽培方式，保苗25万～30万株/hm²。施基肥磷酸二铵

合农71

150kg/hm²，尿素30～50kg/hm²，钾肥70～75kg/hm²。生育期及时铲蹚，防治病虫害，拔大草2～3次或采用除草剂除草，及时收获。

适宜地区 黑龙江省第一积温带。

83. 合农72（Henong 72）

品种来源 黑龙江省农业科学院佳木斯分院、黑龙江省合丰种业有限责任公司以合丰50为母本，垦丰16为父本，进行有性杂交，系谱法选育而成，原品系号合交11-188。2018年经黑龙江省农作物品种审定委员会审定，审定编号为黑审豆2018021。全国大豆品种资源统一编号ZDD33218。

特征 亚有限结荚习性，株高96.0cm，无分枝。披针叶，紫花，灰毛，荚褐色。籽粒圆形，种皮黄色，有光泽，脐黄色，百粒重18.2g。

特性 北方春大豆，黑龙江省春播生育期115d。中抗灰斑病。高油品种。

产量品质 2015—2016年区域试验平均产量3 099.1kg/hm²，较对照品种合丰51增产

合农72

合农73

9.2%。2017年生产试验平均产量3 125.9kg/hm²，较对照品种合丰51增产13.0%。蛋白质含量36.38%，脂肪含量23.42%。

栽培要点　选择中等肥力地块种植，5月上中旬播种，采用垄三栽培方式，保苗30万株/hm²。施磷酸二铵100～150kg/hm²，尿素25～30kg/hm²，钾肥70～75kg/hm²。生育期及时铲蹚，防治病虫害，拔大草1～2次或采用除草剂除草，及时收获。建议播种前对种子进行包衣处理。

适宜地区　黑龙江省≥10℃活动积温2 450℃区域。

84. 合农73 （Henong 73）

品种来源　黑龙江省农业科学院佳木斯分院以（黑交01-1032×黑交02-1872）F₃为材料，经航天搭载处理，系谱法选育而成，原品系号合航2010-239。2017年经黑龙江省农作物品种审定委员会审定，审定编号为黑审豆2017018。全国大豆品种资源统一编号ZDD33219。

特征　亚有限结荚习性，株高76.0cm，无分枝。披针叶，紫花，灰毛，荚褐色。籽粒圆形，种皮黄色，有光泽，脐黄色，百粒重17.8g。

特性　北方春大豆，黑龙江省春播生育期114d。中抗灰斑病。

产量品质　2014—2015年区域试验平均产量2 615.3kg/hm²，较对照品种黑河43增产8.9%。2016年生产试验平均产量2 233.5kg/hm²，较对照品种黑河43增产11.3%。蛋白质含量37.84%，脂肪含量21.23%。

栽培要点　选择中等肥力地块种植，5月上中旬播种，采用垄三栽培方式，保苗30万～35万株/hm²。施基肥磷酸二铵150kg/hm²，尿素25～30kg/hm²，钾肥70～75kg/hm²。生育期及时铲蹚，防治病虫害，拔大草2～3次或采用除草剂除草，及时收获。

适宜地区 黑龙江省第四积温带。

85. 合农74（Henong 74）

品种来源 黑龙江省农业科学院佳木斯分院以黑农53为母本，垦鉴豆25为父本，进行有性杂交，系谱法选育而成，原品系号合农74。2019年经黑龙江省农作物品种审定委员会审定，审定编号为黑审豆20190005。全国大豆品种资源统一编号ZDD33220。

特征 无限结荚习性，株高101.0cm，有分枝。披针叶，紫花，灰毛，荚褐色。籽粒圆形，种皮黄色，有光泽，脐黄色，百粒重19.6g。

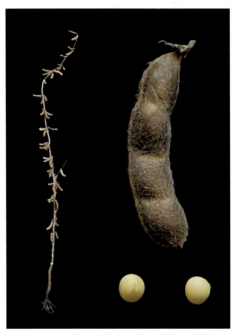
合农74

特性 北方春大豆，黑龙江省春播生育期120d。中抗灰斑病。高油品种。

产量品质 2016—2017年区域试验平均产量2 866.6kg/hm²，较对照品种合丰55增产10.7%。2018年生产试验平均产量2 823.3kg/hm²，较对照品种合丰55增产9.5%。蛋白质含量37.59%，脂肪含量22.23%。

栽培要点 选择中等肥力地块种植，5月上旬播种，采用垄三栽培方式，保苗25万～30万株/hm²。施磷酸二铵150kg/hm²，尿素30kg/hm²，钾肥70kg/hm²。生育期及时铲蹚，防治病虫害，拔大草1～2次，或采用除草剂除草，成熟后及时收获。

适宜地区 黑龙江省≥10℃活动积温2 600℃区域。

86. 合农75（Henong 75）

品种来源 黑龙江省农业科学院佳木斯分院、黑龙江省合丰种业有限责任公司以合丰50为母本，抗线虫4号为父本，进行有性杂交，系谱法选育而成，原品系号合交08-1524。2015年经黑龙江省农作物品种审定委员会审定，审定编号为黑审豆2015004。全国大豆品种资源统一编号ZDD33221。

特征 亚有限结荚习性，株高86.0cm，有分枝。披针叶，紫花，灰毛，荚褐色。籽粒圆形，种皮黄色，有光泽，脐黄色，百粒重19.5g。

特性 北方春大豆，黑龙江省春播生育期118d。中抗灰斑病。高油品种。

产量品质 2012—2013年区域试验平均产量2 923.2kg/hm²，较对照品种绥农28增

合农75

合农76

产14.0％。2014年生产试验平均产量3 000.5kg/hm²，较对照品种绥农28增产12.8％。蛋白质含量36.43％，脂肪含量22.92％。

栽培要点　选择上中等肥力地块种植，5月上中旬播种，采用垄三栽培方式，保苗25万～30万株/hm²。施磷酸二铵150kg/hm²，尿素30kg/hm²，钾肥70kg/hm²。田间采用化学药剂除草或人工除草，中耕2～3次，拔大草1～2次。生育期追施叶面肥1～2次，防治大豆食心虫，及时收获。

适宜地区　黑龙江省第二积温带。

87. 合农76（Henong 76）

品种来源　黑龙江省农业科学院佳木斯分院、黑龙江省合丰种业有限责任公司以垦农19为母本，合丰57为父本，进行有性杂交，系谱法选育而成，原品系号合交07-707。2015年经黑龙江省农作物品种审定委员会审定，审定编号为黑审豆2015021。全国大豆品种资源统一编号ZDD31301。

特征　亚有限结荚习性，株高72.0cm，有分枝。披针叶，紫花，灰毛，荚褐色。籽粒圆形，种皮黄色，有光泽，脐黄色，百粒重19.3g。

特性　北方春大豆，黑龙江省春播生育期115d。抗灰斑病。耐密植抗病品种。

产量品质　2012—2013年区域试验平均产量3 046.5kg/hm²，较对照品种合丰50增产15.2％。2014年生产试验平均产量3 311.9kg/hm²，较对照品种合丰50增产16.1％。蛋白质含量41.98％，脂肪含量20.43％。

栽培要点　选择上中等肥力地块种植，5月上中旬播种，采用垄三栽培方式，保苗35万～40万株/hm²。施磷酸二铵150～200kg/hm²，尿素30～50kg/hm²，钾肥50～70kg/hm²。田间采用化学药剂除草或人工除草，中耕2～3次，拔大草1～2次。生育期追施叶面肥1～2次，同时防治大豆食心虫，及时收获。

适宜地区　黑龙江省第二积温带。

88. 合农77 （Henong 77）

品种来源 黑龙江省农业科学院佳木斯分院、黑龙江省合丰种业有限责任公司以合丰50为母本，合丰42为父本，进行有性杂交，系谱法选育而成，原品系号合交11-218。2018年经黑龙江省农作物品种审定委员会审定，审定编号为黑审豆2018024。全国大豆品种资源统一编号ZDD33222。

特征 亚有限结荚习性，株高95.0cm，有分枝。披针叶，紫花，灰毛，荚褐色。籽粒圆形，种皮黄色，有光泽，脐黄色，百粒重19.2g。

特性 北方春大豆，黑龙江省春播生育期115d。中抗灰斑病。高油品种。

产量品质 2015—2016年区域试验平均产量3 120.6kg/hm^2，较对照品种合丰51增产9.8%。2017年生产试验平均产量3 006.3kg/hm^2，较对照品种合丰51增产8.8%。蛋白质含量35.24%，脂肪含量24.13%。

合农77

栽培要点 选择中等肥力地块种植，5月上中旬播种，采用垄三栽培方式，保苗28万～30万株/hm^2。施磷酸二铵150kg/hm^2，尿素25kg/hm^2，钾肥75kg/hm^2。生育期及时铲蹚，防治病虫害，拔大草1～2次或采用除草剂除草，及时收获。建议播种前对种子进行包衣处理。

适宜地区 黑龙江省≥10℃活动积温2 450℃区域。

89. 合农78 （Henong 78）

品种来源 黑龙江省农业科学院佳木斯分院以黑农43为母本，（黑农54×黑农43）F$_1$为父本，进行有性杂交，系谱法选育而成，原品系号合农78。2019年经黑龙江省农作物品种审定委员会审定，审定编号为黑审豆20190011。全国大豆品种资源统一编号ZDD33223。

特征 亚有限结荚习性，株高89.0cm，有分枝。披针叶，紫花，灰毛，荚褐色。籽粒圆形，种皮黄色，有光泽，脐黄色，百粒重22.2g。

特性 北方春大豆，黑龙江省春播生育期120d。中抗灰斑病。

产量品质 2016—2017年区域试验平均产量2 726.8kg/hm^2，较对照品种绥农26增产9.6%。2018年生产试验平均产量3 150.9kg/hm^2，较对照品种绥农26增产11.5%。蛋白质

合农78

合农80

含量41.75%，脂肪含量20.42%。

栽培要点 选择中等肥力地块种植，5月上中旬播种，采用垄三栽培方式，保苗25万～30万株/hm²。施磷酸二铵150kg/hm²，尿素25kg/hm²，钾肥75kg/hm²。生育期及时铲蹚，防治病虫害，拔大草1～2次，或采用除草剂除草，成熟后及时收获。

适宜地区 黑龙江省≥10℃活动积温2 600℃区域。

90. 合农80（Henong 80）

品种来源 黑龙江省农业科学院佳木斯分院以合丰50为母本，绥农25为父本，进行有性杂交，系谱法选育而成，原品系号合农80。2019年经黑龙江省农作物品种审定委员会审定，审定编号为黑审豆20190007。全国大豆品种资源统一编号ZDD33224。

特征 亚有限结荚习性，株高101.0cm，有分枝。披针叶，紫花，灰毛，荚褐色。籽粒圆形，种皮黄色，有光泽，脐黄色，百粒重18.6g。

特性 北方春大豆，黑龙江省春播生育期118d。中抗灰斑病。高油品种。

产量品质 2016—2017年区域试验平均产量3 056.1kg/hm²，较对照品种合丰50增产11.7%。2018年生产试验平均产量3 257.0kg/hm²，较对照品种合丰50增产11.5%。蛋白质含量36.87%，脂肪含量22.33%。

栽培要点 选择中等肥力地块种植，5月上中旬播种，采用垄三栽培方式，保苗25万～30万株/hm²。施磷酸二铵150kg/hm²，尿素25kg/hm²，钾肥50kg/hm²。生育期及时铲蹚，防治病虫害，拔大草1～2次，或采用除草剂除草，成熟后及时收获。

适宜地区 黑龙江省≥10℃活动积温2 500℃区域。

91. 合农85（Henong 85）

品种来源　黑龙江省农业科学院佳木斯分院以合丰55为母本，黑农54为父本，进行有性杂交，系谱法选育而成，原品系号合交2010-37。2017年经黑龙江省农作物品种审定委员会审定，审定编号为黑审豆2017006。全国大豆品种资源统一编号ZDD33225。

特征　亚有限结荚习性，株高84.0cm，无分枝。披针叶，紫花，灰毛，荚褐色。籽粒圆形，种皮黄色，有光泽，脐黄色，百粒重21.5g。

特性　北方春大豆，黑龙江省春播生育期118d。中抗灰斑病。高油品种。

产量品质　2014—2015年区域试验平均产量3 020.8kg/hm²，较对照品种合丰55增产12.6%。2016年生产试验平均产量2 864.6kg/hm²，较对照品种合丰55增产12.0%。蛋白质含量38.40%，脂肪含量22.60%。

合农85

栽培要点　选择中等肥力地块种植，5月上旬播种，采用垄三栽培方式，保苗25万～30万株/hm²。施基肥磷酸二铵100～150kg/hm²，尿素25～30kg/hm²，钾肥70～75kg/hm²。生育期及时铲蹚，防治病虫害，拔大草2～3次或采用除草剂除草，及时收获。

适宜地区　黑龙江省第二积温带。

92. 合农89（Henong 89）

品种来源　黑龙江省农业科学院佳木斯分院以（黑交13-140×黑交01-1032）F₃为材料，经航天搭载处理，系谱法选育而成，原品系号合农89。2019年经黑龙江省农作物品种审定委员会审定，审定编号为黑审豆20190030。全国大豆品种资源统一编号ZDD33226。

特征　亚有限结荚习性，株高83.0cm，有分枝。披针叶，紫花，灰毛，荚褐色。籽粒圆形，种皮黄色，有光泽，脐黄色，百粒重17.7g。

特性　北方春大豆，黑龙江省春播生育期105d。中抗灰斑病。

产量品质　2016—2017年区域试验平均产量2 326.9kg/hm²，较对照品种黑河45增产9.0%。2018年生产试验平均产量2 583.5kg/hm²，较对照品种黑河45增产9.6%。蛋白质含量38.26%，脂肪含量20.98%。

合农89

合农91

栽培要点　选择中等肥力地块种植，5月上中旬播种，采用垄三栽培方式，保苗30万～35万株/hm²。施磷酸二铵150kg/hm²，尿素25kg/hm²，钾肥75kg/hm²。生育期及时铲蹚，防治病虫害，拔大草1～2次，或采用除草剂除草，成熟后及时收获。

适宜地区　黑龙江省≥10℃活动积温2 150℃区域。

93. 合农91（Henong 91）

品种来源　黑龙江省农业科学院佳木斯分院、黑龙江省合丰种业有限责任公司以Hobbit为母本，疆莫豆1号为父本，进行有性杂交，系谱法选育而成，原品系号合农91。2018年经黑龙江省农作物品种审定委员会审定，审定编号为黑审豆2018048。全国大豆品种资源统一编号ZDD33227。

特征　有限结荚习性，株高69.0cm，有分枝。披针叶，紫花，灰毛，荚褐色。籽粒圆形，种皮黄色，有光泽，脐黄色，百粒重18.0g。

特性　北方春大豆，黑龙江省春播生育期120d。中抗灰斑病。矮秆、耐密植品种。

产量品质　2015—2016年区域试验平均产量3 146.5kg/hm²，较对照品种合农60增产16.1%。2017年生产试验平均产量3 216.4kg/hm²，较对照品种合农60增产17.6%。蛋白质含量36.73%，脂肪含量22.71%。

栽培要点　选择中等肥力地块种植，5月上中旬播种，采用垄三栽培方式，保苗40万～45万株/hm²。施磷酸二铵150～200kg/hm²，尿素50kg/hm²，钾肥100kg/hm²。生育期及时防治病虫害。田间采用化学药剂除草，拔大草2～3次，及时收获。

适宜地区　黑龙江省≥10℃活动积温2 600℃区域。

94. 合农92（Henong 92）

品种来源 黑龙江省农业科学院佳木斯分院以合丰34为母本，九丰10号为父本，进行有性杂交，经系谱法选育而成，原品系号合农92。2016年经黑龙江省农作物品种审定委员会审定，审定编号为黑审豆2016017。全国大豆品种资源统一编号ZDD33228。

特征 亚有限结荚习性，株高81.0cm，有分枝。披针叶，紫花，灰毛，荚褐色。籽粒圆形，种皮黄色，有光泽，脐黄色，百粒重15.0g。

特性 北方春大豆，黑龙江省春播生育期111d。中抗灰斑病。小粒豆品种。

产量品质 2013—2014年区域试验平均产量2 595.4kg/hm²，较对照品种合农58增产13.5%。2015年生产试验平均产量2 681.5kg/hm²，较对照品种合农58增产15.2%。蛋白质含量38.61%，脂肪含量22.20%。

合农92

栽培要点 选择中等肥力地块种植，5月上中旬播种，采用垄三栽培方式，保苗30万株/hm²。施磷酸二铵100 ～ 150kg/hm²，尿素25 ～ 30kg/hm²，钾肥50 ～ 70kg/hm²，生育期及时铲蹚，防治病虫害，拔大草2 ～ 3次或采用除草剂除草，及时收获。

适宜地区 黑龙江省第三积温带下限及第四积温带上限。

95. 合农113（Henong 113）

品种来源 黑龙江省农业科学院佳木斯分院以日本小粒豆为母本，合交98-1062为父本，进行有性杂交，系谱法选育而成，原品系号合农113。2019年经黑龙江省农作物品种审定委员会审定，审定编号为黑审豆20190041。全国大豆品种资源统一编号ZDD33229。

特征 有限结荚习性，株高69.0cm，有分枝。披针叶，紫花，灰毛，荚褐色。籽粒圆形，种皮黄色，有光泽，脐黄色，百粒重12.2g。

特性 北方春大豆，黑龙江省春播生育期120d。中抗灰斑病。小粒豆品种。

产量品质 2016—2017年区域试验平均产量2 760.0kg/hm²，较对照品种绥小粒豆2号增产14.2%。2018年生产试验平均产量2 749.7kg/hm²，较对照品种绥小粒豆2号增产13.8%。蛋白质含量40.50%，脂肪含量19.51%。

栽培要点 选择中等肥力地块种植，5月上中旬播种，采用垄三栽培方式，保苗30

合农113

合农123

万～35万株/hm²。施磷酸二铵150kg/hm²，尿素25kg/hm²，钾肥75kg/hm²。生育期及时铲蹚，防治病虫害，拔大草1～2次，或采用除草剂除草，成熟后及时收获。

适宜地区　黑龙江省≥10℃活动积温2 600℃区域。

96. 合农123（Henong 123）

品种来源　黑龙江省农业科学院佳木斯分院以合农60为母本，合农69为父本，进行有性杂交，系谱法选择育成，原品系号合农123。2020年经黑龙江省农作物品种审定委员会审定，审定编号为黑审豆20200069。全国大豆品种资源统一编号ZDD33230。

特征　亚有限结荚习性，株高75.0cm，无分枝。披针叶，白花，棕毛，荚褐色。籽粒圆形，种皮黄色，有光泽，脐黄色，百粒重17～18g。

特性　北方春大豆，黑龙江省春播生育期116d。中抗灰斑病。耐密植栽培。

产量品质　2018—2019年区域试验平均产量3 080.2kg/hm²，较对照品种佳密豆6号增产12.9%。蛋白质含量38.73%，脂肪含量20.71%。

栽培要点　选择中等肥力地块种植，5月上旬播种，采用垄三栽培方式，保苗35万～40万株/hm²。施磷酸二铵150～200kg/hm²，尿素30～50kg/hm²，钾肥50～70kg/hm²。田间采用化学药剂除草，生育期及时中耕管理，防治病虫害，成熟后及时收获。

适宜地区　黑龙江省第三积温带东部区，≥10℃活动积温2 400℃区域。

97. 合农126（Henong 126）

品种来源　黑龙江省农业科学院佳木斯

分院以黑河38为母本，合93-793为父本，进行有性杂交，系谱法选择育成，原品系号合农126。2020年经黑龙江省农作物品种审定委员会审定，审定编号为黑审豆20200013。全国大豆品种资源统一编号ZDD33231。

特征　亚有限结荚习性，株高79.0cm，无分枝。披针叶，紫花，灰毛，荚褐色。籽粒圆形，种皮黄色，有光泽，脐黄色，百粒重21.5g。

特性　北方春大豆，黑龙江省春播生育期120d。中抗灰斑病。

产量品质　2018—2019年区域试验平均产量3 037.3kg/hm²，较对照品种合丰55增产12.2%。2019年生产试验平均产量2 857.2kg/hm²，较对照品种合丰55增产10.3%。蛋白质含量38.61%，脂肪含量21.09%。

栽培要点　选择中等肥力地块种植，5月上旬播种，采用垄三栽培方式，保苗30万～35万株/hm²。施磷酸二铵150～200kg/hm²，尿素25～30kg/hm²，钾肥50～70kg/hm²。田间采用除草剂除草，生育期及时中耕管理，防治病虫害，成熟后及时收获。

适宜地区　黑龙江省第二积温带南部区，≥10℃活动积温2 550℃区域种植。

合农126

98. 合农135（Henong 135）

品种来源　黑龙江省农业科学院佳木斯分院以合农69为母本，绥农14为父本，进行有性杂交，系谱法选育而成，原品系号合农135。2019年经黑龙江省农作物品种审定委员会审定，审定编号为黑审豆20190056。全国大豆品种资源统一编号ZDD33232。

特征　亚有限结荚习性，株高76.0cm，有分枝。披针叶，白花，灰毛，荚褐色。籽粒圆形，种皮黄色，有光泽，脐黄色，百粒重14.1g。

合农135

特性　北方春大豆，黑龙江省春播生育期118d。中抗灰斑病。小粒品种。

产量品质　2017—2018年区域试验平均产量3 185.0kg/hm²，较对照品种绥小粒豆2号增产15.7%。蛋白质含量38.45%，脂肪含量21.05%。

栽培要点　选择中等肥力地块种植，5月上中旬播种，采用垄三栽培方式，保苗30万～35万株/hm²。施磷酸二铵200kg/hm²，尿素30kg/hm²，钾肥75kg/hm²。生育期及时铲蹚，防治病虫害，拔大草1～2次，或采用除草剂除草，成熟后及时收获。

适宜地区　黑龙江省≥10℃活动积温2 500℃区域。

99. 佳豆6号（Jiadou 6）

佳豆6号

品种来源　黑龙江省农业科学院佳木斯分院以黑河38为母本，合丰50为父本，进行有性杂交，系谱法选育而成，原品系号佳豆6号。2019年经黑龙江省农作物品种审定委员会审定，审定编号为黑审豆20190022。全国大豆品种资源统一编号ZDD33233。

特征　亚有限结荚习性，株高87.0cm，有分枝。披针叶，紫花，灰毛，荚褐色。籽粒圆形，种皮黄色，有光泽，脐黄色，百粒重18.4g。

特性　北方春大豆，黑龙江省春播生育期115d。中抗灰斑病。高油品种。

产量品质　2016—2017年区域试验平均产量3 034.0kg/hm²，较对照品种合丰51增产7.3%，2018年生产试验平均产量3 268.8kg/hm²，较对照品种合丰51增产10.9%。蛋白质含量36.71%，脂肪含量22.79%。

栽培要点　选择中等肥力地块种植，5月中上旬播种，采用垄三栽培方式，保苗30万株/hm²。施基肥磷酸二铵150kg/hm²，尿素30kg/hm²，钾肥75kg/hm²。生育期及时铲蹚，防治病虫害，拔大草1～2次，或采用除草剂除草，成熟后及时收获。

适宜地区　黑龙江省≥10℃活动积温2 450℃区域。

100. 佳豆8号（Jiadou 8）

品种来源　黑龙江省广民种业有限责任公司、黑龙江省农业科学院佳木斯分院以黑河38为母本，合交03-214为父本，进行有性杂交，系谱法选育而成，原品系号佳豆8号。2019年经黑龙江省农作物品种审定委员会审定，审定编号为黑审豆20190026。全国大豆品种资源统一编号ZDD33234。

特征　亚有限结荚习性，株高89.0cm，有分枝。披针叶，白花，灰毛，荚褐色。籽粒圆形，种皮黄色，有光泽，脐黄色，百粒重19.6g。

特性　北方春大豆，黑龙江省春播生育期110d。中抗灰斑病。高油品种。

产量品质　2016—2017年区域试验平均产量2 480.5kg/hm²，较对照品种黑河43增产7.8%。2018年生产试验平均产量2 747.4kg/hm²，较对照品种黑河43增产10.6%。蛋白质含量38.53%，脂肪含量22.42%。

栽培要点　选择中等肥力地块种植，5月上中旬播种，采用垄三栽培方式，保苗30万株/hm²。施磷酸二铵150kg/hm²，尿素25kg/hm²，钾肥75kg/hm²。生育期及时铲蹚，防治病虫害，拔大草1～2次，或采用除草剂除草，成熟后及时收获。

适宜地区　黑龙江省≥10℃活动积温2 250℃区域。

佳豆8号

101. 佳豆18（Jiadou 18）

品种来源　黑龙江省广民种业有限责任公司、黑龙江省农业科学院佳木斯分院以北豆5号为母本，黑河35为父本，进行有性杂交，系谱法选择育成，原品系号佳豆18。2020年经黑龙江省农作物品种审定委员会审定，审定编号为黑审豆2020L0022。全国大豆品种资源统一编号ZDD33235。

特征　无限结荚习性，株高74.0cm，有分枝。披针叶，紫花，灰毛，荚褐色。籽粒圆形，种皮黄色，有光泽，脐黄色，百粒重21.5g。

佳豆18

特性　北方春大豆，黑龙江省春播生育期100d。中抗灰斑病。

产量品质　2017—2018年区域试验平均产量1 933.8kg/hm²，较对照品种华疆2号增产5.2%。2018年生产试验平均产量1 998.8kg/hm²，较对照品种华疆2号增产6.4%。蛋白质含量39.83%，脂肪含量20.91%。

栽培要点　选择中等肥力地块种植，5月中旬播种，采用垄三栽培方式，保苗30万～35万株/hm²。施磷酸二铵150kg/hm²，尿素50kg/hm²，钾肥70kg/hm²。田间采用化学药剂除草，中耕2～3次。生育期追施叶面肥1～2次，同时防治大豆食心虫。9月中旬成熟，9月下旬收获。

适宜地区　黑龙江省第六积温带上限，≥10℃活动积温1 900℃区域。

102. 佳豆20（Jiadou 20）

品种来源　黑龙江省农业科学院佳木斯分院、黑龙江省广民种业有限责任公司以合丰51为母本，华疆2号为父本，进行有性杂交，系谱法选择育成，原品系号佳豆20。2020年经黑龙江省农作物品种审定委员会审定，审定编号为黑审豆20200050。全国大豆品种资源统一编号ZDD22326。

特征　亚有限结荚习性，株高64.0cm。披针叶，紫花，灰毛，荚褐色。籽粒圆形，种皮黄色，有光泽，脐黄色，百粒重19.0g。

特性　北方春大豆，黑龙江省春播生育期100d。中抗灰斑病。

产量品质　2017—2018年区域试验平均产量2 034.5kg/hm²，较对照品种华疆2号增产8.5%。2019年生产试验平均产量2 094.2kg/hm²，较对照品种华疆2号增产8.6%。蛋白质含量38.54%，脂肪含量21.23%。

栽培要点　选择中等肥力地块种植，5月中旬播种，采用垄三栽培方式，保苗35万～40万株/hm²。施磷酸二铵150kg/hm²，尿素25～30kg/hm²，钾肥50～70kg/hm²。田间采用化学药剂除草，中耕2～3次。生育期追施叶面肥1～2次，同时防治大豆食心虫。9月下旬成熟，9月末收获。建议播种前对种子进行包衣处理。

适宜地区　黑龙江省第六积温带上限，≥10℃活动积温1 900℃区域。

佳豆20

103. 佳豆25（Jiadou 25）

品种来源 黑龙江省广民种业有限责任公司、黑龙江省农业科学院佳木斯分院以垦丰16为母本，华疆4号为父本，进行有性杂交，系谱法选育而成，原品系号佳豆25。2019年经黑龙江省农作物品种审定委员会审定，审定编号为黑审豆20190055。全国大豆品种资源统一编号ZDD33237。

特征 亚有限结荚习性，株高79.0cm。披针叶，紫花，灰毛，荚褐色。籽粒圆形，种皮黄色，有光泽，脐黄色，百粒重13.7g。

特性 北方春大豆，黑龙江省春播生育期110d。中抗灰斑病，小粒品种。

产量品质 2017—2018年区域试验平均产量2 752.6kg/hm²，较对照品种合农92增产14.1%。蛋白质含量37.87%，脂肪含量22.48%。

栽培要点 选择中等肥力地块种植，5月上中旬播种，采用垄三栽培方式，保苗30万～35万株/hm²。施磷酸二铵150kg/hm²，尿素30kg/hm²，钾肥75kg/hm²。生育期间及时铲蹚，防治病虫害，拔大草1～2次，或采用除草剂除草，成熟后及时收获。

适宜地区 黑龙江省≥10℃活动积温2 250℃区域。

佳豆25

104. 佳豆27（Jiadou 27）

品种来源 黑龙江省农业科学院佳木斯分院、黑龙江省广民种业有限责任公司以合丰51为母本，华疆2号为父本，进行有性杂交，系谱法选择育成，原品系号佳豆27。2020年经黑龙江省农作物品种审定委员会审定，审定编号为黑审豆2020L0023。全国大豆品种资源统一编号ZDD33238。

佳豆27

　　特征　亚有限结荚习性，株高65.0cm，有分枝。披针叶，紫花，灰毛，荚褐色。籽粒圆形，种皮黄色，有光泽，脐黄色，百粒重21.0g。

　　特性　北方春大豆，黑龙江省春播生育期95d。中抗灰斑病。

　　产量品质　2017—2018年区域试验平均产量1 816.2kg/hm²，较对照品种黑河49增产11.6%。2018年生产试验平均产量1 873.1kg/hm²，较对照品种黑河49增产7.1%。蛋白质含量39.86%，脂肪含量20.98%。

　　栽培要点　选择中等肥力地块种植，5月中旬播种，采用垄三栽培方式，保苗30万～35万株/hm²。施磷酸二铵150kg/hm²，尿素50kg/hm²，钾肥70kg/hm²。田间采用化学药剂除草，中耕2～3次。生育期追施叶面肥1～2次，同时防治大豆食心虫。9月中旬成熟，九月下旬收获。

　　适宜地区　黑龙江省第六积温带下限，≥10℃活动积温1 850℃区域。

105. 佳豆30（Jiadou 30）

　　品种来源　黑龙江省农业科学院佳木斯分院、黑龙江省广民种业有限责任公司以华疆4号为母本，黑河45为父本，进行有性杂交，系谱法选择育成，原品系号佳豆30。2020年经黑龙江省农作物品种审定委员会审定，审定编号为黑审豆20200047。全国大豆品种资源统一编号ZDD31271。

佳豆30

　　特征　亚有限结荚习性，株高77.0cm。披针叶，紫花，灰毛，荚褐色。籽粒圆形，种皮黄色，有光泽，脐黄色，百粒重19.0g。

　　特性　北方春大豆，黑龙江省春播生育期108d。中抗灰斑病。高油品种。

　　产量品质　2018—2019年区域试验平均产量2 656.5kg/hm²，较对照品种黑河45增产10.3%。2019年生产试验平均产量2 451.8kg/hm²，较对照品种黑河45增产8.9%。蛋白质含量39.46%，脂肪含量22.11%。

　　栽培要点　选择中等肥力地块种植，5月上旬播种，采用垄三栽培方式，保苗30万～35万株/hm²。施磷酸二铵150kg/hm²，尿素50kg/hm²，钾肥70kg/hm²。田间采用化学药剂除草，中耕2～3次。生育期追施叶面肥1～2次，同时防治大豆食心虫。9月中旬成熟，9月下旬收获。

　　适宜地区　黑龙江省第五积温带，≥10℃活动积温1 950℃区域。

106. 佳密豆6号 （Jiamidou 6）

品种来源 黑龙江省农业科学院佳木斯分院以合农60为母本，垦丰16为父本，进行有性杂交，经系谱法选育而成，原品系号佳0411-10。2016年经黑龙江省农作物品种审定委员会审定，审定编号为黑审豆2016019。全国大豆品种资源统一编号ZDD34337。

特征 有限结荚习性，株高72.0cm，有分枝。披针叶，白花，灰毛，荚褐色。籽粒圆形，种皮黄色，有光泽，脐黄色，百粒重18.0g。

特性 北方春大豆，黑龙江省春播生育期114d。中抗灰斑病。耐密植、高油品种。

产量品质 2013—2014年区域试验平均产量2 893.0kg/hm²，较对照品种合农60增产12.3%，2015年生产试验平均产量3 299.0kg/hm²，较对照品种合农60增产11.4%。蛋白质含量40.80%，脂肪含量20.90%。

栽培要点 适宜中上等肥力地块种植，5月上中旬播种，采用窄行密植的栽培方式，即大垄窄行密植（130cm种6行），小垄窄行密植（45cm种2行）和平作窄行密植（19～30cm行距，单行），保苗40万～45万株/hm²。施磷酸二铵150～200kg/hm²，尿素30～50kg/hm²，钾肥50～70kg/hm²。中耕2～3次，拔大草1～2次。9月中下旬成熟，10月上旬收获。

适宜地区 黑龙江省第二积温带。

佳密豆6号

107. 佳密豆8号 （Jiamidou 8）

品种来源 黑龙江省农业科学院佳木斯分院以合农60为母本，合丰35为父本，进行有性杂交，系谱法选育而成，原品系号佳密豆8号。2019年经黑龙江省农作物品种审定委员会审定，审定编号为黑审豆20190052。全国大豆品种资源统一编号ZDD33239。

佳密豆8号

特征 有限结荚习性，株高76.0cm，有分枝。披针叶，紫花，棕毛，荚黄褐色。籽粒椭圆形，种皮黄色，有光泽，脐黄色，百粒重19.0g。

特性 北方春大豆，黑龙江省春播生育期118d。中抗灰斑病，耐密植品种。

产量品质 2017—2018年区域试验平均产量3 098.1kg/hm²，较对照品种合农60增产13.2%。蛋白质含量39.57%，脂肪含量20.22%。

栽培要点 适宜中上等肥力地块种植，5月上旬播种，采用窄行密植的栽培方式，即大垄窄行密植（130cm种6行），小垄窄行密植（45cm种2行）和平作窄行密植（19～30cm行距，单行），保苗40万～45万株/hm²。施磷酸二铵190kg/hm²，控释尿素55kg/hm²，钾肥60kg/hm²。田间采用化学药剂除草，生育期追施叶面肥1～2次，同时防治大豆食心虫。9月中下旬成熟，10月上旬收获。

适宜地区 黑龙江省≥10℃活动积温2 500℃区域。

108. 佳密豆9号（Jiamidou 9）

品种来源 黑龙江省农业科学院佳木斯分院以哈北46-1为母本，Apex为父本，进行有性杂交，系谱法选择育成，原品系号佳密豆9号。2020年经黑龙江省农作物品种审定委员会审定，审定编号为黑审豆20200064。全国大豆品种资源统一编号ZDD33240。

特征 亚有限结荚习性，株高79.5cm，有分枝。叶圆形，白花，灰毛，荚褐色。籽粒椭圆形，种皮黄色，有光泽，脐黄色，百粒重19.7g。

佳密豆9号

特性 北方春大豆，黑龙江省春播生育期118d。中抗灰斑病，耐密植品种。

产量品质 2018—2019年区域试验平均产量3 429.6kg/hm²，较对照品种合农60增产14.1%。蛋白质含量42.98%，脂肪含量19.83%。

栽培要点 适宜中等肥力地块种植，5月上旬播种，采用窄行密植栽培方式，保苗35万～40万株/hm²。施磷酸二铵140～180kg/hm²，控释尿素30～50kg/hm²，钾肥45～65kg/hm²。田间采用化学药剂除草，采用大垄或小垄栽培模式可中耕1～2次，开花结荚期喷施叶面肥1～2次，同时防治大豆食心虫，成熟后要及时收获。

适宜地区 黑龙江省第二积温带东部区，≥10℃活动积温2 500℃区域。

109. 佳吉1号（Jiaji 1）

品种来源 黑龙江省农业科学院佳木斯分院、吉林省农业科学院用JLCMS178A为母本，JLR124为父本，配制杂优组合，采用三系法选育而成，原品系号H10-109。2019年经黑龙江省农作物品种审定委员会审定，审定编号为黑审豆20190044。

特征 亚有限结荚习性，株高107.0cm，有分枝。叶圆形，紫花，棕毛，荚褐色。籽粒圆形，种皮黄色，有光泽，脐蓝色，百粒重21.9g。

特性 北方春大豆，黑龙江省春播生育期120d。中抗灰斑病。杂交大豆，稀植栽培。

产量品质 2016—2017年区域试验平均产量3 335.4kg/hm^2，较对照品种合丰55增产15.3%。2018年生产试验平均产量3 467.6kg/hm^2，较对照品种合丰55增产16.0%。蛋白质含量40.46%，脂肪含量22.15%。

栽培要点 选择中等肥力地块种植，5月上旬播种，采用垄三栽培方式，保苗15万～20万株/hm^2。施磷酸二铵200kg/hm^2，尿

佳吉1号

素50kg/hm^2，钾肥100kg/hm^2。生育期及时铲蹚，防治病虫害，拔大草1～2次，或采用除草剂除草，成熟后及时收获。建议播种前对种子进行包衣处理。

适宜地区 黑龙江省≥10℃活动积温2 600℃区域。

110. 沃豆1号（Wodou 1）

品种来源 黑龙江省普田种业有限公司以九8659为母本，公交96176为父本，进行有性杂交，系谱法选择育成，原品系号沃豆1号。2020年经黑龙江省农作物品种审定委员会审定，审定编号为黑审豆2020L0002。全国大豆品种资源统一编号ZDD33251。

特征 亚有限结荚习性，株高91.0cm，有分枝。叶圆形，紫花，棕毛，荚褐色。籽粒圆形，种皮黄色，有光泽，脐褐色，百粒重17.5g。

特性 北方春大豆，黑龙江省春播生育期118d。中抗灰斑病。

产量品质 2017—2018年区域试验平均产量3 268.3kg/hm^2，较对照品种合丰50增产8.8%。2019年生产试验平均产量2 653.1kg/hm^2。较对照品种合丰50增产5.9%。蛋白质

沃豆1号

沃豆2号

含量39.45%，脂肪含量20.92%。

栽培要点　选择中等肥力地块种植，5月上旬播种。采用垄三栽培方式，保苗22万～24万株/hm²。施磷酸二铵150kg/hm²，尿素25kg/hm²，钾肥75kg/hm²。田间采用化学药剂除草或人工除草。生育期及时铲蹚，同时注意防治病虫害，成熟后及时收获。

适宜地区　黑龙江省第二积温带东部区，≥10℃活动积温2 500℃区域。

111. 沃豆2号（Wodou 2）

品种来源　黑龙江省普田种业有限公司以黑河38为母本，北豆5号为父本，进行有性杂交，系谱法选择育成，原品系号沃豆2号。2020年经黑龙江省农作物品种审定委员会审定，审定编号为黑审豆2020L0014。全国大豆品种资源统一编号ZDD33252。

特征　亚有限结荚习性，株高85.0cm，有分枝。披针叶，紫花，灰毛，荚褐色。籽粒圆形，种皮黄色，有光泽，脐黄色，百粒重20.0g。

特性　北方春大豆，黑龙江省春播生育期108d。中抗灰斑病。

产量品质　2017—2018年区域试验平均产量2 641.0kg/hm²，较对照品种黑河45增产6.8%。2019年生产试验平均产量2 439.4kg/hm²，较对照品种黑河45增产5.0%。蛋白质含量39.70%，脂肪含量20.69%。

栽培要点　选择中等肥力地块种植，5月上旬播种。采用垄三栽培方式，保苗30万～35万株/hm²。施磷酸二铵150kg/hm²，尿素50kg/hm²，钾肥75kg/hm²。田间采用除草剂除草，生育期及时中耕管理，防治病虫害，成熟后及时收获。

适宜地区　黑龙江省第五积温带，≥10℃活动积温1 950℃区域。

112. 田友2986 (Tianyou 2986)

品种来源 黑龙江田友种业有限公司、黑龙江田友农业科技发展有限公司以黑农64为母本，绥农26为父本，进行有性杂交，系谱法选育而成，原品系号田友2986。2019年经黑龙江省农作物品种审定委员会审定，审定编号为黑审豆20190010。全国大豆品种资源统一编号ZDD33254。

特征 亚有限结荚习性，株高90.0cm，有分枝。披针叶，白花，灰毛，荚褐色。籽粒圆形，种皮黄色，无光泽，脐黄色，百粒重23.0g。

特性 北方春大豆，黑龙江省春播生育期118d。中抗灰斑病。

产量品质 2016—2017年区域试验平均产量2 941.8kg/hm²，较对照品种合丰50增产7.3%。2018年生产试验平均产量3 078.5kg/hm²，较对照品种合丰50增产7.3%。蛋白质含量42.16%，脂肪含量19.15%。

栽培要点 选择中上等肥力地块种植，5月上旬播种。采用垄作栽培方式，保苗22万～25万株/hm²。施基肥磷酸二铵150kg/hm²，尿素40kg/hm²，钾肥50kg/hm²。生育期及时铲蹚，防治病虫害，拔大草1～2次或采用除草剂除草，成熟后及时收获。注意事项：不宜密植。

适宜地区 黑龙江省≥10℃活动积温2 500℃区域。

田友2986

113. 先豆1号 (Xiandou 1)

品种来源 佳木斯先锋种业有限公司以黑农48为母本，先豆12-518为父本，进行有性杂交，系谱法选择育成，原品系号先豆1号。2020年经黑龙江省农作物品种审定委

先豆1号

员会审定，审定编号为黑审豆2020L0006。全国大豆品种资源统一编号ZDD33256。

特征　无限结荚习性，株高102.0cm，有分枝。披针叶，紫花，灰毛，荚褐色。籽粒圆形，种皮黄色，有光泽，脐黄色，百粒重21.5g。

特性　北方春大豆，黑龙江省春播生育期120d。中抗灰斑病。

产量品质　2017—2018年区域试验平均产量2 981.7kg/hm²，较对照品种合丰55增产6.4%，2019年生产试验平均产量3 014.7kg/hm²，较对照品种合丰55增产11.0%。蛋白质含量39.76%，脂肪含量20.25%。

栽培要点　选择中上等肥力地块种植，5月上中旬播种。采用垄作栽培方式，保苗25万～28万株/hm²。施基肥磷酸二铵150kg/hm²，尿素30kg/hm²，钾肥40kg/hm²；施种肥磷酸二铵30kg/hm²，尿素15kg/hm²，钾肥20kg/hm²；开花结荚期叶面喷施磷酸二氢钾肥8kg/hm²。田间采用除草剂除草，生育期及时中耕管理，防治病虫害，成熟后及时收获。

适宜地区　黑龙江省第二积温带南部区，≥10℃活动积温2 550℃区域。

114. 先豆4号（Xiandou 4）

先豆4号

品种来源　佳木斯先锋种业有限公司以先06-1025为母本，垦丰11为父本进行有性杂交，采用系谱法选育而成。2017年经吉林省农作物品种审定委员会审定，审定编号为吉审豆20170011。全国大豆品种资源统一编号ZDD34339。

特征　无限结荚习性，株高78.0cm，有效分枝0.4个，单株有效荚数35.2个。叶披针形，紫花，灰毛，荚熟时呈褐色。籽粒圆形，种皮黄色，脐黄色，百粒重18.6g。

特性　北方春大豆，极早熟高油品种，吉林极早熟地区春播生育期111d。田间综合抗病性好，落叶性好，籽粒整齐，不裂荚。

产量品质　2015—2016年吉林省极早熟大豆品种区域试验，平均产量2 570.9kg/hm²，比对照黑河38增产8.9%。2016年生产试验，平均产量2 472.6kg/hm²，比对照黑河38增产8.8%。蛋白质含量36.89%，脂肪含量22.20%。

栽培要点　适宜中等肥力地块种植，一般5月上旬播种，播种量55～60kg/hm²，行距0.63m，株距0.06m，密度22万～24万株/hm²。施基肥磷酸二铵250kg/hm²，尿素40～45kg/hm²，硫酸钾80～90kg/hm²。如未施基肥，可在6月中旬开花前追肥，追磷酸二铵105～150kg/hm²，尿素22.5～30.0kg/hm²，硫酸钾45～60kg/hm²。适时中耕，后期注意防虫。

适宜地区 吉林省大豆极早熟区。

115. 桦豆2号 （Huadou 2）

品种来源 佳木斯先锋种业有限公司以黑农51为母本，黑农48为父本，进行有性杂交，系谱法选育而成，原品系号桦豆2号。2019年经黑龙江省农作物品种审定委员会审定，审定编号为黑审豆20190004。全国大豆品种资源统一编号ZDD34340。

特征 亚有限结荚习性，株高90.0cm，有分枝。披针叶，白花，灰毛，荚褐色。籽粒圆形，种皮黄色，有光泽，脐黄色，百粒重21.0g。

特性 北方春大豆，黑龙江省春播生育期120d。中抗灰斑病。

产量品质 2016—2017年区域试验平均产量2 879.0kg/hm²，较对照品种合丰55增产10.7%。2018年生产试验平均产量2 846.6kg/hm²，较对照品种合丰55增产10.3%。蛋白质含量40.51%，脂肪含量19.88%。

栽培要点 选择中等以上肥力地块种植，5月上旬播种，采用垄作栽培方式，保苗25万～28万株/hm²。施基肥磷酸二铵

桦豆2号

150kg/hm²，钾肥40kg/hm²。生育期及时铲蹚，防治病虫害，拔大草2次或采用除草剂除草，成熟后及时收获。

适宜地区 黑龙江省≥10℃活动积温2 600℃区域。

116. 绥中作40 （Suizhongzuo40）

品种来源 黑龙江省农业科学院绥化分院、中国农业科学院作物科学研究所以绥农14为母本，（绥农14×红丰11）F₂为父本，进行有性杂交，系谱法选育而成，原品系号绥交08-5262。2015年经黑龙江省农作物品种审定委员会审定，审定编号为黑审豆2015007。

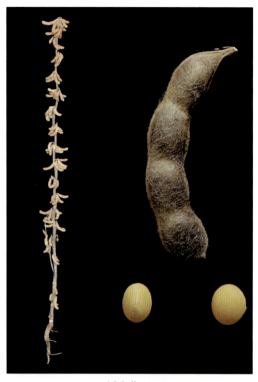

绥中作40

绥农41

全国大豆品种资源统一编号ZDD33095。

特征 亚有限结荚习性，株高90.0cm，有分枝。披针叶，紫花，灰毛，荚褐色。籽粒圆形，种皮黄色，无光泽，脐黄色，百粒重19.0g。

特性 北方春大豆，黑龙江省春播生育期117d。中抗灰斑病。高油品种。

产量品质 2012—2013年区域试验平均产量2 789.3kg/hm²，较对照品种合丰50增产8.6%。2014年生产试验平均产量3 331.1kg/hm²，较对照品种合丰50增产11.7%。蛋白质含量38.48%，脂肪含量21.88%。

栽培要点 选择中上等肥力地块种植，5月上旬播种。采用垄作栽培方式，保苗25万株/hm²。采用精量点播机垄底侧深施肥方法，施种肥磷酸二铵135kg/hm²，尿素20kg/hm²，钾肥45kg/hm²。播种后1周内采用除草剂封闭灭草，8月上旬拔大草1次。生育期及时铲蹚，防治病虫害，及时收获。

适宜地区 黑龙江省第二积温带。

117. 绥农41（Suinong 41）

品种来源 黑龙江省农业科学院绥化分院以黑农40为母本，绥农28为父本，进行有性杂交，系谱法选育而成，原品系号绥07-856。2015年经黑龙江省农作物品种审定委员会审定，审定编号为黑审豆2015008。全国大豆品种资源统一编号ZDD33078。

特征 亚有限结荚习性，株高90.0cm，无分枝。披针叶，紫花，灰毛，荚褐色。籽粒圆形，种皮黄色，无光泽，脐黄色，百粒重20.0g。

特性 北方春大豆，黑龙江省春播生育期117d。中抗灰斑病。

产量品质 2011—2012年区域试验平均产量2 627.4kg/hm²，较对照品种合丰50增产

11.6%。2013—2014年生产试验平均产量3 118.4kg/hm²，较对照品种合丰50增产11.2%。蛋白质含量40.50%，脂肪含量20.60%。

栽培要点　选择中上等肥力地块种植，5月上旬播种。采用垄三栽培方式，保苗25万株/hm²。采用精量点播机垄底侧深施肥方法，施种肥磷酸二铵135kg/hm²，尿素20kg/hm²，钾肥45kg/hm²。播种后1周内采用除草剂封闭灭草，8月上旬拔大草1次。生育期及时铲蹚，防治病虫害，及时收获。

适宜地区　黑龙江省第二积温带。

118. 绥农42（Suinong 42）

品种来源　黑龙江省农业科学院绥化分院以合03-1099为母本，绥02-339为父本，进行有性杂交，经系谱法选育而成，原品系号绥09-3690。2016年经黑龙江省农作物品种审定委员会审定，审定编号为黑审豆2016005。全国大豆品种资源统一编号ZDD33079。

特征　无限结荚习性，株高90.0cm，有分枝。披针叶，紫花，灰毛，荚褐色。籽粒圆形，种皮黄色，无光泽，脐黄色，百粒重21.0g。

特性　北方春大豆，黑龙江省春播生育期118d。中抗灰斑病。

产量品质　2013—2014年区域试验平均产量2 742.4kg/hm²，较对照品种合丰55增产8.6%。2015年生产试验平均产量3 078.5kg/hm²，较对照品种合丰55增产11.0%。蛋白质含量40.68%，脂肪含量20.00%。

绥农42

栽培要点　选择中上等肥力地块种植，5月上旬播种。采用垄三栽培方式，保苗22万～26万株/hm²。施种肥磷酸二铵135kg/hm²，尿素20kg/hm²，钾肥45kg/hm²。播种后1周内采用除草剂封闭灭草，生育期及时铲蹚，防治病虫害，8月上旬拔大草1次，及时收获。

适宜地区　黑龙江省第二积温带。

119. 绥农43（Suinong 43）

品种来源　黑龙江省农业科学院绥化分院以绥农23为母本，垦丰18为父本，进行有

绥农43

绥农44

性杂交，经系谱法选育而成，原品系号绥09-3577。2017年经黑龙江省农作物品种审定委员会审定，审定编号为黑审豆2017010。全国大豆品种资源统一编号ZDD33080。

特征 无限结荚习性，株高100.0cm，有分枝。披针叶，紫花，灰毛，荚褐色。籽粒圆形，种皮黄色，无光泽，脐黄色，百粒重19.0g。

特性 北方春大豆，黑龙江省春播生育期118d。中抗到感灰斑病。

产量品质 2014—2015两年区域试验平均产量3 180.2kg/hm²，较对照品种绥农28增产13.3%。2016年生产试验平均产量2 776.3kg/hm²，较对照品种合丰55增产10.6%。蛋白质含量40.75%，脂肪含量19.60%。

栽培要点 选择中上等肥力地块种植，5月上旬播种。采用垄三栽培方式，保苗19万～23万株/hm²。施种肥磷酸二铵130kg/hm²，尿素20kg/hm²，钾肥60kg/hm²。播种后1周内采用除草剂封闭灭草。生育期及时铲蹚，防治病虫害，8月上旬拔大草1次，及时收获。

适宜地区 黑龙江省第二积温带。

120. 绥农44 （Suinong 44）

品种来源 黑龙江省农业科学院绥化分院、黑龙江省龙科种业集团有限公司以(垦丰16×绥农22)F_0经^{60}Co射线处理，经系谱法选育而成，原品系号绥辐095016。2016年经黑龙江省农作物品种审定委员会审定，审定编号为黑审豆2016009。全国大豆品种资源统一编号ZDD33081。

特征 亚有限结荚习性，株高80.0cm，无分枝。披针叶，白花，灰毛，荚褐色。籽粒圆形，种皮黄色，无光泽，脐黄色，百粒重17.0g。

特性 北方春大豆，黑龙江省春播生育期

118d。中抗灰斑病。

产量品质 2013—2014年区域试验平均产量3 137.6kg/hm^2，较对照品种合丰51增产10.6%。2015年生产试验平均产量3 311.8kg/hm^2，较对照品种合丰51增产8.1%。蛋白质含量39.59%，脂肪含量20.74%。

栽培要点 选择中上等肥力地块种植，5月上旬播种。采用垄三栽培方式，保苗24万～30万株/hm^2，窄行密植栽培保苗40万株/hm^2。施种肥磷酸二铵130kg/hm^2，尿素20kg/hm^2，钾肥60kg/hm^2。播种后1周内采用除草剂封闭灭草。生育期及时铲蹚，防治病虫害，8月上旬拔大草1次，及时收获。

适宜地区 黑龙江省第三积温带。

121. 绥农47（Suinong 47）

品种来源 黑龙江省农业科学院绥化分院、黑龙江省龙科种业集团有限公司以合丰51为母本，抗线8号为父本，进行有性杂交，系谱法选择育成，原品系号绥农47。2020年经黑龙江省农作物品种审定委员会审定，审定编号为黑审豆2020L0004。全国大豆品种资源统一编号ZDD33082。

特征 无限结荚习性，株高100.0cm，有分枝。披针叶，紫花，灰毛，荚褐色。籽粒圆形，种皮黄色，无光泽，脐黄色，百粒重22.0g。

特性 北方春大豆，黑龙江省春播生育期120d。中抗灰斑病。

产量品质 2017—2018年区域试验平均产量3 038.3kg/hm^2，较对照品种合丰55增产9.3%。2019年生产试验平均产量2 794.2kg/hm^2，较对照品种合丰55增产10.7%。蛋白质含量40.28%，脂肪含量19.58%。

栽培要点 选择中上等肥力地块种植，5月上旬播种。采用垄作栽培方式，保苗23万～27万株/hm^2。施种肥磷酸二铵

绥农47

130kg/hm^2，尿素20kg/hm^2，钾肥80kg/hm^2。田间采用除草剂除草，生育期及时中耕管理，防治病虫害，成熟后及时收获。

适宜地区 黑龙江省第二积温带南部区，≥10℃活动积温2 550℃区域。

122. 绥农48（Suinong 48）

品种来源　黑龙江省农业科学院绥化分院以绥农28为母本，垦丰16为父本进行有性杂交，经系谱法选育而成，原品系号绥10-7283。2017年经黑龙江省农作物品种审定委员会审定，审定编号为黑审豆2017017。全国大豆品种资源统一编号ZDD33083。

特征　亚有限结荚习性，株高80.0cm，无分枝。披针叶，紫花，灰毛，荚褐色。籽粒圆形，种皮黄色，无光泽，脐黄色，百粒重20.0g。

绥农48

特性　北方春大豆，黑龙江省春播生育期117d。中抗灰斑病。高油品种。

产量品质　2014—2015两年区域试验平均产量3 103.6kg/hm^2，较对照品种合丰51增产4.2%。2016年生产试验平均产量3 172.2kg/hm^2，较对照品种合丰51增产8.1%。蛋白质含量38.71%，脂肪含量21.55%。

栽培要点　选择中上等肥力地块种植，5月上旬播种。采用垄作栽培方式，保苗24万～28万株/hm^2，采用小垄密植栽培方式，保苗32万～36万株/hm^2。施种肥磷酸二铵130kg/hm^2，尿素20kg/hm^2，钾肥60kg/hm^2。播种后1周内采用除草剂封闭灭草。生育期及时铲蹚，防治病虫害，8月上旬拔大草1次，及时收获。

适宜地区　黑龙江省第三积温带。

123. 绥农49（Suinong 49）

品种来源　黑龙江省农业科学院绥化分院以绥08-5509为母本，绥10-7500为父本，进行有性杂交，系谱法选育而成，原品系号绥农49。2019年经黑龙江省农作物品种审定委员会审定，审定编号为黑审豆20190047。全国大豆品种资源统一编号ZDD33084。

特征　无限结荚习性，株高90.0cm，有分枝。披针叶，紫花，灰毛，荚黄褐色。籽粒圆形，种皮黄色，无光泽，脐黄色，百粒重29.1g。

特性　北方春大豆，黑龙江省春播生育期120d。中抗灰斑病，大粒品种。

产量品质　2016—2017年区域试验平均产量3 067.4kg/hm^2，较对照品种绥农27增产12.7%。2018年生产试验平均产量3 045.8kg/hm^2，较对照品种绥农27增产12.5%。蛋白质含量41.24%，脂肪含量21.57%。

栽培要点 选择中等肥力地块种植，5月上旬播种。采用垄三栽培方式，保苗20万～24万株/hm²。施种肥磷酸二铵130kg/hm²，尿素20kg/hm²，钾肥80kg/hm²。生育期及时铲蹚，防治病虫害，拔大草1～2次，或采用除草剂除草，成熟后及时收获。

适宜地区 黑龙江省≥10℃活动积温2 600℃区域。

124. 绥农50（Suinong 50）

品种来源 黑龙江省农业科学院绥化分院以绥农27为母本，（绥农22×绥02-406）F₁为父本，进行有性杂交，经系谱法选育而成，原品系号绥09-6121。2017年经黑龙江省农作物品种审定委员会审定，审定编号为黑审豆2017002。全国大豆品种资源统一编号ZDD33085。

特征 无限结荚习性，株高85.0cm，有分枝。披针叶，紫花，灰毛，荚黄褐色。籽粒圆形，种皮黄色，脐黄色，无光泽，百粒重29.0g。

特性 北方春大豆，黑龙江省春播生育期124d。中抗灰斑病。

产量品质 2014—2015两年区域试验平均产量3 295.0kg/hm²，较对照品种黑农53、黑农61增产7.7%。2016年生产试验平均产量2 768.6kg/hm²，较对照品种黑农61增产8.4%。蛋白质含量41.46%，脂肪含量19.88%。

栽培要点 选择中上等肥力地块种植，5月上旬播种。采用垄作栽培方式，保苗19万～23万株/hm²。施种肥磷酸二铵130kg/hm²，尿素20kg/hm²，钾肥60kg/hm²。播种后1周内采用除草剂封闭灭草。生育期及时铲蹚，防治病虫害，8月上旬拔大草1次，及时收获。

适宜地区 黑龙江省第一积温带。

绥农49

绥农50

绥农51

绥农52

125. 绥农51（Suinong 51）

品种来源　黑龙江省农业科学院绥化分院对黑交95-750×（绥03-3146×垦丰18)F$_1$的F$_0$种子进行^{60}Co-γ射线辐射诱变，系谱法选育而成，原品系号绥辐105070。2018年经黑龙江省农作物品种审定委员会审定，审定编号为黑审豆2018019。全国大豆品种资源统一编号ZDD33086。

特征　亚有限结荚习性，株高90.0cm，无分枝。披针叶，紫花，灰毛，荚褐色。籽粒圆形，种皮黄色，无光泽，脐黄色，百粒重19.0g。

特性　北方春大豆，黑龙江省春播生育期115d。中抗灰斑病。高油品种。

产量品质　2014—2015年区域试验平均产量2 975.1kg/hm^2，较对照品种丰收25、北豆40增产11.2%。2016—2017年生产试验平均产量2 501.1kg/hm^2，较对照品种北豆40增产8.0%。蛋白质含量39.05%，脂肪含量21.89%。

栽培要点　选择中等肥力地块种植，5月上旬播种。采用垄三栽培方式，保苗30万株/hm^2。施种肥磷酸二铵130kg/hm^2，尿素20kg/hm^2，钾肥60kg/hm^2。生育期及时铲蹚，防治病虫害，拔大草1次或采用除草剂除草，及时收获。

适宜地区　黑龙江省≥10℃活动积温2 450℃区域。

126. 绥农52（Suinong 52）

品种来源　黑龙江省农业科学院绥化分院以绥农26母本，绥无腥豆2号为父本，进行有性杂交，经系谱法选育而成，原品系号绥5547。2017年经黑龙江省农作物品种审定委员会审定，审定编号为黑审豆2017028。全国大豆品种资源统一编号ZDD33087。

特征　无限结荚习性，株高90.0cm，有分枝。披针叶，紫花，灰毛，荚黄褐色。籽粒圆形，种皮黄色，无光泽，脐黄色，百粒重29.0g。

特性　北方春大豆，黑龙江省春播生育期120d。中抗灰斑病。大粒品种。

产量品质　2014—2015年区域试验平均产量3 309.9kg/hm²，较对照品种绥农27增产12.0%。2016年生产试验平均产量3 282.9kg/hm²，较对照品种绥农27增产10.7%。蛋白质含量42.09%，脂肪含量19.72%。

栽培要点　选择中上等肥力地块种植，5月上旬播种。采用垄作栽培方式，保苗22万～26万株/hm²。施种肥磷酸二铵130kg/hm²，尿素20kg/hm²，钾肥60kg/hm²。播种后1周内采用除草剂封闭灭草。生育期及时铲蹚，防治病虫害，8月上旬拔大草1次，及时收获。

适宜地区　黑龙江省第二积温带。

127. 绥农53（Suinong 53）

品种来源　黑龙江省农业科学院绥化分院以抗线9号为母本，绥农26为父本，进行有性杂交，系谱法选育而成，原品系号绥农53。2019年经黑龙江省农作物品种审定委员会审定，审定编号为黑审豆20190012。全国大豆品种资源统一编号ZDD33088。

特征　亚有限结荚习性，株高100.0cm，有分枝。披针叶，紫花，灰毛，荚褐色。籽粒圆形，种皮黄色，无光泽，脐黄色，百粒重21.5g。

特性　北方春大豆，黑龙江省春播生育期120d。中抗灰斑病。

产量品质　2016—2017年区域试验平均产量2 706.5kg/hm²，较对照品种绥农26增产10.7%。2018年生产试验平均产量3099.5kg/hm²，较对照品种绥农26增产9.5%。蛋白质含量41.44%，脂肪含量19.96%。

绥农53

栽培要点　选择中等肥力地块种植，5月上旬播种。采用垄三栽培方式，保苗22万～26万株/hm²。施种肥磷酸二铵130kg/hm²，尿素20kg/hm²，钾肥80kg/hm²。生育期及时铲蹚，防治病虫害，拔大草1～2次或采用除草剂除草，成熟后及时收获。

适宜地区　黑龙江省≥10℃活动积温2 600℃区域。

128. 绥农56 （Suinong 56）

品种来源　黑龙江省农业科学院绥化分院以绥07-8为母本，（绥农28×垦丰16)F$_1$代材料为父本，经有性杂交，系谱法选育而成。原品系号绥农56。2019年经黑龙江省农作物品种审定委员会审定，审定编号为黑审豆20190017。全国大豆品种资源统一编号ZDD33089。

绥农56

特征　无限结荚习性。株高85.0cm，有分枝。披针叶，白花，灰毛，荚褐色。籽粒圆形，种皮黄色，无光泽，脐黄色。百粒重19.5g。

特性　北方春大豆，黑龙江省春播生育期115d。中抗灰斑病。

产量品质　2016—2017年区域试验，平均产量2 610.8kg/hm^2，较对照品种北豆40增产8.3%。2018年生产试验，平均产量2 961.6kg/hm^2，较对照品种北豆40增产11.1%。蛋白质含量38.57%，脂肪含量21.19%。

栽培要点　选择中上等肥力地块种植，5月上旬播种。采用垄三栽培方式，保苗22万～26万株/hm^2。施种肥磷酸二铵130kg/hm^2，尿素20kg/hm^2，钾肥80kg/hm^2。生育期及时铲蹚，防治病虫害，拔大草1～2次或采用除草剂除草，成熟后及时收获。

适宜地区　黑龙江省≥10℃活动积温2 450℃区域。

129. 绥农69 （Suinong 69）

品种来源　黑龙江省农业科学院绥化分院以绥农22为母本，（绥农22×绥08-5469）F$_1$为父本，经有性杂交，系谱法选择育成。原品系号绥农69。2020年经黑龙江省农作物品种审定委员会审定，审定编号为黑审豆20200037。全国大豆品种资源统一编号ZDD33090。

特征　无限结荚习性。株高100.0cm，有分枝。披针叶，紫花，灰毛，荚褐色。籽粒圆形，种皮黄色，无光泽，脐黄色。百粒重22.5g。

特性 北方春大豆，黑龙江省春播生育期116d。抗灰斑病。抗病品种。

产量品质 2017—2018年区域试验，平均产量3 264.8kg/hm²，较对照品种合丰51增产11.5%。2019年生产试验，平均产量2 592.4kg/hm²，较对照品种合丰51增产9.2%。蛋白质含量40.57%，脂肪含量19.46%。

栽培要点 选择中上等肥力地块种植，5月上旬播种。采用垄作栽培方式，保苗22万～26万株/hm²。施种肥磷酸二铵130kg/hm²，尿素20kg/hm²，钾肥80kg/hm²。田间采用除草剂除草，生育期及时中耕管理，防治病虫害，成熟后及时收获。

适宜地区 黑龙江省第三积温带东部区，≥10℃活动积温2 400℃区域。

绥农69

130. 绥农71 （Suinong 71）

品种来源 黑龙江省农业科学院绥化分院以黑农54为母本，东农48为父本，经有性杂交，系谱法选择育成。原品系号绥农71。2020年经黑龙江省农作物品种审定委员会审定，审定编号为黑审豆20200018。全国大豆品种资源统一编号ZDD33091。

特征 亚有限结荚习性。株高90.0cm，有分枝。披针叶，紫花，灰毛，荚褐色。籽粒圆形，种皮黄色，无光泽，脐黄色。百粒重24.0g。

特性 北方春大豆，黑龙江省春播生育期118d。中抗灰斑病。高蛋白品种。

产量品质 2017—2018年区域试验，平均产量2 885.6kg/hm²，较对照品种合丰50增产3.2%。2019年生产试验，平均产量2 655.7kg/hm²，较对照品种合丰50增产6.3%。蛋白质含量45.55%，脂肪含量19.26%。

栽培要点 选择中等肥力地块种植，5月上旬播种。采用垄三栽培方式，保苗22

绥农71

万～ 26万株/hm²。施种肥磷酸二铵130kg/hm²，尿素20kg/hm²，钾肥80kg/hm²。田间采用除草剂除草，生育期间及时中耕管理，防治病虫害，成熟后及时收获。

适宜地区　黑龙江省第二积温带东部区，≥10℃活动积温2 500℃区域。

131. 绥农76（Suinong 76）

品种来源　黑龙江省农业科学院绥化分院以绥07-1186为母本，绥07-104为父本，经有性杂交，系谱法选育而成。原品系号绥农76。2019年经黑龙江省农作物品种审定委员会审定，审定编号为黑审豆20190021。全国大豆品种资源统一编号ZDD33092。

绥农76

特征　无限结荚习性。株高90.0cm，有分枝。披针叶，紫花，灰毛，荚褐色。籽粒圆形，种皮黄色，无光泽，脐黄色。百粒重19.7g。

特性　北方春大豆，黑龙江省春播生育期115d。中抗灰斑病。高蛋白品种。

产量品质　2016—2017年区域试验，平均产量2 501.5kg/hm²，较对照品种北豆40增产4.1%。2018年生产试验，平均产量2 812.0kg/hm²，较对照品种北豆40增产6.6%。蛋白质含量46.78%，脂肪含量16.86%。

栽培要点　选择中等肥力地块种植，5月上旬播种。采用垄三栽培方式，保苗20万～ 24万株/hm²。施基肥磷酸二铵130kg/hm²，尿素20kg/hm²，钾肥80kg/hm²。生育期及时铲蹚，防治病虫害，拔大草1 ～ 2次或采用除草剂除草，成熟后及时收获。

适宜地区　黑龙江省≥10℃活动积温2 450℃区域。

132. 绥农94（Suinong 94）

品种来源　黑龙江省农业科学院绥化分院以黑农48为母本，（绥07-1186×垦丰18）F₁为父本，经有性杂交，系谱法选择育成。原品系号绥农94。2020年经黑龙江省农作物品种审定委员会审定，审定编号为黑审豆20200040。全国大豆品种资源统一编号ZDD33093。

特征 亚有限结荚习性。株高70.0cm，无分枝。披针叶，紫花，灰毛，荚褐色。籽粒圆形，种皮黄色，无光泽，脐黄色。百粒重21.1g。

特性 北方春大豆，黑龙江省春播生育期116d。中抗灰斑病。高蛋白品种。

产量品质 2018—2019年区域试验，平均产量2 956.4kg/hm²，较对照品种合丰51增产6.6%。2019年生产试验，平均产量2 507.5kg/hm²，较对照品种合丰51增产6.9%。蛋白质含量44.01%，脂肪含量18.85%。

栽培要点 选择中上等肥力地块种植，5月上旬播种。采用垄作栽培方式，保苗25万~29万株/hm²。施基肥磷酸二铵130kg/hm²，尿素20kg/hm²，钾肥80kg/hm²。田间采用除草剂除草，生育期及时中耕管理，防治病虫害，成熟后及时收获。

适宜地区 黑龙江省第三积温带东部区，≥10℃活动积温2 400℃区域。

133. 绥无腥豆3号 (Suiwuxingdou 3)

品种来源 黑龙江省农业科学院绥化分院以合丰50为母本，（绥03-31019-1×绥04-5474）F₁为父本，经有性杂交，系谱法选育而成。原品系号绥无腥豆3号。2018年经黑龙江省农作物品种审定委员会审定，审定编号为黑审豆2018047。全国大豆品种资源统一编号ZDD33094。

特征 亚有限结荚习性。株高85.0cm，无分枝。披针叶，紫花，灰毛，荚褐色。籽粒圆形，种皮黄色，无光泽，脐黄色。百粒重19.0g。

特性 北方春大豆，黑龙江省春播生育期115d。中抗灰斑病。无腥豆品种，缺

绥农94

绥无腥豆3号

失脂肪氧化酶Lox$_{-2}$。

产量品质　2015—2016年区域试验，平均产量2 722.6kg/hm^2，较对照品种绥无腥豆2号增产12.0%。2017年生产试验，平均产量2 755.3kg/hm^2，较对照品种绥无腥豆2号增产10.8%。蛋白质含量37.37%，脂肪含量21.81%。

栽培要点　选择中等肥力地块种植，5月上旬播种。采用垄三栽培方式，保苗25万株/hm^2。施基肥磷酸二铵130kg/hm^2，尿素20kg/hm^2，钾肥60kg/hm^2。生育期间及时铲蹚，防治病虫害，拔大草一次或采用除草剂除草，及时收获。

适宜地区　黑龙江省≥10℃活动积温2 450℃区域。

134. 绥黑豆1号（Suiheidou 1）

绥黑豆1号

品种来源　黑龙江省农业科学院绥化分院以黑豆垦09-3275为母本，黑豆绥03-3772为父本，经有性杂交，系谱法选育而成。2019年经黑龙江省农作物品种审定委员会审定，审定编号为黑审豆20190053。全国大豆品种资源统一编号ZDD33278。

特征　亚有限结荚习性。株高90.0cm，有分枝。披针叶，白花，棕毛，荚黑色。籽粒圆形，种皮黑色，无光泽，脐黑色。百粒重22.9g。

特性　北方春大豆，黑龙江省春播生育期120d。中抗灰斑病，黑色种皮品种。

产量品质　2017—2018年区域试验，平均产量2 473.3kg/hm^2，较对照品种龙黑大豆1号增产14.4%。蛋白质含量41.03%，脂肪含量19.12%。

栽培要点　选择中等肥力地块种植，5月上旬播种。采用垄三栽培方式，保苗22万～26万株/hm^2。施基肥磷酸二铵130kg/hm^2，尿素20kg/hm^2，钾肥80kg/hm^2。生育期及时铲蹚，防治病虫害，拔大草1次，或采用除草剂除草，成熟后及时收获。

适宜地区　黑龙江省≥10℃活动积温2 600℃区域。

135. 棱豆3号（Lingdou 3）

品种来源　绥棱县棱丰种业科技有限公司以垦丰13为母本，垦鉴豆28为父本，经有性杂交，系谱法选育而成。原品系号棱丰1605。2015年经黑龙江省农作物品种审定委员会审定，审定编号为黑审豆2015017。全国大豆品种资源统一编号ZDD33263。

特征 无限结荚习性。株高88.0cm，有分枝。披针叶，白花，灰毛，荚褐色。籽粒圆形，种皮黄色，有光泽，脐黄色。百粒重16.9g。

特性 北方春大豆，黑龙江省春播生育期116d。中抗灰斑病。

产量品质 2011—2012年区域试验，平均产量2 808.5kg/hm²，较对照品种合丰51增产10.9%。2013—2014年生产试验，平均产量3 066.7kg/hm²，较对照品种合丰51增产8.9%。蛋白质含量39.06%，脂肪含量20.75%。

栽培要点 选择中等肥力地块种植，5月上旬播种。采用垄三栽培方式，保苗28万株/hm²，肥沃地块保苗25万株/hm²。施磷酸二铵165kg/hm²，尿素35kg/hm²，钾肥65kg/hm²。及时铲蹚，防治病虫草害，及时收获。

适宜地区 黑龙江省第三积温带。

棱豆3号

136. 安豆162（Andou 162）

品种来源 安达市春丰现代农业研究所、黑龙江省农业科学院大豆研究所以抗线虫12为母本，（垦丰18×Hartwig）F_1代材料为父本，经有性杂交，系谱法选育而成。原品系号安豆162。2019年经黑龙江省农作物品种审定委员会审定，审定编号为黑审豆20190002。全国大豆品种资源统一编号ZDD33037。

特征 亚有限结荚习性。株高80cm，株型收敛，有分枝。叶圆形，白花，灰毛，荚褐色。籽粒圆形，种皮黄色，无光泽，脐黄色。百粒重20.0g。

特性 北方春大豆，黑龙江省春播生育期123d。抗病性好，抗胞囊线虫病。

产量品质 2016—2017年区域试验，平均产量2 587.1kg/hm²，较对照品种嫩丰18增产10.9%。2018年生产试验，平均产量

安豆162

2 491.0kg/hm²，较对照品种嫩丰18增产13.6%。蛋白质含量42.07%，脂肪含量20.3%。

栽培要点　选择中等肥力地块种植，5月上旬播种。采用垄三栽培方式，保苗20万～22.5万株/hm²。施基肥磷酸二铵150kg/hm²，尿素30kg/hm²，钾肥75kg/hm²。生育期间及时铲蹚，防治病虫害，拔大草1～2次或采用除草剂除草，成熟后及时收获。

适宜地区　黑龙江省≥10℃活动积温2 700℃以上西部区域。

137. 克豆29（Kedou 29）

品种来源　黑龙江省农业科学院克山分院以北豆14为母本，嫩丰16为父本，经有性杂交，系谱法选育而成，原品系号克交11-1124。2018年经黑龙江省农作物品种审定委员会审定，审定编号为黑审豆2018018。全国大豆品种资源统一编号ZDD33067。

克豆29

特征　无限结荚习性。株高86.0cm，有分枝。披针叶，紫花，灰毛，荚褐色。籽粒圆形，种皮黄色，有光泽，脐黄色。百粒重19.2g。

特性　北方春大豆，黑龙江省春播生育期115d。中抗灰斑病。高油品种。

产量品质　2015—2016年区域试验，平均产量2 786.3kg/hm²，较对照品种北豆40增产8.9%。2017年生产试验，平均产量2 587.6kg/hm²，较对照品种北豆40增产8.9%。蛋白质含量38.59%，脂肪含量22.05%。

栽培要点　选择中上等肥力地块种植，5月上旬播种。采用垄三栽培方式，保苗30万～35万株/hm²。施基肥磷酸二铵150～187.5kg/hm²，尿素22.5～37.5kg/hm²，钾肥30～50kg/hm²；在大豆开花始期或鼓粒初期，用5～7.5kg/hm²尿素和1～1.5kg/hm²磷酸二氢钾兑水500kg/hm²，叶面喷施。生育期及时铲蹚，防治病虫害，拔大草1次或采用除草剂除草，及时收获。

适宜地区　黑龙江省≥10℃活动积温2 450℃区域。

138. 克豆30（Kedou 30）

品种来源　黑龙江省农业科学院克山分院以黑河43为母本，北疆01-193为父本，经有性杂交，系谱法选育而成。原品系号克交11-304。2018年经黑龙江省农作物品种审定委员会审定，审定编号为黑审豆2018027。全国大豆品种资源统一编号ZDD31283。

特征 亚有限结荚习性。株高81.0cm，无分枝。披针叶，紫花，灰毛，荚褐色。籽粒圆形，种皮黄色，有光泽，脐黄色。百粒重19.2g。

特性 北方春大豆，黑龙江省春播生育期110d。中抗灰斑病。高油品种。

产量品质 2015—2016年区域试验，平均产量2 306.5kg/hm²，较对照品种黑河43增产8.7%。2017年生产试验，平均产量2 658.0kg/hm²，较对照品种黑河43增产10.3%。蛋白质含量38.38%，脂肪含量21.49%。

栽培要点 选择中上等肥力地块种植，5月上旬播种。采用垄三栽培方式，保苗30万～35万株/hm²。施基肥磷酸二铵150～187.5kg/hm²，尿素22.5～37.5kg/hm²，钾肥30～50kg/hm²；在大豆开花始期或鼓粒初期，用5～7.5kg/hm²尿素和1～1.5kg/hm²磷酸二氢钾兑水500kg/hm²，叶面喷施。生育期及时铲蹚，防治病虫害，拔大草1次或采用除草剂除草，及时收获。

适宜地区 黑龙江省≥10℃活动积温2 250℃区域。

克豆30

139. 克豆31（Kedou 31）

品种来源 黑龙江省农业科学院克山分院以克交05-174为母本，克豆28为父本，经有性杂交，系谱法选育而成。原品系号克豆31。2019年经黑龙江省农作物品种审定委员会审定，审定编号为黑审豆20190018。全国大豆品种资源统一编号ZDD33068。

特征 无限结荚习性。株高101.0cm，无分枝。披针叶，白花，灰毛，荚褐色。籽粒圆形，种皮黄色，有光泽，脐黄色。百粒重17.3g。

克豆31

特性　北方春大豆，黑龙江省春播生育期115d。中抗灰斑病。

产量品质　2016—2017年区域试验，平均产量2 592.6kg/hm²，较对照品种北豆40增产7.7%。2018年生产试验，平均产量2 891.8kg/hm²，较对照品种北豆40增产9.3%。蛋白质含量39.65%，脂肪含量21.26%。

栽培要点　选择中上等肥力地块种植，5月上旬播种。采用垄三栽培方式，保苗32万～35万株/hm²。施基肥磷酸二铵150kg/hm²，尿素25kg/hm²，钾肥30kg/hm²；在大豆开花始期或鼓粒初期，用5kg/hm²尿素和1.5kg/hm²磷酸二氢钾兑水500kg/hm²，叶面喷施。生育期及时铲蹚，防治病虫害，拔大草1次或采用除草剂除草，及时收获。

适宜地区　黑龙江省≥10℃活动积温2 450℃区域。

140. 克豆35（Kedou 35）

品种来源　黑龙江省农业科学院克山分院以黑河45为母本，垦丰16为父本，经有性杂交，系谱法选择育成。原品系号克豆35。2020年经黑龙江省农作物品种审定委员会审定，审定编号为黑审豆20200029。全国大豆品种资源统一编号ZDD32328。

克豆35

特征　亚有限结荚习性。株高75.0cm，无分枝。披针叶，白花，灰毛，荚褐色。籽粒圆形，种皮黄色，有光泽，脐黄色。百粒重18.8g。

特性　北方春大豆，黑龙江省春播生育期115d。抗灰斑病。

产量品质　2017—2018年区域试验，平均产量2 761.9kg/hm²，较对照品种北豆40增产8.7%。2019年生产试验，平均产量2 697.5kg/hm²，较对照品种北豆40增产10.6%。蛋白质含量40.47%，脂肪含量19.99%。

栽培要点　选择中上等肥力地块种植，5月上旬播种。采用垄三栽培方式，保苗32万～35万株/hm²。施基肥磷酸二铵150kg/hm²，尿素25kg/hm²，钾肥30kg/hm²；在大豆开花始期或鼓粒初期，用5kg/hm²尿素和1.5kg/hm²磷酸二氢钾兑水500kg/hm²，叶面喷施。生育期及时铲蹚，防治病虫害，拔大草1次或采用除草剂除草，及时收获。

适宜地区　黑龙江省第三积温带西部区，≥10℃活动积温2 350℃区域。

141. 克豆38（Kedou 38）

品种来源 黑龙江省农业科学院克山分院以黑河36为母本，黑河750为父本，经有性杂交，系谱法选择育成。原品系号克豆38。2020年经黑龙江省农作物品种审定委员会审定，审定编号为黑审豆20200043。全国大豆品种资源统一编号ZDD32329。

特征 亚有限结荚习性。株高87.0cm，无分枝。披针叶，紫花，灰毛，荚褐色。籽粒圆形，种皮黄色，有光泽，脐黄色。百粒重19.3g。

特性 北方春大豆，黑龙江省春播生育期113d。中抗灰斑病。

产量品质 2017—2018年区域试验，平均产量2 835.7kg/hm²，较对照品种黑河43增产9.2%。2019年生产试验，平均产量2 514.4kg/hm²，较对照品种黑河43增产9.9%。蛋白质含量39.77%，脂肪含量20.17%。

栽培要点 选择中等肥力地块种植，5月上旬播种。采用垄三栽培方式，保苗28万～30万株/hm²。种肥施磷酸二铵120～150kg/hm²，尿素30～40kg/hm²，钾肥30～35kg/hm²。田间采用除草剂除草，生育期及时中耕管理，防治病虫害，成熟后及时收获。

适宜地区 黑龙江省第四积温带，≥10℃活动积温2 250℃区域。

克豆38

142. 克豆44（Kedou 44）

品种来源 黑龙江省农业科学院克山分院以克山1号为母本，黑河27为父本，经有性杂交，系谱法选择育成。原品系号

克豆44

克豆44。2020年经黑龙江省农作物品种审定委员会审定，审定编号为黑审豆20200044。全国大豆品种资源统一编号ZDD33071。

特征　亚有限结荚习性。株高86.0cm，无分枝。披针叶，紫花，灰毛，荚褐色。籽粒圆形，种皮黄色，有光泽，脐黄色。百粒重18.7g。

特性　北方春大豆，黑龙江省春播生育期113d。中抗灰斑病。

产量品质　2018—2019年区域试验，平均产量2 678.9kg/hm²，较对照品种黑河43增产10.0%。2019年生产试验，平均产量2 511.3kg/hm²，较对照品种黑河43增产9.9%。蛋白质含量40.20%，脂肪含量20.77%。

栽培要点　选择中上等肥力地块种植，5月上旬播种。采用垄三栽培方式，保苗28万 ~ 32万株/hm²。施磷酸二铵150 ~ 180kg/hm²，尿素22 ~ 35kg/hm²，钾肥30 ~ 50kg/hm²；在大豆开花始期或鼓粒初期，用5kg/hm²尿素和1.5kg/hm²磷酸二氢钾兑水500kg/hm²，叶面喷施。田间采用除草剂除草，生育期及时中耕管理，防治病虫害，成熟后及时收获。

适宜地区　黑龙江省第四积温带，≥10℃活动积温2 250℃区域。

143. 克豆48 （Kedou 48）

克豆48

品种来源　黑龙江省农业科学院克山分院以克交99-578为母本，东农50为父本，经有性杂交，系谱法选育而成。原品系号克豆48。2019年经黑龙江省农作物品种审定委员会审定，审定编号为黑审豆20190057。全国大豆品种资源统一编号ZDD33072。

特征　亚有限结荚习性。株高78.0cm，有分枝。披针叶，白花，灰毛，荚褐色。籽粒圆形，种皮黄色，有光泽，脐黄色。百粒重9.3g。

特性　北方春大豆，黑龙江省春播生育期115d。中抗灰斑病，小粒品种。

产量品质　2017—2018年区域试验，平均产量2 161.4kg/hm²，较对照品种东农60增产12.4%。蛋白质含量44.34%，脂肪含量15.78%。

栽培要点　选择中上等肥力地块种植，5月上旬播种。采用垄三栽培方式，保苗32万 ~ 35万株/hm²。施磷酸二铵150kg/hm²，尿素25kg/hm²，钾肥50kg/hm²；在大豆开花始期或鼓粒初期，用5kg/hm²尿素和1.5kg/hm²磷酸二氢钾兑水500kg/hm²，叶面喷施。田间采用除草剂除草，生育期及时中耕管理，防治病虫害，成熟后及时收获。

适宜地区　黑龙江省≥10℃活动积温2 450℃区域。

144. 克豆57 （Kedou 57）

品种来源　黑龙江省农业科学院克山分院以克99-578为母本，合丰42为父本，经有性杂交，系谱法选择育成。原品系号克豆57。2020年经黑龙江省农作物品种审定委员会审定，审定编号为黑审豆20200065。全国大豆品种资源统一编号ZDD33073。

特征　亚有限结荚习性。株高74.0cm，无分枝。叶圆形，白花，灰毛，荚褐色。籽粒圆形，种皮黄色，有光泽，脐黄色。百粒重13.1g。

特性　北方春大豆，黑龙江省春播生育期115d。中抗灰斑病，小粒品种。

产量品质　2018—2019年区域试验，平均产量2 328.2kg/hm²，较对照品种东农60增产12.3%。蛋白质含量46.71%，脂肪含量16.44%。

栽培要点　选择中等肥力地块种植，5月上旬播种。采用垄三栽培方式，保苗30万～35万株/hm²。施磷酸二铵120～150kg/hm²，尿素30～40kg/hm²，钾肥30～35kg/hm²。田间采用除草剂除草，生育期及时中耕管理，防治病虫害，成熟后及时收获。

克豆57

适宜地区　黑龙江省第三积温带西部区，≥10℃活动积温2 350℃区域。

145. 齐农3号 （Qinong 3）

品种来源　黑龙江省农业科学院齐齐哈尔分院以合03-14为母本，丰豆1号为父本，经有性杂交，系谱法选育而成。原品系号齐0502787。2017年经黑龙江省农作物品种审定委员会审定，审定编号为黑审豆2017003。全国大豆品种资源统一编号ZDD33074。

特征　亚有限结荚习性。株高93.0cm，有分枝。叶圆形，紫花，灰毛，荚黄褐色。籽粒椭圆形，种皮黄褐色，有光泽，脐褐色。百粒重19.7g。

特性　北方春大豆，黑龙江省春播生育期119d。中抗胞囊线虫病。高油品种。

齐农3号

齐农5号

产量品质 2014—2015年区域试验，平均产量2 622.6kg/hm²，较对照品种嫩丰18增产13.4%。2016年生产试验，平均产量2 627.6kg/hm²，较对照品种嫩丰18增产13.4%。蛋白质含量39.02%，脂肪含量21.61%。

栽培要点 选择中上等肥力地块种植，5月上旬播种。采用垄三栽培方式，保苗25万～28万株/hm²。施磷酸二铵130～150kg/hm²，尿素40kg/hm²，钾肥50kg/hm²；生育期间根据长势喷施叶面肥1～2次。田间采用除草剂除草或人工除草，中耕2～3次，秋后拔大草1～2次，及时防治大豆食心虫，成熟时及时收获。

适宜地区 黑龙江省第一积温带。

146. 齐农5号（Qinong 5）

品种来源 黑龙江省农业科学院齐齐哈尔分院以合丰25为母本，丰豆3号为父本，经有性杂交，系谱法选育而成。原品系号齐农5号。2018年经黑龙江省农作物品种审定委员会审定，审定编号为黑审豆2018006。全国大豆品种资源统一编号ZDD33075。

特征 无限结荚习性。株高100.0cm，有分枝。披针叶，白花，灰毛，荚褐色。籽粒圆形，种皮褐色，有光泽，脐淡褐色。百粒重19.4g。

特性 北方春大豆，黑龙江省春播生育期123d。抗胞囊线虫病。高油、抗病品种。

产量品质 2015—2016年区域试验，平均产量2 615.2kg/hm²，较对照品种嫩丰18增产11.2%。2017年生产试验，平均产量2 611.1kg/hm²，较对照品种嫩丰18增产10.9%。蛋白质含量39.05%，脂肪含量21.91%。

栽培要点 选择中上等肥力地块种植，5月上旬播种。采用垄三栽培方式，保苗25万～28万株/hm²。施种肥磷酸二铵130～150kg/hm²，尿素30kg/hm²，钾肥50kg/hm²；生育期间根据长势喷施叶面肥1～2次。生育期及时铲蹚，防治病虫害，拔大草1～2次或采用除草剂除草，及时收获。

适宜地区　黑龙江省≥10℃活动积温2 700℃以上西部区域。

147. 齐农10号 （Qinong 10）

品种来源　黑龙江省农业科学院齐齐哈尔分院以合00-633为母本，垦丰16为父本，经有性杂交，系谱法选择育成。原品系号齐农10号。2020年经黑龙江省农作物品种审定委员会审定，审定编号为黑审豆20200028。全国大豆品种资源统一编号ZDD33076。

齐农10号

特征　亚有限结荚习性。株高83.0cm，有分枝。披针叶，白花，灰毛，荚褐色。籽粒圆形，种皮黄色，有光泽，脐黄色。百粒重18.5g。

特性　北方春大豆，黑龙江省春播生育期115d。中抗灰斑病。

产量品质　2017—2018年区域试验，平均产量2 800.5kg/hm²，较对照品种北豆40增产10.6%。2019年生产试验，平均产量2 694.2kg/hm²，较对照品种北豆40增产10.5%。蛋白质含量39.88%，脂肪含量19.69%。

栽培要点　选择中上等肥力地块种植，5月上旬播种。采用垄三栽培方式，保苗28万～30万株/hm²。施种肥磷酸二铵130～150kg/hm²，尿素30kg/hm²，钾肥50kg/hm²；生育期间喷施叶面肥1～2次。田间采用除草剂除草，生育期及时中耕管理，防治病虫害，成熟后及时收获。

适宜地区　黑龙江省第三积温带西部区，≥10℃活动积温2 350℃区域。

148. 齐农12 （Qinong 12）

品种来源　黑龙江省农业科学院齐齐哈尔分院以合丰50为母本，MN0902为父本，经有性杂交，系谱法选择育成。原品系号齐农12。2020年经黑龙江省农作物品种审定委员会审定，审定编号为黑审豆20200005。全国大豆品种资源统一编号ZDD33077。

特征　亚有限结荚习性。株高93.0cm，有分枝。叶圆形，紫花，棕毛，荚黄褐色。籽粒圆形，种皮黄色，有光泽，脐黄色。百粒重21.0g。

特性　北方春大豆，黑龙江省春播生育期123d。抗胞囊线虫病。抗病品种。

产量品质　2017—2018年区域试验，平均产量2 783.2kg/hm²，较对照品种嫩丰18

齐农12

鹏豆158

增产14.8%。2019年生产试验，平均产量2 832.6kg/hm²，较对照品种嫩丰18增产15.0%。蛋白质含量39.71%，脂肪含量20.76%。

栽培要点　选择中上等肥力地块种植，5月上旬播种。采用垄三栽培方式，保苗23万～25万株/hm²。施种肥磷酸二铵130～150kg/hm²，尿素30kg/hm²，钾肥50kg/hm²；生育期间喷施叶面肥1～2次。田间采用除草剂除草，生育期间及时中耕管理，防治病虫害，成熟后及时收获。

适宜地区　黑龙江省第一积温带，≥10℃活动积温2 700℃西部区域。

149. 鹏豆158（Pengdou 158）

品种来源　黑龙江鹏程农业发展有限公司、黑龙江省农业科学院大庆分院以（东农46×9902）F₁为母本，农大5129为父本，经有性杂交，系谱法选育而成。原品系号庆农09-1594。2015年经黑龙江省农作物品种审定委员会审定，审定编号为黑审豆2015009。全国大豆品种资源统一编号ZDD33181。

特征　亚有限结荚习性。株高80.0cm，无分枝。披针叶，白花，灰毛，荚褐色。籽粒圆形，种皮黄色，有光泽，脐淡褐色。百粒重22.0g。

特性　北方春大豆，黑龙江省春播生育期115d。中抗胞囊线虫病，中抗灰斑病。高油品种。

产量品质　2012—2013年区域试验，平均产量3 338.6kg/hm²，较对照品种绥农26增产9.5%。2014年生产试验，平均产量3 502.4kg/hm²，较对照品种绥农26增产9.8%。蛋白质含量39.08%，脂肪含量22.16%。

栽培要点　选择中等肥力地块种植，5月上旬播种。采用垄三栽培方式，保苗28万～30万株/hm²。施种肥磷酸二铵150kg/hm²，硫酸钾50kg/hm^2，尿素30kg/hm^2。生育期及时铲蹚，防治病虫害，拔大草1次或采用除草剂除草，及时收获。

适宜地区　黑龙江省第二积温带。

150. 鹏豆172（Pengdou 172）

品种来源　黑龙江鹏程农业发展有限公司以合丰50为母本，F06-323为父本，经有性杂交，系谱法选择育成。原品系号鹏豆172。2020年经黑龙江省农作物品种审定委员会审定，审定编号为黑审豆2020L0001。全国大豆品种资源统一编号ZDD33182。

特征　亚有限结荚习性。株高86.0cm，无分枝。披针叶，白花，灰毛，荚褐色。籽粒圆形，种皮黄色，无光泽，脐褐色。百粒重20.0g。

特性　北方春大豆，黑龙江省春播生育期118d。中抗灰斑病。

产量品质　2017—2018年区域试验，平均产量3 302.8kg/hm^2，较对照品种合丰50增产5.7%。2019年生产试验，平均产量2 696.4kg/hm^2，较对照品种合丰50增产7.6%。蛋白质含量40.58%，脂肪含量20.13%。

栽培要点　选择中上等肥力地块种植，5月上旬播种。采用垄三栽培方式，保苗23

鹏豆172

万～25万株/hm^2。施磷酸二铵150kg/hm^2，尿素50kg/hm^2，钾肥50kg/hm^2。田间采用除草剂除草，生育期及时中耕管理，防治病虫害，成熟后及时收获。

适宜地区　黑龙江省第二积温带东部区，≥10℃活动积温2 500℃区域。

151. 正绿毛豆1号（Zhenglümaodou 1）

品种来源　黑龙江中正农业发展有限公司以06-113为母本，07-12为父本，经有性杂交，系谱法选育而成。原品系号正绿毛豆1号。2019年经黑龙江省农作物品种审定委员会审定，审定编号为黑审豆2019Z0009。全国大豆品种资源统一编号ZDD33255。

特征　亚有限结荚习性。株高50.0cm，有分枝。叶圆形，白花，灰毛，荚褐色。籽粒椭圆形，种皮绿色，无光泽，脐褐色。鲜百粒重71.0g。

特性　北方春大豆，黑龙江省春播生育期120d。中抗灰斑病，鲜食大粒品种。

正绿毛豆1号

德顺5号

产量品质　2016—2017年区域试验，鲜荚平均产量14 893.9kg/hm²，较对照品种合丰50增产15.6％。2018年生产试验，鲜荚平均产量14 798.0kg/hm²，较对照品种合丰50增产13.6 ％。鲜籽粒蛋白质含量16.15％，脂肪含量8.70％，可溶性糖含量2.31％。

栽培要点　选择中上等肥力地块种植，5月上旬播种。采用垄三栽培方式，保苗25万～30万株/hm²。施硫酸钾型复合肥（NPK总含量45％以上）300kg/hm²。生育期及时铲蹚，防治病虫害，拔大草1～2次，或采用除草剂除草，青荚鼓足及时采收。

适宜地区　黑龙江省≥10℃活动积温2 450℃区域。

152. 德顺5号（Deshun 5）

品种来源　讷河市德顺种业有限责任公司以疆莫豆1号为母本，北疆94-641为父本，经有性杂交，系谱法选育而成。原品系号德顺5号。2020年经黑龙江省农作物品种审定委员会审定，审定编号为黑审豆20200055。全国大豆品种资源统一编号ZDD33021。

特征　无限结荚习性。株高90.0cm，有分枝。披针叶，紫花，灰毛，荚褐色。籽粒圆形，种皮黄色，有光泽，脐黄色。百粒重21.0g。

特性　北方春大豆，黑龙江省春播生育期100d。中抗灰斑病。

产量品质　2016—2017年区域试验，平均产量1 864.5kg/hm²，较对照品种华疆2号增产8.5％。2018年生产试验，平均产量2 012.9kg/hm²，较对照品种华疆2号增产8.0％。蛋白质含量39.58％，脂肪含量20.89％。

栽培要点　适宜中等肥力地块种植，5月上旬播种。采用垄三栽培方式，保苗28万～35万株/hm²。施基肥磷酸二铵125kg/hm²，尿素25kg/hm²，钾肥30kg/hm²；施种肥磷酸二铵30kg/hm²，尿素20kg/hm²，钾肥20kg/hm²；花荚期追施磷酸二氢钾3kg/hm²，尿素5kg/hm²。生育期及时铲蹚，防治病虫害，拔大草2次或采用除草剂除草，成熟后及时收获。

适宜地区 黑龙江省≥10℃活动积温2 100℃区域。

153. 农庆豆20（Nongqingdou 20）

品种来源 齐齐哈尔市富尔农艺有限公司、黑龙江省农业科学院大庆分院以九三94-6为母本，安04-1684为父本，经有性杂交，系谱法选育而成。原品系号安10-46。2017年经黑龙江省农作物品种审定委员会审定，审定编号为黑审豆2017004。全国大豆品种资源统一编号ZDD33066。

特征 亚有限结荚习性。株高85.0cm，无分枝。披针叶，紫花，灰毛，荚褐色。籽粒圆形，种皮黄色，有光泽，脐黄色。百粒重20.5g。

特性 北方春大豆，黑龙江省春播生育期118d。中抗胞囊线虫病。

产量品质 2014—2015年区域试验，平均产量2 497.6kg/hm²，较对照品种嫩丰18增产8.1%。2016年生产试验，平均产量2 542.7kg/hm²，较对照品种嫩丰18增产9.3%。蛋白质含量40.73%，脂肪含量20.02%。

栽培要点 选择中等肥力地块种植，5月上中旬播种。采用垄三栽培方式，保苗23万～25万株/hm²。施种肥磷酸二铵300kg/hm²，尿素75kg/hm²，钾肥75kg/hm²。生育期及时铲蹚，防治病虫害，拔大草1次或采用除草剂除草，及时收获。

农庆豆20

适宜地区 黑龙江省第二积温带。

154. 农庆豆24（Nongqingdou 24）

品种来源 黑龙江省农业科学院大庆分院、齐齐哈尔市富尔农艺有限公司以（丰豆3号×003-8）F_1为母本，抗线虫12为父本，经有性杂交，系谱法选育而成。原品系号农庆豆24。2018年经黑龙江省农作物品种审定委员会审定，审定编号为黑审豆2018007。全国大豆品种资源统一编号ZDD33210。

农庆豆24

特征 亚有限结荚习性。株高90.0cm，有分枝。披针叶，白花，灰毛，荚深褐色。籽粒圆形，种皮黄色，无光泽，脐淡褐色。百粒重22.0g。

特性 北方春大豆，黑龙江省春播生育期123d。抗胞囊线虫病。高油、抗病品种。

产量品质 2015—2016年区域试验，平均产量2 467.1kg/hm²，较对照品种嫩丰18增产9.1%。2017年生产试验平均产量2 550.8kg/hm²，较对照品种嫩丰18增产8.6%。蛋白质含量42.58%，脂肪含量21.14%。

栽培要点 选择中等肥力地块种植，5月上旬播种。采用垄三栽培方式，保苗22万株/hm²。施种肥磷酸二铵150kg/hm²，尿素30kg/hm²，钾肥75kg/hm²。生育期间及时铲蹚，防治病虫害，拔大草1次或采用除草剂除草，及时收获。

适宜地区 黑龙江省≥10℃活动积温2 700℃以上西部区域。

155. 农庆豆28 (Nongqingdou 28)

品种来源 黑龙江省农业科学院大庆分院以黑99-980为母本，美国小粒豆为父本，经有性杂交，系谱法选择育成。原品系号农庆豆28。2020年经黑龙江省农作物品种审定委员会审定，审定编号为黑审豆20200006。全国大豆品种资源统一编号ZDD33211。

特征 亚有限结荚习性。株高78.0cm，无分枝。叶圆形，白花，灰毛，荚褐色。籽粒圆形，种皮黄色，有光泽，脐褐色。百粒重19.0g。

特性 北方春大豆，黑龙江省春播生育期123d。中抗胞囊线虫病。抗病品种。

产量品质 2018—2019年区域试验，平均产量2 592.3kg/hm²，较对照品种嫩丰18增产5.3%。2019年生产试验，平均产量2 659.6kg/hm²，较对照品种嫩丰18增产8.1%。蛋白质含量38.53%，脂肪含量21.02%。

农庆豆28

栽培要点　选择中等肥力地块种植，5月中旬播种。采用垄三栽培方式，保苗22万～25万株/hm²。施磷酸二铵150kg/hm²，尿素75kg/hm²，钾肥45kg/hm²。田间采用除草剂除草，生育期及时中耕管理，防治病虫害，成熟后及时收获。

适宜地区　黑龙江省第一积温带，≥10℃活动积温2 700℃西部区域。

156. 垦农36（Kennong 36）

品种来源　黑龙江八一农垦大学、北大荒垦丰种业股份有限公司以农大05129为母本，农大96029为父本，经有性杂交，系谱法选育而成。原品系号垦农36。2016年经黑龙江省农作物品种审定委员会审定，审定编号为黑审豆2016006。全国大豆品种资源统一编号ZDD30823。

特征　亚有限结荚习性。株高85.0cm，有分枝。披针叶，紫花，灰毛，荚褐色。籽粒圆形，种皮黄色，有光泽，脐黄色。百粒重22.0g。

特性　北方春大豆，黑龙江省春播生育期117d。中抗灰斑病。

产量品质　2014—2015年生产试验，平均产量2 784.6kg/hm²，较对照品种绥农28增产6.3％。蛋白质含量39.93％，脂肪含量20.69％。

栽培要点　选择中等肥力地块种植，5月上旬播种。采用垄三栽培方式，保苗30万株

垦农36

/hm²。施基肥磷酸二铵100～120kg/hm²，尿素40～50kg/hm²，氯化钾30～40kg/hm²；施种肥磷酸二铵50～60kg/hm²，尿素20～25kg/hm²，氯化钾15～20kg/hm²。生育期及时铲蹚，防治大豆食心虫。

适宜地区　黑龙江省第二积温带。

157. 垦农38（Kennong 38）

品种来源　黑龙江八一农垦大学、北大荒垦丰种业股份有限公司以垦农22为母本，农大05800为父本，经有性杂交，系谱法选育而成。原品系号垦农38。2017年经黑龙江省农作物品种审定委员会审定，审定编号为黑审豆2017011。全国大豆品种资源统一编号ZDD33174。

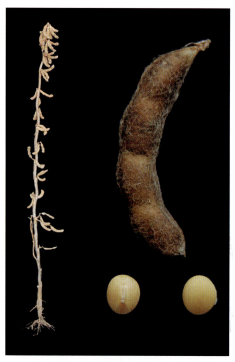

垦农38

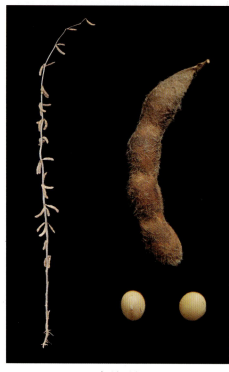

宝研7号

特征　亚有限结荚习性。株高85.0cm，有分枝。披针叶，白花，灰毛，荚褐色。籽粒圆形，种皮黄色，脐黄色。百粒重21.0g。

特性　北方春大豆，黑龙江省春播生育期118d。中抗灰斑病。高油品种。

产量品质　2015—2016年生产试验，平均产量2 926.7kg/hm^2，较对照品种合丰55增产9.8%。蛋白质含量38.21%，脂肪含量22.07%。

栽培要点　选择中等肥力地块种植，5月上旬播种。采用垄三栽培方式，保苗30万株/hm^2。施基肥磷酸二铵150～180kg/hm^2，尿素60～75kg/hm^2，氯化钾45～60kg/hm^2。播后苗前可行封闭除草，开花初期可行叶面喷肥1次，防治大豆食心虫。适时机械收获。

适宜地区　黑龙江省第二积温带。

158. 宝研7号 （Baoyan 7）

品种来源　黑龙江省农垦科研育种中心、黑龙江省农垦总局宝泉岭农业科学研究所以宝交06-5368为母本，意大利-3为父本，经有性杂交，系谱法选育而成。原品系号宝交13-7042。2019年经黑龙江省农作物品种审定委员会审定，审定编号为黑垦审豆20190007。全国大豆品种资源统一编号ZDD33184。

特征　无限结荚习性。株高100.0cm，有分枝。披针叶，白花，灰毛，荚褐色。籽粒圆形，种皮黄色，无光泽，脐黄色。百粒重15.9g。

特性　北方春大豆，黑龙江省春播生育期110d。中抗灰斑病。

产量品质　2016—2017年区域试验，平均产量2 782.3kg/hm^2，较对照品种北豆40增产9.7%。2018年生产试验，平均产量2 903.4kg/hm^2，较对照品种北豆40增产7.2%。蛋白质含量39.59%，脂肪含量20.55%。

栽培要点　适宜中等肥力地块种植，5月上旬播种。采用垄三栽培方式，保苗30万～32

万株/hm²。施基肥磷酸二铵100kg/hm²，尿素20kg/hm²，钾肥20kg/hm²；施种肥磷酸二铵50kg/hm²，尿素20kg/hm²，钾肥20kg/hm²；开花结荚期追施磷酸二铵3kg/hm²及尿素8kg/hm²。生育期及时铲蹚，防治病虫害，拔大草2次或采用除草剂除草，及时收获。

适宜地区 黑龙江省≥10℃活动积温2 450℃垦区区域。

159. 宝研8号 （Baoyan 8）

品种来源 黑龙江省农垦科研育种中心、黑龙江省农垦总局宝泉岭农业科学研究所以垦农28为母本，宝交98-5016为父本，经有性杂交，系谱法选育而成。原品系号宝交13-6085。2019年经黑龙江省农作物品种审定委员会审定，审定编号为黑垦审豆20190009。全国大豆品种资源统一编号ZDD33185。

特征 亚有限结荚习性。株高90.0cm，有分枝。披针叶，紫花，灰毛，荚褐色。籽粒圆形，种皮黄色，有光泽，脐黄色。百粒重16.0g。

特性 北方春大豆，黑龙江省春播生育期115d。中抗灰斑病。

产量品质 2016—2017年区域试验，平均产量2 860.9kg/hm²，较对照品种合丰51增产6.8%。2018年生产试验，平均产量2 963.3kg/hm²，较对照品种合丰51增产5.1%。蛋白质含量39.32%，脂肪含量20.61%。

宝研8号

栽培要点 适宜中等肥力地块种植，5月上中旬播种。采用垄三栽培方式，保苗28万～30万株/hm²。施基肥磷酸二铵100kg/hm²，尿素20kg/hm²，钾肥20kg/hm²；施种肥磷酸二铵50kg/hm²，尿素20kg/hm²，钾肥20kg/hm²；开花结荚期追施磷酸二铵3kg/hm²及尿素8kg/hm²。生育期及时铲蹚，防治病虫害，拔大草2次或采用除草剂除草，及时收获。

适宜地区 黑龙江省≥10℃活动积温2 450℃垦区区域。

160. 红研7号 （Hongyan 7）

品种来源 黑龙江省农垦总局红兴隆农业科学研究所以农大05071为母本，北豆35为父本，经有性杂交，系谱法选育而成。原品系号红研7号。2019年经黑龙江省农作物品种审定委员会审定，审定编号为黑审豆20190009。全国大豆品种资源统一编号

红研7号

红研12

ZDD33186。

特征　亚有限结荚习性。株高88.0cm，有分枝。披针叶，紫花，灰毛，荚褐色。籽粒圆形，种皮黄色，无光泽，脐黄色。百粒重18.4g。

特性　北方春大豆，黑龙江省春播生育期118d。中抗灰斑病。

产量品质　2016—2017年区域试验，平均产量2 987.3kg/hm²，较对照品种合丰50增产8.8%。2018年生产试验，平均产量3 130.3kg/hm²，较对照品种合丰50增产9.0%。蛋白质含量39.14%，脂肪含量20.98%。

栽培要点　选择中等以上肥力地块种植，5月上中旬播种。采用垄三栽培方式，保苗28万～30万株/hm²。施种肥磷酸二铵150kg/hm²，尿素50kg/hm²，钾肥40kg/hm²。生育期及时铲蹚，防治病虫害，拔大草1～2次或采用除草剂除草，成熟后及时收获。

适宜地区　黑龙江省≥10℃活动积温2 500℃区域。

161. 红研12 （Hongyan 12）

品种来源　黑龙江省农垦总局红兴隆农业科学研究所以垦丰20为母本，合丰50为父本，经有性杂交，系谱法选择育成。原品系号红研12。2020年经黑龙江省农作物品种审定委员会审定，审定编号为黑审豆20200016。全国大豆品种资源统一编号ZDD33187。

特征　亚有限结荚习性。株高100.0cm，无分枝。披针叶，紫花，灰毛，荚褐色。籽粒圆形，种皮黄色，无光泽，脐黄色。百粒重18.4g。

特性　北方春大豆，黑龙江省春播生育期118d。中抗灰斑病。高油品种。

产量品质　2017—2018年区域试验，平均产量3 018.2kg/hm²，较对照品种合丰50增产

7.9%。2019年生产试验，平均产量2 644.7kg/hm²，较对照品种合丰50增产6.0%。蛋白质含量36.89%，脂肪含量22.80%。

栽培要点　选择中等以上肥力地块种植，5月中上旬播种。采用垄三栽培方式，保苗28万～30万株/hm²。施磷酸二铵150kg/hm²，尿素50kg/hm²，钾肥40kg/hm²。田间采用除草剂除草，生育期及时中耕管理，防治病虫害，成熟后及时收获。

适宜地区　黑龙江省第二积温带东部区，≥10℃活动积温2 500℃区域。

162. 红研15（Hongyan 15）

品种来源　黑龙江省农垦总局红兴隆农业科学研究所以绥农35为母本，绥农4号为父本，经有性杂交，系谱法选择育成。原品系号红研15。2020年经黑龙江省农作物品种审定委员会审定，审定编号为黑审豆20200020。全国大豆品种资源统一编号ZDD33188。

特征　无限结荚习性。株高95.0cm，有分枝。披针叶，紫花，灰毛，荚褐色。籽粒圆形，种皮黄色，无光泽，脐黄色。百粒重20.0g。

特性　北方春大豆，黑龙江省春播生育期118d。中抗灰斑病。高油品种。

产量品质　2018—2019年区域试验，平均产量2 910.4kg/hm²，较对照品种合丰50增产8.7%。2019年生产试验，平均产量2 679.4kg/hm²，较对照品种合丰50增产7.2%。蛋白质含量39.85%，脂肪含量22.09%。

栽培要点　选择中等以上肥力地块种植，5月上旬播种。采用垄三栽培方式，保苗28

红研15

万～30万株/hm²。施磷酸二铵150kg/hm²，尿素50kg/hm²，钾肥40kg/hm²。田间采用除草剂除草，生育期及时中耕管理，防治病虫害，成熟后及时收获。

适宜地区　黑龙江省第二积温带东部区，≥10℃活动积温2 500℃区域。

163. 建农2号（Jiannong 2）

品种来源　黑龙江省农垦总局建三江农业科学研究所以绥05-7304为母本，建04-512为父本，经有性杂交，系谱法选育而成。原品系号建13-780。2019年经黑龙江省农作物品种审定委员会审定，审定编号为黑垦审豆20190005。全国大豆品种资源统一编号

建农 2 号

垦豆 38

ZDD33189。

特征　亚有限结荚习性。株高90.0cm，有分枝。披针叶，紫花，灰毛，荚褐色。籽粒圆形，种皮黄色，有光泽，脐褐色。百粒重18.7g。

特性　北方春大豆，黑龙江省春播生育期115d。中抗灰斑病。

产量品质　2016—2017年区域试验，平均产量2 723.8kg/hm²，较对照品种北豆40增产5.9%。2018年生产试验，平均产量2 889.9kg/hm²，较对照品种北豆40增产6.7%。蛋白质含量38.54%，脂肪含量20.66%。

栽培要点　5月上中旬播种。采用垄三栽培方式，保苗28万株/hm²，肥力较高的地块，保苗25万株/hm²。施基肥磷酸二铵120kg/hm²，尿素30kg/hm²，钾肥30～45kg/hm²；施种肥磷酸二铵45kg/hm²，尿素10～15kg/hm²，钾肥30kg/hm²。生育期及时铲蹚，防治病虫害，拔大草1～2次，及时收获。

适宜地区　黑龙江省≥10℃活动积温2 450℃垦区东北部区域。

164. 垦豆38（Kendou 38）

品种来源　黑龙江省农垦科学院农作物开发研究所、北大荒垦丰种业股份有限公司以垦丰16为母本，合丰48为父本，经有性杂交，系谱法选育而成。原品系号垦08-9007。2015年经黑龙江省农作物品种审定委员会审定，审定编号为黑审豆2015016。全国大豆品种资源统一编号ZDD33119。

特征　亚有限结荚习性。株高80.0cm，无分枝。披针叶，白花，灰毛，荚褐色。籽粒圆形，种皮黄色，有光泽，脐黄色。百粒重20.0g。

特性　北方春大豆，黑龙江省春播生育期113d。抗灰斑病。抗病品种。

产量品质 2012—2013年区域试验，平均产量2 855.7kg/hm²，较对照品种合丰51增产9.2%。2014年生产试验，平均产量3 461.9kg/hm²，较对照品种合丰51增产9.4%。蛋白质含量37.96%，脂肪含量21.87%。

栽培要点 选择中上等肥力地块种植，5月上中旬播种。采用垄三栽培方式，保苗30万株/hm²。施磷酸二铵150kg/hm²，钾肥40～50kg/hm²，尿素40～50kg/hm²。生育期采用土壤封闭除草，及时中耕管理，防治病虫害，及时收获。

适宜地区 黑龙江省第三积温带。

165. 垦豆43（Kendou 43）

品种来源 黑龙江省农垦科学院农作物开发研究所、北大荒垦丰种业股份有限公司以垦97-151为母本，垦豆18为父本，经有性杂交，系谱法选育而成。原品系号垦08-8546。2015年经黑龙江省农作物品种审定委员会审定，审定编号为黑审豆2015011。全国大豆品种资源统一编号ZDD33120。

特征 无限结荚习性。株高95.0cm，有分枝。披针叶，紫花，灰毛，荚褐色。籽粒圆形，种皮黄色，有光泽，脐黄色。百粒重23.0g。

特性 北方春大豆，黑龙江省春播生育期115d。中抗灰斑病。高油品种。

产量品质 2012—2013年区域试验，平均产量3 250.6kg/hm²，较对照品种绥农26增产7.0%。2014年生产试验，平均产量3 444.9kg/hm²，较对照品种绥农26增产8.3%。蛋白质含量38.83%，脂肪含量21.16%。

垦豆43

栽培要点 选择中等肥力地块种植，5月上中旬播种。采用垄三栽培方式，保苗25万～32万株/hm²。施磷酸二铵150kg/hm²，钾肥40～50kg/hm²，尿素40～50kg/hm²。除草采用土壤封闭为主，茎叶处理为辅。生育期及时中耕管理，防治病虫害，及时收获。

适宜地区 黑龙江省第二积温带。

166. 垦豆47（Kendou 47）

品种来源 北大荒垦丰种业股份有限公司、黑龙江省农垦科学院农作物开发研究所以垦豆18为母本，合丰51为父本，经有性杂交，系谱法选育而成。原品系号垦豆47。

垦豆47

垦豆48

2019年经黑龙江省农作物品种审定委员会审定，审定编号为黑垦审豆20190008。全国大豆品种资源统一编号ZDD33121。

特征　亚有限结荚习性。株高100.0cm，无分枝。披针叶，紫花，灰毛，荚褐色。籽粒圆形，种皮黄色，有光泽，脐黄色。百粒重18.0g。

特性　北方春大豆，黑龙江省春播生育期115d。抗灰斑病。抗病品种。

产量品质　2016—2017年区域试验，平均产量2 833.8kg/hm²，较对照品种合丰51增产7.5%。2018年生产试验，平均产量2 972.8kg/hm²，较对照品种合丰51平均增产6.5%。蛋白质含量38.04%，脂肪含量21.39%。

栽培要点　选择中等肥力地块种植，5月上中旬播种。采用垄三栽培方式，保苗25万～30万株/hm²。施基肥磷酸二铵100kg/hm²，尿素20～27kg/hm²，钾肥27kg/hm²；施种肥磷酸二铵50kg/hm²，尿素10～13kg/hm²，钾肥13kg/hm²。生育期及时铲蹚，防治病虫害，拔大草1～2次，及时收获。

适宜地区　黑龙江省≥10℃活动积温2 450℃垦区区域。

167. 垦豆48（Kendou 48）

品种来源　北大荒垦丰种业股份有限公司、黑龙江省农垦科学院农作物开发研究所以垦豆18为母本，合丰51为父本，经有性杂交，系谱法选育而成。原品系号垦豆48。2019年经黑龙江省农作物品种审定委员会审定，审定编号为黑垦审豆20190001。全国大豆品种资源统一编号ZDD33122。

特征　亚有限结荚习性。株高90.0cm，无分枝。披针叶，紫花，灰毛，荚褐色。籽粒圆形，种皮黄色，有光泽，脐黄色。百粒重22.0g。

特性　北方春大豆，黑龙江省春播生育期120d。中抗灰斑病。

产量品质　2016—2017年区域试验，平均产量2 975.6kg/hm²，较对照品种绥农26平均增产6.5%。2018年生产试验，平均产量3 177.1kg/hm²，较对照品种绥农26平均增产9.8%。蛋白质含量38.08%，脂肪含量21.42%。

栽培要点　选择中等肥力地块种植，5月上中旬播种。采用垄三栽培方式，保苗25万～30万株/hm²。施基肥磷酸二铵100kg/hm²，尿素34kg/hm²，钾肥34kg/hm²；施种肥磷酸二铵50kg/hm²，尿素16kg/hm²，钾肥16kg/hm²。生育期及时铲蹚，防治病虫害，拔大草1～2次，及时收获。

适宜地区　黑龙江省≥10℃活动积温2 600℃垦区区域。

168. 垦豆57（Kendou 57）

品种来源　北大荒垦丰种业股份有限公司、黑龙江省农垦科学院农作物开发研究所以垦丰13为母本，垦豆18为父本，经有性杂交，系谱法选育而成。原品系号垦K09-787。2016年经黑龙江省农作物品种审定委员会审定，审定编号为黑审豆2016008。全国大豆品种资源统一编号ZDD33123。

特征　无限结荚习性。株高100.0cm，有分枝。披针叶，紫花，灰毛，荚褐色。籽粒圆形，种皮黄色，有光泽，脐黄色。百粒重20.0g。

特性　北方春大豆，黑龙江省春播生育期115d。中抗灰斑病。

产量品质　2013—2014年区域试验，平均产量3 135.0kg/hm²，较对照品种合丰50增产10.1%。2015年生产试验，平均产量3 037.5kg/hm²，较对照品种合丰50增产8.2%。蛋白质含量39.80%，脂肪含量20.78%。

垦豆57

栽培要点　选择中等肥力地块种植，5月上中旬播种。采用垄三栽培方式，保苗22.5万～30万株/hm²。施磷酸二铵150～175kg/hm²，尿素40～50kg/hm²，钾肥50～75kg/hm²。生育期及时中耕管理，防治病虫害，成熟后及时收获。

适宜地区　黑龙江省第二积温带。

169. 垦豆58（Kendou 58）

垦豆58

品种来源　北大荒垦丰种业股份有限公司、黑龙江省农垦科学院农作物开发研究所以垦丰16为母本，合丰50为父本，经有性杂交，系谱法选育而成。原品系号垦K09-1723。2017年经黑龙江省农作物品种审定委员会审定，审定编号为黑审豆2017015。全国大豆品种资源统一编号ZDD33124。

特征　亚有限结荚习性。株高85.0cm，无分枝。披针叶，白花，灰毛，荚褐色。籽粒圆形，种皮黄色，有光泽，脐黄色。百粒重18.0g。

特性　北方春大豆，黑龙江省春播生育期118d。中抗灰斑病。高油品种。

产量品质　2013—2014年区域试验，平均产量3 114.5kg/hm²，较对照品种合丰50增产9.3%。2015年生产试验，平均产量3 099.4kg/hm²，较对照品种合丰50增产10.4%。蛋白质含量37.88%，脂肪含量21.82%。

栽培要点　选择中等肥力地块种植，5月上中旬播种。采用垄三栽培方式，保苗：肥沃地块28万株/hm²、中等肥力地块30万株/hm²、瘠薄地块32万株/hm²。施磷酸二铵150kg/hm²，尿素40kg/hm²，钾肥50kg/hm²。生育期及时中耕管理，防治病虫害。成熟后及时收获。

适宜地区　黑龙江省第二积温带。

170. 垦豆60（Kendou 60）

品种来源　北大荒垦丰种业股份有限公司、黑龙江省农垦科学院农作物开发研究所以绥农21为母本，垦丰16为父本，经有性杂交，系谱法选育而成。原品系号垦10-2216。2017年经黑龙江省农作物品种审定委员会审定，审定编号为黑垦审豆2017007。全国大豆品种资源统一编号ZDD33125。

特征　亚有限结荚习性。株高90.0cm，无分枝。披针叶，白花，灰毛，荚褐色。籽粒圆形，种皮黄色，有微光泽，脐黄色。百粒重18.0g。

特性　北方春大豆，黑龙江省春播生育期115d。中抗灰斑病。

产量品质　2013—2014年区域试验，平均产量2 672.3kg/hm²，较对照丰收25平均增产 12.3%。2015—2016 年生产试验，平均产量 2 884.0kg/hm²，较对照丰收 25 平均增产 8.1%。蛋白质含量 39.63%，脂肪含量 20.64%。

栽培要点 选择中下等肥力地块种植，5 月上中旬播种。采用垄三栽培方式，保苗 33 万 ~ 35 万株/hm²。施磷酸二铵 150 ~ 175kg/hm²，尿素 40 ~ 50kg/hm²，钾肥 50kg/hm²。生育期间及时中耕管理，防治病虫害，成熟后及时收获。

适宜地区 黑龙江省第三积温带垦区西部地区。

171. 垦豆61（Kendou 61）

品种来源 北大荒垦丰种业股份有限公司、黑龙江省农垦科学院农作物开发研究所以垦 95-3436 为母本，垦交 2353（绥农 10 号 × 意 3）F₁ 为父本，经有性杂交，系谱法选育而成。原品系号垦 09-1609。2017 年经黑龙江省农作物品种审定委员会审定，审定编号为黑垦审豆 2017006。全国大豆品种资源统一编号 ZDD31295。

特征 亚有限结荚习性。株高 80.0cm，无分枝。披针叶，白花，灰毛，荚褐色。籽粒圆形，种皮黄色，有光泽，脐黄色。百粒重 17.0g。

特性 北方春大豆，黑龙江省春播生育期 115d。中抗灰斑病。高油品种。

产量品质 2014—2015 年区域试验，平均产量 2 959.5kg/hm²，较对照品种丰收 25 增产 7.5%。2016 年生产试验，平均产量 2 602.6kg/hm²，较对照品种丰收 25 增产 8.6%。蛋白质含量 37.64%，脂肪含量 22.11%。

栽培要点 选择中下等肥力地块种植，5 月上中旬播种。采用垄三栽培方式，保苗 30 万 ~ 35 万株/hm²。施磷酸二铵 150kg/hm²，尿素 40 ~ 50kg/hm²，钾肥 50 ~ 75kg/hm²。生育期及时中耕管理，防治病虫害，成熟后及时收获。

垦豆 60

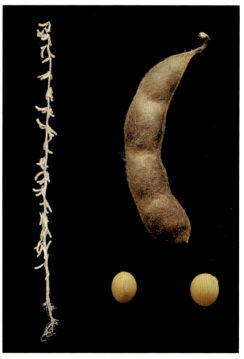

垦豆 61

垦豆62

垦豆63

适宜地区 黑龙江省第三积温带垦区西部地区。

172. 垦豆62（Kendou 62）

品种来源 北大荒垦丰种业股份有限公司、黑龙江省农垦科学院农作物开发研究所以垦97-377为母本，垦95-3436为父本，经有性杂交，系谱法选育而成。原品系号垦10-2061。2017年经黑龙江省农作物品种审定委员会审定，审定编号为黑审豆2017008。全国大豆品种资源统一编号ZDD33126。

特征 无限结荚习性。株高95.0cm，有分枝。披针叶，白花，灰毛，荚褐色。籽粒圆形，种皮黄色，有光泽，脐黄色。百粒重19.0g。

特性 北方春大豆，黑龙江省春播生育期118d。抗灰斑病。抗病品种。

产量品质 2014—2015年区域试验，平均产量3 031.4kg/hm²，较对照品种绥农28增产8.7%。2016年生产试验，平均产量2 859.5kg/hm²，较对照品种绥农28增产11.3%。蛋白质含量40.03%，脂肪含量20.65%。

栽培要点 选择中下等肥力地块种植，5月上中旬播种。采用垄三栽培方式，保苗28万～32万株/hm²。施磷酸二铵150kg/hm²，尿素40kg/hm²，钾肥50kg/hm²。以播后苗前封闭除草为主，生育期及时中耕管理，防治病虫害，成熟后及时收获。

适宜地区 黑龙江省第二积温带。

173. 垦豆63（Kendou 63）

品种来源 北大荒垦丰种业股份有限公司、黑龙江省农垦科学院农作物开发研究所以垦丰9号为母本，垦97-658为父本，经有性杂交，系谱法选育而成。原品系号垦10-601。

2017年经黑龙江省农作物品种审定委员会审定，审定编号为黑审豆2017013。全国大豆品种资源统一编号ZDD33127。

特征 亚有限结荚习性。株高110.0cm，无分枝。披针叶，紫花，灰毛，荚褐色。籽粒圆形，种皮黄色，有光泽，脐黄色。百粒重20.0g。

特性 北方春大豆，黑龙江省春播生育期120d。中抗灰斑病。高油品种。

产量品质 2014—2015年区域试验，平均产量3 151.4kg/hm²，较对照品种合丰50增产9.5%。2016年生产试验，平均产量2 955.3kg/hm²，较对照品种合丰50增产11.3%。蛋白质含量38.91%，脂肪含量21.03%。

栽培要点 选择中下等肥力地块种植，5月上中旬播种。采用垄三栽培方式，保苗：肥沃地块22.5万株/hm²、中等肥力地块25万株/hm²、瘠薄地块30万株/hm²。宜采用分层深施肥，施磷酸二铵150kg/hm²，尿素30～40kg/hm²，钾肥50kg/hm²。生育期间及时中耕管理，防治病虫害，成熟后及时收获。

适宜地区 黑龙江省第二积温带。

174. 垦豆66（Kendou 66）

品种来源 北大荒垦丰种业股份有限公司、黑龙江省农垦科学院农作物开发研究所以建97-825为母本，垦丰15为父本，经有性杂交，系谱法选育而成。原品系号垦11-6662。2018年经黑龙江省农作物品种审定委员会审定，审定编号为黑审豆2018015。全国大豆品种资源统一编号ZDD31299。

特征 亚有限结荚习性。株高85.0cm，无分枝。披针叶，紫花，灰毛，荚褐色。籽粒圆形，种皮黄色，有光泽，脐黄色。百粒重20.0g。

特性 北方春大豆，黑龙江省春播生育期120d。中抗灰斑病。高油品种。

产量品质 2015—2016年区域试验，平均产量2 779.0kg/hm²，较对照品种绥农26增产14.1%。2017年生产试验，平均产量2 908.6kg/hm²，较对照品种绥农26增产9.4%。蛋白质含量39.29%，脂肪含量21.16%。

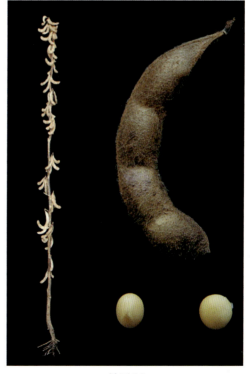

垦豆66

栽培要点 选择中上等肥力地块种植，5月上中旬播种。采用垄三栽培方式，保苗25万～28万株/hm²。宜采用分层深施肥，施磷酸二铵150kg/hm²，钾肥50kg/hm²，尿素40～50kg/hm²。生育期及时铲蹚，防治病虫害，拔大草1 ～ 2次或采用除草剂除草，及时收获。

适宜地区　黑龙江省≥10℃活动积温2 600℃区域。

175. 垦豆67（Kendou 67）

垦豆67

品种来源　北大荒垦丰种业股份有限公司、黑龙江省农垦科学院农作物开发研究所以垦丰16为母本，垦豆18为父本，经有性杂交，系谱法选育而成。原品系号垦K11-5476。2018年经黑龙江省农作物品种审定委员会审定，审定编号为黑垦审豆2018001。全国大豆品种资源统一编号ZDD33128。

特征　无限结荚习性。株高95.0cm，有分枝。披针叶，紫花，灰毛，荚褐色。籽粒圆形，种皮黄色，有光泽，脐黄色。百粒重19.0g。

特性　北方春大豆，黑龙江省春播生育期122d。中抗灰斑病。

产量品质　2015—2016年区域试验，平均产量2 960.1kg/hm²，较对照品种绥农28增产8.1%。2017年生产试验，平均产量2 889.0kg/hm²，较对照品种绥农26增产4.2%。蛋白质含量42.57%，脂肪含量19.42%。

栽培要点　选择中下等肥力地块种植，5月上中旬播种。采用垄三栽培方式，保苗22.5万～ 30万株/hm²。宜采用分层深施肥，施磷酸二铵150kg/hm²，钾肥50kg/hm²，尿素30 ～ 40kg/hm²。采用播后苗前封闭除草，生育期间及时中耕管理，防治病虫害，成熟后及时收获。

适宜地区　黑龙江省≥10℃活动积温2 600℃垦区东部区域。

176. 垦豆68（Kendou 68）

品种来源　北大荒垦丰种业股份有限公司、黑龙江省农垦科学院农作物开发研究所以北丰11为母本，合丰55为父本，经有性杂交，系谱法选育而成。原品系号垦12-1336。2018年经黑龙江省农作物品种审定委员会审定，审定编号为黑垦审豆2018002。全国大豆品种资源统一编号ZDD33129。

特征　无限结荚习性。株高90.0cm，有分枝。披针叶，紫花，灰毛，荚褐色。籽粒圆形，种皮黄色，有光泽，脐黄色。百粒重19.0g。

特性　北方春大豆，黑龙江省春播生育期115d。中抗灰斑病。高油品种。

产量品质 2015—2016年区域试验，平均产量2 757.6kg/hm²，较对照品种丰收25平均增产4.5%。2017年生产试验，平均产量2 936.7kg/hm²，较对照品种北豆40平均增产5.7%。蛋白质含量39.08%，脂肪含量21.95%。

栽培要点 选择中下等肥力地块种植，5月上中旬播种。采用垄三栽培方式，保苗30万～35万株/hm²。宜采用分层深施肥，施磷酸二铵150～175kg/hm²，尿素50kg/hm²，钾肥50kg/hm²。生育期及时中耕管理，防治病虫害，采用播后苗前封闭除草，在开花至鼓粒期根据大豆长势，喷施叶面肥或植物生长调节剂，成熟后及时收获。

适宜地区 黑龙江省≥10℃活动积温2 450℃垦区西部区域。

177. 垦豆69 （Kendou 69）

品种来源 北大荒垦丰种业股份有限公司、黑龙江省农垦科学院农作物开发研究所以垦丰7号为母本，北疆98-151为父本，经有性杂交，系谱法选育而成。原品系号垦09-1870。2018年经黑龙江省农作物品种审定委员会审定，审定编号为黑垦审豆2018003。全国大豆品种资源统一编号ZDD33130。

特征 无限结荚习性。株高100.0cm，有分枝。披针叶，白花，灰毛，荚褐色。籽粒圆形，种皮黄色，有光泽，脐黄色。百粒重18.0g。

特性 北方春大豆，黑龙江省春播生育期110d。中抗灰斑病。高油品种。

产量品质 2015—2016年区域试验，平均产量2 727.8kg/hm²，较对照品种丰收25平均增产7.9%。2017年生产试验，平均产量2 774.7kg/hm²，较对照品种北豆40平均增产7.7%。蛋白质含量37.64%，脂肪含量21.95%。

栽培要点 选择中下等肥力地块种植，5月上中旬播种。采用垄三栽培方式，保苗30

垦豆68

垦豆69

万～ 33万株/hm²。宜采用分层深施肥，施磷酸二铵150kg/hm²，尿素30～40kg/hm²，钾肥40kg/hm²。生育期及时中耕管理，防治病虫害，采用播后苗前封闭除草，成熟后及时收获。

适宜地区 黑龙江省≥10℃活动积温2 450℃垦区东北部区域。

178. 垦豆76（Kendou 76）

垦豆76

品种来源 北大荒垦丰种业股份有限公司、黑龙江省农垦科学院农作物开发研究所以垦丰7号为母本，垦丰23为父本，经有性杂交，系谱法选择育成。原品系号垦豆76。2020年经黑龙江省农作物品种审定委员会审定，审定编号为黑审豆20200014。全国大豆品种资源统一编号ZDD33131。

特征 亚有限结荚习性。株高80.0cm，无分枝。披针叶，紫花，灰毛，荚褐色。籽粒圆形，种皮黄色，有光泽，脐黄色。百粒重17.1g。

特性 北方春大豆，黑龙江省春播生育期118d。中抗灰斑病。

产量品质 2017—2018年区域试验，平均产量3 030.7kg/hm²，较对照品种合丰50增产8.4%。2019年生产试验，平均产量2 821.4kg/hm²，较对照品种合丰50增产12.4%。蛋白质含量40.66%，脂肪含量19.63%。

栽培要点 选择中上等肥力地块种植，5月上旬播种。采用垄三栽培方式，保苗25万～30万株/hm²；采用密植栽培种植方式，保苗30万～35万株/hm²。施基肥磷酸二铵100kg/hm²，钾肥34kg/hm²；施种肥磷酸二铵50kg/hm²，尿素13kg/hm²，钾肥16kg/hm²；开花结荚期追施尿素27kg/hm²，采用密植栽培时，增加10%施肥量。田间采用除草剂除草，生育期间及时中耕管理，防治病虫害，成熟后及时收获。

适宜地区 黑龙江省第二积温带东部区，≥10℃活动积温2 500℃区域。

179. 垦豆94（Kendou 94）

品种来源 北大荒垦丰种业股份有限公司、黑龙江省农垦科学院农作物开发研究所以垦丰20为母本，垦丰19为父本，经有性杂交，系谱法选育而成。原品系号垦11-5836。

2018年经黑龙江省农作物品种审定委员会审定，审定编号为黑审豆2018012。全国大豆品种资源统一编号ZDD33132。

特征 亚有限结荚习性。株高85.0cm，无分枝。披针叶，白花，棕毛，荚黄褐色。籽粒圆形，种皮黄色，有光泽，脐黄色。百粒重20.0g。

特性 北方春大豆，黑龙江省春播生育期118d。中抗灰斑病。

产量品质 2015—2016年区域试验，平均产量2 925.9kg/hm²，较对照品种合丰50增产5.2%。2017年生产试验，平均产量2 930.5kg/hm²，较对照品种合丰50增产11.7%。蛋白质含量40.64%，脂肪含量19.74%。

栽培要点 选择中等肥力地块种植，5月上中旬播种。采用垄三栽培方式，保苗28万～30万株/hm²。宜采用分层深施肥，施磷酸二铵150kg/hm²，钾肥50kg/hm²，尿素50kg/hm²。采用播后苗前封闭除草为主，茎叶处理为辅。生育期及时铲蹚，防治病虫害，拔大草1～2次或采用除草剂除草，及时收获。

适宜地区 黑龙江省≥10℃活动积温2 500℃区域。

垦豆94

180. 垦豆95 （Kendou 95）

品种来源 北大荒垦丰种业股份有限公司、黑龙江省农垦科学院农作物开发研究所以垦02-728为母本，垦豆18为父本，经有性杂交，系谱法选育而成。原品系号垦K11-7456。2018年经黑龙江省农作物品种审定委员会审定，审定编号为黑审豆2018020。全国大豆品种资源统一编号ZDD33133。

特征 无限结荚习性。株高100.0cm，有分枝。披针叶，紫花，灰毛，荚黄褐色。籽粒圆形，种皮黄色，有光泽，脐黄色。百粒重20.0g。

垦豆95

特性　北方春大豆，黑龙江省春播生育期115d。抗灰斑病。高油、抗病品种。

产量品质　2015—2016年区域试验，平均产量3 104.0kg/hm²，较对照品种合丰51增产9.1%。2017年生产试验，平均产量3 084.2kg/hm²，较对照品种合丰51增产11.0%。蛋白质含量38.61%，脂肪含量21.36%。

栽培要点　选择中等肥力地块种植，5月上中旬播种。采用垄三栽培方式，保苗30万株/hm²。宜采用分层深施肥，施磷酸二铵150kg/hm²，钾肥40～50kg/hm²，尿素30～40kg/hm²。生育期间及时铲蹚，防治病虫害，拔大草1～2次或采用除草剂除草，及时收获。

适宜地区　黑龙江省≥10℃活动积温2 450℃区域。

181. 垦科豆1号 （Kenkedou 1）

垦科豆1号

品种来源　北大荒垦丰种业股份有限公司、黑龙江省农垦科学院农作物开发研究所以垦03-710为母本，垦农5号为父本，经有性杂交，系谱法选育而成。原品系号垦科豆1号。2019年经黑龙江省农作物品种审定委员会审定，审定编号为黑垦审豆20190002。全国大豆品种资源统一编号ZDD33134。

特征　无限结荚习性。株高110.0cm，有分枝。披针叶，紫花，灰毛，荚黄褐色。籽粒圆形，种皮黄色，有光泽，脐黄色。百粒重18.5g。

特性　北方春大豆，黑龙江省春播生育期120d。中抗灰斑病。

产量品质　2016—2017年区域试验，平均产量2 939.0kg/hm²，较对照品种绥农26平均增产6%。2018年生产试验，平均产量3 091.4kg/hm²，较对照品种绥农26平均增产7.0%。蛋白质含量39.01%，脂肪含量20.95%。

栽培要点　选择中下等肥力地块种植，5月上中旬播种。采用垄三栽培方式，保苗25万～30万株/hm²。施基肥磷酸二铵100kg/hm²，尿素20～27kg/hm²，钾肥34kg/hm²；施种肥磷酸二铵50kg/hm²，尿素10～13kg/hm²，钾肥16kg/hm²。采用除草剂除草，生育期及时铲蹚，防治病虫害，拔大草1～2次，及时收获。

适宜地区　黑龙江省≥10℃活动积温2 600℃垦区区域。

182. 垦科豆2号 (Kenkedou 2)

品种来源 北大荒垦丰种业股份有限公司、黑龙江省农垦科学院农作物开发研究所以垦01-6653为母本，垦丰17为父本，经有性杂交、系谱法选育而成。原品系号垦科豆2号。2019年经黑龙江省农作物品种审定委员会审定，审定编号为黑审豆20190015。全国大豆品种资源统一编号ZDD31320。

特征 无限结荚习性。株高105.0cm，有分枝。披针叶，紫花，灰毛，荚褐色。籽粒圆形，种皮黄色，有光泽，脐黄色。百粒重22.0g。

特性 北方春大豆，黑龙江省春播生育期120d。中抗灰斑病。

产量品质 2016—2017年区域试验，平均产量2 671.1kg/hm²，较对照品种绥农26增产8.7%。2018年生产试验，平均产量3 025.6kg/hm²，较对照品种绥农26增产6.9%。蛋白质含量39.15%，脂肪含量20.71%。

栽培要点 选择中下等肥力地块种植，5月上中旬播种。采用垄三栽培方式，保苗22万～28万株/hm²。施基肥磷酸二铵100kg/hm²，尿素27kg/hm²，钾肥34kg/hm²；施种肥磷酸二铵50kg/hm²，尿素13kg/hm²，钾肥16kg/hm²。采用除草剂除草，生育期及时铲蹚，防治病虫害，拔大草1～2次，及时收获。

适宜地区 黑龙江省≥10℃活动积温2 600℃区域。

垦科豆2号

183. 垦科豆7号 (Kenkedou 7)

品种来源 北大荒垦丰种业股份有限公司、黑龙江省农垦科学院农作物开发研究所以垦丰11为母本，哈04-2149为父本，经有性杂交、系谱法选育而成。原品系号垦科豆7号。

垦科豆7号

2019年经黑龙江省农作物品种审定委员会审定，审定编号为黑审豆20190023。全国大豆品种资源统一编号ZDD33135。

特征　亚有限结荚习性。株高90.0cm，无分枝。叶圆形，白花，灰毛，荚褐色。籽粒圆形，种皮黄色，有光泽，脐黄色。百粒重18.0g。

特性　北方春大豆，黑龙江省春播生育期115d。中抗灰斑病。

产量品质　2016—2017年区域试验，平均产量2 952.3kg/hm²，较对照品种合丰51增产5.0%。2018年生产试验，平均产量3 199.8kg/hm²，较对照品种合丰51增产9.1%。蛋白质含量38.40%，脂肪含量21.46%。

栽培要点　选择中下等肥力地块种植，5月上中旬播种。采用垄三栽培方式，保苗25万～30万株/hm²。施基肥磷酸二铵100kg/hm²，尿素20～27kg/hm²，钾肥27kg/hm²；施种肥磷酸二铵50kg/hm²，尿素10～13kg/hm²，钾肥13kg/hm²。采用除草剂除草，生育期及时铲蹚，防治病虫害，后期拔大草1～2次，成熟后及时收获。

适宜地区　黑龙江省≥10℃活动积温2 450℃区域。

184. 垦科豆13（Kenkedou 13）

品种来源　北大荒垦丰种业股份有限公司、黑龙江省农垦科学院农作物开发研究所以垦95-3436为母本，合交03-96为父本，经有性杂交，系谱法选择育成。原品系号垦科豆13。2020年经黑龙江省农作物品种审定委员会审定，审定编号为黑审豆20200022。全国大豆品种资源统一编号ZDD33136。

垦科豆13

特征　亚有限结荚习性。株高84.0cm，无分枝。披针叶，白花，灰毛，荚黄褐色。籽粒圆形，种皮黄色，无光泽，脐黄色。百粒重20.0g。

特性　北方春大豆，黑龙江省春播生育期120d。中抗灰斑病。

产量品质　2017—2018年区域试验，平均产量2 903.6kg/hm²，较对照品种绥农26增产6.0%。2019年生产试验，平均产量2 798.7kg/hm²，较对照品种绥农26增产7.6%。蛋白质含量41.30%，脂肪含量19.58%。

栽培要点　选择中上等肥力地块种植，5月上中旬播种。采用垄三栽培方式，保苗25万～28万株/hm²；采用密植栽培种植方式保苗30万～33万株/hm²。施基肥磷酸二铵100kg/hm²，钾肥34kg/hm²；施种肥磷酸二铵50kg/hm²，尿素13kg/hm²，钾肥16kg/hm²；开花结荚期追施尿素27kg/hm²。采用密植栽培则增加10%施肥量。田间采用除草剂除草，生育期及时中耕管理，防治病虫害，成熟后及时收获。

适宜地区 黑龙江省第二积温带中部区，≥10℃活动积温2 550℃区域。

185. 垦科豆14 （Kenkedou 14）

品种来源 北大荒垦丰种业股份有限公司、黑龙江省农垦科学院农作物开发研究所以垦丰14为母本，垦08-8532为父本，经有性杂交，系谱法选择育成。原品系号垦科豆14。2020年经黑龙江省农作物品种审定委员会审定，审定编号为黑审豆20200015。全国大豆品种资源统一编号ZDD33137。

特征 无限结荚习性。株高95.0cm，有分枝。披针叶，白花，灰毛，荚黄褐色。籽粒圆形，种皮黄色，无光泽，脐黄色。百粒重19.4g。

特性 北方春大豆，黑龙江省春播生育期118d。中抗灰斑病。

产量品质 2017—2018年区域试验，平均产量3 023.7kg/hm²，较对照品种合丰50增产6.2%。2019年生产试验，平均产量2 637.9kg/hm²，较对照品种合丰50增产6.2%。蛋白质含量39.39%，脂肪含量21.18%。

栽培要点 选择中下等肥力地块种植，5月上旬播种。采用垄三栽培方式，保苗22万～30万株/hm²。施基肥磷酸二铵100kg/hm²，钾肥34kg/hm²；施种肥磷酸二铵50kg/hm²，尿素10kg/hm²，钾肥16kg/hm²；开花结荚期追施尿素20kg/hm²。田间采用除草剂除草，生育期及时中耕管理，防治病虫害，成熟后及时收获。

垦科豆14

适宜地区 黑龙江省第二积温带东部区，≥10℃活动积温2 500℃区域。

186. 垦科豆17 （Kenkedou 17）

品种来源 北大荒垦丰种业股份有限公司、黑龙江省农垦科学院农作物开发研究所以垦丰14为母本，垦丰15为父本，经有性杂交，系谱法选择育成。原品系号垦科豆17。2020年经黑龙江省农作物品种审定委员会审定，审定编号为黑审豆20200036。全国大豆品种资源统一编号ZDD33138。

特征 亚有限结荚习性。株高85.0cm，无分枝。披针叶，白花，灰毛，荚黄褐色。

垦科豆17

籽粒圆形，种皮黄色，无光泽，脐黄色。百粒重19.0g。

特性　北方春大豆，黑龙江省春播生育期116d。中抗灰斑病。

产量品质　2017—2018年区域试验，平均产量3 198.5kg/hm²，较对照品种合丰51增产9.9%。2019年生产试验，平均产量2 504.8kg/hm²，较对照品种合丰51增产6.5%。蛋白质含量41.49%，脂肪含量19.17%。

栽培要点　选择中上等肥力地块种植，5月上旬播种。采用垄三栽培方式，保苗22万～30万株/hm²。施基肥磷酸二铵100kg/hm²，钾肥34kg/hm²；施种肥磷酸二铵50kg/hm²，尿素13kg/hm²，钾肥16kg/hm²；开花结荚期追施尿素27kg/hm²。田间采用除草剂除草，生育期及时中耕管理，防治病虫害，成熟后及时收获。

适宜地区　黑龙江省第三积温带东部区，≥10℃活动积温2 400℃区域。

187. 垦科豆28 (Kenkedou 28)

品种来源　北大荒垦丰种业股份有限公司、黑龙江省农垦科学院农作物开发研究所以垦06-309为母本，牡05-105为父本，经有性杂交，系谱法选择育成。原品系号垦科豆28。2020年经黑龙江省农作物品种审定委员会审定，审定编号为黑审豆20200039。全国大豆品种资源统一编号ZDD33139。

特征　无限结荚习性。株高103.0cm，有分枝。披针叶，紫花，灰毛，荚黄褐色。籽粒圆形，种皮黄色，有光泽，脐黄色。百粒重20.0g。

特性　北方春大豆，黑龙江省春播生育期116d。抗灰斑病。抗病品种。

产量品质　2018—2019年区域试验，平均产量3 161.9kg/hm²，较对照品种合丰51增产11.5%。2019年生产试验，平均产量2 567.9kg/

垦科豆28

hm²，较对照品种合丰51增产9.0%。蛋白质含量43.69%，脂肪含量18.42%。

栽培要点　选择中下等肥力地块种植，5月上旬播种。采用垄三栽培方式，保苗22万～28万株/hm²。施基肥磷酸二铵100kg/hm²，钾肥34kg/hm²；施种肥磷酸二铵50kg/hm²，尿素10kg/hm²，钾肥16kg/hm²；开花结荚期追施尿素20kg/hm²。田间采用除草剂除草，生育期及时中耕管理，防治病虫害，成熟后及时收获。

适宜地区　黑龙江省第三积温带东部区，≥10℃活动积温2400℃区域。

188. 九研2号（Jiuyan 2）

品种来源　北大荒垦丰种业股份有限公司以公交0137为母本，黑河33为父本，经有性杂交，系谱法选育而成。原品系号九研2号。2018年经黑龙江省农作物品种审定委员会审定，审定编号为黑审豆2018040。全国大豆品种资源统一编号ZDD33096。

特征　亚有限结荚习性。株高75.0cm，有分枝。披针叶，紫花，灰毛，荚褐色。籽粒圆形，种皮黄色，无光泽，脐黄色。百粒重19.3g。

特性　北方春大豆，黑龙江省春播生育期95d。接种鉴定，两年中抗灰斑病，一年感灰斑病。高油品种。

产量品质　2015—2016年区域试验，平均产量1766.1kg/hm²，较对照品种黑河49增产9.3%。2017年生产试验，平均产量1625.0kg/hm²，较对照品种黑河49增产7.7%。蛋白质含量37.73%，脂肪含量22.55%。

九研2号

栽培要点　选择中上等肥力地块种植，5月中旬播种。采用垄三栽培方式，保苗35万～40万株/hm²。施种肥磷酸二铵200kg/hm²，尿素50kg/hm²，钾肥50kg/hm²；追施叶面肥5～8kg/hm²。生育期及时铲蹚，防治病虫害，拔大草1次或采用除草剂除草，及时收获。

适宜地区　黑龙江省≥10℃活动积温2000℃区域。

189. 九研9号（Jiuyan 9）

品种来源　北大荒垦丰种业股份有限公司以合03-197为母本，黑交1210为父本，经有性杂交，系谱法选择育成。原品系号九研9号。2020年经黑龙江省农作物品种审定委员

九研9号

九研13

会审定，审定编号为黑审豆20200056。全国大豆品种资源统一编号ZDD34341。

特征 亚有限结荚习性。株高87.0cm，无分枝。叶圆形，白花，灰毛，荚褐色。籽粒圆形，种皮黄色，无光泽，脐黄色。百粒重20.5g。

特性 北方春大豆，黑龙江省春播生育期95d。感灰斑病。高油品种。

产量品质 2017—2018年区域试验，平均产量1 682.1kg/hm²，较对照品种黑河49增产9.2%。2019年生产试验，平均产量1 814.2kg/hm²，较对照品种黑河49增产12.2%。蛋白质含量37.92%，脂肪含量22.41%。

栽培要点 选择中上等肥力地块种植，5月中旬播种。采用垄三栽培方式，保苗38万～40万株/hm²。施基肥磷酸二铵150kg/hm²，尿素40kg/hm²，钾肥40kg/hm²；施种肥磷酸二铵50kg/hm²，尿素10kg/hm²，钾肥10kg/hm²；开花结荚期追施氮肥5～8kg/hm²。田间采用除草剂除草，生育期及时中耕管理，防治病虫害，成熟后及时收获。

适宜地区 黑龙江省第六积温带下限，≥10℃活动积温1 850℃区域。

190. 九研13 （Jiuyan 13）

品种来源 北大荒垦丰种业股份有限公司以九三02-22为母本，北04-922为父本，经有性杂交，系谱法选育而成。原品系号九研13。2020年经黑龙江省农作物品种审定委员会审定，审定编号为黑垦审豆20200003。全国大豆品种资源统一编号ZDD31272。

特征 亚有限结荚习性。株高85.0cm，无分枝。披针叶，紫花，灰毛，荚褐色。籽粒圆形，种皮黄色，无光泽，脐黄色。百粒重18.5g。

特性 北方春大豆，黑龙江省春播生育期

108d。2017年感灰斑病，2018和2019年中抗灰斑病。

产量品质　2017—2018年区域试验，平均产量2 882.7kg/hm²，较对照品种黑河45增产6.7%。2019年生产试验，平均产量2 622.4kg/hm²，较对照品种黑河45增产9.3%。蛋白质含量41.62%，脂肪含量18.86%。

栽培要点　选择中上等肥力地块种植，5月上旬播种。采用垄三栽培方式，保苗38万～40万株/hm²。施基肥磷酸二铵150kg/hm²，尿素40kg/hm²，钾肥40kg/hm²；施种肥磷酸二铵50kg/hm²，尿素10kg/hm²，钾肥10kg/hm²；开花结荚期追施氮肥5～8kg/hm²。田间采用除草剂除草，生育期间及时中耕管理，防治病虫害，成熟后及时收获。

适宜地区　黑龙江省≥10℃活动积温1 950℃垦区区域。

191. 龙垦302（Longken 302）

品种来源　北大荒垦丰种业股份有限公司、黑龙江省农垦科学院经济作物研究所以绥农14为母本，合93-772为父本，经有性杂交，系谱法选育而成。原品系号垦保11-324。2017年经黑龙江省农作物品种审定委员会审定，审定编号为黑垦审豆2017005。全国大豆品种资源统一编号ZDD33097。

特征　亚有限结荚习性。株高80.0cm，有分枝。披针叶，紫花，灰毛，荚褐色。籽粒圆形，种皮黄色，有光泽，脐黄色。百粒重18.0g。

特性　北方春大豆，黑龙江省春播生育期115d。中抗灰斑病。高油品种。

产量品质　2014—2015年区域试验，平均产量2 926.4kg/hm²，较对照品种丰收25增产7.6%。2016年生产试验，平均产量2 728.5kg/hm²，较对照品种丰收25增产10.9%。蛋白质含量38.30%，脂肪含量23.36%。

龙垦302

栽培要点　选择中上等肥力地块种植，5月上中旬播种。采用垄三栽培方式，保苗30万～33万株/hm²。施基肥磷酸二铵100kg/hm²，尿素20kg/hm²，钾肥20kg/hm²；施种肥磷酸二铵50kg/hm²，尿素20kg/hm²，钾肥10kg/hm²；开花期追施氮肥20kg/hm²。生育期及时铲蹚，防治病虫害，拔大草1～2次或采用除草剂除草，及时收获。

适宜地区　黑龙江省第三积温带垦区。

192. 龙垦303 （Longken 303）

品种来源　北大荒垦丰种业股份有限公司以合丰45为母本，垦丰16为父本，经有性杂交，系谱法选育而成。原品系号北育07022-17。2017年经黑龙江省农作物品种审定委员会审定，审定编号为黑垦审豆2017003。全国大豆品种资源统一编号ZDD33098。

龙垦303

特征　无限结荚习性。株高95.0cm，无分枝。披针叶，白花，灰毛，荚黄褐色。籽粒圆形，种皮黄色，有光泽，脐黄色。百粒重23.0g。

特性　北方春大豆，黑龙江省春播生育期120d。中抗灰斑病。高油品种。

产量品质　2014—2015年区域试验，平均产量3 082.5kg/hm²，较对照品种绥农28增产8.4%。2016年生产试验，平均产量2 952.8kg/hm²，较对照品种绥农28增产9.9%。蛋白质含量39.59%，脂肪含量21.54%。

栽培要点　选择中上等肥力地块种植，5月上中旬播种。采用垄三栽培方式，保苗25万～30万株/hm²。施种肥磷酸二铵150kg/hm²，尿素50kg/hm²，钾肥50kg/hm²。生育期及时铲蹚，防治病虫害，根据大豆长势于开花至鼓粒期喷施相应叶面肥或植物生长调节剂，拔大草1次或采用除草剂除草，及时收获。

适宜地区　黑龙江省第二积温带垦区。

193. 龙垦304 （Longken 304）

品种来源　北大荒垦丰种业股份有限公司、黑龙江省农垦总局红兴隆农业科学研究所以垦00-3282为母本，建02-13为父本，经有性杂交，系谱法选育而成。原品系号红12-66。2017年经黑龙江省农作物品种审定委员会审定，审定编号为黑垦审豆2017001。全国大豆品种资源统一编号ZDD33099。

特征　亚有限结荚习性。株高100.0cm，无分枝。披针叶，紫花，灰毛，荚褐色。籽粒圆形，种皮黄色，有光泽，脐黄色。百粒重20.4g。

特性　北方春大豆，黑龙江省春播生育期120d。中抗灰斑病。高油品种。

产量品质　2014—2015年区域试验，平均产量3 066.3kg/hm²，较对照品种绥农28增产8.0%。2016年生产试验，平均产量2 975.0kg/hm²，较对照品种绥农28增产10.9%。蛋白质含量37.59%，脂肪含量22.12%。

栽培要点　选择中上等肥力地块种植，5月上中旬播种。采用垄三栽培方式，保苗26万～30万株/hm²。施磷酸二铵150kg/hm²，尿素50kg/hm²，硫酸钾40kg/hm²。生育期及时铲蹚，防治病虫害，采用播后苗前封闭除草，在开花至鼓粒期根据大豆长势，喷施叶面肥或植物生长调节剂，成熟后及时收获。

适宜地区　黑龙江省第二积温带垦区东部区域。

194. 龙垦305（Longken 305）

品种来源　北大荒垦丰种业股份有限公司、黑龙江省农垦总局红兴隆农业科学研究所以北豆18为母本，绥农26为父本，经有性杂交，系谱法选育而成。原品系号红12-1356。2017年经黑龙江省农作物品种审定委员会审定，审定编号为黑垦审豆2017004。全国大豆品种资源统一编号ZDD33100。

特征　无限结荚习性。株高80.0cm，无分枝。披针叶，紫花，灰毛，荚褐色。籽粒圆形，种皮黄色，有光泽，脐黄色。百粒重18.8g。

特性　北方春大豆，黑龙江省春播生育期120d。抗病性鉴定，2014年抗灰斑病，2015—2016年中抗灰斑病。高油品种。

产量品质　2014—2015年区域试验，平均产量3 152.7kg/hm²，较对照品种合丰55增产7.9%。2016年生产试验，平均产量2 407.5kg/hm²。较对照品种合丰55增产6.3%。蛋白质含量36.17%，脂肪含量23.34%。

栽培要点　选择中上等肥力地块种植，5月上中旬播种。采用垄三栽培方式，保苗28万～30万株/hm²。施磷酸二铵150kg/hm²，尿素50kg/hm²，硫酸钾40kg/hm²。生育期及时铲蹚，防治病虫害，采用播后苗前封闭除草，在

龙垦304

龙垦305

开花至鼓粒期根据大豆长势，喷施相应叶面肥或植物生长调节剂，成熟后及时收获。

适宜地区　黑龙江省第二积温带垦区南部区域。

195. 龙垦306（Longken 306）

品种来源　北大荒垦丰种业股份有限公司以哈北46-1为母本，垦鉴豆27为父本，经有性杂交，系谱法选育而成。原品系号北5303。2017年经黑龙江省农作物品种审定委员会审定，审定编号为黑审豆2017021。全国大豆品种资源统一编号ZDD33101。

特征　无限结荚习性。株高75.0cm，有分枝。披针叶，白花，灰毛，荚褐色。籽粒圆形，种皮黄色，有光泽，脐黄色。百粒重19.0g。

特性　北方春大豆，黑龙江省春播生育期105d。中抗灰斑病。

产量品质　2014—2015年区域试验，平均产量2 947.5kg/hm²，较对照品种黑河45增产10.9%。2016年生产试验，平均产量2 100.0kg/hm²，较对照品种黑河45增产11.1%。蛋白质含量39.2%，脂肪含量20.81%。

栽培要点　选择中等肥力地块种植，5月上旬播种。采用垄三栽培方式，保苗35万～40万株/hm²。分层深施基肥与叶面追肥相结合，施肥纯量分别为：氮53～60kg/hm²、磷68kg/hm²、钾30～45kg/hm²，开花结荚期分别追施磷酸二氢钾3kg/hm²和尿素8kg/hm²。生育期及时铲蹚，防治病虫害，采用除草剂除草，及时收获。

适宜地区　黑龙江省第五积温带。

龙垦306

196. 龙垦309（Longken 309）

品种来源　北大荒垦丰种业股份有限公司以垦鉴豆27为母本，合03-199为父本，经有性杂交，系谱法选育而成。原品系号北25031。2018年经黑龙江省农作物品种审定委员会审定，审定编号为黑审豆2018032。全国大豆品种资源统一编号ZDD33102。

特征　亚有限结荚习性。株高75.0cm，无分枝。披针叶，紫花，灰毛，荚褐色。籽粒圆形，种皮黄色，有光泽，脐黄色。百粒重19.5g。

特性　北方春大豆，黑龙江省春播生育期105d。中抗灰斑病。

产量品质　2015—2016年区域试验，平均产量2 446.7kg/hm²，较对照品种黑河45

增产10.2%。2017年生产试验，平均产量2 634.2kg/hm²，较对照品种黑河45增产11.2%。蛋白质含量39.73%，脂肪含量20.52%。

栽培要点　选择中等肥力地块种植，5月上旬播种。采用垄三栽培方式，保苗35万株/hm²。施种肥磷酸二铵150kg/hm²，尿素40kg/hm²，钾肥50kg/hm²；开花结荚期追施磷酸二氢钾3kg/hm²和尿素8kg/hm²。生育期及时铲蹚，防治病虫害，拔大草2次或采用除草剂除草，及时收获。

适宜地区　黑龙江省≥10℃活动积温2 150℃区域。

197. 龙垦310 (Longken 310)

品种来源　北大荒垦丰种业股份有限公司以垦北680为母本，绥农27为父本，经有性杂交，系谱法选育而成。原品系号北70773。2016年经黑龙江省农作物品种审定委员会审定，审定编号为黑审豆2016016。全国大豆品种资源统一编号ZDD33103。

特征　无限结荚习性。株高92.0cm，有分枝。披针叶，白花，灰毛，荚褐色。籽粒圆形，种皮黄色，有光泽，脐黄色。百粒重26.8g。

特性　北方春大豆，黑龙江省春播生育期110d。中抗至高抗灰斑病。大粒豆品种。

产量品质　2013—2014年区域试验，平均产量2 281.5kg/hm²，较对照品种华菜豆1号增产16.7%。2015年生产试验，平均产量2 544.8kg/hm²，较对照品种华菜豆1号增产15.6%。蛋白质含量41.93%，脂肪含量18.58%。

栽培要点　选择中等肥力地块种植，5月上旬播种。采用垄三栽培方式，保苗30万~35万株/hm²。分层深施基肥与叶面追

龙垦309

龙垦310

肥相结合，施基肥磷酸二铵150kg/hm²，尿素40kg/hm²，钾肥50kg/hm²；施种肥磷酸二铵55kg/hm²；开花结荚期分别追施磷酸二氢钾3kg/hm²和尿素8kg/hm²。生育期及时铲蹚，灭草，防治病虫害，及时收获。

适宜地区　黑龙江省第四积温带。

198. 龙垦314（Longken 314）

龙垦314

品种来源　北大荒垦丰种业股份有限公司、黑龙江省农垦科学院经济作物研究所以垦鉴豆25为母本，（合丰41×美3）F_1为父本，经有性杂交，系谱法选育而成。原品系号龙垦314。2019年经黑龙江省农作物品种审定委员会审定，审定编号为黑审豆20190033。全国大豆品种资源统一编号ZDD31267。

特征　无限结荚习性。株高90.0cm，无分枝。披针叶，紫花，灰毛，荚褐色。籽粒圆形，种皮黄色，有光泽，脐黄色。百粒重17.0g。

特性　北方春大豆，黑龙江省春播生育期105d。感灰斑病。高油品种。

产量品质　2016—2017年区域试验，平均产量2 230.2kg/hm²，较对照品种黑河45增产5.1%。2018年生产试验，平均产量2 526.4kg/hm²，较对照品种黑河45增产7.0%。蛋白质含量38.85%，脂肪含量21.93%。

栽培要点　选择中上等肥力地块种植，5月上中旬播种。采用垄三栽培方式，保苗33万～35万株/hm²。施基肥磷酸二铵120kg/hm²，尿素30kg/hm²，钾肥40kg/hm²；施种肥磷酸二铵60kg/hm²，尿素10kg/hm²，钾肥20kg/hm²；开花期追施氮肥20kg/hm²。生育期及时铲蹚，防治病虫害，拔大草1～2次或采用除草剂除草，成熟后及时收获。

适宜地区　黑龙江省≥10℃活动积温2 150℃区域。

199. 龙垦316（Longken 316）

品种来源　北大荒垦丰种业股份有限公司以北豆22为母本，黑农48为父本，经有性杂交，系谱法选育而成。原品系号龙垦316。2019年经黑龙江省农作物品种审定委员会审定，审定编号为黑审豆20190050。全国大豆品种资源统一编号ZDD33104。

特征 无限结荚习性。株高90.0cm，有分枝。披针叶，紫花，灰毛，荚褐色。籽粒圆形，种皮黄色，有光泽，脐黄色。百粒重25.0g。

特性 北方春大豆，黑龙江省春播生育期115d。中抗灰斑病，大粒品种。

产量品质 2015—2016年区域试验，平均产量2 525.6kg/hm^2，较对照品种华菜豆1号增产11.4%。2017年生产试验，平均产量2 936.7kg/hm^2，较对照品种华菜豆1号增产10.3%。蛋白质含量39.81%，脂肪含量20.15%。

栽培要点 选择中等肥力地块种植，5月上旬播种。采用垄三栽培方式，保苗25万～30万株/hm^2。施基肥磷酸二铵100kg/hm^2，尿素27kg/hm^2，钾肥33kg/hm^2；施种肥磷酸二铵50kg/hm^2，尿素13kg/hm^2，钾肥17kg/hm^2；开花结荚期追施磷酸二铵3kg/hm^{2}和尿素8kg/hm^2。生育期及时铲蹚，防治病虫害，拔大草2次，或采用除草剂除草，成熟后及时收获。

适宜地区 黑龙江省≥10℃活动积温2 450℃区域。

龙垦316

200. 龙垦317 （Longken 317）

品种来源 北大荒垦丰种业股份有限公司以合丰55为母本，合丰51为父本，经有性杂交，系谱法选育而成。原品系号垦保11-427。2018年经黑龙江省农作物品种审定委员会审定，审定编号为黑垦审豆2018004。全国大豆品种资源统一编号ZDD33105。

特征 亚有限结荚习性。株高80.0cm，无分枝。披针叶，紫花，灰毛，荚褐色。籽粒圆形，种皮黄色，无光泽，脐黄色。百粒重18.0g。

特性 北方春大豆，黑龙江省春播生育

龙垦317

期115d。中抗灰斑病。高油品种。

产量品质　2014—2015年区域试验，平均产量2 982.7kg/hm²，较对照品种合丰51增产4.3％。2016—2017年生产试验，平均产量2 867.6kg/hm²，较对照品种合丰51增产5.0％。蛋白质含量37.33％，脂肪含量22.88％。

栽培要点　选择中上等肥力地块种植，5月上中旬播种。采用垄三栽培方式，保苗27万～30万株/hm²；采用窄行密植栽培方式，保苗33万～35万株/hm²。施磷酸二铵180kg/hm²，尿素40kg/hm²，硫酸钾60kg/hm²；在开花至鼓粒期根据大豆长势，喷施叶面肥或植物生长调节剂。生育期及时铲蹚，防治病虫害，采用播后苗前封闭除草，成熟后及时收获。

适宜地区　黑龙江省≥10℃活动积温2 450℃垦区区域。

201. 龙垦330（Longken 330）

龙垦330

品种来源　北大荒垦丰种业股份有限公司以北1484为母本，克山1号为父本，经有性杂交，系谱法选育而成。原品系号龙垦330。2019年经黑龙江省农作物品种审定委员会审定，审定编号为黑垦审豆20190010。全国大豆品种资源统一编号ZDD33106。

特征　亚有限结荚习性。株高75.0cm，无分枝。披针叶，紫花，灰毛，荚褐色。籽粒圆形，种皮黄色，无光泽，脐黄色。百粒重21.0g。

特性　北方春大豆，黑龙江省春播生育期115d。中抗灰斑病。

产量品质　2016—2018年区域试验，平均产量2 968.0kg/hm²，较对照品种北豆40（丰收25）增产5.8％。2018年生产试验，平均产量3 032.9kg/hm²，较对照品种北豆40增产4.8％。蛋白质含量39.81％，脂肪含量20.44％。

栽培要点　选择中等肥力地块种植，5月上旬播种。采用垄三栽培方式，保苗30万株/hm²。施基肥磷酸二铵100kg/hm²，尿素27kg/hm²，钾肥33kg/hm²；施种肥磷酸二铵50kg/hm²，尿素13kg/hm²，钾肥17kg/hm²；开花结荚期追施磷酸二铵3kg/hm²和尿素8kg/hm²。生育期及时铲蹚，防治病虫害，拔大草2次或采用除草剂除草，及时收获。

适宜地区　黑龙江省≥10℃活动积温2 450℃垦区区域。

202. 龙垦339（Longken 339）

品种来源 北大荒垦丰种业股份有限公司、黑龙江省农垦科学院经济作物研究所以黑农35为母本，辽1284为父本，经有性杂交，系谱法选育而成。原品系号垦保10-6203。2017年经黑龙江省农作物品种审定委员会审定，审定编号为黑垦审豆2017002。全国大豆品种资源统一编号ZDD33107。

特性 亚有限结荚习性。株高90.0cm，无分枝。叶披针形，紫花，灰毛，荚褐色。籽粒圆形，种皮黄色，有光泽，脐黄色。百粒重20.0g。

特性 北方春大豆，黑龙江省春播生育期118d。中抗灰斑病。高油品种。

产量品质 2013—2014年区域试验，平均产量3 242.4kg/hm²，较对照品种绥农28增产12.2%。2015—2016年生产试验，平均产量2 919.1kg/hm²，较对照品种绥农28平均增产7.5%。蛋白质含量37.94%，脂肪含量21.53%。

栽培要点 选择中上等肥力地块种植，5月上旬播种。采用垄三栽培方式，保苗25万～27万株/hm²。施基肥磷酸二铵100kg/hm²，尿素20kg/hm²，钾肥20kg/hm²；施种肥磷酸二铵50kg/hm²，尿素20kg/hm²，钾肥10kg/hm²；开花期追施氮肥20kg/hm²。生育期及时铲蹚，防治病虫害，拔大草1～2次或采用除草剂除草，及时收获。

适宜地区 黑龙江省第二积温带垦区。

龙垦339

203. 龙垦348（Longken 348）

品种来源 北大荒垦丰种业股份有限公司、黑龙江省农垦科学院经济作物研究所以合丰50为母本，垦丰16为父本，经有性杂

龙垦348

交，系谱法选育而成。原品系号龙垦348。2019年经黑龙江省农作物品种审定委员会审定，审定编号为黑垦审豆20190006。全国大豆品种资源统一编号ZDD33108。

特征 亚有限结荚习性。株高80.0cm，无分枝。披针叶，紫花，灰毛，荚褐色。籽粒圆形，种皮黄色，有光泽，脐黄色。百粒重17.0g。

特性 北方春大豆，黑龙江省春播生育期115d。中抗灰斑病。高油品种。

产量品质 2015—2016年区域试验，平均产量2 723.6kg/hm²，较对照品种丰收25增产10.7%。2017—2018年生产试验，平均产量2 827.8kg/hm²，较对照品种北豆40增产3.0%。蛋白质含量38.52%，脂肪含量22.08%。

栽培要点 选择中上等肥力地块种植，5月上中旬播种。采用垄三栽培方式，保苗27万~ 30万株/hm²。施基肥磷酸二铵120kg/hm²，尿素30kg/hm²，钾肥40kg/hm²；施种肥磷酸二铵60kg/hm²，尿素10kg/hm²，钾肥20kg/hm²；开花期追施氮肥20kg/hm²。生育期间及时铲蹚，防治病虫害，拔大草1 ~ 2次或采用除草剂除草，及时收获。

适宜地区 黑龙江省≥10℃活动积温2 450℃垦区区域。

204. 龙垦349 （Longken 349）

龙垦349

品种来源 北大荒垦丰种业股份有限公司以黑农48为母本，海5046为父本，经有性杂交，系谱法选育而成。原品系号垦保12-2347。2018年经黑龙江省农作物品种审定委员会审定，审定编号为黑垦审豆2018005。全国大豆品种资源统一编号ZDD33109。

特征 亚有限结荚习性。株高80.0cm，无分枝。披针叶，紫花，灰毛，荚褐色。籽粒圆形，种皮黄色，有光泽，脐黄色。百粒重20.0g。

特性 北方春大豆，黑龙江省春播生育期115d。中抗灰斑病。

产量品质 2015—2016年区域试验，平均产量2 600.2kg/hm²，较对照品种丰收25增产5.7%。2017年生产试验，平均产量3 137.2kg/hm²，较对照品种北豆40平均增产10.0%。蛋白质含量41.44%，脂肪含量20.63%。

栽培要点 选择中上等肥力地块种植，5月上旬播种。采用垄三栽培方式，保苗

27万~30万株/hm²。施磷酸二铵180kg/hm²，尿素40kg/hm²，硫酸钾60kg/hm²；在开花至鼓粒期根据大豆长势，喷施叶面肥或植物生长调节剂。生育期及时铲蹚，防治病虫害，采用播后苗前封闭除草，成熟后及时收获。

适宜地区　黑龙江省≥10℃活动积温2 450℃垦区区域。

205. 龙垦356（Longken 356）

品种来源　北大荒垦丰种业股份有限公司以（华疆6280×绥农15）F₁为母本，北1207为父本，经有性杂交，系谱法选择育成。原品系号龙垦356。2020年经黑龙江省农作物品种审定委员会审定，审定编号为黑审豆20200052。全国大豆品种资源统一编号ZDD33110。

特征　亚有限结荚习性。株高65.0cm，无分枝。披针叶，紫花，灰毛，荚褐色。籽粒圆形，种皮黄色，无光泽，脐黄色。百粒重21.0g。

特性　北方春大豆，黑龙江省春播生育期100d。感灰斑病。

产量品质　2017—2018年区域试验，平均产量1 958.4kg/hm²，较对照品种华疆2号增产7.9%。2019年生产试验，平均产量2 106.8kg/hm²，较对照品种华疆2号增产8.7%。蛋白质含量41.07%，脂肪含量19.67%。

龙垦356

栽培要点　选择中上等肥力地块种植，5月中旬播种。采用垄三栽培方式，保苗40万株/hm²。施基肥磷酸二铵100kg/hm²，尿素30kg/hm²，钾肥50kg/hm²；施种肥磷酸二铵50kg/hm²，尿素10kg/hm²，钾肥10kg/hm²；开花结荚期叶面喷施磷酸二铵3kg/hm²和尿素8kg/hm²。田间采用除草剂除草，生育期间及时中耕管理，防治病虫害，成熟后及时收获。

适宜地区　黑龙江省第六积温带上限，≥10℃活动积温1 900℃区域。

206. 龙垦357（Longken 357）

品种来源　北大荒垦丰种业股份有限公司以北豆5号为母本，F₁（北1484×北疆05-38）为父本，经有性杂交，系谱法选育而成。原品系号龙垦357。2018年经黑龙江省农作物品种审定委员会审定，审定编号为黑垦审豆2018006。全国大豆品种资源统一编号

龙垦357

龙垦392

ZDD33111。

特征 无限结荚习性。株高73.0cm，有分枝。披针叶，紫花，灰毛，荚褐色。籽粒圆形，种皮黄色，有光泽，脐黄色。百粒重20.0g。

特性 北方春大豆，黑龙江省春播生育期112d。中抗灰斑病。

产量品质 2015—2016年区域试验，平均产量2 524.9kg/hm²，较对照品种黑河43增产5.4%。2017年生产试验，平均产量2 959.5kg/hm²，较对照品种黑河43增产7.1%。蛋白质含量35.76%，脂肪含量22.25%。

栽培要点 选择中上等肥力地块种植，5月上旬播种。采用垄三栽培方式，保苗30万株/hm²。施肥纯量分别为：氮52.5 ~ 60kg/hm²、磷67.5kg/hm²、钾30 ~ 45kg/hm²；开花结荚期分别追施磷酸二氢钾3kg/hm²和尿素8kg/hm²。生育期及时铲蹚，防治病虫害，采用除草剂除草，及时收获。

适宜地区 黑龙江省≥10℃活动积温2 250℃区域垦区种植。

207. 龙垦392（Longken 392）

品种来源 北大荒垦丰种业股份有限公司以农大5088为母本，绥农14为父本，经有性杂交，系谱法选育而成。原品系号龙垦392。2019年经黑龙江省农作物品种审定委员会审定，审定编号为黑垦审豆20190003。全国大豆品种资源统一编号ZDD33112。

特征 亚有限结荚习性。株高85.0cm，有分枝。披针叶，紫花，灰毛，荚黄褐色。籽粒圆形，种皮黄色，有光泽，脐黄色。百粒重16.0g。

特性 北方春大豆，黑龙江省春播生育期120d。中抗灰斑病。高油品种。

产量品质 2016—2017年区域试验，平均产量2 664.4kg/hm²，较对照品种合丰55增产6.9%。2018年生产试验，平均产量3 069.1kg/hm²，较对照品种合丰55增产9.1%。蛋白质含量33.32%，脂肪含量23.05%。

栽培要点 选择中等肥力地块种植，5月上旬播种。采用垄三栽培方式，保苗25万～30万株/hm²。施基肥磷酸二铵75kg/hm²，尿素30～40kg/hm²，钾肥30kg/hm²；施种肥磷酸二铵75kg/hm²，钾肥15kg/hm²；追施磷酸二氢钾叶面肥2kg/hm²。生育期及时铲蹚，防治病虫害，采用除草剂除草，及时收获。

适宜地区 黑龙江省≥10℃活动积温2 600℃垦区区域。

208. 龙垦396（Longken 396）

品种来源 北大荒垦丰种业股份有限公司以垦农小粒豆为母本，龙小粒豆2号为父本，经有性杂交，系谱法选择育成。原品系号龙垦396。2020年经黑龙江省农作物品种审定委员会审定，审定编号为黑审豆20200066。全国大豆品种资源统一编号ZDD33113。

特征 无限结荚习性。株高105.0cm，有分枝。披针叶，白花，灰毛，荚黄褐色。籽粒圆形，种皮黄色，有光泽，脐黄色。百粒重8.0g。

特性 北方春大豆，黑龙江省春播生育期118d。中抗灰斑病，小粒品种。

产量品质 2018—2019年区域试验，平均产量2 673.1kg/hm²，较对照品种龙小粒豆2号增产7.2%。蛋白质含量41.84%，脂肪含量19.71%。

栽培要点 选择中等肥力地块种植，5月上旬播种。采用垄三栽培方式，保苗30万～33万株/hm²。施基肥磷酸二铵75kg/hm²，尿素30kg/hm²，钾肥30kg/hm²；施种肥磷酸

龙垦396

二铵75kg/hm²，尿素10kg/hm²，钾肥15kg/hm²；开花结荚期叶面喷施磷酸二氢钾叶面肥2kg/hm²。田间采用除草剂除草，生育期及时中耕管理，防治病虫害，成熟后及时收获。

适宜地区 黑龙江省第二积温带东部区，≥10℃活动积温2 500℃区域。

209. 龙垦397（Longken 397）

品种来源 北大荒垦丰种业股份有限公司以龙垦0103为母本，垦丰16为父本，经有

龙垦397

龙垦3002

性杂交，系谱法选育而成。原品系号龙垦397。2019年经黑龙江省农作物品种审定委员会审定，审定编号为黑垦审豆20190004。全国大豆品种资源统一编号ZDD33114。

特征　亚有限结荚习性。株高90.0cm，有短分枝。披针叶，白花，灰毛，荚褐色。籽粒圆形，种皮黄色，无光泽，脐黄色。百粒重17.0g。

特性　北方春大豆，黑龙江省春播生育期120d。中抗灰斑病。

产量品质　2016—2017年区域试验，平均产量2 753.3kg/hm²，较对照品种合丰55增产8.3%。2018年生产试验，平均产量3 023.5kg/hm²，较对照品种合丰55增产5.3%。蛋白质含量39.48%，脂肪含量20.79%。

栽培要点　选择中等肥力地块种植，5月上旬播种。采用垄三栽培方式，保苗25万～30万株/hm²。宜采用分层深施肥，施磷酸二铵150kg/hm²，尿素40kg/hm²，钾肥45kg/hm²；开花至鼓粒期根据大豆长势，喷施叶面肥或植物生长调节剂。采用播后苗前封闭除草，生育期及时中耕管理，防治病虫害，成熟后及时收获。

适宜地区　黑龙江省≥10℃活动积温2 600℃垦区区域。

210. 龙垦3002 (Longken 3002)

品种来源　北大荒垦丰种业股份有限公司以东农58为母本，绥农27为父本，经有性杂交，系谱法选育而成。原品系号龙垦3002。2019年经黑龙江省农作物品种审定委员会审定，审定编号为黑审豆20190063。全国大豆品种资源统一编号ZDD33115。

特征　亚有限结荚习性。株高80.0cm，无分枝。披针叶，紫花，灰毛，荚褐色。籽粒圆形，种皮黄色，有光泽，脐黄色。百粒重

25.0g。

特性　北方春大豆，黑龙江省春播生育期110d。中抗灰斑病，大粒品种。

产量品质　2017—2018年区域试验，平均产量2 848kg/hm²，较对照品种华菜豆1号增产12.1%。蛋白质含量39.16%，脂肪含量20.02%。

栽培要点　选择中等肥力地块种植，5月上旬播种。采用垄三栽培方式，保苗30万株/hm²。施基肥磷酸二铵100kg/hm²，尿素27kg/hm²，钾肥33kg/hm²；施种肥磷酸二铵50kg/hm²，尿素13kg/hm²，钾肥17kg/hm²；花荚期追施磷酸二铵3kg/hm²及尿素8kg/hm²。生育期间及时铲蹚，防治病虫害，拔大草2次或采用除草剂除草，成熟后及时收获。

适宜地区　黑龙江省≥10℃活动积温2 250℃区域。

211. **龙垦**3307（Longken 3307）

品种来源　北大荒垦丰种业股份有限公司以北1873为母本，北05-315为父本，经有性杂交，系谱法选育而成。原品系号龙垦3307。2020年经黑龙江省农作物品种审定委员会审定，审定编号为黑垦审豆20200001。全国大豆品种资源统一编号ZDD33116。

特征　无限结荚习性。株高90.0cm，有分枝。披针叶，紫花，灰毛，荚褐色。籽粒圆形，种皮黄色，有光泽，脐黄色。百粒重20.0g。

特性　北方春大豆，黑龙江省春播生育期113d。中抗灰斑病。

产量品质　2017—2018年区域试验，平均产量2 987.6kg/hm²，较对照品种黑河43增产6.9%。2019年生产试验，平均产量2 611.5kg/hm²，较对照品种黑河43增产6.5%。蛋白质含量39.76%，脂肪含量20.01%。

栽培要点　选择中等肥力地块种植，5月上旬播种。采用垄三栽培方式，保苗

龙垦3307

30万株/hm²。施基肥磷酸二铵100kg/hm²，尿素30kg/hm²，钾肥50kg/hm²；施种肥磷酸二铵50kg/hm²，尿素10kg/hm²，钾肥10kg/hm²；开花结荚期追施磷酸二氢钾3kg/hm²和尿素8kg/hm²。生育期间及时铲蹚，防治病虫害，拔大草2次或采用除草剂除草，及时收获。

适宜地区　黑龙江省≥10℃活动积温2 250℃垦区区域。

212. 龙垦3401（Longken 3401）

龙垦3401

品种来源 北大荒垦丰种业股份有限公司以北05-1870为母本，九三03-102为父本，经有性杂交，系谱法选育而成。原品系号龙垦3401。2020年经黑龙江省农作物品种审定委员会审定，审定编号为黑垦审豆20200004。全国大豆品种资源统一编号ZDD33117。

特征 无限结荚习性。株高92.0cm，无分枝。披针叶，紫花，灰毛，荚褐色。籽粒圆形，种皮黄色，无光泽，脐黄色。百粒重20.0g。

特性 北方春大豆，黑龙江省春播生育期108d。感至中抗灰斑病。

产量品质 2017—2018年区域试验，平均产量2 885.3kg/hm²，较对照品种黑河45增产8.2%。2019年生产试验，平均产量2 559.9kg/hm²，较对照品种黑河45增产6.6%。蛋白质含量37.92%，脂肪含量20.88%。

栽培要点 选择中上等肥力地块种植，5月上旬播种。采用垄三栽培方式，保苗35万～40万株/hm²。施基肥磷酸二铵150kg/hm²，尿素40kg/hm²，钾肥40kg/hm²；施种肥磷酸二铵50kg/hm²，尿素10kg/hm²，钾肥10kg/hm²；开花结荚期追施叶面肥5～8kg/hm²。生育期及时铲蹚，防治病虫害，拔大草1次或采用除草剂除草，及时收获。

适宜地区 黑龙江省≥10℃活动积温1 950℃垦区区域。

213. 龙垦3402（Longken 3402）

品种来源 北大荒垦丰种业股份有限公司以九三00-20为母本，北疆96-711为父本，经有性杂交，系谱法选育而成。原品系号龙垦3402。2020年经黑龙江省农作物品种审定委员会审定，审定编号为黑垦审豆20200002。全国大豆品种资源统一编号ZDD33118。

特征 无限结荚习性。株高85.0cm，无分枝。披针叶，紫花，灰毛，荚褐色。籽粒圆形，种皮黄色，无光泽，脐黄色。百粒重18.1g。

特性 北方春大豆，黑龙江省春播生育期113d。中抗灰斑病。

产量品质 2017—2018年区域试验，平均产量2 951.8kg/hm²，较对照品种黑河43增产5.2%。2019年生产试验，平均产量2 681.1kg/hm²，较对照品种黑河43增产8.9%。蛋白质含量40.24%，脂肪含量20.02%。

栽培要点　选择中上等肥力地块种植，5月上旬播种。采用垄三栽培方式，保苗38万～40万株/hm²。施基肥磷酸二铵150kg/hm²，尿素40kg/hm²，钾肥40kg/hm²；施种肥磷酸二铵50kg/hm²，尿素10kg/hm²，钾肥10kg/hm²；开花结荚期追施叶面肥5～8kg/hm²。生育期及时铲蹚，防治病虫害，拔大草1次或采用除草剂除草，及时收获。

适宜地区　黑龙江省≥10℃活动积温2 250℃垦区区域。

214. 垦保1号（Kenbao 1）

品种来源　北大荒垦丰种业股份有限公司、黑龙江省农垦科学院经济作物研究所以合丰35为母本，绥6227为父本，经有性杂交，系谱法选育而成。原品系号垦保1号。2017年经黑龙江省农作物品种审定委员会审定，审定编号为黑审豆2017007。全国大豆品种资源统一编号ZDD30820。

特征　亚有限结荚习性。株高95.0cm，有分枝。披针叶，紫花，灰毛，荚褐色。籽粒圆形，种皮黄色，有光泽，脐黄色。百粒重21.0g。

特性　北方春大豆，黑龙江省春播生育期118d。中抗灰斑病。高油品种。

产量品质　2014—2015年生产试验，平均产量2 954.1kg/hm²，较对照品种合丰55增产11.3%。蛋白质含量38.32%，脂肪含量21.24%。

栽培要点　选择中上等肥力地块种植，5月上旬播种。采用垄三栽培方式，保苗27万～30万株/hm²。施基肥磷酸二铵100kg/hm²，尿素20kg/hm²，钾肥20kg/hm²；施种肥磷酸二铵50kg/hm²，尿素20kg/hm²，钾肥10kg/hm²；开花期追施氮肥20kg/hm²。生育期

龙垦3402

垦保1号

及时铲蹚，防治病虫害，拔大草 1 ~ 2 次或采用除草剂除草，及时收获。

适宜地区　黑龙江省第二积温带。

215. 黑农71 （Heinong 71）

黑农 71

品种来源　黑龙江省农业科学院大豆研究所以哈 99-4663 为母本，绥 00-1052 为父本，经有性杂交，系谱法选育而成。原品系号哈 09-3661。2015 年经黑龙江省农作物品种审定委员会审定，审定编号为黑审豆 2015001。全国大豆品种资源统一编号 ZDD33190。

特征　亚有限结荚习性。株高 90.0cm，有分枝。披针叶，白花，灰毛，荚褐色。籽粒圆形，种皮黄色，有光泽，脐黄色。百粒重 23.0g。

特性　北方春大豆，黑龙江省春播生育期 124d。中抗灰斑病。

产量品质　2012—2013 年区域试验，平均产量 3 099.2kg/hm²，较对照品种黑农 53 增产 9.7%。2014 年生产试验，平均产量 3 180.8kg/hm²，较对照品种黑农 53 增产 9.7%。蛋白质含量 39.60%，脂肪含量 20.82%。

栽培要点　选择中等肥力地块种植，5 月上旬播种。采用垄三栽培方式，保苗 22 万 ~ 24 万株/hm²。施基肥或种肥磷酸二铵 150kg/hm²，钾肥 40kg/hm²。生育期及时铲蹚，及时防治病虫害，拔大草 2 次或采用除草剂除草，及时收获。

适宜地区　黑龙江省第一积温带。

216. 黑农76 （Heinong 76）

品种来源　黑龙江省农业科学院大豆研究所以五良 97-1 为母本，垦鉴 27 为父本，经有性杂交，系谱法选择育成。原品系号黑农 76。2020 年经黑龙江省农作物品种审定委员会审定，审定编号为黑审豆 20200032。全国大豆品种资源统一编号 ZDD33191。

特征　亚有限结荚习性。株高 85.7cm，有分枝。披针叶，白花，灰毛，荚深褐色。籽粒圆形，种皮黄色，有光泽，脐黄色。百粒重 22.0g。

特性　北方春大豆，黑龙江省春播生育期 115d。抗灰斑病。

产量品质　2017—2018 年区域试验，平均产量 2 759.5kg/hm²，较对照品种北豆 40

增产6.3％。2019年生产试验，平均产量2 721.7kg/hm²，较对照品种北豆40增产8.6％。蛋白质含量42.90％，脂肪含量20.10％。

栽培要点　选择中上等肥力地块种植，5月中旬播种。采用垄三栽培方式，保苗28万～31万株/hm²。施基肥磷酸二铵100kg/hm²，尿素10kg/hm²，钾肥30kg/hm²；施种肥磷酸二铵110kg/hm²，尿素10kg/hm²，钾肥20kg/hm²。田间采用除草剂除草，生育期及时中耕管理，防治病虫害，成熟后及时收获。

适宜地区　黑龙江省第三积温带西部地区，≥10℃活动积温2 350℃区域。

217. 黑农80（Heinong 80）

品种来源　黑龙江省农业科学院大豆研究所以120Gy⁶⁰Co-γ射线处理（黑农44×科新3号）F_1的风干种子，采用杂交与辐射相结合的方法选育而成。原品系号哈12-4891。2018年经黑龙江省农作物品种审定委员会审定，审定编号为黑审豆2018003。全国大豆品种资源统一编号ZDD33192。

特征　无限结荚习性。株高110.0cm，有分枝。披针叶，紫花，灰毛，荚褐色。籽粒圆形，种皮黄色，有光泽，脐黄色。百粒重22.0g。

特性　北方春大豆，黑龙江省春播生育期125d。中抗灰斑病。高油品种。

产量品质　2015—2016年区域试验，平均产量3 129.4kg/hm²，较对照品种黑农61增产10.0％。2017年生产试验，平均产量3 149.3kg/hm²，较对照品种黑农61增产10.8％。蛋白质含量38.87％，脂肪含量21.84％。

栽培要点　选择中上等肥力地块种植，5月上旬播种。采用垄三栽培方式，保苗22万～24万株/hm²。施磷酸二铵150kg/hm²，钾肥40kg/hm²。生育期及时铲蹚，防治病虫害，

黑农76

黑农80

黑农81

黑农82

拔大草2次或采用除草剂除草，及时收获。

适宜地区　黑龙江省≥10℃活动积温
2 700℃以上南部区域。

218. 黑农81 （Heinong 81）

品种来源　黑龙江省农业科学院大豆研究
所以黑农48为母本，黑农51为父本，经有性
杂交，系谱法选育而成。原品系号H10-2430。
2018年经黑龙江省农作物品种审定委员会审
定，审定编号为黑审豆2018002。全国大豆品
种资源统一编号ZDD33193。

特征　亚有限结荚习性。株高100.0cm，
有分枝。披针叶，白花，灰毛，荚褐色。籽粒
椭圆形，种皮黄色，有光泽，脐黄色。百粒重
21.0g。

特性　北方春大豆，黑龙江省春播生育期
125d。中抗灰斑病。高油品种。

产量品质　2015—2016年区域试验，平均
产量3 143.9kg/hm²，较对照品种黑农61增产
10.7%。2017年生产试验，平均产量3 157.2kg/
hm²，较对照品种黑农61增产10.8%。蛋白质
含量38.78%，脂肪含量22.18%。

栽培要点　选择中上等肥力地块种植，5
月上旬播种。采用垄三栽培方式，保苗22
万～24万株/hm²。施磷酸二铵150kg/hm²，钾
肥40kg/hm²。生育期及时铲蹚，防治病虫害，
拔大草2次或采用除草剂除草，及时收获。

适宜地区　黑龙江省≥10℃活动积温
2 700℃以上南部区域。

219. 黑农82 （Heinong 82）

品种来源　黑龙江省农业科学院大豆研
究所以黑农48为母本，（黑农51×哈04-4507)
F₁代材料为父本，经有性杂交，系谱法选育
而成。原品系号黑农82。2019年经黑龙江省

农作物品种审定委员会审定，审定编号为黑审豆20190001。全国大豆品种资源统一编号ZDD33194。

特征　亚有限结荚习性。株高90.0cm，无分枝。披针叶，白花，灰毛，荚深褐色。籽粒圆形，种皮黄色，有光泽，脐黄色。百粒重23.0g。

特性　北方春大豆，黑龙江省春播生育期125d。中抗灰斑病。高蛋白品种。

产量品质　2016—2017年区域试验，平均产量3 189.5kg/hm²，较对照品种黑农61增产9.9%。2018年生产试验，平均产量3 207.6kg/hm²，较对照品种黑农61增产9.8%。蛋白质含量44.22%，脂肪含量19.14%。

栽培要点　选择中上等肥力地块种植，5月上旬播种。采用垄三栽培方式，保苗22万～24万株/hm²。施磷酸二铵150kg/hm²，钾肥40kg/hm²。生育期间及时铲蹚，防治病虫害，拔大草2次或采用除草剂除草，及时收获。

适宜地区　黑龙江省≥10℃活动积温2 700℃以上南部区域。

220. 黑农84（Heinong 84）

品种来源　黑龙江省农业科学院大豆研究所以黑农51为母本，黑农51与聚合杂交{[（黑农41×91R3-301）×（黑农39×9674）]×（黑农33×灰皮支）}的中选个体的杂交F₁为父本进行回交，采用分子标记辅助选择与常规育种相结合的方法选育而成。原品系号哈11-4142。2017年经黑龙江省农作物品种审定委员会审定，审定编号为黑审豆2017005。全国大豆品种资源统一编号ZDD31305。

特征　亚有限结荚习性。株高100.0cm，少分枝。披针叶，紫花，灰毛，荚褐色。籽粒圆形，种皮黄色，有光泽，脐黄色。百粒重22.0g。

特性　北方春大豆，黑龙江省春播生育期119d。中抗灰斑病。

产量品质　2014—2015年区域试验，平均产量3 135.2kg/hm²，较对照品种绥农28增产12.2%。2016年生产试验，平均产量2 890.8kg/hm²，较对照品种绥农28增产13.0%。蛋白质含量40.82%，脂肪含量19.58%。

黑农84

栽培要点　选择中上等肥力地块种植，5月上旬播种。采用垄三栽培方式，保苗22万～24万株/hm²。施磷酸二铵150kg/hm²，钾肥40kg/hm²。生育期及时铲蹚，防治病虫害，拔大草2次或采用除草剂除草，及时收获。

适宜地区　黑龙江省第二积温带。

黑农85

黑农86

221. 黑农85（Heinong 85）

品种来源 黑龙江省农业科学院大豆研究所以黑农54为母本，120Gy ^{60}Co-γ射线处理（黑农37×垦鉴豆23）F_1的突变体为父本，采用杂交与辐射相结合的方法选育而成。原品系号哈11-2541。2017年经黑龙江省农作物品种审定委员会审定，审定编号为黑审豆2017009。全国大豆品种资源统一编号ZDD33195。

特征 亚有限结荚习性。株高90.0cm，少分枝。披针叶，紫花，灰毛，荚褐色。籽粒圆形，种皮黄色，有光泽，脐黄色。百粒重22.0g。

特性 北方春大豆，黑龙江省春播生育期118d。中抗灰斑病。

产量品质 2014—2015年区域试验，平均产量2 940.2kg/hm^2，较对照品种合丰55增产10.0%。2016年生产试验，平均产量2 836.0kg/hm^2，较对照品种合丰55增产11.1%。蛋白质含量39.50%，脂肪含量20.90%。

栽培要点 选择中上等肥力地块种植，5月上旬播种。采用垄三栽培方式，保苗22万~24万株/hm^2。施磷酸二铵150kg/hm^2，钾肥40kg/hm^2。生育期及时铲蹚，防治病虫害，拔大草2次或采用除草剂除草，及时收获。

适宜地区 黑龙江省第二积温带。

222. 黑农86（Heinong 86）

品种来源 黑龙江省农业科学院大豆研究所以黑农48为母本，（黑农35×绥98-6227-7）F_1代材料为父本，经有性杂交，系谱法选育而成。原品系号黑农86。2019年经黑龙江省农作物品种审定委员会审定，审定编号为黑审豆20190008。全国大豆品种资源统一编号ZDD33196。

特征　亚有限结荚习性。株高90.0cm，无分枝。披针叶，紫花，灰毛，荚深褐色。籽粒圆形，种皮黄色，有光泽，脐黄色。百粒重22.0g。

特性　北方春大豆，黑龙江省春播生育期118d。中抗灰斑病。

产量品质　2016—2017年区域试验，平均产量2 899.2kg/hm²，较对照品种合丰50增产5.5%。2018年生产试验，平均产量3 313.2kg/hm²，较对照品种合丰50增产9.2%。蛋白质含量41.74%，脂肪含量20.37%。

栽培要点　选择中上等肥力地块种植，5月上旬播种。采用垄三栽培方式，保苗22万～24万株/hm²。施基肥磷酸二铵150kg/hm²，钾肥40kg/hm²。生育期间及时铲蹚，防治病虫害，拔大草2次或采用除草剂除草，成熟后及时收获。

适宜地区　黑龙江省≥10℃活动积温2 500℃区域。

223. 黑农87 （Heinong 87）

品种来源　黑龙江省农业科学院大豆研究所、黑龙江省农业科学院耕作栽培研究所以合丰50为母本，120Gy⁶⁰Co-γ射线处理黑农44的M_4为父本进行杂交，采用杂交与辐射相结合的方法选育而成。原品系号哈11-3646。2017年经黑龙江省农作物品种审定委员会审定，审定编号为黑审豆2017014。全国大豆品种资源统一编号ZDD33197。

特征　亚有限结荚习性。株高90.0cm，少分枝。披针叶，紫花，灰毛，荚褐色。籽粒圆形，种皮黄色，有光泽，脐黄色。百粒重22.0g。

特性　北方春大豆，黑龙江省春播生育期115d。中抗灰斑病。高油品种。

产量品质　2014—2015年区域试验，平均产量3 054.7kg/hm²，较对照品种合丰50增产6.2%。2016年生产试验，平均产量2 942.0kg/hm²，较对照品种合丰50增产10.5%。蛋白质含量36.35%，脂肪含量23.19%。

栽培要点　选择中上等肥力地块种植，5月上旬播种。采用垄三栽培方式，保苗22万～24万株/hm²。施基肥磷酸二铵150kg/hm²，钾肥40kg/hm²。生育期及时铲蹚，防治病虫害，拔大草2次或采用除草剂除草，及时收获。

适宜地区　黑龙江省第二积温带。

黑农87

黑农88

黑农89

224. 黑农88（Heinong 88）

品种来源　黑龙江省农业科学院大豆研究所以黑农48为母本，^{60}Co-γ 射线处理（黑农48×晋豆23）F_1 材料为父本，经有性杂交，系谱法选择育成。原品系号黑农88。2020年经黑龙江省农作物品种审定委员会审定，审定编号为黑审豆20200023。全国大豆品种资源统一编号ZDD33198。

特征　亚有限结荚习性。株高90.0cm，有分枝。披针叶，紫花，灰毛，荚褐色。籽粒圆形，种皮黄色，有光泽，脐黄色。百粒重23.0g。

特性　北方春大豆，黑龙江省春播生育期120d。中抗灰斑病。高蛋白品种。

产量品质　2017—2018年区域试验，平均产量2 987.2kg/hm²，较对照品种绥农26增产8.1%。2019年生产试验，平均产量2 833.5kg/hm²，较对照品种绥农26增产8.3%。蛋白质含量45.56%，脂肪含量19.12%。

栽培要点　选择中上等肥力地块种植，5月上旬播种。采用垄三栽培方式，保苗22万～24万株/hm²。施基肥磷酸二铵150kg/hm²，钾肥40kg/hm²。生育期及时铲蹚，防治病虫害，拔大草2次或采用除草剂除草，及时收获。

适宜地区　黑龙江省第二积温带中部区，≥10℃活动积温2 550℃区域。

225. 黑农89（Heinong 89）

品种来源　黑龙江省农业科学院大豆研究所以黑农64为母本，^{60}Co-γ 射线处理（哈04-1824×中黄13）F_1 材料为父本，经有性杂交，系谱法选择育成。原品系号黑农89。2020年经黑龙江省农作物品种审定委员会审定，审定编号为黑审豆20200017。全国大豆品种资源统一编号ZDD33199。

特征 亚有限结荚习性。株高90.0cm，有分枝。披针叶，白花，灰毛，荚褐色。籽粒圆形，种皮黄色，有光泽，脐黄色。百粒重22.0g。

特性 北方春大豆，黑龙江省春播生育期118d。中抗灰斑病。高油品种。

产量品质 2017—2018年区域试验，平均产量2 973.9kg/hm²，较对照品种合丰50增产6.0%。2019年生产试验，平均产量2 695.4kg/hm²，较对照品种合丰50增产9.0%。蛋白质含量40.57%，脂肪含量22.41%。

栽培要点 选择中上等肥力地块种植，5月上旬播种。采用垄三或大垄密植栽培方式，保苗22万～25万株/hm²。施磷酸二铵150kg/hm²，钾肥40kg/hm²。田间采用除草剂除草，生育期及时中耕管理，防治病虫害，成熟后及时收获。

适宜地区 黑龙江省第二积温带东部区，≥10℃活动积温2 500℃区域。

226. 黑农91 （Heinong 91）

品种来源 黑龙江省农业科学院大豆研究所以黑农48为母本，（黑农48×郑90092-48）BC₁F₁为父本，经有性杂交，系谱法选择育成。原品系号黑农91。2020年经黑龙江省农作物品种审定委员会审定，审定编号为黑审豆20200011。全国大豆品种资源统一编号ZDD33200。

特征 亚有限结荚习性。株高90.0cm，有分枝。披针叶，紫花，灰毛，荚褐色。籽粒圆形，种皮黄色，有光泽，脐黄色。百粒重22.0g。

特性 北方春大豆，黑龙江省春播生育期120d。中抗灰斑病。高蛋白品种。

产量品质 2017—2018年区域试验，平均产量2 959.2kg/hm²，较对照品种合丰55增产8.8%。2019年生产试验，平均产量2 851.2kg/hm²，较对照品种合丰55增产9.8%。蛋白质含量45.41%，脂肪含量19.54%。

栽培要点 选择中上等肥力地块种植，5月上旬播种。采用垄三栽培方式，保苗22万～25万株/hm²。施磷酸二铵150kg/hm²，钾肥40kg/hm²。田间采用除草剂除草，生育期及时中耕管理，防治病虫害，成熟后及时收获。

适宜地区 黑龙江省第二积温带南部区，≥10℃活动积温2 550℃区域。

黑农91

227. 黑农93 （Heinong 93）

品种来源 黑龙江省农业科学院大豆研究所以黑农44为母本，（黑农44×05109 F_1）F_1经^{60}Co-γ射线辐射诱变材料为父本，经有性杂交，系谱法选育而成。原品系号哈11-4519。2019年经黑龙江省农作物品种审定委员会审定，审定编号为黑审豆20190014。全国大豆品种资源统一编号ZDD33201。

黑农93

特征 亚有限结荚习性。株高90.0cm，有分枝。叶圆形，白花，灰毛，荚褐色。籽粒圆形，种皮黄色，有光泽，脐黄色。百粒重22.0g。

特性 北方春大豆，黑龙江省春播生育期120d。中抗灰斑病。高油品种。

产量品质 2015—2016年区域试验，平均产量2 730.2kg/hm²，较对照品种绥农26增产11.7%。2017—2018年生产试验，平均产量2 963.8kg/hm²，较对照品种绥农26增产8.7%。蛋白质含量37.25%，脂肪含量22.33%。

栽培要点 选择中上等肥力地块种植，5月上旬播种。采用垄三栽培方式，保苗22万～24万株/hm²。施磷酸二铵150kg/hm²，钾肥40kg/hm²。田间采用除草剂除草，生育期及时中耕管理，防治病虫害，成熟后及时收获。

适宜地区 黑龙江省≥10℃活动积温2 600℃区域。

228. 黑农98 （Heinong 98）

品种来源 黑龙江省农业科学院大豆研究所以黑农48为母本，（黑农48×五星4号）BC_1F_1为父本，经有性杂交，系谱法选择育成。原品系号黑农98。2020年经黑龙江省农作物品种审定委员会审定，审定编号为黑审豆20200021。全国大豆品种资源统一编号ZDD33202。

特征 亚有限结荚习性。株高90.0cm，有分枝。披针叶，紫花，灰毛，荚褐色。籽粒圆形，种皮黄色，有光泽，脐黄色。百粒重23.0g。

特性 北方春大豆，黑龙江省春播生育期118d。中抗灰斑病。高蛋白品种。

产量品质 2018—2019年区域试验，平均产量2 791.5kg/hm²，较对照品种合丰50增产5.1%。2019年生产试验，平均产量2 650.1kg/hm²，较对照品种合丰50增产6.0%。蛋白质含量46.43%，脂肪含量18.48%。

栽培要点 选择中上等肥力地块种植，5月上旬播种。采用垄三栽培方式，保苗22万~24万株/hm²。施磷酸二铵150kg/hm²，钾肥40kg/hm²。田间采用除草剂除草，生育期及时中耕管理，防治病虫害，成熟后及时收获。

适宜地区 黑龙江省第二积温带东部区，≥10℃活动积温2500℃区域。

229. 黑农201（Heinong 201）

品种来源 黑龙江省农业科学院大豆研究所、哈尔滨丰鸿农业有限公司以黑1544为母本，黑913为父本，经有性杂交，系谱法选择育成。原品系号黑农201。2020年经黑龙江省农作物品种审定委员会审定，审定编号为黑审豆2020L0012。全国大豆品种资源统一编号ZDD33203。

特征 亚有限结荚习性。株高78.8cm，有分枝。披针叶，紫花，灰毛，荚褐色。籽粒圆形，种皮黄色，有光泽，脐黄色。百粒重21.0g。

特性 北方春大豆，黑龙江省春播生育期113d。中抗灰斑病。

产量品质 2017—2018年区域试验，平均产量3005.0kg/hm²，较对照品种黑河43增产8.2%。2018年生产试验，平均产量2559.0kg/hm²，较对照品种黑河43增产7.6%。蛋白质含量38.30%，脂肪含量21.20%。

栽培要点 选择中上等肥力地块种植，5月中旬播种。采用垄三栽培方式，保苗33万~36万株/hm²。施基肥磷酸二铵100kg/hm²，尿素25kg/hm²，钾肥30kg/hm²；施种肥磷酸二铵110kg/hm²，尿素10kg/hm²，钾肥45kg/hm²。田间采用除草剂除草，生育期间及时中耕管理，防治病虫害，成熟后及时收获。

适宜地区 黑龙江省第四积温带，≥10℃活动积温2250℃区域。

黑农98

黑农201

230. 黑农511 （Heinong 511）

黑农511

品种来源　黑龙江省农业科学院大豆研究所以黑农48为母本，黑农65为父本，经有性杂交，系谱法选择育成。原品系号黑农511。2020年经黑龙江省农作物品种审定委员会审定，审定编号为黑审豆20200026。全国大豆品种资源统一编号ZDD33204。

特征　亚有限结荚习性。株高100.0cm，无分枝。披针叶，紫花，灰毛，荚褐色。籽粒圆形，种皮黄色，有光泽，脐黄色。百粒重22.0g。

特性　北方春大豆，黑龙江省春播生育期120d。中抗灰斑病。高蛋白品种。

产量品质　2018—2019年区域试验，平均产量2 858.4kg/hm²，较对照品种绥农26增产7.1%。2019年生产试验，平均产量2 870.9kg/hm²，较对照品种绥农26增产9.4%。蛋白质含量47.31%，脂肪含量17.35%。

栽培要点　选择中等肥力地块种植，5月上旬播种。采用垄三栽培方式，保苗22万～25万株/hm²。施磷酸二铵150kg/hm²，尿素45kg/hm²，钾肥80kg/hm²。田间采用除草剂除草，生育期及时中耕管理，防治病虫害，成熟后及时收获。

适宜地区　黑龙江省第二积温带中部区，≥10℃活动积温2 550℃区域。

231. 中龙102 （Zhonglong 102）

品种来源　黑龙江省农业科学院大豆研究所、中国农业科学院作物科学研究所以黑农64为母本，[黑农48×（黑农51×科新3号）] F₁为父本，经有性杂交，系谱法选择育成。原品系号中龙102。2020年经黑龙江省农作物品种审定委员会审定，审定编号为黑审豆20200001。全国大豆品种资源统一编号ZDD33207。

特征　无限结荚习性。株高100.0cm，有分枝。披针叶，白花，灰毛，荚褐色。籽粒圆形，种皮黄色，有光泽，脐黄色。百粒重22.0g。

特性　北方春大豆，黑龙江省春播生育期125d。中抗灰斑病。

产量品质　2017—2018年区域试验，平均产量3 163.0kg/hm²，较对照品种黑农63增产8.3%。2019年生产试验，平均产量3 090.1kg/hm²，较对照品种黑农63增产8.7%。蛋白质含量40.85%，脂肪含量20.86%。

栽培要点　选择中上等肥力地块种植，5月上旬播种。采用垄三栽培方式，保苗22万~ 24万株/hm²。施磷酸二铵150kg/hm²，钾肥40kg/hm²。田间采用除草剂除草，生育期及时中耕管理，防治病虫害，成熟后及时收获。

适宜地区　黑龙江省第一积温带，≥10℃活动积温2 700℃南部区域。

232. 中龙606 (Zhonglong 606)

品种来源　黑龙江省农业科学院大豆研究所、中国农业科学院作物科学研究所、黑龙江省龙科种业集团有限公司以黑农44为母本，（黑农44×绥农14突变体）F_1为父本，经回交转育，系谱法选育而成。原品系号中龙3224。2018年经黑龙江省农作物品种审定委员会审定，审定编号为黑审豆2018011。全国大豆品种资源统一编号ZDD33208。

特征　亚有限结荚习性。株高90.0cm，有分枝。叶圆形，白花，灰毛，荚褐色。籽粒椭圆形，种皮黄色，有光泽，脐黄色。百粒重22.0g。

特性　北方春大豆，黑龙江省春播生育期120d。中抗灰斑病。高油品种。

产量品质　2015—2016年区域试验，平均产量2 877.9kg/hm²，较对照品种合丰55增产8.9%。2017年生产试验，平均产量2 851.7kg/hm²，较对照品种合丰55增产9.0%。蛋白质含量37.60%，脂肪含量22.70%。

栽培要点　选择中上等肥力地块种植，5月上旬播种。采用垄三栽培方式，保苗22万~ 24万株/hm²。施磷酸二铵150kg/hm²，钾肥40kg/hm²。田间采用除草剂除草，生育期及时中耕管理，防治病虫害，成熟后及时收获。

适宜地区　黑龙江省≥10℃活动积温2 600℃区域。

中龙102

中龙606

233. 中龙608（Zhonglong 608）

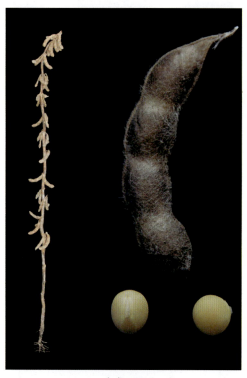

中龙608

品种来源 黑龙江省农业科学院大豆研究所、中国农业科学院作物科学研究所以（黑农48×晋豆23）F₁经120Gy⁶⁰Co-γ射线处理，系谱法选育而成。原品系号龙中301。2019年经黑龙江省农作物品种审定委员会审定，审定编号为黑审豆20190006。全国大豆品种资源统一编号ZDD33209。

特征 亚有限结荚习性。株高90.0cm，无分枝。披针叶，紫花，灰毛，荚深褐色。籽粒圆形，种皮黄色，有光泽，脐黄色。百粒重23.0g。

特性 北方春大豆，黑龙江省春播生育期120d。中抗灰斑病。高蛋白品种。

产量品质 2016—2017年区域试验，平均产量2 843.2kg/hm²，较对照品种合丰55增产9.0%。2018年生产试验，平均产量2 794.1kg/hm²，较对照品种合丰55增产8.4%。蛋白质含量44.26%，脂肪含量19.59%。

栽培要点 选择中上等肥力地块种植，5月上旬播种。采用垄三栽培方式，保苗22万～24万株/hm²。施磷酸二铵150kg/hm²，钾肥40kg/hm²。生育期及时铲蹚，防治病虫害，拔大草1～2次或采用除草剂除草，成熟后及时收获。植株生长较繁茂，不宜密植。

适宜地区 黑龙江省≥10℃活动积温2 600℃区域。

234. 黑龙芽豆1号（Heilongyadou 1）

品种来源 黑龙江省农业科学院大豆研究所、黑龙江省龙科种业集团有限公司以黑农68为母本，长农12为父本，经有性杂交，系谱法选育而成。原品系号黑龙芽1号。2019年经黑龙江省农作物品种审定委员会审定，审定编号为黑审豆20190039。全国大豆品种资源统一编号ZDD33205。

特征 亚有限结荚习性。株高90.0cm，无分枝。披针叶，白花，灰毛，荚深褐色。籽粒圆形，种皮黄色，有光泽，脐黄色。百粒重18.0g。

特性 北方春大豆，黑龙江省春播生育期118d。中抗灰斑病，芽豆品种。

产量品质 2016—2017年区域试验，平均产量3 106.3kg/hm²，较对照品种绥小粒豆

2号增产10.1%。2018年生产试验，平均产量3 251.4kg/hm²，较对照品种绥小粒豆2号增产11.6%。蛋白质含量41.09%，脂肪含量19.62%。

栽培要点 选择中等以上肥力地块种植，5月上旬播种。采用垄三栽培方式，保苗22万～24万株/hm²。施基肥磷酸二铵150kg/hm²，尿素25kg/hm²，钾肥50kg/hm²。生育期及时铲蹚，防治病虫害，拔大草1～2次或采用除草剂除草，成熟后及时收获。

适宜地区 黑龙江省≥10℃活动积温2 500℃区域。

235. 黑农芽豆2号
(Heinongyadou 2)

品种来源 黑龙江省农业科学院大豆研究所以黑农84为母本，黑农64为父本，经有性杂交，系谱法选育而成。原品系号黑农芽2号。2019年经黑龙江省农作物品种审定委员会审定，审定编号为黑审豆20190064。全国大豆品种资源统一编号ZDD33206。

特征 亚有限结荚习性。株高90.0cm，有分枝。披针叶，白花，灰毛，荚深褐色。籽粒圆形，种皮黄色，有光泽，脐黄色。百粒重18.0g。

特性 北方春大豆，黑龙江省春播生育期118d。中抗灰斑病。小粒品种。

产量品质 2017—2018年区域试验，平均产量3 055.0kg/hm²，较对照品种绥小粒豆2号增产11.4%。蛋白质含量43.36%，脂肪含量18.59%。

栽培要点 选择中等以上肥力地块种植，5月上旬播种。采用垄三栽培方式，保苗22万～24万株/hm²。施基肥磷酸二铵150kg/hm²，钾肥40kg/hm²。生育期及时铲蹚，防治病虫害，拔大草2次或采用除草剂除草，成熟后及

黑龙芽豆1号

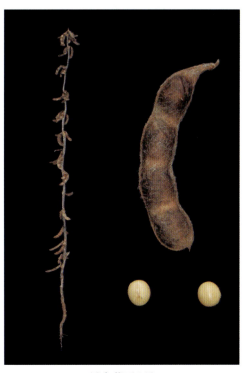

黑农芽豆2号

时收获。

适宜地区 黑龙江省≥10℃活动积温2 500℃区域。

236. 龙黄3号 （Longhuang 3）

龙黄3号

品种来源 黑龙江省农业科学院大豆研究所、黑龙江省宏鑫农业科技有限责任公司、黑龙江省莜锦科技有限责任公司以黑农37为母本，96101黑大豆为父本，经有性杂交，系谱法选育而成。原品系号Le106。2015年经黑龙江省农作物品种审定委员会审定，审定编号为黑审豆2015022。全国大豆品种资源统一编号ZDD33276。

特征 亚有限结荚习性。株高99.0cm，有分枝。叶圆形，白花，灰毛，荚褐色。籽粒圆形，种皮绿色，有光泽，脐无色。百粒重22.0g。

特性 北方春大豆，黑龙江省春播生育期119d。中抗灰斑病。豆浆品种。

产量品质 2011—2012年区域试验，平均产量3 204.9kg/hm²，较对照品种黑农53、绥农28平均增产11.1%。2013年生产试验，平均产量2 477.1kg/hm²，较对照品种黑农53、绥农28平均增产12.6%。蛋白质含量41.38%，脂肪含量19.40%。

栽培要点 选择中等肥力地块种植，5月上旬播种。采用垄三栽培方式，保苗23万~28万株/hm²。施基肥磷酸二铵225kg/hm²，尿素20kg/hm²，钾肥30kg/hm²；施种肥磷酸二铵115kg/hm²，尿素2kg/hm²，钾肥20kg/hm²。生育期及时铲蹚，防治病虫害，拔大草2次或采用除草剂除草，及时收获。

适宜地区 黑龙江省第一积温带和第二积温带。

237. 中龙豆1号 （Zhonglongdou 1）

品种来源 黑龙江省农业科学院耕作栽培研究所、南京农业大学以黑农44为母本，(合丰50×黑农51)F₁为父本，经有性杂交，系谱法选育而成。原品系号龙哈10-4139。2018年经黑龙江省农作物品种审定委员会审定，审定编号为黑审豆2018001。全国大豆品种资源统一编号ZDD31319。

特征　亚有限结荚习性。株高100.0cm，无分枝。叶圆形，白花，灰毛，荚褐色。籽粒圆形，种皮黄色，有光泽，脐黄色。百粒重22.0g。

特性　北方春大豆，黑龙江省春播生育期125d。中抗灰斑病。高油品种。

产量品质　2015—2016年区域试验，平均产量3 086.9kg/hm²，较对照品种黑农61增产8.3%。2017年生产试验，平均产量3 184.7kg/hm²，较对照品种黑农61增产11.7%。蛋白质含量38.38%，脂肪含量22.20%。

栽培要点　选择中上等肥力地块种植，5月上旬播种。采用垄三栽培方式，保苗20万～25万株/hm²。施磷酸二铵150kg/hm²，钾肥40kg/hm²。生育期及时铲蹚，防治病虫害，拔大草1次或采用除草剂除草，及时收获。

适宜地区　黑龙江省≥10℃活动积温2 700℃以上南部区域。

中龙豆1号

238. 中龙豆105
（Zhonglongdou 105）

品种来源　黑龙江省农业科学院耕作栽培研究所、黑龙江省农业科学院大豆研究所以黑农68为母本，合辐93154-4为父本，经有性杂交，系谱法选择育成。原品系号中龙豆105。2020年经黑龙江省农作物品种审定委员会审定，审定编号为黑审豆20200009。全国大豆品种资源统一编号ZDD33215。

特征　亚有限结荚习性。株高85.0cm，无分枝。披针叶，紫花，灰毛，荚褐色。籽粒圆形，种皮黄色，有光泽，脐黄色。百粒重20.0g。

特性　北方春大豆，黑龙江省春播生育期120d。中抗灰斑病。

产量品质　2017—2018年区域试验，平均产量2 984.2kg/hm²，较对照品种合丰55增产

中龙豆105

9.3%。2019年生产试验，平均产量2 876.0kg/hm²，较对照品种合丰55增产10.2%。蛋白质含量39.07%，脂肪含量20.78%。

栽培要点　选择中上等肥力地块种植，5月上旬播种。采用垄三栽培方式，保苗20万～25万株/hm²。施磷酸二铵150kg/hm²，尿素25kg/hm²，钾肥75kg/hm²。田间采用除草剂除草，生育期及时中耕管理，防治病虫害，成熟后及时收获。

适宜地区　黑龙江省第二积温带南部区，≥10℃活动积温2 550℃区域。

239. 中龙豆106（Zhonglongdou 106）

中龙豆106

品种来源　黑龙江省农业科学院耕作栽培研究所、黑龙江省农业科学院大豆研究所以（黑农48×五星4号）为母本，与黑农48两次轮回杂交，系谱法选择育成。原品系号中龙豆106。2020年经黑龙江省农作物品种审定委员会审定，审定编号为黑审豆20200025。全国大豆品种资源统一编号ZDD33216。

特征　亚有限结荚习性。株高90.0cm，无分枝。披针叶，紫花，灰毛，荚褐色。籽粒椭圆形，种皮黄色，无光泽，脐黄色。百粒重23.0g。

特性　北方春大豆，黑龙江省春播生育期120d。中抗灰斑病。高蛋白品种。

产量品质　2018—2019年区域试验，平均产量2 885.4kg/hm²，较对照品种绥农26增产8.3%。2019年生产试验平均产量2 840.1kg/hm²，较对照品种绥农26增产8.5%。蛋白质含量44.98%，脂肪含量19.81%。

栽培要点　选择中上等肥力地块种植，5月上旬播种。采用垄三栽培方式，保苗20万～25万株/hm²。施磷酸二铵150kg/hm²，尿素25kg/hm²，钾肥75kg/hm²。田间采用除草剂除草，生育期及时中耕管理，防治病虫害，成熟后及时收获。

适宜地区　黑龙江省第二积温带中部区，≥10℃活动积温2 550℃区域。

240. 中龙小粒豆1号（Zhonglongxiaolidou 1）

品种来源　黑龙江省农业科学院耕作栽培研究所以龙品8601为母本，ZYY39为父本，经有性杂交，系谱法选育而成。原品系号龙哈0821。2016年经黑龙江省农作物品种审定委员会审定，审定编号为黑审豆2016018。全国大豆品种资源统一编号ZDD33212。

特征　亚有限结荚习性。株高70.0cm，无分枝。叶圆形，白花，灰毛，荚褐色。籽粒圆形，种皮黄色，有光泽，脐黄色。百粒重11.0g。

特性　北方春大豆，黑龙江省春播生育期114d。中抗灰斑病。小粒豆、高蛋白品种。

产量品质　2013—2014年区域试验，平均产量2 303.1kg/hm^2，较对照品种龙小粒豆1号增产11.4%。2015年生产试验，平均产量2 471.4kg/hm^2，较对照品种龙小粒豆1号增产9.1%。蛋白质含量44.77%，脂肪含量17.37%。

栽培要点　选择中上等肥力地块种植，5月上旬播种。采用垄三栽培方式，保苗30万～35万株/hm^2。秋施肥，施磷酸二铵150kg/hm^2，尿素30～40kg/hm^2，钾肥50～60kg/hm^2。三铲三蹚或化学除草，生育后期拔大草1次。成熟后于9月下旬至10月初人工或机械收获。大豆生育期和鼓粒期注意防治大豆蚜虫和食心虫。

适宜地区　黑龙江省第二积温带。

中龙小粒豆1号

241. 中龙小粒豆2号
（Zhonglongxiaolidou 2）

品种来源　黑龙江省农业科学院耕作栽培研究所以绥小粒豆2号为母本，龙品03-123为父本，经有性杂交，系谱法选育而成。原品系号中龙小粒豆2号。2019年经黑龙江省农作物品种审定委员会审定，审定编号为黑审豆20190059。全国大豆品种资源统一编号ZDD33213。

特征　亚有限结荚习性。株高85.0cm，无分枝。披针叶，紫花，灰毛，荚褐色。籽粒圆形，种皮黄色，有光泽，脐黄色。百粒重11.0g。

特性　北方春大豆，黑龙江省春播生育期

中龙小粒豆2号

110d。中抗灰斑病，小粒品种。

产量品质　2017—2018年区域试验，平均产量3 026.3kg/hm²，较对照品种龙小粒豆1号增产9.7%。蛋白质含量46.96%，脂肪含量16.02%。

栽培要点　选择中上等肥力地块种植，5月上旬播种。采用垄三栽培方式，保苗22万～27万株/hm²。施基肥磷酸二铵150kg/hm²，钾肥50～60kg/hm²。生育期及时铲蹚，防治病虫害，拔大草1～2次或采用除草剂除草，成熟后及时收获。

适宜地区　黑龙江省≥10℃活动积温2 250℃区域。

242. 中龙小粒豆3号 （Zhonglongxiaolidou 3）

中龙小粒豆3号

品种来源　黑龙江省农业科学院耕作栽培研究所以中龙小粒豆1号为母本，龙品8807为父本，经有性杂交，系谱法选择育成。原品系号中龙小粒豆3号。2020年经黑龙江省农作物品种审定委员会审定，审定编号为黑审豆20200067。全国大豆品种资源统一编号ZDD33214。

特征　亚有限结荚习性。株高113.0cm，有分枝。披针叶，白花，灰毛，荚褐色。籽粒椭圆形，种皮黄色，有光泽，脐黄色。百粒重8.1g。

特性　北方春大豆，黑龙江省春播生育期120d。中抗灰斑病，小粒品种。

产量品质　2018—2019年区域试验，平均产量2 673.5kg/hm²，较对照品种龙小粒豆1号增产8.2%。蛋白质含量42.39%，脂肪含量18.38%。

栽培要点　选择中上等肥力地块种植，5月上旬播种。采用垄三栽培方式，保苗20万～25万株/hm²。施磷酸二铵150kg/hm²。田间采用除草剂除草，生育期及时中耕管理，防治病虫害，成熟后及时收获。

适宜地区　黑龙江省第二积温带南部区，≥10℃活动积温2 550℃以上区域。

243. 中龙青大豆1号 （Zhonglongqingdadou 1）

品种来源　黑龙江省农业科学院耕作栽培研究所以龙青大豆1号为母本，龙品9501为父本，经有性杂交，系谱法选择育成。原品系号中龙青大豆1号。2020年经黑龙江省农作物品种审定委员会审定，审定编号为黑审豆20200068。全国大豆品种资源统一编号

ZDD33277。

特征 亚有限结荚习性。株高80.0cm，有分枝。披针叶，紫花，棕毛，荚深褐色。籽粒椭圆形，种皮绿色，无光泽，脐无色。百粒重18.5g。

特性 北方春大豆，黑龙江省春播生育期120d。中抗灰斑病，绿色种皮品种。

产量品质 2018—2019年区域试验，平均产量2 280.7kg/hm²，较对照品种龙青大豆1号增产7.3%。蛋白质含量40.98%，脂肪含量19.62%。

栽培要点 选择中上等肥力地块种植，5月上旬播种。采用垄三栽培方式，保苗20万～25万株/hm²。施磷酸二铵150kg/hm²，尿素25kg/hm²，钾肥75kg/hm²。田间采用除草剂除草，生育期间及时中耕管理，防治病虫害，成熟后及时收获。

适宜地区 黑龙江省第二积温带中部，≥10℃活动积温2 550℃以上区域。

中龙青大豆1号

244. 中龙黑大豆1号
（Zhonglongheidadou 1）

品种来源 黑龙江省农业科学院耕作栽培研究所以黑02-78为母本，哈05-478为父本，经有性杂交，系谱法选育而成。原品系号中龙黑大豆1号。2019年经黑龙江省农作物品种审定委员会审定，审定编号为黑审豆20190042。全国大豆品种资源统一编号ZDD33279。

特征 亚有限结荚习性。株高70.0cm，有分枝。叶圆形，紫花，棕毛，荚黑色。籽粒圆形，种皮黑色，有光泽，脐黑色。百粒重20.0g。

特性 北方春大豆，黑龙江省春播生育期118d。中抗灰斑病，黑色品种。

产量品质 2016—2017年区域试验，平均产量2 748.7kg/hm²，较对照品种龙黑大豆1号增产8.9%。2018年生产试验，平均产量3 168.8kg/hm²，较对照品种龙黑大豆1号增产12.4%。蛋白质含量43.20%，脂肪含量19.55%。

中龙黑大豆1号

栽培要点　选择中等肥力地块种植，5月上旬播种。采用垄三栽培方式，保苗22万～27万株/hm²。施基肥磷酸二铵150kg/hm²，钾肥50～60kg/hm²。生育期间及时铲蹚，防治病虫害，拔大草1次或采用除草剂除草，及时收获。

适宜地区　黑龙江省≥10℃活动积温2 500℃区域。

245. 中龙黑大豆2号（Zhonglongheidadou 2）

中龙黑大豆2号

品种来源　黑龙江省农业科学院耕作栽培研究所以黑02-78为母本，龙品03-311为父本，经有性杂交，系谱法选育而成。原品系号中龙黑大豆2号。2019年经黑龙江省农作物品种审定委员会审定，审定编号为黑审豆20190060。全国大豆品种资源统一编号ZDD33280。

特征　亚有限结荚习性。株高80.0cm，有分枝。叶圆形，紫花，灰毛，荚黑色。籽粒圆形，种皮黑色，有光泽，脐黑色。百粒重18.0g。

特性　北方春大豆，黑龙江省春播生育期115d。中抗灰斑病，黑色种皮品种。

产量品质　2017—2018年区域试验，平均产量3 031.4kg/hm²，较对照品种龙黑大豆1号增产10.9%。蛋白质含量43.02%，脂肪含量19.62%。

栽培要点　选择中等肥力地块种植，5月上旬播种。采用垄三栽培方式，保苗25万～30万株/hm²。施磷酸二铵150kg/hm²，尿素25kg/hm²，钾肥60kg/hm²。生育期及时铲蹚，防治病虫害，拔大草1次或采用除草剂除草，成熟后及时收获。

适宜地区　黑龙江省≥10℃活动积温2 450℃区域。

246. 龙豆6号（Longdou 6）

品种来源　黑龙江省农业科学院作物资源研究所以黑农48为母本，龙品09-487为父本，经有性杂交，系谱法选择育成。原品系号龙豆6号。2020年经黑龙江省农作物品种审定委员会审定，审定编号为黑审豆2020L0005。全国大豆品种资源统一编号ZDD33249。

特征　亚有限结荚习性。株高87.0cm，无分枝。披针叶，紫花，灰毛，荚褐色。籽粒圆形，种皮黄色，有光泽，脐黄色。百粒重19.7g。

特性　北方春大豆，黑龙江省春播生育期120d。中抗灰斑病。高蛋白品种。

产量品质 2017—2018年区域试验，平均产量2 840.1kg/hm²，较对照品种合丰55增产3.7%。2019年生产试验，平均产量2 776.1kg/hm²，较对照品种合丰55增产9.9%。蛋白质含量45.85%，脂肪含量18.31%。

栽培要点 选择中上等肥力地块种植，5月上旬播种。采用垄三栽培方式，保苗22万～24万株/hm²。种肥施磷酸二铵150kg/hm²，尿素30～40kg/hm²，钾肥50～60kg/hm²。田间采用除草剂除草，生育期及时中耕管理，防治病虫害，成熟后及时收获。

适宜地区 黑龙江省第二积温带南部区，≥10℃活动积温2 550℃区域。

龙豆6号

247. 龙豆7号 （Longdou 7）

品种来源 黑龙江省农业科学院作物资源研究所以黑农40为母本，合丰47为父本，经有性杂交，系谱法选择育成。原品系号龙豆7号。2020年经黑龙江省农作物品种审定委员会审定，审定编号为黑审豆20200010。全国大豆品种资源统一编号ZDD33250。

特征 无限结荚习性。株高97.0cm，有分枝。披针叶，紫花，灰毛，荚褐色。籽粒圆形，种皮黄色，有光泽，脐黄色。百粒重20.8g。

特性 北方春大豆，黑龙江省春播生育期120d。中抗灰斑病。

产量品质 2017—2018年区域试验，平均产量2 992.7kg/hm²，较对照品种合丰55增产10.2%。2019年生产试验，平均产量2 873.4kg/hm²，较对照品种合丰55增产10.6%。蛋白质含量40.70%，脂肪含量20.39%。

栽培要点 选择中上等肥力地块种植，5月上旬播种。采用垄三栽培方式，保苗22万～25万株/hm²。施种肥磷酸二铵150kg/hm²，尿素30～40kg/hm²，钾肥50～60kg/hm²。田间采用除草剂除草，生育期及时中耕管理，防治病虫

龙豆7号

害，成熟后及时收获。

　　适宜地区　黑龙江省第二积温带南部区，≥10℃活动积温2 550℃区域。

248. 东农63（Dongnong 63）

东农63

　　品种来源　东北农业大学、讷河市鑫丰种业有限责任公司以华疆2号为母本，合丰55为父本，经有性杂交，混合选择法选育而成，原品系号东交4211。2015年经黑龙江省农作物品种审定委员会审定，审定编号为黑审豆2015013。全国大豆品种资源统一编号ZDD33142。

　　特征　无限结荚习性。株高90.0cm，少分枝。披针叶，紫花，灰毛，荚褐色。籽粒圆形，种皮黄色，有光泽，脐黄色。百粒重17.9g。

　　特性　北方春大豆，黑龙江省春播生育期115d。中抗灰斑病。

　　产量品质　2012—2013年区域试验，平均产量2 339.0kg/hm²，较对照品种丰收25增产12.4%。2014年生产试验，平均产量2 802.1kg/hm²，较对照品种丰收25增产15.6%。蛋白质含量39.38%，脂肪含量20.85%。

　　栽培要点　适宜中上等肥力地块种植，5月上旬播种。采用垄三栽培方式，保苗28万株/hm²。施基肥磷酸二铵225kg/hm²，尿素30kg/hm²，钾肥45kg/hm²。生育期及时铲蹚，防治病虫害，拔大草2次或采用除草剂除草，及时收获。

　　适宜地区　黑龙江省第三积温带下限和第四积温带上限。

249. 东农64（Dongnong 64）

　　品种来源　东北农业大学大豆科学研究所以黑农35为母本，合丰35为父本，经有性杂交，混合选择法选育而成。原品系号东农6293。2016年经黑龙江省农作物品种审定委员会审定，审定编号为黑审豆2016007。全国大豆品种资源统一编号ZDD33143。

　　特征　亚有限结荚习性。株高87.0cm，少分枝。披针叶，白花，灰毛，荚褐色。籽粒圆形，种皮黄色，有光泽，脐黄色。百粒重19.7g。

　　特性　北方春大豆，黑龙江省春播生育期120d。中抗灰斑病。

产量品质　2012—2013年区域试验，平均产量2 764.4kg/hm²，较对照品种绥农28增产7.4%。2014年生产试验，平均产量2 940.8kg/hm²，较对照品种绥农28增产10.7%。蛋白质含量40.16%，脂肪含量21.62%。

栽培要点　适宜中上等肥力地块种植，5月上旬播种。采用垄三栽培方式，保苗20万～22万株/hm²。施基肥磷酸二铵225kg/hm²，尿素30kg/hm²，钾肥45kg/hm²；施种肥磷酸二铵60kg/hm²，尿素30kg/hm²，钾肥40kg/hm²；开花结荚期追施磷酸二氢钾12kg/hm²。生育期及时铲蹚，防治病虫害，拔大草2次或采用除草剂除草，及时收获。

适宜地区　黑龙江省第二积温带。

250. 东农65（Dongnong 65）

品种来源　东北农业大学大豆科学研究所以合00-23为母本，黑交01-778为父本，经有性杂交，混合选择法选育而成。原品系号东农6097。2015年经黑龙江省农作物品种审定委员会审定，审定编号为黑审豆2015010。全国大豆品种资源统一编号ZDD33144。

特征　无限结荚习性。株高93.0cm，少分枝。披针叶，紫花，灰毛，荚褐色。籽粒圆形，种皮黄色，有光泽，脐黄色。百粒重20.3g。

特性　北方春大豆，黑龙江省春播生育期117d。中抗灰斑病。

产量品质　2012—2013年区域试验，平均产量3 314.7kg/hm²，较对照品种绥农26增产8.6%。2014年生产试验，平均产量3 472.2kg/hm²，较对照品种绥农26增产9.0%。蛋白质含量40.87%，脂肪含量20.52%。

栽培要点　适宜中上等肥力地块种植，5月上旬播种。采用垄三栽培方式，保苗28万株/hm²。施基肥磷酸二铵225kg/hm²，尿素30kg/

东农64

东农65

hm², 钾肥45kg/hm²。生育期及时铲蹚，防治病虫害，拔大草2次或采用除草剂除草，及时收获。

适宜地区　黑龙江省第二积温带下限和第三积温带上限。

251. 东农66（Dongnong 66）

东农66

品种来源　东北农业大学大豆科学研究所以东农93-046为母本，合丰25为父本，经有性杂交，混合选择法选育而成。原品系号东农11-6040。2016年经黑龙江省农作物品种审定委员会审定，审定编号为黑审豆2016002。全国大豆品种资源统一编号ZDD33145。

特征　亚有限结荚习性。株高95.0cm，无分枝。披针叶，紫花，灰毛，荚褐色。籽粒圆形，种皮黄色，有光泽，脐黄色。百粒重20.4g。

特性　北方春大豆，黑龙江省春播生育期123d。中抗灰斑病。

产量品质　2013—2014年区域试验，平均产量3 318.8kg/hm²，较对照品种黑农53增产9.4%。2015年生产试验，平均产量3 491.3kg/hm²，较对照品种黑农61增产8.9%。蛋白质含量39.52%，脂肪含量20.45%。

栽培要点　适宜中上等肥力地块种植，5月上旬播种。采用垄三栽培方式，保苗20万～22万株/hm²。施基肥磷酸二铵225kg/hm²，尿素30kg/hm²，钾肥45kg/hm²；施种肥磷酸二铵60kg/hm²，尿素30kg/hm²，钾肥40kg/hm²；开花结荚期追施磷酸二氢钾12kg/hm²。生育期及时铲蹚，防治病虫害，拔大草2次或采用除草剂除草，及时收获。

适宜地区　黑龙江省第一积温带。

252. 东农67（Dongnong 67）

品种来源　东北农业大学大豆科学研究所以哈90-6721为母本，哈93-4399为父本，经有性杂交，混合选择法选育而成。原品系号东海09-6055。2016年经黑龙江省农作物品种审定委员会审定，审定编号为黑审豆2016001。全国大豆品种资源统一编号ZDD33146。

特征　无限结荚习性。株高110.0cm，有分枝。披针叶，紫花，灰毛，荚褐色。籽粒圆形，种皮黄色，有光泽，脐黄色。百粒重20.9g。

特性 北方春大豆，黑龙江省春播生育期125d。中抗灰斑病。

产量品质 2013—2014年区域试验，平均产量3 329.8kg/hm²，较对照品种黑农53增产9.1%。2015年生产试验，平均产量3 493.2kg/hm²，较对照品种黑农61增产8.9%。蛋白质含量40.14%，脂肪含量19.76%。

栽培要点 适宜中上等肥力地块种植，5月上旬播种。采用垄三栽培方式，保苗20万~22万株/hm²。施基肥磷酸二铵225kg/hm²，尿素30kg/hm²，钾肥45kg/hm²；施种肥磷酸二铵60kg/hm²，尿素30kg/hm²，钾肥40kg/hm²；开花结荚期追施磷酸二氢钾12kg/hm²。生育期及时铲蹚，防治病虫害，拔大草2次或采用除草剂除草，及时收获。

适宜地区 黑龙江省第一积温带。

东农67

253. 东农68（Dongnong 68）

品种来源 东北农业大学大豆科学研究所以合丰50为母本，九三03-42为父本，经有性杂交，混合选择法选育而成。原品系号东农13-6590。2019年经黑龙江省农作物品种审定委员会审定，审定编号为黑审豆20190013。全国大豆品种资源统一编号ZDD33147。

特征 亚有限结荚习性。株高99.0cm，无分枝。披针叶，紫花，灰毛，荚褐色。籽粒圆形，种皮黄色，有光泽，脐黄色。百粒重20.5g。

特性 北方春大豆，黑龙江省春播生育期120d。中抗灰斑病。高油品种。

产量品质 2015—2016年区域试验，平均产量2 522.7kg/hm²，较对照品种绥农26增产4.0%。2017—2018年生产试验，平均产量2 929.7kg/hm²，较对照品种绥农26增产8.7%。

东农68

蛋白质含量37.49%，脂肪含量22.37%。

栽培要点 适宜中上等肥力地块种植，5月上旬播种。采用垄三栽培方式，保苗25万～28万株/hm²。施基肥磷酸二铵150kg/hm²，尿素30kg/hm²，钾肥45kg/hm²；施种肥磷酸二铵30kg/hm²，尿素15kg/hm²，钾肥20kg/hm²；开花结荚期追施磷酸二氢钾8kg/hm²；生育期及时铲蹚，防治病虫害，拔大草2次或采用除草剂除草，成熟后及时收获。

适宜地区 黑龙江省≥10℃活动积温2 600℃区域。

254. 东农69（Dongnong 69）

东农69

品种来源 东北农业大学大豆科学研究所以合丰50为母本，北交922为父本，经有性杂交，混合选择法选育而成。原品系号东海12-6334。2017年经黑龙江省农作物品种审定委员会审定，审定编号为黑审豆2017016。全国大豆品种资源统一编号ZDD33148。

特征 亚有限结荚习性。株高96.0cm，无分枝。披针叶，紫花，灰毛，荚褐色。籽粒圆形，种皮黄色，有光泽，脐黄色。百粒重19.8g。

特性 北方春大豆，黑龙江省春播生育期120d。中抗灰斑病。高油品种。

产量品质 2014—2015年区域试验，平均产量3 155.1kg/hm²，较对照品种绥农26增产6.9%。2016年生产试验，平均产量2 431.9kg/hm²，较对照品种绥农26增产9.8%。蛋白质含量37.35%，脂肪含量22.59%。

栽培要点 适宜中上等肥力地块种植，5月上旬播种。采用垄三栽培方式，保苗22万～25万株/hm²。施基肥磷酸二铵225kg/hm²，尿素30kg/hm²，钾肥45kg/hm²；施种肥磷酸二铵60kg/hm²，尿素30kg/hm²，钾肥40kg/hm²；开花结荚期追施磷酸二氢钾12kg/hm²。生育期及时铲蹚，防治病虫害，拔大草2次或采用除草剂除草，及时收获。

适宜地区 黑龙江省第二积温带下限。

255. 东农70（Dongnong 70）

品种来源 东北农业大学大豆科学研究所以垦05-4387为母本，东农90636为父本，经有性杂交，混合选择法选育而成。原品系号东海13-6004。2018年经黑龙江省农作物品种审定委员会审定，审定编号为黑审豆2018005。全国大豆品种资源统一编号ZDD33149。

特征 亚有限结荚习性。株高90.0cm，无分枝。披针叶，白花，灰毛，荚褐色。籽粒圆形，种皮黄色，有光泽，脐黄色。百粒重20.5g。

特性 北方春大豆，黑龙江省春播生育期125d。中抗灰斑病。

产量品质 2015—2016年区域试验，平均产量3 113.7kg/hm²，较对照品种黑农61增产9.5%。2017年生产试验，平均产量3 120.8kg/hm²，较对照品种黑农61增产9.8%。蛋白质含量40.05%，脂肪含量20.83%。

栽培要点 适宜中上等肥力地块种植，5月上旬播种。采用垄三栽培方式，保苗20万～25万株/hm²。施基肥磷酸二铵150kg/hm²，尿素30kg/hm²，钾肥45kg/hm²；施种肥磷酸二铵30kg/hm²，尿素15kg/hm²，钾肥20kg/hm²；开花结荚期追施磷酸二氢钾8kg/hm²。生育期及时铲蹚，防治病虫害，拔大草1～2次或采用除草剂除草，及时收获。

适宜地区 黑龙江省≥10℃活动积温2 700℃以上南部区域。

东农70

256. 东农71 （Dongnong 71）

品种来源 东北农业大学大豆科学研究所以哈05-5675为母本，绥03-3046为父本，经有性杂交，混合选择法选育而成。原品系号东交13-6271。2018年经黑龙江省农作物品种审定委员会审定，审定编号为黑审豆2018014。全国大豆品种资源统一编号ZDD33450。

特征 无限结荚习性。株高100.0cm，无分枝。披针叶，白花，灰毛，荚褐色。籽粒圆形，种皮黄色，有光泽，脐黄色。百粒重20.2g。

东农71

　　特性　北方春大豆，黑龙江省春播生育期120d。中抗灰斑病。高油品种。

　　产量品质　2015—2016年区域试验，平均产量2 655.8kg/hm²，较对照品种绥农26增产10.1%。2017年生产试验，平均产量2 924.6kg/hm²，较对照品种绥农26增产10.1%。蛋白质含量38.68%，脂肪含量21.43%。

　　栽培要点　适宜中上等肥力地块种植，5月上旬播种。采用垄三栽培方式，保苗25万～28万株/hm²。施基肥磷酸二铵150kg/hm²，尿素30kg/hm²，钾肥45kg/hm²；施种肥磷酸二铵30kg/hm²，尿素15kg/hm²，钾肥20kg/hm²；开花结荚期追施磷酸二氢钾8kg/hm²。生育期及时铲蹚，防治病虫害，拔大草1～2次或采用除草剂除草，及时收获。

　　适宜地区　黑龙江省≥10℃活动积温2 600℃区域。

257. 东农72（Dongnong 72）

东农72

　　品种来源　东北农业大学大豆科学研究所以东农8784为母本，合02-553为父本，经有性杂交，混合选择法选育而成。原品系号东农13-6622。2018年经黑龙江省农作物品种审定委员会审定，审定编号为黑审豆2018022。全国大豆品种资源统一编号ZDD33151。

　　特征　无限结荚习性。株高87.0cm，有分枝。披针叶，紫花，灰毛，荚褐色。籽粒圆形，种皮黄色，有光泽，脐黄色。百粒重19.7g。

　　特性　北方春大豆，黑龙江省春播生育期115d。中抗灰斑病。

　　产量品质　2015—2016年区域试验，平均产量3 085.9kg/hm²，较对照品种合丰51增产8.6%。2017年生产试验，平均产量3 032.7kg/hm²，较对照品种合丰51增产9.9%。蛋白质含量41.05%，脂肪含量20.24%。

　　栽培要点　适宜中上等肥力地块种植，5月上旬播种。采用垄三栽培方式，保苗30万株/hm²。施基肥磷酸二铵150kg/hm²，尿素30kg/hm²，钾肥45kg/hm²；施种肥磷酸二铵30kg/hm²，尿素15kg/hm²，钾肥20kg/hm²；开花结荚期追施磷酸二氢钾8kg/hm²。生育期及时铲蹚，防治病虫害，拔大草1～2次或采用除草剂除草，及时收获。

　　适宜地区　黑龙江省≥10℃活动积温2 450℃区域。

258. 东农76 （Dongnong 76）

品种来源 东北农业大学以垦丰16为母本，垦丰18为父本，经有性杂交，系谱法选择育成。原品系号东农76。2020年经黑龙江省农作物品种审定委员会审定，审定编号为黑审豆20200003。全国大豆品种资源统一编号ZDD33152。

特征 亚有限结荚习性。株高89.0cm，无分枝。披针叶，紫花，灰毛，荚褐色。籽粒圆形，种皮黄色，有光泽，脐黄色。百粒重20.0g。

特性 北方春大豆，黑龙江省春播生育期125d。中抗灰斑病。

产量品质 2017—2018年区域试验，平均产量3 210.6kg/hm²，较对照品种黑农63增产9.6%。2019年生产试验，平均产量2 970.9kg/hm²，较对照品种黑农63增产8.5%。蛋白质含量41.46%，脂肪含量19.72%。

栽培要点 适宜中上等肥力地块种植，5月上旬播种。采用垄三栽培方式，保苗20万～22万株/hm²。施基肥磷酸二铵150kg/hm²，尿素30kg/hm²，钾肥45kg/hm²；施种肥磷酸二铵30kg/hm²，尿素15kg/hm²，钾肥20kg/hm²；开花结荚期叶面喷施磷酸二氢钾8kg/hm²。田间采用除草剂除草，生育期及时中耕管理，防治病虫害，成熟后及时收获。

适宜地区 黑龙江省第一积温带，≥10℃活动积温2 700℃南部区域。

东农76

259. 东农82 （Dongnong 82）

品种来源 东北农业大学大豆科学研究所以东农90401为母本，东农42为父本，经有性杂交，混合选择法选育而成。原品系号东农82。2019年经黑龙江省农作物品种审定委员会

东农82

审定，审定编号为黑审豆20190020。全国大豆品种资源统一编号ZDD33153。

特征　亚有限结荚习性。株高95.0cm，无分枝。披针叶，紫花，灰毛，荚褐色。籽粒圆形，种皮黄色，有光泽，脐黄色。百粒重19.6g。

特性　北方春大豆，黑龙江省春播生育期115d。中抗灰斑病。

产量品质　2016—2017年区域试验，平均产量2 630.5kg/hm²，较对照品种北豆40增产9.2%。2018年生产试验，平均产量2 869.1kg/hm²，较对照品种北豆40增产7.8%。蛋白质含量41.50%，脂肪含量20.57%。

栽培要点　适宜中上等肥力地块种植，5月上旬播种。采用垄三栽培方式，保苗28万～30万株/hm²。施基肥磷酸二铵150kg/hm²，尿素30kg/hm²，钾肥45kg/hm²；施种肥磷酸二铵30kg/hm²，尿素15kg/hm²，钾肥20kg/hm²；开花结荚期追施磷酸二氢钾8kg/hm²。生育期及时铲蹚，防治病虫害，拔大草2次或采用除草剂除草，成熟后及时收获。

适宜地区　黑龙江省≥10℃活动积温2 450℃区域。

260. 东农豆110（Dongnongdou 110）

品种来源　东北农业大学以绥农33为母本，吉育89为父本，经有性杂交，系谱法选择育成。原品系号东农豆110。2020年经黑龙江省农作物品种审定委员会审定，审定编号为黑审豆20200030。全国大豆品种资源统一编号ZDD33154。

特征　亚有限结荚习性。株高83.0cm，无分枝。披针叶，紫花，灰毛，荚褐色。籽粒圆形，种皮黄色，有光泽，脐黄色。百粒重17.3g。

东农豆110

特性　北方春大豆，黑龙江省春播生育期115d。中抗灰斑病。高油品种。

产量品质　2017—2018年区域试验，平均产量2 699.3kg/hm²，较对照品种北豆40增产6.5%。2019年生产试验，平均产量2 642.1kg/hm²，较对照品种北豆40增产8.3%。蛋白质含量40.10%，脂肪含量22.34%。

栽培要点　适宜中上等肥力地块种植，5月上旬播种。采用垄三栽培方式，保苗28万～30万株/hm²。施基肥磷酸二铵150kg/hm²，尿素30kg/hm²，钾肥45kg/hm²；施种肥磷酸二铵30kg/hm²，尿素15kg/hm²，钾肥20kg/hm²；开花结荚期叶面喷施磷酸二氢钾8kg/hm²。田间采用除草剂除草，生育期间及时中耕管理，防治病虫害，成熟后及时收获。

适宜地区　黑龙江省第三积温带西部区，≥10℃活动积温2 350℃区域。

261. 东农豆245 （Dongnongdou 245）

品种来源 东北农业大学以东农410为母本，东农57为父本，经有性杂交，系谱法选育而成。原品系号东农豆245。2019年经黑龙江省农作物品种审定委员会审定，审定编号为黑审豆2019Z0006。全国大豆品种资源统一编号ZDD33155。

特征 亚有限结荚习性。株高100.0cm，有分枝。披针叶，紫花，灰毛，荚褐色。籽粒圆形，种皮黄色，有光泽，脐黄色。百粒重25.0g。鲜粒百粒重51.0g。

特性 北方春大豆，黑龙江省春播生育期115d。中抗灰斑病，鲜食大粒品种。

产量品质 2016—2017年区域试验，鲜荚平均产量11 857.1kg/hm^2，较对照品种华菜豆1号增产9.2%。2018年生产试验，鲜荚平均产量12 021.1kg/hm^2，较对照品种华菜豆1号增产11.7%。蛋白质含量42.15%，脂肪含量16.49%。鲜豆粒蛋白质含量13.14%，脂肪含量5.60%，可溶性糖含量1.90%，水分68.6%。

东农豆245

栽培要点 适宜中上等肥力地块种植，5月上旬播种。采用垄三栽培方式，保苗28万～30万株/hm^2。施基肥磷酸二铵150kg/hm^2，钾肥50kg/hm^2；施种肥尿素35kg/hm^2，追施氮肥15kg/hm^2。生育期间及时铲蹚，防治病虫害，拔大草1次或采用除草剂除草，及时收获。

适宜地区 黑龙江省≥10℃活动积温2 300℃区域。

262. 东农豆251 （Dongnongdou 251）

品种来源 东北农业大学大豆研究所以东农42后代品系东农05-94为母本，黑农48为父本，经有性杂交，系谱法选育而成。原品系号东农豆251。2017年经黑龙江省农作物品种审定委员会审定，审定编号为黑审豆2017030。全国大豆品种资源统一编号ZDD31331。

特征 亚有限结荚习性。株高98.0cm，有分枝。叶圆形，紫花，灰毛，荚黄色。籽粒圆形，种皮黄色，有光泽，脐黄色。百粒重22.0g。

东农豆251

东农豆252

特性　北方春大豆，黑龙江省春播生育期125d。中抗灰斑病。稀植品种。

产量品质　2015—2016年区域试验，平均产量3 077.1kg/hm²，较对照品种黑农61增产10.7%。2016年生产试验，平均产量3 445.1kg/hm²，较对照品种黑农61增产10.7%。蛋白质含量40.29%，脂肪含量20.58%。

栽培要点　适宜中等肥力地块种植，5月中旬播种。采用垄三栽培方式，保苗15万～18万株/hm²。施基肥磷酸二铵7kg/hm²，尿素10kg/hm²，钾肥8kg/hm²；施种肥磷酸二铵2kg/hm²，尿素2kg/hm²，钾肥1kg/hm²。生育期及时铲蹚，防治病虫害，拔大草1次或采用除草剂除草，及时收获。

适宜地区　黑龙江省第一积温带。

263. 东农豆252
（Dongnongdou 252）

品种来源　东北农业大学大豆研究所以东农05-189（东农42×东农97-712）为母本，黑农48为父本，经有性杂交，系谱法选育而成。原品系号东农豆252。2017年经黑龙江省农作物品种审定委员会审定，审定编号为黑审豆2017031。全国大豆品种资源统一编号ZDD31318。

特征　亚有限结荚习性。株高94.0cm，有分枝。叶圆形，紫花，灰毛，荚黄色。籽粒圆形，种皮黄色，有光泽，脐黄色。百粒重25.0g。

特性　北方春大豆，黑龙江省春播生育期118d。抗灰斑病。稀植、大粒品种。

产量品质　2015—2016年区域试验，平均产量3 300.5kg/hm²，较对照品种合丰55增产10.9%。2016年生产试验，平均产量3 690.4kg/hm²，较对照品种合丰55增产11.6%。蛋白质含量42.47%，脂肪含量20.37%。

栽培要点　适宜中等肥力地块种植，5月中旬播种。采用垄三栽培方式，保苗15万～18万株/hm²。施基肥磷酸二铵7kg/hm²，尿素10kg/hm²，钾肥8kg/hm²；施种肥磷酸二铵2kg/hm²，尿素2kg/hm²，钾肥1kg/hm²。生育期及时铲蹚，防治病虫害，拔大草1次或采用除草剂除草，及时收获。

适宜地区　黑龙江省第二积温带。

264. 东农豆253（Dongnongdou 253）

品种来源　东北农业大学、黑龙江普兰种业有限公司以东农05-189为母本，黑农48为父本，经有性杂交，系谱法选育而成。原品系号东农豆253。2018年经黑龙江省农作物品种审定委员会审定，审定编号为黑审豆2018Z001。全国大豆品种资源统一编号ZDD33156。

特征　亚有限结荚习性。株高95.0cm，有分枝。叶圆形，紫花，灰毛，荚黄色。籽粒圆形，种皮黄色，有光泽，脐黄色。百粒重25.0g。

特性　北方春大豆，黑龙江省春播生育期115d。中抗灰斑病。稀植、大粒品种。

产量品质　2015年区域试验，平均产量2 965.1kg/hm²，较对照品种合丰51增产9.4%。2016—2017年生产试验，平均产量3 003.8kg/hm²，较对照品种合丰51增产8.9%。蛋白质含量42.07%，脂肪含量20.14%。

栽培要点　适宜中等肥力地块种植，5月

东农豆253

上中旬播种。采用垄三栽培方式，保苗12万～15万株/hm²。施基肥磷酸二铵7kg/hm²，尿素10kg/hm²，钾肥8kg/hm²；施种肥磷酸二铵2kg/hm²，尿素2kg/hm²，钾肥1kg/hm²。生育期及时铲蹚，防治病虫害，拔大草1次或采用除草剂除草，及时收获。

适宜地区　黑龙江省≥10℃活动积温2 450℃区域。

265. 东农豆356（Dongnongdou 356）

品种来源　东北农业大学以东农47为母本，HS99B为父本，经有性杂交，系谱法选择育成。原品系号东农豆356。2020年经黑龙江省农作物品种审定委员会审定，审定编号为黑审豆20200070。全国大豆品种资源统一编号ZDD33157。

特征　无限结荚习性。株高98.0cm，有分枝。披针叶，紫花，灰毛，荚褐色。籽粒

东农豆356

圆形，种皮黄色，无光泽，脐黄色。百粒重21.2g。

特性　北方春大豆，黑龙江省春播生育期120d。中抗灰斑病。α-亚基缺失型低致敏、高蛋白含量品种。

产量品质　2018—2019年区域试验，平均产量2 950.9kg/hm²，较对照品种黑农63增产5.8%。蛋白质含量45.87%，脂肪含量18.22%。

栽培要点　适宜中上等肥力地块种植，5月上旬播种。采用垄三栽培方式，保苗22万～24万株/hm²。施磷酸二铵75kg/hm²，尿素37.5kg/hm²，钾肥37.5kg/hm²。田间采用除草剂除草，生育期间及时中耕管理，防治病虫害，成熟后及时收获。

适宜地区　黑龙江省第二积温带南部区，≥10℃活动积温2 550℃区域。

266. 东农绿芽豆1号
（Dōngnónglǜyádòu 1）

品种来源　东北农业大学以东农绿小粒为母本，吉林绿豆1号为父本，经有性杂交，系谱法选育而成。原品系号东交特1。2016年经黑龙江省农作物品种审定委员会审定，审定编号为黑审豆2016015。全国大豆品种资源统一编号ZDD33275。

特征　亚有限结荚习性。株高120.0cm，无分枝。披针叶，紫花，灰毛，荚黑色。籽粒圆形，种皮绿色，有光泽，脐无色。百粒重15.5g。

特性　北方春大豆，黑龙江省春播生育期121d。抗灰斑病。

产量品质　2013—2014年区域试验，平均产量3 229.5kg/hm²，较对照品种星农绿小粒增产21.03%。2015年生产试验，平均产量3 015kg/hm²，较对照品种星农绿小粒增产15.0%。蛋白质含量39.92%，脂肪含量19.95%。可溶性糖

东农绿芽豆1号

含量9.31%。

栽培要点 选择中等肥力地块种植，5月上旬播种。采用垄三栽培方式，保苗22万～25万株/hm²。施基肥磷酸二铵150kg/hm²，尿素40kg/hm²，钾肥50kg/hm²；施种肥磷酸二铵150kg/hm²，尿素30kg/hm²，钾肥30kg/hm²，不追施肥。生育期及时铲蹚，防治病虫害，采用除草剂除草，及时收获。喷药防治大豆食心虫1～2次，间隔7d。不可与黄色大豆间种或套种。

适宜地区 黑龙江省第一积温带下限及第二积温带上限。

267. 农生2号 （Nongsheng 2）

品种来源 东北农业大学以垦丰16为母本，黑河43为父本，经有性杂交，系谱法选择育成。原品系号农生2号。2020年经黑龙江省农作物品种审定委员会审定，审定编号为黑审豆20200024。全国大豆品种资源统一编号ZDD33158。

特征 亚有限结荚习性。株高100.0cm，无分枝。披针叶，白花，灰毛，荚褐色。籽粒圆形，种皮黄色，有光泽，脐黄色。百粒重20.2g。

特性 北方春大豆，黑龙江省春播生育期120d。中抗灰斑病。

产量品质 2017—2018年区域试验，平均产量2985.3kg/hm²，较对照品种绥农26增产8.8%。2019年生产试验，平均产量2865.0kg/hm²，较对照品种绥农26增产9.7%。蛋白质含量41.84%，脂肪含量19.24%。

栽培要点 选择中等肥力地块种植，5月上旬播种。采用垄三栽培方式，保苗25万～30万株/hm²。施磷酸二铵150kg/hm²，尿素25kg/hm²，钾肥75kg/hm²。田间采用除草剂除草，生育期间及时中耕管理，防治病虫害，成熟后及时收获。建议播种前对种子进行包衣处理。

农生2号

适宜地区 黑龙江省第二积温带中部区，≥10℃活动积温2550℃区域。

268. 东庆9号 （Dongqing 9）

品种来源 东北农业大学、五大连池市庆丰种业有限责任公司以（垦丰14×垦丰15）

东庆9号

东庆20

为母本，（黑农48×垦丰19）为父本，经有性杂交，系谱法选择育成。原品系号东庆9号。2020年经黑龙江省农作物品种审定委员会审定，审定编号为黑审豆2020L0015。全国大豆品种资源统一编号ZDD33159。

特征　亚有限结荚习性。株高85.0cm，无分枝。披针叶，紫花，灰毛，荚褐色。籽粒圆形，种皮黄色，有光泽，脐黄色。百粒重19.0g。

特性　北方春大豆，黑龙江省春播生育期108d。中抗灰斑病。

产量品质　2017—2018年区域试验，平均产量2 558.2kg/hm²，较对照品种黑河45增产5.4%。2019年生产试验，平均产量2 429.3kg/hm²，较对照品种黑河45增产5.6%。蛋白质含量40.31%，脂肪含量19.47%。

栽培要点　选择中上等肥力地块种植，5月中旬播种。采用垄三栽培方式，保苗32万～35万株/hm²。施基肥磷酸二铵100kg/hm²，尿素35kg/hm²，钾肥50kg/hm²；施种肥磷酸二铵50kg/hm²；追肥施氮肥15kg/hm²。田间采用除草剂除草，生育期及时中耕管理，防治病虫害，成熟后及时收获。

适宜地区　黑龙江省第五积温带，≥10℃活动积温1 950℃区域。

269. 东庆20（Dongqing 20）

品种来源　东北农业大学、五大连池市庆丰种业有限责任公司以边118为母本，边308为父本，经有性杂交，系谱法选育而成。原品系号东庆20。2019年经黑龙江省农作物品种审定委员会审定，审定编号为黑审豆2019Z0007。全国大豆品种资源统一编号ZDD33026。

特征　亚有限结荚习性。株高95.0cm，有分枝。披针叶，白花，灰毛，荚褐色。籽粒圆形，种皮黄色，有光泽，脐淡褐色。百粒重

25g，百粒鲜重50g。

特性 北方春大豆，黑龙江省春播生育期110d。中抗灰斑病。鲜食大粒品种。

产量品质 2016—2017年区域试验，鲜荚平均产量11 760.6kg/hm²，较对照品种华菜豆1号增产9.4%。2018年生产试验，鲜荚平均产量12 082.1kg/hm²，较对照品种华菜豆1号增产9.5%。蛋白质含量41.86%，脂肪含量18.69%。鲜豆粒蛋白质含量12.23%，脂肪含量5.6%，可溶性糖含量1.28%，水分70.5%。

栽培要点 选择中上等肥力地块种植，5月上旬播种。采用垄三栽培方式，保苗28万～30万株/hm²。施基肥磷酸二铵150kg/hm²，钾肥50kg/hm²；施种肥尿素35kg/hm²；追施氮肥15kg/hm²。生育期及时铲蹚，防治病虫害，拔大草1次或采用除草剂除草，及时收获。

适宜地区 黑龙江省≥10℃活动积温2 150℃区域。

270. 东生22 （Dongsheng 22）

品种来源 中国科学院东北地理与农业生态研究所以海6055为母本，（垦鉴豆4号×黑河18）后代稳定材料为父本，经有性杂交，系谱法选择育成。原品系号东生22。2020年经黑龙江省农作物品种审定委员会审定，审定编号为黑审豆20200035。全国大豆品种资源统一编号ZDD33266。

特征 亚有限结荚习性。株高85.0cm，无分枝。披针叶，白花，灰毛，荚褐色。籽粒圆形，种皮黄色，有光泽，脐黄色。百粒重20.0g。

特性 北方春大豆，黑龙江省春播生育期115d。中抗灰斑病。高蛋白品种。

产量品质 2018—2019年区域试验，平均产量2 820.8kg/hm²，较对照品种北豆40增产7.3%。2019年生产试验，平均产量2 605.2kg/hm²，较对照品种北豆40增产7.9%。蛋白质含量43.80%，脂肪含量19.55%。

栽培要点 选择中等肥力地块种植，5月上旬播种。采用垄三栽培方式，保苗28万～30万株/hm²。施磷酸二铵150kg/hm²，尿素25kg/hm²，钾肥50kg/hm²。田间采用除草剂除草，生育期及时中耕管理，防治病虫害，成熟后及时收获。

适宜地区 黑龙江省第三积温带西部区，≥10℃活动积温2 350℃区域。

东生22

271. 东生77 （Dongsheng 77）

东生77

品种来源 中国科学院东北地理与农业生态研究所、黑龙江省农业科学院牡丹江分院以（黑农48×垦鉴35）F_1为母本，垦鉴35为父本，经有性杂交，系谱法选育而成。原品系号牡602。2015年经黑龙江省农作物品种审定委员会审定，审定编号为黑审豆2015012。全国大豆品种资源统一编号ZDD33267。

特征 亚有限结荚习性。株高90.0cm，有分枝。披针叶，紫花，灰毛，荚褐色。籽粒圆形，种皮黄色，有光泽，脐黄色。百粒重20.7g。

特性 北方春大豆，黑龙江省春播生育期119d。中抗灰斑病。高油品种。

产量品质 2012—2013年区域试验，平均产量3 226.3kg/hm²，较对照品种绥农26增产7.3%。2014年生产试验，平均产量3 407.1kg/hm²，较对照品种绥农26增产6.9%。蛋白质含量40.36%，脂肪含量21.45%。

栽培要点 选择中等肥力地块种植，5月上旬播种。采用垄三栽培方式，保苗25万株/hm²。采用精量播种机垄底侧深施肥方法，施磷酸二铵150kg/hm²，尿素40kg/hm²，钾肥50kg/hm²。生育期及时铲蹚，防治病虫草害，及时收获。

适宜地区 黑龙江省第二积温带。

272. 东生78 （Dongsheng 78）

品种来源 中国科学院东北地理与农业生态研究所、黑龙江省农业科学院牡丹江分院以黑农48为母本，黑河46为父本，经有性杂交，系谱法选育而成。原品系号圣牡406。2017年经黑龙江省农作物品种审定委员会审定，审定编号为黑审豆2017012。全国大豆品种资源统一编号ZDD33268。

特征 亚有限结荚习性。株高91.0cm，无分枝。披针叶，紫花，灰毛，荚褐色。籽粒圆形，种皮黄色，有光泽，脐黄色。百粒重20.6g。

特性 北方春大豆，黑龙江省春播生育期117d。中抗灰斑病。高油品种。

产量品质 2013—2014年区域试验，平均产量3 124.2kg/hm²，较对照品种绥农28增产9.9%。2015—2016年生产试验，平均产量2 820.4kg/hm²，较对照品种绥农28增产9.6%。蛋白质含量40.25%，脂肪含量21.22%。

栽培要点 选择中等肥力地块种植，5月上旬播种。采用垄三栽培方式，保苗25万株/hm²。采用精量播种机垄底侧深施肥的方法，施磷酸二铵150kg/hm²，尿素45kg/hm²，钾肥50kg/hm²。生育期及时铲蹚，防治病虫害，拔大草1～2次或采用除草剂除草，及时收获。

适宜地区 黑龙江省第二积温带。

273. 东生79 (Dongsheng 79)

品种来源 中国科学院东北地理与农业生态研究所、黑龙江省农业科学院牡丹江分院以哈04-1824为母本，绥02-282为父本，经有性杂交，系谱法选育而成。原品系号中牡511。2018年经黑龙江省农作物品种审定委员会审定，审定编号为黑审豆2018013。全国大豆品种资源统一编号ZDD33269。

特征 亚有限结荚习性。株高101.0cm，有分枝。披针叶，白花，灰毛，荚褐色。籽粒圆形，种皮黄色，有光泽，脐黄色。百粒重18.8g。

特性 北方春大豆，黑龙江省春播生育期118d。中抗灰斑病。高油品种。

产量品质 2015—2016年区域试验，平均产量2 996.6kg/hm²，较对照品种合丰50增产8.0%。2017年生产试验，平均产量2 868.1kg/hm²，较对照品种合丰50增产9.5%。蛋白质含量36.33%，脂肪含量24.16%。

栽培要点 选择中等肥力地块种植，5月上旬播种。采用垄三栽培方式，保苗25万株/hm²。施基肥磷酸二铵150kg/hm²，尿素45kg/hm²，钾肥50kg/hm²。采用播后苗前除草剂除草，生育期及时铲蹚，中耕2～3次，防治病虫害，生育后期拔大草1～2次，成熟及时收获。

适宜地区 黑龙江省≥10℃活动积温

东生78

东生79

东生83

东生85

2 500℃区域。

274. 东生83 （Dongsheng 83）

品种来源　中国科学院东北地理与农业生态研究所、黑龙江省农业科学院牡丹江分院以东农53为母本，{黑农51× [（黑农48×黑农40）×黑农48] }F₁为父本，经多亲本聚合杂交，系谱法选择育成。原品系号东生83。2020年经黑龙江省农作物品种审定委员会审定，审定编号为黑审豆20200027。全国大豆品种资源统一编号ZDD33270。

特征　无限结荚习性。株高104.0cm，有分枝。披针叶，白花，灰毛，荚黄褐色。籽粒圆形，种皮黄色，有光泽，脐黄色。百粒重21.2g。

特性　北方春大豆，黑龙江省春播生育期120d。中抗灰斑病。

产量品质　2017—2018年区域试验，平均产量2 880.3kg/hm²，较对照品种绥农26增产4.8%。2019年生产试验，平均产量2 780.6kg/hm²，较对照品种绥农26增产6.3%。蛋白质含量40.81%，脂肪含量20.07%。

栽培要点　选择中等肥力地块种植，5月上旬播种。采用垄三栽培方式，保苗26万～28万株/hm²。施磷酸二铵150kg/hm²，尿素45kg/hm²，钾肥50kg/hm²。田间采用除草剂除草，生育期及时中耕管理，防治病虫害，成熟后及时收获。

适宜地区　黑龙江省第二积温带中部区，≥10℃活动积温2 550℃区域。

275. 东生85 （Dongsheng 85）

品种来源　中国科学院东北地理与农业生态研究所、黑龙江省农业科学院牡丹江分院以黑农51为母本，（黑农51×绥05-6022）F₁为父本，经有性杂交，系谱法选择育成。原品系号东生85。2020年经黑龙江省农作物品种审定委员会审定，审定编号为黑审豆20200033。全国大豆品种资源统一编号ZDD33271。

特征　无限结荚习性。株高90.0cm，有分枝。披针叶，紫花，灰毛，荚褐色。籽粒圆形，种皮黄色，有光泽，脐黄色。百粒重18.8g。

特性　北方春大豆，黑龙江省春播生育期115d。中抗灰斑病。高油品种。

产量品质　2017—2018年区域试验，平均产量2 730.1kg/hm²，较对照品种北豆40增产7.2%。2019年生产试验，平均产量2667.7kg/hm²，较对照品种北豆40增产9.2%。蛋白质含量37.29%，脂肪含量22.32%。

栽培要点　选择中等肥力地块种植，5月上旬播种。采用垄三栽培方式，保苗28万～30万株/hm²。施磷酸二铵150kg/hm²，尿素45kg/hm²，钾肥50kg/hm²。田间采用除草剂除草，生育期及时中耕管理，防治病虫害，成熟后及时收获。

适宜地区　黑龙江省第三积温带西部区，≥10℃活动积温2 350℃区域。

276. 东生89（Dongsheng 89）

品种来源　中国科学院东北地理与农业生态研究所、黑龙江省农业科学院牡丹江分院用黑农35经⁶⁰Co-γ射线辐射诱变，系谱法选育而成。原品系号东生89。2019年经黑龙江省农作物品种审定委员会审定，审定编号为黑审豆20190066。全国大豆品种资源统一编号ZDD33272。

特征　亚有限结荚习性。株高70.0cm，有分枝。披针叶，白花，灰毛，荚黄褐色。籽粒圆形，种皮黄色，有光泽，脐黄色。百粒重15.0g。

特性　北方春大豆，黑龙江省春播生育期115d。中抗灰斑病。小粒品种。

产量品质　2017—2018年区域试验，平均产量2 676.5kg/hm²，较对照品种北豆40增产7.2%。蛋白质含量42.05%，脂肪含量20.80%。

栽培要点　选择中等肥力地块种植，5月上旬播种。采用垄三栽培方式，保苗34万～36万株/hm²。施基肥磷酸二铵115kg/hm²，尿素35kg/hm²，钾肥40kg/hm²；施种肥磷酸二铵35kg/hm²，尿素10kg/hm²，钾肥10kg/hm²；初花期追施氮肥45kg/hm²。生育期及时铲蹚，防治病虫害，拔大草2次或采用除草剂除草，成熟后及时收获。

适宜地区　黑龙江省≥10℃活动积温2 450℃区域。

东生89

277. 东生200 （Dongsheng 200）

东生200

品种来源　中国科学院东北地理与农业生态研究所以黑农51为母本，435为父本，经有性杂交，系谱法选择育成。原品系号东生200。2020年经黑龙江省农作物品种审定委员会审定，审定编号为黑审豆20200061。全国大豆品种资源统一编号ZDD33273。

特征　亚有限结荚习性。株高102.0cm，有分枝。叶圆形，白花，灰毛，荚褐色。籽粒椭圆形，种皮黄色，无光泽，脐淡褐色。百粒重13.0g。

特性　北方春大豆，黑龙江省春播生育期118d。中抗灰斑病。小粒品种。

产量品质　2018—2019年区域试验，平均产量3 190.0kg/hm²，较对照品种绥小粒豆2号增产6.7%。2019年生产试验，平均产量3 192.0kg/hm²，较对照品种绥小粒豆2号增产5.6%。蛋白质含量42.40%，脂肪含量19.10%，油酸含量75.00%。

栽培要点　选择中上等肥力地块种植，5月上旬播种。采用垄三栽培方式，保苗25万～28万株/hm²。施基肥磷酸二铵115kg/hm²，尿素35kg/hm²，钾肥40kg/hm²；施种肥磷酸二铵35kg/hm²，尿素10kg/hm²，钾肥10kg/hm²；开花结荚期追施氮肥45kg/hm²。田间采用除草剂除草，生育期及时中耕管理，防治病虫害，成熟后及时收获。

适宜地区　黑龙江省第二积温带东部区，≥10℃活动积温2 500℃区域。

278. 东生202 （Dongsheng 202）

品种来源　中国科学院东北地理与农业生态研究所、黑龙江省农业科学院牡丹江分院、大兴安岭地区农业林业科学研究院以蒙豆36为母本，嫩奥4号为父本，经有性杂交，系谱法选育而成。原品系号东生202。2020年经黑龙江省农作物品种审定委员会审定，审定编号为黑审豆20200060。全国大豆品种资源统一编号ZDD33274。

特征　无限结荚习性。株高78.0cm，无分枝。披针叶，紫花，灰毛，荚褐色。籽粒圆形，种皮黄色，有光泽，脐黄色。百粒重20.0g。

特性　北方春大豆，黑龙江省春播生育期95d。中抗灰斑病。

产量品质　2017—2018年区域试验，平均产量1 929.6kg/hm²，较对照品种黑河49

增产13.8%。2019年生产试验，平均产量1851.9kg/hm²，较对照品种黑河49增产14.6%。蛋白质含量39.99%，脂肪含量21.27%。

栽培要点　选择中等肥力地块种植，5月上旬播种。采用垄三栽培方式，保苗30万～32万株/hm²。施种肥磷酸二铵150kg/hm²，尿素45kg/hm²，钾肥50kg/hm²。田间采用除草剂除草，生育期及时中耕管理，防治病虫害，成熟后及时收获。

适宜地区　黑龙江省第六积温带下限，≥10℃活动积温1850℃区域。

279. 中科毛豆3号
(Zhongkemaodou 3)

东生202

品种来源　中国科学院东北地理与农业生态研究所农业技术中心以日本札幌绿为母本，辐射品系81-355为父本，经有性杂交，系谱法选育而成。原品系号中科毛豆3号。2019年经黑龙江省农作物品种审定委员会审定，审定编号为黑审豆2019Z0010。全国大豆品种资源统一编号ZDD33264。

特征　亚有限结荚习性。株高56.0cm，有分枝。叶圆形，白花，灰毛，荚褐色。籽粒圆形，种皮绿色，无光泽，脐淡褐色。百粒重34.0g。

特性　北方春大豆，黑龙江省春播生育期118d。感大豆灰斑病。鲜食大粒品种。

产量品质　2015—2017年区域试验，鲜荚平均产量13510kg/hm²，较对照品种中科毛豆1号增产8.1%。2018年生产试验，鲜荚平均产量13421kg/hm²，较对照品种中科毛豆1号增产7.9%。蛋白质含量42.46%，脂肪含量19.23%。

栽培要点　选择中上等肥力地块种植，5月中旬播种。采用垄作栽培模式，保苗22

中科毛豆3号

万株/hm²。采用精量点播机垄底侧深施肥方法，施种肥磷酸二铵150kg/hm²，尿素30kg/hm²，钾肥120kg/hm²。在大豆初花期及结荚期用尿素7.5kg/hm²加磷酸二氢钾3.0kg/hm²，兑水500～750kg/hm²叶面喷施。播种后1周内采用除草剂封闭灭草，生育期及时铲蹚，防治病虫害，拔大草1次，成熟后及时收获。

适宜地区 黑龙江省≥10℃活动积温2 350℃区域。

280. 中科毛豆4号 （Zhongkemaodou 4）

中科毛豆4号

品种来源 中国科学院东北地理与农业生态研究所农业技术中心以中科毛豆1号重离子辐射诱变材料为母本，台292为父本，经有性杂交，系谱法选育而成。原品系号中科毛豆4号。2019年经黑龙江省农作物品种审定委员会审定，审定编号为黑审豆2019Z0005。全国大豆品种资源统一编号ZDD33265。

特征 亚有限结荚习性。株高68.0cm，有分枝。叶圆形，紫花，灰毛，荚淡褐色。籽粒圆形，种皮黄色，无光泽，脐黄色。百粒重26.0g。

特性 北方春大豆，黑龙江省春播生育期123d。中抗灰斑病。鲜食大粒品种。

产量品质 2016—2017年区域试验，鲜荚平均产量13 944.0kg/hm²，较对照品种中科毛豆1号增产12.1%。2018年生产试验，鲜荚平均产量13 642.0kg/hm²，较对照品种中科毛豆1号增产9.7%。蛋白质含量39.42%，脂肪含量21.80%，可溶性糖含量2.38%。

栽培要点 选择中上等肥力地块种植，5月上中旬播种。保苗25万株/hm²。采用精量点播机垄底侧深施肥方法，施种肥磷酸二铵150kg/hm²，尿素30kg/hm²，钾肥120kg/hm²；在大豆初花期及结荚期用尿素7.5kg/hm²加磷酸二氢钾3.0kg/hm²，兑水500～750kg/hm²叶面喷施。播种后1周内采用除草剂封闭灭草，生育期及时铲蹚，防治病虫害，拔大草1次，成熟后及时收获。

适宜地区 黑龙江省≥10℃活动积温2 600℃以上区域。

281. 星农3号 （Xingnong 3）

品种来源 哈尔滨明星农业科技开发有限公司以九90-148为母本，绥农14为父本，经有性杂交，系谱法选育而成。原品系号明星0604。2015年经黑龙江省农作物品种审定委员会审定，审定编号为黑审豆2015005。全国大豆品种资源统一编号ZDD33161。

特征 亚有限结荚习性。株高89.0cm，无分枝。披针叶，白花，灰毛，荚褐色。籽粒圆形，种皮黄色，有光泽，脐黄色。百粒重18.0g。

特性 北方春大豆，黑龙江省春播生育期116d。中抗灰斑病。

产量品质 2011—2012年区域试验，平均产量2 684.5kg/hm²，较对照品种绥农28增产9.6%。2013—2014年生产试验，平均产量2 887.0kg/hm²，较对照品种绥农28增产9.8%。蛋白质含量40.08%，脂肪含量21.41%。

栽培要点 选择中上等肥力地块种植，5月上旬播种。采用垄三栽培方式，保苗25万~28万株/hm²。施基肥磷酸二铵225kg/hm²，尿素30kg/hm²，钾肥45kg/hm²。封闭灭草，二铲三蹚，适时防治蚜虫、红蜘蛛，及时收获。

适宜地区 黑龙江省第二积温带。

星农3号

282. 星农4号 （Xingnong 4）

品种来源 哈尔滨明星农业科技开发有限公司以陆丰011为母本，疆丰3412为父本，经有性杂交，系谱法选育而成。原品系号明星0838。2015年经黑龙江省农作物品种审定委员会审定，审定编号为黑审豆2015014。全国大豆品种资源统一编号ZDD33162。

特征 无限结荚习性。株高94.0cm，有分枝。披针叶，紫花，灰毛，荚灰褐色。籽粒圆形，种皮黄色，有光泽，脐黄色。百粒重19.8g。

特性 北方春大豆，黑龙江省春播生育期115d。中抗灰斑病。

产量品质 2012—2013年区域试验，平均产量2 440.2kg/hm²，较对照品种丰收25增产16.1%。2014年生产试验，平均产量

星农4号

2 733.0kg/hm²，较对照品种丰收25增产12.7%。蛋白质含量41.38%，脂肪含量19.28%。

栽培要点　选择中等肥力地块种植，5月上旬播种。采用垄三栽培方式，保苗28万～30万株/hm²。施基肥磷酸二铵225kg/hm²，尿素30kg/hm²，钾肥45kg/hm²。封闭灭草，二铲三蹚，及时防治蚜虫、红蜘蛛，适时收获。

适宜地区　黑龙江省第三积温带。

283. 星农5号 （Xingnong 5）

星农5号

品种来源　哈尔滨明星农业科技开发有限公司以东82617为母本，东农1号为父本，经有性杂交，系谱法选育而成。原品系号明星0910。2017年经黑龙江省农作物品种审定委员会审定，审定编号为黑审豆2017024。全国大豆品种资源统一编号ZDD33163。

特征　亚有限结荚习性。株高82.5cm，无分枝。披针叶，紫花，灰毛，荚褐色。籽粒圆形，种皮黄色，有光泽，脐黄色。百粒重23.0g。

特性　北方春大豆，黑龙江省春播生育期100d。中抗灰斑病。

产量品质　2014—2015年区域试验，平均产量2 144.8kg/hm²，较对照品种华疆2号增产11.1%。2016年生产试验，平均产量1 671.1kg/hm²，较对照品种华疆2号增产8.9%。蛋白质含量41.26%，脂肪含量20.63%。

栽培要点　选择中上等肥力地块种植，5月上中旬播种。采用大垄双行或垄三栽培方式，保苗28万～30万株/hm²。施基肥磷酸二铵225kg/hm²，尿素30kg/hm²，钾肥45kg/hm²；施种肥磷酸二铵15kg/hm²，尿素2kg/hm²，钾肥3kg/hm²。苗前封闭除草，生育期二铲三蹚，8月初防治大豆食心虫，9月上中旬适时收获封闭灭草，二铲三蹚，及时防治蚜虫、红蜘蛛，适时收获。

适宜地区　黑龙江省第六积温带上限。

284. 星农8号 （Xingnong 8）

品种来源　哈尔滨明星农业科技开发有限公司以MX80519为母本，黑河35为父本，经有性杂交，系谱法选育而成。原品系号星农8号。2019年经黑龙江省农作物品种审定委员会审定，审定编号为黑审豆20190028。全国大豆品种资源统一编号ZDD33164。

特征　亚有限结荚习性。株高85.0cm，无分枝。披针叶，白花，灰毛，荚黄褐色。

籽粒圆形，种皮黄色，有光泽，脐黄色。百粒重21.0g。

特性 北方春大豆，黑龙江省春播生育期105d。中抗灰斑病。高油品种。

产量品质 2016—2017年区域试验，平均产量2 256.4kg/hm²，较对照品种黑河45增产5.9%。2018年生产试验，平均产量2 504.0kg/hm²，较对照品种黑河45增产10.5%。蛋白质含量37.92%，脂肪含量22.11%。

栽培要点 选择中上等肥力地块种植，5月上中旬播种。采用大垄双行或垄三栽培方式，保苗30万～32万株/hm²。施基肥磷酸二铵150kg/hm²，尿素20kg/hm²，钾肥50kg/hm²；施种肥磷酸二铵30kg/hm²，尿素15kg/hm²，钾肥20kg/hm²。田间采用化学药剂处理除草，或人工除草，生育期二铲三蹚，注意防治大豆食心虫，成熟后及时收获。

适宜地区 黑龙江省≥10℃活动积温2 150℃区域。

285. 星农12（Xingnong 12）

品种来源 哈尔滨明星农业科技开发有限公司以明星-5为母本，龙菽1号为父本，经有性杂交，系谱法选择育成。原品系号星农12。2020年经黑龙江省农作物品种审定委员会审定，审定编号为黑审豆20200007。全国大豆品种资源统一编号ZDD31308。

特征 亚有限结荚习性。株高85.0cm，有分枝。披针叶，紫花，灰毛，荚褐色。籽粒圆形，种皮黄色，有光泽，脐黄色。百粒重20.3g。

特性 北方春大豆，黑龙江省春播生育期120d。中抗灰斑病。高油品种。

产量品质 2017—2018年区域试验，平均产量2 672.0kg/hm²，较对照品种合丰55增产9.2%。2019年生产试验，平均产量2 874.8kg/hm²，

星农8号

星农12

较对照品种合丰55增产10.5%。蛋白质含量38.88%，脂肪含量22.0%。

栽培要点　选择中上等肥力地块种植，5月上旬播种。采用大垄双行或垄三栽培方式，保苗25万～28万株/hm²。施基肥磷酸二铵150kg/hm²，尿素20kg/hm²，钾肥50kg/hm²；施种肥磷酸二铵30kg/hm²，尿素15kg/hm²，钾肥20kg/hm²。田间采用除草剂除草，生育期及时中耕管理，防治病虫害，成熟后及时收获。

适宜地区　黑龙江省第二积温带南部区，≥10℃活动积温2 550℃区域。

286. 星农14（Xingnong 14）

星农14

品种来源　哈尔滨明星农业科技开发有限公司以明星296为母本，龙薮1号为父本，经有性杂交，系谱法选择育成。原品系号星农14。2020年经黑龙江省农作物品种审定委员会审定，审定编号为黑审豆2020L0003。全国大豆品种资源统一编号ZDD33165。

特征　亚有限结荚习性。株高97.0cm，有分枝。披针叶，紫花，灰毛，荚褐色。籽粒圆形，种皮黄色，有光泽，脐黄色。百粒重21.0g。

特性　北方春大豆，黑龙江省春播生育期120d。中抗灰斑病。

产量品质　2017—2018年区域试验，平均产量2 973.5kg/hm²，较对照品种合丰55增产6.6%。2019年生产试验，平均产量2 833.0kg/hm²，较对照品种合丰55增产11.4%。蛋白质含量40.41%，脂肪含量21.11%。

栽培要点　选择中等肥力地块种植，5月上旬播种。采用大垄双行或垄三栽培方式，保苗25万～28万株/hm²。施基肥磷酸二铵225kg/hm²，尿素30kg/hm²，钾肥45kg/hm²；施种肥磷酸二铵15kg/hm²，尿素2kg/hm²，钾肥3kg/hm²。田间采用除草剂除草，生育期及时中耕管理，防治病虫害，成熟后及时收获。

适宜地区　黑龙江省第二积温带南部区，≥10℃活动积温2 550℃区域。

287. 星农豆3号（Xingnongdou 3）

品种来源　哈尔滨明星农业科技开发有限公司以绥小粒豆2号为母本，东农52为父本，经有性杂交，系谱法选择育成。原品系号星农豆3号。2020年经黑龙江省农作物品种审定委员会审定，审定编号为黑审豆20200062。全国大豆品种资源统一编号ZDD33167。

特征 无限结荚习性。株高101.0cm，有分枝。披针叶，紫花，灰毛，荚褐色。籽粒圆形，种皮黄色，有光泽，脐黄色。百粒重13.0g。

特性 北方春大豆，黑龙江省春播生育期116d。中抗灰斑病。小粒品种。

产量品质 2018—2019年区域试验，平均产量2 450.1kg/hm²，较对照品种绥小粒豆2号增产7.9%。蛋白质含量42.28%，脂肪含量19.17%。

栽培要点 选择中上等肥力地块种植，5月上中旬播种。采用大垄双行或垄三栽培方式，保苗25万～28万株/hm²。施基肥磷酸二铵150kg/hm²，尿素20kg/hm²，钾肥50kg/hm²；施种肥磷酸二铵30kg/hm²，尿素15kg/hm²，钾肥20kg/hm²。田间采用除草剂除草，生育期及时中耕管理，防治病虫害，成熟后及时收获。

适宜地区 黑龙江省第三积温带东部区，≥10℃活动积温2 400℃区域。

星农豆3号

288. 嫩农豆1号 (Nennongdou 1)

品种来源 嫩江县凤祥种子研究所、哈尔滨明星农业科技开发有限公司以3308为母本，嫩江县当地野生大豆为父本，经有性杂交，系谱法选育而成。原品系号嫩农豆1号。2019年经黑龙江省农作物品种审定委员会审定，审定编号为黑审豆20190058。全国大豆品种资源统一编号ZDD33160。

特征 亚有限结荚习性。株高70.0cm，有分枝。叶圆形，紫花，灰毛，荚褐色。籽粒圆形，种皮黄色，有光泽，脐黄色。百粒重36.0g。

特性 北方春大豆，黑龙江省春播生育期110d。中抗灰斑病。大粒品种。

产量品质 2017—2018年区域试验，平均产量2 901.2kg/hm²，较对照品种黑河43增

嫩农豆1号

产7.3%。蛋白质含量43.24%，脂肪含量17.3%。

栽培要点　选择中上等肥力地块种植，5月上中旬播种。采用垄三栽培方式，保苗30万～32万株/hm²。施基肥磷酸二铵200kg/hm²，尿素30kg/hm²，钾肥50kg/hm²。田间采用苗前封闭除草，或生育期二铲三蹚，注意防治大豆食心虫，成熟后及时收获。

适宜地区　黑龙江省≥10℃活动积温2 250℃区域。

289. 金臣2号（Jinchen 2）

金臣2号

品种来源　哈尔滨市盛和源大豆科研所以垦农18为母本，苏联扁豆为父本，经有性杂交，系谱法选育而成。原品系号金臣2号。2019年经黑龙江省农作物品种审定委员会审定，审定编号为黑审豆2019Z0001。全国大豆品种资源统一编号ZDD33168。

特征　亚有限结荚习性。株高120.0cm，有分枝。披针叶，紫花，灰毛，荚褐色。籽粒圆形，种皮黄色，有光泽，脐黄色。百粒重21.0g。

特性　北方春大豆，黑龙江省春播生育期123d。中抗灰斑病。

产量品质　2016—2017年区域试验，平均产量3 104.3kg/hm²，较对照品种黑农63增产9.2%。2018年生产试验，平均产量2 703.7kg/hm²，较对照品种黑农63增产5.2%。蛋白质含量41.38%，脂肪含量18.03%。

栽培要点　选择中等肥力地块种植，5月上旬播种。采用垄三栽培方式，保苗13万～15万株/hm²。施磷酸二铵150kg/hm²，尿素30kg/hm²，钾肥70kg/hm²。生育期及时铲蹚，防治病虫害，拔大草1～2次或采用除草剂除草，成熟后及时收获。

适宜地区　黑龙江省≥10℃活动积温2 700℃区域。

290. 金臣168（Jinchen 168）

品种来源　哈尔滨市盛和源大豆科研所以盛豆202为母本，盛豆206为父本，经有性杂交，系谱法选育而成。原品系号金臣168。2020年经黑龙江省农作物品种审定委员会审定，审定编号为黑审豆2020Z0001。全国大豆品种资源统一编号ZDD33169。

特征　亚有限结荚习性。株高85.0cm，有分枝。披针叶，白花，灰毛，荚褐色。籽粒圆形，种皮黄色，有光泽，脐褐色。百粒重19.0g。

特性 北方春大豆，黑龙江省春播生育期123d。中抗灰斑病，中抗胞囊线虫病。

产量品质 2018—2019年区域试验，平均产量3 121.6kg/hm²，较对照品种嫩丰18增产7.7%。2019年生产试验，平均产量3 132.0kg/hm²，较对照品种嫩丰18增产7.2%。蛋白质含量36.75%，脂肪含量22.14%。

栽培要点 选择中等肥力地块种植，5月上旬播种。采用垄三栽培方式，保苗22.5万株/hm²。施磷酸二铵130kg/hm²，尿素70kg/hm²，钾肥90kg/hm²。田间采用除草剂除草，生育期适时中耕管理，防治病虫害，成熟后及时收获。

适宜地区 黑龙江省第一积温带，≥10℃活动积温2550℃西部区域。

291. 金臣1885（Jinchen 1885）

品种来源 哈尔滨市盛和源大豆科研所以盛豆318为母本，盛豆105为父本，经有性杂交，系谱法选育而成。原品系号金臣1885。2019年经黑龙江省农作物品种审定委员会审定，审定编号为黑审豆2019Z0002。全国大豆品种资源统一编号ZDD33170。

特征 亚有限结荚习性。株高85.0cm，有分枝。披针叶，白花，灰毛，荚褐色。籽粒圆形，种皮黄色，有光泽，脐黄色。百粒重26.0g。

特性 北方春大豆，黑龙江省春播生育期105d。感灰斑病。鲜食大粒品种。

产量品质 2016—2017年区域试验，鲜荚平均产量14 286.7kg/hm²，较对照品种小白毛增产8.1%。2018年生产试验，鲜荚平均产量11 962.6kg/hm²，较对照品种小白毛增产10.4%。蛋白质含量43.60%，脂肪含量18.54%。

栽培要点 选择中等肥力地块种植，5月上旬播种。采用垄三栽培方式，保苗20万株/hm²。播前深施大豆专用肥340kg/hm²。生育期及时铲蹚，防治病虫害，拔大草1次或采用除草剂除草，

金臣168

金臣1885

及时收获。

　　适宜地区　黑龙江省≥10℃活动积温2 050℃区域。

292. 益农豆510（Yinongdou 510）

益农豆510

　　品种来源　哈尔滨市益农种业有限公司以东生1号为母本，黑河43为父本，经有性杂交，系谱法选育而成。2019年经黑龙江省农作物品种审定委员会审定，审定编号为黑审豆20190032。全国大豆品种资源统一编号ZDD33171。

　　特征　亚有限结荚习性。株高70.0cm，有分枝。披针叶，紫花，灰毛，荚黄褐色。籽粒圆形，种皮黄色，有光泽，脐黄色。百粒重17.0g。

　　特性　北方春大豆，黑龙江省春播生育期105d。中抗灰斑病。高油品种。

　　产量品质　2016—2017年区域试验，平均产量2 317.65kg/hm²，较对照品种黑河45增产7.8%。2018年生产试验，平均产量2 549.4kg/hm²，较对照品种黑河45增产7.8%。蛋白质含量38.90%，脂肪含量22.30%。

　　栽培要点　选择中上等肥力地块种植，5月中旬播种。采用垄三栽培方式，保苗33万～36万株/hm²。施磷酸二铵150kg/hm²，尿素20kg/hm²，钾肥50kg/hm²。生育期适时铲蹚，防治病虫害，拔大草1～2次或采用除草剂除草，成熟后及时收获。

　　适宜地区　适宜在黑龙江省≥10℃活动积温2 150℃区域。

293. 东普52（Dongpu 52）

　　品种来源　黑龙江昂托尔农业科技发展有限公司、黑龙江普兰种业有限公司以黑河46为母本，绥00-1052为父本，经有性杂交，系谱法选育而成。原品系号峰豆1。2019年经黑龙江省农作物品种审定委员会审定，审定编号为黑审豆20190025。全国大豆品种资源统一编号ZDD33172。

　　特征　无限结荚习性。株高95.0cm，有分枝。披针叶，紫花，灰毛，荚褐色。籽粒圆形，种皮黄色，有光泽，脐黄色。百粒重20g。

　　特性　北方春大豆，黑龙江省春播生育期110d。中抗灰斑病。

产量品质　2016—2017年区域试验，平均产量2 556.6kg/hm^2，较对照品种黑河43增产12.3%。2018年生产试验，平均产量2 771.3kg/hm^2，较对照品种黑河43增产11.4%。蛋白质含量39.55%，脂肪含量21.08%。

栽培要点　选择中等肥力地块种植，5月上中旬播种。采用垄三栽培方式，保苗30万～35万株/hm^2。施基肥磷酸二铵120kg/hm^2，尿素45kg/hm^2，钾肥50kg/hm^2；施种肥磷酸二铵50kg/hm^2，尿素5kg/hm^2，钾肥8kg/hm^2。生育期适时铲蹚，防治病虫害，拔大草1～2次或采用除草剂除草，成熟后及时收获。

适宜地区　黑龙江省≥10℃活动积温2 250℃区域。

294. 东普53（Dongpu 53）

品种来源　黑龙江昂托尔农业科技发展有限公司、黑龙江普兰种业有限公司以北豆34为母本，黑河43为父本，经有性杂交，系谱法选育而成。原品系号峰豆2。2019年经黑龙江省农作物品种审定委员会审定，审定编号为黑审豆20190035。全国大豆品种资源统一编号ZDD33173。

特征　亚有限结荚习性。株高85.0cm，有分枝。披针叶，紫花，灰毛，荚褐色。籽粒圆形，种皮黄色，有光泽，脐黄色。百粒重21g。

特性　北方春大豆，黑龙江省春播生育期100d。中抗灰斑病。

产量品质　2016—2017年区域试验，平均产量1 908.3kg/hm^2，较对照品种华疆2号增产10.9%。2018年生产试验，平均产量2 046.9kg/hm^2，较对照品种华疆2号增产9.6%。蛋白质含量38.78%，脂肪含量21.28%。

栽培要点　选择中等肥力地块种植，5月中旬播种。采用垄三栽培方式，保苗35万～40万株/hm^2。施基肥磷酸二铵120kg/hm^2，

东普52

东普53

尿素 45kg/hm²，钾肥 50kg/hm²；施种肥磷酸二铵 50kg/hm²，尿素 3kg/hm²，钾肥 8kg/hm²。生育期适时铲蹚，防治病虫害，拔大草 1 ~ 2 次或采用除草剂除草，成熟后及时收获。

适宜地区　黑龙江省≥10℃活动积温 2 100℃区域。

295. 同豆2号（Tongdou 2）

同豆2号

品种来源　黑龙江粮归仓农业科技有限公司以北豆 14 为母本，东大 1 号为父本，经有性杂交，系谱法选育而成。原品系号同豆 2 号。2019 年经黑龙江省农作物品种审定委员会审定，审定编号为黑审豆 20190031。全国大豆品种资源统一编号 ZDD33180。

特征　无限结荚习性。株高 90.0cm，有分枝。披针叶，紫花，灰毛，荚褐色。籽粒圆形，种皮黄色，有光泽，脐黄色。百粒重 19.0g。

特性　北方春大豆，黑龙江省春播生育期 105d。中抗灰斑病。

产量品质　2016—2017 年区域试验，平均产量 2 346.8kg/hm²，较对照品种黑河 45 增产 10.2%。2018 年生产试验，平均产量 2 582.5kg/hm²，较对照品种黑河 45 增产 9.2%。蛋白质含量 38.10%，脂肪含量 21.07%。

栽培要点　选择中上等肥力地块种植，5 月上旬播种。采用垄作栽培方式，保苗 32 万 ~ 35 万株 /hm²。施基肥磷酸二铵 150kg/hm²，尿素 30kg/hm²，钾肥 70kg/hm²。田间采用化学药剂除草或人工除草。生育期适时铲蹚，注意防治病虫害，成熟后及时收获。

适宜地区　黑龙江省≥10℃活动积温 2 150℃区域。

296. 华庆豆103（Huaqingdou 103）

品种来源　宾县华庆农业研究所以黑农 44 为母本，黑农 56 为父本，经有性杂交，系谱法选育而成。原品系号华庆 12-036。2018 年经黑龙江省农作物品种审定委员会审定，审定编号为黑审豆 2018008。全国大豆品种资源统一编号 ZDD33140。

特征　亚有限结荚习性。株高 93.0cm，有分枝。叶圆形，白花，灰毛，荚褐色。籽粒圆形，种皮黄色，有光泽，脐黄色。百粒重 19.8g。

特性　北方春大豆，黑龙江省春播生育期 120d。中抗灰斑病。高油品种。

特性 北方春大豆，黑龙江省春播生育期112d。中抗灰斑病。特用品种（鲜食大粒品种）。

产量品质 2016—2017年区域试验，平均产量13 661.9kg/hm²，较对照品种中科毛豆1号增产15.4%。2018年生产试验，平均产量13 317.4kg/hm²，较对照品种中科毛豆1号增产10.9%。籽粒蛋白质含量41.32%，脂肪含量18.16%。鲜荚带壳蛋白质含量14.45%，脂肪含量6.80%，可溶性糖含量2.08%，水分64.20%。

栽培要点 选择中上等肥力地块种植，5月上旬播种。采用垄三栽培方式，保苗17万～25万株/hm²。施基肥磷酸二铵150kg/hm²，尿素30kg/hm²，钾肥45kg/hm²；施种肥磷酸二铵30kg/hm²，尿素15kg/hm²，钾肥20kg/hm²；花荚期追施磷酸二氢钾8kg/hm²。生育期适时铲蹚，防治病虫害，拔大草2次或采用除草剂除草，成熟后及时收获。

适宜地区 黑龙江省≥10℃活动积温2 600℃以上区域。

尚豆1号

300. 牡豆9号（Mudou 9）

品种来源 黑龙江省农业科学院牡丹江分院以（黑农48×绥04-5474）F₁为母本，黑农48为父本，经有性杂交，系谱法选育而成。原品系号牡404。2015年经黑龙江省农作物品种审定委员会审定，审定编号为黑审豆2015006。全国大豆品种资源统一编号ZDD33241。

特征 亚有限结荚习性。株高81.0cm，有分枝。披针叶，紫花，灰毛，荚褐色。籽粒圆形，种皮黄色，有光泽，脐黄色。百粒重20.1g。

特性 北方春大豆，黑龙江省春播生育期116d。中抗灰斑病。高油品种。

牡豆9号

产量品质　2012—2013年区域试验，平均产量2 799.2kg/hm²，较对照品种绥农28增产8.6%。2014年生产试验，平均产量2 871.3kg/hm²，较对照品种绥农28增产8.2%。蛋白质含量40.70%，脂肪含量21.23%。

栽培要点　选择中等肥力地块种植，5月上旬播种。采用垄三栽培方式，保苗25万株/hm²。采用精量播种机垄底侧深施肥方法，施磷酸二铵150kg/hm²，尿素45kg/hm²，钾肥50kg/hm²。生育期间适时铲蹚，防治病虫草害，及时收获。

适宜地区　黑龙江省第二积温带。

301. 牡豆10号（Mudou 10）

牡豆10号

品种来源　黑龙江省农业科学院牡丹江分院以黑农48为母本，黑河46为父本，经有性杂交，系谱法选育而成。原品系号牡407。2016年经黑龙江省农作物品种审定委员会审定，审定编号为黑审豆2016004。全国大豆品种资源统一编号ZDD33242。

特征　亚有限结荚习性。株高90.0cm，有分枝。披针叶，紫花，灰毛，荚褐色。籽粒圆形，种皮黄色，有光泽，脐黄色。百粒重20.8g。

特性　北方春大豆，黑龙江省春播生育期116d。中抗灰斑病。高油品种。

产量品质　2013—2014年区域试验，平均产量3 125.0kg/hm²，较对照品种绥农28增产9.9%。2015年生产试验，平均产量2 918.1kg/hm²，较对照品种绥农28增产12.9%。蛋白质含量40.24%，脂肪含量21.35%。

栽培要点　选择中等肥力地块种植，5月上旬播种。采用垄三栽培方式，保苗25万株/hm²。采用精量播种机垄底侧深施肥方法，施磷酸二铵150kg/hm²，尿素45kg/hm²，钾肥50kg/hm²。生育期适时铲蹚，防治病虫害，拔大草1～2次或采用除草剂除草，及时收获。

适宜地区　黑龙江省第二积温带。

302. 牡豆11（Mudou 11）

品种来源　黑龙江省农业科学院牡丹江分院以黑农51为母本，绥农31为父本，经有性杂交，系谱法选育而成。原品系号牡610。2019年经黑龙江省农作物品种审定委员会审定，审定编号为黑审豆20190019。全国大豆品种资源统一编号ZDD33243。

特征 亚有限结荚习性。株高90.0cm，有分枝。披针叶，白花，灰毛，荚黄褐色。籽粒圆形，种皮黄色，有光泽，脐黄色。百粒重21.0g。

特性 北方春大豆，黑龙江省春播生育期115d。中抗灰斑病。

产量品质 2015—2016年区域试验，平均产量2 829.6kg/hm²，较对照品种北豆40增产9.0%。2017—2018年生产试验，平均产量2 771.2kg/hm²，较对照品种北豆40增产10.5%。蛋白质含量38.51%，脂肪含量21.40%。

栽培要点 选择中等肥力地块种植，5月上旬播种。采用垄三栽培方式，保苗28万～30万株/hm²。施基肥磷酸二铵115kg/hm²，尿素35kg/hm²，钾肥40kg/hm²；施种肥磷酸二铵35kg/hm²，尿素10kg/hm²，钾肥10kg/hm²；初花期追施氮肥45kg/hm²。生育期适时铲蹚，防治病虫害，拔大草2次或采用除草剂除草，成熟后及时收获。

适宜地区 黑龙江省≥10℃活动积温2 450℃区域。

牡豆11

303. 牡豆12 （Mudou 12）

品种来源 黑龙江省农业科学院牡丹江分院以黑农41为母本，绥03-3068为父本，经有性杂交，系谱法选育而成。原品系号牡310。2018年经黑龙江省农作物品种审定委员会审定，审定编号为黑审豆2018010。全国大豆品种资源统一编号ZDD33244。

特征 亚有限结荚习性。株高90.0cm，有分枝。披针叶，紫花，灰毛，荚褐色。籽粒圆形，种皮黄色，有光泽，脐黄色。百粒重21.0g。

特性 北方春大豆，黑龙江省春播生育期120d。中抗灰斑病。

牡豆12

产量品质 2015—2016年区域试验，平均产量2 904.4kg/hm²，较对照品种合丰55增产9.7%。2017年生产试验，平均产量2 866.8kg/hm²，较对照品种合丰55增产9.1%。蛋白质含量40.75%，脂肪含量20.87%。

栽培要点 选择中等肥力地块种植，5月上旬播种。采用垄三栽培方式，保苗25万株/hm²。施基肥磷酸二铵150kg/hm²，尿素45kg/hm²，钾肥50kg/hm²。生育期及时铲蹚，防治病虫害，拔大草1～2次或采用除草剂除草，及时收获。

适宜地区 黑龙江省≥10℃活动积温2 600℃区域。

304. 牡豆13 （Mudou 13）

牡豆13

品种来源 黑龙江省农业科学院牡丹江分院以垦丰23为母本，绥农30为父本，经有性杂交，系谱法选择育成。原品系号牡豆13。2020年经黑龙江省农作物品种审定委员会审定，审定编号为黑审豆20200002。全国大豆品种资源统一编号ZDD33245。

特征 亚有限结荚习性。株高92.0cm，有分枝。披针叶，紫花，灰毛，荚褐色。籽粒圆形，种皮黄色，有光泽，脐黄色。百粒重18.9g。

特性 北方春大豆，黑龙江省春播生育期125d。中抗灰斑病。

产量品质 2017—2018年区域试验，平均产量3 147.3kg/hm²，较对照品种黑农63增产7.4%。2019年生产试验，平均产量3 035.8kg/hm²，较对照品种黑农63增产6.9%。蛋白质含量40.58%，脂肪含量20.35%。

栽培要点 选择中等肥力地块种植，5月上旬播种。采用垄三栽培方式，保苗22万～25万株/hm²。施基肥磷酸二铵150kg/hm²，尿素45kg/hm²，钾肥50kg/hm²。田间采用除草剂除草，生育期及时中耕管理，防治病虫害，成熟后及时收获。

适宜地区 黑龙江省第一积温带，≥10℃活动积温2700℃南部区域。

305. 牡豆14 （Mudou 14）

品种来源 黑龙江省农业科学院牡丹江分院以（黑农40×晋豆23）F₁为母本，晋豆23为父本，经有性杂交，系谱法选择育成。原品系号牡豆14。2020年经黑龙江省农作物品种审定委员会审定，审定编号为黑审豆20200008。全国大豆品种资源统一编号

ZDD33246。

特征 无限结荚习性。株高107.0cm，有分枝。披针叶，紫花，棕毛，荚褐色。籽粒圆形，种皮黄色，有光泽，脐黄色。百粒重19.2g。

特性 北方春大豆，黑龙江省春播生育期120d。中抗灰斑病。

产量品质 2017—2018年区域试验，平均产量2 999.1kg/hm²，较对照品种合丰55增产9.9%。2019年生产试验，平均产量2 866.6kg/hm²，较对照品种合丰55增产10.1%。蛋白质含量41.04%，脂肪含量20.00%。

栽培要点 选择中等肥力地块种植，5月上旬播种。采用垄三栽培方式，保苗24万~25万株/hm²。施基肥磷酸二铵115kg/hm²，尿素35kg/hm²，钾肥40kg/hm²；施种肥磷酸二铵35kg/hm²，尿素10kg/hm²，钾肥10kg/hm²；初花期追施氮肥45kg/hm²。田间采用除草剂除草，生育期及时中耕管理，防治病虫害，成熟后及时收获。

适宜地区 黑龙江省第二积温带南部区，≥10℃活动积温2 550℃区域。

牡豆14

306. 牡豆15 （Mudou 15）

品种来源 黑龙江省农业科学院牡丹江分院以黑农48为母本，龙品8807为父本，经有性杂交，系谱法选育而成。原品系号牡豆15。2019年经黑龙江省农作物品种审定委员会审定，审定编号为黑审豆20190016。全国大豆品种资源统一编号ZDD33247。

特征 亚有限结荚习性。株高95.0cm，有分枝。披针叶，紫花，灰毛，荚褐色。籽粒圆形，种皮黄色，有光泽，脐黄色。百粒重20.1g。

特性 北方春大豆，黑龙江省春播生育期120d。中抗灰斑病。高蛋白品种。

牡豆15

　　产量品质　2016—2017年区域试验，平均产量2 567.5kg/hm²，较对照品种绥农26增产5.5%。2018年生产试验，平均产量2 992.7kg/hm²，较对照品种绥农26增产5.7%。蛋白质含量45.08%，脂肪含量17.50%。

　　栽培要点　选择中等肥力地块种植，5月上旬播种。采用垄三栽培方式，保苗24万～ 25万株/hm²。施基肥磷酸二铵115kg/hm²，尿素35kg/hm²，钾肥40kg/hm²；施种肥磷酸二铵35kg/hm²，尿素10kg/hm²，钾肥10kg/hm²；初花期追施氮肥45kg/hm²。生育期及时铲蹚，防治病虫害，拔大草2次或采用除草剂除草，成熟后及时收获。

　　适宜地区　黑龙江省≥10℃活动积温2 600℃区域。

307. 牡小粒豆1号（Muxiaolidou 1）

牡小粒豆1号

　　品种来源　黑龙江省农业科学院牡丹江分院以龙小粒豆1号经⁶⁰Co-γ射线诱变处理，系谱法选育而成。原品系号牡小粒豆1号。2019年经黑龙江省农作物品种审定委员会审定，审定编号为黑审豆20190054。全国大豆品种资源统一编号ZDD33248。

　　特征　亚有限结荚习性。株高75.0cm，有分枝。披针叶，紫花，灰毛，荚黄褐色。籽粒圆形，种皮黄色，有光泽，脐黄色。百粒重14.8g。

　　特性　北方春大豆，黑龙江省春播生育期120d。抗灰斑病。小粒品种。

　　产量品质　2017—2018年区域试验，平均产量3 245.0kg/hm²，较对照品种绥小粒豆2号增产8.5%。蛋白质含量39.75%，脂肪含量21.62%。

　　栽培要点　选择中等肥力地块种植，5月上旬播种。采用垄三栽培方式，保苗25万～ 28万株/hm²。施基肥磷酸二铵115kg/hm²，尿素35kg/hm²，钾肥40kg/hm²；施种肥磷酸二铵35kg/hm²，尿素10kg/hm²，钾肥10kg/hm²；开花结荚期追施氮肥45kg/hm²。生育期及时铲蹚，防治病虫害，拔大草2次或采用除草剂除草，成熟后及时收获。

　　适宜地区　黑龙江省≥10℃活动积温2 600℃区域。

308. 金欣1号（Jinxin 1）

　　品种来源　穆棱市金欣种子有限责任公司以绥农10号为母本，垦农5号为父本，经有性杂交，系谱法选育而成。原品系号金欣1号。2019年经黑龙江省农作物品种审定委员会审定，审定编号为黑审豆20190003。全国大豆品种资源统一编号ZDD33257。

特征 亚有限结荚习性。株高90.0cm，有分枝。披针叶，紫花，灰毛，荚褐色。籽粒圆形，种皮黄色，有光泽，脐黄色。百粒重20.0g。

特性 北方春大豆，黑龙江省春播生育期120d。中抗灰斑病。

产量品质 2016—2017年区域试验，平均产量2 901.6kg/hm²，较对照品种合丰55增产11.4%。2018年生产试验，平均产量2 876.1kg/hm²，较对照品种合丰55增产11.5%。蛋白质含量40.23%，脂肪含量19.71%。

栽培要点 选择中上等肥力地块种植，5月上旬播种。采用垄三栽培方式，保苗22万～25万株/hm²。施基肥磷酸二铵150kg/hm²，尿素45kg/hm²，钾肥50kg/hm²。生育期及时铲蹚，防治病虫害，拔大草2次或采用除草剂除草，成熟后及时收获。

适宜地区 黑龙江省≥10℃活动积温2 600℃区域。

309. 春豆1号（Chundou 1）

品种来源 黑龙江春源种业有限公司以绥农14为母本，哈交5404-2为父本，经有性杂交，系谱法选育而成。原品系号春源09-167。2016年经黑龙江省农作物品种审定委员会审定，审定编号为黑审豆2016003。全国大豆品种资源统一编号ZDD33179。

特征 亚有限结荚习性。株高97.0cm，有分枝。披针叶，紫花，灰毛，荚褐色。籽粒圆形，种皮黄色，有光泽，脐黄色。百粒重21.0g。

特性 北方春大豆，黑龙江省春播生育期117d。中抗灰斑病。

产量品质 2013—2014年区域试验，平

金欣1号

春豆1号

均产量3 196.9kg/hm²，较对照品种绥农28增产12.4%。2015年生产试验，平均产量2 939.4kg/hm²，较对照品种绥农28增产13.5%。蛋白质含量38.99%，脂肪含量21.52%。

栽培要点　适宜中上等肥力地块种植，4月下旬播种。采用垄三栽培方式，保苗22万~ 24万株/hm²。施基肥磷酸二铵150kg/hm²，尿素30kg/hm²，钾肥50kg/hm²；施种肥磷酸二铵50kg/hm²，钾肥30kg/hm²。生育期适时铲蹚，防治病虫害，拔大草2次或采用除草剂除草，及时收获。

适宜地区　黑龙江省第二积温带。

吉林省品种

310. 吉育108（Jiyu 108）

品种来源 吉林省农业科学院以吉林小粒7号为母本，公野0244F₃为父本，经有性杂交，系谱法选育而成。原品系号公野0973-6。2015年经吉林省农作物品种审定委员会审定，审定编号为吉审豆2015007。全国大豆品种资源统一编号ZDD33295。

特征 亚有限结荚习性。株高80.0cm，有效分枝2.4个，单株有效荚数41.2个。叶披针形，白花，灰毛，荚熟呈褐色。籽粒圆形，种皮黄色，脐黄色。百粒重9.2g。

特性 北方春大豆，早熟小粒品种，吉林早熟地区春播生育期114d。田间综合抗病性好，落叶性好，籽粒整齐，不裂荚。

产量品质 2013—2014年吉林省早熟大豆品种区域试验，平均产量2 142.1kg/hm²，比对照品种吉育105增产10.3%。2014年生产试验，平均产量2 275.1kg/hm²，比对照品种吉育105增产12.2%。蛋白质含量34.34%，脂肪含量20.56%。

吉育108

栽培要点 4月末至5月初播种，播量25～30kg/hm²，行距0.63m，株距0.07m，密度22万～24万株/hm²。施基肥磷酸二铵250kg/hm²，尿素40～45kg/hm²，硫酸钾80～90kg/hm²；未施基肥地块可在6月中旬开花前追肥，追施磷酸二铵105～150kg/hm²，尿素22.5～30.0kg/hm²，硫酸钾45～60kg/hm²。适时中耕，8月上中旬注意防治大豆食心虫。

适宜地区 吉林省大豆早熟区。

311. 吉育109（Jiyu 109）

品种来源 吉林省农业科学院以敦化中粒为母本，公野0220F₃为父本，经有性杂交，

吉育109

吉育111

系谱法选育而成。原品系号公野0996-7。2015年经吉林省农作物品种审定委员会审定，审定编号为吉审豆2015008。全国大豆品种资源统一编号ZDD33296。

特征　亚有限结荚习性。株高90.0cm，有效分枝0.6个，单株有效荚数40.2个。叶披针形，白花，灰毛，荚熟时呈褐色。籽粒圆形，种皮黄色，脐黄色。百粒重12.8g。

特性　北方春大豆，早熟小粒品种，吉林省早熟地区春播生育期115d。田间综合抗病性好，落叶性好，籽粒整齐，不裂荚。

产量品质　2013—2014年吉林省早熟大豆品种区域试验，平均产量2 247.4kg/hm²，比对照品种吉育105增产15.8%。2014年生产试验，平均产量2 318.2kg/hm²，比对照品种吉育105增产14.3%。蛋白质含量32.67%，脂肪含量21.17%。

栽培要点　一般4月末至5月初播种，播量30 ~ 35kg/hm²，行距0.63m，株距0.07m，密度22万 ~ 24万株/hm²。施基肥磷酸二铵250kg/hm²，尿素40 ~ 45kg/hm²，硫酸钾80 ~ 90kg/hm²；未施基肥地块可在6月中旬开花前追肥，追施磷酸二铵105 ~ 150kg/hm²，尿素22.5 ~ 30.0kg/hm²，硫酸钾45 ~ 60kg/hm²。适时中耕，注意及时防治蚜虫和大豆食心虫。

适宜地区　吉林省大豆早熟区。

312. 吉育111 （Jiyu 111）

品种来源　吉林省农业科学院以吉林小粒6号为母本，Denny为父本，经有性杂交，系谱法选育而成。2018年经吉林省农作物品种审定委员会审定，审定编号为吉审豆20180009。全国大豆品种资源统一编号ZDD32529。

特征　亚有限结荚习性。株高92.5cm，有效分枝1.3个，单株有效荚数39.2个。叶披针形，白花，灰毛，荚熟时呈浅褐色。籽粒圆形，种皮黄色，脐黄色。百粒重9.5g。

特性　北方春大豆，早熟小粒品种，吉林早熟地区春播生育期116d。田间综合抗病性好，落叶性好，籽粒整齐，不裂荚。

产量品质　2016—2017年吉林省早熟大豆品种区域试验，平均产量2 430.1kg/hm²，比对照品种吉育105增产7.6%。2017年生产试验，平均产量2 401.4kg/hm²，比对照品种吉育105增产9.9%。蛋白质含量40.10%，脂肪含量18.34%。

栽培要点　适宜中等肥力地块种植，5月上中旬播种，播量25～30kg/hm²，行距0.63m，株距0.07m，密度22万～24万株/hm²。施基肥磷酸二铵250kg/hm²，尿素40～45kg/hm²，硫酸钾80～90kg/hm²；未施基肥地块可在6月中旬开花前追肥，追施磷酸二铵105～150kg/hm²，尿素22.5～30.0kg/hm²，硫酸钾45～60kg/hm²。适时中耕，后期注意防虫。

适宜地区　吉林省大豆早熟区。

313. 吉育112（Jiyu 112）

品种来源　吉林省农业科学院以公野0919为母本，吉林小粒7号为父本，经有性杂交，系谱法选育而成。2019年经吉林省农作物品种审定委员会审定，审定编号为吉审豆20190019。全国大豆品种资源统一编号ZDD34342。

特征　亚有限结荚习性。株高88.6cm，有效分枝0.8个，单株有效荚数38.5个。叶披针形，白花，灰毛，荚熟时呈褐色。籽粒圆形，种皮黄色，脐黄色。百粒重9.4g。

特性　北方春大豆，早熟小粒品种，吉林早熟地区春播生育期116d。田间综合抗病性好，落叶性好，籽粒整齐，不裂荚。

产量品质　2017—2018年吉林省早熟大豆品种区域试验，平均产量2 338.4kg/hm²，比对照品种吉育105增产10.4%。2018年生产试验，平均产量2 789.2kg/hm²，比对照品种吉育105增产10.7%。蛋白质含量41.35%，脂肪含量19.21%。

吉育112

栽培要点　一般5月上旬播种，播量30～35kg/hm²，行距0.63m，株距0.07m，密度22万～24万株/hm²。施基肥磷酸二铵250kg/hm²，尿素40～45kg/hm²，硫酸钾80～90kg/hm²；未施基肥地块可在6月中旬开花前追肥，追施磷酸二铵105～150kg/hm²，尿素22.5～30.0kg/hm²，硫酸钾45～60kg/hm²。适时中耕，后期注意防虫。

适宜地区 吉林省大豆早熟区。

314. 吉育113（Jiyu 113）

吉育113

品种来源 吉林省农业科学院以绥农15为母本，CUNA为父本，经有性杂交，系谱法选育而成。2019年经吉林省农作物品种审定委员会审定，审定编号为吉审豆20190020。全国大豆品种资源统一编号ZDD34343。

特征 亚有限结荚习性。株高105.6cm，株型收敛，有效分枝0.8个，单株有效荚数37.4个。叶披针形，紫花，棕毛，荚熟时呈褐色。籽粒圆形，种皮黄色，脐黄色。百粒重10.7g。

特性 北方春大豆，早熟小粒品种，吉林早熟地区春播生育期116d。田间综合抗病性好，落叶性好，籽粒整齐，不裂荚。

产量品质 2017—2018年吉林省早熟大豆品种区域试验，平均产量2 511.5kg/hm²，比对照品种吉育105增产18.1%。2018年生产试验，平均产量2 824.8kg/hm²，比对照品种吉育105增产18.1%。蛋白质含量35.71%，脂肪含量20.81%。

栽培要点 一般4月下旬至5月上旬播种，播量25～30kg/hm²，行距0.63m，株距0.07m，密度22万～24万株/hm²。施基肥磷酸二铵250kg/hm²，尿素40～45kg/hm²，硫酸钾80～90kg/hm²；未施基肥地块可在6月中旬开花前追肥，追施磷酸二铵105～150kg/hm²，尿素22.5～30.0kg/hm²，硫酸钾45～60kg/hm²。适时中耕，后期注意防虫。

适宜地区 吉林省大豆早熟区。

315. 吉育114（Jiyu 114）

品种来源 吉林省农业科学院以公野0848-1为母本，公野0731-23为父本，经有性杂交，系谱法选育而成。2020年经吉林省农作物品种审定委员会审定，审定编号为吉审豆20200014。全国大豆品种资源统一编号ZDD33297。

特征 亚有限结荚习性。株高77.8cm，有效分枝0.7个，单株有效荚数39.2个。叶披针形，紫花，灰毛，荚熟时呈褐色。籽粒圆形，种皮黄色，脐黄色。百粒重8.6g。

特性 北方春大豆，早熟小粒品种，吉林省早熟地区春播生育期114d。田间综合抗病性好，落叶性好，籽粒整齐，不裂荚。

产量品质 2018—2019年吉林省早熟大豆品种区域试验，平均产量2 673.3kg/hm²，比对照品种吉育105增产13.4%。2019年生产试验，平均产量2 744.3kg/hm²，比对照品种吉育105增产11.4%。蛋白质含量41.39%，脂肪含量20.01%。

栽培要点 一般5月上旬播种，播量25 ~ 30kg/hm²，行距0.63m，株距0.07m，密度22万 ~ 24万株/hm²。施基肥磷酸二铵250kg/hm²，尿素40 ~ 45kg/hm²，硫酸钾80 ~ 90kg/hm²；未施基肥地块可在6月中旬开花前追肥，追施磷酸二铵105 ~ 150kg/hm²，尿素22.5 ~ 30.0kg/hm²，硫酸钾45 ~ 60kg/hm²。适时中耕，后期注意防虫。

适宜地区 吉林省大豆早熟区。

316. 吉育115（Jiyu 115）

品种来源 吉林省农业科学院以公野09Ys10为母本，公野8146-3为父本，经有性杂交，系谱法选育而成。2020年经吉林省农作物品种审定委员会审定，审定编号为吉审豆20200015。全国大豆品种资源统一编号ZDD33298。

特征 亚有限结荚习性。株高97.1cm，有效分枝0.9个，单株有效荚数38.1个。叶披针形，白花，灰毛，荚熟时呈褐色。籽粒圆形，种皮黄色，脐黄色。百粒重8.9g。

特性 北方春大豆，早熟小粒品种，吉林省早熟地区春播生育期114d。田间综合抗病性好，落叶性好，籽粒整齐，不裂荚。

产量品质 2018—2019年吉林省早熟大

吉育114

吉育115

豆品种区域试验，平均产量2 568.6kg/hm²，比对照品种吉育105增产7.8%。2019年生产试验，平均产量2 703.6kg/hm²，比对照品种吉育105增产9.8%。蛋白质含量36.89%，脂肪含量22.43%。

栽培要点　一般5月上旬播种，播量25 ～ 30kg/hm²，行距0.63m，株距0.07m，密度22万 ～ 24万株/hm²。施基肥磷酸二铵250kg/hm²，尿素40 ～ 45kg/hm²，硫酸钾80 ～ 90kg/hm²；未施基肥地块可在6月中旬开花前追肥，追施磷酸二铵105 ～ 150kg/hm²，尿素22.5 ～ 30.0kg/hm²，硫酸钾45 ～ 60kg/hm²。适时中耕，后期注意防虫。

适宜地区　吉林省大豆早熟区。

317. 吉育116（Jiyu 116）

吉育116

品种来源　吉林省农业科学院以吉林小粒6号为母本，吉育103为父本，经有性杂交，系谱法选育而成。2020年经吉林省农作物品种审定委员会审定，审定编号为吉审豆20200016。全国大豆品种资源统一编号ZDD33299。

特征　亚有限结荚习性。株高85.3cm，有效分枝0.9个，单株有效荚数39.8个。叶披针形，白花，灰毛，荚熟时呈褐色。籽粒圆形，种皮绿色，脐淡黄色。百粒重7.9g。

特性　北方春大豆，早熟小粒品种，吉林省早熟地区春播生育期114d。田间综合抗病性好，落叶性好，籽粒整齐，不裂荚。

产量品质　2018—2019年吉林省早熟大豆品种区域试验，平均产量2 508.8kg/hm²，比对照品种吉育105增产5.6%。2019年生产试验，平均产量2 724.9kg/hm²，比对照品种吉育105增产10.6%。蛋白质含量41.37%，脂肪含量18.20%。

栽培要点　一般5月上旬播种，播量25 ～ 30kg/hm²，行距0.63m，株距0.07m，密度22万 ～ 24万株/hm²。施基肥磷酸二铵250kg/hm²，尿素40 ～ 45kg/hm²，硫酸钾80 ～ 90kg/hm²；未施基肥地块可在6月中旬开花前追肥，追施磷酸二铵105 ～ 150kg/hm²，尿素22.5 ～ 30.0kg/hm²，硫酸钾45 ～ 60kg/hm²。适时中耕，后期注意防虫。

适宜地区　吉林省大豆早熟区。

318. 吉育205（Jiyu 205）

品种来源　吉林省农业科学院以黑农46为母本，公交2000-17-16为父本，经有性杂交，系谱法选育而成。原品系号公交06832-1。2015年经吉林省农作物品种审定委员会审定，审定编号为吉审豆2015006。全国大豆品种资源统一编号ZDD34344。

特征 亚有限结荚习性。株高85cm，株型收敛，有效分枝0.7个，单株有效荚数40.3个。叶圆形，白花，灰毛，荚熟时呈褐色。籽粒圆形，种皮黄色，脐黄色。百粒重19.0g。

特性 北方春大豆，早熟高油品种，吉林省早熟地区春播生育期116d。田间综合抗病性好，落叶性好，籽粒整齐，不裂荚。

产量品质 2013—2014年吉林省早熟大豆品种区域试验，平均产量2 675.9kg/hm²，比对照品种绥农28增产12.0%。2014年生产试验，平均产量2 939.3kg/hm²，比对照品种绥农28增产13.2%。蛋白质含量34.23%，脂肪含量22.28%。

栽培要点 适宜中等肥力地块种植，5月上中旬播种，播量55～60kg/hm²，行距0.63m，株距0.06m，密度22万～24万株/hm²。施基肥磷酸二铵250kg/hm²，尿素40～45kg/hm²，硫酸钾80～90kg/hm²；未施基肥地块可在6月中旬开花前追肥，追施磷酸二铵105～150kg/hm²，尿素22.5～30.0kg/hm²，硫酸钾45～60kg/hm²。适时中耕，后期注意防虫。

适宜地区 吉林省大豆早熟区。

319. 吉育209（Jiyu 209）

品种来源 吉林省农业科学院以公交0503-2为母本，延-08-2为父本，经有性杂交，系谱法选育而成。2020年经吉林省农作物品种审定委员会审定，审定编号为吉审豆20200003。全国大豆品种资源统一编号ZDD33300。

吉育205

吉育209

特征　亚有限结荚习性。株高94.2cm，有效分枝0.7个，单株有效荚数35.4个。叶圆形，紫花，灰毛，荚熟时呈褐色。籽粒圆形，种皮黄色，脐黄色。百粒重19.3g。

特性　北方春大豆，早熟大豆品种，吉林省早熟地区春播生育期119d。田间综合抗病性好，落叶性好，籽粒整齐，不裂荚。

产量品质　2018—2019年吉林省早熟大豆品种区域试验，平均产量2 542.8kg/hm²，比对照合交02-69增产6.8%。2019年生产试验，平均产量2 524.5kg/hm²，比对照品种合交02-69增产6.9%。蛋白质含量37.41%，脂肪含量21.49%。

栽培要点　一般4月下旬至5月上旬播种，播量55～60kg/hm²，行距0.63m，株距0.06m，密度22万～24万株/hm²。施基肥磷酸二铵250kg/hm²，尿素40～45kg/hm²，硫酸钾80～90kg/hm²；未施基肥地块可在6月中旬开花前追肥，追施磷酸二铵105～150kg/hm²，尿素22.5～30.0kg/hm²，硫酸钾45～60kg/hm²。适时中耕，后期注意防虫。

适宜地区　吉林省大豆早熟区。

320. 吉育232（Jiyu 232）

品种来源　吉林省农业科学院以（公交海1-2575×吉育68）F₁为母本，吉大120为父本经有性杂交，系谱法选育而成。2020年经吉林省农作物品种审定委员会审定，审定编号为吉审豆20200001。全国大豆品种资源统一编号ZDD33301。

特征　亚有限结荚习性。株高98.0cm，有效分枝0.7个，单株有效荚数32.3个。叶披针形，紫花，灰毛，荚熟时呈褐色。籽粒圆形，种皮黄色，脐黄色。百粒重17.4g。

吉育232

特性　北方春大豆，早熟高油品种，吉林省早熟地区春播生育期121d。田间综合抗病性好，落叶性好，籽粒整齐，不裂荚。

产量品质　2018—2019年吉林省早熟大豆品种区域试验，平均产量2 623.2kg/hm²，比对照品种合交02-69增产9.9%。2019年生产试验，平均产量2 574.7kg/hm²，比对照品种合交02-69增产9.0%。蛋白质含量37.43%，脂肪含量22.03%。

栽培要点　一般4月下旬至5月上旬播种，播量50～55kg/hm²，行距0.63m，株距0.07m，密度20万～22万株/hm²。施基肥磷酸二铵250kg/hm²，尿素40～45kg/hm²，硫酸钾80～90kg/hm²；未施基肥地块可在6月中旬开花前追肥，追施磷酸二铵105～150kg/hm²，尿素22.5～30.0kg/hm²，硫酸钾45～60kg/hm²。适时中耕，后期注意防虫。

适宜地区　吉林省大豆早熟区。

321. 吉育251（Jiyu 251）

品种来源 吉林省农业科学院以吉育204为母本，东农56为父本，经有性杂交，系谱法选育而成。2020年经吉林省农作物品种审定委员会审定，审定编号为吉审豆20202230。全国大豆品种资源统一编号ZDD34345。

特征 亚有限结荚习性。株高85.5cm，有效分枝0.4个，单株有效荚数33.1个。叶披针形，紫花，棕毛，荚熟时呈褐色。籽粒圆形，种皮黄色，脐黄色。百粒重18.5g。

特性 北方春大豆，早熟品种，吉林省早熟地区春播生育期119d。田间综合抗病性好，落叶性好，籽粒整齐，不裂荚。

产量品质 2018—2019年吉林省早熟大豆品种区域试验，平均产量2 629.5kg/hm²，比对照合交02-69增产5.4%；2019年生产试验，平均产量2 702.2kg/hm²，比对照品种合交02-69增产6.3%。蛋白质含量40.39%，脂肪含量20.82%。

栽培要点 一般5月初播种，播量55～60kg/hm²，行距0.63m，株距0.06m，密度22万～24万株/hm²。施基肥磷酸二铵250kg/hm²，尿素40～45kg/hm²，硫酸钾80～90kg/hm²；未施基肥地块可在6月中旬开花前追肥，追施磷酸二铵105～150kg/hm²，尿素22.5～30.0kg/hm²，硫酸钾45～60kg/hm²。适时中耕，后期注意防虫。

适宜地区 吉林省大豆早熟区。

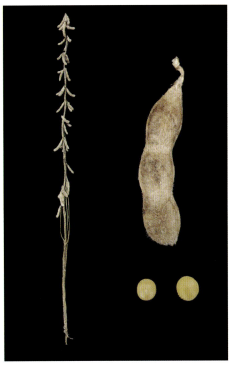

吉育251

322. 吉育257（Jiyu 257）

品种来源 吉林省农业科学院以农大15751为母本，公交96192-4为父本，经有性杂交，系谱法选育而成。2020年经吉林省农作物品种审定委员会审定，审定编号为吉审豆20200028。全国大豆品种资源统一编号ZDD33302。

特征 亚有限结荚习性。株高84.9cm，有效

吉育257

分枝0.6个，单株有效荚数32.7个。叶披针形，紫花，灰毛，荚熟时呈褐色。籽粒圆形，种皮黄色，脐黄色。百粒重19.2g。

特性　北方春大豆，早熟高蛋白品种，吉林省早熟地区春播生育期117d。田间综合抗病性好，落叶性好，籽粒整齐，不裂荚。

产量品质　2018—2019年吉林省早熟大豆品种区域试验，平均产量2 471.1kg/hm²，比对照合交02-69增产0.2%。2019年生产试验，平均产量2 560.9kg/hm²，比对照合交02-69增产0.8%。蛋白质含量43.66%，脂肪含量18.94%。

栽培要点　一般5月初播种，播量55～60kg/hm²，行距0.63m，株距0.06m，密度22万～24万株/hm²。施基肥磷酸二铵250kg/hm²，尿素40～45kg/hm²，硫酸钾80～90kg/hm²；未施基肥地块可在6月中旬开花前追肥，追施磷酸二铵105～150kg/hm²，尿素22.5～30.0kg/hm²，硫酸钾45～60kg/hm²。适时中耕，后期注意防虫。

适宜地区　吉林省大豆早熟区。

323. 吉育259（Jiyu 259）

品种来源　吉林省农业科学院以A3127为母本，吉育58为父本，经有性杂交，系谱法选育而成。2019年经吉林省农作物品种审定委员会审定，审定编号为吉审豆20190013。全国大豆品种资源统一编号ZDD34346。

特征　亚有限结荚习性。株高84.7cm，有效分枝0.3个，单株有效荚数34.7个。叶椭圆形，紫花，棕毛，荚熟时呈褐色。籽粒圆形，种皮黄色，脐黄色。百粒重17.9g。

特性　北方春大豆，早熟高蛋白品种，吉林省早熟地区春播生育期118d。田间综合抗病性好，落叶性好，籽粒整齐，不裂荚。

产量品质　2017—2018年吉林省早熟大豆品种区域试验，平均产量2 975.2kg/hm²，比对照品种合交02-69增产14.1%。2018年生产试验，平均产量2 721.9kg/hm²，比对照品种合交02-69增产9.6%。蛋白质含量43.28%，脂肪含量19.12%。

栽培要点　一般5月初播种，播量55～60kg/hm²，行距0.63m，株距0.06m，密度22万～24万株/hm²。施基肥磷酸二铵250kg/hm²，尿素40～45kg/hm²，硫酸钾80～90kg/hm²；未施基肥地块可在6月中旬开花前追肥，追施磷酸二铵105～150kg/hm²，尿素22.5～30.0kg/hm²，硫酸钾45～60kg/hm²。适时中耕，后期注意防虫。

适宜地区　吉林省大豆早熟区。

吉育259

324. 吉育260（Jiyu 260）

品种来源 吉林省农业科学院以公交2002-302-7为母本，OX501为父本，经有性杂交，系谱法选育而成。2019年经吉林省农作物品种审定委员会审定，审定编号为吉审豆20190014。全国大豆品种资源统一编号ZDD34347。

特征 亚有限结荚习性。株高79.5cm，有效分枝0.4个，单株有效荚数35.4个。叶椭圆形，白花，灰毛，荚熟时呈褐色。籽粒圆形，种皮黄色，脐黄色。百粒重18.7g。

特性 北方春大豆，早熟品种，吉林省早熟地区春播生育期117d。田间综合抗病性好，落叶性好，籽粒整齐，不裂荚。

产量品质 2017—2018年吉林省早熟大豆品种区域试验，平均产量2 862.7kg/hm²，比对照品种合交品种02-69增产8.6%。2018年生产试验，平均产量2 897.5kg/hm²，比对照品种合交02-69增产16.1%。蛋白质含量42.40%，脂肪含量20.11%。

栽培要点 一般5月初播种，播量55 ～ 60kg/hm²，行距0.63m，株距0.06m，密度22万 ～ 24万株/hm²。施基肥磷酸二铵250kg/hm²，尿素40 ～ 45kg/hm²，硫酸钾80 ～ 90kg/hm²；未施基肥地块可在6月中旬开花前追肥，追施磷酸二铵105 ～ 150kg/hm²，尿素22.5 ～ 30.0kg/hm²，硫酸钾45 ～ 60kg/hm²。适时中耕，后期注意防虫。

适宜地区 吉林省大豆早熟区。

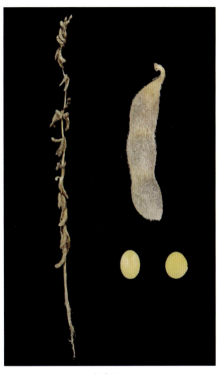

吉育260

325. 吉育299（Jiyu 299）

品种来源 吉林省农业科学院以公交2002-302-7为母本，Tourco为父本，经有性杂交，系谱法选育而成。2019年经吉林省农作物品种审定委员会审定，审定编号为吉审豆20190015。全国大豆品种资源统一编号ZDD34348。

特征 亚有限结荚习性。株高85.6cm，有效分

吉育299

枝0.6个，单株有效荚数34.6个。叶椭圆形，白花，灰毛，荚深褐色。籽粒圆形，种皮黄色，脐黄色。百粒重16.4g。

特性　北方春大豆，早熟品种，吉林省早熟地区春播生育期119d。田间综合抗病性好，落叶性好，籽粒整齐，不裂荚。

产量品质　2017—2018年吉林省早熟大豆品种区域试验，平均产量2 849.3kg/hm²，比对照品种合交02-69增产8.1%。2018年生产试验，平均产量2 560.0kg/hm²，比对照品种合交02-69增产2.4%。蛋白质含量41.63%，脂肪含量21.08%。

栽培要点　一般5月初播种，播量55～60kg/hm²，行距0.63m，株距0.06m，密度22万～24万株/hm²。施基肥磷酸二铵250kg/hm²，尿素40～45kg/hm²，硫酸钾80～90kg/hm²；未施基肥地块可在6月中旬开花前追肥，追施磷酸二铵105～150kg/hm²，尿素22.5～30.0kg/hm²，硫酸钾45～60kg/hm²。适时中耕，后期注意防虫。

适宜地区　吉林省大豆早熟区。

326. 吉育306（Jiyu 306）

品种来源　吉林省农业科学院以吉生00307-3为母本，吉育88为父本，经有性杂交，系谱法选育而成。2019年经吉林省农作物品种审定委员会审定，审定编号为吉审豆20190005。全国大豆品种资源统一编号ZDD33303。

特征　亚有限结荚习性。株高105.4cm，有效分枝0.6个，单株有效荚数33.8个。叶披针形，紫花，灰毛，荚熟时呈褐色。籽粒圆形，种皮黄色，脐黄色。百粒重20.2g。

特性　北方春大豆，中早熟品种，吉林省中早熟地区春播生育期123d。田间综合抗病性好，落叶性好，籽粒整齐，不裂荚。

产量品质　2017—2018年吉林省中早熟大豆品种区域试验，平均产量3 430.8kg/hm²，比对照品种吉育47增产5.5%。2018年生产试验，平均产量3 510.3kg/hm²，比对照品种吉育47增产8.3%。蛋白质含量41.85%，脂肪含量19.61%。

栽培要点　一般4月下旬至5月上旬播种，播量55～60kg/hm²，行距0.63m，株距0.06m，密度22万～24万株/hm²。施基肥磷酸二铵250kg/hm²，尿素40～45kg/hm²，硫酸钾80～90kg/hm²；未施基肥地块可在6月中旬开花前追肥，追施磷酸二铵105～150kg/hm²，尿素22.5～30.0kg/hm²，硫酸钾45～60kg/hm²。适时中耕，后期注意防虫。

适宜地区　吉林省大豆中早熟区。

吉育306

327. 吉育308（Jiyu 308）

品种来源 吉林省农业科学院以吉育47为母本，黑河小黄豆为父本，经有性杂交，系谱法选育而成。2019年经吉林省农作物品种审定委员会审定，审定编号为吉审豆20190004。全国大豆品种资源统一编号ZDD34349。

特征 亚有限结荚习性。株高92.0cm，有效分枝0.6个，单株有效荚数35.1个。叶圆形，紫花，灰毛，荚熟时呈褐色。籽粒圆形，种皮黄色，脐黄色。百粒重21.5g。

特性 北方春大豆，中早熟品种，吉林省中早熟地区春播生育期120d。田间综合抗病性好，落叶性好，籽粒整齐，不裂荚。

产量品质 2016—2018年吉林省中早熟大豆品种区域试验，平均产量3 367.9kg/hm²，比对照品种吉育47增产5.5%。2018年生产试验，平均产量3 621.6kg/hm²，比对照品种吉育47增产11.8%。蛋白质含量39.95%，脂肪含量21.00%。

吉育308

栽培要点 适宜中等肥力地块种植，5月上中旬播种，播量55～60kg/hm²，行距0.63m，株距0.06m，密度22万～24万株/hm²。施基肥磷酸二铵250kg/hm²，尿素40～45kg/hm²，硫酸钾80～90kg/hm²；未施基肥地块可在6月中旬开花前追肥，追施磷酸二铵105～150kg/hm²，尿素22.5～30.0kg/hm²，硫酸钾45～60kg/hm²。适时中耕，后期注意防虫。

适宜地区 吉林省大豆中早熟区。

328. 吉育310（Jiyu 310）

品种来源 吉林省农业科学院以公交0123-4为母本，（公交0123-4×吉育86）F₁为父本，经有性杂交，系谱法选育而成。2020年经吉林省农作物品种审定委员会审定，审定编号为吉审豆20200006。全国大豆品种资源统一编号ZDD33304。

特征 亚有限结荚习性。株高103.8cm，有效分枝0.2个，单株有效荚数32.8个。叶圆形，白花，灰毛，荚熟时呈褐色。籽粒圆形，种皮黄色，脐黄色。百粒重22.1g。

特性 北方春大豆，中早熟品种，吉林省中早熟地区春播生育期125d。田间综合抗病性好，落叶性好，籽粒整齐，不裂荚。

吉育310

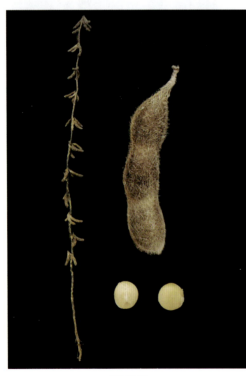

吉育321

产量品质　2018—2019年吉林省中早熟大豆品种区域试验，平均产量3 382.9kg/hm²，比对照品种吉育47增产6.7%。2019年生产试验，平均产量3 339.5kg/hm²，比对照品种吉育47增产5.5%。蛋白质含量40.89%，脂肪含量20.02%。

栽培要点　一般4月下旬至5月上旬播种，播量55～60kg/hm²，行距0.63m，株距0.06m，密度22万～24万株/hm²。施基肥磷酸二铵250kg/hm²，尿素40～45kg/hm²，硫酸钾80～90kg/hm²；未施基肥地块可在6月中旬开花前追肥，追施磷酸二铵105～150kg/hm²，尿素22.5～30.0kg/hm²，硫酸钾45～60kg/hm²。适时中耕，后期注意防虫。

适宜地区　吉林省大豆中早熟东部区域。

329. 吉育321（Jiyu 321）

品种来源　吉林省农业科学院以吉育72为母本，公2179-16为父本，经有性杂交，系谱法选育而成。原品系号DY2012-8。2016年经吉林省农作物品种审定委员会审定，审定编号为吉审豆2016006。全国大豆品种资源统一编号ZDD33305。

特征　亚有限结荚习性。株高119.5cm，有效分枝0.4个，单株有效荚数39.3个。叶披针形，紫花，灰毛，荚熟时呈褐色。籽粒椭圆形，种皮黄色，脐黄色。百粒重18.4g。

特性　北方春大豆，中早熟高油品种，吉林省中早熟地区春播生育期122d。田间综合抗病性好，落叶性好，籽粒整齐，不裂荚。

产量品质　2013—2014年吉林省中早熟大豆品种区域试验，平均产量2 728.9kg/hm²，比对照品种白农10号增产8.4%。2015年生产试验，平均产量2 959.7kg/hm²，比对照品种白农10号增产4.6%。蛋白质含量38.31%，脂肪含量21.18%。

栽培要点 适宜中等肥力地块种植，5月上中旬播种，播量55～60kg/hm²，行距0.63m，株距0.06m，密度22万～24万株/hm²。施基肥磷酸二铵250kg/hm²，尿素40～45kg/hm²，硫酸钾80～90kg/hm²；未施基肥地块可在6月中旬开花前追肥，追施磷酸二铵105～150kg/hm²，尿素22.5～30.0kg/hm²，硫酸钾45～60kg/hm²。适时中耕，后期注意防虫。

适宜地区 吉林省西部大豆中早熟区。

330. 吉育341（Jiyu 341）

品种来源 吉林省农业科学院以吉育71为母本，合交00-703为父本，经有性杂交，系谱法选育而成。2016年经吉林省农作物品种审定委员会审定，审定编号为吉审豆2016008。全国大豆品种资源统一编号ZDD31332。

特征 亚有限结荚习性。株高109.1cm，有效分枝0.4个，单株有效荚数38.5个。叶披针形，白花，灰毛，荚熟时呈黄褐色。籽粒圆形，种皮黄色，脐黄色。百粒重20.0g。

特性 北方春大豆，中早熟品种，吉林省中早熟地区春播生育期123d。田间综合抗病性好，落叶性好，籽粒整齐，不裂荚。

产量品质 2013—2014年吉林省中早熟大豆品种区域试验，平均产量2 869.6kg/hm²，比对照品种白农10号增产14.0%。2015年生产试验，平均产量3 358.0kg/hm²，比对照品种白农10号增产18.7%。蛋白质含量40.30%，脂肪含量19.63%。

吉育341

栽培要点 适宜中等肥力地块种植，4月下旬播种，播量55～60kg/hm²，行距0.63m，株距0.06m，密度22万～24万株/hm²。施基肥磷酸二铵250kg/hm²，尿素40～45kg/hm²，硫酸钾80～90kg/hm²；未施基肥地块可在6月中旬开花前追肥，追施磷酸二铵105～150kg/hm²，尿素22.5～30.0kg/hm²，硫酸钾45～60kg/hm²。适时中耕，后期注意防虫。

适宜地区 吉林省西部大豆中早熟区。

331. 吉育354（Jiyu 354）

品种来源 吉林省农业科学院以吉育204为母本，绥07-361为父本，经有性杂交，系

吉育354

吉育362

谱法选育而成。2020年经吉林省农作物品种审定委员会审定，审定编号为吉审豆20200005。全国大豆品种资源统一编号ZDD33306。

特征 亚有限结荚习性。株高99.8cm，有效分枝0.9个，单株有效荚数38.3个。叶披针形，紫花，棕毛，荚熟时呈黄褐色。籽粒圆形，种皮黄色，脐黄色。百粒重17.3g。

特性 北方春大豆，中早熟品种，吉林省中早熟地区春播生育期125d。田间综合抗病性好，落叶性好，籽粒整齐，不裂荚。

产量品质 2018—2019年吉林省中早熟大豆品种区域试验，平均产量3 424.6kg/hm²，比对照品种吉育47增产8.0%。2019年生产试验，平均产量3 581.2kg/hm²，比对照品种吉育47增产13.1%。蛋白质含量39.95%，脂肪含量21.09%。

栽培要点 一般5月初播种，播量55 ～ 60kg/hm²，行距0.63m，株距0.06m，密度22万 ～ 24万株/hm²。施基肥磷酸二铵250kg/hm²，尿素40 ～ 45kg/hm²，硫酸钾80 ～ 90kg/hm²；未施基肥地块可在6月中旬开花前追肥，追施磷酸二铵105 ～ 150kg/hm²，尿素22.5 ～ 30.0kg/hm²，硫酸钾45 ～ 60kg/hm²。适时中耕，后期注意防虫。

适宜地区 吉林省大豆中早熟东部地区。

332. 吉育362（Jiyu 362）

品种来源 吉林省农业科学院以吉育59为母本，吉林28为父本，经有性杂交，系谱法选育而成。原品系号0702。2017年经吉林省农作物品种审定委员会审定，审定编号为吉审豆20170005。全国大豆品种资源统一编号ZDD31330。

特征 亚有限结荚习性。株高101.6cm，有效分枝2.6个，单株有效荚数38.1个。叶圆形，紫花，棕毛，荚熟时呈棕褐色。籽粒圆形，种皮黄色，脐黑色。百粒重18.0g。

特性 北方春大豆，中早熟高油品种，吉林省中早熟地区春播生育期127d。田间综合抗病性好，落叶性好，籽粒整齐，不裂荚。

产量品质 2015—2016年吉林省中早熟大豆品种区域试验，平均产量3 435.9kg/hm²，比对照品种吉育47增产10.1%。2016年生产试验，平均产量3 210.3kg/hm²，比对照品种吉育47增产6.4%。蛋白质含量36.10%，脂肪含量23.23%。

栽培要点 一般4月下旬播种，播量55 ~ 60kg/hm²，行距0.63m，株距0.06m，密度22万 ~ 24万株/hm²。施基肥磷酸二铵250kg/hm²，尿素40 ~ 45kg/hm²，硫酸钾80 ~ 90kg/hm²；未施基肥地块可在6月中旬开花前追肥，追施磷酸二铵105 ~ 150kg/hm²，尿素22.5 ~ 30.0kg/hm²，硫酸钾45 ~ 60kg/hm²。适时中耕，后期注意防虫。

适宜地区 吉林省大豆中早熟区。

333. 吉育363（Jiyu 363）

品种来源 吉林省农业科学院以公野2007Y31为母本，公野2007Y16为父本，经有性杂交，系谱法选育而成。2019年经吉林省农作物品种审定委员会审定，审定编号为吉审豆20190003。全国大豆品种资源统一编号ZDD33307。

特征 亚有限结荚习性。株高104cm，有效分枝1.3个，单株有效荚数36.9个。叶椭圆形，紫花，灰毛，荚熟时呈褐色。籽粒圆形，种皮黄色，脐黄色。百粒重21.4g。

特性 北方春大豆，中早熟品种，吉林省中早熟地区春播生育期124d。田间综合抗病性好，落叶性好，籽粒整齐，不裂荚。

产量品质 2017—2018年吉林省中早熟大豆品种区域试验，平均产量3 467.3kg/hm²，比对照品种吉育47增产6.6%。2018年生产试验，平均产量3 534.5kg/hm²，比对照品种吉育47增产9.1%。蛋白质含量41.11%，脂肪含量20.34%。

栽培要点 一般4月下旬至5月上旬播

吉育363

种，播量55 ~ 60kg/hm²，行距0.63m，株距0.06m，密度22万 ~ 24万株/hm²。施基肥磷酸二铵250kg/hm²，尿素40 ~ 45kg/hm²，硫酸钾80 ~ 90kg/hm²；未施基肥地块可在6月中旬开花前追肥，追施磷酸二铵105 ~ 150kg/hm²，尿素22.5 ~ 30.0kg/hm²，硫酸钾45 ~ 60kg/hm²。适时中耕，后期注意防虫。

适宜地区 吉林省大豆中早熟东部地区。

334. 吉育381 (Jiyu 381)

吉育381

品种来源 吉林省农业科学院以黑农38为母本，吉育84为父本，经有性杂交，系谱法选育而成。2019年经国家农作物品种审定委员会审定，审定编号为国审豆20190009。全国大豆品种资源统一编号ZDD31311。

特征 亚有限结荚习性。株高95.4cm，株型收敛，有效分枝0.4个，单株有效荚数44.7个。叶披针形，紫花，灰毛，荚深褐色。籽粒圆形，种皮黄色，脐黄色。百粒重18.6g。

特性 北方春大豆，中早熟高油品种，吉林省中早熟地区春播生育期124d。田间综合抗病性好，落叶性好，籽粒整齐，不裂荚。

产量品质 2017—2018年北方春大豆中早熟品种区域试验，平均产量3 178.5kg/hm²，比对照品种合交02-69增产10.2%。2018年生产试验，平均产量3 088.5kg/hm²，比对照品种合交02-69增产5.3%。蛋白质含量36.54%，脂肪含量21.75%。

栽培要点 5月上旬至中旬播种，采用垄作栽培方式，播量55～60kg/hm²，行距0.63m，株距0.06m，密度22万～24万株/hm²。施基肥磷酸二铵250kg/hm²，尿素40～45kg/hm²，硫酸钾80～90kg/hm²；未施基肥地块可在6月中旬开花前追肥，追施磷酸二铵105～150kg/hm²，尿素22.5～30.0kg/hm²，硫酸钾45～60kg/hm²。适时中耕，后期注意防虫。

适宜地区 黑龙江省第二积温带和第三积温带上限；吉林省东部山区、内蒙古自治区兴安盟中东部和新疆维吾尔自治区昌吉地区。

335. 吉育441 (Jiyu 441)

品种来源 吉林省农业科学院以（吉林小粒7号×吉育82）F₁为母本，吉育82为父本，经有性杂交，系谱法选育而成。2018年经国家农作物品种审定委员会审定，审定编号为国审豆20180014。全国大豆品种资源统一编号ZDD34350。

特征 亚有限结荚习性。株高94.4cm，株型收敛，有效分枝0.4个，单株有效荚数51.1个。叶圆形，紫花，灰毛，荚熟时呈褐色。籽粒椭圆形，种皮黄色，脐淡褐色。百粒重18.0g。

特性　北方春大豆，中熟高油品种，吉林省中熟地区春播生育期127d。田间综合抗病性好，落叶性好，籽粒整齐，不裂荚。

产量品质　2016—2017年北方春大豆中熟组品种区域试验，平均产量3 456.0kg/hm²，比对照品种吉育86增产2.9%。2017年生产试验，平均产量3 384.0kg/hm²，比对照品种吉育86增产2.1%。蛋白质含量38.90%，脂肪含量21.74%。

栽培要点　适宜中等肥力地块种植，4月末播种，播量45 ～ 50kg/hm²，行距0.63m，株距0.07m，密度18万 ～ 20万株/hm²。施基肥磷酸二铵250kg/hm²，尿素40 ～ 45kg/hm²，硫酸钾80 ～ 90kg/hm²；未施基肥地块可在6月中旬开花前追肥，追施磷酸二铵105 ～ 150kg/hm²，尿素22.5 ～ 30.0kg/hm²，硫酸钾45 ～ 60kg/hm²。适时中耕，后期注意防虫。

适宜地区　吉林中部、内蒙古中部和东南部地区。

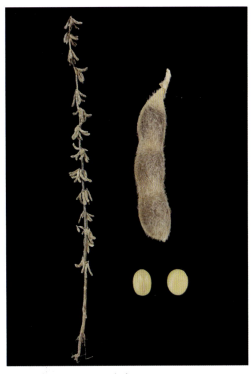

吉育441

336. 吉育481（Jiyu 481）

品种来源　吉林省农业科学院以SB8718为母本，98898为父本，经有性杂交，系谱法选育而成。2021年经国家农作物品种审定委员会审定，审定编号为国审豆20210024。全国大豆品种资源统一编号ZDD33308。

特征　无限结荚习性。株高112.3cm，有效分枝1.1个，单株有效荚数35.4个。叶圆形，白花，棕毛，荚熟时呈黄褐色。籽粒圆形，种皮黄色，脐黑色。百粒重17.3g。

特性　北方春大豆，中熟高油品种，吉林省中熟地区春播生育期128d。田间综合抗病性好，落叶性好，籽粒整齐，不裂荚。

产量品质　2018—2019年北方春大豆中熟组品种区域试验，平均产量3 477.0kg/hm²，

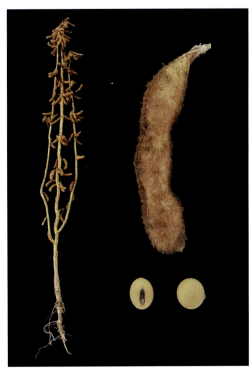

吉育481

比对照品种吉育86增产6.5%。2019年生产试验，平均产量3 124.5kg/hm²，比对照品种吉育86增产2.9%。蛋白质含量37.84%，脂肪含量21.78%。

栽培要点 适宜中等肥力地块种植，一般4月下旬播种，播量45～50kg/hm²，行距0.63m，株距0.08m，密度18万～20万株/hm²。施基肥磷酸二铵250kg/hm²，尿素40～45kg/hm²，硫酸钾80～90kg/hm²；未施基肥地块可在6月中旬开花前追肥，追施磷酸二铵105～150kg/hm²，尿素22.5～30.0kg/hm²，硫酸钾45～60kg/hm²。适时中耕，后期注意防虫。

适宜地区 吉林省中部（扶余市周边除外）、内蒙古自治区中部和东南部。

337. 吉育513（Jiyu 513）

吉育513

品种来源 吉林省农业科学院以吉育47为母本，铁97124-1-1为父本，经有性杂交，系谱法选育而成。2020年经吉林省农作物品种审定委员会审定，审定编号为吉审豆20200013。全国大豆品种资源统一编号ZDD33309。

特征 无限结荚习性。株高115.2cm，株型收敛，有效分枝0.9个，单株有效荚数38.7个。叶圆形，紫花，棕毛，荚熟时呈黄褐色。籽粒圆形，种皮黄色，脐黄色。百粒重17.3g。

特性 北方春大豆，中晚熟品种，吉林省中晚熟地区春播生育期132d。田间综合抗病性好，落叶性好，籽粒整齐，不裂荚。

产量品质 2018—2019年吉林省中晚熟大豆品种区域试验，平均产量3 221.9kg/hm²，比对照品种吉育72增产6.2%。2019年生产试验，平均产量3 031.1kg/hm²，比对照品种吉育72增产11.7%。蛋白质含量41.25%，脂肪含量18.92%。

栽培要点 一般4月下旬播种，播量45～50kg/hm²，行距0.63m，株距0.08m，密度18万～20万株/hm²。施基肥磷酸二铵250kg/hm²，尿素40～45kg/hm²，硫酸钾80～90kg/hm²；未施基肥地块可在6月中旬开花前追肥，追施磷酸二铵105～150kg/hm²，尿素22.5～30.0kg/hm²，硫酸钾45～60kg/hm²。适时中耕，后期注意防虫。

适宜地区 吉林省大豆中晚熟区。

338. 吉育552（Jiyu 552）

品种来源 吉林省农业科学院以公交2001-314-3为母本，垦02-265为父本，经有性杂交，系谱法多年选择培育而成。原品系号公交08845-35。2018年经吉林省农作物品种审定委员会审定，审定编号为吉审豆20180006。全国大豆品种资源统一编号ZDD33310。

特征 亚有限结荚习性。株高96.9cm，有效分枝0.7个，单株有效荚数38.4个。叶披针形，白花，灰毛，荚熟时呈褐色。籽粒圆形，种皮黄色，脐黄色。百粒重18.8g。

特性 北方春大豆，中晚熟品种，吉林省中晚熟地区春播生育期127d。田间综合抗病性好，落叶性好，籽粒整齐，不裂荚。

产量品质 2016—2017年吉林省中晚熟大豆品种区域试验，平均产量3 278.6kg/hm²，比对照品种吉育72增产5.1%。2017年生产试验，平均产量3 168.5kg/hm²，比对照品种吉育72增产16.2%。蛋白质含量39.24%，脂肪含量20.38%。

栽培要点 适宜中等肥力地块种植，一般4月下旬播种，播量45～50kg/hm²，行距0.63m，株距0.08m，密度18万～20万株/hm²。施基肥磷酸二铵250kg/hm²，尿素40～45kg/hm²，硫酸钾80～90kg/hm²；未施基肥地块可在6月中旬开花前追肥，追施磷酸二铵105～150kg/hm²，尿素22.5～30.0kg/hm²，硫酸钾45～60kg/hm²。适时中耕，后期注意防虫。

适宜地区 吉林省大豆中晚熟区。

339. 吉育554（Jiyu 554）

品种来源 吉林省农业科学院以九8659为母本，公交96176为父本进行有性杂交，采用系谱法选育而成。2020年经吉林省农作物品种审定委员会审定，审定编号为吉审豆20200011。全国大豆品种资源统一编号ZDD31339。

特征 亚有限结荚习性，株高99.7cm，有

吉育552

吉育554

效分枝0.6个，单株有效荚数41.3个。叶圆形，紫花，棕毛，荚熟时呈黄褐色。籽粒椭圆形，种皮黄色，脐黄色。百粒重17.4g。

特性 北方春大豆，中晚熟大豆品种，吉林中晚熟地区春播生育期130d。田间综合抗病性好，落叶性好，籽粒整齐，不裂荚。

产量品质 2017—2018年吉林省中晚熟大豆品种区域试验，平均产量3 157.6kg/hm²，比对照品种吉育72增产4.2%。2019年生产试验，平均产量3 015.5kg/hm²，比对照品种吉育72增产11.2%。蛋白质含量41.48%，脂肪含量19.97%。

栽培要点 一般4月末播种，播量45～50kg/hm²，行距0.63m，株距0.08m，密度18万～20万株/hm²。施基肥磷酸二铵250kg/hm²，尿素40～45kg/hm²，硫酸钾80～90kg/hm²。未施基肥可在6月中旬开花前追肥，追磷酸二铵105～150kg/hm²，尿素22.5～30.0kg/hm²，硫酸钾45～60kg/hm²。适时中耕，后期注意防虫。

适宜地区 吉林省大豆中晚熟区。

340. 吉育584（Jiyu 584）

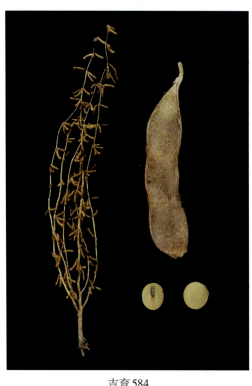

吉育584

品种来源 吉林省农业科学院以SB8718为母本，98898为父本进行有性杂交，采用系谱法选育而成。2019年经吉林省农作物品种审定委员会审定，审定编号为吉审豆20190010。全国大豆品种资源统一编号ZDD34351。

特征 无限结荚习性，株高116.4cm，有效分枝2.1个，单株有效荚数40.3个。叶圆形，紫花，棕毛，荚熟时呈黄褐色。籽粒圆形，种皮黄色，脐蓝色。百粒重16.7g。

特性 北方春大豆，中晚熟大豆品种，吉林中晚熟地区春播生育期131d。田间综合抗病性好，落叶性好，籽粒整齐，不裂荚。

产量品质 2017—2018年吉林省中晚熟大豆品种区域试验，平均产量3 219.9kg/hm²，比对照吉育72增产8.3%。2018年生产试验，平均产量3 524.3kg/hm²，比对照吉育72增产14.4%。蛋白质含量39.97%，脂肪含量20.60%。

栽培要点 一般4月下旬播种，播量45～50kg/hm²，行距0.63m，株距0.08m，密度18万～20万株/hm²。施基肥磷酸二铵250kg/hm²，尿素40～45kg/hm²，硫酸钾80～90kg/hm²。未施基肥可在6月中旬开花前追肥，追磷酸二铵105～150kg/hm²，尿素

$22.5 \sim 30.0kg/hm^2$，硫酸钾$45 \sim 60kg/hm^2$。适时中耕，后期注意防虫。

适宜地区　吉林省大豆中晚熟区。

341. 吉育593（Jiyu 593）

品种来源　吉林省农业科学院以吉育94为母本，铁97030为父本进行有性杂交，采用系谱法选育而成。2019年经吉林省农作物品种审定委员会审定，审定编号为吉审豆20190012。全国大豆品种资源统一编号ZDD31335。

特征　亚有限结荚习性，株高102.3cm，有效分枝0.9个，单株有效荚数39.2个。叶圆形，紫花，灰毛，荚熟时呈褐色。籽粒圆形，种皮黄色，脐黄色。百粒重20.0g。

特性　北方春大豆，中晚熟高蛋白大豆品种，吉林中晚熟地区春播生育期130d。田间综合抗病性好，落叶性好，籽粒整齐，不裂荚。

产量品质　2017—2018年吉林省中晚熟大豆品种区域试验，平均产量3 142.9kg/hm²，比对照吉育72增产3.9%。2018年生产试验，平均产量3 112.4kg/hm²，比对照吉育72增产1.0%。蛋白质含量43.93%，脂肪含量18.95%。

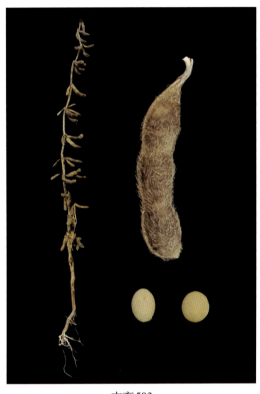

吉育593

栽培要点　一般4月下旬播种，播量$45 \sim 50kg/hm^2$，行距0.63m，株距0.08m，密度18万 $\sim$ 20万株/hm²。施基肥磷酸二铵250kg/hm²，尿素$40 \sim 45kg/hm^2$，硫酸钾$80 \sim 90kg/hm^2$。未施基肥可在6月中旬开花前追肥，追磷酸二铵$105 \sim 150kg/hm^2$，尿素$22.5 \sim 30.0kg/hm^2$，硫酸钾$45 \sim 60kg/hm^2$。适时中耕，后期注意防虫。

适宜地区　吉林省大豆中晚熟区。

342. 吉育594（Jiyu 594）

品种来源　吉林省农业科学院以吉育71为母本，绥农14为父本进行有性杂交，采用系谱法选育而成。2020年经吉林省农作物品种审定委员会审定，审定编号为吉审豆20200012。全国大豆品种资源统一编号ZDD33311。

特征　亚有限结荚习性，株高104.0cm，有效分枝0.7个，单株有效荚数39.5个。叶

吉育594

披针形，紫花，灰毛，荚熟时呈褐色。籽粒圆形，种皮黄色，脐黄色。百粒重20.2g。

特性　北方春大豆，中晚熟大豆品种，吉林中晚熟地区春播生育期130d。田间综合抗病性好，落叶性好，籽粒整齐，不裂荚。

产量品质　2018—2019年吉林省中晚熟大豆品种区域试验，平均产量3 245.6kg/hm²，比对照吉育72增产7.0%。2019年生产试验，平均产量3 025.0kg/hm²，比对照吉育72增产11.5%。蛋白质含量40.80%，脂肪含量20.53%。

栽培要点　一般4月下旬播种，播量55～60kg/hm²，行距0.63m，株距0.07m，密度18万～20万株/hm²。施基肥磷酸二铵250kg/hm²，尿素40～45kg/hm²，硫酸钾80～90kg/hm²。未施基肥可在6月中旬开花前追肥，追磷酸二铵105～150kg/hm²，尿素22.5～30.0kg/hm²，硫酸钾45～60kg/hm²。适时中耕，后期注意防虫。

适宜地区　吉林省大豆中晚熟区。

343. 吉育609（Jiyu 609）

品种来源　吉林省农业科学院以JLCMS103A为母本，JLR102为父本进行杂交选育，原品系号h08-194。2015年经吉林省农作物品种审定委员会审定，审定编号为吉审豆2015004。全国大豆品种资源统一编号ZDD33312。

特征　无限结荚习性，株高95.2cm，有效分枝0.9个，单株有效荚数39.2个。叶圆形，紫花，灰毛，荚熟时呈褐色。籽粒圆形，种皮黄色，脐黄色。百粒重18.4g。

特性　北方春大豆，早熟品种，吉林早熟地区春播生育期111d。田间综合抗病性好，落叶性好，籽粒整齐。

产量品质　2013—2014年吉林省早熟大豆品种区域试验，平均产量2 795.9kg/hm²，比对照绥农28增产17.0%。2014年生产试验，平均产量2 653.8kg/hm²，比对照绥农28增产2.2%。蛋白质含量37.52%，脂肪

吉育609

含量22.54%。

栽培要点 一般4月末至5月初播种，播量55～60kg/hm²，行距0.63m，株距0.06m，密度22万～24万株/hm²。施基肥磷酸二铵250kg/hm²，尿素40～45kg/hm²，硫酸钾80～90kg/hm²。未施基肥可在6月中旬开花前追肥，追磷酸二铵105～150kg/hm²，尿素22.5～30.0kg/hm²，硫酸钾45～60kg/hm²。注意及时防治蚜虫和食心虫。

适宜地区 吉林省大豆早熟区。

344. 吉育611（Jiyu 611）

品种来源 吉林省农业科学院以JLCMS147A为母本，JLR113为父本进行杂交选育，原品系号h08-396。2016年经吉林省农作物品种审定委员会审定，审定编号为吉审豆2016003。全国大豆品种资源统一编号ZDD33313。

特征 亚有限结荚习性，株高102.6cm，有效分枝0.4个，单株有效荚数39.2个。叶披针形，紫花，棕毛，荚熟时呈褐色。籽粒圆形，种皮黄色，脐蓝色。百粒重19.6g。

特性 北方春大豆，中早熟大豆品种，吉林中早熟地区春播生育期120d。田间综合抗病性好，落叶性好，籽粒整齐，不裂荚。

产量品质 2013—2014年吉林省中早熟大豆品种区域试验，平均产量3 765.9kg/hm²，比对照吉育47增产10.7%。2015年生产试验，平均产量3 716.2kg/hm²，比对照吉育47增产15.0%。蛋白质含量38.67%，脂肪含量21.47%。

吉育611

栽培要点 4月下旬播种，播量50～55kg/hm²，行距0.63m，株距0.07m，密度20万～22万株/hm²。施基肥磷酸二铵250kg/hm²，尿素40～45kg/hm²，硫酸钾80～90kg/hm²。未施基肥可在6月中旬开花前追肥，追磷酸二铵105～150kg/hm²，尿素22.5～30.0kg/hm²，硫酸钾45～60kg/hm²。适时中耕，注意及时防治蚜虫和食心虫。

适宜地区 吉林省东部大豆中早熟区。

345. 吉育612（Jiyu 612）

品种来源 吉林省农业科学院以JLCMS57A为母本，JLR9为父本进行杂交选育。2017年经吉林省农作物品种审定委员会审定，审定编号为吉审豆20170009。全国大豆品种资源统一编号ZDD34352。

吉育612

吉育626

特征 亚有限结荚习性，株高96.0cm，有效分枝2.4个，单株有效荚数43.4个。叶圆形，紫花，灰毛，荚熟时呈褐色。籽粒圆形，种皮黄色，脐黄色。百粒重20.0g。

特性 北方春大豆，中晚熟大豆品种，吉林中晚熟地区春播生育期130d。田间综合抗病性好，落叶性好，籽粒整齐，不裂荚。

产量品质 2014—2015年吉林省中晚熟大豆品种区域试验，平均产量3 413.9kg/hm²，比对照吉育72增产16.0%。2016年生产试验，平均产量3 521.0kg/hm²，比对照吉育72增产4.4%。蛋白质含量42.07%，脂肪含量20.92%。

栽培要点 适宜中等肥力地块种植，5月上中旬为适播期，播量55～60kg/hm²，行距0.63m，株距0.06m，密度22万～24万株/hm²。施基肥磷酸二铵250kg/hm²，尿素40～45kg/hm²，硫酸钾80～90kg/hm²。未施基肥可在6月中旬开花前追肥，追磷酸二铵105～150kg/hm²，尿素22.5～30.0kg/hm²，硫酸钾45～60kg/hm²。适时中耕，后期注意防虫。

适宜地区 吉林省大豆中晚熟区春播。

346. 吉育626（Jiyu 626）

品种来源 吉林省农业科学院以JLCMS230A为母本，JLR9为父本进行杂交选育。2019年经吉林省农作物品种审定委员会审定，审定编号为吉审豆20190009。全国大豆品种资源统一编号ZDD34353。

特征 亚有限结荚习性，株高105.7cm，有效分枝1.2个，单株有效荚数38.5个。叶圆形，白花，棕毛，荚熟时呈黄褐色。籽粒圆形，种皮黄色，脐黄色。百粒重20.0g。

特性 北方春大豆，中晚熟大豆品种，吉林中晚熟地区春播生育期132d。田间综合抗病性好，落叶性好，籽粒整齐，不裂荚。

产量品质 2017—2018年吉林省中晚熟大豆

品种区域试验，平均产量3 386.5kg/hm²，比对照吉育72增产13.9%。2018年生产试验，平均产量3 432.3kg/hm²，比对照吉育72增产11.4%。蛋白质含量40.68%，脂肪含量20.19%。

栽培要点 一般4月下旬播种，播量45～50kg/hm²，行距0.63m，株距0.08m，密度18万～20万株/hm²。施基肥磷酸二铵250kg/hm²，尿素40～45kg/hm²，硫酸钾80～90kg/hm²。未施基肥可在6月中旬开花前追肥，追磷酸二铵105～150kg/hm²，尿素22.5～30.0kg/hm²，硫酸钾45～60kg/hm²。适时中耕，后期注意防虫。

适宜地区 吉林省大豆中晚熟区。

347. 吉育627（Jiyu 627）

品种来源 吉林省农业科学院以JLCMS197A为母本，JLR98为父本进行杂交选育。2019年经吉林省农作物品种审定委员会审定，审定编号为吉审豆20190008。全国大豆品种资源统一编号ZDD34354。

特征 无限结荚习性，株高101.4cm，有效分枝1.5个，单株有效荚数38.3个。叶圆形，白花，棕毛，荚熟时呈黄褐色。籽粒圆形，种皮黄色，脐黑色。百粒重17.3g。

特性 北方春大豆，中熟大豆品种，吉林中熟地区春播生育期129d。田间综合抗病性好，落叶性好，籽粒整齐，不裂荚。

产量品质 2017—2018年吉林省中熟大豆品种区域试验，平均产量3 208.2kg/hm²，比对照吉育86增产13.4%。2018年生产试验，平均产量3 484.7kg/hm²，比对照吉育86增产7.8%。蛋白质含量40.97%，脂肪含量20.74%。

吉育627

栽培要点 一般4月下旬播种，播量45～50kg/hm²，行距0.63m，株距0.08m，密度18万～20万株/hm²。施基肥磷酸二铵250kg/hm²，尿素40～45kg/hm²，硫酸钾80～90kg/hm²。未施基肥可在6月中旬开花前追肥，追磷酸二铵105～150kg/hm²，尿素22.5～30.0kg/hm²，硫酸钾45～60kg/hm²。适时中耕，后期注意防虫。

适宜地区 吉林省大豆中熟区。

348. 吉育633（Jiyu 633）

品种来源 黑龙江省农业科学院佳木斯分院、吉林省农业科学院以JLCMS178A为母本，JLR230为父本，配制杂交组合，采用三系法选育而成，原品系号吉育633。2020年

吉育633

吉育635

经黑龙江省农作物品种审定委员会审定，审定编号为黑审豆20200019。

特征 无限结荚习性，株高104.0cm，有分枝。叶圆形，紫花，灰毛，荚褐色。籽粒圆形，种皮黄色，有光泽，脐黄色。百粒重18～20g。

特性 北方春大豆，黑龙江省春播生育期118d。抗灰斑病。杂交大豆，稀植栽培。

产量品质 2017—2018年区域试验平均产量3 167.4kg/hm²，较对照品种合丰50增产12.9%，2019年生产试验平均产量2 853.1kg/hm²，较对照品种合丰50增产14.0%。蛋白质含量42.78%，脂肪含量20.44%。

栽培要点 选择中等肥力地块种植，5月上旬播种，采用垄三栽培方式，保苗15万～20万株/hm²。施磷酸二铵200kg/hm²，尿素50kg/hm²，钾肥100kg/hm²。田间采用化学药剂除草，中耕2～3次，生育期间追施叶面肥1～2次，同时防治大豆食心虫。9月下旬成熟，9月末收获。建议播种前对种子进行包衣处理，线虫病重病区慎用。

适宜地区 黑龙江省第二积温带东部区，≥10℃活动积温2 500℃区域。

349. 吉育635（Jiyu 635）

品种来源 吉林省农业科学院以JLCMS34A为母本，JLR300为父本进行杂交选育，原品系号h11-102。2019年经吉林省农作物品种审定委员会审定，审定编号为吉审豆20190001。全国大豆品种资源统一编号ZDD34356。

特征 亚有限结荚习性，株高88.1cm，有效分枝1.3个，单株有效荚数39.3个。叶披针形，紫花，灰毛，荚熟时呈深褐色。籽粒圆形，种皮黄色，脐黄色。百粒重18.3g。

特性 北方春大豆，早熟高油大豆品种，吉林早熟地区春播生育期116d。田间综合抗病性好，落叶性好，籽粒整齐，不裂荚。

产量品质 2017—2018年吉林省早熟大豆品

种区域试验，平均产量2 716.4kg/hm²，比对照合交02-69增产11.5%。2018年生产试验，平均产量2 803.9kg/hm²，比对照合交02-69增产14.8%。蛋白质含量36.27%，脂肪含量22.71%。

栽培要点　一般4月下旬至5月上旬播种，播量55～60kg/hm²，行距0.63m，株距0.06m，密度22万～24万株/hm²。施基肥磷酸二铵250kg/hm²，尿素40～45kg/hm²，硫酸钾80～90kg/hm²。未施基肥可在6月中旬开花前追肥，追磷酸二铵105～150kg/hm²，尿素22.5～30.0kg/hm²，硫酸钾45～60kg/hm²。适时中耕，后期注意防虫。

适宜地区　吉林省大豆早熟区。

350. 吉育637（Jiyu 637）

品种来源　吉林省农业科学院以JLCMS210A为母本，JLR209为父本进行杂交选育。2020年经吉林省农作物品种审定委员会审定，审定编号为吉审豆20200007。全国大豆品种资源统一编号ZDD33314。

特征　亚有限结荚习性，株高87.2cm，有效分枝1.3个，单株有效荚数40.8个。叶圆形，紫花，棕毛，荚熟时呈黄褐色。籽粒圆形，种皮黄色，脐蓝色。百粒重21.9g。

特性　北方春大豆，中熟大豆品种，吉林中熟地区春播生育期131d。田间综合抗病性好，落叶性好，籽粒整齐，不裂荚。

产量品质　2018—2019年吉林省中熟大豆品种区域试验，平均产量3 114.5kg/hm²，比对照吉育86增产11.8%。2019年生产试验，平均产量3 380.4kg/hm²，比对照吉育86增产8.3%。蛋白质含量41.70%，脂肪含量20.19%。

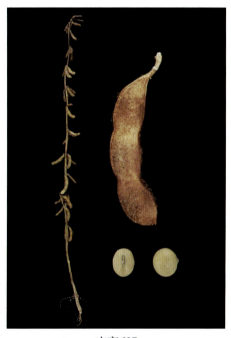
吉育637

栽培要点　一般4月下旬播种，播量45～50kg/hm²，行距0.63m，株距0.08m，密度18万～20万株/hm²。施基肥磷酸二铵250kg/hm²，尿素40～45kg/hm²，硫酸钾80～90kg/hm²。未施基肥可在6月中旬开花前追肥，追磷酸二铵105～150kg/hm²，尿素22.5～30.0kg/hm²，硫酸钾45～60kg/hm²。适时中耕，后期注意防虫。

适宜地区　吉林省大豆中熟区（春播种植）。

351. 吉育639（Jiyu 639）

品种来源　黑龙江省农业科学院绥化分院、吉林省农业科学院以RN型大豆细胞质雄

吉育639

吉育641

性不育系JLCMS191A为母本，恢复系JLR403为父本，配制杂优组合，采用三系法选育而成，原品系号吉育639。2019年经黑龙江省农作物品种审定委员会审定，审定编号为黑审豆20190067。

特征　亚有限结荚习性，株高110.0cm，有分枝。叶圆形，紫花，棕毛，荚褐色。籽粒圆形，种皮黄色，无光泽，脐黄色。百粒重20.8g。

特性　北方春大豆，黑龙江省春播生育期120d。中抗灰斑病。特种品种（杂交大豆，稀植品种）。

产量品质　2017—2018年区域试验平均产量3 297.2kg/hm²，较对照品种合丰55增产13.1%。蛋白质含量37.04%，脂肪含量23.78%。

栽培要点　选择中等肥力地块种植，5月上旬播种，采用垄三栽培方式，保苗18万～22万株/hm²。施基肥磷酸二铵150kg/hm²，尿素25kg/hm²，钾肥80kg/hm²。生育期间及时铲蹚，防治病虫害，拔大草一次，或采用除草剂除草，成熟后及时收获。

适宜地区　在黑龙江省≥10℃活动积温2 600℃区域。

352. 吉育641（Jiyu 641）

品种来源　吉林省农业科学院以JLCMS191A为母本，JLR158为父本进行杂交选育。2020年经吉林省农作物品种审定委员会审定，审定编号为吉审豆20200004。全国大豆品种资源统一编号ZDD33315。

特征　亚有限结荚习性，株高95.2cm，有效分枝0.9个，单株有效荚数39.7个。叶圆形，紫花，灰毛，荚熟时呈褐色。籽粒圆形，种皮黄色，脐黄色。百粒重18.0g。

特性　北方春大豆，早熟高油大豆品种，吉林早熟地区春播生育期118d。田间综合抗病性好，落叶性好，籽粒整齐，不裂荚。

产量品质　2018—2019年吉林省早熟大豆品

种区域试验，平均产量2 794.1kg/hm²，比对照合交02-69增产17.4%。2019年生产试验，平均产量2 438.4kg/hm²，比对照合交02-69增产3.3%。蛋白质含量38.58%，脂肪含量22.43%。

栽培要点　一般4月下旬播种，播量55 ~ 60kg/hm²，行距0.63m，株距0.06m，密度22万 ~ 24万株/hm²。施基肥磷酸二铵250kg/hm²，尿素40 ~ 45kg/hm²，硫酸钾80 ~ 90kg/hm²。未施基肥可在6月中旬开花前追肥，追磷酸二铵105 ~ 150kg/hm²，尿素22.5 ~ 30.0kg/hm²，硫酸钾45 ~ 60kg/hm²。适时中耕，后期注意防虫。

适宜地区　吉林省大豆早熟区。

353. 吉育643（Jiyu 643）

品种来源　吉林省农业科学院以JLCMS 212A为母本，JLR346为父本进行杂交选育。2020年经吉林省农作物品种审定委员会审定，审定编号为吉审豆20200002。全国大豆品种资源统一编号ZDD33316。

特征　亚有限结荚习性，株高91.5cm，有效分枝0.8个，单株有效荚数35.1个。叶圆形，紫花，棕毛，荚熟时呈褐色。籽粒圆形，种皮黄色，脐蓝色。百粒重20.6g。

特性　北方春大豆，早熟大豆品种，吉林早熟地区春播生育期118d。田间综合抗病性好，落叶性好，籽粒整齐，不裂荚。

产量品质　2018—2019年吉林省早熟大豆品种区域试验，平均产量2 751.9kg/hm²，比对照合交02-69增产15.3%。2019年生产试验，平均产量2 626.7kg/hm²，比对照合交02-69增产11.2%。蛋白质含量38.14%，脂肪含量21.69%。

栽培要点　一般4月下旬播种，播量55 ~ 60kg/hm²，行距0.63m，株距0.06m，密度22万 ~ 24万株/hm²。施基肥磷酸二铵250kg/hm²，尿素40 ~ 45kg/hm²，硫酸钾80 ~ 90kg/hm²。未施基肥可在6月中旬开花

吉育643

前追肥，追磷酸二铵105 ~ 150kg/hm²，尿素22.5 ~ 30.0kg/hm²，硫酸钾45 ~ 60kg/hm²。适时中耕，后期注意防虫。

适宜地区　吉林省大豆早熟区。

354. 吉育647 （Jiyu 647）

吉育647

品种来源　吉林省农业科学院以JLCMS5A为母本，JLR2为父本进行杂交选育。2020年经吉林省农作物品种审定委员会审定，审定编号为吉审豆20200026。全国大豆品种资源统一编号ZDD33317。

特征　亚有限结荚习性，株高88.4cm，有效分枝0.4个，单株有效荚数37.6个。叶圆形，紫花，棕毛，荚熟时呈褐色。籽粒圆形，种皮黄色，脐蓝色。百粒重19.1g。

特性　北方春大豆，早熟大豆品种，吉林早熟地区春播生育期122d。田间综合抗病性好，落叶性好，籽粒整齐，不裂荚。

产量品质　2017—2018年吉林省早熟大豆品种区域试验，平均产量3 017.4kg/hm²，比对照合交02-69增产14.5%。2019年生产试验，平均产量3 005.9kg/hm²，比对照合交02-69增产18.3%。蛋白质含量42.52%，脂肪含量19.12%。

栽培要点　一般4月下旬播种，播量55～60kg/hm²，行距0.63m，株距0.06m，密度22万～24万株/hm²。施基肥磷酸二铵250kg/hm²，尿素40～45kg/hm²，硫酸钾80～90kg/hm²。未施基肥可在6月中旬开花前追肥，追磷酸二铵105～150kg/hm²，尿素22.5～30.0kg/hm²，硫酸钾45～60kg/hm²。适时中耕，后期注意防虫。

适宜地区　吉林省大豆早熟区。

355. 吉育702 （Jiyu 702）

品种来源　吉林兴农大豆科技开发有限公司、吉林省农业科学院以黑河9号为母本，北疆九1号为父本进行有性杂交，采用系谱法选育而成，原品系号公交0597。2015年经吉林省农作物品种审定委员会审定，审定编号为吉审豆2015014。全国大豆品种资源统一编号ZDD34358。

特征　无限结荚习性，株高70.0cm，株型收敛，有效分枝1.1个，单株有效荚数31.5个。叶披针形，紫花，灰毛，荚深褐色。籽粒圆形，种皮黄色，脐黄色。百粒重21.0g。

特性　北方春大豆，极早熟高油大豆品种，吉林极早熟地区春播生育期110d。田间综合抗病性好，落叶性好，籽粒整齐，不裂荚。

产量品质　2012—2013年吉林省极早熟大豆品种区域试验，平均产量2 608.5kg/hm²，比对照黑河38增产10.3％。2014年生产试验，平均产量2 408.0kg/hm²，比对照黑河38增产11.4％。蛋白质含量38.29％，脂肪含量21.96％。

栽培要点 适宜中等肥力地块种植，5月上中旬为适播期，播量60 ～ 65kg/hm²，行距0.63m，株距0.06m，密度22万 ～ 24万株/hm²。施基肥磷酸二铵250kg/hm²，尿素40 ～ 45kg/hm²，硫酸钾80 ～ 90kg/hm²。未施基肥可在6月中旬开花前追肥，追磷酸二铵105 ～ 150kg/hm²，尿素22.5 ～ 30.0kg/hm²，硫酸钾45 ～ 60kg/hm²。适时中耕，后期注意防虫。

适宜地区 吉林省大豆极早熟区（春播种植）。

356. 吉育761 （Jiyu 761）

品种来源 吉林省农业科学院以黑农64为母本，吉育202为父本进行有性杂交，采用系谱法选育而成。2019年经吉林省农作物品种审定委员会审定，审定编号为吉审豆20190018。全国大豆品种资源统一编号ZDD34359。

特征 亚有限结荚习性，株高95.7cm，有效分枝0.8个，单株有效荚数32.1个。叶椭圆形，白花，灰毛，荚熟时呈褐色。籽粒圆形，种皮黄色，脐黄色。百粒重19.3g。

特性 北方春大豆，早熟大豆品种，吉林早熟地区春播生育期119d。田间综合抗病性好，落叶性好，籽粒整齐，不裂荚。

产量品质 2017—2018年吉林省早熟大豆品种区域试验，平均产量2 789.2kg/hm²，比对照合交02-69增产7.0％。2018年生产试验，平均产量3 015.2kg/hm²，比对照合交02-69增产21.8％。蛋白质含量42.24％，脂肪含量20.90％。

吉育702

吉育761

栽培要点　一般4月下旬至5月上旬播种，播量55～60kg/hm²，行距0.63m，株距0.06m，密度22万～24万株/hm²。施基肥磷酸二铵250kg/hm²，尿素40～45kg/hm²，硫酸钾80～90kg/hm²。未施基肥可在6月中旬开花前追肥，追磷酸二铵105～150kg/hm²，尿素22.5～30.0kg/hm²，硫酸钾45～60kg/hm²。适时中耕，后期注意防虫。

适宜地区　吉林省大豆早熟区。

357. 吉青4号（Jiqing 4）

吉青4号

品种来源　吉林省农业科学院以S8为母本，吉青68为父本进行有性杂交，采用系谱法选育而成。2019年经吉林省农作物品种审定委员会审定，审定编号为吉审豆20190023。全国大豆品种资源统一编号ZDD34360。

特征　无限结荚习性，株高103.4cm，有效分枝2.1个，单株有效荚数32.3个。叶椭圆形，紫花，灰毛，荚熟时呈深褐色。籽粒圆形，种皮绿色，脐浅褐色。百粒重23.5g。

特性　北方春大豆，中晚熟绿大豆品种，吉林中晚熟地区春播生育期128d。田间综合抗病性好，落叶性好，籽粒整齐，不裂荚。

产量品质　2017—2018年吉林省中晚熟大豆品种区域试验，平均产量2 042.7kg/hm²，比对照吉青1号增产16.1%。2018年生产试验，平均产量2 473.8kg/hm²，比对照吉青1号增产13.0%。蛋白质含量42.19%，脂肪含量20.53%。

栽培要点　一般4月下旬播种，播量45～50kg/hm²，行距0.63m，株距0.08m，密度18万～20万株/hm²。施基肥磷酸二铵250kg/hm²，尿素40～45kg/hm²，硫酸钾80～90kg/hm²。未施基肥可在6月中旬开花前追肥，追磷酸二铵105～150kg/hm²，尿素22.5～30.0kg/hm²，硫酸钾45～60kg/hm²。适时中耕，后期注意防虫。

适宜地区　吉林省大豆中晚熟区（春播种植）。

358. 吉青5号（Jiqing 5）

品种来源　吉林省农业科学院以吉青68为母本，公野9112为父本进行有性杂交，采用系谱法选育而成。2019年经吉林省农作物品种审定委员会审定，审定编号为吉审豆20190024。全国大豆品种资源统一编号ZDD34361。

特征　亚有限结荚习性，株高105.6cm，有效分枝1.5个，单株有效荚数34.2个。叶

椭圆形，紫花，灰毛，荚熟时呈灰褐色。籽粒圆形，种皮绿色，脐黄色。百粒重18.5g。

特性　北方春大豆，中晚熟绿大豆品种，吉林中晚熟地区春播生育期128d。田间综合抗病性好，落叶性好，籽粒整齐，不裂荚。

产量品质　2017—2018年吉林省中晚熟大豆品种区域试验，平均产量2 593.6kg/hm²，比对照吉青3号增产10.9%。2018年生产试验，平均产量2 871.6kg/hm²，比对照吉青3号增产11.9%。蛋白质含量41.40%，脂肪含量19.80%。

栽培要点　一般4月下旬播种，播量45 ~ 50kg/hm²，行距0.63m，株距0.07m，密度20万 ~ 22万株/hm²。施基肥磷酸二铵250kg/hm²，尿素40 ~ 45kg/hm²，硫酸钾80 ~ 90kg/hm²。未施基肥可在6月中旬开花前追肥，追磷酸二铵105 ~ 150kg/hm²，尿素22.5 ~ 30.0kg/hm²，硫酸钾45 ~ 60kg/hm²。适时中耕，后期注意防虫。

适宜地区　吉林省大豆中晚熟区（春播种植）。

359. 吉青6号（Jiqing 6）

品种来源　吉林省农业科学院以吉青3号为母本，吉黑250为父本进行有性杂交，采用系谱法选育而成。2020年经吉林省农作物品种审定委员会审定，审定编号为吉审豆20200024。全国大豆品种资源统一编号ZDD34362。

特征　有限结荚习性，株高72.5cm，分枝型结荚，有效分枝1.4个，单株有效荚数34.2个。叶椭圆形，白花，灰毛，荚熟时呈灰褐色。籽粒圆形，种皮绿色，脐黄色。百粒重30.1g。

特性　北方春大豆，中晚熟绿大豆品种，吉林中晚熟地区春播生育期128d。田间综合

吉青5号

吉青6号

抗病性好，落叶性好，籽粒整齐，不裂荚。

产量品质　2018—2019年吉林省中晚熟大豆品种区域试验，平均产量2 745.4kg/hm²，比对照吉青3号增产12.1%。2019年生产试验，平均产量2 524.3kg/hm²，比对照吉青3号增产10.0%。蛋白质含量40.05%，脂肪含量20.53%。

栽培要点　一般4月下旬播种，播量60 ～ 65kg/hm²，行距0.63m，株距0.08m，密度18万 ～ 20万株/hm²。施基肥磷酸二铵250kg/hm²，尿素40 ～ 45kg/hm²，硫酸钾80 ～ 90kg/hm²。未施基肥可在6月中旬开花前追肥，追磷酸二铵105 ～ 150kg/hm²，尿素22.5 ～ 30.0kg/hm²，硫酸钾45 ～ 60kg/hm²。适时中耕，后期注意防虫。

适宜地区　吉林省大豆中晚熟区。

360. 吉科豆11 （Jikedou 11）

吉科豆11

品种来源　吉林省农业科学院以长农9号为母本，Hobbit为父本进行有性杂交，采用系谱法选育而成，原品系号吉生0251-8。2015年经吉林省农作物品种审定委员会审定，审定编号为吉审豆2015011。全国大豆品种资源统一编号ZDD33292。

特征　无限结荚习性，株高110cm，分枝型，有效分枝0.9个，单株有效荚数39.6个。叶披针形，紫花，棕毛，荚熟时呈褐色。籽粒圆形，种皮黄色，脐黄色。百粒重8.5g。

特性　北方春大豆，中早熟小粒大豆品种，吉林中早熟地区春播生育期120d。田间综合抗病性好，落叶性好，籽粒整齐，不裂荚。

产量品质　2012—2013年吉林省中早熟大豆品种区域试验，平均产量2 416.6kg/hm²，比对照吉育105增产16.5%。2013—2014年生产试验，平均产量2 018.4kg/hm²，比对照吉育105增产16.3%。蛋白质含量37.58%，脂肪含量20.30%。

栽培要点　适宜中等肥力地块种植，一般4月25日至5月5日播种，等距点播，播量25 ～ 30kg/hm²，行距0.63m，株距0.06m，密度22万 ～ 24万株/hm²。施基肥磷酸二铵250kg/hm²，尿素40 ～ 45kg/hm²，硫酸钾80 ～ 90kg/hm²。未施基肥可在6月中旬开花前追肥，追磷酸二铵105 ～ 150kg/hm²，尿素22.5 ～ 30.0kg/hm²，硫酸钾45 ～ 60kg/hm²。适时中耕，后期注意防虫。

适宜地区　吉林省大豆中早熟区。

361. 吉科豆12（Jikedou 12）

品种来源 吉林省农业科学院以黄瓢黑豆为母本，青瓢黑豆为父本进行有性杂交，采用系谱法选育而成，原品系号吉生0640-1。2015年经吉林省农作物品种审定委员会审定，审定编号为吉审豆2015012。全国大豆品种资源统一编号ZDD33293。

特征 无限结荚习性，株高110.0cm，有效分枝2.7个，单株有效荚数36.8个。叶圆形，紫花，棕毛，荚熟时呈褐色。籽粒圆形，种皮黑色，脐黄色。百粒重20.0g。

特性 北方春大豆，中早熟高蛋白黑大豆品种，吉林中早熟地区春播生育期120d。田间综合抗病性好，落叶性好，籽粒整齐，不裂荚。

产量品质 2012—2013年吉林省中早熟大豆品种区域试验，平均产量2 284.2kg/hm²，比对照吉黑5号增产9.5%。2013—2014年生产试验，平均产量1 902.5kg/hm²，比对照吉黑5号增产8.6%。蛋白质含量44.22%，脂肪含量19.53%。

吉科豆12

栽培要点 适宜中等以上肥力地块种植，一般4月25日至5月5日播种，播量55 ~ 60kg/hm²，行距0.63m，株距0.06m，密度22万 ~ 24万株/hm²。施基肥磷酸二铵250kg/hm²，尿素40 ~ 45kg/hm²，硫酸钾80 ~ 90kg/hm²。未施基肥可在6月中旬开花前追肥，追磷酸二铵105 ~ 150kg/hm²，尿素22.5 ~ 30.0kg/hm²，硫酸钾45 ~ 60kg/hm²。适时中耕，后期注意防虫。

适宜地区 吉林省大豆中早熟区。

362. 吉密豆4号（Jimidou 4）

品种来源 吉林省农业科学院以公交97132-3为母本，垦丰18为父本进行有性杂交，采用系谱法选育而成。2018年经吉林省农作物品种审定委员会审定，审定编号为吉审豆20180011。全国大豆品种资源统一编号ZDD33294。

特征 有限结荚习性，株高72.3cm，有效分枝1.8个，单株有效荚数31.5个。叶椭圆形，紫花，灰毛，荚熟时呈褐色。籽粒圆形，种皮黄色，脐黄色。百粒重14.4g。

特性 北方春大豆，早熟大豆品种，吉林早熟地区春播生育期116d。田间综合抗病

吉密豆4号

性好，落叶性好，籽粒整齐，不裂荚。

产量品质 2016—2017年吉林省早熟大豆品种区域试验，平均产量2 946.9kg/hm²，比对照绥农28、合丰55增产5.2%。2017年生产试验，平均产量3 033.2kg/hm²，比对照合丰55增产8.7%。蛋白质含量40.19%，脂肪含量17.63%。

栽培要点 一般5月上旬播种，播量55～65kg/hm²，行距0.63m，株距0.05m，密度24万～26万株/hm²。施基肥磷酸二铵250kg/hm²，尿素40～45kg/hm²，硫酸钾80～90kg/hm²。未施基肥可在6月中旬开花前追肥，追磷酸二铵105～150kg/hm²，尿素22.5～30.0kg/hm²，硫酸钾45～60kg/hm²。适时中耕，后期注意防虫。

适宜地区 吉林省大豆早熟区。

363. 吉黑6号 （Jihei 6）

品种来源 吉林省农业科学院以公品20002为母本，吉林小粒8号为父本进行有性杂交，采用系谱法选育而成。2018年经吉林省农作物品种审定委员会审定，审定编号为吉审豆20180010。全国大豆品种资源统一编号ZDD33324。

特征 亚有限结荚习性，株高86.2cm，有效分枝1.2个，单株有效荚数36.3个。叶椭圆形，白花，棕毛，荚熟时呈浅褐色。籽粒圆形，种皮黑色，脐黑色。百粒重7.5g。

特性 北方春大豆，早熟小粒黑大豆品种，吉林早熟地区春播生育期113d。田间综合抗病性好，落叶性好，籽粒整齐，不裂荚。

产量品质 2016—2017年吉林省早熟大豆品种区域试验，平均产量2 509.5kg/hm²，比对照吉育105增产11.7%。2017年生产试验，平均产量2 392.8kg/hm²，比对照吉育

吉黑6号

105增产9.7%。蛋白质含量39.43%，脂肪含量18.01%。

栽培要点　一般4月下旬播种，播量30～35kg/hm²，行距0.63m，株距0.06m，密度22万～24万株/hm²。施基肥磷酸二铵250kg/hm²，尿素40～45kg/hm²，硫酸钾80～90kg/hm²。未施基肥可在6月中旬开花前追肥，追磷酸二铵105～150kg/hm²，尿素22.5～30.0kg/hm²，硫酸钾45～60kg/hm²。适时中耕，后期注意防虫。

适宜地区　吉林省大豆早熟区（春播种植）。

364. 吉黑7号（Jihei 7）

品种来源　吉林省农业科学院以吉青3号为母本，吉黑46为父本进行有性杂交，采用系谱法选育而成。2019年经吉林省农作物品种审定委员会审定，审定编号为吉审豆20190025。全国大豆品种资源统一编号ZDD34363。

特征　有限结荚习性，株高80.9cm，有效分枝2.1个，单株有效荚数35.7个。叶椭圆形，白花，棕毛，荚熟时呈棕褐色。籽粒圆形，种皮黑色，脐黑色。百粒重34.7g。

特性　北方春大豆，中晚熟黑豆品种，吉林中晚熟地区春播生育期128d。田间综合抗病性好，落叶性好，籽粒整齐，不裂荚。

产量品质　2017—2018年吉林省中晚熟大豆品种区域试验，平均产量2 508.4kg/hm²，比对照吉黑4号增产11.3%。2018年生产试验，平均产量2 999.5kg/hm²，比对照吉黑4号增产11.5%。蛋白质含量41.32%，脂肪含量20.26%。

吉黑7号

栽培要点　一般4月下旬播种，播量60～65kg/hm²，行距0.63m，株距0.08m，密度18万～20万株/hm²。施基肥磷酸二铵250kg/hm²，尿素40～45kg/hm²，硫酸钾80～90kg/hm²。未施基肥可在6月中旬开花前追肥，追磷酸二铵105～150kg/hm²，尿素22.5～30.0kg/hm²，硫酸钾45～60kg/hm²。适时中耕，后期注意防虫。

适宜地区　吉林省大豆中晚熟区。

365. 吉黑8号（Jihei 8）

品种来源　吉林省农业科学院以GY2004-60为母本，吉大114为父本进行有性杂交，采用系谱法选育而成。2020年经吉林省农作物品种审定委员会审定，审定编号为吉

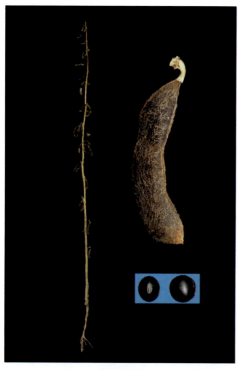

吉黑8号

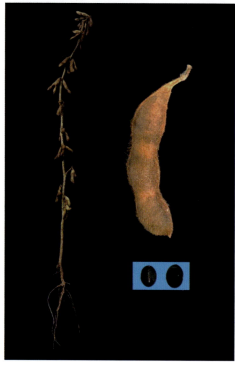

吉黑9号

审豆20200021。全国大豆品种资源统一编号ZDD33325。

特征　亚有限结荚习性，株高91.5cm，有效分枝1.2个，单株有效荚数35.2个。叶披针形，紫花，棕毛，荚熟时呈深褐色。籽粒圆形，种皮黑色，脐黑色。百粒重14.7g。

特性　北方春大豆，中熟黑大豆品种，吉林中熟地区春播生育期124d。田间综合抗病性好，落叶性好，籽粒整齐，不裂荚。

产量品质　2018—2019年吉林省中熟大豆品种区域试验，平均产量2 372.6kg/hm²，比对照吉黑4号增产10.6%。2019年生产试验，平均产量2 406.2kg/hm²，比对照吉黑4号增产8.1%。蛋白质含量37.07%，脂肪含量23.13%。

栽培要点　中等肥力地块种植，4月末至5月初播种，播量30 ~ 35kg/hm²，行距0.63m，株距0.07m，密度20万 ~ 22万株/hm²。施基肥磷酸二铵250kg/hm²，尿素40 ~ 45kg/hm²，硫酸钾80 ~ 90kg/hm²。未施基肥可在6月中旬开花前追肥，追磷酸二铵105 ~ 150kg/hm²，尿素22.5 ~ 30.0kg/hm²，硫酸钾45 ~ 60kg/hm²。适时中耕，后期注意防虫。

适宜地区　吉林省大豆中熟区（春播种植）。

366. 吉黑9号（Jihei 9）

品种来源　吉林省农业科学院以吉黑46为母本，吉青2号为父本进行有性杂交，采用系谱法选育而成。2020年经吉林省农作物品种审定委员会审定，审定编号为吉审豆20200025。全国大豆品种资源统一编号ZDD34364。

特征　有限结荚习性，株高67.8cm，有效分枝2.4个，单株有效荚数37.2个。叶椭圆形，白花，棕毛，荚熟时呈棕褐色。籽粒椭圆形，种皮黑色，脐黑色。百粒重34.6g。

特性　北方春大豆，中晚熟黑大豆品种，吉林中晚熟地区春播生育期125d。田间综合抗病性好，落叶性好，籽粒整齐，不裂荚。

产量品质 2018—2019年吉林省中晚熟大豆品种区域试验，平均产量2 779.3kg/hm²，比对照绥农28增产13.7%。2019年生产试验，平均产量2 649.2kg/hm²，比对照绥农28增产11.1%。蛋白质含量40.43%，脂肪含量20.65%。

栽培要点 一般4月下旬播种，播量65～70kg/hm²，行距0.63m，株距0.08m，密度18万～20万株/hm²。施基肥磷酸二铵250kg/hm²，尿素40～45kg/hm²，硫酸钾80～90kg/hm²。未施基肥可在6月中旬开花前追肥，追磷酸二铵105～150kg/hm²，尿素22.5～30.0kg/hm²，硫酸钾45～60kg/hm²。适时中耕，后期注意防虫。

适宜地区 吉林省大豆中晚熟区。

367. 吉黑10号 （Jihei 10）

品种来源 吉林省农业科学院以公品20002为母本，吉林小粒8号为父本进行有性杂交，采用系谱法选育而成。2020年经吉林省农作物品种审定委员会审定，审定编号为吉审豆20200018。全国大豆品种资源统一编号ZDD33326。

特征 亚有限结荚习性，株高86.7cm，有效分枝2.1个，单株有效荚数35.2个。叶圆形，白花，棕毛，荚熟时呈深褐色。籽粒圆形，种皮黑色，脐黑色。百粒重8.0g。

特性 北方春大豆，早熟小粒黑大豆品种，吉林早熟地区春播生育期113d。田间综合抗病性好，落叶性好，籽粒整齐，不裂荚。

产量品质 2018—2019年吉林省早熟大豆品种区域试验，平均产量2 567.3kg/hm²，比对照吉育105增产7.8%。2019年生产试验，平均产量2 709.2kg/hm²，比对照吉育105增产10.0%。蛋白质含量38.48%，脂肪含量21.00%。

吉黑10号

栽培要点 一般5月上旬播种，播量30～35kg/hm²，行距0.63m，株距0.06m，密度22万～24万株/hm²。施基肥磷酸二铵250kg/hm²，尿素40～45kg/hm²，硫酸钾80～90kg/hm²。未施基肥可在6月中旬开花前追肥，追磷酸二铵105～150kg/hm²，尿素22.5～30.0kg/hm²，硫酸钾45～60kg/hm²。适时中耕，后期注意防虫。

适宜地区 吉林省大豆早熟区。

368. 吉鲜豆1号 (Jixiandou 1)

品种来源 吉林省农业科学院以日本豆为母本，吉育71为父本进行有性杂交，采用系谱法选育而成。2016年经吉林省农作物品种审定委员会审定，审定编号为吉审豆2016014。全国大豆品种资源统一编号ZDD34365。

特征 有限结荚习性，株高103.2cm，有效分枝3.1个，单株有效荚数32.4个。叶圆形，白花，灰毛，荚熟时呈褐色。籽粒圆形，种皮黄色，脐黄色。百粒重33.5g。

吉鲜豆1号

特性 北方春大豆，鲜食品种，吉林省中熟区春播生育期128d。田间综合抗病性好，落叶性好，籽粒整齐，不裂荚。

产量品质 2014—2015年吉林省大豆品种区域试验，平均鲜荚产量10 442.7kg/hm²，比对照吉青3号增产17.7%。2015年生产试验，平均鲜荚产量9 837.5kg/hm²，比对照吉青3号增产12.4%。蛋白质含量45.24%，脂肪含量19.38%。

栽培要点 适宜中等肥力地块种植，4月下旬播种，播量35～40kg/hm²，行距0.63m，株距0.12m，密度10万～13万株/hm²。施基肥磷酸二铵250kg/hm²，尿素40～45kg/hm²，硫酸钾80～90kg/hm²。未施基肥可在6月中旬开花前追肥，追磷酸二铵105～150kg/hm²，尿素22.5～30.0kg/hm²，硫酸钾45～60kg/hm²。适时中耕，注意及时防治蚜虫和食心虫。

适宜地区 吉林省内。

369. 东盛1号 (Dongsheng 1)

品种来源 吉林省农业科学院以吉育69为母本，绥05-7292为父本进行有性杂交，采用系谱法选育而成。2017年经吉林省农作物品种审定委员会审定，审定编号为吉审豆20170001。全国大豆品种资源统一编号ZDD33291。

特征 亚有限结荚习性，株高82.0cm，有效分枝0.4个，单株有效荚数34.2个。叶披针形，紫花，灰毛，荚熟时呈褐色。籽粒圆形，种皮黄色，脐黄色。百粒重19.0g。

特性 北方春大豆，极早熟大豆品种，吉林极早熟地区春播生育期114d。田间综合抗病性好，落叶性好，籽粒整齐，不裂荚。

产量品质 2015—2016年吉林省早熟大豆品种区域试验，平均产量2 357.0kg/hm²，比对照黑河38增产9.1％。2016年生产试验，平均产量2 774.8kg/hm²，比对照黑河38增产5.2％。蛋白质含量36.35％，脂肪含量20.91％。

栽培要点 适宜中等肥力地块种植，一般5月上旬播种，播量55～60kg/hm²，行距0.63m，株距0.06m，密度22万～24万株/hm²。施基肥磷酸二铵250kg/hm²，尿素40～45kg/hm²，硫酸钾80～90kg/hm²。未施基肥可在6月中旬开花前追肥，追磷酸二铵105～150kg/hm²，尿素22.5～30.0kg/hm²，硫酸钾45～60kg/hm²。适时中耕，后期注意防虫。

适宜地区 吉林省大豆极早熟区。

370. 东盛2号 (Dongsheng 2)

品种来源 吉林省农业科学院以绥农14为母本，辽2006-7-2为父本进行有性杂交，采用系谱法选育而成。2017年经吉林省农作物品种审定委员会审定，审定编号为吉审豆20170002。全国大豆品种资源统一编号ZDD34366。

特征 亚有限结荚习性，株高96.3cm，有效分枝0.3个，单株有效荚数33.1个。叶圆形，白花，灰毛，荚熟时呈褐色。籽粒圆形，种皮黄色，脐黄色。百粒重18.0g。

特性 北方春大豆，早熟高油大豆品种，吉林早熟地区春播生育期118d。田间综合抗病性好，落叶性好，籽粒整齐，不裂荚。

产量品质 2015—2016年吉林省早熟大豆品种区域试验，平均产量2 641.8kg/hm²，比对照绥农28增产12.0％。2016年生产试验，平均产量2 461.6kg/hm²，比对照绥农28增产4.1％。蛋白质含量35.45％，脂肪含量21.64％。

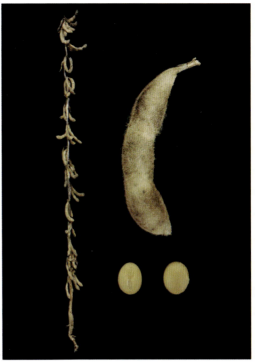

东盛1号

东盛2号

　　栽培要点　适宜中等肥力地块种植，5月上中旬为适播期，播量55 ~ 60kg/hm²，行距0.63m，株距0.06m，密度22万 ~ 24万株/hm²。施基肥磷酸二铵250kg/hm²，尿素40 ~ 45kg/hm²，硫酸钾80 ~ 90kg/hm²。未施基肥可在6月中旬开花前追肥，追磷酸二铵105 ~ 150kg/hm²，尿素22.5 ~ 30.0kg/hm²，硫酸钾45 ~ 60kg/hm²。适时中耕，后期注意防虫。

　　适宜地区　吉林省大豆早熟区（春播种植）。

371. 军农68（Junnong 68）

军农68

　　品种来源　吉林省农业科学院以公交9532-15为母本，美98987为父本进行有性杂交，采用系谱法选育而成，原品系号公交03336-10。2017年经国家农作物品种审定委员会审定，审定编号为国审豆20170012。全国大豆品种资源统一编号ZDD34367。

　　特征　无限结荚习性，株高93.4cm，株型收敛，有效分枝1.2个，单株有效荚数41.1个。叶圆形，紫花，灰毛，荚熟时呈浅褐色。籽粒椭圆形，种皮黄色，脐黄色。百粒重21.2g。

　　特性　北方春大豆，中熟高油大豆品种，吉林中熟地区春播生育期129d。田间综合抗病性好，落叶性好，籽粒整齐，不裂荚。

　　产量品质　2014—2015年吉林省中熟大豆品种区域试验，平均产量3 094.5kg/hm²，比对照吉育86增产0.9%。2016年生产试验，平均产量3 265.5kg/hm²，比对照吉育86增产2.6%。蛋白质含量37.47%，脂肪含量21.73%。

　　栽培要点　适宜中等肥力地块种植，一般4月末至5月上旬播种，播量55 ~ 60kg/hm²，行距0.63m，株距0.06m，密度22万 ~ 24万株/hm²。施基肥磷酸二铵250kg/hm²，尿素40 ~ 45kg/hm²，硫酸钾80 ~ 90kg/hm²。未施基肥可在6月中旬开花前追肥，追磷酸二铵105 ~ 150kg/hm²，尿素22.5 ~ 30.0kg/hm²，硫酸钾45 ~ 60kg/hm²。适时中耕，后期注意防虫。

　　适宜地区　北方春大豆中熟区，即吉林中部、内蒙古呼和浩特地区（春播种植）。

372. 吉农42（Jinong 42）

品种来源 吉林农业大学农学院以吉科豆1号为母本，SAPPORO为父本进行有性杂交，采用系谱法选育而成，原品系号吉农2004-3-138。2015年经吉林省农作物品种审定委员会审定，审定编号为吉审豆2015002。全国大豆品种资源统一编号ZDD34368。

特征 无限结荚习性，株高103.8cm，株型收敛，有效分枝1.3个，单株有效荚数38.3个。叶圆形，紫花，棕毛，荚熟时呈褐色。籽粒椭圆形，种皮黄色，脐黄色。百粒重21.1g。

特性 北方春大豆，中早熟高油大豆品种，吉林中早熟地区春播生育期123d。田间综合抗病性好，落叶性好，籽粒整齐，不裂荚。

产量品质 2012—2014年吉林省中早熟大豆品种区域试验，平均产量3 397.2kg/hm²，比对照吉育47增产1.2%。2013—2014年生产试验，平均产量3 365.5kg/hm²，比对照吉育47增产0.6%。蛋白质含量38.39%，脂肪含量22.54%。

栽培要点 适宜中等肥力地块种植，一般4月末至5月初播种，播量55～60kg/hm²，行距0.63m，株距0.06m，密度22万～24万株/hm²。施基肥磷酸二铵250kg/hm²，尿素40～45kg/hm²，硫酸钾80～90kg/hm²。未施基肥可在6月中旬开花前追肥，追磷酸二铵105～150kg/hm²，尿素22.5～30.0kg/hm²，硫酸钾45～60kg/hm²。适时中耕，后期注意防虫。

适宜地区 吉林省大豆中早熟区。

吉农42

373. 吉农46（Jinong 46）

品种来源 吉林农业大学以吉农15为母本，九农22为父本进行有性杂交，采用系谱法

吉农46

选育而成，原品系号吉农2002-59-10。2016年经吉林省农作物品种审定委员会审定，审定编号为吉审豆2016010。全国大豆品种资源统一编号ZDD33284。

特征　亚有限结荚习性，株高101.2cm，有效分枝1.6个，单株有效荚数36.9个。叶圆形，紫花，灰毛，荚熟时呈褐色。籽粒圆形，种皮黄色，脐黄色。百粒重21.1g。

特性　北方春大豆，中晚熟大豆品种，吉林中晚熟地区春播生育期128d。田间综合抗病性好，落叶性好，籽粒整齐，不裂荚。

产量品质　2013—2014年吉林省中晚熟大豆品种区域试验，平均产量2 870.4kg/hm²，比对照吉育72增产4.3%。2015年生产试验，平均产量3 287.4kg/hm²，比对照吉育72增产11.0%。蛋白质含量37.33%，脂肪含量21.20%。

栽培要点　适宜中等肥力地块种植，5月上中旬为适播期，播量50～55kg/hm²，行距0.63m，株距0.08m，密度19万～20万株/hm²。施基肥磷酸二铵250kg/hm²，尿素40～45kg/hm²，硫酸钾80～90kg/hm²。未施基肥可在6月中旬开花前追肥，追磷酸二铵105～150kg/hm²，尿素22.5～30.0kg/hm²，硫酸钾45～60kg/hm²。适时中耕，后期注意防虫。

适宜地区　吉林省四平、长春、吉林、通化、辽原、延边等大豆中晚熟区。

374. 吉农47 （Jinong 47）

吉农47

品种来源　吉林农业大学以九农22为母本，吉育57为父本进行有性杂交，采用系谱法选育而成。2016年经吉林省农作物品种审定委员会审定，审定编号为吉审豆2016012。全国大豆品种资源统一编号ZDD33285。

特征　亚有限结荚习性，株高103.4cm。叶圆形，紫花，灰毛，荚熟时呈褐色。籽粒圆形，种皮黄色，脐黄色。百粒重20.1g。

特性　北方春大豆，中晚熟大豆品种，吉林中晚熟地区春播生育期128d。田间综合抗病性好，落叶性好，籽粒整齐，不裂荚。

产量品质　2013—2014年吉林省中晚熟大豆品种区域试验，平均产量2 878.0kg/hm²，比对照吉育72增产4.6%。2015年生产试验，平均产量3 344.2kg/hm²，比对照吉育72增产12.9%。蛋白质含量37.68%，脂肪含量20.71%。

栽培要点　适宜中等肥力地块种植，5月上中旬为适播期，播量50～55kg/hm²，行距0.63m，株距0.08m，密度18万～20万株/hm²。施基肥磷酸二铵250kg/hm²，尿素40～45kg/hm²，硫酸钾80～90kg/hm²。未施基肥可在6月中旬开花前追肥，追磷酸二铵105～150kg/hm²，尿素22.5～30.0kg/hm²，硫酸钾45～60kg/hm²。适时中耕，后期注意防虫。

适宜地区 吉林省大豆中晚熟区（春播种植）。

375. 吉农48（Jinong 48）

品种来源 吉林农业大学以吉农15为母本，吉农18为父本进行有性杂交，采用系谱法选育而成。2016年经吉林省农作物品种审定委员会审定，审定编号为吉审豆2016011。全国大豆品种资源统一编号ZDD33286。

特征 亚有限结荚习性，株高108.5cm。叶圆形，紫花，棕毛，荚熟时呈褐色。籽粒圆形，种皮黄色，脐褐色。百粒重20.2g。

特性 北方春大豆，中晚熟高油大豆品种，吉林中晚熟地区春播生育期128d。田间综合抗病性好，落叶性好，籽粒整齐，不裂荚。

产量品质 2013—2014年吉林省中晚熟大豆品种区域试验，平均产量2 983.1kg/hm²，比对照吉育72增产8.4%。2015年生产试验，平均产量3 315.0kg/hm²，比对照吉育72增产11.9%。蛋白质含量37.53%，脂肪含量21.98%。

栽培要点 适宜中等肥力地块种植，4月末至5月初播种，播量50～55kg/hm²，行距0.63m，株距0.08m，密度18万～20万株/

吉农48

hm²。施基肥磷酸二铵250kg/hm²，尿素40～45kg/hm²，硫酸钾80～90kg/hm²。未施基肥可在6月中旬开花前追肥，追磷酸二铵105～150kg/hm²，尿素22.5～30.0kg/hm²，硫酸钾45～60kg/hm²。适时中耕，后期注意防虫。

适宜地区 吉林省大豆中晚熟区。

376. 吉农51（Jinong 51）

品种来源 吉林农业大学以吉农9601-1为母本，吉林30为父本进行有性杂交，采用系谱法选育而成。2016年经吉林省农作物品种审定委员会审定，审定编号为吉审豆2016004。全国大豆品种资源统一编号ZDD33287。

吉农 51

吉农 54

特征　无限结荚习性，株高99.6cm。叶圆形，白花，灰毛，荚熟时呈褐色。籽粒圆形，种皮黄色，脐黄色。百粒重20.8g。

特性　北方春大豆，中早熟大豆品种，吉林中早熟地区春播生育期121d。田间综合抗病性好，落叶性好，籽粒整齐，不裂荚。

产量品质　2013—2014年吉林省中早熟大豆品种区域试验，平均产量3 525.6kg/hm²，比对照吉育47增产3.7%。2015年生产试验，平均产量3 504.8kg/hm²，比对照吉育47增产8.5%。蛋白质含量36.43%，脂肪含量20.46%。

栽培要点　适宜中等肥力地块种植，4月末至5月初播种，播量55 ~ 60kg/hm²，行距0.63m，株距0.06m，密度22万 ~ 24万株/hm²。施基肥磷酸二铵250kg/hm²，尿素40 ~ 45kg/hm²，硫酸钾80 ~ 90kg/hm²。未施基肥可在6月中旬开花前追肥，追磷酸二铵105 ~ 150kg/hm²，尿素22.5 ~ 30.0kg/hm²，硫酸钾45 ~ 60kg/hm²。适时中耕，后期注意防虫。

适宜地区　吉林省大豆中早熟区东部地区。

377. 吉农54 （Jinong 54）

品种来源　吉林农业大学以吉农12为母本，SAPPORO为父本进行有性杂交，采用系谱法选育而成。2018年经吉林省农作物品种审定委员会审定，审定编号为吉审豆20180003。全国大豆品种资源统一编号ZDD33288。

特征　亚有限结荚习性，株高104.0cm。叶椭圆形，白花，棕毛，荚熟时呈褐色。籽粒圆形，种皮黄色，脐黄色。百粒重19.4g。

特性　北方春大豆，中早熟大豆品种，吉林中早熟地区春播生育期125d。田间综合抗病性好，落叶性好，籽粒整齐，不裂荚。

产量品质　2016—2017年吉林省中早熟大豆品种区域试验，平均产量3 266.5kg/hm²，比对照吉育47增产3.8%。2017年生产试验，平均产量3 288.6kg/hm²，比对照吉育47增产5.9%。蛋白质含量39.38%，脂肪含量20.46%。

栽培要点　一般4月末至5月上旬播种，播量55～60kg/hm²，行距0.63m，株距0.06m，密度22万～24万株/hm²。施基肥磷酸二铵250kg/hm²，尿素40～45kg/hm²，硫酸钾80～90kg/hm²。未施基肥可在6月中旬开花前追肥，追磷酸二铵105～150kg/hm²，尿素22.5～30.0kg/hm²，硫酸钾45～60kg/hm²。适时中耕，后期注意防虫。

适宜地区　吉林省大豆中早熟区东部地区。

378. 吉农71（Jinong 71）

品种来源　吉林农业大学以CN06-5为母本，CN06-8为父本进行有性杂交，采用系谱法选育而成。2017年经吉林省农作物品种审定委员会审定，审定编号为吉审豆20170003。全国大豆品种资源统一编号ZDD34369。

特征　亚有限结荚习性，株高98.3cm，有效分枝0.3个，单株有效荚数35.1个。叶披针形，白花，灰毛，荚熟时呈褐色。籽粒圆形，种皮黄色，脐黄色。百粒重16.4g。

特性　北方春大豆，早熟高油大豆品种，吉林早熟地区春播生育期118d。田间综合抗病性好，落叶性好，籽粒整齐，不裂荚。

产量品质　2015—2016年吉林省早熟大豆品种区域试验，平均产量2 621.1kg/hm²，比对照绥农28增产12.4%。2016年生产试验，平均产量2 514.6kg/hm²，比对照绥农28增产6.3%。蛋白质含量37.30%，脂肪含量21.69%。

栽培要点　适宜中等肥力地块种植，一般

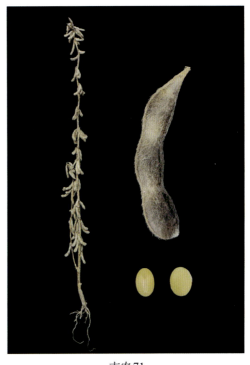

吉农71

4月下旬播种，播量55～60kg/hm²，行距0.63m，株距0.06m，密度22万～24万株/hm²。施基肥磷酸二铵250kg/hm²，尿素40～45kg/hm2，硫酸钾80～90kg/hm²。未施基肥可在6月中旬开花前追肥，追磷酸二铵105～150kg/hm²，尿素22.5～30.0kg/hm²，硫酸钾45～60kg/hm²。适时中耕，后期注意防虫。

适宜地区　吉林省大豆早熟区。

379. 吉农74（Jinong 74）

品种来源　吉林农业大学以吉农9722为母本，九农21为父本进行有性杂交，采用系谱法选育而成。2020年经吉林省农作物品种审定委员会审定，审定编号为吉审豆

吉农74

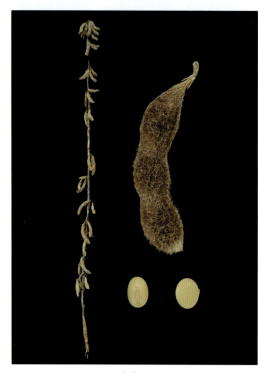

吉农75

20200010。全国大豆品种资源统一编号ZDD34370。

特征　亚有限结荚习性，株高107.8cm。叶披针形，白花，灰毛，荚熟时呈褐色。籽粒圆形，种皮黄色，脐褐色。百粒重18.6g。

特性　北方春大豆，中晚熟高蛋白大豆品种，吉林中晚熟地区春播生育期130d。田间综合抗病性好，落叶性好，籽粒整齐，不裂荚。

产量品质　2017—2018年吉林省中晚熟大豆品种区域试验，平均产量3 271.4kg/hm²，比对照吉育72增产8.2%。2019年生产试验，平均产量3 058.9kg/hm²，比对照吉育72增产12.8%。蛋白质含量43.30%，脂肪含量19.54%。

栽培要点　一般4月下旬播种，播量50～55kg/hm²，行距0.63m，株距0.08m，密度18万～20万株/hm²。施基肥磷酸二铵250kg/hm²，尿素40～45kg/hm²，硫酸钾80～90kg/hm²。未施基肥可在6月中旬开花前追肥，追磷酸二铵105～150kg/hm²，尿素22.5～30.0kg/hm²，硫酸钾45～60kg/hm²。适时中耕，后期注意防虫。

适宜地区　吉林省大豆中晚熟区。

380. 吉农75（Jinong 75）

品种来源　吉林农业大学以吉林38为母本，加拿大4号为父本进行有性杂交，采用系谱法选育而成。2020年经吉林省农作物品种审定委员会审定，审定编号为吉审豆20200008。全国大豆品种资源统一编号ZDD34371。

特征　亚有限结荚习性，株高111.8cm。叶圆形，白花，灰毛，荚熟时呈褐色。籽粒圆形，种皮黄色，脐黄色。百粒重20.1g。

特性　北方春大豆，中晚熟大豆品种，吉林中晚熟地区春播生育期131d。田间综合抗病性好，落叶性好，籽粒整齐，不裂荚。

产量品质 2017—2018年吉林省中晚熟大豆品种区域试验，平均产量3 104.3kg/hm²，比对照吉育72增产4.4%。2019年生产试验，平均产量2 951.0kg/hm²，比对照吉育72增产8.8%。蛋白质含量42.45%，脂肪含量20.20%。

栽培要点 一般4月下旬播种，播量50～55kg/hm²，行距0.63m，株距0.08m，密度18万～20万株/hm²。施基肥磷酸二铵250kg/hm²，尿素40～45kg/hm²，硫酸钾80～90kg/hm²。未施基肥可在6月中旬开花前追肥，追磷酸二铵105～150kg/hm²，尿素22.5～30.0kg/hm²，硫酸钾45～60kg/hm²。适时中耕，后期注意防虫。

适宜地区 吉林省大豆中晚熟区。

381. 吉农82（Jinong 82）

品种来源 吉林农业大学以CN06-28为母本，CN06-27为父本进行有性杂交，采用系谱法选育而成。2018年经吉林省农作物品种审定委员会审定，审定编号为吉审豆20180008。全国大豆品种资源统一编号ZDD31333。

特征 亚有限结荚习性，株高105.7cm。叶圆形，紫花，灰毛，荚熟时呈浅褐色。籽粒圆形，种皮黄色，脐黄色。百粒重16.6g。

特性 北方春大豆，中晚熟高油大豆品种，吉林中晚熟地区春播生育期128d。田间综合抗病性好，落叶性好，籽粒整齐，不裂荚。

产量品质 2016—2017年吉林省中晚熟大豆品种区域试验，平均产量3 393.6kg/hm²，比对照吉育72增产8.8%。2017年生产试验，平均产量3 292.4kg/hm²，比对照吉育72增产20.8%。蛋白质含量36.73%，脂肪含量22.43%。

吉农82

栽培要点 一般4月下旬播种，播量50～55kg/hm²，行距0.63m，株距0.08m，密度18万～20万株/hm²。施基肥磷酸二铵250kg/hm²，尿素40～45kg/hm²，硫酸钾80～90kg/hm²。未施基肥可在6月中旬开花前追肥，追磷酸二铵105～150kg/hm²，尿素22.5～30.0kg/hm²，硫酸钾45～60kg/hm²。适时中耕，后期注意防虫。

适宜地区 吉林省大豆中晚熟区。

382. 吉农84（Jinong 84）

品种来源 吉林农业大学以CN06-30为母本，CN06-31为父本进行有性杂交，采用系

吉农84

吉农89

谱法选育而成。2018年经吉林省农作物品种审定委员会审定，审定编号为吉审豆20180007。全国大豆品种资源统一编号ZDD31334。

特征 亚有限结荚习性，株高112.1cm。叶圆形，白花，灰毛，荚熟时呈浅褐色。籽粒圆形，种皮黄色，脐黄色。百粒重16.0g。

特性 北方春大豆，中晚熟大豆品种，吉林中晚熟地区春播生育期131d。田间综合抗病性好，落叶性好，籽粒整齐，不裂荚。

产量品质 2016—2017年吉林省中晚熟大豆品种区域试验，平均产量3 439.4kg/hm²，比对照吉育72增产10.3%。2017年生产试验，平均产量3 301.5kg/hm²，比对照吉育72增产21.1%。蛋白质含量37.55%，脂肪含量21.47%。

栽培要点 适宜中等肥力地块种植，5月上中旬为适播期，播量50～55kg/hm²，行距0.63m，株距0.08m，密度18万～20万株/hm²。施基肥磷酸二铵250kg/hm²，尿素40～45kg/hm²，硫酸钾80～90kg/hm²。未施基肥可在6月中旬开花前追肥，追磷酸二铵105～150kg/hm²，尿素22.5～30.0kg/hm²，硫酸钾45～60kg/hm²。适时中耕，后期注意防虫。

适宜地区 吉林省大豆中晚熟区（春播种植）。

383. 吉农89（Jinong 89）

品种来源 吉林农业大学以CN06-9为母本，CN06-10为父本进行有性杂交，采用系谱法选育而成。2018年经吉林省农作物品种审定委员会审定，审定编号为吉审豆20180002。全国大豆品种资源统一编号ZDD31326。

特征 亚有限结荚习性，株高107.2cm，有效分枝0.4个，单株有效荚数39.7个。叶圆形，白花，灰毛，荚熟时呈褐色。籽粒圆形，种皮黄色，脐褐色。百粒重16.7g。

特性 北方春大豆，中早熟大豆品种，吉林中早熟地区春播生育期128d。田间综合抗病性好，落叶性好，籽粒整齐，不裂荚。

产量品质 2016—2017年吉林省中早熟大豆品种区域试验，平均产量3 389.3kg/hm²，比对照吉育47增产7.7%。2017年生产试验，平均产量3 443.5kg/hm²，比对照吉育47增产10.9%。蛋白质含量40.78%，脂肪含量19.75%。

栽培要点 一般4月下旬播种，播量55～60kg/hm²，行距0.63m，株距0.06m，密度22万～24万株/hm²。施基肥磷酸二铵250kg/hm²，尿素40～45kg/hm²，硫酸钾80～90kg/hm²。未施基肥可在6月中旬开花前追肥，追磷酸二铵105～150kg/hm²，尿素22.5～30.0kg/hm²，硫酸钾45～60kg/hm²。适时中耕，后期注意防虫。

适宜地区 吉林省大豆中早熟区。

384. 吉农105（Jinong 105）

品种来源 吉林农业大学以CN06-17为母本，CN06-23为父本进行有性杂交，采用系谱法选育而成。2020年经吉林省农作物品种审定委员会审定，审定编号为吉审豆20200009。全国大豆品种资源统一编号ZDD34372。

特征 亚有限结荚习性，株高102.9cm。叶椭圆形，白花，棕毛，荚熟时呈黄褐色。籽粒圆形，种皮黄色，脐黑色。百粒重16.7g。

特性 北方春大豆，中晚熟大豆品种，吉林中晚熟地区春播生育期131d。田间综合抗病性好，落叶性好，籽粒整齐，不裂荚。

产量品质 2017—2018年吉林省中晚熟大豆品种区域试验，平均产量3 262.3kg/hm²，比对照吉育72增产9.7%。2019年生产试验，平均产量3 114.6kg/hm²，比对照吉育72增产14.8%。蛋白质含量40.59%，脂肪含量21.05%。

吉农105

栽培要点 一般4月下旬播种，播量50～55kg/hm²，行距0.63m，株距0.08m，密度18万～20万株/hm²。施基肥磷酸二铵250kg/hm²，尿素40～45kg/hm²，硫酸钾80～90kg/hm²。未施基肥可在6月中旬开花前追肥，追磷酸二铵105～150kg/hm²，尿素22.5～30.0kg/hm²，硫酸钾45～60kg/hm²。适时中耕，后期注意防虫。

适宜地区 吉林省大豆中晚熟区（春播种植）。

吉农青1号

吉农H1

385. 吉农青1号 (Jinongqing 1)

品种来源　吉林农业大学以吉青1号为母本，长农13为父本进行有性杂交，采用系谱法选育而成。2020年经吉林省农作物品种审定委员会审定，审定编号为吉审豆20200023。全国大豆品种资源统一编号ZDD34373。

特征　亚有限结荚习性，株高91.4cm。叶披针形，紫花，灰毛，荚熟时呈深褐色。籽粒圆形，种皮绿色，脐无色。百粒重18.9g。

特性　北方春大豆，中晚熟绿大豆品种，吉林中晚熟地区春播生育期130d。田间综合抗病性好，落叶性好，籽粒整齐，不裂荚。

产量品质　2018—2019年吉林省中晚熟大豆品种区域试验，平均产量2 225.5kg/hm²，比对照吉青1号增产18.3%。2019年生产试验，平均产量2 623.8kg/hm²，比对照吉青1号增产14.7%。蛋白质含量39.36%，脂肪含量22.35%。

栽培要点　一般4月下旬播种，播量50 ~ 55kg/hm²，行距0.63m，株距0.08m，密度18万 ~ 20万株/hm²。施基肥磷酸二铵250kg/hm²，尿素40 ~ 45kg/hm²，硫酸钾80 ~ 90kg/hm²。未施基肥可在6月中旬开花前追肥，追磷酸二铵105 ~ 150kg/hm²，尿素22.5 ~ 30.0kg/hm²，硫酸钾45 ~ 60kg/hm²。适时中耕，后期注意防虫。

适宜地区　吉林省大豆中晚熟区。

386. 吉农H1 （Jinong H1）

品种来源　吉林农业大学、吉林省农业科学院以JLCMS254A为母本，JLR192为父本进行有性杂交，采用系谱法选育而成。2020年经吉林省农作物品种审定委员会审定，审定编号为吉审豆20200027。全国大豆品种资源统一编号ZDD33289。

特征 无限结荚习性，株高92.8cm。叶圆形，白花，棕毛，荚熟时呈褐色。籽粒圆形，种皮黄色，脐黄色。百粒重19.2g。

特性 北方春大豆，早熟高油大豆品种，吉林早熟地区春播生育期120d。田间综合抗病性好，落叶性好，籽粒整齐，不裂荚。

产量品质 2018—2019年吉林省早熟大豆品种区域试验，平均产量2 904.9kg/hm²，比对照合交02-69增产17.8%。2019年生产试验，平均产量3 044.0kg/hm²，比对照合交02-69增产19.8%。蛋白质含量38.17%，脂肪含量21.93%。

栽培要点 一般4月下旬播种，播量55～60kg/hm²，行距0.63m，株距0.06m，密度22万～24万株/hm²。施基肥磷酸二铵250kg/hm²，尿素40～45kg/hm²，硫酸钾80～90kg/hm²。未施基肥可在6月中旬开花前追肥，追磷酸二铵105～150kg/hm²，尿素22.5～30.0kg/hm²，硫酸钾45～60kg/hm²。适时中耕，后期注意防虫。

适宜地区 吉林省大豆早熟区。

387. 吉大豆19（Jidadou 19）

品种来源 吉林大学植物科学学院以吉林35为母本，东农163为父本进行有性杂交，采用系谱法选育而成。2020年经吉林省农作物品种审定委员会审定，审定编号为吉审豆20200034。全国大豆品种资源统一编号ZDD33281。

特征 亚有限结荚习性，株高95.4cm。叶圆形，紫花，灰毛，荚熟时呈黄褐色。籽粒圆形，种皮黄色，脐黄色。百粒重18.9g。

特性 北方春大豆，中熟大豆品种，吉林中熟地区春播生育期121d。田间综合抗病性好，落叶性好，籽粒整齐，不裂荚。

产量品质 2018—2019年吉林省中熟大豆品种区域试验，平均产量2 876.8kg/hm²，比对照吉育86增产6.4%。2019年生产试验，平均产量2 881.7kg/hm²，比对照吉育86增产7.7%。蛋白质含量37.85%，脂肪含量21.39%。

栽培要点 一般4月下旬播种，播量50～55kg/hm²，行距0.63m，株距0.07m，

吉大豆19

密度20万～22万株/hm²。施基肥磷酸二铵250kg/hm²，尿素40～45kg/hm²，硫酸钾80～90kg/hm²。未施基肥可在6月中旬开花前追肥，追磷酸二铵105～150kg/hm²，尿素22.5～30.0kg/hm²，硫酸钾45～60kg/hm²。适时中耕，后期注意防虫。

适宜地区　吉林省大豆中熟区。

388. 长农32（Changnong 32）

长农32

品种来源　长春市农业科学院以合丰34为母本，Sb8699为父本进行杂交，经系谱法选育而成，原品系号长芽2013-1。2015年经吉林省农作物品种审定委员会审定，审定编号为吉审豆2015009。全国大豆品种资源统一编号ZDD34374。

特征　亚有限结荚习性，株高77.0cm，有效分枝1.2个，单株有效荚数39.2个。叶披针形，紫花，灰毛，荚熟时呈褐色。籽粒圆形，种皮黄色，脐黄色。百粒重10.5g。

特性　北方春大豆，中早熟小粒大豆品种，吉林中早熟地区春播生育期116d。田间综合抗病性好，落叶性好，籽粒整齐，不裂荚。

产量品质　2012—2013年吉林省中早熟大豆品种区域试验，平均产量2 585.0kg/hm²，比对照增产11.9%。2014年生产试验，平均产量2 085.1kg/hm²，比对照增产9.5%。蛋白质含量31.03%，脂肪含量22.41%。

栽培要点　一般4月下旬播种，播量30～35kg/hm²，行距0.63m，株距0.07m，密度20万～22万株/hm²。施基肥磷酸二铵250kg/hm²，尿素40～45kg/hm²，硫酸钾80～90kg/hm²。未施基肥可在6月中旬开花前追肥，追磷酸二铵105～150kg/hm²，尿素22.5～30.0kg/hm²，硫酸钾45～60kg/hm²。适时中耕，后期注意防虫。

适宜地区　吉林省大豆中早熟区。

389. 长农33（Changnong 33 ）

品种来源　长春市农业科学院以合交95-984为母本，CK-P-2为父本进行有性杂交，采用系谱法选育而成。2017年经吉林省农作物品种审定委员会审定，审定编号为吉审

豆20170007。全国大豆品种资源统一编号
ZDD33320。

特征 亚有限结荚习性，株高78.8cm，
有效分枝1.8个，单株有效荚数39.4个。叶披
针形，紫花，灰毛，荚熟时呈褐色。籽粒圆
形，种皮黄色，脐黄色。百粒重15.7g。

特性 北方春大豆，中晚熟高油大豆品
种，吉林中晚熟地区春播生育期130d。田
间综合抗病性好，落叶性好，籽粒整齐，不
裂荚。

产量品质 2014—2015年吉林省中晚熟
大豆品种区域试验，平均产量3 208.7kg/hm²，
比对照吉育72增产9.1%。2016年生产试
验，平均产量3 730.6kg/hm²，比对照吉育72
增产10.6%。蛋白质含量37.57%，脂肪含量
23.00%。

栽培要点 适宜中等肥力地块种植，一
般4月下旬播种，播量50～55kg/hm²，行
距0.63m，株距0.07m，密度20万～22万
株/hm²。施基肥磷酸二铵250kg/hm²，尿素
40～45kg/hm²，硫酸钾80～90kg/hm²。未
施基肥可在6月中旬开花前追肥，追磷酸二铵
105～150kg/hm²，尿素22.5～30.0kg/hm²，
硫酸钾45～60kg/hm²。适时中耕，后期注意
防虫。

适宜地区 吉林省大豆中晚熟区。

390. 长农34（Changnong 34）

品种来源 长春市农业科学院以吉林20
为母本，CK-P-1为父本进行有性杂交，采
用系谱法选育而成。2017年经吉林省农作
物品种审定委员会审定，审定编号为吉审
豆20170008。全国大豆品种资源统一编号
ZDD34375。

特征 亚有限结荚习性，株高79.6cm，
有效分枝0.9个，单株有效荚数38.7个。叶披

长农33

长农34

针形，紫花，灰毛，荚熟时呈褐色。籽粒圆形，种皮黄色，脐黄色。百粒重15.1g。

特性 北方春大豆，中晚熟高油大豆品种，吉林中晚熟地区春播生育期129d。田间综合抗病性好，落叶性好，籽粒整齐，不裂荚。

产量品质 2014—2015年吉林省中晚熟大豆品种区域试验，平均产量3 224.5kg/hm²，比对照吉育72增产9.6%。2016年生产试验，平均产量3 804.3kg/hm²，比对照吉育72增产12.7%。蛋白质含量36.86%，脂肪含量22.69%。

栽培要点 适宜中等肥力地块种植，一般4月下旬播种，播量50 ~ 55kg/hm²，行距0.63m，株距0.08m，密度18万 ~ 20万株/hm²。施基肥磷酸二铵250kg/hm²，尿素40 ~ 45kg/hm²，硫酸钾80 ~ 90kg/hm²。未施基肥可在6月中旬开花前追肥，追磷酸二铵105 ~ 150kg/hm²，尿素22.5 ~ 30.0kg/hm²，硫酸钾45 ~ 60kg/hm²。适时中耕，后期注意防虫。

适宜地区 吉林省大豆中晚熟区。

391. 长农35（Changnong 35）

长农35

品种来源 长春市农业科学院以合交95-984为母本，CK-P为父本进行有性杂交，采用系谱法选育而成。2016年经吉林省农作物品种审定委员会审定，审定编号为吉审豆2016009。全国大豆品种资源统一编号ZDD33321。

特征 亚有限结荚习性，株高70.7cm。叶披针形，紫花，灰毛，荚熟时呈浅棕色。籽粒圆形，种皮黄色，脐黄色。百粒重15.4g。

特性 北方春大豆，中熟高油大豆品种，吉林中熟地区春播生育期128d。田间综合抗病性好，落叶性好，籽粒整齐，不裂荚。

产量品质 2013—2014年吉林省中熟大豆品种区域试验，平均产量3 209.2kg/hm²，比对照吉育86增产7.1%。2015年生产试验，平均产量4 037.5kg/hm²，比对照吉农18增产5.7%。蛋白质含量36.51%，脂肪含量22.92%。

栽培要点 适宜中等肥力地块种植，4月下旬播种，播量50 ~ 55kg/hm²，行距0.63m，株距0.07m，密度20万 ~ 22万株/hm²。施基肥磷酸二铵250kg/hm²，尿素40 ~ 45kg/hm²，硫酸钾80 ~ 90kg/hm²。未施基肥可在6月中旬开花前追肥，追磷酸二铵105 ~ 150kg/hm²，尿素22.5 ~ 30.0kg/hm²，硫酸钾45 ~ 60kg/hm²。适时中耕，后期注意防虫。

适宜地区 吉林省大豆中熟区。

392. 长农38（Changnong 38）

品种来源 长春市农业科学院以吉农18为母本，九交9895-8为父本进行有性杂交，采用系谱法选育而成。2018年经国家农作物品种审定委员会审定，审定编号为国审豆20180013。全国大豆品种资源统一编号ZDD34376。

特征 无限结荚习性，株高109.2cm，株型收敛，有效分枝0.8个，单株有效荚数45.5个。叶圆形，紫花，灰毛，荚熟时呈褐色。籽粒椭圆形，种皮黄色，脐黄色。百粒重20.6g。

特性 北方春大豆，中熟大豆品种，吉林中熟地区春播生育期133d。田间综合抗病性好，落叶性好，籽粒整齐，不裂荚。

产量品质 2016—2017年吉林省中熟大豆品种区域试验，平均产量3 508.5kg/hm²，比对照吉育86增产4.4%。2017年生产试验，平均产量3 388.5kg/hm²，比对照吉育86增产2.3%。蛋白质含量37.26%，脂肪含量21.33%。

栽培要点 5月上中旬播种，播量50～55kg/hm²，行距0.63m，株距0.07m，密度20万～22万株/hm²。施基肥磷酸二铵250kg/hm²，尿素40～45kg/hm²，硫酸钾80～90kg/hm²。未施基肥可在6月中旬开花前追肥，追磷酸二铵105～150kg/hm²，尿素22.5～30.0kg/hm²，硫酸钾45～60kg/hm²。适时中耕，后期注意防虫。

适宜地区 吉林中部、内蒙古中部与东南部地区（春播种植）。

长农38

393. 长农39（Changnong 39）

品种来源 长春市农业科学院以SB8699为母本，CM158为父本进行有性杂交，采用系谱法选育而成。2018年经吉林省农作物品种审定委员会审定，审定编号为吉审豆20180004。全国大豆品种资源统一编号ZDD31324。

长农39

特征　无限结荚习性，株高100.2cm，分枝型品种，有效分枝2.3个，单株有效荚数37.2个。叶圆形，白花，棕毛，荚熟时呈浅褐色。籽粒圆形，种皮黄色，脐褐色。百粒重17.1g。

特性　北方春大豆，中熟大豆品种，吉林中熟地区春播生育期129d。田间综合抗病性好，落叶性好，籽粒整齐，不裂荚。

产量品质　2016—2017年吉林省中熟大豆品种区域试验，平均产量3 246.9kg/hm²，比对照吉育86增产4.0%。2017年生产试验，平均产量3 672.7kg/hm²，比对照吉育86增产12.9%。蛋白质含量40.91%，脂肪含量20.15%。

栽培要点　一般4月下旬播种，播量50～55kg/hm²，行距0.63m，株距0.07m，密度20万～22万株/hm²。施基肥磷酸二铵250kg/hm²，尿素40～45kg/hm²，硫酸钾80～90kg/hm²。未施基肥可在6月中旬开花前追肥，追磷酸二铵105～150kg/hm²，尿素22.5～30.0kg/hm²，硫酸钾45～60kg/hm²。适时中耕，后期注意防虫。

适宜地区　吉林省大豆中熟区。

394. 长农45（Changnong 45）

长农45

品种来源　长春市农业科学院以吉育89为母本，中黄35为父本进行有性杂交，采用系谱法选育而成。2019年经吉林省农作物品种审定委员会审定，审定编号为吉审豆20190011。全国大豆品种资源统一编号ZDD31342。

特征　亚有限结荚习性，株高104.0cm。叶圆形，紫花，灰毛，荚熟时呈浅褐色。籽粒圆形，种皮黄色，脐淡黑色。百粒重16.4g。

特性　北方春大豆，中晚熟高油大豆品种，吉林中晚熟地区春播生育期129d。田间综合抗病性好，落叶性好，籽粒整齐，不裂荚。

产量品质　2017—2018年吉林省中晚熟大豆品种区域试验，平均产量3 257.5kg/hm²，比对照吉育72增产9.6%。2018年生产试验，平均产量3 352.9kg/hm²，比对照吉育72增产8.8%。蛋白质含量37.40%，脂肪含量22.38%。

栽培要点　一般在4月下旬播种，播量50～55kg/hm²，行距0.63m，株距0.08m，密度18万～20万株/hm²。施基肥磷酸二铵250kg/hm²，尿素40～45kg/hm²，硫酸钾80～90kg/hm²。未施基肥可在6月中旬开花前追肥，追磷酸二铵105～150kg/hm²，尿素22.5～30.0kg/hm²，硫酸钾45～60kg/hm²。适时中耕，后期注意防虫。

适宜地区　吉林省大豆中晚熟区。

395. 长农65（Changnong 65）

品种来源　长春市农业科学院以合丰34为母本，（合丰34×SB8699）为父本进行有性杂交，采用系谱法选育而成。2019年经吉林省农作物品种审定委员会审定，审定编号为吉审豆20190017。全国大豆品种资源统一编号ZDD34377。

特征　亚有限结荚习性，株高88.6cm。叶披针形，紫花，灰毛，荚熟时呈褐色。籽粒圆形，种皮黄色，脐黄色。百粒重18.3g。

特性　北方春大豆，早熟大豆品种，吉林早熟地区春播生育期119d。田间综合抗病性好，落叶性好，籽粒整齐，不裂荚。

产量品质　2017—2018年吉林省早熟大豆品种区域试验，平均产量2 729.5kg/hm²，比对照合交02-69增产4.7%。2018年生产试验，平均产量2 534.6kg/hm²，比对照合交02-69增产1.2%。蛋白质含量41.99%，脂肪含量16.84%。

栽培要点　一般4月下旬至5月上旬播种，播量55～60kg/hm²，行距0.63m，株距0.06m，密度22万～24万株/hm²。施基肥磷酸二铵250kg/hm²，尿素40～45kg/hm²，硫酸钾80～90kg/hm²。未施基肥可在6月中旬开花前追肥，追磷酸二铵105～150kg/hm²，尿素22.5～30.0kg/hm²，硫酸钾45～60kg/hm²。适时中耕，后期注意防虫。

长农65

适宜地区　吉林省大豆早熟区。

396. 长农75（Changnong 75）

品种来源　长春市农业科学院以11CY2为母本，绥农31为父本进行有性杂交，采用系谱法选育而成。2020年经吉林省农作物品种审定委员会审定，审定编号为吉审豆20200020。全国大豆品种资源统一编号ZDD34378。

长农75

东生104

特 征 亚有限结荚习性，株高90.8cm，株型收敛。叶披针形，白花，灰毛，荚熟时呈褐色。籽粒圆形，种皮黄色，脐褐色。百粒重13.6g。

特 性 北方春大豆，中熟芽用大豆品种，吉林中熟地区春播生育期127d。田间综合抗病性好，落叶性好，籽粒整齐，不裂荚。

产量品质 2018—2019年吉林省中熟大豆品种区域试验，平均产量2 804.0kg/hm²，比对照吉育107增产17.2%。2019年生产试验，平均产量3 000.5kg/hm²，比对照吉育107增产14.9%。蛋白质含量38.59%，脂肪含量22.95%。

栽培要点 一般4月末至5月初播种，播量30 ~ 35kg/hm²，行距0.63m，株距0.07m，密度20万 ~ 22万株/hm²。施基肥磷酸二铵250kg/hm²，尿素40 ~ 45kg/hm²，硫酸钾80 ~ 90kg/hm²。未施基肥可在6月中旬开花前追肥，追磷酸二铵105 ~ 150kg/hm²，尿素22.5 ~ 30.0kg/hm²，硫酸钾45 ~ 60kg/hm²。适时中耕，后期注意防虫。

适宜地区 吉林省大豆中熟区。

397. 东生104 (Dongsheng 104)

品种来源 中国科学院东北地理与农业生态研究所以BY0013为母本，吉育47为父本进行有性杂交，采用系谱法选育而成。2020年经吉林省农作物品种审定委员会审定，审定编号为吉审豆20200031。全国大豆品种资源统一编号ZDD34379。

特 征 亚有限结荚习性，株高102.4cm。叶圆形，白花，灰毛，荚熟时呈褐色。籽粒圆形，种皮黄色，脐黄色。百粒重22.1g。

特 性 北方春大豆，中熟大豆品种，吉林中熟地区春播生育期124d。田间综合抗病性好，落叶性好，籽粒整齐，不裂荚。

产量品质　2018—2019年吉林省中熟大豆品种区域试验，平均产量2 946.6kg/hm²，比对照吉育86增产9.0%。2019年生产试验，平均产量2 812.9kg/hm²，比对照吉育86增产5.1%。蛋白质含量40.27%，脂肪含量20.34%。

栽培要点　一般5月下旬播种，播量50～55kg/hm²，行距0.63m，株距0.07m，密度20万～22万株/hm²。施基肥磷酸二铵250kg/hm²，尿素40～45kg/hm²，硫酸钾80～90kg/hm²。未施基肥可在6月中旬开花前追肥，追磷酸二铵105～150kg/hm²，尿素22.5～30.0kg/hm²，硫酸钾45～60kg/hm²。适时中耕，后期注意防虫。

适宜地区　吉林省大豆中熟区。

398. 东生105（Dongsheng 105）

品种来源　中国科学院东北地理与农业生态研究所以SEJ0086为母本，吉育47为父本进行有性杂交，采用系谱法选育而成。2020年经吉林省农作物品种审定委员会审定，审定编号为吉审豆20200032。全国大豆品种资源统一编号ZDD34380。

特征　亚有限结荚习性，株高96.8cm。叶圆形，白花，灰毛，荚熟时呈褐色。籽粒圆形，种皮黄色，脐黄色。百粒重22.7g。

特性　北方春大豆，中熟大豆品种，吉林中熟地区春播生育期124d。田间综合抗病性好，落叶性好，籽粒整齐，不裂荚。

产量品质　2018—2019年吉林省中熟大豆品种区域试验，平均产量2 904.3kg/hm²，比对照吉育86增产7.4%。2019年生产试验，平均产量2 926.6kg/hm²，比对照吉育86增产9.3%。蛋白质含量39.32%，脂肪含量20.22%。

东生105

栽培要点　一般5月初播种，播量50～55kg/hm²，行距0.63m，株距0.07m，密度20万～22万株/hm²。施基肥磷酸二铵250kg/hm²，尿素40～45kg/hm²，硫酸钾80～90kg/hm²。未施基肥可在6月中旬开花前追肥，追磷酸二铵105～150kg/hm²，尿素22.5～30.0kg/hm²，硫酸钾45～60kg/hm²。适时中耕，后期注意防虫。

适宜地区　吉林省大豆中熟区。

399. 东生112（Dongsheng 112）

品种来源　中国科学院东北地理与农业生态研究所以合丰55为母本，长农16为父

东生112

省原豆1号

本进行有性杂交，采用系谱法选育而成。2020年经吉林省农作物品种审定委员会审定，审定编号为吉审豆20200033。全国大豆品种资源统一编号ZDD34381。

特征 亚有限结荚习性，株高101.4cm。叶圆形，白花，灰毛，荚熟时呈褐色。籽粒圆形，种皮黄色，脐黄色。百粒重18.9g。

特性 北方春大豆，中熟大豆品种，吉林中熟地区春播生育期125d。田间综合抗病性好，落叶性好，籽粒整齐，不裂荚。

产量品质 2018—2019年吉林省中熟大豆品种区域试验，平均产量2 931.9kg/hm²，比对照吉育86增产8.4%。2019年生产试验，平均产量2 843.4kg/hm²，比对照吉育86增产6.2%。蛋白质含量41.88%，脂肪含量19.47%。

栽培要点 一般5月初播种，播量50～55kg/hm²，行距0.63m，株距0.07m，密度20万～22万株/hm²。施基肥磷酸二铵250kg/hm²，尿素40～45kg/hm²，硫酸钾80～90kg/hm²。未施基肥可在6月中旬开花前追肥，追磷酸二铵105～150kg/hm²，尿素22.5～30.0kg/hm²，硫酸钾45～60kg/hm²。适时中耕，后期注意防虫。

适宜地区 吉林省大豆中熟区。

400. 省原豆1号 （Shengyuandou 1）

品种来源 吉林省省原种业有限公司以吉育47为母本，丰交7607为父本进行有性杂交，采用系谱法选育而成。2016年经吉林省农作物品种审定委员会审定，审定编号为吉审豆2016005。全国大豆品种资源统一编号ZDD34382。

特征 亚有限结荚习性，株高114.4cm。叶圆形，紫花，灰毛，荚熟时呈褐色。籽粒椭圆形，种皮黄色，脐黄色。百粒重21.0g。

特性 北方春大豆，中早熟大豆品种，吉林中早熟地区春播生育期123d。田间综合抗病性好，落叶性好，籽粒整齐，不裂荚。

产量品质 2013—2014年吉林省中早熟大豆品种区域试验，平均产量2 845.6kg/hm²，比对照白农10号增产13.0%。2015年生产试验，平均产量3 269.4kg/hm²，比对照白农10号增产15.5%。蛋白质含量38.94%，脂肪含量21.25%。

栽培要点 适宜中等肥力地块种植，一般5月上旬播种，播量55～60kg/hm²，行距0.63m，株距0.06m，密度22万～24万株/hm²。施基肥磷酸二铵250kg/hm²，尿素40～45kg/hm²，硫酸钾80～90kg/hm²。未施基肥可在6月中旬开花前追肥，追磷酸二铵105～150kg/hm²，尿素22.5～30.0kg/hm²，硫酸钾45～60kg/hm²。适时中耕，后期注意防虫。

适宜地区 吉林省大豆中早熟区西部地区。

401. 吉利豆6号（Jilidou 6）

品种来源 松原市利民种业有限责任公司以吉利豆1号为母本，世纪1号为父本进行有性杂交，采用系谱法选育而成。2016年经吉林省农作物品种审定委员会审定，审定编号为吉审豆2016007。全国大豆品种资源统一编号ZDD34383。

特征 亚有限结荚习性，株高87.4cm。叶披针形，紫花，灰毛，荚熟时呈褐色。籽粒圆形，种皮黄色，脐黄色。百粒重23.4g。

特性 北方春大豆，中早熟高油大豆品种，吉林中早熟地区春播生育期122d。田间综合抗病性好，落叶性好，籽粒整齐，不裂荚。

产量品质 2013—2014年吉林省中早熟大豆品种区域试验，平均产量3 044.6kg/hm²，比对照白农10号增产20.9%。2015年生产试验，平均产量3 443.9kg/hm²，比对照白农10号增产21.7%。蛋白质含量38.05%，脂肪含量21.89%。

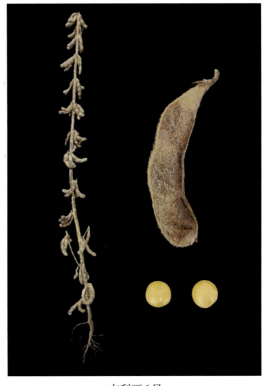

吉利豆6号

栽培要点 适宜中等肥力地块种植，5月上旬播种，播量55～60kg/hm²，行距0.63m，株距0.06m，密度22万～24万株/hm²。施基肥磷酸二铵250kg/hm²，尿素40～45kg/hm²，硫酸钾80～90kg/hm²。未施基肥可在6月中旬开花前追肥，追磷酸二铵105～150kg/hm²，尿素22.5～30.0kg/hm²，硫酸钾45～60kg/hm²。适时中耕，后期注意防虫。

适宜地区 适于吉林省大豆中早熟区西部地区。

九农40

九农43B

402. 九农40（Jiunong 40）

品种来源　吉林市农业科学院以黑农46为母本，黑农49为父本进行有性杂交，采用系谱法选育而成，原品系号九交200503-12-4。2015年经吉林省农作物品种审定委员会审定，审定编号为吉审豆2015003。全国大豆品种资源统一编号ZDD33318。

特征　亚有限结荚习性，株高85.9cm。叶圆形，紫花，灰毛，荚熟时呈褐色。籽粒圆形，种皮黄色，脐黄色。百粒重17.9g。

特性　北方春大豆，早熟高油大豆品种，吉林早熟地区春播生育期118d。田间综合抗病性好，落叶性好，籽粒整齐，不裂荚。

产量品质　2012—2014年吉林省早熟大豆品种区域试验，平均产量2 467.0kg/hm^2，比对照绥农28增产3.4%。2013—2014年生产试验，平均产量2 732.6kg/hm^2，比对照绥农28增产3.1%。蛋白质含量38.38%，脂肪含量21.62%。

栽培要点　一般4月末至5月初播种，播量55 ～ 60kg/hm^2，行距0.63m，株距0.06m，密度22万 ～ 24万株/hm^2。施基肥磷酸二铵250kg/hm^2，尿素40 ～ 45kg/hm^2，硫酸钾80 ～ 90kg/hm^2。未施基肥可在6月中旬开花前追肥，追磷酸二铵105 ～ 150kg/hm^2，尿素22.5 ～ 30.0kg/hm^2，硫酸钾45 ～ 60kg/hm^2。适时中耕，后期注意防虫。

适宜地区　吉林省大豆早熟区。

403. 九农43B（Jiunong 43B）

品种来源　吉林市农业科学院以九农26为母本，吉育71为父本进行有性杂交，采用系谱法选育而成。2019年经吉林省农作物品种审定委员会审定，审定编号为吉审豆20190006。全国大豆品种资源统一编号ZDD34384。

特征 亚有限结荚习性，株高96.4cm。叶圆形，白花，灰毛，荚熟时呈褐色。籽粒圆形，种皮黄色，脐黄色。百粒重21.8g。

特性 北方春大豆，中早熟大豆品种，吉林中早熟地区春播生育期122d。田间综合抗病性好，落叶性好，籽粒整齐，不裂荚。

产量品质 2017—2018年吉林省中早熟大豆品种区域试验，平均产量3 512.6kg/hm²，比对照吉育47增产8.1%。2018年生产试验，平均产量3 466.7kg/hm²，比对照吉育47增产7.0%。蛋白质含量41.51%，脂肪含量20.80%。

栽培要点 一般4月下旬至5月初播种，播量55～60kg/hm²，行距0.63m，株距0.06m，密度22万～24万株/hm²。施基肥磷酸二铵250kg/hm²，尿素40～45kg/hm²，硫酸钾80～90kg/hm²。未施基肥可在6月中旬开花前追肥，追磷酸二铵105～150kg/hm²，尿素22.5～30.0kg/hm²，硫酸钾45～60kg/hm²。适时中耕，后期注意防虫。

适宜地区 吉林省大豆中早熟区东部地区。

404. 九农CE2（Jiunong CE2）

品种来源 吉林市农业科学院以九交2006A-5为母本，本地豆为父本进行有性杂交，采用系谱法选育而成。2018年经吉林省农作物品种审定委员会审定，审定编号为吉审豆20180001。全国大豆品种资源统一编号ZDD31317。

特征 亚有限结荚习性，株高93.0cm，有效分枝0.7个，单株有效荚数36.4个。叶圆形，白花，灰毛，荚熟时呈褐色。籽粒圆形，种皮黄色，脐黄色。百粒重20.6g。

特性 北方春大豆，早熟大豆品种，吉林早熟地区春播生育期115d。田间综合抗病性好，落叶性好，籽粒整齐，不裂荚。

产量品质 2016—2017年吉林省早熟大豆品种区域试验，平均产量2 670.2kg/hm²，比对照绥农28、合丰55增产3.9%。2017年生产试验，平均产量2 586.2kg/hm²，比对照合丰55增产12.4%。蛋白质含量38.58%，脂肪含量19.52%。

栽培要点 适宜中等肥力地块种植，一般5月初播种，播量55～60kg/hm²，行距0.63m，株距0.06m，密度22万～24万株/hm²。施基肥磷酸二铵250kg/hm²，尿素40～45kg/hm²，硫酸钾80～90kg/hm²。未施基肥可在6月中旬开花前追肥，追磷酸二

九农CE2

铵105 ~ 150kg/hm²，尿素22.5 ~ 30.0kg/hm²，硫酸钾45 ~ 60kg/hm²。适时中耕，后期注意防虫。

适宜地区　吉林省大豆早熟区。

405. 九农黑皮青1号 （Jiunongheipiqing 1）

九农黑皮青1号

品种来源　吉林市农业科学院以黑皮青经系统选育而成。2019年经吉林省农作物品种审定委员会审定，审定编号为吉审豆20190021。全国大豆品种资源统一编号ZDD34385。

特征　亚有限结荚习性，株高86.8cm。叶圆形，紫花，棕毛，荚熟时呈深褐色。籽粒椭圆形，种皮黑色，脐黑色。百粒重15.6g。

特性　北方春大豆，早熟黑色大豆品种，吉林早熟地区春播生育期116d。田间综合抗病性好，落叶性好，籽粒整齐，不裂荚。

产量品质　2017—2018年吉林省早熟大豆品种区域试验，平均产量2 356.6kg/hm²，比对照吉黑5号增产12.0%。2018年生产试验，平均产量2 705.4kg/hm²，比对照吉黑5号增产12.1%。蛋白质含量41.44%，脂肪含量21.06%。

栽培要点　一般4月下旬至5月上旬播种，播量50 ~ 55kg/hm²，行距0.63m，株距0.07m，密度20万 ~ 22万株/hm²。施基肥磷酸二铵250kg/hm²，尿素40 ~ 45kg/hm²，硫酸钾80 ~ 90kg/hm²。未施基肥可在6月中旬开花前追肥，追磷酸二铵105 ~ 150kg/hm²，尿素22.5 ~ 30.0kg/hm²，硫酸钾45 ~ 60kg/hm²。适时中耕，后期注意防虫。

适宜地区　吉林省大豆早熟区。

406. 九久青 （Jiujiuqing）

品种来源　吉林市农业科学院以牡交5796-3为母本，九N-1-11-1-5为父本进行有性杂交，采用系谱法选育而成。2018年经吉林省农作物品种审定委员会审定，审定编号为吉审豆20180013。全国大豆品种资源统一编号ZDD33322。

特征 亚有限结荚习性，株高102.6cm，有效分枝0.4个，单株有效荚数35.3个。叶披针形，白花，灰毛，荚熟时呈褐色。籽粒圆形，种皮绿色，脐无色。百粒重13.8g。

特性 北方春大豆，中晚熟绿大豆品种，吉林中晚熟地区春播生育期125d。田间综合抗病性好，落叶性好，籽粒整齐，不裂荚。

产量品质 2016—2017年吉林省中晚熟大豆品种区域试验，平均产量2 387.5kg/hm²，比对照吉青1号增产8.5%。2017年生产试验，平均产量1 955.0kg/hm²，比对照吉青1号增产10.6%。蛋白质含量40.71%，脂肪含量19.97%。

栽培要点 适宜中等肥力地块种植，一般4月下旬播种，播量35～40kg/hm²，行距0.63m，株距0.07m，密度20万～22万株/hm²。施基肥磷酸二铵250kg/hm²，尿素40～45kg/hm²，硫酸钾80～90kg/hm²。未施基肥可在6月中旬开花前追肥，追磷酸二铵105～150kg/hm²，尿素22.5～30.0kg/hm²，硫酸钾45～60kg/hm²。适时中耕，后期注意防虫。

适宜地区 吉林省大豆中晚熟区。

407. 九青豆（Jiuqingdou）

品种来源 吉林市农业科学院以九农21为母本，黑皮青为父本进行有性杂交，采用单交和南繁加代等技术手段，通过多年世代选择、品系鉴定选育而成。2017年经吉林省农作物品种审定委员会审定，审定编号为吉审豆20170010。全国大豆品种资源统一编号ZDD33323。

特征 亚有限结荚习性，株高101.6cm，分枝型，有效分枝1.2个，单株有效荚数37.8个。叶披针形，紫花，灰毛，荚熟时呈褐色。籽粒圆形，种皮绿色，脐淡黄色。百粒重15.6g。

九久青

九青豆

特性　北方春大豆，中晚熟高蛋白绿大豆品种，吉林中晚熟地区春播生育期135d。田间综合抗病性好，落叶性好，籽粒整齐，不裂荚。

产量品质　2015—2016年吉林省中晚熟大豆品种区域试验，平均产量3 207.2kg/hm²，比对照吉青1号增产9.4%。2016年生产试验，平均产量3 106.3kg/hm²，比对照吉青1号增产7.0%。蛋白质含量44.05%，脂肪含量18.91%。

栽培要点　适宜中等肥力地块种植，一般4月下旬至5月上旬播种，播量55 ~ 60kg/hm²，行距0.63m，株距0.06m，密度22万 ~ 24万株/hm²。施基肥磷酸二铵250kg/hm²，尿素40 ~ 45kg/hm²，硫酸钾80 ~ 90kg/hm²。未施基肥可在6月中旬开花前追肥，追磷酸二铵105 ~ 150kg/hm²，尿素22.5 ~ 30.0kg/hm²，硫酸钾45 ~ 60kg/hm²。适时中耕，后期注意防虫。

适宜地区　吉林省大豆中晚熟区。

408. 九兴豆1号 （Jiuxingdou 1）

九兴豆1号

品种来源　吉林市农业科学院以九农34变异株系统选育而成，原品系号九腥豆1号。2020年经吉林省农作物品种审定委员会审定，审定编号为吉审豆20200019。全国大豆品种资源统一编号ZDD34386。

特征　亚有限结荚习性，株高85.9cm，有效分枝1.4个，单株有效荚数38.2个。叶圆形，白花，灰毛，荚熟时呈褐色。籽粒椭圆形，种皮黄色，脐褐色。百粒重18.9g。

特性　北方春大豆，早熟无腥味高油大豆品种，吉林早熟地区春播生育期114d。田间综合抗病性好，落叶性好，籽粒整齐，不裂荚。

产量品质　2018—2019年吉林省早熟大豆品种区域试验，平均产量2 882.0kg/hm²，比对照绥农28增产5.2%。2019年生产试验，平均产量3 004.5kg/hm²，比对照绥农28增产9.9%。蛋白质含量37.59%，脂肪含量23.86%。

栽培要点　一般4月末至5月初播种，播量55 ~ 60kg/hm²，行距0.63m，株距0.06m，密度22万 ~ 24万株/hm²。施基肥磷酸二铵250kg/hm²，尿素40 ~ 45kg/hm²，硫酸钾80 ~ 90kg/hm²。未施基肥可在6月中旬开花前追肥，追磷酸二铵105 ~ 150kg/hm²，尿素22.5 ~ 30.0kg/hm²，硫酸钾45 ~ 60kg/hm²。适时中耕，后期注意防虫。

适宜地区　吉林省大豆早熟区。

409. 九芽豆1号 （Jiuyadou 1）

品种来源 吉林市农业科学院以吉林小粒7号为母本，九农21为父本进行有性杂交，采用系谱法选育而成。2019年经吉林省农作物品种审定委员会审定，审定编号为吉审豆20190022。全国大豆品种资源统一编号ZDD34387。

特征 亚有限结荚习性，株高59.4cm，分枝型。叶披针形，紫花，灰毛，荚熟时呈褐色。籽粒圆形，种皮黄色，脐黄色。百粒重12.8g。

特性 北方春大豆，中熟小粒芽豆品种，吉林中熟地区春播生育期120d。田间综合抗病性好，落叶性好，籽粒整齐，不裂荚。

产量品质 2017—2018年吉林省中熟大豆品种区域试验，平均产量2 281.7kg/hm^2，比对照吉育107增产7.4%。2018年生产试验，平均产量2 202.3kg/hm^2，比对照吉育107增产12.0%。蛋白质含量41.52%，脂肪含量20.30%。

栽培要点 选中等肥力以上地块种植，一般4月下旬至5月上旬播种，播量30 ~ 35kg/hm^2，行距0.63m，株距0.07m，密度20万 ~ 22万株/hm^2。施基肥磷酸二铵250kg/hm^2，尿素40 ~ 45kg/hm^2，硫酸钾80 ~ 90kg/hm^2。未施基肥可在6月中旬开花前追肥，追磷酸二铵105 ~ 150kg/hm^2，尿素22.5 ~ 30.0kg/hm^2，硫酸钾45 ~ 60kg/hm^2。适时中耕，后期注意防虫。

适宜地区 吉林省大豆中熟区（春播种植）。

九芽豆1号

410. 吉科密豆1号 (Jikemidou 1)

品种来源 吉林农业科技学院以长农13为母本，A1574为父本进行有性杂交，采用系谱法选育而成。2018年经吉林省农作物品种审定委员会审定，审定编号为吉审豆20180012。全国大豆品种资源统一编号ZDD33290。

特征 有限结荚习性，株高62.3cm，有效分

吉科密豆1号

枝2.4个，单株有效荚数32.3个。叶圆形，白花，灰毛，荚熟时呈淡褐色。籽粒圆形，种皮黄色，脐黄色。百粒重13.9g。

特性　北方春大豆，中熟大豆品种，吉林中熟地区春播生育期125d。田间综合抗病性好，落叶性好，籽粒整齐，不裂荚。

产量品质　2016—2017年吉林省中熟大豆品种区域试验，平均产量3 094.5kg/hm²，比对照绥农28增产6.3%。2017年生产试验，平均产量2 667.9kg/hm²，比对照绥农28增产6.7%。蛋白质含量39.15%，脂肪含量20.88%。

栽培要点　适宜中等肥力地块种植，一般4月末至5月初播种，播量60～65kg/hm²，行距0.63m，株距0.07m，密度38万～40万株/hm²（每穴双株）。施基肥磷酸二铵250kg/hm²，尿素40～45kg/hm²，硫酸钾80～90kg/hm²。未施基肥可在6月中旬开花前追肥，追磷酸二铵105～150kg/hm²，尿素22.5～30.0kg/hm²，硫酸钾45～60kg/hm²。适时中耕，后期注意防虫。

适宜地区　吉林省大豆中熟区。

411. 吉科鲜豆1号 （Jikexiandou 1）

吉科鲜豆1号

品种来源　吉林农业科技学院植物科学学院、吉林市松花江种业有限责任公司以浙农6号采用变异株经系谱法选育而成。2016年经吉林省农作物品种审定委员会审定，审定编号为吉审豆2016013。全国大豆品种资源统一编号ZDD34388。

特征　有限结荚习性，株高64.2cm，分枝型。叶卵圆形，白花，灰毛，荚熟时呈淡褐色。籽粒扁圆形，种皮绿色，脐淡褐色。百粒重40.2g。

特性　北方春大豆，鲜食大豆品种，吉林中熟地区春播生育期115d。田间综合抗病性好，落叶性好，籽粒整齐，不裂荚。

产量品质　2014—2015年吉林省大豆品种区域试验，平均鲜荚产量9 847.2kg/hm²，比对照吉青3号增产11.1%。2015年生产试验，平均鲜荚产量10 226.9kg/hm²，比对照吉青3号增产11.1%。蛋白质含量40.00%，脂肪含量19.05%。

栽培要点　适宜中等肥力地块种植，5月上旬播种，播量55～60kg/hm²，行距0.63m，株距0.07m，密度22万～24万株/hm²。施基肥磷酸二铵250kg/hm²，尿素40～45kg/hm²，硫酸钾80～90kg/hm²。未施基肥可在6月中旬开花前追肥，追磷酸二铵105～150kg/hm²，尿素22.5～30.0kg/hm²，硫酸钾45～60kg/hm²。适时中耕，后期注意防虫。

适宜地区　吉林省省内。

412. 德豆10号（Dedou 10）

品种来源 吉林德禹种业有限责任公司以合交9349为母本，YSB8699为父本进行有性杂交，采用系谱法选育而成，原品系号德12-423、德黄10。2018年经国家农作物品种审定委员会审定，审定编号为国审豆20180017。全国大豆品种资源统一编号ZDD33282。

特征 亚有限结荚习性，株高74.4cm，有效分枝1.4个，单株有效荚数52.4个。叶披针形，白花，灰毛，荚熟时呈褐色。籽粒椭圆形，种皮黄色，脐黄色。百粒重16.7g。

特性 北方春大豆，中晚熟高油大豆品种，吉林中晚熟地区春播生育期124d。田间综合抗病性好，落叶性好，籽粒整齐，不裂荚。

产量品质 2016—2017年参加北方春大豆中晚熟组品种区域试验，平均产量3 465.0kg/hm²，比对照吉育72增产3.4%。2017年生产试验，平均产量3 234.0kg/hm²，比对照吉育72增产11.9%。蛋白质含量38.09%，脂肪含量21.84%。

栽培要点 适宜中等肥力地块种植，一般4月下旬播种，播量55～60kg/hm²，行距0.63m，株距0.06m，密度22万～24万株/hm²。施基肥磷酸二铵250kg/hm²，尿素40～45kg/hm²，硫酸钾80～90kg/hm²。未施基肥可在6月中旬开花前追肥，追磷酸二铵105～150kg/hm²，尿素22.5～30.0kg/hm²，硫酸钾45～60kg/hm²。适时中耕，后期注意防虫。

适宜地区 吉林省中南部、辽宁东北部及东部山区、甘肃张掖地区（春播种植）。

德豆10号

413. 德豆12（Dedou 12）

品种来源 吉林德禹种业有限责任公司以九农16为母本，长农13为父本进行有性杂交，

德豆12

采用系谱法选育而成。2019年经吉林省农作物品种审定委员会审定，审定编号为吉审豆20190007。全国大豆品种资源统一编号ZDD33283。

特征　亚有限结荚习性，株高105.3cm。叶椭圆形，白花，灰毛，荚熟时呈褐色。籽粒圆形，种皮黄色，脐黄色。百粒重16.7g。

特性　北方春大豆，中早熟高油大豆品种，吉林中早熟地区春播生育期123d。田间综合抗病性好，落叶性好，籽粒整齐，不裂荚。

产量品质　2017—2018年吉林省中早熟大豆品种区域试验，平均产量3 515.1kg/hm²，比对照吉育47增产8.1%。2018年生产试验，平均产量3 532.6kg/hm²，比对照吉育47增产9.0%。蛋白质含量37.61%，脂肪含量22.32%。

栽培要点　一般4月下旬至5月上旬播种，播量55～60kg/hm²，行距0.63m，株距0.06m，密度22万～24万株/hm²。施基肥磷酸二铵250kg/hm²，尿素40～45kg/hm²，硫酸钾80～90kg/hm²。未施基肥可在6月中旬开花前追肥，追磷酸二铵105～150kg/hm²，尿素22.5～30.0kg/hm²，硫酸钾45～60kg/hm²。适时中耕，后期注意防虫。

适宜地区　吉林省大豆中早熟东部地区。

414. 兆成扇子豆 (Zhaochengshanzidou)

品种来源　杨兆成用红毛大豆采用系统选育而成，原品系号兆成金扇子。2015年经吉林省农作物品种审定委员会审定，审定编号为吉审豆2015015。全国大豆品种资源统一编号ZDD34389。

兆成扇子豆

特征　亚有限结荚习性，株高75.0cm，有效分枝2.5个，单株有效荚数39.8个。叶圆形，紫花，棕毛，结荚密集，荚熟呈黄色。籽粒圆形，种皮黄色，脐褐色。百粒重22.0g。

特性　北方春大豆，早熟大豆品种，吉林早熟地区春播生育期120d。田间综合抗病性好，落叶性好，籽粒整齐，不裂荚。

产量品质　2011—2012年吉林省早熟大豆品种区域试验，平均产量3 575.6kg/hm²，比对照吉育47增产16.2%。2013—2014年生产试验，平均产量3 521.8kg/hm²，比对照吉育47增产17.2%。蛋白质含量42.97%，脂肪含量20.09%。

栽培要点　一般在4月末至5月上旬播种，播量50～55kg/hm²，行距0.63m，株距0.07m，密度20万～22万株/hm²。施基肥磷酸二铵250kg/hm²，尿素40～45kg/hm²，硫酸钾80～90kg/hm²。未施基肥可在6月中旬开花前追肥，追磷酸二铵105～150kg/hm²，尿素22.5～30.0kg/hm²，硫酸钾45～60kg/hm²。适时中耕，后期注意防虫。

适宜地区 吉林省大豆早熟区。

415. 雁育2号 （Yanyu 2）

品种来源 吉林省雁鸣湖种业有限责任公司以吉林小粒4号为母本，绥农2号为父本进行有性杂交，采用系谱法选育而成，原品系号雁交11-10。2015年经吉林省农作物品种审定委员会审定，审定编号为吉审豆2015010。全国大豆品种资源统一编号ZDD34390。

特征 亚有限结荚习性，株高90.0cm，有效分枝3.2个，单株有效荚数37.1个。叶椭圆形，白花，棕毛，荚熟时褐色。籽粒圆形，种皮黄色，脐黄色。百粒重9.0g。

特性 北方春大豆，早熟小粒品种，吉林早熟地区春播生育期115d。田间综合抗病性好，落叶性好，籽粒整齐，不裂荚。

产量品质 2012—2014年吉林省早熟大豆品种区域试验，平均产量2 367.2kg/hm²，比对照吉育105增产8.2%。2014年生产试验，平均产量2 587.4kg/hm²，比对照吉育105增产11.5%。蛋白质含量33.43%，脂肪含量21.58%。

雁育2号

栽培要点 一般4月下旬至5月初播种，等距点播，播量30～35kg/hm²，行距0.63m，株距0.07m，密度20万～22万株/hm²。施基肥磷酸二铵250kg/hm²，尿素40～45kg/hm²，硫酸钾80～90kg/hm²。未施基肥可在6月中旬开花前追肥，追磷酸二铵105～150kg/hm²，尿素22.5～30.0kg/hm²，硫酸钾45～60kg/hm²。适时中耕，注意及时防治蚜虫和食心虫。

适宜地区 吉林省大豆早熟区。

416. 雁育豆3号 （Yanyudou 3）

品种来源 敦化市雁鸣湖种业专业农场以（黑农38×合丰25）为母本，吉育89为父本进行有性杂交，采用系谱法选育而成。2016年经吉林省农作物品种审定委员会审定，审定编号为吉审豆2016002。全国大豆品种资源统一编号ZDD34391。

特征 亚有限结荚习性，株高86.7cm。叶圆形，紫花，棕毛，荚熟时呈褐色。籽粒

雁育豆3号

圆形，种皮黄色，脐黄色。百粒重16.5g。

特性 北方春大豆，早熟高油大豆品种，吉林早熟地区春播生育期116d。田间综合抗病性好，落叶性好，籽粒整齐，不裂荚。

产量品质 2014—2015年吉林省早熟大豆品种区域试验，平均产量2 463.1kg/hm²，比对照绥农28增产12.6%。2015年生产试验，平均产量2 478.2kg/hm²，比对照绥农28增产6.8%。蛋白质含量36.07%，脂肪含量22.54%。

栽培要点 适宜中等肥力地块种植，4月下旬播种，播量55～60kg/hm²，行距0.63m，株距0.06m，密度22万～24万株/hm²。施基肥磷酸二铵250kg/hm²，尿素40～45kg/hm²，硫酸钾80～90kg/hm²。未施基肥可在6月中旬开花前追肥，追磷酸二铵105～150kg/hm²，尿素22.5～30.0kg/hm²，硫酸钾45～60kg/hm²。适时中耕，后期注意防虫。

适宜地区 吉林省大豆早熟区。

417. 雁育豆8号（Yanyudou 8）

品种来源 敦化市雁鸣湖种业专业农场以合丰55为母本，吉育71为父本进行有性杂交，采用系谱法选育而成。2019年经吉林省农作物品种审定委员会审定，审定编号为吉审豆20190016。全国大豆品种资源统一编号ZDD34392。

特征 亚有限结荚习性，株高85.6cm。叶披针形，紫花，灰毛，荚熟时呈褐色。籽粒圆形，种皮黄色，脐黄色。百粒重19.4g。

特性 北方春大豆，早熟大豆品种，吉林早熟地区春播生育期116d。田间综合抗病性好，落叶性好，籽粒整齐，不裂荚。

产量品质 2017—2018年吉林省早熟大豆品种区域试验，平均产量2 866.0kg/hm²，比对照合交02-69增产9.9%。2018年生产试验，平均产量2 720.8kg/hm²，比对照合交02-69增产9.6%。蛋白质含量38.71%，脂肪含量21.45%。

雁育豆8号

栽培要点 一般4月下旬至5月上旬播种，播量55～60kg/hm²，行距0.63m，株距0.06m，密度22万～24万株/hm²。施基肥磷酸二铵250kg/hm²，尿素40～45kg/hm²，硫酸钾80～90kg/hm²。未施基肥可在6月中旬开花前追肥，追磷酸二铵105～150kg/hm²，尿素22.5～30.0kg/hm²，硫酸钾45～60kg/hm²。适时中耕，后期注意防虫。

适宜地区 吉林省大豆早熟区。

418. 雁育豆11（Yanyudou 11）

品种来源 敦化市雁鸣湖种业专业农场以绥农4号为母本，吉育59为父本进行有性杂交，采用系谱法选育而成。2020年经吉林省农作物品种审定委员会审定，审定编号为吉审豆20200029。全国大豆品种资源统一编号ZDD34393。

特征 亚有限结荚习性，株高80.1cm。叶披针形，紫花，灰毛，荚熟时呈褐色。籽粒圆形，种皮黄色，脐黄色，百粒重19.5g。

特性 北方春大豆，早熟高油大豆品种，吉林早熟地区春播生育期118d。田间综合抗病性好，落叶性好，籽粒整齐，不裂荚。

产量品质 2018—2019年吉林省早熟大豆品种区域试验，平均产量2 670.2kg/hm²，比对照合交02-69增产7.0%。2019年生产试验，平均产量2 649.0kg/hm²，比对照合交02-69增产4.3%。蛋白质含量36.08%，脂肪含量23.02%。

栽培要点 一般4月下旬或5月初播种，播

雁育豆11

量55～60kg/hm²，行距0.63m，株距0.06m，密度22万～24万株/hm²。施基肥磷酸二铵250kg/hm²，尿素40～45kg/hm²，硫酸钾80～90kg/hm²。未施基肥可在6月中旬开花前追肥，追磷酸二铵105～150kg/hm²，尿素22.5～30.0kg/hm²，硫酸钾45～60kg/hm²。适时中耕，后期注意防虫。

适宜地区 吉林省大豆早熟区。

419. 华力1号（huali 1）

品种来源 敦化市华力对外经贸有限责任公司、吉林省农业科学院以吉育71为母本，吉育89为父本进行有性杂交，采用系谱法选育而成。2017年经国家农作物品种审定委员会审定，审定编号为国审豆20170011。全国大豆品种资源统一编号ZDD34394。

特征 亚有限结荚习性，株高66.5cm，有效分枝0.7个，单株有效荚数44.3个。叶

华力1号

卵圆形，白花，灰毛，荚深褐色。籽粒椭圆形，种皮黄色，脐蓝色。百粒重19.0g。

特性 北方春大豆，中熟高油大豆品种，吉林中熟地区春播生育期125d。田间综合抗病性好，落叶性好，籽粒整齐，不裂荚。

产量品质 2014—2015年吉林省中晚熟大豆品种区域试验，平均产量3 124.5kg/hm²，比对照吉育86增产1.9%。2016年生产试验，平均产量3 372.0kg/hm²，比对照吉育86增产5.9%。蛋白质含量38.93%，脂肪含量21.52%。

栽培要点 适宜中等肥力地块种植，4月下旬至5月初播种，垄上双行，播量50～55kg/hm²，行距0.63m，株距0.07m，密度20万～22万株/hm²。施基肥磷酸二铵250kg/hm²，尿素40～45kg/hm²，硫酸钾80～90kg/hm²。未施基肥可在6月中旬开花前追肥，追磷酸二铵105～150kg/hm²，尿素22.5～30.0kg/hm²，硫酸钾45～60kg/hm²。适时中耕，后期注意防虫。

适宜地区 北方春大豆中熟区，即吉林中部、内蒙古呼和浩特地区（春播种植）。

420. 稷秾豆1号 （Jinongdou 1）

品种来源 吉林省稷秾种业有限公司以吉林39为母本，吉豆2号为父本进行有性杂交，采用系谱法选育而成，原品系号吉大131。2015年经吉林省农作物品种审定委员会审定，审定编号为吉审豆2015001。全国大豆品种资源统一编号ZDD34395。

特征 亚有限结荚习性，株高100.4cm，有效分枝1.3个，单株有效荚数38.1个。叶披针形，紫花，灰毛，荚熟时呈褐色。籽粒圆形，种皮黄色，脐黄色。百粒重19.2g。

特性 北方春大豆，中晚熟大豆品种，吉林中晚熟地区春播生育期129d。田间综合抗病性好，落叶性好，籽粒整齐，不裂荚。

产量品质 2012—2014年吉林省中晚熟大

稷秾豆1号

豆品种区域试验，平均产量3 156.8kg/hm²，比对照吉育72增产14.8%。2014年生产试验，平均产量3 243.0kg/hm²，比对照吉育72增产14.0%。蛋白质含量39.84%，脂肪含量20.58%。

栽培要点　适宜中等肥力地块种植，一般5月初播种，播量50～55kg/hm²，行距0.63m，株距0.07m，密度20万～22万株/hm²。施基肥磷酸二铵250kg/hm²，尿素40～45kg/hm²，硫酸钾80～90kg/hm²。未施基肥可在6月中旬开花前追肥，追磷酸二铵105～150kg/hm²，尿素22.5～30.0kg/hm²，硫酸钾45～60kg/hm²。适时中耕，后期注意防虫。

适宜地区　吉林省大豆中晚熟区，灰斑病重发区慎用。

421. 通农36（Tongnong 36）

品种来源　通化市农业科学研究院以通农943为母本，通农13为父本进行有性杂交，采用系谱法选育而成。2020年经吉林省农作物品种审定委员会审定，审定编号为吉审豆20200035。全国大豆品种资源统一编号ZDD33319。

特征　亚有限结荚习性，株高123.5cm。叶圆形，白花，灰毛，荚熟时呈褐色。籽粒圆形，种皮黄色，脐黄色。百粒重20.6g。

特性　北方春大豆，中熟大豆品种，吉林中熟地区春播生育期125d。田间综合抗病性好，落叶性好，籽粒整齐，不裂荚。

产量品质　2018—2019年吉林省中熟大豆品种区域试验，平均产量2 838.0kg/hm²，比对照吉育86增产5.0%。2019年生产试验，平均产量2 820.4kg/hm²，比对照吉育86增产5.4%。蛋白质含量41.22%，脂肪含量20.48%。

通农36

栽培要点　一般4月下旬至5月初播种，播量50～55kg/hm²，行距0.63m，株距0.07m，密度20万～22万株/hm²。施基肥磷酸二铵250kg/hm²，尿素40～45kg/hm²，硫酸钾80～90kg/hm²。未施基肥可在6月中旬开花前追肥，追磷酸二铵105～150kg/hm²，尿素22.5～30.0kg/hm²，硫酸钾45～60kg/hm²。适时中耕，后期注意防虫。

适宜地区　吉林省大豆中熟区。

辽 宁 省 品 种

422. 铁豆76（Tiedou 76）

品种来源　辽宁省铁岭市农业科学院以铁97121-2为母本，铁97047-2为父本，经有性杂交，系谱法选育而成。原品系号铁04152-8。2015年经辽宁省农作物品种审定委员会审定，审定编号为辽审豆2015006。全国大豆品种资源统一编号ZDD33364。

铁豆76

特征　亚有限结荚习性。株高87.3cm，主茎节数19.3个，分枝2.5个。单株荚数56.3个，荚淡褐色。椭圆形叶，紫花，灰毛。粒椭圆形，种皮黄色，脐黄色。百粒重19.7g。

特性　北方春大豆，中熟品种，生育期134d。中抗大豆花叶病毒1号株系。

产量品质　2013—2014年辽宁省大豆中熟组区域试验，平均产量2 752.5kg/hm²，比对照铁丰33增产10.6%。2014年生产试验，平均产量2 536.5kg/hm²，比对照铁丰33增产8.1%。蛋白质含量42.24%，脂肪含量20.77%。

栽培要点　4月下旬至5月上旬为适播期。密度13.5万～16.5万株/hm²。施磷酸二铵150～225kg/hm²，硫酸钾75～115kg/hm²。防治蚜虫、大豆食心虫。

适宜地区　辽宁省铁岭、沈阳、辽阳、鞍山、阜新、朝阳、锦州、葫芦岛等中熟大豆区。

423. 铁豆77（Tiedou 77）

品种来源　辽宁省铁岭市农业科学院以铁丰27为母本，中品95-5383为父本，经有性杂交，系谱法选育而成。原品系号铁05001-1。2015年经辽宁省农作物品种审定委员会审定，审定编号为辽审豆2015002。全国大豆品种资源统一编号ZDD33365。

特征　亚有限结荚习性。株高98.1cm，主茎节数17.5个，分枝1.9个。单株荚数52.1

个，荚淡褐色。椭圆形叶，紫花，灰毛。粒椭圆形，种皮黄色，脐黄色。百粒重23.4g。

特性 北方春大豆，早熟品种，生育期126d。中抗大豆花叶病毒1号株系。

产量品质 2013—2014年辽宁省大豆早熟组区域试验，平均产量2 920.5kg/hm²，比对照铁豆43增产8.3%。2014年生产试验，平均产量2 815.5kg/hm²，比对照铁豆43增产9.9%。蛋白质含量41.13%，脂肪含量20.49%。

栽培要点 4月下旬至5月上旬为适播期。密度13.5万～16.5万株/hm²。施磷酸二铵150～225kg/hm²，硫酸钾75～115kg/hm²。防治蚜虫、大豆食心虫。

适宜地区 辽宁省铁岭、抚顺、本溪等东部、北部早熟大豆区。

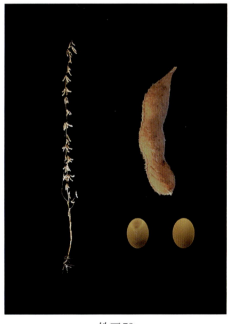

铁豆77

424. 铁豆78 （Tiedou 78）

品种来源 辽宁省铁岭市农业科学院以铁丰27为母本，中品95-5383为父本，经有性杂交，系谱法选育而成。原品系号铁05001-10。2015年经辽宁省农作物品种审定委员会审定，审定编号为辽审豆2015007。全国大豆品种资源统一编号ZDD33366。

特征 亚有限结荚习性。株高95.4cm，主茎节数18.0个，分枝1.9个。单株荚数48.7个，荚淡褐色。椭圆形叶，紫花，灰毛。粒椭圆形，种皮黄色，脐黄色。百粒重20.6g。

特性 北方春大豆，中熟品种，生育期129d。中抗大豆花叶病毒1号株系。

产量品质 2013—2014年辽宁省大豆中熟组区域试验，平均产量2 715.0kg/hm²，比对照铁丰33增产9.1%。2014年生产试验，平均产量2 593.5kg/hm²，比对照铁丰33增产10.4%。蛋白质含量44.04%，脂肪含量20.24%。

铁豆78

栽培要点 4月下旬至5月上旬为适播期。密度13.5万～16.5万株/hm²。施磷酸二铵150～225kg/hm²，硫酸钾75～115kg/hm²。防治蚜虫、大豆食心虫。

适宜地区 辽宁省铁岭、沈阳、辽阳、鞍山、阜新、朝阳、锦州、葫芦岛等中熟大豆区。

425. 铁豆80（Tiedou 80）

品种来源 辽宁省铁岭市农业科学院以铁96109-10为母本，铁96037-1为父本，经有性杂交，系谱法选育而成。原品系号铁05067-1。2017年经辽宁省农作物品种审定委员会审定，审定编号为辽审豆2017013。全国大豆品种资源统一编号ZDD33367。

铁豆80

特征 有限结荚习性。株高78.5cm，主茎节数16.8个，分枝3.4个。单株荚数72.7个，荚淡褐色。椭圆形叶，紫花，灰毛。粒椭圆形，种皮黄色，脐黄色。百粒重19.9g。

特性 北方春大豆，中晚熟品种，生育期127d。中感大豆花叶病毒1号株系。

产量品质 2014—2015年辽宁省大豆晚熟组区域试验，平均产量3 255.0kg/hm²，比对照丹豆11增产13.2%。2016年生产试验，平均产量2 916.0kg/hm²，比对照丹豆11增产9.4%。蛋白质含量42.16%，脂肪含量20.52%。

栽培要点 4月下旬至5月上旬为适播期。密度13.5万～16.5万株/hm²。施磷酸二铵150～225kg/hm²，硫酸钾75～115 kg/hm²。防治蚜虫、大豆食心虫。

适宜地区 辽宁省铁岭以南中晚熟大豆区。

426. 铁豆81（Tiedou 81）

品种来源 辽宁省铁岭市农业科学院以铁97047-2为母本，铁丰33为父本，经有性杂交，系谱法选育而成。原品系号铁05072-9。2017年经辽宁省农作物品种审定委员会审定，审定编号为辽审豆2017003。全国大豆品种资源统一编号ZDD33368。

特征 亚有限结荚习性。株高87.9cm，主茎节数17.2个，分枝2.1个。单株荚数54.4个，荚淡褐色。椭圆形叶，紫花，灰毛。粒椭圆形，种皮黄色，脐黄色。百粒重22.6g。

特性 北方春大豆，早熟品种，生育期125d。中抗大豆花叶病毒1号株系。

产量品质 2014—2015年辽宁省大豆早熟组区域试验，平均产量3 007.5kg/hm²，比对照铁豆43增产10.2%。2016年生产试验，平均产量3 024.0kg/hm²，比对照铁豆43增产8.9%。蛋白质含量41.94%，脂肪含量20.85%。

栽培要点　4月下旬至5月上旬为适播期。密度13.5万 ~ 16.5万株/hm²。施磷酸二铵150 ~ 225kg/hm²，硫酸钾75 ~ 115kg/hm²。防治蚜虫、大豆食心虫。

适宜地区　辽宁省铁岭、抚顺、本溪等东部、北部早熟大豆区。

427. 铁豆82（Tiedou 82）

品种来源　辽宁省铁岭市农业科学院以铁97047-3为母本，铁9831-16为父本，经有性杂交，系谱法选育而成。原品系号铁05081-8。2017年经辽宁省农作物品种审定委员会审定，审定编号为辽审豆2017004。全国大豆品种资源统一编号ZDD33369。

特征　亚有限结荚习性。株高86.9cm，主茎节数17.6个，分枝2.6个。单株荚数57.7个，荚淡褐色。披针形叶，紫花，灰毛。粒椭圆形，种皮黄色，脐黄色。百粒重21.6g。

特性　北方春大豆，早熟品种，生育期124d。中感大豆花叶病毒1号株系。

产量品质　2014—2015年辽宁省大豆早熟组区域试验，平均产量3 042.0kg/hm²，比对照铁豆43增产11.4%。2016年生产试验，平均产量3 168.0kg/hm²，比对照铁豆43增产14.1%。蛋白质含量41.04%，脂肪含量21.84%。

栽培要点　4月下旬至5月上旬为适播期。密度13.5万 ~ 16.5万株/hm²。施磷酸二铵150 ~ 225kg/hm²，硫酸钾75 ~ 115kg/hm²。防治蚜虫、大豆食心虫。

适宜地区　辽宁省铁岭、抚顺、本溪等东部、北部早熟大豆区。

428. 铁豆84（Tiedou 84）

品种来源　辽宁省铁岭市农业科学院以铁丰33为母本，Flint为父本，经有性杂交，系谱法选育而成。原品系号铁06010-4。2017年经辽宁省农作物品种审定委员会审定，审

铁豆81

铁豆82

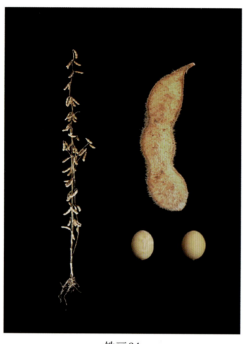

铁豆84

定编号为辽审豆2017011。全国大豆品种资源统一编号ZDD33370。

特征 亚有限结荚习性。株高93.2cm，主茎节数20.2个，分枝1.7个。单株荚数52.6个，荚淡褐色。椭圆形叶，紫花，灰毛。粒椭圆形，种皮黄色，脐黄色。百粒重20.7g。

特性 北方春大豆，中熟品种，生育期134d。中抗大豆花叶病毒1号株系。

产量品质 2014—2015年辽宁省大豆中熟组区域试验，平均产量2 478.0kg/hm²，比对照铁丰33增产6.5%。2016年生产试验，平均产量3 085.5kg/hm²，比对照铁丰33增产7.7%。蛋白质含量41.44%，脂肪含量21.92%。

栽培要点 4月下旬至5月上旬为适播期。密度13.5万 ~ 16.5万株/hm²。施磷酸二铵150 ~ 225kg/hm²，硫酸钾75 ~ 115kg/hm²。防治蚜虫、大豆食心虫。

适宜地区 辽宁省铁岭、沈阳、辽阳、鞍山、阜新、锦州等中熟大豆区。

429. 铁豆85（Tiedou 85）

铁豆85

品种来源 辽宁省铁岭市农业科学院以铁丰33为母本，Sb.pur-15为父本，经有性杂交，系谱法选育而成。原品系号铁06012-7。2017年经辽宁省农作物品种审定委员会审定，审定编号为辽审豆2017014。全国大豆品种资源统一编号ZDD33371。

特征 亚有限结荚习性。株高92.2cm，主茎节数18.9个，分枝3.8个。单株荚数75.4个，荚淡褐色。椭圆形叶，紫花，灰毛。粒椭圆形，种皮黄色，脐黑色。百粒重19.5g。

特性 北方春大豆，中晚熟品种，生育期127d。中抗大豆花叶病毒1号、3号株系。

产量品质 2014—2015年辽宁省大豆晚熟组区域试验，平均产量3 267.0kg/hm²，比对照丹豆11增产13.6%。2016年生产试验，平均产量2 946.0kg/hm²，比对照丹豆11增产10.5%。

蛋白质含量40.94%，脂肪含量21.37%。

　　栽培要点　4月下旬至5月上旬为适播期。密度13.5万～16.5万株/hm²。施磷酸二铵150～225kg/hm²，硫酸钾75～115kg/hm²。防治蚜虫、大豆食心虫。

　　适宜地区　辽宁省铁岭以南中晚熟大豆区。

430. 铁豆86（Tiedou 86）

　　品种来源　辽宁省铁岭市农业科学院以铁9868-10为母本，铁99007-2为父本，经有性杂交，系谱法选育而成。原品系号铁06064-6。2017年经辽宁省农作物品种审定委员会审定，审定编号为辽审豆2017012。全国大豆品种资源统一编号ZDD33372。

　　特征　有限结荚习性。株高79.4cm，主茎节数17.9个，分枝2.0个。单株荚数52.4个，荚淡褐色。椭圆形叶，紫花，棕毛。粒椭圆形，种皮黄色，脐黄色。百粒重21.7g。

　　特性　北方春大豆，中熟品种，生育期135d。抗大豆花叶病毒1号、3号株系。

　　产量品质　2014—2015年辽宁省大豆中熟组区域试验，平均产量2 370.0kg/hm²，比对照铁丰33增产1.8%。2016年生产试验，平均产量3 168.0kg/hm²，比对照铁丰33增产10.6%。蛋白质含量39.82%，脂肪含量22.30%。

　　栽培要点　4月下旬至5月上旬为适播期。密度13.5万～16.5万株/hm²。施磷酸二铵150～225kg/hm²，硫酸钾75～115kg/hm²。防治蚜虫、大豆食心虫。

铁豆86

　　适宜地区　辽宁省铁岭、沈阳、辽阳、鞍山、阜新、锦州等中熟大豆区。

431. 铁豆89（Tiedou 89）

　　品种来源　辽宁省铁岭市农业科学院以铁97124-1-1为母本，铁丰33为父本，经有性杂交，系谱法选育而成。原品系号铁07107-7。2018年经辽宁省农作物品种审定委员会审定，审定编号为辽审豆20180006。全国大豆品种资源统一编号ZDD33373。

　　特征　亚有限结荚习性。株高85.2cm，主茎节数17.6个，分枝2.3个。单株荚数52.3个。椭圆形叶，紫花，灰毛。粒椭圆形，种皮黄色，脐黄色。百粒重24.6g。

　　特性　北方春大豆，中熟品种，生育期132d。抗大豆花叶病毒1号株系。

铁豆89

铁豆92

产量品质 2015—2016年辽宁省大豆中熟组区域试验，平均产量2 745.0kg/hm²，比对照铁丰33增产8.3%。2017年生产试验，平均产量3 033.0kg/hm²，比对照铁丰33增产4.5%。蛋白质含量41.09%，脂肪含量21.13%。

栽培要点 4月下旬至5月上旬为适播期。密度13.5万～16.5万株/hm²。施磷酸二铵150～225kg/hm²，硫酸钾75～115kg/hm²。防治蚜虫、大豆食心虫。

适宜地区 辽宁省铁岭、沈阳、辽阳、鞍山、阜新、锦州等中熟大豆区。

432. 铁豆92（Tiedou 92）

品种来源 辽宁省铁岭市农业科学院以铁00009-4为母本，铁豆39为父本，经有性杂交，系谱法选育而成。原品系号铁06136-3。2018年经辽宁省农作物品种审定委员会审定，审定编号为辽审豆20180007。全国大豆品种资源统一编号ZDD33374。

特征 亚有限结荚习性。株高76.4cm，主茎节数15.4个，分枝2.7个。单株荚数65.0个。椭圆形叶，白花，灰毛。粒椭圆形，种皮黄色，脐黄色。百粒重23.9g。

特性 北方春大豆，中熟品种，生育期131d。中抗大豆花叶病毒1号株系。

产量品质 2016—2017年辽宁省大豆中熟组区域试验，平均产量3 232.5kg/hm²，比对照铁丰33增产8.7%。2017年生产试验，平均产量3 055.5kg/hm²，比对照铁丰33增产5.3%。蛋白质含量40.64%，脂肪含量21.79%。

栽培要点 4月下旬至5月上旬为适播期。密度13.5万～16.5万株/hm²。施磷酸二铵150～225kg/hm²，硫酸钾75～115kg/hm²。防治蚜虫、大豆食心虫。

适宜地区 辽宁省铁岭、沈阳、辽阳、鞍山、阜新、锦州等中熟大豆区。

433. 铁豆94（Tiedou 94）

品种来源 辽宁省铁岭市农业科学院以铁97047-3为母本，铁丰33为父本，经有性杂交，系谱法选育而成。2019年经辽宁省农作物品种审定委员会审定，审定编号为辽审豆20190006。全国大豆品种资源统一编号ZDD34396。

特征 亚有限结荚习性。株高92.4cm，主茎节数18.7个，分枝1.6个。单株荚数59.0个。椭圆形叶，紫花，灰毛。粒椭圆形，种皮黄色，脐黄色。百粒重23.8g。

特性 北方春大豆，中熟品种，生育期132d。中抗大豆花叶病毒1号、3号株系。

产量品质 2016—2017年辽宁省大豆中熟组区域试验，平均产量3 319.5kg/hm²，比对照铁丰33增产11.6%。2017年生产试验，平均产量3 387.0kg/hm²，比对照铁丰33增产15.1%。蛋白质含量40.77%，脂肪含量19.82%。

栽培要点 4月下旬至5月上旬为适播期。密度13.5万～16.5万株/hm²。施磷酸二铵150～225kg/hm²，硫酸钾75～115kg/hm²。防治蚜虫、大豆食心虫。

适宜地区 辽宁省铁岭、沈阳、辽阳、鞍山、阜新、锦州等中熟大豆区。

铁豆94

434. 铁豆95（Tiedou 95）

品种来源 辽宁省铁岭市农业科学院以铁97047-3为母本，吉育89为父本，经有性杂交，系谱法选育而成。原品系号铁07072-8。2018年经辽宁省农作物品种审定委员会审定，审定编号为辽审豆20180002。全国大豆品种资源统一编号ZDD33375。

特征 亚有限结荚习性。株高85.0cm，主茎节数17.3个，分枝2.8个。单株荚数77.3个。椭圆形叶，紫花，灰毛。粒椭圆形，种皮黄

铁豆95

色，脐黄色。百粒重22.4g。

特性　北方春大豆，早熟品种，生育期127d。抗大豆花叶病毒1号株系。

产量品质　2016—2017年辽宁省大豆早熟组区域试验，平均产量2 947.5kg/hm²，比对照铁豆43增产13.3%。2017年生产试验，平均产量2 752.5kg/hm²，比对照铁豆43增产15.1%。蛋白质含量38.73%，脂肪含量21.32%。

栽培要点　4月下旬至5月上旬为适播期。密度13.5万～16.5万株/hm²。施磷酸二铵150～225kg/hm²，硫酸钾75～115kg/hm²。防治蚜虫、大豆食心虫。

适宜地区　辽宁省抚顺，本溪，铁岭开原、西丰等早熟大豆区。

435. 铁豆96（Tiedou 96）

品种来源　辽宁省铁岭市农业科学院以铁97077-1为母本，吉农18为父本，经有性杂交，系谱法选育而成。原品系号铁07092-4。2018年经辽宁省农作物品种审定委员会审定，审定编号为辽审豆20180003。全国大豆品种资源统一编号ZDD31338。

铁豆96

特征　亚有限结荚习性。株高98.3cm，主茎节数18.4个，分枝3.0个。单株荚数86.8个。椭圆形叶，紫花，棕毛。粒椭圆形，种皮黄色，脐黄色。百粒重21.3g。

特性　北方春大豆，早熟品种，生育期128d。中抗大豆花叶病毒1号株系。

产量品质　2016—2017年辽宁省大豆早熟组区域试验，平均产量2 907.0kg/hm²，比对照铁豆43增产11.8%。2017年生产试验，平均产量2 620.5kg/hm²，比对照铁豆43增产9.6%。蛋白质含量38.14%，脂肪含量22.34%。

栽培要点　4月下旬至5月上旬为适播期。密度13.5万～16.5万株/hm²。施磷酸二铵150～225kg/hm²，硫酸钾75～115kg/hm²。防治蚜虫、大豆食心虫。

适宜地区　辽宁省抚顺，本溪，铁岭开原、西丰等早熟大豆区。

436. 铁豆97（Tiedou 97）

品种来源　辽宁省铁岭市农业科学院以铁9809-2-1为母本，沈农99-22为父本，经有性杂交，系谱法选育而成。原品系号铁08082-3。2018年经辽宁省农作物品种审定委员会审定，审定编号为辽审豆20180014。全国大豆品种资源统一编号ZDD31352。

特征　亚有限结荚习性。株高77.6cm，主茎节数16.8个，分枝3.4个。单株荚数65.6个。椭圆形叶，紫花，灰毛。粒椭圆形，种皮黄色，脐黄色。百粒重18.0g。

特性　北方春大豆，晚熟品种，生育期125d。中抗大豆花叶病毒1号株系。

产量品质　2016—2017年辽宁省大豆晚熟组区域试验，平均产量3 117.0kg/hm²，比对照丹豆11增产19.2%。2017年生产试验，平均产量3 115.5kg/hm²，比对照丹豆11增产15.3%。蛋白质含量39.12%，脂肪含量21.81%。

栽培要点　4月下旬至5月上旬为适播期。密度13.5万～16.5万株/hm²。施磷酸二铵150～225kg/hm²，硫酸钾75～115kg/hm²。防治蚜虫、大豆食心虫。

适宜地区　辽宁省铁岭以南晚熟大豆区。

铁豆97

437. 铁豆98（Tiedou 98）

品种来源　辽宁省铁岭市农业科学院以铁9809-2-1为母本，Osaka-5为父本，经有性杂交，系谱法选育而成。原品系号铁08086-8。2018年经辽宁省农作物品种审定委员会审定，审定编号为辽审豆20180008。全国大豆品种资源统一编号ZDD33376。

特征　亚有限结荚习性。株高99.3cm，主茎节数20.9个，分枝2.0个。单株荚数53.5个。椭圆形叶，紫花，灰毛。粒椭圆形，种皮黄色，脐黄色。百粒重19.8g。

特性　北方春大豆，中熟品种，生育期134d。中抗大豆花叶病毒1号株系。

产量品质　2016—2017年辽宁省大豆中熟组区域试验，平均产量3 460.5kg/hm²，比对照铁丰33增产16.3%。2017年生产试验，平均产量3 267.0kg/hm²，比对照铁丰33增产12.6%。蛋白质含量38.56%，脂肪含量21.92%。

栽培要点　4月下旬至5月上旬为适播期。密度13.5万～16.5万株/hm²。施磷酸二铵

铁豆98

$150 \sim 225$kg/hm^2，硫酸钾$75 \sim 115$kg/hm^2。防治蚜虫、大豆食心虫。

适宜地区 辽宁省铁岭、沈阳、辽阳、鞍山、阜新、朝阳、锦州、葫芦岛等中熟大豆区。

438. 铁豆99（Tiedou 99）

品种来源 辽宁省铁岭市农业科学院以铁01092-4为母本，Atlantic为父本，经有性杂交，系谱法选育而成。原品系号铁08133-25。2018年经辽宁省农作物品种审定委员会审定，审定编号为辽审豆20180015。全国大豆品种资源统一编号ZDD33377。

铁豆99

特征 亚有限结荚习性。株高88.8cm，主茎节数17.8个，分枝3.2个。单株荚数66.7个。椭圆形叶，紫花，灰毛。粒椭圆形，种皮黄色，脐黑色。百粒重18.7g。

特性 北方春大豆，晚熟品种，生育期127d。抗大豆花叶病毒1号株系。

产量品质 2016—2017年辽宁省大豆晚熟组区域试验，平均产量3 114.0kg/hm^2，比对照丹豆11增产19.1%。2017年生产试验，平均产量3 039.0kg/hm^2，比对照丹豆11增产12.5%。蛋白质含量40.14%，脂肪含量20.74%。

栽培要点 4月下旬至5月上旬为适播期。密度13.5万 ～ 16.5万株/hm^2。施磷酸二铵$150 \sim 225$kg/hm^2，硫酸钾$75 \sim 115$kg/hm^2。防治蚜虫、大豆食心虫。

适宜地区 辽宁省铁岭以南晚熟大豆区。

439. 铁豆100（Tiedou 100）

品种来源 辽宁省铁岭市农业科学院以铁9809-2-1为母本，铁丰31为父本，经有性杂交，系谱法选育而成。2019年经辽宁省农作物品种审定委员会审定，审定编号为辽审豆20190007。全国大豆品种资源统一编号ZDD33378。

特征 亚有限结荚习性。株高101.1cm，主茎节数21.6个，分枝2.1个。单株荚数63.7个。椭圆形叶，紫花，灰毛。粒椭圆形，种皮黄色，脐黄色。百粒重18.6g。

特性 北方春大豆，中熟品种，生育期136d。高抗大豆花叶病毒1号株系，抗大豆花叶病毒3号株系。

产量品质 2017—2018年辽宁省大豆中熟组区域试验，平均产量3 394.5kg/hm^2，比对照铁丰33增产12.5％。2018年生产试验，平均产量3 453.0kg/hm^2，比对照铁丰33增产17.3％。蛋白质含量40.50％，脂肪含量20.39％。

栽培要点　4月下旬至5月上旬为适播期。密度13.5万～16.5万株/hm^2。施磷酸二铵150～225kg/hm^2，硫酸钾75～115kg/hm^2。防治蚜虫、大豆食心虫。

适宜地区　辽宁省铁岭、沈阳、辽阳、鞍山、阜新、朝阳、锦州、葫芦岛等中熟大豆区。

440. 铁豆101 （Tiedou 101）

品种来源　辽宁省铁岭市农业科学院以铁9809-2-1为母本，沈农99-22为父本，经有性杂交，系谱法选育而成。2019年经辽宁省农作物品种审定委员会审定，审定编号为辽审豆20190008。全国大豆品种资源统一编号ZDD33379。

特征　亚有限结荚习性。株高78.0cm，主茎节数16.5个，分枝3.3个。单株荚数66.5个。椭圆形叶，紫花，灰毛。粒椭圆形，种皮黄色，脐黑色。百粒重18.7g。

特性　北方春大豆，中熟品种，生育期135d。抗大豆花叶病毒1号株系，中抗大豆花叶病毒3号株系。

产量品质　2017—2018年辽宁省大豆中熟组区域试验，平均产量3 544.5kg/hm^2，比对照铁丰33增产17.5％。2018年生产试验，平均产量3 411.0kg/hm^2，比对照铁丰33增产15.9％。蛋白质含量38.88％，脂肪含量20.66％。

栽培要点　4月下旬至5月上旬为适播期。密度13.5万～16.5万株/hm^2。施磷酸二铵150～225kg/hm^2，硫酸钾75～115kg/hm^2。防治蚜虫、大豆食心虫。

适宜地区　辽宁省铁岭、沈阳、辽阳、鞍山、阜新、朝阳、锦州、葫芦岛等中熟大豆区。

铁豆100

铁豆101

441. 铁豆102（Tiedou 102）

品种来源　辽宁省铁岭市农业科学院以沈农12为母本，Flint为父本，经有性杂交，系谱法选育而成。2020年经辽宁省农作物品种审定委员会审定，审定编号为辽审豆20200001。全国大豆品种资源统一编号ZDD33380。

铁豆102

特征　亚有限结荚习性。株高93.5cm，主茎节数18.4个，分枝2.2个。单株荚数64.9个。椭圆形叶，紫花，灰毛。粒椭圆形，种皮黄色，脐黑色。百粒重19.6g。

特性　北方春大豆，早熟品种，生育期128d。中感大豆花叶病毒1号株系，中抗大豆花叶病毒3号株系。

产量品质　2017—2018年辽宁省大豆早熟组区域试验，平均产量2 871.0kg/hm²，比对照铁豆43增产8.2%。2019年生产试验，平均产量3 157.5kg/hm²，比对照铁豆43增产16.7%。蛋白质含量37.75%，脂肪含量21.42%。

栽培要点　4月下旬至5月上旬为适播期。密度16.5万～19.5万株/hm²。施磷酸二铵150～225kg/hm²，硫酸钾75～115kg/hm²。防治蚜虫、大豆食心虫。

适宜地区　辽宁省北部及东部山区等早熟大豆区。

442. 铁豆103（Tiedou 103）

品种来源　辽宁省铁岭市农业科学院以铁豆37为母本，铁08030为父本，经有性杂交，系谱法选育而成。2019年经辽宁省农作物品种审定委员会审定，审定编号为辽审豆20190011。全国大豆品种资源统一编号ZDD33381。

特征　有限结荚习性。株高79.2cm，主茎节数15.8个，分枝2.4个。单株荚数56.0个。椭圆形叶，白花，灰毛。粒椭圆形，种皮黄色，脐黄色。百粒重25.1g。

特性　北方春大豆，晚熟品种，生育期124d。抗大豆花叶病毒1号、3号株系。

产量品质　2017—2018年辽宁省大豆晚熟组区域试验，平均产量2 907.0kg/hm²，比对照丹豆11增产12.6%。2019年生产试验，平均产量2 955.0kg/hm²，比对照丹豆11增产12.6%。蛋白质含量41.55%，脂肪含量20.12%。

栽培要点　4月下旬至5月上旬为适播期。密度13.5万～16.5万株/hm²。施磷酸二铵

150 ～ 225kg/hm²，硫酸钾 75 ～ 115kg/hm²。防治蚜虫、大豆食心虫。

适宜地区 辽宁省铁岭以南晚熟大豆区。

443. 铁豆104 （Tiedou 104）

品种来源 辽宁省铁岭市农业科学院以铁豆47为母本，铁豆61为父本，经有性杂交，系谱法选育而成。2019年经辽宁省农作物品种审定委员会审定，审定编号为辽审豆20190001。全国大豆品种资源统一编号ZDD33382。

特征 有限结荚习性。株高96.9cm，主茎节数19.0个，分枝2.6个。单株荚数68.3个，荚淡褐色。椭圆形叶，紫花，灰毛。粒椭圆形，种皮黄色，脐黄色。百粒重22.2g。

特性 北方春大豆，早熟品种，生育期129d。抗大豆花叶病毒1号、3号株系。

产量品质 2017—2018年辽宁省大豆早熟组区域试验，平均产量3 096.0kg/hm²，比对照铁豆43增产16.7%。2019年生产试验，平均产量2 863.5kg/hm²，比对照铁豆43增产16.8%。蛋白质含量39.07%，脂肪含量20.17%。

栽培要点 4月下旬至5月上旬为适播期。密度16.5万 ～ 19.5万株/hm²。施磷酸二铵150 ～ 225kg/hm²，硫酸钾75 ～ 115kg/hm²。防治蚜虫、大豆食心虫。

适宜地区 辽宁省抚顺，本溪，铁岭开原、西丰等早熟大豆区。

444. 铁豆105 （Tiedou 105）

品种来源 辽宁省铁岭市农业科学院以铁豆49为母本，沈农12为父本，经有性杂交，系谱法选育而成。2019年经辽宁省农作物品种审定委员会审定，审定编号为辽审豆20190012。全国大豆品种资源统一编号ZDD33383。

特征 有限结荚习性。株高63.7cm，主茎节数14.9个，分枝2.8个。单株荚数63.8个。

铁豆103

铁豆104

铁豆105

铁豆107

椭圆形叶，紫花，灰毛。粒椭圆形，种皮黄色，脐黄色。百粒重19.8g。

特性　北方春大豆，晚熟品种，生育期128d。抗大豆花叶病毒1号、3号株系。

产量品质　2017—2018年辽宁省大豆晚熟组区域试验，平均产量3 054.0kg/hm²，比对照丹豆11增产18.3%。2019年生产试验，平均产量3 073.5kg/hm²，比对照丹豆11增产17.1%。蛋白质含量38.86%，脂肪含量20.56%。

栽培要点　4月下旬至5月上旬为适播期。密度13.5万～16.5万株/hm²。施磷酸二铵150～225kg/hm²，硫酸钾75～115kg/hm²。防治蚜虫、大豆食心虫。

适宜地区　辽宁省铁岭以南晚熟大豆区。

445. 铁豆107（Tiedou 107）

品种来源　辽宁省铁岭市农业科学院以铁豆47为母本，沈农99-22为父本，经有性杂交，系谱法选育而成。2020年经辽宁省农作物品种审定委员会审定，审定编号为辽审豆20200012。全国大豆品种资源统一编号ZDD33384。

特征　亚有限结荚习性。株高102.9cm，主茎节数21.2个，分枝3.1个。单株荚数63.0个。椭圆形叶，紫花，灰毛。粒椭圆形，种皮黄色，脐黄色。百粒重19.5g。

特性　北方春大豆，晚熟品种，生育期133d。中抗大豆花叶病毒1号、3号株系。

产量品质　2018—2019年辽宁省大豆晚熟组区域试验，平均产量3 124.5kg/hm²，比对照铁豆53增产13.5%。2019年生产试验，平均产量3 303.0kg/hm²，比对照丹豆11增产16.5%。蛋白质含量40.82%，脂肪含量20.60%。

栽培要点　4月下旬至5月上旬为适播期。密度13.5万～16.5万株/hm²。施磷酸二铵150～225kg/hm²，硫酸钾75～115kg/hm²。防治蚜虫、大豆食心虫。

适宜地区　辽宁省南部及东南部晚熟大豆区。

446. 铁豆110（Tiedou 110）

品种来源　辽宁省铁岭市农业科学院以铁01092-4为母本，Atlantic为父本，经有性杂交，系谱法选育而成。2020年经辽宁省农作物品种审定委员会审定，审定编号为辽审豆20200006。全国大豆品种资源统一编号ZDD33385。

特征　亚有限结荚习性。株高113.9cm，主茎节数22.1个，分枝2.4个。单株荚数78.1个。椭圆形叶，紫花，灰毛。粒椭圆形，种皮黄色，脐黑色。百粒重17.9g。

特性　北方春大豆，中熟品种，生育期136d。抗大豆花叶病毒1号、3号株系。

产量品质　2018—2019年辽宁省大豆中熟组区域试验，平均产量3 573.0kg/hm²，比对照铁丰31增产21.1%。2019年生产试验，平均产量3 217.5kg/hm²，比对照铁丰31增产8.9%。蛋白质含量40.22%，脂肪含量20.11%。

栽培要点　4月下旬至5月上旬为适播期。密度16.5万 ~ 19.5万株/hm²。施磷酸二铵150 ~ 225kg/hm²，硫酸钾75 ~ 115kg/hm²。防治蚜虫、大豆食心虫。

适宜地区　辽宁省中部、西部中熟大豆区。

铁豆110

447. 铁豆112（Tiedou 112）

品种来源　辽宁省铁岭市农业科学院以铁豆53为母本，铁01092-4为父本，经有性杂交，系谱法选育而成。2020年经辽宁省农作物品种审定委员会审定，审定编号为辽审豆20200007。全国大豆品种资源统一编号ZDD33386。

特征　亚有限结荚习性。株高91.9cm，主茎节数19.2个，分枝2.0个。单株荚数68.6个。椭圆形叶，紫花，灰毛。粒椭圆形，种皮黄色，脐黄色。百粒重20.0g。

特性　北方春大豆，中熟品种，生育期134d。高抗大豆花叶病毒1号株系，抗大豆花叶病毒3号株系。

产量品质　2018—2019年辽宁省大豆中熟组区域试验，平均产量3 273.0kg/hm²，比对照铁丰31增产8.4%。2019年生产试验，平均产量3 147.0kg/hm²，比对照铁丰31增产8.9%。蛋白质含量41.27%，脂肪含量19.56%。

铁豆112

景芳1号

栽培要点　4月下旬至5月上旬为适播期。密度16.5万～19.5万株/hm²。施磷酸二铵150～225kg/hm²，硫酸钾75～115kg/hm²。防治蚜虫、大豆食心虫。

适宜地区　辽宁省中部、西部中熟大豆区。

448. 景芳1号 （Jingfang 1）

品种来源　辽宁省铁岭市农业科学院以铁豆49为母本，沈农99-22为父本，经有性杂交，系谱法选育而成。2020年经辽宁省农作物品种审定委员会审定，审定编号为辽审豆20200005。全国大豆品种资源统一编号ZDD33362。

特征　有限结荚习性，株高70.9cm，主茎节数15.9个，分枝2.9个。椭圆形叶，紫花，灰毛。单株荚数75.1个。粒椭圆形，种皮黄色，脐黄色。百粒重21.3g。

特性　北方春大豆，中熟品种，生育期135d。抗大豆花叶病毒1号株系，中抗大豆花叶病毒3号株系。

产量品质　2018—2019年辽宁省大豆中熟组区域试验，平均产量3 555.0kg/hm²，比对照铁丰31增产17.8％。2019年辽宁省生产试验，平均产量3 310.5kg/hm²，比对照铁丰31增产12.1％。蛋白质含量41.46％，脂肪含量19.11％。

栽培要点　4月下旬至5月上旬为适播期，密度16.5万～19.5万株/hm²。出苗后间苗。施磷酸二铵150～225kg/hm²，硫酸钾75～115kg/hm²。防治蚜虫、大豆食心虫。

适宜地区　辽宁省中部、西部中熟大豆区。

449. 连豆18 （Liandou 18）

品种来源　辽宁省铁岭市农业科学院以铁96027-1为母本，铁99009-7为父本，经有性杂交，系谱法选育而成。2018年经辽宁省农作物品种审定委员会审定，审定编号为辽审豆20180016。全国大豆品种资源统一编号ZDD33363。

特征　有限结荚习性，株高63.0cm，主茎节数14.8个，分枝4.2个。椭圆形叶，紫花，灰毛。单株荚数62.5个。粒椭圆形，种皮黄色，脐黄色。百粒重22.7g。

特性　北方春大豆，晚熟品种，生育期121d。中抗大豆花叶病毒1号株系。

产量品质　2016—2017年辽宁省大豆晚熟组区域试验，平均产量3 079.5kg/hm²，比对照丹豆11增产17.7%。2017年辽宁省生产试验，平均产量3 139.5kg/hm²，比对照丹豆11增产16.2%。蛋白质含量38.94%，脂肪含量21.55%。

栽培要点　4月下旬至5月上旬为适播期，密度13.5万~16.5万株/hm²。出苗后间苗。施磷酸二铵150~225kg/hm²，硫酸钾75~115kg/hm²。防治蚜虫、大豆食心虫。

适宜地区　辽宁省大连瓦房店、庄河，鞍山岫岩，以及丹东、大连、锦州等晚熟大豆区。

连豆18

450. 希豆6号（Xidou 6）

品种来源　辽宁省铁岭市维奎大豆科学研究所以9868-10为母本，益农1号为父本，经有性杂交，系谱法选育而成。原品系号K丰78-8。2017年经辽宁省农作物品种审定委员会审定，审定编号为辽审豆2017018。全国大豆品种资源统一编号ZDD33387。

特征　亚有限结荚习性。株高86.9cm，主茎节数17.4个，分枝3.8个。单株荚数69.0个，荚褐色。椭圆形叶，白花，棕毛。粒圆形，种皮黄色，脐黄色。百粒重22.5g。

特性　北方春大豆，中晚熟品种，生育期127d。抗大豆花叶病毒1号株系，中抗大豆花叶病毒3号株系。

产量品质　2014—2015年辽宁省大豆晚熟组区域试验，平均产量3 189.0kg/hm²，比对照

希豆6号

铁丰31增产10.9%。2019年辽宁省生产试验，平均产量2 979.0kg/hm²，比对照铁丰31增产11.8%。蛋白质含量42.37%，脂肪含量19.57%。

栽培要点　4月下旬至5月上旬为适播期。密度13.5万～16.5万株/hm²。施磷酸二铵150～225kg/hm²，硫酸钾75～115kg/hm²。防治蚜虫、大豆食心虫。

适宜地区　辽宁省铁岭以南晚熟大豆区。

451. 于氏5号（Yushi 5）

品种来源　铁岭市于氏种子有限公司以YS2008为母本，交大02-89为父本，经有性杂交，系谱法选育而成。2020年经辽宁省农作物品种审定委员会审定，审定编号为辽审豆20200023。全国大豆品种资源统一编号ZDD33397。

于氏5号

特征　有限结荚习性。株高91.4cm，主茎节数18.7个，分枝2.6个。单株荚数53.6个。椭圆形叶，紫花，灰毛。粒椭圆形，种皮绿色，脐黄色。鲜百粒重73.1g。

特性　北方鲜食春大豆，早熟品种，生育期103d。抗大豆花叶病毒1号株系、3号株系。

产量品质　2018—2019年辽宁新铁大豆粮种科企协作联合体试验，平均鲜荚产量13 128.0kg/hm²，比对照抚鲜3号增产17.9%。2019年辽宁省生产试验，平均鲜荚产量13 156.5kg/hm²，比对照抚鲜3号增产13.3%。

栽培要点　4月下旬至5月上旬为适播期。密度16.5万～18.0万株/hm²。施磷酸二铵150～225kg/hm²，硫酸钾75～115kg/hm²。防治蚜虫、大豆食心虫。

适宜地区　辽宁省无霜期120d以上、有效积温2 700℃以上地区。

452. 于氏11（Yushi 11）

品种来源　铁岭县凡河镇于氏大豆种植专业合作社以WY2008为母本，开心绿为父本，经有性杂交，系谱法选育而成。2020年经辽宁省农作物品种审定委员会审定，审定编号为辽审豆20200022。全国大豆品种资源统一编号ZDD33398。

特征　有限结荚习性。株高89.5cm，主茎节数17.7个，分枝3.9个。单株荚数56.4个。椭圆形叶，紫花，灰毛。粒椭圆形，种皮绿色，脐褐色。鲜百粒重77.1g。

特性　北方鲜食春大豆，早熟品种，生育期103d。抗大豆花叶病毒1号株系、3号株系。

产量品质 2018—2019年辽宁新铁大豆粮种科企协作联合体试验，平均鲜荚产量13 149.0kg/hm²，比对照抚鲜3号增产18.1%。2019年辽宁省生产试验，平均鲜荚产量12 697.5kg/hm²，比对照抚鲜3号增产9.8%。

栽培要点 4月下旬至5月上旬为适播期。密度16.5万～18.0万株/hm²。施磷酸二铵150～225kg/hm²，硫酸钾75～115kg/hm²。防治蚜虫、大豆食心虫。

适宜地区 辽宁省无霜期120d以上、有效积温2 700℃以上地区。

453. 于氏15（Yushi 15）

品种来源 铁岭甘露种业有限公司以GL2008为母本，台湾292为父本，经有性杂交，系谱法选育而成。2020年经辽宁省农作物品种审定委员会审定，审定编号为辽审豆20200018。全国大豆品种资源统一编号ZDD33399。

特征 有限结荚习性。株高70.7cm，主茎节数15.4个，分枝3.1个。单株荚数53.5个。椭圆形叶，白花，灰毛。粒椭圆形，种皮绿色，脐褐色。鲜百粒重83.7g。

特性 北方鲜食春大豆，早熟品种，生育期100d。中抗大豆花叶病毒1号株系、3号株系。

产量品质 2018—2019年辽宁新铁大豆粮种科企协作联合体试验，平均鲜荚产量12 540.0kg/hm²，比对照抚鲜3号增产12.1%。2019年辽宁省生产试验，平均鲜荚产量12 589.5kg/hm²，比对照抚鲜3号增产8.8%。

栽培要点 4月下旬至5月上旬为适播期。密度16.5万～18.0万株/hm²。施磷酸二铵150～225kg/hm²，硫酸钾75～115kg/hm²。防治蚜虫、大豆食心虫。

适宜地区 辽宁省无霜期120d以上、有效积温2 700℃以上地区。

于氏11

于氏15

454. 于氏99（Yushi 99）

品种来源　辽宁美佳禾种业科技有限公司以MJH2008为母本，辽鲜1号为父本，经有性杂交，系谱法选育而成。2020年经辽宁省农作物品种审定委员会审定，审定编号为辽审豆20200021。全国大豆品种资源统一编号ZDD33389。

于氏99

特征　有限结荚习性。株高45.8cm，主茎节数13.2个，分枝3.8个。单株荚数52.7个。椭圆形叶，白花，灰毛。粒椭圆形，种皮绿色，脐褐色。鲜百粒重84.7g。

特性　北方鲜食春大豆，早熟品种，生育期101d。高抗大豆花叶病毒1号株系、3号株系。

产量品质　2018—2019年辽宁新铁大豆粮种科企协作联合体试验，平均鲜荚产量12 117.0kg/hm²，比对照抚鲜3号增产9.6%。2019年辽宁省生产试验，平均鲜荚产量12 687.0kg/hm²，比对照抚鲜3号增产10.0%。

栽培要点　4月下旬至5月上旬为适播期。密度16.5万～18.0万株/hm²。施磷酸二铵150～225kg/hm²，硫酸钾75～115kg/hm²。防治蚜虫、大豆食心虫。

适宜地区　辽宁省无霜期120d以上、有效积温2 700℃以上地区。

455. 兰豆8号（Landou 8）

品种来源　辽宁铁穗种业有限公司以JS2008为母本，台湾303为父本，经有性杂交，系谱法选育而成。2020年经辽宁省农作物品种审定委员会审定，审定编号为辽审豆20200020。全国大豆品种资源统一编号ZDD33394。

特征　有限结荚习性。株高59.7cm，主茎节数14.0个，分枝4.4个。单株荚数52.0个。椭圆形叶，白花，灰毛。粒椭圆形，种皮绿色，脐褐色。鲜百粒重85.2g。

特性　北方鲜食春大豆，早熟品种，生育期101d。抗大豆花叶病毒1号株系、3号株系。

产量品质　2018—2019年辽宁新铁大豆粮种科企协作联合体试验，平均鲜荚产量13 215.0kg/hm²，比对照抚鲜3号增产18.8%。2019年辽宁省生产试验，平均鲜荚产量13 444.5kg/hm²，比对照抚鲜3号增产16.1%。

栽培要点 4月下旬至5月上旬为适播期。密度16.5万～18.0万株/hm²。施磷酸二铵150～225kg/hm²，硫酸钾75～115kg/hm²。防治蚜虫、大豆食心虫。

适宜地区 辽宁省无霜期120d以上、有效积温2 700℃以上地区。

456. 兰豆9号（Landou 9）

品种来源 铁岭市佳禾农业技术推广有限公司以JH2008为母本，青酥2号为父本，经有性杂交，系谱法选育而成。2020年经辽宁省农作物品种审定委员会审定，审定编号为辽审豆20200019。全国大豆品种资源统一编号ZDD33395。

特征 有限结荚习性。株高57.6cm，主茎节数14.3个，分枝4.5个。单株荚数55.0个。椭圆形叶，白花，灰毛。粒椭圆形，种皮绿色，脐黄色。鲜百粒重84.5g。

特性 北方鲜食春大豆，早熟品种，生育期95d。抗大豆花叶病毒1号株系、高抗大豆花叶病毒3号株系。

产量品质 2018—2019年辽宁新铁大豆粮种科企协作联合体试验，平均鲜荚产量11 907.0kg/hm²，比对照抚鲜3号增产6.9％。2019年辽宁省生产试验，平均鲜荚产量12 358.5kg/hm²，比对照抚鲜3号增产6.5％。

栽培要点 4月下旬至5月上旬为适播期。密度16.5万～18.0万株/hm²。施磷酸二铵150～225kg/hm²，硫酸钾75～115kg/hm²。防治蚜虫、大豆食心虫。

适宜地区 辽宁省无霜期120d以上、有效积温2 700℃以上地区。

兰豆8号

兰豆9号

457. 兰豆10号（Landou 10）

品种来源 辽宁安云种业科技有限公司以AY2008为母本，沪宁95-1为父本，经有性杂交，系谱法选育而成。2020年经辽宁省农作物品种审定委员会审定，审定编号为辽审豆20200017。全国大豆品种资源统一编号ZDD33396。

兰豆10号

特征　有限结荚习性。株高53.0cm，主茎节数13.4个，分枝4.4个。单株荚数54.8个。椭圆形叶，白花，灰毛。粒椭圆形，种皮绿色，脐黄色。鲜百粒重78.9g。

特性　北方鲜食春大豆，早熟品种，生育期95d。抗大豆花叶病毒1号、3号株系。

产量品质　2018—2019年辽宁新铁大豆粮种科企协作联合体试验，平均鲜荚产量12 448.5kg/hm²，比对照抚鲜3号增产11.9%。2019年辽宁省生产试验，平均鲜荚产量12 823.5kg/hm²，比对照抚鲜3号增产10.9%。

栽培要点　4月下旬至5月上旬为适播期。密度16.5万 ~ 19.5万 株/hm²。施磷酸二铵150 ~ 225kg/hm²，硫酸钾75 ~ 115kg/hm²。防治蚜虫、大豆食心虫。

适宜地区　辽宁省无霜期120d以上、有效积温2 700℃以上地区。

458. 辽豆46 （Liaodou 46）

品种来源　辽宁省农业科学院作物研究所以辽豆15为母本，长农17为父本，经有性杂交，系谱法选育而成。原品系号辽05017-1。2015年经辽宁省农作物品种审定委员会审定，审定编号为辽审豆2015001。全国大豆品种资源统一编号ZDD33342。

特征　有限结荚习性，株高92.4cm，主茎节数15.9个，分枝0.7个。椭圆形叶，白花，灰毛。单株荚数57.1个，荚淡褐色。粒椭圆形，种皮黄色，有光泽，脐黄色。百粒重20.8g。

特性　北方春大豆，早熟品种，生育期119d。中抗大豆花叶病毒1号株系。

产量品质　2013—2014年辽宁省大豆早熟组区域试验，平均产量2 913.0kg/hm²，比对照

辽豆46

铁豆43增产8.0%。2014年辽宁省生产试验，平均产量2 815.5kg/hm²，比对照铁豆43增产10.0%。蛋白质含量39.16%，脂肪含量22.52%。

栽培要点 4月下旬至5月上旬为适播期，密度16.5万～19.5万株/hm²。出苗后间苗。施磷酸二铵150～225kg/hm²，硫酸钾75～115kg/hm²。防治蚜虫、大豆食心虫。

适宜地区 辽宁省铁岭、抚顺、本溪等东部、北部早熟大豆区。

459. 辽豆47（Liaodou 47）

品种来源 辽宁省农业科学院作物研究所以辽06-外引-3为母本，辽03126-4为父本，经有性杂交，系谱法选育而成。原品系号辽H07074-3。2015年经辽宁省农作物品种审定委员会审定，审定编号为辽审豆2015010。全国大豆品种资源统一编号ZDD33343。

特征 有限结荚习性。株高70.6cm，主茎节数16.6个，分枝3.7个。单株荚数57.8个，荚淡褐色。椭圆形叶，紫花，灰毛。粒椭圆形，种皮黄色，有光泽，脐黄色。百粒重24.8g。

特性 北方春大豆，晚熟品种，生育期122d。中抗大豆花叶病毒1号株系。

产量品质 2013—2014年辽宁省大豆晚熟组区域试验，平均产量2 959.5kg/hm²，比对照丹豆11增产8.6%。2014年辽宁省生产试验，平均产量3 256.5kg/hm²，比对照丹豆11增产9.7%。蛋白质含量43.57%，脂肪含量19.82%。

栽培要点 4月下旬至5月上旬为适播期。密度13.5万～16.5万株/hm²。出苗后间苗。施磷酸二铵150～225kg/hm²，硫酸钾75～115kg/hm²。防治蚜虫、大豆食心虫。

适宜地区 辽宁省中部、西部、南部等晚熟大豆区。

辽豆47

460. 辽豆48（Liaodou 48）

品种来源 辽宁省农业科学院作物研究所以沈农6号为母本，彰武绿豆为父本，经有性杂交，系谱法选育而成。原品系号辽04Q086-1-3。2015年经辽宁省农作物品种审定委员会审定，审定编号为辽审豆2015005。全国大豆品种资源统一编号ZDD33344。

特征 亚有限结荚习性。株高88.2cm，主茎节数18.3个，分枝1.9个。单株荚数53.0个。椭圆形叶，紫花，灰毛。粒椭圆形，种皮黄色，脐黄色。百粒重20.5g。

辽豆48

辽豆49

特性　北方春大豆，中熟品种，生育期129d。抗大豆花叶病毒1号株系。

产量品质　2013—2014年辽宁省大豆中熟组区域试验，平均产量2 850.0kg/hm²，比对照铁丰33增产10.7%。2014年辽宁省生产试验，平均产量2 584.5kg/hm²，比对照铁丰33增产10.1%。蛋白质含量43.48%，脂肪含量20.75%。

栽培要点　4月下旬至5月上旬为适播期。密度12.0万～16.5万株/hm²。施磷酸二铵150～225kg/hm²，硫酸钾75～115kg/hm²。防治蚜虫、大豆食心虫。

适宜地区　辽宁省铁岭、沈阳、辽阳、阜新、锦州及葫芦岛等中熟大豆区。

461. 辽豆49（Liaodou 49）

品种来源　辽宁省农业科学院作物研究所以辽豆17（辽99-27×辽豆3号）为母本，吉育38（公交85035×吉林30）为父本，经有性杂交，系谱法选育而成。原品系号辽05036-1。2017年经辽宁省农作物品种审定委员会审定，审定编号为辽审豆2017005。全国大豆品种资源统一编号ZDD33345。

特征　有限结荚习性。株高97.8cm，主茎节数18.3个，分枝0.8个。单株荚数60.6个，荚淡褐色。椭圆形叶，白花，灰毛。粒圆形，种皮黄色，脐黄色。百粒重21.2g。

特性　北方春大豆，早熟品种，生育期120d。中抗大豆花叶病毒1号株系。

产量品质　2014—2015年辽宁省大豆早熟组区域试验，平均产量2 875.5kg/hm²，比对照铁豆43增产5.3%。2016年辽宁省生产试验，平均产量2 982.0kg/hm²，比对照铁豆43增产7.4%。蛋白质含量39.57%，脂肪含量22.10%。

栽培要点　4月下旬至5月上旬为适播期。密度18.0万～19.5万株/hm²。施磷酸二铵

150 ～ 225kg/hm²，硫酸钾75 ～ 115kg/hm²。防治蚜虫、大豆食心虫。

    适宜地区　辽宁省沈阳、铁岭、抚顺、本溪等早熟大豆区。

462. 辽豆50（Liaodou 50）

    品种来源　辽宁省农业科学院作物研究所以铁丰35为母本，中黄35为父本，经有性杂交，系谱法选育而成。原品系号辽07Q081-1。2017年经辽宁省农作物品种审定委员会审定，审定编号为辽审豆2017010。全国大豆品种资源统一编号ZDD31344。

    特征　有限结荚习性。株高68.6cm，主茎节数13.1个，分枝2.4个。单株荚数58.8个。椭圆形叶，白花，灰毛。粒椭圆形，种皮黄色，脐黄色。百粒重22.2g。

    特性　北方春大豆，中熟品种，生育期133d。中抗大豆花叶病毒1号和3号株系。

    产量品质　2014—2015年辽宁省大豆中熟组区域试验，平均产量2 625.0kg/hm²，比对照铁丰33增产12.8%。2016年辽宁省生产试验，平均产量3 193.5kg/hm²，比对照铁丰33增产11.5%。蛋白质含量39.25%，脂肪含量22.64%。

    栽培要点　4月下旬至5月上旬为适播期。密度16.5万 ～ 18.0万株/hm²。施磷酸二铵150 ～ 225kg/hm²，硫酸钾75 ～ 115kg/hm²。防治蚜虫、大豆食心虫。

    适宜地区　辽宁省铁岭、沈阳、辽阳、阜新、锦州及葫芦岛等中熟大豆区。

辽豆50

463. 辽豆52（Liaodou 52）

    品种来源　辽宁省农业科学院作物研究所以铁丰18（6405-4-4-6×45-15）为母本，铁丰31（92022-8×新3511）为父本，经有性杂交，系谱法选育而成。原品系号辽05151-5-2。2017年经辽宁省农作物品种审定委员会审定，审定编号为辽审豆2017015。全国大豆品种资源统一编号ZDD33346。

    特征　亚有限结荚习性。株高86.8cm，主茎节数19.3个，分枝3.0个。单株荚数73.8个。椭圆形叶，紫花，棕毛。粒圆形，种皮黄色，脐黑色。百粒重21.7g。

    特性　北方春大豆，晚熟品种，生育期125d。中抗大豆花叶病毒1号株系。

    产量品质　2014—2015年辽宁省大豆晚熟组区域试验，平均产量3 294.0kg/hm²，比

辽豆52

辽豆56

适宜地区　辽宁省锦州、丹东、大连等晚熟大豆区。

对照丹豆11增产14.5％。2016年辽宁省生产试验，平均产量3 211.5kg/hm²，比对照丹豆11增产20.5％。蛋白质含量40.97％，脂肪含量21.59％。

栽培要点　4月下旬至5月上旬为适播期。密度16.5万～19.5万株/hm²。施磷酸二铵150～225kg/hm²，硫酸钾75～115kg/hm²。防治蚜虫、大豆食心虫。

适宜地区　辽宁省锦州、丹东、大连等晚熟大豆区。

464. 辽豆56（Liaodou 56）

品种来源　辽宁省农业科学院作物研究所以铁丰36（94078-8×铁90009-4）为母本，K交9901-1为父本，经有性杂交，系谱法选育而成。原品系号辽06113-2-4-3。2017年经辽宁省农作物品种审定委员会审定，审定编号为辽审豆2017016。全国大豆品种资源统一编号ZDD31345。

特征　有限结荚习性。株高82.2cm，主茎节数17.3个，分枝4.1个。单株荚数83.1个，荚褐色。椭圆形叶，紫花，灰毛。粒椭圆形，种皮黄色，脐黄色。百粒重21.5g。

特性　北方春大豆，中晚熟品种，生育期129d。抗大豆花叶病毒1号株系。

产量品质　2015—2016年辽宁省大豆晚熟组区域试验，平均产量3 246.0kg/hm²，比对照丹豆11增产18.5％。2016年辽宁省生产试验，平均产量3 063.0kg/hm²，比对照丹豆11增产14.9％。蛋白质含量42.06％，脂肪含量21.42％。

栽培要点　4月下旬至5月上旬为适播期。密度15万～18万株/hm²。施磷酸二铵150～225kg/hm²，硫酸钾75～115kg/hm²。防治蚜虫、大豆食心虫。

465. 辽豆57（Liaodou 57）

品种来源 辽宁省农业科学院作物研究所以铁97118-2为母本，辽08品-28为父本，经有性杂交，系谱法选育而成。原品系号辽08006-9。2018年经辽宁省农作物品种审定委员会审定，审定编号为辽审豆20180001。全国大豆品种资源统一编号ZDD31336。

特征 亚有限结荚习性。株高108.3cm，主茎节数20.1个，分枝2.2个。单株荚数76.1个。椭圆形叶，紫花，灰毛。粒椭圆形，种皮黄色，脐黄色。百粒重20.1g。

特性 北方春大豆，早熟品种，生育期127d。抗大豆花叶病毒1号株系，中抗大豆花叶病毒3号株系。

产量品质 2015—2016年辽宁省大豆早熟组区域试验，平均产量2 940.0kg/hm²，比对照铁豆43增产7.5%。2017年辽宁省生产试验，平均产量2 688.0kg/hm²，比对照铁豆43增产12.4%。蛋白质含量40.42%，脂肪含量22.04%。

栽培要点 4月下旬至5月上旬为适播期。密度16.5万～18.0万株/hm²。施磷酸二铵150～225kg/hm²，硫酸钾75～115kg/hm²。防治蚜虫、大豆食心虫。

适宜地区 辽宁省铁岭、抚顺、本溪等早熟大豆区。

辽豆57

466. 辽豆58（Liaodou 58）

品种来源 辽宁省农业科学院作物研究所以铁豆46为母本，铁丰33为父本，经有性杂交，系谱法选育而成。原品系号辽05086-12-5。2018年经辽宁省农作物品种审定委员会审定，审定编号为辽审豆20180011。全国大豆品种资源统一编号ZDD33347。

辽豆58

　　特征　亚有限结荚习性。株高89.2cm，主茎节数17.6个，分枝2.2个。单株荚数53.4个。椭圆形叶，紫花，灰毛。粒椭圆形，种皮黄色，脐黄色。百粒重20.8g。

　　特性　北方春大豆，中熟品种，生育期132d。抗大豆花叶病毒1号、3号株系。

　　产量品质　2015—2016年辽宁省大豆中熟组区域试验，平均产量2 814.0kg/hm²，比对照铁丰33增产11.1%。2017年辽宁省生产试验，平均产量3 117.0kg/hm²，比对照铁丰33增产7.4%。蛋白质含量43.14%，脂肪含量20.02%。

　　栽培要点　4月下旬至5月上旬为适播期。密度16.5万株/hm²。施磷酸二铵150 ～ 225kg/hm²，硫酸钾75 ～ 115kg/hm²。防治蚜虫、大豆食心虫。

　　适宜地区　辽宁省铁岭、沈阳、辽阳、锦州、阜新等中熟大豆区。

467. 辽豆59（Liaodou 59）

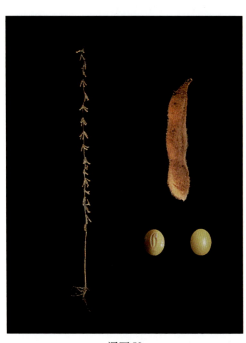

辽豆59

　　品种来源　辽宁省农业科学院作物研究所以铁9809-2-1为母本，辽21051为父本，经有性杂交，系谱法选育而成。原品系号辽08012-1-1。2018年经辽宁省农作物品种审定委员会审定，审定编号为辽审豆20180012。全国大豆品种资源统一编号ZDD31349。

　　特征　亚有限结荚习性。株高99.8cm，主茎节数19.9个，分枝2.0个。单株荚数58.9个，荚褐色。椭圆形叶，紫花，灰毛。粒圆形，种皮黄色，脐黄色。百粒重21.3g。

　　特性　北方春大豆，中熟品种，生育期131d。抗大豆花叶病毒1号株系，中抗大豆花叶病毒3号株系。

　　产量品质　2016—2017年辽宁省大豆中熟组区域试验，平均产量3 226.5kg/hm²，比对照铁丰33增产8.5%。2017年辽宁省生产试验，平均产量3 057.0kg/hm²，比对照铁丰33增产5.3%。蛋白质含量39.77%，脂肪含量21.32%。

　　栽培要点　4月下旬至5月上旬为适播期。密度16.5万 ～ 18.0万株/hm²。施磷酸二铵150 ～ 225kg/hm²，硫酸钾75 ～ 115kg/hm²。防治蚜虫、大豆食心虫。

　　适宜地区　辽宁省铁岭、沈阳、辽阳、锦州、阜新等中熟大豆区。

468. 辽豆63（Liaodou 63）

　　品种来源　辽宁省农业科学院作物研究所以辽95045-4-1-2-3为母本，天禾59-1-1-4为父本，经有性杂交，系谱法选育而成。原品系号07Q029-1。2018年经辽宁省农作物品种审定委员会审定，审定编号为辽审豆20180018。全国大豆品种资源统一编号ZDD33348。

特征 亚有限结荚习性。株高95.3cm，主茎节数18.3个，分枝2.8个。单株荚数55.5个，荚褐色。椭圆形叶，紫花，灰毛。粒椭圆形，种皮黄色，脐黄色。百粒重21.3g。

特性 北方春大豆，晚熟品种，生育期123d。抗大豆花叶病毒1号株系，中抗大豆花叶病毒3号株系。

产量品质 2016—2017年辽宁省大豆晚熟组区域试验，平均产量2 896.5kg/hm²，比对照丹豆11增产10.7%。2017年辽宁省生产试验，平均产量3 115.5kg/hm²，比对照丹豆11增产15.3%。蛋白质含量39.21%，脂肪含量21.97%。

辽豆63

栽培要点 4月下旬至5月上旬为适播期。密度12万～18万株/hm²。施磷酸二铵150～225kg/hm²，硫酸钾75～115kg/hm²。防治蚜虫、大豆食心虫。

适宜地区 辽宁省沈阳、铁岭、鞍山、锦州、丹东、大连等晚熟大豆区。

469. 辽豆64 （Liaodou 64）

品种来源 辽宁省农业科学院作物研究所以辽97034-3-1-3-1-1为母本，中黄20为父本，经有性杂交，系谱法选育而成。2019年经辽宁省农作物品种审定委员会审定，审定编号为辽审豆20190013。全国大豆品种资源统一编号ZDD33349。

特征 有限结荚习性。株高72.1cm，主茎节数15.2个，分枝4个。单株荚数57.8个，荚褐色。椭圆形叶，白花，灰毛。粒椭圆形，种皮黄色，脐黄色。百粒重24.2g。

特性 北方春大豆，晚熟品种，生育期124d。中抗大豆花叶病毒1号、3号株系。

产量品质 2016—2017年辽宁省大豆晚熟组区域试验，平均产量2 944.5kg/hm²，比对照

辽豆64

丹豆11增产12.5%。2018年辽宁省生产试验，平均产量2 905.5kg/hm²，比对照丹豆11增产10.7%。蛋白质含量41.31%，脂肪含量20.78%。

栽培要点　4月下旬至5月上旬为适播期。密度15万～18万株/hm²。施磷酸二铵150～225kg/hm²，硫酸钾75～115kg/hm²。防治蚜虫、大豆食心虫。

适宜地区　辽宁省大连、锦州、丹东、鞍山等晚熟大豆区。

470. 辽豆66（Liaodou 66）

品种来源　辽宁省农业科学院作物研究所以新豆1号为母本，辽豆32为父本，经有性杂交，系谱法选育而成。原品系号辽豆66。2019年经辽宁省农作物品种审定委员会审定，审定编号为辽审豆20190014。全国大豆品种资源统一编号ZDD33350。

特征　亚有限结荚习性。株高82.1cm，主茎节数18.7个，分枝3.8个。单株荚数62.3

辽豆66

个，荚褐色。椭圆形叶，紫花，灰毛。粒椭圆形，种皮黄色，脐黄色。百粒重17.1g。

特性　北方春大豆，晚熟品种，生育期128d。抗大豆花叶病毒1号株系，中抗大豆花叶病毒3号株系。

产量品质　2016—2017年辽宁省大豆晚熟组区域试验，平均产量2 946.0kg/hm²，比对照丹豆11增产12.6%。2018年辽宁省生产试验，平均产量2 998.5kg/hm²，比对照丹豆11增产14.2%。蛋白质含量41.98%，脂肪含量19.97%。

栽培要点　4月下旬至5月中下旬为适播期。密度16.5万～18.0万株/hm²。施磷酸二铵150～225kg/hm²，硫酸钾75～115kg/hm²。防治蚜虫、大豆食心虫。

适宜地区　辽宁省大连、丹东、鞍山等晚熟大豆区。

471. 辽豆68（Liaodou 68）

品种来源　辽宁省农业科学院作物研究所以铁97047-3为母本，07-148（熊引）为父本，经有性杂交，系谱法选育而成。2020年经辽宁省农作物品种审定委员会审定，审定编号为辽审豆20200008。全国大豆品种资源统一编号ZDD33351。

特征　亚有限结荚习性。株高91.2cm，主茎节数19.0个，分枝1.8个。单株荚数57.1个，荚灰褐色。披针形叶，白花，灰毛。粒椭圆形，种皮黄色，脐黄色。百粒重17.7g。

特性 北方春大豆，中熟品种，生育期133d。抗大豆花叶病毒1号、3号株系。

产量品质 2017—2018年辽宁省大豆中熟组区域试验，平均产量3 291.0kg/hm²，比对照铁丰31增产9.1%。2019年辽宁省生产试验，平均产量3 103.5kg/hm²，比对照铁丰31增产5.1%。蛋白质含量40.94%，脂肪含量20.07%。

栽培要点 4月下旬至5月中下旬为适播期。密度16.5万~18.0万株/hm²。施磷酸二铵150~225kg/hm²，硫酸钾75~115kg/hm²。防治蚜虫、大豆食心虫。

适宜地区 辽宁省中部、西部中熟大豆区。

472. 辽豆69（Liaodou 69）

品种来源 辽宁省农业科学院作物研究所以沈农12为母本，铁00052-1为父本，经有性杂交，系谱法选育而成。2019年经辽宁省农作物品种审定委员会审定，审定编号为辽审豆20190009。全国大豆品种资源统一编号ZDD33352。

特征 亚有限结荚习性。株高96.4cm，主茎节数18.1个，分枝2.2个。单株荚数62.8个，荚灰褐色。椭圆形叶，紫花，灰毛。粒椭圆形，种皮黄色，脐黑色。百粒重20.3g。

特性 北方春大豆，中熟品种，生育期131d。抗大豆花叶病毒1号、3号株系。

产量品质 2017—2018年辽宁省大豆中熟组区域试验，平均产量3 384.0kg/hm²，比对照铁丰33增产12.1%。2018年辽宁省生产试验，平均产量3 427.5kg/hm²，比对照铁丰33增产16.4%。蛋白质含量39.02%，脂肪含量21.15%。

辽豆68

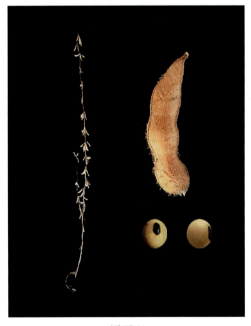

辽豆69

栽培要点 4月下旬至5月中下旬为适播期。密度18.0万~19.5万株/hm²。施磷酸二铵150~225kg/hm²，硫酸钾75~115kg/hm²。防治蚜虫、大豆食心虫。

适宜地区 辽宁省沈阳、鞍山、大连、锦州等中熟大豆区。

473. 辽豆70 (Liaodou 70)

品种来源 辽宁省农业科学院作物研究所以铁02007-5为母本，铁97118-2为父本，经有性杂交，系谱法选育而成。2019年经辽宁省农作物品种审定委员会审定，审定编号为辽审豆20190015。全国大豆品种资源统一编号ZDD33353。

辽豆70

特征 亚有限结荚习性。株高86.3cm，主茎节数18.5个，分枝2.2个。单株荚数55.4个，荚褐色。椭圆形叶，紫花，灰毛。粒椭圆形，种皮黄色，脐黄色。百粒重20.9g。

特性 北方春大豆，晚熟品种，生育期123d。抗大豆花叶病毒1号株系，高抗大豆花叶病毒3号株系。

产量品质 2017—2018年辽宁省大豆晚熟组区域试验，平均产量2 836.5kg/hm²，比对照丹豆11增产9.9%。2018年辽宁省生产试验，平均产量2 965.5kg/hm²，比对照丹豆11增产13.0%。蛋白质含量42.37%，脂肪含量21.11%。

栽培要点 4月下旬至5月上旬为适播期。密度16.5万～18.0万株/hm²。施磷酸二铵150～225kg/hm²，硫酸钾75～115kg/hm²。防治蚜虫、大豆食心虫。

适宜地区 辽宁省大连、锦州、丹东、鞍山等晚熟大豆区。

474. 辽豆75 (Liaodou 75)

品种来源 辽宁省农业科学院作物研究所以中黄45为母本，中作056084为父本，经有性杂交，系谱法选育而成。2020年经辽宁省农作物品种审定委员会审定，审定编号为辽审豆20200009。全国大豆品种资源统一编号ZDD33354。

辽豆75

特征 亚有限结荚习性。株高83.3cm，主茎节数18.8个，分枝1.5个。单株荚数67.2个。椭圆形叶，白花，棕毛。粒椭圆形，种皮黄色，脐蓝色。百粒重20.1g。

特性　北方春大豆，中熟品种，生育期134d。抗大豆花叶病毒1号株系，中抗大豆花叶病毒3号株系。

产量品质　2018—2019年辽宁省大豆中熟组区域试验，平均产量3 408.0kg/hm²，比对照铁丰31增产12.9%。2019年辽宁省生产试验，平均产量3 333.0kg/hm²，比对照铁丰31增产12.8%。蛋白质含量39.81%，脂肪含量22.30%。

栽培要点　4月下旬至5月上旬为适播期。密度16.5万～18.0万株/hm²。施磷酸二铵150～225kg/hm²，硫酸钾75～115kg/hm²。防治蚜虫、大豆食心虫。

适宜地区　辽宁省中熟、晚熟大豆区。

475. 辽豆77（Liaodou 77）

品种来源　辽宁省农业科学院作物研究所以铁豆49为母本，航天2号为父本，经有性杂交，系谱法选育而成。2020年经辽宁省农作物品种审定委员会审定，审定编号为辽审豆20200010。全国大豆品种资源统一编号ZDD33355。

特征　有限结荚习性。株高74.9cm，主茎节数15.7个，分枝3.2个。单株荚数64.8个。椭圆形叶，紫花，灰毛。粒椭圆形，种皮黄色，脐黄色。百粒重22.3g。

特性　北方春大豆，晚熟品种，生育期132d。抗大豆花叶病毒1号、3号株系。

产量品质　2018—2019年辽宁省大豆晚熟组区域试验，平均产量3 175.5kg/hm²，比对照铁豆53增产15.6%。2019年辽宁省生产试验，平均产量3 222.0kg/hm²，比对照铁豆53增产13.5%。蛋白质含量42.04%，脂肪含量19.08%。

辽豆77

栽培要点　4月下旬至5月上旬为适播期。密度15.0万～16.5万株/hm²。施磷酸二铵150～225kg/hm²，硫酸钾75～115kg/hm²。防治蚜虫、大豆食心虫。

适宜地区　辽宁省南部及东南部晚熟大豆区。

476. 辽鲜豆3号（Liaoxiandou 3）

品种来源　辽宁省农业科学院作物研究所以清河7号为母本，辽韩11为父本，经

辽鲜豆3号

有性杂交，系谱法选育而成。原品系号辽06M09-1-2。2015年经辽宁省农作物品种审定委员会审定，审定编号为辽审豆2015013。全国大豆品种资源统一编号ZDD33390。

特征　有限结荚习性。株高60.6cm，主茎节数13.1个，分枝3.6个。单株荚数44.9个。椭圆形叶，白花，灰毛。粒椭圆形，种皮绿色，脐淡褐色。鲜百粒重72.4g。

特性　北方鲜食春大豆，早熟品种，生育期101d。中感大豆花叶病毒1号株系。

产量品质　2013—2014年辽宁省大豆鲜食组区域试验，平均鲜荚产量12 748.5kg/hm²，比对照抚鲜3号增产8.3%。2014年辽宁省生产试验，平均鲜荚产量13 593.0kg/hm²，比对照抚鲜3号增产10.0%。

栽培要点　4月下旬至5月上旬为适播期。密度16.5万～19.5万株/hm²。施磷酸二铵150～225kg/hm²，硫酸钾75～115kg/hm²。防治蚜虫、大豆食心虫。

适宜地区　辽宁省铁岭、沈阳、鞍山、辽阳、锦州及葫芦岛等大豆区。

477. 辽鲜豆9号（Liaoxiandou 9）

辽鲜豆9号

品种来源　辽宁省农业科学院作物研究所以辽00126为母本，辽00128为父本，经有性杂交，系谱法选育而成。原品系号辽07M32-2H。2019年经辽宁省农作物品种审定委员会审定，审定编号为辽审豆20190019。全国大豆品种资源统一编号ZDD33391。

特征　有限结荚习性。株高61.5cm，主茎节数8.5个，分枝3.6个。单株荚数70.8个。椭圆形叶，白花，灰毛。粒椭圆形，种皮绿色，脐无色。鲜百粒重73.5g。

特性　北方鲜食春大豆，早熟品种，生育期102d。中抗大豆花叶病毒1号株系、中感3号株系。

产量品质　2016—2017年辽宁省大豆鲜食组区域试验，平均鲜荚产量12 213.0kg/hm²，比对照抚鲜3号增产10.3%。2018年辽宁省生产试验，平均鲜荚产量11 746.5kg/hm²，比对照抚鲜3号增产14.4%。

栽培要点 4月下旬至5月上旬为适播期。密度16.5万～19.5万株/hm²。施磷酸二铵150～225kg/hm²，硫酸钾75～115kg/hm²。防治蚜虫、大豆食心虫。

适宜地区 辽宁省铁岭、沈阳、鞍山、辽阳、锦州及葫芦岛等大豆区。

478. 辽鲜豆10号（Liaoxiandou 10）

品种来源 辽宁省农业科学院作物研究所以东农1号为母本，Seakygangputkong为父本，经有性杂交，系谱法选育而成。原品系号辽08M15-1H。2019年经辽宁省农作物品种审定委员会审定，审定编号为辽审豆20190020。全国大豆品种资源统一编号ZDD33392。

特征 有限结荚习性。株高56.4cm，主茎节数8.4个，分枝5.1个。单株荚数59.4个。椭圆形叶，白花，灰毛。粒椭圆形，种皮绿色，脐无色。鲜百粒重82.4g。

特性 北方鲜食春大豆，早熟品种，生育期96d。中抗大豆花叶病毒1号株系、中感3号株系。

产量品质 2016—2017年辽宁省大豆鲜食组区域试验，平均鲜荚产量12 619.5kg/hm²，比对照抚鲜3号增产16.0%。2018年辽宁省生产试验，平均鲜荚产量12 081.0kg/hm²，比对照抚鲜3号增产11.0%。

辽鲜豆10号

栽培要点 4月下旬至5月上旬为适播期。密度16.5万～19.5万株/hm²。施磷酸二铵150～225kg/hm²，硫酸钾75～115kg/hm²。防治蚜虫、大豆食心虫。

适宜地区 辽宁省铁岭、沈阳、鞍山、辽阳、锦州及葫芦岛等大豆区。

479. 辽鲜豆16（Liaoxiandou 16）

品种来源 辽宁省农业科学院作物研究所以浙鲜4号为母本，辽00128为父本，经有性杂交，系谱法选育而成。2020年经辽宁省农作物品种审定委员会审定，审定编号为辽审豆20200015。全国大豆品种资源统一编号ZDD33393。

特征 有限结荚习性。株高31.8cm，主茎节数9.8个，分枝3.1个。单株荚数39.8个。椭圆形叶，白花，灰毛。粒椭圆形，种皮绿色，脐淡褐色。鲜百粒重74.8g。

辽鲜豆16

沈农豆21

特性　北方鲜食春大豆，早熟品种，生育期90d。抗大豆花叶病毒1号、3号株系。

产量品质　2017—2018年辽宁省大豆鲜食组区域试验，平均鲜荚产量11 340.0kg/hm²，比对照抚鲜3号增产8.9%。2019年辽宁省生产试验，平均鲜荚产量12 486.0kg/hm²，比对照抚鲜3号增产12.2%。

栽培要点　4月下旬至5月上旬为适播期。密度16.5万～19.5万株/hm²。施磷酸二铵150～225kg/hm²，硫酸钾75～115kg/hm²。防治蚜虫、大豆食心虫。

适宜地区　辽宁省无霜期120d以上、有效积温2 700℃以上地区。

480. 沈农豆21（Shennongdou 21）

品种来源　沈阳农业大学农学院以辽8880为母本，铁丰31为父本，经有性杂交，系谱法选育而成。原品系号沈农02-336。2015年经辽宁省农作物品种审定委员会审定，审定编号为辽审豆2015008。全国大豆品种资源统一编号ZDD33356。

特征　亚有限结荚习性。株高89.0cm，主茎节数19.3个，分枝2.1个。单株荚数62.1个。椭圆形叶，紫花，棕毛。粒圆形，种皮黄色，脐黑色。百粒重19.8g。

特性　北方春大豆，晚熟品种，生育期121d。中抗大豆花叶病毒1号株系。

产量品质　2013—2014年辽宁省大豆晚熟组区域试验，平均产量3 012.0kg/hm²，比对照丹豆11增产10.6%。2014年辽宁省生产试验，平均产量3 201.0kg/hm²，比对照丹豆11增产7.9%。蛋白质含量41.94%，脂肪含量20.97%。

栽培要点　4月下旬至5月上旬为适播期。密度15.0万～16.5万株/hm²。施磷酸二铵150～225kg/hm²，硫酸钾75～115kg/hm²。防治蚜虫、大豆食心虫。

适宜地区　辽宁省中部、南部和西部等晚熟大豆区。

481. 沈农豆22（Shennongdou 22）

品种来源 沈阳农业大学农学院以沈农6号为母本，铁丰31为父本，经有性杂交，系谱法选育而成。原品系号沈农03-561。2017年经辽宁省农作物品种审定委员会审定，审定编号为辽审豆2017017。全国大豆品种资源统一编号ZDD33357。

特征 亚有限结荚习性。株高93.7cm，主茎节数19.6个，分枝3.2个。单株荚数76.2个，荚草黄色。椭圆形叶，白花，棕毛。粒圆形，种皮黄色，脐褐色。百粒重18.9g。

特性 北方春大豆，晚熟品种，生育期123d。抗大豆花叶病毒1号、3号株系。

产量品质 2014—2015年辽宁省大豆晚熟组区域试验，平均产量3 108.0kg/hm²，比对照丹豆11增产8.1%。2016年辽宁省生产试验，平均产量2 961.0kg/hm²，比对照丹豆11增产11.1%。蛋白质含量42.13%，脂肪含量20.31%。

栽培要点 4月下旬至5月上旬为适播期。密度15.0万 ~ 16.5万株/hm²。施磷酸二铵150 ~ 225kg/hm²，硫酸钾75 ~ 115kg/hm²。防治蚜虫、大豆食心虫。

适宜地区 辽宁省中部、南部和西部等晚熟大豆区。

沈农豆22

482. 沈农豆24 (Shennongdou 24)

品种来源 沈阳农业大学大豆研究所以铁丰31为母本，沈农7号为父本，经有性杂交，系谱法选育而成。原品系号沈农04-616。2018年经辽宁省农作物品种审定委员会审定，审定编号为辽审豆20180009。全国大豆品种资源统一编号ZDD33358。

特征 亚有限结荚习性。株高101.1cm，主茎节数23.0个，分枝2.8个。单株荚数74.2

沈农豆24

个。椭圆形叶，紫花，棕毛。粒圆形，种皮黄色，脐黑色。百粒重16.3g。

特性 北方春大豆，中熟品种，生育期134d。中感大豆花叶病毒1号株系。

产量品质 2015—2016年辽宁省大豆中熟组区域试验，平均产量2 781.0kg/hm²，比对照铁丰33增产9.7%。2017年辽宁省生产试验，平均产量3 039.0kg/hm²，比对照铁丰33增产4.7%。蛋白质含量41.17%，脂肪含量21.19%。

栽培要点 4月下旬至5月上旬为适播期。密度15.0万～16.5万株/hm²。施磷酸二铵150～225kg/hm²，硫酸钾75～115kg/hm²。防治蚜虫、大豆食心虫。

适宜地区 辽宁省铁岭、沈阳、阜新、锦州等中熟大豆区。

483. 沈农豆25 （Shennongdou 25）

沈农豆25

品种来源 沈阳农业大学大豆研究所以阜94-2为母本，沈农6号为父本，经有性杂交，系谱法选育而成。原品系号沈农04-992。2018年经辽宁省农作物品种审定委员会审定，审定编号为辽审豆20180010。全国大豆品种资源统一编号ZDD33359。

特征 亚有限结荚习性。株高96.5cm，主茎节数19.9个，分枝2.2个。单株荚数63.4个，荚草黄色。椭圆形叶，紫花，棕毛。粒圆形，种皮黄色，脐黑色。百粒重20.6g。

特性 北方春大豆，中熟品种，生育期135d。抗大豆花叶病毒1号株系，中抗大豆花叶病毒3号株系。

产量品质 2015—2016年辽宁省大豆中熟组区域试验，平均产量2 863.5kg/hm²，比对照铁丰33增产13.0%。2017年辽宁省生产试验，平均产量3 021.0kg/hm²，比对照铁丰33增产4.1%。蛋白质含量40.46%，脂肪含量21.44%。

栽培要点 4月下旬至5月上旬为适播期。密度15.0万～16.5万株/hm²。施磷酸二铵150～225kg/hm²，硫酸钾75～115kg/hm²。防治蚜虫、大豆食心虫。

适宜地区 辽宁省铁岭、沈阳、阜新、锦州等中熟大豆区。

484. 沈农豆27 （Shennongdou 27）

品种来源 沈阳农业大学大豆研究所以铁丰31为母本，沈农7号为父本，经有性杂交，系谱法选育而成。2019年经辽宁省农作物品种审定委员会审定，审定编号为辽审豆20190010。全国大豆品种资源统一编号ZDD33360。

特征 亚有限结荚习性。株高112.8cm，主茎节数23.6个，分枝2.2个。单株荚数70.9个。椭圆形叶，紫花，棕毛。粒圆形，种皮黄色，脐黑色。百粒重15.7g。

特性 北方春大豆，中熟品种，生育期133d。抗大豆花叶病毒1号株系。

产量品质 2016—2017年辽宁省大豆中熟组区域试验，平均产量3 247.5kg/hm²，比对照铁丰33增产9.2%。2018年辽宁省生产试验，平均产量3 196.5kg/hm²，比对照铁丰33增产8.6%。蛋白质含量40.78%，脂肪含量20.90%。

栽培要点 4月下旬至5月上旬为适播期。密度15.0万～16.5万株/hm²。施磷酸二铵150～225kg/hm²，硫酸钾75～115kg/hm²。防治蚜虫、大豆食心虫。

适宜地区 辽宁省铁岭、沈阳、阜新、锦州等中熟大豆区。

沈农豆27

485. 沈农豆28（Shennongdou 28）

品种来源 沈阳农业大学大豆研究所以沈农95-41为母本，铁丰31为父本，经有性杂交，系谱法选育而成。2018年经辽宁省农作物品种审定委员会审定，审定编号为辽审豆20180017。全国大豆品种资源统一编号ZDD33361。

特征 有限结荚习性。株高87.9cm，主茎节数18.4个，分枝2.2个。单株荚数63.2个。椭圆形叶，白花，灰毛。粒圆形，种皮黄色，脐淡褐色。百粒重20.2g。

特性 北方春大豆，晚熟品种，生育期130d。抗大豆花叶病毒1号株系，中抗大豆花叶病毒3号株系。

产量品质 2016—2017年辽宁省大豆晚熟组区域试验，平均产量3 172.5kg/hm²，比对照丹豆11增产21.3%。2017年辽宁省生产试

沈农豆28

验，平均产量3 019.5kg/hm²，比对照丹豆11增产11.8%。蛋白质含量40.62%，脂肪含量20.35%。

栽培要点　4月下旬至5月上旬为适播期。密度15.0万～16.5万株/hm²。施磷酸二铵150～225kg/hm²，硫酸钾75～115kg/hm²。防治蚜虫、大豆食心虫。

适宜地区　辽宁省鞍山岫岩、丹东、大连、锦州等晚熟大豆区。

486. 东豆17（Dongdou 17）

品种来源　辽宁东亚种业有限公司以东05018为母本，东02071为父本，经有性杂交，系谱法选育而成。原品系号东豆06167-88。2017年经辽宁省农作物品种审定委员会审定，审定编号为辽审豆2017008。全国大豆品种资源统一编号ZDD34397。

特征　有限结荚习性，株高85.9cm，主茎节数16.1个，分枝3.3个。椭圆形叶，紫花，灰毛。单株荚数56.7个，荚褐色。粒圆形，种皮黄色，脐黄色。百粒重26.5g。

东豆17

特性　北方春大豆，早熟品种，生育期125d。中抗大豆花叶病毒1号、3号株系。

产量品质　2014—2015年辽宁省大豆早熟组区域试验，平均产量3 118.5kg/hm²，比对照铁豆43增产14.2%。2016年辽宁省生产试验，平均产量3 202.5kg/hm²，比对照铁豆43增产15.3%。蛋白质含量42.74%，脂肪含量20.17%。

栽培要点　4月下旬至5月上旬为适播期，密度13.5万～16.5万株/hm²。出苗后间苗。施磷酸二铵150～225kg/hm²，硫酸钾75～115kg/hm²。防治蚜虫、大豆食心虫。

适宜地区　辽宁省铁岭、抚顺、本溪等无霜期125d以上的早熟大豆区。

487. 东豆37（Dongdou 37）

品种来源　辽宁东亚种业有限公司以铁95091-5-2为母本，铁95068-5-1为父本，经有性杂交，系谱法选育而成。原品系号东豆05020-28。2018年经辽宁省农作物品种审定委员会审定，审定编号为辽审豆20180005。全国大豆品种资源统一编号ZDD34398。

特征　有限结荚习性，株高85.5cm，主茎节数17.2个，分枝3.4个。椭圆形叶，紫花，灰毛。单株荚数64.0个，荚褐色。粒圆形，种皮黄色，脐黄色。百粒重26.9g。

特性　北方春大豆，早熟品种，生育期129d。中抗大豆花叶病毒1号、3号株系。

产量品质 2016—2017年辽宁省大豆早熟组区域试验，平均产量3 004.5kg/hm²，比对照铁豆43增产15.5％。2016年辽宁省生产试验，平均产量2 761.5kg/hm²，比对照铁豆43增产15.5％。蛋白质含量41.58％，脂肪含量19.85％。

栽培要点 4月下旬至5月上旬为适播期，密度13.5万～16.5万株/hm²。出苗后间苗。施磷酸二铵150～225kg/hm²，硫酸钾75～115kg/hm²。防治蚜虫、大豆食心虫。

适宜地区 辽宁省抚顺，本溪，铁岭开原、西丰等早熟大豆区。

488. 东豆88（Dongdou 88）

品种来源 辽宁东亚种业有限公司以东05018为母本，东02071为父本，经有性杂交，系谱法选育而成。原品系号东豆06167-1。2018年经辽宁省农作物品种审定委员会审定，审定编号为辽审豆2017020。全国大豆品种资源统一编号ZDD33336。

特征 有限结荚习性，株高68.4cm，主茎节数15.5个，分枝4.1个。椭圆形叶，紫花，灰毛。单株荚数65.4个，荚褐色。粒圆形，种皮黄色，脐黄色。百粒重33.2g。

特性 北方春大豆，晚熟品种，生育期124d。中抗大豆花叶病毒1号株系。

产量品质 2014—2015年辽宁省大豆晚熟组区域试验，平均产量3 252.0kg/hm²，比对照丹豆11增产13.1％。2016年辽宁省生产试验，平均产量3 033.0kg/hm²，比对照铁豆43增产13.7％。蛋白质含量43.65％，脂肪含量19.25％。

东豆37

东豆88

栽培要点 4月下旬至5月上旬为适播期，密度13.5万～16.5万株/hm²。出苗后间苗。施磷酸二铵150～225kg/hm²，硫酸钾75～115kg/hm²。防治蚜虫、大豆食心虫。

适宜地区 辽宁省中部与南部等无霜期124d以上、活动积温在2 800℃的中晚熟大豆区。

489. 东豆606（Dongdou 606）

品种来源 辽宁东亚种业有限公司以铁丰31为母本，东农47为父本，经有性杂交，系谱法选育而成。2020年经辽宁省农作物品种审定委员会审定，审定编号为辽审豆20200002。全国大豆品种资源统一编号ZDD34399。

特征 亚有限结荚习性，株高97.1cm，主茎节数19.8个，分枝2.3个。椭圆形叶，紫花，棕毛。单株荚数70.9个。粒椭圆形，种皮黄色，脐黄色。百粒重25.2g。

特性 北方春大豆，早熟品种，生育期128d。抗大豆花叶病毒1号、3号株系。

产量品质 2018—2019年辽宁省大豆早熟组区域试验，平均产量3 225.0kg/hm²，比对照铁豆43增产11.8％。2019年辽宁省生产试验，平均产量3 064.5kg/hm²，比对照丹豆11增产13.3％。蛋白质含量42.65％，脂肪含量18.40％。

栽培要点 4月下旬至5月上旬为适播期，密度15万～18万株/hm²。出苗后间苗。施磷酸二铵150～225kg/hm²，硫酸钾75～115kg/hm²。防治蚜虫、大豆食心虫。

适宜地区 辽宁省北部及东部山区早熟大豆区。

东豆606

490. 东豆808（Dongdou 808）

品种来源 辽宁东亚种业有限公司以铁丰31为母本，东农47为父本，经有性杂交，系谱法选育而成。2020年经辽宁省农作物品种审定委员会审定，审定编号为辽审豆20200003。全国大豆品种资源统一编号ZDD33337。

特征 亚有限结荚习性，株高90.6cm，主茎节数17.9个，分枝2.5个。椭圆形叶，紫花，灰毛。单株荚数62.3个。粒椭圆形，种皮黄色，脐黄色。百粒重22.0g。

东豆808

特性 北方春大豆，早熟品种，生育期129d。抗大豆花叶病毒1号、3号株系。

产量品质 2018—2019年辽宁省大豆早熟组区域试验，平均产量3 256.5kg/hm²，比对照铁豆43增产12.9%。2019年辽宁省生产试验，平均产量3 058.5kg/hm²，比对照铁豆43增产13.1%。蛋白质含量38.57%，脂肪含量21.03%。

栽培要点 4月下旬至5月上旬为适播期，密度15万～18万株/hm²。出苗后间苗。施磷酸二铵150～225kg/hm²，硫酸钾75～115kg/hm²。防治蚜虫、大豆食心虫。

适宜地区 辽宁省北部及东部山区早熟大豆区。

491. 东豆1133（Dongdou 1133）

品种来源 辽宁东亚种业有限公司以东05018为母本，东02071-5-8为父本，经有性杂交，系谱法选育而成。原品系号东豆06167-22。2018年经辽宁省农作物品种审定委员会审定，审定编号为辽审豆20180013。全国大豆品种资源统一编号ZDD33338。

特征 有限结荚习性，株高67.9cm，主茎节数15.2个，分枝3.3个。椭圆形叶，紫花，灰毛。单株荚数52.7个，荚褐色。粒圆形，种皮黄色，脐黄色。百粒重29.0g。

特性 北方春大豆，中熟品种，生育期132d。抗大豆花叶病毒1号株系，中抗大豆花叶病毒3号株系。

产量品质 2015—2016年辽宁省大豆中熟组区域试验，平均产量2 763.0kg/hm²，比对照铁丰33增产9.1%。2019年辽宁省生产试验，平均产量3 175.5kg/hm²，比对照铁丰33增产9.4%。蛋白质含量43.28%，脂肪含量18.95%。

东豆1133

栽培要点 4月下旬至5月上旬为适播期，密度13.5万～16.5万株/hm²。出苗后间苗。施磷酸二铵150～225kg/hm²，硫酸钾75～115kg/hm²。防治蚜虫、大豆食心虫。

适宜地区 辽宁省铁岭、沈阳、辽阳、锦州、阜新等中熟大豆区。

492. 沈科豆88（Shenkedou 88）

品种来源 辽宁建华种业有限公司以熊豆2号为母本，SML-33为父本，经有性杂交，系谱法选育而成。2018年经辽宁省农作物品种审定委员会审定，审定编号为辽审豆20180021。全国大豆品种资源统一编号ZDD33340。

特征 亚有限结荚习性。株高82.8cm，主茎节数16.6个，分枝3.9个。单株荚数80.2个，荚淡褐色。椭圆形叶，紫花，灰毛。粒椭圆形，种皮黄色，脐黄色。百粒重26.0g。

特性 北方春大豆，晚熟品种，生育期124d。抗大豆花叶病毒1号株系。

产量品质 2015—2016年辽宁省大豆晚熟组区域试验，平均产量3 078.0kg/hm²，比对照丹豆11增产12.3%。2017年辽宁省生产试验，平均产量3 112.5kg/hm²，比对照丹豆11增产15.2%。蛋白质含量39.72%，脂肪含量21.26%。

栽培要点 4月下旬至5月上旬为适播期。密度13.5万～16.5万株/hm²。施磷酸二铵150～225kg/hm²，硫酸钾75～115kg/hm²。防治蚜虫、大豆食心虫。

适宜地区 辽宁省铁岭以南的晚熟大豆区。

沈科豆88

493. 群豆SLQ8（QundouSLQ 8）

群豆SLQ8

品种来源 辽宁建华种业有限公司以开8157为母本，KF71为父本，经有性杂交，系谱法选育而成。2019年经辽宁省农作物品种审定委员会审定，审定编号为辽审豆20190017。全国大豆品种资源统一编号ZDD33339。

特征 亚有限结荚习性。株高75.4cm，主茎节数15.0个，分枝2.3个。单株荚数60.0个，荚淡褐色。椭圆形叶，白花，灰毛。粒椭圆形，种皮黄色，脐黄色。百粒重19.2g。

特性 北方春大豆，晚熟品种，生育期122d。高抗大豆花叶病毒1号株系，抗大豆花叶病毒3号株系。

产量品质 2017—2018年辽宁省大豆晚熟组区域试验，平均产量2 974.5kg/hm²，比对照丹豆11增产15.2%。2018年辽宁省生产试验，平均产量3 025.5kg/hm²，比对照丹豆11增产15.2%。蛋白质含量43.77%，脂肪含量20.06%。

栽培要点 4月下旬至5月上旬为适播期。密度16.5万～19.5万株/hm²。施磷酸二铵150～225kg/hm²，硫酸钾75～115kg/hm²。防治蚜虫、大豆食心虫。

适宜地区 辽宁省铁岭以南晚熟大豆区。

494. 抚豆26（Fudou 26）

品种来源 辽宁省抚顺市农业科学研究院以抚交90-91为母本，抚99038为父本，经有性杂交，系谱法选育而成。原品系号抚FG11-6。2015年经辽宁省农作物品种审定委员会审定，审定编号为辽审豆2015003。全国大豆品种资源统一编号ZDD34400。

特征 有限结荚习性，株高67.8cm，主茎节数15.9个，分枝1.8个。椭圆形叶，白花，棕毛。单株荚数58.6个，荚淡褐色。粒椭圆形，种皮黄色，脐黑色。百粒重19.1g。

特性 北方春大豆，早熟品种，生育期117d。中抗大豆花叶病毒1号株系。

产量品质 2013—2014年辽宁省大豆早熟组区域试验，平均产量2 934.0kg/hm²，比对照铁豆43增产8.8%。2014年辽宁省生产试验，平均产量2 895.0kg/hm²，比对照铁豆43增产13.0%。蛋白质含量40.33%，脂肪含量21.83%。

抚豆26

栽培要点 4月下旬至5月上旬为适播期，密度16.5万～18万株/hm²。出苗后间苗。施磷酸二铵150～225kg/hm²，硫酸钾75～115kg/hm²。防治蚜虫、大豆食心虫。

适宜地区 辽宁省铁岭、抚顺、本溪等东部、北部早熟大豆区。

495. 抚豆27（Fudou 27）

品种来源 辽宁省抚顺市农业科学研究院以抚豆17为母本，长农041为父本，经有性杂交，系谱法选育而成。原品系号抚FG12-03。2017年经辽宁省农作物品种审定委员会审定，审定编号为辽审豆2017006。全国大豆品种资源统一编号ZDD33331。

特征 亚有限结荚习性，株高98.4cm，主茎节数18.3个，分枝1.5个。椭圆形叶，紫花，灰毛。单株荚数74.8个，荚淡褐色。粒椭圆形，种皮黄色，脐黄色。百粒重18.7g。

特性 北方春大豆，早熟品种，生育期121d。中感大豆花叶病毒1号株系。

产量品质 2014—2015年辽宁省大豆早熟组区域试验，平均产量3 018.0kg/hm²，比对照铁豆43增产10.5%。2016年辽宁省生产试验，平均产量3 177.0kg/hm²，比对照铁豆

抚豆27

抚豆28

43增产14.4%。蛋白质含量39.62%，脂肪含量22.21%。

栽培要点　4月下旬至5月上旬为适播期，密度13.5万～16.5万株/hm²。出苗后间苗。施磷酸二铵150～225kg/hm²，硫酸钾75～115kg/hm²。防治蚜虫、大豆食心虫。

适宜地区　辽宁省铁岭、抚顺、本溪等东部、北部早熟大豆区。

496. 抚豆28（Fudou 28）

品种来源　辽宁省抚顺市农业科学研究院以抚豆18为母本，公交9508-8为父本，经有性杂交，系谱法选育而成。原品系号抚FG12-08。2017年经辽宁省农作物品种审定委员会审定，审定编号为辽审豆2017007。全国大豆品种资源统一编号ZDD33332。

特征　亚有限结荚习性，株高97.5cm，主茎节数19.3个，分枝1.3个。披针形叶，紫花，灰毛。单株荚数85.7个，荚深褐色。粒椭圆形，种皮黄色，脐黄色。百粒重22.2g。

特性　北方春大豆，早熟品种，生育期123d。抗大豆花叶病毒1号株系。

产量品质　2015—2016年辽宁省大豆早熟组区域试验，平均产量3 084.0kg/hm²，比对照铁豆43增产12.8%。2016年辽宁省生产试验，平均产量3 067.5kg/hm²，比对照铁豆43增产10.5%。蛋白质含量40.76%，脂肪含量22.53%。

栽培要点　4月下旬至5月上旬为适播期，密度13.5万～16.5万株/hm²。出苗后间苗。施磷酸二铵150～225kg/hm²，硫酸钾75～115kg/hm²。防治蚜虫、大豆食心虫。

适宜地区　辽宁省铁岭、抚顺、本溪等东部、北部早熟大豆区。

497. 抚豆29（Fudou 29）

品种来源 辽宁省抚顺市农业科学研究院以抚豆18为母本，东农42为父本，经有性杂交，系谱法选育而成。2019年经辽宁省农作物品种审定委员会审定，审定编号为辽审豆20190002。全国大豆品种资源统一编号ZDD33333。

特征 亚有限结荚习性，株高93.0cm，主茎节数17.9个，分枝0.9个。椭圆形叶，白花，灰毛。单株荚数74.9个，荚褐色。粒椭圆形，种皮黄色，脐黄色。百粒重22.8g。

特性 北方春大豆，早熟品种，生育期126d。抗大豆花叶病毒1号、3号株系。

产量品质 2016—2017年辽宁省大豆早熟组区域试验，平均产量2 923.5kg/hm²，比对照铁豆43增产12.4%。2018年辽宁省生产试验，平均产量2 748.0kg/hm²，比对照铁豆43增产12.1%。蛋白质含量38.80%，脂肪含量21.58%。

栽培要点 4月下旬至5月上旬为适播期，密度18万株/hm²。出苗后间苗。施磷酸二铵150～225kg/hm²，硫酸钾75～115kg/hm²。防治蚜虫、大豆食心虫。

适宜地区 辽宁省铁岭、抚顺、本溪等东部、北部早熟大豆区。

抚豆29

498. 抚豆30（Fudou 30）

品种来源 辽宁省抚顺市农业科学研究院以抚豆18为母本，抚9908-30为父本，经有性杂交，系谱法选育而成。2019年经辽宁省农作物品种审定委员会审定，审定编号为辽审豆20190003。全国大豆品种资源统一编号ZDD33334。

特征 亚有限结荚习性，株高97.2cm，主茎节数19.3个，分枝1.3个。椭圆形叶，紫花，

抚豆30

灰毛。单株荚数75.0个，荚褐色。粒椭圆形，种皮黄色，脐黄色。百粒重20.6g。

特性　北方春大豆，早熟品种，生育期126d。抗大豆花叶病毒1号株系，中抗大豆花叶病毒3号株系。

产量品质　2016—2017年辽宁省大豆早熟组区域试验，平均产量2 944.5kg/hm²，比对照铁豆43增产13.2 %。2018年辽宁省生产试验，平均产量2 754.0kg/hm²，比对照铁豆43增产12.3%。蛋白质含量38.91%，脂肪含量21.82%。

栽培要点　4月下旬至5月上旬为适播期，密度18万株/hm²。出苗后间苗。施磷酸二铵150 ~ 225kg/hm²，硫酸钾75 ~ 115kg/hm²。防治蚜虫、大豆食心虫。

适宜地区　辽宁省铁岭、抚顺、本溪等东部、北部中早熟大豆区。

499. 抚豆31（Fudou 31）

品种来源　辽宁省抚顺市农业科学研究院以抚豆17为母本，长农041为父本，经有性杂交，系谱法选育而成。2020年经辽宁省农作物品种审定委员会审定，审定编号为辽审豆20200004。全国大豆品种资源统一编号ZDD33335。

抚豆31

特征　亚有限结荚习性，株高83.3cm，主茎节数17.8个，分枝1.4个。圆形叶，紫花，灰毛。单株荚数65.0个。粒圆形，种皮黄色，脐黄色。百粒重23.5g。

特性　北方春大豆，早熟品种，生育期129d。中感大豆花叶病毒1号株系。

产量品质　2017—2018年辽宁省大豆早熟组区域试验，平均产量3 054.0kg/hm²，比对照铁豆43增产15.2%。2019年辽宁省生产试验，平均产量3 061.5kg/hm²，比对照铁豆43增产13.2%。蛋白质含量36.51%，脂肪含量22.87%。

栽培要点　4月下旬至5月上旬为适播期，密度13.5万 ~ 16.5万株/hm²。出苗后间苗。施磷酸二铵150 ~ 225kg/hm²，硫酸钾75 ~ 115kg/hm²。防治蚜虫、大豆食心虫。

适宜地区　辽宁省北部及东部山区早熟大豆区。

500. 新豆2号（Xindou 2）

品种来源　辽宁省新宾满族自治县农业科学研究所以新育1号为母本，九农30为父本，经有性杂交，系谱法选育而成。原品系号新豆0612-08。2017年经辽宁省农作物品种审定委员会审定，审定编号为辽审豆2017009。全国大豆品种资源统一编号ZDD33388。

特征　有限结荚习性。株高89.4cm，主茎节数16.4个，分枝1.0个。单株荚数70.6个，荚黄褐色。椭圆形叶，白花，灰毛。粒圆形，种皮黄色，脐黄色。百粒重21.1g。

特性　北方春大豆，早熟品种，生育期122d。抗大豆花叶病毒1号、3号株系。

产量品质　2015—2016年辽宁省大豆早熟组区域试验，平均产量3 088.5kg/hm²，比对照铁豆43增产13.0%。2016年辽宁省生产试验，平均产量3 136.5kg/hm²，比对照铁豆43增产13.0%。蛋白质含量39.50%，脂肪含量23.13%。

新豆2号

栽培要点　4月下旬至5月上旬为适播期。密度16.5万～19.5万株/hm²。施磷酸二铵150～225kg/hm²，硫酸钾75～115kg/hm²。防治蚜虫、大豆食心虫。

适宜地区　辽宁省铁岭、抚顺、本溪等早熟大豆区。

501. 丹豆17（Dandou 17）

品种来源　辽宁省丹东农业科学院以中豆32为母本，丹92025为父本，经有性杂交，系谱法选育而成。原品系号丹2003-89。2015年经辽宁省农作物品种审定委员会审定，审定编号为辽审豆2015009。全国大豆品种资源统一编号ZDD33327。

特征　有限结荚习性，株高89.1cm，主茎节数19.8个，分枝1.6个。披针形叶，紫花，灰毛。单株荚数71.1个。粒椭圆形，种皮黄色，脐褐色。百粒重18.8g。

特性　北方春大豆，晚熟品种，生育期127d。中抗大豆花叶病毒1号株系。

产量品质　2013—2014年辽宁省大豆晚熟组区域试验，平均产量3 147.0kg/hm²，比对照

丹豆17

丹豆11增产15.5%。2014年辽宁省生产试验，平均产量3 411.0kg/hm²，比对照丹豆11增产14.9%。蛋白质含量42.83%，脂肪含量19.93%。

栽培要点 4月下旬至5月上旬为适播期，密度15万株/hm²。出苗后间苗。施磷酸二铵150～225kg/hm²，硫酸钾75～115kg/hm²。防治蚜虫、大豆食心虫。

适宜地区 辽宁省东部、南部等晚熟大豆区。

502. 丹豆18（Dandou 18）

丹豆18

品种来源 辽宁省丹东农业科学院以丹2000-16为母本，丹92025为父本，经有性杂交，系谱法选育而成。原品系号丹2007-060。2018年经辽宁省农作物品种审定委员会审定，审定编号为辽审豆20180019。全国大豆品种资源统一编号ZDD33328。

特征 有限结荚习性，株高101.6cm，主茎节数19.7个，分枝2.3个。椭圆形叶，白花，棕毛。单株荚数53.3个。粒椭圆形，种皮黄色，脐黄色。百粒重23.1g。

特性 北方春大豆，晚熟品种，生育期133d。中抗大豆花叶病毒1号、3号株系。

产量品质 2016—2017年辽宁省大豆晚熟组区域试验，平均产量3 097.5kg/hm²，比对照丹豆11增产18.4%。2017年辽宁省生产试验，平均产量3 072.0kg/hm²，比对照丹豆11增产13.7%。蛋白质含量43.15%，脂肪含量20.18%。

栽培要点 4月下旬至5月上旬为适播期，密度15万株/hm²。出苗后间苗。施磷酸二铵150～225kg/hm²，硫酸钾75～115kg/hm²。防治蚜虫、大豆食心虫。

适宜地区 辽宁省沈阳、铁岭、鞍山、锦州、丹东、大连等晚熟大豆区。

503. 丹豆21（Dandou21）

品种来源 辽宁省丹东农业科学院以丹豆12为母本，铁9809-2-1为父本，经有性杂交，系谱法选育而成。2019年经辽宁省农作物品种审定委员会审定，审定编号为辽审豆20190016。全国大豆品种资源统一编号ZDD33329。

特征 亚有限结荚习性，株高100.8cm，主茎节数21.6个，分枝2.1个。椭圆形叶，紫花，灰毛。单株荚数54.7个。粒椭圆形，种皮黄色，脐黄色。百粒重19.7g。

特性 北方春大豆，晚熟品种，生育期132d。抗大豆花叶病毒1号、3号株系。

产量品质 2017—2018年辽宁省大豆晚熟组区域试验，平均产量2 925.0kg/hm²，比对照丹豆11增产13.3%。2018年辽宁省生产试验，平均产量3 036.0kg/hm²，比对照丹豆11增产15.6%。蛋白质含量43.98%，脂肪含量19.41%。

栽培要点 4月下旬至5月上旬为适播期，密度15万株/hm²。出苗后间苗。施磷酸二铵150～225kg/hm²，硫酸钾75～115kg/hm²。防治蚜虫、大豆食心虫。

适宜地区 辽宁省东部、南部等晚熟大豆区。

504. 丹豆22（Dandou22）

品种来源 辽宁省丹东农业科学院以丹豆12为母本，铁01092-4为父本，经有性杂交，系谱法选育而成。2020年经辽宁省农作物品种审定委员会审定，审定编号为辽审豆20200011。全国大豆品种资源统一编号ZDD33330。

特征 亚有限结荚习性，株高98.9cm，主茎节数21.5个，分枝2.3个。椭圆形叶，紫花，灰毛。单株荚数72.3个。粒椭圆形，种皮黄色，脐黄色。百粒重19.9g。

特性 北方春大豆，晚熟品种，生育期133d。抗大豆花叶病毒1号、3号株系。

产量品质 2018—2019年辽宁省大豆晚熟组区域试验，平均产量3 328.5kg/hm²，比对照铁豆53增产21.0%。2019年辽宁省生产试验，平均产量3 411.0kg/hm²，比对照铁豆53增产20.2%。蛋白质含量40.84%，脂肪含量19.73%。

栽培要点 4月下旬至5月上旬为适播期，密度15万株/hm²。出苗后间苗。施磷酸二铵150～225kg/hm²，硫酸钾75～115kg/hm²。防治蚜虫、大豆食心虫。

适宜地区 辽宁省东部、南部等晚熟大豆区。

丹豆21

丹豆22

505. 农职豆1号 （Nongzhidou 1）

品种来源　辽宁农业职业技术学院以农职2006-42为母本，沈农8号为父本，经有性杂交，系谱法选育而成。2020年经辽宁省农作物品种审定委员会审定，审定编号为辽审豆20200013。全国大豆品种资源统一编号ZDD33341。

特征　有限结荚习性。株高85.7cm，主茎节数21.0个，分枝1.8个。单株荚数62.8个。椭圆形叶，白花，灰毛。粒圆形，种皮黄色，脐黄色。百粒重22.7g。

特性　北方春大豆，晚熟品种，生育期136d。抗大豆花叶病毒1号、3号株系。

产量品质　2018—2019年辽宁省大豆晚熟组区域试验，平均产量3 175.5kg/hm²，比对照铁豆53增产15.3％。2019年辽宁省生产试验，平均产量3 196.5kg/hm²，比对照铁豆53增产12.6％。蛋白质含量42.13％，脂肪含量21.01％。

栽培要点　4月下旬至5月上旬为适播期。密度12.0万 ～ 16.5万株/hm²。施磷酸二铵150 ～ 225kg/hm²，硫酸钾75 ～ 115kg/hm²。防治蚜虫、大豆食心虫。

适宜地区　辽宁省南部及东南部晚熟大豆区。

农职豆1号

内蒙古自治区品种

506. 蒙豆39（Mengdou 39）

品种来源 呼伦贝尔市农业科学研究所以绥农10号为母本，5W53-3为父本进行有性杂交，采用系谱法选育而成，原品系号呼交09-937。2016年经内蒙古自治区农作物品种审定委员会审定，审定编号为蒙审豆2016001号。全国大豆品种资源统一编号ZDD33400。

特征 无限结荚习性，株高79.0cm，有效分枝1.1个。叶椭圆形，白花，灰毛，荚草黄色。籽粒圆形，种皮黄色，脐黄色。百粒重19.3g。

特性 北方春大豆，早熟品种，内蒙古呼伦贝尔地区春播生育期114d。田间综合抗病性好，落叶性好，籽粒整齐，不裂荚。

产量品质 2012—2014年内蒙古自治区早熟大豆品种区域试验，平均产量2 679.8kg/hm²，比对照蒙豆12增产8.0%。2015年生产试验，平均产量2 601.0kg/hm²，比对照登科1号增产8.4%。蛋白质含量41.23%，脂肪含量21.81%。

栽培要点 一般5月上中旬播种。2 400℃以上积温区做救灾品种可在6月1日前播种。播量60.0～67.5kg/hm²，行距0.65m，株距0.09～0.11m，密度27万～30万株/hm²。施

蒙豆39

基肥磷酸二铵210kg/hm²，尿素52.5kg/hm²，硫酸钾52.5kg/hm²。适时中耕，后期注意防治大豆灰斑病、大豆花叶病毒病。

适宜地区 内蒙古自治区呼伦贝尔市≥10℃活动积温2 200℃以上地区。

507. 蒙豆42（Mengdou 42）

品种来源 呼伦贝尔市农业科学研究所以资02-146为母本，黑河38为父本进行有性

蒙豆42

蒙豆43

杂交，采用改良系谱法选育而成，原品系号呼交09-173。2018年经内蒙古自治区农作物品种审定委员会审定，审定编号为蒙审豆2018003号。全国大豆品种资源统一编号ZDD33401。

特征　亚有限结荚习性，株高74.0cm，有效分枝0.7个。叶披针形，紫花，灰毛，荚褐色，微弯镰形。籽粒圆形，种皮黄色，脐黄色。百粒重19.3g。

特性　北方春大豆，极早熟品种，内蒙古呼伦贝尔地区春播生育期115d。田间综合抗病性好，落叶性好，籽粒整齐，不裂荚。

产量品质　2015—2016年内蒙古自治区极早熟大豆品种区域试验，平均产量2 622.8kg/hm²，比对照蒙豆9号增产13.2%。2017年生产试验，平均产量2 251.5kg/hm²，比对照蒙豆9号增产7.4%。蛋白质含量42.41%，脂肪含量20.16%。

栽培要点　呼伦贝尔市中南部2 100℃以上积温区5月上中旬播种。2 400℃以上积温区做救灾品种可在6月5日前播种。播量60.0～67.5kg/hm²，行距0.65m，株距0.09～0.11m，密度27.0万～31.5万株/hm²。种肥用磷酸二铵150kg/hm²，硫酸钾37.5kg/hm²，尿素37.5kg/hm²，施于种下5～7cm；初花期根据田间长势结合中耕追施75kg/hm²尿素，或叶面喷施磷酸二氢钾加尿素0.5%～1.0%溶液2次。加强田间管理，及时中耕除草，旱时灌溉，涝时排水。8月上旬防治食心虫。大豆花叶病毒病重发区慎用此品种。

适宜地区　内蒙古自治区≥10℃活动积温2 100℃以上地区。

508. 蒙豆43（Mengdou 43）

品种来源　呼伦贝尔市农业科学研究所以蒙豆28为母本，北豆21为父本进行有性杂交，采用改良系谱法选育而成，原品系号呼交12-

622。2018年经内蒙古自治区农作物品种审定委员会审定，审定编号为蒙审豆2018004号。全国大豆品种资源统一编号ZDD33402。

特征　亚有限结荚习性，株高74.0cm，有效分枝0.4个。叶披针形，紫花，灰毛，荚褐色。籽粒圆形，种皮淡黄色，脐黄色。百粒重19.8g。

特性　北方春大豆，早熟品种，内蒙古呼伦贝尔地区春播生育期118d。田间综合抗病性好，落叶性好，籽粒整齐，不裂荚。

产量品质　2015—2016年内蒙古自治区早熟大豆品种区域试验，平均产量2 783.3kg/hm²，比对照登科1号增产4.7%。2017年生产试验，平均产量2 649.0kg/hm²，比对照登科1号增产10.1%。蛋白质含量40.91%，脂肪含量20.93%。

栽培要点　呼伦贝尔市中南部2 220℃以上积温区5月上中旬播种。2 400℃以上积温区做救灾品种可在6月1日前播种。播量60.0 ~ 67.5kg/hm²，行距0.65m，株距0.09 ~ 0.11m，密度27万 ~ 30万株/hm²。种肥用磷酸二铵150kg/hm²，硫酸钾37.5kg/hm²，尿素37.5kg/hm²，施于种下5 ~ 7cm；初花期根据田间长势结合中耕追施75kg/hm²尿素，或叶面喷施磷酸二氢钾加尿素0.5% ~ 1.0%溶液2次。加强田间管理，及时中耕除草，旱时灌溉，涝时排水。8月上旬防治食心虫。大豆花叶病毒病重发区慎用此品种。

适宜地区　内蒙古自治区≥10℃活动积温2 250℃以上地区。

509. 蒙豆44（Mengdou 44）

品种来源　呼伦贝尔市农业科学研究所以Elvir为母本，蒙豆38为父本进行有性杂交，采用改良系谱法选育而成，原品系号呼交11-322。2017年经内蒙古自治区农作物品种审定委员会审定，审定编号为蒙审豆2017005号，2018年经国家农作物品种审定委员会审定，审定编号为国审豆2018001。全国大豆品种资源统一编号ZDD33403。

特征　亚有限结荚习性，株高70.2cm，株型收敛，有效分枝0.4个。叶披针形，紫花，灰毛，荚褐色。籽粒圆形，种皮黄色，脐黄色。百粒重19.4g。

特性　北方春大豆，极早熟品种，春播生育期118d。田间综合抗病性好，落叶性好，籽粒整齐，不裂荚。

产量品质　2016—2017年北方春大豆极早熟组品种区域试验，平均产量2 169.0kg/hm²，比对照黑河45增产4.7%。2017年生产试验，

蒙豆44

平均产量 2 400.0kg/hm²，比对照黑河45增产3.1％。蛋白质含量39.94％，脂肪含量22.07％。

栽培要点　5月上中旬为适播期，播量60.0 ~ 67.5kg/hm²，行距0.65m，株距0.09 ~ 0.11m，密度27万 ~ 33万株/hm²。有条件的施腐熟有机肥15 ~ 30t/hm²作基肥；种肥用磷酸二铵150kg/hm²，硫酸钾37.5kg/hm²，尿素37.5kg/hm²，施于种下5 ~ 7cm；初花期根据田间长势结合中耕追施75kg/hm²尿素，或叶面喷施磷酸二氢钾加尿素0.5％ ~ 1.0％溶液2次。加强田间管理，及时中耕除草，旱时灌溉，涝时排水。8月上旬防治食心虫。

适宜地区　黑龙江省、内蒙古自治区积温1 900 ~ 2 100℃地区（春播种植）。

510. 蒙豆45（Mengdou 45）

品种来源　呼伦贝尔市农业科学研究所以疆莫豆1号为母本，Dekabig为父本进行有性杂交，采用改良系谱法选育而成，原品系号呼交10-74。2017年经内蒙古自治区农作物品种审定委员会审定，审定编号为蒙审豆2017006号。全国大豆品种资源统一编号ZDD33404。

特征　亚有限结荚习性，株高84.0cm，有效分枝0.4个。叶披针形，紫花，灰毛，荚褐色。籽粒圆形，种皮黄色，脐黄色。百粒重20.2g。

特性　北方春大豆，早熟品种，内蒙古呼伦贝尔地区春播生育期112d。田间综合抗病性好，落叶性好，籽粒整齐，不裂荚。

蒙豆45

产量品质　2015—2016年内蒙古自治区早熟大豆品种区域试验，平均产量3 178.5kg/hm²，比对照登科1号增产8.8％。2017年生产试验，平均产量2 065.5kg/hm²，比对照登科1号增产8.7％。蛋白质含量39.07％，脂肪含量21.47％。

栽培要点　呼伦贝尔市中南部、兴安盟北部2 200℃以上积温区5月上中旬播种；2 400℃以上积温区做救灾品种可在6月1日前播种。播量60.0 ~ 67.5kg/hm²，行距0.65m，株距0.09 ~ 0.11m，密度27万 ~ 30万株/hm²。种肥用磷酸二铵150kg/hm²，硫酸钾37.5kg/hm²，尿素37.5kg/hm²，施于种下5 ~ 7cm；初花期根据田间长势结合中耕追施75kg/hm²尿素，或叶面喷施磷酸二氢钾加尿素0.5％ ~ 1.0％溶液2次。加强田间管理，及时中耕除草，旱时灌溉，涝时排水。8月上旬防治食心虫，注意防治大豆灰斑病、大豆花叶病毒病。

适宜地区　内蒙古自治区≥10℃活动积温2 200℃以上地区。

511. 蒙豆46（Mengdou 46）

品种来源　呼伦贝尔市农业科学研究所以蒙豆21为母本，黑河38为父本进行有性杂交，采用改良系谱法选育而成，原品系号呼交10-74。2019年经内蒙古自治区农作物品种审定委员会审定，审定编号为蒙审豆2019001号。全国大豆品种资源统一编号ZDD33405。

特征　亚有限结荚习性，株高78.0cm，有效分枝0.5个。叶披针形，紫花，灰毛，荚褐色，荚果弯镰形。籽粒圆形，种皮黄色，脐灰色。百粒重18.6g。

特性　北方春大豆，极早熟品种，内蒙古地区春播生育期110d。田间综合抗病性好，落叶性好，籽粒整齐，不裂荚。

产量品质　2016—2017年内蒙古自治区极早熟大豆品种区域试验，平均产量2 166.8kg/hm^2，比对照登科5号增产4.1%。2018年生产试验，平均产量2 644.5kg/hm^2，比对照登科5号增产7.9%。蛋白质含量40.18%，脂肪含量21.49%。

蒙豆46

栽培要点　5月上中旬播种，播量60.0～67.5kg/hm^2，行距0.65m，株距0.09～0.11m，密度28.5万～33万株/hm^2。有条件的施腐熟有机肥15～30t/hm^{2}作基肥；种肥用磷酸二铵150kg/hm^2，硫酸钾37.5kg/hm^2，尿素37.5kg/hm^2，施于种下5～7cm；初花期根据田间长势结合中耕追施75kg/hm^{2}尿素，或叶面喷施磷酸二氢钾加尿素0.5%～1.0%溶液2次。加强田间管理，及时中耕除草，旱时灌溉，涝时排水。大豆花叶病毒病重发区慎用此品种，避免重茬种植。

适宜地区　内蒙古自治区≥10℃活动积温2 050℃以上地区。

512. 蒙豆48（Mengdou 48）

品种来源　呼伦贝尔市农业科学研究所以北99-356为母本，（呼01-104×北99-453）为父本进行有性杂交，采用改良系谱法选育而成。2019年经内蒙古自治区农作物品种审定委员会审定，审定编号为蒙审豆2019002号。全国大豆品种资源统一编号ZDD33406。

蒙豆48

蒙豆359

特征 亚有限结荚习性，株高72.0cm，有效分枝0.4个。叶披针形，白花，灰毛，荚褐色。籽粒圆形，种皮黄色，脐黄色。百粒重20.7g。

特性 北方春大豆，早熟品种，内蒙古地区春播生育期114d。田间综合抗病性好，落叶性好，籽粒整齐，不裂荚。

产量品质 2016—2017年内蒙古自治区早熟大豆品种区域试验，平均产量2 550.0kg/hm²，比对照登科1号增产4.9%。2018年生产试验，平均产量2 643.0kg/hm²，比对照登科1号增产5.2%。蛋白质含量41.46%，脂肪含量21.23%。

栽培要点 5月上中旬播种，播量62.0 ~ 76.0kg/hm²，行距0.65m，株距0.09 ~ 0.11m，密度26万 ~ 32万株/hm²。有条件的施腐熟有机肥15 ~ 30t/hm²作基肥；种肥用磷酸二铵150kg/hm²，硫酸钾37.5kg/hm²，尿素37.5kg/hm²，施于种下5 ~ 7cm；初花期根据田间长势结合中耕追施75kg/hm²尿素，或叶面喷施磷酸二氢钾加尿素0.5% ~ 1.0%溶液2次。加强田间管理，及时中耕除草，旱时灌溉，涝时排水。大豆花叶病毒病重发区慎用此品种，避免重茬种植。

适宜地区 内蒙古自治区≥10℃活动积温2 250℃以上地区。

513. 蒙豆359（Mengdou 359）

品种来源 呼伦贝尔市农业科学研究所以蒙豆14为母本，5W57为父本进行有性杂交，采用改良系谱法选育而成。2017年经国家农作物品种审定委员会审定，审定编号为国审豆20170003。全国大豆品种资源统一编号ZDD33407。

特征 无限结荚习性，株型收敛，株高79.5cm，有效分枝0.6个。叶披针形，白花，灰毛，荚草黄色。籽粒圆形，种皮黄色，脐黄色。百粒重17.3g。

特性　北方春大豆，早熟品种，春播生育期117d。田间综合抗病性好，落叶性好，籽粒整齐，不裂荚。

产量品质　2014—2015年国家北方春大豆早熟组品种区域试验，平均产量2 886.0kg/hm²，比对照克山1号增产5%。2016年生产试验，平均产量2 389.5kg/hm²，比对照克山1号增产9.1%。蛋白质含量40.93%，脂肪含量21.26%。

栽培要点　5月上中旬播种，播量60.0 ～ 65.0kg/hm²，行距0.65m，株距0.09 ～ 0.11m，密度26万～ 33万株/hm²。有条件的施腐熟有机肥15 ～ 30t/hm²作基肥；种肥用氮磷钾三元复合肥300kg/hm²，施于种下5 ～ 7cm；初花期追施尿素30kg/hm²。加强田间管理，及时中耕除草，旱时灌溉，涝时排水。

适宜地区　黑龙江第三积温带下限和第四积温带、吉林东部山区、内蒙古呼伦贝尔南部、新疆北部（春播种植）。

514. 蒙豆640（Mengdou 640）

品种来源　呼伦贝尔市农业科学研究所以蒙豆28为母本，黑河18为父本进行有性杂交，采用改良系谱法选育而成。2020年经国家农作物品种审定委员会审定，审定编号为国审豆20200007。全国大豆品种资源统一编号ZDD31279。

特征　亚有限结荚习性，株高73.9cm，有效分枝0.1个。叶披针形，白花，灰毛，荚褐色。籽粒圆形，种皮黄色，脐黄色。百粒重18.3g。

特性　北方春大豆，早熟品种，春播生育期121d。田间综合抗病性好，落叶性好，籽粒整齐，不裂荚。

产量品质　2017—2018年国家北方春大豆早熟组品种区域试验，平均产量2 742.0kg/hm²，比对照克山1号增产6.3%。2018年生产试验，平均产量2 724.0kg/hm²，比对照克山1号增产7.9%。蛋白质含量40.33%，脂肪含量18.15%。

蒙豆640

栽培要点　5月上中旬播种，播量60 ～ 65kg/hm²，行距0.65m，株距0.09 ～ 0.11m，密度26.0万～ 31.5万株/hm²。有条件的施腐熟有机肥15 ～ 30t/hm²作基肥；种肥用磷酸二铵150kg/hm²，硫酸钾37.5kg/hm²，尿素37.5kg/hm²，施于种下5 ～ 7cm；初花期追施尿素30kg/hm²。种衣剂拌种。加强田间管理，及时中耕除草，旱时灌溉，涝时排水。

适宜地区　黑龙江第三积温带下限和第四积温带、吉林东部山区、内蒙古呼伦贝尔南部、新疆北部（春播种植）。

515. 蒙豆824（Mengdou 824）

蒙豆824

品种来源　呼伦贝尔市农业科学研究所以登科1号为母本，绥农26为父本进行有性杂交，采用改良系谱法选育而成。2020年经内蒙古自治区农作物品种审定委员会审定，审定编号为蒙审豆2020001号。全国大豆品种资源统一编号ZDD33408。

特征　无限结荚习性，株高88.2cm，有效分枝0.6个。叶披针形，紫花，灰毛，荚褐色。籽粒圆形，种皮黄色，脐黄色。百粒重20.0g。

特性　北方春大豆，早熟品种，内蒙古地区春播生育期114d。田间综合抗病性好，落叶性好，籽粒整齐，不裂荚。

产量品质　2017—2018年内蒙古自治区早熟大豆品种区域试验，平均产量2 685.8kg/hm²，比对照登科1号增产5.4%。2019年生产试验，平均产量2 631.0kg/hm²，比对照登科1号增产6.2%。蛋白质含量38.59%，脂肪含量21.14%。

栽培要点　5月上中旬播种，播量62～76kg/hm²，行距0.65m，株距0.09～0.11m，密度26万～32万株/hm²。有条件的施腐熟有机肥15～30t/hm²作基肥；种肥用磷酸二铵150kg/hm²，硫酸钾37.5kg/hm²，尿素37.5kg/hm²，施于种下5～7cm；初花期根据田间长势结合中耕追施75kg/hm²尿素，或叶面喷施磷酸二氢钾加尿素0.5%～1.0%溶液2次。加强田间管理，及时中耕除草，旱时灌溉，涝时排水。

适宜地区　内蒙古自治区大豆早熟地区。

516. 蒙豆1137（Mengdou 1137）

品种来源　呼伦贝尔市农业科学研究所以蒙豆28为母本，引北安为父本进行有性杂交，采用改良系谱法选育而成。2018年经国家农作物品种审定委员会审定，审定编号为国审豆20180007。全国大豆品种资源统一编号ZDD33409。

特征　亚有限结荚习性，株高73.2cm，有效分枝0.1个。叶披针形，白花，灰毛，荚褐色。籽粒圆形，种皮黄色，脐黄色。百粒重18.9g。

特性　北方春大豆，早熟品种，春播生育期119d。田间综合抗病性好，落叶性好，籽粒整齐，不裂荚。

产量品质　2016—2017年国家北方春大豆早熟组品种区域试验，平均产量2 587.5kg/hm²，比对照克山1号增产7.4%。2017年生产试验，平均产量2 751.0kg/hm²，比对照克山1号增产9.6%。蛋白质含量40.77%，脂肪含量19.53%。

栽培要点　5月上中旬播种，播量64.0～67.5kg/hm²，行距0.65m，株距0.09～0.11m，密度28万～33万株/hm²。有条件的施腐熟有机肥15～30t/hm²作基肥，氮磷钾三元复合肥300kg/hm²作种肥，初花期追施尿素75kg/hm²。加强田间管理，及时中耕除草，旱时灌溉，涝时排水。

适宜地区　黑龙江第三积温带下限和第四积温带、吉林东部山区、内蒙古兴安盟北部和呼伦贝尔市大兴安岭南麓地区、新疆北部地区（春播种植）。

蒙豆1137

517. 登科9号 （Dengke 9）

品种来源　莫力达瓦达斡尔族自治旗登科种业有限责任公司与内蒙古自治区农牧业科学院以蒙豆14为母本，黑河18为父本进行有性杂交，采用系谱法选育而成。原品系号08-1390。2015年经内蒙古自治区农作物品种审定委员会审定，审定编号为蒙审豆2015001号。全国大豆品种资源统一编号ZDD34401。

特征　无限结荚习性，株高82.0cm，有效分枝1.1个。叶披针形，紫花，灰毛，荚褐色。籽粒圆形，种皮黄色，脐黄色。百粒重17.5g。

登科9号

特性 北方春大豆，早熟品种，内蒙古地区春播生育期112d。田间综合抗病性好，落叶性好，籽粒整齐，不裂荚。

产量品质 2011—2012年内蒙古自治区早熟大豆品种区域试验，平均产量2 177.3kg/hm²，比对照蒙豆12增产6.4%。2014年生产试验，平均产量2 754.0kg/hm²，比对照蒙豆12增产12.9%。蛋白质含量41.70%，脂肪含量19.55%。

栽培要点 5月上中旬播种，播量60.0 ~ 67.5kg/hm²，行距0.65m，株距0.09 ~ 0.11m，密度27万 ~ 33万株/hm²。有条件的施腐熟有机肥15 ~ 30t/hm²作基肥；种肥用磷酸二铵150kg/hm²，硫酸钾37.5kg/hm²，尿素37.5kg/hm²，施于种下5 ~ 7cm；初花期根据田间长势结合中耕追施75kg/hm²尿素。加强田间管理，及时中耕除草，旱时灌溉，涝时排水。注意防治大豆花叶病毒病。

适宜地区 内蒙古自治区≥10℃活动积温2 200℃以上地区。

518. 登科10号 （Dengke 10）

登科10号

品种来源 莫力达瓦达斡尔族自治旗登科种业有限责任公司与中国农业科学院作物科学研究所以蒙豆18为母本，中作992为父本进行有性杂交，采用系谱法选育而成。原品系号登科09-1202。2015年经内蒙古自治区农作物品种审定委员会审定，审定编号为蒙审豆2015002号。全国大豆品种资源统一编号ZDD34402。

特征 无限结荚习性，株高86.0cm，株型收敛，有效分枝0.7个。叶卵圆形，白花，灰毛，荚草黄色。籽粒圆形，种皮黄色，脐褐色。百粒重17.5g。

特性 北方春大豆，早熟品种，内蒙古地区春播生育期110d。田间综合抗病性好，落叶性好，籽粒整齐，不裂荚。

产量品质 2011—2012年内蒙古自治区早熟大豆品种区域试验，平均产量2 233.5kg/hm²，比对照蒙豆12增产9.2%。2014年生产

试验，平均产量2 611.5kg/hm²，比对照蒙豆12增产7.1%。蛋白质含量40.04%，脂肪含量18.96%。

栽培要点 5月上中旬播种，播量60.0 ~ 67.5kg/hm²，行距0.65m，株距0.09 ~ 0.11m，密度27万 ~ 33万株/hm²。有条件的施腐熟有机肥15 ~ 30t/hm²作基肥；种肥用磷酸二铵150kg/hm²，硫酸钾37.5kg/hm²，尿素37.5kg/hm²，施于种下5 ~ 7cm；初花期根据田间

特性 北方春大豆，早熟品种，内蒙古地区春播生育期109d。田间综合抗病性好，落叶性好，籽粒整齐，不裂荚。

产量品质 2014—2015年内蒙古自治区早熟大豆品种区域试验，平均产量3 136.5kg/hm²，比对照登科1号增产7.4%。2016年生产试验，平均产量2 047.5kg/hm²，比对照登科1号增产10.9%。蛋白质含量39.65%，脂肪含量22.19%。

栽培要点 呼伦贝尔市中南部、兴安盟北部2 200℃积温区5月上中旬播种，2 400℃以上积温区做救灾品种可在5月下旬播种。播量56.6 ~ 67.0kg/hm²，行距0.65m，株距0.09 ~ 0.11m，密度25.5万 ~ 30.0万株/hm²。种肥用磷酸二铵150kg/hm²，硫酸钾37.5kg/hm²，尿素37.5kg/hm²；初花期根据田间长势结合中耕追施75kg/hm²尿素。加强田间管理，及时中耕除草，旱时灌溉，涝时排水。8月上旬防治食心虫以提高商品品质。注意防治大豆灰斑病、大豆花叶病毒病。

适宜地区 内蒙古自治区呼伦贝尔市≥10℃活动积温2 200℃以上地区。

522. 登科14（Dengke 14）

品种来源 莫力达瓦达斡尔族自治旗登科种业有限责任公司和中国科学院遗传与发育生物学研究所以垦鉴豆27为母本，Dekabig为父本进行有性杂交，采用系谱法选育而成。原品系号登科09-1230。2017年经内蒙古自治区农作物品种审定委员会审定，审定编号为蒙审豆2017002号。全国大豆品种资源统一编号ZDD34406。

特征 无限结荚习性，株高79.0cm，有效分枝1.0个。叶披针形，紫花，灰毛，荚褐色。籽粒圆形，种皮黄色，脐黄色。百粒重18.5g。

特性 北方春大豆，早熟品种，内蒙古地区春播生育期113d。田间综合抗病性好，落叶性好，籽粒整齐，不裂荚。

产量品质 2014—2015年内蒙古自治区早熟大豆品种区域试验，平均产量3 087.8kg/hm²，比对照登科1号增产5.4%。2016年生产试验，平均产量2 145.0kg/hm²，比对照登科1号增产15.0%。蛋白质含量41.07%，脂肪含量21.47%。

登科14

栽培要点 呼伦贝尔市中南部、兴安盟北部2 200℃积温区5月上中旬播种，2 400℃以上积温区做救灾品种可在5月下旬播种。播量56.6 ~ 67.0kg/hm²，行距0.65m，株距0.09 ~ 0.11m，密度25.5万 ~ 30.0万株/hm²。种肥用磷酸二铵150kg/hm²，硫酸钾37.5kg/hm²，尿素37.5kg/hm²；初花期根据田间长势结合中耕追施75kg/hm²尿素。加强田间管理，及时中耕除草，旱时灌溉，涝时排水。8月上旬防治食心虫以提高商品品质。注意防治大豆灰斑病、花叶病毒病。

适宜地区　内蒙古自治区呼伦贝尔市≥10℃活动积温2 250℃以上地区。

523. 登科15（Dengke 15）

品种来源　莫力达瓦达翰尔族自治旗登科种业有限责任公司以登科4号为母本，黑河43为父本进行有性杂交，采用系谱法选育而成。2019年经内蒙古自治区农作物品种审定委员会审定，审定编号为蒙审豆2019003号。全国大豆品种资源统一编号ZDD31287。

特征　亚有限结荚习性，株高73.0cm，有效分枝0.4个。叶披针形，紫花，灰毛，荚褐色。籽粒圆形，种皮黄色，脐黄色。百粒重19.6g。

特性　北方春大豆，早熟品种，内蒙古地区春播生育期114d。田间综合抗病性好，落叶性好，籽粒整齐，不裂荚。

登科15

产量品质　2016—2017年内蒙古自治区早熟大豆品种区域试验，平均产量2 617.5kg/hm²，比对照登科1号增产8.8%。2018年生产试验，平均产量2 707.5kg/hm²，比对照登科1号增产6.8%。蛋白质含量39.47%，脂肪含量20.43%。

栽培要点　5月上中旬播种，播量56.6～67kg/hm²，行距0.65m，株距0.09～0.11m，密度25.5万～30.0万株/hm²。种肥用磷酸二铵150kg/hm²，硫酸钾37.5kg/hm²，尿素37.5kg/hm²；初花期根据田间长势结合中耕追施75kg/hm²尿素。加强田间管理，及时中耕除草，旱时灌溉，涝时排水。8月上旬防治食心虫可提高商品品质。大豆花叶病毒病多发区慎用此品种。避免重茬种植。

适宜地区　内蒙古自治区呼伦贝尔市≥10℃活动积温2 250℃以上地区。

524. 甘豆2号（Gandou 2）

品种来源　莫力达瓦达翰尔族自治旗甘源农业技术服务有限责任公司以黑河18为母本，沈农12为父本进行有性杂交，采用系谱法选育而成。原品系号甘515。2020年经内蒙古自治区农作物品种审定委员会审定，审定编号为蒙审豆2020004号。全国大豆品种资源统一编号ZDD31277。

特征 亚有限结荚习性，株高60.0cm，有效分枝0.1个。叶披针形，紫花，灰毛，荚黄褐色。籽粒圆形，种皮黄色，脐黄色。百粒重17.6g。

特性 北方春大豆，极早熟品种，内蒙古地区春播生育期112d。田间综合抗病性好，落叶性好，籽粒整齐，不裂荚。

产量品质 2017—2018年内蒙古自治区大豆极早熟B组区域试验，平均产量2 750.3kg/hm^2，比对照登科5号增产7.8%。2019年生产试验，平均产量2 530.3kg/hm^2，比对照登科5号增产8.1%。蛋白质含量39.34%，脂肪含量21.21%。

栽培要点 5月上中旬播种，播量66～79.2kg/hm^2，行距0.65m，株距0.07～0.08m，密度37.5万～45.0万株/hm^2。种肥用磷酸二铵150kg/hm^2，硫酸钾30kg/hm^2，尿素120～150kg/hm^2。加强田间管理，中耕1～2次，有灌水条件的地区，开花鼓粒期应及时灌水。

适宜地区 内蒙古自治区大豆极早熟地区。

甘豆2号

525. 金杉5号（Jinshan 5）

品种来源 莫力达瓦达斡尔族自治旗尼尔基镇鑫关农业科学院以黑河1596为母本，疆莫1133为父本进行有性杂交，采用系谱法选育而成。2020年经内蒙古自治区农作物品种审定委员会审定，审定编号为蒙审豆2020007号。全国大豆品种资源统一编号ZDD33410。

特征 无限结荚习性，株高78.5cm，有效分枝0.3个。叶披针形，紫花，灰毛。籽粒圆形，种皮黄色，脐黄色。百粒重21.5g。

特性 北方春大豆，极早熟品种，内蒙古地区春播生育期106d。田间综合抗病性好，落叶性好，籽粒整齐，不裂荚。

产量品质 2016—2017年内蒙古自治区大

金杉5号

豆极早熟B组区域试验，平均产量2 190.0kg/hm²，比对照蒙豆9号增产6.4%。2019年生产试验，平均产量2 428.5kg/hm²，比对照登科5号增产3.8%。蛋白质含量39.76%，脂肪含量20.48%。

栽培要点　5月上中旬播种，播量68kg/hm²，行距0.65m，株距0.10m，密度31.5万株/hm²。

适宜地区　内蒙古自治区大豆极早熟地区。

526. 兴豆7号（Xingdou 7）

兴豆7号

品种来源　兴安盟农牧科学研究所以春优439为母本，合99-718为父本进行有性杂交，采用改良系谱法选育而成。2019年经内蒙古自治区农作物审定委员会审定，审定编号为蒙审豆2019008号。全国大豆品种资源统一编号ZDD33411。

特征　亚有限结荚习性，株高72.4cm，株型收敛，有效分枝2.0 ～ 3.0个，单株有效荚数56.3个。叶圆形，白花，灰色，荚深褐色。籽粒圆形，种皮黄色，脐褐色。百粒重20.0g。

特性　北方春大豆，中早熟品种，北方地区春播生育期114d。抗灰斑病，抗倒伏性强，落叶性好，抗裂荚性强。

产量品质　2016—2017年参加内蒙古中早熟组区域试验，平均产量2 613.75kg/hm²，比对照丰豆2号增产9.8%。2018年生产试验，平均产量3 531.0kg/hm²，比对照丰豆2号增产6.8%。蛋白质含量36.74%，脂肪含量24.24%。

栽培要点　适宜中等肥力地块种植，5月上中旬为适播期，播量60 ～ 75kg/hm²，行距0.65m，株距0.07m，密度22.5万株/hm²，出苗后间苗。施基肥磷酸二铵：尿素：硫酸钾为4：1：1，施用量262.5kg/hm²。田间管理要及时、精细，及时防治病虫害。

适宜地区　适宜内蒙古自治区≥10℃活动积温2 500℃以上地区。

527. 兴豆8号（Xingdou 8）

品种来源　兴安盟农牧科学研究所以丰豆2号为母本，北豆21为父本进行有性杂交，采用改良系谱法选育而成。2019年经内蒙古自治区农作物品种审定委员会审定，审定编号为蒙审豆2019009号。全国大豆品种资源统一编号ZDD33412。

特征　无限结荚习性，株高76.6cm，株型收敛，有效分枝1.0 ～ 2.0个，单株有效荚数61.2个。叶披针形，紫花，灰毛，荚褐色。籽粒圆形，种皮黄色，脐蓝色。百粒重20.0g。

特性　北方春大豆，中早熟品种，北方地区春播生育期113d。抗灰斑病，落叶性好，籽粒整齐，不裂荚。

产量品质　2016—2017年内蒙古中早熟组区域试验，平均产量2 569.5kg/hm²，比对照丰豆2号增产7.5%。2018年内蒙古中早熟生产试验，平均产量3 498.0kg/hm²，比对照丰豆2号增产5.7%。蛋白质含量39.12%，脂肪含量23.01%。

栽培要点　适宜中等以上肥力地块种植，5月上中旬为适播期，播量70～80kg/hm²，行距0.65m，株距0.07m，密度22.5万株/hm²，出苗后间苗。施基肥复合肥300kg/hm²，分枝至初花期追施尿素75kg/hm²。田间管理要及时、精细，及时防治病虫害。

适宜地区　适宜内蒙古自治区≥10℃活动积温2 450℃以上地区。

兴豆8号

528. 赤豆5号（Chidou 5）

品种来源　赤峰市农牧科学研究所以吉育71作母本，合丰39为父本进行有性杂交，采用改良系谱法选育而成。2019年经内蒙古农作物品种审定委员会审定，审定编号为蒙审豆2019005。全国大豆品种资源统一编号ZDD34407。

特征　亚有限结荚习性，株高80.0cm，株型收敛，有效分枝0.8个，单株有效荚数49.5个。叶披针形，白花，灰毛，荚深褐色。籽粒圆形，种皮黄色，脐褐色。百粒重22.0～23.0g。

特性　北方春大豆，中熟品种，内蒙古地区春播生育期116d。田间综合抗病性好，落叶性好，籽粒整齐，不裂荚。

产量品质　2000—2001年内蒙古大豆品种区域试验，平均产量3 349.5kg/hm²，比对照赤

赤豆5号

豆3号增产4.4%。2001年生产试验，平均产量3 478.5kg/hm²，比对照赤豆3号增产5.6%。蛋白质含量38.78%，脂肪含量23.16%。

栽培要点　适宜中等肥力地块种植，5月上中旬为适播期，播量60～75kg/hm²，行距0.5m，株距0.11m，密度19.5万株/hm²，出苗后间苗。施基肥磷酸二铵300kg/hm²，尿素45～60kg/hm²，氯化钾90～105kg/hm²。未施基肥可在7月中旬开花前追肥，追磷酸二铵105～150kg/hm²，尿素22.5～30kg/hm²，氯化钾45～60kg/hm²。适时中耕，后期注意防虫。

适宜地区　适于内蒙古自治区≥10℃有效积温2 500℃以上地区（春播种植）。

529. 蒙科豆3号（Mengkedou 3）

蒙科豆3号

品种来源　内蒙古自治区农牧业科学院以吉林30为母本，吉育47为父本进行有性杂交，采用系谱法选育而成。原品系号登科M6013。2016年经内蒙古自治区农作物品种审定委员会审定，审定编号为蒙审豆2016005号。全国大豆品种资源统一编号ZDD34408。

特征　亚有限结荚习性，株高81.0cm，有效分枝0.9个。叶披针形，白花，灰毛，荚褐色。籽粒圆形，种皮黄色，脐黄色。百粒重18.3g。

特性　北方春大豆，中熟品种，内蒙古地区春播生育期117d。田间综合抗病性好，落叶性好，籽粒整齐，不裂荚。

产量品质　2013—2014年内蒙古自治区大豆中熟组区域试验，平均产量3 221.3kg/hm²，比对照吉林30增产6.9%。2015年生产试验，平均产量2 974.5kg/hm²，比对照吉林30增产6.7%。蛋白质含量37.80%，脂肪含量22.43%。

栽培要点　4月下旬至5月上旬播种，播量33～44kg/hm²，行距0.65m，株距0.13～0.17m，密度18万～24万株/hm²。种肥用磷酸二铵150kg/hm²，硫酸钾37.5kg/hm²，尿素37.5kg/hm²。加强田间管理，及时中耕除草，旱时灌溉，涝时排水。注意防治大豆花叶病毒病。

适宜地区　内蒙古自治区≥10℃活动积温2 500℃以上地区。

530. 蒙科豆4号（Mengkedou 4）

品种来源　内蒙古自治区农牧业科学院以绥农14为母本，吉育47为父本进行有性杂交，采用系谱法选育而成。原品系号登科M5002。2017年经内蒙古自治区农作物品种审定委员会审定，审定编号为蒙审豆2017007号。全国大豆品种资源统一编号ZDD34409。

特征 无限结荚习性，株高108.0cm，有效分枝1.9个。叶卵圆形，紫花，灰毛，荚褐色。籽粒圆形，种皮黄色，脐褐色。百粒重19.4g。

特性 北方春大豆，中早熟品种，内蒙古地区春播生育期122d。田间综合抗病性好，落叶性好，籽粒整齐，不裂荚。

产量品质 2014—2015年内蒙古自治区大豆中早熟组区域试验，平均产量3 306.8kg/hm²，比对照赤豆3号增产6.5%。2016年生产试验，平均产量3 196.5kg/hm²，比对照赤豆3号增产8.0%。蛋白质含量39.32%，脂肪含量22.79%。

栽培要点 4月下旬至5月上旬播种，播量35 ~ 47 kg/hm²，行距0.65m，株距0.13 ~ 0.17m，密度18万 ~ 24万株/hm²。种肥用磷酸二铵150kg/hm²，硫酸钾30kg/hm²，尿素120 ~ 150kg/hm²。加强田间管理，生育期适时防治蚜虫，中耕1 ~ 2次，有灌水条件的地区，开花鼓粒期应及时灌水，注意防治大豆花叶病毒病。

适宜地区 内蒙古自治区≥10℃活动积温2 400℃以上地区。

531. 蒙科豆5号 （Mengkedou 5）

品种来源 内蒙古自治区农牧业科学院以意3号为母本，吉林30为父本进行有性杂交，采用系谱法选育而成。2018年经内蒙古自治区农作物品种审定委员会审定，审定编号为蒙审豆2018002号。全国大豆品种资源统一编号ZDD34410。

特征 无限结荚习性，株高103.0cm，有

蒙科豆4号

蒙科豆5号

效分枝1.9个。叶披针形，白花，棕毛，荚黄褐色。籽粒圆形，种皮黄色，脐黄色。百粒重20.9g。

特性　北方春大豆，中熟品种，内蒙古地区春播生育期118d。田间综合抗病性好，落叶性好，籽粒整齐，不裂荚。

产量品质　2015—2016年内蒙古自治区大豆中熟组区域试验，平均产量3 471.8kg/hm²，比对照赤豆3号增产11.5%。2017年生产试验，平均产量3 382.5kg/hm²，比对照赤豆3号增产12.1%。蛋白质含量39.03%，脂肪含量23.75%。

栽培要点　4月下旬至5月上旬播种，播量38.0 ～ 50.2kg/hm²，行距0.65m，株距0.13 ～ 0.17m，密度18万～ 24万株/hm²。种肥用磷酸二铵150kg/hm²，硫酸钾30kg/hm²，尿素120 ～ 150kg/hm²。加强田间管理，生育期适时防治蚜虫，中耕1 ～ 2次，拔大草1次，有灌水条件的地区开花鼓粒期应及时灌水。

适宜地区　内蒙古自治区≥10℃活动积温2 450℃以上地区。

532. 蒙科豆6号（Mengkedou 6）

蒙科豆6号

品种来源　内蒙古自治区农牧业科学院以合丰47为母本，九农25为父本进行有性杂交，采用系谱法选育而成。原品系号登科M13-06。2020年经内蒙古自治区农作物品种审定委员会审定，审定编号为蒙审豆2020005号。全国大豆品种资源统一编号ZDD34411。

特征　亚有限结荚习性，株高93.2cm，有效分枝1.0个。叶圆形，白花，灰毛，荚草黄色。籽粒圆形，种皮黄色，脐黄色。百粒重20.1g。

特性　北方春大豆，中熟品种，内蒙古地区春播生育期120d。田间综合抗病性好，落叶性好，籽粒整齐，不裂荚。

产量品质　2017—2018年内蒙古自治区大豆中熟组区域试验，平均产量3 633.8kg/hm²，比对照赤豆3号增产10.6%。2019年生产试验，平均产量3 313.5kg/hm²，比对照赤豆3号增产12.4%。蛋白质含量36.37%，脂肪含量23.21%。

栽培要点　4月下旬至5月上旬播种，播量42.2 ～ 54.2kg/hm²，行距0.65m，株距0.11 ～ 0.15m，株距0.16m，密度21万～ 27万株/hm²。种肥用磷酸二铵150kg/hm²，硫酸钾30kg/hm²，尿素120 ～ 150kg/hm²。加强田间管理，中耕1 ～ 2次，有灌水条件的地区，开花鼓粒期应及时灌水。

适宜地区 内蒙古自治区大豆中熟区。

533. 蒙科豆9号 （Mengkedou 9）

品种来源 内蒙古自治区农牧业科学院与莫力达瓦达斡尔族自治旗登科种业有限责任公司以登科1438为母本，（登科1438×汾豆79）的F_2代材料为父本进行有性杂交，采用系谱法选育而成。原品系号登科M14-187。2020年经内蒙古自治区农作物品种审定委员会审定，审定编号为蒙审豆2020002号。全国大豆品种资源统一编号ZDD34412。

特征 亚有限结荚习性，株高65.4cm，有效分枝0.6个。叶披针形，紫花，灰毛，荚草黄色。籽粒圆形，种皮黄色，脐黄色。百粒重17.6g。

特性 北方春大豆，早熟品种，内蒙古地区春播生育期115d。田间综合抗病性好，落叶性好，籽粒整齐，不裂荚。

产量品质 2017—2018年内蒙古自治区大豆早熟组区域试验，平均产量2 607.0kg/hm²，比对照登科1号增产5.3%。2019年生产试验，平均产量2 608.5kg/hm²，比对照登科1号增产5.3%。蛋白质含量39.52%，脂肪含量20.77%。

栽培要点 5月上中旬播种，播量60.0～67.5kg/hm²，行距0.65m，株距0.08～0.10m，密度28万～33万株/hm²。种肥用磷酸二铵150kg/hm²，硫酸钾30kg/hm²，尿素120～150kg/hm²。加强田间管理，中耕1～2次，有灌水条件的地区开花鼓粒期应及时灌水，注意防治大豆花叶病毒病。

适宜地区 内蒙古自治区大豆早熟区。

蒙科豆9号

534. 蒙科豆10号 （Mengkedou 10）

品种来源 内蒙古自治区农牧业科学院以垦鉴豆23为母本，吉育82为父本进行有性杂交，采用系谱法选育而成。原品系号登科M13-76。2020年经内蒙古自治区农作物品种审定委员会审定，审定编号为蒙审豆2020006号。全国大豆品种资源统一编号ZDD34413。

特征 亚有限结荚习性，株高100.2cm，有效分枝1.1个。叶圆形，紫花，灰毛，荚

蒙科豆10号

褐色。籽粒椭圆形，种皮黄色，脐黑色。百粒重18.8g。

特性 北方春大豆，中熟品种，内蒙古地区春播生育期120d。田间综合抗病性好，落叶性好，籽粒整齐，不裂荚。

产量品质 2017—2018年内蒙古自治区大豆中熟组区域试验，平均产量3 495.8kg/hm²，比对照赤豆3号增产7.1％。2019年生产试验，平均产量3 271.5kg/hm²，比对照赤豆3号增产11.0％。蛋白质含量38.60％，脂肪含量21.67％。

栽培要点 4月下旬至5月上旬播种，播量42.2～54.2kg/hm²，行距0.65m，株距0.11～0.15m，密度21万～27万株/hm²。种肥用磷酸二铵150kg/hm²，硫酸钾30kg/hm²，尿素120～150kg/hm²。加强田间管理，中耕1～2次，有灌水条件的地区开花鼓粒期应及时灌水。

适宜地区 内蒙古自治区大豆中熟区。

北 京 市 品 种

535. 中黄76（Zhonghuang 76）

品种来源　中国农业科学院作物科学研究所以中黄24为母本，中黄21为父本进行有性杂交，采用改良系谱法选育而成。2016年经安徽省农作物品种审定委员会审定，审定编号为皖豆2016005。2018年经贵州省农作物品种审定委员会审定，审定编号为黔审豆20180002。全国大豆品种资源统一编号ZDD33421。

特征　亚有限结荚习性，株高87.7cm，有效分枝1.5个，单株有效荚数44.7个，单株粒数84.9粒。叶圆形，紫花，灰毛，荚褐色。粒椭圆形，种皮黄色，脐黄色。百粒重18.6g。

特性　黄淮夏大豆/南方春大豆，中熟品种，黄淮海南部地区夏播生育期104d。田间综合抗病性好，成熟时全落叶，不裂荚，较抗倒伏。经国家大豆改良中心人工接种鉴定，对大豆花叶病毒流行株系SC3和SC7表现抗病。

产量品质　2012—2013年安徽省大豆品种区域试验，平均产量2 879.5kg/hm²，比对照中黄13增产2.0%。2014年生产试验，平均产量2 567.0kg/hm²，比对照中黄13增产6.2%。2015—2016年贵州省大豆品种区域试验，平均产量2 769.0kg/hm²，比对照黔豆6号增产0.6%。2017年生产试验，平均产量2 818.5kg/hm²，比对照黔豆6号增产20.9%。蛋白质含量38.99%，脂肪含量23.59%。

栽培要点　黄淮海地区适播期6月上中旬。种植密度为18.0万～22.5万株/hm²。肥力高地块不需要施肥；中等地块施75～150kg/hm²复合肥；肥力低地块施尿素75～90kg/hm²、重过磷酸钙450～600kg/hm²、硫酸钾225kg/hm²，拌农家肥作基肥。花荚期如遇干旱及时浇水可保障丰产目标，及时除草，防治病虫害。

适宜地区　安徽省沿淮淮北夏大豆区和贵州省春播大豆种植区。

中黄76

536. 中黄78 （Zhonghuang 78）

品种来源　中国农业科学院作物科学研究所以01P4为母本，中黄28为父本进行有性杂交，采用改良系谱法选育而成。2018年经国家农作物品种审定委员会审定，审定编号为国审豆20180019。全国大豆品种资源统一编号ZDD33422。

特征　有限结荚习性，株高93.1cm，株型收敛，主茎节数16.0个，有效分枝2.3个，单株有效荚数48.8个，单株粒数99.6粒，单株粒重21.6g。叶卵圆形，紫花，灰毛，荚褐色，底荚高18.6cm。粒椭圆形，种皮黄色，有光泽，脐淡褐色。百粒重22.6g。

中黄78

特性　黄淮夏大豆，中熟品种，生育期103d。经国家大豆改良中心人工接种鉴定，中感花叶病毒病SC3株系，中感花叶病毒病SC7株系，高感胞囊线虫病1号生理小种。

产量品质　2016—2017年国家黄淮海夏大豆北片品种区域试验，平均产量3 483.0kg/hm²，比对照冀豆12增产8.3%。2017年生产试验，平均产量3 227.6kg/hm²，比对照冀豆12增产5.5%。蛋白质含量40.59%，脂肪含量21.18%。

栽培要点　6月中下旬播种，条播行距0.4～0.5m，种植密度22.5万株/hm²。施磷酸二胺150 kg/hm²作基肥，初花期追施氮磷钾三元复合肥75 kg/hm²。

适宜地区　北京、天津、山东北部、河北中部和南部地区（夏播种植）。

537. 中黄79 （Zhonghuang 79）

品种来源　中国农业科学院作物科学研究所以中品661为母本，豫豆25为父本进行有性杂交，采用改良系谱法选育而成。2015年经北京市农作物品种审定委员会审定，审定编号为京审豆2015001。全国大豆品种资源统一编号ZDD33423。

特征　亚有限结荚习性，株高76.9cm，主茎节数13.7个，有效分枝2.5个，单株有效荚数56.4个。叶卵圆形，紫花，棕毛，荚黄色，底荚高16.0cm。粒扁圆形，种皮黄色，有光泽，脐深褐色。百粒重18.2g。

特性　黄淮夏大豆，中晚熟品种，生育期114d。经国家大豆改良中心人工接种鉴定，中感大豆花叶病毒病SC3和SC7株系。

产量品质 2013—2014年北京市夏大豆品种区域试验，平均产量3 192.0kg/hm²，比对照中黄37增产10.7％。2014年生产试验，平均产量2 575.5kg/hm²，比对照中黄37增产7.7％。蛋白质含量39.70％，脂肪含量19.93％。

栽培要点 该品种适宜在上等肥力地块种植，适宜播期为6月中旬。种植密度22.5万株/hm²。精细整地，确保全苗，及时定苗，做到苗匀、苗齐、苗壮。重施基肥，花荚期叶面喷肥，生长期不缺水。及时除草，防治病虫害。适时收获。

适宜地区 北京地区（夏播种植）。

538. 中黄80（Zhonghuang 80）

品种来源 中国农业科学院作物科学研究所以中作J4015为母本，中黄4号为父本进行有性杂交，采用改良系谱法选育而成。2017年经北京市农作物品种审定委员会审定，审定编号为京审豆20170003。2017年经天津市农作物品种审定委员会审定，审定编号为津审豆20170001。全国大豆品种资源统一编号ZDD31363。

特征 有限结荚习性，株高80.9cm，主茎节数15.6个，有效分枝2.1个，单株有效荚数42.5个。叶卵圆形，白花，灰毛，荚黄色，底荚高21.8cm。粒椭圆形，种皮黄色，有光泽，脐黄色，百粒重25.4g。

特性 黄淮夏大豆，中晚熟品种，生育期112d。经国家大豆改良中心人工接种鉴定，中抗大豆花叶病毒病SC3和SC7株系。

产量品质 2014年、2016年北京市夏大豆品种区域试验，平均产量3 267.9kg/hm²，比对照中黄37增产20.2％；2016年生产试验，平均产量3 320.9kg/hm²，比对照中黄37增产7.7％。2014—2015年天津市夏大豆区域试验，平均产量3 761.3kg/hm²，比对照中黄13增产

中黄79

中黄80

6.9%；2016年生产试验，平均产量3 609.0kg/hm²，比对照中黄13增产13.6%。蛋白质含量40.39%，脂肪含量20.83%。

栽培要点 该品种适宜在中、上等肥力地块进行人工点播或机械播种种植。夏播种植，种植密度19.5万株/hm²。精细整地，确保全苗，及时定苗，做到苗匀、苗齐、苗壮。重施基肥，花荚期根据长相长势喷叶面肥。花荚期如遇干旱及时灌溉，中耕除草，防治病虫害。适时收获。

适宜地区 北京和天津地区（夏播种植）。

539. 中黄203（Zhonghuang 203）

中黄203

品种来源 中国农业科学院作物科学研究所以01P6为母本，中豆27为父本进行有性杂交，采用改良系谱法选育而成。2018年经北京市农作物品种审定委员会审定，审定编号为京审豆20180003。全国大豆品种资源统一编号ZDD31365。

特征 有限结荚习性，株高88.0cm，主茎节数17.8个，有效分枝3.1个，单株有效荚数51.1个。叶披针形，白花，灰毛，荚褐色。粒椭圆形，种皮黄色，有光泽，脐褐色。百粒重26.6g。

特性 黄淮夏大豆，中晚熟品种，生育期115d。经国家大豆改良中心人工接种鉴定，抗大豆花叶病毒病SC3、SC7流行株系。

产量品质 2016—2017年北京市夏大豆品种区域试验，平均产量2 991.0kg/hm²，比对照中黄37增产11.5%。2017年生产试验，平均产量2 479.5kg/hm²，比对照中黄37增产13.4%。蛋白质含量42.62%，脂肪含量20.40%。

栽培要点 该品种适宜中、上等肥力地块夏播种植，适时早播，足墒下种。京津地区适宜6月中下旬播种，行距0.45 ~ 0.50m，株距0.10 ~ 0.15m，密度22.5万株/hm²。播前施磷酸二铵150kg/hm²。出苗后适时间苗、定苗，如有缺苗及时补苗，确保苗齐、苗壮，及时中耕锄草。开花初期和鼓粒期注意浇水。初花期追施75kg/hm²氮磷钾三元复合肥。注意防止病虫害。成熟后应及时收获，防止裂荚和烂荚。

适宜地区 北京地区（夏播种植）。

540. 中黄204（Zhonghuang 204）

品种来源 中国农业科学院作物科学研究所以济9924-92为母本，中黄22为父本进行有性杂交，采用改良系谱法选育而成。2018年经北京市农作物品种审定委员会审定，审定编号为京审豆20180004。全国大豆品种资源统一编号ZDD31366。

特征 有限结荚习性，株高98.5cm，主茎节数18.5个，有效分枝2.5个，单株有效荚数49.6个。叶披针形，紫花，灰毛，荚褐色。粒椭圆形，种皮黄色，有光泽，脐褐色，百粒重29.0g。

特性 黄淮夏大豆，中晚熟品种，生育期118d。经国家大豆改良中心人工接种鉴定，抗大豆花叶病毒病SC3流行株系，中抗大豆花叶病毒病SC7流行株系。

产量品质 2016—2017年北京市夏大豆品种区域试验，平均产量2 956.5kg/hm²，比对照中黄37增产10.3%。2017年生产试验，平均产量2 284.5kg/hm²，比对照中黄37增产4.5%。蛋白质含量43.93%，脂肪含量17.68%。

中黄204

栽培要点 该品种适宜在中上等肥力地块种植，适宜播期为6月上中旬，种植密度22.5万株/hm²。精细整地，确保全苗，及时定苗，做到苗匀、苗齐、苗壮。重施基肥，花荚期叶面喷肥。遇干旱要及时进行灌溉，减少瘪粒，提高粒重。及时中耕除草，防治病虫害。适时收获。

适宜地区 北京地区（夏播种植）。

541. 中黄209（Zhonghuang 209）

品种来源 中国农业科学院作物科学研究所以中黄16为母本，01P6为父本进行有性杂交，采用改良系谱法选育而成。2019年经北京市农作物品种审定委员会审定，审定编号为京审豆20190002。全国大豆品种资源统一编号ZDD33424。

特征 有限结荚习性，株高97.9cm，主茎节数16.2个，有效分枝1.8个，单株有效荚数58.0个。叶卵圆形，白花，灰毛，荚褐色。粒椭圆形，种皮黄色，有光泽，脐褐色。百粒重23.3g。

中黄209

特性 黄淮夏大豆，中晚熟品种，生育期116d。经国家大豆改良中心人工接种鉴定，中感SC3株系，感SC7流行株系。

产量品质 2017—2018年北京市夏大豆品种区域试验，平均产量2 905.7kg/hm²，比对照中黄37增产16.7%。2018年生产试验，平均产量2 192.6kg/hm²，比对照中黄37增产4.4%。蛋白质含量43.28%，脂肪含量19.10%。

栽培要点 该品种适宜中、上等肥力地块夏播种植，6月上中旬播种。条播行距0.4～0.5m，适宜密度22.5万株/hm²。适时早播，足墒下种，播前施磷酸二铵150kg/hm²作基肥。出苗后适时间苗、定苗，如有缺苗及时补苗，确保苗齐、苗壮，及时中耕锄草。开花初期和鼓粒期注意浇水，初花期追施氮磷钾三元复合肥75kg/hm²。及时防治病虫害。成熟后及时收获。

适宜地区 北京地区（夏播种植）。

542. 中黄211（Zhonghuang 211）

品种来源 中国农业科学院作物科学研究所以01P6为母本，中豆27为父本进行有性杂交，采用改良系谱法选育而成。2018年经北京市农作物品种审定委员会审定，审定编号为京审豆20180006。全国大豆品种资源统一编号ZDD33425。

特征 有限结荚习性，株高83.7cm，主茎节数16.9个，有效分枝2.2个，单株有效荚数43.2个。叶卵圆形，白花，灰毛，荚黄色。粒椭圆形，种皮黄色，有光泽，脐黄色。百粒重24.1g。

特性 黄淮夏大豆，中晚熟品种，生育期117d。经国家大豆改良中心人工接种鉴定，中抗大豆花叶病毒病SC3流行株系，抗大豆花叶病毒病SC7流行株系。

产量品质 2014年、2016年北京市夏大豆品

中黄211

种区域试验，平均产量2 920.5kg/hm²，比对照中黄37增产7.4%。2017年生产试验，平均产量2 463.0kg/hm²，比对照中黄37增产12.7%。蛋白质含量43.90%，脂肪含量19.57%。

栽培要点　该品种适宜中、上等肥力地块夏播种植，6月上中旬播种，条播行距0.4～0.5m，适宜密度22.5万株/hm²。适时早播，足墒下种。播前施磷酸二铵150kg/hm²作基肥。出苗后适时间苗、定苗，如有缺苗及时补苗，确保苗齐、苗壮。及时中耕锄草。开花初期和鼓粒期注意浇水。初花期追施氮磷钾三元复合肥75kg/hm²。及时防治病虫害。成熟后及时收获。

适宜地区　北京地区（夏播种植）。

543. 中黄212（Zhonghuang 212）

品种来源　中国农业科学院作物科学研究所以中作96-853为母本，01P6为父本进行有性杂交，采用改良系谱法选育而成。2019年经北京市农作物品种审定委员会审定，审定编号为京审豆20190001。全国大豆品种资源统一编号ZDD33426。

特征　有限结荚习性，株高82.1cm，主茎节数15.5个，有效分枝2.8个，单株有效荚数44.3个。叶卵圆形，白花，灰毛，荚褐色。粒圆形，种皮黄色，有光泽，脐黄色。百粒重24.3g。

特性　黄淮夏大豆，中晚熟品种，生育期117d。经国家大豆改良中心人工接种鉴定，中感大豆花叶病毒病SC3，感SC7流行株系。

产量品质　2014年、2016年北京市夏大豆品种区域试验，平均产量3 210.0kg/hm²，比对照中黄37增产18.0%。2018年生产试验，平均产量2 633.9kg/hm²，比对照中黄37增产25.4%。蛋白质含量42.75%，脂肪含量19.66%。

中黄212

栽培要点　该品种适宜中、上等肥力地块夏播种植，6月上中旬播种。条播行距0.4～0.5m，适宜密度22.5万株/hm²。适时早播，足墒下种，播前施磷酸二铵150kg/hm²作基肥。出苗后适时间苗、定苗，如有缺苗及时补苗，确保苗齐、苗壮。及时中耕锄草。开花初期和鼓粒期注意浇水。初花期追施氮磷钾三元复合肥75kg/hm²。及时防治病虫害。成熟后及时收获。

适宜地区　北京地区（夏播种植）。

544. 中黄301（Zhonghuang 301）

中黄301

品种来源 中国农业科学院作物科学研究所以郑9525为母本，商豆16为父本进行有性杂交，采用改良系谱法选育而成。2017年经河南省农作物品种审定委员会审定，审定编号为豫审豆2017002。2018年分别经江苏省和安徽省农作物品种审定委员会审定，审定编号为苏审豆20180007和皖审豆2018003。2019年经国家农作物品种审定委员会审定，审定编号为国审豆20190012。2020年经山东省农作物品种审定委员会审定，审定编号为鲁审豆20200002。全国大豆品种资源统一编号ZDD33427。

特征 有限结荚习性，株高75.0cm，株型收敛，主茎节数15.9个，有效分枝2.3个，单株有效荚数50.7个，单株粒数106.1粒。叶椭圆形，紫花，灰毛，荚灰褐色。粒圆形，种皮黄色，脐淡褐色。百粒重19.1g。

特性 黄淮夏大豆，中熟品种，生育期103d。田间综合抗病性好，落叶性好，抗倒伏性强。

产量品质 2014—2015年河南省大豆品种区域试验，平均产量3 281.3kg/hm²，比对照豫豆22增产7.6%；2016年河南省大豆生产试验，平均产量2 886.0kg/hm²，比对照豫豆22增产13.0%。2015—2016年安徽省大豆品种区域试验，平均产量2 700.4kg/hm²，比对照中黄13增产10.7%；2017年生产试验，平均产量2 427.2kg/hm²，比对照中黄13增产7.1%。2015—2016年江苏省淮北地区地区夏大豆区域试验，平均产量3 128.9kg/hm²，比对照徐豆13增产6.0%；2017年生产试验，平均产量3 077.0kg/hm²，比对照徐豆13增产8.3%。2016—2017年国家黄淮海夏大豆南组品种区域试验，平均产量3 163.5kg/hm²，比对照中黄13增产14.8%；2018年生产试验，平均产量3 094.5kg/hm²，比对照中黄13增产14.3%。2017—2018年山东省夏大豆品种区域试验，平均产量3 424.5kg/hm²，比对照菏豆12增产10.3%；2019年生产试验，平均产量3 454.5kg/hm²，比对照菏豆12增产9.6%。蛋白质含量43.02%，脂肪含量20.4%。

栽培要点 6月上中旬为适宜播期，最佳6月15日前足墒播种。播量60kg/hm²，行距0.4m，株距0.13～0.15m，及时定苗，留苗密度18.75万株/hm²。田间管理施尿素60～75kg/hm²，磷酸二铵150～300kg/hm²，氯化钾120～150kg/hm²，肥力较高地块尽量少施尿素。开花结荚期遇旱及时浇水，提高百粒重。花荚期及时防治病虫害，提高商品质量。

适宜地区　山东、河南及江苏和安徽两省淮河以北地区（夏播种植）。

545. 中黄302（Zhonghuang 302）

品种来源　中国农业科学院作物科学研究所以豫豆22为母本，Ag31为父本进行有性杂交，采用改良系谱法选育而成。2018年经安徽省农作物品种审定委员会审定，审定编号为皖审豆2018006。全国大豆品种资源统一编号ZDD33428。

特征　有限结荚习性，株高68.0cm，有效分枝2.0个，单株有效荚数37.4个，单株粒数88.4粒。叶椭圆形，紫花，棕毛，荚褐色，底荚高18.3cm。粒圆形，种皮黄色，脐黄色。百粒重16.0g。

特性　黄淮夏大豆，中熟品种，生育期101d。田间综合抗病性好，落叶性好，不裂荚，抗倒伏性强。

产量品质　2015—2016年安徽省大豆品种区域试验，平均产量2 623.1kg/hm²，比对照中黄13增产6.0%。2017年生产试验，平均产量2 298.8kg/hm²，比对照中黄13增产4.1%。蛋白质含量41.19%，脂肪含量20.05%。

中黄302

栽培要点　适宜播期为6月上中旬，人工点播或机械条播均可，种植密度18万～22.5万株/hm²，地肥宜稀植。出苗后及时定苗，做到苗匀、苗齐、苗壮。根据土壤肥力施基肥。花荚期如遇干旱浇水可保障丰产目标，及时除草，防治病虫害。适时收获。

适宜地区　安徽省沿淮淮北夏大豆区。

546. 中黄311（Zhonghuang 311）

品种来源　中国农业科学院作物科学研究所以中作96045-10-1为母本，中黄24为父本进行有性杂交，采用改良系谱法选育而成。2018年经山东省农作物品种审定委员会审定，审定编号为鲁审豆20180005。2018年经天津市农作物品种审定委员会审定，审定编号为津审豆20180001。全国大豆品种资源统一编号ZDD31379。

特征　亚有限结荚习性，株高109.6cm，株型收敛，主茎节数20.1个，有效分枝2.3个，单株粒数121.2粒。叶圆形，白花，棕毛。粒椭圆形，种皮黄色，脐褐色。百粒重18.2g。

中黄 311

中黄 313

特性 黄淮夏大豆，中熟品种，生育期106d。田间综合抗病性好，落叶性好，不裂荚。经南京农业大学国家大豆改良中心接种鉴定，抗花叶病毒SC3和SC7株系。

产量品质 2015—2016年山东省大豆品种区域试验，平均产量3 645.0kg/hm²，比对照菏豆12增产6.5%；2017年生产试验，平均产量3 126.0kg/hm²，比对照菏豆12增产5.2%。2016—2017年天津市夏大豆区域试验，平均产量3 496.5kg/hm²，比对照中黄13增产12.0%；2017年生产试验，平均产量3 217.5kg/hm²，比对照中黄13增产7.7%。蛋白质含量40.80%，脂肪含量21.30%。

栽培要点 适宜播期为6月中下旬，人工点播或机械条播均可，种植密度16.5万～19.5万株/hm²。其他管理措施同一般大田。

适宜地区 天津市和山东省（夏播种植）。

547. 中黄313 （Zhonghuang 313）

品种来源 中国农业科学院作物科学研究所以中作J5050为母本，沈农99-22为父本进行有性杂交，采用改良系谱法选育而成。2018年经北京市农作物品种审定委员会审定，审定编号为京审豆20180005。全国大豆品种资源统一编号ZDD33429。

特征 有限结荚习性，株高82.0cm，主茎节数14.7个，有效分枝2.9个，单株有效荚数62.0个。叶卵圆形，紫花，灰毛，荚褐色。粒圆形，种皮黄色，有光泽，脐深褐色。百粒重19.6g。

特性 黄淮夏大豆，中晚熟品种，生育期113d。经国家大豆改良中心人工接种鉴定，抗大豆花叶病毒病SC3流行株系，高抗大豆花叶病毒病SC7流行株系。

产量品质 2016—2017年北京市夏大豆品种区域试验，平均产量3 214.5kg/hm²，比对照中黄37增产19.9%。2017年生产试验，平均产量2 863.5kg/hm²，比对照中黄37增产30.9%。蛋白质含量40.13%，脂肪含量19.80%。

栽培要点　适宜在中、上等肥力地块进行人工点播或机械播种，夏播种植。种植密度19.5万株/hm²。精细整地，确保全苗，及时定苗，做到苗匀、苗齐、苗壮。重施基肥，花荚期根据长相长势喷叶面肥。花荚期如遇干旱及时灌溉，中耕除草，防治病虫害。适时收获。

适宜地区　北京地区（夏播种植）。

548. 中黄314（Zhonghuang 314）

品种来源　中国农业科学院作物科学研究所以哈交06-8009为母本，农大5554为父本进行有性杂交，采用改良系谱法选育而成。2018年经天津市农作物品种审定委员会审定，审定编号为津审豆20180003。全国大豆品种资源统一编号ZDD33430。

特征　有限结荚习性，株高80.0cm，主茎节数15.6个，有效分枝3.0个，单株粒数95.6粒，单株粒重21.2g。叶卵圆形，紫花，灰毛。粒圆形，种皮黄色，有光泽，脐淡褐色。百粒重22.3g。

特性　黄淮夏大豆，中晚熟品种，生育期111d。经国家大豆改良中心人工接种鉴定，抗大豆花叶病毒病SC3和SC7流行株系。

产量品质　2016—2017年天津市夏大豆区域试验，平均产量3 314.3kg/hm²，比对照中黄13增产6.1%。2017年生产试验，平均产量3 106.5kg/hm²，比对照中黄13增产3.9%。蛋白质含量44.96%，脂肪含量19.66%。

中黄314

栽培要点　适宜在中、上等肥力地块进行人工点播或机械播种。种植密度19.5万～22.5万株/hm²。精细整地，确保全苗，及时定苗，做到苗匀、苗齐、苗壮。重施基肥，花荚期根据长相长势喷叶面肥。花荚期如遇干旱及时灌溉，及时中耕除草，防治病虫害。适时收获。

适宜地区　天津地区（夏大豆种植）。

549. 中黄318（Zhonghuang 318）

品种来源　中国农业科学院作物科学研究所以中作J8024为母本，中作J9206为父本

中黄318

中黄327

进行有性杂交，采用改良系谱法选育而成。2019年经宁夏回族自治区农作物品种审定委员会审定，审定编号为宁审豆20190002。全国大豆品种资源统一编号ZDD33413。

特征　有限结荚习性，株高88.0cm，株型收敛，有效分枝1.8个，单株有效荚数59.4个，单株粒重29.0g，单株粒数125.0粒。叶卵圆形，紫花，棕毛，底荚高16.3cm。粒椭圆形，种皮黄色，有光泽，脐褐色。百粒重23.1g。

特性　北方春大豆，晚熟品种，生育期136d。田间综合抗病性好，不裂荚，落叶性好。

产量品质　2016—2017年宁夏春大豆区域试验，平均产量4 444.5kg/hm²，比对照承豆6号增产4.9%。2018年生产试验，平均产量4 344.0kg/hm²，比对照承豆6号增产11.3%。蛋白质含量38.63%，脂肪含量20.83%。

栽培要点　4月中下旬至5月上旬，地表10cm土壤温度稳定通过10℃，机械或人工播种。根据土壤肥力水平确定种植密度，行距0.5m，密度18万～22.5万株/hm²。重施农家肥，合理配施氮、磷、钾肥及微肥。土壤肥力中等以上，足施有机基肥。开花结荚期，根据田间生长情况喷施叶面肥。全生育期灌水3～4次，花荚期遇旱灌水可保障丰产目标。大豆封垄前中耕1次。苗前用50%乙草胺均匀喷雾封闭除草；苗后茎叶除草，用精喹禾灵、高效氟吡甲禾灵（高效盖草能）、精吡氟禾草灵（精稳杀得）、苯达松等药剂。用炔螨特、啶虫脒等及时防治红蜘蛛。人工收割应在大豆黄熟期进行，机械收获应在完熟期进行。

适宜地区　宁夏引黄灌区（春播种植）。

550. 中黄327 （Zhonghuang 327）

品种来源　中国农业科学院作物科学研究所与山东圣丰种业科技有限公司以中作06-06为母本，083NH50035为父本进行有性杂交，采用改良系谱法选育而成。2020年经北京市农作物品种审定委员会审定，审定编号为京审豆20200001。全国大豆品种资源统一编号ZDD33431。

特征　有限结荚习性，株高98.8cm，株型收敛，主茎节数18.6个，有效分枝1.2个。单株有效荚数55.8个。叶卵圆形，紫花，棕毛，荚褐色。粒圆形，种皮黄色，脐淡褐色。百粒重18.4g。

特性　黄淮夏大豆，中熟品种，生育期108d。田间综合抗病性好，落叶性好，不裂荚。

产量品质　2018—2019年北京市夏大豆品种区域试验，平均产量3 072.5kg/hm²，比对照中黄37增产8.5%。2019年参加生产试验，平均产量3 295.7kg/hm²，比对照中黄37增产11.7%。蛋白质含量38.93%，脂肪含量21.67%。

栽培要点　该品种适宜中、上等肥力地块夏播种植，6月上中旬播种，行距0.4～0.5m，适宜种植密度22.5万株/hm²。适时早播，足墒下种，播前施磷酸二铵150kg/hm²作基肥。出苗后适时间苗、定苗，如有缺苗及时补苗，确保苗齐、苗壮；出苗后及时中耕锄草，开花初期和鼓粒期注意浇水、初花期追施氮磷钾三元复合肥75kg/hm²，并注意防治病虫害。成熟后及时收获。

适宜地区　北京地区（夏播）。

551. 中黄605（Zhonghuang 605）

品种来源　中国农业科学院作物科学研究所以中作J05为母本，D0001为父本，经有性杂交，改良系谱法选育而成。2017年经北京市农作物品种审定委员会审定，审定编号为京审豆20170001。全国大豆品种资源统一编号ZDD31362。

特征　有限结荚习性，株高76.0cm，主茎节数14.8个，有效分枝2.4个。单株有效荚数55.2个。叶卵圆形，白花，灰毛，荚褐色，底荚高12.8cm。粒圆形，种皮黄色，有光泽，脐黄色。百粒重20.5g。

特性　黄淮夏大豆，中晚熟品种，生育期111d。经国家大豆改良中心人工接种鉴定，中抗大豆花叶病毒SC3流行株系，感大豆花叶病毒病SC7强致病株系。

产量品质　2013—2014年北京市夏大豆品种区域试验，平均产量3 545.4kg/hm²，比对照中黄37增产22.9%。2016年生产试验，平均产量3 842.6kg/hm²，比对照中黄37增产24.6%。

中黄605

蛋白质含量42.01%，脂肪含量19.94%。

栽培要点 该品种适宜在中上等肥力土壤种植，适宜播期为6月上中旬，密度为21万～22.5万株/hm²，要及时播种，做到苗全、苗匀。开花初期可追尿素120～150kg/hm²。开花期和鼓粒期防止干旱。种植期间注意防治蚜虫、蛀荚害虫和点蜂缘蝽危害。本品种不炸荚，可机收。

适宜地区 北京地区（夏播）。

552. 中黄606（Zhonghuang 606）

中黄606

品种来源 中国农业科学院作物科学研究所用冀豆12航天诱变，对后代个体连续选育而成。2017年经北京市农作物品种审定委员会审定，审定编号为京审豆20170002。全国大豆品种资源统一编号ZDD33432。

特征 有限结荚习性，株高69.5cm，主茎节数15.1个，有效分枝3.2个。单株有效荚数56.2个。叶卵圆形，紫花，灰毛，荚褐色，底荚高14.3cm。粒椭圆形，种皮褐色，有光泽，脐褐色。百粒重24.0g。

特性 黄淮夏大豆，中晚熟品种，生育期112d。经国家大豆改良中心人工接种鉴定，中感大豆花叶病毒SC3和SC7株系。

产量品质 2013—2014年北京市夏大豆品种区域试验，平均产量2 763.6kg/hm²，比对照中黄37减产4.2%。2016年生产试验，平均产量3 087.0kg/hm²，比对照中黄37增产0.1%。蛋白质含量47.27%，脂肪含量15.87%。

栽培要点 该品种适宜在中等肥力土壤种植，麦后及时播种，密度21万～22.5万株/hm²为宜，做到苗全、苗匀。开花初期可追尿素75kg/hm²；开花期、鼓粒期防止干旱。注意防治蚜虫和蛀荚害虫。本品种不炸荚，可机收。

适宜地区 北京地区（夏播）。

553. 中黄901（Zhonghuang 901）

品种来源 中国农业科学院作物科学研究所以建农1号为母本，东农434-1为父本，经有性杂交，改良系谱法选育而成。2015年经内蒙古自治区农作物品种审定委员会审定，审定编号为蒙审豆2015003。全国大豆品种资源统一编号ZDD33414。

特征 无限结荚习性，株高92.0cm，主茎节数21.0个，有效分枝0.9个。叶披针形，紫花，灰毛，荚褐色。粒圆形，种皮黄色，脐黄色。百粒重19.5g。

特性 北方春大豆，早熟品种，生育期109d。吉林省农业科学院大豆研究所人工接种抗性鉴定，中抗花叶病毒Ⅰ号株系，感Ⅲ号株系，抗灰斑病。

产量品质 2011—2012年内蒙古自治区大豆极早熟组区域试验，平均产量2 421.8kg/hm²，比对照蒙豆9号增产9.1%。2014年生产试验，平均产量2 776.5kg/hm²，比对照蒙豆9号增产8.2%。蛋白质含量41.52%，脂肪含量21.31%。

栽培要点 5月上中旬播种。保苗株数30万～37.5万株/hm²。施磷酸二铵150～187.5kg/hm²，尿素22.5～37.5kg/hm²，分层深施。

适宜地区 内蒙古自治区呼伦贝尔市≥10℃且活动积温2 100℃以上地区。

中黄901

554. 中黄902 (Zhonghuang 902)

品种来源 中国农业科学院作物科学研究所以建农1号为母本，合丰50为父本，经有性杂交，改良系谱法选育而成。2019年经国家农作物品种审定委员会审定，审定编号为国审豆20190001。全国大豆品种资源统一编号ZDD31278。

特征 亚有限结荚习性，株高80.5cm，株型收敛，主茎节数15.1个，有效分枝0.4个。单株有效荚数26.4个，单株粒数56.8粒，单株粒重10.7g。叶披针形，紫花，灰毛，底荚高16.1cm。粒圆形，种皮黄色，有光泽，脐黄色。百粒重19.2g。

特性 北方春大豆，中早熟品种，生育期117d。接种鉴定，中感花叶病毒1号株系，感

中黄902

花叶病毒3号株系，抗灰斑病。

产量品质　2016—2017年北方春大豆早熟组品种区域试验，平均产量2 568.0kg/hm²，比对照克山1号增产5.9%。2018年生产试验，平均产量2 644.5kg/hm²，比对照克山1号增产4.7%。蛋白质含量39.85%，脂肪含量20.34%。

栽培要点　5月上中旬播种，机械垄上双行等距精量点播；种植密度，高肥力地块27万株/hm²，中等肥力地块30万株/hm²，低肥力地块33万株/hm²；施磷酸二铵150～187.5kg/hm²，尿素22.5～37.5kg/hm²，分层深施。

适宜地区　黑龙江省第三积温带下限和第四积温带（黑河除外）、呼伦贝尔大兴安岭以东嫩江流域的中南部地区、新疆伊犁地区的布尔津和特克斯地区（春播）。

555. 中黄909（Zhonghuang 909）

品种来源　中国农业科学院作物科学研究所以黑05-38为母本，H03-50为父本，经有性杂交，改良系谱法选育而成。2019年经内蒙古自治区农作物品种审定委员会审定，审定编号为蒙审豆2019006号。全国大豆品种资源统一编号ZDD33415。

特征　亚有限结荚习性，株高75.0cm，主茎节数16.0个，有效分枝0.4个。叶披针形，紫花，灰毛，荚褐色。粒圆形，种皮黄色，脐黄色。百粒重17.7g。

特性　北方春大豆，中早熟品种，生育期113d。接种鉴定，中抗大豆灰斑病，中感大豆花叶病毒SMV Ⅰ号株系，感大豆花叶病毒SMV Ⅲ号株系。

中黄909

产量品质　2016—2017年内蒙古自治区春大豆早熟组品种区域试验，平均产量2 510.3kg/hm²，比对照登科1号增产4.0%。2018年生产试验，平均产量2 650.5kg/hm²，比对照登科1号增产4.3%。蛋白质含量39.69%，脂肪含量21.05%。

栽培要点　5月上中旬播种。保苗株数30万～37.5万株/hm²。施磷酸二铵150～187.5kg/hm²，尿素22.5～37.5kg/hm²，分层深施。大豆开花结荚期，用15kg/hm²尿素加1.5kg/hm²磷酸二氢钾，兑水750kg进行叶面喷施。

适宜地区　内蒙古自治区≥10℃且活动积温2 250℃以上地区。

556. 中黄911（Zhonghuang 911）

品种来源 中国农业科学院作物科学研究所以合03-863为母本，黑河1302为父本，经有性杂交，改良系谱法选育而成。2019年经内蒙古自治区农作物品种审定委员会审定，审定编号为蒙审豆2019007号。全国大豆品种资源统一编号ZDD33416。

特征 亚有限结荚习性，株高84.0cm，主茎节数16.0个，有效分枝0.4个。叶披针形，紫花，灰毛，荚褐色。粒圆形，种皮黄色，脐黄色。百粒重17.4g。

特性 北方春大豆，早熟品种，生育期110d。接种鉴定，中抗大豆灰斑病，中感大豆花叶病毒SMV Ⅰ号株系，感大豆花叶病毒SMV Ⅲ号株系。

产量品质 2016—2017年内蒙古自治区春大豆极早熟组品种区域试验，平均产量2 174.3kg/hm²，比对照登科5号增产5.3%。2018年生产试验，平均产量2 631.0kg/hm²，比对照登科5号增产5.0%。蛋白质含量39.74%，脂肪含量19.80%。

中黄911

栽培要点 5月上中旬播种。保苗株数30万～37.5万株/hm²。施磷酸二铵150～187.5kg/hm²，尿素22.5～37.5kg/hm²，分层深施。

适宜地区 内蒙古自治区≥10℃且活动积温2 100℃以上地区。

557. 中作豆1号（Zhongzuodou 1）

品种来源 中国农业科学院作物科学研究所以中黄47变异株，经系统法选育而成。2019年经河南省农作物品种审定委员会审定，审定编号为豫审豆20190011。全国大豆品种资源统一编号ZDD33433。

特征 有限结荚习性，株高85.5cm，主茎节数16.7个。叶卵圆形，紫花，灰毛，底荚高16.9cm。粒圆形，种皮黄色，脐黄色。百粒重17.1g。

特性 黄淮夏大豆，中熟品种，生育期108d。

产量品质 2017—2018年河南省高密度组大豆品种区域试验，平均产量2 703.0kg/hm²，比对照郑196增产1.6%；2018年生产试验，平均产量2 917.5kg/hm²，比对照豫豆22增产12.6%。

中作豆1号

中吉602

栽培要点　6月20日之前足墒播种，适宜播种密度为24万~27万株/hm²。同一般大田管理，出苗后及时间苗、定苗，兑水肥较为敏感，苗期遇干旱及时浇水施肥，及时防治病虫害，特别注意防治点蜂缘蝽、烟粉虱等刺吸式害虫。

适宜地区　河南省各地夏大豆区。

558. 中吉602（Zhongji 602）

品种来源　中国农业科学院作物科学研究所、吉林省农业科学院以黑河43诱变，经后代个体连续选育而成。2020年经国家农作物品种审定委员会审定，审定编号为国审豆20200024。全国大豆品种资源统一编号ZDD31328。

特征　亚有限结荚习性，株高93.2cm，主茎节数17.2个，有效分枝0.7个。单株有效荚数48.8个，单株粒数115.2粒，单株粒重20.2g。叶圆形，白花，灰毛，底荚高11.9cm。粒圆形，种皮黄色，脐黄色。百粒重18.1g。

特性　北方春大豆，中熟品种，生育期131d。

产量品质　2018—2019年北方春大豆中熟组品种区域试验，平均产量3 420.0kg/hm²，比对照吉育86增产4.8%；2019年生产试验，平均产量3 189.0kg/hm²，比对照吉育86增产5.0%。蛋白质含量38.37%，脂肪含量21.83%。

栽培要点　4月25日至5月5日播种，条播垄距0.6m；种植密度，高肥力地块24万株/hm²，中等肥力地块27万株/hm²，低肥力地块30万株/hm²。施氮磷钾三元复合肥225kg/hm²或磷酸二铵150kg/hm²作基肥，初花期追施氮磷钾三元复合肥75kg/hm²。

适宜地区　吉林省除扶余市外的中部地区、内蒙古中部和东部地区、新疆石河子地区（春播）。胞囊线虫病发病严重区慎用。

559. 京通绥1号 （Jingtongsui 1）

品种来源 中国农业科学院作物科学研究所、通化市农业科学研究院和黑龙江省农业科学院绥化分院以绥农14为母本，（绥农14×查豆）F_1为父本，经回交，改良系谱法选育而成。2019年经吉林省农作物品种审定委员会审定，审定编号为吉审豆20190002。全国大豆品种资源统一编号ZDD33417。

特征 亚有限结荚习性，株高86.4cm，主茎节数15.0个。叶披针形，紫花，灰毛，荚褐色。粒圆形，种皮黄色，有光泽，脐黄色。百粒重17.4g。

特性 北方春大豆，中早熟品种，生育期117d。人工接种鉴定，中抗大豆花叶病毒1号株系，感大豆花叶病毒3号株系，高抗大豆灰斑病。

产量品质 2017—2018年吉林省大豆品种区域试验，平均产量2 498.1kg/hm²，比对照合交02-69增产7.6%；2018年生产试验，平均产量2 652.7kg/hm²，比对照合交02-69增产8.6%。蛋白质含量36.78%，脂肪含量21.76%。

京通绥1号

栽培要点 4月下旬至5月初播种。保苗22万株/hm²。施有机肥2万～3万kg/hm²，施磷酸二铵150kg/hm²、硫酸钾50～75kg/hm²。注意防治大豆蚜虫，8月中旬及时防治大豆食心虫。

适宜地区 吉林省大豆早熟区。

560. 科豆2号 （Kedou 2）

品种来源 中国科学院遗传与发育生物学研究所以郑9805为母本，S07-1为父本，经有性杂交，改良系谱法选育而成。2015年经河南省农作物品种审定委员会审定，审定编号为豫审豆2015003。全国大豆品种资源统一编号ZDD33418。

特征 有限结荚习性，株高77.4cm，株型收敛，主茎节数17.5个，有效分枝数2.7个。单株有效荚数52.5个，单株粒数99.0粒。叶椭圆形，紫花，灰毛，荚深褐色。粒椭圆形，种皮黄色，有微光，脐褐色，百粒重19.7g。

科豆2号

特性　黄淮夏大豆，中晚熟品种，生育期111d。田间综合抗病性好，落叶性好，不裂荚，抗倒性强。

产量品质　2012—2013年河南省大豆品种区域试验，平均产量3 243.8kg/hm²，比对照豫豆22增产5.1%。2014年生产试验，平均产量2 941.5kg/hm²，比对照豫豆22增产4.1%。蛋白质含量43.33%，脂肪含量20.48%。

栽培要点　适宜播期6月上中旬，行距0.4m，株距0.1m，高肥力地块15万～16.5万株/hm²，中等肥力地块18万～19.5万株/hm²，低肥力地块19.5万～21万株/hm²。施氮磷钾三元复合肥600kg/hm²，初花期和结荚期各喷施一次磷酸二氢钾；如遇干旱要及时灌水；及时防治病虫草害。

适宜地区　河南省各地夏大豆区。

561. 科豆7号（Kedou 7）

品种来源　中国科学院遗传与发育生物学研究所以9960-2-1为母本，02016-1为父本，经有性杂交，改良系谱法选育而成。2018年经北京市农作物品种审定委员会审定，审定编号为京审豆20180002。全国大豆品种资源统一编号ZDD33419。

特征　有限结荚习性，株高111.7cm，主茎节数18.7个，有效分枝数2.5个。单株有效荚数66.3个。叶卵圆形，白花，灰毛，褐荚。粒椭圆形，种皮黄色，有光泽，脐褐色。百粒重18.7g。

特性　黄淮夏大豆，中晚熟品种，生育期116d。经国家大豆改良中心人工接种鉴定，中抗大豆花叶病毒病SC3、SC7流行株系。

产量品质　2014—2016年北京市夏大豆品种区域试验，平均产量2 862.3kg/hm²，比对照中黄37增产2.2%。2017年生产试验，平均产量2 461.5kg/hm²，比对照中黄37增产12.6%。

科豆7号

蛋白质含量44.66%，脂肪含量18.18%。

栽培要点　该品种适宜在6月上中旬播种，适宜种植密度为19.5万～21万株/hm²；施基肥（氮磷钾比例1∶2∶1)300kg/hm²，如遇干旱及时灌水；发生病虫危害及时防治。

适宜地区　北京地区（夏播）。

562. 科豆17（Kedou 17）

品种来源　中国科学院遗传与发育生物学研究所以科豆1号为母本，01-14-1-8为父本，经有性杂交，改良系谱法选育而成。2018年经河南省农作物品种审定委员会审定，审定编号为豫审豆20180008。全国大豆品种资源统一编号ZDD33420。

特征　有限结荚习性，株高87.0cm，株型收敛，主茎节数17.1个。单株有效荚数49.8个。叶椭圆形，紫花，灰毛，灰褐荚。粒椭圆形，种皮黄色，脐褐色。百粒重20.9g。

特性　黄淮夏大豆，中熟品种，生育期107d。田间综合抗病性好，落叶性好，不裂荚。

产量品质　2015—2016年河南省大豆品种区域试验，平均产量3 215.6kg/hm²，比对照豫豆22增产5.0%。2017年生产试验，平均产量3 034.8kg/hm²，比对照豫豆22增产6.1%。蛋白质含量42.74%，脂肪含量20.77%。

科豆17

栽培要点　适宜播种期6月中旬。播量75kg/hm²，行距0.4m，株距0.11～0.13m。密度高肥力地块19.5万株/hm²，中等肥力地块21万株/hm²，低肥力地块22.5万株/hm²。施氮磷钾三元复合肥150～225kg/hm²或磷酸二铵225kg/hm²作基肥，鼓粒期叶面喷施0.2%磷酸二氢钾溶液1～2次。苗期中耕2次，如遇干旱及时灌水，发生病虫草危害时及时防治，及时收获。

适宜地区　河南省各地夏大豆区。

563. 北农109（Beinong 109）

品种来源　北京农学院以科丰14为母本，东北黑大豆为父本，经有性杂交，改良系谱法选育而成。2019年经北京市农作物品种审定委员会审定，审定编号为京审豆20190003。全国大豆品种资源统一编号ZDD33434。

特征　有限结荚习性，株高93.5cm，主茎节数16.7个，有效分枝2.2个。单株有效荚数37.4个。叶披针形，紫花，灰毛，褐荚。粒椭圆形，种皮黑色，有光泽，子叶绿色，脐褐色。百粒重30.9g。

特性　黄淮夏大豆，中晚熟品种，生育期120d。经国家大豆改良中心人工接种鉴定，抗大豆花叶病毒SC3、SC7流行株系。

产量品质　2016—2017年北京市夏大豆品种区域试验，平均产量2 431.5kg/hm²，比对照中黄37减产9.3%；2018年生产试验，平均产量1 711.4kg/hm²，比对照中黄37减产14.32%。蛋白质含量44.40%，脂肪含量17.26%。

栽培要点　北京地区6月中旬播种，播前整地时施基肥复合肥225～300kg/hm²，保障土壤墒情；保苗22.5万株/hm²，行距0.5m；播后3d喷施封闭除草剂。及时中耕除草，防止涝害。点蜂缘蝽害虫危害严重，在开花结荚期、鼓粒期喷施杀虫剂防治虫害。

适宜地区　北京地区（夏播）。

北农109

宁夏回族自治区银川市品种

564. 宁豆6号 （Ningdou 6）

品种来源 宁夏农林科学院农作物研究所以中黄24为母本，Low linolenic acid为父本，经有性杂交，混合法选育而成。2018年经宁夏回族自治区农作物品种审定委员会审定，审定编号为宁审豆20180001。全国大豆品种资源统一编号ZDD33435。

特征 无限结荚习性，株高100.0cm，株型收敛，有效分枝1.5个。单株有效荚数57.1个。叶卵圆形，紫花，棕毛，荚棕黄色。籽粒椭圆形，种皮黄色，脐褐色。百粒重19.2g。

特性 宁夏引黄灌区春播大豆，晚熟品种，宁夏引黄灌区春播单种生育期135d。田间综合抗病性好，落叶性好，籽粒整齐，不裂荚。

产量品质 2015—2016年宁夏大豆品种区域试验，平均产量4 359.0kg/hm²，比对照承豆6号增产3.8%。2017年生产试验，平均产量3 955.5kg/hm²，比对照承豆6号增产5.0%。蛋白质含量38.44%，脂肪含量21.50%。

宁豆6号

栽培要点 适宜中等肥力地块种植，4月中下旬至5月初播种，播量60 ～ 75kg/hm²，行距0.5m，株距0.11m，密度18万～ 22.5万株/hm²，出苗后间苗。播前结合整地重施农家肥，合理配施N、P、K肥及微肥，施磷酸二氢铵150 ～ 300kg/hm²，结合灌水在初花期追施尿素75 ～ 120kg/hm²。大豆封垄前中耕1次，用40%炔螨特、啶虫脒等及时防治红蜘蛛。

适宜地区 宁夏引黄灌区单种和间套作（春播）。

565. 宁豆7号 （Ningdou 7）

品种来源 宁夏农林科学院农作物研究所以中黄38为母本，公交9703-3为父本，经

宁豆7号

有性杂交，混合法选育而成。2020年经宁夏回族自治区农作物品种审定委员会审定，审定编号为宁审豆20200001。全国大豆品种资源统一编号ZDD33436。

特征 有限结荚习性，株高90.8cm，株型收敛，有效分枝1.0个。单株有效荚数56.0个。叶卵圆形，白花，灰毛，荚深褐色。籽粒圆形，种皮黄色，脐褐色。百粒重21.6g。

特性 宁夏引黄灌区春播大豆，晚熟品种，宁夏引黄灌区春播单种生育期136d。田间综合抗病性好，落叶性好，籽粒整齐，不裂荚。

产量品质 2017—2018年宁夏大豆品种区域试验，平均产量4 563.0kg/hm²，比对照承豆6号增产4.7%。2019年生产试验，平均产量3 727.5kg/hm²，比对照承豆6号增产5.0%。蛋白质含量38.88%，脂肪含量20.67%。

栽培要点 适宜中等肥力地块种植，4月中下旬至5月初播种，播量60 ～ 75kg/hm²，行距0.5m，株距0.11m，密度18万 ～ 22.5万株/hm²。播前结合整地重施农家肥，合理配施N、P、K肥及微肥，施磷酸二氢铵150 ～ 300kg/hm²，结合灌水在初花期追施尿素75 ～ 120kg/hm²。大豆封垄前中耕1次，用40%炔螨特、啶虫脒等及时防治红蜘蛛。

适宜地区 宁夏引黄灌区单种和间套作（春播）。

566. 宁京豆7号 （Ningjingdou 7）

品种来源 宁夏农林科学院农作物研究所和中国农业科学院作物科学研究所以长农17为母本，冀B04-6为父本，经有性杂交，系谱法选育而成。2019年经宁夏回族自治区农作物品种审定委员会审定，审定编号为宁审豆20190001。全国大豆品种资源统一编号ZDD33437。

特征 有限结荚习性，株高97.9cm，株型收敛，有效分枝0.5个。单株有效荚数54.3个。叶卵圆形，白花，灰毛，荚淡黄色。籽粒椭圆形，种皮黄色，脐淡褐色。百粒重20.7g。

特性 宁夏引黄灌区春播大豆，中晚熟品种，宁夏引黄灌区春播单种生育期136d。田间综合抗病性好，落叶性好，籽粒整齐，不裂荚。

产量品质 2016—2017年宁夏大豆品种区域试验，平均产量4 366.5kg/hm²，比对照承豆6号增产3.1%。2018年生产试验，平均产量4 167.0kg/hm²，比对照承豆6号增产6.3%。蛋白质含量39.53%，脂肪含量21.82%。

栽培要点 适宜中等肥力地块种植，4月中下旬至5月初播种，播量60～75kg/hm²，行距0.5m，株距0.11m，密度18万～22.5万株/hm²。播前结合整地重施农家肥，合理配施N、P、K肥及微肥，施磷酸二氢铵150～300kg/hm²，结合灌水在初花期追施尿素75～120kg/hm²。大豆封垄前中耕1次，用40%炔螨特、啶虫脒等及时防治红蜘蛛。

适宜地区 宁夏引黄灌区（单种和间套作春播）。

宁京豆7号

甘 肃 省 品 种

567. 陇中黄601 （Longzhonghuang 601）

陇中黄601

品种来源 甘肃省农业科学院作物研究所和中国农业科学院作物科学研究所以开育12为母本，邯豆5号为父本，经有性杂交，系谱法选育而成。原品系号8010-24。2015年经甘肃省农作物品种审定委员会审定，审定编号为甘审豆2015006。全国大豆品种资源统一编号ZDD33529。

特征 有限结荚习性，株高63.5～86.3cm，株型收敛，有效分枝1.0～2.0个。单株有效荚数45.6～52.3个。叶卵圆形，紫花，棕毛，荚褐色。籽粒圆形，种皮黄色，脐褐色。百粒重19.1～24.8g。

特性 北方春大豆，甘肃河西地区、沿黄灌区和陇东地区春播生育期115～128d。田间综合抗病性好，中抗大豆黑斑病，抗旱性强。

产量品质 2012—2013年甘肃省大豆品种区域试验，平均产量2 650.1kg/hm²，比对照陇豆2号增产17.1%。2014年生产试验，平均产量1 995.9kg/hm²，比对照陇豆2号增产6.7%。蛋白质含量41.94%，脂肪含量20.09%。

栽培要点 适宜中等肥力地块种植，4月上中旬播种，密度19.5万～22.5万株/hm²。播前结合整地施磷酸二氢铵180～225kg/hm²，结合灌水在初花期追施尿素75～120kg/hm²。出苗后及时中耕除草，加强田间管理，花荚期和鼓粒期如遇干旱及时灌溉，可增花、保荚、增加百粒重、提高产量。

适宜地区 甘肃省河西、沿黄灌区和陇东地区。

568. 陇中黄602 （Longzhonghuang 602）

品种来源 甘肃省农业科学院作物研究所和中国农业科学院作物科学研究所以中黄

31为母本，山宁7号为父本，经有性杂交，系谱法选育而成。原品系号GZ11-277。2018年经甘肃省农作物品种审定委员会审定，审定编号为甘审豆20180003。全国大豆品种资源统一编号ZDD34414。

特征　有限结荚习性，株高59.5～99.5cm，有效分枝1.0～2.0个。单株有效荚数30.7～57.5个。叶披针形，紫花，棕毛。籽粒椭圆形，种皮黄色，脐褐色。百粒重19.0～23.7g。

特性　北方春大豆，甘肃省沿黄灌区、河西和陇东地区春播生育期122～130d。田间综合抗病性好，未见花叶病毒病、霜霉病，接种鉴定高抗黑斑病。

产量品质　2014—2015年甘肃省大豆品种区域试验，平均产量2 361.9kg/hm²，比对照陇豆2号增产8.6%。2016年生产试验，平均产量2 339.7kg/hm²，比对照陇豆2号增产8.8%。蛋白质含量41.26%，脂肪含量19.78%。

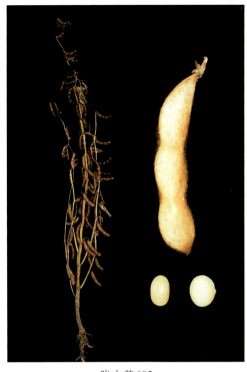

陇中黄602

栽培要点　4月下旬至5月上旬播种，播种密度18.0万～19.5万株/hm²。穴播条播均可，播种前结合整地施复合肥180～225kg/hm²基肥，初花期追施尿素75～120kg/hm²，花荚期和鼓粒期如遇干旱及时灌溉，可增花、保荚、增加百粒重、提高产量。及时中耕除草，加强田间管理。

适宜地区　甘肃省沿黄灌区、河西和陇东地区。

569. 陇中黄603（Longzhonghuang 603）

品种来源　甘肃省农业科学院作物研究所和中国农业科学院作物科学研究所以晋大70为母本，中作983为父本，经有性杂交，系谱法选育而成。原品系号GZ11-295。2019年经甘肃省农作物品种审定委员会审定，审定编号为甘审豆20190001。全国大豆品种资源统一编号ZDD33530。

特征　有限结荚习性，株高95.0cm，株型收敛，有效分枝3.6～5.3个。单株有效荚数70.0个。叶椭圆形，白花，棕毛。籽粒椭圆形，种皮黄色，脐褐色。百粒重25.0g。

特性　北方春大豆，甘肃省沿黄灌区、河西和陇东等中晚熟地区春播生育期135～142d。田间综合抗病性好，抗大豆花叶病毒病，中抗灰斑病。

产量品质　2016—2017年甘肃省大豆品种区域试验，平均产量2 861.6kg/hm²，比对照陇豆2号增产12.7%。2018年生产试验，平均产量3 131.7kg/hm²，比对照陇豆2号增产14.2%。蛋白质含量41.70%，脂肪含量19.31%。

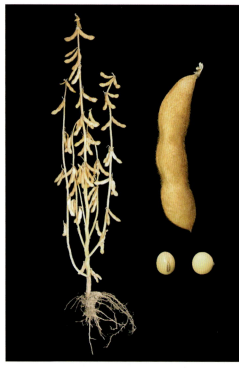

陇中黄603

陇黄1号

栽培要点 4月中上旬播种，播种量67.5kg/hm²，播种密度20万～22万株/hm²，穴播条播均可。露地栽培和地膜覆盖皆可，采用地膜覆盖栽培时可适当提早播期。播种前结合整地施复合肥（氮磷钾总量为45%）180～225kg/hm²作基肥，大豆初花期可追施尿素75～120kg/hm²。花荚期和鼓粒期如遇干旱及时灌溉，可增花、保荚、增加百粒重、提高大豆产量。及时中耕除草，加强田间管理。

适宜地区 甘肃省沿黄灌区、河西和陇东等中晚熟地区。

570. 陇黄1号 （Longhuang 1）

品种来源 甘肃省农业科学院旱地农业研究所和香港中文大学农业生物技术国家重点实验室以汾豆56为母本，汾豆62为父本，经有性杂交，系谱法选育而成。原品系号GS10-049。2016年经甘肃省农作物品种审定委员会审定，审定编号为甘审豆2016003。全国大豆品种资源统一编号ZDD33527。

特征 亚有限结荚习性，株高63.1cm，株型半开张。单株有效荚数51.5个。叶椭圆形，白花，灰毛。籽粒椭圆形，种皮黄色，脐浅褐色。百粒重18.8～24.5g。

特性 北方春大豆，甘肃沿黄灌区和陇东地区春播生育期124d。田间综合抗病性好，高抗大豆黑斑病。

产量品质 2013—2014年甘肃省大豆品种区域试验，平均产量2 442.0kg/hm²，比对照陇豆2号增产3.3%。2015年生产试验，平均产量2 571.3kg/hm²，比对照陇豆2号增产9.0%。蛋白质含量39.40%，脂肪含量20.52%。

栽培要点 4月下旬至5月上旬播种，播种量75kg/hm²，密度18万株/hm²。播种前施用磷酸二铵195kg/hm²，尿素45kg/hm²。出苗后及时中耕除草，当田间70%的豆荚出现成熟色时收获。

适宜地区 甘肃省兰州、白银、平凉、庆阳等同类生态区。

571. 陇黄2号 （Longhuang 2）

品种来源 甘肃省农业科学院旱地农业研究所和香港中文大学农业生物技术国家重点实验室以晋豆23为母本，鲁豆4号为父本，经有性杂交，系谱法选育而成。原品系号GS10-051。2016年经甘肃省农作物品种审定委员会审定，审定编号为甘审豆2016004。全国大豆品种资源统一编号ZDD33528。

特征 有限结荚习性，株高63.6cm，株型收敛。单株有效荚数46.0个。叶椭圆形，紫花，棕毛。籽粒椭圆形，种皮黄色，脐褐色。百粒重19.9～24.7g。

特性 北方春大豆，甘肃河西、沿黄灌区和陇东地区春播生育期128d。田间综合抗病性好，高抗大豆黑斑病。

产量品质 2013—2014年甘肃省大豆品种区域试验，平均产量2 563.9kg/hm²，比对照陇豆2号增产9.0%。2015年生产试验，平均产量2 501.7kg/hm²，比对照陇豆2号增产6.1%。蛋白质含量38.53%，脂肪含量20.42%。

陇黄2号

栽培要点 4月下旬至5月上旬播种，播种量75kg/hm²，密度18万株/hm²。播种前施用磷酸二铵195kg/hm²，尿素45kg/hm²。出苗后及时中耕除草，当田间70%的豆荚出现成熟色时收获。

适宜地区 甘肃省武威、白银、平凉、庆阳等同类生态区。

572. 陇黄3号 （Longhuang 3）

品种来源 甘肃省农业科学院旱地农业研究所和香港中文大学农业生物技术国家重点实验室以晋豆42为母本，鲁豆4号为父本，经有性杂交，系谱法选育而成，原品系号GS10-047。2018年经甘肃省农作物品种审定委员会审定，审定编号为甘审豆20180002。全国大豆品种资源统一编号ZDD31353。

特征 有限结荚习性，株高63.1～100.0cm。单株有效荚数30.8～46.7个。叶圆形，紫花，棕毛。籽粒椭圆形，种皮黄色，脐黑色。百粒重21.2～26.4g。

特性 北方春大豆，甘肃省沿黄灌区、河西和陇东地区春播生育期122～137d。田

陇黄3号

银豆2号

间综合抗病性好，中抗胞囊线虫，抗花叶病毒病。

产量品质　2016—2017年甘肃省大豆品种区域试验，平均产量2 955.6kg/hm²，比对照陇豆2号增产13.5%。2017年生产试验，平均产量2 932.7kg/hm²，比对照陇豆2号增产9.4%。蛋白质含量41.60%，脂肪含量19.37%。

栽培要点　4月下旬至5月上旬播种，播种量75kg/hm²，密度18万株/hm²。选择土层深厚、地势平坦、排灌方便的中等以上肥力地块，前作物收获后深翻灭茬，耕深25～30cm，连作种植不超过2年。播前结合春耕整地施过磷酸钙750kg/hm²、尿素127.5kg/hm²或磷酸二铵195kg/hm²，大豆鼓粒初期叶面喷施0.4%磷酸二氢钾水溶液750kg/hm²。大豆生长期田间锄草2次，定苗后、开花期间各中耕锄草1次，鼓粒期及时拔除田间杂草。

适宜地区　甘肃省中部沿黄灌区、河西和陇东地区。

573. 银豆2号（Yindou 2）

品种来源　甘肃省白银市农业科学研究所以引进甘肃省农业科学院作物研究所的大豆高代材料选育而成。原品系号0725。2016年经甘肃省农作物品种审定委员会审定，审定编号为甘审豆2016001。全国大豆品种资源统一编号ZDD33523。

特征　株高68.1cm，株型收敛，有效分枝4.0个。单株粒数81.0粒，单株粒重25.7g。叶卵圆形，白花，灰毛。籽粒圆形，种皮黄色，脐褐色。百粒重22.6g。

特性　北方春大豆，甘肃河西地区、中部沿黄灌区和陇东地区春播生育期130d。田间综合抗病性好，抗大豆黑斑病，抗倒伏。

产量品质　2011—2012年甘肃省大豆品种区域试验，平均产量2 464.4kg/hm²，比对照陇豆2号增产20.3%。2012年生产试验，平均产量2 906.4kg/hm²，比对照陇豆2号增产13.3%。蛋白质含量43.06%，脂肪含量20.65%。

栽培要点 4月下旬至5月上旬播种，密度18.0万～22.5万株/hm²。播种时施足基肥。有机肥与无机肥结合、氮磷钾配合施用，基肥以有机肥为主，结合秋整地一次性施入腐熟有机肥22 500kg/hm²、普通过磷酸钙225～300kg/hm²，氯化钾75.0～112.5kg/hm²，中耕3次，灌水4～5次，及时防治叶部病害及蚜虫、大豆红蜘蛛、大豆食心虫等。

适宜地区 甘肃省中部沿黄灌区、河西、陇东等同类生态区。

574. 银豆3号（Yindou 3）

品种来源 甘肃省白银市农业科学研究所以晋豆23为母本，早熟18为父本，经有性杂交，系谱法选育而成，原品系号0331。2017年经甘肃省农作物品种审定委员会审定，审定编号为甘审豆20170004。全国大豆品种资源统一编号ZDD33524。

特征 无限结荚习性，株高84.8cm，株型收敛，有效分枝3.9个。单株粒数93.2粒，单株粒重21.9g。叶椭圆形，白花，灰毛。籽粒圆形，种皮黄色，脐褐色。百粒重23.5g。

特性 北方春大豆，甘肃省河西、沿黄灌区和陇东地区春播生育期130d。田间综合抗病性好，高抗大豆黑斑病。

产量品质 2014—2015年甘肃省大豆品种区域试验，平均产量2 428.5kg/hm²，比对照陇豆2号增产10.3%。2016年生产试验，平均产量2 386.5kg/hm²，比对照陇豆2号增产11.0%。蛋白质含量45.32%，脂肪含量17.73%。

栽培要点 4月下旬至5月上旬播种，宜等距点播，每穴2～3粒，覆土深度3～5cm，播种密度18.0万～27.0万株/hm²，肥水充足宜

银豆3号

稀，干旱地薄宜密，适时早播可以保证高产。播前结合整地施优质有机肥30 000kg/hm²，磷酸二氢铵150～225kg/hm²，结合灌水在初花期追施尿素75～120kg/hm²。全生育期视墒情灌水4～5次。出苗后及时查苗、间苗，及时补苗，生长期间结合中耕及时除草。防治大豆灰斑病和红蜘蛛等病虫害。

适宜地区 甘肃省中部沿黄灌区、河西、陇东等。

575. 银豆4号 （Yindou 4）

品种来源　甘肃省白银市农业科学研究所以晋豆31为母本，（晋豆11×1259）F$_4$为父本，经有性杂交，系谱法选育而成。原品系号0512。2019年经甘肃省农作物品种审定委员会审定，审定编号为甘审豆20190002。全国大豆品种资源统一编号ZDD33525。

特征　株高86.0cm，株型收敛，有效分枝2.2个。单株有效荚数44.0个。叶圆形，白花，灰毛。籽粒圆形，种皮黄色，脐褐色。百粒重22.5g。

特性　北方春大豆，甘肃省沿黄灌区、河西和陇东等中晚熟地区春播生育期135～140d。田间综合抗病性好，抗大豆花叶病毒病，中抗灰斑病。

产量品质　2016—2017年甘肃省大豆品种区域试验，平均产量2 830.7kg/hm^2，比对照陇豆2号增产11.5%。2017年生产试验，平均产量2 821.1kg/hm^2，比对照陇豆2号增产5.2%。蛋白质含量39.70%，脂肪含量18.40%。

栽培要点　春播4月下旬至5月上旬播种，夏播6月中下旬播种。播种量75.0～112.5kg/hm^2，播种密度19.5万～22.5万株/hm^2，穴播条播均可。播种前结合整地施优质有机肥30 000kg/hm^2、磷酸二氢铵150～225kg/hm^2，生长期根据苗情适当追肥。全生育期视墒情灌水3～4次。出苗后及时查苗、间苗、补苗，生长期及时灌溉、中耕除草、防治病虫害，病害以大豆花叶病毒病和灰斑病为主，虫害主要有大豆红蜘蛛和蚜虫。

适宜地区　甘肃省沿黄灌区、河西和陇东等中晚熟及晚熟地区。

银豆4号

576. 张农1号 （Zhangnong 1）

品种来源　甘肃省张掖市农业科学研究院从晋豆19变异株中系统选育而成。原品系号张98-7。2015年经甘肃省农作物品种审定委员会审定，审定编号为甘审豆2015005。全国大豆品种资源统一编号ZDD33532。

特征　有限结荚习性，株高58.2～88.0cm，株型收敛，有效分枝少。单株有效荚数24.1～46.3个。叶披针形，紫花，灰毛，荚灰褐色。籽粒圆形，种皮黄色，脐黄色。百粒重21.7～31.2g。

特性 北方春大豆，甘肃河西地区、沿黄灌区春播生育期125d。田间综合抗病性好，抗倒伏性强，中抗大豆黑斑病。

产量品质 2012—2013年甘肃省大豆品种区域试验，平均产量2 485.1kg/hm²，比对照陇豆2号增产9.9%。2014年生产试验，平均产量2 557.1kg/hm²，比对照陇豆2号增产4.6%。蛋白质含量45.98%，脂肪含量21.38%。

栽培要点 适宜中等肥力地块种植，4月中下旬至5月上中旬播种，密度27万～33万株/hm²。播前结合整地施磷酸二氢铵150～225kg/hm²，结合灌水在初花期追施尿素75～120kg/hm²。出苗后及时中耕除草，加强田间管理。

适宜地区 甘肃省武威、兰州、白银、庆阳等。

张农1号

577. 泾豆1号（Jingdou 1）

品种来源 甘肃省泾川县种子管理站以地方品种"地豆"的变异单株为基础材料，经系统选育而成。原品系号泾LH。2018年经甘肃省农作物品种审定委员会审定，审定编号为甘审豆20180001。全国大豆品种资源统一编号ZDD33526。

特征 株高70.0cm，有效分枝4.0个。单株粒数85.9粒，单株粒重24.0g。叶椭圆形，紫花，灰毛。籽粒椭圆形，种皮黄色，脐黄色。百粒重22.4g。

特性 北方春大豆，甘肃省中部沿黄灌区、陇东地区春播生育期116～125d。田间综合抗病性好，中抗大豆花叶病毒病、大豆灰斑病。

产量品质 2015—2016年甘肃省大豆品种区域试验，平均产量2 585.6kg/hm²，比对照陇豆2号增产8.2%。2017年生产试验，平均产量2 910.8kg/hm²，比对照陇豆2号增产8.6%。蛋

泾豆1号

白质含量40.62%，脂肪含量21.30%。

栽培要点　4月下旬至5月上旬播种，播种密度13.5万～19.5万株/hm²。播前结合整地施农家肥1.0万～1.5万kg/hm²、磷酸二铵375kg/hm²作基肥，施尿素100kg/hm²作苗期追肥。播种前种子要进行精选，剔除病粒、虫食粒、杂质等，使用包衣种子提高出苗率。及时防除杂草，注意防治蚜虫。

适宜地区　甘肃省中部沿黄灌区、陇东等地。

578. 庆豆2号 （Qingdou 2）

品种来源　刘世科以晋豆3号为母本，绵阳2号为父本，经有性杂交，系谱法选育而成。原品系号华农2号。2017年经甘肃省农作物品种审定委员会审定，审定编号为甘审豆20170001。全国大豆品种资源统一编号ZDD33531。

庆豆2号

特征　亚有限结荚习性，株高63.0～73.5cm。单株有效荚数26.2～45.3个。叶椭圆形，紫花，灰毛。籽粒椭圆形，种皮黄色，脐淡褐色。百粒重19.8～23.2g。

特性　北方春大豆，甘肃沿黄灌区和陇东地区春播生育期128～138d。田间综合抗病性好，高抗大豆黑斑病。

产量品质　2014—2015年甘肃省大豆品种区域试验，平均产量2 230.9kg/hm²，比对照陇豆2号增产2.3%。2016年生产试验，平均产量2 172.2kg/hm²，比对照陇豆2号增产1.0%。蛋白质含量38.13%，脂肪含量20.10%。

栽培要点　4月下旬至5月上旬播种，播种量75kg/hm²，密度18万株/hm²。播种前施用磷酸二铵195kg/hm²，尿素45kg/hm²。出苗后及时中耕除草，加强田间管理。

适宜地区　甘肃省白银、平凉、庆阳等同类生态区。

河 北 省 品 种

579. 承豆8号（Chengdou 8）

品种来源 河北省承德市农业科学研究所以承8125为母本，郑84240-B1为父本，经有性杂交，系谱法选育而成。原品系号9422-1-2-3。2015年经甘肃省农作物品种审定委员会审定，审定编号为甘审豆2015001号。全国大豆品种资源统一编号ZDD33438。

特征 亚有限结荚习性，株高133.6cm，分枝数1.2个。椭圆形叶，紫花，棕毛。单株荚数70.3个。粒椭圆形，种皮黄色，无光泽，脐黄（无）色，子叶黄色。百粒重28.2g。抗倒伏，适宜套作。

特性 北方春大豆，晚熟品种，生育期155d。田间鉴定，抗大豆黑斑病。抗病抗逆性强，田间未见大豆花叶病毒病、大豆霜霉病等主要病害发生。

产量品质 2012—2013年甘肃省大豆品种区域试验，平均产量2 040.0kg/hm²，比对照陇豆2号增产0.5%。2014年生产试验，平均产量3 082.8kg/hm²，比对照陇豆2号增产8.7%。蛋白质含量36.39%，脂肪含量17.92%。

栽培要点 4月下旬至5月上旬播种，留苗密度18万～27万株/hm²。合理施肥，施农家肥30 000～37 500kg/hm²，结合翻地施入，或在春季顶浆塌垄或播种时条播。在初花时，结合中耕施尿素225～300kg/hm²、磷酸二铵75～150kg/hm²，以满足大豆中、后期对养分的需要。及时间苗，在2片真叶展开后间苗，并拔除杂株和弱株。合理灌水，在开花至鼓粒时应及时灌水。及时除草。大豆虫害主要是食心虫、蚜豆等，用40%乐果乳油1 000倍液喷雾防治。适时收获。

适宜地区 甘肃省白银、兰州、平凉等（春播）。

承豆8号

580. 承豆9号 （Chengdou 9）

承豆9号

品种来源　河北省承德市农业科学研究所以承9039-1-8-1-鉴9大为母本，科丰14为父本，经有性杂交，系谱法选育而成。原品系号承9835。2015年经甘肃省农作物品种审定委员会审定，审定编号为甘审豆2015002号。全国大豆品种资源统一编号ZDD33439。

特征　亚有限结荚习性，株高68.7cm，分枝数1.2个。叶披针形，白花，灰毛。单株荚数45.2个。粒椭圆形，种皮黄色，脐淡褐色，子叶黄色。百粒重25.6g。较抗倒伏，适合套作。

特性　北方春大豆，晚熟品种，生育期132d。田间鉴定，抗大豆黑斑病。田间未见大豆花叶病毒病、大豆霜霉病等病害发生。

产量品质　2012—2013年甘肃省大豆品种区域试验，平均产量2 700.2kg/hm²，比对照陇豆2号增产32.4%。2014年生产试验，平均产量2 970.8 kg/hm²，比对照陇豆2号增产4.8%。蛋白质含量45.06%，脂肪含量19.30%。

栽培要点　4月下旬至5月上旬播种，留苗密度18万～27万株/hm²。合理施肥，施农家肥30 000～37 500kg/hm²，结合翻地施入，或在春季顶浆塌垄或播种时条播。在初花时，结合中耕施尿素225～300kg/hm²、磷酸二铵75～150kg/hm²，以满足大豆中、后期对养分的需要。及时间苗，在2片真叶展开后间苗，并拔除杂株和弱株。合理灌水，在开花至鼓粒时应及时灌水。及时锄草。大豆虫害主要是食心虫、豆蚜等，用40%乐果乳油1 000倍液喷雾防治。适时收获。

适宜地区　甘肃省白银、兰州、平凉等（春播）。

581. 冀豆23 （Jidou 23）

品种来源　河北省农林科学院粮油作物研究所以冀豆12×冀黄13的F₁为母本，冀豆12为父本，经有性杂交，系谱法选育而成。原品系号冀1309。2017年经河北省农作物品种审定委员会审定，审定编号为冀审豆20170001；2021年经国家农作物品种审定委员会审定，审定编号为国审豆20210041。全国大豆品种资源统一编号ZDD31350。

特征　亚有限结荚习性，株高90.9cm，底荚高13.2cm，主茎节数18.2个，分枝数1.9

个。叶卵圆形，紫花，灰毛。单株荚数40.2个。粒椭圆形，种皮黄色，脐褐色，子叶黄色。百粒重24.6g。

特性　黄淮海夏大豆，中熟品种，生育期109d。接种鉴定，中感花叶病毒3号株系，抗花叶病毒7号株系。

产量品质　2014—2015年河北省大豆夏播组区域试验，平均产量3 096.8kg/hm²，比对照冀豆12增产2.6%。2016年生产试验，平均产量3 275.6kg/hm²，比对照冀豆12增产6.6%。2018—2019年黄淮夏大豆北片品种区域试验，平均产量3 012.0kg/hm²，比对照冀豆12增产5.7%。2020年生产试验，平均产量3 340.5kg/hm²，比对照冀豆12增产9.2%。蛋白质含量45.00%，脂肪含量19.20%。

栽培要点　麦收后立即播种，播期越早越好，一般在6月中旬播种。机械等行距播种，行距0.45～0.50m，播量60～75kg/hm²，播种翌日喷施封闭式除草剂。出苗后及时间苗，一般留苗密度19.5万～22.5万株/hm²，施种肥225kg/hm²。开花前控水控肥蹲苗防倒，花荚期根据天气和苗情适时浇水追肥，施尿素75～150kg/hm²，鼓粒期遇旱浇水。及时拔除田间杂草，注意防治虫害，查卵查虫，根据发生的害虫情况，对症下药减少损失，尤其注意点蜂缘蝽的防治。成熟后及时收获。

适宜地区　北京、天津、河北中部、南部和东南部、山东北部（夏播）。

582. 冀豆24（Jidou 24）

品种来源　河北省农林科学院粮油作物研究所利用*ms*1雄性核不育材料，以70多个国内外优良大豆品种为亲本，经天然杂交，轮回选择选育而成。原品系号冀1507。2019年经河北省农作物品种审定委员会审定，审定编号为冀审豆20190003。2020年经国家农作物品种审定委员会审定，审定编号为国审豆20200028。全

冀豆23

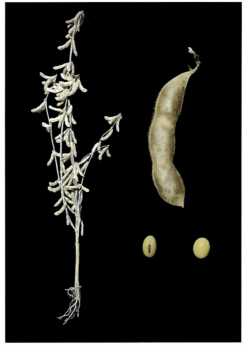

冀豆24

国大豆品种资源统一编号ZDD33447。

特征　亚有限结荚习性，株高99.2cm，底荚高16.5cm，主茎节数18.3个，分枝数0.8个。叶卵圆形，紫花，灰毛。单株荚数47.3个。粒圆形，种皮黄色，微光泽，脐黑色，子叶黄色。百粒重20.6g。抗倒伏，成熟时落叶性好，不裂荚。

特性　黄淮海夏大豆，中熟品种，生育期106d。接种鉴定，抗花叶病毒3号、7号株系。

产量品质　2016—2017年河北省大豆夏播组区域试验，平均产量3 291.8kg/hm²，比对照冀豆12增产11.6%。2018年生产试验，平均产量2 946.0kg/hm²，比对照冀豆12增产3.1%。2017—2018年黄淮海夏大豆北片组区域试验，平均产量3 186.0kg/hm²，比对照冀豆12增产7.7%。2019年生产试验，平均产量3 085.5kg/hm²，比对照冀豆12增产3.7%。蛋白质含量39.03%，脂肪含量20.53%。

栽培要点　麦收后立即播种，播期越早越好。机械等行距播种，行距0.4～0.5m，播量60～75kg/hm²。合理密植。出苗后及时间苗，留苗密度19.5万～24.0万株/hm²。播种前施氮磷钾复合肥225kg/hm²。苗期控水控肥蹲苗防倒。花荚期喷施叶面肥，可加入钼、硼、铁等微量元素。及时除草，播后苗前可使用精异丙甲草胺等封闭除草；出苗后可使用精喹禾灵乳油和氟磺胺草醚等进行化学除草。及时防治蚜虫、棉铃虫、菜青虫、食心虫、豆荚螟等虫害，尤其注意点蜂缘蝽的防治。成熟后拔除田间大草，籽粒含水量达16%以下时，及时收获。

冀豆29

适宜地区　北京、天津、河北中部、南部和东南部、山东北部（夏播）。

583. 冀豆29（Jidou 29）

品种来源　河北省农林科学院粮油作物研究所以冀豆17为母本，V111-4为父本进行有性杂交，经系谱法选育而成。原品系号冀1606。2020年经河北省农作物品种审定委员会审定，审定编号为冀审豆20200001。全国大豆品种资源统一编号ZDD31356。

特征　亚有限结荚习性，株高121.2cm，主茎节数20.1个，分枝数2.5个。叶卵圆形，白花，灰毛。单株荚数51.0个，底荚高15.8cm。粒圆形，种皮黄色，脐黄（无）色，子叶黄色。百粒重19.6g。抗倒性较好，成熟时落叶性好，不裂荚。

特性　黄淮海夏大豆，中熟品种，生育期107d。接种鉴定，抗花叶病毒3号株系，中抗花叶病毒7号株系。

产量品质 2018—2019年河北省大豆夏播组区域试验，平均产量3 322.5kg/hm²，比对照冀豆12增产4.5%。2019年生产试验，平均产量3 300.0kg/hm²，比对照冀豆12增产8.8%。蛋白质含量39.48%，脂肪含量20.41%。

栽培要点 及时早播，适宜播期6月中旬。机械等行距播种，行距0.4～0.5m，播量60～75kg/hm²。出苗后及时间苗，一般留苗密度19.5万～24.0万株/hm²。科学施肥，播前施氮磷钾复合肥225kg/hm²。开花前控水控肥蹲苗防倒伏，花荚期适时浇水。及时除草，苗前或苗后2～4片复叶期，用大豆田除草剂喷施杂草茎叶。及时防治虫害，尤其是防治点蜂缘蝽，及时查卵查虫，根据发生的害虫情况，对症下药。

适宜地区 河北省中南部（夏播）。

584. 冀豆1258（Jidou 1258）

品种来源 河北省农林科学院粮油作物研究所用轮回群体构建的冀豆$12ms$群体选择育成。2020年经湖北省农作物品种审定委员会审定，审定编号为鄂审豆20200004。全国大豆品种资源统一编号ZDD34415。

特征 有限结荚习性，株高46.5cm，主茎节数11.7个，分枝数2.7个。椭圆形叶，紫花，灰毛。单株荚数39.7个。粒椭圆形，种皮黄色，脐黄（无）色，子叶黄色。百粒重22.2g。

特性 黄淮海夏大豆，早熟品种，生育期93d。接种鉴定，中感花叶病毒3号株系，中抗花叶病毒7号株系。

产量品质 2017—2018年湖北省夏大豆品种区域试验，平均产量2 683.7kg/hm²，比对照中豆33增产17.2%。2019年自行组织生产试验，平均产量2 932.5kg/hm²，比对照中豆33增产26.8%。蛋白质含量47.96%，脂肪含量20.24%。

栽培要点 适时播种，合理密植。5月中旬至6月中旬播种，留苗密度24.0万株/hm²。施足基肥，合理追肥。基肥一般施复合肥600kg/hm²，花荚期视苗情施尿素75～150kg/hm²。加强田间管理。注意清沟排渍，及时中耕除草；结荚鼓粒期遇旱及时灌溉。注意防治紫斑病、根腐病、大豆花叶病毒病和蚜虫、斜纹夜蛾等病虫害。成熟后及时收获。

适宜地区 湖北省（夏播）。

冀豆1258

585. 冀黑豆1号 (Jiheidou 1)

冀黑豆1号

品种来源 河北省农林科学院粮油作物研究所以丹农黑为母本，冀豆9号为父本，经有性杂交，系谱法选育而成。2018年经河北省农作物品种审定委员会审定，审定编号为冀审豆20189001。全国大豆品种资源统一编号ZDD33448。

特征 有限结荚习性，株高86.9cm，底荚高13.6cm，主茎节数17.9个，分枝数1.1个。叶卵圆形，紫花，棕毛。单株荚数38.2个。粒圆形，种皮黑色，脐黑色，子叶绿色，百粒重26.1g。抗倒伏，成熟时落叶性好，不裂荚。

特性 黄淮海夏大豆，中熟品种，生育期107d。接种鉴定，中抗花叶病毒3号株系和花叶病毒7号株系。

产量品质 2016—2017年河北省特用大豆黑豆组区域试验，平均产量2 430.0kg/hm²，比对照苍黑豆1号减产7.7%。2017年生产试验，平均产量2 439.0kg/hm²，比对照苍黑豆1号减产10.7%。蛋白质含量42.70%，脂肪含量19.16%。

栽培要点 播期6月15—20日。留苗密度18.0万～22.5万株/hm²。苗期注意蹲苗防倒。花荚期喷施磷酸二氢钾2.3～4.5kg/hm²，尿素5.3～10.5kg/hm²，钼酸铵0.4kg/hm²，硼砂1.5kg/hm²，兑水750～1 125kg/hm²叶面喷洒，喷洒时间以下午4点后为宜。鼓粒灌浆期遇旱及时浇水，做到无风快浇，风大停浇，防止倒伏。及时防治蛴螬、地老虎等地下害虫以及点蜂缘蝽、蚜虫、棉铃虫、菜青虫、烟粉虱、豆荚螟、食心虫等害虫，成熟后及时收获。

适宜地区 河北省中南部（夏播）。

586. 石豆11 (Shidou 11)

品种来源 河北省石家庄市农林科学研究院以化诱446为母本，冀豆4号为父本，经有性杂交，系谱法选育而成。2017年经河北省农作物品种审定委员会审定，审定编号为冀审豆20170002。全国大豆品种资源统一编号ZDD31434。

特征 亚有限结荚习性，株高104.9cm，底荚高18.3cm，主茎节数19.5个，分枝数1.0个。叶椭圆形，白花，棕毛。单株荚数38.7个，荚褐色。粒圆形，种皮黄色，脐褐色，子叶黄色。百粒重24.8g。适应性强，成熟时落叶性好，不裂荚。

特性 黄淮海夏大豆，中熟品种，生育期108d。接种鉴定，抗花叶病毒3号、7号株系。

产量品质 2014—2015年河北省大豆夏播组区域试验，平均产量3 093.9kg/hm²，比对照冀豆12增产2.5%。2016年生产试验，平均产量3 108.0 kg/hm²，比对照冀豆12增产0.9%。蛋白质含量45.79%，脂肪含量19.66%。

栽培要点 夏播6月20日前播种。早播、浅播，播种深度2.5cm有利出苗。行距0.4～0.5m。留苗密度22.5万株/hm²。施足基肥，造好墒。基肥以磷钾肥为主，施磷酸二铵225kg/hm²，硫酸钾112.5kg/hm²。苗期促苗早发，4～5片真叶时追施提苗肥尿素225kg/hm²，有条件的可根外喷施锌、硼、钼等微肥。大豆鼓粒期需水量最大，保证供水充足，以有利保荚增粒。后期遇旱，注意浇水、促粒重。防治大豆蚜虫、红蜘蛛。豆天蛾在三龄幼虫前防治，大豆食心虫、豆荚螟在成虫产卵盛期防治。

适宜地区 河北省中南部（夏播）。

石豆11

587. 石豆12（Shidou 12）

品种来源 河北省石家庄市农林科学研究院以石豆1号为母本，汾豆63为父本进行有性杂交，经系谱法选育而成。2017年经河北省农作物品种审定委员会审定，审定编号为冀审豆20170004。全国大豆品种资源统一编号ZDD34416。

特征 亚有限结荚习性，株高93.9cm，底荚高14.0cm，主茎节数16.9个，分枝数2.7个。叶卵圆形，紫花，灰毛。单株荚数40.0个。粒椭圆形，种皮黄色，脐褐色，子叶黄色。百粒重24.2g。适应性强，成熟时落叶性好，不裂荚。

特性 黄淮海夏大豆，中熟品种，生育期108d。接种鉴定，抗花叶病毒病3号、7号株系。

石豆12

产量品质　2015—2016年河北省大豆夏播组区域试验，平均产量3284.0kg/hm²，比对照冀豆12增产6.2%。2016年生产试验，平均产量3 229.7kg/hm²，比对照冀豆12增产4.9%。蛋白质含量39.15%，脂肪含量21.42%。

栽培要点　夏播6月20日前播种。早播，浅播，播种深度2.5cm有利出苗。行距0.4 ~ 0.5m。种植密度22.5万株/hm²。施足基肥，造好墒。基肥以磷钾肥为主，施磷酸二铵225kg/hm²，硫酸钾112.5kg/hm²。苗期要促苗早发，4 ~ 5片真叶时，追施提苗肥尿素225kg/hm²，有条件的可根外喷施锌、硼、钼等微肥。大豆鼓粒期需水量最大，保证供水充足，以有利保荚增粒。后期遇旱，注意浇水、促粒重。防治大豆蚜虫、红蜘蛛。豆天蛾在三龄幼虫前防治，大豆食心虫、豆荚螟在成虫产卵盛期防治。

适宜地区　河北省中南部（夏播）。

588. 石豆14（Shidou 14）

石豆14

品种来源　河北省石家庄市农林科学研究院以中黄35为母本，化诱4120为父本，经有性杂交，系谱法选育而成。2018年经河北省农作物品种审定委员会审定，审定编号为冀审豆20180002。全国大豆品种资源统一编号ZDD33450。

特征　亚有限结荚习性，株高113.6cm，底荚高17.0cm，主茎节数20.2个，分枝数1.5个。叶圆形，白花，棕毛。单株荚数54.6个。粒圆形，种皮黄色，脐褐色，子叶黄色。百粒重19.1g。抗倒伏，成熟时落叶性好，不裂荚。

特性　黄淮海夏大豆，中熟品种，生育期108d。接种鉴定，中抗花叶病毒3号、7号株系。

产量品质　2016—2017年河北省大豆夏播组区域试验，平均产量3 310.5kg/hm²，比对照冀豆12增产6.7%。2017年生产试验，平均产量3 244.5kg/hm²，比对照冀豆12增产5.4%。蛋白质含量39.63%，脂肪含量22.26%。

栽培要点　夏播6月25日前播种。早播，浅播，播种深度2.5cm。行距0.4 ~ 0.5m，播种量75 ~ 90kg/hm²。种植密度22.5万株/hm²。施足基肥，造好墒。基肥以磷钾肥为主，施磷酸二铵225kg/hm²，硫酸钾112.5kg/hm²。苗期促苗早发，4 ~ 5片真叶时，追施提苗肥尿素225 kg/hm²。大豆鼓粒期保证供水充足，以有利保荚增粒。后期遇旱，注意浇水、促粒重。防治点蜂缘蝽、大豆蚜虫、红蜘蛛。

适宜地区　河北省中南部（夏播）。

589. 石豆15 （Shidou 15）

品种来源 河北省石家庄市农林科学研究院以石豆5号为母本，石豆1号为父本，经有性杂交，系谱法选育而成。2019年经河北省农作物品种审定委员会审定，审定编号为冀审豆20190002。全国大豆品种资源统一编号ZDD33451。

特征 亚有限结荚习性，株高105.8cm，主茎节数19.2个，分枝数2.0个。叶卵圆形，紫花，棕毛。单株荚数49.5个，底荚高15.3cm。粒圆形，种皮黄色，脐黑色，子叶黄色，百粒重21.9g。抗倒伏，成熟时落叶性好，不裂荚。

特性 黄淮海夏大豆，中熟品种，生育期106d。接种鉴定，中感花叶病毒3号株系，中抗花叶病毒7号株系。

产量品质 2016—2017年河北省大豆夏播组区域试验，平均产量3 233.4kg/hm²，比对照冀豆12增产7.1%。2018年生产试验，平均产量3 005.4kg/hm²，比对照冀豆12增产5.3%。蛋白质含量40.50%，脂肪含量20.34%。

石豆15

栽培要点 适宜播期6月中上旬，播种深度2.5cm。条播、穴播均可，行距0.4 ~ 0.5m，播量75 ~ 90kg/hm²。出苗后立即间苗，2 ~ 3片真叶时定苗，条播留单株，穴播每穴留3株，留苗22.5万株/hm²。施足基肥，播种前造好底墒，基肥以磷钾肥为主，施磷酸二铵225kg/hm²，硫酸钾112.5kg/hm²。苗期促苗早发，4 ~ 5片真叶时，追施提苗肥尿素225kg/hm²。鼓粒期保证供水充足，以有利保荚增粒。后期遇旱，注意浇水促粒重。防治病虫害，如蚜虫、点蜂缘蝽、棉铃虫、红蜘蛛、大豆食心虫等。点蜂缘蝽在开花后防治，豆天蛾在三龄幼虫前防治，食心虫、豆荚螟在成虫产卵盛期防治。

适宜地区 河北省中南部（夏播）。

590. 石豆17 （Shidou 17）

品种来源 河北省石家庄市农林科学研究院以石豆1号为母本，SN晋大73-1为父本，经有性杂交，系谱法选育而成。2019年经河北省农作物品种审定委员会审定，审定编号为冀审豆20190005。全国大豆品种资源统一编号ZDD31359。

特征 亚有限结荚习性，株高101.6cm，底荚高14.2cm，主茎节数19.0个，分枝数

石豆17

2.1个。叶卵圆形，紫花，灰毛。单株荚数45.5个。粒椭圆形，种皮黄色，脐褐色，子叶黄色。百粒重23.9g。抗倒性中等，成熟时落叶性好，不裂荚。

特性 黄淮海夏大豆，中熟品种，生育期107d。接种鉴定，抗花叶病毒3号、7号株系。

产量品质 2017—2018年河北省大豆夏播组区域试验，平均产量3 254.5kg/hm²，比对照冀豆12增产7.5%。2018年生产试验，平均产量2 934.0kg/hm²，比对照冀豆12增产5.3%。蛋白质含量40.08%，脂肪含量21.39%。

栽培要点 早播，浅播。适宜播期6月中上旬。播种深度2.5cm。条播、穴播均可，行距0.4～0.5m，播量90kg/hm²。早间苗、早定苗，出苗后立即间苗，2～3片真叶时定苗，条播留单株，穴播每穴留3株，留苗22.5万株/hm²。施足基肥，播种前造好底墒，基肥以磷钾肥为主，施磷酸二铵225kg/hm²，硫酸钾112.5kg/hm²。苗期促苗早发，4～5片真叶时，追施提苗肥尿素225kg/hm²，有条件的可根外喷施锌、硼、钼等微肥。后期遇旱，注意浇水、促粒重。防治病虫害，如蚜虫、点蜂缘蝽、棉铃虫、红蜘蛛、大豆食心虫等。点蜂缘蝽在开花后防治，豆天蛾在三龄幼虫前防治，食心虫、豆荚螟在成虫产卵盛期防治。

适宜地区 河北省中南部（夏播）。

591. 石885（Shi 885）

品种来源 河北省石家庄市农林科学研究院以石豆1号为母本，化诱5号为父本，经有性杂交，系谱法选育而成。2016年经河北省农作物品种审定委员会审定，审定编号为冀审豆2016001号。2018年经国家农作物品种审定委员会审定，审定编号为国审豆20180021。全国大豆品种资源统一编号ZDD33449。

特征 亚有限结荚习性，株高79.1cm，底荚高13.1cm，主茎节数16.4个，分枝数3.1个。卵圆形叶，紫花，灰毛。单株荚数36.9个。粒椭圆形，种皮黄色，脐淡褐色，子叶黄色。百粒重22.8g。

特性 黄淮海夏大豆，中熟品种，生育期102d。接种鉴定，高抗花叶毒病3号、7号株系。高感胞囊线虫病1号生理小种。

产量品质 2013—2014年河北省大豆夏播组区域试验，平均产量3 071.3kg/hm²，比对照冀豆12增产2.7%。2015年生产试验，平均产量3 214.5kg/hm²，比对照冀豆12增产

6.0%。2015—2016年黄淮海夏大豆组区域试验，平均产量2 976.2kg/hm²，比对照邯豆5号增产5.0%。2017年生产试验，平均产量3 187.0kg/hm²，比对照邯豆5号增产4.8%。蛋白质含量39.37%，脂肪含量21.79%。

栽培要点 施足基肥，造好墒。基肥以磷钾肥为主，施磷酸二铵225kg/hm²，硫酸钾75kg/hm²。6月20日前播种，深度2.5cm。条播、穴播均可，行距0.5m，播种量90kg/hm²。出苗后间苗，2～3片真叶时定苗。条播留单株，穴播每穴留3株，留苗27万株/hm²。4～5片真叶时，追施提苗肥尿素225kg/hm²，有条件的可根外喷施锌、硼、钼等微肥。鼓粒期保证供水充足。后期遇旱，注意浇水。防治大豆蚜虫、红蜘蛛、豆天蛾、大豆食心虫、豆荚螟等害虫。豆天蛾在三龄幼虫前防治，大豆食心虫、豆荚螟在成虫产卵盛期防治。

适宜地区 河北省中部、南部，河南省北部，山东省中部，山西省南部（夏播）。胞囊线虫病发病区慎用。

石885

592. 石936（Shi 936）

品种来源 河北省石家庄市农林科学研究院以冀豆12为母本，化诱446为父本，经有性杂交，系谱法选育而成。2016年经河北省农作物品种审定委员会审定，审定编号为冀审豆2016002号。全国大豆品种资源统一编号ZDD31377。

特征 有限结荚习性，株高74.1cm，底荚高15.9cm，主茎节数15.7个，分枝数2.1个。叶卵圆形，紫花，灰毛。单株荚数37.9个。粒圆形，种皮黄色，微光泽，脐褐色，子叶黄色，百粒重23.3g。

特性 黄淮海夏大豆，中熟品种，生育期107d。田间抗病性中等。

产量品质 2013—2014年河北省大豆夏播

石936

组区域试验，平均产量 3 147.8kg/hm²，比对照冀豆 12 增产 5.3%。2015年生产试验，平均产量 3 325.5kg/hm²，比对照冀豆 12 增产 9.7%。蛋白质含量41.72%，脂肪含量21.02%。

栽培要点　施足基肥，造好墒。基肥以磷钾肥为主，施磷酸二铵225kg/hm²，硫酸钾 75kg/hm²。6月20日前播种，深度2.5cm。条播、穴播均可，行距0.4～0.45m，播种量90kg/hm²。出苗后立即间苗，2～3片真叶时定苗。条播留单株，穴播每穴留3株，留苗27万株/hm²。4～5片真叶时，追施提苗肥尿素150kg/hm²。鼓粒期保证供水充足。后期遇旱，注意浇水。防治蚜虫、红蜘蛛、豆天蛾、大豆食心虫、豆荚螟等害虫。

适宜地区　河北省中南部（夏播）。

593. 石黑豆1号 （Shiheidou 1）

品种来源　河北省石家庄市农林科学研究院以化诱5号为母本，大粒黑豆为父本，经有性杂交，系谱法选育而成。2018年经河北省农作物品种审定委员会审定，审定编号为冀审豆20189002。全国大豆品种资源统一编号ZDD34417。

特征　亚有限结荚习性，株高120.8cm，底荚高15.6cm，主茎节数21.0个，分枝数0.8个。圆形叶，紫花，棕毛。单株荚数46.7个。粒椭圆形，种皮黑色，脐黄（无）色，子叶黄色。百粒重24.7g。抗倒伏，成熟时落叶性好，不裂荚。

特性　黄淮海夏大豆，中熟品种，生育期107d。接种鉴定，中抗花叶病毒3号株系，抗花叶病毒7号株系。

产量品质　2016—2017年河北省特用大豆黑豆组区域试验，平均产量2 970.8kg/hm²，比对照苍黑豆1号增产12.0%。2017年生产试验，平均产量2 863.5kg/hm²，比对照苍黑豆1号增产13.0%。蛋白质含量43.59%，脂肪含量19.73%。

栽培要点　夏播力争在6月25日前播种。早播，浅播，深度2.5cm。行距0.4～0.5m，播种量75～90kg/hm²。种植密度22.5万株/hm²。施足基肥，造好墒。基肥以磷钾肥为主，施磷酸二铵225kg/hm²，硫酸钾112.5kg/hm²。苗期促苗早发，4～5片真叶时，追施提苗肥尿素225kg/hm²。鼓粒期供水充足，以有利保荚增粒。后期遇旱，注意浇水、促粒重。及时防治点蜂缘蝽、大豆蚜虫、红蜘蛛。

适宜地区　河北省中南部（夏播）。

石黑豆1号

594. 沧豆11（Cangdou 11）

品种来源　河北省沧州市农林科学院以鲁99-1为母本，沧豆4号为父本，经有性杂交，系谱法选育而成。2019年经河北省农作物品种审定委员会审定，审定编号为冀审豆20190001。全国大豆品种资源统一编号ZDD33441。

特征　有限结荚习性，株高81.4cm，底荚高15.1cm，主茎节数14.4个，分枝数1.9个。叶卵圆形，白花，棕毛。单株荚数61.3个。粒扁圆形，种皮黄色，脐褐色，子叶黄色，百粒重19.2g。抗倒性较好，成熟时落叶性好，不裂荚。

特性　黄淮海夏大豆，中熟品种，生育期107d。接种鉴定，中感花叶病毒3号、7号株系。

产量品质　2016—2017年河北省大豆夏播Ⅰ组区域试验，平均产量3 199.5kg/hm²，比对照冀豆12增产2.7%。2018年生产试验，平均产量2 911.5kg/hm²，比对照冀豆12增产2.0%。蛋白质含量39.13%，脂肪含量21.13%。

栽培要点　适宜播期为6月上中旬，密度19.5万～24.0万株/hm²，肥水条件好宜稀植，反之宜密植。施足基肥，化肥与有机肥配合施用，增施磷钾肥，基肥为主、追肥为辅，追肥时期在初花期。花荚期遇旱及时浇水。防治病虫害。

适宜地区　河北省中南部（夏播）。

沧豆11

595. 沧豆13（Cangdou 13）

品种来源　河北省沧州市农林科学院以沧豆4号为母本，中作00-484为父本，经有性杂交，系谱法选育而成。2018年经河北省农作物品种审定委员会审定，审定编号为冀审豆20180003。全国大豆品种资源统一编号ZDD33442。

特征　有限结荚习性，株高85.1cm，底荚高14.0cm，主茎节数14.9个，分枝数1.7个。卵圆形叶，白花，灰毛。单株荚数41.8个。粒圆形，种皮黄色，脐褐色，子叶黄色。百粒重23.2g。抗倒伏，成熟时落叶性好，不裂荚。

特性　黄淮海夏大豆，中熟品种，生育期107d。接种鉴定，中抗花叶病毒3号、7号株系。

产量品质　2015—2016年河北省大豆夏播组区域试验，平均产量3 198.0kg/hm²，比对照冀豆12增产3.5％。2017年生产试验，平均产量3 201.0kg/hm²，比对照冀豆12增产4.2％。蛋白质含量41.19％，脂肪含量20.92％。

栽培要点　夏播6月中旬为最佳播期。适宜播种密度为19.5万～24.0万株/hm²，肥水条件好宜稀植，肥水条件差宜密植。整地时施足基肥，施氮磷钾（比例1：1：1）复合肥225～300kg/hm²，或磷酸二铵225～300kg/hm²，初花期至开花后10d结合浇水施尿素150kg/hm²。及时防治病虫害，如点蜂缘蝽、蚜虫、棉铃虫、红蜘蛛、大豆食心虫等。花荚期和鼓粒期遇旱及时浇水。

适宜地区　河北省中南部（夏播）。

沧豆13

596. 沧豆09Y1（Cangdou 09Y1）

品种来源　河北省沧州市农林科学院以石7631为母本，石豆4号为父本，经有性杂交，系谱法选育而成。2019年经河北省农作物品种审定委员会审定，审定编号为冀审豆20190007。全国大豆品种资源统一编号ZDD33440。

特征　亚有限结荚习性，株高119.8cm，底荚高14.6cm，主茎节数24.6个，分枝数2.2个。叶卵圆形，白花，棕毛。单株荚数51.7个。粒圆形，种皮黄色，脐黑色，子叶黄色。百粒重18.7g。抗倒性较好，成熟时落叶性好，不裂荚。

特性　黄淮海夏大豆，中熟品种，生育期109d。接种鉴定，高抗花叶病毒3号、7号株系。

产量品质　2017—2018年河北省大豆夏播组区域试验，平均产量3 184.5kg/hm²，比对照冀豆12增产8.1％。2018年生产试验，平均产量2 926.5kg/hm²，比对照冀豆12增产2.5％。

沧豆09Y1

蛋白质含量40.00%，脂肪含量20.20%。

栽培要点 适宜播期为6月中上旬，种植密度19.5万～24.0万株/hm²，肥水条件好宜稀植，反之宜密植。施足基肥，化肥与有机肥配合施用，增施磷钾肥，基肥为主、追肥为辅，追肥时在初花期。花荚期遇旱及时浇水。生育中后期防倒伏。及时防治病虫害。

适宜地区 河北省中南部（夏播）。

597. 邯豆11（Handou 11）

品种来源 河北省邯郸市农业科学院以美4550为母本，石豆412为父本，经有性杂交，系谱法选育而成。2017年经河北省农作物品种审定委员会审定，审定编号为冀审豆20170003。全国大豆品种资源统一编号ZDD31383。

特征 亚有限结荚习性，株高99.2cm，底荚高13.3cm，主茎节数18.1个，分枝数1.6个。叶圆形，白花，棕毛。单株荚数46.7个。粒椭圆形，种皮黄色，脐黄（无）色，子叶黄色。百粒重23.8g。抗倒伏，成熟时落叶性好，不裂荚。

特性 黄淮海夏大豆，晚熟品种，生育期111d。接种鉴定，中抗花叶病毒3号株系，中感花叶病毒7号株系。

产量品质 2014—2015年河北省大豆夏播组区域试验，平均产量3 257.6kg/hm²，比对照冀豆12增产7.9%。2016年生产试验，平均产

邯豆11

量3 269.4kg/hm²，比对照冀豆12增产6.5%。蛋白质含量41.31%，脂肪含量20.05%。

栽培要点 麦收后及时早播，适宜播期6月上中旬。行播，行距0.4～0.5m，留苗密度21万～27万株/hm²。科学施肥，整地时施磷酸二铵225～300kg/hm²，钾肥75kg/hm²，或施氮磷钾复合肥225～300kg/hm²，开花期追施尿素75kg/hm²。出苗后及时间苗、定苗和中耕锄草。防治病虫害，如点蜂缘蝽、蚜虫、棉铃虫、红蜘蛛、大豆食心虫等。花荚期和鼓粒期遇旱及时浇水，成熟后及时收获。

适宜地区 河北省中南部（夏播）。

598. 邯豆12（Handou 12）

品种来源 河北省邯郸市农业科学院以豫豆25为母本，中黄14为父本，经有性杂

交，系谱法选育而成。2018年经河北省农作物品种审定委员会审定，审定编号为冀审豆20180004。全国大豆品种资源统一编号ZDD33443。

邯豆12

邯豆13

特征　有限结荚习性，株高68.5cm，底荚高16.6cm，主茎节数15.6个，分枝数2.1个。叶圆形，紫花，灰毛。单株荚数46.6个。粒椭圆形，种皮黄色，脐淡褐色，子叶黄色，百粒重23.0g。抗倒伏，成熟时落叶性好，不裂荚。

特性　黄淮海夏大豆，中熟品种，生育期107d。接种鉴定，中抗花叶病毒3号株系，感花叶病毒7号株系。

产量品质　2015—2016年河北省大豆夏播组区域试验，平均产量3 099.0kg/hm²，比对照冀豆12增产3.5%。2017年生产试验，平均产量3 235.5kg/hm²，比对照冀豆12增产5.8%。蛋白质含量41.52%，脂肪含量19.44%。

栽培要点　麦收后及时早播，适宜播期6月上中旬。条播，行距0.4～0.5m，留苗密度21万～24万株/hm²。科学施肥，整地时施磷酸二铵225～300kg/hm²，钾肥75kg/hm²，或氮磷钾复合肥225～300kg/hm²，开花期追施尿素75kg/hm²。出苗后及时间苗、定苗和中耕锄草。防治点蜂缘蝽、大豆蚜虫、棉铃虫、红蜘蛛、大豆食心虫等。花荚期和鼓粒期遇旱及时浇水，成熟后及时收获。

适宜地区　河北省中南部（夏播）。

599. 邯豆13（Handou 13）

品种来源　河北省邯郸市农业科学院以冀豆16为母本，中黄13为父本，经有性杂交，系谱法选育而成。2018年经河北省农作物品种审定委员会审定，审定编号为冀审豆20180001。全国大豆品种资源统一编号ZDD33444。

特征　亚有限结荚习性，株高81.6cm，底荚高14.3cm，主茎节数16.2个，分枝数2.3个。叶圆形，紫花，灰毛。单株荚数44.4个。粒椭圆形，种皮黄色，脐褐色，子叶黄色。百粒重23.8g。抗倒伏，成熟时落叶性好，不裂荚。

特性　黄淮海夏大豆，中熟品种，生育期105d。接种鉴定，抗花叶病毒3号、7号株系。

产量品质　2016—2017年河北省大豆夏播组区域试验，平均产量3 387.0kg/hm²，比对照冀豆12增产8.6%。2017年生产试验，平均产量3 252.0 kg/hm²，比对照冀豆12增产5.7%。蛋白质含量39.08%，脂肪含量20.86%。

栽培要点　麦收后及时早播，适宜播期在6月中上旬。条播，行距0.4 ~ 0.5m，播量75 ~ 90kg/hm²。出苗后及时间苗、定苗和中耕锄草，留苗密度18.0万 ~ 22.5万株/hm²。科学施肥，整地时施磷酸二铵225 ~ 300kg/hm²，钾肥75kg/hm²，或施氮磷钾复合肥225 ~ 300kg/hm²，开花期追施尿素75kg/hm²。及时防治病虫害，如点蜂缘蝽、蚜虫、棉铃虫、红蜘蛛、豆天蛾、食心虫、豆荚螟等。花荚期和鼓粒期遇旱及时浇水，成熟后及时收获。

适宜地区　河北省中南部（夏播）。

600. 邯豆14（Handou 14）

品种来源　河北省邯郸市农业科学院以中黄38为母本，汾豆72为父本，经有性杂交，系谱法选育而成。原品系号邯13-25。2019年经河北省农作物品种审定委员会审定，审定编号为冀审豆20190006。2020年通过国家农作物品种审定委员会审定，审定编号为国审豆20200026。全国大豆品种资源统一编号ZDD33445。

特征　亚有限结荚习性，株高95.3cm，底荚高18.4cm，主茎节数17.2个，分枝数1.5个。叶卵圆形，白花，灰毛。单株荚数49.9个。粒圆形，种皮黄色，脐淡褐色，子叶黄色。百粒重19.0g。抗倒性较好，成熟时落叶性好，不裂荚。

特性　黄淮海夏大豆，中熟品种，生育期107d。接种鉴定，抗花叶病毒3号、7号株系。

产量品质　2017—2018年河北省大豆夏播组区域试验，平均产量3 199.5kg/hm²，比对照冀豆12增产8.5%。2018年生产试验，平均产量3 169.5kg/hm²，比对照冀豆12增产11.0%。2018—2019年参加北方春大豆晚熟西北组品种区域试验，平均产量3 684.0kg/hm²，比对照汾

邯豆14

豆78增产6.3%。2019年生产试验，平均产量3 271.5kg/hm²，比对照汾豆78增产2.9%。蛋白质含量39.93%，脂肪含量20.31%。

栽培要点 春播适宜播期4月下旬至5月上旬，夏播适宜播期6月下旬。条播，出苗后及时间苗、定苗和中耕锄草，春播留苗密度13.5万～19.4万株/hm²，夏播留苗密度21万～27万株/hm²。科学施肥，整地时施磷酸二铵225～300kg/hm²，钾肥75kg/hm²，或氮磷钾复合肥225～300kg/hm²，开花期追施尿素75～120kg/hm²。花荚期和鼓粒期遇旱及时浇水。防治病虫害，如蚜虫、棉铃虫、红蜘蛛、大豆食心虫，结荚初期主要防治点蜂缘蝽的危害。

适宜地区 河北省中南部种植（夏播），在山西省中南部、陕西省延安地区、甘肃省中部和东部（春播）。

601. 邯豆15（Handou 15）

品种来源 河北省邯郸市农业科学院、河北省农林科学院粮油作物研究所以09鉴18为母本，石豆1号为父本，经有性杂交，系谱法选育而成。2019年经河北省农作物品种审定委员会审定，审定编号为冀审豆20190004。全国大豆品种资源统一编号ZDD33446。

特征 有限结荚习性，株高83.5cm，底荚高16.6cm，主茎节数16.9个，分枝数3.2个。叶卵圆形，紫花，灰毛。单株荚数47.6个。粒圆形，种皮黄色，脐黄（无）色，子叶黄色。百粒重24.2g。抗倒伏，成熟时落叶性好，不裂荚。

特性 黄淮海夏大豆，中熟品种，生育期104d。接种鉴定，抗花叶病毒3号、7号株系。

产量品质 2017—2018年河北省大豆夏播组区域试验，平均产量3 313.5kg/hm²，比对照冀豆12增产9.3%。2018年生产试验，平均产量3 003.0kg/hm²，比对照冀豆12增产5.2%。蛋白质含量45.47%，脂肪含量19.87%。

栽培要点 及时早播，适宜播期6月上中旬。条播，行距0.4～0.5m，播种量75～90kg/hm²。出苗后及时间苗、定苗和中耕锄草，留苗密度18.0万～22.5万株/hm²。科学施肥，整地时施磷酸二铵225～300kg/hm²，钾肥75kg/hm²，或施氮磷钾复合肥225～300kg/hm²，开花期追施尿素75kg/hm²。花荚期和鼓粒期遇旱及时浇水。防治病虫害，如蚜虫、点蜂缘蝽、棉铃虫、红蜘蛛、大豆食心虫等。及时收获。

邯豆15

适宜地区 河北省中南部（夏播）。

602. 邯豆16（Handou 16）

品种来源 河北省邯郸市农业科学院以鲁96019-7为母本，冀豆17为父本，经有性杂交，系谱法选育而成。2020年经河北省农作物品种审定委员会审定，审定编号为冀审豆20200004。全国大豆品种资源统一编号ZDD34418。

特征 有限结荚习性，株高84.7cm，底荚高16.4cm，主茎节数14.6个，分枝数0.8个。叶卵圆形，白花，棕毛。单株荚数48.0个。粒椭圆形，种皮黄色，脐黑色，子叶黄色。百粒重20.8g。抗倒性好，成熟时落叶性好，不裂荚。

特性 黄淮海夏大豆，中熟品种，生育期105d。接种鉴定，中抗花叶病毒3号、7号株系。

产量品质 2018—2019年河北省大豆夏播组区域试验，平均产量3 466.5kg/hm²，比对照冀豆12增产9.1%。2019年生产试验，平均产量3 234.0kg/hm²，比对照冀豆12增产6.7%。蛋白质含量38.10%，脂肪含量21.83%。

栽培要点 适宜播期6月中下旬播种，行距0.4 ~ 0.5m，播量60 ~ 75kg/hm²，留苗19.5万 ~ 25.5万株/hm²。施氮磷钾复合肥225 ~ 300kg/hm²做基肥，花荚期追施尿素75 ~

邯豆16

150kg/hm²。花荚期和鼓粒期遇旱注意浇水。结荚初期和鼓粒期防治点蜂缘蝽危害，同时防治蚜虫、红蜘蛛、棉铃虫、甜菜夜蛾、斜纹夜蛾、大豆食心虫等虫害。花荚期结合治虫可加施叶面肥。

适宜地区 河北省中南部（夏播）。

603. 邯豆17（Handou 17）

品种来源 河北省邯郸市农业科学院以邯豆7号为母本，中品03-5179为父本，经有性杂交，系谱法选育而成。2020年经河北省农作物品种审定委员会审定，审定编号为冀审豆20200003。全国大豆品种资源统一编号ZDD34419。

特征 亚有限结荚习性，株高109.0cm，底荚高12.9cm，主茎节数19.6个，分枝数0.8个。叶卵圆形，紫花，灰毛。单株荚数49.0个。粒椭圆形，种皮黄色，脐黑色，子叶黄色。百粒重19.3g。抗倒性好，成熟时落叶性好，不裂荚。

特性 黄淮海夏大豆，中熟品种，生育期105d。接种鉴定，抗花叶病毒3号株系，中抗花叶病毒7号株系。

邯豆17

产量品质 2018—2019年河北省大豆夏播组区域试验，平均产量3 459.0kg/hm²，比对照冀豆12增产9.5%。2019年生产试验，平均产量3 421.5kg/hm²，比对照冀豆12增产12.8%。蛋白质含量36.93%，脂肪含量22.97%。

栽培要点 适宜播期6月中下旬，行距0.4～0.5m，播量60～75kg/hm²，留苗18万～24万株/hm²。施氮磷钾复合肥225～300kg/hm²做基肥、花荚期追施尿素75～150kg/hm²。花荚期和鼓粒期遇旱注意浇水。结荚初期和鼓粒期防治点蜂缘蝽危害，同时防治蚜虫、红蜘蛛、棉铃虫、甜菜夜蛾、斜纹夜蛾、大豆食心虫等。花荚期结合治虫可加施叶面肥。

适宜地区 河北省中南部（夏播）。

山 西 省 品 种

604. 晋豆49（Jindou 49）

品种来源　山西省农业科学院高寒区作物研究所以同豆4号为母本，P2-168为父本，经有性杂交，系谱法选育而成。2017年经山西省农作物品种审定委员会审定，审定编号为晋审豆20170001。全国大豆品种资源统一编号ZDD33453。

特征　亚有限结荚习性，株型收敛。株高73.2cm，底荚高度10.0cm，有效分枝1.4个，单株有效荚数30.4个，单荚粒数2.6粒。幼茎紫色，子叶黄色，叶披针形，紫花，棕毛。籽粒圆形，种皮黄色，有光泽，脐淡褐色。百粒重18.8g。

特性　黄淮海夏大豆，早熟品种，生育期北部地区春播118d，中部地区夏播97d。

产量品质　2014年山西省大豆早熟区区域试验，平均产量2 809.5kg/hm²，比晋豆25增产9.9%；2015年续试，平均产量2 775.0kg/hm²，

晋豆49

比晋豆25增产6.5%；两年区域试验平均产量2 793.0kg/hm²，比晋豆25增产8.2%。2016年生产试验，平均产量2 991.0kg/hm²，比晋豆25增产11.0%。蛋白质含量37.07%，脂肪含量20.60%。

栽培要点　播前施足基肥，一般施农家肥37 500kg/hm²，硝酸磷肥300kg/hm²，过磷酸钙450kg/hm²。播种前使用钾拌磷、多菌灵拌种，以防治地下害虫和各种病害。适宜播期北部春播5月上中旬，中部夏播6月上中旬。等行条播，播种深度3～5cm，单株留苗，留苗密度春播22.5万～27.0万株/hm²，夏播24.0万～28.5万株/hm²。始花期施尿素150kg/hm²并及时浇水，及时防治大豆蚜虫、大豆红蜘蛛、大豆食心虫，成熟后及时收获。

适宜地区　山西省北部地区（春播），中部和东南部地区（夏播）。

605. 晋豆50 （Jindou 50）

品种来源　山西省农业科学院小麦研究所以中作965124为母本，秦豆8号为父本，经有性杂交，系谱法选育而成，试验名称为"晋黄7号"。2017年经山西省农作物品种审定委员会审定，审定编号为晋审豆20170006。全国大豆品种资源统一编号ZDD31376。

特征　亚有限结荚习性，植株直立，株型半开张。株高100.4cm，有效分枝3.4个。单株有效荚数64.2个，单荚粒数2.3粒。子叶黄色，叶卵圆形，紫花，棕毛。籽粒椭圆形，种皮黄色，脐褐色。百粒重21.9g。

特性　黄淮海夏大豆，中晚熟品种，中部地区春播130d，南部地区夏播生育期104d。

晋豆50

产量品质　2014年山西省大豆中晚熟区区域试验，平均产量3 454.5kg/hm²，比晋豆19增产14.8%；2015年续试，平均产量3 738.0kg/hm²，比晋豆19增产13.8%；两年平均产量3 595.5kg/hm²，比晋豆19增产14.3%。2016年生产试验，平均产量3 052.5kg/hm²，比晋豆19增产9.5%。蛋白质含量41.79%，脂肪含量21.25%。

栽培要点　施足基肥，施农家肥15 000kg/hm²或复合肥600～750kg/hm²。适宜播期中部春播4月下旬至5月上旬，南部夏播6月中下旬，一般不迟于6月25日。播量37.5～45.0kg/hm²。播后苗前用50%的乙草胺乳油3 000mL/hm²进行土壤封闭。开花初期浇水，结合浇水追尿素150kg/hm²，8月上中旬防治大豆食心虫，成熟后及时收获。

适宜地区　山西省中部地区（春播），南部地区（夏播）。

606. 晋黄9号 （Jinhuang 9）

品种来源　山西省农业科学院小麦研究所以辽豆15为母本，濮豆6018为父本，经有性杂交，系谱法选育而成。2020年经山西省农作物品种审定委员会审定，审定编号为晋审豆20200004。全国大豆品种资源统一编号ZDD33471。

特征　有限结荚习性，植株直立，株型半开张。株高春播90.0cm、夏播66.8cm，有效分枝春播2.6个、夏播2.3个。单株结荚春播67.4个、夏播35.7个，单荚粒数春播2.5粒、夏播2.3粒。子叶黄色，叶卵圆形，紫花，灰毛。籽粒椭圆形，种皮黄色，脐淡褐色。百粒重春播26.8g、夏播26.7g。

特性 黄淮海夏大豆，中晚熟品种，山西大豆春播中晚熟区生育期128d，南部夏播区生育期101d。

产量品质 2016—2017年参加山西省大豆春播中晚熟区和南部夏播区区域试验，2016年平均产量3 117.0kg/hm²，比对照晋豆19增产7.8％；2017年续试，平均产量3 475.5kg/hm²，比对照增产8.0％。两年区试平均产量3 295.5kg/hm²，比对照增产7.9％。2018年春播中晚熟区生产试验，平均产量3 649.5kg/hm²，比对照汾豆78增产8.7％。2019年南部夏播区生产试验，平均产量2 742.0kg/hm²，比对照晋豆19增产9.3％。春播蛋白质含量43.84％，脂肪含量19.37％；夏播蛋白质含量40.65％，脂肪含量20.69％。

栽培要点 一般施农家肥15 000kg/hm²或复合肥225 ～ 300kg/hm²；适宜播期春播中晚熟区5月上旬，南部夏播区6月中下旬；播量春播中晚熟区60 ～ 75kg/hm²，南部夏播区75 ～ 90kg/hm²；留苗春播中晚熟区15万株/hm²，南部夏播区19.5万株/hm²；开花初期浇水，结合浇水追尿素150kg/hm²，8月上中旬防治大豆食心虫、豆荚螟和点蜂缘蝽，成熟后及时收获。

适宜地区 山西省中部地区（春播），南部地区（夏播）。

607. 晋科2号 （Jinke 2）

品种来源 山西省农业科学院作物科学研究所和山西豆冠种业有限公司以晋遗38为母本，忻毛豆1号为父本，经有性杂交，系谱法选育而成。2017年经山西省农作物品种审定委员会审定，审定编号为晋审豆20170008。全国大豆品种资源统一编号ZDD33462。

特征 有限结荚习性，植株直立，株型半开张。株高78.9cm，有效分枝数4.6个。单株结荚79.0个。幼茎绿色，子叶黄色，叶椭

晋黄9号

晋科2号

圆形，白花，灰毛。籽粒椭圆形，种皮绿色，脐褐色。干籽百粒重33.5g，鲜籽百粒重67.5g。

特性　北方春大豆，早晚熟鲜食大豆，生育期中部春播108d。

产量品质　2015年山西省鲜食大豆区域试验，平均鲜荚18 982.5kg/hm²，比晋科4号增产28.9%。2016年生产试验，平均鲜荚10 604.5 kg/hm²，比晋科4号增产17.2%。蛋白质含量44.06%，脂肪含量19.39%，可溶性总糖4.90%。

栽培要点　施足基肥，一般施农家肥37 500kg/hm²，过磷酸钙45kg/hm²、氮肥22.5 kg/hm²或复合肥60 kg/hm²。适宜播期4月下旬至5月上旬。播量45 ~ 75kg/hm²，等行距条播，深度3 ~ 5cm。单株留苗，留苗密度10.5万 ~ 12万株/hm²。

适宜地区　山西省中部地区（春播）。

608. 晋科5号（Jinke 5）

品种来源　山西省农业科学院作物科学研究所和山西豆冠种业有限公司以晋遗45为母本，晋豆19为父本，经有性杂交，系谱法选育而成。2020年经山西省农作物品种审定委员会审定，审定编号为晋审豆20200001。全国大豆品种资源统一编号ZDD33463。

特征　亚有限结荚习性，植株直立，株型紧凑。株高春播88.9cm，夏播65.5cm，主茎节数21.0个，有效分枝春播2.7个、夏播1.7个。单株荚数春播48.5个、夏播31.7个，单荚粒数春播3.0粒、夏播2.0粒。子叶黄色，叶卵圆形，紫花，棕毛。籽粒椭圆形，种皮黄色，脐褐色。百粒重春播19.0g、夏播19.9g。

特性　黄淮海夏大豆，中晚熟品种，山西大豆春播早熟区生育期124d，中部夏播区生育期105d。

产量品质　2016—2017年参加山西省春播早熟区和中部夏播区区域试验，2016年平均产量2 766.0kg/hm²，比对照晋豆25增产4.4%；2017年续试，平均产量2 898.0kg/hm²，比对照晋豆25增产4.7%；两年平均产量2 832.0kg/hm²，比对照晋豆25增产4.5%。2018年春播早熟区生产试验，平均产量2 725.5kg/hm²，比对照晋豆25增产8.1%。2018年中部夏播区生产试验，平均产量2 634.0kg/hm²，比对照晋豆25增产2.2%。蛋白质含量41.76%，脂肪含量19.19%。

栽培要点　一般施农家肥37 500kg/hm²，过磷酸钙450kg/hm²、氮肥225kg/hm²或复合

晋科5号

肥600kg/hm²；适宜播期北部春播5月中下旬，中部夏播6月下旬至7月上旬；播量春播45～90kg/hm²，夏播90～120kg/hm²；等行距条播，播种深度3～5cm；留苗北部春播15万～18万株/hm²，中部夏播18万～22.5万株/hm²；及时防治蚜虫、红蜘蛛、食心虫等虫害。

适宜地区　山西省中部地区（春播），南部地区（夏播）。

609. 晋科8号 （Jinke 8）

品种来源　山西省农业科学院作物科学研究所和山西豆冠种业有限公司以晋科4号为母本，晋豆39为父本，经有性杂交，系谱法选育而成。2020年经山西省农作物品种审定委员会审定，审定编号为晋审豆20200006。全国大豆品种资源统一编号ZDD33464。

特征　亚有限结荚习性，植株直立，株型半开张。株高82.4cm，分枝数3.2个。单株荚数67.0个，荚长6.6cm，荚宽1.5cm，单荚粒数2.7粒。子叶黄色，叶卵圆形，白花，灰毛。籽粒椭圆形，种皮黄色，脐褐色。百粒鲜重92.5g。

特性　北方春大豆，中晚熟鲜食大豆，出苗至采摘期99d。

产量品质　2017年山西省鲜食大豆自行组织区域试验，鲜荚平均产量15 640.5kg/hm²，比对照晋科4号增产8.8%。2018年生产试验，

晋科8号

鲜荚平均产量16 278.0kg/hm²，比对照晋科4号增产12.1%。蛋白质含量44.08%，脂肪含量19.98%。

栽培要点　一般施农家肥37 500kg/hm²，过磷酸钙450kg/hm²、氮肥225kg/hm²或复合肥600kg/hm²；适宜播期4月下旬至5月上旬；播量45～90 kg/hm²，等行距条播，播种深度3～5cm；留苗9万～12万株/hm²；及时防治蚜虫、红蜘蛛、食心虫等害虫。

适宜地区　山西省太原市、晋中市、吕梁市、晋城市等鲜食大豆产区。

610. 晋遗51 （Jinyi 51）

品种来源　山西省农业科学院作物科学研究所和山西豆冠种业有限公司以晋豆19为母本，晋早16为父本，经有性杂交，系谱法选育而成。2018年经山西省农作物品种审定委员会审定，审定编号为晋审豆20180005。全国大豆品种资源统一编号ZDD33465。

特征　亚有限结荚习性，株型收敛。株高93.7cm，主茎节数17.8节，有效分枝数2.8

个，单株有效荚数59.0个，单荚粒数2.2个。子叶黄色，叶卵圆形，白花，棕毛。籽粒椭圆形，种皮黄色，无光泽，脐黑色，百粒重24.3g。

晋遗51

晋遗53

特性　黄淮海夏大豆，中晚熟品种，山西春播中晚熟大豆区生育期133d，山西南部夏播大豆区生育期106d。

产量品质　2015年山西省春播中晚熟区区域试验，平均产量3 493.5kg/hm²，比对照晋豆19增产6.4%；2016年续试，平均产量3 102.0kg/hm²，比对照晋豆19增产7.3%；两年平均产量3 298.5kg/hm²，比对照晋豆19增产6.8%。2017年生产试验，春播中晚熟区平均产量3 501.0kg/hm²，比对照汾豆78增产4.7%；南部夏播区平均产量3 081.0kg/hm²，比对照晋豆19增产7.2%。蛋白质含量42.12%，脂肪含量21.13%。

栽培要点　施足基肥，一般施农家肥37 500kg/hm²、过磷酸钙45kg/hm²、氮肥225kg/hm²或复合肥600kg/hm²；适宜播期中部春播4月下旬至5月上旬，南部夏播6月中旬；播量45～90kg/hm²，等行距条播，播种深度3～5cm；留苗中部春播10.5万～12万株/hm²，南部夏播12万～15万株/hm²。

适宜地区　山西省中部地区（春播），南部地区（夏播）。

611. 晋遗53 （Jinyi 53）

品种来源　山西省农业科学院作物科学研究所和山西豆冠种业有限公司以晋早16为母本，晋豆15为父本，经有性杂交，系谱法选育而成。2020年经山西省农作物品种审定委员会审定，审定编号为晋审豆20200003。全国大豆品种资源统一编号ZDD33466。

特征　亚有限结荚习性，植株直立，株型半开张。株高春播104.8cm、夏播79.0cm，分枝数春播3.6个、夏播2.3个。单株荚数春播70.7个、夏播47.7个，单荚粒数春播2.0个、夏播2.0个。子叶黄色，叶卵圆形，白花，棕毛。籽粒椭圆形，种皮黄色，脐淡黑色。百粒重春播21.7g、夏播22.5g。

特性 黄淮海夏大豆，中晚熟品种，山西大豆春播中晚熟区生育期133d，南部夏播区生育期104d。

产量品质 2016—2017年参加山西省春播中晚熟区和南部夏播区区域试验，2016年平均产量3 079.5kg/hm²，比对照晋豆19增产6.5%；2017年续试，平均产量3 325.5kg/hm²，比对照增产3.3%；两年平均产量3 202.5kg/hm²，比对照增产4.8%。2018年春播中晚熟区生产试验，平均产量3 582.0kg/hm²，比对照汾豆78增产6.7%；2019年南部夏播区生产试验，平均产量2 749.5 kg/hm²，比对照晋豆19增产9.5%。春播蛋白质含量43.18%，脂肪含量19.85%；夏播蛋白质含量39.73%，脂肪含量22.00%。

栽培要点 一般施农家肥37 500kg/hm²，过磷酸钙450kg/hm²、氮肥225kg/hm²或复合肥600kg/hm²；适宜播期中部春播4月下旬至5月上旬，南部夏播6月中旬；播量春播45～75kg/hm²，夏播60～90kg/hm²，等行距条播，播种深度3～5cm；留苗中部春播9万～12万株/hm²，南部夏播15万～18万株/hm²。

适宜地区 山西省中部地区（春播），南部地区（夏播）。

612. 晋青1号 （Jinqing 1）

品种来源 山西省农业科学院作物科学研究所和山西豆冠种业有限公司以晋豆19为母本，冀青1号为父本，经有性杂交，系谱法选育而成。2020年经山西省农作物品种审定委员会审定，审定编号为晋审豆20200005。全国大豆品种资源统一编号ZDD33467。

特征 亚有限结荚习性，植株直立，株型半开张。株高120.6cm，分枝数3.6个。单株有效荚数60.1个，单荚粒数2.0粒。子叶黄色，叶卵圆形，紫花，灰毛。籽粒椭圆形，种皮绿色，脐淡黑色。百粒重23.9g。

特性 北方春大豆，晚熟品种，山西大豆春播中晚熟区生育期136d。

产量品质 2017年山西省大豆春播中晚熟区区域试验，平均产量3 342.0kg/hm²，比对照汾豆78减产6.0%。2018年生产试验，平均产量3 385.5kg/hm²，比对照汾豆78增产0.8%。蛋白质含量43.86%，脂肪含量20.60%。

栽培要点 一般施农家肥37 500kg/hm²，过磷酸钙450kg/hm²，氮肥225kg/hm²或复合肥

晋青1号

600kg/hm²；适宜播期4月下旬至5月上旬；播量45 ～ 90kg/hm²，等行距条播，播种深度3 ～ 5cm；留苗9万～ 12万株/hm²。防治蚜虫、红蜘蛛、食心虫等。

适宜地区　山西省中部地区（春播）。

613. **品豆**20（Pindou 20）

品豆20

品种来源　山西省农业科学院农作物品种资源研究所以品75-14为母本，晋遗36为父本，经有性杂交，系谱法选育而成。2017年经山西省农作物品种审定委员会审定，审定编号为晋审豆20170003。全国大豆品种资源统一编号ZDD33459。

特征　亚有限结荚习性，植株直立，株型收敛。株高77.4cm，底荚高度4.5cm，主茎节数20.0个，有效分枝数3.4个。单株荚数54.9个，单荚粒数2.2粒。幼茎紫色，子叶黄色，叶卵圆形，紫花，棕毛。籽粒圆形，种皮黄色，无光泽，脐褐色。百粒重24.5g。

特性　黄淮海夏大豆，中晚熟品种，生育期中部地区春播127d，南部地区夏播103d。

产量品质　2014年山西省大豆中晚熟区区域试验，平均产量3 322.5kg/hm²，比晋豆19增产10.4％；2015年续试，平均产量3 618.0kg/hm²，比晋豆19增产10.6％；两年平均产量3 477.0kg/hm²，比晋豆19增产10.5％。2016年生产试验，平均产量3 081.0kg/hm²，比晋豆19增产9.1％。蛋白质含量42.46％，脂肪含量20.86％。

栽培要点　播前精细整地，浇足底墒水。施农家肥15 000kg/hm²，硝酸磷肥375 ～ 450kg/hm²。适宜播期中部春播4月下旬至5月上旬，南部夏播6月上中旬。播种量春播75 ～ 90kg/hm²，夏播90 ～ 120kg/hm²；等行距条播，播种深度3 ～ 5cm。留苗密度春播12万～ 15万株/hm²，夏播22.5万株/hm²。及时中耕锄草，始花期追施尿素150kg/hm²，及时治虫，饱浇花荚水，成熟后及时收获。

适宜地区　山西省中部地区（春播），南部地区（夏播）。

614. **品豆**21（Pindou 21）

品种来源　山西省农业科学院农作物品种资源研究所以品75-14为母本，晋遗36为父本，经有性杂交，系谱法选育而成。2018年经山西省农作物品种审定委员会审定，审定编号为晋审豆20180003。全国大豆品种资源统一编号ZDD33460。

特征 亚有限结荚习性，植株直立，株型收敛。株高86.6cm，底荚高度7.0cm，主茎节数20.0节，有效分枝数3.2个。单株有效荚数62.4个，单荚粒数2.3粒。幼茎紫色，子叶黄色，叶椭圆形，紫花，棕毛，褐色。籽粒圆形，种皮黄色，无光泽，脐褐色，百粒重23.3g。

特性 黄淮海夏大豆，中晚熟品种，山西春播中晚熟大豆区生育期128d，山西南部夏播大豆区生育期104d。

产量品质 2015年山西省大豆中晚熟区区域试验，平均产量3 562.5kg/hm²，比对照晋豆19增产8.5％；2016年续试，平均产量3 147.0kg/hm²，比对照晋豆19增产8.8％；两年平均产量3 354.0kg/hm²，比对照晋豆19增产8.6％。2017年生产试验，春播中晚熟区平均

品豆21

产量3 648.0kg/hm²，比对照汾豆78增产9.1％；南部夏播区平均产量3 069.0kg/hm²，比对照晋豆19增产6.8％。蛋白质含量41.86％，脂肪含量20.67％。

栽培要点 播前精细整地，浇足底墒水；施农家肥2 250kg/hm²、硝酸磷肥375～450kg/hm²；适宜播期中部春播4月下旬至5月上旬，南部夏播6月中旬；播量中部春播75～90kg/hm²，南部夏播90～120kg/hm²；等行距条播，播种深度3～5cm；留苗中部春播12万～15万株/hm²，南部夏播22.5万株/hm²；及时定苗和中耕锄草，始花期追施尿素150kg/hm²，生长期及时防治食叶性害虫，饱浇花荚水，成熟后及时收获。

适宜地区 山西省中部地区（春播），南部地区（夏播）。

615. 优势豆-A-5（Youshidou-A-5）

品种来源 山西省农业科学院农作物品种资源研究所以JLSXCMS1为母本，中119-99为父本，经有性杂交，采用系谱法选育而成。2019年经山西省农作物品种审定委员会审定，审定编号为晋审豆20190002。全国大豆品种资源统一编号ZDD33461。

特征 亚有限结荚习性，植株直立，株型半开张。株高90.3cm，主茎节数18.8个，有效分枝数3.5个。单株荚数62.9个，单荚粒数2.4粒。幼茎绿色，子叶黄色，叶卵圆形，白花，灰毛。籽粒椭圆形，种皮黄色，有光泽，脐黑色。百粒重21.2g。

特性 黄淮海夏大豆，中晚熟品种，山西春播大豆中晚熟区生育期129d，南部夏播生育期103d。

优势豆-A-5

强丰1号

产量品质　2014—2015年山西省大豆春播中晚熟区和南部夏播区区域试验，2014年平均产量3 435.0kg/hm²，比对照晋豆19增产14.2%；2015年平均产量3 705.0kg/hm²，比对照晋豆19增产12.9%；两年平均产量3 570.0kg/hm²，比对照晋豆19增产13.5%。2016年生产试验，平均产量3 217.5kg/hm²，比对照晋豆19增产12.1%。蛋白质含量42.10%、脂肪含量20.96%。

栽培要点　适宜播期中部春播5月1日至5月18日，南部夏播6月15日至6月25日；留苗中部春播10.5万～13.5万株/hm²，南部夏播15万～19.5万株/hm²。

适宜地区　山西省中部地区（春播），南部地区（夏播）。

616. 强丰1号（Qiangfeng 1）

品种来源　山西金三鼎农业科技有限公司以开育9号为母本，铁丰29为父本，经有性杂交，系谱法选育而成。2018年经山西省农作物品种审定委员会审定，审定编号为晋审豆20180002。全国大豆品种资源统一编号ZDD33452。

特征　亚有限结荚习性，植株直立，株型收敛。株高67.2cm，底荚高度18.2cm，主茎节数14.6节，有效分枝数5.0个。单株有效荚数81.4个。子叶黄色，叶圆形，紫花，灰毛。籽粒椭圆形，种皮黄色，脐黄色。百粒重25.7g。

特性　黄淮海夏大豆，中晚熟品种，山西春播中晚熟大豆区生育期127d，山西南部夏播大豆区生育期101d。

产量品质　2014年山西省大豆中晚熟区区域试验，平均产量3 270.0kg/hm²，比对照晋豆19增产8.7%；2015年续试，平均产量3 607.5kg/hm²，比对照晋豆19增产9.9%；两年平均产量3 438.0kg/hm²，比对照晋豆19增产9.3%。2017年生产试验，平均产量

3 219.0kg/hm², 比对照晋豆19增产6.1%。蛋白质含量37.50%，脂肪含量20.72%。

栽培要点　播前平整土地，通灌底墒水；施磷酸二铵225kg/hm²，钾肥60kg/hm²作种肥；适宜播期中部春播4月下旬至5月上旬，南部夏播6月中下旬；播种量60～90kg/hm²；等行距条播，播种深度3～5cm；留苗中部春播22.5万株/hm²，南部夏播22.5万～25.5万株/hm²；及时定苗和中耕锄草，始花期追施尿素150kg/hm²，生长期防治食叶性害虫，饱浇花荚水，成熟后及时收获。

适宜地区　山西省中部地区（春播），南部地区（夏播）。

617. 汾豆92（Fendou 92）

品种来源　山西省农业科学院经济作物研究所以晋豆23为母本，中豆27为父本，经有性杂交，系谱法选育而成。2016年经甘肃省农作物品种审定委员会审定，审定编号为甘审豆20170002。全国大豆品种资源统一编号ZDD33468。

特征　亚有限结荚习性。株高52.6～125.5cm。单株结荚30.5～45.3个，单株粒重21.2～28.4g。幼茎绿色，子叶黄色，叶卵圆叶，白花，棕毛。籽粒椭圆形，种皮黄色，脐褐色。百粒重21.5～28.4g。田间高抗黑斑病。

特性　北方春大豆，晚熟品种，春播生育期125～135d。

产量品质　2014—2015年甘肃省大豆区域试验，平均产量2 329.2kg/hm²，较对照陇豆2号增产6.6%；2016年生产试验，平均产量2 314.5kg/hm²，较对照陇豆2号增产7.6%。蛋白质含量41.63%，脂肪含量20.18%。

汾豆92

栽培要点　播期4月中旬至5月上旬，播种密度16.5万～22.5万株/hm²。基肥施复合肥180～225 kg/hm²，初花期追施尿素75～120 kg/hm²。

适宜地区　山西省中部沿黄灌区、河西灌区和陇东旱塬区。

618. 汾豆93（Fendou 93）

品种来源　山西省农业科学院经济作物研究所以晋大78为母本，晋豆39为父本，经有性杂交，系谱法选育而成。2016年经甘肃省农作物品种审定委员会审定，审定编号为甘审豆2016002。2020年经国家农作物品种审定委员会审定，审定编号为国审豆

20200027。全国大豆品种资源统一编号ZDD31354。

特征　亚有限结荚习性，株型半开张。株高74.2～115.8cm，底荚高度22.1cm，分枝1～2个。单株结荚32.5～58.2个，单株粒重20.2～32.6g。幼茎绿色，子叶黄色，叶卵圆形，白花，灰毛。籽粒圆形，种皮黄色，脐黄色，百粒重22.1～30.0g。

特性　北方春大豆，晚熟品种，生育期125～135d。

产量品质　2013—2014年甘肃省大豆区域试验，平均产量2 675.5kg/hm²，较陇豆2号增产13.1%；2015年生产试验，平均产量2 704.2kg/hm²，较对照陇豆2号增产14.7%。蛋白质含量42.40%，脂肪含量21.7%。田间高抗黑斑病。

2018—2019年北方春大豆晚熟西北组品种区域试验，两年平均产量3 651.0kg/hm²，比对照汾豆78增产5.3%。2019年生产试验，平均产量3 346.5kg/hm²，比对照汾豆78增产5.2%。蛋白质含量42.67%，脂肪含量19.55%。

栽培要点　播期4月中旬至5月上旬，播种密度19.5万～22.5万株//hm²，穴播条播均可，播种前结合整地施复合肥180～225kg/hm²基肥，初花期追施尿素75～120kg/hm²，花荚期和鼓粒期如遇干旱及时灌溉。种植密度高肥力地块12万株/hm²，中等肥力地块15万株/hm²，低肥力地块18万株/hm²。

适宜地区　山西省中南部、陕西省北部、甘肃省中部和东部地区（春播）。胞囊线虫病发病严重区慎用。

汾豆93

619. 晋大88 （Jinda 88）

品种来源　山西农业大学以晋大74为母本，晋大57为父本，经有性杂交，系谱法选育而成。2017年经山西省农作物品种审定委员会审定，审定编号为晋审豆20170004。全国大豆品种资源统一编号ZDD31346。

特征　亚有限结荚习性，植株直立，株型

晋大88

半开张。株高102.9cm，底荚高度7.0cm，主茎节数22.5个，有效分枝数3.0个。单株有效荚数50.3个，单荚粒数2.5粒。幼茎绿色，子叶黄色，叶披针形，白花，棕毛。籽粒圆形，种皮黄色，有光泽，脐黑色。百粒重20.4g。

特性 黄淮海夏大豆，中晚熟品种，生育期中部地区春播131d，南部地区夏播106d。

产量品质 2014年山西省大豆中晚熟区区域试验，平均产量3 445.5kg/hm²，比晋豆19增产14.5%；2015年续试，平均产量3 348.0kg/hm²，比晋豆19增产2.0%；两年平均产量3 396.0kg/hm²，比晋豆19增产7.9%。2016年生产试验，平均产量3 066.0kg/hm²，比晋豆19增产11.9%。蛋白质含量43.66%，脂肪含量19.54%。

栽培要点 适宜播期中部春播4月28日至5月10日，南部夏播6月10日至18日。播种量中部春播60kg/hm²，南部夏播90 ~ 105kg/hm²，留苗密度中部春播12万 ~ 15万株/hm²，南部夏播24万株/hm²。中部春播行距40 ~ 50cm，株距10 ~ 15cm，播深4.5 ~ 5.0cm；南部夏播行距40cm，株距6 ~ 10cm，播深5cm。始花期施尿素150kg/hm²，鼓粒期遇旱浇水，中耕除草，疏松土壤，防治病虫害。

适宜地区 山西省中部地区（春播），南部地区（夏播）。

620. 晋大滞绿1号（Jindazhilü 1）

品种来源 山西农业大学和延安市农业科学研究所以晋大74为母本，Z-滞绿突变体为父本，经有性杂交，系谱法选育而成。2020年通过陕西省农作物品种审定委员会审定，审定编号为陕审豆2020002。全国大豆品种资源统一编号为ZDD34420。

特征 亚有限结荚习性，株高103.3cm，株型收敛，有效分枝2 ~ 3个。单株有效荚数38.6个。叶披针形，白花，灰毛，荚黄色。籽粒圆形，种皮绿色，脐黑色。百粒重21.0g。

特性 黄淮海夏大豆，中晚熟品种，夏播生育期113d。高抗大豆花叶病毒病，抗褐斑病。落叶性好，不裂荚。

产量品质 2018—2019年陕西省夏播大豆品种区域试验，平均产量2 637.0kg/hm²，比对照秦豆8号增产4.4%。2019年生产试验，平均产量2 655.0kg/hm²，比对照品种秦豆8号增产4.0%。蛋白质含量41.12%，脂肪含量19.64%。

栽培要点 适宜陕西夏播大豆区种植，适播期为6月上中旬，播量75 ~ 90kg/hm²，行距

晋大滞绿1号

0.3 ~ 0.4m，株距0.1m，密度25.0万 ~ 30.0万株/hm²，三叶期间苗，五叶期定苗。播前整地，施磷酸二铵300kg/hm²，尿素150kg/hm²，硫酸钾120kg/hm²。花荚期可结合防虫喷施适量磷酸二氢钾。遇干旱及时浇水。防治大豆病虫害。与禾本科作物实行合理轮作。

适宜地区　陕西省夏播大豆区。

621. 长豆31（Changdou 31）

长豆31

品种来源　山西省农业科学院谷子研究所以长豆001为母本，长豆002为父本，经有性杂交，系谱法选育而成。2017年经山西省农作物品种审定委员会审定，审定编号为晋审豆20170005。全国大豆品种资源统一编号ZDD33454。

特征　亚有限结荚习性，植株直立，株型半开张。株高98.5cm，底荚高度10.0cm，主茎节数19.0个，有效分枝4.2个。单株有效荚数58.0个，单荚粒数2.3粒，幼茎紫色，子叶黄色，叶椭圆形，紫花，棕毛。籽粒椭圆形，种皮黄色，有光泽，脐褐色。百粒重24.1g。

特性　黄淮海夏大豆，中晚熟品种，生育期中部地区春播132d，南部地区夏播105d。

产量品质　2013年山西省大豆中晚熟区区域试验，平均产量3 177.0kg/hm²，比晋豆19增产9.6%；2014年续试，平均产量3 352.5kg/hm²，比晋豆19增产11.4%；两年平均产量3 261.0kg/hm²，比晋豆19增产10.5%。2016年生产试验，平均产量2 998.5kg/hm²，比晋豆19增产7.5%。蛋白质含量41.15%，脂肪含量21.11%。

栽培要点　施足基肥，一般施农家肥15 000kg/hm²，硝酸磷肥225 ~ 300kg/hm²、过磷酸钙375kg/hm²。适宜播期中部春播4月下旬至5月上旬，南部夏播6月中旬。留苗密度中部春播15.0万 ~ 18.0万株/hm²，南部夏播22.5 ~ 25.5万株/hm²。始花期追施尿素120kg/hm²，花期防治食心虫。

适宜地区　山西省中部地区（春播），南部地区（夏播）。

622. 长豆32（Changdou 32）

品种来源　山西省农业科学院谷子研究所以长豆002为母本，铁丰30为父本，经有性杂交，系谱法选育而成。2017年经山西省农作物品种审定委员会审定，审定编号为晋审豆20170002。全国大豆品种资源统一编号ZDD33455。

特征 亚有限结荚习性，株型收敛，植株直立。株高85.0cm，底荚高度9.0cm，主茎节数18.0个，有效分枝1.6个。单株有效荚数40.0个，单荚粒数2.5粒。幼茎紫色，子叶黄色，叶椭圆形，紫色，棕毛。籽粒椭圆形，种皮黄色，有光泽，脐黄色。百粒重20.0g。

特性 黄淮海夏大豆，早熟品种，生育期北部地区春播121d，中部地区夏播98d。

产量品质 2014年山西省大豆早熟区区域试验，平均产量2 811.0kg/hm²，比晋豆25增产9.9%；2015年续试，平均产量2 731.5kg/hm²，比晋豆25增产4.8%；两年平均产量2 770.5kg/hm²，比晋豆25增产7.3%。2016年生产试验，平均产量2 914.5kg/hm²，比晋豆25增产8.2%。蛋白质含量42.64%，脂肪含量20.03%。

栽培要点 施足基肥，一般施农家肥15 000kg/hm²、硝酸磷肥225kg/hm²、过磷酸钙375kg/hm²。适宜播期北部春播5月上旬，中部夏播6月上中旬。留苗密度北部春播15万～18万株/hm²，中南部夏播24万～27万株/hm²。始花期追施尿素120kg/hm²，花期防治食心虫，成熟后及时收获。

适宜地区 山西省北部地区（春播），中部和东南部地区（夏播）。

长豆32

623. 长豆33（Changdou 33）

品种来源 山西省农业科学院谷子研究所以长豆001为母本，长豆002为父本，经有性杂交，系谱法选育而成。2018年经山西省农作物品种审定委员会审定，审定编号为晋审豆20180004。全国大豆品种资源统一编号ZDD33456。

特征 亚有限结荚习性，植株直立，株型

长豆33

收敛。株高69.5cm，底荚高度8.0cm，主茎节数18.0节，有效分枝数2.7个。单株有效荚数60.8个，单荚粒数2.2粒。幼茎紫色，子叶黄色，叶椭圆形，紫花，棕毛。籽粒椭圆形，种皮黄色，有光泽，脐褐色。百粒重22.5g。

特性　黄淮海夏大豆，中晚熟品种，山西春播中晚熟大豆区生育期129d，山西南部夏播大豆区生育期105d。

产量品质　2015年山西省大豆中晚熟区区域试验，平均产量3 553.5kg/hm²，比对照晋豆19增产8.2%；2016年续试，平均产量3 060.0kg/hm²，比对照晋豆19增产5.8%；两年平均产量3 307.5kg/hm²，比对照晋豆19增产7.1%。2017年生产试验，春播中晚熟区平均产量3 724.5kg/hm²，比对照汾豆78增产11.4%；南部夏播区平均产量3 096.0kg/hm²，比对照晋豆19增产7.7%。蛋白质含量39.90%，脂肪含量21.62%。

栽培要点　施足基肥，一般施农家肥15 000kg/hm²，硝酸磷肥225kg/hm²、过磷酸钙375kg/hm²；适宜播期中部春播4月下旬至5月上旬，南部夏播6月中旬；留苗中部春播225万～270万株/hm²，南部夏播337.5万～382.5万株/hm²；始花期追施尿素1 800kg/hm²，花期防治食心虫，成熟后及时收获。

适宜地区　山西省中部地区（春播），南部地区（夏播）。

624. 长豆34 （Changdou 34）

品种来源　山西省农业科学院谷子研究所以长0550013为母本，长0518为父本，经有性杂交，系谱法选育而成。2019年经山西省农作物品种审定委员会审定，审定编号为晋审豆20190001。全国大豆品种资源统一编号ZDD33457。

长豆34

特征　亚有限结荚习性，植株直立，株型收敛。株高春播90.6cm，夏播68.8cm，主茎节数18.9节，有效分枝春播2.7个，夏播1.4个，底荚高度8.6cm，单株荚数春播50.5个，夏播29.7个，单荚粒数春播2.7粒，夏播2.0粒。幼茎紫色，子叶黄色，叶卵圆形，紫花，棕毛。籽粒椭圆形，种皮黑色，有光泽，脐黑色，百粒重春播19.6g，夏播21.4g。

特性　黄淮海夏大豆，早熟品种，山西大豆春播早熟区生育期123d，中部夏播区生育期105d。

产量品质　2016—2017年山西省大豆春播早熟区和中部夏播区区域试验，春播早熟区2016年平均产量3 046.5kg/hm²，比对照晋豆25增产8.7%；2017年平均产量2 595.0kg/hm²，比对照晋豆25增产5.4%；两年平均产量2 821.5 kg/hm²，比对照晋豆25增产7.2%。中部夏播区2016年2 766.0kg/hm²，比对照晋豆25增产12.5%；2017年3 196.5kg/hm²，比对照晋豆25增产4.0%；两年平均产量2 980.5kg/hm²，比对照晋豆25增产7.8%。2018年生产试验，春播早熟区平均产量2 721.0 kg/hm²，比对照晋豆25增产8.0%；中部夏播区平均产量2 742.0kg/hm²，比对照晋豆25增产6.4%。蛋白质含量40.30%，脂肪含量20.83%。

栽培要点 适宜播期春播早熟区5月中下旬，中部夏播区6月下旬；留苗春播早熟区22.5万～30.0万株/hm²，中部夏播区27万～37.5万株/hm²。

适宜地区 山西省北部地区（春播），中部和东南部（夏播）。

625. 长豆35（Changdou 35）

品种来源 山西省农业科学院谷子研究所以w477为母本，长0516为父本，经有性杂交，系谱法选育而成。2020年经山西省农作物品种审定委员会审定，审定编号为晋审豆20200002。全国大豆品种资源统一编号ZDD33458。

特征 亚有限结荚习性，植株直立，株型收敛。株高111.0cm，结荚高度8.4cm，主茎节数18.0个，有效分枝数3.3个。单株有效荚数74.0个，单荚粒数2.6粒。幼茎紫色，子叶黄色，叶椭圆形，紫花，棕毛。籽粒椭圆形，种皮黄色，有光泽，脐黑色。百粒重20.7g。

特性 北方春大豆，晚熟品种，山西大豆春播中晚熟区生育期133d。

产量品质 2017—2018年参加山西省大豆春播中晚熟区区域试验，2017年平均产量3 862.5kg/hm²，比对照汾豆78增产8.7%；2018年续试，平均产量3 909.0kg/hm²，比对照汾豆78增产10.2%；两年平均产量3 886.5kg/hm²，比对照汾豆78增产9.4%。2019年生产试验，

长豆35

平均产量3 133.5kg/hm²，比对照汾豆78增产10.2%。蛋白质含量40.22%，脂肪含量24.00%。

栽培要点 一般施农家肥15 000kg/hm²，硝酸磷肥225kg/hm²、过磷酸钙375kg/hm²。适宜播期5月上旬；播量60～75kg/hm²，等行距条播，播深3.33～5.00cm，行距0.4m，株距0.15m；留苗15万～18万株/hm²；及时间苗、定苗，中耕除草，始花期追施尿素120kg/hm²，花期防治食心虫，成熟后及时收获。

适宜地区 山西省中部地区（春播）。

山 东 省 品 种

626. 潍豆10号（Weidou 10）

潍豆10号

品种来源　潍坊市农业科学院以G20为母本，潍豆6号为父本，经有性杂交，系谱法选育而成。2015年通过山东省农作物品种审定委员会审定，审定编号为鲁农审2015028号。全国大豆品种资源统一编号ZDD33479。

特征　有限结荚习性，株型收敛。株高73.7cm，底荚高15.0cm，主茎节数14.0节，分枝数2.2个。叶卵圆形，白花，棕色茸毛。单株粒数116.0粒，籽粒椭圆形，种皮黄色，有光泽，脐黑色，百粒重16.8g。

特性　黄淮海夏大豆，中熟品种，生育期103d，6月中旬播种，10月上旬成熟。中抗花叶病毒3号株系、抗花叶病毒7号株系。较抗倒伏，落叶性好，不裂荚。

产量品质　2012—2013年山东省夏大豆品种区域试验，平均产量3 220.5kg/hm²，比对照菏豆12增产3.1%；2014年生产试验平均产量3 489.0kg/hm²，比对照菏豆12增产3.2%。蛋白质含量37.93%，脂肪含量22.48%

栽培要点　适宜播期6月15日至6月25日，适宜密度为18.0万～22.5万株/hm²，土壤肥力差时，可增施基肥225kg/hm²。及时防治病虫害，注意防治点蜂缘蝽，在现蕾、开花和初荚期，可用噻虫嗪混合高效氯氟氰菊酯和毒死蜱，喷雾防治，隔7～10d喷1次，连续喷2～3次。

适宜地区　鲁中、鲁南、鲁西南、鲁北地区（夏播）。

627. 潍豆126（Weidou 126）

品种来源　潍坊市农业科学院以G20为母本，潍豆6号为父本，经有性杂交，系谱法选育而成。2016年通过山东省品种审定委员会审定，审定编号为鲁审豆20160042。全国大豆品种资源统一编号ZDD33480。

特征　有限结荚习性，株型收敛。株高71.5 cm，底荚高14.0cm，主茎节数13.8节，分枝数2.5个。叶卵圆形，白花，棕色茸毛。单株粒数120.0粒，籽粒椭圆形，种皮黄色，有光泽，脐黑色。百粒重16.8g。

特性　黄淮海夏大豆，中熟品种，生育期105d，6月中旬播种，10月上旬成熟。抗花叶病毒3号和7号株系。落叶性好，不裂荚。

产量品质　2013—2014年山东省夏大豆品种区域试验，平均产量3 451.5kg/hm²，比对照菏豆12增产3.7%；2015年生产试验平均单产3 718.5kg/hm²，比对照菏豆12增产6.0%。蛋白质含量38.98%，脂肪含量22.07%。

栽培要点　适宜播期6月15日至6月25日，适宜密度15万～18万株/hm²，开花期和鼓粒期遇旱浇水，及时防治病虫害，结合喷药同时喷施叶面肥。

适宜地区　山东全省（夏播）。

潍豆126

628. 潍豆138（Weidou 138）

品种来源　潍坊市农业科学院以德豆99-16为母本，吉豆44为父本，经有性杂交，系谱法选育而成。2017年通过山东省品种审定委员会审定，审定编号为鲁审豆20170050。全国大豆品种资源统一编号ZDD33481。

特征　有限结荚习性，株型收敛。株高82.3cm，底荚高12.0cm，主茎节数15.4节，分枝数1.6个。叶椭圆形，白花，棕色茸毛。单株粒数107.0粒，籽粒椭圆形，种皮褐色，无光泽，子叶黄色，脐褐色。百粒重21.4g。

特性　黄淮海夏大豆，中熟品种，生育期106d，6月中旬播种，10月上旬成熟。感花叶病毒3号和7号株系。抗倒伏，落叶性好，不裂荚。

潍豆138

产量品质　2014—2015年山东省夏大豆品种区域试验，平均产量3 907.5kg/hm²，比对照菏豆12增产4.4%；2016年生产试验，平均产量2 755.5kg/hm²，比对照菏豆12增产5.0%。蛋白质含量38.70%，脂肪含量21.10%。

栽培要点　适宜播期6月15日至6月25日，适宜密度18万～21万株/hm²，及时中耕除草，花期和鼓粒期遇旱浇水，结合病虫害防治，喷施叶面肥，提高百粒重增加产量。

适宜地区　山东全省（夏播）。

629. 潍豆1897（Weidou 1897）

品种来源　潍坊市农业科学院以G20为母本，益农1号为父本，经有性杂交，系谱法选育而成。2018年通过山东省品种审定委员会审定，审定编号为鲁审豆20180002。全国大豆品种资源统一编号ZDD33482。

潍豆1897

特征　有限结荚习性，株型收敛。株高86.0cm，底荚高15.0cm，主茎节数17.0节，分枝数2.3个。叶卵圆形，白花，棕色茸毛。单株粒数108.5粒，籽粒椭圆形，种皮黄色，有光泽，脐褐色。百粒重21.2g。

特性　黄淮海夏大豆，中熟品种，生育期107d，6月中旬播种，10月上旬成熟。感花叶病毒3号株系、高感花叶病毒7号株系。抗倒伏，落叶性好，不裂荚。

产量品质　2015—2016年山东省夏大豆品种区域试验，平均产量3 711.0kg/hm²，比对照菏豆12增产9.2%；2017年生产试验，平均产量3 268.5kg/hm²，比对照菏豆12增产9.9%。蛋白质含量42.80%，脂肪含量20.60%。

栽培要点　适宜播期6月10日至20日，密度18.0万～22.5万株/hm²，麦收后灭茬旋耕，适墒播种。花期和鼓粒期遇旱浇水，及时中耕除草，防治病虫害。

适宜地区　山东全省（夏播）。

630. 潍黑豆1号（Weiheidou 1）

品种来源　潍坊市农业科学院以德豆99-16为母本，吉豆44为父本，经有性杂交，系谱法选育而成。2018年通过山东省品种审定委员会审定，审定编号为鲁审豆20180003。全国大豆品种资源统一编号ZDD33490。

特征　有限结荚习性，株型收敛。株高86.8cm，底荚高12.0cm，主茎节数15.9节，分枝数0.8个。叶卵圆形，白花，棕色茸毛。单株粒数98.8粒，籽粒椭圆形，种皮黑色，有光泽，子叶黄色，脐黑色，百粒重23.5g。

特性　黄淮海夏大豆，中熟品种，生育期105d，6月中旬播种，10月上旬成熟。中感花叶病毒3号株系、抗花叶病毒7号株系。较抗倒伏，落叶性好，不裂荚。

产量品质　2015—2016年山东省夏大豆品种区域试验，年平均产量3 699.0kg/hm²，比对照菏豆12增产8.5%；2017年生产试验平均产量3 033.0kg/hm²，比对照菏豆12增产2.0%。蛋白质含量41.50%，脂肪含量20.30%。

栽培要点　适宜播期为6月10日至20日，密度18万～22.5万株/hm²，适时中耕除草，防治病虫害，及时防旱排涝。

适宜地区　山东全省（夏播）。

潍黑豆1号

631. 临豆11（Lindou 11）

品种来源　临沂市农业科学院以中黄13为母本，临502为父本，经有性杂交，系谱法选育而成。2019年通过山东省品种审定委员会审定，审定编号为鲁审豆20190004。全国大豆品种资源统一编号ZDD31395。

特征　有限结荚习性，株型收敛、直立。株高72.1cm，底荚高10.0cm，有效分枝数2.5个，主茎节数15.0节。叶卵圆形，白花，棕色茸毛。单株粒数84.8粒，籽粒椭圆形，种皮黄色、无光泽，脐褐色。百粒重24.4g。

特性　黄淮海夏大豆，中熟品种，生育期104d，6月中旬播种，10月上旬成熟。感花叶病毒3号和7号株系。抗倒伏，落叶性好，重度裂荚。

产量品质　2016—2017年山东省夏大豆品种区域试验，平均产量3 246.0kg/hm²，比对

临豆11

照菏豆12增产7.8%；2018年生产试验，平均产量2 920.5 kg/hm²，比对照菏豆12增产3.5%。蛋白质含量41.00%，脂肪含量21.10%。

栽培要点　适宜播期6月10日至25日，密度为18.0万~ 22.5万株/hm²，地下害虫危害严重地区，结合灭茬旋耕，可用48%毒死蜱乳油500g拌成毒饵撒施，或用3%辛硫磷颗粒剂直接撒施，防治地下害虫。播种后及时喷施除草剂，防治杂草。

适宜地区　山东全省（夏播）。

632. 沂豆12（Yidou 12）

品种来源　郯城县种子公司以tc1136为母本，潍豆9号为父本，经有性杂交，系谱法选育而成。2020年通过山东省品种审定委员会审定，审定编号为鲁审豆20200003。全国大豆品种资源统一编号ZDD33487。

沂豆12

特征　有限结荚习性，株型收敛、直立。株高75.0cm，底荚高18.0cm，有效分枝数1.4个，主茎节数15.6节。叶椭圆形，白花，棕色茸毛。单株粒数92.0粒，籽粒椭圆形，种皮黄色、有光泽，种脐黑色。百粒重22.1g。

特性　黄淮海夏大豆，中熟品种，生育期106d，6月中旬播种，10月上旬成熟。抗花叶病毒3号和7号株系。抗倒伏，落叶、不裂荚。

产量品质　2017—2018年山东省夏大豆品种区域试验，平均产量3 340.5kg/hm²，比对照菏豆12增产6.8%；2019年生产试验平均产量3 258.0kg/hm²，比对照菏豆12增产3.4%。蛋白质含量40.16%，脂肪含量20.26%。

栽培要点　适宜播期6月15日至25日，密度19.5万~ 22.5万株/hm²，结合灭茬旋耕，撒施750kg/hm²氮磷钾三元复合肥作基肥，及时防治病虫害，花期与鼓粒期遇旱浇水。

适宜地区　山东省（夏播）。

633. 苍黑1号（Canghei 1）

品种来源　兰陵农垦实业总公司以威莱姆斯为母本，大粒黑豆为父本，经有性杂交，系谱法选育而成。2015年通过山东省农作物品种审定委员会审定，审定编号为鲁农审2015029号。全国大豆品种资源统一编号ZDD33489。

特征　亚有限结荚习性，株型收敛。株高110.0cm，底荚高10.0cm，主茎节数19.0

节，分枝数2.2个。叶卵圆形，白花，棕色茸毛。单株粒数109.0粒，籽粒椭圆形，种皮黑色，有光泽，子叶黄色，脐黑色。百粒重17.0g。

特性 黄淮海夏大豆，中熟品种，生育期105d，6月中旬播种，10月上旬成熟。中感花叶病毒3号株系、感花叶病毒7号株系。较抗倒伏，落叶性好，不裂荚。

产量品质 2012—2013年山东省黑豆品种区域试验，平均产量3 063.0kg/hm²，比对照菏豆12增产1.3%；2014年生产试验平均产量3 316.5kg/hm²，比对照菏豆12减产1.9%。蛋白质含量38.55%，脂肪含量21.55%。

栽培要点 适宜播期6月15日至25日，适宜密度18.0万～22.5万株/hm²，施腐熟有机肥7 500～15 000kg/hm²或氮磷钾复合肥150～225kg/hm²作基肥，初花期追施氮磷钾三元复合肥150～225kg/hm²。及时防治病虫害，开花期和鼓粒期遇旱浇水。

适宜地区 鲁中、鲁南、鲁西南地区（夏播）。

苍黑1号

634. 华豆10号 （Huadou 10）

品种来源 临沂市春秋农业科学研究所、嘉祥秋收种业有限公司以中黄13为母本，菏豆12为父本，经有性杂交，系谱法选育而成。2016年通过山东省品种审定委员会审定，审定编号为鲁审豆20160040。全国大豆品种资源统一编号ZDD34421。

特征 有限结荚习性，株型收敛。株高64.6cm，底荚高18.0cm，主茎节数14.0节，分枝数2.3个。叶卵圆形，紫花，灰色茸毛。单株粒数93.0粒，籽粒椭圆形，种皮黄色，无光泽，脐褐色。百粒重22.3g。

特性 黄淮海夏大豆，中熟品种，生育期103d，6月中旬播种，10月上旬成熟。感花叶病毒3号和7号株系。较抗倒伏，落叶性好，

华豆10号

不裂荚。

产量品质　2013—2014年山东省夏大豆品种区域试验，平均产量3 463.5kg/hm²，比对照菏豆12增产4.8%；2015年生产试验，平均产量3 753.0kg/hm²，比对照菏豆12增产6.9%。蛋白质含量40.42%，脂肪含量19.32%。

栽培要点　适宜播期6月15日至25日，适宜密度21万～24万株/hm²，最好选取三年内未种植大豆的田块种植。小麦收获后结合灭茬旋耕，施750kg/hm²氮磷钾复合肥作基肥，鼓粒期喷施叶面肥延长叶片功能期，增加百粒重，提高产量。

适宜地区　山东全省（夏播）。

635. 华豆19（Huadou 19）

品种来源　郯城县种子公司以中黄13为母本，黑河36为父本，经有性杂交，系谱法选育而成。2018年通过山东省品种审定委员会审定，审定编号为鲁审豆20180001。全国大豆品种资源统一编号ZDD33486。

特征　有限结荚习性，株型收敛。株高69.6cm，底荚高13.0cm，主茎节数13.9节，

华豆19

分枝数1.2个。披针形叶片，白花，灰色茸毛。单株粒数104.7粒，籽粒椭圆形，种皮黄色、有光泽，脐黄色。百粒重21.4g。

特性　黄淮海夏大豆，中熟品种，生育期104d，6月中旬播种，10月上旬成熟。感花叶病毒3号株系、高感花叶病毒7号株系。抗倒伏，落叶性好，不裂荚。

产量品质　2015—2016年山东省夏大豆品种区域试验，平均产量3 762.0kg/hm²，比对照菏豆12增产10.4%；2017年生产试验平均产量3 141.0kg/hm²，比对照菏豆12增产5.6%。蛋白质含量43.00%，脂肪含量19.80%。

栽培要点　适宜播期6月15日至25日，密度19.5万～22.5万株/hm²，重施基肥，中期追肥，开花期与鼓粒期遇旱浇水，及时防治病虫害。

适宜地区　山东全省（夏播）。

636. 华豆14（Huadou 14）

品种来源　山东华亚农业科技有限公司以中黄13为母本，0913为父本，经有性杂交，系谱法选育而成。2020年通过江苏省农作物品种审定委员会审定，审定编号为苏审

豆20200009。全国大豆品种资源统一编号ZDD33550。

特征　有限结荚习性，株高73.8cm，底荚高16.5 cm，主茎节数14.4节，有效分枝数2.4个。叶卵圆形，白花，棕色茸毛。单株有效荚数44.6个，荚褐色。籽粒椭圆形，种皮黄色，微有光泽，脐褐色。百粒重23.9g。

特性　黄淮海夏大豆，中熟品种，江苏淮北地区夏播生育期106d。田间综合抗病性较好，抗倒伏，落叶，不裂荚。

产量品质　2017—2018年江苏省淮北夏大豆品种区域试验，平均产量3 016.5kg/hm²，比对照徐豆13增产5.3%。2019年生产试验，平均产量3 021.0kg/hm²，比对照徐豆13增产8.2%。蛋白质含量45.20%，脂肪含量20.50%。

栽培要点　6月上中旬为适播期，密度18万～21万株/hm²，出苗后间苗。基肥施纯氮45kg/hm²、五氧化二磷45kg/hm²、氧化钾45kg/hm²；花期视苗情追施纯氮45kg/hm²。花荚期保持土壤湿润。防治地老虎、蛴螬、点蜂缘蝽、斜纹夜蛾、豆荚螟等害虫。

适宜地区　江苏省淮北地区（夏播）。

华豆14

637. 山宁18（Shanning 18）

品种来源　济宁市农业科学研究院以山宁10号为母本，山宁11为父本，经有性杂交，系谱法选育而成。2017年通过山东省品种审定委员会审定，审定编号为鲁审豆20170049。全国大豆品种资源统一编号ZDD33472。

特征　有限结荚习性，株型收敛。株高63.4cm，底荚高15.0cm，主茎节数13.3节，分枝数2.8个。叶披针形，白花，灰色茸毛。单株粒数109.0粒，籽粒椭圆形，种皮黄色、无光泽，脐褐色。百粒重20.8g。

特性　黄淮海夏大豆，中熟品种，生育期109d，6月中旬播种，10月上旬成熟。中感花叶病毒3号株系、感花叶病毒7号株系。较抗

山宁18

倒伏，落叶性好，不裂荚。

产量品质　2014—2015年山东省夏大豆品种区域试验，平均产量3 982.5kg/hm²，比对照菏豆12增产6.4%；2016年生产试验平均产量2 946.0kg/hm²，比对照菏豆12增产12.2%。蛋白质含量40.40%，脂肪含量21.20%。

栽培要点　适宜播期6月15日至25日，适宜密度16.5万～19.5万株/hm²；初花期至花后10d内，如需要可追肥1次；中后期适时叶面喷肥，与病虫害防控同施，7～10d一次，一般不少于3次。及时排灌和病虫草害防控，成熟后及时收割晾晒，防炸荚、防霉变。

适宜地区　山东全省（夏播）。

638. 山宁21（Shanning 21）

品种来源　济宁市农业科学研究院以济鉴00075为母本，豫豆8号为父本，经有性杂交，系谱法选育而成。2018年通过山东省品种审定委员会审定，审定编号为鲁审豆20180006。全国大豆品种资源统一编号ZDD33473。

山宁21

特征　有限结荚习性，株型收敛。株高86.9cm，底荚高13.0cm，主茎节数15.9节，分枝数1.5个。叶披针形，白花，灰色茸毛。单株粒数89.9粒，籽粒椭圆形，种皮黄色、无光泽，脐黄色。百粒重21.9g。

特性　黄淮海夏大豆，中熟品种，生育期103d，6月中旬播种，10月上旬成熟。中感花叶病毒3号株系、中抗花叶病毒7号株系。抗倒伏，落叶性好，不裂荚。

产量品质　2015—2016年山东省夏大豆品种区域试验，平均产量3 580.5kg/hm²，比对照菏豆12增产5.0%；2017年生产试验，平均产量3 154.5kg/hm²，比对照菏豆12增产6.1%。蛋白质含量43.30%，脂肪含量19.30%。

栽培要点　适宜播期为6月10日至20日，密度16.5万～21.0万株/hm²，及时排灌和病虫草害防控，适时收获。

适宜地区　山东省（夏播）。

639. 山宁24（Shanning 24）

品种来源　济宁市农业科学研究院以商豆11为母本，菏99-35为父本，经有性杂交，系谱法选育而成。2019年通过山东省品种审定委员会审定，审定编号为鲁审豆20190003。全国大豆品种资源统一编号ZDD33474。

特征　有限结荚习性，株型收敛、直立。株高63.1cm，底荚高10.0cm，有效分枝数2.1个，主茎节数13.8节。披针形叶，白花，棕色茸毛。单株粒数112.1粒，籽粒圆形，种皮黄色、有光泽，脐淡褐色。百粒重17.5g。

特性　黄淮海夏大豆，中熟品种，生育期103d，6月中旬播种，10月上旬成熟。抗花叶病毒3号和7号株系。抗倒伏，落叶性好，不裂荚。

产量品质　2016—2017年山东省夏大豆品种区域试验，平均产量3 279.0kg/hm²，比对照菏豆12增产8.2%；2018年生产试验，平均产量2 862.0kg/hm²，比对照菏豆12增产1.4%。蛋白质含量41.60%，脂肪含量19.20%。

栽培要点　适宜播期6月10日至20日，密度18.0万～22.5万株/hm²，足墒播种或播后及时喷灌，保证大豆出苗。初花期和鼓粒期遇旱及时灌水，防止落花落荚。雨后及时排水，避免涝害。品种完熟后及时收获，以防霉变，使用机械收获选在没有露水的时候，收获前清除田间杂草和植株，降低损失和避免"泥花脸"，影响大豆商品性。

适宜地区　山东全省（夏播）。

640. 祥丰4号（Xiangfeng 4）

品种来源　山东祥丰种业有限责任公司以皖宿5157为母本，齐黄34为父本，经有性杂交，系谱法选育而成。2019年通过山东省品种审定委员会审定，审定编号为鲁审豆20190002。全国大豆品种资源统一编号ZDD31397。

特征　有限结荚习性，株型收敛、直立。株高80.1cm，底荚高14.0cm，主茎节数16.0节，分枝数2.3个。叶卵圆形，白花，灰色茸

山宁24

祥丰4号

毛。单株粒数98.0粒，籽粒椭圆形，种皮黄色、有光泽，种脐褐色，百粒重20.9g。

特性　黄淮海夏大豆，中熟品种，生育期104d，6月中旬播种，10月上旬成熟。抗花叶病毒3号株系和7号株系。抗倒伏，落叶性好，不裂荚。

产量品质　2016—2017年山东省夏大豆品种区域试验，平均产量3 276.0kg/hm²，比对照菏豆12增产8.4%；2018年生产试验，平均产量3 106.5kg/hm²，比对照菏豆12增产10.0%。蛋白质含量44.50%，脂肪含量18.50%。

栽培要点　适宜播期6月10日至25日，密度15.0万～19.5万株/hm²，播种出苗期排水防涝，花荚期抗旱排涝，保持土壤湿润。播前使用土壤杀虫剂防治地下害虫。播后防病、治虫、除草。

适宜地区　山东全省（夏播）。

641. 圣豆5号 （Shengdou 5）

品种来源　山东圣丰种业科技有限公司、国家大豆改良中心以阜7792为母本，（圣4×8480-2）F₁为父本，经有性杂交，系谱法选育而成。2015年通过山东省农作物品种审定委员会审定，审定编号为鲁农审2015027号。全国大豆品种资源统一编号ZDD33483。

特征　有限结荚习性。株型收敛，株高79.6cm，底荚高15.0cm，主茎节数16.0节，分枝数2.3个。叶卵圆形，白花，棕色茸毛。单株粒数104.0粒。籽粒椭圆形，种皮黄色，有光泽，脐黑色。百粒重19.3g。

圣豆5号

特性　黄淮海夏大豆，中熟品种，生育期106d，6月中旬播种，10月上旬成熟。中感花叶病毒3号和7号株系。较抗倒伏，落叶性好，不裂荚。

产量品质　2012—2013年山东省夏大豆品种区域试验，平均产量3 366.0kg/hm²，比对照菏豆12增产7.7%；2014年生产试验，平均产量3 664.5kg/hm²，比对照菏豆12增产8.4%。蛋白质含量39.07%，脂肪含量20.78%。

栽培要点　适宜播期6月15日至25日，适宜密度19.5万～22.5万株/hm²，施有机肥30 000～45 000kg/hm²、氮磷钾复合肥750kg/hm²用作基肥，开花初期根据肥力情况，结合中耕培土追施三元复合肥150kg/hm²。

适宜地区　鲁中、鲁南、鲁西南地区（夏播）。

642. 圣豆12 （Shengdou 12）

品种来源 山东圣丰种业科技有限公司、南京农业大学以周豆11为母本，郑9805为父本，经有性杂交，系谱法选育而成。2020年经安徽省农作物品种审定委员会审定，审定编号为皖审豆20200012，全国大豆品种资源统一编号ZDD33590。

特征 有限结荚习性，株高77.3cm，有效分枝1.1个。叶椭圆形，紫花、灰毛。籽粒椭圆形，种皮黄色，脐褐色。百粒重19.7g。

特性 黄淮海夏大豆，黄淮海南片全生育期104d。田间综合抗病性好，落叶性好，籽粒整齐，不裂荚。

产量品质 2016—2017年安徽省夏大豆区域试验，平均产量2 541.8kg/hm²，比对照中黄13增产8.4%。2018年生产试验，平均产量2 380.7kg/hm²，比对照中黄13增产7.4%。蛋白质含量41.74%，脂肪含量19.67%。

栽培要点 6月上中旬播种，种植密度22.5万株/hm²；基肥施氮磷钾复合肥150kg/hm²；遇旱及时灌溉，遇涝及时排水；防治病虫害。

适宜地区 安徽省沿淮淮北地区。

圣豆12

643. 圣豆25 （Shengdou 25）

品种来源 山东圣丰种业科技有限公司、濉溪县科技开发中心以中黄13为母本，豫豆22为父本，经有性杂交，系谱法选育而成。2020年经安徽省农作物品种审定委员会审定，审定编号为皖审豆20200002，全国大豆品种资源统一编号ZDD33591。

特征 有限结荚习性，株高74.5cm，有效分枝1.6个。叶椭圆形，紫花、灰毛。籽粒椭圆形，种皮黄色，脐淡褐色。百粒重16.7g。

特性 黄淮海夏大豆，黄淮海南片全生育

圣豆25

期102d。田间综合抗病性好，落叶性好，籽粒整齐，不裂荚。

产量品质　2017—2018年安徽省夏大豆区域试验，平均产量2 520.4kg/hm²，比对照中黄13增产9.5%。2019年生产试验，平均产量2 582.6kg/hm²，比对照中黄13增产5.9%。蛋白质含量41.65%，脂肪含量20.11%。

栽培要点　6月上中旬播种，种植密度18.75万株/hm²；基肥施氮磷钾复合肥450kg/hm²；遇旱及时灌溉，遇涝及时排水；适时中耕除草；早防治病虫害。

适宜地区　安徽省沿淮淮北地区。

644. 圣豆27（Shengdou 27）

品种来源　山东圣丰种业科技有限公司、濉溪县科技开发中心以徐豆12为母本，郑90007为父本，经有性杂交，系谱法选育而成。2017年通过湖北省品种审定委员会审定，审定编号为鄂审豆2017002。全国大豆品种资源统一编号ZDD31411。

特征　有限结荚习性，株型收敛。株高76.7cm，底荚高19.6cm，主茎节数14.0节，

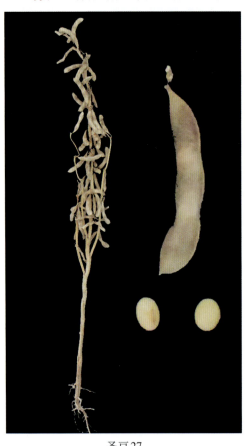

分枝数2.7个。叶椭圆形，白花，灰色茸毛。单株粒数79.6粒，籽粒椭圆形，种皮黄色、微光泽，种脐淡褐色。百粒重25.3g。

特性　长江流域夏大豆，中熟品种，生育期100d，6月上中旬播种，10月上旬成熟。中感花叶病毒3号株系和感花叶病毒7号株系。抗倒伏，落叶性好，不裂荚。

产量品质　2014—2015年湖北省夏大豆品种区域试验，平均产量2 718.8kg/hm²，比对照中豆33增产15.1%。蛋白质含量45.50%，脂肪含量20.76%。

栽培要点　适宜播期为6月10日至20日，密度为18万株/hm²，施足基肥，合理追肥。基肥施复合肥600kg/hm²，花荚期根据田间长势施尿素75kg/hm²。花期视苗情适时化控，防止倒伏。结荚鼓粒期遇干旱及时灌溉。注意防治大豆花叶病毒病、紫斑病、根腐病和蚜虫、盲蝽等病虫害。适时收获，防止裂荚。

适宜地区　湖北省（夏播）。大豆胞囊线虫病区不宜种植。

圣豆27

645. 圣豆30（Shengdou 30）

品种来源 山东圣丰种业科技有限公司以圣02005-63为母本，（郑9805×新六青）F_1为父本，经有性杂交杂交，系谱法选育而成。2017年通过安徽省品种审定委员会审定，审定编号为皖审豆2017002。全国大豆品种资源统一编号ZDD33484。

特征 有限结荚习性，株型收敛。株高71.1cm，底荚高21.8cm，主茎节数18.4节，分枝数1.8个。叶椭圆形，紫花，灰毛。单株粒数76.3粒，籽粒椭圆形，种皮黄色、微光泽，种脐褐色，百粒重18.6g。

特性 黄淮海夏大豆，中熟品种，生育期104d，6月中旬播种，10月上旬成熟。抗花叶病毒3号株系和7号株系。抗倒伏，落叶性好，不裂荚。

产量品质 2014—2015年安徽省省夏大豆品种区域试验中，两年平均单产2 728.0kg/hm²，比对照中黄13增产10.7%；2016年生产试验平均单产2 410.1kg/hm²，比对照中黄13增产4.6%。蛋白质含量39.50%，脂肪含量20.70%。

栽培要点 适宜播期为6月10日至20日，密度为22.5万株/hm²，其他管理措施同一般大田。

适宜地区 安徽省沿淮淮北地区。

圣豆30

646. 圣豆127（Shengdou 127）

品种来源 山东圣丰种业科技有限公司以邯豆6号为母本，化诱4120为父本，经有性杂交，系谱法选育而成。2019年通过山东省品种审定委员会审定，审定编号为鲁审豆20190001。全国大豆品种资源统一编号ZDD33485。

特征 有限结荚习性，株型收敛。株高92.8cm，底荚高13.0cm，主茎节数17.3节，分枝数1.9个。叶卵圆形，白花，棕色茸毛。单株粒数98.4粒，籽粒圆形，种皮黄色、有光泽，种脐褐色。百粒重21.0g。

特性 黄淮海夏大豆，中熟品种，生育期104d，6月中旬播种，10月上旬成熟。抗花叶病毒3号株系和7号株系。抗倒伏，落叶性好，不裂荚。

圣豆127

菏豆23

产量品质 2016—2017年山东省夏大豆品种区域试验，平均产量3 364.5kg/hm²，比对照菏豆12增产10.5%；2018年生产试验平均产量3 109.5kg/hm²，比对照菏豆12增产10.2%。蛋白质含量41.30%，脂肪含量20.60%。

栽培要点 适宜播期为6月10日至20日，密度为19.5万株/hm²，花荚期与鼓粒期注意遇旱浇水，防治病虫害，后期出现缺肥症状可喷施叶面肥。

适宜地区 山东全省（夏播）。

647. 菏豆23（Hedou 23）

品种来源 菏泽市农业科学院以豆交69为母本，豫豆8号为父本，经有性杂交，系谱法选育而成。2015年通过山东省农作物品种审定委员会审定，审定编号为鲁农审2015026号。全国大豆品种资源统一编号ZDD33475。

特征 有限结荚习性。株型收敛，株高71.6cm，底荚高15.0cm，主茎节数15.0节，分枝数1.7个。叶卵圆形，紫花，灰色茸毛。单株粒数95.0粒，籽粒椭圆形，种皮黄色，有光泽，脐淡褐色，百粒重25.3g。

特性 黄淮海夏大豆，中熟品种，生育期103d，6月中旬播种，10月上旬成熟。抗花叶病毒3号和7号株系。较抗倒伏，落叶性好，不裂荚。

产量品质 2012—2013年山东省夏大豆品种区域试验，平均产量3 325.5kg/hm²，比对照菏豆12增产6.8%；2014年生产试验，平均产量3 492.0kg/hm²，比对照菏豆12增产3.3%。蛋白质含量42.74%，脂肪含量18.46%。

栽培要点 适宜播期6月15日至25日，适宜密度为13.5万～18.0万株/hm²，真叶展开第一片复叶时，应及时间苗和定苗，并且掌握早播宜稀，晚播宜密的原则。施尿素75kg/hm²、磷肥300kg/hm²、硫酸钾225kg/hm²或施氮磷钾复合肥225kg～300kg/hm²做基肥。花荚期及鼓粒期遇干旱应及时进行浇水，遇涝害应及时排水，以免发生渍害。播种时应随播种撒施一些杀虫颗粒剂防治地下害虫。初花期和花荚期应注意甜菜夜蛾、豆秆黑潜蝇及豆荚螟的防治。及时收获。

适宜地区　山东省（夏播）。

648. 菏豆28（Hedou 28）

品种来源　菏泽市农业科学院以菏豆18为母本，中作975006为父本，经有性杂交，系谱法选育而成。2017年通过山东省品种审定委员会审定，审定编号为鲁审豆20170047。全国大豆品种资源统一编号ZDD33476。

特征　亚有限结荚习性，株型收敛。株高94.8cm，底荚高15.0cm，主茎节数17.8节，分枝数1.7个。叶卵圆形，白花，棕色茸毛。单株粒数105.0粒，籽粒椭圆形，种皮黄色、无光泽，脐褐色。百粒重21.7g。

特性　黄淮海夏大豆，中熟品种，生育期107d，6月中旬播种，10月上旬成熟。中感花叶病毒3号株系、中抗花叶病毒7号株系。抗倒伏，落叶性好，不裂荚。

产量品质　2014—2015年山东省夏大豆品种区域试验，平均产量3 949.5kg/hm²，比对照菏豆12增产5.4%；2016年生产试验平均产量2 850.0kg/hm²，比对照菏豆12增产8.6%。蛋白质含量40.80%，脂肪含量20.90%。

菏豆28

栽培要点　适宜播期6月15日至25日，适宜密度为16.5万～19.5万株/hm²，中低肥力地块施尿素75 kg/hm²、磷肥300kg/hm²、硫酸钾225kg/hm²或施氮磷钾复合肥225～300kg/hm²做基肥，后期缺肥可适当喷施叶面肥。适时排灌，加强田间管理和病虫草害的防治，特别是地下害虫、飞虱、甜菜夜蛾、豆荚螟的防治。适时收获，及时入仓。

适宜地区　山东全省（夏播）。

649. 菏豆29（Hedou 29）

品种来源　菏泽市农业科学院以菏豆12为母本，驻豆9715为父本，经有性杂交，系谱法选育而成。2017年通过山东省品种审定委员会审定，审定编号为鲁审豆20170048。全国大豆品种资源统一编号ZDD33477。

菏豆29

菏豆32

特征　有限结荚习性，株型收敛。株高77.5cm，底荚高13.0cm，有效分枝数2.2个。主茎节数15.0节。叶卵圆形，紫花，灰色茸毛。单株粒数97.0粒，籽粒椭圆形，种皮黄色、无光泽，种脐褐色。百粒重23.7g。

特性　黄淮海夏大豆，中熟品种，生育期107d，6月中旬播种，10月上旬成熟。抗花叶病毒3号和7号株系。抗倒伏，落叶性好，不裂荚。

产量品质　2014—2015年山东省夏大豆品种区域试验，平均产量3 931.5kg/hm²，比对照菏豆12增产5.1%；2016年生产试验平均产量2 986.5kg/hm²，比对照菏豆12增产13.8%。蛋白质含量40.63%，脂肪含量20.10%。

栽培要点　适宜播期6月15日至25日，适宜密度为16.5万～19.5万株/hm²，掌握"早播宜稀，晚播宜密，肥田宜稀，薄田宜密"的原则。中低肥力地块可施尿素75kg/hm²、磷肥300kg/hm²、硫酸钾225kg/hm²或施氮磷钾复合肥225kg～300kg/hm²做基肥，后期缺肥可适当进行叶面喷肥。生育期干旱应及时进行浇水，遇涝应及时排水。加强病虫害防治，尤其是地下害虫、飞虱、甜菜夜蛾、豆荚螟和大豆根腐病的防治。成熟后及时收获，收获后及时晾晒、入库。

适宜地区　山东全省（夏播）。

650. 菏豆32（Hedou 32）

品种来源　菏泽市农业科学院以菏豆18为母本，中作975为父本，经有性杂交，系谱法选育而成。2018年通过山东省品种审定委员会审定，审定编号为鲁审豆20180007。全国大豆品种资源统一编号ZDD33478。

特征　亚有限结荚习性，株型收敛。株高100.3cm，底荚高13.0cm，主茎节数18.1节，分枝数2.0个。叶卵圆形，白花，灰色茸毛。

单株粒数89.9粒，籽粒椭圆形，种皮黄色、有光泽，种脐褐色，百粒重23.5g。

特性　黄淮海夏大豆，中熟品种，生育期106d，6月中旬播种，10月上旬成熟。抗花叶病毒3号和7号株系。抗倒伏，落叶性好，不裂荚。

产量品质　2015—2016年山东省夏大豆品种区域试验，平均产量3 540.0kg/hm²，比对照菏豆12增产3.3%；2017年生产试验平均产量3 105.0kg/hm²，比对照菏豆12增产4.4%。蛋白质含量41.00%，脂肪含量21.90%。

栽培要点　适宜播期为6月10日至25日，密度为16.5万～19.5万株/hm²，麦收后及时灭茬，施足基肥以有机肥7 500kg/hm²或施尿素75kg、磷肥300kg、硫酸钾225kg或施氮磷钾复合肥225～300kg/hm²做基肥。适时中耕除草，及时排灌。做好病虫草害防治，尤其是地下害虫、飞虱、甜菜夜蛾、豆荚螟、豆秆黑潜蝇和大豆根腐病的防治。

适宜地区　山东全省（夏播）。

651. 菏豆33（Hedou 33）

品种来源　菏泽市农业科学院以菏豆20为母本，（豆交69×豫豆8号）×（中作975×徐8906）F₆为父本，经有性杂交，系谱法选育而成。2018年通过山东省品种审定委员会审定，审定编号为鲁审豆20180004。全国大豆品种资源统一编号ZDD31406。

特征　有限结荚习性，株型收敛。株高73.6cm，底荚高18.0cm，主茎节数15.2节，分枝数1.0个。叶卵圆形，白花，棕色茸毛。单株粒数88.9粒，籽粒椭圆形，种皮黄色，有光泽，脐褐色。百粒重25.7g。

特性　黄淮海夏大豆，中熟品种，生育期107d，6月中旬播种，10月上旬成熟。抗花叶病毒3号和7号株系。落叶性好，不裂荚。

产量品质　2015—2016年山东省夏大豆品种区域试验，平均产量3 661.5kg/hm²，比对照菏豆12增产8.3%；2017年生产试验平均产量

菏豆33

3 310.5kg/hm²，比对照菏豆12增产11.3%。蛋白质含量43.00%，脂肪含量18.70%。

栽培要点　适宜播期6月10日至25日，密度16.5万～19.5万株/hm²，大豆出苗后，真叶展开第一片复叶时，应及时间苗和定苗。中低肥力地块施尿素75kg/hm²、磷肥300kg/hm²、硫酸钾225kg/hm²或施氮磷钾复合肥225～300kg/hm²做基肥。大豆花荚期及鼓粒期遇干旱应及时进行浇水，遇涝害应及时排水。播种前可用种衣剂处理防治病虫害。初花期和花荚期应注意甜菜夜蛾、豆秆黑潜蝇、豆荚螟和根腐病的防治。

适宜地区 山东全省（夏播）。

652. 郓豆1号 （Yundou 1）

郓豆1号

品种来源 郓城县粮源种业有限公司、山东华亚农业科技有限公司以中黄13为母本，0916为父本，经有性杂交，采用系谱法选育而成。2020年通过山东省品种审定委员会审定，审定编号鲁审豆20200001。全国大豆品种资源统一编号ZDD33488。

特征 有限结荚习性，株型收敛、直立。株高74.9cm，底荚高15.0cm，有效分枝数2.4个。主茎节数15.7节。叶卵圆形，紫花，灰色茸毛。单株粒数92.3粒，籽粒椭圆形，种皮黄色、有光泽，种脐淡褐色。百粒重27.6g。

特性 黄淮海夏大豆，中熟品种，生育期106d，感花叶病毒3号和7号株系。抗倒伏，落叶性好，不裂荚。

产量品质 2017—2018年山东省夏大豆品种区域试验，平均产量3 591.0kg/hm²，比对照菏豆12增产14.8％；2019年生产试验平均产量3 435.0kg/hm²，比对照菏豆12增产9.0％。蛋白质含量44.77％，脂肪含量19.76％。

栽培要点 适宜播期为6月上中旬，密度为15.0万～19.5万株/hm²，及时防治病虫害，肥力底的地块，可喷施叶面肥，叶面喷施0.2%尿素溶液600～750kg/hm²。

适宜地区 山东全省（夏播）。

河 南 省 品 种

653. 安（阳）豆203　[An（yang）dou 203]

品种来源　安阳市农业科学院经济作物研究以中黄13为母本，濮豆6018为父本，经有性杂交，系谱法选育而成。2006年经山东省农作物品种审定委员会审定，审定编号为鲁审豆20160041。全国大豆品种资源统一编号ZDD33491。

特征　有限结荚习性，株高62.6cm，株型收敛，主茎节数15.2个，有效分枝数2.8个。叶卵圆形，白花，灰毛，单株有效荚数42.8个，单株粒数85.0个，荚黄色。籽粒椭圆形，种皮黄色，无光泽，种脐褐色。百粒重26.4g。

特性　黄淮海夏大豆，中熟品种，山东省夏播生育期108d。中感大豆花叶病毒病，抗紫斑病，落叶性好，不裂荚。

产量性状　2013—2014年山东省夏大豆品种区域试验，平均产量3 601.5kg/hm²，比对照菏豆12增产6.3%。2015年生产试验，平均产量3 783.0kg/hm²，比对照菏豆12增产7.8%。蛋白质含量42.45%，脂肪含量19.42%。

安（阳）豆203

栽培要点　适宜中等及以上肥力地块种植，6月上中旬播种，播种量60 ～ 70kg/hm²，行距0.4m，株距0.13m，播种深度3 ～ 5cm，密度18.75万株/hm²，2 ～ 3片真叶时定苗。播前施磷酸二铵150 ～ 300kg/hm²或氮磷钾复合肥375 ～ 450kg/hm²。及时防治杂草和病虫。

适宜区域　山东省及相同生态区（夏播）。

654. 安（阳）豆5156 [An（yang）dou 5156]

品种来源　安阳市农业科学院经济作物研究所以周9521-3-4为母本，获黄三选-3为

安（阳）豆5156

安（阳）豆5240

父本，经有性杂交，系谱法选育而成。2016年经河南省农作物品种审定委员会审定，审定编号为豫审豆2016002。全国大豆品种资源统一编号ZDD33492。

特征　有限结荚习性，株高66.6cm，株型收敛，主茎节数15个，有效分枝3.1个。叶卵圆形，白花，灰毛，单株有效荚数47.8个，单株粒数102.7个，荚褐色。籽粒圆形，种皮黄色，有光泽，种脐褐色。百粒重23.6g。

特性　黄淮海夏大豆，中熟品种，河南省夏播生育期107d。中感大豆花叶病毒病，落叶性好，不裂荚。

产量性状　2013—2014年河南省夏大豆品种区域试验，平均产量3 185.7kg/hm²，比对照豫豆22增产11.7%。2015年生产试验，平均产量3 207.6kg/hm²，比对照豫豆22增产10.5%。蛋白质含量42.13%，脂肪含量19.77%。

栽培要点　适宜中等及以上肥力地块种植，6月上中旬播种，播量60～70kg/hm²，行距0.4m，株距0.13m，播种深度3～5cm，密度18.75万株/hm²，2～3片真叶时定苗。播前施磷酸二铵150～300kg/hm²或氮磷钾复合肥375～450kg/hm²。及时防治杂草和病虫。

适宜区域　河南省及相同生态区（夏播）。

655.安（阳）豆5240
[An（yang）dou 5240]

品种来源　安阳市农业科学院经济作物研究所以齐黄34为母本，安豆11-5556为父本，经有性杂交，系谱法选育而成。2020年经河南省农作物品种审定委员会审定，审定编号为豫审豆2020009。全国大豆品种资源统一编号ZDD33493。

特征　有限结荚习性，株高61.0cm，株型收敛，底荚高16.4cm。叶椭圆形，白花，棕毛，荚黄色。籽粒椭圆形，种皮黄色，微光，种脐黑色。百粒重21.5g。

特性 黄淮海夏大豆，中早熟品种，河南省夏播生育期103～106d。中抗大豆花叶病毒病，抗紫斑病，落叶性好，不裂荚。

产量性状 2018—2019年河南省夏大豆品种区域试验，平均产量2 856.1kg/hm²，比对照郑196增产7.9%。2019年生产试验，平均产量3 307.3kg/hm²，比对照郑196增产7.4%。蛋白质含量42.09%，脂肪含量20.50%。

栽培要点 适宜中等及以上肥力地块种植，6月上中旬播种，播量60～70kg/hm²，行距0.4m，株距0.13m，播种深度3～5cm，密度18.75万株/hm²，2～3片真叶时定苗。播前施磷酸二铵150～300kg/hm²或氮磷钾复合肥375～450kg/hm²。及时防治杂草和病虫。

适宜区域 河南省及相同生态区（夏播）。

656. 安（阳）豆5246 ［An（yang）dou 5246］

品种来源 安阳市农业科学院经济作物研究所以安豆09-5067为母本，菏豆99-6为父本，经有性杂交，系谱法选育而成。2018年经河南省农作物品种审定委员会审定，审定编号为豫审豆20180002。全国大豆品种资源统一编号ZDD33494。

特征 有限结荚习性，株高56.4cm，株型收敛，主茎节数15.4个，有效分枝2.8个。叶卵圆形，紫花，灰毛，单株有效荚数54.2个，单株粒数104个，荚褐色。籽粒圆形，种皮黄色，有光泽，种脐褐色。百粒重19.3g。

特性 黄淮海夏大豆，中早熟品种，河南省夏播生育期102d。抗大豆花叶病毒病，落叶性好，不裂荚。

产量性状 2015—2016年河南省夏大豆品种区域试验，平均产量3 290.4kg/hm²，比对照豫豆22增产7.6%。2017年生产试验，平均产量3 095.4kg/hm²，比对照豫豆22增产8.2%。蛋白质含量43.30%，脂肪含量18.40%。

安（阳）豆5246

栽培要点 适宜中等及以上肥力地块种植，6月上中旬播种，播量60～70kg/hm²，行距0.4m，株距0.13m，播种深度3.0～5.0cm，密度18.75万株/hm²，2～3片真叶时定苗。播前施磷酸二铵150～300kg/hm²或氮磷钾复合肥375～450kg/hm²。及时防治杂草和病虫。

适宜区域 河南省及相同生态区（夏播）。

657. 濮豆754（Pudou 754）

濮豆754

品种来源 濮阳市农业科学院以濮豆6018为母本，邯豆5号为父本，经有性杂交，系谱法选育而成。2019年经河南省农作物品种审定委员会审定，审定编号为豫审豆20190009。全国大豆品种资源统一编号ZDD33504。

特征 有限结荚习性，株高96.8cm，株型收敛，主茎节数17.8个，有效分枝1.3个。底荚高度24.8～33.8cm。叶卵圆形，紫花，灰毛，荚褐色。单株有效荚数34.3个，单株粒数68.6个。籽粒圆形，种皮黄色、有光泽，脐褐色。百粒重23.8g。

特性 黄淮海夏大豆，中晚熟品种，河南省夏播生育期112d。中抗大豆花叶病毒病，抗倒性较强，落叶性好，不裂荚。

产量品质 2017—2018年河南省夏大豆品种区域试验，平均产量2 807.0kg/hm²，比对照豫豆22增产5.6%。2018年生产试验，平均产量2 868.0kg/hm²，比对照豫豆22增产10.7%。蛋白质含量46.90%，脂肪含量18.50%。

栽培要点 6月上中旬播种，播量70～80kg/hm²，行距0.4～0.5m，株距0.09～0.1m，出苗后及时间、定苗，中上等肥力地块留苗19万～24万株/hm²，中、低产田留苗24万～27万株/hm²。一般施氮磷钾复合肥225～300kg/hm²，中上等肥力应以磷钾肥为主；中等以下肥力加追适量氮肥。花荚期及时防治虫害；遇旱灌水，遇涝排水，以充分发挥其增产潜力。

适宜地区 河南全省（夏播）。

658. 濮豆820（Pudou 820）

品种来源 濮阳市农业科学院以濮豆6018为母本，邯豆5号为父本，经有性杂交，系谱法选育而成。2018年经河南省农作物品种审定委员会审定，审定编号为豫审豆20180003。全国大豆品种资源统一编号ZDD31386。

特征 有限结荚习性，株高87.1cm，株型收敛，主茎节数17.0个，有效分枝2.1个。叶卵圆形，白花，灰毛，荚褐色。单株有效荚数41.9个，单株粒数81.4个。籽粒圆形，种皮黄色、有光泽，脐淡黄色。百粒重23.7g。

特性 黄淮海夏大豆，中熟品种，河南省夏播生育期107d。抗大豆花叶病毒株病，抗倒性较强，落叶性好，不裂荚。

产量品质 2015—2016年河南省夏大豆品种区域试验，平均产量3 263.3kg/hm²，比对照豫豆22增产6.7%。2017年生产试验，平均产量3 085.5kg/hm²，比对照豫豆22增产7.9%。蛋白质含量46.11%，脂肪含量19.80%。

栽培要点 6月上中旬播种，播量60～75kg/hm²，行距0.4～0.5m，株距0.1～0.13m，出苗后及时间、定苗，中上等肥力地块密度18.0万～19.5万株/hm²，中、低产田密度21.0万～22.5万株/hm²。施氮磷钾复合肥225～300kg/hm²，中上等肥力应以磷钾肥为主；中等以下肥力加追适量氮肥。花荚期及时防治虫害；遇旱灌水，遇涝排水，以充分发挥其增产潜力。

适宜地区 河南省各地夏大豆区。

濮豆820

659. 濮豆1788（Pudou 1788）

品种来源 濮阳市农业科学院以濮豆6018为母本，郑196为父本，经有性杂交，系谱法选育而成。2016年经河南省农作物品种审定委员会审定，审定编号为豫审豆2016003。全国大豆品种资源统一编号ZDD33505。

特征 有限结荚习性，株高81.7cm，株型收敛，主茎节数16.6个，有效分枝2.9个。叶卵圆形，白花，灰毛，荚褐色。单株有效荚数53.5个，单株粒数103.1个。籽粒圆形，种皮黄色、有微光，脐黄色。百粒重22.6g。

特性 黄淮海夏大豆，中晚熟品种，河南省夏播生育期111d。中感大豆花叶病毒病，抗倒性较强，落叶性好，不裂荚。

产量品质 2013—2014年河南省夏大豆品种区域试验，平均产量3 176.9kg/hm²，比对

濮豆1788

照豫豆22增产11.3％。2015年生产试验，平均产量3 232.7kg/hm²，比对照豫豆22增产11.6％。蛋白质含量41.38％，脂肪含量19.73％。

栽培要点　6月上中旬播种，播量60～75kg；行距0.4～0.5m，株距0.1～0.13m，出苗后及时间、定苗，中上等肥力密度18.0万～19.5万株/hm²，中、低产田密度21.0万～22.5万株/hm²。分枝期结合中耕，依据肥力情况适量追肥，一般施氮磷钾复合肥225～300kg/hm²，中上等肥力应以磷、钾肥为主，中等以下肥力加追适量氮肥。花荚期及时防治虫害；遇旱灌水，遇涝排水，以充分发挥其增产潜力。

适宜地区　河南全省（夏播）。

660. 濮豆5110 （Pudou 5110）

濮豆5110

品种来源　濮阳市农业科学院以濮豆6018为母本，汾豆79为父本，经有性杂交，系谱法选育而成。2018年经河南省农作物品种审定委员会审定，审定编号为豫审豆20180001。全国大豆品种资源统一编号ZDD33506。

特征　有限结荚习性，株高91.5cm，株型收敛，主茎节数16.7个，有效分枝2.3个。叶椭圆形，白花，灰毛，荚褐色。单株有效荚数48.1个，单株粒数85.3个。籽粒圆形，种皮黄色、有微光，脐淡褐色。百粒重21.7g。

特性　黄淮海夏大豆，中晚熟品种，河南省夏播生育期110d。中抗大豆花叶病毒病，抗倒性较强，落叶性好，不裂荚。

产量品质　2016—2017年河南省夏大豆品种区域试验，平均产量3 196.8kg/hm²，比对照豫豆22增产11.3％。2017年生产试验，平均产量3 097.5kg/hm²，比对照豫豆22增产8.3％。蛋白质含量41.75％，脂肪含量19.10％。

栽培要点　6月上中旬为适播期，播量60～75kg/hm²，行距0.4m，株距0.13m，密度18.5万株/hm²，出苗后及时间、定苗；施尿素60～75kg/hm²，磷酸一铵300～375kg/hm²，氯化钾120～150kg/hm²，肥力较高的地块尽量少施尿素。花荚期及时防治虫害；遇旱灌水，遇涝排水，以充分发挥其增产潜力。

适宜地区　河南全省（夏播）。

661. 濮豆5136（Pudou 5136）

品种来源　濮阳市农业科学院以濮豆6018为母本，驻豆6号为父本，经有性杂交，系谱法选育而成。2020年经河南省农作物品种审定委员会审定，审定编号为豫审豆20200004。全国大豆品种资源统一编号ZDD33507。

特征　有限结荚习性，株高85.0～93.0cm，株型收敛，主茎节数16.9个，有效分枝1.8个，底荚高度22.0～31.0cm。叶圆形，白花，灰毛，荚褐色。单株有效荚数41.5个，单株粒数73.8个。籽粒扁圆形，种皮黄色、有光泽，脐淡褐色。百粒重20.6～21.7g。

特性　黄淮海夏大豆，中熟品种，河南省夏播生育期104～108d。中感大豆花叶病毒病，抗倒性较强，落叶性好，不裂荚。

产量品质　2017—2018年河南省夏大豆品种区域试验，平均产量2 820.6kg/hm²，比对照豫豆22增产4.8%。2019年生产试验，平均产量3 128.7kg/hm²，比对照豫豆22增产3.7%。蛋白质含量43.02%，脂肪含量20.08%。

栽培要点　6月上中旬播种，播量65～75kg/hm²，行距0.4～0.5m，株距0.09～0.10m，出苗后及时间、定苗，中上等肥力地块留苗19万～24万株/hm²，中、低产田留苗24万～27万株/hm²。一般施氮磷钾复合肥225～300kg/hm²，中上等肥力应以磷钾肥为主；中等以下肥力加追适量氮肥。花荚期及时防治虫害；遇旱灌水，遇涝排水，以充分发挥其增产潜力。

适宜地区　河南全省（夏播）。

濮豆5136

662. 丁村941药黑豆（Dingcun 941 yaoheidou）

品种来源　王莉以自选系丁村双青豆1号为母本，丁村黑豆为父本，经有性杂交，系谱法选育而成，2020年经河南省农作物品种审定委员会审定，审定编号为豫审豆20200016。全国大豆品种资源统一编号ZDD33522。

特征　有限结荚习性。株高80.1cm，株型收敛，主茎14.3节，有效分枝3.0个。卵圆形，白花，棕毛，单株有效荚数34.9个，单株粒数62.4个，荚褐色，底荚高度20.0cm，籽粒椭圆，种皮黑色，青仁乌豆，有光泽，子叶青绿色，脐色白色。百粒重32g。

特性　黄淮海夏大豆，晚熟品种，河南省夏播生育期117d，抗大豆花叶病毒病，紫

丁村941药黑豆

先豆168

斑病，抗倒伏性强，落叶性好，抗裂荚性强。

产量品质　2018—2019年河南省夏大豆品种区域试验，平均产量2 655.8kg/hm²，比对照豫豆22减产1.6%。2019年生产试验，平均产量2 874.0kg/hm²，比对照豫豆22减产4.9%。蛋白质含量39.00%，脂肪含量是18.40%。

栽培要点　适宜中高肥水土壤种植。6月下旬之前足墒播种，密度为13.5万～15万株/hm²，播量90～105kg/hm²。出苗后及时间苗定苗，施基肥用复合肥225～450kg/hm²。及时防治病虫害，合理配方施肥，中耕除草防旱排涝，开花期遇旱浇水，注意防治点蜂缘蝽、烟粉虱等刺吸式害虫，浇好攻籽水，成熟期免浇水，以防籽裂皮。

适宜地区　河南全省（夏播）。

663. 先豆168（Xiandou 168）

品种来源　河南先耕农业科技有限公司以开豆41变异单株，经系统选育而成。2020年通过陕西省农作物品种审定委员会审定，审定编号为陕审豆2020003。全国大豆品种资源统一编号为ZDD34422。

特征　亚有限结荚习性，株高60.0～65.0cm，株型收敛，有效分枝2～3个。单株有效荚数38.6个。叶披针形，白花，灰毛，荚黄白色。紫粒圆形，种皮绿色，脐黑色。百粒重21.0g。

特性　黄淮海夏大豆，晚熟品种，夏播生育期113d。高抗大豆花叶病毒病，抗大豆炭疽病，中抗灰斑病。抗倒伏，不裂荚。

产量品质　2018—2019年参加陕西省夏播大豆品种区域试验，平均产量2 770.5kg/hm²，比对照秦豆8号增产9.7%。2019年生产试验，平均产量2 814.0kg/hm²，比对照品种秦豆8号增产5.3%。蛋白质含量38.87%，脂肪含量19.79%。

栽培要点　适播期为6月上中旬，播量75～90kg/hm²，行距0.4m，株距0.1～0.15m，密度16.7万～25.0万株/hm²，三叶期间苗，五叶期定苗。结合整地，施磷酸二铵300kg/hm²，尿素150kg/hm²，硫酸钾120kg/hm²。花荚期可结合防虫喷施适量磷酸二氢钾。遇干旱及时浇水。及时防治大豆病虫害。与禾本科作物实行合理轮作。

适宜地区 陕西省夏播大豆区。

664. 商豆151（Shangdou 151）

品种来源 商丘市农林科学院以商8480为母本，商8653为父本，经有性杂交，系谱法选育而成。2020年经河南省农作物品种审定委员会审定，审定编号为豫审豆20200010。全国大豆品种资源统一编号ZDD33508。

特征 有限结荚习性，株高80.0～86.0cm，株型收敛，主茎节数16.5个。叶卵圆形，紫花，灰毛。单株有效荚数46.9～59.6个，单株粒数80.2～95.8个，荚褐色。底荚高24.0～30.0cm。籽粒椭圆形，种皮黄色，微光泽，脐褐色。百粒重20.0～21.0g。

特性 黄淮海夏大豆，中晚熟品种，黄淮海南部地区夏播生育期106～110d。田间综合抗病性好，落叶性好，籽粒整齐，不裂荚。

产量品质 2018—2019年河南省夏大豆品种区域试验，平均产量2 915.3kg/hm²，比

商豆151

对照郑196增产10.0%。2019年生产试验，平均产量3 183.0kg/hm²，比对照郑196增产3.2%。蛋白质含量44.16%，脂肪含量18.75%。

栽培要点 6月上中旬播种，播量60～75kg/hm²，行距0.4m，株距0.09～0.1m，密度22.5万～27.0万株/hm²，早间苗、早定苗、早中耕除草，及时防治虫害。始花期追施磷酸二铵150kg/hm²。

适宜地区 河南全省（夏播）。

665. 商豆161（Shangdou 161）

品种来源 商丘市农林科学院以商8480为母本，豫豆26为父本，经有性杂交，系谱法选育而成。2019年经河南省农作物品种审定委员会审定，审定编号为豫审豆20190003。全国大豆品种资源统一编号ZDD33509。

特征 有限结荚习性，株高87.6～93.5cm，株型收敛，主茎节数18.3个。叶卵圆形，

商豆161

紫花，灰毛。单株有效荚数53.6～56.6个，单株粒数100.9～125.5个，荚褐色。底荚高度21.1～27.4cm。籽粒圆形，种皮黄色，有光泽，脐褐色。百粒重18.6～19.7g。

特性 黄淮海夏大豆，中晚熟品种，黄淮海南部地区夏播生育期104～110d。田间综合抗病性好，落叶性好，籽粒整齐，不裂荚。

产量品质 2017—2018年河南省夏大豆品种区域试验，平均产量2 940.8kg/hm²，比对照豫豆22增产10.5%。2018年生产试验，平均产量2 854.5kg/hm²，比对照豫豆22增产10.3%。蛋白质含量43.20%，脂肪含量20.50%。

栽培要点 6月上中旬播种，播量60～75kg/hm²，行距0.4m，株距0.1～0.14m，密度18万～21万株/hm²，早间苗、早定苗、早中耕除草，及时防治虫害。始花期追施磷酸二铵150kg/hm²。

适宜地区 河南全省（夏播）。

666. 商豆1201（Shangdou 1201）

商豆1201

品种来源 商丘市农林科学院以开豆4号为母本，郑91107为父本，经有性杂交，系谱法选育而成。2016年经河南省农作物品种审定委员会审定，审定编号为豫审豆2016001。全国大豆品种资源统一编号ZDD31388。

特征 有限结荚习性，株高74.4～85.9cm，株型收敛，主茎节数14.1～16.0个，有效分枝数2.7～3.5个。叶卵圆形，白花，灰毛。单株有效荚数53.6～56.6个，单株粒数100.9～125.5个，荚褐色。籽粒椭圆形，种皮黄色，微光，脐褐色。百粒重16.0～18.2g。

特性 黄淮海夏大豆，中晚熟品种，黄淮海南部地区夏播生育期108～114d。田间综合抗病性好，落叶性好，籽粒整齐，不裂荚。

产量品质 2013—2014年河南省夏大豆品种区域试验，平均产量3 115.5kg/hm²，比对照豫豆22增产9.2%。2015年生产试验，平均产量3 174.0kg/hm²，比对照豫豆22增产10.7%。蛋白质含量42.32%，脂肪含量20.63%。

栽培要点　6月上中旬播种，播量60～75kg/hm²，行距0.4m，株距0.1～0.14m，密度18万～22.5万株/hm²，早间苗、早定苗、早中耕除草，及时防治虫害。始花期追施磷酸二铵150kg/hm²。

适宜地区　河南全省（夏播）。

667. 商豆1310（Shangdou 1310）

品种来源　商丘市农林科学院以豫豆22为母本，商8653-1-1-1-3-2为父本，经有性杂交，系谱法选育而成。2017年经国家农作物品种审定委员会和安徽省农作物品种审定委员会审定，审定编号分别为国审豆20170016和皖审豆2017005。全国大豆品种资源统一编号ZDD33510。

特征　有限结荚习性，株高78.8cm，株型收敛，主茎节数16.0个，有效分枝数2.1个。叶卵圆形，紫花，灰毛。单株有效荚数53.6个，单株粒数106.4个，荚褐色，底荚高18.1cm。籽粒椭圆形，种皮黄色，微光，脐淡褐色。百粒重19.2g。

特性　黄淮海夏大豆，中熟品种，黄淮海南部地区夏播生育期101d。田间综合抗病性好，落叶性好，籽粒整齐，不裂荚。

产量品质　2014—2015年安徽省夏大豆品

商豆1310

种区域试验，平均产量2 706.8kg/hm²，比对照中黄13增产9.3%。2016年生产试验，平均产量2 540.3kg/hm²，比对照品种中黄13增产7.39%。2015—2016年国家黄淮海南片夏大豆区域试验，平均产量3 356.6kg/hm²，比对照中黄13增产8.1%。2016年生产试验，平均产量3 025.4kg/hm²，比对照中黄13增产11.2%。蛋白质含量42.11%，脂肪含量20.49%。

栽培要点　6月上中旬播种，播量60～75 kg/hm²，行距0.4m，株距0.13m，密度18万株/hm²，出苗后间苗。施氮磷钾三元复合肥150～225kg/hm²作基肥或初花期追施均可。

适宜地区　山东南部、河南东部、江苏和安徽两省淮河以北地区（夏播）。

668. 明豆1号（Mingdou NO. 1）

品种来源　陈明和陈贤信以商豆14，经系统选育而成。2020年经河南省主要农作物品种审定委员会审定，审定编号为豫审豆20200006。 全国大豆品种资源统一编号ZDD34423。

明豆1号

特征 有限结荚习性，株高79cm，株型收敛，主茎节数16.5节，有效分枝数1.3个。披针叶，紫花，灰毛，单株荚数40.8个，单株粒数82.7个，荚褐色，底荚高21.4cm。籽粒扁圆形，种皮黄色，有光泽，淡褐色脐。百粒重20.4g。

特性 黄淮海夏大豆，中熟品种，河南省夏播生育期105d。抗病，抗倒伏，不裂荚，成熟落叶性好。

产量品质 2017—2018年河南省夏大豆品种区域试验，平均产量2 773.5kg/hm²，比对照豫豆22增产4.5%。2019年生产试验，平均产量3 294.0kg/hm²，比对照郑196增产9.2%。蛋白质含量41.60%，脂肪含量20.10%。

栽培要点 适时足墒早播，6月15日前播种，播量60～75kg/hm²，行距0.4m，株距0.1～0.13m，密度18万～24万株/hm²，出苗后及时间定苗。施氮磷钾三元复合肥225～300kg/hm²作基肥，肥力较高地块可适当少施，初花期施尿素肥75kg/hm²作为追肥。花荚期遇旱及时浇水。适时中耕除草，开花期和结荚初期注意防治害虫，成熟后及时收获。

适宜地区 河南全省区（夏播）。

669. 郑1307（Zheng 1307）

品种来源 河南省农业科学院经济作物研究所和河南生物育种中心有限公司以郑9805为母本，周豆23为父本，经有性杂交，系谱法选育而成。2019年经河南省农作物品种审定委员会和国家农作物品种审定委员会审定，审定编号分别为豫审豆20190012和国审豆20190018，全国大豆品种资源统一编号ZDD33496。

特征 有限结荚习性，株高75.9cm，株型收敛，主茎节数17.5节，有效分枝2.0个。

郑1307

叶卵圆形，紫花，灰毛。单株有效荚数51.0个，单株粒数104.9个，荚灰褐色，底荚高18.4cm。籽粒圆形，种皮黄色，有光泽，脐褐色。百粒重18.2g。

特性 黄淮海夏大豆，中熟品种，黄淮海南部地区夏播生育期102d。抗大豆花叶病毒病，抗倒伏，成熟落叶性好，抗裂荚性强。

产量品质 2017—2018年河南省夏大豆品种区域试验，平均产量2 981.6kg/hm²，比对照豫豆22增产18.9%。2018年生产试验，平均产量2 953.5kg/hm²，比对照豫豆22增产21.6%。2017—2018年国家黄淮海南片夏大豆区域试验，平均产量3 061.5kg/hm²，比对照中黄13增产14.8%。2018年生产试验，平均产量3 145.5kg/hm²，比对照中黄13增产16.2%。蛋白质含量42.22%，脂肪含量19.46%。

栽培要点 适宜中等及以上肥力地块种植，6月上中旬播种，播量52.5kg/hm²，行距0.4m，株距0.13m，密度22.5万株/hm²，播深2.5～3.5cm。施基肥氮磷钾复合肥（N：P：K=15：15：15）300kg/hm²、开花期追施尿素75kg/hm²、结荚期喷施叶面肥磷酸二氢钾0.75kg/hm²，适时中耕除草，开花期、鼓粒期遇旱浇水。注意苗期防治飞虱，开花期和结荚期防治点蜂缘蝽和食心虫，成熟后及时收获。

适宜地区 河南全省、山东省南部、江苏和安徽两省淮河以北地区（夏播）。

670. 郑1311（Zheng 1311）

品种来源 河南省农业科学院经济作物研究所和河南生物育种中心有限公司以郑9805为母本，漯F20-3为父本，经有性杂交，系谱法选育而成。2019年和2020年经河南省农作物品种审定委员会和国家农作物品种审定委员会审定，审定编号分别为豫审豆20190006、国审豆20190023和国审豆20200032。全国大豆品种资源统一编号ZDD31387。

特征 有限结荚习性，株高86.6cm，株型收敛，主茎节数17.3节，有效分枝106个。叶卵圆形，紫花，灰毛。单株有效荚数53.7个，单株粒数95.4个，荚灰褐色，底荚高18.4cm。籽粒圆形，种皮黄色，有光泽，脐褐色。百粒重20.7g。

特性 黄淮海夏大豆，中晚熟品种，黄淮海中部地区夏播生育期109d。中抗大豆花叶病毒病，抗倒伏，成熟落叶性好，抗裂荚性强。

产量品质 2017—2018年河南省夏大豆品

郑1311

种区域试验，平均产量3 021.7kg/hm²，比对照豫豆22增产13.7%。2018年生产试验，平均产量 2 998.8kg/hm^2，比对照豫豆22增产15.9%。2017—2018年国家黄淮海中片夏大豆区域试验，平均产量 3 296.9kg/hm^2，比对照邯豆5号增产18.2%。2018年生产试验，平均产量 3 114.0kg/hm^2，比对照邯豆5号增产23.2%。2018—2019年国家黄淮海南片夏大豆区域试验，平均产量 3 227.3kg/hm^2，比对照中黄13增产17.9%。2019年生产试验，平均产量 3 025.5kg/hm^2，比对照中黄13增产16.4%。蛋白质含量42.60%，脂肪含量18.80%。

栽培要点　适宜中等及以上肥力地块种植，6月上中旬播种，播量52.5kg/hm^2，行距0.4m，株距0.13m，密度22.5万株/hm^2，播深2.5～3.5cm。施基肥氮磷钾复合肥（N：P：K=15：15：15）300kg/hm^2、开花期追施尿素75kg/hm^2、结荚期喷施叶面肥磷酸二氢钾0.75kg/hm^2，适时中耕除草，开花期、鼓粒期遇旱浇水。注意苗期防治飞虱、开花期和结荚期防治点蜂缘蝽和食心虫，成熟后及时收获。

适宜地区　河南全省、山东省中部和南部、江苏和安徽两省淮河以北、河北省南部、山西省南部和陕西省关中平原地区（夏播）。

671. 郑1440（Zheng 1440）

郑 1440

品种来源　河南省农业科学院经济作物研究所和河南生物育种中心有限公司以郑94059为母本，漯8C01为父本，经有性杂交，系谱法选育而成。2019年经河南省农作物品种审定委员会审定，审定编号为豫审豆20190010，全国大豆品种资源统一编号ZDD33497。

特征　有限结荚习性，株高83.2cm，株型收敛，主茎节数14.3节，有效分枝0.9个。叶卵圆形，白花，棕毛。单株有效荚数38.4个，单株粒数67.8个，荚褐色，底荚高20.2cm。籽粒椭圆形，种皮黄色，有微光，脐褐色。百粒重20.1g。

特性　黄淮海夏大豆，中熟品种，河南省夏播生育期106d。抗大豆花叶病毒病，抗倒伏，成熟落叶性好，抗裂荚性强。

产量品质　2017—2018年河南省夏大豆品种区域试验，平均产量 2 988.4kg/hm^2，比对照豫豆22增产12.4%。2018年生产试验，平均产量 2 961.5kg/hm^2，比对照豫豆22增产14.3%。蛋白质含量43.05%，脂肪含量20.60%。

栽培要点　适宜中等及以上肥力地块种植，6月上中旬播种，播量60kg/hm^2，行距0.4 m，株距0.13m，密度22.5万株/hm^2，播深2.5～3.5cm。施基肥氮磷钾复合肥（N：P：K=15：15：15）300kg/hm^2、开花期追施尿素75kg/hm^2、结荚期喷施叶面肥磷酸二氢钾0.75kg/hm²，适时中耕除草，开花期、鼓粒期遇旱浇水。注意苗期防治飞虱、开花期和结荚期防治点蜂缘蝽和食心虫，成熟后及时收获。

适宜地区　河南全省（夏播）。

672. 郑16158（Zheng 16158）

品种来源　河南省农业科学院经济作物研究所和河南生物育种中心有限公司以郑94059为母本，漯8C01为父本，经有性杂交，系谱法选育而成。2020年经河南省农作物品种审定委员会审定，审定编号为豫审豆20200007，全国大豆品种资源统一编号ZDD33498。

特征　有限结荚习性，株高88.2cm，株型收敛，主茎节数15.6节，有效分枝2.6个。叶卵圆形，白花，棕毛。单株有效荚数64.5个，单株粒数128.9个，荚褐色，底荚高15.5cm。籽粒圆形，种皮黄色，有微光，脐褐色。百粒重18.4g。

特性　黄淮海夏大豆，中熟品种，河南省夏播生育期104～107d。抗大豆花叶病毒病，抗倒伏，成熟落叶性好，抗裂荚性强。

产量品质　2018—2019年河南省夏大豆品种区域试验，平均产量3 310.9kg/hm²，比对照郑196增产13.6%。2019年生产试验，平均产量3 304.4kg/hm²，比对照郑196增产9.5%。蛋白质含量40.35%，脂肪含量22.20%。

郑16158

栽培要点　适宜中等及以上肥力地块种植，6月上中旬播种，播量60kg/hm²，行距0.4m，株距0.13m，密度22.5万株/hm²，播深2.5～3.5cm。施基肥氮磷钾复合肥（N：P：K=15：15：15）300kg/hm²、开花期追施尿素75kg/hm²、结荚期喷施叶面肥磷酸二氢钾0.75kg/hm²，适时中耕除草，开花期、鼓粒期遇旱浇水。注意苗期防治飞虱、开花期和结荚期防治点蜂缘蝽和食心虫，成熟后及时收获。

适宜地区　河南全省（夏播）。

673. 郑16377（Zheng 16377）

品种来源　河南省农业科学院经济作物研究所和河南生物育种中心有限公司以周SP0602-B9为母本，郑9525为父本，经有性杂交，系谱法选育而成。2020年经河南省农作物品种审定委员会审定，审定编号为豫审豆20200014，全国大豆品种资源统一编号

郑16377

ZDD33499。

特征 有限结荚习性，株高88.0cm，株型收敛，主茎节数16.8节，有效分枝1.2个。叶卵圆形，白花，灰毛。单株有效荚数40.3个，单株粒数79.8个，荚褐色，底荚高23.8cm。籽粒椭圆形，种皮黄色，有微光，脐褐色。百粒重22.7g。

特性 黄淮海夏大豆，中熟品种，河南省夏播生育期104～109d。中感大豆花叶病毒病，抗倒伏，成熟落叶性好，抗裂荚性强。

产量品质 2018—2019年河南省夏大豆品种区域试验，平均产量2 962.8kg/hm²，比对照郑196增产7.8%。2019年生产试验，平均产量2 631.6kg/hm²，比对照郑196增产5.2%。蛋白质含量42.81%，脂肪含量20.05%。

栽培要点 适宜中等及以上肥力地块种植，6月上中旬播种，播量60kg/hm²，行距0.4m，株距0.13m，密度22.5万株/hm²，播深2.5～3.5cm。施基肥氮磷钾复合肥（N：P：K=15：15：15）300kg/hm²、开花期追施尿素75kg/hm²、结荚期喷施叶面肥磷酸二氢钾0.75kg/hm²，适时中耕除草，开花期、鼓粒期遇旱浇水。注意苗期防治飞虱、开花期和结荚期防治点蜂缘蝽和食心虫，成熟后及时收获。

适宜地区 河南全省（夏播）。

674. 长义豆3号（Changyidou 3）

品种来源 河南省长义农业科技有限公司以黑农48为母本，扁茎豆为父本，经有性杂交，系谱法选育而成。2018年经河南省农作物品种审定委员会审定，审定编号为豫审豆20180007。全国大豆品种资源统一编号ZDD33500。

特征 有限结荚习性，株高97.5cm，株型收敛，有效分枝2～3个。单株有效荚数59.4个。叶卵圆形，白花，棕毛，荚灰褐色。籽粒椭圆形，种皮黄色，脐褐色。百粒重18.7g。

特性 黄淮海夏大豆，中晚熟品种，河南省夏播生育期108d。田间综合抗病性好，落叶性好，籽粒整齐，不裂荚。

产量品质 2016—2017年河南省夏大豆品种区域试验，平均产量3 087.8kg/hm²，比对照豫豆22增产7.5%。2017年生产试验，平均产量3 045.0kg/hm²，比对照郑196增产6.5%。蛋白质含量41.82%，脂肪含量21.20%。

栽培要点 适宜中等及以上肥力地块种植，6月上中旬播种，播量60～75kg/hm²，行距0.4m，株距0.12m，密度14万株/hm²，出苗后间苗。施基肥大豆专用复合肥（N：P：K=15：15：15）300kg/hm²。适时中耕，后期注意防虫。

适宜地区 河南省及相似生态区（夏播）。

675. 开豆46（Kaidou 46）

品种来源 开封市农林科学研究院从石河子市引进的新大豆1号中发现变异植株，以系统法选育而成。原品系号为开豆200312011。2018年经河南省农作物品种审定委员会审定，审定编号为豫审豆20180006。全国大豆品种资源统一编号ZDD33501。

特征 有限结荚习性，株高69.4cm，株型收敛，主茎节数16.5节，有效分枝3～4个。叶圆形，紫花，灰毛。单株有效荚数89.9个，单株粒数189个，荚灰色，底荚高14.3cm。籽粒椭圆形，种皮黄色，有光泽，脐淡褐色。百粒重17.0g。

特性 黄淮海夏大豆，中熟品种，河南省夏播生育期105d。抗大豆花叶病毒病，抗倒伏，落叶性好，抗裂荚性强。

产量品质 2015—2016年河南省夏大豆品种区域试验，平均产量3 265.1kg/hm²，比对照豫豆22增产6.8%。2017年生产试验，平均产量3 051.2kg/hm²，比对照豫豆22增产6.7%。蛋白质含量42.23%，脂肪含量20.20%。

栽培要点 适宜中等及以上肥力地块种植，6月上中旬播种，播量45～60kg/hm²，行距0.4m，株距0.1～0.13m，密度18万～24万株/hm²，出苗后间苗。施基肥磷酸铵300kg/hm²，尿素45～60kg/hm²，氯化钾90～105kg/hm²。未施基肥可在7月中旬开花前追肥，追磷酸二铵105～150kg/hm²，尿素22.5～30kg/hm²，氯

长义豆3号

开豆46

化钾45～60kg/hm²。适时中耕除草，开花期、鼓粒期遇旱浇水。注意在开花期和结荚初期喷施农药防治豆荚螟，充分成熟后及时收获。

适宜地区　河南全省（夏播）。

676. 开豆49（Kaidou 49）

开豆49

品种来源　开封市农林科学研究院以开豆4号为母本，东北大豆树为父本，经有性杂交，系谱法选育而成，原品系号开豆08-2。2019年经河南省农作物品种审定委员会审定，审定编号为豫审豆20190008。全国大豆品种资源统一编号ZDD33502。

特征　有限结荚习性，株高83.3cm，株型收敛，主茎节数16个，有效分枝数1.5个。叶卵圆形，紫花，灰毛。单株荚数38.4个，单株粒数67.8个，荚灰色，底荚高24.7cm。籽粒椭圆形，种皮黄色，有光泽，脐淡褐色。百粒重18.8g。

特性　黄淮海夏大豆，中熟品种，河南省夏播生育期107d。抗大豆花叶病毒病，抗倒伏，落叶性好，不裂荚。

产量品质　2017—2018年河南省夏大豆品种区域试验，平均产量2 876.9kg/hm²，比对照豫豆22增产8.1%。2018年生产试验，平均产量2 723.6kg/hm²，比对照豫豆22增产5.1%。

蛋白质含量44.23%，脂肪含量21.15%。

栽培要点　适宜中等偏上肥力地块种植，6月上中旬播种，播量60～75kg/hm²，行距0.4m，株距0.08～0.13m，密度19.5万～30.0万株/hm²，出苗后间苗。施基肥磷酸铵300kg/hm²，尿素45～60kg/hm²，氯化钾90～105kg/hm²。未施基肥可在7月中旬开花前追肥，追磷酸二铵105～150kg/hm²，尿素22.5～30kg/hm²，氯化钾45～60kg/hm²。适时中耕除草，开花期和结荚初期喷药防治豆荚螟。

适宜地区　河南全省（夏播）。

677. 洛豆1号（Luodou 1）

品种来源　洛阳农林科学院以徐豆9号为母本，周豆11为父本，经有性杂交，改良系谱法选育而成。原品系号洛1103。2017年经河南省农作物品种审定委员会审定，审定编号为豫审豆2017001，2019年经国家农作物品种审定委员会审定，审定编号为国审豆20190026。全国大豆品种资源统一编号ZDD31442。

特征　有限结荚习性，株高70.3cm，株型收敛，有效分枝2.8个，单株有效荚数45.3个。叶卵圆形，紫花，灰毛，荚草黄色。籽粒圆形，种皮黄色，脐淡褐色。百粒重23.6g。

特性　黄淮海夏大豆，中晚熟品种，河南省夏播生育期109d。田间综合抗病性好，抗大豆花叶病毒病，落叶性好，籽粒整齐，不裂荚。

产量品质　2014—2015年河南省夏大豆品种区域试验，平均产量3 356.5kg/hm²，比对照豫豆22增产10.3%。2016年生产试验，平均产量2 883.0kg/hm²，比对照豫豆22增产12.9%。蛋白质含量41.86%，脂肪含量19.80%。

栽培要点　适宜中高肥力地块种植，6月上中旬为适播期，播量60～75kg/hm²，行距0.4m，株距0.13m，密度18万～19万株/hm²，出苗后间苗。施基肥磷酸铵300kg/hm²，尿素45～60kg/hm²，氯化钾90～105kg/hm²。未施基肥可在7月中旬开花前追肥，追磷酸二铵105～150kg/hm²，尿素22.5～30kg/hm²，氯化钾45～60kg/hm²。适时中耕，后期注意防虫。

适宜地区　河南全省（夏播）。

洛豆1号

678. 洛豆1304 （Luodou 1304）

品种来源　洛阳农林科学院和河南大学以郑9805为母本，鲁宁1号为父本，经有性杂交，改良系谱法选育而成。2020年经河南省作物品种审定委员会审定，审定编号为豫审豆20200013。全国大豆品种资源统一编号ZDD34424。

特征　有限结荚习性，株高79.0～88.0cm，株型收敛，有效分枝1.0～2.0个。单株有效荚数49.1个。叶圆形，紫花，灰毛，荚深褐色。籽粒椭圆形，种皮黄色，脐褐色。百粒重

洛豆1304

19.0 ～ 21.0g。

特性　黄淮海夏大豆，中熟品种，河南省夏播生育期105 ～ 111d。田间综合抗病性好，抗大豆花叶病毒病，落叶性好，籽粒整齐，不裂荚。

产量品质　2018—2019年河南省夏大豆品种区域试验，平均产量2 941.5kg/hm²，比对照郑196增产7.3%。2019年生产试验，平均产量2 668.5kg/hm²，比对照郑196增产6.7%。蛋白质含量43.97%，脂肪含量19.55%。

栽培要点　适宜中等及以上肥力地块种植，6月上中旬播种，播量60 ～ 75kg/hm²，行距0.4m，株距0.13m，密度18万 ～ 19万株/hm²，出苗后间苗。施基肥磷酸铵300kg/hm²，尿素45 ～ 60kg/hm²，氯化钾90 ～ 105kg/hm²。未施基肥可在7月中旬开花前追肥，追磷酸二铵105 ～ 150kg/hm²，尿素22.5 ～ 30kg/hm²，氯化钾45 ～ 60kg/hm²。适时中耕，后期注意防虫。

适宜地区　河南全省（夏播）。生产上注意防治大豆拟茎点种腐病。

679. 周豆23（Zhoudou 23）

品种来源　周口市农业科学院以濮豆6108为母本，科丰36为父本，经有性杂交，改良系谱法选育而成。原品系号周04012-6-9-3。2015年经国家农作物品种审定委员会、河南省农作物品种审定委员会同时审定，审定编号分别为国审豆2015008、豫审豆2015005。全国大豆品种资源统一编号ZDD33511。

周豆23

特征　有限结荚习性，株高69.9cm，株型收敛，有效分枝1.9个。单株有效荚数60.4个。叶卵圆形，白花，灰毛，荚褐色。籽粒椭圆形，种皮黄色，脐褐色。百粒重17.4g。

特性　黄淮海夏大豆，中熟品种，黄淮海南片地区夏播生育期108d。田间综合抗病性好，落叶性好，不裂荚，根系发达，抗倒伏能力强。

产量品质　2012—2013年国家黄淮海南片夏大豆区域试验，平均产量3 373.8kg/hm²，比对照中黄13增产8.1%。2014年生产试验，平均产量3 090.9kg/hm²，比对照中黄13增产12.7%。蛋白质含量41.76%，脂肪含量21.43%。

栽培要点　适宜中等偏上肥力地块种植，6月中旬播种，播量60 ～ 75kg/hm²，行距0.4m，株距0.1m，密度25万株/hm²，出苗后早间苗，断垄补苗。在初花期、鼓粒期按尿素7.5kg/hm²，磷酸二氢钾1.5kg/hm²，硼砂1.5kg/

hm²叶面喷施，减少落花落荚，增加产量。适时中耕，整个生育期注意防治病虫害，特别是蚜虫、点蜂缘蝽、飞虱等刺吸式口器害虫要及时防治。

适宜地区 河南全省、山东省南部、安徽和江苏两省淮河以北地区（夏播）。

680. 周豆25（Zhoudou 25）

品种来源 周口市农业科学院以平99016为母本，郑9525为父本，经有性杂交，改良系谱法选育而成。2018年经河南省农作物品种审定委员会，2019年经国家农作物品种审定委员会审定，审定编号分别为豫审豆20180004、国审豆20190016。全国大豆品种资源统一编号ZDD33512。

特征 有限结荚习性，株高77.3cm，株型收敛，有效分枝2.5个。单株有效荚数53.0个。叶卵圆形，白花，灰毛，荚褐色。籽粒椭圆形，种皮黄色，脐褐色。百粒重17.7g。

特性 黄淮海夏大豆，中早熟品种，黄淮海南片地区夏播生育期101d。田间综合抗病性好，落叶性好，不裂荚，抗倒伏能力强。

产量品质 2016—2017年国家黄淮海南片夏大豆区域试验，平均产量2 932.5kg/hm²，比对照中黄13增产6.1%。2018年生产试验，平均产量2 982.0kg/hm²，比对照中黄13增产10.7%。蛋白质含量44.13%，脂肪含量18.74%。

周豆25

栽培要点 适宜中等及以上肥力地块种植，6月中旬播种，播量60～75kg/hm²，行距0.4m，株距0.1m，密度25万株/hm²，出苗后间苗，断垄补苗。在初花期、鼓粒期按尿素7.5kg/hm²，磷酸二氢钾1.5kg/hm²，硼砂1.5kg/hm²叶面喷施，减少落花落荚，增加产量。适时中耕，整个生育期注意防治病虫害，特别是蚜虫、点蜂缘蝽、飞虱等刺吸式口器害虫要及时防治。

适宜地区 河南全省、山东南部、安徽和江苏两省淮河以北地区（夏播）。

681. 周豆28（Zhoudou 28）

品种来源 周口市农业科学院以 [（中黄13/郑9805）F₁/（临豆10号/周豆12）F₁] F₁ 为母本，[（豫豆15/周豆19）F₁/（周豆17/荷豆19）F₁] F₁ 为父本，经有性杂交，改良系谱法选育而成。2020年经国家农作物品种审定委员会审定，审定编号为国审豆20200035。全国大豆品种资源统一编号ZDD33513。

周豆28

周豆29

特征　有限结荚习性，株高75.4cm，株型收敛，有效分枝2.3个。单株有效荚数47.6个。叶卵圆形，白花，灰毛，荚褐色。籽粒椭圆形，种皮黄色，脐褐色。百粒重20.4g。

特性　黄淮海夏大豆，中早熟品种，黄淮海南片地区夏播生育期102d。田间综合抗病性好，落叶性好，不裂荚，稳产性、丰产性好。

产量品质　2017—2018年国家黄淮海南片夏大豆品种区域试验，平均产量2956.8kg/hm²，比对照中黄13增产10.9%。2018年生产试验，平均产量2919.0kg/hm²，比对照中黄13增产7.8%。蛋白质含量43.40%，脂肪含量19.99%。

栽培要点　适宜中等及以上肥力地块种植，6月中旬播种，播量75～90kg/hm²，行距0.4m，株距0.1m，密度25万株/hm²，出苗后间苗，断垄补苗。在初花期、鼓粒期按尿素7.5kg/hm²，磷酸二氢钾1.5kg/hm²，硼砂1.5kg/hm²叶面喷施，减少落花落荚，增加产量。适时中耕，整个生育期注意防治病虫害，特别是蚜虫、点蜂缘蝽、飞虱等刺吸式口器害虫要及时防治。

适宜地区　河南全省、山东南部、安徽和江苏两省淮河以北地区（夏播）。

682. 周豆29（Zhoudou 29）

品种来源　周口市农业科学院以周豆11为母本，沛县小油豆为父本，经有性杂交，改良系谱法选育而成。2019年经河南省农作物品种审定委员会审定，审定编号为豫审豆20190007。全国大豆品种资源统一编号ZDD33514。

特征　有限结荚习性，株高94.9cm，株型收敛，有效分枝2.1个。单株有效荚数42.9个。叶卵圆形，紫花，灰毛。籽粒椭圆形，种皮黄色，脐褐色。百粒重20.9g。

特性 黄淮海夏大豆，中晚熟品种，河南省夏播生育期108d。落叶性好，不裂荚，属于优质大豆品种。

产量品质 2017—2018年河南省夏大豆品种区域试验，平均产量2 825.5kg/hm²，比对照豫豆22增产6.3%。2018年生产试验，平均产量2 749.8kg/hm²，比对照豫豆22增产6.2%。蛋白质含量45.17%，脂肪含量19.15%。

栽培要点 适宜播期6月5日至25日，麦收后尽早足墒播种，播种量75 ~ 90kg/hm²。出苗后三叶期进行间苗、定苗；留苗密度18.8万~ 22.5万株/hm²，做到苗匀苗壮。整个生育期做好除草工作，在初花期、鼓粒期按尿素7.5kg/hm²，磷酸二氢钾1.5kg/hm²，硼砂1.5kg/hm²叶面喷施，减少落花落荚，增加产量。适时中耕，整个生育期注意防治病虫害，特别是蚜虫、点蜂缘蝽、飞虱等刺吸式口器害虫要及时防治。

适宜地区 河南省全省（夏播）。

683. 周豆31（Zhoudou 31）

品种来源 周口市农业科学院以周豆23为母本，菏豆20为父本，经有性杂交，改良系谱法选育而成。2020年经河南省农作物品种审定委员会审定，审定编号为豫审豆20200005。全国大豆品种资源统一编号ZDD33515。

特征 有限结荚习性，株高83.0cm，株型收敛，有效分枝1.4个。单株有效荚数66.0个。叶卵圆形，紫花，灰毛。籽粒椭圆形，种皮黄色，脐褐色。百粒重21.5g。

特性 黄淮海夏大豆，中晚熟品种，河南省夏播生育期108d。落叶性好，不裂荚。

产量品质 2017—2018年河南省夏大豆品种区域试验，平均产量2 904.3kg/hm²，比对照豫豆22增产9.2%。2019年生产试验，平均产量3 213.2kg/hm²，比对照郑196增产6.5%。蛋白质含量41.90%，脂肪含量20.80%。

栽培要点 适宜播期6月5日至25日，麦收后尽早足墒播种，播种量75 ~ 90kg/hm²。出苗后三叶期进行间苗、定苗；留苗密度18.8

周豆31

万~ 22.5万株/hm²，做到苗匀苗壮。整个生育期做好除草工作，在初花期、鼓粒期按尿素7.5kg/hm²，磷酸二氢钾1.5kg/hm²，硼砂1.5kg/hm²叶面喷施，减少落花落荚，增加产量。适时中耕，整个生育期注意防治病虫害，特别是蚜虫、点蜂缘蝽、飞虱等刺吸式口器害虫要及时防治。

适宜地区　河南省全省（夏播）。

684. 周豆32（Zhoudou 32）

品种来源　周口市农业科学院以周豆11（3）为母本，绥农14为父本，经有性杂交，母本周豆11为轮回亲本进行回交2次，改良系谱法选育而成。原品系号周10188-4-2-4-2。2020年经河南省农作物品种审定委员会审定，审定编号为豫审豆20200008。全国大豆品种资源统一编号ZDD33516。

特征　有限结荚习性，株高88.6cm，株型收敛，有效分枝0.8个，单株有效荚数51.5个。叶卵圆形，紫花，灰毛，荚淡褐色。籽粒椭圆形，种皮黄色，脐黑色。百粒重19.9g。

周豆32

特性　黄淮海夏大豆，中熟品种，河南省夏播生育期104d。田间综合抗病性好，落叶性好，不裂荚。

产量品质　2018—2019年河南省夏大豆品种区域试验，平均产量3 195.6kg/hm²，比对照郑196增产9.6%。2019年生产试验，平均产量3 387.8kg/hm²，比对照郑196增产12.1%。蛋白质含量44.45%，脂肪含量21.55%。

栽培要点　适宜中等及以上肥力地块种植，6月上中旬播种，播量60～75kg/hm²，留苗18万～21万株/hm²，出苗后及时间苗、除草，在初花期、鼓粒期按尿素7.5kg/hm²，磷酸二氢钾1.5kg/hm²，硼砂1.5kg/hm²叶面喷施，减少落花落荚，增加产量。适时中耕，整个生育期注意防治病虫害，特别是蚜虫、点蜂缘蝽、飞虱等刺吸式口器害虫要及时防治。

适宜地区　河南全省（夏播）。

685. 周豆34（Zhoudou 34）

品种来源　周口市农业科学院以周08010-5-2为母本，郑9805为父本，经有性杂交，改良系谱法选育而成。原品系号周12044-19-29。2020年经河南省农作物品种审定委员会审定，审定编号为豫审豆20200011。全国大豆品种资源统一编号ZDD33517。

特征　有限结荚习性，株高76.1cm，株型收敛，有效分枝2.2个。单株有效荚数48.3个。叶卵圆形，白花，灰毛，荚褐色。籽粒椭圆形，种皮黄色，脐淡褐色。百粒重20.6g。

特性　黄淮海夏大豆，中熟品种，河南省夏播生育期104d。田间综合抗病性好，落叶性好，籽粒整齐，不裂荚。

产量品质　2018—2019年河南省夏大豆品种区域试验，平均产量2 950.5kg/hm²，比对照郑196增产11.6%。2019年生产试验，平均产量3 334.5kg/hm²，比对照郑196增产8.1%。蛋白质含量41.54%，脂肪含量19.70%。

栽培要点　6月上中旬播种，播量60～75 kg/hm²，行距0.4m，株距0.09m，密度27万株/hm²，出苗后及时间苗。在初花期、鼓粒期按尿素7.5kg/hm²，磷酸二氢钾1.5kg/hm²，硼砂1.5kg/hm²叶面喷施，减少落花落荚，增加产量。适时中耕，整个生育期注意防治病虫害，特别是蚜虫、点蜂缘蝽、飞虱等刺吸式口器害虫要及时防治。

适宜地区　河南全省（夏播）。

周豆34

686. 周豆11019 （Zhoudou 11019）

品种来源　周口市农业科学院以周豆23为母本，科20-3为父本，经有性杂交，改良系谱法选育而成。2020年经河南省农作物品种审定委员会审定，审定编号为豫审豆20200012。全国大豆品种资源统一编号ZDD33518。

特征　有限结荚习性，株高87.4cm，株型收敛，有效分枝2.6个。单株有效荚数58.1个。叶卵圆形，白花，灰毛。籽粒椭圆形，种皮黄色，脐淡褐色。百粒重18.2g。

特性　黄淮海夏大豆，中熟品种，河南省夏播生育期105d。落叶性好，不裂荚。

产量品质　2018—2019年河南省夏大豆品种区域试验，平均产量3 036.9kg/hm²，比对照郑196增产14.7%。2019年生产试验，平均产量2 789.7kg/hm²，比对照郑196增产11.5%。蛋白质含量40.79%，脂肪含量19.90%。

栽培要点　适宜播期6月5日至25日，麦

周豆11019

收后尽早足墒播种，播种量75～90kg/hm²。出苗后三叶期进行间苗、定苗；留苗密度18.8万～22.5万株/hm²，做到苗匀苗壮。整个生育期做好除草工作，在初花期、鼓粒期按尿素7.5kg/hm²，磷酸二氢钾1.5kg/hm²，硼砂1.5kg/hm²叶面喷施，减少落花落荚，增加产量。适时中耕，整个生育期注意防治病虫害，特别是蚜虫、点蜂缘蝽、飞虱等刺吸式口器害虫要及时防治。

适宜地区　河南全省（夏播）。

687. 泛豆9号（Fandou 9）

品种来源　河南黄泛区地神种业有限公司以郑90007多枝为母本，泛豆11为父本，经有性杂交，系谱法选育而成，2020年经河南省农作物品种审定委员会审定，审定编号为豫审豆20200001。全国大豆品种资源统一编号ZDD31385。

特征　有限结荚习性，株高83.0～94.0cm，株型收敛，底荚高15.0～25.0cm，主茎节数16.7节，有效分枝1.4个，单株有效荚数61.5个，单株粒数118.0个。叶卵圆形，紫花，灰毛，荚淡褐色。籽粒椭圆形，种皮黄色，微光，脐褐色。百粒重18.8～21.4g。

特性　黄淮海夏大豆，中熟品种，河南省夏播生育期106～112d。中抗大豆花叶病毒病、中抗紫斑病、抗倒伏能力强，落叶性好，抗裂荚性强。

产量品质　2017—2018年河南省夏大豆品种区域试验，平均产量2 801.3kg/hm²，比对照豫豆22增产5.4%。2019年生产试验，平均产量3 178.5kg/hm²，比对照郑196增产5.3%。蛋白质含量41.17%，脂肪含量为20.80%。

栽培要点　6月20日之前足墒播种，播量60～75kg/hm²，密度18万～21万株/hm²。出苗后及时间苗。施基肥磷酸铵或三元复合肥（N∶P∶K=15∶15∶15）225kg/hm²，未施基肥可在7月中旬开花前追上述肥料。花荚期遇旱及早浇水，适时中耕；及时防治病虫害，尤其刺吸式害虫如点蜂缘蝽、烟粉虱、飞虱等。

适宜地区　河南全省（夏播）。

泛豆9号

688. 漯豆100（Luodou 100）

品种来源　漯河市农业科学院以获引1号-6为母本，中黄13为父本，经有性杂交，系谱法选育而成。原品系号漯豆4902。2020年经河南省农作物品种审定委员会审定，审定编号为豫审豆20200002。全国大豆品种资源统一编号ZDD33503。

特征　有限结荚习性，株高87.5cm，株型收敛，有效分枝2～3个，单株有效荚数47.4个。叶卵圆，紫花，灰毛，荚灰褐色。籽粒扁圆形，种皮黄色，脐淡褐色，百粒重21.9g。

特性　黄淮海夏大豆，中晚熟品种，河南省夏播生育期108d。田间综合抗病性好，落叶性好，籽粒整齐，不裂荚。

产量品质　2017—2018年河南省夏大豆品种区域试验，平均产量2 836.5kg/hm²，比对照豫豆22增产6.7%。2019年生产试验，平均产量3 179.1kg/hm²，比对照郑196增产5.4%。蛋白质含量41.81%，脂肪含量19.40%。

栽培要点　适宜中等及以上肥力地块种植，6月上中旬为适播期，播量60～75kg/hm²，行距0.4m，株距0.12m，密度14万株/hm²，出苗后间苗。施基肥大豆专用复合肥（N：P：K=15：15：15）300kg/hm²。适时中耕，后期注意防虫。

适宜地区　河南省及相似生态区（夏播）。

漂豆100

689. 囤豆1号（Dundou 1）

品种来源　河南省金囤种业有限公司以豫豆23为母本，周豆12为父本，经有性杂交，改良系谱法选育而成，原品系号04（12）-5-特-1-2。2015年经陕西省农作物品种审定委员会审定，审定编号为陕审豆2015001号。全国大豆品种资源统一编号ZDD33495。

特征　有限结荚习性，株高60.0～70.0cm，株型紧凑，有效分枝1.0～3.0个。单株有效荚数43.0～45.0个。叶椭圆形，白花，灰毛，荚黄褐色。籽粒扁圆形，种皮黄色，脐淡褐色，百粒重23.0～25.0g。

特性　黄淮海夏大豆，中晚熟品种，黄淮海中部地区夏播生育期110d。田间综合抗病性好，落叶性好，籽粒整齐，不裂荚。

产量品质　2012—2014年陕西省夏大豆品

囤豆1号

种区域试验，平均产量2 713.0kg/hm²，比对照秦豆8号增产6.7%。2013年生产试验，平均产量2 823.0kg/hm²，比对照秦豆8号增产7.0%。蛋白质含量43.43%，脂肪含量19.53%。

栽培要点 适宜中等及以上肥力地块种植，6月上中旬为适播期，播量60～75kg/hm²，行距0.4m，株距0.13m，密度18万株/hm²，出苗后间苗。施基肥磷酸铵300kg/hm²，尿素45～60kg/hm²，氯化钾90～105kg/hm²。未施基肥可在7月中旬开花前追肥，追磷酸二铵105～150kg/hm²，尿素22.5～30kg/hm²，氯化钾45～60kg/hm²。适时中耕，后期注意防虫。

适宜地区 陕西省（夏播）。

690. 驻豆19（Zhudou 19）

驻豆19

品种来源 驻马店市农业科学院以郑88013为母本，驻9702为父本，经有性杂交，系谱法选育而成，2015年经河南省主要农作物品种审定委员会审定，审定编号为豫审豆2015002。2017年经国家农作物品种审定委员会审定，审定编号为国审豆20170020。全国大豆品种资源统一编号ZDD33519。

特征 有限结荚习性，株高61.5cm，株型收敛，主茎节数14.1节，有效分枝数3.2个。椭圆形叶，紫花，灰毛。单株荚数47.4个，单株粒数99.9个，荚褐色，底荚高15.3cm。籽粒椭圆形，种皮黄色，有光泽，脐淡褐色，百粒重21.0g。

特性 黄淮海、南方夏大豆，早中熟品种，长江流域夏播生育期108d。抗病、抗倒伏，成熟不裂荚，落叶性好，适宜机械化收获。

产量品质 2014—2015年长江流域夏大豆早中熟组区域试验，平均产量3 112.5kg/hm²，比对照增产5.0%。2016年生产试验，平均产量3 294.0kg/hm²，比对照中豆8号增产12.1%。蛋白质含量45.89%，脂肪含量17.46%。

栽培要点 适宜中等及以上肥力地块种植，5月下旬至6月上旬为适播期，播量60～75kg/hm²，行距0.4m，株距0.12～0.14m，密度18万～21万株/hm²，出苗后及时间定苗。施氮磷钾三元复合肥225～300kg/hm²作基肥，肥力高的地块少施，根据长势初花期施尿素肥30～45kg/hm²作为追肥。花荚期遇旱及时浇水。开花期和结荚初期注意防治豆荚螟，成熟后及时收获。

适宜地区 河南全省及长江流域（夏播）。

691 驻豆20（Zhudou 20）

品种来源 驻马店市农业科学院以郑97196为母本，菏99-6为父本，经有性杂交，系谱法选育而成，2019年1通过国家农作物品种审定委员会审定，审定编号为国审豆20190028。全国大豆品种资源统一编号ZDD33520。

特征 有限结荚习性，株高50.8cm，株型收敛，主茎节数13.4节，有效分枝数3.3个。叶卵圆形，紫化，灰毛。单株荚数48.7个，单株粒数93.7个，荚黄色，底荚高13.4cm。籽粒扁圆形，种皮黄色，微光，脐淡褐色，百粒重20.5g。

特性 南方夏大豆，早中熟品种，长江流域夏播生育期103d。抗倒伏，不裂荚，适宜机械化收获。

产量品质 2016—2017年长江流域夏大豆早中熟组区域试验，平均产量3 175.5kg/hm²，比对照中豆41增产7.1%。2017年生产试验，

驻豆20

平均产量3 145.5kg/hm²，比对照中豆41增产12.6%。2018年生产试验，平均产量2 683.5kg/hm²，比对照中豆41增产1.6%。蛋白质含量41.58%，脂肪含量18.44%。

栽培要点 适宜中等及以上肥力地块种植，5月下旬至6月上旬为适播期，播量60～75kg/hm²，行距0.4～0.5m，株距0.12～0.14m，密度18万～21万株/hm²，出苗后及时间定苗。施氮磷钾三元复合肥225～300kg/hm²作基肥，初花期施尿素肥30～45kg/hm²作为追肥。花荚期遇旱及时浇水。开花期和结荚初期注意防治豆荚螟，成熟后及时收获。

适宜地区 长江流域湖北省、安徽省南部、重庆市、江西省北部、河南省南阳市等地区（夏播）种植。

692. 驻豆23（Zhudou 23）

品种来源 驻马店市农业科学院以许99016为母本，汾豆56为父本，经有性杂交，系谱法选育而成。2020年经河南省主要农作物品种审定委员会审定，审定编号为豫审豆20200003。全国大豆品种资源统一编号ZDD33521。

特征 有限结荚习性，株高87.3cm，株型收敛，主茎节数17.5节，有效分枝数2.3个。披针叶，紫花，灰毛，单株荚数40.8个，单株粒数89.8个，荚褐色，底荚高26.4cm。籽粒圆形，种皮黄色，有光泽，褐色脐。百粒重18.8g。

特性 黄淮海夏大豆，中晚熟品种，河南省夏播生育期108d。抗病，抗倒伏，不裂荚，成熟落叶性好。

驻豆23

产量品质 2017—2018年河南省夏大豆品种区域试验，平均产量2 853.0kg/hm²，比对照豫豆22增产7.5%。2019年生产试验，平均产量3 334.5kg/hm²，比对照郑196增产10.5%。蛋白质含量39.84%，脂肪含量20.10%。

栽培要点 适时足墒早播，6月15日前为适播期，播量60 ～ 75kg/hm²，行距0.4m，株距0.1 ～ 0.13m，密度18万 ～ 24万株/hm²，出苗后及时间定苗。施氮磷钾三元复合肥225 ～ 300kg/hm²作基肥，肥力较高地块可适当少施，初花期施尿素肥75kg/hm²作为追肥。花荚期遇旱及时浇水。适时中耕除草，开花期和结荚初期注意防治害虫，成熟后及时收获。

适宜地区 河南全省（夏播）。

陕 西 省 品 种

693. 延豆6号（Yandou 6）

品种来源 延安市农业科学研究所和西北农林科技大学以自育品系98-20-2-8为母本，诱变30为父本，经有性杂交，系谱法选育而成。2019年通过陕西省农作物品种审定委员会审定，审定编号为陕审豆2019003。全国大豆品种资源统一编号为ZDD34425。

特征 亚有限结荚习性，株高93.2cm，株型收敛，有效分枝1～2个。单株有效荚数42.5个。叶圆形，紫花，棕毛，荚褐色。籽粒圆形，种皮黄色，脐褐色。百粒重19.5g。

特性 黄淮海夏大豆，中熟品种，夏播生育期108d。高抗大豆花叶病毒病，中感褐斑病。落叶性好，不裂荚。

产量品质 2015—2016年陕西省夏播大豆品种区域试验，平均产量2 754.8kg/hm²，比对照秦豆8号增产10.0%。2016年生产试验，平均产量2 383.5kg/hm²，比对照品种秦豆8号增产9.9%。蛋白质含量47.38%，脂肪含量18.67%。

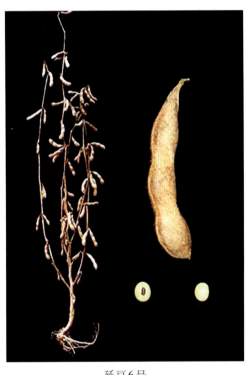

延豆6号

栽培要点 适宜中等肥力以上地块种植，适播期为5月下旬至6月中旬，播量90～105kg/hm²，行距0.4m，株距0.1m，密度25.0万株/hm²，复叶出现期定苗。结合整地施基肥磷酸二铵300～375kg/hm²，尿素120kg/hm²，硫酸钾105～120kg/hm²。花荚期可根据田间豆苗长势，追施尿素90～120kg/hm²，遇干旱应及时灌溉，保证水分供应。及时防治大豆病虫害。合理轮作倒茬。

适宜地区 陕西省夏播大豆区。

694. 秦豆2014（Qindou 2014）

品种来源 陕西省杂交油菜研究中心以96E218为母本，濮豆10号为父本，经有性杂交，系谱选育而成。2017年通过陕西省农作物品种审定委员会审定，审定编号为陕审豆2017002。全国大豆品种资源统一编号为ZDD34426。

秦豆2014

秦豆2018

特征 亚有限结荚习性，株高80.3cm，株型收敛，有效分枝3～4个。单株有效荚数42.6个。叶卵圆形，紫花，灰毛，荚褐色。籽粒椭圆形，种皮黄色，脐淡褐色。百粒重18.8g。

特性 黄淮海夏大豆，中熟品种，夏播生育期111d。高抗大豆花叶病毒病，抗褐斑病。抗倒伏，落叶性好，不裂荚。

产量品质 2014—2015年陕西省夏播大豆品种区域试验，平均产量2 728.5kg/hm²，比对照秦豆8号增产9.0%。2016年生产试验，平均产量2 617.5kg/hm²，比对照品种秦豆8号增产13.7%。蛋白质含量47.79%，脂肪含量17.03%。

栽培要点 适宜中等肥力以上及两年以上未种过大豆地块种植，适播期为5月下旬至6月中旬，播量90～105kg/hm²，行距0.4m，株距0.1m，密度25.0万株/hm²，复叶出现期定苗。结合整地施基肥磷酸二氢钾300～450kg/hm²，尿素150kg/hm²，硫酸钾105～120kg/hm²。花荚期可根据田间豆苗长势，追施尿素120kg/hm²。花荚期遇干旱应及时灌溉。及时防治大豆病虫害。

适宜地区 陕西省夏播大豆区。

695. 秦豆2018（Qindou 2018）

品种来源 陕西省杂交油菜研究中心以21A-03为母本，菏豆12为父本，经有性杂交，摘荚法选育而成。2019年通过陕西省农作物品种审定委员会审定，审定编号为陕审豆2019002。全国大豆品种资源统一编号为ZDD34427。

特征 亚有限结荚习性，株高85cm，株型收敛，有效分枝1～2个。单株有效荚数40.3个。叶圆形，紫花，灰毛，荚土黄色。籽粒椭圆形，种皮黄色，脐淡褐色。百粒重23.8g。

特性　黄淮海夏大豆，中熟品种，夏播生育期110d。田间综合性状较好。高抗大豆花叶病毒病，抗褐斑病。落叶性好，不裂荚。

产量品质　2017—2018年陕西省夏播大豆品种区域试验，平均产量2 659.5kg/hm²，比对照秦豆8号增产13.2%。2018年生产试验，平均产量2 937.0kg/hm²，比对照品种秦豆8号增产13.0%。蛋白质含量43.77%，脂肪含量18.63%。

栽培要点　适宜中等肥力以上地块种植，适播期为5月下旬至6月中旬，播量90～105kg/hm²，行距0.4m，株距0.1m，密度25.0万株/hm²，复叶出现期定苗。结合整地施基肥磷酸二铵300～450kg/hm²，尿素150kg/hm²，硫酸钾105～120kghm²。花荚期可根据田间豆苗长势，追施尿素120kg/hm²，遇干旱应及时灌溉。及时防治大豆病虫害。与禾本科作物实行合理轮作。

适宜地区　陕西省夏播大豆区。

696 XD0632（XD0632）

品种来源　西北大学生命科学学院以（诱变30×早熟18）F₁代为母本，SRF307P为父本，经有性杂交，系谱法选育而成。2019年通过陕西省农作物品种审定委员会审定，审定编号为陕审豆2019004。全国大豆品种资源统一编号为ZDD34428。

特征　亚有限结荚习性，株高75.6cm，株型收敛，有效分枝3～5个。单株有效荚数41.5个。叶圆形，白花，灰毛，荚灰褐色。籽粒圆形，种皮黄色，脐褐色。百粒重20.3g。

特性　黄淮海夏大豆，中熟品种，夏播生育期110d。高抗大豆花叶病毒病，抗褐斑病。抗倒伏，落叶性好，不裂荚。

产量品质　2015—2016年陕西省夏播大豆品种区域试验，平均产量2 772.5kg/hm²，比对照秦豆8号增产11.6%。2016年生产试验，平均产量2 400.0kg/hm²，比对照品种秦豆8号增产10.7%。蛋白质含量45.10%，脂肪含量20.27%。

XD0632

栽培要点　适宜中等肥力以上地块种植，适播期为5月下旬至6月中旬，播量90～105kg/hm²，行距0.4m，株距0.1m，密度25.0万株/hm²，复叶出现期定苗。结合整地施基肥磷酸二铵300～375kg/hm²，尿素120kg/hm²，硫酸钾105～120kg/hm²。花荚期可根据田间豆苗长势，追施尿素90 ～ 120kg/hm²。遇干旱应及时灌溉，尤其要保证花荚期的水分供应。及时防治大豆病虫害。与禾本科作物实行合理轮作。

适宜地区　陕西省夏播大豆区。

697.陕垦豆4号 （Shankendou 4）

品种来源　陕西农垦大华种业有限责任公司以98D1-4-1为母本，晋大70为父本，经有性杂交，改良系谱法选育而成。2017年通过陕西省农作物品种审定委员会审定，审定编号为陕审豆2017001。全国大豆品种资源统一编号为ZDD34429。

特征　亚有限结荚习性，株高81.3cm，株型收敛，有效分枝2 ～ 3个。单株有效荚数42.6个。叶圆形，紫花，灰毛，荚黄褐色。籽粒椭圆形，种皮黄色，脐褐色。百粒重22.3g。

陕垦豆4号

特性　黄淮海夏大豆，中熟品种，夏播生育期110d。高抗大豆花叶病毒病，中抗褐斑病。抗倒伏，落叶性好，不裂荚。

产量品质　2015—2016年陕西省夏播大豆品种区域试验，平均产量2 887.5kg/hm²，比对照秦豆8号增产15.1%。2016年生产试验，平均产量2 625.0kg/hm²，比对照品种秦豆8号增产14.0%。蛋白质含量47.29%，脂肪含量17.60%。

栽培要点　适宜中等肥力以上及两年以上未种过大豆地块种植，适播期为5月下旬至6月中旬，播量90 ～ 105kg/hm²，行距0.4m，株距0.1m，密度20.5万株/hm²，复叶出现期定苗。结合整地施基肥磷酸二氢钾300 ～ 375kg/hm²，尿素120kg/hm²，硫酸钾105 ～ 120kg/hm²。花荚期可根据田间豆苗长势，追施尿素90 ～ 120kg/hm²。花荚期遇干旱应及时灌溉。及时防治大豆病虫害。

适宜地区　陕西省夏播大豆区。

698.陕垦豆6号 （Shankendou 6）

品种来源　陕西农垦大华种业有限责任公司以91（12）-10-10-6为母本，鲁豆997为父本，经有性杂交，系谱法选育而成。2020年通过陕西省农作物品种审定委员会审定，审定编号为陕审豆2020001。全国大豆品种资源统一编号为ZDD34430。

特征 亚有限结荚习性，株高78.5cm，株型收敛，有效分枝3～4个。单株有效荚数40.3个。叶椭圆形，紫花，棕毛，荚褐色。紫粒椭圆形，种皮黄色，脐褐色。百粒重23.0～25.0g。

特性 黄淮海夏大豆，中熟品种，夏播生育期110d。高抗大豆花叶病毒病，抗褐斑病。抗倒伏，落叶性好，不裂荚。

产量品质 2018—2019年参加陕西省夏播大豆品种区域试验，平均产量2 826.0kg/hm²，比对照秦豆8号增产11.9%。2019年生产试验，平均产量2 830.5kg/hm²，比对照品种秦豆8号增产10.9%。蛋白质含量40.17%，脂肪含量21.44%。

栽培要点 适播期为6月上中旬，播量75～90kg/hm²，行距0.4m，株距0.1m，密度25.0万株/hm²，五叶期定苗。结合整地，每公顷施磷酸二铵300kg，尿素150kg，硫酸钾120kg。花荚期可结合防虫喷施适量磷酸二氢钾和硼肥。遇干旱及时浇水。及时防治大豆病虫害。与禾本科作物实行合理轮作。

适宜地区 陕西省夏播大豆区。

陕垦豆6号

699. 陕垦青豆1号 （Shankenqingdou 1）

品种来源 陕西农垦大华种业有限责任公司以96（9）F3-1×辽豆18的F₁代为母本，晋豆19为父本，经有性杂交，摘荚法选育而成。2019年通过陕西省农作物品种审定，审定编号为陕审豆2019001。全国大豆品种资源统一编号ZDD34431。

特征 亚有限结荚习性，株高80.6cm，株形收敛，有效分枝2～3个。单株有效荚数38.5个。叶披针形，白花，棕毛，荚深褐色。籽粒圆形，种皮绿色，脐黑色。百粒重19.8g。

特性 黄淮海夏大豆，中熟品种，夏播生育期107d。抗大豆花叶病毒病，中抗褐斑病，落叶性好，不裂荚。

产量品质 2016—2017年陕西省夏播大豆品种区域试验，平均产量2 529.0kg/hm²，比对照秦豆8号增产9.0%。2017年生产试验，平均产量2 884.5kg/hm²，比对照秦豆8号增产11.0%。蛋白质含量44.29%，脂肪含量19.75%。

栽培要点 适宜中等肥力以上地块种植，适播期为6月上中旬，播量90kg/hm²，行距0.4～0.5m，株距0.1m，密度20.0万～25.0万株/hm²，五叶期定苗。结合整地施基肥

陕垦青豆1号

金豆228

磷酸二铵450kg/hm²，尿素150kg/hm²，硫酸钾105 ～ 120kg/hm²。花荚期可根据田间豆苗长势，追施尿素120 ～ 150kg/hm²，遇干旱应及时灌溉，保证水分供应。及时防治大豆病虫害。合理轮作倒茬。

适宜地区　陕西省夏播大豆区。

700. 金豆228（Jindou 228）

品种来源　陕西高农种业有限公司以秦豆8号的变异株为母本，中黄13为父本，经有性杂交，系谱法选育而成。2017年通过陕西省农作物品种审定委员会审定，审定编号为陕审豆2017003。全国大豆品种资源统一编号为ZDD34432。

特征　有限结荚习性，株高65.0cm，株型收敛，有效分枝1 ～ 3个，单株有效荚数40.0个。叶椭圆形，白花，灰毛，荚黄褐色。籽粒扁圆形，种皮黄色，脐淡褐色，百粒重22.5g。

特性　黄淮海夏大豆，中熟品种，夏播生育期110d。高抗大豆花叶病毒病，抗褐斑病。抗倒伏，落叶性好。

产量品质　2015—2016年陕西省夏播大豆品种区域试验，平均产量2 727.0kg/hm²，比对照秦豆8号增产8.8%。2016年生产试验，平均产量2 446.5kg/hm²，比对照品种秦豆8号增产6.3%。蛋白质含量48.72%，脂肪含量17.74%。

栽培要点　适宜中等肥力以上地块种植，适播期为5月下旬至6月中旬，播量90 ～ 105kg/hm²，行距0.3 ～ 0.4m，株距0.1m，密度25.0万 ～ 33.3万株/hm²，复叶出现期定苗。结合整地施基肥三元复合肥120 ～ 150kg/hm²。花荚期可结合防虫喷施适量磷酸二氢钾和硼肥。花荚期遇干旱及时浇水。及时防治大豆病虫害。

适宜地区　陕西省夏播大豆区。

安 徽 省 品 种

701. 濉科20（Suike 20）

品种来源 安徽省濉溪县科技开发中心以（巨丰 × 豫豆21）×（kf9507 − 1）F_1为母本，徐8313为父本，经有性杂交，系谱法选育而成。2016年经安徽省农作物品种审定委员会审定，审定编号为皖审豆2016002，全国大豆品种资源统一编号ZDD33593。

特征 有限结荚习性，株高64.4cm，有效分枝1.5个。叶圆形，紫花、灰毛。籽粒椭圆形，种皮黄色，脐褐色。百粒重22.6g。

特性 黄淮海夏大豆，黄淮海南片全生育期101d。田间综合抗病性好，落叶性好，籽粒整齐，不裂荚。

产量品质 2012—2013年安徽省夏大豆区域试验，平均产量2 857.0kg/hm²，比对照中黄13增产2.7%。2014年生产试验，平均产量2 514.2kg/hm²，比对照中黄13增产6.1%。蛋白质含量45.36%，脂肪含量19.98%。

濉科20

栽培要点 适播期5月下旬至6月上中旬，最迟6月下旬。种植密度高肥田留苗18万株/hm²，中肥田留苗22.5万 ~ 27.0万株/hm²。基肥或苗期追肥氮磷钾复合肥（N ∶ P ∶ K=15 ∶ 15 ∶ 15）225kg/hm²，初花期追施尿素75.0 ~ 112.5kg/hm²。适时防治病虫草害。

适宜地区 江淮丘陵区和沿淮淮北区。

702. 濉科23（Suike 23）

品种来源 山东圣丰种业科技有限公司、濉溪县科技开发中心和濉溪县大豆产业协会以郑59为母本，徐豆9号为父本，经有性杂交，系谱法选育而成。2016年经安徽省农作物品种审定委员会审定，审定编号为皖审豆2016007，全国大豆品种资源统一编号ZDD33592。

特征 有限结荚习性，株高72.4cm，有效分枝0.9个。叶椭圆形，紫花、棕毛。籽粒椭圆形，种皮黄色，脐褐色。百粒重15.5g。

特性 黄淮海夏大豆，黄淮海南片全生育期107d。田间综合抗病性好，落叶性好，籽粒整齐，不裂荚。

产量品质 2013—2014年安徽省夏大豆区域试验，平均产量2 678.2kg/hm²，比对照中黄13增产4.7%。2015年生产试验，平均产量2 906.0kg/hm²，比对照中黄13增产11.9%。蛋白质含量40.80%，脂肪含量21.40%。

栽培要点 适播期为5月下旬至6月上中旬，最迟6月下旬。高肥田留苗18万株/hm²，中肥田留苗22.5万～27.0万株/hm²。基肥或苗期追肥氮磷钾复合肥（N：P：K=15：15：15）225kg/hm²，初花期追施尿素75.0～112.5kg/hm²。及时间苗、定苗，保证留苗密度；及时除草；苗期注意防涝除渍，花荚至鼓粒始期遇旱要及时灌溉；肥力差的追施初花肥；苗期注意防治蚜虫，中后期注意防治卷叶螟、食心虫等虫害；阴雨多时要防病。

适宜地区 江淮丘陵区和淮北区。

濉科23

703.德纯豆6号 （Dechundou 6）

品种来源 安徽德纯种业有限公司以徐豆9号为母本，嘉豆23为父本进行有性杂交，采用系谱法选育而成。2020年经安徽省农作物品种审定委员会审定，审定编号为皖审豆20200015，全国大豆品种资源统一编号ZDD34433。

特征 有限结荚习性，株高62.1cm，有效分枝2.1个。叶椭圆形，紫花、灰毛。籽粒椭圆形，种皮黄色，脐褐色。百粒重21.6g。

特性 黄淮海夏大豆，黄淮海南片全生育期101d。田间综合抗病性好，落叶性好，籽粒整齐，不裂荚。

德纯豆6号

产量品质 2015—2016年安徽省夏大豆区域试验，平均产量2 603.9kg/hm²，比对照中黄13增产5.6%。2017年生产试验，平均产量2 380.4kg/hm²，比对照中黄13增产7.7%。蛋白质含量43.15%，脂肪含量19.42%。

栽培要点 6月上旬至6月底均可播种，最佳播种期为6月上中旬；中等肥力田块，密度为22.5万株/hm²；中高肥水水平田块，密度为15.0万～19.5万株/hm²；高产栽培须施有机肥60～75m³/hm²、复合肥375kg/hm²，花期追施尿素120kg/hm²。遇干旱时要及时灌溉；在高肥或密度过大的条件下，初花期用15%的多效唑可湿性粉剂600g/hm²喷雾，降高防倒，促进分枝；后期注意虫害防控。

适宜地区 安徽省沿淮淮北地区。

704. 德纯豆8号 （Dechundou 8）

品种来源 安徽德纯种业有限公司以徐豆9号为母本，徐豆10号为父本，经有性杂交，系谱法选育而成。2016年经安徽省农作物品种审定委员会审定，审定编号为皖审豆2016012，全国大豆品种资源统一编号ZDD33562。

特征 有限结荚习性，株高51.3cm，有效分枝1.7个。叶椭圆形，紫花、棕毛。籽粒圆形，种皮黄色，脐深褐色。百粒重22.9g。

特性 黄淮海夏大豆，黄淮海南片全生育期103d。田间综合抗病性好，落叶性好，籽粒整齐，不裂荚。

产量品质 2013—2014年安徽省夏大豆区域试验，平均产量2 725.1kg/hm²，比对照中黄13增产6.8%。2015年生产试验，平均产量2 756.7kg/hm²，比对照中黄13增产8.7%。蛋白质含量41.06%，脂肪含量21.81%。

德纯豆8号

栽培要点 播期幅度较大，6月上旬至6月底均可播种，最佳播种期为6月上中旬。中等肥力田块，密度为22.5万株/hm²；中高肥水水平田块，密度为15.0万～19.5万株/hm²。行距为0.4m为佳。高产栽培需施有机肥60～75m³/hm²、复合肥375kg/hm²，花期追施尿素120kg/hm²。遇干旱时要及时灌溉。在高肥或密度过大的条件下，初花期用15%的多效唑可湿性粉剂600g/hm²喷雾，降高防倒，促进分枝。后期注意防治豆荚螟和食心虫，有的地方还要注意防治地下害虫蛴螬。

适宜地区 江淮丘陵区和淮北区。

705. 中涡18 (Zhongguo 18)

品种来源　安徽省同丰种业有限公司以中黄19为母本，徐豆14为父本，经有性杂交，系谱法选育而成。2020年经安徽省农作物品种审定委员会审定，审定编号为皖审豆20200008，全国大豆品种资源统一编号ZDD34434。

中涡18

特征　有限结荚习性，株高73.3cm，有效分枝1.7个。叶椭圆形，紫花、灰毛。籽粒椭圆形，种皮黄色，脐褐色。百粒重19.5g。

特性　黄淮海夏大豆，黄淮海南片全生育期102d。田间综合抗病性好，落叶性好，籽粒整齐，不裂荚。

产量品质　2017—2018年安徽省夏大豆区域试验，平均产量2 545.2kg/hm²，比对照中黄13增产10.8%。2019年生产试验，平均产量2 642.7kg/hm²，比对照中黄13增产9.1%。蛋白质含量40.36%，脂肪含量22.38%。

栽培要点　6月上中旬播种，种植密度18.0万～19.5万株/hm²；加强田间管理，合理施肥；花荚期、鼓粒期不宜缺水；早防治病虫害。

适宜地区　安徽省沿淮淮北地区。

706. 中涡28 (Zhongguo 28)

品种来源　安徽省同丰种业有限公司以中黄37为母本，嘉豆24为父本，经有性杂交，系谱法选育而成。2019年经安徽省农作物品种审定委员会审定，审定编号为皖审豆20190002，全国大豆品种资源统一编号ZDD33577。

中涡28

特征　有限结荚习性，株高85.2cm，有效分枝0.9个。叶椭圆形，紫花、灰毛。籽粒椭圆形，种皮黄色，脐淡褐色。百粒重20.5g。

特性　黄淮海夏大豆，黄淮海南片全生育期102d。田间综合抗病性好，落叶性好，籽粒整齐，不裂荚。

产量品质 2016—2017年安徽省夏大豆区域试验，平均产量2 438.9kg/hm²，比对照中黄13增产2.8%。2018年生产试验，平均产量2294.7kg/hm²，比对照中黄13增产3.6%。蛋白质含量38.04%，脂肪含量23.00%。

栽培要点 播期在6月中旬。播量（密度）为18.0万~22.5万株/hm²，行距0.4m。播前施复合肥225~300kg/hm²做基肥，且初花期追施112.5~150.0kg/hm²复合肥。开花至鼓粒期遇旱及时浇水。及时灭前茬，清除田间杂草。及时预防大豆食心虫、豆天蛾、食荚螟等大豆害虫。

适宜地区 安徽省沿淮淮北地区。

707. 中涡29（Zhongguo 29）

品种来源 安徽省同丰种业有限公司以济93060为母本，嘉豆9号为父本，经有性杂交，系谱法选育而成。2018年经安徽省农作物品种审定委员会审定，审定编号为皖审豆2018005，全国大豆品种资源统一编号ZDD33578。

特征 亚有限结荚习性，株高65.5cm，有效分枝2.7个。叶椭圆形，白花、灰毛。籽粒椭圆形，种皮黄色，脐深褐色。百粒重20.1g。

特性 黄淮海夏大豆，黄淮海南片全生育期103d。田间综合抗病性好，落叶性好，籽粒整齐，不裂荚。

产量品质 2015—2016年安徽省夏大豆区域试验，平均产量2 721.8kg/hm²，比对照中黄13增产10.0%。2017年生产试验，平均产量2 378.3kg/hm²，比对照中黄13增产7.7%。蛋白质含量39.90%，脂肪含量19.91%。

中涡29

栽培要点 适播期为6月上中旬。留苗22.5万株/hm²。前期施复合肥150~225kg/hm²。苗期注意防涝除渍，花荚鼓粒始期遇旱要及时灌溉。2~3片复叶可喷施大豆专用除草剂，或封垄前人工锄地1~2遍。花荚期注意防治卷叶螟、食心虫等虫害。及时间苗、定苗，保证留苗密度。

适宜地区 安徽省沿淮淮北地区。

708. 中涡30（Zhongguo 30）

中涡30

品种来源　安徽省同丰种业有限公司以郑9805为母本，嘉豆38为父本，经有性杂交，系谱法选育而成。2019年经安徽省农作物品种审定委员会审定，审定编号为皖审豆20190005，全国大豆品种资源统一编号ZDD33579。

特征　有限结荚习性，株高71.8cm，有效分枝2.3个。叶椭圆形，紫花、灰毛。籽粒圆形，种皮黄色，脐褐色。百粒重18.5g。

特性　黄淮海夏大豆，黄淮海南片全生育期102d。田间综合抗病性好，落叶性好，籽粒整齐，不裂荚。

产量品质　2015—2016年安徽省夏大豆区域试验，平均产量2 678.4kg/hm²，比对照中黄13增产8.4%。2017年生产试验，平均产量2 351.3kg/hm²，比对照中黄13增产6.3%。蛋白质含量40.97%，脂肪含量19.48%。

栽培要点　播期在6月中旬。播量（密度）为16.5万～19.5万株/hm²，行距0.4m。播前施复合肥225～300kg/hm²做基肥，初花期追施112.5～150.0kg/hm²复合肥。开花至鼓粒期遇旱及时浇水。及时预防大豆食心虫、豆天蛾、食荚螟等大豆害虫。

适宜地区　安徽省沿淮淮北地区。

709. 鑫豆18（Xindou 18）

鑫豆18

品种来源　安徽省福鑫种业有限公司以皖豆14为母本，皖豆12为父本，经有性杂交，系谱法选育而成。2020年经安徽省农作物品种审定委员会审定，审定编号为皖审豆20200016，全国大豆品种资源统一编号ZDD34435。

特征　有限结荚习性，株高65.0cm，有效分枝1.8个。叶椭圆形，紫花、灰毛。籽粒椭圆形，种皮黄色，脐深褐色。百粒重23.0g。

特性 黄淮海夏大豆，黄淮海南片全生育期101d。田间综合抗病性好，落叶性好，籽粒整齐，不裂荚。

产量品质 2015—2016年安徽省夏大豆区域试验，平均产量2 674.7kg/hm²，比对照中黄13增产8.2%。2017年生产试验，平均产量2 453.7kg/hm²，比对照中黄13增产8.3%。蛋白质含量42.88%，脂肪含量21.13%。

栽培要点 6月上中旬播种，种植密度22.5万株/hm²；施足基肥，增施磷钾肥，花荚鼓粒期喷施磷酸二氢钾等叶面肥；遇旱及时灌溉，遇涝及时排水；及时防治虫害。

适宜地区 安徽省沿淮淮北地区。

710. 远育891（Yuanyu 891）

品种来源 安徽省同丰种业有限公司以菏豆12为母本，山宁8号为父本，经有性杂交，系谱法选育而成。2019年经安徽省农作物品种审定委员会审定，审定编号为皖审豆20190001，全国大豆品种资源统一编号ZDD33576。

特征 有限结荚习性，株高81.8cm，有效分枝1.7个。叶椭圆形，紫花、灰毛。籽粒椭圆形，种皮黄色，脐褐色。百粒重21.8g。

特性 黄淮海夏大豆，黄淮海南片全生育期105d。田间综合抗病性好，落叶性好，籽粒整齐，不裂荚。

产量品质 2016—2017年安徽省夏大豆区域试验，平均产量2 525.0kg/hm²，比对照中黄13增产6.6%。2018年生产试验，平均产量2 411.9kg/hm²，比对照中黄13增产9.3%。蛋白质含量40.58%，脂肪含量22.03%。

栽培要点 播期在6月中旬。播量（密度）为16.5万～19.5万株/hm²，行距0.4m。播前施复合肥225～300kg/hm²做基肥，初花期追施

远育891

112.5～150.0kg/hm²复合肥。开花至鼓粒期遇旱及时浇水。及时灭前茬，清除田间杂草。及时预防大豆食心虫、豆天蛾、食荚螟等大豆害虫。

适宜地区 安徽省沿淮淮北地区。

711. 宿豆029 （Sudou 029）

宿豆029

品种来源 宿州市农业科学院以（鲁豆12×阜83-79）为母本，（中黄13×阜83-79）为父本，经有性杂交，系谱法选育而成。2020年经安徽省农作物品种审定委员会审定，审定编号为皖审豆20200010，全国大豆品种资源统一编号ZDD33596。

特征 有限结荚习性，株高75.4cm，有效分枝1.4个。叶椭圆形，紫花、灰毛。籽粒椭圆形，种皮黄色，脐褐色。百粒重19.5g。

特性 黄淮海夏大豆，黄淮海南片全生育期99d。田间综合抗病性好，落叶性好，籽粒整齐，不裂荚。

产量品质 2017—2018年安徽省夏大豆区域试验，平均产量2 418.8kg/hm²，比对照中黄13增产6.5%。2019年生产试验，平均产量2 494.2kg/hm²，比对照中黄13增产7.5%。蛋白质含量40.79%，脂肪含量20.28%。

栽培要点 6月中旬播种，适宜密度22.5万株/hm²；初花期追尿素75～105kg/hm²或复合肥112.5～150.0kg/hm²；花荚期严防受旱，遇涝及时排水；苗期注意防治蚜虫，花荚期注意防治卷叶螟、斜纹夜蛾、食心虫、豆荚螟等；适时收获，防止破碎和变质。

适宜地区 安徽省沿淮淮北地区。

712. 皖豆701 （Wandou 701）

品种来源 宿州市农业科学院以中豆20为母本，中黄13为父本，经有性杂交，系谱法选育而成。2016年经安徽省农作物品种审定委员会审定，审定编号为皖审豆2016008，全国大豆品种资源统一编号ZDD33570。

特征 有限结荚习性，株高60.9cm，有效分枝1.4个。叶椭圆形，白花、灰毛。籽粒椭圆形，种皮黄色，脐褐色。百粒重22.0g。

特性 黄淮海夏大豆，黄淮海南片全生育期102d。田间综合抗病性好，落叶性好，籽粒整齐，不裂荚。

产量品质 2013—2014年安徽省夏大豆区域试验，平均产量2 705.0kg/hm²，比对照中黄13增产6.0%。2015年生产试验，平均产量2 792.1kg/hm²，比对照中黄13增产7.5%。

蛋白质含量41.50%，脂肪含量20.29%。

栽培要点 实行机械播种，保证一播齐苗。留苗22.5万～24.0万株/hm²。播期6月10日至20日。播种时以150kg/hm²三元复合肥作基肥，苗期至开花前注意防治蚜虫和叶面害虫。结荚前期注意防治豆荚螟和食心虫。花荚期结合防病防虫叶面喷施微肥。注意中耕除草，及时排水。适时收获，注意防潮变质。

适宜地区 江淮丘陵区和淮北区。

713. 皖宿1208（Wansu 1208）

品种来源 宿州市农业科学院以中作975为母本，涡90-72-8为父本，经有性杂交，系谱法选育而成。2019年经安徽省农作物品种审定委员会审定，审定编号为皖审豆20190003，全国大豆品种资源统一编号ZDD33595。

特征 有限结荚习性，株高71.6cm，有效分枝1.1个。叶椭圆形，白花、灰毛。籽粒椭圆形，种皮黄色，脐褐色。百粒重21.3g。

特性 黄淮海夏大豆，黄淮海南片全生育期100d。田间综合抗病性好，落叶性好，籽粒整齐，不裂荚。

产量品质 2016—2017年安徽省夏大豆区域试验，平均产量2 497.6kg/hm²，比对照中黄13增产5.2%。2018年生产试验，平均产量2 313.0kg/hm²，比对照中黄13增产4.3%。蛋白质含量41.39%，脂肪含量19.32%。

栽培要点 播期在6月上中旬，不迟于6月25日。密度为22.5万～27.0万株/hm²。每公顷施基肥尿素75kg，磷酸二铵225kg，氯化钾150kg。花期追施尿素75kg/hm²。花期遇旱灌水。花荚期防治豆荚螟及大豆食心虫危害。

适宜地区 安徽省沿淮淮北地区。

皖豆701

皖宿1208

714. 金豆99（Jindou 99）

品种来源   宿州市金穗种业有限公司以郑9805为母本，中黄13为父本，经有性杂交，系谱法选育而成。2020年经安徽省农作物品种审定委员会审定，审定编号为皖审豆20200003，全国大豆品种资源统一编号ZDD33594。

特征   有限结荚习性，株高74.6cm，有效分枝2.1个。叶椭圆形，紫花、灰毛。籽粒椭圆形，种皮黄色，脐淡褐色。百粒重22.0g。

特性   黄淮海夏大豆，黄淮海南片全生育期102d。田间综合抗病性好，落叶性好，籽粒整齐，不裂荚。

产量品质   2017—2018年安徽省夏大豆区域试验，平均产量2 466.5kg/hm²，比对照中黄13增产7.3%。2019年生产试验，平均产量2 561.1kg/hm²，比对照中黄13增产9.6%。蛋白质含量40.85%，脂肪含量18.83%。

栽培要点   6月10日至20日播种，种植密度18.0万～22.5万株/hm²；基肥施氮磷钾复合肥150kg/hm²，花荚期结合防病防虫叶面喷施微肥；遇旱及时灌溉，遇涝及时排水；适时中耕除草；早防治病虫害。

适宜地区   安徽省沿淮淮北地区。

金豆99

715. 天益科豆18（Tianyikedou 18）

品种来源   安徽省宿州市天益青种业科学研究所以中黄13为母本，周豆12为父本，经有性杂交，系谱法选育而成。2016年经安徽省农作物品种审定委员会审定，审定编号为皖审豆2016006，全国大豆品种资源统一编号ZDD33597。

特征   有限结荚习性，株高73.1cm，有效分枝1.4个。叶圆形，紫花、灰毛。籽粒椭圆形，种皮黄色，脐褐色。百粒重23.8g。

天益科豆18

特性　黄淮海夏大豆，黄淮海南片全生育期105d。田间综合抗病性好，落叶性好，籽粒整齐，不裂荚。

产量品质　2012—2013年安徽省夏大豆区域试验，平均产量2 918.7kg/hm²，比对照中黄13增产3.6%。2014年生产试验，平均产量2642.6kg/hm²，比对照中黄13增产9.4%。蛋白质含量42.30%，脂肪含量20.09%。

栽培要点　适播期6月5日至20日。种植密度21万～24万株/hm²。施足基肥或酌情追肥，开花结荚期遭遇干旱时要浇透地水。及时中耕、锄草和喷药防治病虫害。

适宜地区　江淮丘陵区和淮北区。

716. 天益科豆19（Tianyikedou 19）

品种来源　安徽省宿州市天益青种业科学研究所以（豫豆24×豫豆15）F₁为母本，周豆13为父本，经有性杂交，系谱法选育而成。原品系名益科豆06-3，2017年经安徽省农作物品种审定委员会审定，审定编号为皖审豆2017001，全国大豆品种资源统一编号ZDD33563。

特征　有限结荚习性，株高76.3cm，有效分枝2.1个。叶椭圆形、白花、灰毛。籽粒椭圆形，种皮黄色，脐褐色。百粒重20.6g。

特性　黄淮海夏大豆，黄淮海南片全生育期105d。田间综合抗病性好，落叶性好，籽粒整齐，不裂荚。

产量品质　2014—2015年安徽省夏大豆区域试验，平均产量2 713.5kg/hm²，比对照中黄13增产10.0%。2016年生产试验，平均产量2 529.5kg/hm²，比对照中黄13增产8.0%。蛋白质含量39.49%，脂肪含量22.07%。

天益科豆19

栽培要点　适宜播种时期在6月5日至20日。播种量为21万～24万株/hm²。施足基肥或酌情追肥（氮磷钾复合肥），特别是开花结荚期遭遇干旱时要浇透地水。及时中耕、除草和喷药防治病虫害。

适宜地区　安徽省沿淮淮北地区。

717. 阜豆15（Fudou 15）

品种来源　阜阳市农业科学院以蒙91－413为母本，阜豆9号为父本，经有性杂交，系谱法选育而成。2016年经安徽省农作物品种审定委员会审定，审定编号为皖审豆2016003，全国大豆品种资源统一编号ZDD33580。

阜豆15

特征　有限结荚习性，株高76.6cm，有效分枝1.8个。叶椭圆形，紫花、灰毛。籽粒圆形，种皮黄色，脐黄色。百粒重18.5g。

特性　黄淮海夏大豆，黄淮海南片全生育期105d。田间综合抗病性好，落叶性好，籽粒整齐，不裂荚。

产量品质　2012—2013年安徽省夏大豆区域试验，平均产量3 017.0kg/hm²，比对照中黄13增产6.4%。2014年生产试验，平均产量2 692.7kg/hm²，比对照中黄13增产10.5%。蛋白质含量43.77%，脂肪含量20.26%。

栽培要点　播期5月下旬至6月上中旬，最迟6月下旬，适宜播期内，一般情况下，播种越早产量越高。高肥田块22.5万株/hm²，中肥田块24万～27万株/hm²，播种晚时，密度宜适当高一点。及时间苗、定苗，及时除草，肥力差时初花期及时追肥，结荚鼓粒期喷施尿素及磷酸二氢钾等叶面肥。适时防治蚜虫、卷叶螟、食心虫等病虫害。

适宜地区　江淮丘陵区和淮北区。

718. 阜豆16（Fudou 16）

品种来源　阜阳市农业科学院用蒙91-413为母本，阜豆9号为父本，经有性杂交，系谱法选育而成。2016年经安徽省农作物品种审定委员会审定，审定编号为皖审豆2016013，全国大豆品种资源统一编号ZDD33581。

特征　有限结荚习性，株高83.1cm，有效分枝1.5个。叶椭圆形，紫花、灰毛。籽粒椭圆形，种皮黄色，脐褐色。百粒重20.9g。

特性　黄淮海夏大豆，黄淮海南片全生育期107d。田间综合抗病性好，落叶性好，籽粒整齐，不裂荚。

阜豆16

产量品质 2013—2014年安徽省夏大豆区域试验，平均产量2 692.6kg/hm²，比对照中黄13增产5.8%。2015年生产试验，平均产量2 782.1kg/hm²，比对照中黄13增产8.0%。蛋白质含量41.76%，脂肪含量20.68%。

栽培要点 适播期为5月下旬至6月上中旬，最迟6月下旬。高肥田留苗22.5万株/hm²，中肥田留苗24万～27万株/hm²。及时间苗、定苗，保证留苗密度和均匀度；及时除草；苗期注意防涝除渍，花荚鼓粒始期遇旱要及时灌溉；肥力差的初花期追施尿素75～105kg/hm²或者复合肥112.5～150.0kg/hm²；苗期注意防治蚜虫，花荚期注意防治卷叶螟、食心虫等；中后期阴雨多时要防病。

适宜地区 江淮丘陵区和淮北区。

719. 阜豆17（Fudou 17）

品种来源 阜阳市农业科学院以郑97196为母本，阜02122-5为父本，经有性杂交，系谱法选育而成。2018年经安徽省农作物品种审定委员会审定，审定编号为皖审豆2018002，全国大豆品种资源统一编号ZDD33582。

特征 有限结荚习性，株高70.5cm，有效分枝2.3个。叶椭圆形，紫花、灰毛。籽粒椭圆形，种皮黄色，脐淡褐色。百粒重20.6g。

特性 黄淮海夏大豆，黄淮海南片全生育期101d。田间综合抗病性好，落叶性好，籽粒整齐，不裂荚。

产量品质 2015—2016年安徽省夏大豆区域试验，平均产量2 641.2kg/hm²，比对照中黄13增产7.1%。2017年生产试验，平均产量2 284.5kg/hm²，比对照中黄13增产2.6%。蛋白质含量43.59%，脂肪含量18.85%。

阜豆17

栽培要点 适播期5月下旬至6月上中旬，最迟6月下旬。高肥田22.5万株/hm²，中肥田24万～27万株/hm²。肥力差时初花期追尿素75～105kg/hm²或复合肥112.5～150.0kg/hm²。遇旱及时灌溉，花荚期严防受旱，遇涝及时排水。苗期可化学除草或结合中耕进行除草，封行后拔除大草。苗期注意防治蚜虫，花荚期注意防治卷叶螟、斜纹夜蛾、食心虫、豆荚螟等。建议选用高氯甲维盐或菊酯类等高效低毒农药。

适宜地区 安徽省沿淮淮北地区。

720. 阜豆18 （Fudou 18）

阜豆18

品种来源　阜阳市农业科学院用阜97211-97为母本，蒙9793-1为父本，经有性杂交，系谱法选育而成。2018年经安徽省农作物品种审定委员会审定，审定编号为皖审豆2018004，全国大豆品种资源统一编号ZDD33583。

特征　有限结荚习性，株高71.9cm，有效分枝1.1个。叶椭圆形，紫花、灰毛。籽粒圆形，种皮黄色，脐褐色。百粒重21.0g。

特性　黄淮海夏大豆，黄淮海南片全生育期105d。田间综合抗病性好，落叶性好，籽粒整齐，不裂荚。

产量品质　2015—2016年安徽省夏大豆区域试验，平均产量2 712.0kg/hm²，比对照中黄13增产9.6%。2017年生产试验，平均产量2 451.3kg/hm²，比对照中黄13增产7.1%。蛋白质含量42.71%，脂肪含量19.61%。

栽培要点　适播期为6月上中旬。留苗22.5万株/hm²。前期施复合肥150 ~ 225kg/hm²。苗期注意防涝除渍，花荚－鼓粒始期遇旱要及时灌溉。2 ~ 3片复叶时喷施大豆专用除草剂，或封行前人工锄地1 ~ 2遍。花荚期注意防治卷叶螟、食心虫等虫害。及时间苗、定苗，保证留苗密度。

适宜地区　安徽省沿淮淮北地区。

721. 阜豆19 （Fudou 19）

品种来源　阜阳市农业科学院以蒙91-413为母本，郑92116为父本，经有性杂交，系谱法选育而成。2019年经安徽省农作物品种审定委员会审定，审定编号为皖审豆20190004，全国大豆品种资源统一编号ZDD33584。

特征　有限结荚习性，株高63.9cm，有效分枝2.2个。叶椭圆形，紫花、灰毛。籽粒椭圆形，种皮黄色，脐黄色。百粒重18.7g。

特性　黄淮海夏大豆，黄淮海南片全生育期102d。田间综合抗病性好，落叶性好，籽粒整齐，不裂荚。

产量品质　2015—2016年安徽省夏大豆区域试验，平均产量2 777.1kg/hm²，比对照中黄13增产12.3%。2017年生产试验，平均产量2 367.2kg/hm²，比对照中黄13增产7.0%。

蛋白质含量39.81%，脂肪含量20.61%。

栽培要点 适播期为6月上中旬。留苗
25.5万株/hm²。施基肥225kg/hm²。苗期注意
排水防渍害，花荚期遇旱及时浇水。2～3片
复叶时喷施大豆专用除草剂，或封垄前人工锄
地1～2遍。花荚期注意防治卷叶螟、食心虫、
斜纹夜蛾等虫害。

适宜地区 安徽省沿淮淮北地区。

722. 阜豆123（Fudou 123）

品种来源 阜阳市农业科学院以不育系阜
CMS5A与恢复系阜恢5号，经三系法选育而
成。2020年经安徽省农作物品种审定委员会审
定，审定编号为皖审豆20200006，全国大豆品
种资源统一编号ZDD33585。

特征 有限结荚习性，株高75.4cm，有效
分枝2.0个。叶椭圆形，紫花、灰毛。籽粒椭
圆形，种皮黄色，脐褐色。百粒重23.7g。

阜豆19

特性 黄淮海夏大豆，黄淮海南片全生育期105d。田间综合抗病性好，落叶性好，
籽粒整齐，不裂荚。

产量品质 2017—2018年安徽省夏大豆区域试验，平均产量2 448.8kg/hm²，比对照
中黄13增产6.3%。2019年生产试验，平均产量2 452.5kg/hm²，比对照中黄13增产4.9%。
蛋白质含量44.26%，脂肪含量18.57%。

栽培要点 适播期为6月上中旬；适宜密度15万～18万株/hm²；施基肥三元复合肥
225kg/hm²；苗期注意排水防渍害，花荚期遇旱及时浇水；2～3片复叶时喷施大豆专用
除草剂，或封行前人工锄地1～2遍；花荚期注意防治卷叶螟、食心虫、斜纹夜蛾等虫
害；花荚前期喷施矮壮素1～2次，鼓粒期喷施杀菌剂1～2次。

适宜地区 安徽省沿淮淮北地区。

723. 阜豆163（Fudou 163）

品种来源 阜阳市农业科学院以菏99-6为母本，豫豆18为父本，经有性杂交，系谱
法选育而成。2020年经安徽省农作物品种审定委员会审定，审定编号为皖审豆20200004，
全国大豆品种资源统一编号ZDD33586。

特征 有限结荚习性，株高75.1cm，有效分枝1.6个。叶椭圆形，紫花、灰毛。籽粒
椭圆形，种皮黄色，脐褐色。百粒重19.1g。

阜豆163

特性　黄淮海夏大豆，黄淮海南片全生育期103d。田间综合抗病性好，落叶性好，籽粒整齐，不裂荚。

产量品质　2017—2018年安徽省夏大豆区域试验，平均产量2 495.3kg/hm²，比对照中黄13增产9.7%。2019年生产试验，平均产量2 714.1kg/hm²，比对照中黄13增产13.1%。蛋白质含量40.56%，脂肪含量20.61%。

栽培要点　6月上中旬播种，高肥田密度22.5万株/hm²，中肥田24万～27万株/hm²；肥力差时初花期追尿素75～105kg/hm²或复合肥112.5～150.0kg/hm²；遇旱及时灌溉，花荚期严防受旱，遇涝及时排水；可于苗期化学除草或中耕除草；苗期注意防治蚜虫，花荚期注意防治卷叶螟、斜纹夜蛾、食心虫、豆荚螟等；旺长时要注意喷施助壮素等控旺防倒伏。

适宜地区　安徽省沿淮淮北地区。

724. 阜豆169 （Fudou 169）

品种来源　阜阳市农业科学院以郑97196为母本，科丰29为父本，经有性杂交，系谱法选育而成。2020年经安徽省农作物品种审定委员会审定，审定编号为皖审豆20200001，全国大豆品种资源统一编号ZDD33587。

特征　有限结荚习性，株高78.5cm，有效分枝2.0个。叶椭圆形，紫花、灰毛。籽粒椭圆形，种皮黄色，脐浅褐色。百粒重19.3g。

特性　黄淮海夏大豆，黄淮海南片全生育期103d。田间综合抗病性好，落叶性好，籽粒整齐，不裂荚。

产量品质　2017—2018年安徽省夏大豆区域试验，平均产量2 387.8kg/hm²，比对照中黄13增产3.8%。2019年生产试验，平均产量2 668.1kg/hm²，比对照中黄13增产9.4%。蛋白质含量40.96%，脂肪含量19.40%。

阜豆169

栽培要点　6月上中旬播种，高肥田密度22.5万株/hm²，中肥田24万～27万株/hm²；

肥力差时初花期追尿素75～105kg/hm²或复合肥112.5～150.0kg/hm²；遇旱及时灌溉，花荚期严防受旱，遇涝及时排水；可于苗期化学除草或中耕除草；苗期注意防治蚜虫，花荚期注意防治卷叶螟、斜纹夜蛾、食心虫、豆荚螟等；旺长时要注意喷施助壮素等控旺防倒伏。

适宜地区 安徽省沿淮淮北地区。

725. 阜0501（Fu 0501）

品种来源 阜阳市农业科学院以阜97211-97为母本，蒙9793-1为父本，经有性杂交，系谱法选育而成。2020年经安徽省农作物品种审定委员会审定，审定编号为皖审豆20200011，全国大豆品种资源统一编号ZDD33588。

特征 有限结荚习性，株高80.0cm，有效分枝1.0个。叶椭圆形，紫花、灰毛。籽粒椭圆形，种皮黄色，脐淡褐色。百粒重20.1g。

特性 黄淮海夏大豆，黄淮海南片全生育期104d。田间综合抗病性好，落叶性好，籽粒整齐，不裂荚。

产量品质 2015—2017年安徽省夏大豆区域试验，平均产量2 454.4kg/hm²，比对照中黄13增产7.6%。2018年生产试验，平均产量2 311.5kg/hm²，比对照中黄13增产4.7%。蛋白质含量41.94%，脂肪含量19.65%。

栽培要点 5月下旬至6月上中旬播种，高肥田密度22.5万株/hm²，中肥田24万～27万株/hm²；肥力差时初花期追尿素75～105kg/

阜0501

hm²或复合肥112.5～150.0kg/hm²；遇旱及时灌溉，花荚期严防受旱，遇涝及时排水；苗期注意防治蚜虫，花荚期注意防治卷叶螟、斜纹夜蛾、食心虫、豆荚螟等；旺长时要注意喷施助壮素等控旺防倒伏。

适宜地区 安徽省沿淮淮北地区。

726. 阜1232（Fu 1232）

品种来源 阜阳市农业科学院以蒙91-413为母本，阜豆9号为父本，经有性杂交，系谱法选育而成。2020年经安徽省农作物品种审定委员会审定，审定编号为皖审豆20200014，全国大豆品种资源统一编号ZDD33589。

阜1232

特征　有限结荚习性，株高71.4cm，有效分枝1.7个。叶椭圆形，紫花、灰毛。籽粒椭圆形，种皮黄色，脐褐色。百粒重18.5g。

特性　黄淮海夏大豆，黄淮海南片全生育期103d。田间综合抗病性好，落叶性好，籽粒整齐，不裂荚。

产量品质　2015—2016年安徽省夏大豆区域试验，平均产量2 671.3kg/hm²，比对照中黄13增产9.5%。2017年生产试验，平均产量2 402.6kg/hm²，比对照中黄13增产5.2%。蛋白质含量40.87%，脂肪含量19.04%。

栽培要点　6月上中旬播种，高肥田密度22.5万株/hm²，中肥田24万～27万株/hm²；肥力差时初花期追尿素75～105kg/hm²或复合肥112.5～150.0kg/hm²；遇旱及时灌溉，花荚期严防受旱，遇涝及时排水；苗期注意防治蚜虫，花荚期注意防治卷叶螟、斜纹夜蛾、食心虫、豆荚螟等；旺长时要注意喷施助壮素等控旺防倒伏。

适宜地区　安徽省沿淮淮北地区。

727. 阜杂交豆2号（Fuzajiaodou 2）

品种来源　阜阳市农业科学院以不育系阜CMS5A与恢复系阜恢9号，经三系法选育而成。2016年经安徽省农作物品种审定委员会审定，审定编号为皖审豆2016004。

特征　有限结荚习性，株高75.3cm，有效分枝2.2个，叶椭圆形，紫花、灰毛。籽粒圆形，种皮黄色，脐褐色。百粒重23.5g。

特性　黄淮海夏大豆，黄淮海南片全生育期106d。田间综合抗病性好，落叶性好，籽粒整齐，不裂荚。

产量品质　2012—2013年安徽省夏大豆区域试验，平均产量3 016.0kg/hm²，比对照中黄13增产6.6%。2014年生产试验，平均产量2615.4kg/hm²，比对照中黄13增产7.3%。蛋白质含量43.84%，脂肪含量19.40%。

栽培要点　适播期6月上中旬。种植密度19.5万株/hm²。及时间苗、定苗，保证留苗密度；及时除草；苗期注意防涝除渍，花荚至鼓粒始期遇旱要及时灌溉；肥力差的追初花肥。及时防治蚜虫、食心虫、卷叶螟、斜纹夜蛾等病虫害。

适宜地区　江淮丘陵区和淮北区。

728. 皖豆36（Wandou 36）

品种来源 安徽省农业科学院作物研究所以郑90007为母本，鲁99-4为父本，经有性杂交，系谱法选育而成。2016年经安徽省农作物品种审定委员会审定，审定编号为皖审豆2016001，全国大豆品种资源统一编号ZDD33566。

特征 有限结荚习性，株高69.7cm，有效分枝1.6个。叶椭圆形，紫花、灰毛。籽粒椭圆形，种皮黄色，脐褐色。百粒重19.1g。

特性 黄淮海夏大豆，黄淮海南片全生育期104d。田间综合抗病性好，落叶性好，籽粒整齐，不裂荚。

产量品质 2012—2013年安徽省夏大豆区域试验，平均产量3 037.2kg/hm²，比对照中黄13增产7.0%。2014年生产试验，平均产量2 540.1kg/hm²，比对照中黄13增产7.2%。蛋白质含量41.85%，脂肪含量20.25%。

栽培要点 6月上中旬为适播期，种植密度22.5万～27.0万株/hm²。施足基肥，增施氮磷肥，结荚鼓粒期喷施磷酸二氢钾等叶面肥。适时防治病虫草害。

适宜地区 江淮丘陵区和淮北区。

皖豆36

729. 皖豆37（Wandou 37）

品种来源 安徽省农业科学院作物研究所以蒙92-40-19为母本，洪引1号为父本，经有性杂交，系谱法选育而成。2016年经安徽省农作物品种审定委员会审定，审定编号为皖审豆2016010，全国大豆品种资源统一编号ZDD33567。

特征 有限结荚习性，株高59.4cm，有效分枝1.1个。叶椭圆形，白花、灰毛。籽粒椭圆形，种皮黄色，脐褐色。百粒重20.3g。

皖豆37

特性　黄淮海夏大豆，黄淮海南片全生育期105d。田间综合抗病性好，落叶性好，籽粒整齐，不裂荚。

产量品质　2013—2014年安徽省夏大豆区域试验，平均产量2 825.2kg/hm²，比对照中黄13增产10.4%。2015年生产试验，平均产量2 840.7kg/hm²，比对照中黄13增产9.7%。蛋白质含量40.57%，脂肪含量20.91%。

栽培要点　适播期6月上中旬。种植密度22.5万～27万株/hm²。施足基肥，增施氮磷肥；结荚鼓粒期喷施磷酸二氢钾等叶面肥。加强田间管理，适时防治病虫草害。

适宜地区　江淮丘陵区和淮北区。

730. 皖豆38（Wandou 38）

皖豆38

品种来源　安徽省农业科学院作物研究所以WH921为母本，蒙9339为父本，经有性杂交，系谱法选育而成。2016年经安徽省农作物品种审定委员会审定，审定编号为皖审豆2016009，全国大豆品种资源统一编号ZDD31381。

特征　有限结荚习性，株高68.6cm，有效分枝0.7个。叶椭圆形，紫花、灰毛。籽粒椭圆形，种皮黄色，脐褐色。百粒重24.8g。

特性　黄淮海夏大豆，黄淮海南片全生育期104d。田间综合抗病性好，落叶性好，籽粒整齐，不裂荚。

产量品质　2013—2014年安徽省夏大豆区域试验，平均产量2 609.0kg/hm²，比对照中黄13增产3.3%。2015年生产试验，平均产量2 784.6kg/hm²，比对照中黄13增产7.5%。蛋白质含量45.66%，脂肪含量22.12%。

栽培要点　适播期6月15日至25日。播种量90～105kg/hm²，种植密度22.5万～27.0万株/hm²。播种时施有机肥，花荚期增施磷肥或叶面肥，保花促荚。及时防治病虫害。

适宜地区　江淮丘陵区和淮北区。

731. 皖豆39（Wandou 39）

品种来源　安徽省农业科学院作物研究所以合豆3号为母本，冀豆12为父本，经有性杂交，系谱法选育而成。原品系名蒙01-42，2017年经安徽省农作物品种审定委员会审定，审定编号为皖审豆2017006，全国大豆品种资源统一编号ZDD33568。

特征 亚有限结荚习性，株高60.5cm，有效分枝1.5个。叶椭圆形，紫花、灰毛。籽粒椭圆形，种皮黄色，脐褐色。百粒重24.4g。

特性 黄淮海夏大豆，黄淮海南片全生育期106d。田间综合抗病性好，落叶性好，籽粒整齐，不裂荚。

产量品质 2014—2015年安徽省夏大豆区域试验，平均产量2 669.0kg/hm²，比对照中黄13增产8.0%。2016年生产试验，平均产量2 423.9kg/hm²，比对照中黄13增产5.8%。蛋白质含量43.17%，脂肪含量19.32%。

栽培要点 适播期6月上中旬。种植密度22.5万株/hm²。施足基肥，增施氮磷肥；结荚鼓粒期喷施磷酸二氢钾等叶面肥。加强田间管理，适时防治病虫草害。

适宜地区 安徽省沿淮淮北地区。

皖豆39

732. 皖豆52（Wandou 52）

品种来源 安徽省农业科学院作物研究所以合豆3号为母本，（合豆3号×桂春豆1号）F₁为父本，经有性杂交，系谱法选育而成。2020年经安徽省农作物品种审定委员会审定，审定编号为皖审豆20200005，全国大豆品种资源统一编号ZDD33569。

特征 有限结荚习性，株高78.4cm，有效分枝2.3个。叶椭圆形，紫花、棕毛。籽粒椭圆形，种皮黄色，脐褐色。百粒重21.3g。

特性 黄淮海夏大豆，黄淮海南片全生育期103d。田间综合抗病性好，落叶性好，籽粒整齐，不裂荚。

产量品质 2017—2018年安徽省夏大豆区域试验，平均产量2 457.2kg/hm²，比对照中黄13增产6.9%。2019年生产试验，平均产量2 638.2kg/hm²，比对照中黄13增产10.0%。蛋

皖豆52

白质含量40.61%，脂肪含量20.14%。

栽培要点　适播期6月上中旬；密度高肥力地块19.5万株/hm²，中肥力地块22.5万株/hm²，低肥力地块27万株/hm²；施225 ～ 375kg/hm²氮磷钾复合肥作基肥；苗期、花荚期和鼓粒期遇干旱要及时灌水；加强田间管理，适时防治病虫草害；苗期遇涝灾要及时清沟沥水，初花期旺长喷施缩节胺防倒伏，结荚鼓粒期喷施磷酸二氢钾等叶面肥防早衰。

适宜地区　安徽省沿淮淮北地区。

733. 皖豆20001（Wandou 20001）

皖豆20001

品种来源　安徽省农业科学院作物研究所以周9521为母本，商豆6号为父本，经有性杂交，系谱法选育而成。2017年经安徽省农作物品种审定委员会审定，审定编号为皖审豆2017004，全国大豆品种资源统一编号ZDD33571。

特征　有限结荚习性，株高71.4cm，有效分枝1.6个。叶椭圆形，白花、灰毛。籽粒椭圆形，种皮黄色，脐褐色。百粒重16.4g。

特性　黄淮海夏大豆，黄淮海南片全生育期104d。田间综合抗病性好，落叶性好，籽粒整齐，不裂荚。

产量品质　2014—2015年安徽省夏大豆区域试验，平均产量2 597.9kg/hm²，比对照中黄13增产5.8%。2016年生产试验，平均产量2 424.8kg/hm²，比对照中黄13增产3.6%。蛋白质含量40.15%，脂肪含量20.54%。

栽培要点　适播期6月15日至25日。播种量90 ～ 105kg/hm²，种植密度22.5万～ 27.0万株/hm²。播种时施有机基肥，花荚期增施磷肥或叶面肥，保花促荚。

适宜地区　安徽省沿淮淮北地区。

734. 皖豆21020（Wandou 21020）

品种来源　安徽省农业科学院作物研究所以济4018为母本，蒙9793-1为父本进行有性杂交，采用系谱法选育而成。2018年经安徽省农作物品种审定委员会审定，审定编号为皖审豆2018007，全国大豆品种资源统一编号ZDD33572。

特征 有限结荚习性，株高69.5cm，有效分枝1.8个。叶椭圆形，紫花、灰毛。籽粒椭圆形，种皮黄色，脐褐色。百粒重21.7g。

特性 黄淮海夏大豆，黄淮海南片全生育期102d。田间综合抗病性好，落叶性好，籽粒整齐，不裂荚。

产量品质 2015—2016年安徽省夏大豆区域试验，平均产量2 573.7kg/hm²，比对照中黄13增产3.9%。2017年生产试验，平均产量2 336.6kg/hm²，比对照中黄13增产5.7%。蛋白质含量43.29%，脂肪含量19.75%。

栽培要点 适播期6月15日至25日；播种量90～105kg/hm²，种植密度22.5万～27.0万株/hm²；播种时施有机基肥，花荚期增施磷肥或叶面肥，保花促荚。

适宜地区 安徽省沿淮淮北地区。

皖豆21020

735. 皖豆21116（Wandou 21116）

品种来源 安徽省农业科学院作物研究所以周9521为母本，阜9765为父本，经有性杂交、系谱法选育而成。2017年经国家农作物品种审定委员会和安徽省农作物品种审定委员会审定，审定编号为国审豆20170019、皖审豆2017003，全国大豆品种资源统一编号ZDD33573。

特征 有限结荚习性，株高73.4cm，有效分枝2.5个。叶椭圆形，白花、灰毛。籽粒椭圆形，种皮黄色，脐褐色。百粒重18.4g。

特性 黄淮海夏大豆，黄淮海南片全生育期106d。田间综合抗病性好，成熟时部分落叶，籽粒整齐，不裂荚。

产量品质 2014—2015年安徽省夏大豆区域试验，平均产量2 657.3kg/hm²，比对照中黄13增产7.8%。2016年生产试验，平均产量2 785.8kg/hm²，比对照中黄13增产12.1%。蛋白质含量39.40%，脂肪含量21.55%。

皖豆21116

栽培要点 适播期6月15日至25日。播种量90～105kg/hm²，种植密度22.5万～27.0万株/hm²。播种时施有机基肥，花荚期增施磷肥或叶面肥，保花促荚。

适宜地区 安徽省沿淮淮北地区。

736. 皖豆22467（Wandou 22467）

皖豆22467

品种来源 安徽省农业科学院作物研究所以菏96-8为母本，淮03-18为父本，经有性杂交，系谱法选育而成。2020年经安徽省农作物品种审定委员会审定，审定编号为皖审豆20200007，全国大豆品种资源统一编号ZDD33574。

特征 有限结荚习性，株高89.7cm，有效分枝1.0个。叶椭圆形，白花、灰毛。籽粒椭圆形，种皮黄色，脐褐色。百粒重18.5g。

特性 黄淮海夏大豆，黄淮海南片全生育期102d。田间综合抗病性好，落叶性好，籽粒整齐，不裂荚。

产量品质 2017—2018年安徽省夏大豆区域试验，平均产量2 320.7kg/hm²，比对照中黄13增产2.1%。2019年生产试验，平均产量2 587.5kg/hm²，比对照中黄13增产6.9%。蛋白质含量38.36%，脂肪含量21.44%。

栽培要点 适播期6月10日至25日；播种量75～90kg/hm²，种植密度控制在22.5万～27.0万株/hm²；播种时施300～450kg/hm²氮磷钾复合肥，花荚期增施磷肥或叶面肥，保花促荚；加强田间管理，适时防治病虫草害。

适宜地区 安徽省沿淮淮北地区。

737. 皖华518（Wanhua 518）

品种来源 安徽省农业科学院作物研究所以周9521为母本，阜9765为父本，经有性杂交，系谱法选育而成。2018年经安徽省农作物品种审定委员会审定，审定编号为皖审豆2018001，全国大豆品种资源统一编号ZDD33575。

特征 有限结荚习性，株高80.3cm，有效分枝2.6个。叶椭圆形，紫花、灰毛。籽粒椭圆形，种皮黄色，脐褐色。百粒重17.9g。

特性 黄淮海夏大豆，黄淮海南片全生育期103d。田间综合抗病性好，落叶性好，籽粒整齐，不裂荚。

产量品质　2015—2016年安徽省夏大豆区域试验，平均产量2 578.9kg/hm²，比对照中黄13增产4.5%。2017年生产试验，平均产量2 318.6kg/hm²，比对照中黄13增产4.2%。蛋白质含量40.28%，脂肪含量21.30%。

栽培要点　适播期6月15日至25日；播种量75 ~ 90kg/hm²，种植密度22.5万 ~ 27.0万株/hm²；播种时施有机基肥，花荚期增施磷肥或叶面肥，保花促荚。

适宜地区　安徽省沿淮淮北地区。

738. 蒙1301（Meng 1301）

品种来源　安徽省农业科学院作物研究所以合豆3号为母本，阜豆9号为父本，经有性杂交，系谱法选育而成。2020年经安徽省农作物品种审定委员会审定，审定编号为国审豆20180030。全国大豆品种资源统一编号ZDD33565。

特征　有限结荚习性，株高69.0cm，有效分枝3.3个。叶椭圆形，紫花、灰毛。籽粒扁椭圆形，种皮黄色，脐黄色。百粒重18.5g。

特性　南方夏大豆，长江流域中早熟组全生育期106d。田间综合抗病性好，落叶性好，籽粒整齐，不裂荚。

产量品质　2016—2017年长江流域夏大豆早中熟组区域试验，平均产量3 048.0kg/hm²，比对照中豆41增产2.8%。2017年生产试验，平均产量2 869.5kg/hm²，比对照中豆41增产2.7%。蛋白质含量45.26%，脂肪含量19.07%。

栽培要点　5月下旬至6月下旬播种，条播行距0.4m；种植密度高肥力地块22.5万株/hm²，中等肥力地块27万株/hm²，低肥力地块30万株/hm²；施腐熟有机肥30 000kg/hm²，氮磷钾三元复合肥225kg/hm²作基肥，开花结荚

皖华518

蒙1301

期追施磷肥或喷施1～2次叶面肥。

适宜地区 长江流域。

739. HD21638（HD21638）

HD21638

品种来源 安徽省农业科学院作物研究所以周9521为母本，蒙9793-1为父本进行有性杂交，采用系谱法选育而成。2020年经安徽省农作物品种审定委员会审定，审定编号为皖审豆20200013，全国大豆品种资源统一编号ZDD33564。

特征 有限结荚习性，株高79.2cm，有效分枝2.1个。叶椭圆形，紫花、灰毛。籽粒椭圆形，种皮黄色，脐深褐色。百粒重21.0g。

特性 黄淮海夏大豆，黄淮海南片全生育期104d。田间综合抗病性好，落叶性好，籽粒整齐，不裂荚。

产量品质 2015—2016年安徽省夏大豆区域试验，平均产量2 628.2kg/hm²，比对照中黄13增产7.8%。2017年生产试验，平均产量2 400.6kg/hm²，比对照中黄13增产5.1%。蛋白质含量42.03%，脂肪含量20.62%。

栽培要点 适播期6月15日至25日；播种量90～105kg/hm²，种植密度22.5万～27.0万株/hm²；播种时施有机底肥，花荚期增施磷肥或叶面肥，保花促荚。

适宜地区 安徽省沿淮淮北地区。

740. 杂优豆3号（Zayoudou 3）

品种来源 安徽省农业科学院作物研究所以不育系W018A与恢复系M0901，经三系法选育而成。2016年经安徽省农作物品种审定委员会审定，审定编号为皖审豆2016011。

特征 有限结荚习性，株高67.1cm，有效分枝2.0个。叶椭圆形，白花、灰毛。籽粒椭圆形，种皮黄色，脐深褐色。百粒重23.6g。

特性 黄淮海夏大豆，黄淮海南片全生育期105d。田间综合抗病性好，落叶性好，籽粒整齐，不裂荚。

产量品质 2013—2014年安徽省夏大豆区域试验，平均产量2 673.5kg/hm²，比对照中黄13增产5.3%。2015年生产试验，平均产量2 699.1kg/hm²，比对照中黄13增产6.4%。

蛋白质含量44.19%，脂肪含量19.96%。

栽培要点 适播期6月上中旬。种植密度18.0万～22.5万株。施足底肥，增施氮磷钾肥；结荚鼓粒期喷施磷酸二氢钾等叶面肥。加强田间管理，适时防治病虫草害。

适宜地区 江淮丘陵区和淮北区。

741. 皖杂豆5号（Wanzadou 5）

品种来源 安徽省农业科学院作物研究所以不育系W1101A与恢复系MR1312，经三系法选育而成。2020年经安徽省农作物品种审定委员会审定，审定编号为皖审豆20200009。

特征 有限结荚习性，株高75.5cm，有效分枝2.4个。叶椭圆形，紫花、棕毛。籽粒椭圆形，种皮黄色，脐褐色。百粒重21.4g。

特性 黄淮海夏大豆，黄淮海南片全生育期101d。田间综合抗病性好，落叶性好，籽粒整齐，不裂荚。

产量品质 2017—2018年安徽省夏大豆区域试验，平均产量2 498.7kg/hm²，比对照中黄13增产8.5%。2019年生产试验，平均产量2 460.8kg/hm²，比对照中黄13增产6.1%。蛋白质含量42.16%，脂肪含量19.34%。

栽培要点 适播期6月上中旬；高肥力地块16.5万株/hm²，中肥力地块19.5万株/hm²，低肥力地块22.5万株/hm²；施300～450kg/hm²氮磷钾复合肥作底肥；苗期、花荚期和鼓粒期遇干旱要及时灌水；加强田间管理，适时防治病虫草害；苗期遇涝灾要及时清沟沥水，结荚鼓粒期喷施磷酸二氢钾等叶面肥防早衰。

适宜地区 安徽省沿淮淮北地区。

江 苏 省 品 种

742. 徐春4号 (Xuchun 4)

徐春4号

品种来源 江苏徐淮地区徐州农业科学研究所、辽宁省开原市农科种苗有限公司以铁94037为母本，台湾75为父本，经有性杂交，系谱法选育而成，原品系号徐春0506。2019年经江苏省农作物品种审定委员会审定，审定编号为苏审豆20190008。全国大豆品种资源统一编号ZDD33533。

特征 有限结荚习性，株高56.6cm，主茎节数12.3个，有效分枝1.5个。叶卵圆形，紫花，灰毛。单株结荚20.3个，鲜荚绿色，二粒标准荚长5.5cm、宽1.4cm，百粒鲜重77.2g。干籽粒椭圆形，种皮绿色，子叶黄色，脐褐色。百粒重36.1g。

特性 南方春大豆，中晚熟品种，出苗至鲜荚采收期96d。抗大豆花叶病毒病SC3和SC7株系。抗倒伏性强，口感香甜柔糯。

产量品质 2016—2017年江苏省鲜食春大豆品种区域试验，平均鲜荚产量9 430.5kg/hm²，比对照台湾292增产5.8%；平均鲜粒产量4 840.5kg/hm²，比对照台湾292增产11.2%。2018年生产试验，平均鲜荚产量10 952.9kg/hm²，比对照台湾292增产12.4%；平均鲜粒产量5 830.5kg/hm²，比对照台湾292增产18.0%。

栽培要点 播期幅度较大，温室大棚三膜覆盖2月中下旬即可播种，双膜覆盖3月上中旬播种，露地栽培4月上旬到5月下旬均可播种。播量100～110kg/hm²，春播行距0.4～0.5m，密度15万～16万株/hm²，出苗后间苗。基肥施纯氮90kg/hm²、五氧化二磷90kg/hm²、氧化钾90kg/hm²；初花期视苗情追施纯氮45kg/hm²。鼓粒期遇干旱时要及时灌溉。及时防治炭疽病、细菌性斑疹病及蚜虫等病虫害。在鲜豆荚呈青绿色、鲜籽粒充分饱满时，适时采摘上市。

适宜地区 江苏省作春播鲜食大豆种植。

743. 徐豆21（Xudou 21）

品种来源 江苏徐淮地区徐州农业科学研究所以诱变30为母本，徐豆9号为父本，经有性杂交，系谱法选育而成，原品系号徐9418-2。2015年经江苏省农作物品种审定委员会审定，审定编号为苏审豆201504。全国大豆品种资源统一编号ZDD33544。

特征 有限结荚习性，株高59.5cm，株型收敛，主茎节数14.3个，有效分枝2.0个。叶卵圆形，白花，灰毛。单株有效荚数37.7个，荚黄色，底荚高14.6cm。籽粒椭圆形，种皮黄色，微有光泽，脐褐色。百粒重23.6g。

特性 黄淮夏大豆，中熟品种，江苏淮北地区夏播生育期105d。田间综合抗病性好，抗倒伏性较强，落叶性好，籽粒整齐，不裂荚。

产量品质 2012—2013年江苏省淮北夏大豆品种区域试验，平均产量3 085.5kg/hm²，比对照徐豆13增产5.4%。2014年生产试验，平均产量3 051.0kg/hm²，比对照徐豆13增产8.1%。蛋白质含量43.70%，脂肪含量19.10%。

徐豆21

栽培要点 6月上中旬为适播期，播量60～75kg/hm²，行距0.4m，株距0.13～0.15m，密度16万～20万株/hm²，出苗后间苗。基肥施纯氮45kg/hm²、五氧化二磷60kg/hm²、氧化钾60kg/hm²；初花期视苗情追施纯氮40kg/hm²。注意排灌，及时防治点蜂缘蝽、斜纹夜蛾、蚜虫、烟粉虱、豆荚螟、食心虫等害虫。

适宜地区 山东省南部、河南省东南部、江苏和安徽两省淮河以北地区（夏播）。

744. 徐豆22（Xudou 22）

品种来源 江苏徐淮地区徐州农业科学研究所以徐豆9号作母本，泗豆288为父本，经有性杂交，系谱法选育而成，原品系号徐9302-A。2016年经江苏省农作物品种审定委员会审定，审定编号为苏审豆201604。全国大豆品种资源统一编号ZDD33545。

特征 有限结荚习性，株高65.8cm，株型收敛，主茎节数14.2个，有效分枝1.9个。叶卵圆形，白花，灰毛。单株有效荚数48.5个，荚黄色，底荚高12.5cm。籽粒椭圆形，种皮黄色，微有光泽，脐淡褐色。百粒重19.3g。

特性 黄淮夏大豆，中熟品种，江苏淮北地区夏播生育期109d。田间综合抗病性

好，抗倒伏性较强，落叶性好，籽粒整齐，不裂荚。

产量品质　2013—2014年江苏省淮北夏大豆品种区域试验，平均产量3103.5kg/hm²，比对照徐豆13增产7.8%。2015年生产试验，平均产量3 343.5kg/hm²，比对照徐豆13增产8.0%。蛋白质含量42.50%，脂肪含量19.80%。

栽培要点　6月上中旬为适播期，播量60～75kg/hm²，行距0.4m，株距0.13～0.15m，密度16万～20万株/hm²，出苗后间苗。基肥施纯氮45kg/hm²、五氧化二磷60kg/hm²、氧化钾60kg/hm²；初花期视苗情追施纯氮45kg/hm²。注意排灌，及时防治点蜂缘蝽、斜纹夜蛾、蚜虫、烟粉虱、豆荚螟、食心虫等害虫。

适宜地区　山东省南部、河南省东南部、江苏和安徽两省淮河以北地区（夏播）。

徐豆22

745. **徐豆**23（Xudou 23）

品种来源　江苏徐淮地区徐州农业科学研究所以徐豆9号为母本，郑90007为父本，经有性杂交，系谱法选育而成，原品系号徐0117-46。2017年经江苏省农作物品种审定委员会审定，审定编号为苏审豆20170003，2019年经国家农作物品种审定委员会审定，审定编号为国审豆20190020，全国大豆品种资源统一编号ZDD33546。

特征　有限结荚习性，株高67.7cm，株型收敛，主茎节数14.7个，有效分枝2.0个。叶卵圆形，白花，灰毛。单株有效荚数47.2个，荚褐色，底荚高14.0cm。籽粒椭圆形，种皮黄色，微有光泽，脐褐色。百粒重22.4g。

特性　黄淮夏大豆，中熟品种，黄淮海南部地区夏播生育期110d。田间综合抗病性好，抗倒伏性一般，落叶性好，籽粒整齐，不裂荚。

产量品质　2014—2015年江苏省淮北夏大

徐豆23

豆品种区域试验，平均产量3 222.0kg/hm²，比对照徐豆13增产6.7%。2016年生产试验，平均产量2 979.0kg/hm²，比对照徐豆13增产7.9%。蛋白质含量45.50%，脂肪含量18.20%。2016—2017年黄淮海南片夏大豆品种区域试验，平均产量2 856.0kg/hm²，比对照中黄13增产3.4%。2018年生产试验，平均产量2 925.0kg/hm²，比对照中黄13增产8.6%。蛋白质含量45.22%，脂肪含量19.10%。

栽培要点　6月上中旬为适播期，播量60～70kg/hm²，行距0.4m，株距0.14～0.17m，密度15万～18万株/hm²，出苗后间苗。基肥施纯氮45kg/hm²、五氧化二磷50kg/hm²、氧化钾50kg/hm²。注意排灌，及时防治点蜂缘蝽、斜纹夜蛾、蚜虫、烟粉虱、豆荚螟、食心虫等害虫。

适宜地区　山东省南部、河南省东南部、江苏和安徽两省淮河以北地区（夏播）。

746. 徐豆24（Xudou 24）

品种来源　江苏徐淮地区徐州农业科学研究所以徐豆9号为母本，郑90007为父本，经有性杂交，系谱法选育而成，原品系号徐0212-6。2018年经江苏省农作物品种审定委员会审定，审定编号为苏审豆20180005。全国大豆品种资源统一编号ZDD33547。

特征　有限结荚习性，株高69.9cm，株型收敛，主茎节数14.9个，有效分枝2.3个。叶卵圆形，白花，灰毛。单株有效荚数52.8个，荚黄色，底荚高10.9cm。籽粒椭圆形，种皮黄色，微有光泽，脐淡褐色。百粒重23.9g。

特性　黄淮夏大豆，中熟品种，江苏淮北地区夏播生育期111d。田间综合抗病性好，抗倒伏性一般，落叶性好，籽粒整齐，不裂荚。

产量品质　2015—2016年江苏省淮北夏大豆品种区域试验，平均产量3 190.7kg/hm²，比对照徐豆13增产8.0%。2017年生产试验，平均产量3 083.6kg/hm²，比对照徐豆13增产8.5%。蛋白质含量43.68%，脂肪含量18.92%。

徐豆24

栽培要点　6月上中旬为适播期，播量60～75kg/hm²，行距0.4m，株距0.15m，密度18万株/hm²，出苗后间苗。基肥施纯氮40kg/hm²、五氧化二磷45kg/hm²、氧化钾60kg/hm²。注意排灌，及时防治点蜂缘蝽、斜纹夜蛾、蚜虫、烟粉虱、豆荚螟、食心虫等害虫。

适宜地区　山东省南部、河南省东南部、江苏和安徽两省淮河以北地区（夏播）。

747. 徐豆25 （Xudou 25）

徐豆25

品种来源 江苏徐淮地区徐州农业科学研究所以徐豆9号为母本，翠扇大豆为父本，经有性杂交，系谱法选育而成，原品系号徐0112-24。2019年经江苏省农作物品种审定委员会审定，审定编号为苏审豆20190004。全国大豆品种资源统一编号ZDD33548。

特征 有限结荚习性，株高73.2cm，株型收敛，主茎节数14.5个，有效分枝2.0个。叶卵圆形，白花，灰毛。单株有效荚数36.5个，荚黄色，底荚高15.3cm。籽粒椭圆形，种皮黄色，微有光泽，脐淡褐色。百粒重25.3g。

特性 黄淮夏大豆，中熟品种，江苏淮北地区夏播生育期104d。田间综合抗病性好，抗倒伏性较强，落叶性好，籽粒整齐，不裂荚。

产量品质 2016—2017年江苏省淮北夏大豆品种区域试验，平均产量2 956.5kg/hm²，比对照徐豆13增产6.3%。2018年生产试验，平均产量3 006.0kg/hm²，比对照徐豆13增产7.8%。蛋白质含量44.91%，脂肪含量16.90%。

栽培要点 6月上中旬为适播期，播量75kg/hm²，行距0.4m，株距0.13～0.15m，密度18万～20万株/hm²，出苗后间苗。基肥施纯氮45kg/hm²、五氧化二磷60kg/hm²、氧化钾60kg/hm²；初花期视苗情追施纯氮45kg/hm²。注意排灌，及时防治点蜂缘蝽、斜纹夜蛾、甜菜夜蛾、蚜虫、烟粉虱、豆荚螟、食心虫等害虫。

适宜地区 山东省南部、河南省东南部、江苏和安徽两省淮河以北地区（夏播）。

748. 徐豆26 （Xudou 26）

品种来源 江苏徐淮地区徐州农业科学研究所以徐豆9号为母本，郑90007为父本，经有性杂交，系谱法选育而成，原品系号徐17-49。2020年经江苏省农作物品种审定委员会审定，审定编号为苏审豆20200010。全国大豆品种资源统一编号ZDD33549。

特征 有限结荚习性，株高70.7cm，株型收敛，主茎节数15.2个，有效分枝2.8个。叶卵圆形，白花，灰毛。单株有效荚数55.7个，荚黄色，底荚高12.4cm。籽粒椭圆形，种皮黄色，微有光泽，脐褐色。百粒重22.2g。

特性 黄淮夏大豆，中熟品种，江苏淮北地区夏播生育期105d。田间综合抗病性好，抗倒伏性较强，落叶性好，籽粒整齐，不裂荚。

产量品质 2017—2018年江苏省淮北夏大豆品种区域试验，平均产量3 036.0kg/hm²，比对照徐豆13增产6.0%。2019年生产试验，平均产量3 034.5kg/hm²，比对照徐豆13增产8.9%。蛋白质含量44.20%，脂肪含量18.60%。

栽培要点 6月上中旬为适播期，播量60 kg/hm²，行距0.4m，株距0.15~0.16m，密度15万~16.5万株/hm²，出苗后间苗。基肥施纯氮40kg/hm²、五氧化二磷50kg/hm²、氧化钾50kg/hm²。注意排灌，及时防治点蜂缘蝽、斜纹夜蛾、甜菜夜蛾、造桥虫、蚜虫、烟粉虱、豆荚螟、食心虫等害虫。

适宜地区 江苏省淮北地区（夏播）。

徐豆26

749. 金豆188（Jindou 188）

品种来源 连云港市金土地种业有限公司以徐豆11为母本，东辛2号为父本，经有性杂交，系谱法选育而成，原品系号金豆188-1。2018年经江苏省农作物品种审定委员会审定，审定编号为苏审豆20180008。全国大豆品种资源统一编号ZDD33552。

特征 有限结荚习性，株高92.5cm，株型半开张，主茎节数17.0个，有效分枝1.8个。叶卵圆形，紫花，棕毛。单株有效荚数37.8个，底荚高12.9cm。籽粒椭圆形，种皮黄色，微有光泽，脐深褐色。百粒重26.1g。

特性 黄淮夏大豆，中熟品种，江苏淮北地区夏播生育期105d。田间综合抗病性一般，抗倒伏性较强，落叶性好，不裂荚。

产量品质 2015—2016年江苏省淮北夏大豆品种区域试验，平均产量3 047.1kg/hm²，比对照徐豆13增产3.2%。2017年生产试验，平均产量2 975.9kg/hm²，比对照徐豆13增产

金豆188

4.7%。蛋白质含量45.42%，脂肪含量18.87%。

栽培要点　6月中下旬为适播期，播量105kg/hm²，行距0.4m，株距0.13m，密度18万株/hm²，出苗后间苗。基肥施纯氮45kg/hm²、五氧化二磷45kg/hm²、氧化钾45kg/hm²；花期视苗情追施纯氮40kg/hm²。注意排灌，防治地老虎、斜纹夜蛾、造桥虫及豆荚螟等害虫。

适宜地区　江苏省淮北地区（夏播）。

750. 淮豆13 （Huaidou 13）

淮豆13

品种来源　江苏徐淮地区淮阴农业科学研究所、江苏省农业科学院农业生物技术研究所以Forrest为母本，淮豆4号为父本，经有性杂交，系谱法选育而成，原品系号淮12-13。2016年经江苏省农作物品种审定委员会审定，审定编号为苏审豆201605。全国大豆品种资源统一编号ZDD33542。

特征　有限结荚习性，株高67.5cm，株型收敛，主茎节数13.2个，有效分枝3.4个。叶卵圆形，白花，棕毛。单株有效荚数48.3个，荚草黄色，底荚高13.4cm。籽粒椭圆形，种皮黄色，微有光泽，脐黑色。百粒重19.2g。

特性　黄淮夏大豆，中熟品种，黄淮海南部地区夏播生育期109d。田间综合抗病性较好，抗倒伏性较强，落叶性好，不裂荚。

产量品质　2013—2014年江苏省淮北夏大豆品种区域试验，平均产量3 124.5kg/hm²，比对照徐豆13增产8.6%。2015年生产试验，平均产量3 326.1kg/hm²，比对照徐豆13增产7.5%。蛋白质含量42.90%，脂肪含量19.70%。

栽培要点　6月中下旬为适播期，播量90 ～ 105kg/hm²，行距0.4m，株距0.13m，密度16.5万 ～ 22.5万株/hm²，出苗后间苗。基肥施纯氮30kg/hm²、五氧化二磷45kg/hm²、氧化钾30kg/hm²；花期视苗情追施纯氮37.5kg/hm²。花荚期保持土壤湿润。注意防治地老虎、蛴螬、点蜂缘蝽、斜纹夜蛾、豆荚螟等害虫。

适宜地区　江苏省淮北地区（夏播）。

751. 淮豆14 （Huaidou 14）

品种来源　江苏徐淮地区淮阴农业科学研究所、淮阴师范学院以豫豆22为母本，

Pella为父本，经有性杂交，系谱法选育而成，原品系号淮14-06。2018年经江苏省农作物品种审定委员会审定，审定编号为苏审豆20180006。全国大豆品种资源统一编号ZDD31437。

特征　有限结荚习性，株高65.4cm，株型收敛，主茎节数13.1个，有效分枝2.9个。叶卵圆形，紫花，棕毛。单株有效荚数48.1个，荚浅褐色，底荚高10.6cm。籽粒椭圆形，种皮黄色，微有光泽，脐黑色。百粒重21.0g。

特性　黄淮夏大豆，中熟品种，江苏淮北地区夏播生育期109d。田间综合抗病性较好，抗倒伏性较强，落叶性好，不裂荚。

产量品质　2015—2016年江苏省淮北夏大豆品种区域试验，平均产量3 122.0kg/hm²，比对照徐豆13增产5.7%。2017年生产试验，平均产量3 029.7kg/hm²，比对照徐豆13增产6.6%。蛋白质含量44.08%，脂肪含量19.00%。

栽培要点　6月中下旬为适播期，播量90kg/hm²，行距0.4m，株距0.13m，密度19.5万株/hm²，出苗后间苗。基肥施纯氮30kg/hm²、五氧化二磷45kg/hm²、氧化钾30kg/hm²；花期视苗情追施纯氮37.5kg/hm²。花荚期保持土壤湿润。注意防治地老虎、蛴螬、点蜂缘蝽、斜纹夜蛾、豆荚螟等害虫。

适宜地区　江苏省淮北地区（夏播）。

淮豆14

752. 淮豆16（Huaidou 16）

品种来源　江苏徐淮地区淮阴农业科学研究所以淮豆9号为母本，菏豆12为父本，经有性杂交，系谱法选育而成，原品系号淮16-21。2020年经江苏省农作物品种审定委员会审定，审定编号为苏审豆20200008。全国大豆品种资源统一编号ZDD33543。

特征　有限结荚习性，株高76.1cm，主茎节数15.1个，有效分枝3.0个。叶卵圆形，白花，棕毛。单株有效荚数37.4个，荚褐色，底

淮豆16

荚高16.6cm。籽粒椭圆形，种皮黄色，微有光泽，脐黑色。百粒重25.6g。

特性 黄淮夏大豆，中熟品种，江苏淮北地区夏播生育期106d。田间综合抗病性较好，抗倒伏性较强，落叶性好，不裂荚。

产量品质 2017—2018年江苏省淮北夏大豆品种区域试验，平均产量3 070.5kg/hm²，比对照徐豆13增产7.2%。2019年生产试验，平均产量2 983.5kg/hm²，比对照徐豆13增产6.9%。蛋白质含量47.50%，脂肪含量18.00%。

栽培要点 6月中下旬为适播期，播量75kg/hm²，行距0.4m，株距0.15～0.17m，密度15万～18万株/hm²，出苗后间苗。基肥施纯氮45kg/hm²、五氧化二磷45kg/hm²、氧化钾45kg/hm²；花期视苗情追施纯氮45kg/hm²。花荚期保持土壤湿润。注意防治地老虎、蛴螬、点蜂缘蝽、斜纹夜蛾、豆荚螟等害虫。

适宜地区 江苏省淮北地区（夏播）。

753. 淮鲜豆6号 （Huaixiandou 6）

淮鲜豆6号

品种来源 江苏徐淮地区淮阴农业科学研究所以淮豆10号为母本，金湖大青豆为父本，经有性杂交，系谱法选育而成，原品系号淮鲜12-7。2016年经江苏省农作物品种审定委员会审定，审定编号为苏审豆201602。全国大豆品种资源统一编号ZDD33561。

特征 有限结荚习性，株高79.4cm，株型半开张，主茎节数16.8个，有效分枝3.0个。叶卵圆形，紫花，灰毛。单株结荚43.8个，鲜荚绿色，二粒标准荚长5.8cm、宽1.4cm，百粒鲜重88.9g。干籽粒椭圆形，种皮绿色，子叶黄色，脐褐色。

特性 南方夏大豆，中晚熟品种，出苗至鲜荚采收期98d。中感大豆花叶病毒病SC3株系、感SC7株系。抗倒伏性较强，口感香甜柔糯。

产量品质 2013—2014年江苏省鲜食夏大豆品种区域试验，平均鲜荚产量10 483.5kg/hm²，比对照通豆6号增产7.3%；平均鲜粒产量5 517.0kg/hm²，比对照通豆6号增产8.5%。2015年生产试验，平均鲜荚产量11 863.5kg/hm²，比通豆6号增产4.4%；平均鲜粒产量6 588.0kg/hm²，比对照通豆6号增产7.5%。

栽培要点 6月中下旬为适播期，播量105kg/hm²，行距0.5m，株距0.13m，密度15万～16.5万株/hm²，出苗后间苗。基肥施纯氮37.5kg/hm²、五氧化二磷37.5kg/hm²、氧化钾37.5kg/hm²；初花期视苗情追施纯氮37.5kg/hm²。花荚期注意抗旱排涝。及时防治炭疽病、细菌性斑疹病、蚜虫等病虫害。在鲜豆荚呈青绿色、鲜籽粒充分饱满时，适时采摘上市。

适宜地区 江苏省淮河以南地区作夏播鲜食大豆种植。

754. 淮鲜豆9号（Huaixiandou 9）

品种来源 江苏徐淮地区淮阴农业科学研究所以H229为母本，楚秀为父本，经有性杂交，系谱法选育而成。原品系号淮鲜16-48。2019年经江苏省农作物品种审定委员会审定，审定编号为苏审豆20190009。全国大豆品种资源统一编号ZDD31426。

特征 有限结荚习性，株高74.6cm，株型半开张，主茎节数16.2个，有效分枝2.5个。叶卵圆形，紫花，灰毛。单株结荚40.1个，鲜荚绿色，二粒标准荚长6.5cm、宽1.4cm，百粒鲜重77.6g。干籽粒椭圆形，种皮绿色，子叶黄色，脐褐色。百粒重40.0g。

特性 南方夏大豆，中熟品种，出苗至鲜荚采收期85d。中感大豆花叶病毒病SC3株系、感SC7株系。抗倒伏性较强，口感香甜柔糯。

产量品质 2017—2018年江苏省鲜食夏大豆品种区域试验，平均鲜荚产量11 103.0kg/

淮鲜豆9号

hm^2，比对照通豆6号增产8.6%；平均鲜粒产量5 602.5kg/hm^2，比对照通豆6号增产2.1%。2018年生产试验，平均鲜荚产量10 822.5kg/hm^2，比通豆6号增产10.1%；平均鲜粒产量5 527.5kg/hm^2，比对照通豆6号增产5.3%。

栽培要点 6月下旬为适播期，播量105kg/hm^2，行距0.5m，密度12万～15万株/hm^2，出苗后间苗。基肥施纯氮37.5kg/hm^2、五氧化二磷45.0kg/hm^2、氧化钾37.5kg/hm^2；初花期视苗情追施纯氮37.5kg/hm^2。鼓粒期遇干旱及时灌水。注意防治点蜂缘蝽等刺吸性害虫。在鲜豆荚呈青绿色、鲜籽粒充分饱满时，适时采摘上市。

适宜地区 江苏省淮河以南地区作夏播鲜食大豆种植。

755. 南农41（Nannong 41）

品种来源 南京农业大学大豆研究所以淮89-15为母本，南农99-6为父本，经有性杂交，改良系谱法选育而成。2015年经国家农作物品种审定委员会审定通过，审定编号为国审豆2015013。全国大豆品种资源统一编号ZDD33555。

南农41

特征 有限结荚习性，株高76.3cm，主茎节数15.6个，有效分枝数1.8个。单株荚数35.8个。叶卵圆形，白花，棕毛。籽粒椭圆形，种皮黄色，脐淡褐色。百粒重23.7g。

特性 南方夏大豆，早熟品种，热带亚热带地区夏播生育期99d。接种鉴定中感花叶病毒病15号、18号株系。

产量品质 2011—2012年热带亚热带夏大豆品种区域试验，平均产量2 809.5kg/hm²，比对照华夏1号增产9.5%。2013年生产试验，平均产量2 434.5kg/hm²，比华夏1号增产7.0%。蛋白质含量43.05%，脂肪含量19.56%。

栽培要点 6月中旬至7月中旬为适播期，条播行距0.5m。高肥力地块种植密度15.0万～16.5万株/hm²，中等肥力地块种植密度18.0万～19.5万株/hm²，低肥力地块种植密度21.0万～22.5万株/hm²。基肥施氮磷钾三元复合肥150～250kg/hm²，初花期追施氮磷钾三元复合肥75～150kg/hm²。

适宜地区 广东省广州、茂名、英德，广西壮族自治区桂林，福建省清流、泉州，海南省海口，江西省赣州，湖南省新田等地区（夏播）。

南农46

756. 南农46（Nannong 46）

品种来源 南京农业大学大豆研究所以新六青为母本，南春204为父本，经有性杂交，改良系谱法选育而成。原品系号南农0409。2019年经国家农作物品种审定委员会审定，审定编号为国审豆20190030。全国大豆品种资源统一编号ZDD31423。

特征 有限结荚习性，株高69.1cm，主茎节数14.5个，有效分枝数1.0个。单株有效荚数22.6个。叶卵圆形，紫花，灰毛。籽粒椭圆形，微光泽，种皮绿色，子叶黄色，脐褐色。鲜籽粒百粒重68.9g。

特性 黄淮夏大豆，晚熟品种，夏播生育期87d。接种鉴定抗花叶病毒3号株系，中抗花叶病毒7号株系，中感炭疽病。

产量品质 2016—2017年国家鲜食大豆夏播组品种区域试验，平均产量12 265.5kg/hm²，比对照增产4.5%。2018年生产试验，平均产量12 091.5kg/hm²，比对照衢鲜3号增产9.3%。

栽培要点 6月中下旬至7月上旬为适播期。高肥力地块种植密度15.0万～16.5万株/hm²，中等肥力地块种植密度18.0万～19.5万株/hm²，低肥力地块种植密度21.0万～22.5万株/hm²。基肥施氮磷钾三元复合肥375kg/hm²，初花期追施尿素75～150kg/hm²。

适宜地区 上海市、江苏省、浙江省、四川省南充市、江西省南昌地区（夏播）。

757. 南农47（Nannong 47）

品种来源 南京农业大学大豆研究所以周豆13为母本，郑9805为父本，经有性杂交，系谱法选育而成，原品系号南农1606。2019年经江苏省农作物品种审定委员会审定，审定编号为苏审豆20190005。全国大豆品种资源统一编号ZDD33556。

特征 有限结荚习性，株高74.9cm，主茎节数15.7个，有效分枝2.7个。叶卵圆形，白花，灰毛。单株有效荚数51.7个，荚淡褐色，底荚高13.1cm。籽粒椭圆形，种皮黄色，微有光泽，脐淡褐色。百粒重18.9g。

特性 黄淮夏大豆，中熟品种，江苏淮北地区夏播生育期108d。田间综合抗病性较好，抗倒伏性较强，落叶性好，不裂荚。

产量品质 2017—2018年江苏省淮北夏大

南农47

豆品种区域试验，平均产量3 146.6kg/hm²，比对照徐豆13增产9.8%。2018年生产试验，平均产量2 995.1kg/hm²，比对照徐豆13增产7.4%。蛋白质含量44.44%，脂肪含量18.69%。

栽培要点 6月上中旬为适播期，播量60kg/hm²，行距0.4m，株距0.15～0.17m，密度15万～19万株/hm²，出苗后间苗。基肥施纯氮45kg/hm²、五氧化二磷45kg/hm²、氧化钾45kg/hm²；花期视苗情追施纯氮45kg/hm²。花荚期保持土壤湿润。注意防治地老虎、蛴螬、点蜂缘蝽、斜纹夜蛾、豆荚螟等害虫。

适宜地区 江苏省淮北地区（夏播）。

758. 南农48（Nannong 48）

品种来源 南京农业大学大豆研究所以T22033为母本，Q963069为父本，经有性

南农48

杂交，改良系谱法选育而成。原品系号南农9178。2017年经江苏省农作物品种审定委员会审定，审定编号为苏审豆20170001。全国大豆品种资源统一编号ZDD33557。

特征 亚有限结荚习性，株高91.6cm，主茎节数19.5个，有效分枝数2.6个。单株有效荚数53.2个。叶卵圆形，紫花，棕毛，荚淡褐色，弯镰形。籽粒圆形，有光泽，种皮黄色，脐淡褐色。百粒重21.4g。

特性 黄淮夏大豆，中熟品种。生育期109d。接种鉴定中感大豆花叶病毒病SC3株系、感SC7株系。抗倒性较好，落叶性好，抗裂荚性强。

产量品质 2014—2015年江苏省淮南夏大豆区域试验，平均产量3 061.5kg/hm²，比对照南农99-6增产1.1%。2016年生产试验，平均产量2 517.0kg/hm²，比对照南农99-6减产0.2%。蛋白质含量39.30%，脂肪含量21.70%。

栽培要点 避免夏大豆连作。6月中下旬为适宜播期，播前晒种1～2d，播量90kg/hm²。底肥施纯氮45kg/hm²、五氧化二磷45kg/hm²、氧化钾45kg/hm²。花期视苗情追施纯氮45kg/hm²，鼓粒后期可喷施磷酸二氢钾6kg/hm²。开花结荚后注意抗旱排涝，保持土壤湿润。播前使用土壤杀虫剂防治地下害虫。播后及时防病治虫除草。

适宜地区 江苏省淮南地区（夏播）。

759. 南农50（Nannong 50）

品种来源 南京农业大学大豆研究所以中黄13为母本，郑9805为父本，经有性杂交，改良系谱法选育而成，原品系号南农0409。2019年经江苏省农作物品种审定委员会审定，审定编号为苏审豆20190001。全国大豆品种资源统一编号ZDD33558。

特征 有限结荚习性，株高77.6cm，主茎节数17.1个，有效分枝数3.6个。单株有效荚数63.5个，每荚1.9粒。叶卵圆形，紫花，灰毛，荚褐色，弯镰形。籽粒圆形，有光泽，种皮黄色，脐褐色。百粒重20.9g。

特性 黄淮夏大豆，早熟品种。生育期

南农50

104d。田间花叶病毒病发生较轻，抗倒性较好，落叶性好，抗裂荚性强。

产量品质 2017—2018年江苏省淮南夏大豆区域试验，平均产量2 910.5kg/hm²，比对照通豆7号增产11.0%。2018年生产试验，平均产量2 791.1kg/hm²，比对照通豆7号增6.5%。蛋白质含量43.55%，脂肪含量18.77%。

栽培要点 避免夏大豆连作。6月中下旬为适播期，播前晒种1～2d，播量75kg/hm²，密度为15万～21万株/hm²。条播和点播行距0.5m。基肥施纯氮45kg/hm²、五氧化二磷45kg/hm²、氧化钾45kg/hm²。花期视苗情追施纯氮45kg/hm²，鼓粒后期可喷施磷酸二氢钾6kg/hm²。注意抗旱排涝，花荚期保持土壤湿润。播前使用土壤杀虫剂防治地下害虫，播后及时防病治虫除草。

适宜地区 江苏省淮河以南地区作夏大豆种植。

760. 南农58（Nannong 58）

品种来源 南京农业大学大豆研究所以南农X0178为母本，濮海10号为父本，经有性杂交，改良系谱法选育而成。原品系号南农16-3。2019年经江苏省农作物品种审定委员会审定，审定编号为苏审豆20190002。全国大豆品种资源统一编号ZDD34439。

特征 亚有限结荚习性，株高99.6cm，主茎节数19.3个，有效分枝数2.9个。单株有效荚数49.4个，每荚2.2粒。叶片卵圆形，紫花，棕毛。籽粒椭圆形、微光泽，种皮黄色，脐黑色。百粒重24.5g。

特性 黄淮夏大豆，晚熟品种。生育期118d。田间中感大豆花叶病毒病，抗倒伏性较好，落叶性好，抗裂荚性强。

产量品质 2016 2017年江苏省淮南夏大豆区域试验，平均产量2 969.1kg/hm²，比对照通豆7号增产14.8%。2018年生产试验，平均产量2 849.7kg/hm²，比对照通豆7号增产8.7%。蛋白质含量43.91%，脂肪含量19.19%。

南农58

栽培要点 6月中下旬为适播期。淮南地区密度为16.5万株/hm²。一般机条播播量112.5kg/hm²，撒播播量150kg/hm²。行距0.4～0.5m，穴距0.13～0.15m。淮南地区可采用高垄种植。基肥施纯氮30kg/hm²、五氧化二磷45kg/hm²、氧化钾30kg/hm²。花期视苗情追施纯氮37.5kg/hm²，鼓粒后期可施磷酸二氢钾6kg/hm²。苗期注意排涝，花期遇旱及时灌溉。注意抗旱排涝，播前使用土壤杀虫剂防治地下害虫。播后及时防病治虫除草。花荚期注意防治大豆食心虫。

适宜地区　江苏省淮河以南地区作夏大豆种植。

761. 南农413（Nannong 413）

南农413

品种来源　南京农业大学大豆研究所以新六青为母本，南农95C-13为父本，经有性杂交，改良系谱法选育而成。原品系号南农J4-3。2019年经江苏省农作物品种审定委员会审定，审定编号为苏审豆20190011。全国大豆品种资源统一编号ZDD33559。

特征　有限结荚习性，株高69.2cm，主茎节数12.5个，有效分枝数5个。单株有效荚数48.0个，底荚高度20.5cm。叶卵圆形，紫花，灰毛。籽粒椭圆形，微光泽，种皮绿色，子叶黄色，脐淡褐色。鲜籽粒百粒重71.4g，干籽粒百粒重32.0g。

特性　黄淮夏大豆，中熟品种。出苗至采收鲜荚84d。田间大豆花叶病毒较轻。抗倒伏性较好。抗裂荚性好。口感香甜柔糯。

产量品质　2015—2016年江苏省鲜食夏大豆区域试验，平均鲜荚产量12 125.7kg/hm²，比对照通豆6号增产8.1%；鲜籽粒产量6 236.0kg/hm²，比对照增产6.4%。2018年生产试验平均鲜荚产量10 107.5kg/hm²，比对照通豆6号增产2.8%；鲜籽粒产量5 353.1kg/hm²，比对照增产2.0%。

栽培要点　选择中上等肥力的田块种植，避免大豆连作。6月15日至30日为适播期。种植密度18.0万～19.5万株/hm²，行距0.4m，株距0.13m，用种112.5kg/hm²。基肥施纯氮45kg/hm²、五氧化二磷36kg/hm²、氧化钾31.5kg/hm²。开花结荚期视苗情追施纯氮36kg/hm²，开花结荚后注意抗旱排涝，保持土壤湿润。播前使用土壤杀虫剂防治地下害虫。播后及时防病治虫除草。花荚期注意防治大豆食心虫。籽粒较大，对播种质量要求较高，收获期遇雨易诱发紫斑病，注意及时收获。

适宜地区　江苏省淮河以南地区作鲜食夏大豆种植。

762. 南农416（Nannong 416）

品种来源　南京农业大学大豆研究所以油02-49为母本，南农95C-13为父本，经有性杂交，改良系谱法选育而成。原品系号南农S5-1。2019年经江苏省农作物品种审定委员会审定，审定编号为苏审豆20190012。全国大豆品种资源统一编号ZDD33560。

特征　有限结荚习性，株高67.9cm，主茎节数15.2个，有效分枝数2.7个。单株有效荚数37.5个。叶卵圆形，紫花，灰毛。籽粒椭圆形，微光泽，种皮黄色，脐色淡褐。鲜籽粒百粒重66.5g，干籽粒百粒重32.0g。

特性　黄淮夏大豆，晚熟品种。生育期86d。接种鉴定中感大豆花叶病毒病SC3株系，感SC7株系。抗倒伏性较好。口感品质香甜柔糯。

产量品质　2017—2018年江苏省鲜食夏大豆区域试验，平均鲜荚产量10 950.9kg/hm²，较对照通豆6号增产7.0%；鲜籽粒产量5 580.3kg/hm²，较对照增产1.6%。2018年生产试验，平均鲜荚产量10 719.6kg/hm²，较对照通豆6号增产9.0%；鲜籽粒产量5 542.5kg/hm²，较对照增产5.6%。

栽培要点　避免大豆连作。6月中下旬为适播期。播前晒种1～2d。种植密度11.2万～15.0万株/hm²，行距0.45m，株距0.25m，用种75～115kg/hm²。基肥施优质复合肥450kg/hm²；大豆开花期施用120kg/hm²尿素作为促花肥。开花结荚后注意抗旱排涝，保持土壤湿润。播前使用土壤杀虫剂防治地下害虫。播后及时防病治虫除草。采收前15d内禁止用药。籽粒较大，对播种质量要求较高，收获期遇雨易诱发紫斑病。籽粒充实饱满、豆荚呈青绿色时，适时采摘青荚。

适宜地区　江苏省淮南地区（鲜食夏大豆）。

763. 苏鲜豆22（Suxiandou 22）

品种来源　南京农业大学以90C004为母本，95C-13为父本，经有性杂交，改良系谱法选育而成。原品系号南农12-1。2015年经江苏省农作物品种审定委员会审定，审定编号为苏审豆2015002。全国大豆品种资源统一编号ZDD33553。

南农416

苏鲜豆22

特征 有限结荚习性。株高69.8cm，主茎节数15.9个，有效分枝数3.0个。叶卵圆形，紫花，灰毛。籽粒椭圆形，种皮黄色，脐淡褐色。鲜籽粒百粒重78.0g。

特性 黄淮夏大豆，晚熟品种，播种至鲜荚采收100d。接种鉴定中感大豆花叶病毒病SC3株系，高感SC7株系。口感品质香甜柔糯。

产量品质 2012—2013年江苏省鲜食夏大豆区域试验，平均鲜荚产量11 973.0kg/hm²，较对照通豆6号增产14.0%；平均鲜籽粒产量5880.0kg/hm²，较对照增产9.9%。2014年生产试验，平均鲜荚产量10 306.5kg/hm²，较对照通豆6号增产7.6%；平均鲜籽粒产量5 580.0kg/hm²，较对照增产5.5%。

栽培要点 避免大豆连作。6月15—30日为适播期，晚播不迟于7月20日，播前晒种1 ~ 2d以提高发芽率。种植密度15万 ~ 18万株/hm²，行距0.5m，株距0.12m，用种105kg/hm²。基肥用纯氮45kg/hm²、五氧化二磷37.5kg/hm²、氧化钾30kg/hm²。开花结荚期根据苗情追施纯氮37.5kg/hm²，开花结荚后注意抗旱排涝，保持土壤湿润。播前使用土壤杀虫剂防治地下害虫。播后及时防病治虫除草。采收前15d内禁止用药治虫。籽粒充实饱满、豆荚呈青绿色时，适时采摘青荚。

适宜地区 江苏省淮南地区（鲜食夏大豆）。

764. 苏鲜豆23（Suxiandou 23）

品种来源 南京农业大学以南农X54001为母本，南农X6530为父本，进行有性杂交，改良系谱法选育而成，原品系号南农15-1。2018年经江苏省农作物品种审定委员会审定，审定编号为苏审豆20180011。全国大豆品种资源统一编号ZDD33554。

苏鲜豆23

特征 有限结荚习性。株高67.0cm，主茎节数13.7个，有效分枝数4.1个，单株有效荚数48.0个。叶卵圆形，紫花，灰毛。籽粒椭圆形，种皮黄色，脐褐色。鲜籽粒百粒重73.9g。

特性 黄淮夏大豆，晚熟品种，播种至鲜荚采收90d。田间大豆花叶病毒发病较轻。口感品质香甜柔糯。

产量品质 2015—2016年江苏省淮南鲜食大豆区域试验，平均鲜荚产量11 862.3kg/hm²，较对照通豆6号增产5.7%；平均鲜籽粒产量6 298.5kg/hm²，较对照增产7.4%。2017年生产试验，平均鲜荚产量10 866.0kg/hm²，较对照通豆6号增产5.6%；平均鲜籽粒产量5 812.5kg/hm²，较对照通豆6号增产3.6%。

栽培要点　避免大豆连作。夏播适播期6月15—30日，秋播不迟于7月20日。播前晒种1～2d。夏播种植密度15.45万株/hm²，行距0.5m，株距0.13m，用种90kg/hm²。秋播种植密度18万株/hm²，用种112.5kg/hm²。基肥用纯氮45kg/hm²、五氧化二磷36kg/hm²、氧化钾31.5kg/hm²。开花期根据苗情追施纯氮34.5kg/hm²，开花结荚后注意抗旱排涝，保持土壤湿润。播前使用土壤杀虫剂防治地下害虫，播后及时防病治虫除草。采收前15d内禁止用药。鲜籽粒充分饱满、鲜豆荚呈青绿色时，适时采摘青荚。

适宜地区　江苏省淮河以南地区（夏播鲜食大豆）。

765. 牡试1号（Mushi 1）

品种来源　南京农业大学、黑龙江农业科学院牡丹江分院以（黑农37×垦丰16）为母本，垦丰16为父本，进行有性杂交，改良系谱法选育而成。2015年经黑龙江省农作物品种审定委员会审定，审定编号为黑审豆2015003。全国大豆品种资源统一编号ZDD34440。

特征　亚有限结荚习性。株高85.0cm，主茎节数17.0个，有效分枝数1.2个，单株有效荚数34.6个，单株粒数86.5个。叶圆形，白花，灰毛。荚褐色。籽粒圆形，种皮黄色，有光泽，种脐黄色。百粒重20.2g。

特性　北方春大豆，早熟品种，生育期118d。中抗大豆灰斑病，兼抗大豆花叶病毒病、紫斑病。抗倒伏性强，落叶性好，抗裂荚性强。

产量品质　2012—2013年黑龙江省第二积温带南部区域试验，平均产量2 736.8kg/hm²，较对照绥农28增产6.0%。2014年生产试

牡试1号

验，平均产量3 010.9kg/hm²，较对照绥农28增产13.8%。蛋白质含量37.81%，脂肪含量22.63%。

栽培要点　5月上旬播种，采用垄三栽培方式，保苗25万株/hm²。采用精量播种机垄底测深施肥方法，施磷酸二铵150kg/hm²、尿素40kg/hm²、钾肥50kg/hm²。及时铲蹚，于开花至鼓粒期根据大豆长势喷施磷酸二氢钾6kg/hm²，及时防治病、虫、草害，完熟收获。

适宜地区　黑龙江省第二积温带、吉林省东部等区域。

766. 牡试2号 （Mushi 2）

牡试2号

品种来源 南京农业大学和黑龙江农业科学院牡丹江分院以哈北46-1为母本，东生4805为父本，进行有性杂交，改良系谱法选育而成。2018年经黑龙江省农作物品种审定委员会审定，审定编号为黑审豆2018009。全国大豆品种资源统一编号ZDD34441。

特征 无限结荚习性。株高106.2cm，底荚高13.7cm，主茎节数16.0个，有效分枝数2.6个，单株有效荚数35.2个，单株粒数88.1个。叶披针形，白花，灰毛。荚褐色。籽粒圆形，种皮黄色，有光泽，子叶黄色，种脐黄色。百粒重21.5g。

特性 北方春大豆，早熟品种，生育期120d。中抗大豆灰斑病，兼抗大豆花叶病毒病、紫斑病。抗倒伏性强，落叶性好，抗裂荚性强。

产量品质 2015—2016年黑龙江省第二积温带南部区域试验，平均产量2936.9kg/hm²，较对照合丰55增产11.1%。2017年生产试验，平均产量2 904.5kg/hm²，较对照合丰55增产10.9%。蛋白质含量38.17%，脂肪含量21.83%。

栽培要点 5月上旬播种。采用垄三栽培方式，保苗25万株/hm²。采用精量播种机垄底测深施肥方法，施磷酸二铵150kg/hm²、尿素40kg/hm²、钾肥50kg/hm²。及时铲蹚，于开花至鼓粒期根据大豆长势喷施磷酸二氢钾6kg/hm²，及时防治病、虫、草害，完熟收获。

适宜地区 黑龙江省第二积温带、吉林省东部等区域。

767. 牡试6号 （Mushi 6）

品种来源 南京农业大学、黑龙江省农业科学院牡丹江分院以黑农48为母本，龙品8807为父本，进行有性杂交，系谱法选择育成，原品系号牡试6号。2020年经黑龙江省农作物品种审定委员会审定，审定编号为黑审豆20200012。全国大豆品种资源统一编号ZDD33258。

特征 亚有限结荚习性。株高95.0cm，有分枝。披针叶，紫花，灰毛。荚褐色。籽粒圆形，种皮黄色，有光泽，脐黄色。百粒重20.1g。

特性　北方春大豆，黑龙江省春播生育期120d。中抗灰斑病。高蛋白品种。

产量品质　2017—2018年区域试验，平均产量2 968.3 kg/hm²，较对照品种合丰55增产8.4%，2019年生产试验，平均产量2 871.0 kg/hm²，较对照品种合丰55增产10.2%。蛋白质含量45.99%，脂肪含量17.64%。

栽培要点　选择中等肥力地块种植，5月上旬播种。采用垄三栽培方式，保苗24万～25万株/hm²。基肥施磷酸二铵115kg/hm²、尿素25kg/hm²、钾肥40kg/hm²，种肥施磷酸二铵35kg/hm²、尿素10kg/hm²、钾肥10kg/hm²，开花结荚期追施氮肥45 kg/hm²。田间采用除草剂除草，生育期间及时中耕管理，防治病虫害，成熟后及时收获。

适宜地区　黑龙江省第二积温带南部区，≥10℃活动积温2 550℃区域。

牡试6号

768. 苏豆11（Sudou 11）

品种来源　江苏省农业科学院蔬菜研究所以金坛八月黄为母本，通豆5号为父本，进行有性杂交，改良系谱法选育而成，原品系号苏菜201。2015年经江苏省农作物品种审定委员会审定，审定编号为苏审豆201503。全国大豆品种资源统一编号ZDD34442。

特征　有限结荚习性。株高76.6cm，主茎节数16.3节，有效分枝数3.2个，单株有效荚数42.5个。叶卵圆形，紫花，灰毛。籽粒椭圆形，种皮黄色，脐褐色。鲜籽粒百粒重94.8g。

特性　黄淮夏大豆，晚熟品种，播种至鲜荚采收107d。接种鉴定中感大豆花叶病毒病SC3株系，高感SC7株系。口感品质香甜柔糯。

产量品质　2012—2013年江苏省鲜食夏大豆区域试验，平均鲜荚产量11 316.0kg/hm²，较对照通豆6号增产7.7%；平均鲜籽粒产量

苏豆11

5 689.5kg/hm²，较对照增产4.8%。2014年生产试验，平均鲜荚产量10 182.0kg/hm²，较对照通豆6号增产6.3%，平均鲜籽粒产量5 607.0kg/hm²，较对照增产6.0%。

栽培要点　避免大豆连作。6月中下旬为适播期，晚播不迟于7月20日，播前晒种1～2d以提高发芽率。种植密度12万株/hm²，行距0.5m，株距0.13m，用种90～120kg/hm²。基肥用纯氮45kg/hm²、五氧化二磷37.5kg/hm²、氧化钾30kg/hm²。开花结荚期根据苗情追施纯氮37.5kg/hm²，开花结荚后注意抗旱排涝，保持土壤湿润。播前使用土壤杀虫剂拌毒土耕翻入土壤，防治地下害虫，播后及时防病治虫除草。采收前15d禁止用药治虫。籽粒充实饱满、豆荚呈青绿色时，适时采摘青荚。

适宜地区　江苏省淮南地区（鲜食夏大豆）。

769. 苏豆12（Sudou 12）

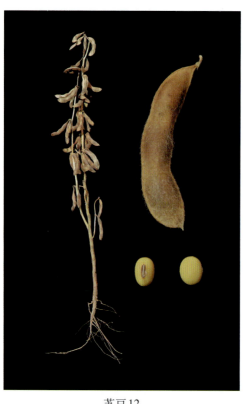

苏豆12

品种来源　东海县农业科学研究所以菏豆12为母本，DH98-28为父本，进行有性杂交，系谱法选育而成，原品系号东海0908。2017年经江苏省农作物品种审定委员会审定，审定编号为苏审豆20170004。全国大豆品种资源统一编号ZDD33534。

特征　有限结荚习性。株高73.7cm，株型半开张，主茎节数15.3个，有效分枝数2.2个，单株有效荚数37.3个。叶卵圆形，紫花，灰毛。荚灰褐色，底荚高14.9cm。籽粒椭圆形，种皮黄色，微有光泽，脐深褐色。百粒重28.4g。

特性　黄淮夏大豆，中熟品种，江苏省淮北地区夏播生育期110d。田间综合抗病性较好，抗倒伏性较强，落叶性好，不裂荚。

产量品质　2014—2015年江苏省淮北夏大豆品种区域试验，平均产量3 265.5kg/hm²，较对照徐豆13增产8.2%。2016年生产试验，平均产量3 016.5kg/hm²，较对照徐豆13增产9.3%。蛋白质含量44.20%，脂肪含量18.70%。

栽培要点　6月上中旬为适播期。播量90kg/hm²，行距0.4m，株距0.13～0.15m，密度18万～21万株/hm²，出苗后间苗。基肥施纯氮45kg/hm²、五氧化二磷90kg/hm²、氧化钾75kg/hm²。花期视苗情追施纯氮45kg/hm²。注意排灌，防治细菌性斑疹病、造桥虫、甜菜夜蛾等病虫害。

适宜地区　江苏省淮北地区（夏播）。

770. 苏豆13（Sudou 13）

品种来源　江苏省农业科学院经济作物研究所以苏系5号为母本，巨丰辐射M6为父本，进行有性杂交，改良系谱法选育而成，原品系号苏夏HT017。2018年经江苏省农作物品种审定委员会审定，审定编号为苏审豆20180001。全国大豆品种资源统一编号ZDD33535。

特征　有限结荚习性。株高67.8cm，主茎节数14.9个，单株分枝数3.8个，单株有效荚数46.2个，每荚2.2粒。叶披针形，白花，灰毛。荚浅褐色。粒圆形，种皮黄色，脐淡褐色，百粒重22.7g。

特性　黄淮夏大豆，早熟品种，生育期100d。田间花叶病毒病发生较轻，抗倒伏性较好，落叶性好，抗裂荚性强。

产量品质　2015—2016年江苏省淮南夏大豆区域试验，平均产量2 793.6kg/hm²，较对照减产4.2%。2017年生产试验，平均产量2 724.0kg/hm²，较对照通豆7号增产10.6%。蛋白质含量46.07%，脂肪含量18.02%。

苏豆13

栽培要点　避免夏大豆连作。6月中下旬为适播期。播量105kg/hm²，行距0.6m，穴距0.3m，密度为18万株/hm²。出苗后间苗。基肥施复合肥（氮磷钾总量为45%）300kg/hm²。花期可追施纯氮37.5kg/hm²。适时中耕，注意排灌治虫。播前使用土壤杀虫剂防治地下害虫，播种后及时除草。开花结荚期防治大豆食叶、食心性害虫1～2次。

适宜地区　江苏省淮南地区（早熟夏大豆）。

771. 苏豆16（Sudou 16）

品种来源　江苏省农业科学院经济作物研究所以金坛苏州青为母本，苏早1号为父本，进行有性杂交，改良系谱法选育而成，原品系号苏鲜15-5。2018年经江苏省农作物品种审定委员会审定，审定编号为苏审豆20180012。全国大豆品种资源统一编号ZDD33536。

特征　有限结荚习性。株高48.3cm，主茎节数12.2个，单株分枝数4.2个，单株有效荚数47.8个。叶卵圆形，紫花，灰毛。籽粒椭圆形，种皮黄色，脐淡褐色。鲜籽粒百粒重82.0g。

特性　黄淮夏大豆，中熟品种，播种至青荚采收80d。接种鉴定中感大豆花叶病毒病SC3株系和SC7株系，抗倒性好。口感品质香甜柔糯。

苏豆16

产量品质　2015—2016年江苏省淮南鲜食大豆区域试验，平均鲜荚产量11 778.8kg/hm²，较对照通豆6号增产5.0%；平均鲜籽粒产量6 648.6kg/hm²，较对照通豆6号增产13.4%。2017年生产试验，平均鲜荚产量10 535.6kg/hm²，较对照通豆6号增产2.4%；平均鲜籽粒产量5 972.7kg/hm²，较对照通豆6号增产6.39%。

栽培要点　避免大豆连作。6月15—30日为适播期，晚播不迟于7月20日。种植密度15万株/hm²，行距0.5m，株距0.12m，用种105kg/hm²。基肥用纯氮45kg/hm²、五氧化二磷37.5kg/hm²、氧化钾30kg/hm²。初花期根据苗情追施纯氮37.5kg/hm²，开花结荚后注意抗旱排涝，保持土壤湿润。播前使用土壤杀虫剂防治地下害虫，播后及时防病治虫除草，采收前15d禁止用药。鲜籽粒充实饱满、豆荚呈青绿色时，适时采摘青荚。

适宜地区　江苏省淮河以南地区（夏播鲜食大豆）。

772. 苏豆17（Sudou 17）

品种来源　江苏省农业科学院经济作物研究所以苏豆7号为母本，通豆6号为父本，进行有性杂交，改良系谱法选育而成，原品系号苏鲜16-12。2019年经江苏省农作物品种审定委员会审定，审定编号为苏审豆20190010。全国大豆品种资源统一编号ZDD33537。

特征　有限结荚习性。株高54.8cm，主茎节数13.6个，有效分枝数3.7个，单株有效荚数40.1个。叶卵圆形，紫花，灰毛。籽粒椭圆形，种皮黄色，脐淡褐色。鲜籽粒百粒重81.4g，干籽粒百粒重28.9g。

特性　黄淮夏大豆，晚熟品种，出苗至鲜荚采收87d。接种鉴定中抗大豆花叶病毒病

苏豆17

SC3株系，中抗SC7株系。抗倒伏性较好，落叶性好，抗裂荚性好。口感品质香甜柔糯。

产量品质　2016—2017年江苏省鲜食夏大豆区域试验，平均鲜荚产量11 247.5kg/hm²，较对照通豆6号增产2.1%；平均鲜籽粒产量5 683.2kg/hm²，较对照减产2.9%。2018年生产试验，平均鲜荚产量9 996.8kg/hm²，较对照通豆6号增产1.7%；平均鲜籽粒产量5 107.7kg/hm²，较对照减产2.7%。

栽培要点　6月15—30日为适播期，晚播不迟于7月20日。种植密度15万株/hm²，行距0.5m，株距0.12m，用种115kg/hm²。选择中上等肥力的田块种植，基肥用纯氮45kg/hm²、五氧化二磷37.5kg/hm²、氧化钾30kg/hm²。初花期视苗情追施纯氮37.5kg/hm²，开花结荚后注意抗旱排涝，保持土壤湿润。播前使用土壤杀虫剂防治地下害虫，播后及时防病治虫除草。花荚期注意防治大豆食心虫，采收前15d禁止用药治虫。收获期遇雨易诱发紫斑病。籽粒充实饱满、豆荚呈青绿色时，注意及时收获。

适宜地区　江苏省淮河以南地区（鲜食夏大豆）。

773. 苏豆18（Sudou 18）

品种来源　江苏省农业科学院蔬菜研究所用苏豆7号人工辐射诱变育成。2017年经国家大豆品种审定委员会审定，审定编号为国审豆20170021。全国大豆品种资源统一编号ZDD33538。

特征　有限结荚习性。株高43.9cm，主茎节数11.9个，有效分枝数1.6个，单株有效荚数24.5个。叶椭圆形，白花，灰毛。籽粒椭圆形，种皮黄色，有光泽，种脐淡褐色。鲜籽粒百粒重78.9g。

特性　黄淮夏大豆，中熟品种，夏播生育期78d。接种鉴定高抗花叶病毒病3号株系和7号株系，中抗炭疽病。口感品质香甜柔糯。

产量品质　2014—2015年国家鲜食大豆夏播组区域试验，平均产量11 292.0kg/hm²，较对照增产3.8%。2016年生产试验，平均产量10 993.5kg/hm²，较对照衢鲜3号增产5.3%。

栽培要点　6月中旬至7月上旬为适播期。点播行距0.5m，株距0.08m，高肥力地块种植密度15万～18万株/hm²，中等肥力地块种植密度18万～21万株/hm²，低肥力地块种植密度21万～24万株/hm²。基肥施氮磷钾三元复合肥300kg/hm²，初花期追施尿素75kg/hm²。

适宜地区　上海市、江苏省、安徽省、江西省和湖北省（鲜食大豆夏播）。

苏豆18

774. 苏豆19（Sudou 19）

苏豆19

品种来源 江苏省农业科学院经济作物研究所以中黄13为母本，中3126为父本，进行有性杂交，系谱法选育而成，原品系号苏夏17-H23。2020年经江苏省农作物品种审定委员会审定，审定编号为苏审豆20200007。全国大豆品种资源统一编号ZDD33539。

特征 有限结荚习性。株高75.3cm，株型收敛，主茎节数16.9个，有效分枝数2.4个，单株有效荚数64.4个。叶卵圆形，白花，灰毛。荚灰褐色。底荚高14.1cm。籽粒圆形，种皮黄色，微有光泽，脐淡褐色。百粒重16.4g。

特性 黄淮夏大豆，中熟品种，江苏省淮北地区夏播生育期110d。田间综合抗病性较好，抗倒伏性较强，落叶性好，不裂荚。

产量品质 2017—2018年江苏省淮北夏大豆品种区域试验，平均产量3 109.5kg/hm²，较对照徐豆13增产8.5%。2019年生产试验，平均产量3 049.5kg/hm²，较对照徐豆13增产9.2%。蛋白质含量41.20%，脂肪含量20.10%。

栽培要点 6月上中旬为适播期。播量75kg/hm²。行距0.4m，株距0.13～0.15m，密度18万～21万株/hm²，出苗后间苗。基肥施纯氮45kg/hm²、五氧化二磷45kg/hm²、氧化钾45kg/hm²。花期视苗情追施纯氮45kg/hm²。注意排灌，防治细菌性斑疹病、霜霉病、点蜂缘蝽、甜菜夜蛾等病虫害。

适宜地区 江苏省淮北地区（夏播）。

775. 苏豆20（Sudou 20）

品种来源 江苏省农业科学院经济作物研究所、江苏浦凯农业科技有限公司以徐豆19为母本，皖豆14为父本，进行有性杂交，系谱法选育而成，原品系号苏夏17-X。2020年经江苏省农作物品种审定委员会审定，审定编号为苏审豆20200011。全国大豆品种资源统一编号ZDD33540。

特征 有限结荚习性。株高70.6cm，株型收敛，主茎节数16.6个，有效分枝数3.0个，单株有效荚数55.4个。叶卵圆形，白花，棕毛。荚深褐色，底荚高16.6cm。籽粒椭圆形，种皮黄色，微有光泽，脐淡褐色。百粒重18.6g。

特性 黄淮夏大豆，中熟品种，江苏省淮北地区夏播生育期107d。田间综合抗病性较好，抗倒伏性较强，落叶性好，不裂荚。

产量品质 2018—2019年江苏省淮北夏大豆品种区域试验，平均产量3 241.5kg/hm²，较对照徐豆13增产6.8％。2019年生产试验，平均产量3 166.5kg/hm²，较对照徐豆13增产3.9％。蛋白质含量39.50％，脂肪含量20.40％。

栽培要点 6月中下旬为适播期。播量75kg/hm²。行距0.4m，株距0.10～0.15m，密度18万～22万株/hm²，出苗后间苗。基肥施纯氮45kg/hm²、五氧化二磷45kg/hm²、氧化钾45kg/hm²。花期视苗情追施纯氮45～75kg/hm²。注意排灌，防治炭疽病、细菌性斑疹病、点蜂缘蝽、食心虫等病虫害。

适宜地区 江苏省淮北地区（夏播）。

776. 苏豆21（Sudou 21）

品种来源 江苏省农业科学院经济作物研究所以中黄34为母本，菏豆14为父本，进行有性杂交，系谱法选育而成，原品系号苏夏18-C。2020年经江苏省农作物品种审定委员会审定，审定编号为苏审豆20200012。全国大豆品种资源统一编号ZDD33541。

特征 有限结荚习性。株高58.5cm，株型收敛，主茎节数14.1个，有效分枝数3.5个，单株有效荚数45.3个。叶卵圆形，白花，棕毛。荚浅褐色，底荚高12.0cm。籽粒椭圆形，种皮黄色，微有光泽，脐深褐色。百粒重25.6g。

特性 黄淮夏大豆，中熟品种，江苏省淮北地区夏播生育期106d。田间综合抗病性好，抗倒伏性较强，落叶性好，不裂荚。

产量品质 2018—2019年江苏省淮北夏大豆品种区域试验，平均产量3 181.5kg/hm²，较对照徐豆13增产4.9%。2019年生产试验，平均

苏豆20

苏豆21

产量 3 162.0kg/hm²，较对照徐豆13增产3.8%。蛋白质含量43.00%，脂肪含量20.20%。

栽培要点　6月下旬为适播期。播量90kg/hm²。行距0.4m，株距0.15 ～ 0.20m，密度16.5万～ 19.5万株/hm²，出苗后间苗。基肥施纯氮45kg/hm²、五氧化二磷45kg/hm²、氧化钾45kg/hm²。花期视苗情追施纯氮50kg/hm²。注意排灌，防治细菌性斑疹病、霜霉病、点蜂缘蝽、甜菜夜蛾等病虫害。

适宜地区　江苏省淮北地区（夏播）。

777. 苏新5号（Suxin 5）

苏新5号

品种来源　江苏省农业科学院经济作物研究所、铁岭市维奎大豆科学研究所以03090-1-2-2为母本，台75-3为父本，进行有性杂交，改良系谱法选育而成，原品系号苏奎79-8。2018年经江苏省农作物品种审定委员会审定，审定编号为苏审豆20180009。全国大豆品种资源统一编号ZDD34443。

特征　有限结荚习性。株高45.6cm，主茎节数11.2个，有效分枝数2.9个，单株有效荚数26.3个。叶卵圆形，白花，灰毛。籽粒椭圆形，种皮绿色，子叶黄色，种脐淡褐色。鲜籽粒百粒重75.1g。

特性　南方春大豆，晚熟品种，播种至青荚采收99d。接种鉴定中抗大豆花叶病毒病SC3株系，感大豆花叶病毒病SC7株系。抗倒性较好。鲜食口感香甜柔糯。

产量品质　2015—2016年江苏省鲜食春大豆区域试验，平均鲜荚产量9 958.5kg/hm²，较对照台湾292增产13.4% ；平均鲜籽粒产量5 164.5kg/hm²，较对照增产19.0%。2017年生产试验，平均鲜荚产量10 236.5kg/hm²，较对照增产14.9% ；平均鲜籽粒产量5 230.1kg/hm²，较对照增产21.0%。

栽培要点　避免大豆连作。3月15—30日为适播期，晚播不迟于4月15日。种植密度15万株/hm²，行距0.5m，株距0.12m，用种105kg/hm²。在中等肥力的田块种植，施基肥磷酸二胺750kg/hm²、三元复合肥750kg/hm²。开花期视苗情施150 ～ 225kg/hm²尿素和硫酸钾作促花肥。开花结荚后注意抗旱排涝，保持土壤湿润。播前使用土壤杀虫剂拌毒土耕翻于土壤，防治地下害虫。播后及时防病治虫除草。采收前15d禁止用药。籽粒充实饱满、豆荚呈青绿色时，适时采摘青荚。

适宜地区　江苏省（春播鲜食大豆）。

778. 苏新6号 （Suxin 6）

品种来源 江苏省农业科学院经济作物研究所以辽鲜1号为母本，奎2077为父本进行有性杂交，改良系谱法选育而成，原品系号苏奎4号。2019年经江苏省农作物品种审定委员会审定，审定编号为苏审豆20190007。全国大豆品种资源统一编号ZDD 34444。

特征 有限结荚习性。株高37.5cm，主茎节数8.9个，有效分枝数1.9个，单株有效荚数22.2个。叶卵圆形，白花，灰毛。鲜荚绿色。干籽粒椭圆形，种皮绿色，子叶黄色，脐淡褐色。鲜籽粒百粒重86.0g，干籽粒百粒重27.5g。

特性 南方春大豆，早熟品种，出苗至青荚采收82d。接种鉴定中感大豆花叶病毒病SC3株系和SC7株系。抗倒性较好。口感品质香甜糯。

苏新6号

产量品质 2017—2018年江苏省鲜食春大豆区域试验，平均鲜荚产量10 088.9kg/hm²，较对照台湾292增产6.6%；平均鲜籽粒产量5 231.1kg/hm²，较对照增产9.6%。2018年生产试验，平均鲜荚产量10 453.5kg/hm²，较对照增产7.3%；平均鲜籽粒产量5 497.5kg/hm²，较对照增产11.3%。

栽培要点 避免大豆连作。3月15—30日为适播期，晚播不迟于4月15日。种植密度24万株/hm²，行距0.4m，株距0.1m，用种105kg/hm²。在中等肥力的田块种植，施农家肥3 000kg/hm²，或施底肥磷酸二胺750kg/hm²、三元复合肥750kg/hm²。开花期视苗情施150～225kg/hm²尿素和硫酸钾作促花肥。开花结荚后注意抗旱排涝，保持土壤湿润。播前使用土壤杀虫剂防治地下害虫，播后及时防病治虫除草。采收前15d禁止用药治虫。籽粒充实饱满、豆荚呈青绿色时，适时采摘青荚。

适宜地区 江苏省（春播鲜食大豆）。

779. 苏奎2号 （Sukui 2）

品种来源 江苏省农业科学院蔬菜研究所、铁岭市维奎大豆科学研究所、开原市雨农种业有限公司以0118-1-1-2为母本，辽鲜1号为父本，进行有性杂交，改良系谱法选育而成，原品系号苏奎77-6。2016年经江苏省农作物品种审定委员会审定，审定编号为苏审豆201601。全国大豆品种资源统一编号ZDD34445。

特征　有限结荚习性。株高41.6cm，主茎节数10.7个，单株分枝数2.8个，单株有效荚数40.0个。叶卵圆形，白花，灰毛。籽粒椭圆形，种皮绿色，子叶黄色，脐褐色。鲜籽粒百粒重72.5g。

特性　南方春大豆，中熟品种，播种至青荚采收101d。接种鉴定抗大豆花叶病毒病SC3株系和SC7株系。抗倒性好。口感品质香甜糯。

产量品质　2013—2014年江苏省鲜食春大豆区域试验，平均鲜荚产量11 299.5kg/hm²，较对照台湾292增产10.1%；平均鲜籽粒产量5 802.0kg/hm²，较对照增产12.3%。2015年生产试验，平均鲜荚产量10 651.5kg/hm²，较对照台湾292增产8.5%；平均鲜籽粒产量5 458.5kg/hm²，较对照增产8.0%。

栽培要点　避免大豆连作。地膜覆盖3月下旬播种，露地栽培4月上旬至5月上旬均可播种。播前晒种1～2d以提高发芽率。种植密度27万～30万株/hm²，行距0.3m，穴距0.18～0.20m，每穴2苗用种105kg/hm²。基肥用纯氮45kg/hm²、五氧化二磷30kg/hm²、氧化钾45kg/hm²。开花结荚期根据苗情追施纯氮30kg/hm²，开花结荚后注意抗旱排涝，保持土壤湿润。播前使用土壤杀虫剂，防治地下害虫。播后及时防病治虫除草。采收前15d禁止用药治虫。鲜粒充实饱满、荚色翠绿时，适时采摘青荚。

适宜地区　江苏省（春播鲜食大豆）。

780. 苏奎3号 （Sukui 3）

品种来源　江苏省农业科学院蔬菜研究所以辽鲜2号为母本，苏早1号为父本，进行有性杂交，改良系谱法选育而成，原品系号苏奎16-1。2019年经江苏省农作物品种审定委员会审定，审定编号为苏审豆20190006。全国大豆品种资源统一编号ZDD34446。

特征　有限结荚习性。株高38.5cm，主茎

苏奎2号

苏奎3号

节数10.0个，有效分枝数2.0个，单株有效荚数19.1个。叶卵圆形，白花，灰毛。籽粒椭圆形，种皮黄色，脐黑色。鲜籽粒百粒重85.7g，干籽粒百粒重28.5g。

特性　南方春大豆，早熟品种，播种至青荚采收84d。接种鉴定抗大豆花叶病毒病SC3株系和SC7株系。抗倒性好。口感品质香甜糯。

产量品质　2016—2017年江苏省鲜食春大豆区域试验，平均鲜荚产量10 600.5kg/hm²，较对照台湾292增产18.92%；平均鲜籽粒产量5 193.0kg/hm²，较对照增产19.19%。2018年生产试验，平均鲜荚产量11 362.7kg/hm²，较对照台湾292增产16.58%；平均鲜籽粒产量5 847.3kg/hm²，较对照增产18.32%。

栽培要点　避免大豆连作。地膜覆盖3月下旬播种，露地栽培4月上旬至5月上旬均可播种。播前晒种1～2d以提高发芽率。种植密度24万～26万株/hm²，行距0.4m，株距0.1m，用种105kg/hm²。施底肥三元复合肥750kg/hm²。开花期视苗情施150～225kg/hm²尿素和硫酸钾作促花肥。开花结荚期根据苗情追施纯氮30kg/hm²，注意抗旱排涝，保持土壤湿润。播前使用土壤杀虫剂，防治地下害虫。播后及时防病治虫除草。采收前15d禁止用药治虫。鲜粒充实饱满、荚色翠绿时，适时采摘青荚。

适宜地区　江苏省（春季鲜食大豆）。

781. 通豆11（Tongdou 11）

品种来源　江苏沿江地区农业科学研究所以引J0082为母本，海系13为父本进行有性杂交，改良系谱法选育而成，原品系号通08-4。2016年经江苏省农作物品种审定委员会审定，审定编号为苏审豆201603。全国大豆品种资源统一编号ZDD31416。

特征　有限结荚习性。株高73.3cm，主茎节数17.1个，有效分枝数4.3个，单株有效荚数56.5个，每荚2.0粒。叶椭圆形，紫花，灰毛。籽粒椭圆形，种皮黄色，有光泽，脐淡褐色。百粒重25.0g。

特性　黄淮夏大豆，晚熟品种，生育期121d。接种鉴定中感大豆花叶病毒病SC3株系，感SC7株系。抗倒性好。落叶性好，抗裂荚性强。

产量品质　2013—2014年江苏省淮南夏大豆区域试验，平均产量2 928.0kg/hm²，较对照南农99-6增产7.3%。2015年生产试验，平均产量3 190.5kg/hm²，较对照南农99-6增产4.0%。蛋白质含量40.50%，脂肪含量20.60%。

栽培要点　避免夏大豆连作。6月中下旬

通豆11

为适宜播期。播前晒种1～2d。播量60～75kg/hm²，基肥用纯氮30kg/hm²、五氧化二磷22.5kg/hm²、氧化钾22.5kg/hm²。花期视苗情追施纯氮37.5kg/hm²，开花结荚后注意抗旱排涝，保持土壤湿润。播前使用土壤杀虫剂防治地下害虫。播后及时防病治虫除草。

适宜地区　江苏省淮南地区（夏大豆）。

782. 通豆12（Tongdou 12）

通豆12

品种来源　江苏沿江地区农业科学研究所以引J0046为母本，通豆7号为父本，进行有性杂交，改良系谱法选育而成。2018年通过江苏省农作物品种审定委员会审定，审定编号为苏审豆20180002。全国大豆品种资源统一编号ZDD33551。

特征　有限结荚习性。株高68.7cm，主茎节数13.8个，有效分枝数3.6个，单株有效荚数52.0个，每荚2.2粒。叶卵圆形，紫花，灰毛。籽粒椭圆形，种皮黄色，有光泽，脐浅褐色。百粒重24.6g。

特性　黄淮夏大豆，晚熟品种，生育期121d。田间花叶病毒病发生较轻。抗倒性好。落叶性较好，抗裂荚性强。

产量品质　2015—2016年江苏省淮南夏大豆区域试验，平均产量3 328.5kg/hm²，较对照南农99-6增产7.8%。2017年生产试验，平均产量2 707.5kg/hm²，较对照通豆7号增产9.9%。蛋白质含量42.24%，脂肪含量19.58%。

栽培要点　避免夏大豆连作。6月中下旬为适播期。播前晒种1d。播量60～75kg/hm²，密度12万～15万株/hm²。基肥施纯氮30kg/hm²、五氧化二磷22.5kg/hm²、氧化钾22.5kg/hm²。花期视苗情追施纯氮37.5kg/hm²，注意抗旱排涝，花荚期保持土壤湿润。播前使用土壤杀虫剂防治地下害虫。播后及时防病治虫除草。

适宜地区　江苏省淮河以南地区（夏播）。

上 海 市 品 种

783. 交大11（Jiaoda 11）

品种来源 上海交通大学以（2676×2698）F₁为母本，（2679×2680）F₁为父本，进行有性杂交，混合选择法选育而成。2017年经上海市农作物品种审定委员会审定，审定编号为沪审豆2017001。2018年经湖北省农作物品种审定委员会审定，审定编号为鄂审豆2018004。2018年经福建省农作物品种审定委员会审定，审定编号为闽审豆2018001。全国大豆品种资源统一编号ZDD34447。

特征 有限结荚习性。株高37.8cm，株型收敛，主茎节数7.8个，有效分枝数2.5个，单株有效荚数29.0个，单株多粒荚率67.2%，单株荚重55.4g；每500g标准荚数183.8个，标准荚率82.1%，标准二粒荚长×宽为5.7cm×1.4cm。叶椭圆形，白花，灰毛。鲜荚绿色。籽粒椭圆形，种皮绿色，子叶黄色，种脐黄色。鲜籽粒百粒重66.6g。

交大11

特性 南方春大豆，春播出苗至鲜荚采收85d。口感好，为香甜柔糯型。田间抗倒伏性强，大豆花叶病毒病发病程度较轻或不发病。

产量品质 2015年上海市鲜食春大豆品种区域试验，平均鲜荚产量10 471.5kg/hm²，较对照青酥2号增产27.4%；2016年续试，平均鲜荚产量10 425.0kg/hm²，较对照青酥2号增产7.4%；两年区域试验，平均产量10 448.3kg/hm²，较对照青酥2号增产16.6%。2015—2016年湖北省鲜食春大豆品种区域试验，平均产量12 777.2kg/hm²，较对照沪鲜6号增产14.3%。

栽培要点 拱棚覆盖种植在3月上中旬进行，出苗20d后可白天全部打开；大田直播在4月上中旬。种植行距0.40m，株距0.15m，每穴种植2～3株，密度保留22.5万～30.0万株/hm²，播量112.5kg/hm²以上。播种前用12 000～15 000kg/hm²腐熟有机肥与120～150kg/hm²氮磷钾三元复合肥或磷酸二铵120～150kg/hm²，充分混拌后作基肥施用。开花期追施氮肥30kg/hm²。注意预防斜纹夜蛾。

适宜地区　上海市，福建省，湖北省武汉、黄冈、孝感、仙桃、咸宁等地（春播）。

784. 交大12 （Jiaoda 12）

交大12

品种来源　上海交通大学以交大02-89为母本，交大05-133为父本，进行有性杂交，混合选择法选育而成。2017年经上海市农作物品种审定委员会审定，审定编号为沪审豆2017002。全国大豆品种资源统一编号ZDD34448。

特征　有限结荚习性。株高39.6cm，株型收敛，主茎节数8.0个，有效分枝数2.9个，单株有效荚数28.9个，单株多粒荚率69.5%，单株荚重50.0g；标准二粒荚长×宽为5.9cm×1.4cm。叶椭圆，白花，灰毛。鲜荚绿色。椭圆粒，种皮绿色，子叶黄色，种脐黄色。百粒鲜重75.1g，种子百粒重35.0g。

特性　南方春大豆，春播出苗至鲜荚采收84d。口感好，香甜柔糯型。田间抗倒伏性强。大豆花叶病毒病感病较轻或不发病。

产量品质　2015年上海市鲜食春大豆品种区域试验，平均鲜荚产量10 452.0kg/hm²，较对照青酥2号增产27.0%；2016年续试，平均鲜荚产量11 493.0kg/hm²，较对照青酥2号增产18.6%。两年区域试验，平均产量10 972.5kg/hm²，较对照青酥2号增产22.5%。

栽培要点　育苗移栽在3月上旬进行，拱棚覆盖在3月上中旬大田进行，出苗20d后可白天全部打开；大田直播在4月上中旬播种。种植行距0.40m，穴距0.15m，每穴种植2～3株，密度保留22.5万～30.0万株/hm²。播种前用12 000～15 000kg/hm²腐熟有机肥与120～150kg/hm²氮磷钾三元复合肥或磷酸二铵120～150kg/hm²，充分混拌后作基肥施用。开花期追施氮肥30kg/hm²。

适宜地区　上海市（春播）。

785. 交大22 （Jiaoda 22）

品种来源　上海交通大学、上海星辉蔬菜有限公司以交大4046为母本，兰育大粒豆1号为父本，进行有性杂交，混合选择法选育而成。2019年经上海市农作物品种审定委员会审定，审定编号为沪审豆2019001。全国大豆品种资源统一编号ZDD34449。

特征　有限结荚习性。株高62.6cm，株型收敛，主茎节数8.8个，有效分枝数4.1个。

单株有效荚数26.7个，单株多粒荚率67.5%，单株荚重68.5g；每500g标准荚数140.6个，标准荚率64.0%，标准二粒荚长×宽为5.9cm×1.4cm，叶椭圆，白花，灰毛。鲜荚绿色。籽粒椭圆形，种皮绿色，子叶黄色，种脐黄色。百粒鲜重81.4g。

特性 南方春大豆，出苗至鲜荚采收79d。口感好，香甜柔糯型。田间抗倒伏性强。白粉病和霜霉病不发生；大豆花叶病毒病发病率5.7%，病情指数2.8。

产量品质 2017年上海市鲜食大豆区域试验，平均鲜荚产量9 691.5kg/hm^2，较对照青酥2号增产7.3%；2018年续试，平均鲜荚产量12 348.0kg/hm^2，较对照青酥2号增产9.2%。两年区域试验，平均产量11 019.8kg/hm^2，较对照青酥2号增产8.4%。

栽培要点 上海市春播4月上中旬种植。行距0.40m，穴距0.15m，每穴种植2~3株，密度保留22.5万~30.0万株/hm^2。播种前用12 000~15 000kg/hm^{2}腐熟有机肥与120~150kg/hm^{2}氮磷钾三元复合肥或磷酸二铵120~150kg/hm^2，充分混拌后作基肥施用。开花期追施氮肥30kg/hm^2。

适宜地区 上海市（春播）。

交大22

786. 交大23（Jiaoda 23）

品种来源 上海交通大学以晋豆39为母本，交大09-3为父本，进行有性杂交，混合选择方法选育而成。2019年经上海市农作物品种审定委员会审定，审定编号为沪审豆2019002。全国大豆品种资源统一编号ZDD34450。

特征 有限结荚习性。株高48.0cm，株型收敛，主茎节数9.0个，有效分枝数4.3个。单株有效荚数25.5个，单株多粒荚率64.2%，单株荚重72.6g；每500g标准荚数144.5个，标准荚率61.7%，标准二粒荚长×宽为5.9cm×1.4cm，叶椭圆形，白花，灰毛。鲜荚绿色。籽粒椭圆形，种皮绿色，子叶黄色，种脐黄色。百粒鲜重82.2g。

交大23

特性 南方春大豆，从出苗至鲜荚采收77d。口感品质好，香甜柔糯型。田间抗倒伏性强。白粉病和霜霉病不发生，大豆花叶病毒病发病率3.8%，病情指数2.2。

产量品质 2017年上海市鲜食春大豆区域试验，平均鲜荚产量9 817.5kg/hm²，较对照青酥2号增产8.7%；2018年续试，平均鲜荚产量13 473.0kg/hm²，较对照青酥2号增产19.2%。两年区域试验，平均产量11 645.3kg/hm²，较对照青酥2号增产14.5%。

栽培要点 合理定植，成片种植行距0.40m，穴距0.15m，每穴种植2～3株，密度保留22.5万～30.0万株/hm²，播种量112.5kg/hm²以上。播种前用12 000～15 000kg/hm²腐熟有机肥与120～150kg/hm²氮磷钾三元复合肥或磷酸二铵120～150kg/hm²，充分混拌后作基肥施用。开花期追施氮肥30kg/hm²。

适宜地区 上海市（春播）。

787. 青酥7号 （Qingsu 7）

品种来源 上海市农业科学院以青酥5号为母本，早绿皮为父本，进行有性杂交，系谱法选育而成。2018年经上海市农作物品种审定委员会审定，审定编号为沪审豆2018001。全国大豆品种资源统一编号ZDD34451。

特征 有限结荚习性。株高67.8cm，株型半开张，主茎节数13.6个，有效分枝数5.6个，单株有效荚数110.0个，单株多粒荚率65.3%，单株荚重323.1g；每500g标准荚数112个，标准荚率82.1%，标准荚长6.5cm，标准荚宽1.5cm。叶卵圆，白花，灰毛。鲜荚翠绿色。籽粒椭圆形，种皮淡绿色，子叶黄色，种脐淡褐色。鲜籽粒百粒重98.2g，干籽粒百粒重36.8g。

特性 南方夏大豆，上海夏播出苗至鲜荚采收98d。鲜食加工兼用，鲜豆口感品质好，柔糯微甜。植株生长势强，田间表现耐热、耐涝。

产量品质 2015年上海市鲜食夏大豆区域试验，平均鲜荚产量25 942.5kg/hm²，较对照通豆6号增产26.1%；2016年续试，平均鲜荚产量21 379.5kg/hm²，较对照通豆6号增产17.1%。两年区域试验，平均产量23 661.0kg/hm²，较对照通豆6号增产21.9%。2016年生产试验，平均鲜荚产量18 363.0kg/hm²，较对照通豆6号增产22.7%。

栽培要点 露地栽培6月中旬至7月中旬播种，大棚栽培8月中下旬直播栽培。采用高畦穴播栽培方式，穴距0.35～0.40m，行距0.45～0.50m，每穴播2粒，定苗1株，密

青酥7号

度9.0万～10.5万株/hm²。播前施三元复合肥150～180kg/hm²，花荚期追施复合肥225～300kg/hm²。开花结荚前期适当控制肥水，防止植株徒长，开花结荚后期保障充足肥水供应，促使鲜荚充分长大鼓粒。初花期和盛花期做好蚜虫和夜蛾的防治工作。

适宜地区　上海市（夏播）。

788. 青酥8号（Qingsu 8）

品种来源　上海市农业科学院以青酥2号为母本，黄牛踏扁为父本进行有性杂交，系谱法选育而成。2018年经上海市农作物品种审定委员会审定，审定编号为沪审豆2018002。全国大豆品种资源统一编号ZDD34452。

特征　有限结荚习性。株高47.6cm，株型半开张，主茎节数11.5个，有效分枝数5.6个，单株有效荚数123.0个，单株多粒荚率62.3%，单株荚重349.6g；每500g标准荚数118个，标准荚率79.3%，标准荚长6.4cm，标准荚宽1.4cm。叶卵圆形，白花，灰毛。鲜荚淡绿色。籽粒椭圆形，种皮浅绿色，子叶黄色，种脐褐色。鲜籽粒百粒重101.7g，干籽粒百粒重34.9g。

特性　南方夏大豆，上海夏播出苗至鲜荚采收105d。鲜食加工兼用，鲜豆粒口感品质好，柔糯微甜。植株生长势强，田间表现耐热、耐涝。

产量品质　2015年上海市鲜食夏大豆区域试验，平均鲜荚产量28 842.0kg/hm²，较对照

青酥8号

通豆6号增产40.4%；2016年续试，平均鲜荚产量23 062.5kg/hm²，较对照通豆6号增产26.3%。两年区域试验，平均产量25 952.3kg/hm²，较对照通豆6号增产33.8%。2016年生产试验，平均鲜荚产量21 289.5kg/hm²，较对照通豆6号增产42.2%。

栽培要点　露地栽培6月中旬至7月中旬播种。采用高畦穴播栽培方式。穴距0.45～0.50m，行距0.45～0.50m，每穴播2粒，定苗1株，密度7.5万～9.0万株/hm²。播前施三元复合肥180～225 kg/hm²，花荚期追施复合肥270～300kg/hm²。开花结荚前期适当控制肥水，防止植株徒长，开花结荚后期保障充足的肥水供应，促使鲜荚充分长大鼓粒。初花期和盛花期做好蚜虫和夜蛾的防治工作。

适宜地区　上海市（夏播）。

浙 江 省 品 种

789. 浙秋5号 (Zheqiu 5)

浙秋5号

品种来源 浙江省农业科学院作物与核技术利用研究所以浙秋豆2号为母本，余杭白毛豆为父本，进行有性杂交，系谱法选育而成，原品系号浙A0843，2018年经浙江省农作物品种审定委员会审定，审定编号为浙审豆2018003。全国大豆品种资源统一编号ZDD 31415。

特征 有限结荚习性。株高70.8cm，主茎节数13.0个，有效分枝数2.5个，单株有效荚数64.7个，每荚粒数2.1个。叶卵圆形，紫花，灰毛。粒椭圆形，种皮黄色，脐淡褐色。百粒重28.1g。

特性 南方秋大豆，中熟品种，播种至收获期100d。中感大豆花叶病毒病SC15株系，中抗SC18株系。耐肥抗倒。

产量品质 2015—2016年浙江省秋大豆区域试验，平均产量2 488.5kg/hm²，较对照品种浙秋豆2号增产18.2%。2017年生产试验，平均产量2 617.5kg/hm²，较对照品种浙秋豆2号增产15.5%。蛋白质含量43.20%，脂肪含量17.30%。

栽培要点 7月下旬至8月初播种，密度18.0万株/hm²。以基肥为主，施300～375kg/hm²复合肥，苗期和开花结荚期酌情追施尿素和磷钾肥。注意防治大豆花叶病毒病和根腐病，及时收获。

适宜地区 浙江省（秋大豆）。

790. 浙鲜9号 (Zhexian 9)

品种来源 浙江省农业科学院作物与核技术利用研究所以台湾75经航天诱变选育

而成，原品系号航豆3-2。2015年经浙江省农作物品种审定委员会审定，审定编号为浙审豆2015001。全国大豆品种资源统一编号ZDD33676。

特征 有限结荚习性。株高33.8cm，主茎节数8.6个，有效分枝数2.4个，单株有效荚数19.5个，鲜百荚重316.7g，二粒荚长6.4cm，荚宽1.4cm。叶卵圆形，白花，灰毛。粒圆形，种皮绿色，脐黄色。鲜籽粒百粒重88.6g，干籽粒百粒重32.5g。

特性 南方鲜食春大豆，中熟品种，出苗至青荚采收期75d。中抗大豆花叶病毒病SC15株系，中感SC18株系。耐肥抗倒。

产量品质 2012—2013年浙江省鲜食春大豆区域试验，平均鲜荚产量9 172.0kg/hm²，较对照品种台湾75增产9.4%。2014年生产试验，平均鲜荚产量9 822.0kg/hm²，较对照品种浙鲜豆8号增产6.0%。口感香甜柔糯，新鲜籽粒可溶性总糖含量2.9%，淀粉含量4.7%；干籽粒蛋白质含量38.70%，脂肪含量18.03%。

栽培要点 3月下旬至4月中旬播种，密度18.0万株/hm²。以基肥为主，施375～450kg/hm²复合肥，苗期和开花结荚期酌情追施尿素和磷钾肥。注意防治大豆花叶病毒病和炭疽病，适时采收。

适宜地区 浙江省（鲜食春大豆）。

791. 浙鲜10号（Zhexian 10）

品种来源 浙江省农业科学院作物与核技术利用研究所以4074为母本，亚99009为父本，进行有性杂交，系谱法选育而成，原品系号浙98002。2015年经福建省农作物品种审定委员会审定，审定编号为闽审豆2015004。全国大豆品种资源统一编号ZDD34453。

特征 有限结荚习性。株高43.8cm，主茎节数7.2个，有效分枝数2.5个，单株有效荚数

浙鲜9号

浙鲜10号

17.1个；每500g标准荚数146.8个，二粒荚长5.8cm，荚宽1.5cm。叶卵圆形，白花，灰毛。粒椭圆形，种皮绿色，脐黄色。鲜籽粒百粒重78.6g，干籽粒百粒重30.5g。

特性　南方鲜食春大豆，中熟品种，出苗至青荚采收期74d。抗大豆花叶病毒病SC3株系和SC7株系。耐肥抗倒。

产量品质　2011—2012年福建省鲜食春大豆区域试验，平均鲜荚产量9 588.8kg/hm²，较对照品种毛豆2808增产9.3%。2014年生产试验，平均鲜荚产量1 0792.3kg/hm²，较对照品种毛豆2808增产7.3%。口感香甜柔糯，新鲜籽粒可溶性总糖含量1.1%，淀粉含量4.5%；干籽粒蛋白质含量41.32%，脂肪含量19.54%。

栽培要点　3月下旬至4月中旬播种，密度22.5万株/hm²。以基肥为主，施375～450kg/hm²复合肥，苗期和开花结荚期酌情追施尿素和磷钾肥。注意防治大豆花叶病毒病和炭疽病，适时采收。

适宜地区　福建省（鲜食春大豆）。

792. 浙鲜12（Zhexian 12）

浙鲜12

品种来源　浙江省农业科学院作物与核技术利用研究所以品系H0427为母本，沪宁95-1为父本，进行有性杂交，系谱法选育而成，原品系号浙39005-2。2017年经浙江省农作物品种审定委员会审定，审定编号为浙审豆2017002。全国大豆品种资源统一编号ZDD33677。

特征　有限结荚习性。株高37.0cm，主茎节数9.2个，有效分枝数2.9个，单株有效荚数24.0个，鲜百荚重261.8g，二粒荚长5.4cm，荚宽1.3cm。叶卵圆形，白花，灰毛。粒圆形，种皮绿色，脐黄色。鲜籽粒百粒重72.3g，干籽粒百粒重25.2g。

特性　南方鲜食春大豆，早熟品种，出苗至青荚采收期70d。感大豆花叶病毒病SC15株系，中感SC18株系。耐肥抗倒。

产量品质　2014—2015年浙江省鲜食春大豆区域试验，平均鲜荚产量9 865.5kg/hm²，较对照品种浙鲜豆8号增产2.4%。2016年生产试验，平均鲜荚产量8 259.0kg/hm²，较对照品种浙鲜豆8号减产1.7%。口感香甜柔糯，新鲜籽粒可溶性总糖含量2.7%，淀粉含量4.3%；干籽粒蛋白质含量38.34%，脂肪含量19.87%。

栽培要点 3月下旬至4月中旬播种，密度22.5万株/hm²。以基肥为主，施375 ～ 450kg/hm²复合肥，苗期和开花结荚期酌情追施尿素和磷钾肥。注意防治大豆花叶病毒病和炭疽病，适时采收。

适宜地区 浙江省（鲜食春大豆）。

793. 浙鲜15（Zhexian 15）

品种来源 浙江省农业科学院作物与核技术利用研究所与重庆三峡农业科学院以品系H0526为母本，浙农8号为父本，进行有性杂交，系谱法选育而成，2020年经重庆市农作物品种审定委员会审定，审定编号为渝审豆20200002。全国大豆品种资源统一编号ZDD34454。

特征 有限结荚习性。株高41.5cm，主茎节数8.3个，有效分枝数2.2个，单株有效荚数32.1个，每500g标准荚数168.3个，二粒荚长5.5cm，荚宽1.4cm。叶卵圆形，白花，灰毛。粒圆形，种皮绿色，脐黄色。鲜籽粒百粒重78.9g，干籽粒百粒重30.9g。

特性 南方鲜食春大豆，中熟品种，出苗至青荚采收期77d。中感大豆花叶病毒病SC3株系、感SC7株系。耐肥抗倒。

产量品质 2017—2018年重庆市鲜食春大豆区域试验，平均鲜荚产量11 011.5kg/hm²，较对照品种辽鲜1号增产16.2%。2019年生产

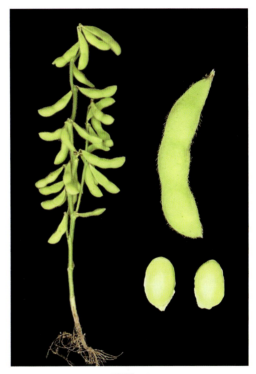

浙鲜15

试验，平均鲜荚产量9 808.5kg/hm²，较对照品种辽鲜1号增产6.9%。口感香甜柔糯。鲜籽粒可溶性总糖含量2.5%；干籽粒蛋白质含量41.80%，脂肪含量18.50%。

栽培要点 3月下旬至4月上旬播种，密度25万株/hm²。以基肥为主，施375 ～ 450kg/hm²复合肥。苗期和开花结荚期酌情追施尿素和磷钾肥。注意防治炭疽病，适时采收。

适宜地区 重庆市（鲜食春大豆）。

794. 浙鲜16（Zhexian 16）

品种来源 浙江省农业科学院作物与核技术利用研究所以品系2818为母本，沪宁95-1为父本，进行有性杂交，系谱法选育而成，原品系号浙鲜0925。2018年经浙江省

浙鲜16

浙鲜18

农作物品种审定委员会审定，审定编号为浙审豆2018001。全国大豆品种资源统一编号ZDD31422。

特征 有限结荚习性。株高39.9cm，主茎节数9.0个，有效分枝数3.0个。单株有效荚数28.0个，每荚粒数1.9个，鲜百荚重270.9g，二粒荚长4.7cm，荚宽1.3cm。叶卵圆形，白花，灰毛。粒圆形，种皮绿色，脐黄色。鲜籽粒百粒重76.7g，干籽粒百粒重24.9g。

特性 南方鲜食春大豆，中熟品种，出苗至青荚采收期77d。抗大豆花叶病毒病SC15株系和SC18株系。耐肥抗倒。

产量品质 2016—2017年浙江省鲜食春大豆区域试验，平均鲜荚产量10 096.5kg/hm²，较对照品种浙鲜豆8号增产10.3%。2018年生产试验，平均鲜荚产量9 423.0kg/hm²，较对照品种浙鲜豆8号增产3.4%。口感香甜柔糯。鲜籽粒可溶性总糖含量1.8%，淀粉含量4.0%；干籽粒蛋白质含量41.93%，脂肪含量17.61%。

栽培要点 3月下旬至4月中旬播种，密度19.5万株/hm²。以基肥为主，施375～450kg/hm²复合肥。苗期和开花结荚期酌情追施尿素和磷钾肥，注意防治炭疽病，适时采收。

适宜地区 浙江省（鲜食春大豆）。

795. 浙鲜18（Zhexian 18）

品种来源 浙江省农业科学院作物与核技术利用研究所以品系39002为母本，极早1号为父本，进行有性杂交，系谱法选育而成，原品系号浙鲜56064。2019年经浙江省农作物品种审定委员会审定，审定编号为浙审豆2019002。全国大豆品种资源统一编号ZDD33678。

特征 有限结荚习性。株高43.7cm，主茎节数8.7个，有效分枝数2.9个。单株有效荚数

27.0个，每荚粒数2.0个，鲜百荚重284.9g，二粒荚长5.1cm，荚宽1.4cm。叶卵圆形，白花，灰毛。粒圆形，种皮绿色，脐黄色。鲜籽粒百粒重79.8g，干籽粒百粒重32.2g。

特性　南方鲜食春大豆，中熟品种，出苗至青荚采收期78d。中感大豆花叶病毒病SC15株系和SC18株系。耐肥抗倒。

产量品质　2016—2017年浙江省鲜食春大豆区域试验，平均鲜荚产量9 900.0kg/hm²，较对照品种浙鲜豆8号增产8.1%。2018年生产试验，平均鲜荚产量11 847.0kg/hm²，较对照品种浙鲜豆8号增产5.5%。口感香甜柔糯。鲜籽粒可溶性总糖含量3.0%，淀粉含量3.8%；干籽粒蛋白质含量42.65%，脂肪含量16.23%。

栽培要点　3月下旬至4月中旬播种，密度18.0万株/hm²。以基肥为主，施375～450kg/hm²复合肥。苗期和开花结荚期酌情追施尿素和磷钾肥，注意防治大豆花叶病毒病和炭疽病，适时采收。

适宜地区　浙江省（鲜食春大豆）。

796. 浙鲜19（Zhexian 19）

品种来源　浙江省农业科学院作物与核技术利用研究所以浙鲜豆5号为母本，开新绿为父本，进行有性杂交，系谱法选育而成，原品系号浙鲜3159。2019年经浙江省农作物品种审定委员会审定，审定编号为浙审豆2019001。全国大豆品种资源统一编号ZDD33679。

特征　亚有限结荚习性。株高58.4cm，主茎节数10.8个，有效分枝数2.1个。单株有效荚数25.9个，每荚粒数2.1个，鲜百荚重296.1g，二粒荚长5.3cm，荚宽1.3cm。叶卵圆形，紫花，灰毛。粒椭圆形，种皮绿色，脐淡褐色。鲜籽粒百粒重76.1g，干籽粒百粒重30.3g。

特性　南方鲜食春大豆，中熟品种，出苗至青荚采收期77d。抗大豆花叶病毒病SC15株系，高抗SC18株系，中感炭疽病。耐肥抗倒。

产量品质　2017—2018年浙江省鲜食春大豆区域试验，平均鲜荚产量10 603.5kg/hm²，较对照品种浙鲜豆8号增产2.7%。2018年生产试验，平均鲜荚产量11 334.0kg/hm²，较对照品种浙鲜豆8号增产0.9%。口感香甜柔糯。鲜籽粒可溶性总糖含量3.2%，淀粉含量4.0%；干籽粒蛋白质含量42.67%，脂肪含量16.02%。

浙鲜19

栽培要点　3月下旬至4月下旬播种，密度18.0万株/hm²。以基肥为主，施375～450kg/hm²

复合肥，苗期和开花结荚期酌情追施尿素和磷钾肥。注意防治炭疽病，适时采收。

适宜地区 浙江省（鲜食春大豆）。

797. 浙鲜84（Zhexian 84）

浙鲜84

品种来源 浙江省农业科学院作物与核技术利用研究所以广东白毛为母本，V99-5089为父本进行有性杂交，系谱法选育而成，原品系号浙A0840。2018年经浙江省农作物品种审定委员会审定，审定编号为浙审豆2018002。2019年经国家农作物品种审定委员会审定，审定编号为国审豆20190031。全国大豆品种资源统一编号ZDD33680。

特征 有限结荚习性。株高74.8cm，主茎节数16.9个，有效分枝数1.9个。单株有效荚数29.0个，每500g标准荚数155个，二粒荚长6.4cm，荚宽1.5cm，标准荚比例62.1%。叶卵圆形，紫花，灰毛。粒扁圆形，种皮黄色，脐褐色。鲜籽粒百粒重84.3g，干籽粒百粒重34.1g。

特性 南方鲜食夏大豆，晚熟品种，生育期96d。中抗大豆花叶病毒病SC3株系，中感SC7株系，中感炭疽病。耐肥抗倒。

产量品质 2016—2017年国家鲜食大豆夏播组区域试验，平均鲜荚产量11 616.0kg/hm²，较对照品种绿宝珠增产4.0%。2018年生产试验，平均鲜荚产量11 029.5kg/hm²，较对照品种绿宝珠增产5.0%。口感香甜柔糯，A级。干籽粒蛋白质含量44.35%，脂肪含量15.54%。

栽培要点 6月下旬至8月上旬播种，密度12.0万～19.5万株/hm²。以基肥为主，施375～450kg/hm²复合肥。苗期和开花结荚期酌情追施尿素和磷钾肥。注意防治大豆花叶病毒病和炭疽病，适时采收。

适宜地区 上海市、浙江省、湖北省武汉市、江苏省南京市、四川省南充市（鲜食夏播）。

798. 浙鲜85（Zhexian 85）

品种来源 浙江省农业科学院作物与核技术利用研究所以品系A1759为母本，亚99009为父本，进行有性杂交，系谱法选育而成，原品系号浙A0850。2017年经浙江省农作物品种审定委员会审定，审定编号为浙审豆2017003。全国大豆品种资源统一编号

ZDD33681。

特征　有限结荚习性。株高49.5cm，主茎节数11.4个，有效分枝数2.0个。单株有效荚数42.9个，鲜百荚重279.0g，二粒荚长5.5cm，荚宽1.3cm。叶卵圆形，紫花，灰毛。粒椭圆形，种皮绿色，脐淡褐色。鲜籽粒百粒重77.8g，干籽粒百粒重34.0g。

特性　南方鲜食秋大豆，中熟品种，播种至青荚采收期74d。中抗大豆花叶病毒病SC15株系和SC18株系。耐肥抗倒。

产量品质　2013—2015年浙江省鲜食秋大豆区域试验，平均鲜荚产量9 582.5kg/hm²，较对照品种衢鲜1号增产8.2%。2016年生产试验，平均鲜荚产量9 955.5kg/hm²，较对照品种衢鲜1号增产15.2%。口感香甜柔糯。鲜籽粒可溶性总糖含量2.9%，淀粉含量3.5%；干籽粒蛋白质含量42.66%，脂肪含量16.47%。

栽培要点　7月下旬至8月上旬播种，密度22.5万株/hm²。以基肥为主，施375 ~ 450kg/hm²复合肥。苗期和开花结荚期酌情追施尿素和磷钾肥。注意防治大豆花叶病毒病和炭疽病，适时采收。

适宜地区　浙江省（鲜食秋大豆）。

799. 浙鲜86（Zhexian 86）

品种来源　杭州种业集团有限公司与浙江省农业科学院作物与核技术利用研究所以萧农秋艳为母本，南农99c-5为父本，进行有性杂交，系谱法选育而成。2020年经浙江省农作物品种审定委员会审定，审定编号为浙审豆2020003。全国大豆品种资源统一编号ZDD33682。

特征　有限结荚习性。株高59.6cm，主茎节数12.1个，有效分枝数2.5个。单株有效荚数30.9个，每荚粒数1.9个，鲜百荚重344.1g，二粒荚长5.9cm，荚宽1.4cm。叶卵圆形，紫

浙鲜85

浙鲜86

花，灰毛。粒椭圆形，种皮绿色，脐淡褐色。鲜籽粒百粒重84.6g，干籽粒百粒重43.9g。

特性 南方鲜食秋大豆，中熟品种，播种至青荚采收期约75d。感大豆花叶病毒病SC15株系，中抗SC18株系，中感炭疽病。耐肥抗倒。

产量品质 2018—2019年浙江省鲜食秋大豆区域试验，平均鲜荚产量10 704.0kg/hm²，较对照品种衢鲜1号增产3.5%。2019年生产试验，平均鲜荚产量11 884.5kg/hm²，较对照品种衢鲜1号增产1.3%。口感香甜柔糯。鲜籽粒可溶性总糖含量2.2%，淀粉含量4.7%。干籽粒蛋白质含量42.75%，脂肪含量17.19%。

栽培要点 7月下旬至8月上旬播种，密度18.0万株/hm²。以基肥为主，施375～450kg/hm²复合肥。苗期和开花结荚期酌情追施尿素和磷钾肥。注意防治大豆花叶病毒病和炭疽病，适时采收。

适宜地区 浙江省（鲜食秋大豆）。

800. 浙农秋丰2号 （Zhenongqiufeng 2）

品种来源 浙江省农业科学院蔬菜研究所以六月青为母本，夏丰2008为父本，进行有性杂交，系谱法选育而成，原品系号浙农1620。2020年经浙江省农作物品种审定委员会审定，审定编号为浙审豆2020002。全国大豆品种资源统一编号ZDD33638。

特征 有限结荚习性。株高70.0cm，主茎节数12.9个，有效分枝数2.3个。单株有效荚数30.3个，每荚粒数1.8个，鲜百荚重328.7g，二粒荚长6.0cm，荚宽1.5cm。叶卵圆形，紫花，灰毛。粒椭圆形，种皮绿色，脐褐色。鲜籽粒百粒重86.4g，干籽粒百粒重33.2g。

浙农秋丰2号

特性 南方鲜食秋大豆，中熟品种，播种至青荚采收期79d。中感大豆花叶病毒病SC15株系和SC18株系，中抗炭疽病。耐肥抗倒。

产量品质 2017—2018年浙江省鲜食秋大豆区域试验，平均鲜荚产量10 261.5kg/hm²，较对照品种衢鲜1号增产8.5%。2019年生产试验，平均鲜荚产量12 622.5kg/hm²，较对照品种衢鲜1号增产7.6%。口感香甜柔糯。鲜籽粒可溶性总糖含量1.8%，淀粉含量5.1%；干籽粒蛋白质含量42.35%，脂肪含量17.38%。

栽培要点 7月下旬至8月初播种，密度15.0万株/hm²。以基肥为主，施375～450kg/hm²复合肥。苗期和开花结荚期酌情追施尿素和磷钾肥。注意防治大豆花叶病毒病和炭疽病，适时采收。

适宜地区 浙江省（鲜食秋大豆）。

801. 浙农秋丰4号 （Zhenongqiufeng 4）

品种来源 浙江省农业科学院蔬菜研究所以六月白豆为母本，乌皮青仁为父本，进行有性杂交，系谱法选育而成，原品系号浙农1619。2020年经浙江省农作物品种审定委员会审定，审定编号为浙审豆2020004。全国大豆品种资源统一编号ZDD33639。

特征 有限结荚习性。株高46.4cm，主茎节数10.4个，有效分枝数2.1个。单株有效荚数21.7个，每荚粒数1.9个，鲜百荚重308.4g，二粒荚长6.2cm，荚宽1.5cm。叶卵圆形，紫花，棕毛。粒椭圆形，种皮绿色，脐黑色。鲜籽粒百粒重67.5g，干籽粒百粒重34.9g。

特性 南方鲜食秋大豆，中熟品种，播种至青荚采收期78d。中感大豆花叶病毒病SC15株系，抗SC18株系，抗炭疽病。耐肥抗倒。

产量品质 2017—2018年浙江省鲜食秋大豆区域试验，平均鲜荚产量8 446.5kg/hm²，较

浙农秋丰4号

对照品种夏丰2008增产8.8%。2019年生产试验，平均鲜荚产量7 947.0kg/hm²，较对照品种夏丰2008增产11.5%。口感香甜柔糯。鲜籽粒可溶性总糖含量1.8%，淀粉含量5.1%；干籽粒蛋白质含量40.27%，脂肪含量15.51%。

栽培要点 7月下旬至8月上旬播种，密度16.5万~19.5万株/hm²。以基肥为主，施375~450kg/hm²复合肥。苗期和开花结荚期酌情追施尿素和磷钾肥。注意防治大豆花叶病毒病和炭疽病，适时采收。

适宜地区 浙江省（鲜食秋大豆）。

802. 浙农11 （Zhenong 11）

品种来源 浙江省农业科学院蔬菜研究所和浙江勿忘农种业股份有限公司以浙农8号为母本，GX-6为父本，进行有性杂交，系谱法选育而成，原品系号浙农1701。2020年经浙江省农作物品种审定委员会审定，审定编号为浙审豆2020001。全国大豆品种资源统一编号ZDD33640。

特征 有限结荚习性。株高35.4cm，主茎节数9.6个，有效分枝数4.1个。单株有效荚数34.9个，每荚粒数2.2个，鲜百荚重334.2g，二粒荚长5.1cm，荚宽1.3cm。叶卵圆形，白花，灰毛。粒椭圆形，种皮绿色，脐黄色。鲜籽粒百粒重79.2g，干籽粒百粒重30.8g。

浙农11

浙农18-2

特性　南方鲜食春大豆，中熟品种，出苗至青荚采收期76d。中感大豆花叶病毒病SC15株系和SC18株系，中感炭疽病。耐肥抗倒。

产量品质　2018—2019年浙江省鲜食春大豆区域试验，平均鲜荚产量12 907.5kg/hm²，较对照品种浙农6号增产9.9%。2019年生产试验，平均鲜荚产量12 843.0kg/hm²，较对照品种浙农6号增产10.1%。口感香甜柔糯。鲜籽粒可溶性总糖含量2.0%，淀粉含量3.96%；干籽粒蛋白质含量35.37%，脂肪含量14.83%。

栽培要点　3月下旬至4月中旬播种，密度18.0万株/hm²。以基肥为主，施375～450kg/hm²复合肥。苗期和开花结荚期酌情追施尿素和磷钾肥。注意防治大豆花叶病毒病和炭疽病，适时采收。

适宜地区　浙江省（鲜食春大豆）。

803. 浙农18-2（Zhenong 18-2）

品种来源　浙江省农业科学院蔬菜研究所以浙农8号为母本，高雄9号为父本，进行有性杂交，系谱法选育而成。2020年经上海市农作物品种审定委员会审定，审定编号为沪审豆2020001。全国大豆品种资源统一编号ZDD34455。

特征　有限结荚习性。株高47.4cm，株型收敛，主茎节数8.7个，有效分枝数3.0个。单株有效荚数18.5个，单株多粒荚率72.2%。单株荚重44.6g；每500g标准荚数167.2个，标准荚率77.3%，标准二粒荚长×宽为5.8cm×1.4cm，叶椭圆形，白花，灰毛。鲜荚绿色。粒圆形，种皮绿色，子叶黄色，脐黄色。鲜籽粒百粒重80.5g，干籽粒百粒重32.1g。

特性　南方春大豆，中熟品种，从出苗至鲜荚采收83d。香甜柔糯型，口感品质较好。田间不倒伏。白粉病和霜霉病未发生；大豆花叶病毒病发病率0.7%、病情指数0.4。

产量品质　2018年上海市鲜食春大豆区

域试验，平均鲜荚产量11 881.5kg/hm²；2019年续试，平均鲜荚产量11 976.0kg/hm²；两年鲜荚平均产量11 929.5kg/hm²，较对照青酥2号增产1.0%。鲜籽粒可溶性总糖含量2.91%，淀粉含量4.9%；干籽粒蛋白质含量36.76%，脂肪含量13.78%。

栽培要点 露地直播在3月底至4月初。深沟高畦，穴播，行距0.40～0.45m，穴距0.25～0.30m，每穴播种3粒，留苗2～3株。基肥施15 000～30 000kg/hm²腐熟有机肥或150～225kg/hm²复合肥。结荚期追施复合肥225～300kg/hm²，鼓粒期追施复合肥150～225kg/hm²。用水原则为"干花湿荚"，开花时保持土壤表面干燥，土壤不能有积水；籽粒膨大时保持土壤湿润。播种时用种衣剂拌种预防多种土传病害和土壤害虫。苗期主要防治根腐病、病毒病、地老虎、蚜虫和蜗牛。开花结荚期主要防治病毒病、炭疽病、细菌性斑点病、蚜虫、豆荚螟、卷叶螟和甜菜夜蛾等。

适宜地区 上海市（鲜食春大豆）。

804. 衢春豆1号（Quchundou 1）

品种来源 浙江省衢州市农业科学研究院与浙江龙游县五谷香种业有限公司以浙农6号为母本，沈鲜3号为父本，进行有性杂交，系谱法选育而成，原品系号衢春豆0803-5。2017年经浙江省农作物品种审定委员会审定，审定编号为浙审豆2017001。全国大豆品种资源统一编号ZDD33634。

特征 有限结荚习性。株高41.5cm，主茎节数8.5个，有效分枝数3.1个。单株有效荚数25.6个，鲜百荚重264.7g，二粒荚长5.8cm，荚宽1.3cm。叶卵圆形，白花，灰毛。粒圆形，种皮绿色，脐淡褐色。鲜籽粒百粒重73.5g，干籽粒百粒重35.5g。

特性 南方鲜食春大豆，中熟品种，出苗至青荚采收期83d。抗大豆花叶病毒病SC15株系和SC18株系。耐肥抗倒。

产量品质 2014—2015年浙江省鲜食春大豆区域试验，平均鲜荚产量10 473.0kg/hm²，较对照品种浙鲜豆8号增产8.7%。2016年生产试

衢春豆1号

验，平均鲜荚产量9 532.5kg/hm²，较对照品种浙鲜豆8号增产13.5%。口感香甜柔糯。鲜籽粒可溶性总糖含量1.6%，淀粉含量4.0%；干籽粒蛋白质含量40.20%，脂肪含量17.30%。

栽培要点 3月下旬至4月中旬播种，密度18.0万株/hm²。以基肥为主，施375～450kg/hm²复合肥，苗期和开花结荚期酌情追施尿素和磷钾肥，注意防治炭疽病，适时采收。

适宜地区　浙江省（鲜食春大豆）。

805. 衢秋7号（Ququi 7）

品种来源　浙江省衢州市农业科学研究院与浙江龙游县五谷香种业有限公司以诱处4号为母本，高雄2号为父本进行有性杂交，系谱法选育而成，原品系号衢0404-1。2018年经浙江省农作物品种审定委员会审定，审定编号为浙审豆2018004。全国大豆品种资源统一编号ZDD33635。

衢秋7号

特征　有限结荚习性。株高67.0cm，主茎节数13.9个，有效分枝数1.7个。单株有效荚数46.9个，每荚粒数2.2个。叶卵圆形，紫花，灰毛。粒扁圆形，种皮黄色，脐淡褐色。百粒重33.3g。

特性　南方秋大豆，中熟品种，播种至收获期102d。抗大豆花叶病毒病SC15株系和SC18株系。耐肥抗倒。

产量品质　2015—2016年浙江省秋大豆区域试验，平均产量2 289.0kg/hm^2，较对照品种浙秋豆2号增产8.7%。2017年生产试验，平均产量2 425.5kg/hm^2，较对照品种浙秋豆2号增产6.9%。蛋白质含量43.30%，脂肪含量16.90%。

栽培要点　7月中旬至8月初播种，密度15.0万株/hm^2。以基肥为主，施300～375kg/hm^{2}复合肥。苗期和开花结荚期酌情追施尿素和磷钾肥。注意防治霜霉病和根腐病。

适宜地区　浙江省（秋大豆）。

806. 衢鲜8号（Quxian 8）

品种来源　浙江省衢州市农业科学研究院以衢9804为母本，上洋豆为父本进行有性杂交，系谱法选育而成。2019年经浙江省农作物品种审定委员会审定，审定编号为浙审豆2019003。全国大豆品种资源统一编号ZDD33636。

特征　亚有限结荚习性。株高86.0cm，主茎节数15.0个，有效分枝数2.4个。单株有效荚数45.5个，鲜百荚重302.5g，二粒荚长5.6cm，荚宽1.3cm。叶卵圆形，白花，灰毛。粒椭圆形，种皮绿色，脐淡褐色。鲜籽粒百粒重77.3g，干籽粒百粒重35.5g。

特性　南方鲜食秋大豆，中熟品种，播种至青荚采收期79d。中感大豆花叶病毒病

SC15株系和SC18株系。耐肥抗倒。

产量品质 2016—2017年浙江省鲜食秋大豆区域试验，平均鲜荚产量9 391.5kg/hm²，较对照品种衢鲜1号增产4.2%。2018年生产试验，平均鲜荚产量10 104.0kg/hm²，较对照品种衢鲜1号增产7.2%。口感香甜柔糯。鲜籽粒可溶性总糖含量1.5%，淀粉含量4.2%；干籽粒蛋白质含量46.53%，脂肪含量16.96%。

栽培要点 7月中旬至8月上旬播种，密度15.0万株/hm²。以基肥为主，施375～450kg/hm²复合肥。苗期和开花结荚期酌情追施尿素和磷钾肥。注意防治大豆花叶病毒病和炭疽病，适时采收。

适宜地区 浙江省（鲜食秋大豆）。

807. 衢鲜9号（Quxian 9）

品种来源 浙江省衢州市农业科学研究院与浙江龙游县五谷香种业有限公司以衢9902为母本，六月半为父本，进行有性杂交，系谱法选育而成，原品系号衢2005-2。2017年经浙江省农作物品种审定委员会审定，审定编号为浙审豆2017004。全国大豆品种资源统一编号ZDD33637。

特征 有限结荚习性。株高61.5cm，主茎节数12.7个，有效分枝数1.9个。单株有效荚数40.9个，鲜百荚重321.3g，二粒荚长5.8cm，荚宽1.5cm。叶卵圆形，紫花，灰毛。粒椭圆形，种皮绿色，脐淡褐色。鲜籽粒百粒重80.5g，干籽粒百粒重44.1g。

特性 南方鲜食秋大豆，中熟品种，播种至青荚采收期80d。感大豆花叶病毒病SC15株系，中感SC18株系。耐肥抗倒。

产量品质 2014—2015年浙江省鲜食秋大豆区域试验，平均鲜荚产量9 646.5kg/hm²，较对照品种衢鲜1号增产5.3%。2016年生产试验，平均鲜荚产量9 045.0kg/hm²，较对照品种衢鲜

衢鲜8号

衢鲜9号

1号增产4.7%。口感香甜柔糯。鲜籽粒可溶性总糖含量2.8%，淀粉含量4.5%；干籽粒蛋白质含量48.18%，脂肪含量17.10%。

栽培要点　7月中旬至8月上旬播种，密度15.0万株/hm²。以基肥为主，施375 ~ 450kg/hm²复合肥。苗期和开花结荚期酌情追施尿素和磷钾肥。注意防治大豆花叶病毒病和炭疽病，适时采收。

适宜地区　浙江省（鲜食秋大豆）。

808. 丽秋6号 （Liqiu 6）

品种来源　浙江省丽水市农业科学研究院以苞萝豆2号为母本，桐乡大豆为父本，进行有性杂交，系谱法选育而成，原品系号丽2003-1。2018年经浙江省农作物品种审定委员会审定，审定编号为浙审豆2018005。全国大豆品种资源统一编号ZDD33633。

丽秋6号

特征　有限结荚习性。株高80.7cm，主茎节数14.6个，有效分枝数3.0个。单株有效荚数52.5个，每荚粒数1.8个。叶卵圆形，紫花，灰毛。粒椭圆形，种皮黄色，脐深褐色。百粒重32.9g。

特性　南方秋大豆，中熟品种，播种至收获期102d。中感大豆花叶病毒病SC15株系和SC18株系。耐肥抗倒。

产量品质　2015—2016年浙江省秋大豆区域试验，平均产量2 178.0kg/hm²，较对照品种浙秋豆2号增产11.6%。2017年生产试验，平均产量2 517.0kg/hm²，较对照品种浙秋豆2号增产11.1%。蛋白质含量48.40%，脂肪含量15.60%。

栽培要点　7月中旬至8月初播种，密度18.0万株/hm²。以基肥为主，施300 ~ 375kg/hm²复合肥。苗期和开花结荚期酌情追施尿素和磷钾肥。注意防治霜霉病和根腐病。

适宜地区　浙江省（秋大豆）。

江 西 省 品 种

809. 赣豆9号（Gandou 9）

品种来源　江西省农业科学院作物研究所以油春01-49为母本，沔035为父本进行有性杂交，改良系谱法选育而成，原品系号赣05-5-1。2016年经江西省农作物品种审定委员会审定，审定编号为赣审豆2016001。全国大豆品种资源统一编号ZDD33641。

特征　有限结荚习性。株型收敛，株高40.7cm，有效分枝数1～2个，单株有效荚数30.8个。叶卵圆形，白花，灰毛。荚浅褐色。籽粒椭圆形，种皮黄色，脐淡褐色。百粒重20.8g。

特性　南方春大豆，早熟品种，江西省春大豆产区春播生育期96d。田间综合抗病性好，落叶性好，籽粒整齐，不裂荚。

产量品质　2014—2015年江西省春大豆品种区域试验，平均产量1 960.5kg/hm²，较对照中豆40增产3.1%。蛋白质含量44.60%，脂肪含量19.10%。

赣豆9号

栽培要点　适宜中等以上肥力地块种植，3月下旬至4月上中旬为适播期，适时早播有助于增产。种植密度30万～45万株/hm²，确保全苗，苗匀苗壮。前期重施基肥，全生育期注意防治病虫，结合病虫害防治在花荚期叶面喷施磷酸二氢钾和多元微肥，三沟配套防旱排涝，成熟时抢晴收获。

适宜地区　江西省（春播）。

810. 赣豆10号（Gandou 10）

品种来源　江西省农业科学院作物研究所以湘春豆10号为母本，巴西11为父本，进行有性杂交，改良系谱法选育而成，原品系号赣2013-3。2017年经江西省农作物品种审定委员会审定，审定编号为赣审豆20170001。全国大豆品种资源统一编号ZDD31405。

赣豆10号

特征 有限结荚习性。株高46.1cm，株型收敛，有效分枝数2～3个，单株有效荚数33.1个。叶卵圆形，白花，灰毛。荚黄褐色。籽粒椭圆形，种皮黄色，脐淡褐色。百粒重19.0g。

特性 南方春大豆，中晚熟品种，江西省春大豆产区春播生育期101d。田间综合抗病性好，落叶性好，籽粒整齐，不裂荚。

产量品质 2015—2016年江西省春大豆品种区域试验，平均产量2 214.0kg/hm²，较对照中豆40增产9.1%。蛋白质含量39.70%，脂肪含量21.70%。

栽培要点 适宜中等以上肥力地块种植，3月下旬至4月上中旬为适播期，适时早播有助于增产。种植密度30万～45万株/hm²，确保全苗，苗匀苗壮。前期重施基肥，全生育期注意防治病虫，结合病虫防治在花荚期叶面喷施磷酸二氢钾和多元微肥，三沟配套防旱排涝，成熟时抢晴收获。

适宜地区 江西省（春播）。

811. 赣豆11 （Gandou 11）

品种来源 江西省农业科学院作物研究所以湘春豆10号为母本，巴西11为父本，进行有性杂交，改良系谱法选育而成，原品系号赣2014-2。2019年经江西省农作物品种审定委员会审定，审定编号为赣审豆20190001。全国大豆品种资源统一编号ZDD33642。

特征 有限结荚习性。株高44.6cm，株型收敛，有效分枝数1～3个，单株有效荚数22.4个。叶卵圆形，白花，棕毛。荚黄褐色。籽粒椭圆形，种皮黄色，脐褐色。百粒重21.5g。

特性 南方春大豆，中早熟品种，江西省春大豆产区春播生育期87d。出苗势强，田间综合抗病性好，落叶性好，籽粒整齐，不裂荚。

赣豆11

产量品质　2017—2018年江西省春大豆品种区域试验，平均产量2 225.1kg/hm²，较对照中豆40增产11.1%。蛋白质含量40.00%，脂肪含量22.00%。

栽培要点　适宜中等以上肥力地块种植，3月下旬至4月上中旬为适播期，适时早播有助于增产。种植密度30万～45万株/hm²，确保全苗，苗匀苗壮。前期重施基肥，全生育期注意防治病虫，结合病虫防治在花荚期叶面喷施磷酸二氢钾和多元微肥，三沟配套防旱排涝，成熟时抢晴收获。

适宜地区　江西省（春播）。

812. 赣豆12（Gandou 12）

品种来源　江西省农业科学院作物研究所以湘春豆10号为母本，巴西11为父本，进行有性杂交，改良系谱法选育而成，原品系号赣2014-3。2019年经江西省农作物品种审定委员会审定，审定编号为赣审豆20190002。全国大豆品种资源统一编号ZDD33643。

特征　有限结荚习性。株高48.8cm，株型收敛，有效分枝数2～3个，单株有效荚数23.1个。叶卵圆形，白花，棕毛。荚黄褐色。籽粒椭圆形，种皮黄色，脐褐色。百粒重20.1g。

特性　南方春大豆，中早熟品种，江西省春大豆产区春播生育期86d。田间综合抗病性好，落叶性好，籽粒整齐，不裂荚。

产量品质　2017—2018年江西省春大豆品种区域试验，平均产量2 175.8kg/hm²，较对照中豆40增产8.8%。蛋白质含量42.00%，脂肪含量21.60%。

赣豆12

栽培要点　适宜中等以上肥力地块种植，3月下旬至4月上中旬为适播期，适时早播有助于增产。种植密度30万～45万株/hm²，确保全苗，苗匀苗壮。前期重施基肥，全生育期注意防治病虫，结合病虫防治在花荚期叶面喷施磷酸二氢钾和多元微肥，三沟配套防旱排涝，成熟时抢晴收获。

适宜地区　江西省（春播）。

813. 赣黑豆1号（Ganheidou 1）

品种来源　江西省农业科学院作物研究所以浙春2号为母本，丰城黑豆为父本，进行

赣黑豆1号

有性杂交，改良系谱法选育而成，原品系号赣黑14-5。2019年经江西省农作物品种审定委员会审定，审定编号为赣审豆20190003。全国大豆品种资源统一编号ZDD33644。

特征　有限结荚习性。株高48.4cm，株型收敛，有效分枝数2～3个，单株有效荚数24.3个。叶椭圆形，紫花，棕毛。荚黄褐色。籽粒椭圆形，种皮黑色，脐黑色。百粒重19.5g。

特性　南方春大豆，早熟品种，江西省春大豆产区春播生育期83d，较对照早熟6d。出苗势强，田间综合抗病性好，落叶性好，籽粒整齐，不裂荚。

产量品质　2017—2018年江西省春大豆品种区域试验，平均产量1 966.1kg/hm²，较对照中豆40减产1.9%。蛋白质含量42.70%，脂肪含量19.20%。

栽培要点　适宜中等以上肥力地块种植，3月下旬至4月上中旬为适播期，适时早播有助于增产。种植密度30万～45万株/hm²，确保全苗，苗匀苗壮。前期重施基肥，全生育期注意防治病虫，结合病虫防治在花荚期叶面喷施磷酸二氢钾和多元微肥，三沟配套防旱排涝，成熟时抢晴收获。

适宜地区　江西省（春播）。

福 建 省 品 种

814. 福豆71（Fudou 71）

品种来源 福建省农业科学院作物研究所以2113为母本，桂早1号为父本，进行有性杂交，系谱法选育而成，原品系号98A7-1。2015年经福建省农作物品种审定委员会审定，审定编号为闽审豆2015003。全国大豆品种资源统一编号ZDD34456。

特征 有限结荚习性。株高66.0cm，株型收敛，有效分枝数2～4个，单株有效荚数32.4个。叶椭圆形，紫花，棕毛。荚淡褐色。籽粒椭圆形，种皮黄色，脐淡褐色。百粒重21.8g。

特性 南方春大豆，中熟品种，福建地区春播生育期104d。田间综合抗病性好，落叶性好，籽粒整齐，裂荚。

产量品质 2012—2013年福建省春大豆品种区域试验，平均产量2 128.7kg/hm²，较对照福豆310增产7.0%。2014年生产试验，平均产量2 395.2kg/hm²，较对照福豆310增产9.0%。蛋白质含量47.58%，脂肪含量17.18%。

福豆71

栽培要点 适宜中等肥力地块种植。3月中下旬至4月上旬为适播期，播量60～75kg/hm²。行距0.45m，株距0.10m，密度19.5万株/hm²，出苗后间苗。基肥施有机肥7 500kg/hm²，过磷酸钙150～225kg/hm²。可根据植株生长情况在开花前酌情追肥。适时中耕，注意防虫和防治霜霉病、炭疽病等。

适宜地区 福建省大豆产区（春播）。

815. 闽豆9号（Mindou 9）

品种来源 福建省农业科学院作物研究所以闽豆6号为母本，08B4-1（浙农6号×K

闽豆9号

莪豆6号

丰72-2）为父本，进行有性杂交，系谱法选育而成，原品系号13A17-2。2020年经福建省农作物品种审定委员会审定，审定编号为闽审豆2020002。全国大豆品种资源统一编号ZDD34457。

特征　有限结荚习性。株高44.0cm，株型收敛，有效分枝数2～4个，单株有效荚数30.2个。叶椭圆形，紫花，灰毛。荚淡褐色。籽粒椭圆形，种皮青色，脐黄色。干籽粒百粒重32.0g，鲜籽粒百粒重73.3g。

特性　南方春大豆，中熟品种，福建地区春播生育期110d。田间综合抗病性好，半落叶，籽粒整齐，裂荚。

产量品质　2018—2019年福建省菜用大豆品种区域试验，平均鲜荚产量108 333.9kg/hm^2，较对照毛豆3号增产1.9%。鲜籽粒蛋白质含量11.70%，脂肪含量4.80%。

栽培要点　适宜中等肥力地块种植。3月中下旬至4月上旬为适播期，播量150～180kg/hm^2。行距0.45m，株距0.10m，密度21万株/hm^2，出苗后间苗。基肥施有机肥15 000kg/hm^2，过磷酸钙150～225kg/hm^2。在苗期和开花前追施复合肥225kg/hm^2。适时中耕，注意防虫和防治霜霉病、炭疽病、锈病等。

适宜地区　福建省大豆产区（春播）。

816. 莪豆6号（Pudou 6）

品种来源　莪田市农业科学研究所以粤春04-5为母本，泉豆7号为父本，进行有性杂交，系谱法选育而成。2017年经福建省农作物品种审定委员会审定，审定编号为闽审豆20170001。全国大豆品种资源统一编号ZDD34458。

特征　有限结荚习性。株高67.9cm，株型收敛，有效分枝数3～4个，单株有效荚数33.3个。叶椭圆形，紫花，灰毛。荚灰褐色。

籽粒椭圆形，种皮黄色，脐褐色。百粒重23.7g。

特性 南方春大豆，中早熟品种，福建地区春播生育期99d。不耐肥水，二三粒荚比率大，蛋白质含量高。

产量品质 2014—2015年福建省春大豆品种区域试验，平均产量2 065.5kg/hm²，较对照福豆234增产6.6%。2016年生产试验，平均产量2 079.0kg/hm²，较对照福豆234增产6.0%。蛋白质含量45.12%，脂肪含量18.29%。

栽培要点 选择土壤肥力中上、排灌方便的田块种植。春播3月中下旬至4月上旬抢晴播种，播量60kg/hm²，行距0.4m，株距0.18m，密度24万～27万株/hm²，出苗后间苗。基肥施复合肥75～150kg/hm²，过磷酸钙225～375kg/hm²。加强田间管理，注意排灌水。注意防治病毒病等病虫害，成熟后及时收获。

适宜地区 福建省大豆产区（春播）。

817. 莆豆11 （Pudou 11）

品种来源 莆田市农业科学研究所以莆豆10号为母本，诱处4号为父本，进行有性杂交，系谱法选育而成。2016年经福建省农作物品种审定委员会审定，审定编号为闽审豆2016001。全国大豆品种资源统一编号ZDD33683。

特征 有限结荚习性。株高66.6cm，株型收敛，有效分枝数3～4个，单株有效荚数34.1个。叶椭圆形，白花，灰毛。荚淡褐色。籽粒椭圆形，种皮黄色，脐褐色。百粒重20.3g。

特性 南方春大豆，中早熟品种，福建地区春播生育期99d。田间植株偏高，籽粒偏小，品种整体早熟，高产优质。

产量品质 2013—2014年福建省春大豆品种区域试验，平均产量2 130.0kg/hm²，较对照福豆310增产9.2%。2015年生产试验，平均产量2 131.5kg/hm²，较对照福豆310增产3.8%。蛋白质含量43.92%，脂肪含量19.55%。

莆豆11

栽培要点 选择土壤肥力中上、排灌方便的田块种植。春播3月中下旬至4月上旬抢晴播种，播量60kg/hm²，行距0.4m，株距0.18m，密度22万～25万株/hm²，出苗后间苗。基肥施复合肥75～150kg/hm²，过磷酸钙225～375kg/hm²。加强田间管理，注意排灌水，注意防治病毒病等病虫害，成熟后及时收获。

适宜地区 福建省大豆产区（春播）。

818. 莆豆12 (Pudou 12)

莆豆12

品种来源　莆田市农业科学研究所以莆豆8008为母本，福豆310为父本，进行有性杂交，系谱法选育而成。2018年经福建省农作物品种审定委员会审定，审定编号为闽审豆20180004。全国大豆品种资源统一编号ZDD33684。

特征　有限结荚习性。株高66.8cm，株型收敛，有效分枝数4～5个，单株有效荚数34.7个。叶椭圆形，白花，灰毛。荚灰褐色。籽粒椭圆形，种皮黄色，脐褐色。百粒重23.3g。

特性　南方春大豆，中早熟品种，福建地区春播生育期95d。不耐肥水，落叶性好，不裂荚，脂肪含量高。

产量品质　2015—2016年福建省春大豆品种区域试验，平均产量2 107.5kg/hm²，较对照福豆234增产7.5%。2017年生产试验，平均产量1 845.0kg/hm²，较对照福豆234增产3.9%。蛋白质含量41.73%，脂肪含量21.38%。

栽培要点　适宜中等以上肥力、排灌方便、土质疏松的地块种植。春播3月上旬至4月中旬，气温稳定通过12℃后抢晴播种。播量60kg/hm²，行距0.4m，株距0.18m，密度22万～25万株/hm²，出苗后间苗。基肥施复合肥75～150kg/hm²，过磷酸钙225～375kg/hm²。雨季防涝，并注意防治霜霉病、锈病、炭疽病，成熟后及时收获。

适宜地区　福建省大豆产区（春播）。

819. 兴化豆1号 (Xinghuadou 1)

品种来源　莆田市农业科学研究所以浙98002为母本，浙88005-7为父本，进行有性杂交，系谱法选育而成。2018年经福建省农作物品种审定委员会审定，审定编号为闽审豆20180003。全国大豆品种资源统一编号ZDD33685。

特征　有限结荚习性。株高42.3cm，株型收敛，有效分枝数3～4个，单株有效荚数21.1个。叶椭圆形，白花，茸毛灰色。荚灰褐色。籽粒椭圆形，种皮青色，鲜籽粒无脐色，成熟籽粒脐黄色。鲜籽粒百粒重82.2g。

特性　南方春大豆，中熟品种，福建地区春播生育期79d。稳产，荚大粒大，品质优良，清煮口感甜糯。

产量品质　2016—2017年福建省春季菜用大豆品种区域试验，平均产量11 173.5kg/hm²，较对照毛豆3号增产6.0%。鲜籽粒蛋白质含量11.47%，脂肪含量5.90%。

栽培要点　选择排灌条件好、耕层深厚、肥力中等以上土壤种植。春播3月上旬至4月上旬抢晴播种。播量为75～105kg/hm²，行距0.4m，株距0.18m，密度21万～24万株/hm²，出苗后间苗。基肥施过磷酸钙300～450kg/hm²，复合肥150～225kg/hm²。开花前追施复合肥150kg/hm²。结荚鼓粒期注意排除田间积水，遇旱及时灌水，并注意防治炭疽病。全田豆荚鼓粒达80%、荚壳翠绿时采收。

适宜地区　福建省春大豆产区（春播）。

兴化豆1号

820. 兴化豆618
（Xinghuadou 618）

品种来源　莆田农业科学研究所以浙98002为母本，毛豆389为父本，进行有性杂交，系谱法选育而成。2019年经福建省农作物品种审定委员会审定，审定编号为闽审豆20190001。全国大豆品种资源统一编号ZDD33686。

特征　有限结荚习性。株高36.5cm，株型收敛，有效分枝数4.0个，单株有效荚数26.8个。叶椭圆形，白花，灰毛。荚灰褐色。籽粒椭圆形，鲜粒绿色，鲜籽粒无脐色，成熟干籽粒种皮黄色，脐淡褐色。鲜籽粒百粒重72.9g。

特性　南方春大豆，中熟品种，福建地区春播生育期77d。荚大粒大，品质优良，清煮口感甜糯。中感炭疽病。高产、稳产、抗逆性强、适应性广。

产量品质　2017—2018年福建省春大豆品

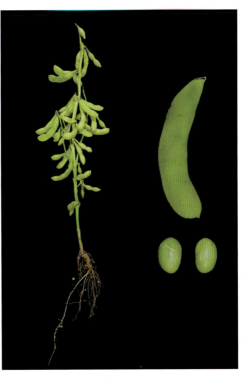

兴化豆618

种区域试验，平均产量10 578.0kg/hm²，较对照毛豆3号增产3.5%。鲜籽粒蛋白质含量14.50%，脂肪含量4.90%。

栽培要点 选择排灌条件好、耕层深厚、肥力中等以上田块种植。春播3月上旬至4月上旬抢晴播种。播量75 ~ 105kg/ hm²，行距0.4m，株距0.18m，密度21万 ~ 24万株/hm²，出苗后间苗。基肥施过磷酸钙300 ~ 450kg/hm²，复合肥150 ~ 225kg/hm²。开花前追施复合肥150kg/hm²。结荚鼓粒期注意排除田间积水，遇旱及时灌水，并注意防治炭疽病及其他病虫鼠害。全田豆荚鼓粒达80%、荚壳翠绿时采收。

适宜地区 福建省春大豆产区（春播）。

821. 泉豆5号 （Quandou 5）

泉豆5号

品种来源 泉州市农业科学研究所以泉系253-1为母本，泉系97A27-2为父本，进行有性杂交，系谱法选育而成。2016年经国家农作物品种审定委员会审定，审定编号为国审豆2016012。全国大豆品种资源统一编号ZDD34459。

特征 有限结荚习性。株高54.7cm，株型收敛，有效分枝数2.5个，单株有效荚数31.4个。叶椭圆形，紫花，棕毛。籽粒椭圆形，种皮黄色，脐褐色。百粒重20.4g。

特性 南方春大豆，中熟品种，福建地区春播生育期98d。田间综合抗病性好，落叶性好，籽粒整齐，裂荚。

产量品质 2013—2014年国家热带亚热带春大豆品种区域试验，平均产量2 443.5kg/hm²，较对照华春2号增产2.6%。2014年生产试验，平均产量2 335.5kg/hm²，较对照华春2号增产6.0%。蛋白质含量46.85%，脂肪含量18.20%。

栽培要点 适宜中等肥力地块种植。3月中下旬至4月上旬为适播期，播量60 ~ 75kg/hm²，行距0.45m，株距0.19m，密度19.5万株/hm²，出苗后间苗。基肥施有机肥7 500kg/hm²，过磷酸钙150 ~ 225kg/hm²。可根据植株生长情况在开花前酌情追肥。适时中耕，注意防虫和防治霜霉病、炭疽病等。

适宜地区 海南省、广东省南部、广西壮族自治区北部和中南部、福建省东部和南部、江西省南部（春播）。

822. 泉豆12（Quandou 12）

品种来源　泉州市农业科学研究所以中间材料泉系9319为母本，中间材料泉系9234为父本，进行有性杂交，系谱法选育而成。2015年经福建省农作物品种审定委员会审定，审定编号为闽审豆2015001。全国大豆品种资源统一编号ZDD34460。

特征　有限结荚习性。株高60.4cm，株型收敛，有效分枝数3.0个，单株有效荚数35.6个。叶椭圆形，紫花，棕毛。荚黄褐色。籽粒椭圆形，种皮黄色，脐淡褐色。百粒重21.49g。

特性　南方春大豆，中晚熟品种，福建地区春播生育期106.6d。田间综合抗病性好，落叶性好，籽粒整齐，裂荚。

产量品质　2013—2014年国家热带亚热带春大豆品种区域试验，平均产量2 224.5kg/hm²，较对照福豆310增产11.8%。2014年生产试验，平均产量2 536.8kg/hm²，较对照福豆310增产16.8%。蛋白质含量42.41%，脂肪含量19.48%。

泉豆12

栽培要点　选择土壤肥力中等、排灌方便、土质疏松不重茬的田块种植。春播3月上旬至4月上旬，密度16.5万～22.5万株/hm²，适时间苗、补苗。基肥施有机肥7 500kg/hm²，过磷酸钙150～225kg/hm²，或施复合肥225kg/hm²。可根据植株生长情况在开花前酌情追肥。注意防治霜霉病以及虫、草、鼠害。成熟后及时收获。

适宜地区　福建省（春播）。

823. 泉豆13（Quandou 13）

品种来源　泉州市农业科学研究所以中间材料泉系8803为母本，中间材料泉系92-108为父本，进行有性杂交，系谱法选育而成。2015年经福建省品种审定委员会审定，审定编号为闽审豆2015002。全国大豆品种资源统一编号ZDD33687。

特征　有限结荚习性。株高59.6cm，株型收敛，有效分枝数3.0个，单株有效荚数34.4个。叶椭圆形，白花，棕毛。籽粒椭圆形，种皮黄色，脐淡褐色。百粒重21.58g。

特性　南方春大豆，中熟品种，福建地区春播生育期108d。田间综合抗病性好，落叶性好，籽粒整齐，裂荚。

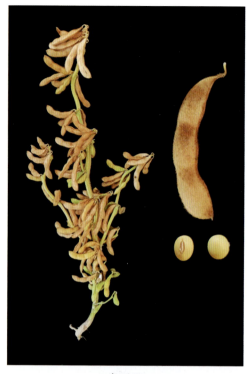

泉豆13

泉豆17

产量品质　2012—2013年福建省春大豆品种区域试验，平均产量2 282.4kg/hm²，较对照华春2号增产14.7%。2014年生产试验，平均产量2 521.2kg/hm²，较对照华春2号增产14.2%。蛋白质含量42.50%，脂肪含量19.64%。

栽培要点　选择土壤肥力中等、排灌方便、土质疏松不重茬的田块种植。当气温稳定通过12℃后抢晴播种。春播为3月上旬至4月上旬，密度16.5万～22.5万株/hm²。基肥施有机肥7 500kg/hm²，过磷酸钙150～225kg/hm²，或施复合肥225kg/hm²。可根据植株生长情况在开花前酌情追肥。保持土壤湿润，雨季防涝，并注意防治霜霉病以及虫、草、鼠害。成熟后及时收获。

适宜地区　福建省（春播）。

824. 泉豆17（Quandou 17）

品种来源　泉州市农业科学研究所以浙9703为母本，南春201为父本，进行有性杂交，系谱法选育而成。2020年经福建省农作物品种审定委员会审定，审定编号为闽审豆20200001。2021年经国家农作物品种审定委员会审定，审定编号为国审豆20210078。全国大豆品种资源统一编号ZDD34461。

特征　有限结荚习性。株高56.6cm，株型收敛，有效分枝数3.2个，单株有效荚数36.8个。叶椭圆形，白花，棕毛。籽粒椭圆形，种皮黄色，脐褐色。百粒重19.12g。

特性　南方春大豆，早熟品种，福建地区春播生育期99.2d。田间综合抗病性好，落叶性好，籽粒整齐，裂荚。蛋白质含量高。

产量品质　2017—2018年福建省春大豆品种区域试验，平均产量2 195.6kg/hm²，较对照福豆234增产12.03%。2019年生产试验，平均产量2 136.2kg/hm²，较对照福豆234增产

9.85%。蛋白质含量46.15%，脂肪含量18.56%。

栽培要点 选择土壤肥力中等、排灌方便、土质疏松不重茬的田块种植。当气温稳定通过12℃后抢晴播种。春播为3月上旬至4月上旬，密度16.5万～22.5万株/hm²。基肥施有机肥7 500kg/hm²，过磷酸钙150～225kg/hm²，或施复合肥225kg/hm²。可根据植株生长情况在开花前酌情追肥。保持土壤湿润，雨季防涝，并注意防治霜霉病以及虫、草、鼠害。成熟后及时收获。

适宜地区 福建省、广西壮族自治区、广东省北部、湖南省南部和江西省南部（春播）。

湖 北 省 品 种

825. 中豆44（Zhongdou 44）

中豆44

品种来源　中国农业科学院油料作物研究所以油春05-8为母本，交大02-89为父本，进行有性杂交，系谱法选育而成，原品系号油春13-19。2018年经国家农作物品种审定委员会审定，审定编号为国审豆20180026。全国大豆品种资源统一编号ZDD33599。

特征　有限结荚习性。株高48.6cm，株型收敛，有效分枝数2.2个，单株有效荚数19.5个。叶椭圆形，白花，灰毛。荚黄褐色。籽粒圆形，种皮黄色，脐褐色。百粒重24.1g。

特性　南方春大豆，中早熟品种，南方地区春播生育期91d。田间综合抗病性好，落叶性好，籽粒整齐，不裂荚。

产量品质　2015—2016年长江流域春大豆组品种区域试验，平均产量2 608.5kg/hm²，较对照湘春豆26增产2.4%。2017年生产试验，平均产量2 839.5kg/hm²，较对照湘春豆26增产9.0%。蛋白质含量43.79%，脂肪含量22.97%。

栽培要点　3月下旬至4月上旬播种，行距40cm，株距8～10cm。种植密度，高肥力地块24.0万株/hm²，中等肥力地块27.0万株/hm²，低肥力地块30.0万株/hm²。施基肥氮磷钾三元复合肥375kg/hm²，花荚期追施尿素75kg/hm²。

适宜地区　湖北省、浙江省、重庆市、江西省中部、湖南省中北部、江苏和安徽两省沿江地区，以及四川省平坝和丘陵地区（春播）。

826. 中豆47（Zhongdou 47）

品种来源　中国农业科学院油料作物研究所以中豆41为母本，郑196为父本，进行有性杂交，系谱法选育而成，原品系号油1624。2020年经国家农作物品种审定委员会审定，审定编号为国审豆20200048。全国大豆品种资源统一编号ZDD34462。

特征 有限结荚习性。株高81.6cm，株型收敛，有效分枝数2.9个，单株有效荚数41.8个。叶卵圆形，白花，灰毛。荚褐色。籽粒椭圆形，种皮黄色，脐淡褐色。百粒重20.9g。

特性 黄淮夏大豆，中早熟品种，黄淮地区夏播生育期102d。田间综合抗病性好，落叶性好，籽粒整齐，不裂荚。

产量品质 2018—2019年黄淮南片夏大豆区域试验，平均产量2 808.0kg/hm²，较对照中黄13增产5.4%。2019年生产试验，平均产量2 821.5kg/hm²，较对照中黄13增产2.7%。蛋白质含量41.82%，脂肪含量20.63%。

栽培要点 6月上中旬播种。种植密度，高肥力地块16.5万株/hm²，中等肥力地块19.5万株/hm²，低肥力地块22.5万株/hm²。施氮磷钾三元复合肥375kg/hm²作基肥，初花期追施尿素150kg/hm²。

适宜地区 山东省南部、河南省中部和东部、江苏省西北部、安徽省西北部等地区（夏播）。

中豆47

827. 中豆48（Zhongdou 48）

品种来源 中国农业科学院油料作物研究所以浙3641为母本，Q1338为父本，进行有性杂交，系谱法选育而成，原品系号油春13-5。2019年经江西省农作物品种审定委员会审定，审定编号为赣审豆20190004。全国大豆品种资源统一编号ZDD33600。

特征 有限结荚习性。株高49.5cm，株型收敛，有效分枝数2.6个，单株有效荚数26.2个。叶椭圆形，白花，灰毛。荚黄褐色。籽粒长椭圆形，种皮黄色，脐淡褐色。百粒重19.6g。

特性 南方春大豆，中熟品种，江西省春

中豆48

播生育期89d。田间综合抗病性好，落叶性好，籽粒整齐，不裂荚。

产量品质　2017—2018年江西省春大豆品种区域试验，平均产量2 237.7kg/hm²，较对照中豆40增产11.5%。蛋白质含量41.50%，脂肪含量21.30%。

栽培要点　播种前精选种子，去掉破碎粒、霉变粒和虫蚀粒。4月上旬播种，如用地膜覆盖，可于3月中下旬抢晴播种，播种量75 ~ 90kg/hm²。行距40cm，株距8 ~ 10cm，一般保苗24.0万株/hm²，低肥力地块27.0万株/hm²，高肥力地块21.0万株/hm²。施375kg/hm²复合肥作基肥，花荚期可根据苗情追施尿素75kg/hm²或喷施叶面肥，可用硼、钼、锌肥于播前拌种。出苗前可用金都尔、氟乐灵等适合于大豆的除草剂除草，出苗后可喷施苗后除草剂除草，或人工拔除杂草。在大豆生育期间防虫1 ~ 2次，出苗后注意防治地老虎等地下害虫，花期注意防治蚜虫，生长后期注意防治食叶性害虫及根腐病。叶片落黄后即可抢晴收获，应抢收抢脱抢晒，防止霉变。种子应贮藏在干燥阴凉处。

适宜地区　江西省春大豆产区。

828. 中豆53（Zhongdou 53）

品种来源　中国农业科学院油料作物研究所以中豆32为母本，商951099为父本，进行有性杂交，系谱法选育而成，原品系号油1404。2019年经湖北省农作物品种审定委员会审定，审定编号为鄂审豆2019001。全国大豆品种资源统一编号ZDD33603。

中豆53

特征　有限结荚习性。株高65.5cm，株型收敛，有效分枝数3.4个，单株有效荚数40.2个。叶椭圆，白花，灰毛。荚褐色。籽粒椭圆形，种皮黄色，脐淡褐色。百粒重18.5g。

特性　湖北省夏大豆，中早熟品种，湖北省夏播生育期95d。田间综合抗病性好，落叶性好，籽粒整齐，不裂荚。

产量品质　2016—2017年湖北省夏大豆品种区域试验，平均产量2 469.8kg/hm²，较对照中豆33增产7.52%。蛋白质含量43.43%，脂肪含量20.86%。

栽培要点　适时播种，合理密植，6月上中旬播种，一般保苗16.5万 ~ 22.5万株/hm²。施足基肥，合理追肥，基肥一般施复合肥300kg/hm²，花荚期根据田间长势追施尿素75kg/hm²。加强田间管理，注意清沟排渍，及时中耕除草。花期视苗情适时化控，防止倒伏；结荚鼓粒期遇干旱及时灌溉。注意防治大豆根腐病、紫斑病和蚜虫等病虫害。及时收获，防止裂荚。

　　适宜地区　湖北省夏大豆适宜区域。

829. 中黑豆42（Zhongheidou 42）

　　品种来源　中国农业科学院油料作物研究所以美国黑绿豆为母本，诱处5号为父本，进行有性杂交，系谱法选育而成，原品系号油07-61。2016年和2019年经湖北省和河南省农作物品种审定委员会审定，审定编号分别为鄂审豆2016001和豫审豆20190013。全国大豆品种资源统一编号ZDD33605。

　　特征　有限结荚习性。株高79.6cm，株型收敛，有效分枝数2.9个，单株有效荚数41.4个。叶椭圆形，白花，棕毛。荚褐色。籽粒椭圆形，种皮黑色，脐黑色。百粒重23.0g。

　　特性　南方夏/黄淮夏大豆，中晚熟品种，湖北省夏播生育期95d。田间综合抗病性好，落叶性好，籽粒整齐。

　　产量品质　2009—2010年湖北省夏大豆品种区域试验，平均产量2 589.5kg/hm²，较对照中豆33增产4.4%。蛋白质含量43.02%，脂肪含量22.09%。

　　栽培要点　适时播种，合理密植。6月上中旬播种，一般保苗15.0万～18.0万株/hm²。

中黑豆42

施足基肥，合理追肥，基肥一般施复合肥600kg/hm²；花荚期根据田间长势追施尿素75kg/hm²。加强田间管理，注意清沟排渍，及时中耕除草。花期视苗情适时化控，防止倒伏；结荚鼓粒期遇干旱及时灌溉。注意防治大豆根腐病、紫斑病和蚜虫等病虫害。及时收获，防止裂荚。

　　适宜地区　湖北省和河南省夏大豆适宜区域。

830. 油春1204（Youchun 1204）

　　品种来源　中国农业科学院油料作物研究所以Q1295为母本，（Q1295×Q1140）F_1为父本，进行有性杂交，系谱法选育而成，原品系号油春12-4。2017年和2019年经国家和贵州省农作物品种审定委员会审定，审定编号为国审豆20170018和黔审豆20190001。全国大豆品种资源统一编号ZDD33601。

油春1204

油6019

特征 有限结荚习性。株高68.0cm，株型收敛，有效分枝数3.1个，单株有效荚数30.1个。叶椭圆，白花，灰毛。荚深褐色。籽粒椭圆形，种皮黄色，脐黄色。百粒重20.4g。

特性 南方春大豆，中晚熟品种，南方地区春播生育期103d。田间综合抗病性好，落叶性好，籽粒整齐，不裂荚。

产量品质 2014—2015年国家长江流域春大豆组品种区域试验，平均产量2 851.5kg/hm²，较对照天隆1号增产7.7%。2016年生产试验，平均产量2 976.0kg/hm²，较对照天隆1号增产11.2%。蛋白质含量43.15%，脂肪含量20.05%。

栽培要点 4月上旬播种。条播行距40cm，株距10cm。种植密度，高肥力地块21.0万株/hm²，中等肥力地块24.0万株/hm²，低肥力地块27.0万株/hm²；施腐熟有机肥12.0～15.0t/hm²，氮磷钾三元复合肥300～375kg/hm²或磷酸二铵300kg/hm²作基肥，初花期追施氮磷钾三元复合肥75～150kg/hm²。

适宜地区 重庆市、浙江省、湖北省、江西省中北部、湖南省北部、江苏和安徽两省沿江地区、四川省平坝和丘陵地区（春播）。

831. 油6019（You 6019）

品种来源 中国农业科学院油料作物研究所以中豆32为母本，郑8516为父本，进行有性杂交，系谱法选育而成。2016年和2018年经湖北省和国家农作物品种审定委员会审定，审定编号为鄂审豆2016003和国审豆20180029。全国大豆品种资源统一编号ZDD33604。

特征 有限结荚习性。株高65.1cm，株型收敛，有效分枝数3.6个，单株有效荚数42.7个。叶椭圆，白花，灰毛。荚褐色。籽粒椭圆形，种皮黄色，脐淡褐色。百粒重24.4g。

特性 南方夏大豆，中早熟品种，南方地区夏播生育期102d。田间综合抗病性好，落叶性好，籽粒整齐，不裂荚。

产量品质　2015—2016年长江流域夏大豆中早熟组品种区域试验，平均产量3 256.5kg/hm²，较对照中豆41增产7.1%。蛋白质含量42.55%，脂肪含量20.91%。

栽培要点　5月下旬至6月上中旬播种，种植密度，高肥力地块15.0万株/hm²，中等肥力地块18.0万株/hm²，低肥力地块21.0万株/hm²。施氮磷钾三元复合肥450kg/hm²作基肥，初花期追施尿素75kg/hm²。

适宜地区　湖北省、重庆市、安徽省南部、江西省北部、陕西省南部地区（夏播）。

832. 兴豆5号（Xingdou 5）

品种来源　湖北国油种都高科技有限公司、湖北京谷农业有限公司以科丰6号为母本，豫豆28为父本，进行有性杂交，系谱法选育而成，原品系号03-2-1-1-6。2019年经国家农作物品种审定委员会审定，审定编号为国审豆20190029。全国大豆品种资源统一编号ZDD33602。

特征　有限结荚习性。株高66.1cm，株型收敛，有效分枝数2.9个，单株有效荚数49.5个。叶卵圆形，紫花，灰毛。荚浅褐色。籽粒扁椭圆形，种皮黄色，脐淡褐色。百粒重21.8g。

特性　南方夏大豆，晚熟品种，南方地区夏播生育期105d。田间综合抗病性好，落叶性好，籽粒整齐，不裂荚。

产量品质　2016—2017年长江流域夏大豆早中熟组品种区域试验，平均产量2 943.0kg/hm²，较对照中豆41减产0.8%。2018年生产试验，平均产量2 704.5kg/hm²，较对照中豆41增产2.4%。蛋白质含量45.90%，脂肪含量20.61%。

兴豆5号

栽培要点　5月下旬至6月上中旬播种。种植密度，高肥力地块15.0万株/hm²，中等肥力地块18.0万株/hm²，低肥力地块21.0万株/hm²。施氮磷钾三元复合肥450kg/hm²作基肥，初花期追施尿素75kg/hm²。

适宜地区　安徽省合肥，重庆市永川，湖北省襄阳、黄冈地区（夏播）。

833. 兴豆102（Xingdou 102）

品种来源　武汉兴民生物技术有限公司和湖北国油种都高科技有限公司以获黄3号为

兴豆102

汉黄1号

母本，豫豆10号为父本，进行有性杂交，系谱法选育而成，原品系号03-2-5-5-12-10-10-3。2016年经湖北省农作物品种审定委员会审定，审定编号为鄂审豆2016004。全国大豆品种资源统一编号ZDD34463。

特征　有限结荚习性。株高68.6cm，株型收敛，有效分枝数2.6个，单株有效荚数52.4个。叶卵圆形，紫花，灰毛。荚褐色。籽粒椭圆形，种皮黄色，脐淡褐色。百粒重19.4g。

特性　南方夏大豆，晚熟品种，湖北省夏播生育期106d。田间综合抗病性好，落叶性好，籽粒整齐，不裂荚。

产量品质　2013—2014年湖北省夏大豆品种区域试验，平均产量2 623.5kg/hm²，较对照中豆33增产17.6%。蛋白质含量42.82%，脂肪含量20.81%。

栽培要点　适时播种，合理密植。5月中旬至6月中旬播种，一般保苗18.0万～22.5万株/hm²。科学施肥，施足基肥，基肥一般施复合肥450kg/hm²；适时追肥，追肥以磷、钾肥为主，中等以下肥力田块适量追施氮肥。加强田间管理，注意清沟排渍，及时中耕除草。花期视苗情适时化控。注意防治大豆根腐病、紫斑病和蚜虫等病虫害。适时收获，防止裂荚。

适宜地区　湖北省夏大豆适宜区域。

834. 汉黄1号 （Hanhuang 1）

品种来源　湖北省种子集团有限公司以鄂豆9号为母本，湘228为父本，进行有性杂交，系谱法选育而成，原品系号鄂2068。2018年经国家农作物品种审定委员会审定，审定编号为国审豆20180025。全国大豆品种资源统一编号ZDD34464。

特征　有限结荚习性。株高41.8cm，株型收敛，有效分枝数1.8个，单株有效荚数24.9个。叶椭圆形，白花，灰毛。荚浅褐色。籽粒扁椭圆形，种皮黄色，脐淡褐色。百粒重23.3g。

特性 南方春大豆，中熟品种，南方地区春播生育期92d。田间综合抗病性好，落叶性好，籽粒整齐，不裂荚。

产量品质 2015—2016年长江流域春大豆组品种区域试验，平均产量2 725.5kg/hm²，较对照湘春豆26增产6.9%。2017年生产试验，平均产量2 832.0kg/hm²，较对照湘春豆26增产8.8%。蛋白质含量41.95%，脂肪含量20.28%。

栽培要点 3月下旬至4月上旬播种。行距40cm，穴距20cm，每穴播种4粒。种植密度30.0万株/hm²。施氮磷钾三元复合肥375kg/hm²。

适宜地区 重庆市、浙江省、湖北省、江西省中北部、湖南省中北部、江苏和安徽两省沿江地区，以及四川省平坝和丘陵地区（春播）。

835. 鄂2066（E 2066）

品种来源 湖北潜汉生态农业科技有限公司以鄂豆9号为母本，湘228为父本，进行有性杂交，系谱法选育而成，原品系号鄂2066。2018年经国家农作物品种审定委员会审定，审定编号为国审豆20180028。全国大豆品种资源统一编号ZDD33598。

特征 有限结荚习性。株高38.7cm，株型收敛，有效分枝数1.9个，单株有效荚数23.0个。叶披针形，白花，灰毛。荚浅褐色。籽粒椭圆形，种皮黄色，脐淡褐色。百粒重21.2g。

特性 南方春大豆，中熟品种，南方地区春播生育期91d。田间综合抗病性好，落叶性好，籽粒整齐，不裂荚。

产量品质 2016—2017年长江流域春大豆组品种区域试验，平均产量2 811.0kg/hm²，较对照湘春豆26增产6.4%。2017年生产试验，平均产量2 937.0kg/hm²，较对照湘春豆26增产12.8%。蛋白质含量42.65%，脂肪含量19.31%。

栽培要点 3月下旬至4月上旬播种。行距33～40cm，穴距20cm，每穴播种4粒。种植密度30.0万～45.0万株/hm²。施氮磷钾三元复合肥450kg/hm²，初花期追施尿素75kg/hm²。

适宜地区 重庆市、浙江省、湖北省、江西省中北部、湖南省东北部、江苏和安徽两省沿江地区（春播）。

鄂2066

湖 南 省 品 种

836. 湘春豆V7 （Xiangchundou V7）

湘春豆V7

品种来源　湖南省作物研究所以福豆310为母本，浙春0722为父本，进行有性杂交，系谱法选育而成。2015年经湖南省农作物品种审定委员会审定，审定编号为湘审豆2015003。全国大豆品种资源统一编号ZDD34465。

特征　有限结荚习性。株高59.0cm，株型收敛，有效分枝数2.8个，单株有效荚数22.6个。叶椭圆形，白花，棕毛。荚深褐色。籽粒椭圆形，种皮黄色，脐深褐色。百粒重23.0g。

特性　南方春大豆，中晚熟品种，湖南省春播生育期96d。田间抗大豆花叶病毒病、霜霉病、细菌性斑点病等主要病害，抗倒伏，不裂荚。

产量品质　2013—2014年湖南省春大豆品种区域试验，平均产量2 598.0kg/hm²，较对照湘春豆24增产4.7%。2014年生产试验，平均产量2 485.5kg/hm²，较对照增产4.2%。蛋白质含量45.88%，脂肪含量17.93%。

栽培要点　春播3月下旬至4月上旬抢墒播种，播量90 ~ 100kg/hm²。行距0.33m，株距0.1m，密度30万株/hm²。基肥施钙镁磷肥375 ~ 750kg/hm²和复合肥150 ~ 225kg/hm²，土壤肥力较高时可酌情减少施肥量，肥力较低时基肥可增施有机肥7 500 ~ 15 000kg/hm²；追施视苗情而定。及时防虫治病，豆苗封行前中耕除草。遇涝排渍，遇旱灌水。

适宜地区　湖南省各地。

837. 湘春2701 （Xiangchun 2701）

品种来源　湖南省作物研究所以湘春豆24为母本，油春01-45为父本，进行有性杂交，系谱法选育而成。2019年经湖南省农作物品种审定委员会审定，审定编号为湘审豆20190001。2021年通过国家农作物品种审定委员会审定，审定编号为国审豆20210062。全国大豆品种资源统一编号ZDD31401。

特征　有限结荚习性。株高56.9cm，株型收敛，有效分枝数3.3个，单株有效荚数28.5个。叶椭圆形，白花，灰毛。荚深褐色。籽粒椭圆形，种皮黄色，脐褐色。百粒重23.1g。

特性　南方春大豆，中晚熟品种，湖南省春播生育期99d。田间表现综合抗性好。

产量品质　2017—2018年湖南省春大豆品种区域试验，平均产量2 760.0kg/hm^2，较对照湘春豆24增产7.2%。2018年生产试验，平均产量2 914.5kg/hm^2，较对照湘春豆24增产9.6%。2018—2019年参加长江流域春大豆品种区域试验，平均产量2 959.5kg/hm^2，较对照天隆1号增产3.7%。2019年生产试验，平均产量2 752.5kg/hm^2，较对照天隆1号增产3.6%。蛋白质含量40.09%，脂肪含量21.37%。

湘春2701

栽培要点　适宜中等肥力地块种植。春播3月下旬至4月上旬抢墒播种，播量75～90kg/hm^2。行距0.4m，株距0.1m，密度25万株/hm^2。基肥施钙镁磷肥375～750kg/hm^{2}和复合肥150～225kg/hm^2，土壤肥力较高时可酌情减少施肥量，肥力较低时基肥可增施有机肥7 500～15 000kg/hm^2；追施视苗情而定。遇高肥、多雨、大风注意防倒伏。及时防虫治病，豆苗封行前中耕除草。遇涝排渍，遇旱灌水。

适宜地区　湖南省、江苏省南京、湖北省武汉、重庆市永川、四川省南充、江西省南昌、安徽省池州等地区（春播）。

838. 湘春2704（Xiangchun 2704）

品种来源　湖南省作物研究所以油春06-8为母本，湘春豆24为父本，进行有性杂交，系谱法选育而成。2019年经湖南省农作物品种审定委员会审定，审定编号为湘审豆20190002。全国大豆品种资源统一编号ZDD33648。

特征　有限结荚习性。株高51.8cm，株型收敛，有效分枝数3.1个，单株有效荚数27.8个。叶椭圆形，白花，灰毛。荚褐色。籽粒椭圆形，种皮黄色，脐褐色。百粒重21.6g。

特性　南方春大豆，中晚熟品种，湖南省春播生育期96d。田间抗大豆花叶病毒病、

湘春2704

霜霉病、细菌性斑点病等主要病害，抗倒伏，落叶性好，抗裂荚性强。

产量品质　2017—2018年湖南省春大豆品种区域试验，平均产量2 901.0kg/hm²，较对照湘春豆24增产12.6%。2018年生产试验，平均产量2 938.5kg/hm²，较对照湘春豆24增产10.5%。蛋白质含量39.60%，脂肪含量21.93%。

栽培要点　春播3月下旬至4月上旬抢墒播种，播量75 ~ 90kg/hm²。行距0.4m，株距0.1m，密度25万株/hm²。基肥施钙镁磷肥375 ~ 750kg/hm²和复合肥150 ~ 225kg/hm²，土壤肥力较高时可酌情减少施肥量，肥力较低时基肥可增施有机肥7 500 ~ 15 000kg/hm²；追施视苗情而定。及时防虫治病，豆苗封行前中耕除草。遇涝排渍，遇旱灌水。

适宜地区　湖南省各地。

839. 湘春2901
（Xiangchun 2901）

品种来源　湖南省作物研究所以油春06-8为母本，湘春豆26为父本，进行有性杂交，系谱法选育而成。2020年经湖南省农作物品种审定委员会审定，审定编号为湘审豆20200001。全国大豆品种资源统一编号ZDD34466。

特征　有限结荚习性。株高60.0cm，株型收敛，有效分枝数2.9个，单株有效荚数31.8个。叶椭圆形，白花，灰毛。荚褐色。籽粒椭圆形，种皮黄色，脐褐色。百粒重22.3g。

特性　南方春大豆，中晚熟品种，湖南省春播生育期98d。田间抗大豆花叶病毒病、霜霉病、细菌性斑点病等主要病害，落叶性好，抗裂荚。

产量品质　2018—2019年湖南省春大豆品种区域试验，平均产量2 886.0kg/hm²，较对照湘春豆24增产5.3%。2019年生产试验，平均产量2 607.0kg/hm²，较对照湘春豆24增产

湘春2901

4.2%。蛋白质含量40.00%，脂肪含量21.74%。

栽培要点　春播3月下旬至4月上旬抢墒播种，播量75～90kg/hm²。行距0.4m，株距0.1m，密度25万株/hm²。基肥施钙镁磷肥375～750kg/hm²和复合肥150～225kg/hm²，土壤肥力较高时可酌情减少施肥量，肥力较低时基肥可增施有机肥7 500～15 000kg/hm²；追施视苗情而定。及时防虫治病，豆苗封行前中耕除草。遇涝排渍，遇旱灌水。

适宜地区　湖南省各地。

840. 湘春豆28 （Xiangchundou 28）

品种来源　衡阳市农业科学院以湘春豆13为母本，沔537为父本，进行有性杂交，改良系谱法选育而成，原品系号衡春08-1。2015年经湖南省农作物品种审定委员会审定，审定编号为湘审豆2015002。全国大豆品种资源统一编号ZDD33646。

特征　有限结荚习性。株高54.0cm，株型收敛，有效分枝数3.3个，单株有效荚数23.2个。叶椭圆形，白花，灰毛。荚褐色。籽粒椭圆形，种皮黄色，脐深褐色。百粒重21.8g。

特性　南方春大豆，中熟品种，湖南省春播生育期92d。田间抗大豆花叶病毒病、霜霉病、细菌性斑点病等主要病害，抗倒伏，落叶性好，抗裂荚性强。

产量品质　2012—2013年湖南省春大豆品种区域试验，平均产量2 676.0kg/hm²，较对照湘春豆24增产7.5%。2014年生产试验，平均产量2 509.5kg/hm²，较对照湘春豆24增产5.2%。蛋白质含量38.96%，脂肪含量22.27%。

湘春豆28

栽培要点　3月下旬至4月上旬足墒播种，播量75～90kg/hm²。行距0.33m，株距0.1m，密度30万株/hm²。基肥施钙镁磷肥375～750kg/hm²，苗期视苗情追施复合肥或尿素115～150kg/hm²；肥力较低时基肥可增施有机肥7 500～15 000kg/hm²。及时防治病草虫害，遇雨清沟排渍，遇旱灌水抗旱。

适宜地区　湖南省各地。

841. 湘春豆30 （Xiangchundou 30）

品种来源　湖南省作物研究所以沔295为母本，滇豆8号为父本，进行有性杂交，系谱法选育而成，原品系号湘春2902。2020年经湖南省农作物品种审定委员会审定，审定编号为湘审豆20200002。全国大豆品种资源统一编号ZDD33647。

特征 有限结荚习性。株高59.9cm，

湘春豆30

株型收敛，有效分枝数3.2个，单株有效荚数29.8个。叶椭圆形，白花，灰毛。荚褐色。籽粒椭圆形，种皮黄色，脐褐色。百粒重22.4g。

特性 南方春大豆，中晚熟品种，湖南省春播生育期96d。田间抗大豆花叶病毒病、霜霉病、细菌性斑点病等主要病害，落叶性好，抗裂荚。

产量品质 2018—2019年湖南省春大豆品种区域试验，平均产量2 893.5kg/hm²，较对照湘春豆24增产5.6%。2019年生产试验，平均产量2 599.5kg/hm²，较对照湘春豆24增产3.8%。蛋白质含量39.75%，脂肪含量21.69%。

栽培要点 春播3月下旬至4月上旬抢墒播种，播量75 ～ 90kg/hm²。行距0.4m，株距0.1m，密度25万株/hm²。基肥施钙镁磷肥375 ～ 750kg/hm²和复合肥150 ～ 225kg/hm²，土壤肥力较高时可酌情减少施肥量，肥力较低时基肥可增施有机肥7 500 ～ 15 000kg/hm²；追施视苗情而定。及时防虫治病，豆苗封行前中耕除草。遇涝排渍，遇旱灌水。

适宜地区 湖南省各地。

842. 湘春黑豆31
(Xiangchunheidou 31)

品种来源 湖南省作物研究所以黑363为母本，鄂豆4号为父本，进行有性杂交，系谱法选育而成，原品系号湘春2904。2020年经湖南省农作物品种审定委员会审定，审定编号为湘审豆20200003。全国大豆品种资源统一编号ZDD33649。

特征 有限结荚习性。株高47.0cm，株型收敛，有效分枝数2.8个，单株有效荚数32.2个。叶椭圆形，白花，灰毛。荚褐色。籽粒椭圆形，种皮黑色，脐黑色。百粒重20.9g。

湘春黑豆31

特性　南方春大豆，中晚熟品种，湖南省春播生育期98d。田间抗大豆花叶病毒病、霜霉病、细菌性斑点病等主要病害，不倒伏，不裂荚，落叶性好。

产量品质　2018—2019年湖南省春大豆品种区域试验，平均产量2 899.5kg/hm²，较对照湘春豆24增产5.8%。2019年生产试验，平均产量2 683.5kg/hm²，较对照湘春豆24增产7.2%。蛋白质含量41.40%，脂肪含量22.54%。

栽培要点　春播3月下旬至4月上旬抢墒播种，播量70 ~ 90kg/hm²。行距0.4m，株距0.1m，密度25万株/hm²。基肥施钙镁磷肥375 ~ 750kg/hm²和复合肥150 ~ 225kg/hm²，土壤肥力较高时可酌情减少施肥量，肥力较低时基肥可增施有机肥7 500 ~ 15 000kg/hm²；追施视苗情而定。及时防虫治病，豆苗封行前中耕除草。遇涝排渍，遇旱灌水。

适宜地区　湖南省各地。

843. 衡春豆8号（Hengchundou 8）

品种来源　衡阳市农业科学院以20-86为母本，99231为父本，进行有性杂交，改良系谱法选育而成，原品系号衡春9153。2019年经湖南省农作物品种审定委员会审定，审定编号为湘审豆20190003。全国大豆品种资源统一编号ZDD33645。

特征　有限结荚习性。株高52.3cm，株型收敛，有效分枝数2.7个，单株有效荚数23.1个。叶椭圆形，白花，灰毛。荚褐色。籽粒椭圆形，种皮黄色，脐褐色。百粒重21.2g。

特性　南方春大豆，中熟品种，湖南省春播生育期92d。田间抗大豆花叶病毒病、霜霉病、细菌性斑点病等主要病害，抗倒伏，落叶性好，不裂荚。

产量品质　2017—2018年湖南省春大豆品种区域试验，平均产量2 748.0kg/hm²，较对照湘春豆24增产6.8%。2018年生产试验，平均产量2 841.0kg/hm²，较对照湘春豆24增产6.8%。蛋白质含量43.64%，脂肪含量19.51%。

衡春豆8号

栽培要点　3月下旬至4月上旬足墒播种，播量90 ~ 100kg/hm²。行距0.4m，株距0.07m，密度36万株/hm²。基肥施钙镁磷肥750kg/hm²，苗期视苗情追施复合肥150 ~ 225kg/hm²；肥力较低时基肥可增施有机肥7 500 ~ 15 000kg/hm²。及时防治病草虫害，遇雨清沟排渍，遇旱灌水抗旱。

适宜地区　湖南省各地。

四 川 省 品 种

844. 南黑豆26（Nanheidou 26）

南黑豆26

品种来源　南充市农业科学院利用^{60}Coγ射线辐射贡选1号种子，系谱法选育而成。2016年经四川省农作物品种审定委员会审定，审定编号为川审豆2016003。全国大豆品种资源统一编号ZDD33623。

特征　有限结荚习性。株高67.1cm，主茎节数14.8个，有效分枝数3.7个，单株有效荚数41.5个，单株粒数65.0粒。叶椭圆形，白花，棕毛。荚深褐色。籽粒椭圆形，种皮黑色，子叶黄色，脐黑色。百粒重31.3g。

特性　南方夏大豆，晚熟品种，生育期141d。田间综合抗病性好，落叶性好，不裂荚。

产量品质　2011—2012年四川省夏大豆晚熟组区试，平均产量1 616.6kg/hm²，较对照贡选1号增产11.5%。2014年四川省夏大豆生产试验，平均产量1 717.7kg/hm²，较对照贡选1号增产14.7%。蛋白质含量45.90%，脂肪含量17.30%。

栽培要点　5月下旬至6月下旬为适播期。净作行距0.5m，穴距0.2m，每穴定2苗，密度20万株/hm²。"双三尺麦/玉/豆"模式套作，种2行大豆，大豆行距0.4m，穴距0.2m，每穴定2苗，密度10万株/hm²；"双六尺麦/玉/豆"模式套作，种4行大豆，大豆行距0.4m，穴距0.2m，每穴定2苗，密度10万株/hm²。施基肥过磷酸钙375kg/hm²，根据苗情追施提苗肥尿素45～75kg/hm²，增施花荚肥磷酸二氢钾75kg/hm²。苗期注意防治地下害虫和叶面害虫，花荚期注意防治豆荚螟及鼠害。

适宜地区　四川省平坝、丘陵及低山地区间作、套作或净作（夏播）。

845. 南夏豆27（Nanxiadou 27）

品种来源　南充市农业科学院利用^{60}Coγ射线辐射荣县冬豆种子，系谱法选育而成。

2015年经四川省农作物品种审定委员会审定，审定编号为川审豆2015004。全国大豆品种资源统一编号ZDD33624。

特征 有限结荚习性。株高63.0cm，主茎节数14.7个，有效分枝数3.7个，单株有效荚数47.2个，单株粒数76.0粒。叶卵圆形，白花，棕毛。荚绿褐色。籽粒椭圆形，种皮绿色，子叶绿色，脐褐色。百粒重22.0g。

特性 南方夏大豆，晚熟品种，生育期137d。田间综合抗病性好。落叶性好，不裂荚。

产量品质 2010—2012年四川省夏大豆晚熟组区试，平均产量1 504.5kg/hm²，较对照贡选1号增产5.2%。2014年四川省夏大豆生产试验，平均产量1 646.4kg/hm²，较对照贡选1号增产9.9%。蛋白质含量50.40%，脂肪含量16.20%。

南夏豆27

栽培要点 5月下旬至6月下旬为适播期。净作行距0.5m，穴距0.2m，每穴定2苗，密度20万株/hm²。"双三尺麦/玉/豆"模式套作，种2行大豆，大豆行距0.4m，穴距0.2m，每穴定2苗，密度10万株/hm²；"双六尺麦/玉/豆"模式套作，种4行大豆，大豆行距0.4m，穴距0.2m，每穴定2苗，密度10万株/hm²。施基肥过磷酸钙375kg/hm²，根据苗情追施提苗肥尿素45～75kg/hm²，增施花荚肥磷酸二氢钾75kg/hm²。苗期注意防治地下害虫和叶面害虫，花荚期注意防治豆荚螟及鼠害。

适宜地区 适于四川省平坝、丘陵及低山地区间作、套作或净作（夏播）。

846. 南春豆29 (Nanchundou 29)

品种来源 南充市农业科学院以南豆5号为母本，9605-1-5为父本，进行有性杂交，系谱法选育而成。2015年经四川省农作物品种审定委员会审定，审定编号为川审豆2015002。全国大豆品种资源统一编号ZDD33625。

特征 有限结荚习性。株高53.2cm，主茎节数11.8个，有效分枝数2.9个，单株有效荚数33.7个，单株粒数64.0粒。叶椭圆形，紫

南春豆29

花，棕毛。荚褐色。籽粒椭圆形，种皮黄色，脐褐色。百粒重26.7g。

特性 南方春大豆，早熟品种，生育期113d。田间综合抗病性好。落叶性好，不裂荚。

产量品质 2012—2013年四川省春大豆早熟组区试，平均产量2 454.8kg/hm²，较对照南豆5号增产7.5%。2014年四川省春大豆生产试验，平均产量2 503.2kg/hm²，较对照南豆5号增产6.3%。蛋白质含量47.80%，脂肪含量16.50%。

栽培要点 3月中旬至4月上旬为春播适播期。行距0.4m，穴距0.2m，每穴定2苗，密度25万株/hm²。7月中下旬为秋播适播期，行距0.4m，穴距0.2m，每穴定3苗，密度37.5万株/hm²。施基肥过磷酸钙450kg/hm²，根据苗情追施提苗肥尿素45～75kg/hm²，增施花荚肥磷酸二氢钾75kg/hm²。苗期注意防治地下害虫和叶面害虫，花荚期注意防治豆荚螟及鼠害。

适宜地区 四川省平坝、丘陵及低山地区净作（春播或秋播）。

847. 南夏豆30（Nanxiadou 30）

南夏豆30

品种来源 南充市农业科学院以南豆12为母本，南春豆28为父本，进行有性杂交，系谱法选育而成。2019年经四川省农作物品种审定委员会审定，审定编号为川审豆20190003。全国大豆品种资源统一编号ZDD33626。

特征 有限结荚习性。株高69.5cm，主茎节数16.2个，有效分枝数3.0个，单株有效荚数38.6个，单株粒数61.5粒。叶椭圆形，紫花，棕毛。成熟荚褐色。籽粒椭圆形，种皮黄色，脐黑色。百粒重26.6g。

特性 南方夏大豆，晚熟品种，生育期124d。中感SC3、感SC7大豆花叶病毒生理小种。落叶性好，不裂荚。

产量品质 2016—2017年四川省夏大豆晚熟组区试，平均产量2 153.4kg/hm²，较对照贡选1号增产29.7%。2018年四川省夏大豆生产试验，平均产量2 109.6kg/hm²，较对照贡选1号增产6.8%。蛋白质含量50.10%，脂肪含量17.50%。

栽培要点 5月下旬至6月下旬为适播期。净作行距0.5m，穴距0.2m，每穴定2苗，密度20万株/hm²。"双三尺麦/玉/豆"模式套作，种2行大豆，大豆行距0.4m，穴距0.2m，每穴定2苗，密度10万株/hm²；"双六尺麦/玉/豆"模式套作，种4行大豆，大豆行距0.4m，穴距0.2m，每穴定2苗，密度10万株/hm²。施基肥过磷酸钙375kg/hm²，根据苗情追施提苗肥尿素45～75kg/hm²，增施花荚肥磷酸二氢钾75kg/hm²。苗期注意防治地下害虫和叶面害虫，花荚期注意防治豆荚螟及鼠害。

适宜地区 四川省平坝、丘陵及低山地区间作、套作或净作（夏播）。

848. 南春豆31（Nanchundou 31）

品种来源 南充市农业科学院在南豆9号中发现1株天然变异株，系统定向选育而成。2016年经四川省农作物品种审定委员会审定，审定编号为川审豆2016001。全国大豆品种资源统一编号ZDD33627。

特征 有限结荚习性。株高52.6cm，主茎节数11.5个，有效分枝数2.4个，单株有效荚数31.2个，单株粒数64.5粒。叶椭圆形，紫花，棕毛。荚褐色。籽粒椭圆形，种皮黄色，脐淡褐色。百粒重26.1g。

特性 南方春大豆，早熟品种，生育期113d。田间综合抗病性好。落叶性好，不裂荚。

产量品质 2013—2014年四川省春大豆早熟组区试，平均产量2 596.5kg/hm²，较对照天隆1号增产8.1%。2015年四川省春大豆生产试验，平均产量2 733.0kg/hm²，较对照天隆1号增产15.6%。蛋白质含量46.20%，脂肪含量18.30%。

南春豆31

栽培要点 3月中旬至4月上旬为春播适播期，行距0.4m，穴距0.2m，每穴定2苗，密度25万株/hm²。7月中下旬为秋播适播期，行距0.4m，穴距0.2m，每穴定3苗，密度37.5万株/hm²。施基肥过磷酸钙450kg/hm²，根据苗情追施提苗肥尿素45～75kg/hm²，增施花荚肥磷酸二氢钾75kg/hm²。苗期注意防治地下害虫和叶面害虫，花荚期注意防治豆荚螟及鼠害。

适宜地区 四川省平坝、丘陵及低山地区净作（春播或秋播）。

849. 南夏豆32（Nanxiadou 32）

品种来源 南充市农业科学院以南豆22为母本，南部县地方品种为父本，进行有性杂交，系谱法选育而成。2017年经四川省农作物品种审定委员会审定，审定编号为川审豆20170001。全国大豆品种资源统一编号ZDD33628。

特征 有限结荚习性。株高73.9cm，主茎节数15.5个，有效分枝数3.6个，单株有效荚数43.8个，单株粒数67.8粒。叶椭圆形，白花，灰毛。荚灰褐色。籽粒椭圆形，种皮黄色，脐褐色。百粒重28.1g。

南夏豆32

南夏豆33

特性　南方夏大豆，晚熟品种，生育期126d。中抗SC3、中感SC7大豆花叶病毒生理小种。落叶性好，不裂荚。

产量品质　2013—2015年四川省夏大豆晚熟组区试，平均产量1 576.7kg/hm²，较对照贡选1号增产9.1%。2016年四川省夏大豆生产试验，平均产量1 984.2kg/hm²，较对照贡选1号增产13.0%。蛋白质含量47.20%，脂肪含量18.50%。

栽培要点　5月下旬至6月下旬为适播期。净作行距0.5m，穴距0.2m，每穴定2苗，密度20万株/hm²。"双三尺麦/玉/豆"模式套作，种2行大豆，大豆行距0.4m，穴距0.2m，每穴定2苗，密度10万株/hm²；"双六尺麦/玉/豆"模式套作，种4行大豆，大豆行距0.4m，穴距0.2m，每穴定2苗，密度10万株/hm²。施基肥过磷酸钙375kg/hm²，根据苗情追施提苗肥尿素45 ~ 75kg/hm²，增施花荚肥磷酸二氢钾75kg/hm²。苗期注意防治地下害虫和叶面害虫，花荚期注意防治豆荚螟及鼠害。

适宜地区　四川省平坝、丘陵及低山地区套作或净作（夏播）。

850. 南夏豆33（Nanxiadou 33）

品种来源　南充市农业科学院利用⁶⁰Coγ射线辐射B抗57种子，系谱法选育而成。2017年经四川省农作物品种审定委员会审定，审定编号为川审豆20170002。全国大豆品种资源统一编号ZDD33629。

特征　有限结荚习性。株高63.1cm，主茎节数15.3个，有效分枝数3.7个，单株有效荚数48.2个，单株粒数73.5粒。叶椭圆形，紫花，棕毛。荚深褐色。籽粒椭圆形，种皮黄色，脐深褐色。百粒重24.4g。

特性 南方夏大豆，晚熟品种，生育期132d。中抗SC3和SC7大豆花叶病毒生理小种。落叶性好，不裂荚。

产量品质 2013—2015年四川省夏大豆晚熟组区试，平均产量1 535.4kg/hm²，较对照贡选1号增产6.2%。2016年四川省夏大豆生产试验，平均产量2 049.9kg/hm²，较对照贡选1号增产16.7%。蛋白质含量46.40%，脂肪含量20.10%。

栽培要点 5月下旬至6月下旬为适播期。净作行距0.5m，穴距0.2m，每穴定2苗，密度20万株/hm²。"双三尺麦/玉/豆"模式套作，种2行大豆，大豆行距0.4m，穴距0.2m，每穴定2苗，密度10万株/hm²；"双六尺麦/玉/豆"模式套作，种4行大豆，大豆行距0.4m，穴距0.2m，每穴定2苗，密度10万株/hm²。施基肥过磷酸钙375kg/hm²，根据苗情追施壮苗肥尿素45～75kg/hm²，增施花荚肥磷酸二氢钾75kg/hm²。苗期注意防治地下害虫和叶面害虫，花荚期注意防治豆荚螟及鼠害。

适宜地区 四川省平坝、丘陵及低山地区间作、套作或净作（夏播）。

851. 南夏豆34（Nanxiadou 34）

品种来源 南充市农业科学院利用⁶⁰Coγ射线辐射荣县冬豆种子，系谱法选育而成。2019年经四川省农作物品种审定委员会审定，审定编号为川审豆20190006。全国大豆品种资源统一编号ZDD33630。

特征 有限结荚习性。株高66.7cm，主茎节数15.6个，有效分枝数2.5个，单株有效荚数25.2个，单株粒数41.0粒。叶椭圆形，白花，棕毛。荚深褐色。籽粒椭圆形，种皮褐色，子叶黄色，脐深褐色。百粒重35.5g。

特性 南方夏大豆，晚熟品种，生育期131d。中感SC3、感SC7大豆花叶病毒生理小种。落叶性好，不裂荚。

产量品质 2016—2017年四川省夏大豆晚熟组区试，平均产量1 882.4kg/hm²，较对照贡选1号增产13.3%。2018年四川省夏大豆生产试验，平均产量2 180.1kg/hm²，较对照贡选1号增产10.3%。蛋白质含量48.70%，脂肪含量17.70%。

南夏豆34

栽培要点 5月下旬至6月下旬为适播期。净作行距0.5m，穴距0.2m，每穴定2苗，密度20万株/hm²。"双三尺麦/玉/豆"模式套作，种2行大豆，大豆行距0.4m，穴距0.2m，每穴定2苗，密度10万株/hm²；"双六尺麦/玉/豆"模式套作，种4行大豆，大豆行距0.4m，穴距0.2m，每穴定2苗，密度10万株/hm²。施基肥过磷酸钙375kg/hm²，根据苗情追施提苗肥尿素45～75kg/hm²，增施花荚肥磷酸二氢钾75kg/hm²。苗期注意防治地下害虫和叶面害虫，花荚期注意防治豆荚螟及鼠害。

适宜地区　四川省平坝、丘陵及低山地区间作、套作或净作（夏播）。

852. 南夏豆35（Nanxiadou 35）

南夏豆35

品种来源　南充市农业科学院以南农95C-5为母本，南豆12为父本，进行有性杂交，系谱法选育而成。2019年经四川省农作物品种审定委员会审定，审定编号为川审豆20190002。全国大豆品种资源统一编号ZDD31413。

特征　有限结荚习性。株高74.4cm，主茎节数14.6个，有效分枝数2.4个，单株有效荚数37.2个，单株粒数61.5粒。叶椭圆形，紫花，棕毛。荚黄褐色。籽粒椭圆形，种皮黄色，脐褐色。百粒重27.9g。

特性　南方夏大豆，晚熟品种，生育期121d。中抗SC3、感SC7大豆花叶病毒生理小种。落叶性好，不裂荚。

产量品质　2016—2017年四川省夏大豆晚熟组区试，平均产量2 282.9kg/hm²，较对照贡选1号增产37.7%。2018年四川省夏大豆生产试验，平均产量2 462.3kg/hm²，较对照贡选1号增产24.6%。蛋白质含量46.00%，脂肪含量18.50%。

栽培要点　5月下旬至6月下旬为适播期。净作行距0.5m，穴距0.2m，每穴定2苗，密度20万株/hm²。"双三尺麦/玉/豆"模式套作，种2行大豆，大豆行距0.4m，穴距0.2m，每穴定2苗，密度10万株/hm²；"双六尺麦/玉/豆"模式套作，种4行大豆，大豆行距0.4m，穴距0.2m，每穴定2苗，密度10万株/hm²。施基肥过磷酸钙375kg/hm²，根据苗情追施提苗肥尿素45～75kg/hm²，增施花荚肥磷酸二氢钾75kg/hm²。苗期注意防治地下害虫和叶面害虫，花荚期注意防治豆荚螟及鼠害。

适宜地区　四川省平坝、丘陵及低山地区间作、套作或净作（夏播）。

853. 南春豆36（Nanchundou 36）

品种来源　南充市农业科学院以南豆5号为母本，浙春3号为父本，进行有性杂交，系谱法选育而成。2019年经四川省农作物品种审定委员会审定，审定编号为川审豆20190001。全国大豆品种资源统一编号ZDD33631。

特征 有限结荚习性。株高55.6cm，主茎节数12.5个，有效分枝数2.6个，单株有效荚数30.8个，单株粒数62.5粒。叶椭圆形，白花，棕毛。荚黄褐色。籽粒椭圆形，种皮黄色，脐淡褐色。百粒重26.1g。

特性 南方春大豆，早熟品种，生育期105d。中抗SC3、中感SC7大豆花叶病毒生理小种。落叶性好，不裂荚。

产量品质 2016—2017年四川省春大豆早熟组区试，平均产量2 815.8kg/hm²，较对照天隆1号增产8.3%。2018年四川省春大豆生产试验，平均产量2 804.0kg/hm²，较对照天隆1号增产2.7%。蛋白质含量47.60%，脂肪含量18.70%。

栽培要点 3月中旬至4月上旬为春播适播期，行距0.4m，穴距0.2m，每穴定2苗，密度25万株/hm²。7月中下旬为秋播适播期，行距0.4m，穴距0.2m，每穴定3苗，密度37.5万株/hm²。施基肥过磷酸钙450kg/hm²，根据苗情追施提苗肥尿素45～75kg/hm²，增施花荚肥磷酸二氢钾75kg/hm²。苗期注意防治地下害虫和叶面害虫，花荚期注意防治豆荚螟及鼠害。

适宜地区 四川省平坝、丘陵及低山地区净作（春播或秋播）。

854. 南春豆37（Nanchundou 37）

品种来源 南充市农业科学院以西豆3号为母本，南豆5号为父本，进行有性杂交，系谱法选育而成。2020年经四川省农作物品种审定委员会审定，审定编号为川审豆20200002。全国大豆品种资源统一编号ZDD31402。

特征 有限结荚习性。株高65.2cm，主茎

南春豆36

南春豆37

节数12.4个，有效分枝数2.1个，单株有效荚数26.5个，单株粒数50.4粒。叶椭圆形，白花，灰毛。荚灰褐色。籽粒椭圆形，种皮黄色，脐褐色。百粒重26.2g。

特性　南方春大豆，早熟品种，生育期103d。中感SC3和SC7大豆花叶病毒生理小种。落叶性好，不裂荚。

产量品质　2017—2018年四川省夏大豆晚熟组区试，平均产量3 010.1kg/hm²，较对照天隆1号增产10.7%。2019年四川省夏大豆生产试验，平均产量3 117.6kg/hm²，较对照天隆1号增产14.1%。蛋白质含量43.90%，脂肪含量19.10%。

栽培要点　3月中旬至4月上旬为春播适播期，行距0.4m，穴距0.2m，每穴定2苗，密度25万株/hm²；7月中下旬为秋播适播期，行距0.4m，穴距0.2m，每穴定3苗，密度37.5万株/hm²。施基肥过磷酸钙450kg/hm²，根据苗情追施提苗肥尿素45～75kg/hm²，增施花荚肥磷酸二氢钾75kg/hm²。苗期注意防治地下害虫和叶面害虫，花荚期注意防治豆荚螟及鼠害。

适宜地区　四川省平坝、丘陵及低山地区净作（春播或秋播）。

855. 南春豆39（Nanchundou 39）

南春豆39

品种来源　南充市农业科学院以南豆3号为母本，南豆5号为父本，进行有性杂交，系谱法选育而成。2020年经四川省农作物品种审定委员会审定，审定编号为川审豆20200003。全国大豆品种资源统一编号ZDD33632。

特征　有限结荚习性。株高65.3cm，主茎节数11.9个，有效分枝数1.9个，单株有效荚数23.5个，单株粒数49.5粒。叶椭圆形，紫花，棕毛。荚黄褐色。籽粒椭圆形，种皮黄色，脐褐色。百粒重29.0g。

特性　南方春大豆，早熟品种，生育期106d。中感SC3和SC7大豆花叶病毒生理小种。落叶性好，不裂荚。

产量品质　2017—2018年四川省夏大豆晚熟组区试，平均产量2 841.9kg/hm²，较对照天隆1号增产4.5%。2019年四川省夏大豆生产试验，平均产量2 869.4kg/hm²，较对照天隆1号增产5.0%。蛋白质含量43.40%，脂肪含量21.10%。

栽培要点　3月中旬至4月上旬为春播适播期。行距0.4m，穴距0.2m，每穴定2苗，密度25万株/hm²。7月中下旬为秋播适播期，行距0.4m，穴距0.2m，每穴定3苗，密度

37.5万株/hm²。施基肥过磷酸钙450kg/hm²，根据苗情追施提苗肥尿素45～75kg/hm²，增施花荚肥磷酸二氢钾75kg/hm²。苗期注意防治地下害虫和叶面害虫，花荚期注意防治豆荚螟及鼠害。

适宜地区 四川省平坝、丘陵及低山地区净作（春播或秋播）。

856. 贡夏豆9号 （Gongxiadou 9）

品种来源 自贡市农业科学研究院以贡4（102）F₁为母本，贡辐663为父本，进行有性杂交，系谱法选育而成，原品系号贡秋豆5104-7。2015年经四川省农作物品种审定委员会审定，审定编号为川审豆2015006。全国大豆品种资源统一编号ZDD33615。

特征 有限结荚习性。株高59.7cm，株型收敛，有效分枝数4.0个，单株有效荚数54.6个。叶卵圆形，白花，灰毛。荚褐色。籽粒椭圆形，种皮黄色，脐褐色。百粒重20.9g。

特性 南方夏大豆，晚熟品种，四川省夏播生育期140d。抗大豆花叶病毒病，耐荫性强，抗倒伏，落叶性好，不裂荚。

产量品质 2011—2012年四川省夏大豆晚熟组品种区域试验，平均产量1 576.2kg/hm²，较对照贡选1号增产8.7％。2014年生产试验，平均产量1 641.5kg/hm²，较对照贡选1号增产9.6％。蛋白质含量43.39％，脂肪含量19.21％。

贡夏豆9号

栽培要点 适宜中等肥力地块种植，6月下旬为适播期。在净作模式下，行距0.5m，穴距0.25 m，每穴2株，密度16.0万株/hm²。在"玉米/大豆"套作模式下，玉米按宽窄行种植，宽行1.5m，窄行0.5m，穴距0.4m，每穴2株，密度5.0万株/hm²；在玉米宽行内种3行大豆，大豆与玉米行间距0.25m，大豆行距0.5m，穴距0.3m，每穴2株，密度10.0万株/hm²。适时中耕。花荚期注意防治花叶病毒病、锈病、蚜虫、斜纹夜蛾、豆荚螟等病虫害。10月下旬黄熟后及时收获。

适宜地区 四川省平坝、丘陵及低山地区（夏播）。

857. 贡夏豆10号 （Gongxiadou 10）

品种来源 自贡市农业科学研究院以贡选1号为母本，贡秋豆3号为父本，进行有性

贡夏豆10号

贡夏豆11

杂交，系谱法选育而成，原品系号贡秋豆702。2015年经四川省农作物品种审定委员会审定，审定编号为川审豆2015005。全国大豆品种资源统一编号ZDD33616。

特征　有限结荚习性。株高89.7cm，株型收敛，有效分枝数3.2个，单株有效荚数46.4个。叶椭圆形，白花，棕毛。荚黄褐色。籽粒椭圆形，种皮绿色，脐黑色。百粒重25.5g。

特性　南方夏大豆，晚熟品种，四川省夏播生育期142d。中抗大豆花叶病毒病，抗倒伏，落叶性好，不裂荚。

产量品质　2011—2012年四川省夏大豆晚熟组品种区域试验，平均产量1 511.3kg/hm²，较对照贡选1号增产4.4%。2014年生产试验，平均产量1 569.5kg/hm²，较对照贡选1号增产4.8%。蛋白质含量48.52%，脂肪含量17.78%。

栽培要点　适宜中等肥力地块种植，6月下旬为适播期，不宜套作。净作行距0.5m，穴距0.3m，每穴2株，密度13.3万株/hm²。适时中耕。花荚期注意防治花叶病毒病、锈病、蚜虫、斜纹夜蛾、豆荚螟等病虫害。10月下旬黄熟后及时收获。

适宜地区　四川省平坝、丘陵及低山地区（夏播）。

858. 贡夏豆11（Gongxiadou 11）

品种来源　自贡市农业科学研究院以贡4（102）F₁为母本，贡辐663为父本，进行有性杂交，系谱法选育而成，原品系号贡夏5104-1。2017年经四川省农作物品种审定委员会审定，审定编号为川审豆20170003。全国大豆品种资源统一编号ZDD33617。

特征　有限结荚习性。株高63.4cm，株型收敛，有效分枝数4.3个，单株有效荚数55.0个。叶椭圆形，紫花，灰毛。荚黄色。籽粒椭圆形，种皮黄色，脐褐色。百粒重21.8g。

特性　南方夏大豆，中熟品种，四川省夏播生育期125d。抗大豆花叶病毒病，耐荫性强，抗倒伏，落叶性好，不裂荚。

产量品质　2013—2015年四川省夏大豆晚熟组品种区域试验，平均产量1 647.3kg/hm²，较对照贡选1号增产13.9%。2016年生产试验，平均产量2 036.3kg/hm²，较对照贡选1号增产15.9%。蛋白质含量42.45%，脂肪含量19.95%。

栽培要点　适宜中等肥力地块种植，6月下旬为适播期。在净作模式下，行距0.5m，穴距0.25m，每穴2株，密度16.0万株/hm²。在"玉米/大豆"套作模式下，玉米按宽窄行种植，宽行1.5m，窄行0.5m，穴距0.4m，每穴2株，密度5.0万株/hm²；在玉米宽行内种3行大豆，大豆与玉米行间距0.25m，大豆行距0.5m，穴距0.3m，每穴2株，密度10.0万株/hm²。适时中耕。花荚期注意防治花叶病毒病、锈病、蚜虫、斜纹夜蛾、豆荚螟等病虫害。10月中旬黄熟后及时收获。

适宜地区　四川省平坝、丘陵及低山地区（夏播）。

859. 贡夏豆12 （Gongxiadou 12）

品种来源　自贡市农业科学研究院以贡选1号为母本，浙A3703为父本，进行有性杂交，系谱法选育而成，原品系号贡夏8173-12。2019年经四川省农作物品种审定委员会审定，审定编号为川审豆20190005。全国大豆品种资源统一编号ZDD33618。

特征　有限结荚习性。株高63.6cm，株型收敛，有效分枝数3.5个，单株有效荚数43.5个。叶椭圆形，白花，灰毛。荚黄褐色。籽粒椭圆形，种皮黄色，脐淡褐色。百粒重19.7g。

特性　南方夏大豆，中熟品种，四川省夏播生育期125d。抗大豆花叶病毒病，耐荫性强，抗倒伏，落叶性好，不裂荚。

产量品质　2016—2017年四川省夏大豆晚熟组品种区域试验，平均产量1 926.3kg/hm²，较对照贡选1号增产15.8%。2018年生产试验，平均产量2 221.8kg/hm²，较对照贡选1号增产12.4%。蛋白质含量49.03%，脂肪含量17.36%。

贡夏豆12

栽培要点　适宜中等肥力地块种植，6月下旬为适播期。在净作模式下，行距0.5m，穴距0.25m，每穴2株，密度16.0万株/hm²。在"玉米/大豆"套作模式下，玉米按宽窄行种植，宽行1.5m，窄行0.5m，穴距0.4m，每穴2株，密度5.0万株/hm²；在玉米宽行内种3行大豆，大豆与玉米行间距0.25m，大豆行距0.5m，穴距0.3m，每穴2株，密度10.0万株/hm²。适时中耕。花荚期注意防治花叶病毒病、锈病、蚜虫、斜纹夜蛾、豆荚螟等病虫害。10月中旬黄熟后及时收获。

适宜地区　四川省平坝、丘陵及低山地区（夏播）。

860. 贡夏豆13（Gongxiadou 13）

品种来源　自贡市农业科学研究院以贡选1号为母本，南农X24005为父本，进行有性杂交，系谱法选育而成，原品系号贡夏369-1。2019年和2020年经四川省农作物品种审定委员会两次审定，审定编号为川审豆20190007和川审豆20203002。全国大豆品种资源统一编号ZDD34467。

特征　有限结荚习性。株高72.5cm，株型收敛，有效分枝数2.0个，单株有效荚数31.2个。叶椭圆形，紫花，灰毛。荚黄褐色。籽粒椭圆形，种皮黄色，脐淡褐色。百粒重25.3g。

特性　南方夏大豆，中熟品种，四川省夏播生育期129d。抗大豆花叶病毒病，耐荫性强，抗倒伏，落叶性好，不裂荚。

贡夏豆13

产量品质　2016—2017年四川省夏大豆晚熟组品种区域试验，平均产量1 748.9kg/hm²，较对照贡选1号增产5.2%。2018年生产试验，平均产量2 133.0kg/hm²，较对照贡选1号增产7.9%。蛋白质含量45.61%，脂肪含量18.87%。

栽培要点　适宜中等肥力地块种植。6月下旬为适播期。在净作模式下，行距0.5m，穴距0.3m，每穴2株，密度13.3万株/hm²。在"玉米/大豆"套作模式下，玉米按宽窄行种植，宽行1.5m，窄行0.5m，穴距0.4m，每穴2株，密度5.0万株/hm²；在玉米宽行内种3行大豆，大豆与玉米行间距0.25m，大豆行距0.5m，穴距0.3m，每穴2株，密度10.0万株/hm²。适时中耕。花荚期注意防治花叶病毒病、锈病、蚜虫、斜纹夜蛾、豆荚螟等病虫害。10月下旬黄熟后及时收获。

适宜地区　四川省平坝、丘陵及低山地区（夏播）。

861. 贡夏豆14 （Gongxiadou 14）

品种来源 自贡市农业科学研究院以贡6（85）F_2为母本，贡7（103）F_1为父本，进行有性杂交，系谱法选育而成，原品系号贡夏8126。2019年经四川省农作物品种审定委员会审定，审定编号为川审豆20190004。全国大豆品种资源统一编号ZDD33619。

特征 亚有限结荚习性。株高90.9cm，株型收敛，有效分枝数2.9个，单株有效荚数37.9个。叶椭圆形，白花，棕毛。荚黄褐色。籽粒椭圆形，种皮黄色，脐褐色。百粒重24.0g。

特性 南方夏大豆，中熟品种，四川省夏播生育期130d。中抗大豆花叶病毒病，落叶性好，不裂荚。

产量品质 2016—2017年四川省夏大豆晚熟组品种区域试验，平均产量2 007.5kg/hm²，较对照贡选1号增产20.8%。2018年生产试验，平均产量2 149.1kg/hm²，较对照贡选1号增产8.8%。蛋白质含量45.96%，脂肪含量19.32%。

贡夏豆14

栽培要点 适宜中等肥力地块种植。6月下旬为适播期，不宜套作。净作行距0.5m，穴距0.3m，每穴2株，密度13.3万株/hm²。适时中耕。花荚期注意防治花叶病毒病、锈病、蚜虫、斜纹夜蛾、豆荚螟等病虫害，10月下旬黄熟后及时收获。

适宜地区 四川省平坝、丘陵及低山地区（夏播）。

862. 贡豆23 （Gongdou 23）

品种来源 自贡市农业科学研究院、山东圣丰种业科技有限公司以贡豆18为母本，贡444-1为父本，进行有性杂交，系谱法选育而成，原品系号圣贡617-2。2015年经四川省农作物品种审定委员会审定，审定编号为川审豆2015003。全国大豆品种资源统一编号ZDD33620。

特征 有限结荚习性。株高48.2cm，株型收敛，有效分枝数2.7个，单株有效荚数38.3个。叶卵圆形，白花，棕毛。荚褐色。籽粒椭圆形，种皮黄色，脐褐色。百粒重23.6g。

特性 南方春大豆，中熟品种，四川省春播生育期113d。抗大豆花叶病毒病，抗倒

贡豆23

贡春豆24

伏，落叶性好，不裂荚。

产量品质　2012—2013年四川省春大豆早熟组品种区域试验，平均产量2 473.1kg/hm²，较对照南豆5号增产8.4％。2014年生产试验，平均产量2 456.7kg/hm²，较对照南豆5号增产4.3％。蛋白质含量43.76％，脂肪含量20.83％。

栽培要点　适宜中等肥力地块种植。4月上旬为适播期。净作行距0.4m，穴距0.2m，每穴2株，密度25.0万株/hm²。低肥力地块施基肥过磷酸钙450.0kg/hm²，苗期提苗追尿素75.0kg/hm²。适时中耕。花荚期注意防治卷叶螟、蚜虫、豆荚螟等虫害。7月中旬黄熟后及时收获。

适宜地区　四川省平坝、丘陵及低山地区（春播）。

863. 贡春豆24 (Gongchundou 24)

品种来源　自贡市农业科学研究院以贡205-1为母本，贡443-1为父本，进行有性杂交，系谱法选育而成，原品系号贡6140-8。2016年经四川省农作物品种审定委员会审定，审定编号为川审豆2016002。全国大豆品种资源统一编号ZDD33621。

特征　有限结荚习性。株高41.6cm，株型收敛，有效分枝数3.2个，单株有效荚数34.8个。叶卵圆形，白花，灰毛。荚褐色。籽粒椭圆形，种皮黄色，脐黄色。百粒重23.4g。

特性　南方春大豆，中熟品种，四川省春播生育期115d。抗大豆花叶病毒病，抗倒伏，落叶性好，不裂荚。

产量品质　2012—2014年四川省春大豆早熟组品种区域试验，平均产量2 426.7kg/hm²，较对照南豆5号增产5.8％。2015年生产试验，平均产量2 505.0kg/hm²，较对照南豆5号增产5.9％。蛋白质含量44.71％，脂肪含量19.74％。

栽培要点 适宜中等肥力地块种植。4月上旬为适播期。净作行距0.4m，穴距0.2m，每穴2株，密度25.0万株/hm²。低肥力地块施基肥过磷酸钙450.0kg/hm²，苗期施提苗肥尿素75.0kg/hm²。适时中耕。花荚期注意防治卷叶螟、蚜虫、豆荚螟等虫害。7月中旬黄熟后及时收获。

适宜地区 四川省平坝、丘陵及低山地区（春播）。

864. 贡春豆25 （Gongchundou 25）

品种来源 自贡市农业科学研究院、山东圣丰种业科技有限公司以油春05-4为母本，浙57001为父本，进行有性杂交，系谱法选育而成，原品系号圣贡827-2。2020年经四川省农作物品种审定委员会审定，审定编号为川审豆20200001。全国大豆品种资源统一编号ZDD33622。

特征 有限结荚习性。株高71.0cm，株型收敛，有效分枝数3.1个，单株有效荚数39.1个。叶椭圆形，白花，棕毛。荚黄褐色。籽粒椭圆形，种皮黄色，脐褐色。百粒重23.0g。

特性 南方春大豆，中熟品种，四川省春播生育期109d。中抗大豆花叶病毒病，抗倒伏，落叶性好，不裂荚。

产量品质 2016—2017年四川省春大豆早熟组品种区域试验，平均产量2 762.7kg/hm²，较对照天隆1号增产6.3%。2019年生产试验，平均产量2 860.8kg/hm²，较对照天隆1号增产4.7%。蛋白质含量46.79%，脂肪含量19.58%。

栽培要点 适宜中等肥力地块种植。4月上旬为适播期。净作行距0.5m，穴距0.2m，每穴2株，密度20.0万株/hm²。低肥力地块施基肥过磷酸钙450.0kg/hm²，苗期施提苗肥尿素75.0kg/hm²。适时中耕。花荚期注意防治卷叶螟、蚜虫、豆荚螟等虫害。7月中旬黄熟后及时收获。

适宜地区 四川省平坝、丘陵及低山地区（春播）。

贡春豆25

重 庆 市 品 种

865. 渝豆3号 （Yudou 3）

渝豆3号

品种来源　重庆市农业科学院从忠县搜集的地方品种资源中经系统选育而成，原品系号为12-23。2015年经重庆市农作物品种审定委员会审定，审定编号为渝审豆2015001。全国大豆品种资源统一编号ZDD33606。

特征　亚有限结荚习性。株高68.9cm，株型半开张，有效分枝数4.8个，单株有效荚数38.3个，单株粒数72.5个。叶卵圆形，白花，灰毛。荚黄褐色，底荚高19.6cm。籽粒扁椭圆形，种皮黄色，有光泽，子叶黄色，脐深褐色。百粒重19.9g。

特性　南方春大豆，早熟品种，生育期97d。田间综合抗病性好，落叶性好，不裂荚。

产量品质　2013—2014年重庆市春大豆区域试验，平均产量2 498.3kg/hm²，较对照浙春3号增产13.4%。2014年生产试验，平均产量2 001.0kg/hm²，较对照浙春3号增产13.0%。蛋白质含量39.56%，脂肪含量23.20%。

栽培要点　3月底至4月中旬为最佳播种期，密度20万～25万株/hm²。基肥施大豆专用复合肥450kg/hm²。初花期追施尿素90kg/hm²。播种后注意预防鸟类危害出苗，开花期注意防治烟粉虱，结荚期注意防治点蜂缘蝽。

适宜地区　重庆市及相似生态区。

866. 渝豆6号 （Yudou 6）

品种来源　重庆市农业科学院从忠县搜集的地方品种资源中经系统选育而成，原品系号为12-101。2016年经重庆市农作物品种审定委员会审定，审定编号为渝审豆2016001。全国大豆品种资源统一编号ZDD33607。

特征 亚有限结荚习性。株高57.5cm，株型半开张，有效分枝数4.2个，单株有效荚数35.2个，单株粒数64.7个。叶卵圆形，白花，棕毛。荚黄褐色，底荚高16.6cm。籽粒扁椭圆形，种皮黄色，有光泽，子叶黄色，脐淡褐色。百粒重22.6g。

特性 南方春大豆，早熟品种，生育期97d。田间综合抗病性好，落叶性好，不裂荚。

产量品质 2013—2014年重庆市春大豆区域试验，产量2 437.5kg/hm²，较对照浙春3号增产10.5%。2015年生产试验，产量2 304.0kg/hm²，较对照浙春3号增产11.6%。蛋白质含量44.13%，脂肪含量18.72%。

栽培要点 3月底至4月中旬为最佳播种期，密度20万~25万株/hm²。基肥施大豆专用复合肥450kg/hm²。初花期追施尿素90kg/hm²。播种后注意预防鸟类危害出苗，开花期注意防治烟粉虱，结荚期注意防治点蜂缘蝽。

适宜地区 重庆市及相似生态区。

渝豆6号

867. 渝豆7号 （Yudou 7）

品种来源 重庆市农业科学院、自贡市农业科学研究院以品系贡205-1为母本，株系443-1为父本，进行有性杂交，系谱法选育而成，原品系号贡6140-8。2016年经重庆市农作物品种审定委员会审定，审定编号为渝审豆2016002。全国大豆品种资源统一编号ZDD33608。

特征 有限结荚习性。株高47.1cm，株型半开张，有效分枝数4.4个，单株有效荚数38.2个，单株粒数72.5个。叶卵圆形，白花，灰毛。荚褐色，底荚高8.0cm。籽粒扁椭圆形，种皮黄色，有光泽，子叶黄色，脐黄色。百粒重25.5g。

特性 南方春大豆，早熟品种，生育期98d。田间综合抗病性好，落叶性好，不裂荚。

渝豆7号

产量品质 2014—2015年重庆市春大豆区域试验，平均产量2 323.5kg/hm²，较对照浙春3号增产13.0%。2015年生产试验，平均产量2 355.0kg/hm²，较对照浙春3号增产14.0%。蛋白质含量42.25%，脂肪含量21.51%。

栽培要点 3月底至4月中旬为最佳播种期，密度20万～25万株/hm²。基肥施大豆专用复合肥450kg/hm²，初花期追施尿素90kg/hm²。播种后注意预防鸟类危害出苗，开花期注意防治烟粉虱，结荚期注意防治点蜂缘蝽。

适宜地区 重庆市及相似生态区。

868. 渝豆9号 （Yudou 9）

渝豆9号

品种来源 重庆市科学院从潼南搜集的地方品种资源中经系统选育而成。2017年经重庆市农作物品种审定委员会审定，审定编号为渝审豆20170001。全国大豆品种资源统一编号ZDD33609。

特征 亚有限结荚习性。株高59.2cm，株型半开张，有效分枝数4.5个，单株有效荚数42.5个，单株粒数72.9个。叶椭圆形，紫花，灰毛。荚褐色，底荚高15.0cm。籽粒扁椭圆形，种皮黑色，有光泽，子叶黄色，脐深褐色。百粒重22.0g。

特性 南方春大豆，中熟品种，生育期98d。田间综合抗病性好，落叶性好，不裂荚。

产量品质 2015—2016年重庆市春大豆区域试验，平均产量2 487.0kg/hm²，较对照浙春3号增产13.5%。2016年生产试验，平均产量2 719.5kg/hm²，较对照浙春3号增产13.6%。蛋白质含量43.70%，脂肪含量20.00%。

栽培要点 3月底至4月中旬为最佳播种期，密度20万～25万株/hm²。基肥施大豆专用复合肥450kg/hm²，初花期追施尿素90kg/hm²。播种后注意预防鸟类危害出苗，开花期注意防治烟粉虱，结荚期注意防治点蜂缘蝽。

适宜地区 重庆市及相似生态区。

869. 渝豆10号 （Yudou 10）

品种来源 重庆市科学院从潼南搜集的地方品种资源中经系统选育而成。2018年经重庆市农作物品种审定委员会审定，审定编号为渝审豆20180001。全国大豆品种资源统一编号ZDD33610。

特征 亚有限结荚习性。株高55.8cm，株型半开张，有效分枝数4.1个，单株有效荚数38.1个，单株粒数72.6个。叶椭圆形，白花，灰毛。荚褐色，底荚高12.7cm。籽粒椭圆形，种皮黄色，有光泽，子叶黄色，脐褐色。百粒重21.5g。

特性 南方春大豆，中熟品种，生育期99d。田间综合抗病性好，落叶性好，不裂荚。

产量品质 2016—2017年重庆市春大豆区域试验，产量2 583.0kg/hm²，较对照浙春3号增产9.2%。2017年生产试验，产量2 919.0kg/hm²，较对照浙春3号增产12.2%。蛋白质含量43.90%，脂肪含量17.30%。

栽培要点 3月底至4月中旬为最佳播种期，密度20万～25万株/hm²。基肥施大豆专用复合肥450kg/hm²，初花期追施尿素90kg/hm²。播种后注意预防鸟类危害出苗，开花期注意防治烟粉虱，结荚期注意防治点蜂缘蝽。

适宜地区 重庆市及相似生态区。

渝豆10号

870. 渝豆11（Yudou 11）

品种来源 重庆市科学院从永川搜集的地方品种资源中经系统选育而成。2018年经重庆市农作物品种审定委员会审定，审定编号为渝审豆20180002。全国大豆品种资源统一编号ZDD33611。

特征 亚有限结荚习性。株高61.4cm，株型半开张，有效分枝数4.3个，单株有效荚数32.3个，单株粒数68.5个。叶椭圆形，白花，灰毛。荚黄褐色，底荚高13.0cm。籽粒椭圆形，种皮黄色，有光泽，子叶黄色，脐深褐色。百粒重20.4g。

特性 南方春大豆，中熟品种，生育期96d。田间综合抗病性好，落叶性好，不裂荚。耐荫性好，适合与春玉米间作。

渝豆11

产量品质   2016—2017年重庆市春大豆区域试验，产量2 454.0kg/hm²，较对照浙春3号增产3.7%。2017年生产试验，产量2 965.5kg/hm²，较对照浙春3号增产13.9%。蛋白质含量45.70%，脂肪含量17.90%。

栽培要点   3月底至4月中旬为最佳播种期，密度20万～25万株/hm²。基肥施大豆专用复合肥450kg/hm²。初花期追施尿素90kg/hm²。播种后注意预防鸟类危害出苗，开花期注意防治烟粉虱，结荚期注意防治点蜂缘蝽。

适宜地区   重庆市及相似生态区。

871. 渝豆12（Yudou 12）

渝豆12

品种来源   重庆市农业科学院以浙春3号为母本，川豆14为父本，进行有性杂交，系谱法选育而成。2019年经重庆市农作物品种审定委员会审定，审定编号为渝审豆20190001。全国大豆品种资源统一编号ZDD33612。

特征   亚有限结荚习性。株高59.1cm，株型半开张，有效分枝数4.2个，单株有效荚数46.4个，单株粒数85.8个。叶椭圆形，白花，灰毛。荚黄褐色，底荚高10.2cm。籽粒椭圆形，种皮黄色，有光泽，子叶黄色，脐褐色。百粒重22.4g。

特性   南方春大豆，早熟品种，生育期95d。田间综合抗病性好，落叶性好，不裂荚。

产量品质   2017—2018年重庆市春大豆区域试验，产量2 907.0kg/hm²，较对照浙春3号增产10.3%。2018年生产试验，产量2 805.0kg/hm²，较对照浙春3号增产4.8%。蛋白质含量38.70%，脂肪含量21.70%。

栽培要点   3月底至4月中旬为最佳播种期，密度20万～25万株/hm²。基肥施大豆专用复合肥450kg/hm²，初花期追施尿素90kg/hm²。播种后注意预防鸟类危害出苗，开花期注意防治烟粉虱，结荚期注意防治点蜂缘蝽。

适宜地区   重庆市及相似生态区。

872. 渝豆13（Yudou 13）

品种来源   重庆市农业科学院以渝豆1号为母本，浙春3号为父本，进行有性杂交，系谱法选育而成。2019年经重庆市农作物品种审定委员会审定，审定编号为渝审豆

20190002。全国大豆品种资源统一编号ZDD33613。

特征 亚有限结荚习性。株高55.2cm，株型半开张，有效分枝数3.7个，单株有效荚数46.1个，单株粒数88.3个。叶椭圆形，白花，灰毛。荚黄褐色，底荚高9.2cm。籽粒椭圆形，种皮黄色，有光泽，子叶黄色，脐淡褐色。百粒重22.1g。

特性 南方春大豆，早熟品种，生育期97d。田间综合抗病性好，落叶性好，不裂荚。

产量品质 2017—2018年重庆市春大豆区域试验，产量2953.5kg/hm²，较对照浙春3号增产12.0%。2018年生产试验，产量2818.5kg/hm²，较对照浙春3号增产5.3%。蛋白质含量41.30%，脂肪含量18.80%。

栽培要点 3月底至4月中旬为最佳播种期，密度20万~25万株/hm²。基肥施大豆专用复合肥450kg/hm²，初花期追施尿素90kg/hm²。播种后注意预防鸟类危害出苗，开花期注意防治烟粉虱，结荚期注意防治点蜂缘蝽。

适宜地区 重庆市及相似生态区。

渝豆13

873. 渝豆14（Yudou 14）

品种来源 重庆市农业科学院以浙春3号为母本，黔江高油高异黄酮地方品种为父本，进行有性杂交，系谱法选育而成。2019年经重庆市农作物品种审定委员会审定，审定编号为渝审豆20190003。全国大豆品种资源统一编号ZDD33614。

特征 亚有限结荚习性。株高60.6cm，株型半开张，有效分枝数3.9个，单株有效荚数39.8个，单株粒数85.4个。叶椭圆形，白花，灰毛。荚黄褐色，底荚高12.4cm。籽粒椭圆形，种皮黄色，有光泽，子叶黄色，脐褐色。百粒重21.9g。

特性 南方春大豆，早熟品种，生育期

渝豆14

94d。田间综合抗病性好，落叶性好，不裂荚。

产量品质　2017—2018年重庆市春大豆区域试验，产量2 899.5kg/hm²，较对照浙春3号增产10.0%。2018年生产试验，产量2 808.0kg/hm²，较对照浙春3号增产4.9%。蛋白质含量37.90%，脂肪含量21.20%。

栽培要点　3月底至4月中旬为最佳播种期，密度20万～25万株/hm²。基肥施大豆专用复合肥450kg/hm²，初花期追施尿素90kg/hm²。播种后注意预防鸟类危害出苗，开花期注意防治烟粉虱，结荚期注意防治点蜂缘蝽。

适宜地区　重庆市及相似生态区。

贵 州 省 品 种

874. 安豆8号（Andou 8）

品种来源 安顺市农业科学院以ZYD05689为母本，普定皂角豆为父本，进行有性杂交，系谱法选育而成，原品系号安07109。2016年经贵州省农作物品种审定委员会审定，审定编号为黔审豆2016003。全国大豆品种资源统一编号ZDD34468。

特征 有限结荚习性。株高51.5cm，底荚高9.6cm，主茎节数11.7节，有效分枝数2.7个，株型收敛，单株有效荚数34.5个。叶椭圆形，紫花，灰毛。荚浅褐色。籽粒椭圆形，种皮黄色，脐褐色。百粒重21.7g。

特性 南方春大豆中熟品种，贵州省春播生育期119d。田间综合抗病性好，不倒伏，不裂荚，落叶性好。

产量品质 2010、2014年贵州省大豆品种区域试验，平均产量2 669.9kg/hm²，较对照黔豆6号增产4.9%。2015年生产试验，平均产量2 534.7kg/hm²，较对照黔豆6号增产7.3%。蛋白质含量43.89%，脂肪含量19.14%。

栽培要点 适宜中等肥力地块种植。4月上中旬为适播期，播量60 ~ 75kg/hm²。行距

安豆8号

0.4m，株距0.10m，密度25万株/hm²，出苗后间苗。施基肥精制有机肥4 500kg/hm²和磷肥275kg/hm²。苗期结合第一次中耕除草施提苗肥，施尿素105.0 ~ 112.5kg/hm²；开花前结合第二次中耕除草追肥，追尿素225 ~ 300kg/hm²。全生育期注意防虫害。

适宜地区 贵州省（春播）。

875. 安豆9号（Andou 9）

品种来源 安顺市农业科学院以ZYD05615为母本，贵州省油料研究所新品系6015

为父本，进行有性杂交，系谱法选育而成，原品系号安08019。2016年经贵州省农作物品种审定委员会审定，审定编号为黔审豆2016004。全国大豆品种资源统一编号ZDD34469。

特征 有限结荚习性。株高43.8cm，主茎节数11.7节，底荚高8.9cm，有效分枝数2.2个，株型收敛，单株有效荚数30.1个。叶椭圆形，紫花，灰毛。荚褐色。籽粒椭圆形，种皮黄色，脐褐色。百粒重22.9g。

特性 南方春大豆中熟品种，贵州省春播生育期117d。田间综合抗病性好，不倒伏，不裂荚，落叶性好。

产量品质 2014—2015年贵州省大豆品种区域试验，平均产量2 700.0kg/hm²，较对照黔豆6号增产5.7%。2015年生产试验，平均产量2 702.6kg/hm²，较对照黔豆6号增产14.4%。蛋白质含量43.17%，脂肪含量19.54%。

栽培要点 适宜中等肥力地块种植。4月上中旬为适播期，播量60～75kg/hm²。行距0.4m，株距0.1m，密度25万株/hm²，出苗后间苗。施基肥精制有机肥4 500kg/hm²和磷肥275kg/hm²。苗期结合第一次中耕除草施提苗肥，施尿素105.0～112.5kg/hm²；开花前结合第二次中耕除草追肥，追尿素225～300kg/hm²。全生育期注意防虫害。

适宜地区 贵州省（春播）。

安豆9号

876. 安豆10号（Andou 10）

品种来源 安顺市农业科学院以ZYD05689为母本，普定皂角豆为父本，进行有性杂交，系谱法选育而成，原品系号安1270。2020年经贵州省农作物品种审定委员会审定，审定编号为黔审豆2020001。全国大豆品种资源统一编号ZDD34470。

特征 有限结荚习性。株高54.7cm，主茎节数13.0节，底荚高12.0cm，有效分枝数2.4

安豆10号

个，株型收敛，单株有效荚数42.6个。叶卵圆形，紫花，棕毛。荚深褐色。籽粒椭圆形，种皮黄色，脐褐色。百粒重18.4g。

特性 南方春大豆早熟品种，贵州省春播生育期119d。田间综合抗病性好，不倒伏，不裂荚，落叶性好。

产量品质 2016年贵州省大豆品种区域试验，平均产量3 214.5kg/hm²，较对照增产10.3%；2017年续试，平均产量2 802.9kg/hm²，较对照增产9.5%。2018年生产试验，平均产量2 638.7kg/hm²，较对照黔豆7号增产6.8%。蛋白质含量44.57%，脂肪含量18.68%。

栽培要点 适宜中等肥力地块种植。4月上中旬为适播期，播量60～75kg/hm²。行距0.4m，株距0.08m，密度30万株/hm²，出苗后间苗。施基肥精制有机肥4 500kg/hm²和磷肥275kg/hm²。苗期结合第一次中耕除草施提苗肥，施尿素105.0～112.5kg/hm²；开花前结合第二次中耕除草追肥，追尿素225～300kg/hm²。全生育期注意防虫害。

适宜地区 贵州省（春播）。

877. 黔豆9号（Qiandou 9）

品种来源 贵州省农业科学院油料研究所以黔豆94-12为母本，湖南零陵地区收集的材料零86-2为父本，进行有性杂交，系谱法选育而成，原品系号黔豆08002。2016年经贵州省农作物品种审定委员会审定，审定编号为黔审豆2016001。全国大豆品种资源统一编号ZDD34471。

特征 有限结荚习性。株高51.2cm，主茎节数10.7节，底荚高9.4cm，有效分枝数2.0个，株型收敛，单株有效荚数45.1个。叶椭圆形，紫花，灰毛。荚浅褐色。籽粒椭圆形，种皮黄色，脐深褐色。百粒重16.4g。

特性 南方春大豆中熟品种，贵州省春播生育期117d。田间综合抗病性好，不倒伏，不裂荚，落叶性好。

产量品质 2009—2010年贵州省大豆品种区域试验，平均产量2 732.4kg/hm²，较对照黔豆6号增产7.5%。2015年生产试验，平均产量

黔豆9号

2 769.5kg/hm²，较对照黔豆6号增产17.2%。蛋白质含量46.76%，脂肪含量18.50%。

栽培要点 适播期为当地气温稳定在12℃以上，3月下旬至5月上旬，播量60～75kg/hm²。行距0.4m，株距0.07～0.10m，密度27万～31.5万株/hm²，出苗后间苗。中等肥力地块

施基肥腐熟有机肥15 000kg/hm²和45%氮磷钾三元复合肥150kg/hm²；初花期追施含氮46%的尿素60～75kg/hm²；高肥力地块不施肥。播种后注意防治当地易发生的地下害虫，生长过程中注意防治豆卷叶螟、豆荚螟及食心虫等。

适宜地区　贵州省（春播）。

878. 黔豆10号（Qiandou 10）

黔豆10号

品种来源　贵州省农业科学院油料研究所以97-7015为母本，湘春豆13为父本，进行有性杂交，系谱法选育而成，原品系号2012-1。2015年经国家农作物品种审定委员会审定，审定编号国审豆2015010。全国大豆品种资源统一编号ZDD34472。

特征　有限结荚习性。株高54.5cm，主茎节数12.7节，底荚高10.6cm，有效分枝数3.1个，株型收敛，单株有效荚数48.4个。叶椭圆形，紫花，灰毛。荚褐色。籽粒椭圆形，种皮黄色，脐褐色。百粒重18.3g。

特性　南方春大豆中熟品种，贵州省春播生育期113d。田间综合抗病性好，不倒伏，不裂荚，落叶性好。

产量品质　2012—2013年西南山区大豆组品种区域试验，平均产量2 950.5kg/hm²，较对照滇豆7号增产12.3%。2014年生产试验，平均产量2 701.5kg/hm²，较对照滇豆7号增产0.8%。蛋白质含量41.57%，脂肪含量19.23%。

栽培要点　以当地气温稳定在12℃以上，在西南山区一般3月下旬至5月上旬为适播期，播量60～75 kg/hm²。行距0.4m，株距0.07～0.10m，播种密度，高肥力地块27.8万株/hm²，中等肥力地块31.2万株/hm²，低肥力地块36万株/hm²，出苗后间苗。施基肥腐熟有机肥15 000kg/hm²和复合肥150kg/hm²或磷酸二胺120kg/hm²。苗期第一次中耕除草；初花期结合第二次中耕除草追施氮磷钾三元复合肥75 kg/hm²。全生育期注意防虫。

适宜地区　贵州省、湖北省（春播）。

879. 黔豆11（Qiandou 11）

品种来源　贵州省农业科学院油料研究所以大方猫耳灰为母本，黔豆08001为父本，进行有性杂交，系谱法选育而成，原品系号黔豆08014。2016年经贵州省农作物品种审定委员会审定，审定编号为黔审豆2016002。全国大豆品种资源统一编号ZDD34473。

特征　有限结荚习性。株高44.7cm，主茎节数11.5节，底荚高7.7cm，有效分枝数2.3个，株型收敛，单株有效荚数37.1个。叶短椭圆形，紫花，棕毛。荚褐色。籽粒椭圆形，种皮黄色，子叶黄色，脐褐色。百粒重17.3g。

特性　南方春大豆中熟品种，贵州省春播生育期116d。田间综合抗病性好，不倒伏，不裂荚，落叶性好。

产量品质　2014—2015年贵州省大豆品种区域试验，平均产量2 744.0kg/hm²，较对照黔豆6号增产7.4%。2015年贵州省大豆生产试验，平均产量2 567.0kg/hm²，较对照黔豆6号增产8.7%。蛋白质含量40.37%，脂肪含量20.30%。

栽培要点　4月上旬至5月上旬为适播期，播量60 ～ 75kg/hm²。行距0.35 ～ 0.4m，株距0.08 ～ 0.09m，密度30万 ～ 33万株/hm²，出苗后间苗。施基肥腐熟有机肥10 500kg/hm²和三元复合肥225kg/hm²。4 ～ 5叶期进行中耕、除草、追肥，施尿素30 ～ 45kg/hm²。初花期中耕除草。成熟后及时收获，脱粒，晾干贮藏。注意防治大豆根腐病，在整个生长过程中注意防治地老虎、蚜虫、卷叶螟、食心虫、豆荚螟、椿象等，并注意防涝、防旱。

适宜地区　贵州省（春播）。

黔豆11

880. 黔豆12（Qiandou 12）

品种来源　贵州省农业科学院油料研究所以黔豆08001为母本，江口青皮豆为父本，进行有性杂交，系谱法选育而成，原品系号黔豆14-80。2018年经贵州省农作物品种审定委员会审定，审定编号为黔审豆20180001。全国大豆品种资源统一编号ZDD34474。

特征　有限结荚习性。株高50.5cm，主茎节数12.9节，底荚高9.9cm，有效分枝数1.9

黔豆12

个，株型收敛，单株有效荚数36.4个。叶椭圆形，紫花，灰毛。荚褐色。籽粒椭圆形，种皮黄色，子叶黄色，脐褐色。百粒重24.1g。

特性　南方春大豆中熟品种，贵州省春播生育期114d。田间综合抗病性好，不倒伏，不裂荚，落叶性好。

产量品质　2015—2016年贵州省大豆品种区域试验，平均产量3 073.2kg/hm²，较对照黔豆6号增产11.7%。2017年贵州省大豆生产试验，平均产量2 576.7kg/hm²，较对照黔豆6号增产10.5%。蛋白质含量43.76%，脂肪含量19.20%。

栽培要点　4月上旬至4月下旬为适播期，播量60～75kg/hm²。行距0.35～0.40m，株距0.09～0.10m，密度27万株/hm²，出苗后间苗。中等肥力土壤，施基肥腐熟有机肥9 000～12 000kg/hm²和三元复合缓释肥300kg/hm²；高肥力土壤不施肥。注意防治大豆花叶病毒病、大豆根腐病，在整个生长过程中注意防治地老虎、蚜虫、卷叶螟、食心虫、豆荚螟、椿象等。特别注意完熟后裂荚，在成熟后及时收获、脱粒、晒干，用干燥仓库贮藏。

适宜地区　贵州省（春播）。

881. 黔豆13（Qiandou 13）

黔豆13

品种来源　贵州省农业科学院油料研究所以黔豆08003为母本，镇远大黄豆为父本，进行有性杂交，系谱法选育而成，原品系号黔豆16-9。2020年经贵州省农作物品种审定委员会审定，审定编号为黔审豆20200002。全国大豆品种资源统一编号ZDD34475。

特征　亚有限结荚习性。株高56.5cm，主茎节数12.3节，底荚高10.3cm，有效分枝数2.3个，株型收敛，单株有效荚数35.1个。叶椭圆形，紫花，灰毛。荚褐色。籽粒椭圆形，种皮黄色，脐褐色。百粒重23.9g。

特性　南方春大豆中熟品种，贵州省春播生育期117d。田间综合抗病性好，不倒伏，不裂荚，落叶性好。

产量品质　2017—2018年贵州省大豆品种区域试验，平均产量2 698.5kg/hm²，较对照黔豆7号增产5.5%。2018年贵州省大豆生产试验，平均产量2 724.0kg/hm²，较对照黔豆7号增产10.3%。蛋白质含量44.09%，脂肪含量19.21%。

栽培要点　3月下旬至5月上旬为适播期，播量60～75kg/hm²。宽窄行沟播，宽行距

0.6m，窄行距0.3m，株距0.08～0.10m，密度22.2万～27.8万株/hm²，出苗后间苗。施基肥腐熟有机肥9 000kg/hm²和三元复合肥300kg/hm²。整个生长期间注意防虫。

适宜地区 贵州省（春播）。

882. 黔豆14（Qiandou 14）

品种来源 贵州省农业科学院油料研究所以南农307为母本，道真六月黄为父本，进行有性杂交，系谱法选育而成，原品系号黔豆15-62-2。2020年经贵州省农作物品种审定委员会审定，审定编号为黔审豆20200004。全国大豆品种资源统一编号ZDD34476。

特征 有限结荚习性。株高54.0cm，主茎节数12.0节，底荚高度9.7cm，有效分枝数2.7个，株型收敛，单株有效荚数42.8个。叶椭圆形，紫花，灰毛。荚褐色。籽粒椭圆形，种皮黄色，子叶黄色，脐褐色。百粒重17.2g。

特性 南方春大豆中熟品种，贵州省春播生育期117d。田间综合抗病性好，不倒伏，不裂荚，落叶性好。

产量品质 2017—2018年贵州省大豆品种区域试验，平均产量2 832.0kg/hm²，较对照黔豆7号增产10.7%。2018年贵州省大豆生产试验，平均产量2 763.0kg/hm²，较对照黔豆7号增产11.8%。蛋白质含量41.40%，脂肪含量19.90%。

黔豆14

栽培要点 3月下旬至5月上旬为适播期，播量60～75kg/hm²。行距0.4m，株距0.08～0.10m，密度25万～31万株/hm²，出苗后间苗。施基肥腐熟有机肥9 000～12 000kg/hm²和三元复合肥300kg/hm²。4～5叶期进行中耕、除草、追肥，施尿素45～75kg/hm²。初花期中耕除草。成熟后及时收获、脱粒、晾干贮藏。注意防治大豆花叶病毒病，在整个生长过程中注意防治地老虎、蚜虫、卷叶螟、食心虫、豆荚螟、椿象等，并注意防涝、防旱。

适宜地区 贵州省（春播）。花叶病毒病重区慎用。

广 东 省 品 种

883. 华春7号 （Huachun 7）

华春7号

品种来源 华南农业大学和山东圣丰种业科技有限公司以华春3号为母本，福豆234为父本，进行有性杂交，改良系谱法选育而成，原品系号粤春2011-3。2017年经福建省农作物品种审定委员会审定，审定编号为闽审豆20170002。全国大豆品种资源统一编号ZDD34477。

特征 有限结荚习性。株高68.7cm，株型收敛，有效分枝数3～4个，单株有效荚数35.2个。叶椭圆形，紫花，棕毛。荚黄色。籽粒椭圆形，种皮黄色，脐褐色。百粒重21.5g。

特性 福建春大豆，早熟品种，福建省春播生育期103d。田间综合抗病性好，落叶性好，籽粒整齐，不裂荚。

产量品质 2014—2015年福建省春大豆品种区域试验，平均产量2 122.1kg/hm²，较对照福豆234增产9.5%。2016年生产试验，平均产量2 246.0kg/hm²，较对照福豆234增产14.5%。蛋白质含量43.42%，脂肪含量18.76%。

栽培要点 一般2月中下旬至4月上旬播种，播量45～60kg/hm²。条播行距0.4m，株距0.1m，高肥力地块21万株/hm²，中等肥力地块27万株/hm²，低肥力地块30万株/hm²。高肥力地块不需要施肥；中等肥力地块施氮磷钾三元复合肥75～150kg/hm²；低肥力地块施尿素75～90kg/hm²、重过磷酸钙450～600kg/hm²、硫酸钾600kg/hm²。适时中耕，后期注意防虫。

适宜地区 福建省（春播）。

884. 华春8号 （Huachun 8）

品种来源 华南农业大学以华春3号为母本，福豆234为父本，进行有性杂交，改良系谱法选育而成，原品系号粤春2011-1。2015年经国家农作物品种审定委员会审定，审定编号为国审豆2015012。全国大豆品种资源统一编号ZDD33650。

特征　有限结荚习性。株高50.3cm，株型收敛，有效分枝数2～3个，单株有效荚数29.3个。叶椭圆形，紫花，棕毛。荚黄色。籽粒椭圆形，种皮黄色，脐深褐色。百粒重21.8g。

特性　热带亚热带春大豆，早熟品种，热带亚热带春播生育期97d。田间综合抗病性好，落叶性好，籽粒整齐，不裂荚。

产量品质　2012—2013年国家热带亚热带春大豆品种区域试验，平均产量2 569.5kg/hm^2，较对照华春2号增产9.8%。2014年生产试验，平均产量2 253.0kg/hm^2，较对照华春2号增产8.3%。蛋白质含量44.39%，脂肪含量19.53%。

栽培要点　一般2月中下旬至4月上旬播种，播量45～60kg/hm^2。条播行距0.4m，株距0.1m，高肥力地块21万株/hm^2，中等肥力地块27万株/hm^2，低肥力地块30万株/hm^2。高肥力地块不需要施肥；中等肥力地块施氮磷钾三元复合肥75～150kg/hm^2；低肥力地块施尿素75～90kg/hm^2、重过磷酸钙450～600kg/hm^2、硫酸钾600kg/hm^2。适时中耕，后期注意防虫。

适宜地区　广东省西南部、广西壮族自治区、福建省中南部（春播）。

885. 华春12（Huachun 12）

品种来源　华南农业大学和山东圣丰种业科技有限公司以桂早1号为母本，巴西9号为父本，进行有性杂交，改良系谱法选育而成，原品系号粤春2010-1。2018年经广西壮族自治区农作物品种审定委员会审定，审定编号为桂审豆2018003号。全国大豆品种资源统一编号

华春8号

华春12

ZDD33651。

特征 有限结荚习性。株高39.5cm，株型收敛，有效分枝数2～3个，单株有效荚数32.4个。叶椭圆形，白花，棕毛。荚黄色。籽粒椭圆形，种皮黄色，脐褐色。百粒重19.0g。

特性 广西春大豆，早熟品种，广西壮族自治区春播生育期92d。田间综合抗病性好，落叶性好，籽粒整齐，不裂荚。

产量品质 2015—2016年广西壮族自治区春大豆品种区域试验，平均产量2 483.0kg/hm²，较对照桂春1号增产4.3%。2017年生产试验，平均产量2 268.2kg/hm²，较对照桂春1号增产0.6%。蛋白质含量39.70%，脂肪含量22.84%。

栽培要点 一般2月中旬至3月下旬播种，播量45～60kg/hm²。条播行距0.4m，株距0.1m，高肥力地块21万株/hm²，中等肥力地块27万株/hm²，低肥力地块30万株/hm²。高肥力地块不需要施肥；中等肥力地块施氮磷钾三元复合肥75～150kg/hm²；低肥力地块施尿素75～90kg/hm²、重过磷酸钙450～600kg/hm²、硫酸钾600kg/hm²。适时中耕，后期注意防虫。

适宜地区 广西壮族自治区（春大豆）。

886. 华夏7号 （Huaxia 7）

华夏7号

品种来源 华南农业大学和山东圣丰种业科技有限公司以台湾5号毛豆为母本，油04-88为父本，进行有性杂交，改良系谱法选育而成，原品系号华夏7号。2016年经广东省农作物品种审定委员会审定，审定编号为粤审豆20170001。全国大豆品种资源统一编号ZDD34478。

特征 亚有限结荚习性。株高66.6cm，株型收敛，有效分枝数4～5个，单株有效荚数47.4个。叶卵圆形，白花，灰毛。鲜荚黄绿色。籽粒圆形，种皮黄色，脐淡褐色。百粒鲜重69.9g。

特性 广东夏播菜用大豆，早熟品种，夏播生育期81d。田间综合抗病性好，落叶性好，籽粒整齐，不裂荚。

产量品质 2014年广东省菜用大豆区域试验，鲜荚平均产量12 289.5kg/hm²，较对照绿宝珠增产23.2%。2015年复试，鲜荚平均产量13 255.5kg/hm²，较对照绿宝珠增产10.4%。两年区试鲜荚平均产量12 772.5.5kg/hm²，较对照增产16.8%。蛋白质含量45.50%，脂肪含量17.00%。

栽培要点 夏播6月中旬至7月上旬，秋播7月下旬至8月上旬，播量45～60kg/hm²。条播行距0.5m，株距0.1m，高肥力地块21万株/hm²，中等肥力地块27万株/hm²，低肥力地块30万株/hm²。高肥力地块不需要施肥；中等肥力地块施氮磷钾三元复合肥75～150kg/hm²；低肥力地块施尿素75～90kg/hm²、重过磷酸钙450～600kg/hm²、硫酸钾600kg/hm²。适时中耕，后期注意防虫。

适宜地区 广东省（夏播、秋播）。

887. 华夏8号 （Huaxia 8）

品种来源 华南农业大学和山东圣丰种业科技有限公司以通丰G5为母本，油04-88为父本，进行有性杂交，改良系谱法选育而成，原品系号华夏8号。2016年经广东省农作物品种审定委员会审定，审定编号为粤审豆20160001。全国大豆品种资源统一编号ZDD34479。

特征 亚有限结荚习性。株高55.5cm，株型收敛，有效分枝数3～4个，单株有效荚数48.8个。叶卵圆形，紫花，灰毛。鲜荚绿色。籽粒圆形，种皮绿色，脐淡褐色。百粒鲜重69.5g。

特性 广东夏播菜用大豆，早熟品种，夏播生育期82d。田间综合抗病性好，落叶性好，籽粒整齐，不裂荚。

产量品质 2014年广东省菜用大豆区域试验，鲜荚平均产量11 161.5kg/hm²，较对照绿宝珠增产11.9%。2015年复试，鲜荚平均产量13 531.5kg/hm²，较对照绿宝珠增产12.7%。两年区试鲜荚平均产量12 346.5kg/hm²，较对照增产12.3%。蛋白质含量47.40%，脂肪含量17.50%。

华夏8号

栽培要点 夏播6月中旬至7月上旬，秋播7月下旬至8月上旬，播量45～60kg/hm²。条播行距0.5m，株距0.1m，高肥力地块21万株/hm²，中等肥力地块27万株/hm²，低肥力地块30万株/hm²。高肥力地块不需要施肥；中等肥力地块施氮磷钾三元复合肥75～150kg/hm²；低肥力地块施尿素75～90kg/hm²、重过磷酸钙450～600kg/hm²、硫酸钾600kg/hm²。适时中耕，后期注意防虫。

适宜地区 广东省（夏播、秋播）。

888. 华夏10号 （Huaxia 10）

品种来源　华南农业大学和山东圣丰种业科技有限公司以华夏1号为母本，华春1号

为父本，进行有性杂交，改良系谱法选育而成，原品系号粤夏2011-4。2016年经国家农作物品种审定委员会审定，审定编号为国审豆2016013。2016年经广西壮族自治区农作物品种审定委员会审定，审定编号为桂审豆2016001号。2021年经福建省农作物品种审定委员会审定，审定编号为闽审豆20210005。全国大豆品种资源统一编号ZDD33652。

特征　有限结荚习性。株高59.5cm，株型收敛，有效分枝数3～4个，单株有效荚数50.0个。叶椭圆形，白花，棕毛。荚黄色。籽粒椭圆形，种皮黄色，脐淡黄色。百粒重18.8g。

特性　热带亚热带夏大豆，中熟品种，热带亚热带夏播生育期98d。田间综合抗病性好，落叶性好，籽粒整齐，不裂荚。

华夏10号

产量品质　2013—2014年国家热带亚热带夏大豆品种区域试验，平均产量2 850.0kg/hm²，较对照华夏9号增产11.0%。2015年生产试验，平均产量2 461.5kg/hm²，较对照华夏9号增产13.8%。蛋白质含量43.17%，脂肪含量17.74%。

栽培要点　一般6月中下旬至7月下旬播种，播量45～60kg/hm²，条播行距0.5m，株距0.1m，高肥力地块19.5万株/hm²，中等肥力地块27万株/hm²，低肥力地块30万株/hm²。高肥力地块不需要施肥；中等肥力地块施氮磷钾三元复合肥75～150kg/hm²；低肥力地块施尿素75～90kg/hm²、重过磷酸钙450～600kg/hm²、硫酸钾600kg/hm²。适时中耕，后期注意防虫。

适宜地区　广东省、广西壮族自治区、福建省、海南省、湖南省南部和江西省南部（夏播）。

889. 华夏13 （Huaxia 13）

品种来源　华南农业大学和山东圣丰种业科技有限公司以中豆31为母本，巴西13为父本，进行有性杂交，改良系谱法选育而成，原品系号粤夏2011-3。2016年经广西壮族自治区农作物品种审定委员会审定，审定编号为桂审豆2016002号。全国大豆品种资源统

一编号ZDD33653。

特征　有限结荚习性。株高67.4cm，株型收敛，有效分枝数3～4个，单株有效荚数50.9个。叶椭圆形，紫花，棕毛。荚黄色。籽粒椭圆形，种皮黄色，脐褐色。百粒重16.8g。

特性　广西夏大豆，中熟品种，广西壮族自治区夏播生育期98d。田间综合抗病性好，落叶性好，籽粒整齐，不裂荚。

产量品质　2012—2013年广西壮族自治区夏大豆品种区域试验，平均产量2 768.0kg/hm²，较对照桂夏1号产量相当。2014年生产试验，平均产量2 440.4kg/hm²，较对照桂夏1号增产2.1 %。蛋白质含量42.09 %，脂肪含量20.02%。

栽培要点　一般6月中下旬至7月下旬播种，播量45～60kg/hm²。条播行距0.5m，株距0.1m，高肥力地块19.5万株/hm²，中等肥力地块27万株/hm²，低肥力地块30万株/hm²。高肥力地块不需要施肥；中等肥力地块施氮磷钾三元复合肥75～150kg/hm²；低肥力地块施尿素75～90kg/hm²、重过磷酸钙450～600kg/hm²、硫酸钾600kg/hm²。适时中耕，后期注意防虫。

适宜地区　广西壮族自治区（作夏大豆）。

华夏13

890. 华夏14（Huaxia 14）

品种来源　华南农业大学以桂夏豆2号为母本，南豆12为父本，进行有性杂交，改良系谱法选育而成。2020年经国家农作物品种审定委员会审定，审定编号为国审豆20200044。全国大豆品种资源统一编号ZDD33654。

特征　有限结荚习性。株高69.8cm，株型收敛，有效分枝数3～4个，单株有效荚数64.9个。叶椭圆形，白花，棕毛。荚褐色。籽粒椭圆形，种皮黄色，脐褐色。百粒重15.9g。

特性　热带亚热带夏大豆，晚熟品种，热带亚热带夏播生育期103d。田间综合抗病性好，落叶性好，籽粒整齐，不裂荚。

华夏14

产量品质　2017—2018年国家热带亚热带夏大豆品种区域试验，平均产量2 695.5kg/hm²，较对照华夏3号增产3.5%。2019年生产试验，平均产量2 484.0kg/hm²，较对照华夏3号增产4.7%。蛋白质含量45.40%，脂肪含量18.35%。

栽培要点　一般6月中下旬至7月下旬播种，播量45 ~ 60kg/hm²。条播行距0.5m，株距0.1m，高肥力地块19.5万株/hm²，中等肥力地块27万株/hm²，低肥力地块30万株/hm²。高肥力地块不需要施肥；中等肥力地块施氮磷钾三元复合肥75 ~ 150kg/hm²；低肥力地块施尿素75 ~ 90kg/hm²、重过磷酸钙450 ~ 600kg/hm²、硫酸钾600kg/hm²。适时中耕，后期注意防虫。

适宜地区　广东省、广西壮族自治区、福建省、海南省、湖南省南部和江西省南部（夏播）。

891. 华夏16　(Huaxia 16)

华夏16

品种来源　华南农业大学以耐阴黑豆为母本，华夏3号为父本，进行有性杂交，改良系谱法选育而成，原品系号粤夏2015-1。2019年经广东省农作物品种审定委员会审定，审定编号为粤审豆20190001。全国大豆品种资源统一编号ZDD33655。

特征　有限结荚习性。株高72.5cm，株型收敛，有效分枝数4 ~ 6个，单株有效荚数82.6个。叶椭圆形，白花，棕毛。荚褐色。籽粒椭圆形，种皮黑色，脐褐色。百粒重13.8g。

特性　广东夏大豆，晚熟品种，广东省夏播生育期105d。田间综合抗病性好，落叶性好，籽粒整齐，不裂荚。

产量品质　2017年广东省夏大豆品种区域试验，平均产量2 488.5kg/hm²，较对照华夏9号增产7.2%。2018年续试，平均产量2 763.0kg/hm²，较对照华夏9号增产4.8%。蛋白质含量38.88%，脂肪含量19.90%。

栽培要点　一般6月中旬至7月下旬播种，播量45 ~ 60kg/hm²。条播行距0.5m，株距0.1m，高肥力地块21万株/hm²，中等肥力地块27万株/hm²，低肥力地块30万株/hm²。高肥力地块不需要施肥；中等肥力地块施氮磷钾三元复合肥75 ~ 150kg/hm²；低肥力地块施尿素75 ~ 90kg/hm²、重过磷酸钙450 ~ 600kg/hm²、硫酸钾600kg/hm²。适时中耕，后期注意防虫。

适宜地区　广东省各地（夏播、秋播）。

892. 华夏17（Huaxia 17）

品种来源 华南农业大学以上海红皮为母本，通00-419为父本，进行有性杂交，改良系谱法选育而成，原品系号粤夏2015-2。2019年经广东省农作物品种审定委员会审定，审定编号为粤审豆20190002。2020年经国家农作物品种审定委员会审定，审定编号为国审豆20200045。2021年经广西壮族自治区农作物品种审定委员会审定，审定编号为桂审豆2021005号。全国大豆品种资源统一编号ZDD33656。

特征 有限结荚习性。株高48.5cm，株型收敛，有效分枝数2～3个，单株有效荚数62.0个。叶椭圆形，紫花，棕毛。荚褐色。籽粒椭圆形，种皮黑色，脐褐色。百粒重28.8g。

特性 热带亚热带夏大豆，早熟品种，热带亚热带夏播生育期93d。田间综合抗病性好，落叶性好，籽粒整齐，不裂荚。

华夏17

产量品质 2018—2019年国家热带亚热带夏大豆品种区域试验，平均产量2 445.0kg/hm²，较对照华夏9号增产3.4%。2019年生产试验，平均产量2 317.5kg/hm²，较对照华夏9号增产1.4%。蛋白质含量43.07%，脂肪含量19.83%。

栽培要点 一般6月中下旬至7月下旬播种，播量60～75kg/hm²。条播行距0.5m，株距0.1m，高肥力地块19.5万株/hm²，中等肥力地块27万株/hm²，低肥力地块30万株/hm²。高肥力地块不需要施肥；中等肥力地块施氮磷钾三元复合肥75～150kg/hm²；低肥力地块施尿素75～90kg/hm²、重过磷酸钙450～600kg/hm²、硫酸钾600kg/hm²。适时中耕，后期注意防虫。

适宜地区 广东省、广西壮族自治区、福建省、海南省、湖南省南部和江西省南部（夏播）。

893. 华夏18（Huaxia 18）

品种来源 华南农业大学以南农96B-4为母本，赣豆5号为父本，进行有性杂交，改良系谱法选育而成。2018年经江西省农作物品种审定委员会审定，审定编号为赣审豆20190005。全国大豆品种资源统一编号ZDD34480。

特征 有限结荚习性。株高62.5cm，株型收敛，有效分枝数3～4个，单株有效荚数

华夏18

30.5个。叶椭圆形，紫花，灰毛。荚灰褐色。籽粒椭圆形，种皮绿色，脐深褐色。百粒重34.1g。

特性 江西秋大豆，中熟品种，江西省秋播生育期103d。田间综合抗病性好，落叶性好，籽粒整齐，不裂荚。

产量品质 2017—2018年江西省秋大豆品种区域试验，平均产量2 951.1kg/hm²，较对照赣豆5号增产13.1%。蛋白质含量46.50%，脂肪含量18.60%。

栽培要点 一般7月下旬播种，播量60～75kg/hm²。条播行距0.5m，株距0.1m，高肥力地块21万株/hm²，中等肥力地块27万株/hm²，低肥力地块30万株/hm²。高肥力地块不需要施肥；中等肥力地块施氮磷钾三元复合肥75～150kg/hm²；低肥力地块施尿素75～90kg/hm²、重过磷酸钙450～600kg/hm²、硫酸钾600kg/hm²。适时中耕，后期注意防虫。

适宜地区 江西省（作秋大豆）。

894. 华夏19（Huaxia 19）

华夏19

品种来源 华南农业大学和山东圣丰种业科技有限公司以华春5号为母本，巴西18为父本，进行有性杂交，改良系谱法选育而成，原品系号粤夏2013-1。2019年经广西壮族自治区农作物品种审定委员会审定，审定编号为桂审豆2019002号。全国大豆品种资源统一编号ZDD33657。

特征 有限结荚习性。株高65.5cm，株型收敛，有效分枝数3～4个，单株有效荚数64.0个。叶椭圆形，白花，棕毛。荚灰褐色。籽粒椭圆形，种皮黄色，脐褐色。百粒重15.3g。

特性 广西夏大豆，中熟品种，广西壮族自治区夏播生育期94d。田间综合抗病性好，落叶性好，籽粒整齐，不裂荚。

产量品质 2016—2017年广西壮族自治区

夏大豆品种区域试验，平均产量2 869.9kg/hm²，较对照桂夏1号增产4.8%。2017年生产试验，平均产量2 775.5kg/hm²，较对照桂夏1号增产9.3%。蛋白质含量44.20%，脂肪含量18.77%。

栽培要点　一般6月中旬至7月上旬播种，7月下旬可以在广西壮族自治区南部秋播，播量45～60kg/hm²。条播行距0.5m，株距0.1m，高肥力地块21万株/hm²，中等肥力地块27万株/hm²，低肥力地块30万株/hm²。高肥力地块不需要施肥；中等肥力地块施氮磷钾三元复合肥75～150kg/hm²；低肥力地块施尿素75～90kg/hm²、重过磷酸钙450～600kg/hm²、硫酸钾600kg/hm²。适时中耕，后期注意防虫。

适宜地区　广西壮族自治区（作夏大豆）。

895. 华夏20（Huaxia 20）

品种来源　华南农业大学和山东圣丰种业科技有限公司以桂夏豆2号为母本，南豆12为父本，进行有性杂交，改良系谱法选育而成，原品系号粤夏2013-2。2018年经广西壮族自治区农作物品种审定委员会审定，审定编号为桂审豆2018004号。全国大豆品种资源统一编号ZDD33658。

特征　有限结荚习性。株高73.8cm，株型收敛，有效分枝数3～4个，单株有效荚数81.8个。叶椭圆形，白花，棕毛。荚褐色。籽粒椭圆形，种皮黄色，脐深褐色。百粒重15.2g。

特性　广西夏大豆，晚熟品种，广西壮族自治区夏播生育期102d。田间综合抗病性好，落叶性好，籽粒整齐，不裂荚。

产量品质　2016—2017年广西壮族自治区夏大豆品种区域试验，平均产量2 861.1kg/hm²，较

华夏20

对照桂夏1号增产4.5%。2017年生产试验，平均产量2 702.7kg/hm²，较对照桂夏1号增产6.4%。蛋白质含量44.20%，脂肪含量18.77%。

栽培要点　一般6月中旬至7月上旬播种，7月下旬可以在广西壮族自治区南部秋播，播量45～60kg/hm²。条播行距0.5m，株距0.1m，高肥力地块21万株/hm²，中等肥力地块27万株/hm²，低肥力地块30万株/hm²。高肥力地块不需要施肥；中等肥力地块施氮磷钾三元复合肥75～150kg/hm²；低肥力地块施尿素75～90kg/hm²、重过磷酸钙450～600kg/hm²、硫酸钾600kg/hm²。适时中耕，后期注意防虫。

适宜地区　广西壮族自治区（作夏大豆）。

广西壮族自治区品种

896. 桂春16（Guichun 16）

桂春16

品种来源 广西壮族自治区农业科学院经济作物研究所、广西壮族自治区农业科学院玉米研究所以桂春3号为母本，柳豆3号为父本，进行有性杂交，系谱法选育而成，原品系号桂147。2015年经广西壮族自治区农作物品种审定委员会审定，审定编号为桂审豆2015003号。全国大豆品种资源统一编号ZDD33688。

特征 有限结荚习性。株高39.4cm，株型收敛，有效分枝数2.2个，单株有效荚数32.6个。叶椭圆形，白花，棕毛。籽粒椭圆形，种皮黄色、有光泽，脐褐色。百粒重21.6g。

特性 南方春大豆，早熟品种，南方地区春播生育期93d。田间综合抗病、抗虫性强，落叶性好，籽粒较大，不裂荚。

产量品质 2012—2013年广西壮族自治区春大豆品种区域试验，平均产量2 801.0kg/hm²，较对照桂春1号减产0.1%。2014年生产试验，平均产量2 172.8kg/hm²，较对照桂春1号增产3.1%。蛋白质含量42.06%，脂肪含量22.04%，属高油大豆品种。

栽培要点 春播桂南和桂西于2月下旬至3月上旬，桂中于3月上旬至中旬，桂北于3月下旬至4月上旬播种为宜；秋播于7月中下旬。密度，清种30万株/hm²，间套种24万株/hm²。播种时施复合肥（N-P_2O_5-K_2O=15-15-15）225～300kg/hm²作基肥，出苗后根据植株长势适当追肥。

适宜地区 广西壮族自治区（春播、秋播）。

897. 桂春18（Guichun 18）

品种来源 广西壮族自治区农业科学院经济作物研究所、广西壮族自治区农业科学院玉米研究所以柳8829为母本，桂春6号为父本，进行有性杂交，系谱法选育而成，原品系号桂208。2018年经广西壮族自治区农作物品种审定委员会审定，审定编号为桂审豆2018001号。全国大豆品种资源统一编号ZDD33689。

特征 有限结荚习性。株高45.6cm，株型收敛，有效分枝数2.7个，单株有效荚数28.6个。叶椭圆形，白花，棕毛。籽粒椭圆形，种皮黄色，有光泽，脐褐色。百粒重20.7g。

特性 南方春大豆，早熟品种，南方地区春播生育期92d。田间综合抗病、抗虫性强，落叶性好，籽粒较大，不裂荚。

产量品质 2015—2016年广西春大豆品种区域试验，平均产量2 632.7kg/hm²，较对照桂春1号增产10.6%。2017年生产试验，平均产量2 350.2kg/hm²，较对照桂春1号增产4.2%。蛋白质含量44.40%，脂肪含量18.99%。

桂春18

栽培要点 春播桂南和桂西于2月下旬至3月上旬，桂中于3月上旬至中旬，桂北于3月下旬至4月上旬播种为宜；秋播于7月中下旬。密度，清种30万株/hm²，间套种24万株/hm²。播种时施复合肥（N-P₂O₅-K₂O=15-15-15）225 ~ 300kg/hm²作基肥，出苗后根据植株长势适当追肥。

适宜地区 广西壮族自治区（春播、秋播）。

898. 桂春豆106（Guichundou 106）

品种来源 广西壮族自治区农业科学院经济作物研究所以桂春豆1号为母本，泉豆937为父本，进行有性杂交，系谱法选育而成，原品系号桂0513-3。2015年经广西壮族自治区农作物品种审定委员会审定，审定编号为桂审豆2015002。全国大豆品种资源统一编号ZDD33690。

特征 有限结荚习性。株高47.6cm，株型收敛，有效分枝数1.5个，单株有效荚数

桂春豆106

桂春豆108

28.7个。叶椭圆形，紫花，棕毛。荚黄色。籽粒椭圆形，种皮黄色、有光泽，脐褐色。百粒重21.4g。

特性 南方春大豆，早熟品种，南方地区春播生育期93d。田间综合抗病、抗虫性强，落叶性好，籽粒大，光泽度和外观品质好，不裂荚。

产量品质 2012—2013年广西壮族自治区春大豆品种区域试验，平均产量2 831.9kg/hm^2，较对照桂春1号增产1.0%。2014年生产试验，平均产量2 291.4kg/hm^2，较对照桂春1号增产8.7%。蛋白质含量39.28%，脂肪含量21.97%，属高油大豆品种。

栽培要点 春播桂南于2月下旬至3月上旬，桂中和桂西于3月上旬至中旬，桂北于3月下旬至4月上旬播种为宜；秋播于7月中下旬至8月上旬。密度，清种25万～31万株/hm^2，间套种12万～16万株/hm^2。播种时施复合肥（N-P$_2$O$_5$-K$_2$O=15-15-15）150～225kg/hm^{2}作基肥，出苗后根据植株长势适当追肥。

适宜地区 广西壮族自治区（春播、秋播）。

899. 桂春豆108
（Guichundou 108）

品种来源 广西壮族自治区农业科学院经济作物研究所以泉豆937为母本，桂早1号为父本，进行有性杂交，系谱法选育而成，原品系号桂0508-3。2017年经国家农作物品种审定委员会审定，审定编号为国审豆20170001。全国大豆品种资源统一编号ZDD33691。

特征 亚有限结荚习性。株高58.2cm，株型收敛，有效分枝数3.0个，单株有效荚数32.7个。叶椭圆形，紫花，棕毛。荚黄色。籽粒椭圆形，种皮黄色、有光泽，脐褐色。百粒重18.8g。

特性 南方春大豆，早熟品种，南方地区春播生育期95d。田间稳定性较好，抗倒伏性强，籽粒光泽度和外观品质好，不裂荚。

产量品质 2015—2016年国家热带亚热带地区春大豆品种区域试验，平均产量2 302.5kg/hm²，较对照华春2号增产0.8%。2016年生产试验，平均产量2 293.5kg/hm²，较对照华春2号增产0.5%。蛋白质含量47.86%，脂肪含量18.18%，属高蛋白大豆品种。

栽培要点 春播桂南于2月下旬至3月上旬，桂中和桂西于3月上旬至中旬，桂北于3月下旬至4月上旬播种为宜，闽中和赣南按当地春大豆播种时间播种；秋播于7月中下旬至8月上旬。清种密度25万～31万株/hm²，间套种密度12万～16万株/hm²。播种时施复合肥（N-P₂O₅-K₂O=15-15-15）225～300kg/hm²作基肥，出苗后根据植株长势适当追肥。

适宜地区 广西壮族自治区、福建省中部、江西省南部地区（春播、秋播）。

900. 桂夏6号 （Guixia 6）

品种来源 广西壮族自治区农业科学院经济作物研究所以武鸣黑豆为母本，桂夏1号为父本，进行有性杂交，系谱法选育而成，原品系号桂319。2015年经广西壮族自治区农作物品种审定委员会审定，审定编号为桂审豆2015004号。全国大豆品种资源统一编号ZDD34481。

特征 有限结荚习性。株高74.7cm，株型收敛，有效分枝数2.1个，主茎节数15.5个。叶椭圆形，紫花，棕毛。籽粒较小、扁圆，种皮黑色，脐黑色。百粒重11.7g。

特性 南方夏大豆，中熟品种，南方地区夏播生育期105d。田间稳定性较好，抗倒伏性强，不裂荚。

产量品质 2009—2010年广西壮族自治区夏大豆品种区域试验，平均产量2 409.6kg/hm²，较对照桂夏1号减产1.5%。2011年生产试验，平均产量2 198.7kg/hm²，较对照桂夏1号减产0.2%。蛋白质含量43.84%，脂肪含量17.85%。

栽培要点 适宜播期为6月中旬至7月上旬。行距0.4～0.5m，株距0.08～0.1m，密度22.5万～30.0万株hm²。播种时施复合肥（N-P₂O₅-K₂O=15-15-15）150～225kg/hm²作基肥，出苗后根据植株长势适当追肥。

适宜地区 广西壮族自治区（夏播）。

桂夏6号

901. 桂夏7号（Guixia 7）

桂夏7号

品种来源　广西壮族自治区农业科学院经济作物研究所以桂M32为母本，桂夏2号为父本，进行有性杂交，系谱法选育而成，原品系号桂166。2015年经广西壮族自治区农作物品种审定委员会审定，审定编号为桂审豆2015005号。2018年经国家农作物品种审定委员会审定，审定编号为国审豆20180033。全国大豆品种资源统一编号ZDD34482。

特征　有限结荚习性。株高94.8cm，株型收敛，有效分枝数2.5个，主茎节数16.8个。叶椭圆形，紫花，棕毛。籽粒椭圆形，种皮黄色、有光泽，脐褐色。百粒重16.0g。

特性　南方夏大豆，中熟品种，南方地区夏播生育期106d。田间稳定性较好，抗倒伏性强，不裂荚。

产量品质　2012—2013年广西壮族自治区夏大豆品种区域试验，平均产量2 753.6kg/hm²，较对照桂夏1号减产0.8%。2014年生产试验，平均产量2 455.4kg/hm²，较对照桂夏1号增产2.9%。2016—2017年国家热带亚热带地区夏大豆品种区域试验，平均产量2 599.5kg/hm²，较对照华夏3号增产8.8%。2017年生产试验，平均产量2 712.0kg/hm²，较对照华夏3号增产12.2%。蛋白质含量39.99%，脂肪含量20.63%。

栽培要点　适宜播期为6月中旬至7月上旬。行距0.4～0.5m，株距0.08～0.1m，密度22.5万～30.0万株/hm²。播种时施复合肥（N∶P₂O₅∶K₂O=15∶15∶15）150～225kg/hm²作基肥，出苗后根据植株长势适当追肥。

适宜地区　广西壮族自治区，广东省中南部、东北部，湖南省南部和江西省南部地区（夏播）。

902. 桂夏10号（Guixia 10）

品种来源　广西壮族自治区农业科学院经济作物研究所以柳8813为母本，BR121为父本，进行有性杂交，系谱法选育而成，原品系号桂1303。2019年经广西壮族自治区农作物品种审定委员会审定，审定编号为桂审豆2019001号。全国大豆品种资源统一编号ZDD34483。

特征 有限结荚习性。株高68.1cm，株型收敛，有效分枝数3.5个，单株有效荚数51.3个。叶卵圆形，紫花，棕毛。籽粒椭圆形，种皮黄色、有光泽，脐深褐色。百粒重19.1g。

特性 南方夏大豆，早熟品种，南方地区夏播生育期93d。田间稳定性较好，抗倒伏性强，不裂荚。

产量品质 2016—2017年广西壮族自治区夏大豆品种区域试验，平均产量2 888.7kg/hm²，较对照桂夏1号增产5.5%。2017年生产试验，平均产量2881.2kg/hm²，较对照桂夏1号增产3.7%。蛋白质含量41.2%，脂肪含量19.76%。

栽培要点 适宜播期为6月中旬至7月上旬，行距0.4～0.5m，株距0.08～0.1m，密度22.5万～30.0万株/hm²。播种时施复合肥（N：P_2O_5：K_2O=15：15：15）150～225kg/hm²作基肥，出苗后根据植株长势适当追肥。

适宜地区 广西壮族自治区（夏播）。

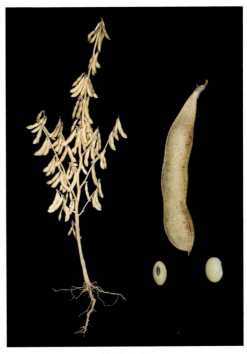

桂夏10号

903. 桂夏豆105 (Guixiadou 105)

品种来源 广西壮族自治区农业科学院经济作物研究所以中豆8号为母本，巴13为父本，进行有性杂交，系谱法选育而成，原品系号桂11-4。2015年经广西壮族自治区农作物品种审定委员会审定，审定编号为桂审豆2015001号。全国大豆品种资源统一编号ZDD33692。

特征 有限结荚习性。株高72.2cm，株型收敛，有效分枝数3.3个，单株有效荚数54.3个。叶椭圆形，紫花，灰毛。荚淡黄色。籽粒椭圆形，种皮黄色、有光泽，脐褐色。百粒重15.7g。

特性 南方夏大豆，中熟品种，南方地区夏播生育期104d。田间长势强，秆粗，抗倒伏，成熟落黄好，适宜性强，稳定性好。

桂夏豆105

产量品质　2012—2013年广西壮族自治区夏大豆品种区域试验，平均产量2 887.5kg/hm²，较对照桂夏1号增产4.0%。2014年生产试验，平均产量2 597.4kg/hm²，较对照桂夏1号增产8.7%。蛋白质含量42.71%，脂肪含量19.69%。

栽培要点　适播期为6月中旬至7月上旬。行距0.5m，株距0.08～0.1m，密度20万～25万株/hm²。低肥力地块播种时施复合肥（N：P₂O₅：K₂O=15：15：15）225kg/hm²作基肥，初花期追施复合肥（N：P₂O₅：K₂O=15：15：15）150～225kg/hm²。中等肥力以上地块播种时施复合肥（N：P₂O₅：K₂O=15：15：15）150kg/hm²作基肥，初花期视长势酌情追肥。

适宜地区　广西壮族自治区（夏播）。

904. 桂夏豆109（Guixiadou 109）

桂夏豆109

品种来源　广西壮族自治区农业科学院经济作物研究所以中豆8号为母本，巴13为父本，进行有性杂交，系谱法选育而成，原品系号桂14-2。2018年经广西壮族自治区农作物品种审定委员会和国家农作物品种审定委员会审定，审定编号分别为桂审豆2018002号、国审豆20180034。全国大豆品种资源统一编号ZDD33693。

特征　有限结荚习性。株高75.9cm，株型半开张，有效分枝数4.2个，单株有效荚数58.1个。叶椭圆形，紫花，棕毛。荚黄褐色。籽粒椭圆形，种皮黄色、有光泽，脐褐色。百粒重16.6g。

特性　南方夏大豆，中熟品种，南方地区夏播生育期103d。田间长势强，秆粗，耐荫，耐旱，不倒伏。

产量品质　2016—2017年分别参加广西壮族自治区和国家夏大豆品种区域试验，广西壮族自治区区试平均产量2 832.9kg/hm²，较对照桂夏1号增产3.5%；生产试验平均产量2 658.9kg/hm²，较对照桂夏1号增产4.7%。国家区试平均产量2 530.5kg/hm²，较对照华夏3号增产6.3%，生产试验平均产量2 568.0kg/hm²，较对照华夏3号增产6.2%。蛋白质含量41.13%，脂肪含量20.08%。

栽培要点　适播期为6月中旬至7月上旬。行距0.5m，株距0.08～0.1m，密度20万～25万株/hm²。低肥力地块播种时施复合肥（N：P₂O₅：K₂O=15：15：15）225kg/hm²作基肥，初花期追施复合肥（N ： P_2O_5 ： K_2O=15 ： 15 ： 15） 150 ～ 225kg/hm²。中等肥力以上地块播种时施复合肥（N ： P_2O_5 ： K_2O=15 ： 15 ： 15） 150kg/hm²作基肥，初花期视长势酌情追肥。

适宜地区 广西壮族自治区，广东省中南部、东北部，湖南省南部和江西省南部地区（夏播）。

云 南 省 品 种

905. 云黄12（Yunhuang 12）

云黄12

品种来源 云南省农业科学院粮食作物研究所以（晋宁大黄豆 × 比松）为母本，威廉姆斯为父本，进行有性杂交，改良系谱法选育而成，原品系号云大豆12号。2018年经云南省农作物品种审定委员会审定，审定编号为滇审大豆2018001号。全国大豆品种资源统一编号ZDD33659。

特征 有限结荚习性。株高60.8cm，主茎节数12.0个，有效分枝数3.4个，单株有效荚数46.0个，单株粒重19.5g。株型收敛。叶卵圆形，白花，棕毛。荚黄褐色。籽粒椭圆形，种皮黄色，脐黑色。百粒重21.4g。

特性 南方春大豆，早熟品种，生育期113d。高抗大豆花叶病毒病，田间综合抗病性好，落叶性好，籽粒整齐，不裂荚。

产量品质 2016—2017年云南省大豆品种区域试验，平均产量2 919.8kg/hm²，较对照中品661增产5.7%。2017年生产试验，平均产量2 439.0kg/hm²，较对照中品661增产21.6%。蛋白质含量41.90%，脂肪含量18.70%。

栽培要点 春播适播期4月中旬至5月下旬；秋播适播期7月中下旬至8月中旬；冬播适播期11月中旬至翌年1月中旬。净种密度19.5万～27.0万株/hm²；可与玉米、烤烟、果树等作物间作套种，间作密度15.0万～19.5万株/hm²，套种密度27.0万～33.0万株/hm²。基肥施有机肥1000～1 200kg/hm²或复合肥150～225kg/hm²、钾肥120～150kg/hm²。中后期根据田间长势追施尿素90～150kg/hm²，或喷施磷酸二氢钾等叶面肥。加强田间管理和病虫草害的防控。

适宜地区 云南省海拔2 044m以下地区。

906. 云黄13（Yunhuang 13）

品种来源 云南省农业科学院粮食作物研究所在滇豆7号中选育的变异单株，系统选育而成，原品系号云大豆13号。2018年经云南省农作物品种审定委员会审定，审定编号为滇审大豆2018002号。全国大豆品种资源统一编号ZDD33660。

特征 有限结荚习性。株高73.2cm，株型收敛，主茎节数12.7节，有效分枝数4.5个，单株有效荚数44.1个，单株粒重22.0g。叶椭圆形，白花，灰毛。荚褐色。籽粒椭圆形，种皮黄色，脐黑色。百粒重24.5g。

特性 南方春大豆，中熟品种，生育期121d。抗大豆花叶病毒病，田间综合抗病性好，落叶性好，籽粒整齐。

产量品质 2016—2017年云南省大豆品种区域试验，平均产量3 362.3kg/hm²，较对照中品661增产21.4%。2017年生产试验，平均产量2 439.0kg/hm²，较对照中品661增产21.6%。蛋白质含量41.18%，脂肪含量19.50%。

云黄13

栽培要点 春播适播期4月中旬至5月下旬；秋播适播期7月中下旬至8月中旬。净种密度19.5万～22.5万株/hm²；可与玉米、烤烟、果树等作物间作套种，间作密度13.5万～18.0万株/hm²，套种密度27.0万～33.0万株/hm²。基肥施有机肥1 000～1 200kg/hm²或复合肥150～225kg/hm²、钾肥120～150kg/hm²。中后期根据田间长势追施尿素90～150kg/hm²，或喷施磷酸二氢钾等叶面肥。加强田间管理和病虫草害的防控。

适宜地区 云南省海拔2 044m以下地区。

907. 云黄14（Yunhuang 14）

品种来源 云南省农业科学院粮食作物研究所以晋宁大黄豆为母本，滇丰1号为父本，进行有性杂交，改良系谱法选育而成，原品系号云大豆14号。2019年经云南省农作物品种审定委员会审定，审定编号为滇审大豆2019002号。全国大豆品种资源统一编号ZDD33661。

特征 有限结荚习性。株高59.8cm，株型收敛，主茎节数12.1节，有效分枝数4.2个，单株有效荚数53.4个，单株粒重21.8g。叶披针形，白花，棕毛。荚深褐色。籽粒椭圆形，种

云黄14

皮黄色，脐黑色，强光泽。百粒重20.9g。

特性 南方春大豆，早熟品种，生育期112d。抗大豆花叶病毒病，田间综合抗病性好，落叶性好，籽粒整齐，不裂荚。

产量品质 2017—2018年云南省大豆品种区域试验，平均产量3 093.0kg/hm²，较对照中品661增产3.5%。2018年生产试验，平均产量3 327.0kg/hm²，较对照中品661增产14.8%。蛋白质含量37.50%，脂肪含量19.65%。

栽培要点 春播适播期4月中旬至5月下旬；秋播适播期7月中下旬至8月中旬。净种密度19.5万～27.0万株/hm²；可与玉米、烤烟、果树等作物间作套种，间作密度13.5万～18.0万株/hm²，套种密度27.0万～33.0万株/hm²。基肥施有机肥1 000～1 200kg/hm²或复合肥150～225kg/hm²、钾肥120～150kg/hm²。中后期根据田间长势追施尿素90～150kg/hm²，或喷施磷酸二氢钾等叶面肥。加强田间管理和病虫草害的防控。

适宜地区 云南省海拔2 044m以下地区。

908. 云黄15（Yunhuang 15）

品种来源 云南省农业科学院粮食作物研究所以滇豆4号为母本，滇86-5为父本，进行有性杂交，改良系谱法选育而成，原品系号云大豆15号。2019年经云南省农作物品种审定委员会审定，审定编号为滇审大豆2019001号。全国大豆品种资源统一编号ZDD33662。

特征 有限结荚习性。株高64.9cm，株型收敛，主茎节数13.5节，有效分枝数4.2个，单株有效荚数52.6个，单株粒重25.8g。叶椭圆形，紫花，棕毛。荚褐色。籽粒椭圆形，种皮黄色，脐黑色，强光泽。百粒重25.0g。

特性 南方春大豆，早熟品种，生育期112d。抗大豆花叶病毒病，田间综合抗病性好，落叶性好，籽粒整齐，不裂荚。

云黄15

产量品质　2017—2018年云南省大豆品种区域试验，平均产量3 262.5kg/hm²，较对照中品661增产9.1%。2018年生产试验，平均产量3 501.0kg/hm²，较对照中品661增产20.9%。蛋白质含量37.90%，脂肪含量19.98%。

栽培要点　春播适播期4月中旬至5月下旬；秋播适播期7月中下旬至8月中旬。净种密度19.5万～27.0万株/hm²；可与玉米、烤烟、果树等间作套种，间作密度13.5万～18.0万株/hm²，套种密度27.0万～33.0万株/hm²。基肥施有机肥1 000～1 200kg/hm²或复合肥150～225kg/hm²、钾肥75～125kg/hm²。中后期根据田间长势追施尿素75～125kg/hm²，或喷施磷酸二氢钾等叶面肥。加强田间管理和病虫草害的防控。

适宜地区　云南省海拔2 044m以下地区。

909. 云黄16（Yunhuang 16）

品种来源　云南省农业科学院粮食作物研究所以滇86-4为母本，冀黄13为父本，进行有性杂交，改良系谱法选育而成，原品系号云大豆16号。2020年经云南省农作物品种审定委员会审定，审定编号为滇审大豆2020003号。全国大豆品种资源统一编号ZDD33663。

特征　有限结荚习性。株高64.2cm，株型收敛，主茎节数12.1节，有效分枝数4.1个，单株有效荚数70.9个，单株粒重25.0g。叶卵圆形，白花，灰毛。荚褐色。籽粒椭圆形，种皮黄色，脐蓝色，强光泽。百粒重18.7g。

特性　南方春大豆，早熟品种，生育期113d。中抗大豆花叶病毒病，田间综合抗病性好，落叶性好，籽粒整齐，不裂荚。

产量品质　2018—2019年云南省大豆品种区域试验，平均产量3 801.0kg/hm²，较对照中品661增产24.4%。2019年生产试验，平均产量3 058.5kg/hm²，较对照中品661增产39.5%。蛋白质含量38.10%，脂肪含量22.37%。

云黄16

栽培要点　春播适播期4月中旬至5月下旬；秋播适播期7月中下旬至8月中旬；冬播适播期11月中旬至翌年1月中旬。净种密度15万～19.5万株/hm²；可与玉米、烤烟、果树等作物间作套种，间作密度13.5万～18.0万株/hm²，套种密度27.0万～33.0万株/hm²。基肥施有机肥1 000～1 200kg/hm²或过磷酸钙300～450kg/hm²。中后期根据田间长势追施尿素60～105kg/hm²，或喷施磷酸二氢钾等叶面肥。加强田间管理和病虫草害的防控。

适宜地区　云南省海拔1 944m以下地区。

910. 云黄17 （Yunhuang 17）

云黄17

品种来源 云南省农业科学院粮食作物研究所以nf58为母本，滇86-4为父本，进行有性杂交，改良系谱法选育而成，原品系号云大豆17号。2020年经云南省农作物品种审定委员会审定，审定编号为滇审大豆2020002号。全国大豆品种资源统一编号ZDD33664。

特征 有限结荚习性。株高72.5cm，株型收敛，主茎节数12.7节，有效分枝数3.8个，单株有效荚数69.2个，单株粒重25.3g。叶卵圆形，白花，棕毛。荚褐色。籽粒椭圆形，种皮黄色，脐褐色，强光泽。百粒重18.3g。

特性 南方春大豆，早熟品种，生育期114d。高抗大豆花叶病毒病，田间综合抗病性好，落叶性好，籽粒整齐。

产量品质 2018—2019年云南省大豆品种区域试验，平均产量3 528.0kg/hm²，较对照中品661增产15.5%。2019年生产试验，平均产量3 163.5kg/hm²，较对照中品661增产44.3%。蛋白质含量38.50%，脂肪含量23.44%。

栽培要点 春播适播期4月中旬至5月下旬；秋播适播期7月中下旬至8月中旬；冬播适播期11月中旬至翌年1月中旬。净种密度21.0万～25.5万株/hm²；可与玉米、烤烟、果树等作物间作套种，间作密度13.5万～18.0万株/hm²，套种密度27.0万～33.0万株/hm²。基肥施有机肥1 000～1 200kg/hm²或过磷酸钙300～450kg/hm²。中后期根据田间长势适量追施尿素75～120kg/hm²，或喷施磷酸二氢钾等叶面肥。加强田间管理和病虫草害的防控。

适宜地区 云南省海拔1 944m以下地区。

911. 云黄18 （Yunhuang 18）

品种来源 云南省农业科学院粮食作物研究所以滇丰1号为母本，99-4009为父本，进行有性杂交，改良系谱法选育而成，原品系号云大豆18号。2020年经云南省农作物品种审定委员会审定，审定编号为滇审大豆2020004号。全国大豆品种资源统一编号ZDD33665。

特征 有限结荚习性。株高55.8cm，株型收敛，主茎节数10.8节，有效分枝数3.8

个，单株有效荚数52.7个，单株粒重24.1g。叶披针形，白花，棕毛。荚深褐色。籽粒椭圆形，种皮黄色，脐褐色，强光泽。百粒重21.9g。

特性　南方春大豆，早熟品种，生育期115d。高抗大豆花叶病毒病，田间综合抗病性好，落叶性好，籽粒整齐，不裂荚。

产量品质　2018—2019年云南省大豆品种区域试验，平均产量3 375.8kg/hm²，较对照中品661增产10.5%。2019年生产试验，平均产量2 524.7kg/hm²，较对照中品661增产15.1%。蛋白质含量41.50%，脂肪含量21.12%。

栽培要点　春播适播期4月中旬至5月下旬；秋播适播期7月中下旬至8月中旬。净种密度18.0万～22.5万株/hm²；可与玉米、烤烟、果树等作物间作套种，间作密度13.5万～18.0万株/hm²，套种密度27.0万～33.0万株/hm²。基肥施有机肥1 000～1 200kg/hm²或

云黄18

复合肥300～450kg/hm²。中后期根据田间长势追施尿素75～120kg/hm²。加强田间管理和病虫草害的防控。

适宜地区　云南省海拔1 944m以下地区。

中国大豆品种（2015—

品种序号	品种	育成年份	类型	母　本	父　本	生育期(d)	结荚习性
1	加农1号	2015	北方春	东农44	975	95	亚
2	黑科56	2015	北方春	黑河33	黑河34	109	亚
3	黑科57	2019	北方春	黑交05-978	黑交02-1210	95	亚
4	黑科58	2018	北方春	黑交05-1013	黑交02-1278	95	亚
5	黑科59	2018	北方春	黑河03-3559	华疆04-19	100	亚
6	黑科60	2019	北方春	黑交05-1013	黑河49	110	亚
7	黑科67	2020	北方春	黑交06-1625	黑交04-5285	95	亚
8	黑科68	2020	北方春	黑交00-5329	黑河44	95	亚
9	黑科69	2020	北方春	黑交07-3063	黑河16	100	亚
10	黑科71	2020	北方春	黑交07-2235	黑交02-1408	108	亚
11	黑科77	2019	北方春	黑河9号	minimax	100	亚
12	金源71	2016	北方春	华疆2号	黑河03-1398	99	亚
13	金源73	2018	北方春	黑河19	华河4号	110	亚
14	华疆5号	2020	北方春	哈贝46-1	华菜豆1号	100	亚
15	华疆6号	2017	北方春	华疆2号	华疆4号	100	亚
16	华疆18	2020	北方春	华疆0704	华疆4号	115	亚
17	华疆34	2020	北方春	华疆926	华菜豆1号	100	亚
18	华疆36	2020	北方春	华疆6415	华疆2号	100	亚
19	华菜豆2号	2018	北方春	华0116	华疆4404	110	亚
20	华菜豆3号	2018	北方春	华0116	华疆4404	105	亚
21	华菜豆4号	2019	北方春	哈北46-1	华菜豆1号	105	亚
22	华菜豆5号	2019	北方春	哈北46-1	华菜豆1号	110	亚
23	华菜豆7号	2019	北方春	华疆6977	华疆7146	105	亚
24	昊疆1号	2016	北方春	昊疆810	北丰11	100	亚
25	昊疆2号	2016	北方春	昊疆875	昊疆639	105	亚
26	昊疆3号	2017	北方春	昊疆2255	昊疆172	100	无
27	昊疆4号	2018	北方春	昊疆2255	黑河48	110	亚
28	昊疆5号	2018	北方春	昊疆171	昊疆167	105	无
29	昊疆7号	2018	北方春	北疆九1号	昊疆2038	95	亚
30	昊疆8号	2019	北方春	昊疆193	黑河43	105	亚
31	昊疆13	2018	北方春	昊疆829	昊疆711	110	亚
32	昊疆14	2019	北方春	昊疆145	黑河48	100	亚
33	昊疆20	2020	北方春	昊疆2254	黑河43	115	亚
34	昊疆21	2019	北方春	黑河35	华菜豆1号	115	亚

2020）性状表

株高(cm)	叶形	花色	茸毛色	粒形	粒色	脐色	百粒重(g)	区试产量(kg/hm²)	增产(±%)	生试产量(kg/hm²)	增产(±%)	蛋白质含量(%)	脂肪含量(%)
75.0	披针	白	灰	圆	黄	黄	19.0	1 951.5	13.6	1 783.0	18.2	42.25	18.62
75.0	披针	白	灰	圆	黄	黄	19.0	2 151.0	11.8	2 265.9	16.1	41.43	18.56
70.0	披针	紫	灰	圆	黄	黄	20.0	1 808.4	13.5	1 712.7	11.9	37.78	21.46
70.0	披针	白	灰	圆	黄	黄	20.0	1 754.9	10.6	1 726.3	11.8	39.71	21.30
80.0	披针	紫	灰	圆	黄	黄	20.0	1 936.5	7.9	2 086.1	12.9	40.16	20.89
70.0	披针	紫	灰	圆	黄	黄	19.0	2 305.9	11.3	2 762.4	12.8	39.59	20.46
75.0	披针	紫	灰	圆	黄	黄	19.0	1 888.5	15.0	1 810.1	12.6	38.63	21.07
75.0	披针	紫	灰	圆	黄	黄	20.0	1 730.4	11.9	1 826.4	14.0	39.01	20.66
80.0	披针	紫	灰	圆	黄	黄	19.0	1 999.9	10.1	2 079.1	7.6	40.24	20.06
80.0	披针	紫	灰	圆	黄	黄	20.0	2 786.2	12.8	2 515.4	11.5	38.34	21.22
70.0	圆	紫	灰	圆	黄	黄	9.0	2 308.2	9.4	2 380.2	10.4	42.97	16.71
71.0	披针	紫	灰	圆	黄	黄	19.4	1 790.5	11.4	1 903.1	11.5	41.00	20.08
80.0	披针	紫	灰	圆	黄	黄	21.0	2 224.5	5.6	2 639.9	9.4	37.75	21.90
76.0	披针	紫	灰	圆	黄	黄	21.0	1 861.5	9.1	2 039.1	9.2	43.97	19.04
70.0	披针	紫	灰	圆	黄	黄	18.0	2 204.7	10.3	1 732.8	10.1	40.95	19.97
86.0	圆	紫	棕	圆	黄	黄	18.7	2 861.6	6.1	2 529.8	5.6	38.50	21.07
76.0	圆	紫	灰	圆	黄	黄	22.9	2 123.6	8.5	2 199.5	10.4	41.55	19.72
74.0	披针	紫	灰	圆	黄	黄	19.6	1 999.8	5.8	2 155.2	8.3	38.86	20.35
80.0	披针	紫	灰	圆	黄	黄	27.0	2 610.2	13.8	3 117.0	13.1	40.50	20.10
80.0	披针	紫	灰	圆	黄	黄	26.0	2 540.0	9.3	2 704.1	9.2	41.56	19.91
77.1	披针	紫	灰	圆	黄	黄	26.9	2 536.5	11.3	2 843.9	9.8	41.17	18.74
74.0	圆	白	灰	圆	黄	黄	27.6	2 601.0	9.5	2 432.4	12.6	43.13	18.62
87.0	披针	白	灰	圆	黄	黄	27.6	2 634.0	7.2			43.36	17.77
82.0	披针	白	灰	圆	黄	黄	21.0	2 051.6	13.7	2 151.3	9.3	42.02	19.51
88.0	披针	白	灰	圆	黄	黄	22.0	2 560.0	10.0	2 866.6	10.7	43.65	18.03
88.0	披针	紫	灰	圆	黄	黄	18.0	2 207.0	8.1	1 735.5	9.4	39.18	20.69
85.0	披针	紫	灰	圆	黄	黄	20.0	2 305.1	10.1	2 638.2	9.4	39.54	19.62
88.0	披针	紫	灰	圆	黄	黄	21.0	2 480.6	11.7	2 612.3	10.4	40.02	20.72
85.0	披针	紫	灰	圆	黄	黄	20.0	1 768.1	10.6	1 621.8	14.5	39.68	21.68
85.0	披针	白	灰	圆	黄	黄	21.0	2 351.4	10.1	2 598.3	10.1	39.30	19.79
82.0	披针	白	灰	圆	黄	黄	14.0	2 728.9	12.4	2 950.1	14.2	39.71	20.55
86.0	披针	白	灰	圆	黄	黄	21.5	1 891.4	10.8	2 055.9	9.9	40.73	20.03
85.0	披针	紫	灰	圆	黄	黄	21.5	2 731.2	7.9	2 678.1	9.6	41.32	18.98
85.0	披针	白	灰	圆	黄	黄	28.0	2 682.9	14.5	2 975.3	12.7	40.39	20.24

品种序号	品种	育成年份	类型	母 本	父 本	生育期(d)	结荚习性
35	龙达3号	2018	北方春	哈北46-1	黑河18	110	亚
36	龙达4号	2018	北方春	哈北46-1	北疆05-38	115	亚
37	龙达5号	2018	北方春	黑河36	边研07-815	115	亚
38	龙达6号	2020	北方春	华疆965	台毛豆112	113	无
39	龙达130	2020	北方春	早2	北疆09-277	100	亚
40	龙达菜豆2号	2019	北方春	华疆965	台毛豆112	110	亚
41	汇农2号	2020	北方春	北豆42	汇农08-10	108	亚
42	汇农4号	2020	北方春	北豆9号	华疆4号	113	无
43	汇农416	2018	北方春	合03-199	北丰11	110	无
44	汇农417	2018	北方春	合03-199	北丰11	105	无
45	圣豆15	2015	北方春	黑交99-1842	华疆22-2011	115	亚
46	圣豆39	2017	北方春	北丰13	北疆97-829	93	亚
47	圣豆43	2016	北方春	北豆九1号	垦鉴豆27	105	无
48	圣豆44	2016	北方春	垦鉴豆27	绥02-423	100	亚
49	圣豆45	2018	北方春	合丰25	北疆610	95	亚
50	鑫科4号	2020	北方春	北疆01-777	北丰11	115	亚
51	双602	2020	北方春	绥农26	双80-54	116	亚
52	东富豆1号	2018	北方春	华疆1号	Ichihme	105	无
53	东富豆3号	2019	北方春	绥07-502	Ichihime	118	亚
54	五豆151	2020	北方春	黑豆	克山1号	113	亚
55	五豆188	2015	北方春	黑河36	北豆14	115	亚
56	五黑1号	2019	北方春	克山1号	龙黑大豆	115	亚
57	五芽豆1号	2018	北方春	东农690	绥小粒豆	110	无
58	五芽豆2号	2019	北方春	东农69	绥小粒2号	115	无
59	五毛1号	2019	北方春	东生5号	孙毛	115	无
60	大地8号	2020	北方春	黑河38	黑河43	113	亚
61	峰豆3号	2020	北方春	北丰17	北豆10号	113	无
62	金杉3号	2020	北方春	金杉01	垦鉴豆27	113	亚
63	贺豆1号	2017	北方春	疆莫豆1号	北疆872	115	亚
64	贺豆2号	2017	北方春	昊疆162	昊疆172	93	无
65	贺豆3号	2018	北方春	昊疆171	北豆14	105	无
66	贺豆6号	2019	北方春	昊疆788	昊疆798	100	亚
67	贺豆7号	2018	北方春	昊疆904	北疆九1号	95	亚
68	贺豆9号	2019	北方春	昊疆0603	黑河35	105	无
69	贺豆25	2020	北方春	昊疆1456	昊疆962	108	亚
70	北兴3号	2020	北方春	北7492	东农434	108	无
71	北兴4号	2020	北方春	东大1号	黑河41	95	亚
72	年豆7号	2020	北方春	疆丰3349	克山1号	113	亚

（续）

株高 (cm)	叶形	花色	茸毛色	粒形	粒色	脐色	百粒重 (g)	区试产量 (kg/hm²)	增产 (±%)	生试产量 (kg/hm²)	增产 (±%)	蛋白质含量 (%)	脂肪含量 (%)
80.0	披针	白	灰	圆	黄	黄	20.0	2 318.4	10.3	2 690.8	11.5	40.71	20.11
85.0	披针	白	灰	圆	黄	黄	19.4	2 737.7	8.9	2 614.7	10.2	41.84	19.68
90.0	披针	紫	灰	圆	黄	黄	21.0	2 928.1	8.8	2 545.7	9.9	40.84	19.65
92.0	圆	紫	灰	椭圆	黄	黄	32.5	12 864.5（鲜荚）	11.2	15 112.7（鲜荚）	11.0	39.89	20.25
70.0	披针	白	灰	圆	黄	黄	19.0	2 098.9	12.3	2 098.9	8.7	40.54	21.52
90.0	圆	紫	灰	椭圆	黄	黄	90.3（鲜籽粒）	12 766.7（鲜荚）	11.5	12 733.3（鲜荚）	13.3	11.44（鲜籽粒）	4.50（鲜籽粒）
90.0	披针	紫	灰	圆	黄	黄	23.0	2 718.0	12.2	2 507.8	11.1	39.93	20.33
95.0	披针	紫	灰	圆	黄	黄	21.0	2 841.2	9.4	2 498.2	9.2	38.90	21.35
90.0	披针	紫	灰	圆	黄	黄	20.0	2 354.6	11.9	2 693.8	11.7	40.20	20.46
90.0	披针	紫	灰	圆	黄	黄	20.0	2 439.9	9.8	2 672.2	13.0	40.10	20.98
95.0	披针	紫	灰	圆	黄	黄	20.0	2 436.7	8.8	2 923.6	11.3	39.89	20.48
85.0	披针	白	灰	圆	黄	黄	21.0	1 923.7	13.9	1 610.4	9.9	39.70	20.16
90.0	披针	紫	灰	圆	黄	黄	21.5	2 421.4	10.0	2 907.6	9.3	44.15	17.74
90.0	披针	紫	灰	圆	黄	黄	21.0	2 086.1	10.7	2 139.7	7.6	42.40	19.20
85.0	披针	白	灰	圆	黄	黄	21.8	1 792.4	12.2	1 720.3	13.3	40.06	20.41
90.0	披针	白	灰	圆	黄	黄	20.0	2 881.4	9.3	2 677.2	9.6	40.49	20.74
88.0	披针	紫	灰	圆	黄	黄	20.9	3 170.3	8.7	2 534.7	7.8	43.82	21.20
68.0	披针	紫	灰	圆	黄	黄	19.0	2 630.5	6.9	2 710.0	7.2	43.33	18.59
85.0	圆	紫	灰	圆	黄	黄	24.0	2 632.0	6.8	2 691.0	7.7	44.50	18.60
73.0	披针	紫	灰	椭圆	黑	黑	18.7	2 535.0	6.5			39.89	20.04
90.0	披针	白	灰	圆	黄	黄	18.8	2 406.1	8.8	2 392.7	9.6	41.38	18.75
90.0	披针	白	棕	椭圆	黄	黑	19.0	2 625.0	5.9	2 707.8	4.6	40.78	18.50
90.0	披针	紫	灰	圆	黄	黄	10.0	2 360.5	6.9	2 349.8	6.9	44.43	16.23
90.0	披针	紫	灰	圆	黄	黄	10.0	2 575.9	6.6	2 322.0	6.9	44.70	16.40
90.0	披针	紫	灰	圆	黄	黄	23.0	2 700.0	5.9	2 743.0	5.6	38.94	19.43
84.0	披针	紫	灰	圆	黄	黄	19.7	3 043.0	7.0	2 586.3	10.6	41.32	19.70
95.0	披针	紫	灰	圆	黄	黄	20.0	2 780.4	7.2	2 545.1	11.3	39.35	22.09
88.0	披针	紫	灰	圆	黄	黄	19.8	3 028.1	6.8	2 551.0	9.2	40.64	19.11
85.0	披针	紫	灰	圆	黄	黄	21.0	2 713.3	10.4	2 202.0	10.5	41.20	19.17
86.0	披针	紫	灰	圆	黄	黄	18.0	2 020.5	15.8	1 628.4	10.5	38.31	20.94
87.0	披针	紫	灰	圆	黄	黄	19.0	2 464.4	10.9	2 673.4	13.3	40.02	19.96
85.0	披针	白	灰	圆	黄	黄	23.5	1 927.4	6.7	1 995.3	8.9	39.05	20.26
85.0	披针	白	灰	圆	黄	黄	21.0	1 767.4	10.5	1 759.5	13.2	40.03	20.20
90.0	披针	紫	灰	圆	黄	黄	20.0	2 359.3	9.8	2 565.8	12.6	38.32	20.95
85.0	披针	白	灰	圆	黄	黄	23.0	2 593.9	7.7	2 449.5	8.8	41.56	19.72
90.0	披针	紫	灰	圆	黄	黄	21.0	2 604.1	7.6	2 385.7	7.9	40.95	18.33
80.0	披针	紫	灰	圆	黄	黄	19.0	1 935.7	13.4	2 217.1	10.5	41.38	19.17
86.0	披针	紫	灰	圆	黄	黄	20.0	2 895.8	6.9	2 406.2	8.4	40.08	19.10

品种序号	品种	育成年份	类型	母 本	父 本	生育期(d)	结荚习性
73	北亿8号	2017	北方春	华疆2号变异株		116	亚
74	北亿9号	2020	北方春	华疆2号	北丰13	95	亚
75	北亿13	2020	北方春	疆莫豆1号	黑河43	108	亚
76	北亿27	2020	北方春	北亿05-28	黑河18	115	亚
77	嫩奥5号	2017	北方春	北疆94-610	疆莫豆1号	113	亚
78	嫩奥6号	2017	北方春	北疆424	北疆1号	90	亚
79	嫩奥7号	2018	北方春	北疆5011	泉03-26	95	无
80	嫩奥8号	2020	北方春	北疆1号	黑河27	100	亚
81	金丰2号	2020	北方春	华疆2号	垦鉴豆27	100	无
82	合农71	2017	北方春	swsi-1 (swsi×rocki) F_2经^{60}Co-γ射线辐射诱变		125	无
83	合农72	2018	北方春	合丰50	垦丰16	115	亚
84	合农73	2017	北方春	(黑交01-1032×黑交02-1872) F_3航天辐射		114	亚
85	合农74	2019	北方春	黑农53	垦鉴豆25	120	无
86	合农75	2015	北方春	合丰50	抗线虫4号	118	亚
87	合农76	2015	北方春	垦农19	合丰57	115	亚
88	合农77	2018	北方春	合丰50	合丰42	115	亚
89	合农78	2019	北方春	黑农43	(黑农54×黑农43) F_1	120	亚
90	合农80	2019	北方春	合丰50	绥农25	118	亚
91	合农85	2017	北方春	合丰55	黑农54	118	亚
92	合农89	2019	北方春	(黑交13-140×黑交01-1032) F_3经航天诱变		105	亚
93	合农91	2018	北方春	Hobbit	疆莫豆1号	120	有
94	合农92	2016	北方春	合丰34	九丰10号	111	亚
95	合农113	2019	北方春	日本小粒豆	合交98-1062	120	有
96	合农123	2020	北方春	合农60	合农69	116	亚
97	合农126	2020	北方春	黑河38	合93-793	120	亚
98	合农135	2019	北方春	合农69	绥农14	118	亚
99	佳豆6号	2019	北方春	黑河38	合丰50	115	亚
100	佳豆8号	2019	北方春	黑河38	合交03-214	110	亚
101	佳豆18	2020	北方春	北豆5号	黑河35	100	无
102	佳豆20	2020	北方春	合丰51	华疆2号	100	亚
103	佳豆25	2019	北方春	垦丰16	华疆4号	110	亚
104	佳豆27	2020	北方春	合丰51	华疆2号	95	亚
105	佳豆30	2020	北方春	华疆4号	黑河45	108	亚
106	佳密豆6号	2016	北方春	合农60	垦丰16	114	有
107	佳密豆8号	2019	北方春	合农60	合丰35	118	有
108	佳密豆9号	2020	北方春	哈北46-1	Apex	118	亚

（续）

株高 (cm)	叶形	花色	茸毛色	粒形	粒色	脐色	百粒重 (g)	区试产量 (kg/hm²)	增产 (±%)	生试产量 (kg/hm²)	增产 (±%)	蛋白质含量 (%)	脂肪含量 (%)
75.0	椭圆	白	灰	圆	黄	黄	32.0	2 415.8	8.1	2 406.3	8.0	40.91	19.64
80.0	披针	白	灰	圆	黄	黄	19.0	1 849.0	14.6	1 819.2	12.4	38.96	20.15
78.0	披针	紫	灰	圆	黄	黄	20.0	2 577.3	5.4	2 413.6	5.0	40.17	20.46
83.0	披针	白	灰	圆	黄	黄	19.0	2 691.3	6.3	2 859.1	7.8	40.76	19.24
90.0	披针	紫	灰	圆	黄	黄	21.0	2 939.5	10.5	2 939.5	13.4	41.06	19.46
80.0	披针	白	灰	圆	黄	黄	23.0	1 827.9	8.8	1 630.3	8.6	40.50	20.48
90.0	披针	紫	灰	圆	黄	黄	22.0	1 811.3	12.9	1 639.4	11.6	40.40	21.12
85.0	披针	紫	灰	圆	黄	黄	19.0	1 875.6	10.3	1 989.4	6.7	41.02	20.16
80.0	披针	紫	灰	圆	黄	黄	21.3	2 233.4	7.0	2 328.1	8.1	41.88	18.72
89.0	圆	紫	棕	圆	黄	黄	18.5	3 232.5	9.9	2 979.1	11.3	39.28	20.41
96.0	披针	紫	灰	圆	黄	黄	18.2	3 099.1	9.2	3 125.9	13.0	36.38	23.42
76.0	披针	紫	灰	圆	黄	黄	17.8	2 615.3	8.9	2 233.5	11.3	37.84	21.23
101.0	披针	紫	灰	圆	黄	黄	19.6	2 866.6	10.7	2 823.3	9.5	37.59	22.23
86.0	披针	紫	灰	圆	黄	黄	19.5	2 923.2	14.0	3 000.5	12.8	36.43	22.92
72.0	披针	紫	灰	圆	黄	黄	19.3	3 046.5	15.2	3 311.9	16.1	41.98	20.43
95.0	披针	紫	灰	圆	黄	黄	19.2	3 120.6	9.8	3 006.3	8.8	35.24	24.13
89.0	披针	紫	灰	圆	黄	黄	22.2	2 726.8	9.6	3 150.9	11.5	41.75	20.42
101.0	披针	紫	灰	圆	黄	黄	18.6	3 056.1	11.7	3 257.0	11.5	36.87	22.33
84.0	披针	紫	灰	圆	黄	黄	21.5	3 020.8	12.6	2 864.6	12.0	38.40	22.60
83.0	披针	紫	灰	圆	黄	黄	17.7	2 326.9	9.0	2 583.5	9.6	38.26	20.98
69.0	披针	紫	灰	圆	黄	黄	18.0	3 146.5	16.1	3 216.4	17.6	36.73	22.71
81.0	披针	紫	灰	圆	黄	黄	15.0	2 595.4	13.5	2 681.5	15.2	38.61	22.20
69.0	披针	紫	灰	圆	黄	黄	12.2	2 760.0	14.2	2 749.7	13.8	40.50	19.51
75.0	披针	白	棕	圆	黄	黄	17.5	3 080.2	12.9			38.73	20.71
79.0	披针	紫	灰	圆	黄	黄	21.5	3 037.3	12.2	2 857.2	10.3	38.61	21.09
76.0	披针	白	灰	圆	黄	黄	14.1	3 185.0	15.7			38.45	21.05
87.0	披针	紫	灰	圆	黄	黄	18.4	3 034.0	7.3	3 268.8	10.9	36.71	22.79
89.0	披针	白	灰	圆	黄	黄	19.6	2 480.5	7.8	2 747.4	10.6	38.53	22.42
74.0	披针	紫	灰	圆	黄	黄	21.5	1 933.8	5.2	1 998.8	6.4	39.83	20.91
64.0	披针	紫	灰	圆	黄	黄	19.0	2 034.5	8.5	2 094.2	8.6	38.54	21.23
79.0	披针	紫	灰	圆	黄	黄	13.7	2 752.6	14.1			37.87	22.48
65.0	披针	紫	灰	圆	黄	黄	21.0	1 816.2	11.6	1 873.1	7.1	39.86	20.98
77.0	披针	紫	灰	圆	黄	黄	19.0	2 656.5	10.3	2 451.8	8.9	39.46	22.11
72.0	披针	白	灰	圆	黄	黄	18.0	2 893.0	12.3	3 299.0	11.4	40.80	20.90
76.0	披针	紫	棕	椭圆	黄	黄	19.0	3 098.1	13.2			39.57	20.22
79.5	圆	白	灰	椭圆	黄	黄	19.7	3 429.6	14.1			42.98	19.83

品种序号	品种	育成年份	类型	母本	父本	生育期(d)	结荚习性
109	佳吉1号	2019	北方春	JLCMS178A	JLR124	120	亚
110	沃豆1号	2020	北方春	九8659	公交96176	118	亚
111	沃豆2号	2020	北方春	黑河38	北豆5号	108	亚
112	田友2986	2019	北方春	黑农64	绥农26	118	亚
113	先豆1号	2020	北方春	黑农48	先豆12-518	120	无
114	先豆4号	2017	北方春	先06-1025	垦丰11	111	无
115	桦豆2号	2019	北方春	黑农51	黑农48	120	亚
116	绥中作40	2015	北方春	绥农14	(绥农14×红丰11) F$_2$	117	亚
117	绥农41	2015	北方春	黑农40	绥农28	117	亚
118	绥农42	2016	北方春	合03-1099	绥02-339	118	无
119	绥农43	2017	北方春	绥农23	垦丰18	118	无
120	绥农44	2016	北方春	(垦丰16×绥农22) F$_0$经^{60}Co射线处理		118	亚
121	绥农47	2020	北方春	合丰51	抗线8号	120	无
122	绥农48	2017	北方春	绥农28	垦丰16	117	亚
123	绥农49	2019	北方春	绥08-5509	绥10-7500	120	无
124	绥农50	2017	北方春	绥农27	(绥农22×绥02-406) F$_1$	124	无
125	绥农51	2018	北方春	[黑交95-750× (绥03-3146×垦丰18) F$_1$] F$_0$经^{60}Co-γ射线辐射诱变		115	亚
126	绥农52	2017	北方春	绥农26	绥无腥豆2号	120	无
127	绥农53	2019	北方春	抗线9号	绥农26	120	亚
128	绥农56	2019	北方春	绥07-8	(绥农28×垦丰16) F$_1$	115	无
129	绥农69	2020	北方春	绥农22	(绥农22×绥08-5469) F$_1$	116	无
130	绥农71	2020	北方春	黑农54	东农48	118	亚
131	绥农76	2019	北方春	绥07-1186	绥07-104	115	无
132	绥农94	2020	北方春	黑农48	(绥07-1186×垦丰18) F$_1$	116	亚
133	绥无腥豆3号	2018	北方春	合丰50	(绥03-31019-1×绥04-5474) F$_1$	115	亚
134	绥黑豆1号	2019	北方春	黑豆垦09-3275	黑豆绥03-3772	120	亚
135	棱豆3号	2015	北方春	垦丰13	垦鉴28	116	无
136	安豆162	2019	北方春	抗线虫12	(垦丰18×Hartwig) F$_1$	123	亚
137	克29	2018	北方春	北豆14	嫩丰16	115	无
138	克豆30	2018	北方春	黑河43	北疆01-193	110	亚
139	克豆31	2019	北方春	克交05-174	克豆28	115	无
140	克豆35	2020	北方春	黑河45	垦丰16	115	亚
141	克豆38	2020	北方春	黑河36	黑河750	113	亚
142	克豆44	2020	北方春	克山1号	黑河27	113	亚
143	克豆48	2019	北方春	克交99-578	东农50	115	亚
144	克豆57	2020	北方春	克99-578	合丰42	115	亚
145	齐农3号	2017	北方春	合03-14	丰豆1号	119	亚

（续）

株高 (cm)	叶形	花色	茸毛色	粒形	粒色	脐色	百粒重 (g)	区试产量 (kg/hm²)	增产 (±%)	生试产量 (kg/hm²)	增产 (±%)	蛋白质含量 (%)	脂肪含量 (%)
107.0	圆	紫	棕	圆	黄	蓝	21.9	3 335.4	15.3	3 467.6	16.0	40.46	22.15
91.0	圆	紫	棕	圆	黄	褐	17.5	3 268.3	8.8	2 653.1	5.9	39.45	20.92
85.0	披针	紫	灰	圆	黄	黄	20.0	2 641.0	6.8	2 439.4	5.0	39.70	20.69
90.0	披针	白	灰	圆	黄	黄	23.0	2 941.8	7.3	3 078.5	7.3	42.16	19.15
102.0	披针	紫	灰	圆	黄	黄	21.5	2 981.7	6.4	3 014.7	11.0	39.76	20.25
78.0	披针	紫	灰	圆	黄	黄	18.6	2 570.9	8.9	2 472.6	8.8	36.89	22.20
90.0	披针	白	灰	圆	黄	黄	21.0	2 879.0	10.7	2 846.6	10.3	40.51	19.88
90.0	披针	紫	灰	圆	黄	黄	19.0	2 789.3	8.6	3 331.1	11.7	38.48	21.88
90.0	披针	紫	灰	圆	黄	黄	20.0	2 627.4	11.6	3 118.4	11.2	40.50	20.60
90.0	披针	紫	灰	圆	黄	黄	21.0	2 742.4	8.6	3 078.5	11.0	40.68	20.00
100.0	披针	紫	灰	圆	黄	黄	19.0	3 180.2	13.3	2 776.3	10.6	40.75	19.60
80.0	披针	白	灰	圆	黄	黄	17.0	3 137.6	10.6	3 311.8	8.1	39.59	20.74
100.0	披针	紫	灰	圆	黄	黄	22.0	3 038.3	9.3	2 794.2	10.7	40.28	19.58
80.0	披针	紫	灰	圆	黄	黄	20.0	3 103.6	4.2	3 172.2	8.1	38.71	21.55
90.0	披针	紫	灰	圆	黄	黄	29.1	3 067.4	12.7	3 045.8	12.5	41.24	21.57
85.0	披针	紫	灰	圆	黄	黄	29.0	3 295.0	7.7	2 768.6	8.4	41.46	19.88
90.0	披针	紫	灰	圆	黄	黄	19.0	2 975.1	11.2	2 501.1	8.0	39.05	21.89
90.0	披针	紫	灰	圆	黄	黄	29.0	3 309.9	12.0	3 282.9	10.7	42.09	19.72
100.0	披针	紫	灰	圆	黄	黄	21.5	2 706.5	10.7	3 099.5	9.5	41.44	19.96
85.0	披针	白	灰	圆	黄	黄	19.5	2 610.8	8.3	2 961.6	11.1	38.57	21.19
100.0	披针	紫	灰	圆	黄	黄	22.5	3 264.8	11.5	2 592.4	9.2	40.57	19.46
90.0	披针	紫	灰	圆	黄	黄	24.0	2 885.6	3.2	2 655.7	6.3	45.55	19.26
90.0	披针	紫	灰	圆	黄	黄	19.7	2 501.5	4.1	2 812.0	6.6	46.78	16.86
70.0	披针	紫	灰	圆	黄	黄	21.1	2 956.4	6.6	2 507.5	6.9	44.01	18.85
85.0	披针	紫	灰	圆	黄	黄	19.0	2 722.6	12.0	2 755.3	10.8	37.37	21.81
90.0	披针	白	棕	圆	黑	黑	22.9	2 473.3	14.4			41.03	19.12
88.0	披针	白	灰	圆	黄	黄	16.9	2 808.5	10.9	3 066.7	8.9	39.06	20.75
80.0	圆	白	茸毛	圆	黄	黄	20.0	2 587.1	10.9	2 491.0	13.6	42.07	20.30
86.0	披针	紫	灰	圆	黄	黄	19.2	2 786.3	8.9	2 587.6	8.9	38.59	22.05
81.0	披针	紫	灰	圆	黄	黄	19.2	2 306.5	8.7	2 658.0	10.3	38.38	21.49
101.0	披针	白	灰	圆	黄	黄	17.3	2 592.6	7.7	2 891.8	9.3	39.65	21.26
75.0	披针	白	灰	圆	黄	黄	18.8	2 761.9	8.7	2 697.5	10.6	40.47	19.99
87.0	披针	紫	灰	圆	黄	黄	19.3	2 835.7	9.2	2 514.4	9.9	39.77	20.17
86.0	披针	紫	灰	圆	黄	黄	18.7	2 678.9	10.0	2 511.3	9.9	40.20	20.77
78.0	披针	白	灰	圆	黄	黄	9.3	2 161.4	12.4			44.34	15.78
74.0	圆	白	灰	圆	黄	黄	13.1	2 328.2	12.3			46.71	16.44
93.0	圆	紫	灰	椭圆	黄	褐	19.7	2 622.6	13.4	2 627.6	13.4	39.02	21.61

品种序号	品种	育成年份	类型	母本	父本	生育期(d)	结荚习性
146	齐农5号	2018	北方春	合丰25	丰豆3号	123	无
147	齐农10号	2020	北方春	合00-633	垦丰16	115	亚
148	齐农12	2020	北方春	合丰50	MN0902	123	亚
149	鹏豆158	2015	北方春	(东农46×9902) F$_1$	农大5129	115	亚
150	鹏豆172	2020	北方春	合丰50	F$_0$6-323	118	亚
151	正绿毛豆1号	2019	北方春	06-113	07-12	120	亚
152	德顺5号	2020	北方春	疆莫豆1号	北疆94-641	100	无
153	农庆豆20	2017	北方春	九三94-6	安04-1684	118	亚
154	农庆豆24	2018	北方春	(丰豆3号×003-8) F$_1$	抗线虫12	123	亚
155	农庆豆28	2020	北方春	黑99-980	美国小粒豆	123	亚
156	垦农36	2016	北方春	农大05129	农大96029	117	亚
157	垦农38	2017	北方春	垦农22	农大05800	118	亚
158	宝研7号	2019	北方春	宝交06-5368	意大利-3	110	无
159	宝研8号	2019	北方春	垦农28	宝交98-5016	115	亚
160	红研7号	2019	北方春	农大05071	北豆35	118	亚
161	红研12	2020	北方春	垦丰20	合丰50	118	亚
162	红研15	2020	北方春	绥农35	绥农4号	118	无
163	建农2号	2019	北方春	绥05-7304	建04-512	115	亚
164	垦豆38	2015	北方春	垦丰16	合丰48	113	亚
165	垦豆43	2015	北方春	垦97-151	垦豆18	115	无
166	垦豆47	2019	北方春	垦豆18	合丰51	115	亚
167	垦豆48	2019	北方春	垦豆18	合丰51	120	亚
168	垦豆57	2016	北方春	垦丰13	垦豆18	115	无
169	垦豆58	2017	北方春	垦丰16	合丰50	118	亚
170	垦豆60	2017	北方春	绥农21	垦丰16	115	亚
171	垦豆61	2017	北方春	垦95-3436	垦交2353 (绥农10号×意3) F$_1$	115	亚
172	垦豆62	2017	北方春	垦97-377	垦95-3436	118	无
173	垦豆63	2017	北方春	垦丰9号	垦97-658	120	亚
174	垦豆66	2018	北方春	建97-825	垦丰15	120	亚
175	垦豆67	2018	北方春	垦丰16	垦豆18	122	无
176	垦豆68	2018	北方春	北丰11	合丰55	115	无
177	垦豆69	2018	北方春	垦丰7号	北疆98-151	110	无
178	垦豆76	2020	北方春	垦丰7号	垦丰23	118	亚
179	垦豆94	2018	北方春	垦丰20	垦丰19	118	亚
180	垦豆95	2018	北方春	垦02-728	垦豆18	115	无
181	垦科豆1号	2019	北方春	垦03-710	垦农5号	120	无
182	垦科豆2号	2019	北方春	垦01-6653	垦丰17	120	无
183	垦科豆7号	2019	北方春	垦丰11	哈04-2149	115	亚

（续）

株高 (cm)	叶形	花色	茸 毛 色	粒形	粒 色	脐色	百粒重 (g)	区试产量 (kg/hm²)	增产 (±%)	生试产量 (kg/hm²)	增产 (±%)	蛋白质 含量 (%)	脂肪 含量 (%)
100.0	披针	白	灰	圆	黄	淡褐	19.4	2 615.2	11.2	2 611.1	10.9	39.05	21.91
83.0	披针	白	灰	圆	黄	黄	18.5	2 800.5	10.6	2 694.2	10.5	39.88	19.69
93.0	圆	紫	棕	圆	黄	黄	21.0	2 783.2	14.8	2 832.6	15.0	39.71	20.76
80.0	披针	白	灰	圆	黄	淡褐	22.0	3 338.6	9.5	3 502.4	9.8	39.08	22.16
86.0	披针	白	灰	圆	黄	褐	20.0	3 302.8	5.7	2 696.4	7.6	40.58	20.13
50.0	圆	白	灰	椭圆	绿	褐	71.0 (鲜籽粒)	14 893.9 (鲜荚)	15.6	14 798.0 (鲜荚)	13.6	16.15 (鲜籽粒)	8.70 (鲜籽粒)
90.0	披针	紫	灰	圆	黄	黄	21.0	1 864.5	8.5	2 012.9	8.0	39.58	20.89
85.0	披针	紫	灰	圆	黄	黄	20.5	2 497.6	8.1	2 542.7	9.3	40.73	20.02
90.0	披针	白	灰	圆	黄	淡褐	22.0	2 467.1	9.1	2 550.8	8.6	42.58	21.14
78.0	圆形	白	灰	圆	黄	褐	19.0	2 592.3	5.3	2 659.6	8.1	38.53	21.02
85.0	披针	紫	灰	圆	黄	黄	22.0			2 784.6	6.3	39.93	20.69
85.0	披针	白	灰	圆	黄	黄	21.0			2 926.7	9.8	38.21	22.07
100.0	披针	白	灰	圆	黄	黄	15.9	2 782.3	9.7	2 903.4	7.2	39.59	20.55
90.0	披针	紫	灰	圆	黄	黄	16.0	2 860.9	6.8	2 963.3	5.1	39.32	20.61
88.0	披针	紫	灰	圆	黄	黄	18.4	2 987.3	8.8	3 130.3	9.0	39.14	20.98
100.0	披针	紫	灰	圆	黄	黄	18.4	3 018.2	7.9	2 644.7	6.0	36.89	22.80
95.0	披针	紫	灰	圆	黄	黄	20.0	2 910.4	8.7	2 679.4	7.2	39.85	22.09
90.0	披针	紫	灰	圆	黄	褐	18.7	2 723.8	5.9	2 889.9	6.7	38.54	20.66
80.0	披针	白	灰	圆	黄	黄	20.0	2 855.7	9.2	3 461.9	9.4	37.96	21.87
95.0	披针	紫	灰	圆	黄	黄	23.0	3 250.6	7.0	3 444.9	8.3	38.83	21.16
100.0	披针	紫	灰	圆	黄	黄	18.0	2 833.8	7.5	2 972.8	6.5	38.04	21.39
90.0	披针	紫	灰	圆	黄	黄	22.0	2 975.6	6.5	3 177.1	9.8	38.08	21.42
100.0	披针	紫	灰	圆	黄	黄	20.0	3 135.0	10.1	3 037.5	8.2	39.80	20.78
85.0	披针	白	灰	圆	黄	黄	18.0	3 114.5	9.3	3 099.4	10.4	37.88	21.82
90.0	披针	白	灰	圆	黄	黄	18.0	2 672.3	12.3	2 884.0	8.1	39.63	20.64
80.0	披针	白	灰	圆	黄	黄	17.0	2 959.5	7.5	2 602.6	8.6	37.64	22.11
95.0	披针	白	灰	圆	黄	黄	19.0	3 031.4	8.7	2 895.5	11.3	40.03	20.65
110.0	披针	紫	灰	圆	黄	黄	20.0	3 151.4	9.5	2 955.3	11.3	38.91	21.03
85.0	披针	紫	灰	圆	黄	黄	20.0	2 779.0	14.1	2 908.6	9.4	39.29	21.16
95.0	披针	紫	灰	圆	黄	黄	19.0	2 960.1	8.1	2 889.0	4.2	42.57	19.42
90.0	披针	紫	灰	圆	黄	黄	19.0	2 757.6	4.5	2 936.7	5.7	39.08	21.95
100.0	披针	白	灰	圆	黄	黄	18.0	2 727.8	7.9	2 774.7	7.7	37.64	21.95
80.0	披针	紫	灰	圆	黄	黄	17.1	3 030.7	8.4	2 821.4	12.4	40.66	19.63
85.0	披针	白	棕	圆	黄	黄	20.0	2 925.9	5.2	2 930.5	11.7	40.64	19.74
100.0	披针	紫	灰	圆	黄	黄	20.0	3 104.0	9.1	3 084.2	11.0	38.61	21.36
110.0	披针	紫	灰	圆	黄	黄	18.5	2 939.0	6.0	3 091.4	7.0	39.01	20.95
105.0	披针	紫	灰	圆	黄	黄	22.0	2 671.1	8.7	3 025.6	6.9	39.15	20.71
90.0	圆	白	灰	圆	黄	黄	18.0	2 952.3	5.0	3 199.8	9.1	38.40	21.46

品种序号	品种	育成年份	类型	母　本	父　本	生育期(d)	结荚习性
184	垦科豆13	2020	北方春	垦95-3436	合交03-96	120	亚
185	垦科豆14	2020	北方春	垦丰14	垦08-8532	118	无
186	垦科豆17	2020	北方春	垦丰14	垦丰15	116	亚
187	垦科豆28	2020	北方春	垦06-309	牡05-105	116	无
188	九研2号	2018	北方春	公交0137	黑河33	95	亚
189	九研9号	2020	北方春	合03-197	黑交1210	95	亚
190	九研13	2020	北方春	九三02-22	北04-922	108	亚
191	龙垦302	2017	北方春	绥农14	合93-772	115	亚
192	龙垦303	2017	北方春	合丰45	垦丰16	120	无
193	龙垦304	2017	北方春	垦00-3282	建02-13	120	亚
194	龙垦305	2017	北方春	北豆18	绥农26	120	无
195	龙垦306	2017	北方春	哈北46-1	垦鉴豆27	105	无
196	龙垦309	2018	北方春	垦鉴豆27	合03-199	105	亚
197	龙垦310	2016	北方春	北680	绥农27	110	无
198	龙垦314	2019	北方春	垦鉴豆25	（合丰41×美3）F₁	105	无
199	龙垦316	2019	北方春	北豆22	黑农48	115	无
200	龙垦317	2018	北方春	合丰55	合丰51	115	亚
201	龙垦330	2019	北方春	北1484	克山1号	115	亚
202	龙垦339	2017	北方春	黑农35	辽1284	118	亚
203	龙垦348	2019	北方春	合丰50	垦丰16	115	亚
204	龙垦349	2018	北方春	黑农48	海5046	115	亚
205	龙垦356	2020	北方春	（华疆6280×绥农15）F₁	北1207	100	亚
206	龙垦357	2018	北方春	北豆52	（北1484×北疆05-38）F₁	112	无
207	龙垦392	2019	北方春	农大5088	绥农14	120	亚
208	龙垦396	2020	北方春	垦农小粒豆	龙小粒豆2号	118	无
209	龙垦397	2019	北方春	龙垦0103	垦丰16	120	亚
210	龙垦3002	2019	北方春	东农58	绥农27	110	亚
211	龙垦3307	2020	北方春	北1873	北05-315	113	无
212	龙垦3401	2020	北方春	北05-1870	九三03-102	108	无
213	龙垦3402	2020	北方春	九三00-20	北疆96-711	113	无
214	垦保1号	2017	北方春	合丰35	绥6227	118	亚
215	黑农71	2015	北方春	哈99-4663	绥00-1052	124	亚
216	黑农76	2020	北方春	五良97-1	垦鉴27	115	亚
217	黑农80	2018	北方春	（黑农44×科新3号）F₁经120Gy⁶⁰Co-γ射线处理		125	无
218	黑农81	2018	北方春	黑农48	黑农51	125	亚
219	黑农82	2019	北方春	黑农48	（黑农51×哈04-4507）F₁	125	亚
220	黑农84	2017	北方春	黑农51	黑农51×{[（黑农41×91R3-301）×（黑农39×9674）]×（黑农33×灰皮支）}F₁	119	亚

（续）

株高 (cm)	叶形	花色	茸毛色	粒形	粒色	脐色	百粒重 (g)	区试产量 (kg/hm²)	增产 (±%)	生试产量 (kg/hm²)	增产 (±%)	蛋白质含量 (%)	脂肪含量 (%)
84.0	披针	白	灰	圆	黄	黄	20.0	2 903.6	6.0	2 798.7	7.6	41.30	19.58
95.0	披针	白	灰	圆	黄	黄	19.4	3 023.7	6.2	2 637.9	6.2	39.39	21.18
85.0	披针	白	灰	圆	黄	黄	19.0	3 198.5	9.9	2 504.8	6.5	41.49	19.17
103.0	披针	紫	灰	圆	黄	黄	20.0	3 161.9	11.5	2 567.9	9.0	43.69	18.42
75.0	披针	紫	灰	圆	黄	黄	19.3	1 766.1	9.3	1 625.0	7.7	37.73	22.55
87.0	圆	白	灰	圆	黄	黄	20.5	1 682.1	9.2	1 814.2	12.2	37.92	22.41
85.0	披针	紫	灰	圆	黄	黄	18.5	2 882.7	6.7	2 622.4	9.3	41.62	18.86
80.0	披针	紫	灰	圆	黄	黄	18.0	2 926.4	7.6	2 728.5	10.9	38.30	23.36
95.0	披针	白	灰	圆	黄	黄	23.0	3 082.5	8.4	2 952.8	9.9	39.59	21.54
100.0	披针	紫	灰	圆	黄	黄	20.4	3 066.3	8.0	2 975.0	10.9	37.59	22.12
80.0	披针	紫	灰	圆	黄	黄	18.8	3 152.7	7.9	2 407.5	6.3	36.17	23.34
75.0	披针	白	灰	圆	黄	黄	19.0	2 947.5	10.9	2 100.0	11.1	39.20	20.81
75.0	披针	紫	灰	圆	黄	黄	19.5	2 446.7	10.2	2 634.2	11.2	39.73	20.52
92.0	披针	白	灰	圆	黄	黄	26.8	2 281.5	16.7	2 544.8	15.6	41.93	18.58
90.0	披针	紫	灰	圆	黄	黄	17.0	2 230.2	5.1	2 526.4	7.0	38.85	21.93
90.0	披针	紫	灰	圆	黄	黄	25.0	2 525.6	11.4	2 936.7	10.3	39.81	20.15
80.0	披针	紫	灰	圆	黄	黄	18.0	2 982.7	4.3	2 867.6	5.0	37.33	22.88
75.0	披针	紫	灰	圆	黄	黄	21.0	2 968.0	5.8	3 032.9	4.8	39.81	20.44
90.0	披针	紫	灰	圆	黄	黄	20.0	3 242.4	12.2	2 919.1	7.5	37.94	21.53
80.0	披针	紫	灰	圆	黄	黄	17.0	2 723.6	10.7	2 827.8	3.0	38.52	22.08
80.0	披针	紫	灰	圆	黄	黄	20.0	2 600.2	5.7	3 137.2	10.0	41.44	20.63
65.0	披针	紫	灰	圆	黄	黄	21.0	1 958.4	7.9	2 106.8	8.7	41.07	19.67
73.0	披针	紫	灰	圆	黄	黄	20.0	2 524.9	5.4	2 959.5	7.1	35.76	22.25
85.0	披针	紫	灰	圆	黄	黄	16.0	2 664.4	6.9	3 069.1	9.1	33.32	23.05
105.0	披针	白	灰	圆	黄	黄	8.0	2 673.1	7.2			41.84	19.71
90.0	披针	白	灰	圆	黄	黄	17.0	2 753.3	8.3	3 023.5	5.3	39.48	20.79
80.0	披针	紫	灰	圆	黄	黄	25.0	2 848.0	12.1			39.16	20.02
90.0	披针	紫	灰	圆	黄	黄	20.0	2 987.6	6.9	2 611.5	6.5	39.76	20.01
92.0	披针	紫	灰	圆	黄	黄	20.0	2 885.3	8.2	2 559.9	6.6	37.92	20.88
85.0	披针	紫	茸毛	圆	黄	黄	18.1	2 951.8	5.2	2 681.1	8.9	40.24	20.02
95.0	披针	紫	色	圆	黄	黄	21.0			2 954.1	11.3	38.32	21.24
90.0	披针	白	灰	圆	黄	黄	23.0	3 099.2	9.7	3 180.8	9.7	39.60	20.82
85.7	披针	白	灰	圆	黄	黄	22.0	2 759.5	6.3	2 721.7	8.6	42.90	20.10
110.0	披针	紫	灰	圆	黄	黄	22.0	3 129.4	10.0	3 149.3	10.8	38.87	21.84
100.0	披针	白	灰	圆	黄	黄	21.0	3 143.9	10.7	3 157.2	10.8	38.78	22.18
90.0	披针	白	灰	圆	黄	黄	23.0	3 189.5	9.9	3 207.6	9.8	44.22	19.14
100.0	披针	紫	灰	圆	黄	黄	22.0	3 135.2	12.2	2 890.8	13.0	40.82	19.58

品种序号	品种	育成年份	类型	母　本	父　本	生育期(d)	结荚习性
221	黑农85	2017	北方春	黑农54	（黑农37×垦鉴豆23）F₁突变体经 ^{60}Co-γ 射线120Gy处理	118	亚
222	黑农86	2019	北方春	黑农48	（黑农35×绥98-6227-7）F₁	118	亚
223	黑农87	2017	北方春	合丰50	黑农44经^{60}Co-γ 射线120Gy处理的M₄	115	亚
224	黑农88	2020	北方春	黑农48	^{60}Co-γ 射线处理（黑农48×晋豆23）F₁	120	亚
225	黑农89	2020	北方春	黑农64	^{60}Co-γ 射线处理（哈04-1824×中黄13）F₁	118	亚
226	黑农91	2020	北方春	黑农48	（黑农48×郑90092-48）BC₁F₁	120	亚
227	黑农93	2019	北方春	黑农44	（黑农44×05109 F₁）F₁经^{60}Co-γ 射线辐射诱变材料	120	亚
228	黑农98	2020	北方春	黑农48	（黑农48×五星4号）BC₁F₁	118	亚
229	黑农201	2020	北方春	黑1544	黑913	113	亚
230	黑农511	2020	北方春	黑农48	黑农65	120	亚
231	中龙102	2020	北方春	黑农64	[黑农48×（黑农51×科新3号）]F₁	125	无
232	中龙606	2018	北方春	黑农44	（黑农44×绥农14突变体）F₁	120	亚
233	中龙608	2019	北方春	（黑农48×晋豆23）F₁经120Gy ^{60}Co-γ 射线诱变		120	亚
234	黑龙芽豆1号	2019	北方春	黑农68	长农12	118	亚
235	黑农芽豆2号	2019	北方春	黑农84	黑农64	118	亚
236	龙黄3号	2015	北方春	黑农37	96101黑大豆	119	亚
237	中龙豆1号	2018	北方春	黑农44	（合丰50×黑农51）F₁	125	亚
238	中龙豆105	2020	北方春	黑农68	合辐93154-4	120	亚
239	中龙豆106	2020	北方春	黑农48×五星4号	黑农48	120	亚
240	中龙小粒豆1号	2016	北方春	龙品8601	ZYY39	114	亚
241	中龙小粒豆2号	2019	北方春	绥小粒豆2号	龙品03-123	110	亚
242	中龙小粒豆3号	2020	北方春	中龙小粒豆1号	龙品8807	120	亚
243	中龙青大豆1号	2020	北方春	龙青大豆1号	龙品9501	120	亚
244	中龙黑大豆1号	2019	北方春	黑02-78	哈05-478	118	亚
245	中龙黑大豆2号	2019	北方春	黑02-78	龙品03-311	115	亚
246	龙豆6号	2020	北方春	黑农48	龙品09-487	120	亚
247	龙豆7号	2020	北方春	黑农40	合丰47	120	无
248	东农63	2015	北方春	华疆2号	合丰55	115	无
249	东农64	2016	北方春	黑农35	合丰35	120	亚
250	东农65	2015	北方春	合00-23	黑交01-778	117	无
251	东农66	2016	北方春	东农93-046	合丰25	123	亚
252	东农67	2016	北方春	哈90-6721	哈93-4399	125	无
253	东农68	2019	北方春	合丰50	九三03-42	120	亚

（续）

株高 (cm)	叶形	花色	茸毛色	粒形	粒色	脐色	百粒重 (g)	区试产量 (kg/hm²)	增产 (±%)	生试产量 (kg/hm²)	增产 (±%)	蛋白质含量 (%)	脂肪含量 (%)
90.0	披针	紫	灰	圆	黄	黄	22.0	2 940.2	10.0	2 836.0	11.1	39.50	20.90
90.0	披针	紫	灰	圆	黄	黄	22.0	2 899.2	5.5	3 313.2	9.2	41.74	20.37
90.0	披针	紫	灰	圆	黄	黄	22.0	3 054.7	6.2	2 942.0	10.5	36.35	23.19
90.0	披针	紫	灰	圆	黄	黄	23.0	2 987.2	8.1	2 833.5	8.3	45.56	19.12
90.0	披针	白	灰	圆	黄	黄	22.0	2 973.9	6.0	2 695.4	9.0	40.57	22.41
90.0	披针	紫	灰	圆	黄	黄	22.0	2 959.2	8.8	2 851.2	9.8	45.41	19.54
90.0	圆	白	灰	圆	黄	黄	22.0	2 730.2	11.7	2 963.8	8.7	37.25	22.33
90.0	披针	紫	灰	圆	黄	黄	23.0	2 791.5	5.1	2 650.1	6.0	46.43	18.48
78.8	披针	紫	灰	圆	黄	黄	21.0	3 005.0	8.2	2 559.0	7.6	38.30	21.20
100.0	披针	紫	灰	圆	黄	黄	22.0	2 858.4	7.1	2 870.9	9.4	47.31	17.35
100.0	披针	白	灰	圆	黄	黄	22.0	3 163.0	8.3	3 090.1	8.7	40.85	20.86
90.0	圆	白	灰	圆	黄	黄	22.0	2 877.9	8.9	2 851.7	9.0	37.60	22.70
90.0	披针	紫	灰	圆	黄	黄	23.0	2 843.2	9.0	2 794.1	8.4	44.26	19.59
90.0	披针	白	灰	圆	黄	黄	18.0	3 106.3	10.1	3 251.4	11.6	41.09	19.62
90.0	披针	白	灰	圆	黄	黄	18.0	3 055.0	11.4			43.36	18.59
99.0	圆	白	灰	圆	绿	黄	22.0	3 204.9	11.1	2 477.1	12.6	41.38	19.40
100.0	圆	白	灰	圆	黄	黄	22.0	3 086.9	8.3	3 184.7	11.7	38.38	22.20
85.0	披针	紫	灰	圆	黄	黄	20.0	2 984.2	9.3	2 876.0	10.2	39.07	20.78
90.0	披针	紫	灰	椭圆	黄	黄	23.0	2 885.4	8.3	2 840.1	8.5	44.98	19.81
70.0	圆	白	灰	圆	黄	黄	11.0	2 303.1	11.4	2 471.4	9.1	44.77	17.37
85.0	披针	紫	灰	圆	黄	黄	11.0	3 026.3	9.7			46.96	16.02
113.0	披针	白	灰	椭圆	黄	黄	8.1	2 673.5	8.2			42.39	18.38
80.0	披针	紫	棕	椭圆	绿	黄	18.5	2 280.7	7.3			40.98	19.62
70.0	圆	紫	棕	圆	黑	黑	20.0	2 748.7	8.9	3 168.8	12.4	43.20	19.55
80.0	圆	紫	灰	圆	黑	黑	18.0	3 031.4	10.9			43.02	19.62
87.0	披针	紫	灰	圆	黄	黄	19.7	2 840.1	3.7	2 776.1	9.9	45.85	18.31
97.0	披针	紫	灰	圆	黄	黄	20.8	2 992.7	10.2	2 873.4	10.6	40.70	20.39
90.0	披针	紫	灰	圆	黄	黄	17.9	2 339.0	12.4	2 802.1	15.6	39.38	20.85
87.0	披针	白	灰	圆	黄	黄	19.7	2 764.4	7.4	2 940.8	10.7	40.16	21.62
93.0	披针	紫	灰	圆	黄	黄	20.3	3 314.7	8.6	3 472.2	9.0	40.87	20.52
95.0	披针	紫	灰	圆	黄	黄	20.4	3 318.8	9.4	3 491.3	8.9	39.52	20.45
110.0	披针	紫	灰	圆	黄	黄	20.9	3 329.8	9.1	3 493.2	8.9	40.14	19.76
99.0	披针	紫	灰	圆	黄	黄	20.5	2 522.7	4.0	2 929.7	8.7	37.49	22.37

品种序号	品种	育成年份	类型	母　本	父　本	生育期(d)	结荚习性
254	东农69	2017	北方春	合丰50	北交922	120	亚
255	东农70	2018	北方春	垦05-4387	东农90636	125	亚
256	东农71	2018	北方春	哈05-5675	绥03-3046	120	无
257	东农72	2018	北方春	东农8784	合02-553	115	无
258	东农76	2020	北方春	垦丰16	垦丰18	125	亚
259	东农82	2019	北方春	东农90401	东农42	115	亚
260	东农豆110	2020	北方春	绥农33	吉育89	115	亚
261	东农豆245	2019	北方春	东农410	东农57	115	亚
262	东农豆251	2017	北方春	东农05-94	黑农48	125	亚
263	东农豆252	2017	北方春	东农05-189（东农42×东农97-712）	黑农48	118	亚
264	东农豆253	2018	北方春	东农05-189	黑农48	115	亚
265	东农豆356	2020	北方春	东农47	HS99B	120	无
266	东农绿芽豆1号	2016	北方春	东农绿小粒	吉林绿豆1号	121	亚
267	农生2号	2020	北方春	垦丰16	黑河43	120	亚
268	东庆9号	2020	北方春	垦丰14×垦丰15	黑农48×垦丰19	108	亚
269	东庆20	2019	北方春	边118	边308	110	亚
270	东生22	2020	北方春	海6055	垦鉴豆4号×黑河18	115	亚
271	东生77	2015	北方春	（黑农48×垦鉴35）F₁	垦鉴35	119	亚
272	东生78	2017	北方春	黑农48	黑河46	117	亚
273	东生79	2018	北方春	哈04-1824	绥02-282	118	亚
274	东生83	2020	北方春	东农53	{黑农51×[（黑农48×黑农40）×黑农48]}F₁	120	无
275	东生85	2020	北方春	黑农51	（黑农51×绥05-6022）F₁	115	无
276	东生89	2019	北方春	黑农35经⁶⁰Co-γ射线辐射诱变		115	亚
277	东生200	2020	北方春	黑农51	435	118	亚
278	东生202	2020	北方春	蒙豆36	嫩奥4号	95	无
279	中科毛豆3号	2019	北方春	日本札幌绿	辐射品系81-355	118	亚
280	中科毛豆4号	2019	北方春	中科毛豆1号重离子辐射诱变材料	台292	123	亚
281	星农3号	2015	北方春	九90-148	绥农14	116	亚
282	星农4号	2015	北方春	陆丰011	疆丰3412	115	无
283	星农5号	2017	北方春	东82617	东农1号	100	亚
284	星农8号	2019	北方春	MX80519	黑河35	105	亚
285	星农12	2020	北方春	明星-5	龙菽1号	120	亚
286	星农14	2020	北方春	明星296	龙菽1号	120	亚
287	星农豆3号	2020	北方春	绥小粒豆2号	东农52	116	无
288	嫩农豆1号	2019	北方春	3308	当地野生大豆	110	亚
289	金臣2号	2019	北方春	垦农18	苏联扁豆	123	亚
290	金臣168	2020	北方春	盛豆202	盛豆206	123	亚
291	金臣1885	2019	北方春	盛豆318	盛豆105	105	亚

（续）

株高 (cm)	叶形	花色	茸毛色	粒形	粒色	脐色	百粒重 (g)	区试产量 (kg/hm²)	增产 (±%)	生试产量 (kg/hm²)	增产 (±%)	蛋白质含量 (%)	脂肪含量 (%)
96.0	披针	紫	灰	圆	黄	黄	19.8	3 155.1	6.9	2 431.9	9.8	37.35	22.59
90.0	披针	白	灰	圆	黄	黄	20.5	3 113.7	9.5	3 120.8	9.8	40.05	20.83
100.0	披针	白	灰	圆	黄	黄	20.2	2 655.8	10.1	2 924.6	10.1	38.68	21.43
87.0	披针	紫	灰	圆	黄	黄	19.7	3 085.9	8.6	3 032.7	9.9	41.05	20.24
89.0	披针	紫	灰	圆	黄	黄	20.0	3 210.6	9.6	2 970.9	8.5	41.46	19.72
95.0	披针	紫	灰	圆	黄	黄	19.6	2 630.5	9.2	2 869.1	7.8	41.50	20.57
83.0	披针	紫	灰	圆	黄	黄	17.3	2 699.3	6.5	2 642.1	8.3	40.10	22.34
100.0	披针	紫	灰	圆	黄	黄	25.0	11 857.1（鲜荚）	9.2	12 021.1（鲜荚）	11.7	42.15	16.49
98.0	圆	紫	灰	圆	黄	黄	22.0	3 077.1	10.7	3 445.1	10.7	40.29	20.58
94.0	圆	紫	灰	圆	黄	黄	25.0	3 300.5	10.9	3 690.4	11.6	42.47	20.37
95.0	圆	紫	灰	圆	黄	黄	25.0	2 965.1	9.4	3 003.8	8.9	42.07	20.14
98.0	披针	紫	灰	圆	黄	黄	21.2	2 950.9	5.8			45.87	18.22
120.0	披针	紫	灰	圆	绿	黄	15.5	3 229.5	21.0	3 015.0	15.0	39.92	19.95
100.0	披针	白	灰	圆	黄	黄	20.2	2 985.3	8.8	2 865.0	9.7	41.84	19.24
85.0	披针	紫	灰	圆	黄	黄	19.0	2 558.2	5.4	2 429.3	5.6	40.31	19.47
95.0	披针	白	灰	圆	黄	淡褐	25.0	11 760.6（鲜荚）	9.4	12 082.1（鲜荚）	9.5	41.86	18.69
85.0	披针	白	灰	圆	黄	黄	20.0	2 820.8	7.3	2 605.2	7.9	43.80	19.55
90.0	披针	紫	灰	圆	黄	黄	20.7	3 226.3	7.3	3 407.1	6.9	40.36	21.45
91.0	披针	紫	灰	圆	黄	黄	20.6	3 124.2	9.9	2 820.4	9.6	40.25	21.22
101.0	披针	白	灰	圆	黄	黄	18.8	2 996.6	8.0	2 868.1	9.5	36.33	24.16
104.0	披针	白	灰	圆	黄	黄	21.2	2 880.3	4.8	2 780.6	6.3	40.81	20.07
90.0	披针	紫	灰	圆	黄	黄	18.8	2 730.1	7.2	2 667.7	9.2	37.29	22.32
70.0	披针	白	灰	圆	黄	黄	15.0	2 676.5	7.2			42.05	20.80
102.0	圆	白	灰	椭圆	黄	淡褐	13.0	3 190.0	6.7	3 192.0	5.6	42.40	19.10
78.0	披针	紫	灰	圆	黄	黄	20.0	1 929.6	13.8	1 851.9	14.6	39.99	21.27
56.0	圆	白	灰	圆	绿	淡褐	34.0	13 510.0（鲜荚）	8.1	13 421.0（鲜荚）	7.9	42.46	19.23
68.0	圆	紫	灰	圆	黄	黄	26.0	13 944.0（鲜荚）	12.1	13 642.0（鲜荚）	9.7	39.42	21.80
89.0	披针	白	灰	圆	黄	黄	18.0	2 684.5	9.6	2 887.0	9.8	40.08	21.41
94.0	披针	紫	灰	圆	黄	黄	19.8	2 440.2	16.1	2 733.0	12.7	41.38	19.28
82.5	披针	紫	灰	圆	黄	黄	23.0	2 144.8	11.1	1 671.1	8.9	41.26	20.63
85.0	披针	白	灰	圆	黄	黄	21.0	2 256.4	5.9	2 504.3	10.5	37.92	22.11
85.0	披针	紫	灰	圆	黄	黄	20.3	2 672.0	9.2	2 874.8	10.5	38.88	22.00
97.0	披针	紫	灰	圆	黄	黄	21.0	2 973.5	6.6	2 833.0	11.4	40.41	21.11
101.0	披针	紫	灰	圆	黄	黄	13.0	2 450.1	7.9			42.28	19.17
70.0	圆	紫	灰	圆	黄	黄	36.0	2 901.2	7.3			43.24	17.30
120.0	披针	紫	灰	圆	黄	黄	21.0	3 104.3	9.2	2 703.7	5.2	41.38	18.03
85.0	披针	白	灰	圆	黄	褐	19.0	3 121.6	7.7	3 132.0	7.2	36.75	22.14
85.0	披针	白	灰	圆	黄	黄	26.0	14 286.7（鲜荚）	8.1	11 962.6（鲜荚）	10.4	43.60	18.54

品种序号	品种	育成年份	类型	母　本	父　本	生育期(d)	结荚习性
292	益农豆510	2019	北方春	东生1号	黑河43	105	亚
293	东普52	2019	北方春	黑河46	绥00-1052	110	无
294	东普53	2019	北方春	北豆34	黑河43	100	亚
295	同豆2号	2019	北方春	北豆14	东大1号	105	无
296	华庆豆103	2018	北方春	黑农44	黑农56	120	亚
297	裕农2号	2020	北方春	绥农10号	黑农48	125	无
298	天赐153	2018	北方春	黑河43	黑农51	115	亚
299	尚豆1号	2019	北方春	食青豆	为292	112	无
300	牡豆9号	2015	北方春	(黑农48×绥04-5474) F₁	黑农48	116	亚
301	牡豆10号	2016	北方春	黑农48	黑河46	116	亚
302	牡豆11	2019	北方春	黑农51	绥农31	115	亚
303	牡豆12	2018	北方春	黑农41	绥03-3068	120	亚
304	牡豆13	2020	北方春	垦丰23	绥农30	125	亚
305	牡豆14	2020	北方春	(黑农40×晋豆23) F₁	晋豆23	120	无
306	牡豆15	2019	北方春	黑农48	龙品8807	120	亚
307	牡小粒豆1号	2019	北方春	龙小粒豆1号经⁶⁰Co-γ射线诱变		120	亚
308	金欣1号	2019	北方春	绥农10号	垦农5号	120	亚
309	春豆1号	2016	北方春	绥农14	哈交5404-2	117	亚
310	吉育108	2015	北方春	吉林小粒7号	公野0244F₃	114	亚
311	吉育109	2015	北方春	敦化中粒	公野0220F₃	115	亚
312	吉育111	2018	北方春	吉林小粒6号	Denny	116	亚
313	吉育112	2019	北方春	公野0919	吉林小粒7号	116	亚
314	吉育113	2019	北方春	绥农15	CUNA	116	亚
315	吉育114	2020	北方春	公野0848-1	公野0731-23	114	亚
316	吉育115	2020	北方春	公野09Ys10	公野8146-3	114	亚
317	吉育116	2020	北方春	吉林小粒6号	吉育103	114	亚
318	吉育205	2015	北方春	黑农46	公交2000-17-16	116	亚
319	吉育209	2020	北方春	公交0503-2	延-08-2	119	亚
320	吉育232	2020	北方春	(公交海1-2575×吉育68) F₁	吉大120	121	亚
321	吉育251	2020	北方春	吉育204	东农56	119	亚
322	吉育257	2020	北方春	农大15751	公交96192-4	117	亚
323	吉育259	2019	北方春	A3127	吉育58	118	亚
324	吉育260	2019	北方春	公交2002-302-7	OX501	117	亚
325	吉育299	2019	北方春	公交2002-302-7	Tourco	119	亚
326	吉育306	2019	北方春	吉生00307-3	吉育88	123	亚
327	吉育308	2019	北方春	吉育47	黑河小黄豆	120	亚
328	吉育310	2020	北方春	公交0123-4	(公交0123-4×吉育86) F₁	125	亚
329	吉育321	2016	北方春	吉育72	公2179-16	122	亚
330	吉育341	2016	北方春	吉育71	合交00-703	123	亚

（续）

株高(cm)	叶形	花色	茸毛色	粒形	粒色	脐色	百粒重(g)	区试产量(kg/hm²)	增产(±%)	生试产量(kg/hm²)	增产(±%)	蛋白质含量(%)	脂肪含量(%)
70.0	披针	紫	灰	圆	黄	黄	17.0	2 317.7	7.8	2 549.4	7.8	38.90	22.30
95.0	披针	紫	灰	圆	黄	黄	20.0	2 556.6	12.3	2 771.3	11.4	39.55	21.08
85.0	披针	紫	灰	圆	黄	黄	21.0	1 908.3	10.9	2 046.9	9.6	38.78	21.28
90.0	披针	紫	灰	圆	黄	黄	19.0	2 346.8	10.2	2 582.5	9.2	38.10	21.07
93.0	圆	白	灰	圆	黄	黄	19.8	2 921.7	10.2	2 897.8	11.0	38.84	21.28
113.0	披针	紫	灰	圆	黄	黄	24.9	3 075.8	9.1	3 080.8	8.7	42.23	19.20
95.0	披针	白	灰	圆	黄	黄	17.0	3 047.7	7.6	3 041.5	9.9	39.65	20.35
56.0	披针	紫	棕	圆	黄	黄	75.5（鲜籽粒）	13 661.9（鲜荚）	15.4	13 317.4（鲜荚）	10.9	41.32	18.16
81.0	披针	紫	灰	圆	黄	黄	20.1	2 799.2	8.6	2 871.3	8.2	40.70	21.23
90.0	披针	紫	灰	圆	黄	黄	20.8	3 125.0	9.9	2 918.1	12.9	40.24	21.35
90.0	披针	白	灰	圆	黄	黄	21.0	2 829.6	9.0	2 771.2	10.5	38.51	21.40
90.0	披针	紫	灰	圆	黄	黄	21.0	2 904.4	9.7	2 866.8	9.1	40.75	20.87
92.0	披针	紫	灰	圆	黄	黄	18.9	3 147.3	7.4	3 035.8	6.9	40.58	20.35
107.0	披针	紫	棕	圆	黄	黄	19.2	2 999.1	9.9	2 866.6	10.1	41.04	20.00
95.0	披针	紫	灰	圆	黄	黄	20.1	2 567.5	5.5	2 992.7	5.7	45.08	17.50
75.0	披针	紫	灰	圆	黄	黄	14.8	3 245.0	8.5			39.75	21.62
90.0	披针	紫	灰	圆	黄	黄	20.0	2 901.6	11.4	2 876.1	11.5	40.23	19.71
97.0	披针	紫	灰	圆	黄	黄	21.0	3 196.9	12.4	2 939.4	13.5	38.99	21.52
80.0	披针	白	灰	圆	黄	黄	9.2	2 142.1	10.3	2 275.1	12.2	34.34	20.56
90.0	披针	白	灰	圆	黄	黄	12.8	2 247.4	15.8	2 318.2	14.3	32.67	21.17
92.5	披针	白	灰	圆	黄	黄	9.5	2 430.1	7.6	2 401.4	9.9	40.10	18.34
88.6	披针	白	灰	圆	黄	黄	9.4	2 338.4	10.4	2 789.2	10.7	41.35	19.21
105.6	披针	紫	棕	圆	黄	黄	10.7	2 511.5	18.1	2 824.8	18.1	35.71	20.81
77.8	披针	紫	灰	圆	黄	黄	8.6	2 673.3	13.4	2 744.3	11.4	41.39	20.01
97.1	披针	白	灰	圆	黄	黄	8.9	2 568.6	7.8	2 703.6	9.8	36.89	22.43
85.3	披针	白	灰	圆	绿	黄	7.9	2 508.8	5.6	2 724.9	10.6	41.37	18.20
85.0	圆	白	灰	圆	黄	黄	19.0	2 675.9	12.0	2 939.3	13.2	34.23	22.28
94.2	圆	紫	灰	圆	黄	黄	19.3	2 542.8	6.8	2 524.5	6.9	37.41	21.49
98.0	披针	紫	灰	圆	黄	黄	17.4	2 623.2	9.9	2 574.7	9	37.43	22.03
85.5	披针	紫	棕	圆	黄	黄	18.5	2 629.5	5.4	2 702.2	6.3	40.39	20.82
84.9	披针	紫	灰	圆	黄	黄	19.2	2 471.1	0.2	2 560.9	0.8	43.66	18.94
84.7	椭圆	紫	棕	圆	黄	黄	17.9	2 975.2	14.1	2 721.9	9.6	43.28	19.12
79.5	椭圆	白	灰	圆	黄	黄	18.7	2 862.7	8.6	2 897.5	16.1	42.40	20.11
85.6	椭圆	白	灰	圆	黄	黄	16.4	2 849.3	8.1	2 560	2.4	41.63	21.08
105.4	披针	紫	灰	圆	黄	黄	20.2	3 430.8	5.5	3 510.3	8.3	41.85	19.61
92.0	圆	紫	灰	圆	黄	黄	21.5	3 367.9	5.5	3 621.6	11.8	39.95	21.00
103.8	圆	白	灰	圆	黄	黄	22.1	3 382.9	6.7	3 339.5	5.5	40.89	20.02
119.5	披针	紫	灰	椭圆	黄	黄	18.4	2 728.9	8.4	2 959.7	4.6	38.31	21.18
109.1	披针	白	灰	圆	黄	黄	20.0	2 869.6	14.0	3 358	18.7	40.30	19.63

品种序号	品种	育成年份	类型	母　本	父　本	生育期(d)	结荚习性
331	吉育354	2020	北方春	吉育204	绥07-361	125	亚
332	吉育362	2017	北方春	吉育59	吉林28	127	亚
333	吉育363	2019	北方春	公野2007Y31	公野2007Y16	124	亚
334	吉育381	2019	北方春	黑农38	吉育84	124	亚
335	吉育441	2018	北方春	（吉林小粒7号×吉育82）F₁	吉育82	127	亚
336	吉育481	2018	北方春	SB8718	98898	128	无
337	吉育513	2020	北方春	吉育47	铁97124-1-1	132	无
338	吉育552	2018	北方春	公交2001-314-3	垦02-265	127	亚
339	吉育554	2020	北方春	九8659	公交96176	130	亚
340	吉育584	2019	北方春	SB8718	98898	131	无
341	吉育593	2019	北方春	吉育94	铁97030	130	亚
342	吉育594	2020	北方春	吉育71	绥农14	130	亚
343	吉育609	2015	北方春	JLCMS103A	JLR102	111	无
344	吉育611	2016	北方春	JLCMS147A	JLR113	120	亚
345	吉育612	2017	北方春	JLCMS57A	JLR9	130	亚
346	吉育626	2019	北方春	JLCMS230A	JLR9	132	亚
347	吉育627	2019	北方春	JLCMS197A	JLR98	129	无
348	吉育633	2020	北方春	JLCMS178A	JLR230	118	无
349	吉育635	2019	北方春	JLCMS34A	JLR300	116	亚
350	吉育637	2020	北方春	JLCMS210A	JLR209	131	亚
351	吉育639	2019	北方春	JLCMS191A	恢复系JLR403	120	亚
352	吉育641	2020	北方春	JLCMS191A	JLR158	118	亚
353	吉育643	2020	北方春	JLCMS212A	JLR346	118	亚
354	吉育647	2020	北方春	JLCMS5A	JLR2	122	亚
355	吉育702	2015	北方春	黑河9号	北疆九1号	110	无
356	吉育761	2019	北方春	黑农64	吉育202	119	亚
357	吉青4号	2019	北方春	S8	吉青68	128	无
358	吉青5号	2019	北方春	吉青68	公野9112	128	亚
359	吉青6号	2020	北方春	吉青3号	吉黑250	128	有
360	吉科豆11	2015	北方春	长农9号	Hobbit	120	无
361	吉科豆12	2015	北方春	黄瓢黑豆	青瓢黑豆	120	无
362	吉密豆4号	2018	北方春	公交97132-3	垦丰18	116	有
363	吉黑6号	2018	北方春	公品20002	吉林小粒8号	113	亚
364	吉黑7号	2019	北方春	吉3号	吉黑46	128	有
365	吉黑8号	2020	北方春	GY2004-60	吉大114	124	亚
366	吉黑9号	2020	北方春	吉黑46	吉青2号	125	有
367	吉黑10号	2020	北方春	公品20002	吉林小粒8号	113	亚
368	吉鲜豆1号	2016	北方春	日本豆	吉育71	128	有
369	东盛1号	2017	北方春	吉育69	绥05-7292	114	亚

（续）

株高(cm)	叶形	花色	茸毛色	粒形	粒色	脐色	百粒重(g)	区试产量(kg/hm²)	增产(±%)	生试产量(kg/hm²)	增产(±%)	蛋白质含量(%)	脂肪含量(%)
99.8	披针	紫	棕	圆	黄	黄	17.3	3 424.6	8.0	3 581.2	13.1	39.95	21.09
101.6	圆	紫	棕	圆	黄	黑	18.0	3 435.9	10.1	3 210.3	6.4	36.10	23.23
104.0	椭圆	紫	灰	圆	黄	黄	21.4	3 467.3	6.6	3 534.5	9.1	41.11	20.34
95.4	披针	紫	灰	圆	黄	黄	18.6	3 178.5	10.2	3 088.5	5.3	36.54	21.75
94.4	圆	紫	灰	椭圆	黄	淡褐	18.0	3 456.0	2.9	3 384	2.1	38.90	21.74
112.3	圆	白	棕	圆	黄	黑	17.3	3 477.0	6.5	3 124.5	2.9	37.84	21.78
115.2	圆	紫	棕	圆	黄	黄	17.3	3 221.9	6.2	3 031.1	11.7	41.25	18.92
96.9	披针	白	灰	圆	黄	黄	18.8	3 278.6	5.1	3 168.5	16.2	39.24	20.38
99.7	圆	紫	棕	椭圆	黄	黄	17.4	3 157.6	4.2	3 015.5	11.2	41.48	19.97
116.4	圆	紫	棕	圆	黄	蓝	16.7	3 219.9	8.3	3 524.3	14.4	39.97	20.60
102.3	圆	紫	灰	圆	黄	黄	20.0	3 142.9	3.9	3 112.4	1.0	43.93	18.95
104.0	披针	紫	灰	圆	黄	黄	20.2	3 245.6	7.0	3 025	11.5	40.80	20.53
95.2	圆	紫	灰	圆	黄	黄	18.4	2 795.9	17.0	2 653.8	2.2	37.52	22.54
102.6	披针	紫	棕	圆	黄	蓝	19.6	3 765.9	10.7	3 716.2	15	38.67	21.47
96.0	圆	紫	灰	圆	黄	黄	20.0	3 413.9	16.0	3 521	4.4	42.07	20.92
105.7	圆	白	棕	圆	黄	黄	20.0	3 386.5	13.9	3 432.3	11.4	40.68	20.19
101.4	圆	白	棕	圆	黄	黑	17.3	3 208.2	13.4	3 484.7	7.8	40.97	20.74
104.0	圆	紫	灰	圆	黄	黄	19.0	3 167.4	12.9	2 853.1	14.0	42.78	20.44
88.1	披针	紫	灰	圆	黄	黄	18.3	2 716.4	11.5	2 803.9	14.8	36.27	22.71
87.2	圆	紫	棕	圆	黄	蓝	21.9	3 114.5	11.8	3 380.4	8.3	41.70	20.19
110.0	圆	紫	棕	圆	黄	黄	20.8	3 297.2	13.1			37.04	23.78
95.2	圆	紫	灰	圆	黄	黄	18.0	2 794.1	17.4	2 438.4	3.3	38.58	22.43
91.5	圆	紫	棕	圆	黄	蓝	20.6	2 751.9	15.3	2 626.7	11.2	38.14	21.69
88.4	圆	紫	棕	圆	黄	蓝	19.1	3 017.4	14.5	3 005.9	18.3	42.52	19.12
70.0	披针	紫	灰	圆	黄	黄	21.0	2 608.5	10.3	2 408.0	11.4	38.29	21.96
95.7	椭圆	白	灰	圆	黄	黄	19.3	2 789.2	7.0	3 015.2	21.8	42.24	20.90
103.4	椭圆	紫	灰	圆	绿	淡褐	23.5	2 042.7	16.1	2 473.8	13.0	42.19	20.53
105.6	椭圆	紫	灰	圆	绿	黄	18.5	2 593.6	10.9	2 871.6	11.9	41.40	19.80
72.5	椭圆	白	灰	圆	绿	黄	30.1	2 745.4	12.1	2 524.3	10.0	40.05	20.53
110.0	披针	紫	棕	圆	黄	黄	8.5	2 416.6	16.5	2 018.4	16.3	37.58	20.30
110.0	圆	紫	棕	圆	黄	黄	20.0	2 284.2	9.5	1 902.5	8.6	44.22	19.53
72.3	椭圆	紫	灰	圆	黄	黄	14.4	2 946.9	5.2	3 033.2	8.7	40.19	17.63
86.2	椭圆	白	棕	圆	黑	黑	7.5	2 509.5	11.7	2 392.8	9.7	39.43	18.01
80.9	椭圆	白	棕	圆	黑	黑	34.7	2 508.4	11.3	2 999.5	11.5	41.32	20.26
91.5	披针	紫	棕	圆	黑	黑	14.7	2 372.6	10.6	2 406.2	8.1	37.07	23.13
67.8	椭圆	白	棕	椭圆	黑	黑	34.6	2 779.3	13.7	2 649.2	11.1	40.43	20.65
86.7	圆	白	棕	圆	黑	黑	8.0	2 567.3	7.8	2 709.2	10.0	38.48	21.00
103.2	圆	白	灰	圆	黄	黄	33.5	10 442.7（鲜荚）	17.7	9 837.5（鲜荚）	12.4	45.24	19.38
82.0	披针	紫	灰	圆	黄	黄	19.0	2 357.0	9.1	2 774.8	5.2	36.35	20.91

品种序号	品种	育成年份	类型	母 本	父 本	生育期(d)	结荚习性
370	东盛2号	2017	北方春	绥农14	辽2006-7-2	118	亚
371	军农68	2017	北方春	公交9532-15	美98987	129	无
372	吉农42	2015	北方春	吉科豆1号	SAPPORO	123	无
373	吉农46	2016	北方春	吉农15	九农22	128	亚
374	吉农47	2016	北方春	九农22	吉育57	128	亚
375	吉农48	2016	北方春	吉农15	吉农18	128	亚
376	吉农51	2016	北方春	吉农9601-1	吉林30	121	无
377	吉农54	2018	北方春	吉农12	SAPPORO	125	亚
378	吉农71	2017	北方春	CN06-5	CN06-8	118	亚
379	吉农74	2020	北方春	吉农9722	九农21	130	亚
380	吉农75	2020	北方春	吉林38	加拿大4号	131	亚
381	吉农82	2018	北方春	CN06-28	CN06-27	128	亚
382	吉农84	2018	北方春	CN06-30	CN06-31	131	亚
383	吉农89	2018	北方春	CN06-9	CN06-10	128	亚
384	吉农105	2020	北方春	CN06-17	CN06-23	131	亚
385	吉农青1号	2020	北方春	吉青1号	长农13	130	亚
386	吉农H1	2020	北方春	JLCMS254A	JLR192	120	无
387	吉大豆19	2020	北方春	吉林35	东农163	121	亚
388	长农32	2015	北方春	合丰34	Sb8699	116	亚
389	长农33	2017	北方春	合交95-984	CK-P-2	130	亚
390	长农34	2017	北方春	吉林20	CK-P-1	129	亚
391	长农35	2016	北方春	合交95-984	CK-P	128	亚
392	长农38	2018	北方春	吉农18	九交9895-8	133	无
393	长农39	2018	北方春	SB8699	CM158	129	无
394	长农45	2019	北方春	吉育89	中黄35	129	亚
395	长农65	2019	北方春	合丰34	合丰34×SB8699	119	亚
396	长农75	2020	北方春	11CY2	绥农31	127	亚
397	东生104	2020	北方春	BY0013	吉育47	124	亚
398	东生105	2020	北方春	SEJ0086	吉育47	124	亚
399	东生112	2020	北方春	合丰55	长农16	125	亚
400	省原豆1号	2016	北方春	吉育47	丰交7607	123	亚
401	吉利豆6号	2016	北方春	吉利豆1号	世纪1号	122	亚
402	九农40	2015	北方春	黑农46	黑农49	118	亚
403	九农43B	2019	北方春	九农26	吉育71	122	亚
404	九农CE2	2018	北方春	九交2006A-5	本地豆	115	亚
405	九农黑皮青1号	2019	北方春	黑皮青经系选		116	亚
406	九久青	2018	北方春	牡交5796-3	九N-1-11-1-5	125	亚
407	九青豆	2017	北方春	九农21	黑皮青	135	亚
408	九兴豆1号	2020	北方春	九农34变异株系选		114	亚

（续）

株高(cm)	叶形	花色	茸毛色	粒形	粒色	脐色	百粒重(g)	区试产量(kg/hm²)	增产(±%)	生试产量(kg/hm²)	增产(±%)	蛋白质含量(%)	脂肪含量(%)
96.3	圆	白	灰	圆	黄	黄	18.0	2 641.8	12.0	2 461.6	4.1	35.45	21.64
93.4	圆	紫	灰	椭圆	黄	黄	21.2	3 094.5	0.9	3 265.5	2.6	37.47	21.73
103.8	圆	紫	棕	椭圆	黄	黄	21.1	3 397.2	1.2	3 365.5	0.6	38.39	22.54
101.2	圆	紫	灰	圆	黄	黄	21.1	2 870.4	4.3	3 287.4	11.0	37.33	21.20
103.4	圆	紫	灰	圆	黄	黄	20.1	2 878.0	4.6	3 344.2	12.9	37.68	20.71
108.5	圆	紫	棕	圆	黄	褐	20.2	2 983.1	8.4	3 315.0	11.9	37.53	21.98
99.6	圆	白	灰	圆	黄	黄	20.8	3 525.6	3.7	3 504.8	8.5	36.43	20.46
104.0	椭圆	白	棕	圆	黄	黄	19.4	3 266.5	3.8	3 288.6	5.9	39.38	20.46
98.3	披针	白	灰	圆	黄	黄	16.4	2 621.1	12.4	2 514.6	6.3	37.30	21.69
107.8	披针	白	灰	圆	黄	褐	18.6	3 271.4	8.2	3 058.9	12.8	43.30	19.54
111.8	圆	白	灰	圆	黄	黄	20.1	3 104.3	4.4	2 951.0	8.8	42.45	20.20
105.7	圆	紫	灰	圆	黄	黄	16.6	3 393.6	8.8	3 292.4	20.8	36.73	22.43
112.1	圆	白	灰	圆	黄	黄	16.0	3 439.4	10.3	3 301.5	21.1	37.55	21.47
107.2	圆	白	灰	圆	黄	褐	16.7	3 389.3	7.7	3 443.5	10.9	40.78	19.75
102.9	椭圆	白	棕	圆	黄	黑	16.7	3 262.3	9.7	3 114.6	14.8	40.59	21.05
91.4	披针	紫	灰	圆	绿	黄	18.9	2 225.5	18.3	2 623.8	14.7	39.36	22.35
92.8	圆	白	棕	圆	黄	黄	19.2	2 904.9	17.8	3 044.0	19.8	38.17	21.93
95.4	圆	紫	灰	圆	黄	黄	18.9	2 876.8	6.4	2 881.7	7.7	37.85	21.39
77.0	披针	紫	灰	圆	黄	黄	10.5	2 585.0	11.9	2 085.1	9.5	31.03	22.41
78.8	披针	紫	灰	圆	黄	黄	15.7	3 208.7	9.1	3 730.6	10.6	37.57	23.00
79.6	披针	紫	灰	圆	黄	黄	15.1	3 224.5	9.6	3 804.3	12.7	36.86	22.69
70.7	披针	紫	灰	圆	黄	黄	15.4	3 209.2	7.1	4 037.5	5.7	36.51	22.92
109.2	圆	紫	灰	椭圆	黄	黄	20.6	3 508.5	4.4	3 388.5	2.3	37.26	21.33
100.2	圆	白	棕	圆	黄	褐	17.1	3 246.9	4.0	3 672.7	12.9	40.91	20.15
104.0	圆	紫	灰	圆	黄	淡黑	16.4	3 257.5	9.6	3 352.9	8.8	37.40	22.38
88.6	披针	紫	灰	圆	黄	黄	18.3	2 729.5	4.7	2 534.6	1.2	41.99	16.84
90.8	披针	白	灰	圆	黄	褐	13.6	2 804.0	17.2	3 000.5	14.9	38.59	22.95
102.4	圆	白	灰	圆	黄	黄	22.1	2 946.6	9.0	2 812.9	5.1	40.27	20.34
96.8	圆	白	灰	圆	黄	黄	22.7	2 904.3	7.4	2 926.6	9.3	39.32	20.22
101.4	圆	白	灰	圆	黄	黄	18.9	2 931.9	8.4	2 843.4	6.2	41.88	19.47
114.4	圆	紫	灰	椭圆	黄	黄	21.0	2 845.6	13.0	3 269.4	15.5	38.94	21.25
87.4	披针	紫	灰	圆	黄	黄	23.4	3 044.6	20.9	3 443.9	21.7	38.05	21.89
85.9	圆	紫	灰	圆	黄	黄	17.9	2 467.0	3.4	2 732.6	3.1	38.38	21.62
96.4	圆	白	灰	圆	黄	黄	21.8	3 512.6	8.1	3 466.7	7.0	41.51	20.80
93.0	圆	白	灰	圆	黄	黄	20.6	2 670.2	3.9	2 586.2	12.4	38.58	19.52
86.8	圆	紫	棕	椭圆	黑	黑	15.6	2 356.6	12.0	2 705.4	12.1	41.44	21.06
102.6	披针	白	灰	圆	绿	黄	13.8	2 387.5	8.5	1 955.0	10.6	40.71	19.97
101.6	披针	紫	灰	圆	绿	黄	15.6	3 207.2	9.4	3 106.3	7.0	44.05	18.91
85.9	圆	白	灰	椭圆	黄	褐	18.9	2 882.0	5.2	3 004.5	9.9	37.59	23.86

品种序号	品种	育成年份	类型	母　本	父　本	生育期(d)	结荚习性
409	九芽豆1号	2019	北方春	吉林小粒7号	九农21	120	亚
410	吉科密豆1号	2018	北方春	长农13	A1574	125	有
411	吉科鲜豆1号	2016	北方春	浙农6系选		115	有
412	德豆10号	2018	北方春	合交9349	YSB8699	124	亚
413	德豆12	2019	北方春	九农16	长农13	123	亚
414	兆成扇子豆	2015	北方春	红毛大豆系选		120	亚
415	雁育2号	2015	北方春	吉林小粒4号	绥农2号	115	亚
416	雁育豆3号	2016	北方春	黑农38×合丰25	吉育89	116	亚
417	雁育豆8号	2019	北方春	合丰55	吉育71	116	亚
418	雁育豆11	2020	北方春	绥农4号	吉育59	118	亚
419	华力1号	2017	北方春	吉育71	吉育89	125	亚
420	稷秾豆1号	2015	北方春	吉林39	吉育2号	129	亚
421	通农36	2020	北方春	通农943	通农13	125	亚
422	铁豆76	2015	北方春	铁97121-2	铁97047-2	134	亚
423	铁豆77	2015	北方春	铁丰27	中品95-5383	126	亚
424	铁豆78	2015	北方春	铁丰27	中品95-5383	129	亚
425	铁豆80	2017	北方春	铁96109-10	铁96037-1	127	有
426	铁豆81	2017	北方春	铁97047-2	铁丰33	125	亚
427	铁豆82	2017	北方春	铁97047-3	铁9831-16	124	亚
428	铁豆84	2017	北方春	铁丰33	Flint	134	亚
429	铁豆85	2017	北方春	铁丰33	Sb.pur-15	127	亚
430	铁豆86	2017	北方春	铁9868-10	铁99007-2	135	有
431	铁豆89	2018	北方春	铁97124-1-1	铁丰33	132	亚
432	铁豆92	2018	北方春	铁00009-4	铁豆39	131	亚
433	铁豆94	2019	北方春	铁97047-3	铁丰33	132	亚
434	铁豆95	2018	北方春	铁97047-3	吉育89	127	亚
435	铁豆96	2018	北方春	铁97077-1	吉农18	128	亚
436	铁豆97	2018	北方春	铁9809-2-1	沈农99-22	125	亚
437	铁豆98	2018	北方春	铁9809-2-1	Osaka-5	134	亚
438	铁豆99	2018	北方春	铁01092-4	Atlantic	127	亚
439	铁豆100	2019	北方春	铁9809-2-1	铁丰31	136	亚
440	铁豆101	2019	北方春	铁9809-2-1	沈农99-22	135	亚
441	铁豆102	2020	北方春	沈农12	Flint	128	亚
442	铁豆103	2019	北方春	铁豆37	铁08030	124	有
443	铁豆104	2019	北方春	铁豆47	铁61	129	有
444	铁豆105	2019	北方春	铁豆49	沈农12	128	有
445	铁豆107	2020	北方春	铁豆47	沈农99-22	133	亚
446	铁豆110	2020	北方春	铁01092-4	Atlantic	136	亚
447	铁豆112	2020	北方春	铁豆53	铁01092-4	134	亚

（续）

株高(cm)	叶形	花色	茸毛色	粒形	粒色	脐色	百粒重(g)	区试产量(kg/hm²)	增产(±%)	生试产量(kg/hm²)	增产(±%)	蛋白质含量(%)	脂肪含量(%)
59.4	披针	紫	灰	圆	黄	黄	12.8	2 281.7	7.4	2 202.3	12.0	41.52	20.30
62.3	圆	白	灰	圆	黄	黄	13.9	3 094.5	6.3	2 667.9	6.7	39.15	20.88
64.2	卵圆	白	灰	扁圆	绿	淡褐	40.2	9 847.2（鲜荚）	11.1	10 226.9（鲜荚）	11.1	40.00	19.05
74.4	披针	白	灰	椭圆	黄	黄	16.7	3 465.0	3.4	3 234.0	11.9	38.09	21.84
105.3	椭圆	白	灰	圆	黄	黄	16.7	3 515.1	8.1	3 532.6	9.0	37.61	22.32
75.0	圆	紫	棕	圆	黄	褐	22.0	3 575.6	16.2	3 521.8	17.2	42.97	20.09
90.0	椭圆	白	棕	圆	黄	黄	9.0	2 367.2	8.2	2 587.4	11.5	33.43	21.58
86.7	圆	紫	棕	圆	黄	黄	16.5	2 463.1	12.6	2 478.2	6.8	36.07	22.54
85.6	披针	紫	灰	圆	黄	黄	19.4	2 866.0	9.9	2 720.8	9.6	38.71	21.45
80.1	披针	紫	灰	圆	黄	黄	19.5	2 670.2	7.0	2 649.0	4.3	36.08	23.02
66.5	卵圆	白	灰	椭圆	黄	蓝	19.0	3 124.5	1.9	3 372.0	5.9	38.93	21.52
100.4	披针	紫	灰	圆	黄	黄	19.2	3 156.8	14.8	3 243.0	14.0	39.84	20.58
123.5	圆	白	灰	圆	黄	黄	20.6	2 838.0	5.0	2 820.4	5.4	41.22	20.48
87.3	椭圆	紫	灰	椭圆	黄	黄	19.7	2 752.5	10.6	2 536.5	8.1	42.24	20.77
98.1	椭圆	紫	灰	椭圆	黄	黄	23.4	2 920.5	8.3	2 815.5	9.9	41.13	20.49
95.4	椭圆	紫	灰	椭圆	黄	黄	20.6	2 715.0	9.1	2 593.5	10.4	40.44	20.24
78.5	椭圆	紫	灰	椭圆	黄	黄	19.9	3 255.0	13.2	2 916.0	9.4	42.16	20.52
87.9	椭圆	紫	灰	椭圆	黄	黄	22.6	3 007.5	10.2	3 024.0	8.9	41.94	20.85
86.9	披针	紫	灰	椭圆	黄	黄	21.6	3 042.0	11.4	3 168.0	14.1	41.04	21.84
93.2	椭圆	紫	灰	椭圆	黄	黄	20.7	2 478.0	6.5	3 085.5	7.7	41.44	21.92
92.2	椭圆	紫	灰	椭圆	黄	黑	19.5	3 267.0	13.6	2 946.0	10.5	40.94	21.37
79.4	椭圆	紫	棕	椭圆	黄	黄	21.7	2 370.0	1.8	3 168.0	10.6	39.82	22.30
85.2	椭圆	紫	灰	椭圆	黄	黄	24.6	2 745.0	8.3	3 033.0	4.5	41.09	21.13
76.4	椭圆	白	灰	椭圆	黄	黄	23.9	3 232.5	8.7	3 055.5	5.3	40.64	21.79
92.4	椭圆	紫	灰	椭圆	黄	黄	23.8	3 319.5	11.6	3 387.0	15.1	40.77	19.82
85.0	椭圆	紫	灰	椭圆	黄	黄	22.4	2 947.5	13.3	2 752.5	15.1	38.73	21.32
98.3	椭圆	紫	棕	椭圆	黄	黄	21.3	2 907.0	11.8	2 620.5	9.6	38.14	22.34
77.6	椭圆	紫	灰	椭圆	黄	黄	18.0	3 117.0	19.2	3 115.5	15.3	39.12	21.81
99.3	椭圆	紫	灰	椭圆	黄	黄	19.8	3 460.5	16.3	3 267.0	12.6	38.56	21.92
88.8	椭圆	紫	灰	椭圆	黄	黑	18.7	3 114.0	19.1	3 039.0	12.5	40.14	20.74
101.1	椭圆	紫	灰	椭圆	黄	黄	18.6	3 394.5	12.5	3 453.0	17.3	40.50	20.39
78.0	椭圆	紫	灰	椭圆	黄	黑	18.7	3 544.5	17.5	3 411.0	15.9	38.88	20.66
93.5	椭圆	紫	灰	椭圆	黄	黑	19.6	2 871.0	8.2	3 157.5	16.7	37.75	21.42
79.2	椭圆	白	灰	椭圆	黄	黄	25.1	2 907.0	12.6	2 955.0	12.6	41.55	20.12
96.9	椭圆	紫	灰	椭圆	黄	黄	22.2	3 096.0	16.7	2 863.5	16.8	39.07	20.17
63.7	椭圆	紫	灰	椭圆	黄	黄	19.8	3 054.0	18.3	3 073.5	17.1	38.86	20.56
102.9	椭圆	紫	灰	椭圆	黄	黄	19.5	3 124.5	13.5	3 303.0	16.5	40.82	20.60
113.9	椭圆	紫	灰	椭圆	黄	黑	17.9	3 573.0	21.1	3 217.5	8.9	40.22	20.11
91.9	椭圆	紫	灰	椭圆	黄	黄	20.0	3 273.0	8.4	3 147.0	8.9	41.27	19.56

品种序号	品种	育成年份	类型	母　本	父　本	生育期(d)	结荚习性
448	景芳1号	2020	北方春	铁豆49	沈农99-22	135	有
449	连豆18	2018	北方春	铁96027-1	铁99009-7	121	有
450	希豆6号	2017	北方春	9868-10	益农1号	127	亚
451	于氏5号	2020	北方春	YS2008	交大02-89	103	有
452	于氏11	2020	北方春	WY2008	开心绿	103	有
453	于氏15	2020	北方春	GL2008	台湾292	100	有
454	于氏99	2020	北方春	MJH2008	辽鲜1号	101	有
455	兰豆8号	2020	北方春	JS2008	台湾303	101	有
456	兰豆9号	2020	北方春	JH2008	青酥2号	95	有
457	兰豆10号	2020	北方春	AY2008	沪宁95-1	95	有
458	辽豆46	2015	北方春	辽豆15	长农17	119	有
459	辽豆47	2015	北方春	辽06-外引-3	03126-4	122	有
460	辽豆48	2015	北方春	沈农6号	彰武绿豆	129	亚
461	辽豆49	2017	北方春	辽豆17	吉育38	120	有
462	辽豆50	2017	北方春	铁丰35	中黄35	133	有
463	辽豆52	2017	北方春	铁丰18	铁丰31	125	亚
464	辽豆56	2017	北方春	铁丰36	K交9901-1	129	有
465	辽豆57	2018	北方春	铁97118-2	辽08品-28	127	亚
466	辽豆58	2018	北方春	铁豆46	铁丰33	132	亚
467	辽豆59	2018	北方春	铁9809-2-1	辽21051	131	亚
468	辽豆63	2018	北方春	辽95045-4-1-2-3	天禾59-1-1-4	123	亚
469	辽豆64	2019	北方春	辽97034-3-1-3-1-1	中黄20	124	有
470	辽豆66	2019	北方春	新豆1号	辽豆32	128	亚
471	辽豆68	2020	北方春	铁97047-3	07-148（熊引）	133	亚
472	辽豆69	2019	北方春	沈农12	铁00052-1	131	亚
473	辽豆70	2019	北方春	铁02007-5	铁97118-2	123	亚
474	辽豆75	2020	北方春	中黄45	中作056084	134	亚
475	辽豆77	2020	北方春	铁豆49	航天2号	132	有
476	辽鲜豆3号	2015	北方春	清河7号	辽韩11	101	有
477	辽鲜豆9号	2019	北方春	辽00126	辽00128	102	有
478	辽鲜豆10号	2019	北方春	东农1号	Seakygangputkong	96	有
479	辽鲜豆16	2020	北方春	浙鲜4号	辽00128	90	有
480	沈农豆21	2015	北方春	辽8880	铁丰31	121	亚
481	沈农豆22	2017	北方春	沈农6号	铁丰31	123	亚
482	沈农豆24	2018	北方春	铁丰31	沈农7号	134	亚
483	沈农豆25	2018	北方春	阜94-2	沈农6号	135	亚
484	沈农豆27	2019	北方春	铁丰31	沈农7号	133	亚
485	沈农豆28	2018	北方春	沈农95-41	铁丰31	130	有
486	东豆17	2017	北方春	东05018	东02071	125	有

（续）

株高(cm)	叶形	花色	茸毛色	粒形	粒色	脐色	百粒重(g)	区试产量(kg/hm²)	增产(±%)	生试产量(kg/hm²)	增产(±%)	蛋白质含量(%)	脂肪含量(%)
70.9	椭圆	紫	灰	椭圆	黄	黄	21.3	3 555.0	17.8	3 310.5	12.1	41.46	19.11
63.0	椭圆	紫	灰	椭圆	黄	黄	22.7	3 079.5	17.7	3 139.5	16.2	38.94	21.55
86.9	椭圆	白	棕	圆	黄	黄	22.5	3 189.0	10.9	2 979.0	11.8	42.37	19.57
91.4	椭圆	紫	灰	椭圆	绿	黄	73.1（鲜籽粒）	13 128.0（鲜荚）	17.9	13 156.5（鲜荚）	13.3		
89.5	椭圆	紫	灰	椭圆	绿	褐	77.1（鲜籽粒）	13 149.0（鲜荚）	18.1	12 697.5（鲜荚）	9.8		
70.7	椭圆	白	灰	椭圆	绿	褐	83.7（鲜籽粒）	12 540.0（鲜荚）	12.1	12 589.5（鲜荚）	8.8		
45.8	椭圆	白	灰	椭圆	绿	褐	84.7（鲜籽粒）	12 117.0（鲜荚）	9.6	12 687.0（鲜荚）	10.0		
59.7	椭圆	白	灰	椭圆	绿	褐	85.2（鲜籽粒）	13 215.0（鲜荚）	18.8	13 444.5（鲜荚）	16.1		
57.6	椭圆	白	灰	椭圆	绿	黄	84.5（鲜籽粒）	11 907.0（鲜荚）	6.9	12 358.5（鲜荚）	6.5		
53.0	椭圆	白	灰	椭圆	绿	黄	78.9（鲜籽粒）	12 448.5（鲜荚）	11.9	12 823.5（鲜荚）	10.9		
92.4	椭圆	白	灰	椭圆	黄	黄	20.8	2 913.0	8.0	2 815.5	10.0	39.16	22.52
70.6	椭圆	紫	灰	椭圆	黄	黄	24.8	2 959.5	8.6	3 256.5	9.7	43.57	19.82
88.2	椭圆	紫	灰	椭圆	黄	黄	20.5	2 850.0	10.7	2 584.5	10.1	43.48	20.75
97.8	椭圆	白	灰	圆	黄	黄	21.2	2 875.5	5.3	2 982.0	7.4	39.57	22.10
68.6	椭圆	白	灰	椭圆	黄	黄	22.2	2 625.0	12.8	3 193.5	11.5	39.25	22.64
86.8	椭圆	紫	棕	圆	黄	黑	21.7	3 294.0	14.5	3 211.5	20.5	40.97	21.59
82.2	椭圆	紫	灰	椭圆	黄	黄	21.5	3 246.0	18.5	3 063.0	14.9	42.06	21.42
108.3	椭圆	紫	灰	椭圆	黄	黄	20.1	2 940.0	7.5	2 688.0	12.4	40.42	22.04
89.2	椭圆	紫	灰	椭圆	黄	黄	20.8	2 814.0	11.1	3 117.0	7.4	43.14	20.02
99.8	椭圆	紫	灰	圆	黄	黄	21.3	3 226.5	8.5	3 057.0	5.3	39.77	21.32
95.3	椭圆	紫	灰	椭圆	黄	黄	21.3	2 896.5	10.7	3 115.5	15.3	39.21	21.97
72.1	椭圆	白	灰	椭圆	黄	黄	24.2	2 944.5	12.5	2 905.5	10.7	41.31	20.78
82.1	椭圆	紫	灰	椭圆	黄	黄	17.1	2 946.0	12.6	2 998.5	14.2	41.98	19.97
91.2	披针	白	灰	椭圆	黄	黄	17.7	3 291.0	9.1	3 103.5	5.1	40.94	20.07
96.4	椭圆	紫	灰	椭圆	黄	黑	20.3	3 384.0	12.1	3 427.5	16.4	39.02	21.15
86.3	椭圆	紫	灰	椭圆	黄	黄	20.9	2 836.5	9.9	2 965.5	13.0	42.37	21.11
83.3	椭圆	白	棕	椭圆	黄	蓝	20.1	3 408.0	12.9	3 333.0	12.8	39.81	22.3
74.9	椭圆	紫	灰	椭圆	黄	黄	22.3	3 175.5	15.6	3 222.0	13.5	42.04	19.08
60.6	椭圆	白	灰	椭圆	绿	淡褐	72.4（鲜籽粒）	12 748.5（鲜荚）	8.3	13 593.0（鲜荚）	10.0		
61.5	椭圆	白	灰	椭圆	绿	黄	73.5（鲜籽粒）	12 213.0（鲜荚）	10.3	11 746.5（鲜荚）	14.4		
56.4	椭圆	花	灰	椭圆	绿	黄	82.4（鲜籽粒）	12 619.5（鲜荚）	16.0	12 081.0（鲜荚）	11.0		
31.8	椭圆	白	灰	椭圆	绿	淡褐	74.8（鲜籽粒）	11 340.0（鲜荚）	8.9	12 486.0（鲜荚）	12.2		
89.0	椭圆	紫	棕	圆	黄	黑	19.8	3 012.0	10.6	3 201.0	7.9	41.94	20.97
93.7	椭圆	白	棕	圆	黄	褐	18.9	3 108.0	8.1	2 961.0	11.1	42.13	20.31
101.1	椭圆	紫	棕	圆	黄	黑	16.3	2 781.0	9.7	3 039.0	4.7	41.17	21.19
96.5	椭圆	紫	棕	圆	黄	黑	20.6	2 863.5	13.0	3 021.0	4.1	40.46	21.44
112.8	椭圆	紫	棕	圆	黄	黑	15.7	3 247.5	9.2	3 196.5	8.6	40.78	20.90
87.9	椭圆	白	灰	圆	黄	淡褐	20.2	3 172.5	21.3	3 019.0	11.8	40.62	20.35
85.9	椭圆	紫	灰	圆	黄	黄	26.5	3 118.5	14.2	3 202.5	15.3	42.74	20.17

品种序号	品种	育成年份	类型	母　本	父　本	生育期(d)	结荚习性
487	东豆37	2018	北方春	铁95091-5-2	铁95068-5-1	129	有
488	东豆88	2017	北方春	东05018	东02071	124	有
489	东豆606	2020	北方春	铁丰31	东农47	128	亚
490	东豆808	2020	北方春	铁丰31	东农47	129	亚
491	东豆1133	2018	北方春	东05018	东02071-5-8	132	有
492	沈科豆88	2018	北方春	熊豆2号	SML-33	124	亚
493	群豆SLQ8	2019	北方春	开8157	KF71	122	亚
494	抚豆26	2015	北方春	抚交90-91	抚99038	117	有
495	抚豆27	2017	北方春	抚豆17	长农041	121	亚
496	抚豆28	2017	北方春	抚豆18	公交9508-8	123	亚
497	抚豆29	2019	北方春	抚豆18	东农42	126	亚
498	抚豆30	2019	北方春	抚豆18	抚9908-30	126	亚
499	抚豆31	2020	北方春	抚豆17	长农041	129	亚
500	新豆2号	2017	北方春	新育1号	九农30	122	有
501	丹豆17	2015	北方春	中豆32	丹92025	127	有
502	丹豆18	2018	北方春	丹2000-16	丹92025	133	有
503	丹豆21	2019	北方春	丹豆12	铁9809-2-1	132	亚
504	丹豆22	2020	北方春	丹豆12	铁01092-4	133	亚
505	农职豆1号	2020	北方春	农职2006-42	沈农8号	136	有
506	蒙豆39	2016	北方春	绥农10号	5W53-3	114	无
507	蒙豆42	2018	北方春	资02-146	黑河38	115	亚
508	蒙豆43	2018	北方春	蒙豆28	北豆21	118	亚
509	蒙豆44	2017	北方春	Elvir	蒙豆38	118	亚
510	蒙豆45	2017	北方春	疆莫豆1号	Dekabig	112	亚
511	蒙豆46	2019	北方春	蒙豆21	黑河38	110	亚
512	蒙豆48	2019	北方春	北99-356	呼01-104×北99-453	114	亚
513	蒙豆359	2017	北方春	蒙豆14	5W57	117	无
514	蒙豆640	2020	北方春	蒙豆28	黑河18	121	亚
515	蒙豆824	2020	北方春	登科1号	绥农26	114	无
516	蒙豆1137	2018	北方春	蒙豆28	引北安	119	亚
517	登科9号	2015	北方春	蒙豆14	黑河18	112	无
518	登科10号	2015	北方春	蒙豆18	中作992	110	无
519	登科11	2016	北方春	蒙豆21	中作991	104	亚
520	登科12	2016	北方春	疆莫豆1号	Dekabig	114	无
521	登科13	2017	北方春	蒙豆14	黑河18	109	无
522	登科14	2017	北方春	垦鉴豆27	Dekabig	113	无
523	登科15	2019	北方春	登科4号	黑河43	114	亚
524	甘豆2号	2020	北方春	黑河18	沈农12	112	亚
525	金杉5号	2020	北方春	黑河1596	疆莫豆1133	106	无

（续）

株高 (cm)	叶形	花色	茸毛色	粒形	粒色	脐色	百粒重 (g)	区试产量 (kg/hm²)	增产 (±%)	生试产量 (kg/hm²)	增产 (±%)	蛋白质含量 (%)	脂肪含量 (%)
85.5	椭圆	紫	灰	圆	黄	黄	26.9	3 004.5	15.5	2 761.5	15.5	41.58	19.85
68.4	椭圆	紫	灰	圆	黄	黄	33.2	3 252.0	13.1	3 033.0	13.7	43.65	19.25
97.1	椭圆	紫	棕	椭圆	黄	黄	25.2	3 225.0	11.8	3 064.5	13.3	42.65	18.40
90.6	椭圆	紫	灰	椭圆	黄	黄	22.0	3 256.5	12.9	3 058.5	13.1	38.57	21.03
67.9	椭圆	紫	灰	圆	黄	黄	29.0	2 763.0	9.1	3 175.5	9.4	43.28	18.95
82.8	椭圆	紫	灰	椭圆	黄	黄	26.0	3 078.0	12.3	3 112.5	15.2	39.72	21.26
75.4	椭圆	白	灰	椭圆	黄	黄	19.2	2 974.5	15.2	3 025.5	15.2	43.77	20.06
67.8	椭圆	白	棕	椭圆	黄	黑	19.1	2 934.0	8.8	2 895.0	13.0	40.33	21.83
98.4	椭圆	紫	灰	椭圆	黄	黄	18.7	3 018.0	10.5	3 177.0	14.4	39.62	22.21
97.5	披针	紫	灰	椭圆	黄	黄	22.2	3 084.0	12.8	3 067.5	10.5	40.76	22.53
93.0	椭圆	白	灰	椭圆	黄	黄	22.8	2 923.5	12.4	2 748.0	12.1	38.80	21.58
97.2	椭圆	紫	灰	椭圆	黄	黄	20.6	2 944.5	13.2	2 754.0	12.3	38.91	21.82
83.3	圆	紫	灰	圆	黄	黄	23.5	3 054.0	15.2	3 061.5	13.2	36.51	22.87
89.4	椭圆	白	灰	圆	黄	黄	21.1	3 088.5	13.0	3 136.5	13.0	39.50	23.13
89.1	披针	紫	灰	椭圆	黄	褐	18.8	3 147.0	15.5	3 411.0	14.9	42.83	19.93
101.6	椭圆	白	棕	椭圆	黄	黄	23.1	3 097.5	18.4	3 072.0	13.7	43.15	20.18
100.8	椭圆	紫	灰	椭圆	黄	黄	19.7	2 925.0	13.3	3 036.0	15.6	43.98	19.41
98.9	椭圆	紫	灰	椭圆	黄	黄	19.9	3 328.5	21.0	3 411.0	20.2	40.84	19.73
85.7	椭圆	白	灰	圆	黄	黄	22.7	3 175.5	15.3	3 196.5	12.6	42.13	21.01
79.0	椭圆	白	灰	圆	黄	黄	19.3	2 679.8	8.0	2 601.0	8.4	41.23	21.81
74.0	披针	紫	灰	圆	黄	黄	19.3	2 622.8	13.2	2 251.5	7.4	42.41	20.16
74.0	披针	紫	灰	圆	黄	黄	19.8	2 783.3	4.7	2 649.0	10.1	40.91	20.93
70.2	披针	紫	灰	圆	黄	黄	19.4	2 169.0	4.7	2 400.0	3.1	39.94	22.07
84.0	披针	紫	灰	圆	黄	黄	20.2	3 178.5	8.8	2 065.5	8.7	39.07	21.47
78.0	披针	紫	灰	圆	黄	淡黑	18.6	2 166.8	4.1	2 644.5	7.9	40.18	21.49
72.0	披针	白	灰	圆	黄	黄	20.7	2 550.0	4.9	2 643.0	5.2	41.46	21.23
79.5	披针	白	灰	圆	黄	黄	17.3	2 886.0	5.0	2 389.5	9.1	40.93	21.26
73.9	披针	白	灰	圆	黄	黄	18.3	2 742.0	6.3	2 724.0	7.9	40.33	18.15
88.2	披针	紫	灰	圆	黄	黄	20.0	2 685.8	5.4	2 631.0	6.2	38.59	21.14
73.2	披针	白	灰	圆	黄	黄	18.9	2 587.5	7.4	2 751.0	9.6	40.77	19.53
82.0	披针	紫	灰	圆	黄	黄	17.5	2 177.3	6.4	2 754.0	12.9	41.70	19.55
86.0	卵圆	白	灰	圆	黄	褐	17.5	2 233.5	9.2	2 611.5	7.1	40.04	18.96
80.0	披针	白	灰	圆	黄	褐	18.1	2 790.0	5.4	2 541.0	7.6	38.16	20.48
81.0	披针	紫	灰	圆	黄	褐	16.6	2 646.0	6.7	2 596.5	8.3	38.46	22.14
84.0	披针	紫	灰	圆	黄	黄	22.3	3 136.5	7.4	2 047.5	10.9	39.65	22.19
79.0	披针	紫	灰	圆	黄	黄	18.5	3 087.8	5.4	2 145.0	15.0	41.07	21.47
73.0	披针	紫	灰	圆	黄	黄	19.6	2 617.5	8.8	2 707.5	6.8	39.47	20.43
60.0	披针	紫	灰	圆	黄	黄	17.6	2 750.3	7.8	2 530.3	8.1	39.34	21.21
78.5	披针	紫	灰	圆	黄	黄	21.5	2 190.0	6.4	2 428.5	3.8	39.76	20.48

品种序号	品种	育成年份	类型	母　本	父　本	生育期(d)	结荚习性
526	兴豆7号	2019	北方春	春优439	合99-718	114	亚
527	兴豆8号	2019	北方春	丰豆2号	北豆21	113	无
528	赤豆5号	2019	北方春	吉育71	合丰39	116	亚
529	蒙科豆3号	2016	北方春	吉林30	吉育47	117	亚
530	蒙科豆4号	2017	北方春	绥农14	吉育47	122	无
531	蒙科豆5号	2018	北方春	意3	吉林30	118	无
532	蒙科豆6号	2020	北方春	合丰47	九农25	120	亚
533	蒙科豆9号	2020	北方春	登科1438	登科1438×汾豆79	115	亚
534	蒙科豆10号	2020	北方春	垦鉴豆23	吉育82	120	亚
535	中黄76	2016	黄淮夏/南方春	中黄24	中黄21	104	亚
536	中黄78	2018	黄淮夏	01P4	中黄28	103	有
537	中黄79	2015	黄淮夏	中品661	豫豆25	114	亚
538	中黄80	2017	黄淮夏	中作J4015	中黄4号	112	有
539	中黄203	2018	黄淮夏	01P6	中豆27	115	有
540	中黄204	2018	黄淮夏	济9924-92	中黄22	118	有
541	中黄209	2019	黄淮夏	中黄16	01P6	116	有
542	中黄211	2018	黄淮夏	01P6	中豆27	117	有
543	中黄212	2019	黄淮夏	中作96-853	01P6	117	有
544	中黄301	2017	黄淮夏	郑9525	商豆16	103	有
545	中黄302	2018	黄淮夏	豫豆22	Ag31	101	有
546	中黄311	2018	黄淮夏	中作96054-10-1	中黄24	106	亚
547	中黄313	2018	黄淮夏	中作J5050	沈农99-22	113	有
548	中黄314	2018	黄淮夏	哈交06-8009	农大5554	111	有
549	中黄318	2019	北方春	中作J8024	中作J9206	136	有
550	中黄327	2020	黄淮夏	中作06-06	083NH50035	108	有
551	中黄605	2017	黄淮夏	中作J05	D0001	111	有
552	中黄606	2017	黄淮夏	冀豆12航天诱变		112	有
553	中黄901	2015	北方春	建农1号	东农434-1	109	无
554	中黄902	2019	北方春	建农1号	合丰50	117	亚
555	中黄909	2019	北方春	黑05-38	H03-50	113	亚
556	中黄911	2019	北方春	合03-863	黑河1302	110	亚
557	中作豆1号	2019	黄淮夏	中黄47变异株		108	有
558	中吉602	2020	北方春	黑河43辐射诱变		131	亚
559	京通绥1号	2019	北方春	绥农14	(绥农14×查豆) F_1	117	亚
560	科豆2号	2015	黄淮夏	郑9805	S07-1	111	有
561	科豆7号	2018	黄淮夏	9960-2-1	02016-1	116	有
562	科豆17	2018	黄淮夏	科豆1号	01-14-1-8	107	有
563	北农109	2019	黄淮夏	科丰14	东北黑大豆	120	有
564	宁豆6号	2018	北方春	中黄24	Low linolenic acid	135	无

（续）

株高(cm)	叶形	花色	茸毛色	粒形	粒色	脐色	百粒重(g)	区试产量(kg/hm²)	增产(±%)	生试产量(kg/hm²)	增产(±%)	蛋白质含量(%)	脂肪含量(%)
72.4	圆	白	灰	圆	黄	褐	20.0	2 613.8	9.8	3 531.0	6.8	36.74	24.24
76.6	披针	紫	灰	圆	黄	蓝	20.0	2 569.5	7.5	3 498.0	5.7	39.12	23.01
80.0	披针	白	灰	圆	黄	褐	22.0～23.0	3 349.5	4.4	3 478.5	5.6	38.78	23.16
81.0	披针	白	灰	圆	黄	黄	18.3	3 221.3	6.9	2 974.5	6.7	37.80	22.43
108.0	卵圆	紫	灰	圆	黄	褐	19.4	3 306.8	6.5	3 196.5	8.0	39.32	22.79
103.0	披针	白	棕	圆	黄	黄	20.9	3 471.8	11.5	3 382.5	12.1	39.03	23.75
93.2	圆	白	灰	圆	黄	黄	20.1	3 633.8	10.6	3 313.5	12.4	36.37	23.21
65.4	披针	紫	灰	圆	黄	黄	17.6	2 607.0	5.3	2 608.5	5.3	39.52	20.77
100.2	圆	紫	灰	椭圆	黄	黑	18.8	3 495.8	7.1	3 271.5	11.0	38.60	21.67
87.7	圆	紫	灰	椭圆	黄	黄	18.6	2 879.5	2.0	2 567.0	6.2	38.99	23.59
93.1	卵圆	紫	灰	椭圆	黄	淡褐	22.6	3 483.0	8.3	3 227.6	5.5	40.59	21.18
76.9	卵圆	紫	棕	扁圆	黄	深褐	18.2	3 192.0	10.7	2 575.5	7.7	39.70	19.93
80.9	卵圆	白	灰	椭圆	黄	黄	25.4	3 267.9	20.2	3 320.9	7.7	40.39	20.83
88.0	披针	白	灰	椭圆	黄	褐	26.6	2 991.0	11.5	2 479.5	13.4	42.62	20.40
98.5	披针	紫	灰	椭圆	黄	褐	29.0	2 956.5	10.3	2 284.5	4.5	43.93	17.68
97.9	卵圆	白	灰	椭圆	黄	褐	23.3	2 905.7	16.7	2 192.6	4.4	43.28	19.10
83.7	卵圆	白	灰	椭圆	黄	黄	24.1	2 920.5	7.4	2 463.0	12.7	43.90	19.57
82.1	卵圆	白	灰	圆	黄	黄	24.3	3 210.0	18.0	2 633.9	25.4	42.75	19.66
75.0	椭圆	紫	灰	圆	黄	淡褐	19.1	3 281.3	7.6	2 886.0	13.0	43.02	20.40
68.0	椭圆	紫	棕	圆	黄	黄	16.0	2 623.1	6.0	2 298.8	4.1	41.19	20.05
109.6	圆	白	棕	圆	黄	褐	18.2	3 645.0	6.5	3 126.0	5.2	40.80	21.30
82.0	卵圆	紫	灰	圆	黄	深褐	19.6	3 214.5	19.9	2 863.5	30.9	40.13	19.80
80.0	卵圆	紫	灰	圆	黄	淡褐	22.3	3 314.3	6.1	3 106.5	3.9	44.96	19.66
88.0	卵圆	紫	棕	椭圆	黄	褐	23.1	4 444.5	4.9	4 344.0	11.3	38.63	20.83
98.8	卵圆	紫	棕	圆	黄	淡褐	18.4	3 072.5	8.5	3 295.7	11.7	38.93	21.67
76.0	卵圆	白	灰	圆	黄	黄	20.5	3 545.4	22.9	3 842.6	24.6	42.01	19.94
69.5	卵圆	紫	灰	椭圆	褐	褐	24.0	2 763.6	-4.2	3 087.0	0.1	47.27	15.87
92.0	披针	紫	灰	圆	黄	黄	19.5	2 421.8	9.1	2 776.5	8.2	41.52	21.31
80.5	披针	紫	灰	圆	黄	黄	19.2	2 568.0	5.9	2 644.5	4.7	39.85	20.34
75.0	披针	紫	灰	圆	黄	黄	17.7	2 510.3	4.0	2 650.5	4.3	39.69	21.05
84.0	披针	紫	灰	圆	黄	黄	17.4	2 174.3	5.3	2 631.0	5.0	39.74	19.80
85.5	卵圆	紫	灰	圆	黄	黄	17.1	2 703.0	1.6	2 917.5	12.6		
93.2	圆	白	灰	圆	黄	黄	18.1	3 420.0	4.8	3 189.0	5.0	38.51	21.84
86.4	披针	紫	灰	圆	黄	黄	17.4	2 498.1	7.6	2 652.7	8.6	36.78	21.76
77.4	椭圆	紫	灰	椭圆	黄	褐	19.7	3 243.8	5.1	2 941.5	4.1	43.33	20.48
111.7	卵圆	白	灰	椭圆	黄	褐	18.7	2 862.3	2.2	2 461.5	12.6	44.66	18.18
87.0	椭圆	紫	灰	椭圆	黄	褐	20.9	3 215.6	5.0	3 034.8	6.1	42.74	20.77
93.5	披针	紫	灰	椭圆	黑	褐	30.9	2 431.5	-9.3	1 711.4	-14.3	44.40	17.26
100.0	卵圆	紫	棕	椭圆	黄	褐	19.2	4 359.0	3.8	3 955.5	5.0	38.44	21.50

品种序号	品种	育成年份	类型	母　本	父　本	生育期(d)	结荚习性
565	宁豆7号	2020	北方春	中黄38	公交9703-3	136	有
566	宁京豆7号	2019	北方春	长农17	冀B04-6	136	有
567	陇中黄601	2015	北方春	开育12	邯豆5号	122	有
568	陇中黄602	2018	北方春	中黄31	山宁7号	126	有
569	陇中黄603	2019	北方春	晋大70	中作983	139	亚
570	陇黄1号	2016	北方春	汾豆56	汾豆62	124	亚
571	陇黄2号	2016	北方春	晋豆23	鲁豆4号	128	有
572	陇黄3号	2018	北方春	晋豆42	鲁豆4号	125	有
573	银豆2号	2016	北方春	0725系选		130	有
574	银豆3号	2017	北方春	晋豆23	早熟18	130	亚
575	银豆4号	2019	北方春	晋31	晋豆11×1259	138	亚
576	张农1号	2015	北方春	晋豆19系选		125	有
577	泾豆1号	2018	北方春	地豆系选		121	亚
578	庆豆2号	2017	北方春	晋豆3号	绵阳2号	133	亚
579	承豆8号	2015	北方春	承8125	郑84240-B1	155	亚
580	承豆9号	2015	北方春	承9039-1-8-1-鉴9大	科丰14	132	亚
581	冀豆23	2017	黄淮夏	(冀豆12×冀黄13) F₁	冀豆12	109	亚
582	冀豆24	2019	黄淮夏	通过轮回群体选择育成		106	亚
583	冀豆29	2020	黄淮夏	冀豆17	V111-4	107	亚
584	冀豆1258	2020	黄淮夏	通过轮回群体选择育成		93	有
585	冀黑豆1号	2018	黄淮夏	丹农黑	冀9号	107	有
586	石豆11	2017	黄淮夏	化诱446	冀豆4号	108	亚
587	石豆12	2017	黄淮夏	石豆1号	汾豆63	108	亚
588	石豆14	2018	黄淮夏	中黄35	化诱4120	108	亚
589	石豆15	2019	黄淮夏	石豆5号	石豆1号	106	亚
590	石豆17	2019	黄淮夏	石豆1号	SN晋大73-1	107	亚
591	石885	2016	黄淮夏	石豆1号	化诱5号	102	亚
592	石936	2016	黄淮夏	冀豆12	化诱446	107	有
593	石黑豆1号	2018	黄淮夏	化诱5号	大粒黑豆	107	亚
594	沧豆11	2019	黄淮夏	鲁99-1	沧豆4号	107	有
595	沧豆13	2018	黄淮夏	沧豆4号	中作00-484	107	有
596	沧豆09Y1	2019	黄淮夏	石7631	石豆4号	109	亚
597	邯豆11	2017	黄淮夏	美4450	石豆412	111	亚
598	邯豆12	2018	黄淮夏	豫豆25	中黄14	107	有
599	邯豆13	2018	黄淮夏	冀豆16	中黄13	105	亚
600	邯豆14	2019	黄淮夏	中黄38	汾豆72	107	亚
601	邯豆15	2019	黄淮夏	09鉴18	石豆1号	104	有
602	邯豆16	2020	黄淮夏	鲁96019-7	冀豆17	105	有
603	邯豆17	2020	黄淮夏	邯豆7号	中品03-5179	105	亚

（续）

株高(cm)	叶形	花色	茸毛色	粒形	粒色	脐色	百粒重(g)	区试产量(kg/hm²)	增产(±%)	生试产量(kg/hm²)	增产(±%)	蛋白质含量(%)	脂肪含量(%)
90.8	卵圆	白	灰	椭圆	黄	褐	21.6	4 563.0	4.7	3 727.5	5.0	38.88	20.67
97.9	卵圆	白	灰	椭圆	黄	淡褐	20.7	4 366.5	3.1	4 167.0	6.3	39.53	21.82
63.5~86.3	卵圆	紫	棕	圆	黄	褐	19.1~24.8	2 650.1	17.1	1 995.9	6.7	41.94	20.09
59.5~99.5	披针	紫	棕	椭圆	黄	褐	19.0~23.7	2 361.9	8.6	2 339.7	8.8	41.26	19.78
95.0	椭圆	白	棕	椭圆	黄	褐	25.0	2 861.6	12.7	3 131.7	14.2	41.70	19.31
63.1	椭圆	白	灰	椭圆	黄	淡褐	18.8~24.5	2 442.0	3.3	2 571.3	9.0	39.40	20.52
63.6	椭圆	紫	棕	椭圆	黄	褐	19.9~24.7	2 563.9	9.0	2 501.7	6.1	38.53	20.42
63.1~100.0	圆	紫	棕	椭圆	黄	黑	21.2~26.4	2 955.6	13.5	2 932.7	9.4	41.60	19.37
68.1	卵圆	白	灰	圆	黄	褐	22.6	2 464.4	20.3	2 906.4	13.3	43.06	20.65
84.8	椭圆	白	灰	圆	黄	褐	23.5	2 428.5	10.3	2 386.5	11.0	45.32	17.73
86.0	圆	白	灰	圆	黄	褐	22.5	2 830.7	11.5	2 821.1	5.2	39.70	18.40
58.2~88.0	披针	紫	灰	圆	黄	黄	21.7~31.2	2 485.1	9.9	2 557.1	4.6	45.98	21.38
70.0	椭圆	紫	灰	椭圆	黄	黄	22.4	2 585.6	8.2	2 910.8	8.6	40.62	21.30
63.0~73.5	椭圆	紫	灰	椭圆	黄	淡褐	19.8~23.2	2 230.9	2.3	2 172.2	1.0	38.13	20.10
133.6	椭圆	紫	棕	椭圆	黄	黄	28.2	2 040.0	0.5	3 082.8	8.7	36.39	17.92
68.7	披针	白	灰	椭圆	黄	淡褐	25.6	2 700.2	32.4	2 970.8	4.8	45.06	19.30
90.9	卵圆	紫	灰	椭圆	黄	褐	24.6	3 096.8	2.6	3 275.6	6.6	45.00	19.20
99.2	卵圆	紫	灰	圆	黄	黑	20.6	3 291.8	11.6	2 946.0	3.1	39.03	20.53
121.2	卵圆	白	灰	圆	黄	黄	19.6	3 322.5	4.5	3 300.0	8.8	39.48	20.41
46.5	椭圆	紫	灰	椭圆	黄	黄	22.2	2 683.7	17.2	2 932.5	26.8	47.96	20.24
86.9	卵圆	紫	棕	圆	黑	黑	26.1	2 430.0	−7.7	2 439.0	−10.7	42.70	19.16
104.9	椭圆	白	棕	圆	黄	褐	24.8	3 093.9	2.5	3 108.0	0.9	45.79	19.66
93.9	卵圆	紫	灰	椭圆	黄	褐	24.2	3 284.0	6.2	3 229.7	4.9	39.15	21.42
113.6	圆	白	棕	圆	黄	褐	19.1	3 310.5	6.7	3 244.5	5.4	39.63	22.26
105.8	卵圆	紫	棕	圆	黄	黑	21.9	3 233.4	7.1	3 005.4	5.3	40.50	20.34
101.6	卵圆	紫	灰	椭圆	黄	褐	23.9	3 254.5	7.5	2 934.0	5.3	40.08	21.39
79.1	卵圆	紫	灰	椭圆	黄	淡褐	22.8	3 071.3	2.7	3 214.5	6.0	39.37	21.79
74.1	卵圆	紫	灰	圆	黄	褐	23.3	3 147.8	5.3	3 325.5	9.7	41.72	21.02
120.8	圆	紫	棕	椭圆	黑	黄	24.7	2 970.8	12.0	2 863.5	13.0	43.59	19.73
81.4	卵圆	白	棕	扁圆	黄	褐	19.2	3 199.5	2.7	2 911.5	2.0	39.13	21.13
85.1	卵圆	白	灰	圆	黄	褐	23.2	3 198.0	3.5	3 201.0	4.2	41.19	20.92
119.8	卵圆	白	棕	圆	黄	黑	18.7	3 184.5	8.1	2 926.5	2.5	40.00	20.20
99.2	圆	白	棕	椭圆	黄	黄	23.8	3 257.6	7.9	3 269.4	6.5	41.31	20.05
68.5	圆	紫	灰	椭圆	黄	淡褐	23.0	3 099.0	3.5	3 235.5	5.8	41.52	19.44
81.6	圆	紫	灰	椭圆	黄	褐	23.8	3 387.0	8.6	3 252.0	5.7	39.08	20.86
95.3	卵圆	白	灰	圆	黄	淡褐	19.0	3 199.5	8.5	3 169.5	11.0	39.93	20.31
83.5	卵圆	紫	灰	圆	黄	黄	24.2	3 313.5	9.3	3 003.0	5.2	45.47	19.87
84.7	卵圆	白	棕	椭圆	黄	黑	20.8	3 466.5	9.1	3 234.0	6.7	38.10	21.83
109.0	卵圆	紫	灰	椭圆	黄	黑	19.3	3 459.0	9.5	3 421.5	12.8	36.93	22.97

品种序号	品种	育成年份	类型	母本	父本	生育期(d)	结荚习性
604	晋豆49	2017	黄淮夏	同豆4号	P2-168	118/97	亚
605	晋豆50	2017	黄淮夏	中作965124	秦豆8号	130/104	亚
606	晋黄9号	2020	黄淮夏	辽豆15	濮豆6018	128/101	有
607	晋科2号	2017	北方春	晋遗38	忻毛豆1号	108	有
608	晋科5号	2020	黄淮夏	晋遗45	晋豆19	124/105	亚
609	晋科8号	2020	北方春	晋科4号	晋豆39	99	亚
610	晋遗51	2018	黄淮夏	晋豆19	晋早16	133/106	亚
611	晋遗53	2020	黄淮夏	晋早16	晋豆15	133/104	亚
612	晋青1号	2020	北方春	晋豆19	冀青1号	136	亚
613	品豆20	2017	黄淮夏	品75-14	晋遗36	127/103	亚
614	品豆21	2018	黄淮夏	品75-14	晋遗36	128/104	亚
615	优势豆-A-5	2019	黄淮夏	JLSXCMS1	中119-99	129/103	亚
616	强丰1号	2018	黄淮夏	开育9号	铁丰29	127/101	亚
617	汾豆92	2017	北方春	晋豆23	中豆27	130	亚
618	汾豆93	2016/2020	北方春	晋大78	晋豆39	130	亚
619	晋大88	2017	黄淮夏	晋大74	晋大57	131/106	亚
620	晋大滞绿1号	2020	黄淮夏	晋大74	Z-滞绿突变体	113	亚
621	长豆31	2017	黄淮夏	长豆001	长豆002	132/105	亚
622	长豆32	2017	黄淮夏	长豆002	铁丰30	121/98	亚
623	长豆33	2018	黄淮夏	长豆001	长豆002	129/105	亚
624	长豆34	2019	黄淮夏	长0550013	长0518	123/105	亚
625	长豆35	2020	北方春	w477	长0516	133	亚
626	潍豆10号	2015	黄淮夏	G20	潍豆6号	103	有
627	潍豆126	2016	黄淮夏	G20	潍豆6号	105	有
628	潍豆138	2017	黄淮夏	德豆99-16	吉豆44	106	有
629	潍豆1897	2018	黄淮夏	G20	益农1号	107	有
630	潍黑豆1号	2018	黄淮夏	德豆99-16	吉豆44	105	有
631	临豆11	2019	黄淮夏	中黄13	临502	104	有
632	沂豆12（皇豆12）	2020	黄淮夏	tc1136	潍豆9号	106	有
633	苍黑1号	2015	黄淮夏	威莱姆斯	大粒黑豆	105	亚
634	华豆10号	2016	黄淮夏	中黄13	菏豆12	103	有
635	华豆19	2018	黄淮夏	中黄13	黑河36	104	有
636	华豆14	2020	黄淮夏	中黄13	0913	106	有
637	山宁18	2017	黄淮夏	山宁10号	山宁11	109	有
638	山宁21	2018	黄淮夏	济鉴00075	豫豆8号	103	有
639	山宁24	2019	黄淮夏	商豆11	菏99-35	103	有
640	祥丰4号	2019	黄淮夏	皖宿5157	齐黄34	104	有
641	圣豆5号	2015	黄淮夏	阜7792	(圣4×8480-2) F$_1$	106	有

（续）

株高(cm)	叶形	花色	茸毛色	粒形	粒色	脐色	百粒重(g)	区试产量(kg/hm²)	增产(±%)	生试产量(kg/hm²)	增产(±%)	蛋白质含量(%)	脂肪含量(%)
73.2	披针	紫	棕	圆	黄	淡褐	18.8	2 793.0	8.2	2 991.0	11.0	37.07	20.60
100.4	卵圆	紫	棕	椭圆	黄	褐	21.9	3 595.5	14.3	3 052.5	9.5	41.79	21.25
90.0/66.8	卵圆	紫	灰	椭圆	黄	淡褐	26.8/26.7	3 295.5	7.9	3 649.5/2 742.0	8.7/9.3	43.84/40.65	19.37/20.69
78.9	椭圆	白	灰	椭圆	绿	褐	33.5	18 982.5 (鲜荚)	28.9	10 604.5 (鲜荚)	17.2	44.06	19.39
88.9/65.5	卵圆	紫	棕	椭圆	黄	褐	19.0/19.9	2 832.0	4.5	2 725.5/2 634.0	8.1/2.2	41.76	19.19
82.4	卵圆	白	灰	椭圆	黄	褐	92.5 (鲜籽粒)	15 640.5 (鲜荚)	8.8	16 278.0 (鲜荚)	12.1	44.08	19.98
93.7	卵圆	白	棕	椭圆	黄	黑	24.3	3 298.5	6.8	3 501.0/3 081.0	4.7/7.2	42.12	21.13
104.8/79.0	卵圆	白	棕	椭圆	黄	淡黑	21.7/22.5	3 202.5	4.8	3 582.0/2 749.5	6.7/9.5	43.18/39.73	19.85/22.00
120.6	卵圆	紫	灰	椭圆	绿	淡黑	23.9	3 342.0	6.0	3 385.5	0.8	43.86	20.60
77.4	卵圆	紫	棕	圆	黄	褐	24.5	3 477.0	10.5	3 081.0	9.1	42.46	20.86
86.6	椭圆	紫	棕	圆	黄	褐	23.3	3 354.0	8.6	3 648.0/3 069.0	9.1/6.8	41.86	20.67
90.3	卵圆	白	灰	椭圆	黄	黑	21.2	3 570.0	13.5	3 217.5	12.1	42.10	20.96
67.2	圆	紫	灰	椭圆	黄	黄	25.7	3 438.0	9.3	3 219.0	6.1	37.50	20.72
52.6~125.5	卵圆	白	棕	椭圆	黄	褐	21.5~28.4	2 329.2	6.6	2 314.5	7.6	41.63	20.18
74.2~115.8	卵圆	白	灰	圆	黄	黄	22.1~30.0	2 675.5/3 651.0	13.1/5.3	2 704.2/3 346.5	14.7/5.2	42.40/42.67	21.70/19.55
102.9	披针	白	棕	圆	黄	黑色	20.4	3 396.0	7.9	3 066.0	11.9	43.66	19.54
103.3	披针	白	灰	圆	绿	黑色	21.0	2 637.0	4.4	2 655.0	4.0	41.12	19.64
98.5	椭圆	紫	棕	椭圆	黄	褐	24.1	3 261.0	10.5	2 998.5	7.5	41.15	21.11
85.0	椭圆	紫	棕	椭圆	黄	黄	20.0	2 770.5	7.3	2 914.5	8.2	42.64	20.03
69.5	椭圆	紫	棕	椭圆	黄	褐	22.5	3 307.5	7.1	3 724.5/3 096.0	11.4/7.7	39.90	21.62
90.6/68.8	卵圆	紫	棕	椭圆	黑	黑	19.6/21.4	2 821.5/2 980.5	7.2/7.8	2 721.0/2 742.0	8.0/6.4	40.30	20.83
111.0	椭圆	紫	棕	椭圆	黄	黑	20.7	3 886.5	9.4	3 133.5	10.2	40.22	24.00
73.7	卵圆	白	棕	椭圆	黄	黑	16.8	3 220.5	3.1	3 489.0	3.2	37.93	22.48
71.5	卵圆	白	棕	椭圆	黄	黑	16.8	3 451.5	3.7	3 718.5	6.0	38.98	22.07
82.3	椭圆	白	棕	椭圆	褐	褐	21.4	3 907.5	4.4	2 755.5	5.0	38.70	21.10
86.0	椭圆	白	棕	椭圆	黄	褐	21.2	3 711.0	9.2	3 268.5	9.9	42.80	20.60
86.8	卵圆	白	棕	椭圆	黑	黑	23.5	3 699.0	8.5	3 033.0	2.0	41.50	20.30
72.1	卵圆	白	棕	椭圆	黄	褐	24.4	3 246.0	7.8	2 920.5	3.5	41.00	21.10
75.0	椭圆	白	棕	椭圆	黄	黑	22.1	3 340.5	6.8	3 258.0	3.4	40.16	20.26
110.0	卵圆	白	棕	椭圆	黑	黑	17.0	3 063.0	1.3	3 316.5	−1.9	38.55	21.55
64.6	卵圆	紫	灰	椭圆	黄	褐	22.3	3 463.5	4.8	3 753.0	6.9	40.42	19.32
69.6	披针	白	灰	椭圆	黄	黄	21.4	3 762.0	10.4	3 141.0	5.6	43.00	19.80
73.8	卵圆	白	棕	椭圆	黄	褐	23.9	3 016.5	5.3	3 021.0	8.2	45.20	20.50
63.4	披针	白	灰	椭圆	黄	褐	20.8	3 982.5	6.4	2 946.0	12.2	40.40	21.20
86.9	披针	白	灰	椭圆	黄	黄	21.9	3 580.5	5.0	3 154.5	6.1	43.30	19.30
63.1	披针	白	棕	圆	黄	淡褐	17.5	3 279.0	8.2	2 862.0	1.4	41.60	19.20
80.1	卵圆	白	灰	椭圆	黄	褐	20.9	3 276.0	8.4	3 106.5	10.0	44.50	18.50
79.6	卵圆	白	棕	椭圆	黄	黑	19.3	3 366.0	7.7	3 664.5	8.4	39.07	20.78

品种序号	品种	育成年份	类型	母　本	父　本	生育期(d)	结荚习性
642	圣豆12	2020	黄淮夏	周豆11	郑9805	104	有
643	圣豆25	2020	黄淮夏	中黄13	豫豆22	102	有
644	圣豆27	2017	南方夏	徐豆12	郑9007	100	有
645	圣豆30（SFY1002）	2017	黄淮夏	圣02005-63	（郑9805×新六青）F₁	104	有
646	圣豆127	2019	黄淮夏	邯豆6号	化诱4120	104	有
647	菏豆23	2015	黄淮夏	豆交69	豫豆8号	103	有
648	菏豆28	2017	黄淮夏	菏豆18	中作975006	107	亚
649	菏豆29	2017	黄淮夏	菏豆12	驻豆9715	107	亚
650	菏豆32	2018	黄淮夏	菏豆18	中作975	106	亚
651	菏豆33	2018	黄淮夏	菏豆20	（豆交69×豫豆8号）×（中作975×徐8906）F₆	107	有
652	郓豆1号	2020	黄淮夏	中黄13	0916	106	有
653	安（阳）豆203	2016	黄淮夏	中黄13	濮6018	108	有
654	安（阳）豆5156	2016	黄淮夏	周9521-3-4	获黄三选-3	107	有
655	安（阳）豆5240	2020	黄淮夏	齐黄34	安豆11-5556	103～106	有
656	安（阳）豆5246	2018	黄淮夏	安豆09-5067	菏豆99-6	102	有
657	濮豆754	2019	黄淮夏	濮豆6018	邯豆5号	112	有
658	濮豆820	2018	黄淮夏	濮豆6018	邯豆5号	107	有
659	濮豆1788	2016	黄淮夏	濮豆6018	郑196	111	有
660	濮豆5110	2018	黄淮夏	濮豆6018	汾豆79	110	有
661	濮豆5136	2020	黄淮夏	濮豆6018	驻豆6号	104～108	有
662	丁村941药黑豆	2020	黄淮夏	丁村双青一	丁村黑豆	117	有
663	先豆168	2020	黄淮夏	开豆41变异单株		113	有
664	商豆151	2020	黄淮夏	商8480	商8653	106～110	有
665	商豆161	2019	黄淮夏	商8480	豫豆26	104～110	有
666	商豆1201	2016	黄淮夏	开豆4号	郑91107	108～114	有
667	商豆1310	2017	黄淮夏	豫豆22	商8653-1-1-1-3-2	101	有
668	明豆1号	2020	黄淮夏	商豆14变异株系选		105	有
669	郑1307	2019	黄淮夏	郑9805	周豆23	102	有
670	郑1311	2019	黄淮夏	郑9805	漯F20-3	109	有
671	郑1440	2019	黄淮夏	郑94059	漯8C01	106	有
672	郑16158	2020	黄淮夏	郑94059	漯8C01	104～107	有
673	郑16377	2020	黄淮夏	周SP0602-B9	郑9525	104～109	有
674	长义豆3号	2018	黄淮夏	黑农48	扁茎豆	108	有
675	开豆46	2018	黄淮夏	新大豆1号系选		105	有
676	开豆49	2019	黄淮夏	开豆4号	东北大豆树	107	有
677	洛豆1号	2017	黄淮夏	徐豆9号	周豆11	109	有
678	洛豆1304	2020	黄淮夏	郑9805	鲁宁1号	105～111	有
679	周豆23	2015	黄淮夏	濮豆6018	科丰36	108	有

（续）

株高(cm)	叶形	花色	茸毛色	粒形	粒色	脐色	百粒重(g)	区试产量(kg/hm²)	增产(±%)	生试产量(kg/hm²)	增产(±%)	蛋白质含量(%)	脂肪含量(%)
77.3	椭圆	紫	灰	椭圆	黄	褐	19.7	2 541.8	8.4	2 380.7	7.4	41.74	19.67
74.5	椭圆	紫	灰	椭圆	黄	淡褐	16.7	2 520.4	9.5	2 582.6	5.9	41.65	20.11
76.7	椭圆	白	灰	椭圆	黄	淡褐	25.3	2 718.8	15.1			45.50	20.76
71.1	椭圆	紫	灰	椭圆	黄	褐	18.6	2 728.0	10.7	2 410.1	4.6	39.49	20.67
92.8	卵圆	白	棕	圆	黄	褐	21.0	3 364.5	10.5	3 109.5	10.2	41.30	20.60
71.6	卵圆	紫	灰	椭圆	黄	淡褐	25.3	3 325.5	6.8	3 492.0	3.3	42.74	18.46
94.8	卵圆	白	棕	椭圆	黄	褐	21.7	3 949.5	5.4	2 850.0	8.6	40.80	20.90
77.5	卵圆	紫	灰	椭圆	黄	褐	23.7	3 931.5	5.1	2 986.5	13.8	40.63	20.10
100.3	卵圆	白	灰	椭圆	黄	褐	23.5	3 540.0	3.3	3 105.0	4.4	41.00	21.90
73.6	卵圆	白	棕	椭圆	黄	褐	25.7	3 661.5	8.3	3 310.5	11.3	43.00	18.70
74.9	卵圆	紫	灰	椭圆	黄	淡褐	27.6	3 591.0	14.8	3 435.0	9.0	44.77	19.76
62.6	圆	白	灰	椭圆	黄	褐	26.4	3 601.5	6.3	3 783.0	7.8	45.45	19.42
66.6	卵圆	白	灰	圆	黄	褐	23.6	3 185.7	11.7	3 207.6	10.5	42.13	19.77
61.0	椭圆	白	棕	椭圆	黄	黑	21.5	2 856.1	7.9	3 307.3	7.4	42.09	20.50
56.4	卵圆	紫	灰	圆	黄	褐	19.3	3 290.4	7.6	3 095.4	8.2	43.30	18.40
96.8	卵圆	紫	灰	圆	黄	褐	23.8	2 807.0	5.6	2 868.0	10.7	46.90	18.50
87.1	卵圆	白	灰	圆	黄	黄	23.7	3 263.3	6.7	3 085.5	7.9	46.11	19.80
81.7	卵圆	白	灰	圆	黄	黄	22.6	3 176.9	11.3	3 232.7	11.6	41.38	19.73
91.5	椭圆	白	灰	圆	黄	淡褐	21.7	3 196.8	11.3	3 097.5	8.3	41.75	19.10
85.0～93.0	圆	白	灰	扁圆	黄	淡褐	20.6～21.7	2 820.6	4.8	3 128.7	3.7	43.02	20.08
80.1	卵圆	白	棕	椭圆	黑	黑	32.0	2 655.8	-1.6	2 874.0	-4.9	39.00	18.40
60.0～65.0	卵圆	紫	灰	圆	黄	褐	22.5	2 770.5	14.8	2 689.5	5.3	39.87	19.79
80.0～86.0	卵圆	紫	灰	椭圆	黄	褐	20.0～21.0	2 915.3	10.0	3 183.0	3.2	44.16	18.75
87.6～93.5	卵圆	紫	灰	圆	黄	褐	18.6～19.7	2 940.8	10.5	2 854.5	10.3	43.20	20.50
74.4～85.9	卵圆	白	灰	椭圆	黄	褐	16.0～18.2	3 115.7	9.2	3 174.0	10.7	42.32	20.63
78.8	卵圆	紫	灰	椭圆	黄	淡褐	19.2	3 356.6	8.1	3 025.4	11.2	42.11	20.49
79.0	卵圆	紫	灰	扁圆	黄	淡褐	21.4	2 773.5	4.5	3 294.0	9.2	41.60	20.10
75.9	卵圆	紫	灰	圆	黄	褐	18.2	3 061.5	14.8	3 145.5	16.2	42.22	19.46
86.6	卵圆	紫	灰	圆	黄	褐	20.7	3 296.9	18.2	3 114.0	23.2	42.60	18.80
83.2	卵圆	白	棕	椭圆	黄	褐	20.1	2 988.3	12.4	2 961.5	14.3	43.05	20.60
88.2	卵圆	白	棕	圆	黄	褐	18.4	3 310.5	13.6	3 304.5	9.5	40.35	22.20
88.0	卵圆	白	灰	椭圆	黄	褐	22.7	2 962.8	7.8	2 631.6	5.2	42.81	20.05
97.5	卵圆	白	棕	圆	黄	褐	18.7	3 087.8	7.5	3 045.0	6.5	41.82	21.20
69.4	卵圆	紫	灰	椭圆	黄	淡褐	17.0	3 265.1	6.8	3 051.2	6.7	42.23	20.20
83.3	卵圆	紫	灰	椭圆	黄	淡褐	18.8	2 876.9	8.1	2 723.6	5.1	44.23	21.15
70.3	椭圆	紫	灰	圆	黄	淡褐	23.6	3 356.5	10.3	2 883.0	12.9	41.86	19.80
79.0～88.0	圆	紫	灰	圆	黄	褐	19.0～21.0	2 941.5	7.3	2 668.5	6.7	43.97	19.55
69.9	卵圆	白	灰	圆	黄	淡褐	17.4	3 373.8	8.1	3 090.9	12.7	41.76	21.43

品种序号	品种	育成年份	类型	母　本	父　本	生育期(d)	结荚习性
680	周豆25	2019	黄淮夏	平-99016	郑9525	101	有
681	周豆28	2019	黄淮夏	[（中黄13×郑9805）F₁×（临豆10号×周豆12）F₁] F₁	[（豫豆15×周豆19）F₁×（周豆17×菏豆19）F₁] F₁	102	有
682	周豆29	2019	黄淮夏	周豆11	沛县小油豆	108	有
683	周豆31	2020	黄淮夏	周豆23	菏豆20	108	有
684	周豆32	2020	黄淮夏	周豆11（3）	绥农14	104	有
685	周豆34	2020	黄淮夏	周08010-5-2	郑9805	104	有
686	周豆11019	2020	黄淮夏	周豆23	科20-3	105	有
687	泛豆9号	2020	黄淮夏	郑90007多枝	泛豆11	106～112	有
688	漯豆100	2020	黄淮夏	获引1号-6	中黄13	108	有
689	闽豆1号	2015	黄淮夏	豫豆23	周豆12	110	有
690	驻豆19	2015	黄淮夏	郑88013	驻9702	108	有
691	驻豆20	2019	南方夏	郑97196	菏99-6	103	有
692	驻豆23	2020	黄淮夏	许99016	汾豆56	108	有
693	延豆6号	2019	黄淮夏	98-20-2-8	诱变30	108	亚
694	秦豆2014	2017	黄淮夏	96E218	濮10号	111	亚
695	秦豆2018	2019	黄淮夏	21A-03	荷豆12	110	亚
696	XD0632	2019	黄淮夏	（诱变30×早熟18）F₁	SRF307P	110	亚
697	陕垦豆4号	2017	黄淮夏	98D1-4-1	晋大70	110	亚
698	陕垦豆6号	2020	黄淮夏	91（12）-10-10-6	鲁豆997	110	亚
699	陕垦青豆1号	2019	黄淮夏	[96（9）F₅-1]×辽豆18]F₁	晋豆19	107	亚
700	金豆228	2017	黄淮夏	秦豆8号变异株	中黄13	110	有
701	潍科20	2016	黄淮夏	（巨丰×豫豆21）×（kf9507-1）	徐8313	101	有
702	潍科23	2016	黄淮夏	郑59	徐豆9号	107	有
703	德纯豆6号	2020	黄淮夏	徐豆9号	嘉豆23	101	有
704	德纯豆8号	2016	黄淮夏	徐豆9号	徐豆10号	103	有
705	中涡18	2020	黄淮夏	中黄19	徐豆14	102	有
706	中涡28	2019	黄淮夏	中黄37	嘉豆24	102	有
707	中涡29	2018	黄淮夏	济93060	嘉豆9号	103	亚
708	中涡30	2019	黄淮夏	郑9805	嘉豆38	102	有
709	鑫豆18	2020	黄淮夏	皖豆14	皖豆12	101	有
710	远育891	2019	黄淮夏	菏豆12	山宁8号	105	有
711	宿豆029	2020	黄淮夏	（鲁豆12×阜83-79）	中黄13×阜83-79	99	有
712	皖豆701	2016	黄淮夏	中豆20	中黄13	102	有
713	皖宿1208	2019	黄淮夏	中作975	涡90-72-8	100	有
714	金豆99	2020	黄淮夏	郑9805	中黄13	102	有
715	天益科豆18	2016	黄淮夏	中黄13	周豆12	105	有
716	天益科豆19	2017	黄淮夏	（豫豆24×豫豆15）F₁	周豆13	105	有
717	阜豆15	2016	黄淮夏	蒙91－413	阜豆9号	105	有

（续）

株高(cm)	叶形	花色	茸毛色	粒形	粒色	脐色	百粒重(g)	区试产量(kg/hm²)	增产(±%)	生试产量(kg/hm²)	增产(±%)	蛋白质含量(%)	脂肪含量(%)
77.3	卵圆	白	灰	椭圆	黄	褐	17.7	2 932.5	6.1	2 982.0	10.7	44.13	18.74
77.4	卵圆	白	灰	椭圆	黄	褐	20.4	2 956.8	10.9	2 919.0	7.8	43.40	19.99
94.9	卵圆	紫	灰	圆	黄	褐	20.9	2 825.5	6.3	2 749.8	6.2	45.17	19.15
83.0	卵圆	紫	灰	椭圆	黄	褐	21.5	2 904.3	9.2	3 213.2	6.5	41.90	20.80
88.6	卵圆	紫	灰	椭圆	黄	褐	19.9	3 195.6	9.6	3 387.8	12.1	44.45	21.55
76.1	卵圆	白	灰	圆	黄	淡褐	20.6	2 950.5	11.6	3 334.5	8.1	41.54	19.70
87.4	卵圆	白	灰	椭圆	黄	淡褐	18.2	3 036.9	14.7	2 789.7	11.5	40.79	19.90
83.0~94.0	卵圆	紫	灰	椭圆	黄	褐	18.8~21.4	2 801.3	5.4	3 178.5	5.3	41.17	20.80
87.5	卵圆	紫	灰	扁圆	黄	淡褐	21.9	2 836.5	6.7	3 179.1	5.4	40.81	19.40
60.0~70.0	椭圆	白	灰	扁圆	黄	淡褐	23.0~25.0	2 713.0	6.7	2 823.0	7.0	43.43	19.53
61.5	卵圆	紫	灰	椭圆	黄	淡褐	21.0	3 112.5	5.0	3 294.0	12.1	45.89	17.46
50.8	椭圆	紫	灰	椭圆	黄	淡褐	20.5	3 175.5	7.1	3 145.5	12.6	41.58	18.44
87.3	披针	紫	灰	圆	黄	褐	18.8	2 853.0	7.5	3 334.5	10.5	39.84	20.10
93.2	圆	紫	棕	圆	黄	褐	19.5	2 754.8	10.0	2 383.5	9.9	47.38	18.67
80.3	卵圆	紫	灰	椭圆	黄	淡褐	18.8	2 728.5	9.0	2 617.5	13.7	47.79	17.03
85.0	圆	紫	灰	椭圆	黄	淡褐	23.8	2 659.5	13.2	2 937.0	13.0	43.77	18.63
75.6	圆	白	灰	圆	黄	褐	20.3	2 772.5	11.6	2 400.0	10.7	45.10	20.27
81.3	圆	紫	灰	椭圆	黄	褐	22.3	2 887.5	15.1	2 625.0	14.0	47.29	17.60
78.5	椭圆	紫	棕	椭圆	黄	褐	23.0~25.0	2 826.0	11.9	2 830.5	10.9	40.17	21.44
80.6	披针	白	棕	圆	绿	黑	19.8	2 529.0	9.0	2 884.5	11.0	44.29	19.75
65.0	椭圆	白	灰	扁圆	黄	淡褐	22.5	2 727.0	8.8	2 446.5	6.3	48.72	17.74
64.4	圆	紫	灰	椭圆	黄	褐	22.6	2 857.0	2.7	2 514.2	6.1	45.33	19.98
72.4	椭圆	紫	棕	椭圆	黄	褐	15.5	2 678.2	4.7	2 906.0	11.9	40.80	21.40
62.1	椭圆	紫	灰	椭圆	黄	褐	21.6	2 603.9	5.6	2 380.4	7.7	43.15	19.42
51.3	椭圆	紫	棕	圆	黄	深褐	22.9	2 725.1	6.8	2 756.7	8.7	41.06	21.81
73.3	椭圆	紫	灰	椭圆	黄	褐	19.5	2 545.2	10.8	2 642.7	9.1	40.36	22.38
85.2	椭圆	紫	灰	椭圆	黄	淡褐	20.5	2 438.9	2.8	2 294.7	3.6	38.04	23.00
65.5	椭圆	白	灰	椭圆	黄	深褐	20.1	2 721.8	10.0	2 378.3	7.7	39.90	19.91
71.8	椭圆	紫	茸	圆	黄	褐	18.5	2 678.4	8.4	2 351.3	6.3	40.97	19.48
65.0	椭圆	紫	灰	椭圆	黄	深褐	23.0	2 674.7	8.2	2 453.7	8.3	42.88	21.13
81.8	椭圆	紫	灰	椭圆	黄	褐	21.8	2 525.0	6.6	2 411.9	9.3	40.58	22.03
75.4	椭圆	紫	灰	椭圆	黄	褐	19.5	2 418.8	6.5	2 494.2	7.5	40.79	20.28
60.9	椭圆	白	灰	椭圆	黄	褐	22.0	2 705.0	6.0	2 792.1	7.5	41.50	20.29
71.6	椭圆	白	灰	椭圆	黄	褐	21.3	2 497.6	5.2	2 313.0	4.3	41.39	19.32
74.6	椭圆	紫	灰	椭圆	黄	淡褐	22.0	2 466.5	7.3	2 561.1	9.6	40.85	18.83
73.1	圆	紫	灰	椭圆	黄	褐	23.8	2 918.7	3.6	2 642.6	9.4	42.30	20.14
76.3	椭圆	白	灰	椭圆	黄	褐	20.6	2 713.5	10.0	2 529.5	8.0	39.49	22.07
76.6	椭圆	紫	灰	圆	黄	黄	18.5	3 017.0	6.4	2 692.7	10.5	43.77	20.26

品种序号	品种	育成年份	类型	母 本	父 本	生育期(d)	结荚习性
718	阜豆16	2016	黄淮夏	蒙91－413	阜豆9号	107	有
719	阜豆17	2018	黄淮夏	郑97196	阜02122-5	101	有
720	阜豆18	2018	黄淮夏	阜97211-97	蒙9793-1	105	有
721	阜豆19	2019	黄淮夏	蒙91－413	郑92116	102	有
722	阜豆123	2020	黄淮夏	不育系阜CMS5A	恢复系阜恢5号	105	有
723	阜豆163	2020	黄淮夏	菏99-6	豫豆18	103	有
724	阜豆169	2020	黄淮夏	郑97196	科丰29	103	有
725	阜0501	2020	黄淮夏	阜97211-97	蒙9793-1	104	有
726	阜1232	2020	黄淮夏	蒙91-413	阜豆9号	103	有
727	阜杂交豆2号	2016	黄淮夏	不育系阜CMS5A	恢复系阜恢9号	106	有
728	皖豆36	2016	黄淮夏	郑90007	鲁99-4	104	有
729	皖豆37	2016	黄淮夏	蒙92－40－19	洪引1号	105	有
730	皖豆38	2016	黄淮夏	WH921	蒙9339	104	有
731	皖豆39	2017	黄淮夏	合豆3号	冀豆12	106	有
732	皖豆52	2020	黄淮夏	合豆3号	（合豆3号×桂春豆1号）F$_1$	103	有
733	皖豆20001	2017	黄淮夏	周9521	商豆6号	104	有
734	皖豆21020	2018	黄淮夏	济4018	蒙9793-1	102	有
735	皖豆21116	2017	黄淮夏	周9521	阜9765	106	有
736	皖豆22467	2020	黄淮夏	菏96-8	淮03-18	102	有
737	皖华518	2018	黄淮夏	周9521	阜9765	103	有
738	蒙1301	2018	南方夏	合豆3号	阜豆9号	106	有
739	HD21638	2020	黄淮夏	周9521	蒙9793-1	104	有
740	杂优豆3号	2016	黄淮夏	不育系W018A	恢复系M0901	105	有
741	皖杂豆5号	2020	黄淮夏	不育系W1101A	恢复系MR1312	101	有
742	徐春4号	2019	南方春	铁94037	台湾75	96（采摘期）	有
743	徐豆21	2015	黄淮夏	诱变30	徐豆9号	105	有
744	徐豆22	2016	黄淮夏	徐豆9号	泗豆288	109	有
745	徐豆23	2017	黄淮夏	徐豆9号	郑90007	110	有
746	徐豆24	2018	黄淮夏	徐豆9号	郑90007	111	有
747	徐豆25	2019	黄淮夏	徐豆9号	翠扇大豆	104	有
748	徐豆26	2020	黄淮夏	徐豆9号	郑90007	105	有
749	金豆188	2018	黄淮夏	徐豆11	东辛2号	105	有
750	淮豆13	2016	黄淮夏	Forrest	淮豆4号	109	有
751	淮豆14	2018	黄淮夏	豫豆22	Pella	109	有
752	淮豆16	2020	黄淮夏	淮豆9号	菏豆12	106	有

（续）

株高 (cm)	叶形	花色	茸毛色	粒形	粒色	脐色	百粒重 (g)	区试产量 (kg/hm²)	增产 (±%)	生试产量 (kg/hm²)	增产 (±%)	蛋白质含量 (%)	脂肪含量 (%)
83.1	椭圆	紫	灰	椭圆	黄	褐	20.9	2 692.6	5.8	2 782.1	8.0	41.76	20.68
70.5	椭圆	紫	灰	椭圆	黄	淡褐	20.6	2 641.2	7.1	2 284.5	2.6	43.59	18.85
71.9	椭圆	紫	灰	圆	黄	褐	21.0	2 712.0	9.6	2 451.3	7.1	42.71	19.61
63.9	椭圆	紫	灰	椭圆	黄	黄	18.7	2 777.1	12.3	2 367.2	7.0	39.81	20.61
75.4	椭圆	紫	灰	椭圆	黄	褐	23.7	2 448.8	6.3	2 452.5	4.9	44.26	18.57
75.1	椭圆	紫	灰	椭圆	黄	褐	19.1	2 495.3	9.7	2 714.1	13.1	40.56	20.61
78.5	椭圆	紫	灰	椭圆	黄	褐	19.3	2 387.8	3.8	2 668.1	9.4	40.96	19.40
80.0	椭圆	紫	灰	椭圆	黄	淡褐	20.1	2 454.4	7.6	2 311.5	4.7	41.94	19.65
71.4	椭圆	紫	灰	椭圆	黄	褐	18.5	2 671.3	9.5	2 402.6	5.2	40.87	19.04
75.3	椭圆	紫	灰	圆	黄	褐	23.5	3 016.0	6.6	2 615.4	7.3	43.84	19.40
69.7	椭圆	紫	灰	椭圆	黄	褐	19.1	3 037.2	7.0	2 540.1	7.2	41.85	20.25
59.4	椭圆	白	灰	椭圆	黄	褐	20.3	2 825.2	10.4	2 840.7	9.7	40.57	20.91
68.6	椭圆	紫	灰	椭圆	黄	褐	24.8	2 609.0	3.3	2 784.6	7.5	45.66	22.12
60.5	椭圆	紫	灰	椭圆	黄	褐	24.4	2 669.0	8.0	2 423.9	5.8	43.17	19.32
78.4	椭圆	紫	棕	椭圆	黄	褐	21.3	2 457.2	6.9	2 638.2	10.0	40.61	20.14
71.4	椭圆	白	灰	椭圆	黄	褐	16.4	2 597.9	5.8	2 424.8	3.6	40.15	20.54
69.5	椭圆	紫	灰	椭圆	黄	褐	21.7	2 573.7	3.9	2 336.6	5.7	43.29	19.75
73.4	椭圆	白	灰	椭圆	黄	褐	18.4	2 657.3	7.8	2 785.8	12.1	39.40	21.55
89.7	椭圆	白	灰	椭圆	黄	褐	18.5	2 320.7	2.1	2 587.5	6.9	38.36	21.44
80.3	椭圆	紫	灰	椭圆	黄	褐	17.9	2 578.9	4.5	2 318.6	4.2	40.28	21.30
69.0	椭圆	紫	灰	扁椭圆	黄	黄	18.5	3 048.0	2.8	2 869.5	2.7	45.26	19.07
79.2	椭圆	紫	灰	椭圆	黄	深褐	21.0	2 628.2	7.8	2 400.6	5.1	42.03	20.62
67.1	椭圆	白	灰	椭圆	黄	深褐	23.6	2 673.5	5.3	2 699.1	6.4	44.19	19.96
75.5	椭圆	紫	棕	椭圆	黄	褐	21.4	2 498.7	8.5	2 460.8	6.1	42.16	19.34
56.6	卵圆	紫	灰	椭圆	绿	褐	36.1 (77.2鲜籽粒)	9 430.5 （鲜荚）/ 4 840.5 （鲜籽粒）	5.8 （鲜荚）/ 11.2 （鲜籽粒）	10 952.9 （鲜荚）/ 5 830.5 （鲜籽粒）	12.4 （鲜荚）/ 18.0 （鲜籽粒）		
59.5	卵圆	白	灰	椭圆	黄	褐	23.6	3 085.5	5.4	3 051.0	8.1	43.70	19.10
65.8	卵圆	白	灰	椭圆	黄	淡褐	19.3	3 103.5	7.8	3 343.5	8.0	42.50	19.80
67.7	卵圆	白	灰	椭圆	黄	褐	22.4	3 222.0	6.7	2 979.0	7.9	45.50	18.20
69.9	卵圆	白	灰	椭圆	黄	淡褐	23.9	3 190.7	8.0	3 083.6	8.5	43.68	18.92
73.2	卵圆	白	灰	椭圆	黄	淡褐	25.3	2 956.5	6.3	3 006.0	7.8	44.91	16.90
70.7	卵圆	白	灰	椭圆	黄	褐	22.2	3 036.0	6.0	3 034.5	8.9	44.20	18.60
92.5	卵圆	紫	棕	椭圆	黄	深褐	26.1	3 047.1	3.2	2 975.9	4.7	45.42	18.87
67.5	卵圆	白	棕	椭圆	黄	黑	19.2	3 124.5	8.6	3 326.1	7.5	42.90	19.70
65.4	卵圆	紫	棕	椭圆	黄	黑	21.0	3 122.0	5.7	3 029.7	6.6	44.08	19.00
76.1	卵圆	白	棕	椭圆	黄	黑	25.6	3 070.5	7.2	2 983.5	6.9	47.50	18.00

品种序号	品种	育成年份	类型	母　　本	父　　本	生育期(d)	结荚习性
753	淮鲜豆6号	2016	南方夏	淮豆10号	金湖大青豆	98（采摘期）	有
754	淮鲜豆9号	2019	南方夏	H229	楚秀	85（采摘期）	有
755	南农41	2015	南方夏	淮89-15	南农99-6	99	有
756	南农46	2019	黄淮夏	新六青	南春204	87（采摘期）	有
757	南农47	2019	黄淮夏	周豆13	郑9805	108	有
758	南农48	2017	黄淮夏	T22033	Q963069	109	亚
759	南农50	2019	黄淮夏	中黄13	郑9805	104	有
760	南农58	2019	黄淮夏	南农X0178	濮海10号	118	亚
761	南农413	2019	黄淮夏	新六青	南农95C-13	84（采摘期）	有
762	南农416	2019	黄淮夏	油02-49	南农95C-13	86（采摘期）	有
763	苏鲜豆22	2015	黄淮夏	90C004	95C-13	100（采摘期）	有
764	苏鲜豆23	2018	黄淮夏	南农X54001	南农X6530	90（采摘期）	有
765	牡试1号	2015	北方春	黑农37×垦丰16	垦丰16	118	亚
766	牡试2号	2018	北方春	哈北46-1	东生4805	120	无
767	牡试6号	2020	北方春	黑农48	龙品8807	120	亚
768	苏豆11	2015	黄淮夏	金坛八月黄	通豆5号	107（采摘期）	有
769	苏豆12	2017	黄淮夏	菏豆12	DH98-28	110	有
770	苏豆13	2018	黄淮夏	苏系5号	巨丰辐射M6	100	有
771	苏豆16	2018	黄淮夏	金坛苏州青	苏早1号	80（采摘期）	有

（续）

株高(cm)	叶形	花色	茸毛色	粒形	粒色	脐色	百粒重(g)	区试产量(kg/hm²)	增产(±%)	生试产量(kg/hm²)	增产(±%)	蛋白质含量(%)	脂肪含量(%)
79.4	卵圆	紫	灰	椭圆	绿	褐	88.9(鲜籽粒)	10 483.5(鲜荚)/5 517.0(鲜籽粒)	7.3(鲜荚)/8.5(鲜籽粒)	11 863.5(鲜荚)/6 588.0(鲜籽粒)	4.4(鲜荚)/7.5(鲜籽粒)		
74.6	卵圆	紫	灰	椭圆	绿	褐	40.0(77.6鲜籽粒)	11 103.0(鲜荚)/5 602.5(鲜籽粒)	8.6(鲜荚)/2.1(鲜籽粒)	10 822.5(鲜荚)/5 527.5(鲜籽粒)	10.1(鲜荚)/5.3(鲜籽粒)		
76.3	卵圆	白	棕	椭圆	黄	淡褐	23.7	2 809.5	9.5	2 434.5	7.0	43.05	19.56
69.1	卵圆	紫	灰	椭圆	绿	褐	68.9(鲜籽粒)	12 265.5(鲜荚)	4.5(鲜荚)	12 091.5(鲜荚)	9.3(鲜荚)		
74.9	卵圆	白	灰	椭圆	黄	淡褐	18.9	3 146.6	9.8	2 995.1	7.4	44.44	18.69
91.6	卵圆	紫	棕	圆	黄	淡褐	21.4	3 061.5	1.1	2 517.0	−0.2	39.30	21.70
77.6	卵圆	紫	灰	圆	黄	褐	20.9	2 910.5	11.0	2 791.1	6.5	43.55	18.77
99.6	卵圆	紫	棕	椭圆	黄	黑	24.5	2 969.1	14.8	2 849.7	8.7	43.91	19.19
69.2	卵圆	紫	灰	椭圆	绿	淡褐	32.0(71.4鲜籽粒)	12 125.7(鲜荚)/6 236.0(鲜籽粒)	8.1(鲜荚)/6.4(鲜籽粒)	10 107.5(鲜荚)/5 353.1(鲜籽粒)	2.8(鲜荚)/2.0(鲜籽粒)		
67.9	卵圆	紫	灰	椭圆	黄	淡褐	32.0(66.5鲜籽粒)	10 950.9(鲜荚)/5 580.3(鲜籽粒)	7.0(鲜荚)/1.6(鲜籽粒)	10 719.6(鲜荚)/5 542.5(鲜籽粒)	9.0(鲜荚)/5.6(鲜籽粒)		
69.8	卵圆	紫	灰	椭圆	黄	淡褐	78.0(鲜籽粒)	11 973.0(鲜荚)/5 880.0(鲜籽粒)	14.0(鲜荚)/9.9(鲜籽粒)	10 306.5(鲜荚)/5 580.0(鲜籽粒)	7.6(鲜荚)/5.5(鲜籽粒)		
67.0	卵圆	紫	灰	椭圆	黄	褐	73.9(鲜籽粒)	11 862.3(鲜荚)/6 298.5(鲜籽粒)	5.7(鲜荚)/7.4(鲜籽粒)	10 866.0(鲜荚)/5 812.5(鲜籽粒)	5.6(鲜荚)/3.6(鲜籽粒)		
85.0	圆	白	灰	圆	黄	黄	20.2	2 736.8	6.0	3 010.9	13.8	37.80	22.6
106.2	披针	白	灰	圆	黄	黄	21.5	2 936.9	11.1	2 904.5	10.9	38.17	21.83
95.0	披针	紫	灰	圆	黄	黄	20.1	2 968.3	8.4	2 871.0	10.2	45.99	17.64
76.6	卵圆	紫	灰	椭圆	黄	褐	94.8(鲜籽粒)	11 316.0(鲜荚)/5 608.5(鲜籽粒)	7.7(鲜荚)/4.8(鲜籽粒)	10 182.0(鲜荚)/5 607.0(鲜籽粒)	6.3(鲜荚)/6.0(鲜籽粒)		
73.7	卵圆	紫	灰	椭圆	黄	深褐	28.4	3 265.5	8.2	3 016.5	9.3	44.20	18.70
67.8	披针	白	灰	圆	黄	淡褐	22.7	2 793.6	−4.2	2 724.0	10.6	46.07	18.02
48.3	卵圆	紫	灰	椭圆	黄	淡褐	82.0(鲜籽粒)	11 778.8(鲜荚)/6 648.6(鲜籽粒)	5.0(鲜荚)/13.4(鲜籽粒)	10 535.6(鲜荚)/5 972.7(鲜籽粒)	2.4(鲜荚)/6.4(鲜籽粒)		

品种序号	品种	育成年份	类型	母　本	父　本	生育期(d)	结荚习性
772	苏豆17	2019	黄淮夏	苏豆7号	通豆6号	87（采摘期）	有
773	苏豆18	2017	黄淮夏	苏豆7号辐射诱变		78（采摘期）	有
774	苏豆19	2020	黄淮夏	中黄13	中3126	110	有
775	苏豆20	2020	黄淮夏	徐豆19	皖豆14	107	有
776	苏豆21	2020	黄淮夏	中黄34	菏豆14	106	有
777	苏新5号	2018	南方春	03090-1-2-2	台75-3	99（采摘期）	有
778	苏新6号	2019	南方春	辽鲜1号	奎2077	82（采摘期）	有
779	苏奎2号	2016	南方春	0118-1-1-2	辽鲜1号	101（采摘期）	有
780	苏奎3号	2019	南方春	辽鲜2号	苏早1号	84（采摘期）	有
781	通豆11	2016	黄淮夏	引J0082	海系13	121	有
782	通豆12	2018	黄淮夏	引J0046	通豆7号	121	有
783	交大11	2017	南方春	(2676×2698) F_1	(2679×2680) F_1	85（采摘期）	有
784	交大12	2017	南方春	交大02-89	交大05-133	84（采摘期）	有
785	交大22	2019	南方春	交大4046	兰育大粒豆1号	79（采摘期）	有
786	交大23	2019	南方春	晋豆39	交大09-3	77（采摘期）	有
787	青酥7号	2018	南方夏	青酥5号	早绿皮	98（采摘期）	有
788	青酥8号	2018	南方夏	青酥2号	黄牛踏扁	105（采摘期）	有
789	浙秋5号	2018	南方秋	浙秋豆2号	余杭白毛豆	100	有
790	浙鲜9号	2015	南方春	台湾75航天诱变		75（采摘期）	有
791	浙鲜10号	2015	南方春	品系4074	亚99009	74（采摘期）	有
792	浙鲜12	2017	南方春	H0427	沪宁95-1	70（采摘期）	有
793	浙鲜15	2020	南方春	H0526	浙农8号	77（采摘期）	有
794	浙鲜16	2018	南方春	品系2818	沪宁95-1	77（采摘期）	有
795	浙鲜18	2019	南方春	品系39002	极早1号	78（采摘期）	有
796	浙鲜19	2019	南方春	浙鲜豆5号	开新绿	77（采摘期）	亚
797	浙鲜84	2018	南方夏	广东白毛	V99-5089	96（采摘期）	有
798	浙鲜85	2017	南方秋	A1759	亚99009	74（采摘期）	有

（续）

株高(cm)	叶形	花色	茸毛色	粒形	粒色	脐色	百粒重(g)	区试产量(kg/hm²)	增产(±%)	生试产量(kg/hm²)	增产(±%)	蛋白质含量(%)	脂肪含量(%)
54.8	卵圆	紫	灰	椭圆	黄	淡褐	28.9(81.4鲜籽粒)	11247.5(鲜荚)/5683.2(鲜籽粒)	2.1(鲜荚)/-2.9(鲜籽粒)	9996.8(鲜荚)/5107.7(鲜籽粒)	1.7(鲜荚)/-2.7(鲜籽粒)		
43.9	椭圆	白	灰	椭圆	黄	淡褐	78.9(鲜籽粒)	11292.0(鲜荚)	3.8(鲜荚)	10993.5(鲜荚)	5.3(鲜荚)		
75.3	卵圆	白	灰	圆	黄	淡褐	16.4	3109.5	8.5	3049.5	9.2	41.20	20.10
70.6	卵圆	白	棕	椭圆	黄	淡褐	18.6	3241.5	6.8	3166.5	3.9	39.50	20.40
58.5	卵圆	白	棕	椭圆	黄	深褐	25.6	3181.5	4.9	3162.0	3.8	43.00	20.20
45.6	卵圆	白	灰	椭圆	绿	淡褐	75.1(鲜籽粒)	9958.5(鲜荚)/5164.5(鲜籽粒)	13.4(鲜荚)/19.0(鲜籽粒)	10236.5(鲜荚)/5230.1(鲜籽粒)	14.9(鲜荚)/21.0(鲜籽粒)		
37.5	卵圆	白	灰	椭圆	绿	淡褐	27.5(86.0鲜籽粒)	10088.9(鲜荚)/5231.1(鲜籽粒)	6.6(鲜荚)/9.6(鲜籽粒)	10453.5(鲜荚)/5497.5(鲜籽粒)	7.3(鲜荚)/11.3(鲜籽粒)		
41.6	卵圆	白	灰	椭圆	绿	褐	72.5(鲜籽粒)	11299.5(鲜荚)/5802.0(鲜籽粒)	10.1(鲜荚)/12.3(鲜籽粒)	10651.5(鲜荚)/5458.5(鲜籽粒)	8.5(鲜荚)/8.0(鲜籽粒)		
38.5	卵圆	白	灰	椭圆	黄	黑	28.6(85.7鲜籽粒)	10600.5(鲜荚)/5193.0(鲜籽粒)	18.9(鲜荚)/19.2(鲜籽粒)	11362.7(鲜荚)/5847.3(鲜籽粒)	16.6(鲜荚)/18.3(鲜籽粒)		
73.3	椭圆	紫	灰	椭圆	黄	淡褐	25.0	2928.0	7.3	3190.5	4.0	40.50	20.60
68.7	卵圆	紫	灰	椭圆	黄	淡褐	24.6	3328.5	7.8	2707.5	9.9	42.24	19.58
37.8	椭圆	白	灰	椭圆	绿	黄	66.6(鲜籽粒)	10448.3(鲜荚)	16.6			41.94	20.09
39.6	椭圆	白	灰	椭圆	绿	黄	75.1(鲜籽粒)	10972.5(鲜荚)	22.5				
62.6	椭圆	白	灰	椭圆	绿	黄	81.4(鲜籽粒)	11019.8(鲜荚)	8.4				
48.0	椭圆	白	灰	椭圆	绿	黄	82.2(鲜籽粒)	11645.3(鲜荚)	14.5				
67.8	卵圆	白	灰	椭圆	绿	淡褐	98.2(鲜籽粒)	23661.0(鲜荚)	21.9	18363.0(鲜荚)	22.7(鲜荚)		
47.6	卵圆	白	灰	椭圆	绿	褐	101.7(鲜籽粒)	25952.3(鲜荚)	33.8	21289.5(鲜荚)	42.2(鲜荚)		
70.8	卵圆	紫	灰	椭圆	黄	淡褐	28.1	2488.5	18.2	2617.5	15.5	43.20	17.30
33.8	卵圆	花	灰	圆形	绿	黄	88.6(鲜籽粒)	9172.0(鲜荚)	9.4	9822.0(鲜荚)	6.0	38.70	18.03
43.8	卵圆	白	灰	圆	绿	黄	78.6(鲜籽粒)	9588.8(鲜荚)	9.3	10792.3(鲜荚)	7.3	41.32	19.54
37.0	卵圆	白	灰	圆	绿	黄	72.3(鲜籽粒)	9865.5(鲜荚)	2.4	8259.0(鲜荚)	-1.7	38.34	19.87
41.5	卵圆	白	灰	圆	绿	黄	78.9(鲜籽粒)	11011.5(鲜荚)	16.2	9808.5(鲜荚)	6.9	41.80	18.50
39.9	卵圆	白	灰	圆	绿	黄	76.7(鲜籽粒)	10096.5(鲜荚)	10.3	9423.0(鲜荚)	3.4	41.93	17.61
43.7	卵圆	白	灰	圆	绿	黄	79.8(鲜籽粒)	9900.0(鲜荚)	8.1	11847.0(鲜荚)	5.5	42.65	16.23
58.4	卵圆	紫	灰	椭圆	绿	淡褐	76.1(鲜籽粒)	10603.5(鲜荚)	2.7	11334.0(鲜荚)	0.9	42.67	16.02
74.8	卵圆	紫	灰	扁椭圆	黄	淡褐	84.3(鲜籽粒)	11616.0(鲜荚)	4.0	11029.5(鲜荚)	5.0	44.35	15.54
49.5	卵圆	紫	灰	椭圆	绿	淡褐	77.8(鲜籽粒)	9582.5(鲜荚)	8.2	9955.5(鲜荚)	15.2	42.66	16.47

品种序号	品种	育成年份	类型	母 本	父 本	生育期(d)	结荚习性
799	浙鲜86	2020	南方秋	萧农秋艳	南农99c-5	75（采摘期）	有
800	浙农秋丰2号	2020	南方秋	六月青	夏丰2008	79（采摘期）	有
801	浙农秋丰4号	2020	南方秋	六月白豆	乌皮青仁	78（采摘期）	有
802	浙农11	2020	南方春	浙农8号	GX-6	76（采摘期）	有
803	浙农18-2	2020	南方春	浙农8号	高雄9号	83（采摘期）	有
804	衢春豆1号	2017	南方春	浙农6号	沈鲜3号	83（采摘期）	有
805	衢秋7号	2018	南方秋	诱处4号	高雄2号	102	有
806	衢鲜8号	2019	南方秋	衢9804	上洋豆	79（采摘期）	亚
807	衢鲜9号	2017	南方秋	衢9902	六月半	80（采摘期）	有
808	丽秋6号	2018	南方秋	苞萝豆2号	桐乡大豆	102	有
809	赣豆9号	2016	南方春	油春01-49	沔035	96	有
810	赣豆10号	2017	南方春	湘春豆10号	巴西11	101	有
811	赣豆11	2019	南方春	湘春豆10号	巴西11	87	有
812	赣豆12	2019	南方春	湘春豆10号	巴西11	86	有
813	赣黑豆1号	2019	南方春	浙春2号	丰城黑豆	83	有
814	福豆71	2015	南方春	2113	桂早1号	104	有
815	闽豆9号	2020	南方春	闽豆6号	08B4-1（浙农6号×K丰72-2）	79（采摘期）	有
816	莆豆6号	2017	南方春	粤春04-5	泉豆7号	99	有
817	莆豆11	2016	南方春	莆豆10号	诱处4号	99	有
818	莆豆12	2018	南方春	莆豆8008	福豆310	95	有
819	兴化豆1号	2018	南方春	浙98002	浙88005-7	79（采摘期）	有
820	兴化豆618	2019	南方春	浙98002	毛豆389	77（采摘期）	有
821	泉豆5号	2016	南方春	泉系253-1	泉系97A27-2	98	有
822	泉豆12	2015	南方春	泉系9319	泉系9234	106	有
823	泉豆13	2015	南方春	泉系8803	泉系92-108	108	亚
824	泉豆17	2020	南方春	浙9703	南春201	99	有
825	中豆44	2018	南方春	油春05-8	交大02-89	91	有
826	中豆47	2020	黄淮夏	中豆41	郑196	102	有
827	中豆48	2019	南方春	浙3641	Q1338	89	有
828	中豆53	2019	南方夏	中豆32	商951099	95	有
829	中黑豆42	2016/2019	南方夏/黄淮夏	美国黑绿豆	诱处5号	95	有
830	油春1204	2017/2019	南方春	Q1295	Q1295×Q1140 F_1	103	有
831	油6019	2016/2018	南方夏	中豆32	郑8516	102	有

（续）

株高(cm)	叶形	花色	茸毛色	粒形	粒色	脐色	百粒重(g)	区试产量(kg/hm²)	增产(±%)	生试产量(kg/hm²)	增产(±%)	蛋白质含量(%)	脂肪含量(%)
59.6	卵圆	紫	灰	椭圆	绿	淡褐	84.6(鲜籽粒)	10 704.0(鲜荚)	3.5	11 884.5(鲜荚)	1.3	42.75	17.19
70.0	卵圆	紫	灰	椭圆	绿	褐	86.4(鲜籽粒)	10 261.5(鲜荚)	8.5	12 622.5(鲜荚)	7.6	42.35	17.38
46.4	卵圆	紫	棕	椭圆	绿	黑	67.5(鲜籽粒)	8 446.5(鲜荚)	8.8	7 947.0(鲜荚)	11.5	40.27	15.51
35.4	卵圆	白	灰	椭圆	绿	黄	79.2(鲜籽粒)	12 907.5(鲜荚)	9.9	12 843.0(鲜荚)	10.1	35.37	14.83
47.4	椭圆	白	灰	圆	绿	黄	80.5(鲜籽粒)	11 929.5(鲜荚)	1.0	—	—	36.76	13.78
41.5	卵圆	白	灰	椭圆	绿	淡褐	73.5(鲜籽粒)	10 473.0(鲜荚)	8.7	9 532.5(鲜荚)	13.5	40.20	17.30
67.0	卵圆	紫	灰	扁圆	黄	淡褐	33.3	2 289.0	8.7	2 425.5	6.9	43.30	16.90
86.0	卵圆	白	灰	椭圆	绿	淡褐	77.3(鲜籽粒)	9 391.5(鲜荚)	4.2	10 104.0(鲜荚)	7.2	46.53	16.96
61.5	卵圆	紫	灰	椭圆	绿	淡褐	80.5(鲜籽粒)	9 646.5(鲜荚)	5.3	9 045.0(鲜荚)	4.7	48.18	17.10
80.7	卵圆	紫	灰	椭圆	黄	深褐	32.9	2 178.0	11.6	2 517.0	11.0	48.40	15.60
40.7	卵圆	白	灰	椭圆	黄	淡褐	20.8	1 960.5	3.1	—	—	44.60	19.10
46.1	卵圆	白	灰	椭圆	黄	淡褐	19.0	2 214.0	9.1	—	—	39.70	21.70
44.6	卵圆	白	棕	椭圆	黄	褐	21.5	2 225.1	11.1	—	—	40.00	22.00
48.8	卵圆	白	棕	椭圆	黄	褐	20.1	2 175.8	8.8	—	—	42.00	21.60
48.4	椭圆	紫	棕	椭圆	黑	黑	19.5	1 966.1	-1.9	—	—	42.70	19.20
66.0	椭圆	紫	棕	椭圆	黄	淡褐	21.8	2 128.7	7.0	2 395.2	9.0	47.58	17.18
44.3	椭圆	紫	灰	椭圆	绿	黄	73.3(鲜籽粒)	10 833.9(鲜荚)	7.4			11.70(鲜籽粒)	4.80(鲜籽粒)
67.9	椭圆	紫	棕	椭圆	黄	褐	23.7	2 065.5	6.6	2 079.3	6.0	45.12	18.29
66.6	椭圆	白	灰	椭圆	黄	褐	20.3	2 130.0	9.2	2 131.8	3.8	43.92	19.55
66.8	椭圆	白	灰	椭圆	黄	褐	23.3	2 107.1	7.1	1 844.4	3.9	41.73	21.38
42.3	椭圆	白	灰	椭圆	绿	黄	82.2(鲜籽粒)	11 173.7(鲜荚)	6.0			11.47(鲜籽粒)	5.90(鲜籽粒)
36.5	椭圆	白	灰	椭圆	黄	淡褐	72.9(鲜籽粒)	10 577.3(鲜荚)	3.3			14.50(鲜籽粒)	4.90(鲜籽粒)
54.7	椭圆	紫	棕	椭圆	黄	褐	20.4	2 443.5	2.6	2 335.5	6.0	46.85	18.20
60.4	椭圆	紫	棕	椭圆	黄	淡褐	21.5	2 224.5	11.8	2 536.8	16.8	42.41	19.48
59.6	椭圆	白	棕	椭圆	黄	淡褐	21.6	2 282.4	14.7	2 521.2	14.2	42.50	19.64
56.6	椭圆	白	棕	椭圆	黄	褐	19.1	2 195.6	12.0	2 136.2	9.9	46.15	18.56
48.6	椭圆	白	灰	圆	黄	褐	24.1	2 608.5	2.4	2 839.5	9.0	43.79	22.97
81.7	卵形	白	灰	圆	黄	淡褐	20.9	2 808.0	5.4	2 821.5	2.7	41.82	20.63
49.5	椭圆	白	灰	长椭圆	黄	淡褐	19.6	2 237.7	11.5			41.50	21.30
65.5	椭圆	白	灰	椭圆	黄	淡褐	18.5	2 469.8	7.5			43.43	20.86
79.6	椭圆	白	棕	椭圆	黑	黑	23.0	2 589.5	4.4			43.02	22.09
68.0	椭圆	白	灰	椭圆	黄	黄	20.4	2 851.5	7.7	2 976.0	11.2	43.15	20.05
65.1	椭圆	白	灰	椭圆	黄	淡褐	24.4	3 256.5	7.1			42.55	20.91

品种序号	品种	育成年份	类型	母本	父本	生育期(d)	结荚习性
832	兴豆5号	2019	南方夏	科丰6号	豫豆28	105	有
833	兴豆102	2016	南方夏	获黄3号	豫豆10号	106	有
834	汉黄1号	2018	南方春	鄂豆9号	湘228	92	有
835	鄂2066	2018	南方春	鄂豆9号	湘228	91	有
836	湘春豆V7	2015	南方春	福豆310	浙春0722	96	有
837	湘春2701	2019	南方春	湘春豆24	油春01-45	99	有
838	湘春2704	2019	南方春	油06-8	湘春豆24	96	有
839	湘春2901	2020	南方春	油06-8	湘春豆26	98	有
840	湘春豆28	2015	南方春	湘春豆13	沥537	92	有
841	湘春豆30	2020	南方春	沥295	滇豆8号	96	有
842	湘春黑豆31	2020	南方春	黑363	鄂豆4号	98	有
843	衡春豆8号	2019	南方春	20-86	99231	92	有
844	南黑豆26	2016	南方夏	贡选1号辐射		141	有
845	南夏豆27	2015	南方夏	荣县冬豆辐射		137	有
846	南春豆29	2015	南方春	南豆5号	9605-1-5	113	有
847	南夏豆30	2019	南方夏	南豆12	南春豆28	124	有
848	南夏豆31	2016	南方夏	南豆9号		113	有
849	南夏豆32	2017	南方夏	南豆22	南部地方品种	126	有
850	南夏豆33	2017	南方夏	B抗57辐射		132	有
851	南夏豆34	2019	南方夏	荣县冬豆辐射		131	有
852	南夏豆35	2019	南方夏	南农95c-5	南豆12	121	有
853	南春豆36	2019	南方春	南豆5号	浙春3号	105	有
854	南春豆37	2020	南方春	西豆3号	南豆5号	103	有
855	南春豆39	2020	南方春	南豆3号	南豆5号	106	有
856	贡夏豆9号	2015	南方夏	贡4 (102) F_1	贡辐663	140	有
857	贡夏豆10号	2015	南方夏	贡选1号	贡秋豆3号	142	有
858	贡夏豆11	2017	南方夏	贡4 (102) F_1	贡辐663	125	有
859	贡夏豆12	2019	南方夏	贡选1号	浙A3703	125	有
860	贡夏豆13	2019/2020	南方夏	贡选1号	南农X24005	129	有
861	贡夏豆14	2019	南方夏	贡6 (85) F_2	贡7103	130	亚
862	贡豆23	2015	南方春	贡豆18	贡444-1	113	有
863	贡春豆24	2016	南方春	贡205-1	贡443-1	115	有
864	贡春豆25	2020	南方春	油春05-4	浙57001	109	有
865	渝豆3号	2015	南方春	忠县地方品种变异株		97	亚
866	渝豆6号	2016	南方春	忠县地方品种变异株		97	亚
867	渝豆7号	2016	南方春	贡205-1	443-1	98	有
868	渝豆9号	2017	南方春	潼南地方品种变异株		99	亚
869	渝豆10号	2018	南方春	潼南地方品种变异株		99	亚
870	渝豆11	2018	南方春	永川地方品种变异株		96	亚
871	渝豆12	2019	南方春	浙春3号	川豆14	95	亚
872	渝豆13	2019	南方春	渝豆1号	浙春3号	97	亚

（续）

株高 (cm)	叶形	花色	茸毛色	粒形	粒色	脐色	百粒重 (g)	区试产量 (kg/hm²)	增产 (±%)	生试产量 (kg/hm²)	增产 (±%)	蛋白质含量 (%)	脂肪含量 (%)
66.1	卵圆	紫	灰	扁椭圆	黄	淡褐	21.8	2 943.0	−0.8	2 704.5	2.4	45.90	20.61
68.6	卵圆	紫	灰	椭圆	黄	淡褐	19.4	2 623.5	17.6			42.82	20.81
41.8	椭圆	白	灰	扁椭圆	黄	淡褐	23.3	2 725.5	6.9	2 832.0	8.8	41.95	20.28
38.7	披针	白	灰	椭圆	黄	淡褐	21.2	2 811.0	6.4	2 937.0	12.8	42.65	19.31
59.0	椭圆	白	棕	椭圆	黄	深褐	23.0	2 598.0	4.7	2 485.5	4.2	45.88	17.93
56.9	椭圆	白	灰	椭圆	黄	褐	23.1	2 760.0	7.2	2 914.5	9.6	40.09	21.37
51.8	椭圆	白	灰	椭圆	黄	褐	21.6	2 901.0	12.6	2 938.5	10.5	39.60	21.93
60.0	椭圆	白	灰	椭圆	黄	褐	22.3	2 886.0	5.3	2 607.0	4.2	40.00	21.74
54.0	椭圆	白	灰	椭圆	黄	深褐	21.8	2 676.0	7.5	2 509.5	5.2	38.96	22.27
59.9	椭圆	白	灰	椭圆	黄	褐	22.4	2 893.5	5.6	2 599.5	3.8	39.75	21.69
47.0	椭圆	白	灰	椭圆	黑	黑	20.9	2 899.5	5.8	2 683.5	7.2	41.40	22.54
52.3	椭圆	白	灰	椭圆	黄	褐	21.2	2 748.0	6.8	2 841.0	6.8	43.64	19.51
67.1	椭圆	白	棕	椭圆	黑	黑	31.3	1 616.6	11.5	1 717.7	14.7	45.90	17.30
63.0	卵圆	白	棕	椭圆	绿	褐	22.0	1 504.5	5.2	1 646.4	9.9	50.40	16.20
53.2	椭圆	紫	棕	椭圆	黄	褐	26.7	2 454.8	7.5	2 503.2	6.3	47.80	16.50
69.5	椭圆	紫	棕	椭圆	黄	黑	26.6	2 153.4	29.7	2 109.6	6.8	50.10	17.50
52.6	椭圆	紫	棕	椭圆	黄	淡褐	26.1	2 596.5	8.1	2 733.0	15.6	46.20	18.30
73.9	椭圆	白	灰	椭圆	黄	褐	28.1	1 576.7	9.1	1 984.2	13.0	47.20	18.50
63.1	椭圆	紫	棕	椭圆	黄	深褐	24.4	1 535.4	6.2	2 049.9	16.7	46.40	20.10
66.7	椭圆	白	棕	椭圆	褐	深褐	35.5	1 882.4	13.3	2 180.1	10.3	48.70	17.70
74.4	椭圆	紫	棕	椭圆	黄	褐	27.9	2 282.9	37.7	2 462.3	24.6	46.00	18.50
55.6	椭圆	白	棕	椭圆	黄	淡褐	26.1	2 815.8	8.3	2 804.0	2.7	47.60	18.70
65.2	椭圆	白	灰	椭圆	黄	褐	26.2	3 010.1	10.7	3 117.6	14.1	43.90	19.10
65.3	椭圆	紫	棕	椭圆	黄	褐	29.0	2 841.9	4.5	2 869.4	5.0	43.40	21.10
59.7	卵圆	白	灰	椭圆	黄	褐	20.9	1 576.2	8.7	1 641.5	9.6	43.39	19.21
89.7	椭圆	白	棕	椭圆	绿	黑	25.5	1 511.3	4.4	1 569.5	4.8	48.52	17.78
63.4	椭圆	紫	灰	椭圆	黄	褐	21.8	1 647.3	13.9	2 036.3	15.9	42.45	19.95
63.6	椭圆	白	灰	椭圆	黄	淡褐	19.7	1 926.3	15.8	2 221.8	12.4	49.03	17.36
72.5	椭圆	紫	灰	椭圆	黄	淡褐	25.3	1 748.9	5.2	2 133.0	7.9	45.61	18.87
90.9	椭圆	白	棕	椭圆	黄	褐	24.0	2 007.5	20.8	2 149.1	8.8	45.96	19.32
48.2	卵圆	白	棕	椭圆	黄	褐	23.6	2 473.1	8.4	2 456.7	4.3	43.76	20.83
41.6	卵圆	白	灰	椭圆	黄	黄	23.4	2 426.7	5.8	2 505.0	5.9	44.71	19.74
71.0	椭圆	白	棕	椭圆	黄	黄	23.0	2 762.7	6.3	2 860.8	4.7	46.79	19.58
68.9	卵圆	白	灰	扁椭圆	黄	深褐	19.9	2 498.3	13.4	2 001.0	13.0	39.56	23.20
57.5	卵圆	白	棕	扁椭圆	黄	淡褐	22.6	2 437.5	10.5	2 304.0	11.6	44.13	18.72
47.1	卵圆	白	灰	扁椭圆	黄	黄	25.5	2 323.5	13.0	2 355.0	14.0	42.25	21.51
59.0	椭圆	紫	灰	扁椭圆	黑	深褐	22.0	2 487.0	13.5	2 719.5	13.6	43.70	20.00
55.8	椭圆	白	灰	椭圆	黄	褐	21.5	2 583.0	9.2	2 919.0	12.2	43.90	17.30
61.4	椭圆	白	灰	椭圆	黄	深褐	20.4	2 454.0	3.7	2 965.5	13.9	45.70	17.90
59.1	椭圆	白	灰	椭圆	黄	褐	22.4	2 907.0	10.3	2 805.0	4.8	38.70	21.70
55.2	椭圆	白	灰	椭圆	黄	淡褐	22.1	2 953.5	12.0	2 818.5	5.3	41.30	18.80

品种序号	品种	育成年份	类型	母　本	父　本	生育期(d)	结荚习性
873	渝豆14	2019	南方春	浙春3号	黔江高油高异黄酮地方品种	94	亚
874	安豆8号	2016	南方春	ZYD05689	普定皂角豆	119	有
875	安豆9号	2016	南方春	ZYD05615	6015	117	有
876	安豆10号	2020	南方春	ZYD05689	普定皂角豆	119	有
877	黔豆9号	2016	南方春	黔豆94-12	零86-2	117	有
878	黔豆10号	2015	南方春	97-7015	湘春豆13	113	有
879	黔豆11	2016	南方春	大方猫耳灰	黔豆08001	116	有
880	黔豆12	2018	南方春	黔豆08001	江口青皮豆	114	有
881	黔豆13	2020	南方春	黔豆08003	镇远大黄豆	117	亚
882	黔豆14	2020	南方春	南农307	道真六月黄	117	有
883	华春7号	2017	南方春	华春3号	福豆234	102	有
884	华春8号	2015	南方春	华春3号	福豆234	97	有
885	华春12	2018	南方春	桂早1号	巴西9号	92	有
886	华夏7号	2017	南方夏	台湾5毛豆	油04-88	80	有
887	华夏8号	2016	南方夏	通丰G5	油04-88	82	有
888	华夏10号	2016	南方夏	华夏1号	华春1号	98	有
889	华夏13	2016	南方夏	中豆31	巴西13	98	有
890	华夏14	2020	南方夏	桂夏豆2号	南豆12	103	有
891	华夏16	2019	南方夏	耐阴黑豆	华夏3号	105	有
892	华夏17	2019	南方夏	上海红皮	通00-419	93	有
893	华夏18	2019	南方夏	南农96B-4	赣豆5号	103	有
894	华夏19	2019	南方夏	华春5号	巴西18	94	有
895	华夏20	2018	南方夏	桂夏豆2号	南豆12	102	有
896	桂春16	2015	南方春	桂春3号	柳豆3号	93	有
897	桂春18	2018	南方春	柳8829	桂春6号	92	有
898	桂春豆106	2015	南方春	桂春豆1号	泉937	93	有
899	桂春豆108	2017	南方春	泉豆937	桂早1号	95	亚
900	桂夏6号	2015	南方夏	武鸣黑豆	桂夏1号	105	有
901	桂夏7号	2015	南方夏	桂M32	桂夏2号	106	有
902	桂夏10号	2019	南方夏	柳8813	BR121	93	有
903	桂夏豆105	2015	南方夏	中豆8号	巴13	104	有
904	桂夏豆109	2018	南方夏	中豆8号	巴13	103	有
905	云黄12	2018	南方春	晋宁大黄豆×比松	威廉姆斯	113	有
906	云黄13	2018	南方春	滇豆7号系选		121	有
907	云黄14	2019	南方春	晋宁大黄豆	滇丰1号	112	有
908	云黄15	2019	南方春	滇豆4号	滇86-5	112	有
909	云黄16	2020	南方春	滇86-4	冀黄13	113	有
910	云黄17	2020	南方春	nf58	滇86-4	114	有
911	云黄18	2020	南方春	滇丰1号	99-4009	115	有

（续）

株高 (cm)	叶形	花色	茸毛色	粒形	粒色	脐色	百粒重 (g)	区试产量 (kg/hm²)	增产 (±%)	生试产量 (kg/hm²)	增产 (±%)	蛋白质含量 (%)	脂肪含量 (%)
60.6	椭圆	白	灰	椭圆	黄	褐	21.9	2 899.5	10.0	2 808.0	4.9	37.90	21.20
51.5	椭圆	紫	灰	椭圆	黄	褐	21.7	2 669.9	4.9	2 534.7	7.3	43.89	19.14
43.8	椭圆	紫	灰	椭圆	黄	褐	22.9	2 700.0	5.7	2 702.6	14.4	43.17	19.54
54.7	卵圆	紫	棕	椭圆	黄	褐	18.4	3 214.5	10.3	2 638.7	6.8	44.57	18.68
51.2	椭圆	紫	灰	椭圆	黄	深褐	16.4	2 732.4	7.5	2 769.5	17.2	46.76	18.50
54.5	椭圆	紫	灰	椭圆	黄	褐	18.3	2 950.5	12.3	2 701.5	0.8	41.57	19.23
44.7	椭圆	紫	棕	椭圆	黄	褐	17.3	2 744.0	7.4	2 567.0	8.7	40.37	20.30
50.5	椭圆	紫	灰	椭圆	黄	褐	24.1	3 073.2	11.7	2 576.7	10.5	43.76	19.20
56.5	椭圆	紫	灰	椭圆	黄	褐	23.9	2 698.5	5.5	2 724.0	10.3	44.09	19.21
54.0	椭圆	紫	灰	椭圆	黄	褐	17.2	2 832.0	10.7	2 763.0	11.8	41.40	19.90
68.7	椭圆	紫	棕	椭圆	黄	褐	21.5	2 122.1	9.5	2 246.0	14.5	43.42	18.76
50.3	椭圆	紫	棕	椭圆	黄	深褐	21.8	2 569.5	9.8	2 253.0	8.3	44.39	19.53
39.5	椭圆	白	棕	椭圆	黄	褐	19.0	2 483.0	4.3	2 268.2	0.6	39.70	22.84
66.6	卵圆	白	灰	圆	黄	淡褐	69.9 (鲜籽粒)	12 772.5 (鲜荚)	16.8			45.50	17.00
55.5	卵圆	紫	灰	圆	绿	淡褐	69.5 (鲜籽粒)	12 346.5 (鲜荚)	12.3			47.40	17.50
59.5	卵圆	白	棕	椭圆	黄	黄	18.8	2 850.0	11.0	2 461.5	13.8	43.17	17.74
67.4	椭圆	紫	棕	椭圆	黄	褐	16.8	2 768.0	0.0	2 440.4	2.1	42.09	20.02
69.8	卵圆	白	棕	椭圆	黄	褐	15.9	2 695.5	3.5	2 484.0	4.7	45.40	18.35
72.5	椭圆	白	棕	椭圆	黑	黑	13.8	2 625.8	6.0			38.88	19.90
48.5	卵圆	紫	棕	椭圆	黑	黑	28.8	2 445.0	3.4	2 317.5	1.4	43.07	19.83
62.5	卵圆	紫	灰	椭圆	绿	深褐	34.1	2 951.1	13.1			46.50	18.60
65.5	椭圆	白	棕	椭圆	黄	褐	15.3	2 868.9	4.8	2 775.45	9.3	36.90	22.65
73.8	椭圆	白	棕	椭圆	黄	深褐	15.2	2 861.1	4.5	2 702.7	6.4	44.20	18.77
39.4	椭圆	白	棕	椭圆	黄	褐	21.6	2 801.0	−0.1	2 172.8	3.1	42.06	22.04
45.6	椭圆	白	棕	椭圆	黄	褐	20.7	2 632.7	10.6	2 350.2	4.2	44.40	18.99
47.6	椭圆	紫	棕	椭圆	黄	褐	21.4	2 831.9	1.0	2 291.4	8.7	39.28	21.97
58.2	椭圆	紫	棕	椭圆	黄	褐	18.8	2 302.5	0.8	2 293.5	0.5	47.86	18.18
74.7	椭圆	紫	棕	扁圆	黑	黑	11.7	2 409.6	−1.5	2 198.7	−0.2	43.84	17.85
94.8	椭圆	紫	棕	椭圆	黄	褐	16.0	2 599.5	8.8	2 712.0	12.2	39.99	20.63
68.1	卵圆	紫	棕	椭圆	黄	深褐	19.1	2 888.7	5.5	2 881.2	3.7	41.20	19.76
72.2	椭圆	紫	灰	椭圆	黄	褐	15.7	2 887.5	4.0	2 597.4	8.7	42.71	19.69
75.9	椭圆	紫	棕	椭圆	黄	褐	16.6	2 530.5	6.3	2 568.0	6.2	41.13	20.08
60.8	卵圆	白	棕	椭圆	黄	黑	21.4	2 919.8	5.7	2 439.0	21.6	41.90	18.70
73.2	椭圆	白	灰	椭圆	黄	黑	24.5	3 362.3	21.4	2 439.0	21.6	41.18	19.50
59.8	披针	白	棕	椭圆	黄	黑	20.9	3 093.0	3.5	3 327.0	14.8	37.50	19.65
64.9	椭圆	紫	棕	椭圆	黄	黑	25.0	3 262.5	9.1	3 501.0	20.9	37.90	19.98
64.2	卵圆	白	灰	椭圆	黄	蓝	18.7	3 801.0	24.4	3 058.8	39.5	38.10	22.37
72.5	卵圆	白	棕	椭圆	黄	褐	18.3	3 528.0	15.5	3 163.5	44.3	38.50	23.44
55.8	披针	白	棕	椭圆	黄	褐	21.9	3 375.8	10.5	2 524.7	15.1	41.50	21.12

大豆品种性状描述符和英文缩写代码

Descriptive code and abbreviations used on the list

of soybean cultivars

生 育 期　Growth period=Gp

结 荚 习 性　Stem termination=St

　　　　　　有限 D=Determinate

　　　　　　无限 N=Indeterminate

　　　　　　亚有限 S=Semi-determinate

株　　高　Plant height=Ph

叶　　形　Leaf shape=Ls

　　　　　　披针 L=Lanceolate

　　　　　　卵圆 O=Ovoide

　　　　　　椭圆 E=Ellipse

　　　　　　圆 R=Round

花　　色　Flower color=Fc

　　　　　　紫花 P=Purple

　　　　　　白花 W=White

茸 毛 色　Pubescence color=Pc

　　　　　　棕毛 T=Tawny

　　　　　　灰毛 G=Gray

粒　　形　Seed shape=Ss

　　　　　　圆 R=Round

　　　　　　扁圆 Rf=Round flattened

　　　　　　椭圆 E=Ellipse

　　　　　　扁椭圆 Fe=Flat ellipse

　　　　　　长椭圆 Le=Long ellipse

肾形 K=Kidney

粒　　色　Seedcoat color=Sc

黄 Y=Yellow

绿 G=Green

黑 Bl=Black

褐 Br=Brown

双 Bi=Bi-color

脐　　色　Hilum color=Hc

黄 Y=Yellow

淡褐 Bf=Buff

褐 Br=Brown

深褐 Tn=Tan

蓝 Bu=Blue

淡黑 Ib=Imperfect black

黑 Bl=Black

百　粒　重　100 Seed weight=Sw

北方春大豆　North spring soybean=Nsp

黄淮海夏大豆　Huang-huai-hai region summer soybean=Hsu

南方春大豆　South spring soybean=Ssp

南方夏大豆　South summer soybean=Ssu

南方秋大豆　South autumn soybean=Sau

Characteristics of Chinese Soybean

No.	Cultivars	Released year	Sowing type	Female	Male	Gp(d)
1	Jianong 1	2015	Nsp	Dongnong 44	975	95
2	Heike 56	2015	Nsp	Heihe 33	Heihe 34	109
3	Heike 57	2019	Nsp	Heijiao 05-978	Hcijiao 02-1210	95
4	Heike 58	2018	Nsp	Heijiao 05-1013	Heijiao 02-1278	95
5	Heike 59	2018	Nsp	Heihe 03-3559	Huajiang 04-19	100
6	Heike 60	2019	Nsp	Heijiao 05-1013	Heihe 49	110
7	Heike 67	2020	Nsp	Heijiao 06-1625	Heihe 04-5285	95
8	Heike 68	2020	Nsp	Heijiao 00-5329	Heihe 44	95
9	Heike 69	2020	Nsp	Heijiao 07-3063	Heihe 16	100
10	Heike 71	2020	Nsp	Heijiao 07-2235	Heijiao 02-1408	108
11	Heike 77	2019	Nsp	Heihe 9	minimax	100
12	Jinyuan 71	2016	Nsp	Huajiang 2	Heihe 03-1398	99
13	Jinyuan 73	2018	Nsp	Heihe 19	Huajiang 4	110
14	Huajiang 5	2020	Nsp	Habei 46-1	Huacaidou 1	100
15	Huajiang 6	2017	Nsp	Huajiang 2	Huajiang 4	100
16	Huajiang 18	2020	Nsp	Huajiang 0704	Huajiang 4	115
17	Huajiang 34	2020	Nsp	Huajiang 926	Huacaidou 1	100
18	Huajiang 36	2020	Nsp	Huajiang 6415	Huajiang 2	100
19	Huacaidou 2	2018	Nsp	Huajiang 0116	Huajiang 4404	110
20	Huacaidou 3	2018	Nsp	Huajiang 0116	Huajiang 4404	105
21	Huacaidou 4	2019	Nsp	Habei 46-1	Huacaidou 1	105
22	Huacaidou 5	2019	Nsp	Habei 46-1	Huacaidou 1	110
23	Huacaidou 7	2019	Nsp	Huajiang 6977	Huajiang 7146	105
24	Haojiang 1	2016	Nsp	Haojiang 810	Beifeng 11	100
25	Haojiang 2	2016	Nsp	Haojiang 875	Haojiang 639	105
26	Haojiang 3	2017	Nsp	Haojiang 2255	Haojiang 172	100
27	Haojiang 4	2018	Nsp	Haojiang 2255	Heihe 48	110
28	Haojiang 5	2018	Nsp	Haojiang 171	Haojiang 167	105
29	Haojiang 7	2018	Nsp	Beijiangjiu 1	Haojiang 2038	95
30	Haojiang 8	2019	Nsp	Haojiang 193	Heihe 43	105
31	Haojiang 13	2018	Nsp	Haojiang 829	Haojiang 711	110
32	Haojiang 14	2019	Nsp	Haojiang 145	Heihe 48	100

Cultivars (2015—2020)

St	Ph(cm)	Ls	Fc	Pc	Ss	Sc	Hc	SW(g)	Yield of regional test (kg/hm^2)	Increased (±%)	Yield of adaptability test(kg/hm^2)	Increased (±%)	Protein content (%)	Fat content (%)
S	75.0	L	W	G	R	Y	Y	19.0	1 951.5	13.6	1 783.0	18.2	42.25	18.62
S	75.0	L	W	G	R	Y	Y	19.0	2 151.0	11.8	2 265.9	16.1	41.43	18.56
S	70.0	L	P	G	R	Y	Y	20.0	1 808.4	13.5	1 712.7	11.9	37.78	21.46
S	70.0	L	W	G	R	Y	Y	20.0	1 754.9	10.6	1 726.3	11.8	39.71	21.30
S	80.0	L	P	G	R	Y	Y	20.0	1 936.5	7.9	2 086.1	12.9	40.16	20.89
S	70.0	L	P	G	R	Y	Y	19.0	2 305.9	11.3	2 762.4	12.8	39.59	20.46
S	75.0	L	P	G	R	Y	Y	19.0	1 888.5	15.0	1 810.1	12.6	38.63	21.07
S	75.0	L	P	G	R	Y	Y	20.0	1 730.4	11.9	1 826.4	14.0	39.01	20.66
S	80.0	L	P	G	R	Y	Y	19.0	1 999.9	10.1	2 079.1	7.6	40.24	20.06
S	80.0	L	P	G	R	Y	Y	20.0	2 786.2	12.8	2 515.4	11.5	38.34	21.22
S	70.0	R	P	G	R	Y	Y	9.0	2 308.2	9.4	2 380.2	10.4	42.97	16.71
S	71.0	L	P	G	R	Y	Y	19.4	1 790.5	11.4	1 903.1	11.5	41.00	20.08
S	80.0	L	P	G	R	Y	Y	21.0	2 224.5	5.6	2 639.9	9.4	37.75	21.90
S	76.0	L	P	G	R	Y	Y	21.0	1 861.5	9.1	2 039.1	9.2	43.97	19.04
S	70.0	L	P	G	R	Y	Y	18.0	2 204.7	10.3	1 732.8	10.1	40.95	19.97
S	86.0	R	P	T	R	Y	Y	18.7	2 861.6	6.1	2 529.8	5.6	38.50	21.07
S	76.0	R	P	G	R	Y	Y	22.9	2 123.6	8.5	2 199.5	10.4	41.55	19.72
S	74.0	L	P	G	R	Y	Y	19.6	1 999.8	5.8	2 155.2	8.3	38.86	20.35
S	80.0	L	P	G	R	Y	Y	27.0	2 610.2	13.8	3 117.0	13.1	40.50	20.10
S	80.0	L	P	G	R	Y	Y	26.0	2 540.0	9.3	2 704.1	9.2	41.56	19.91
S	77.1	L	P	G	R	Y	Y	26.9	2 536.5	11.3	2 843.9	9.8	41.17	18.74
S	74.0	R	W	G	R	Y	Y	27.6	2 601.0	9.5	2 432.4	12.6	43.13	18.62
S	87.0	L	W	G	R	Y	Y	27.6	2 634.0	7.2			43.36	17.77
S	82.0	L	W	G	R	Y	Y	21.0	2 051.6	13.7	2 151.3	9.3	42.02	19.51
S	88.0	L	W	G	R	Y	Y	22.0	2 560.0	10.0	2 866.6	10.7	43.65	18.03
N	88.0	L	P	G	R	Y	Y	18.0	2 207.0	8.1	1 735.5	9.4	39.18	20.69
S	85.0	L	P	G	R	Y	Y	20.0	2 305.1	10.1	2 638.2	9.4	39.54	19.62
N	88.0	L	P	G	R	Y	Y	21.0	2 480.6	11.7	2 612.3	10.4	40.02	20.72
S	85.0	L	P	G	R	Y	Y	20.0	1 768.1	10.6	1 621.8	14.5	39.68	21.68
St	85.0	L	W	G	R	Y	Y	21.0	2 351.4	10.1	2 598.3	10.1	39.30	19.79
S	82.0	L	W	G	R	Y	Y	14.0	2 728.9	12.4	2 950.1	14.2	39.71	20.55
S	86.0	L	W	G	R	Y	Y	21.5	1 891.4	10.8	2 055.9	9.9	40.73	20.03

No.	Cultivars	Released year	Sowing type	Female	Male	Gp(d)
33	Haojiang 20	2020	Nsp	Haojiang 2254	Heihe 43	115
34	Haojiang 21	2019	Nsp	Heihe 35	Huacaidou 1	115
35	Longda 3	2018	Nsp	Habei 46-1	Heihe 18	110
36	Longda 4	2018	Nsp	Habei 46-1	Beijiang 05-38	115
37	Longda 5	2018	Nsp	Heihe 36	Bianyan 07-815	115
38	Longda 6	2020	Nsp	Huajiang 965	Taimaodou 112	113
39	Longda 130	2020	Nsp	Zao 2	Beijiang 09-277	100
40	Longdacaidou 2	2019	Nsp	Huajiang 965	Taimaodou 112	110
41	Huinong 2	2020	Nsp	Beidou 42	Huinong 08-10	108
42	Huinong 4	2020	Nsp	Beidou 9	Huajiang 4	113
43	Huinong 416	2018	Nsp	He 03-199	Beifeng 11	110
44	Huinong 417	2018	Nsp	He 03-199	Beifeng 11	105
45	Shengdou 15	2015	Nsp	Heijiao 99-1842	Huajiang 22-2011	115
46	Shengdou 39	2017	Nsp	Beifeng 13	Beijiang 97-829	93
47	Shengdou 43	2016	Nsp	Beijiangjiu 1	Kenjiandou 27	105
48	Shengdou 44	2016	Nsp	Kenjiandou 27	Sui 02-423	100
49	Shengdou 45	2018	Nsp	Hefeng 25	Beijiang 610	95
50	Xinke 4	2020	Nsp	Beijiang 01-777	Beifeng 11	115
51	Shuang 602	2020	Nsp	Suinong 26	Shuang 80-54	116
52	Dongfudou 1	2018	Nsp	Huajiang 1	Ichihme	105
53	Dongfudou 3	2019	Nsp	Sui 07-502	Ichihime	118
54	Wudou 151	2020	Nsp	Heidou	Keshan 1	113
55	Wudou 188	2015	Nsp	Heihe 36	Beidou14	115
56	Wuhei 1	2019	Nsp	Keshan 1	Longheidadou	115
57	Wuyadou 1	2018	Nsp	Dongnong 690	Suixiaolidou	110
58	Wuyadou 2	2019	Nsp	Dongnong 69	Suixiaoli 2	115
59	Wumaodou 1	2019	Nsp	Dongsheng 5	Sunmao	115
60	Dadi 8	2020	Nsp	Heihe 38	Heihe 43	113
61	Fengdou 3	2020	Nsp	Beifeng 17	Beidou 10	113
62	Jinshan 3	2020	Nsp	Jinshan 01	Kenjiandou 27	113
63	Hedou 1	2017	Nsp	Jiangmodou 1	Beijiang 872	115
64	Hedou 2	2017	Nsp	Haojiang 162	Haojiang 172	93
65	Hedou 3	2018	Nsp	Haojiang 171	Beidou 14	105
66	Hedou 6	2019	Nsp	Haojiang 788	Haojiang 798	100
67	Hedou 7	2018	Nsp	Haojiang 904	Beijiangjiu 1	95
68	Hedou 9	2019	Nsp	Haojiang 0603	Heihe 35	105
69	Hedou 25	2020	Nsp	Haojiang 1456	Haojiang 962	108

(Continued)

St	Ph(cm)	Ls	Fc	Pc	Ss	Sc	Hc	SW(g)	Yield of regional test (kg/hm²)	Increased (±%)	Yield of adaptability test(kg/hm²)	Increased (±%)	Protein content (%)	Fat content (%)
S	85.0	L	P	G	R	Y	Y	21.5	2 731.2	7.9	2 678.1	9.6	41.32	18.98
S	85.0	L	W	G	R	Y	Y	28.0	2 682.9	14.5	2 975.3	12.7	40.39	20.24
S	80.0	L	W	G	R	Y	Y	20.0	2 318.4	10.3	2 690.8	11.5	40.71	20.11
S	85.0	L	W	G	R	Y	Y	19.4	2 737.7	8.9	2 614.7	10.2	41.84	19.68
S	90.0	L	P	G	R	Y	Y	21.0	2 928.1	8.8	2 545.7	9.9	40.84	19.65
N	92.0	R	P	G	E	Y	Y	32.5	12 864.5(*)	11.2	15 112.7(*)	11.0	39.89	20.25
S	70.0	L	W	G	R	Y	Y	19.0	2 098.9	12.3	2 098.9	8.7	40.54	21.52
S	90.0	R	P	G	E	Y	Y	90.3(※)	12 766.7(*)	11.5	12 733.3(*)	13.3	11.44(※)	4.50(※)
S	90.0	L	P	G	R	Y	Y	23.0	2 718.0	12.2	2 507.8	11.1	39.93	20.33
N	95.0	L	P	G	R	Y	Y	21.0	2 841.2	9.4	2 498.2	9.2	38.90	21.35
N	90.0	L	P	G	R	Y	Y	20.0	2 354.6	11.9	2 693.8	11.7	40.20	20.46
N	90.0	L	P	G	R	Y	Y	20.0	2 439.9	9.8	2 672.2	13.0	40.10	20.98
S	95.0	L	P	G	R	Y	Y	20.0	2 436.7	8.8	2 923.6	11.3	39.89	20.48
S	85.0	L	W	G	R	Y	Y	21.0	1 923.7	13.9	1 610.4	9.9	39.70	20.16
N	90.0	L	P	G	R	Y	Y	21.5	2 421.4	10.0	2 907.6	9.3	44.15	17.74
S	90.0	L	P	G	R	Y	Y	21.0	2 086.1	10.7	2 139.7	7.6	42.40	19.20
S	85.0	L	W	G	R	Y	Y	21.8	1 792.4	12.2	1 720.3	13.3	40.06	20.41
S	90.0	L	W	G	R	Y	Y	20.0	2 881.4	9.3	2 677.2	9.6	40.49	20.74
S	88.0	L	P	G	R	Y	Y	20.9	3 170.3	8.7	2 534.7	7.8	43.82	21.20
N	68.0	L	P	G	E	Y	Y	19.0	2 630.5	6.9	2 710.0	7.2	43.33	18.59
S	85.0	R	P	G	R	Y	Y	24.0	2 632.0	6.8	2 691.0	7.7	44.50	18.60
S	73.0	L	P	G	E	Bl	Bl	18.7	2 535.0	6.5			39.89	20.04
S	90.0	L	W	G	R	Y	Y	18.8	2 406.1	8.8	2 392.7	9.6	41.38	18.75
S	90.0	L	W	T	R	Y	Bl	19.0	2 625.0	5.9	2 707.8	4.6	40.78	18.50
N	90.0	L	P	G	R	Y	Y	10.0	2 360.5	6.9	2 349.8	6.9	44.43	16.23
N	90.0	L	P	G	R	Y	Y	10.0	2 575.9	6.6	2 322.0	6.9	44.70	16.40
N	90.0	L	P	G	R	Y	Y	23.0	2 700.0	5.9	2 743.0	5.6	38.94	19.43
S	84.0	L	P	G	R	Y	Y	19.7	3 043.0	7.0	2 586.3	10.6	41.32	19.70
N	95.0	L	P	G	R	Y	Y	20.0	2 780.4	7.2	2 545.1	11.3	39.35	22.09
S	88.0	L	P	G	R	Y	Y	19.8	3 028.1	6.8	2 551.0	9.2	40.64	19.11
S	85.0	L	P	G	R	Y	Y	21.0	2 713.3	10.4	2 202.0	10.5	41.20	19.17
N	86.0	L	P	G	R	Y	Y	18.0	2 020.5	15.8	1 628.4	10.5	38.31	20.94
N	87.0	L	P	G	R	Y	Y	19.0	2 464.4	10.9	2 673.4	13.3	40.02	19.96
S	85.0	L	W	G	R	Y	Y	23.5	1 927.4	6.7	1 995.3	8.9	39.05	20.26
S	85.0	L	W	G	R	Y	Y	21.0	1 767.4	10.5	1 759.5	13.2	40.03	20.20
N	90.0	L	P	G	R	Y	Y	20.0	2 359.3	9.8	2 565.8	12.6	38.32	20.95
S	85.0	L	W	G	R	Y	Y	23.0	2 593.9	7.7	2 449.5	8.8	41.56	19.72

No.	Cultivars	Released year	Sowing type	Female	Male	Gp(d)
70	Beixing 3	2020	Nsp	Bei 7492	Dongnong 434	108
71	Beixing 4	2020	Nsp	Dongda 1	Heihe 41	95
72	Niandou 7	2020	Nsp	Jiangfeng 3349	Keshan 1	113
73	Beiyi 8	2017	Nsp	Huajiang 2 mutant		116
74	Beiyi 9	2020	Nsp	Huajiang 2	Beifeng 13	95
75	Beiyi 13	2020	Nsp	Jiangmodou 1	Heihe 43	108
76	Beiyi 27	2020	Nsp	Beiyi 05-28	Heihe 18	115
77	Nenao 5	2017	Nsp	Beijiang 94-610	Jiangmodou 1	113
78	Nenao 6	2017	Nsp	Beijiang 424	Beijiang 1	90
79	Nenao 7	2018	Nsp	Beijiang 5011	Quan 03-26	95
80	Nenao 8	2020	Nsp	Beijiang 1	Heihe 27	100
81	Jinfeng 2	2020	Nsp	Huajiang 2	Kenjiandou 27	100
82	Henong 71	2017	Nsp	swsi-1 (swsi × rocki) F_2 $^{60}Co\gamma$ radiation		125
83	Henong 72	2018	Nsp	Hefeng 50	Kenfeng 16	115
84	Henong 73	2017	Nsp	(Heijiao 01-1032 × Heijiao 02-1872) F_3 space radiation		114
85	Henong 74	2019	Nsp	Heinong 53	Kenjiandou 25	120
86	Henong 75	2015	Nsp	Hefeng 50	Kangxianchong 4	118
87	Henong 76	2015	Nsp	Kennong 19	Hefeng 57	115
88	Henong 77	2018	Nsp	Hefeng 50	Hefeng 42	115
89	Henong 78	2019	Nsp	Heinong 43	(Heinong 54 × Heinong 43)F_1	120
90	Henong 80	2019	Nsp	Hefeng 50	Suinong 25	118
91	Henong 85	2017	Nsp	Hefeng 55	Heinong 54	118
92	Henong 89	2019	Nsp	(Heijiao 13-140 × Heijiao 01-1032) F_3 space raidation		105
93	Henong 91	2018	Nsp	Hobbit	Jiangmodou 1	120
94	Henong 92	2016	Nsp	Hefeng 34	Jiufeng 10	111
95	Henong 113	2019	Nsp	Japanese xiaolidou	Hejiao 98-1062	120
96	Henong 123	2020	Nsp	Henong 60	Henong 69	116
97	Henong 126	2020	Nsp	Heihe 38	He 93-793	120
98	Henong 135	2019	Nsp	Henong 69	Suinong 14	118
99	Jiadou 6	2019	Nsp	Heihe 38	Hefeng 50	115
100	Jiadou 8	2019	Nsp	Heihe 38	Hejiao 03-214	110
101	Jiadou 18	2020	Nsp	Beidou 5	Heihe 35	100
102	Jiadou 20	2020	Nsp	Hefeng 51	Huajiang 2	100
103	Jiadou 25	2019	Nsp	Kenfeng 16	Huajiang 4	110

(Continued)

St	Ph(cm)	Ls	Fc	Pc	Ss	Sc	Hc	SW(g)	Yield of regional test (kg/hm^2)	Increased (±%)	Yield of adaptability test(kg/hm^2)	Increased (±%)	Protein content (%)	Fat content (%)
N	90.0	L	P	G	R	Y	Y	21.0	2 604.1	7.6	2 385.7	7.9	40.95	18.33
S	80.0	L	P	G	R	Y	Y	19.0	1 935.7	13.4	2 217.1	10.5	41.38	19.17
S	86.0	L	P	G	R	Y	Y	20.0	2 895.8	6.9	2 406.2	8.4	40.08	19.10
S	75.0	E	W	G	R	Y	Y	32.0	2 415.8	8.1	2 406.3	8.0	40.91	19.64
S	80.0	L	W	G	R	Y	Y	19.0	1 849.0	14.6	1 819.2	12.4	38.96	20.15
S	78.0	L	P	G	R	Y	Y	20.0	2 577.3	5.4	2 413.6	5.0	40.17	20.46
S	83.0	L	W	G	R	Y	Y	19.0	2 691.3	6.3	2 859.1	7.8	40.76	19.24
S	90.0	L	P	G	R	Y	Y	21.0	2 939.5	10.5	2 939.5	13.4	41.06	19.46
S	80.0	L	W	G	R	Y	Y	23.0	1 827.9	8.8	1 630.3	8.6	40.50	20.48
N	90.0	L	P	G	R	Y	Y	22.0	1 811.3	12.9	1 639.4	11.6	40.40	21.12
S	85.0	L	P	G	R	Y	Y	19.0	1 875.6	10.3	1 989.4	6.7	41.02	20.16
N	80.0	L	P	G	R	Y	Y	21.3	2 233.4	7.0	2 328.1	8.1	41.88	18.72
N	89.0	R	P	T	R	Y	Y	18.5	3 232.5	9.9	2 979.1	11.3	39.28	20.41
S	96.0	L	P	G	R	Y	Y	18.2	3 099.1	9.2	3 125.9	13.0	36.38	23.42
S	76.0	L	P	G	R	Y	Y	17.8	2 615.3	8.9	2 233.5	11.3	37.84	21.23
N	101.0	L	P	G	R	Y	Y	19.6	2 866.6	10.7	2 823.3	9.5	37.59	22.23
S	86.0	L	P	G	R	Y	Y	19.5	2 923.2	14.0	3 000.5	12.8	36.43	22.92
S	72.0	L	P	G	R	Y	Y	19.3	3 046.5	15.2	3 311.9	16.1	41.98	20.43
S	95.0	L	P	G	R	Y	Y	19.2	3 120.6	9.8	3 006.3	8.8	35.24	24.13
S	89.0	L	P	G	R	Y	Y	22.2	2 726.8	9.6	3 150.9	11.5	41.75	20.42
S	101.0	L	P	G	R	Y	Y	18.6	3 056.1	11.7	3 257.0	11.5	36.87	22.33
S	84.0	L	P	G	R	Y	Y	21.5	3 020.8	12.6	2 864.6	12.0	38.40	22.60
S	83.0	L	P	G	R	Y	Y	17.7	2 326.9	9.0	2 583.5	9.6	38.26	20.98
D	69.0	L	P	G	R	Y	Y	18.0	3 146.5	16.1	3 216.4	17.6	36.73	22.71
S	81.0	L	P	G	R	Y	Y	15.0	2 595.4	13.5	2 681.5	15.2	38.61	22.20
D	69.0	L	P	G	R	Y	Y	12.2	2 760.0	14.2	2 749.7	13.8	40.50	19.51
S	75.0	L	W	T	R	Y	Y	17.5	3 080.2	12.9			38.73	20.71
S	79.0	L	P	G	R	Y	Y	21.5	3 037.3	12.2	2 857.2	10.3	38.61	21.09
S	76.0	L	W	G	R	Y	Y	14.1	3 185.0	15.7			38.45	21.05
S	87.0	L	P	G	R	Y	Y	18.4	3 034.0	7.3	3 268.8	10.9	36.71	22.79
S	89.0	L	W	G	R	Y	Y	19.6	2 480.5	7.8	2 747.4	10.6	38.53	22.42
N	74.0	L	P	G	R	Y	Y	21.5	1 933.8	5.2	1 998.8	6.4	39.83	20.91
S	64.0	L	P	G	R	Y	Y	19.0	2 034.5	8.5	2 094.2	8.6	38.54	21.23
S	79.0	L	P	G	R	Y	Y	13.7	2 752.6	14.1			37.87	22.48

No.	Cultivars	Released year	Sowing type	Female	Male	Gp(d)
104	Jiadou 27	2020	Nsp	Hefeng 51	Huajiang 2	95
105	Jiadou 30	2020	Nsp	Huajiang 4	Heihe 45	108
106	Jiamidou 6	2016	Nsp	Henong 60	Kenfeng 16	114
107	Jiamidou 8	2019	Nsp	Henong 60	Hefeng 35	118
108	Jiamidou 9	2020	Nsp	Habei 46-1	Apex	118
109	Jiaji 1	2019	Nsp	JLCMS178A	JLR124	120
110	Wodou 1	2020	Nsp	Jiu 8659	Gongjiao 96176	118
111	Wodou 2	2020	Nsp	Heihe 38	Beidou 5	108
112	Tianyou 2986	2019	Nsp	Heinong 64	Suinong 26	118
113	Xiandou 1	2020	Nsp	Heinong 48	Xiandou 12-518	120
114	Xiandou 4	2017	Nsp	Xian 06-1025	Kenfeng 11	111
115	Huadou 2	2019	Nsp	Heinong 51	Heinong 48	120
116	Suizhongzuo 40	2015	Nsp	Suinong 14	(Suinong 14 × Hongfeng 11)F_2	117
117	Suinong 41	2015	Nsp	Heinong 40	Suinong 28	117
118	Suinong 42	2016	Nsp	He 03-1099	Sui 02-339	118
119	Suinong 43	2017	Nsp	Suinong 23	Kenfeng 18	118
120	Suinong 44	2016	Nsp	(Kenfeng 16 × Suinong 22) F_0 $^{60}Co\gamma$ raidation		118
121	Suinong 47	2020	Nsp	Hefeng 51	Kangxian 8	120
122	Suinong 48	2017	Nsp	Suinong 28	Kenfeng 16	117
123	Suinong 49	2019	Nsp	Sui 08-5509	Sui 10-7500	120
124	Suinong 50	2017	Nsp	Suinong 27	(Suinong 22 × Sui 02-406)F_1	124
125	Suinong 51	2018	Nsp	[Heijiao 95-750 × (Sui 03-3146 × Kenfeng 18)F_1]F_0 $^{60}Co\gamma$ raidation		115
126	Suinong 52	2017	Nsp	Suinong 26	Suiwuxingdou 2	120
127	Suinong 53	2019	Nsp	Kangxian 9	Suinong 26	120
128	Suinong 56	2019	Nsp	Sui 07-8	(Suinong 28 × Kenfeng 16)F_1	115
129	Suinong 69	2020	Nsp	Suinong 22	(Suinong 22 × Sui 08-5469)F_1	116
130	Suinong 71	2020	Nsp	Heinong 54	Dongnong 48	118
131	Suinong 76	2019	Nsp	Sui 07-1186	Sui 07-104	115
132	Suinong 94	2020	Nsp	Heinong48	(Sui 07-1186 × Kenfeng 18)F_1	116
133	Suiwuxingdou 3	2018	Nsp	Hefeng 50	(Sui 03-31019-1 × Sui 04-5474)F_1	115
134	Suiheidou 1	2019	Nsp	Heidouken 09-3275	Heidousui 03-3772	120

(Continued)

St	Ph(cm)	Ls	Fc	Pc	Ss	Sc	Hc	SW(g)	Yield of regional test (kg/hm^2)	Increased (±%)	Yield of adaptability test(kg/hm^2)	Increased (±%)	Protein content (%)	Fat content (%)
S	65.0	L	P	G	R	Y	Y	21.0	1 816.2	11.6	1 873.1	7.1	39.86	20.98
S	77.0	L	P	G	R	Y	Y	19.0	2 656.5	10.3	2 451.8	8.9	39.46	22.11
D	72.0	L	W	G	R	Y	Y	18.0	2 893.0	12.3	3 299.0	11.4	40.80	20.90
D	76.0	L	P	T	E	Y	Y	19.0	3 098.1	13.2			39.57	20.22
S	79.5	R	W	G	E	Y	Y	19.7	3 429.6	14.1			42.98	19.83
S	107.0	R	P	T	R	Y	Bu	21.9	3 335.4	15.3	3 467.6	16.0	40.46	22.15
S	91.0	R	P	T	R	Y	Br	17.5	3 268.3	8.8	2 653.1	5.9	39.45	20.92
S	85.0	L	P	G	R	Y	Y	20.0	2 641.0	6.8	2 439.4	5.0	39.70	20.69
S	90.0	L	W	G	R	Y	Y	23.0	2 941.8	7.3	3 078.5	7.3	42.16	19.15
N	102.0	L	P	G	R	Y	Y	21.5	2 981.7	6.4	3 014.7	11.0	39.76	20.25
N	78.0	L	P	G	R	Y	Y	18.6	2 570.9	8.9	2 472.6	8.8	36.89	22.20
S	90.0	L	W	G	R	Y	Y	21.0	2 879.0	10.7	2 846.6	10.3	40.51	19.88
S	90.0	L	P	G	R	Y	Y	19.0	2 789.3	8.6	3 331.1	11.7	38.48	21.88
S	90.0	L	P	G	R	Y	Y	20.0	2 627.4	11.6	3 118.4	11.2	40.50	20.60
N	90.0	L	P	G	R	Y	Y	21.0	2 742.4	8.6	3 078.5	11.0	40.68	20.00
N	100.0	L	P	G	R	Y	Y	19.0	3 180.2	13.3	2 776.3	10.6	40.75	19.60
S	80.0	L	W	G	R	Y	Y	17.0	3 137.6	10.6	3 311.8	8.1	39.59	20.74
N	100.0	L	P	G	R	Y	Y	22.0	3 038.3	9.3	2 794.2	10.7	40.28	19.58
S	80.0	L	P	G	R	Y	Y	20.0	3 103.6	4.2	3 172.2	8.1	38.71	21.55
N	90.0	L	P	G	R	Y	Y	29.1	3 067.4	12.7	3 045.8	12.5	41.24	21.57
N	85.0	L	P	G	R	Y	Y	29.0	3 295.0	7.7	2 768.6	8.4	41.46	19.88
S	90.0	L	P	G	R	Y	Y	19.0	2 975.1	11.2	2 501.1	8.0	39.05	21.89
N	90.0	L	P	G	R	Y	Y	29.0	3 309.9	12.0	3 282.9	10.7	42.09	19.72
S	100.0	L	P	G	R	Y	Y	21.5	2 706.5	10.7	3 099.5	9.5	41.44	19.96
N	85.0	L	W	G	R	Y	Y	19.5	2 610.8	8.3	2 961.6	11.1	38.57	21.19
N	100.0	L	P	G	R	Y	Y	22.5	3 264.8	11.5	2 592.4	9.2	40.57	19.46
S	90.0	L	P	G	R	Y	Y	24.0	2 885.6	3.2	2 655.7	6.3	45.55	19.26
N	90.0	L	P	G	R	Y	Y	19.7	2 501.5	4.1	2 812.0	6.6	46.78	16.86
S	70.0	L	P	G	R	Y	Y	21.1	2 956.4	6.6	2 507.5	6.9	44.01	18.85
S	85.0	L	P	G	R	Y	Y	19.0	2 722.6	12.0	2 755.3	10.8	37.37	21.81
S	90.0	L	W	T	R	Bl	Bl	22.9	2 473.3	14.4			41.03	19.12

No.	Cultivars	Released year	Sowing type	Female	Male	Gp(d)
135	Lingdou 3	2015	Nsp	Kenfeng 13	Kenjiandou 28	116
136	Andou 162	2019	Nsp	Kangxianchong 12	(Kenfeng 18 × Hartwig)F₁	123
137	Kedou 29	2018	Nsp	Beidou 14	Nenfeng 16	115
138	Kedou 30	2018	Nsp	Heihe 43	Beijiang 01-193	110
139	Kedou 31	2019	Nsp	Kejiao 05-174	Kedou 28	115
140	Kedou 35	2020	Nsp	Heihe 45	Kenfeng 16	115
141	Kedou 38	2020	Nsp	Heihe 36	Heihe 750	113
142	Kedou 44	2020	Nsp	Keshan 1	Heihe 27	113
143	Kedou 48	2019	Nsp	Kejiao 99-578	Dongnong 50	115
144	Kedou 57	2020	Nsp	Ke 99-578	Hefeng 42	115
145	Qinong 3	2017	Nsp	He 03-14	Fengdou 1	119
146	Qinong 5	2018	Nsp	Hefeng 25	Fengdou 3	123
147	Qinong 10	2020	Nsp	He 00-633	Kenfeng 16	115
148	Qinong 12	2020	Nsp	Hefeng 50	MN0902	123
149	Pengdou 158	2015	Nsp	(Dongnong 46 × 9902)F₁	Nongda 5129	115
150	Pengdou 172	2020	Nsp	Hefeng 50	F06-323	118
151	Zhenglvmaodou 1	2019	Nsp	06-113	07-12	120
152	Deshun 5	2020	Nsp	Jiangmodou 1	Beijiang 94-641	100
153	Nongqingdou 20	2017	Nsp	Jiusan 94-6	An 04-1684	118
154	Nongqingdou 24	2018	Nsp	(Fengdou 3 × 003-8)F₁	Kangxianchong 12	123
155	Nongqingdou 28	2020	Nsp	Hei 99-980	Meiguoxiaolidou	123
156	Kennong 36	2016	Nsp	Nongda 05129	Nongda 96029	117
157	Kennong 38	2017	Nsp	Kennong 22	Nongda 05800	118
158	Baoyan 7	2019	Nsp	Baojiao 06-5368	Italy-3	110
159	Baoyan 8	2019	Nsp	Kennong 28	Baojiao 98-5016	115
160	Hongyan 7	2019	Nsp	Nongda 05071	Beidou 35	118
161	Hongyan 12	2020	Nsp	Kenfeng 20	Hefeng 50	118
162	Hongyan 15	2020	Nsp	Suinong 35	Suinong 4	118
163	Jiannong 2	2019	Nsp	Sui 05-7304	Jian 04-512	115
164	Kendou 38	2015	Nsp	Kenfeng 16	Hefeng 48	113
165	Kendou 43	2015	Nsp	Ken 97-151	Kendou 18	115
166	Kendou 47	2019	Nsp	Kendou 18	Hefeng 51	115
167	Kendou 48	2019	Nsp	Kendou 18	Hefeng 51	120
168	Kendou 57	2016	Nsp	Kenfeng 13	Kendou 18	115
169	Kendou 58	2017	Nsp	Kenfeng 16	Hefeng 50	118
170	Kendou 60	2017	Nsp	Suinong 21	Kenfeng 16	115
171	Kendou 61	2017	Nsp	Ken 95-3436	Kenjiao 2353 (Suinong 10 × Yi 3)F₁	115

(Continued)

St	Ph(cm)	Ls	Fc	Pc	Ss	Sc	Hc	SW(g)	Yield of regional test (kg/hm²)	Increased (±%)	Yield of adaptability test(kg/hm²)	Increased (±%)	Protein content (%)	Fat content (%)
N	88.0	L	W	G	R	Y	Y	16.9	2 808.5	10.9	3 066.7	8.9	39.06	20.75
S	80.0	R	W	G	R	Y	Y	20.0	2 587.1	10.9	2 491.0	13.6	42.07	20.30
N	86.0	L	P	G	R	Y	Y	19.2	2 786.3	8.9	2 587.6	8.9	38.59	22.05
S	81.0	L	P	G	R	Y	Y	19.2	2 306.5	8.7	2 658.0	10.3	38.38	21.49
N	101.0	L	W	G	R	Y	Y	17.3	2 592.6	7.7	2 891.8	9.3	39.65	21.26
S	75.0	L	W	G	R	Y	Y	18.8	2 761.9	8.7	2 697.5	10.6	40.47	19.99
S	87.0	L	P	G	R	Y	Y	19.3	2 835.7	9.2	2 514.4	9.9	39.77	20.17
S	86.0	L	P	G	R	Y	Y	18.7	2 678.9	10.0	2 511.3	9.9	40.20	20.77
S	78.0	L	W	G	R	Y	Y	9.3	2 161.4	12.4			44.34	15.78
S	74.0	R	W	G	R	Y	Y	13.1	2 328.2	12.3			46.71	16.44
S	93.0	R	P	G	E	Y	Br	19.7	2 622.6	13.4	2 627.6	13.4	39.02	21.61
N	100.0	L	W	G	R	Y	Bf	19.4	2 615.2	11.2	2 611.1	10.9	39.05	21.91
S	83.0	L	W	G	R	Y	Y	18.5	2 800.5	10.6	2 694.2	10.5	39.88	19.69
S	93.0	R	P	T	R	Y	Y	21.0	2 783.2	14.8	2 832.6	15.0	39.71	20.76
S	80.0	L	W	G	R	Y	Bf	22.0	3 338.6	9.5	3 502.4	9.8	39.08	22.16
S	86.0	L	W	G	R	Y	Br	20.0	3 302.8	5.7	2 696.4	7.6	40.58	20.13
S	50.0	R	W	G	E	G	Br	71.0(※)	14 893.9(*)	15.6	14 798.0(*)	13.6	16.15(※)	8.70(※)
N	90.0	L	P	G	R	Y	Y	21.0	1 864.5	8.5	2 012.9	8.0	39.58	20.89
S	85.0	L	P	G	R	Y	Y	20.5	2 497.6	8.1	2 542.7	9.3	40.73	20.02
S	90.0	L	W	G	R	Y	Bf	22.0	2 467.1	9.1	2 550.8	8.6	42.58	21.14
S	78.0	R	W	G	R	Y	Br	19.0	2 592.3	5.3	2 659.6	8.1	38.53	21.02
S	85.0	L	P	G	R	Y	Y	22.0			2 784.6	6.3	39.93	20.69
S	85.0	L	W	G	R	Y	Y	21.0			2 926.7	9.8	38.21	22.07
N	100.0	L	W	G	R	Y	Y	15.9	2 782.3	9.7	2 903.4	7.2	39.59	20.55
S	90.0	L	P	G	R	Y	Y	16.0	2 860.9	6.8	2 963.3	5.1	39.32	20.61
S	88.0	L	P	G	R	Y	Y	18.4	2 987.3	8.8	3 130.3	9.0	39.14	20.98
S	100.0	L	P	G	R	Y	Y	18.4	3 018.2	7.9	2 644.7	6.0	36.89	22.80
N	95.0	L	P	G	R	Y	Y	20.0	2 910.4	8.7	2 679.4	7.2	39.85	22.09
S	90.0	L	P	G	R	Y	Br	18.7	2 723.8	5.9	2 889.9	6.7	38.54	20.66
S	80.0	L	W	G	R	Y	Y	20.0	2 855.7	9.2	3 461.9	9.4	37.96	21.87
N	95.0	L	P	G	R	Y	Y	23.0	3 250.6	7.0	3 444.9	8.3	38.83	21.16
S	100.0	L	P	G	R	Y	Y	18.0	2 833.8	7.5	2 972.8	6.5	38.04	21.39
S	90.0	L	P	G	R	Y	Y	22.0	2 975.6	6.5	3 177.1	9.8	38.08	21.42
N	100.0	L	P	G	R	Y	Y	20.0	3 135.0	10.1	3 037.5	8.2	39.80	20.78
S	85.0	L	W	G	R	Y	Y	18.0	3 114.5	9.3	3 099.4	10.4	37.88	21.82
S	90.0	L	W	G	R	Y	Y	18.0	2 672.3	12.3	2 884.0	8.1	39.63	20.64
S	80.0	L	W	G	R	Y	Y	17.0	2 959.5	7.5	2 602.6	8.6	37.64	22.11

No.	Cultivars	Released year	Sowing type	Female	Male	Gp(d)
172	Kendou 62	2017	Nsp	Ken 97-377	Ken 95-3436	118
173	Kendou 63	2017	Nsp	Kenfeng 9	Ken 97-658	120
174	Kendou 66	2018	Nsp	Jian 97-825	Kenfeng 15	120
175	Kendou 67	2018	Nsp	Kenfeng 16	Kendou 18	122
176	Kendou 68	2018	Nsp	Beifeng 11	Hefeng 55	115
177	Kendou 69	2018	Nsp	Kenfeng 7	Beijiang 98-151	110
178	Kendou 76	2020	Nsp	Kenfeng 7	Kenfeng 23	118
179	Kendou 94	2018	Nsp	Kenfeng 20	Kenfeng 19	118
180	Kendou 95	2018	Nsp	Ken 02-728	Kendou 18	115
181	Kenkedou 1	2019	Nsp	Ken 03-710	Kennong 5	120
182	Kenkedou 2	2019	Nsp	Ken 01-6653	Kenfeng 17	120
183	Kenkedou 7	2019	Nsp	Kenfeng 11	Ha 04-2149	115
184	Kenkedou 13	2020	Nsp	Ken 95-3436	Hejiao 03-96	120
185	Kenkedou 14	2020	Nsp	Kenfeng 14	Ken 08-8532	118
186	Kenkedou 17	2020	Nsp	Kenfeng 14	Kenfeng 15	116
187	Kenkedou 28	2020	Nsp	Ken 06-309	Mu 05-105	116
188	Jiuyan 2	2018	Nsp	Gongjiao 0137	Heihe 33	95
189	Jiuyan 9	2020	Nsp	He 03-197	Heijiao 1210	95
190	Jiuyan 13	2020	Nsp	Jiusan 02-22	Bei 04-922	108
191	Longken 302	2017	Nsp	Suinong 14	He 93-772	115
192	Longken 303	2017	Nsp	Hefeng 45	Kenfeng 16	120
193	Longken 304	2017	Nsp	Ken 00-3282	Jian 02-13	120
194	Longken 305	2017	Nsp	Beidou 18	Suinong 26	120
195	Longken 306	2017	Nsp	Habei 46-1	Kenjiandou 27	105
196	Longken 309	2018	Nsp	Kenjiandou 27	He 03-199	105
197	Longken 310	2016	Nsp	Bei 680	Suinong 27	110
198	Longken 314	2019	Nsp	Kenjiandou 25	(Hefeng 41 × Mei 3)F$_1$	105
199	Longken 316	2019	Nsp	Beidou 22	Heinong 48	115
200	Longken 317	2018	Nsp	Hefeng 55	Hefeng 51	115
201	Longken 330	2019	Nsp	Bei 1484	Keshan 1	115
202	Longken 339	2017	Nsp	Heinong 35	Liao 1284	118
203	Longken 348	2019	Nsp	Hefeng 50	Kenfeng 16	115
204	Longken 349	2018	Nsp	Heinong 48	Hai 5046	115
205	Longken 356	2020	Nsp	(Huajiang 6280 × Suinong 15)F$_1$	Bei 1207	100
206	Longken 357	2018	Nsp	Beidou 52	F$_1$(Bei 1484 × Beijiang 05-38)	112
207	Longken 392	2019	Nsp	Nongda 5088	Suinong 14	120
208	Longken 396	2020	Nsp	Kennongxiaolidou	Longxiaolidou 2	118

(Continued)

St	Ph(cm)	Ls	Fc	Pc	Ss	Sc	Hc	SW(g)	Yield of regional test (kg/hm²)	Increased (±%)	Yield of adaptability test(kg/hm²)	Increased (±%)	Protein content (%)	Fat content (%)
N	95.0	L	W	G	R	Y	Y	19.0	3 031.4	8.7	2 895.5	11.3	40.03	20.65
S	110.0	L	P	G	R	Y	Y	20.0	3 151.4	9.5	2 955.3	11.3	38.91	21.03
S	85.0	L	P	G	R	Y	Y	20.0	2 779.0	14.1	2 908.6	9.4	39.29	21.16
N	95.0	L	P	G	R	Y	Y	19.0	2 960.1	8.1	2 889.0	4.2	42.57	19.42
N	90.0	L	P	G	R	Y	Y	19.0	2 757.6	4.5	2 936.7	5.7	39.08	21.95
N	100.0	L	W	G	R	Y	Y	18.0	2 727.8	7.9	2 774.7	7.7	37.64	21.95
S	80.0	L	P	G	R	Y	Y	17.1	3 030.7	8.4	2 821.4	12.4	40.66	19.63
S	85.0	L	W	T	R	Y	Y	20.0	2 925.9	5.2	2 930.5	11.7	40.64	19.74
N	100.0	L	P	G	R	Y	Y	20.0	3 104.0	9.1	3 084.2	11.0	38.61	21.36
N	110.0	L	P	G	R	Y	Y	18.5	2 939.0	6.0	3 091.4	7.0	39.01	20.95
N	105.0	L	P	G	R	Y	Y	22.0	2 671.1	8.7	3 025.6	6.9	39.15	20.71
S	90.0	R	W	G	R	Y	Y	18.0	2 952.3	5.0	3 199.8	9.1	38.40	21.46
S	84.0	L	W	G	R	Y	Y	20.0	2 903.6	6.0	2 798.7	7.6	41.30	19.58
N	95.0	L	W	G	R	Y	Y	19.4	3 023.7	6.2	2 637.9	6.2	39.39	21.18
S	85.0	L	W	G	R	Y	Y	19.0	3 198.5	9.9	2 504.8	6.5	41.49	19.17
N	103.0	L	P	G	R	Y	Y	20.0	3 161.9	11.5	2 567.9	9.0	43.69	18.42
S	75.0	L	P	G	R	Y	Y	19.3	1 766.1	9.3	1 625.0	7.7	37.73	22.55
S	87.0	R	W	G	R	Y	Y	20.5	1 682.1	9.2	1 814.2	12.2	37.92	22.41
S	85.0	L	P	G	R	Y	Y	18.5	2 882.7	6.7	2 622.4	9.3	41.62	18.86
S	80.0	L	P	G	R	Y	Y	18.0	2 926.4	7.6	2 728.5	10.9	38.30	23.36
N	95.0	L	W	G	R	Y	Y	23.0	3 082.5	8.4	2 952.8	9.9	39.59	21.54
S	100.0	L	P	G	R	Y	Y	20.4	3 066.3	8.0	2 975.0	10.9	37.59	22.12
N	80.0	L	P	G	R	Y	Y	18.8	3 152.7	7.9	2 407.5	6.3	36.17	23.34
N	75.0	L	W	G	R	Y	Y	19.0	2 947.5	10.9	2 100.0	11.1	39.20	20.81
S	75.0	L	P	G	R	Y	Y	19.5	2 446.7	10.2	2 634.2	11.2	39.73	20.52
N	92.0	L	W	G	R	Y	Y	26.8	2 281.5	16.7	2 544.8	15.6	41.93	18.58
N	90.0	L	P	G	R	Y	Y	17.0	2 230.2	5.1	2 526.4	7.0	38.85	21.93
N	90.0	L	P	G	R	Y	Y	25.0	2 525.6	11.4	2 936.7	10.3	39.81	20.15
S	80.0	L	P	G	R	Y	Y	18.0	2 982.7	4.3	2 867.6	5.0	37.33	22.88
S	75.0	L	P	G	R	Y	Y	21.0	2 968.0	5.8	3 032.9	4.8	39.81	20.44
S	90.0	L	P	G	R	Y	Y	20.0	3 242.4	12.2	2 919.1	7.5	37.94	21.53
S	80.0	L	P	G	R	Y	Y	17.0	2 723.6	10.7	2 827.8	3.0	38.52	22.08
S	80.0	L	P	G	R	Y	Y	20.0	2 600.2	5.7	3 137.2	10.0	41.44	20.63
S	65.0	L	P	G	R	Y	Y	21.0	1 958.4	7.9	2 106.8	8.7	41.07	19.67
N	73.0	L	P	G	R	Y	Y	20.0	2 524.9	5.4	2 959.5	7.1	35.76	22.25
S	85.0	L	P	G	R	Y	Y	16.0	2 664.4	6.9	3 069.1	9.1	33.32	23.05
N	105.0	L	W	G	R	Y	Y	8.0	2 673.1	7.2			41.84	19.71

No.	Cultivars	Released year	Sowing type	Female	Male	Gp(d)
209	Longken 397	2019	Nsp	Longken 0103	Kenfeng 16	120
210	Longken 3002	2019	Nsp	Dongnong 58	Suinong 27	110
211	Longken 3307	2020	Nsp	Bei 1873	Bei 05-315	113
212	Longken 3401	2020	Nsp	Bei 05-1870	Jiusan 03-102	108
213	Longken 3402	2020	Nsp	Jiusan 00-20	Beijiang 96-711	113
214	Kenbao 1	2017	Nsp	Hefeng 35	Sui 6227	118
215	Heinong 71	2015	Nsp	Ha 99-4663	Sui 00-1052	124
216	Heinong 76	2020	Nsp	Wuliang 97-1	Kenjian 27	115
217	Heinong 80	2018	Nsp	(Heinong 44 × Kexin 3)F_1 ^{60}Coγ raidation		125
218	Heinong 81	2018	Nsp	Heinong 48	Heinong 51	125
219	Heinong 82	2019	Nsp	Heinong 48	(Heinong 51 × Ha 04-4507)F_1	125
220	Heinong 84	2017	Nsp	Heinong 51	Heinong 51 × {[(Heinong 41 × 91R3-301) × (Heinong 39 × 9674)] × (Heinong 33 × Huipizhi)}F_1	119
221	Heinong 85	2017	Nsp	Heinong 54	(Heinong 37 × Kenjiandou 23)F_1 mutant 120 Gy ^{60}Coγ radiation	118
222	Heinong 86	2019	Nsp	Heinong 48	(Heinong 35 × Sui 98-6227-7)F_1	118
223	Heinong 87	2017	Nsp	Hefeng 50	Heinong 44 M_4 ^{60}Coγ raidation	115
224	Heinong 88	2020	Nsp	Heinong 48	(Heinong 48 × Jindou 23)F_1 ^{60}Coγ raidation	120
225	Heinong 89	2020	Nsp	Heinong 64	(Ha 04-1824 × Zhonghuang 13)F_1 ^{60}Coγ raidation	118
226	Heinong 91	2020	Nsp	Heinong 48	(Heinong 48 × Zheng 90092-48)BC_1F_1	120
227	Heinong 93	2019	Nsp	Heinong 44	(Heinong 44 × 05109F_1)F_1 ^{60}Coγ raidation	120
228	Heinong 98	2020	Nsp	Heinong 48	(Heinong 48 × Wuxing 4)BC_1F_1	118
229	Heinong 201	2020	Nsp	Hei 1544	Hei 913	113
230	Heinong 511	2020	Nsp	Heinong 48	Heinong 65	120
231	Zhonglong 102	2020	Nsp	Heinong 64	[Heinong 48 × (Heinong 51 × Kexin 3)]F_1	125
232	Zhonglong 606	2018	Nsp	Heinong 44	(Heinong 44 × Suinong 14 mutant)F_1	120

(Continued)

St	Ph(cm)	Ls	Fc	Pc	Ss	Sc	Hc	SW(g)	Yield of regional test (kg/hm^2)	Increased (±%)	Yield of adaptability test(kg/hm^2)	Increased (±%)	Protein content (%)	Fat content (%)
S	90.0	L	W	G	R	Y	Y	17.0	2 753.3	8.3	3 023.5	5.3	39.48	20.79
S	80.0	L	P	G	R	Y	Y	25.0	2 848.0	12.1			39.16	20.02
N	90.0	L	P	G	R	Y	Y	20.0	2 987.6	6.9	2 611.5	6.5	39.76	20.01
N	92.0	L	P	G	R	Y	Y	20.0	2 885.3	8.2	2 559.9	6.6	37.92	20.88
N	85.0	L	P	G	R	Y	Y	18.1	2 951.8	5.2	2 681.1	8.9	40.24	20.02
S	95.0	L	P	G	R	Y	Y	21.0			2 954.1	11.3	38.32	21.24
S	90.0	L	W	G	R	Y	Y	23.0	3 099.2	9.7	3 180.8	9.7	39.60	20.82
S	85.7	L	W	G	R	Y	Y	22.0	2 759.5	6.3	2 721.7	8.6	42.90	20.10
N	110.0	L	P	G	R	Y	Y	22.0	3 129.4	10.0	3 149.3	10.8	38.87	21.84
S	100.0	L	W	G	R	Y	Y	21.0	3 143.9	10.7	3 157.2	10.8	38.78	22.18
S	90.0	L	W	G	R	Y	Y	23.0	3 189.5	9.9	3 207.6	9.8	44.22	19.14
S	100.0	L	P	G	R	Y	Y	22.0	3 135.2	12.2	2 890.8	13.0	40.82	19.58
S	90.0	L	P	G	R	Y	Y	22.0	2 940.2	10.0	2 836.0	11.1	39.50	20.90
S	90.0	L	P	G	R	Y	Y	22.0	2 899.2	5.5	3 313.2	9.2	41.74	20.37
S	90.0	L	P	G	R	Y	Y	22.0	3 054.7	6.2	2 942.0	10.5	36.35	23.19
S	90.0	L	P	G	R	Y	Y	23.0	2 987.2	8.1	2 833.5	8.3	45.56	19.12
S	90.0	L	W	G	R	Y	Y	22.0	2 973.9	6.0	2 695.4	9.0	40.57	22.41
S	90.0	L	P	G	R	Y	Y	22.0	2 959.2	8.8	2 851.2	9.8	45.41	19.54
S	90.0	R	W	G	R	Y	Y	22.0	2 730.2	11.7	2 963.8	8.7	37.25	22.33
S	90.0	L	P	G	R	Y	Y	23.0	2 791.5	5.1	2 650.1	6.0	46.43	18.48
S	78.8	L	P	G	R	Y	Y	21.0	3 005.0	8.2	2 559.0	7.6	38.30	21.20
S	100.0	L	P	G	R	Y	Y	22.0	2 858.4	7.1	2 870.9	9.4	47.31	17.35
N	100.0	L	W	G	R	Y	Y	22.0	3 163.0	8.3	3 090.1	8.7	40.85	20.86
S	90.0	R	W	G	R	Y	Y	22.0	2 877.9	8.9	2 851.7	9.0	37.60	22.70

No.	Cultivars	Released year	Sowing type	Female	Male	Gp(d)
233	Zhonglong 608	2019	Nsp	(Heinong 48 × Jindou 23)F$_1$^{60}Coγ raidation		120
234	Heilongyadou 1	2019	Nsp	Heinong 68	Changnong 12	118
235	Heinongyadou 2	2019	Nsp	Heinong 84	Heinong 64	118
236	Longhuang 3	2015	Nsp	Heinong 37	96101heidadou	119
237	Zhonglongdou 1	2018	Nsp	Heinong 44	(Hefeng 50 × Heinong 51)F$_1$	125
238	Zhonglongdou 105	2020	Nsp	Heinong 68	Hefu 93154-4	120
239	Zhonglongdou 106	2020	Nsp	Heinong 48 × Wuxing 4	Hcinong 48	120
240	Zhonglongxiaolidou 1	2016	Nsp	Longpin 8601	ZYY39	114
241	Zhonglongxiaolidou 2	2019	Nsp	Suixiaolidou 2	Longpin 03-123	110
242	Zhonglongxiaolidou 3	2020	Nsp	Zhonglongxiaolidou 1	Longpin 8807	120
243	Zhonglongqingdadou 1	2020	Nsp	Longqingdadou 1	Longpin 9501	120
244	Zhonglongheidadou 1	2019	Nsp	Hei 02-78	Ha 05-478	118
245	Zhonglongheidadou 2	2019	Nsp	Hei 02-78	Longpin 03-311	115
246	Longdou 6	2020	Nsp	Heinong 48	Longpin 09-487	120
247	Longdou 7	2020	Nsp	Heinong 40	Hefeng 47	120
248	Dongnong 63	2015	Nsp	Huajiang 2	Hefeng 55	115
249	Dongnong 64	2016	Nsp	Heinong 35	Hefeng 35	120
250	Dongnong 65	2015	Nsp	He 00-23	Heijiao 01-778	117
251	Dongnong 66	2016	Nsp	Dongnong 93-046	Hefeng 25	123
252	Dongnong 67	2016	Nsp	Ha 90-6721	Ha 93-4399	125
253	Dongnong 68	2019	Nsp	Hefeng 50	Jiusan 03-42	120
254	Dongnong 69	2017	Nsp	Hefeng 50	Beijiao 922	120
255	Dongnong 70	2018	Nsp	Ken 05-4387	Dongnong 90636	125
256	Dongnong 71	2018	Nsp	Ha 05-5675	Sui 03-3046	120
257	Dongnong 72	2018	Nsp	Dongnong 8784	He 02-553	115
258	Dongnong 76	2020	Nsp	Kenfeng 16	Kenfeng 18	125
259	Dongnong 82	2019	Nsp	Dongnong 90401	Dongnong 42	115
260	Dongnongdou 110	2020	Nsp	Suinong 33	Jiyu 89	115
261	Dongnongdou 245	2019	Nsp	Dongnong 410	Dongnong 57	115
262	Dongnongdou 251	2017	Nsp	Dongnong 05-94	Heinong 48	125
263	Dongnongdou 252	2017	Nsp	Dongnong 05-189 (Dongnong 42 × Dongnong 97-712)	Heinong 48	118
264	Dongnongdou 253	2018	Nsp	Dongnong 05-189	Heinong 48	115
265	Dongnongdou 356	2020	Nsp	Dongnong 47	HS99B	120
266	Dongnonglvyadou 1	2016	Nsp	Dongnonglvxiaoli	Jilinlvdou 1	121
267	Nongsheng 2	2020	Nsp	Kenfeng 16	Heihe 43	120
268	Dongqing 9	2020	Nsp	Kenfeng 14 × Kenfeng 15	Heinong 48 × Kenfeng 19	108

(Continued)

St	Ph(cm)	Ls	Fc	Pc	Ss	Sc	Hc	SW(g)	Yield of regional test (kg/hm^2)	Increased (±%)	Yield of adaptability test(kg/hm^2)	Increased (±%)	Protein content (%)	Fat content (%)
S	90.0	L	P	G	R	Y	Y	23.0	2 843.2	9.0	2 794.1	8.4	44.26	19.59
S	90.0	L	W	G	R	Y	Y	18.0	3 106.3	10.1	3 251.4	11.6	41.09	19.62
S	90.0	L	W	G	R	Y	Y	18.0	3 055.0	11.4			43.36	18.59
S	99.0	R	W	G	R	G	Y	22.0	3 204.9	11.1	2 477.1	12.6	41.38	19.40
S	100.0	R	W	G	R	Y	Y	22.0	3 086.9	8.3	3 184.7	11.7	38.38	22.20
S	85.0	L	P	G	R	Y	Y	20.0	2 984.2	9.3	2 876.0	10.2	39.07	20.78
S	90.0	L	P	G	E	Y	Y	23.0	2 885.4	8.3	2 840.1	8.5	44.98	19.81
S	70.0	R	W	G	R	Y	Y	11.0	2 303.1	11.4	2 471.4	9.1	44.77	17.37
S	85.0	L	P	G	R	Y	Y	11.0	3 026.3	9.7			46.96	16.02
S	113.0	L	W	G	E	Y	Y	8.1	2 673.5	8.2			42.39	18.38
S	80.0	L	P	T	E	G	Y	18.5	2 280.7	7.3			40.98	19.62
S	70.0	R	P	T	R	Bl	Bl	20.0	2 748.7	8.9	3 168.8	12.4	43.20	19.55
S	80.0	R	P	G	R	Bl	Bl	18.0	3 031.4	10.9			43.02	19.62
S	87.0	L	P	G	R	Y	Y	19.7	2 840.1	3.7	2 776.1	9.9	45.85	18.31
N	97.0	L	P	G	R	Y	Y	20.8	2 992.7	10.2	2 873.4	10.6	40.70	20.39
N	90.0	L	P	G	R	Y	Y	17.9	2 339.0	12.4	2 802.1	15.6	39.38	20.85
S	87.0	L	W	G	R	Y	Y	19.7	2 764.4	7.4	2 940.8	10.7	40.16	21.62
N	93.0	L	P	G	R	Y	Y	20.3	3 314.7	8.6	3 472.2	9.0	40.87	20.52
S	95.0	L	P	G	R	Y	Y	20.4	3 318.8	9.4	3 491.3	8.9	39.52	20.45
N	110.0	L	P	G	R	Y	Y	20.9	3 329.8	9.1	3 493.2	8.9	40.14	19.76
S	99.0	L	P	G	R	Y	Y	20.5	2 522.7	4.0	2 929.7	8.7	37.49	22.37
S	96.0	L	P	G	R	Y	Y	19.8	3 155.1	6.9	2 431.9	9.8	37.35	22.59
S	90.0	L	W	G	R	Y	Y	20.5	3 113.7	9.5	3 120.8	9.8	40.05	20.83
N	100.0	L	W	G	R	Y	Y	20.2	2 655.8	10.1	2 924.6	10.1	38.68	21.43
N	87.0	L	P	G	R	Y	Y	19.7	3 085.9	8.6	3 032.7	9.9	41.05	20.24
S	89.0	L	P	G	R	Y	Y	20.0	3 210.6	9.6	2 970.9	8.5	41.46	19.72
S	95.0	L	P	G	R	Y	Y	19.6	2 630.5	9.2	2 869.1	7.8	41.50	20.57
S	83.0	L	P	G	R	Y	Y	17.3	2 699.3	6.5	2 642.1	8.3	40.10	22.34
S	100.0	L	P	G	R	Y	Y	25.0	11 857.1(*)	9.2	12 021.1(*)	11.7	42.15	16.49
S	98.0	R	P	G	R	Y	Y	22.0	3 077.1	10.7	3 445.1	10.7	40.29	20.58
S	94.0	R	P	G	R	Y	Y	25.0	3 300.5	10.9	3 690.4	11.6	42.47	20.37
S	95.0	R	P	G	R	Y	Y	25.0	2 965.1	9.4	3 003.8	8.9	42.07	20.14
N	98.0	L	P	G	R	Y	Y	21.2	2 950.9	5.8			45.87	18.22
S	120.0	L	P	G	R	G	Y	15.5	3 229.5	21.0	3 015.0	15.0	39.92	19.95
S	100.0	L	W	G	R	Y	Y	20.2	2 985.3	8.8	2 865.0	9.7	41.84	19.24
S	85.0	L	P	G	R	Y	Y	19.0	2 558.2	5.4	2 429.3	5.6	40.31	19.47

No.	Cultivars	Released year	Sowing type	Female	Male	Gp(d)
269	Dongqing 20	2019	Nsp	Bian 118	Bian 308	110
270	Dongsheng 22	2020	Nsp	Hai 6055	Kenjiandou 4 × Heihe 18	115
271	Dongsheng 77	2015	Nsp	(Heinong 48 × Kenjian 35)F$_1$	Kenjian 35	119
272	Dongsheng 78	2017	Nsp	Heinong 48	Heihe 46	117
273	Dongsheng 79	2018	Nsp	Ha 04-1824	Sui 02-282	118
274	Dongsheng 83	2020	Nsp	Dongnong 53	{Heinong 51 × [(Heinong 48 × Heinong 40) × Heinong 48]}F$_1$	120
275	Dongsheng 85	2020	Nsp	Heinong 51	(Heinong 51 × Sui 05-6022)F$_1$	115
276	Dongsheng 89	2019	Nsp	Heinong 35 ^{60}Coγ raidation		115
277	Dongsheng 200	2020	Nsp	Heinong 51	435	118
278	Dongsheng 202	2020	Nsp	Mengdou 36	Nenao 4	95
279	Zhongkemaodou 3	2019	Nsp	Ribenzhahuanglv	Fushepinxi 81-355	118
280	Zhongkemaodou 4	2019	Nsp	Zhongkemaodou 1 heavy ion radiation induced mutant	Tai 292	123
281	Xingnong 3	2015	Nsp	Jiu 90-148	Suinong 14	116
282	Xingnong 4	2015	Nsp	Lufeng 011	Jiangfeng 3412	115
283	Xingnong 5	2017	Nsp	Dong 82617	Dongnong 1	100
284	Xingnong 8	2019	Nsp	MX80519	Heihe 35	105
285	Xingnong 12	2020	Nsp	Mingxing-5	Longshu 1	120
286	Xingnong 14	2020	Nsp	Mingxing 296	Longshu 1	120
287	Xingnongdou 3	2020	Nsp	Suixiaolidou 2	Dongnong 52	116
288	Nennongdou 1	2019	Nsp	3308	Dangdiyeshengdadou	110
289	Jinchen 2	2019	Nsp	Kennong 18	Sulianbiandou	123
290	Jinchen 168	2020	Nsp	Shengdou 202	Shengdou 206	123
291	Jinchen 1885	2019	Nsp	Shengdou 318	Shengdou 105	105
292	Yinongdou 510	2019	Nsp	Dongsheng 1	Heihe 43	105
293	Dongpu 52	2019	Nsp	Heihe 46	Sui 00-1052	110
294	Dongpu 53	2019	Nsp	Beidou 34	Heihe 43	100
295	Tongdou 2	2019	Nsp	Beidou 14	Dongda 1	105
296	Huaqingdou 103	2018	Nsp	Heinong 44	Heinong 56	120
297	Yunong 2	2020	Nsp	Suinong 10	Heinong 48	125
298	Tianci 153	2018	Nsp	Heihe 43	Heinong 51	115
299	Shangdou 1	2019	Nsp	Shiqingdou	Wei 292	112
300	Mudou 9	2015	Nsp	(Heinong 48 × Sui 04-5474)F$_1$	Heinong 48	116
301	Mudou 10	2016	Nsp	Heinong 48	Heihe 46	116
302	Mudou 11	2019	Nsp	Heinong 51	Suinong 31	115

(Continued)

St	Ph(cm)	Ls	Fc	Pc	Ss	Sc	Hc	SW(g)	Yield of regional test (kg/hm^2)	Increased (±%)	Yield of adaptability test(kg/hm^2)	Increased (±%)	Protein content (%)	Fat content (%)
S	95.0	L	W	G	R	Y	Bf	25.0	11 760.6(*)	9.4	12 082.1(*)	9.5	41.86	18.69
S	85.0	L	W	G	R	Y	Y	20.0	2 820.8	7.3	2 605.2	7.9	43.80	19.55
S	90.0	L	P	G	R	Y	Y	20.7	3 226.3	7.3	3 407.1	6.9	40.36	21.45
S	91.0	L	P	G	R	Y	Y	20.6	3 124.2	9.9	2 820.4	9.6	40.25	21.22
S	101.0	L	W	G	R	Y	Y	18.8	2 996.6	8.0	2 868.1	9.5	36.33	24.16
N	104.0	L	W	G	R	Y	Y	21.2	2 880.3	4.8	2 780.6	6.3	40.81	20.07
N	90.0	L	P	G	R	Y	Y	18.8	2 730.1	7.2	2 667.7	9.2	37.29	22.32
S	70.0	L	W	G	R	Y	Y	15.0	2 676.5	7.2			42.05	20.80
S	102.0	R	W	G	E	Y	Bf	13.0	3 190.0	6.7	3 192.0	5.6	42.40	19.10
N	78.0	L	P	G	R	Y	Y	20.0	1 929.6	13.8	1 851.9	14.6	39.99	21.27
S	56.0	R	W	G	R	G	Bf	34.0	13 510.0(*)	8.1	13 421.0(*)	7.9	42.46	19.23
S	68.0	R	P	G	R	Y	Y	26.0	13 944.0(*)	12.1	13 642.0(*)	9.7	39.42	21.80
S	89.0	L	W	G	R	Y	Y	18.0	2 684.5	9.6	2 887.0	9.8	40.08	21.41
N	94.0	L	P	G	R	Y	Y	19.8	2 440.2	16.1	2 733.0	12.7	41.38	19.28
S	82.5	L	P	G	R	Sc	Y	23.0	2 144.8	11.1	1 671.1	8.9	41.26	20.63
S	85.0	L	W	G	R	Y	Y	21.0	2 256.4	5.9	2 504.0	10.5	37.92	22.11
S	85.0	L	P	G	R	Y	Y	20.3	2 672.0	9.2	2 874.8	10.5	38.88	22.00
S	97.0	L	P	G	R	Y	Y	21.0	2 973.5	6.6	2 833.0	11.4	40.41	21.11
N	101.0	L	P	G	R	Y	Y	13.0	2 450.1	7.9			42.28	19.17
S	70.0	R	P	G	R	Y	Y	36.0	2 901.2	7.3			43.24	17.30
S	120.0	L	P	G	R	Y	Y	21.0	3 104.3	9.2	2 703.7	5.2	41.38	18.03
S	85.0	L	W	G	R	Y	Br	19.0	3 121.6	7.7	3 132.0	7.2	36.75	22.14
S	85.0	L	W	G	R	Y	Y	26.0	14 286.7(*)	8.1	11 962.6(*)	10.4	43.60	18.54
S	70.0	L	P	G	R	Y	Y	17.0	2 317.7	7.8	2 549.4	7.8	38.90	22.30
N	95.0	L	P	G	R	Y	Y	20.0	2 556.6	12.3	2 771.3	11.4	39.55	21.08
S	85.0	L	P	G	R	Y	Y	21.0	1 908.3	10.9	2 046.9	9.6	38.78	21.28
N	90.0	L	P	G	R	Sc	Y	19.0	2 346.8	10.2	2 582.5	9.2	38.10	21.07
S	93.0	R	W	G	R	Y	Y	19.8	2 921.7	10.2	2 897.8	11.0	38.84	21.28
N	113.0	L	P	G	R	Y	Y	24.9	3 075.8	9.1	3 080.8	8.7	42.23	19.20
S	95.0	L	W	G	R	Y	Y	17.0	3 047.7	7.6	3 041.5	9.9	39.65	20.35
N	56.0	L	P	T	R	Y	Y	75.5(※)	13 661.9(*)	15.4	13 317.4(*)	10.9	41.32	18.16
S	81.0	L	P	G	R	Y	Y	20.1	2 799.2	8.6	2 871.3	8.2	40.70	21.23
S	90.0	L	P	G	R	Y	Y	20.8	3 125.0	9.9	2 918.1	12.9	40.24	21.35
S	90.0	L	W	G	R	Y	Y	21.0	2 829.6	9.0	2 771.2	10.5	38.51	21.40

No.	Cultivars	Released year	Sowing type	Female	Male	Gp(d)
303	Mudou 12	2018	Nsp	Heinong 41	Sui 03-3068	120
304	Mudou 13	2020	Nsp	Kenfeng 23	Suinong 30	125
305	Mudou 14	2020	Nsp	(Heinong 40 × Jindou 23)F$_1$	Jindou 23	120
306	Mudou 15	2019	Nsp	Heinong 48	Longpin 8807	120
307	Muxiaolidou 1	2019	Nsp	Longxiaolidou 1 ^{60}Coγ raidation		120
308	Jinxin 1	2019	Nsp	Suinong 10	Kennong 5	120
309	Chundou 1	2016	Nsp	Suinong 14	Hajiao 5404-2	117
310	Jiyu 108	2015	Nsp	Jilinxiaoli 7	Gongye 0244F$_3$	114
311	Jiyu 109	2015	Nsp	Dunhuazhongli	Gongye 0220F$_3$	115
312	Jiyu 111	2018	Nsp	Jilinxiaoli 6	Denny	116
313	Jiyu 112	2019	Nsp	Gongye 0919	Jilinxiaoli 7	116
314	Jiyu 113	2019	Nsp	Suinong 15	CUNA	116
315	Jiyu 114	2020	Nsp	Gongye 0848-1	Gongye 0731-23	114
316	Jiyu 115	2020	Nsp	Gongye 09Ys10	Gongye 8146-3	114
317	Jiyu 116	2020	Nsp	Jilinxiaoli 6	Jiyu 103	114
318	Jiyu 205	2015	Nsp	Heinong 46	Gongjiao 2000-17-16	116
319	Jiyu 209	2020	Nsp	Gongjiao 0503-2	Yan-08-2	119
320	Jiyu 232	2020	Nsp	(Gongjiaohai 1-2575 × Jiyu 68)F$_1$	Jida 120	121
321	Jiyu 251	2020	Nsp	Jiyu 204	Dongnong 56	119
322	Jiyu 257	2020	Nsp	Nongda 15751	Gongjiao 96192-4	117
323	Jiyu 259	2019	Nsp	A3127	Jiyu 58	118
324	Jiyu 260	2019	Nsp	Gongjiao 2002-302-7	OX501	117
325	Jiyu 299	2019	Nsp	Gongjiao 2002-302-7	Tourco	119
326	Jiyu 306	2019	Nsp	Jisheng 00307-3	Jiyu 88	123
327	Jiyu 308	2019	Nsp	Jiyu 47	Heihexiaohuangdou	120
328	Jiyu 310	2020	Nsp	Gongjiao 0123-4	(Gongjiao 0123-4 × Jiyu 86)F$_1$	125
329	Jiyu 321	2016	Nsp	Jiyu 72	Gong 2179-16	122
330	Jiyu 341	2016	Nsp	Jiyu 71	Hejiao 00-703	123
331	Jiyu 354	2020	Nsp	Jiyu 204	Sui 07-361	125
332	Jiyu 362	2017	Nsp	Jiyu 59	Jilin 28	127
333	Jiyu 363	2019	Nsp	Gongye 2007Y31	Gongye 2007Y16	124
334	Jiyu 381	2019	Nsp	Heinong 38	Jiyu 84	124
335	Jiyu 441	2018	Nsp	(Jilinxiaoli 7 × Jiyu 82)F$_1$	Jiyu 82	127
336	Jiyu 481	2018	Nsp	SB8718	98898	128
337	Jiyu 513	2020	Nsp	Jiyu 47	Tie 97124-1-1	132
338	Jiyu 552	2018	Nsp	Gongjiao 2001-314-3	Ken 02-265	127
339	Jiyu 554	2020	Nsp	Jiu 8659	Gongjiao 96176	130

(Continued)

St	Ph(cm)	Ls	Fc	Pc	Ss	Sc	Hc	SW(g)	Yield of regional test (kg/hm²)	Increased (±%)	Yield of adaptability test(kg/hm²)	Increased (±%)	Protein content (%)	Fat content (%)
S	90.0	L	P	G	R	Y	Y	21.0	2 904.4	9.7	2 866.8	9.1	40.75	20.87
S	92.0	L	P	G	R	Y	Y	18.9	3 147.3	7.4	3 035.8	6.9	40.58	20.35
N	107.0	L	P	T	R	Y	Y	19.2	2 999.1	9.9	2 866.6	10.1	41.04	20.00
S	95.0	L	P	G	R	Y	Y	20.1	2 567.5	5.5	2 992.7	5.7	45.08	17.50
S	75.0	L	P	G	R	Y	Y	14.8	3 245.0	8.5			39.75	21.62
S	90.0	L	P	G	R	Y	Y	20.0	2 901.6	11.4	2 876.1	11.5	40.23	19.71
S	97.0	L	P	G	R	Y	Y	21.0	3 196.9	12.4	2 939.4	13.5	38.99	21.52
S	80.0	L	W	G	R	Y	Y	9.2	2 142.1	10.3	2 275.1	12.2	34.34	20.56
S	90.0	L	W	G	R	Y	Y	12.8	2 247.4	15.8	2 318.2	14.3	32.67	21.17
S	92.5	L	W	G	R	Y	Y	9.5	2 430.1	7.6	2 401.4	9.9	40.10	18.34
S	88.6	L	W	G	R	Y	Y	9.4	2 338.4	10.4	2 789.2	10.7	41.35	19.21
S	105.6	L	P	T	R	Y	Y	10.7	2 511.5	18.1	2 824.8	18.1	35.71	20.81
S	77.8	L	P	G	R	Y	Y	8.6	2 673.3	13.4	2 744.3	11.4	41.39	20.01
S	97.1	L	W	G	R	Y	Y	8.9	2 568.6	7.8	2 703.6	9.8	36.89	22.43
S	85.3	L	W	G	R	G	Y	7.9	2 508.8	5.6	2 724.9	10.6	41.37	18.20
S	85.0	R	W	G	R	Y	Y	19.0	2 675.9	12.0	2 939.3	13.2	34.23	22.28
S	94.2	R	P	G	R	Y	Y	19.3	2 542.8	6.8	2 524.5	6.9	37.41	21.49
S	98.0	L	P	G	R	Y	Y	17.4	2 623.2	9.9	2 574.7	9	37.43	22.03
S	85.5	L	P	T	R	Y	Y	18.5	2 629.5	5.4	2 702.2	6.3	40.39	20.82
S	84.9	L	P	G	R	Y	Y	19.2	2 471.1	0.2	2 560.9	0.8	43.66	18.94
S	84.7	E	P	T	R	Y	Y	17.9	2 975.2	14.1	2 721.9	9.6	43.28	19.12
S	79.5	E	W	G	R	Y	Y	18.7	2 862.7	8.6	2 897.5	16.1	42.40	20.11
S	85.6	E	W	G	R	Y	Y	16.4	2 849.3	8.1	2 560	2.4	41.63	21.08
S	105.4	L	P	G	R	Y	Y	20.2	3 430.8	5.5	3 510.3	8.3	41.85	19.61
S	92.0	R	P	G	R	Y	Y	21.5	3 367.9	5.5	3 621.6	11.8	39.95	21.00
S	103.8	R	W	G	R	Y	Y	22.1	3 382.9	6.7	3 339.5	5.5	40.89	20.02
S	119.5	L	P	G	E	Y	Y	18.4	2 728.9	8.4	2 959.7	4.6	38.31	21.18
S	109.1	L	W	G	R	Y	Y	20.0	2 869.6	14.0	3 358	18.7	40.30	19.63
S	99.8	L	P	T	R	Y	Y	17.3	3 424.6	8.0	3 581.2	13.1	39.95	21.09
S	101.6	R	P	T	R	Y	Bl	18.0	3 435.9	10.1	3 210.3	6.4	36.10	23.23
S	104.0	E	P	G	R	Y	Y	21.4	3 467.3	6.6	3 534.5	9.1	41.11	20.34
S	95.4	L	P	G	R	Y	Y	18.6	3 178.5	10.2	3 088.5	5.3	36.54	21.75
S	94.4	R	P	G	E	Y	Bf	18.0	3 456.0	2.9	3 384	2.1	38.90	21.74
N	112.3	R	W	T	R	Y	Bl	17.3	3 477.0	6.5	3 124.5	2.9	37.84	21.78
N	115.2	R	P	T	R	Y	Y	17.3	3 221.9	6.2	3 031.1	11.7	41.25	18.92
S	96.9	L	W	G	R	Y	Y	18.8	3 278.6	5.1	3 168.5	16.2	39.24	20.38
S	99.7	R	P	T	E	Y	Y	17.4	3 157.6	4.2	3 015.5	11.2	41.48	19.97

No.	Cultivars	Released year	Sowing type	Female	Male	Gp(d)
340	Jiyu 584	2019	Nsp	SB8718	98898	131
341	Jiyu 593	2019	Nsp	Jiyu 94	Tie 97030	130
342	Jiyu 594	2020	Nsp	Jiyu 71	Suinong 14	130
343	Jiyu 609	2015	Nsp	JLCMS103A	JLR102	111
344	Jiyu 611	2016	Nsp	JLCMS147A	JLR113	120
345	Jiyu 612	2017	Nsp	JLCMS57A	JLR9	130
346	Jiyu 626	2019	Nsp	JLCMS230A	JLR9	132
347	Jiyu 627	2019	Nsp	JLCMS197A	JLR98	129
348	Jiyu 633	2020	Nsp	JLCMS178A	JLR230	118
349	Jiyu 635	2019	Nsp	JLCMS34A	JLR300	116
350	Jiyu 637	2020	Nsp	JLCMS210A	JLR209	131
351	Jiyu 639	2019	Nsp	JLCMS191A	JLR403	120
352	Jiyu 641	2020	Nsp	JLCMS191A	JLR158	118
353	Jiyu 643	2020	Nsp	JLCMS212A	JLR346	118
354	Jiyu 647	2020	Nsp	JLCMS5A	JLR2	122
355	Jiyu 702	2015	Nsp	Heihe 9	Beijiangjiu 1	110
356	Jiyu 761	2019	Nsp	Heinong 64	Jiyu 202	119
357	Jiqing 4	2019	Nsp	S8	Jiqing 68	128
358	Jiqing 5	2019	Nsp	Jiqing 68	Gongye 9112	128
359	Jiqing 6	2020	Nsp	Jiqing 3	Jihei 250	128
360	Jikedou 11	2015	Nsp	Changnong 9	Hobbit	120
361	Jikedou 12	2015	Nsp	Huangrangheidou	Qingrangheidou	120
362	Jimidou 4	2018	Nsp	Gongjiao 97132-3	Kenfeng 18	116
363	Jihei 6	2018	Nsp	Gongpin 20002	Jilinxiaoli 8	113
364	Jihei 7	2019	Nsp	Jiqing 3	Jihei 46	128
365	Jihei 8	2020	Nsp	GY2004-60	Jida 114	124
366	Jihei 9	2020	Nsp	Jihei 46	Jiqing 2	125
367	Jihei 10	2020	Nsp	Gongpin 20002	Jilinxiaoli 8	113
368	Jixiandou 1	2016	Nsp	Ribendou	Jiyu 71	128
369	Dongsheng 1	2017	Nsp	Jiyu 69	Sui 05-7292	114
370	Dongsheng 2	2017	Nsp	Suinong 14	Liao 2006-7-2	118
371	Junnong 68	2017	Nsp	Gongjiao 9532-15	Mei 98987	129
372	Jinong 42	2015	Nsp	Jikedou 1	SAPPORO	123
373	Jinong 46	2016	Nsp	Jinong 15	Jiunong 22	128
374	Jinong 47	2016	Nsp	Jiunong 22	Jiyu 57	128
375	Jinong 48	2016	Nsp	Jinong 15	Jinong 18	128
376	Jinong 51	2016	Nsp	Jinong 9601-1	Jilin 30	121

(Continued)

St	Ph(cm)	Ls	Fc	Pc	Ss	Sc	Hc	SW(g)	Yield of regional test (kg/hm²)	Increased (±%)	Yield of adaptability test(kg/hm²)	Increased (±%)	Protein content (%)	Fat content (%)
N	116.4	R	P	T	R	Y	Bu	16.7	3 219.9	8.3	3 524.3	14.4	39.97	20.60
S	102.3	R	P	G	R	Y	Y	20.0	3 142.9	3.9	3 112.4	1.0	43.93	18.95
S	104.0	L	P	G	R	Y	Y	20.2	3 245.6	7.0	3 025	11.5	40.80	20.53
N	95.2	R	P	G	R	Y	Y	18.4	2 795.9	17.0	2 653.8	2.2	37.52	22.54
S	102.6	L	P	T	R	Y	Bu	19.6	3 765.9	10.7	3 716.2	15	38.67	21.47
S	96.0	R	P	G	R	Y	Y	20.0	3 413.9	16.0	3 521	4.4	42.07	20.92
S	105.7	R	W	T	R	Y	Y	20.0	3 386.5	13.9	3 432.3	11.4	40.68	20.19
N	101.4	R	W	T	R	Y	Bl	17.3	3 208.2	13.4	3 484.7	7.8	40.97	20.74
N	104.0	R	P	G	R	Y	Y	19.0	3 167.4	12.9	2 853.1	14.0	42.78	20.44
S	88.1	L	P	G	R	Y	Y	18.3	2 716.4	11.5	2 803.9	14.8	36.27	22.71
S	87.2	R	P	T	R	Y	Bu	21.9	3 114.5	11.8	3 380.4	8.3	41.70	20.19
S	110.0	R	P	T	R	Y	Y	20.8	3 297.2	13.1			37.04	23.78
S	95.2	R	P	G	R	Y	Y	18.0	2 794.1	17.4	2 438.4	3.3	38.58	22.43
S	91.5	R	P	T	R	Y	Bu	20.6	2 751.9	15.3	2 626.7	11.2	38.14	21.69
S	88.4	R	P	T	R	Y	Bu	19.1	3 017.4	14.5	3 005.9	18.3	42.52	19.12
N	70.0	L	P	G	R	Y	Y	21.0	2 608.5	10.3	2 408.0	11.4	38.29	21.96
S	95.7	E	W	G	R	Y	Y	19.3	2 789.2	7.0	3 015.2	21.8	42.24	20.90
N	103.4	E	P	G	R	G	Bf	23.5	2 042.7	16.1	2 473.8	13.0	42.19	20.53
S	105.6	E	P	G	R	G	Y	18.5	2 593.6	10.9	2 871.6	11.9	41.40	19.80
D	72.5	E	W	G	R	G	Y	30.1	2 745.4	12.1	2 524.3	10.0	40.05	20.53
N	110.0	L	P	T	R	Y	Y	8.5	2 416.6	16.5	2 018.4	16.3	37.58	20.30
N	110.0	R	P	T	R	Y	Y	20.0	2 284.2	9.5	1 902.5	8.6	44.22	19.53
D	72.3	E	P	G	R	Y	Y	14.4	2 946.9	5.2	3 033.2	8.7	40.19	17.63
S	86.2	E	W	T	R	Bl	Bl	7.5	2 509.5	11.7	2 392.8	9.7	39.43	18.01
D	80.9	E	W	T	R	Bl	Bl	34.7	2 508.4	11.3	2 999.5	11.5	41.32	20.26
S	91.5	L	P	T	R	Bl	Bl	14.7	2 372.6	10.6	2 406.2	8.1	37.07	23.13
D	67.8	E	W	T	E	Bl	Bl	34.6	2 779.3	13.7	2 649.2	11.1	40.43	20.65
S	86.7	R	W	T	R	Bl	Bl	8.0	2 567.3	7.8	2 709.2	10.0	38.48	21.00
D	103.2	R	W	G	R	Y	Y	33.5	10 442.7(*)	17.7	9 837.5(*)	12.4	45.24	19.38
S	82.0	L	P	G	R	Y	Y	19.0	2 357.0	9.1	2 774.8	5.2	36.35	20.91
S	96.3	R	W	G	R	Y	Y	18.0	2 641.8	12.0	2 461.6	4.1	35.45	21.64
N	93.4	R	P	G	E	Y	Y	21.2	3 094.5	0.9	3 265.5	2.6	37.47	21.73
N	103.8	R	P	T	E	Y	Y	21.1	3 397.2	1.2	3 365.5	0.6	38.39	22.54
S	101.2	R	P	G	R	Y	Y	21.1	2 870.4	4.3	3 287.4	11.0	37.33	21.20
S	103.4	R	P	G	R	Y	Y	20.1	2 878.0	4.6	3 344.2	12.9	37.68	20.71
S	108.5	R	P	T	R	Y	Br	20.2	2 983.1	8.4	3 315.0	11.9	37.53	21.98
N	99.6	R	W	G	R	Y	Y	20.8	3 525.6	3.7	3 504.8	8.5	36.43	20.46

No.	Cultivars	Released year	Sowing type	Female	Male	Gp(d)
377	Jinong 54	2018	Nsp	Jinong 12	SAPPORO	125
378	Jinong 71	2017	Nsp	CN06-5	CN06-8	118
379	Jinong 74	2020	Nsp	Jinong 9722	Jiunong 21	130
380	Jinong 75	2020	Nsp	Jilin 38	Canada 4	131
381	Jinong 82	2018	Nsp	CN06-28	CN06-27	128
382	Jinong 84	2018	Nsp	CN06-30	CN06-31	131
383	Jinong 89	2018	Nsp	CN06-9	CN06-10	128
384	Jinong 105	2020	Nsp	CN06-17	CN06-23	131
385	Jinongqing 1	2020	Nsp	Jiqing 1	Changnong 13	130
386	Jinong H1	2020	Nsp	JLCMS254A	JLR192	120
387	Jidadou 19	2020	Nsp	Jilin 35	Dongnong 163	121
388	Changnong 32	2015	Nsp	Hefeng 34	Sb8699	116
389	Changnong 33	2017	Nsp	Hejiao 95-984	CK-P-2	130
390	Changnong 34	2017	Nsp	Jilin 20	CK-P-1	129
391	Changnong 35	2016	Nsp	Hejiao 95-984	CK-P	128
392	Changnong 38	2018	Nsp	Jinong 18	Jiujiao 9895-8	133
393	Changnong 39	2018	Nsp	SB8699	CM158	129
394	Changnong 45	2019	Nsp	Jiyu 89	Zhonghuang 35	129
395	Changnong 65	2019	Nsp	Hefeng 34	Hefeng 34 × SB8699	119
396	Changnong 75	2020	Nsp	11CY2	Suinong 31	127
397	Dongsheng 104	2020	Nsp	BY0013	Jiyu 47	124
398	Dongsheng 105	2020	Nsp	SEJ0086	Jiyu 47	124
399	Dongsheng 112	2020	Nsp	Hefeng 55	Changnong 16	125
400	Shengyuandou 1	2016	Nsp	Jiyu 47	Fengjiao 7607	123
401	Jilidou 6	2016	Nsp	Jilidou 1	Shiji 1	122
402	Jiunong 40	2015	Nsp	Heinong 46	Heinong 49	118
403	Jiunong 43B	2019	Nsp	Jiunong 26	Jiyu 71	122
404	Jiunong CE2	2018	Nsp	Jiujiao 2006A-5	Bendidou	115
405	Jiunongheipiqing 1	2019	Nsp	Systematic selection from Heipiqing		116
406	Jiujiuqing	2018	Nsp	Mujiao 5796-3	Jiu N-1-11-1-5	125
407	Jiuqingdou	2017	Nsp	Jiunong 21	Heipiqing	135
408	Jiuxingdou 1	2020	Nsp	Systematic selection from Jiunong 34		114
409	Jiuyadou 1	2019	Nsp	Jilinxiaoli 7	Jiunong 21	120
410	Jikemidou 1	2018	Nsp	Changnong 13	A1574	125
411	Jikexiandou 1	2016	Nsp	Systematic selection from Zhenong 6		115
412	Dedou 10	2018	Nsp	Hejiao 9349	YSB8699	124
413	Dedou 12	2019	Nsp	Jiunong 16	Changnong 13	123

（Continued）

St	Ph(cm)	Ls	Fc	Pc	Ss	Sc	Hc	SW(g)	Yield of regional test (kg/hm^2)	Increased (±%)	Yield of adaptability test(kg/hm^2)	Increased (±%)	Protein content (%)	Fat content (%)
S	104.0	E	W	T	R	Y	Y	19.4	3 266.5	3.8	3 288.6	5.9	39.38	20.46
S	98.3	L	W	G	R	Y	Y	16.4	2 621.1	12.4	2 514.6	6.3	37.30	21.69
S	107.8	L	W	G	R	Y	Br	18.6	3 271.4	8.2	3 058.9	12.8	43.30	19.54
S	111.8	R	W	G	R	Y	Y	20.1	3 104.3	4.4	2 951.0	8.8	42.45	20.20
S	105.7	R	P	G	R	Y	Y	16.6	3 393.6	8.8	3 292.4	20.8	36.73	22.43
S	112.1	R	W	G	R	Y	Y	16.0	3 439.4	10.3	3 301.5	21.1	37.55	21.47
S	107.2	R	W	G	R	Y	Br	16.7	3 389.3	7.7	3 443.5	10.9	40.78	19.75
S	102.9	E	W	T	R	Y	Bl	16.7	3 262.3	9.7	3 114.6	14.8	40.59	21.05
S	91.4	L	P	G	R	G	Y	18.9	2 225.5	18.3	2 623.8	14.7	39.36	22.35
N	92.8	R	W	T	R	Y	Y	19.2	2 904.9	17.8	3 044.0	19.8	38.17	21.93
S	95.4	R	P	G	R	Y	Y	18.9	2 876.8	6.4	2 881.7	7.7	37.85	21.39
S	77.0	L	P	G	R	Y	Y	10.5	2 585.0	11.9	2 085.1	9.5	31.03	22.41
S	78.8	L	P	G	R	Y	Y	15.7	3 208.7	9.1	3 730.6	10.6	37.57	23.00
S	79.6	L	P	G	R	Y	Y	15.1	3 224.5	9.6	3 804.3	12.7	36.86	22.69
S	70.7	L	P	G	R	Y	Y	15.4	3 209.2	7.1	4 037.5	5.7	36.51	22.92
N	109.2	R	P	G	E	Y	Y	20.6	3 508.5	4.4	3 388.5	2.3	37.26	21.33
N	100.2	R	W	T	R	Y	Br	17.1	3 246.9	4.0	3 672.7	12.9	40.91	20.15
S	104.0	R	P	G	R	Y	Ib	16.4	3 257.5	9.6	3 352.9	8.8	37.40	22.38
S	88.6	L	P	G	R	Y	Y	18.3	2 729.5	4.7	2 534.6	1.2	41.99	16.84
S	90.8	L	W	G	R	Y	Br	13.6	2 804.0	17.2	3 000.5	14.9	38.59	22.95
S	102.4	R	W	G	R	Y	Y	22.1	2 946.6	9.0	2 812.9	5.1	40.27	20.34
S	96.8	R	W	G	R	Y	Y	22.7	2 904.3	7.4	2 926.6	9.3	39.32	20.22
S	101.4	R	W	G	R	Y	Y	18.9	2 931.9	8.4	2 843.4	6.2	41.88	19.47
S	114.4	R	P	G	E	Y	Y	21.0	2 845.6	13.0	3 269.4	15.5	38.94	21.25
S	87.4	L	P	G	R	Y	Y	23.4	3 044.6	20.9	3 443.9	21.7	38.05	21.89
S	85.9	R	P	G	R	Y	Y	17.9	2 467.0	3.4	2 732.6	3.1	38.38	21.62
S	96.4	R	W	G	R	Y	Y	21.8	3 512.6	8.1	3 466.7	7.0	41.51	20.80
S	93.0	R	W	G	R	Y	Y	20.6	2 670.2	3.9	2 586.2	12.4	38.58	19.52
S	86.8	R	P	T	E	Bl	Bl	15.6	2 356.6	12.0	2 705.4	12.1	41.44	21.06
S	102.6	L	W	G	R	G	Y	13.8	2 387.5	8.5	1 955.0	10.6	40.71	19.97
S	101.6	L	P	G	R	G	Y	15.6	3 207.2	9.4	3 106.3	7.0	44.05	18.91
S	85.9	R	W	G	E	Y	Br	18.9	2 882.0	5.2	3 004.5	9.9	37.59	23.86
S	59.4	L	P	G	R	Y	Y	12.8	2 281.7	7.4	2 202.3	12.0	41.52	20.30
D	62.3	R	W	G	R	Y	Y	13.9	3 094.5	6.3	2 667.9	6.7	39.15	20.88
D	64.2	O	W	G	Rf	G	Bf	40.2	9 847.2(*)	11.1	10 226.9(*)	11.1	40.00	19.05
S	74.4	L	W	G	E	Y	Y	16.7	3 465.0	3.4	3 234.0	11.9	38.09	21.84
S	105.3	E	W	G	R	Y	Y	16.7	3 515.1	8.1	3 532.6	9.0	37.61	22.32

No.	Cultivars	Released year	Sowing type	Female	Male	Gp(d)
414	Zhaochengshanzidou	2015	Nsp	Systematic selection from Hongmao-dadou		120
415	Yanyu 2	2015	Nsp	Jilinxiaoli 4	Suinong 2	115
416	Yanyudou 3	2016	Nsp	Heinong 38 × Hefeng 25	Jiyu 89	116
417	Yanyudou 8	2019	Nsp	Hefeng 55	Jiyu 71	116
418	Yanyudou 11	2020	Nsp	Suinong 4	Jiyu 59	118
419	Huali 1	2017	Nsp	Jiyu 71	Jiyu 89	125
420	Jinongdou 1	2015	Nsp	Jilin 39	Jidou 2	129
421	Tongnong 36	2020	Nsp	Tongnong 943	Tongnong 13	125
422	Tiedou 76	2015	Nsp	Tie 97121-2	Tie 97047-2	134
423	Tiedou 77	2015	Nsp	Tiefeng 27	Zhongpin 95-5383	126
424	Tiedou 78	2015	Nsp	Tiefeng 27	Zhongpin 95-5383	129
425	Tiedou 80	2017	Nsp	Tie 96109-10	Tie 96037-1	127
426	Tiedou 81	2017	Nsp	Tie 97047-2	Tiefeng 33	125
427	Tiedou 82	2017	Nsp	Tie 97047-3	Tie 9831-16	124
428	Tiedou 84	2017	Nsp	Tiefeng 33	Flint	134
429	Tiedou 85	2017	Nsp	Tiefeng 33	Sb.pur-15	127
430	Tiedou 86	2017	Nsp	Tie 9868-10	Tie 99007-2	135
431	Tiedou 89	2018	Nsp	Tie 97124-1-1	Tiefeng 33	132
432	Tiedou 92	2018	Nsp	Tie 00009-4	Tiedou 39	131
433	Tiedou 94	2019	Nsp	Tie 97047-3	Tiefeng 33	132
434	Tiedou 95	2018	Nsp	Tie 97047-3	Jiyu 89	127
435	Tiedou 96	2018	Nsp	Tie 97077-1	Jinong 18	128
436	Tiedou 97	2018	Nsp	Tie 9809-2-1	Shennong 99-22	125
437	Tiedou 98	2018	Nsp	Tie 9809-2-1	Osaka-5	134
438	Tiedou 99	2018	Nsp	Tie 01092-4	Atlantic	127
439	Tiedou 100	2019	Nsp	Tie 9809-2-1	Tiefeng 31	136
440	Tiedou 101	2019	Nsp	Tie 9809-2-1	Shennong 99-22	135
441	Tiedou 102	2020	Nsp	Shennong 12	Flint	128
442	Tiedou 103	2019	Nsp	Tiedou 37	Tie 08030	124
443	Tiedou 104	2019	Nsp	Tiedou 47	Tiedou 61	129
444	Tiedou 105	2019	Nsp	Tiedou 49	Shennong 12	128
445	Tiedou 107	2020	Nsp	Tiedou 47	Shennong 99-22	133
446	Tiedou 110	2020	Nsp	Tie 01092-4	Atlantic	136
447	Tiedou 112	2020	Nsp	Tiedou 53	Tie 01092-4	134
448	Jingfang 1	2020	Nsp	Tiedou 49	Shennong 99-22	135
449	Liandou 18	2018	Nsp	Tie 96027-1	Tie 99009-7	121

(Continued)

St	Ph(cm)	Ls	Fc	Pc	Ss	Sc	Hc	SW(g)	Yield of regional test (kg/hm²)	Increased (±%)	Yield of adaptability test(kg/hm²)	Increased (±%)	Protein content (%)	Fat content (%)
S	75.0	R	P	T	R	Y	Br	22.0	3 575.6	16.2	3 521.8	17.2	42.97	20.09
S	90.0	E	W	T	R	Y	Y	9.0	2 367.2	8.2	2 587.4	11.5	33.43	21.58
S	86.7	R	P	T	R	Y	Y	16.5	2 463.1	12.6	2 478.2	6.8	36.07	22.54
S	85.6	L	P	G	R	Y	Y	19.4	2 866.0	9.9	2 720.8	9.6	38.71	21.45
S	80.1	L	P	G	R	Y	Y	19.5	2 670.2	7.0	2 649.0	4.3	36.08	23.02
S	66.5	O	W	G	E	Y	Bu	19.0	3 124.5	1.9	3 372.0	5.9	38.93	21.52
S	100.4	L	P	G	R	Y	Y	19.2	3 156.8	14.8	3 243.0	14.0	39.84	20.58
S	123.5	R	W	G	R	Y	Y	20.6	2 838.0	5.0	2 820.4	5.4	41.22	20.48
S	87.3	E	P	G	E	Y	Y	19.7	2 752.5	10.6	2 536.5	8.1	42.24	20.77
S	98.1	E	P	G	E	Y	Y	23.4	2 920.5	8.3	2 815.5	9.9	41.13	20.49
S	95.4	E	P	G	E	Y	Y	20.6	2 715.0	9.1	2 593.5	10.4	40.44	20.24
D	78.5	E	P	G	E	Y	Y	19.9	3 255.0	13.2	2 916.0	9.4	42.16	20.52
S	87.9	E	P	G	E	Y	Y	22.6	3 007.5	10.2	3 024.0	8.9	41.94	20.85
S	86.9	L	P	G	E	Y	Y	21.6	3 042.0	11.4	3 168.0	14.1	41.04	21.84
S	93.2	E	P	G	E	Y	Y	20.7	2 478.0	6.5	3 085.5	7.7	41.44	21.92
S	92.2	E	P	G	E	Y	Bl	19.5	3 267.0	13.6	2 946.0	10.5	40.94	21.37
D	79.4	E	P	T	E	Y	Y	21.7	2 370.0	1.8	3 168.0	10.6	39.82	22.30
S	85.2	E	P	G	E	Y	Y	24.6	2 745.0	8.3	3 033.0	4.5	41.09	21.13
S	76.4	E	W	G	E	Y	Y	23.9	3 232.5	8.7	3 055.5	5.3	40.64	21.79
S	92.4	E	P	G	E	Y	Y	23.8	3 319.5	11.6	3 387.0	15.1	40.77	19.82
S	85.0	E	P	G	E	Y	Y	22.4	2 947.5	13.3	2 752.5	15.1	38.73	21.32
S	98.3	E	P	T	E	Y	Y	21.3	2 907.0	11.8	2 620.5	9.6	38.14	22.34
S	77.6	E	P	G	E	Y	Y	18.0	3 117.0	19.2	3 115.5	15.3	39.12	21.81
S	99.3	E	P	G	E	Y	Y	19.8	3 460.5	16.3	3 267.0	12.6	38.56	21.92
S	88.8	E	P	G	E	Y	Bl	18.7	3 114.0	19.1	3 039.0	12.5	40.14	20.74
S	101.1	E	P	G	E	Y	Y	18.6	3 394.5	12.5	3 453.0	17.3	40.50	20.39
S	78.0	E	P	G	E	Y	Bl	18.7	3 544.5	17.5	3 411.0	15.9	38.88	20.66
S	93.5	E	P	G	E	Y	Bl	19.6	2 871.0	8.2	3 157.5	16.7	37.75	21.42
D	79.2	E	W	G	E	Y	Y	25.1	2 907.0	12.6	2 955.0	12.6	41.55	20.12
D	96.9	E	P	G	E	Y	Y	22.2	3 096.0	16.7	2 863.5	16.8	39.07	20.17
D	63.7	E	P	G	E	Y	Y	19.8	3 054.0	18.3	3 073.5	17.1	38.86	20.56
S	102.9	E	P	G	E	Y	Y	19.5	3 124.5	13.5	3 303.0	16.5	40.82	20.60
S	113.9	E	P	G	E	Y	Bl	17.9	3 573.0	21.1	3 217.5	8.9	40.22	20.11
S	91.9	E	P	G	E	Y	Y	20.0	3 273.0	8.4	3 147.0	8.9	41.27	19.56
D	70.9	E	P	G	E	Y	Y	21.3	3 555.0	17.8	3 310.5	12.1	41.46	19.11
D	63.0	E	P	G	E	Y	Y	22.7	3 079.5	17.7	3 139.5	16.2	38.94	21.55

No.	Cultivars	Released year	Sowing type	Female	Male	Gp(d)
450	Xidou 6	2017	Nsp	9868-10	Yinong 1	127
451	Yushi 5	2020	Nsp	YS2008	Jiaoda 02-89	103
452	Yushi 11	2020	Nsp	WY2008	Kaixinlv	103
453	Yushi 15	2020	Nsp	GL2008	Taiwan 292	100
454	Yushi 99	2020	Nsp	MJH2008	Liaoxian 1	101
455	Landou 8	2020	Nsp	JS2008	Taiwan 303	101
456	Landou 9	2020	Nsp	JH2008	Qingsu 2	95
457	Landou 10	2020	Nsp	AY2008	Huning 95-1	95
458	Liaodou 46	2015	Nsp	Liaodou 15	Changnong 17	119
459	Liaodou 47	2015	Nsp	Liao06-waiyin-3	03126-4	122
460	Liaodou 48	2015	Nsp	Shennong 6	Zhangwulvdou	129
461	Liaodou 49	2017	Nsp	Liaodou 17	Jiyu 38	120
462	Liaodou 50	2017	Nsp	Tiefeng 35	Zhonghuang 35	133
463	Liaodou 52	2017	Nsp	Tiefeng 18	Tiefeng 31	125
464	Liaodou 56	2017	Nsp	Tiefeng 36	Kjiao 9901-1	129
465	Liaodou 57	2018	Nsp	Tie 97118-2	Liao08pin-28	127
466	Liaodou 58	2018	Nsp	Tiedou 46	Tiefeng 33	132
467	Liaodou 59	2018	Nsp	Tie 9809-2-1	Liao 21051	131
468	Liaodou 63	2018	Nsp	Liao 95045-4-1-2-3	Tianhe 59-1-1-4	123
469	Liaodou 64	2019	Nsp	Liao 97034-3-1-3-1-1	Zhonghuang 20	124
470	Liaodou 66	2019	Nsp	Xindou 1	Liaodou 32	128
471	Liaodou 68	2020	Nsp	Tie 97047-3	07-148(Xiongyin)	133
472	Liaodou 69	2019	Nsp	Shennong 12	Tie 00052-1	131
473	Liaodou 70	2019	Nsp	Tie 02007-5	Tie 97118-2	123
474	Liaodou 75	2020	Nsp	Zhonghuang 45	Zhongzuo 056084	134
475	Liaodou 77	2020	Nsp	Tiedou 49	Hangtian 2	132
476	Liaoxiandou 3	2015	Nsp	Qinghe 7	Liaohan 11	101
477	Liaoxiandou 9	2019	Nsp	Liao 00126	Liao 00128	102
478	Liaoxiandou 10	2019	Nsp	Dongnong 1	Seakygangputkong	96
479	Liaoxiandou 16	2020	Nsp	Zhexian 4	Liao 00128	90
480	Shennongdou 21	2015	Nsp	Liao 8880	Tiefeng 31	121
481	Shennongdou 22	2017	Nsp	Shennong 6	Tiefeng 31	123
482	Shennongdou 24	2018	Nsp	Tiefeng 31	Shennong 7	134
483	Shennongdou 25	2018	Nsp	Fu 94-2	Shennong 6	135
484	Shennongdou 27	2019	Nsp	Tiefeng 31	Shennong 7	133
485	Shennongdou 28	2018	Nsp	Shennong 95-41	Tiefeng 31	130
486	Dongdou 17	2017	Nsp	Dong 05018	Dong 02071	125

(Continued)

St	Ph(cm)	Ls	Fc	Pc	Ss	Sc	Hc	SW(g)	Yield of regional test (kg/hm²)	Increased (±%)	Yield of adaptability test(kg/hm²)	Increased (±%)	Protein content (%)	Fat content (%)
S	86.9	E	W	T	R	Y	Y	22.5	3 189.0	10.9	2 979.0	11.8	42.37	19.57
D	91.4	E	P	G	E	G	Y	73.1(※)	13 128.0(*)	17.9	13 156.5(*)	13.3		
D	89.5	E	P	G	E	G	Br	77.1(※)	13 149.0(*)	18.1	12 697.5(*)	9.8		
D	70.7	E	W	G	E	G	Br	83.7(※)	12 540.0(*)	12.1	12 589.5(*)	8.8		
D	45.8	E	W	G	E	G	Br	84.7(※)	12 117.0(*)	9.6	12 687.0(*)	10.0		
D	59.7	E	W	G	E	G	Br	85.2(※)	13 215.0(*)	18.8	13 444.5(*)	16.1		
D	57.6	E	W	G	E	G	Y	84.5(※)	11 907.0(*)	6.9	12 358.5(*)	6.5		
D	53.0	E	W	G	E	G	Y	78.9(※)	12 448.5(*)	11.9	12 823.5(*)	10.9		
D	92.4	E	W	G	E	Y	Y	20.8	2 913.0	8.0	2 815.5	10.0	39.16	22.52
D	70.6	E	P	G	E	Y	Y	24.8	2 959.5	8.6	3 256.5	9.7	43.57	19.82
S	88.2	E	P	G	E	Y	Y	20.5	2 850.0	10.7	2 584.5	10.1	43.48	20.75
D	97.8	E	W	G	R	Y	Y	21.2	2 875.5	5.3	2 982.0	7.4	39.57	22.10
D	68.6	E	W	G	E	Y	Y	22.2	2 625.0	12.8	3 193.5	11.5	39.25	22.64
S	86.8	E	P	T	R	Y	Bl	21.7	3 294.0	14.5	3 211.5	20.5	40.97	21.59
D	82.2	E	P	G	E	Y	Y	21.5	3 246.0	18.5	3 063.0	14.9	42.06	21.42
S	108.3	E	P	G	E	Y	Y	20.1	2 940.0	7.5	2 688.0	12.4	40.42	22.04
S	89.2	E	P	G	E	Y	Y	20.8	2 814.0	11.1	3 117.0	7.4	43.14	20.02
S	99.8	E	P	G	R	Y	Y	21.3	3 226.5	8.5	3 057.0	5.3	39.77	21.32
S	95.3	E	P	G	E	Y	Y	21.3	2 896.5	10.7	3 115.5	15.3	39.21	21.97
D	72.1	E	W	G	E	Y	Y	24.2	2 944.5	12.5	2 905.5	10.7	41.31	20.78
S	82.1	E	P	G	E	Y	Y	17.1	2 946.0	12.6	2 998.5	14.2	41.98	19.97
S	91.2	L	W	G	E	Y	Y	17.7	3 291.0	9.1	3 103.5	5.1	40.94	20.07
S	96.4	E	P	G	E	Y	Bl	20.3	3 384.0	12.1	3 427.5	16.4	39.02	21.15
S	86.3	E	P	G	E	Y	Y	20.9	2 836.5	9.9	2 965.5	13.0	42.37	21.11
S	83.3	E	W	T	E	Y	Bu	20.1	3 408.0	12.9	3 333.0	12.8	39.81	22.3
D	74.9	E	P	G	E	Y	Y	22.3	3 175.5	15.6	3 222.0	13.5	42.04	19.08
D	60.6	E	W	G	E	G	Bf	72.4(※)	12 748.5(*)	8.3	13 593.0(*)	10.0		
D	61.5	E	W	G	E	G	Y	73.5(※)	12 213.0(*)	10.3	11 746.5(*)	14.4		
D	56.4	E	W	G	E	G	Y	82.4(※)	12 619.5(*)	16.0	12 081.0(*)	11.0		
D	31.8	E	W	G	E	G	Bf	74.8(※)	11 340.0(*)	8.9	12 486.0(*)	12.2		
S	89.0	E	P	T	R	Y	Bl	19.8	3 012.0	10.6	3 201.0	7.9	41.94	20.97
S	93.7	E	W	T	R	Y	Br	18.9	3 108.0	8.1	2 961.0	11.1	42.13	20.31
S	101.1	E	P	T	R	Y	Bl	16.3	2 781.0	9.7	3 039.0	4.7	41.17	21.19
S	96.5	E	P	T	R	Y	Bl	20.6	2 863.5	13.0	3 021.0	4.1	40.46	21.44
S	112.8	E	P	T	R	Y	Bl	15.7	3 247.5	9.2	3 196.5	8.6	40.78	20.90
D	87.9	E	W	G	R	Y	Bf	20.2	3 172.5	21.3	3 019.5	11.8	40.62	20.35
D	85.9	E	P	G	R	Y	Y	26.5	3 118.5	14.2	3 202.5	15.3	42.74	20.17

No.	Cultivars	Released year	Sowing type	Female	Male	Gp(d)
487	Dongdou 37	2018	Nsp	Tie 95091-5-2	Tie 95068-5-1	129
488	Dongdou 88	2017	Nsp	Dong 05018	Dong 02071	124
489	Dongdou 606	2020	Nsp	Tiefeng 31	Dongnong 47	128
490	Dongdou 808	2020	Nsp	Tiefeng 31	Dongnong 47	129
491	Dongdou 1133	2018	Nsp	Dong 05018	Dong 02071-5-8	132
492	Shenkedou 88	2018	Nsp	Xiongdou 2	SML-33	124
493	Qundou SLQ8	2019	Nsp	Kai 8157	KF71	122
494	Fudou 26	2015	Nsp	Fujiao 90-91	Fu 99038	117
495	Fudou 27	2017	Nsp	Fudou 17	Changnong 041	121
496	Fudou 28	2017	Nsp	Fudou 18	Gongjiao 9508-8	123
497	Fudou 29	2019	Nsp	Fudou 18	Dongnong 42	126
498	Fudou 30	2019	Nsp	Fudou 18	Fu 9908-30	126
499	Fudou 31	2020	Nsp	Fudou 17	Changnong 041	129
500	Xindou 2	2017	Nsp	Xinyu 1	Jiunong 30	122
501	Dandou 17	2015	Nsp	Zhongdou 32	Dan 92025	127
502	Dandou 18	2018	Nsp	Dan 2000-16	Dan 92025	133
503	Dandou 21	2019	Nsp	Dandou 12	Tie 9809-2-1	132
504	Dandou 22	2020	Nsp	Dandou 12	Tie 01092-4	133
505	Nongzhidou 1	2020	Nsp	Nongzhi 2006-42	Shennong 8	136
506	Mengdou 39	2016	Nsp	Suinong 10	5W53-3	114
507	Mengdou 42	2018	Nsp	Zi 02-146	Heihe 38	115
508	Mengdou 43	2018	Nsp	Mengdou 28	Beidou 21	118
509	Mengdou 44	2017	Nsp	Elvir	Mengdou 38	118
510	Mengdou 45	2017	Nsp	Jiangmodou 1	Dekabig	112
511	Mengdou 46	2019	Nsp	Mengdou 21	Heihe 38	110
512	Mengdou 48	2019	Nsp	Bei 99-356	Hu 01-104 × Bei 99-453	114
513	Mengdou 359	2017	Nsp	Mengdou 14	5W57	117
514	Mengdou 640	2020	Nsp	Mengdou 28	Heihe 18	121
515	Mengdou 824	2020	Nsp	Dengke 1	Suinong 26	114
516	Mengdou 1137	2018	Nsp	Mengdou 28	Yinbeian	119
517	Dengke 9	2015	Nsp	Mengdou 14	Heihe 18	112
518	Dengke 10	2015	Nsp	Mengdou 18	Zhongzuo 992	110
519	Dengke 11	2016	Nsp	Mengdou 21	Zhongzuo 991	104
520	Dengke 12	2016	Nsp	Jiangmodou 1	Dekabig	114
521	Dengke 13	2017	Nsp	Mengdou 14	Heihe 18	109
522	Dengke 14	2017	Nsp	Kenjiandou 27	Dekabig	113
523	Dengke 15	2019	Nsp	Dengke 4	Heihe 43	114

(Continued)

St	Ph(cm)	Ls	Fc	Pc	Ss	Sc	Hc	SW(g)	Yield of regional test (kg/hm^2)	Increased (±%)	Yield of adaptability test(kg/hm^2)	Increased (±%)	Protein content (%)	Fat content (%)
D	85.5	E	P	G	R	Y	Y	26.9	3 004.5	15.5	2 761.5	15.5	41.58	19.85
D	68.4	E	P	G	R	Y	Y	33.2	3 252.0	13.1	3 033.0	13.7	43.65	19.25
S	97.1	E	P	T	E	Y	Y	25.2	3 225.0	11.8	3 064.5	13.3	42.65	18.40
S	90.6	E	P	G	E	Y	Y	22.0	3 256.5	12.9	3 058.5	13.1	38.57	21.03
D	67.9	E	P	G	R	Y	Y	29.0	2 763.0	9.1	3 175.5	9.4	43.28	18.95
S	82.8	E	P	G	E	Y	Y	26.0	3 078.0	12.3	3 112.5	15.2	39.72	21.26
S	75.4	E	W	G	E	Y	Y	19.2	2 974.5	15.2	3 025.5	15.2	43.77	20.06
D	67.8	E	W	T	E	Y	Bl	19.1	2 934.0	8.8	2 895.0	13.0	40.33	21.83
S	98.4	E	P	G	E	Y	Y	18.7	3 018.0	10.5	3 177.0	14.4	39.62	22.21
S	97.5	L	P	G	E	Y	Y	22.2	3 084.0	12.8	3 067.5	10.5	40.76	22.53
S	93.0	E	W	G	E	Y	Y	22.8	2 923.5	12.4	2 748.0	12.1	38.80	21.58
S	97.2	E	P	G	E	Y	Y	20.6	2 944.5	13.2	2 754.0	12.3	38.91	21.82
S	83.3	R	P	G	R	Y	Y	23.5	3 054.0	15.2	3 061.5	13.2	36.51	22.87
D	89.4	E	W	G	R	Y	Y	21.1	3 088.5	13.0	3 136.5	13.0	39.50	23.13
D	89.1	L	P	G	E	Y	Br	18.8	3 147.0	15.5	3 411.0	14.9	42.83	19.93
D	101.6	E	W	T	E	Y	Y	23.1	3 097.5	18.4	3 072.0	13.7	43.15	20.18
S	100.8	E	P	G	E	Y	Y	19.7	2 925.0	13.3	3 036.0	15.6	43.98	19.41
S	98.9	E	P	G	E	Y	Y	19.9	3 328.5	21.0	3 411.0	20.2	40.84	19.73
D	85.7	E	W	G	R	Y	Y	22.7	3 175.5	15.3	3 196.5	12.6	42.13	21.01
N	79.0	E	W	G	R	Y	Y	19.3	2 679.8	8.0	2 601.0	8.4	41.23	21.81
S	74.0	L	P	G	R	Y	Y	19.3	2 622.8	13.2	2 251.5	7.4	42.41	20.16
S	74.0	L	P	G	R	Y	Y	19.8	2 783.3	4.7	2 649.0	10.1	40.91	20.93
S	70.2	L	P	G	R	Y	Y	19.4	2 169.0	4.7	2 400.0	3.1	39.94	22.07
S	84.0	L	P	G	R	Y	Y	20.2	3 178.5	8.8	2 065.5	8.7	39.07	21.47
S	78.0	L	P	G	R	Y	Ib	18.6	2 166.8	4.1	2 644.5	7.9	40.18	21.49
S	72.0	L	W	G	R	Y	Y	20.7	2 550.0	4.9	2 643.0	5.2	41.46	21.23
N	79.5	L	W	G	R	Y	Y	17.3	2 886.0	5.0	2 389.5	9.1	40.93	21.26
S	73.9	L	W	G	R	Y	Y	18.3	2 742.0	6.3	2 724.0	7.9	40.33	18.15
N	88.2	L	P	G	R	Y	Y	20.0	2 685.8	5.4	2 631.0	6.2	38.59	21.14
S	73.2	L	W	G	R	Y	Y	18.9	2 587.5	7.4	2 751.0	9.6	40.77	19.53
N	82.0	L	P	G	R	Y	Y	17.5	2 177.3	6.4	2 754.0	12.9	41.70	19.55
N	86.0	O	W	G	R	Y	Br	17.5	2 233.5	9.2	2 611.5	7.1	40.04	18.96
S	80.0	L	W	G	R	Y	Br	18.1	2 790.0	5.4	2 541.0	7.6	38.16	20.48
N	81.0	L	P	G	R	Y	Br	16.6	2 646.0	6.7	2 596.5	8.3	38.46	22.14
N	84.0	L	P	G	R	Y	Y	22.3	3 136.5	7.4	2 047.5	10.9	39.65	22.19
N	79.0	L	P	G	R	Y	Y	18.5	3 087.8	5.4	2 145.0	15.0	41.07	21.47
S	73.0	L	P	G	R	Y	Y	19.6	2 617.5	8.8	2 707.5	6.8	39.47	20.43

No.	Cultivars	Released year	Sowing type	Female	Male	Gp(d)
524	Gandou 2	2020	Nsp	Heihe 18	Shennong 12	112
525	Jinsha 5	2020	Nsp	Heihe 1596	Jiangmodou 1133	106
526	Xingdou 7	2019	Nsp	Chunyou 439	He 99-718	114
527	Xingdou 8	2019	Nsp	Fengdou 2	Beidou 21	113
528	Chidou 5	2019	Nsp	Jiyu 71	Hefeng 39	116
529	Mengkedou 3	2016	Nsp	Jilin 30	Jiyu 47	117
530	Mengkedou 4	2017	Nsp	Suinong 14	Jiyu 47	122
531	Mengkedou 5	2018	Nsp	Yi 3	Jilin 30	118
532	Mengkedou 6	2020	Nsp	Hefeng 47	Jiunong 25	120
533	Mengkedou 9	2020	Nsp	Dengke 1438	Dengke 1438 × Fendou 79	115
534	Mengkedou 10	2020	Nsp	Kenjiandou 23	Jiyu 82	120
535	Zhonghuang 76	2016	Hsu/Ssp	Zhonghuang 24	Zhonghuang 21	104
536	Zhonghuang 78	2018	Hsu	01P4	Zhonghuang 28	103
537	Zhonghuang 79	2015	Hsu	Zhongpin 661	Yudou 25	114
538	Zhonghuang 80	2017	Hsu	Zhongzuo J4015	Zhonghuang 4	112
539	Zhonghuang 203	2018	Hsu	01P6	Zhongdou 27	115
540	Zhonghuang 204	2018	Hsu	Ji 9924-92	Zhonghuang 22	118
541	Zhonghuang 209	2019	Hsu	Zhonghuang 16	01P6	116
542	Zhonghuang 211	2018	Hsu	01P6	Zhongdou 27	117
543	Zhonghuang 212	2019	Hsu	Zhongzuo 96-853	01P6	117
544	Zhonghuang 301	2017	Hsu	Zheng 9525	Shangdou 16	103
545	Zhonghuang 302	2018	Hsu	Yudou 22	Ag31	101
546	Zhonghuang 311	2018	Hsu	Zhongzuo 96054-10-1	Zhonghuang 24	106
547	Zhonghuang 313	2018	Hsu	Zhongzuo J5050	Shennong 99-22	113
548	Zhonghuang 314	2018	Hsu	Hajiao 06-8009	Nongda 5554	111
549	Zhonghuang 318	2019	Nsp	Zhongzuo J8024	Zhongzuo J9206	136
550	Zhonghuang 327	2020	Hsu	Zhongzuo 06-06	083NH50035	108
551	Zhonghuang 605	2017	Hsu	Zhongzuo J05	D0001	111
552	Zhonghuang 606	2017	Hsu	Jidou 12 Space raidation		112
553	Zhonghuang 901	2015	Nsp	Jiannong 1	Dongnong 434-1	109
554	Zhonghuang 902	2019	Nsp	Jiannong 1	Hefeng 50	117
555	Zhonghuang 909	2019	Nsp	Hei 05-38	H03-50	113
556	Zhonghuang 911	2019	Nsp	He 03-863	Heihe 1302	110
557	Zhongzuodou 1	2019	Hsu	Zhonghuang 47 mutant		108
558	Zhongji 602	2020	Nsp	Heihe 43 raidation		131
559	Jingtongsui 1	2019	Nsp	Suinong 14	(Suinong 14 × Chadou)F$_1$	117
560	Kedou 2	2015	Hsu	Zheng 9805	S07-1	111

(Continued)

St	Ph(cm)	Ls	Fc	Pc	Ss	Sc	Hc	SW(g)	Yield of regional test (kg/hm²)	Increased (±%)	Yield of adaptability test(kg/hm²)	Increased (±%)	Protein content (%)	Fat content (%)
S	60.0	L	P	G	R	Y	Y	17.6	2 750.3	7.8	2 530.3	8.1	39.34	21.21
N	78.5	L	P	G	R	Y	Y	21.5	2 190.0	6.4	2 428.5	3.8	39.76	20.48
S	72.4	R	W	G	R	Y	Br	20.0	2 613.8	9.8	3 531.0	6.8	36.74	24.24
N	76.6	L	P	G	R	Y	Bu	20.0	2 569.5	7.5	3 498.0	5.7	39.12	23.01
S	80.0	L	W	G	R	Y	Br	22.0 ~ 23.0	3 349.5	4.4	3 478.5	5.6	38.78	23.16
S	81.0	L	W	G	R	Y	Y	18.3	3 221.3	6.9	2 974.5	6.7	37.80	22.43
N	108.0	O	P	G	R	Y	Br	19.4	3 306.8	6.5	3 196.5	8.0	39.32	22.79
N	103.0	L	W	T	R	Y	Y	20.9	3 471.8	11.5	3 382.5	12.1	39.03	23.75
S	93.2	R	W	G	R	Y	Y	20.1	3 633.8	10.6	3 313.5	12.4	36.37	23.21
S	65.4	L	P	G	R	Y	Y	17.6	2 607.0	5.3	2 608.5	5.3	39.52	20.77
S	100.2	R	P	G	E	Y	Bl	18.8	3 495.8	7.1	3 271.5	11.0	38.60	21.67
S	87.7	R	P	G	E	Y	Y	18.6	2 879.5	2.0	2 567.0	6.2	38.99	23.59
D	93.1	O	P	G	E	Y	Bf	22.6	3 483.0	8.3	3 227.6	5.5	40.59	21.18
S	76.9	O	P	T	Rf	Y	Tn	18.2	3 192.0	10.7	2 575.5	7.7	39.70	19.93
D	80.9	O	W	G	E	Y	Y	25.4	3 267.9	20.2	3 320.9	7.7	40.39	20.83
D	88.0	L	W	G	E	Y	Br	26.6	2 991.0	11.5	2 479.5	13.4	42.62	20.40
D	98.5	L	P	G	E	Y	Br	29.0	2 956.5	10.3	2 284.5	4.5	43.93	17.68
D	97.9	O	W	G	E	Y	Br	23.3	2 905.7	16.7	2 192.6	4.4	43.28	19.10
D	83.7	O	W	G	E	Y	Y	24.1	2 920.5	7.4	2 463.0	12.7	43.90	19.57
D	82.1	O	W	G	R	Y	Y	24.3	3 210.0	18.0	2 633.9	25.4	42.75	19.66
D	75.0	E	P	G	R	Y	Bf	19.1	3 281.3	7.6	2 886.0	13.0	43.02	20.40
D	68.0	E	P	T	R	Y	Y	16.0	2 623.1	6.0	2 298.8	4.1	41.19	20.05
S	109.6	R	W	T	R	Y	Br	18.2	3 645.0	6.5	3 126.0	5.2	40.80	21.30
D	82.0	O	P	G	R	Y	Tn	19.6	3 214.5	19.9	2 863.5	30.9	40.13	19.80
D	80.0	O	P	G	R	Y	Bf	22.3	3 314.3	6.1	3 106.5	3.9	44.96	19.66
D	88.0	O	P	T	E	Y	Br	23.1	4 444.5	4.9	4 344.0	11.3	38.63	20.83
D	98.8	O	P	T	R	Y	Bf	18.4	3 072.5	8.5	3 295.7	11.7	38.93	21.67
D	76.0	O	W	G	R	Y	Y	20.5	3 545.4	22.9	3 842.6	24.6	42.01	19.94
D	69.5	O	P	G	E	Br	Br	24.0	2 763.6	−4.2	3 087.0	0.1	47.27	15.87
N	92.0	L	P	G	R	Y	Y	19.5	2 421.8	9.1	2 776.5	8.2	41.52	21.31
S	80.5	L	P	G	R	Y	Y	19.2	2 568.0	5.9	2 644.5	4.7	39.85	20.34
S	75.0	L	P	G	R	Y	Y	17.7	2 510.3	4.0	2 650.5	4.3	39.69	21.05
S	84.0	L	P	G	R	Y	Y	17.4	2 174.3	5.3	2 631.0	5.0	39.74	19.80
D	85.5	O	P	G	R	Y	Y	17.1	2 703.0	1.6	2 917.5	12.6		
S	93.2	R	W	G	R	Y	Y	18.1	3 420.0	4.8	3 189.0	5.0	38.51	21.84
S	86.4	L	P	G	R	Y	Y	17.4	2 498.1	7.6	2 652.7	8.6	36.78	21.76
D	77.4	E	P	G	E	Y	Br	19.7	3 243.8	5.1	2 941.5	4.1	43.33	20.48

No.	Cultivars	Released year	Sowing type	Female	Male	Gp(d)
561	Kedou 7	2018	Hsu	9960-2-1	02016-1	116
562	Kedou 17	2018	Hsu	Kedou 1	01-14-1-8	107
563	Beinong 109	2019	Hsu	Kefeng 14	Dongbeiheidadou	120
564	Ningdou 6	2018	Nsp	Zhonghuang 24	Low linolenic acid	135
565	Ningdou 7	2020	Nsp	Zhonghuang 38	Gongjiao 9703-3	136
566	Ningjingdou 7	2019	Nsp	Changnong 17	Ji B04-6	136
567	Longzhonghuang 601	2015	Nsp	Kaiyu 12	Handou 5	122
568	Longzhonghuang 602	2018	Nsp	Zhonghuang 31	Shanning 7	126
569	Longzhonghuang 603	2019	Nsp	Jinda 70	Zhongzuo 983	139
570	Longhuang 1	2016	Nsp	Fendou 56	Fendou 62	124
571	Longhuang 2	2016	Nsp	Jindou 23	Ludou 4	128
572	Longhuang 3	2018	Nsp	Jindou 42	Ludou 4	125
573	Yindou 2	2016	Nsp	Systematic selection from 0725		130
574	Yindou 3	2017	Nsp	Jindou 23	Zaoshu 18	130
575	Yindou 4	2019	Nsp	Jindou 31	Jindou 11 × 1259	138
576	Zhangnong 1	2015	Nsp	Systematic selection from Jindou 19		125
577	Jingdou 1	2018	Nsp	Systematic selection from Didou		121
578	Qingdou 2	2017	Nsp	Jindou 3	Mianyang 2	133
579	Chengdou 8	2015	Nsp	Cheng 8125	Zheng 84240-B1	155
580	Chengdou 9	2015	Nsp	Cheng9039-1-8-1-Jian9da	Kefeng 14	132
581	Jidou 23	2017	Hsu	(Jidou 12 × Jihuang 13)F$_1$	Jidou 12	109
582	Jidou 24	2019	Hsu	Selection from recurrent population		106
583	Jidou 29	2020	Hsu	Jidou 17	V111-4	107
584	Jidou 1258	2020	Hsu	Selection from recurrent population		93
585	Jiheidou 1	2018	Hsu	Dannonghei	Jidou 9	107
586	Shidou 11	2017	Hsu	Huayou 446	Jidou 4	108
587	Shidou 12	2017	Hsu	Shidou 1	Fendou 63	108
588	Shidou 14	2018	Hsu	Zhonghuang 35	Huayou 4120	108
589	Shidou 15	2019	Hsu	Shidou 5	Shidou 1	106
590	Shidou 17	2019	Hsu	Shidou 1	SNjinda 73-1	107
591	Shi 885	2016	Hsu	Shidou 1	Huayou 5	102
592	Shi 936	2016	Hsu	Jidou 12	Huayou 446	107
593	Shiheidou 1	2018	Hsu	Huayou 5	Daliheidou	107
594	Cangdou 11	2019	Hsu	Lu 99-1	Cangdou 4	107
595	Cangdou 13	2018	Hsu	Cangdou 4	Zhongzuo 00-484	107
596	Cangdou 09Y1	2019	Hsu	Shi 7631	Shidou 4	109
597	Handou 11	2017	Hsu	Mei 4450	Shidou 412	111

(Continued)

St	Ph(cm)	Ls	Fc	Pc	Ss	Sc	Hc	SW(g)	Yield of regional test (kg/hm²)	Increased (±%)	Yield of adaptability test(kg/hm²)	Increased (±%)	Protein content (%)	Fat content (%)
D	111.7	O	W	G	E	Y	Br	18.7	2 862.3	2.2	2 461.5	12.6	44.66	18.18
D	87.0	E	P	G	E	Y	Br	20.9	3 215.6	5.0	3 034.8	6.1	42.74	20.77
D	93.5	L	P	G	E	Bl	Br	30.9	2 431.5	−9.3	1 711.4	−14.3	44.40	17.26
N	100.0	O	P	T	E	Y	Br	19.2	4 359.0	3.8	3 955.5	5.0	38.44	21.50
D	90.8	O	W	G	E	Y	Br	21.6	4 563.0	4.7	3 727.5	5.0	38.88	20.67
D	97.9	O	W	G	E	Y	Bf	20.7	4 366.5	3.1	4 167.0	6.3	39.53	21.82
D	63.5~86.3	O	P	T	R	Y	Br	19.1 ~ 24.8	2 650.1	17.1	1 995.9	6.7	41.94	20.09
D	59.5~99.5	L	P	T	E	Y	Br	19.0 ~ 23.7	2 361.9	8.6	2 339.7	8.8	41.26	19.78
S	95.0	E	W	T	E	Y	Br	25.0	2 861.6	12.7	3 131.7	14.2	41.70	19.31
S	63.1	E	W	G	E	Y	Bf	18.8 ~ 24.5	2 442.0	3.3	2 571.3	9.0	39.40	20.52
D	63.6	E	P	T	E	Y	Br	19.9 ~ 24.7	2 563.9	9.0	2 501.7	6.1	38.53	20.42
D	63.1~100.0	R	P	T	E	Y	Bl	21.2 ~ 26.4	2 955.6	13.5	2 932.7	9.4	41.60	19.37
D	68.1	O	W	G	R	Y	Br	22.6	2 464.4	20.3	2 906.4	13.3	43.06	20.65
S	84.8	E	W	G	R	Y	Br	23.5	2 428.5	10.3	2 386.5	11.0	45.32	17.73
S	86.0	R	W	G	R	Y	Br	22.5	2 830.7	11.5	2 821.1	5.2	39.70	18.40
D	58.2 ~ 88.0	L	P	G	R	Y	Y	21.7 ~ 31.2	2 485.1	9.9	2 557.1	4.6	45.98	21.38
S	70.0	E	P	G	E	Y	Y	22.4	2 585.6	8.2	2 910.8	8.6	40.62	21.30
S	63.0 ~ 73.5	E	P	G	E	Y	Bf	19.8 ~ 23.2	2 230.9	2.3	2 172.2	1.0	38.13	20.10
S	133.6	E	P	T	E	Y	Y	28.2	2 040.0	0.5	3 082.8	8.7	36.39	17.92
S	68.7	L	W	G	E	Y	Bf	25.6	2 700.2	32.4	2 970.8	4.8	45.06	19.30
S	90.9	O	P	G	E	Y	Br	24.6	3 096.8	2.6	3 275.6	6.6	45.00	19.20
S	99.2	O	P	G	R	Y	Bl	20.6	3 291.8	11.6	2 946.0	3.1	39.03	20.53
S	121.2	O	W	G	R	Y	Y	19.6	3 322.5	4.5	3 300.0	8.8	39.48	20.41
D	46.5	E	P	G	E	Y	Y	22.2	2 683.7	17.2	2 932.5	26.8	47.96	20.24
D	86.9	O	P	T	R	Bl	Bl	26.1	2 430.0	−7.7	2 439.0	−10.7	42.70	19.16
S	104.9	E	W	T	R	Y	Br	24.8	3 093.9	2.5	3 108.0	0.9	45.79	19.66
S	93.9	O	P	G	E	Y	Br	24.2	3 284.0	6.2	3 229.7	4.9	39.15	21.42
S	113.6	R	W	T	R	Y	Br	19.1	3 310.5	6.7	3 244.5	5.4	39.63	22.26
S	105.8	O	P	T	R	Y	Bl	21.9	3 233.4	7.1	3 005.4	5.3	40.50	20.34
S	101.6	O	P	G	E	Y	Br	23.9	3 254.5	7.5	2 934.0	5.3	40.08	21.39
S	79.1	O	P	G	E	Y	Bf	22.8	3 071.3	2.7	3 214.5	6.0	39.37	21.79
D	74.1	O	P	G	R	Y	Br	23.3	3 147.8	5.3	3 325.5	9.7	41.72	21.02
S	120.8	R	P	T	E	Bl	Y	24.7	2 970.8	12.0	2 863.5	13.0	43.59	19.73
D	81.4	O	W	T	Rf	Y	Br	19.2	3 199.5	2.7	2 911.5	2.0	39.13	21.13
D	85.1	O	W	G	R	Y	Br	23.2	3 198.0	3.5	3 201.0	4.2	41.19	20.92
S	119.8	O	W	T	R	Y	Bl	18.7	3 184.5	8.1	2 926.5	2.5	40.00	20.20
S	99.2	R	W	T	E	Y	Y	23.8	3 257.6	7.9	3 269.4	6.5	41.31	20.05

No.	Cultivars	Released year	Sowing type	Female	Male	Gp(d)
598	Handou 12	2018	Hsu	Yudou 25	Zhonghuang 14	107
599	Handou 13	2018	Hsu	Jidou 16	Zhonghuang 13	105
600	Handou 14	2019	Hsu	Zhonghuang 38	Fendou 72	107
601	Handou 15	2019	Hsu	09jian18	Shidou 1	104
602	Handou 16	2020	Hsu	Lu 96019-7	Jidou 17	105
603	Handou 17	2020	Hsu	Handou 7	Zhongpin 03-5179	105
604	Jindou 49	2017	Hsu	Tongdou 4	P2-168	118/97
605	Jindou 50	2017	Hsu	Zhongzuo 965124	Qindou 8	130/104
606	Jinhuang 9	2020	Hsu	Liaodou 15	Pudou 6018	128/101
607	Jinke 2	2017	Nsp	Jinyi 38	Xinmaodou 1	108
608	Jinke 5	2020	Hsu	Jinyi 45	Jindou 19	124/105
609	Jinke 8	2020	Nsp	Jinke 4	Jindou 39	99
610	Jinyi 51	2018	Hsu	Jindou 19	Jinzao 16	133/106
611	Jinyi 53	2020	Hsu	Jinzao 16	Jindou 15	133/104
612	Jinqing 1	2020	Nsp	Jindou 19	Jiqing 1	136
613	Pindou 20	2017	Hsu	Pin 75-14	Jinyi 36	127/103
614	Pindou 21	2018	Hsu	Pin 75-14	Jinyi 36	128/104
615	Youshidou-A-5	2019	Hsu	JLSXCMS1	Zhong 119-99	129/103
616	Qiangfeng 1	2018	Hsu	Kaiyu 9	Tiefeng 29	127/101
617	Fendou 92	2017	Nsp	Jindou 23	Zhongdou 27	130
618	Fendou 93	2016/2020	Nsp	Jinda 78	Jindou 39	130
619	Jinda 88	2017	Hsu	Jinda 74	Jinda 57	131/106
620	Jindazhilv 1	2020	Hsu	Jinda 74	Z-zhilv mutant	113
621	Changdou 31	2017	Hsu	Changdou 001	Changdou 002	132/105
622	Changdou 32	2017	Hsu	Changdou 002	Tiefeng 30	121/98
623	Changdou 33	2018	Hsu	Changdou 001	Changdou 002	129/105
624	Changdou 34	2019	Hsu	Chang 0550013	Chang 0518	123/105
625	Changdou 35	2020	Nsp	w477	Chang 0516	133
626	Weidou 10	2015	Hsu	G20	Weidou 6	103
627	Weidou 126	2016	Hsu	G20	Weidou 6	105
628	Weidou 138	2017	Hsu	Dedou 99-16	Jidou 44	106
629	Weidou 1897	2018	Hsu	G20	Yinong 1	107
630	Weiheidou 1	2018	Hsu	Dedou 99-16	Jidou 44	105
631	Lindou 11	2019	Hsu	Zhonghuang 13	Lin 502	104

(Continued)

St	Ph(cm)	Ls	Fc	Pc	Ss	Sc	Hc	SW(g)	Yield of regional test (kg/hm²)	Increased (±%)	Yield of adaptability test(kg/hm²)	Increased (±%)	Protein content (%)	Fat content (%)
D	68.5	R	P	G	E	Y	Bf	23.0	3 099.0	3.5	3 235.5	5.8	41.52	19.44
S	81.6	R	P	G	E	Y	Br	23.8	3 387.0	8.6	3 252.0	5.7	39.08	20.86
S	95.3	O	W	G	R	Y	Bf	19.0	3 199.5	8.5	3 169.5	11.0	39.93	20.31
D	83.5	O	P	G	R	Y	Y	24.2	3 313.5	9.3	3 003.0	5.2	45.47	19.87
D	84.7	O	W	T	E	Y	Bl	20.8	3 466.5	9.1	3 234.0	6.7	38.10	21.83
S	109.0	O	P	G	E	Y	Bl	19.3	3 459.0	9.5	3 421.5	12.8	36.93	22.97
S	73.2	L	P	T	R	Y	Bf	18.8	2 793.0	8.2	2 991.0	11.0	37.07	20.60
S	100.4	O	P	T	E	Y	Br	21.9	3 595.5	14.3	3 052.5	9.5	41.79	21.25
D	90.0/66.8	O	P	G	E	Y	Bf	26.8/26.7	3 295.5	7.9	3 649.5/2 742.0	8.7/9.3	43.84/ 40.65	19.37/ 20.69
D	78.9	E	W	G	E	G	Br	33.5	18 982.5(*)	28.9	10 604.5(*)	17.2	44.06	19.39
S	88.9/65.5	O	P	T	E	Y	Br	19.0/19.9	2 832.0	4.5	2 725.5/2 634.0	8.1/2.2	41.76	19.19
S	82.4	O	W	G	E	Y	Br	92.5(※)	15 640.5(*)	8.8	16 278.0(*)	12.1	44.08	19.98
S	93.7	O	W	T	E	Y	Bl	24.3	3 298.5	6.8	3 501.0/3 081.0	4.7/7.2	42.12	21.13
S	104.8/79.0	O	W	T	E	Y	Ib	21.7/22.5	3 202.5	4.8	3 582.0/2 749.5	6.7/9.5	43.18/ 39.73	19.85/ 22.00
S	120.6	O	P	G	E	G	Ib	23.9	3 342.0	6.0	3 385.5	0.8	43.86	20.60
S	77.4	O	P	T	R	Y	Br	24.5	3 477.0	10.5	3 081.0	9.1	42.46	20.86
S	86.6	E	P	T	R	Y	Br	23.3	3 354.0	8.6	3 648.0/3 069.0	9.1/6.8	41.86	20.67
S	90.3	O	W	G	E	Y	Bl	21.2	3 570.0	13.5	3 217.5	12.1	42.10	20.96
S	67.2	R	P	G	E	Y	Y	25.7	3 438.0	9.3	3 219.0	6.1	37.50	20.72
S	52.6~125.5	O	W	T	E	Y	Br	21.5~28.4	2 329.2	6.6	2 314.5	7.6	41.63	20.18
S	74.2~115.8	O	W	G	R	Y	Y	22.1~30.0	2 675.5/3 651.0	13.1/5.3	2 704.2/3 346.5	14.7/5.2	42.40/ 42.67	21.70/ 19.55
S	102.9	L	W	T	R	Y	Bl	20.4	3 396.0	7.9	3 066.0	11.9	43.66	19.54
S	103.3	L	W	G	R	G	Bl	21.0	2 637.0	4.4	2 655.0	4.0	41.12	19.64
S	98.5	E	P	T	E	Y	Br	24.1	3 261.0	10.5	2 998.5	7.5	41.15	21.11
S	85.0	E	P	T	E	Y	Y	20.0	2 770.5	7.3	2 914.5	8.2	42.64	20.03
S	69.5	E	P	T	E	Y	Br	22.5	3 307.5	7.1	3 724.5/3 096.0	11.4/7.7	39.90	21.62
S	90.6/68.8	O	P	T	E	Bl	Bl	19.6/21.4	2 821.5/2 980.5	7.2/7.8	2 721.0/2 742.0	8.0/6.4	40.30	20.83
S	111.0	E	P	T	E	Y	Bl	20.7	3 886.5	9.4	3 133.5	10.2	40.22	24.00
D	73.7	O	W	T	E	Y	Bl	16.8	3 220.5	3.1	3 489.0	3.2	37.93	22.48
D	71.5	O	W	T	E	Y	Bl	16.8	3 451.5	3.7	3 718.5	6.0	38.98	22.07
D	82.3	E	W	T	E	Br	Br	21.4	3 907.5	4.4	2 755.5	5.0	38.70	21.10
D	86.0	O	W	T	E	Y	Br	21.2	3 711.0	9.2	3 268.5	9.9	42.80	20.60
D	86.8	O	W	T	E	Bl	Bl	23.5	3 699.0	8.5	3 033.0	2.0	41.50	20.30
D	72.1	O	W	T	E	Y	Br	24.4	3 246.0	7.8	2 920.5	3.5	41.00	21.10

No.	Cultivars	Released year	Sowing type	Female	Male	Gp(d)
632	Yidou 12	2020	Hsu	tc1136	Weidou 9	106
633	Canghei 1	2015	Hsu	Williams	Daliheidou	105
634	Huadou 10	2016	Hsu	Zhonghuang 13	Hedou 12	103
635	Huadou 19	2018	Hsu	Zhonghuang 13	Heihe 36	104
636	Huadou 14	2020	Hsu	Zhonghuang 13	0913	106
637	Shanning 18	2017	Hsu	Shanning 10	Shanning 11	109
638	Shanning 21	2018	Hsu	Jijian00075	Yudou 8	103
639	Shanning 24	2019	Hsu	Shangdou 11	He 99-35	103
640	Xiangfeng 4	2019	Hsu	Wansu 5157	Qihuang 34	104
641	Shengdou 5	2015	Hsu	Fu 7792	(Sheng 4 × 8480-2)F$_1$	106
642	Shengdou 12	2020	Hsu	Zhoudou 11	Zheng 9805	104
643	Shengdou 25	2020	Hsu	Zhonghuang 13	Yudou 22	102
644	Shengdou 27	2017	Ssu	Xudou 12	Zheng 9007	100
645	Shengdou 30	2017	Hsu	Sheng 02005-63	(Zheng 9805 × Xinliuqing)F$_1$	104
646	Shengdou 127	2019	Hsu	Handou 6	Huayou 4120	104
647	Hedou 23	2015	Hsu	Doujiao 69	Yudou 8	103
648	Hedou 28	2017	Hsu	Hedou 18	Zhongzuo 975006	107
649	Hedou 29	2017	Hsu	Hedou 12	Zhudou 9715	107
650	Hedou 32	2018	Hsu	Hedou 18	Zhongzuo 975	106
651	Hedou 33	2018	Hsu	Hedou 20	(Doujiao 69 × Yudou 8) × (Zhongzuo 975 × Xu 8906)F6	107
652	Yundou 1	2020	Hsu	Zhonghuang 13	0916	106
653	An(yang)dou 203	2016	Hsu	Zhonghuang 13	Pudou 6018	108
654	An(yang)dou 5156	2016	Hsu	Zhou 9521-3-4	Huohuangsanxuan-3	107
655	An(yang)dou 5240	2020	Hsu	Qihuang 34	Andou 11-5556	103~106
656	An(yang)dou 5246	2018	Hsu	Andou 09-5067	Hedou 99-6	102
657	Pudou 754	2019	Hsu	Pudou 6018	Handou 5	112
658	Pudou 820	2018	Hsu	Pudou 6018	Handou 5	107
659	Pudou 1788	2016	Hsu	Pudou 6018	Zheng 196	111
660	Pudou 5110	2018	Hsu	Pudou 6018	Fendou 79	110
661	Pudou 5136	2020	Hsu	Pudou 6018	Zhudou 6	104~108
662	Dingcun 941 yaoheidou	2020	Hsu	Dingcunshuangqingyi	Dingcunheidou	117
663	Xiandou 168	2020	Hsu	Kaidou 41 mutant		113
664	Shangdou 151	2020	Hsu	Shang 8480	Shang 8653	106~110
665	Shangdou 161	2019	Hsu	Shang 8480	Yudou 26	104~110
666	Shangdou 1201	2016	Hsu	Kaidou 4	Zheng 91107	108~114

(Continued)

St	Ph(cm)	Ls	Fc	Pc	Ss	Sc	Hc	SW(g)	Yield of regional test (kg/hm²)	Increased (±%)	Yield of adaptability test(kg/hm²)	Increased (±%)	Protein content (%)	Fat content (%)
D	75.0	E	W	T	E	Y	Bl	22.1	3 340.5	6.8	3 258.0	3.4	40.16	20.26
S	110.0	O	W	T	E	Bl	Bl	17.0	3 063.0	1.3	3 316.5	−1.9	38.55	21.55
D	64.6	O	P	G	E	Y	Br	22.3	3 463.5	4.8	3 753.0	6.9	40.42	19.32
D	69.6	L	W	G	E	Y	Y	21.4	3 762.0	10.4	3 141.0	5.6	43.00	19.80
D	73.8	O	W	T	E	Y	Br	23.9	3 016.5	5.3	3 021.0	8.2	45.20	20.50
D	63.4	L	W	G	E	Y	Br	20.8	3 982.5	6.4	2 946.0	12.2	40.40	21.20
D	86.9	L	W	G	E	Y	Y	21.9	3 580.5	5.0	3 154.5	6.1	43.30	19.30
D	63.1	L	W	T	R	Y	Bf	17.5	3 279.0	8.2	2 862.0	1.4	41.60	19.20
D	80.1	O	W	G	E	Y	Br	20.9	3 276.0	8.4	3 106.5	10.0	44.50	18.50
D	79.6	O	W	T	E	Y	Bl	19.3	3 366.0	7.7	3 664.5	8.4	39.07	20.78
D	77.3	E	P	G	E	Y	Br	19.7	2 541.8	8.4	2 380.7	7.4	41.74	19.67
D	74.5	E	P	G	E	Y	Bf	16.7	2 520.4	9.5	2 582.6	5.9	41.65	20.11
D	76.7	E	W	G	E	Y	Bf	25.3	2 718.8	15.1			45.50	20.76
D	71.1	E	P	G	E	Y	Br	18.6	2 728.0	10.7	2 410.1	4.6	39.49	20.67
D	92.8	O	W	T	R	Y	Br	21.0	3 364.5	10.5	3 109.5	10.2	41.30	20.60
D	71.6	O	P	G	E	Y	Bf	25.3	3 325.5	6.8	3 492.0	3.3	42.74	18.46
S	94.8	O	W	T	E	Y	Br	21.7	3 949.5	5.4	2 850.0	8.6	40.80	20.90
D	77.5	O	P	G	E	Y	Br	23.7	3 931.5	5.1	2 986.5	13.8	40.63	20.10
S	100.3	O	W	G	E	Y	Br	23.5	3 540.0	3.3	3 105.0	4.4	41.00	21.90
D	73.6	O	W	T	E	Y	Br	25.7	3 661.5	8.3	3 310.5	11.3	43.00	18.70
D	74.9	O	P	G	E	Y	Bf	27.6	3 591.0	14.8	3 435.0	9.0	44.77	19.76
D	62.6	R	W	G	E	Y	Br	26.4	3 601.5	6.3	3 783.0	7.8	45.45	19.42
D	66.6	O	W	G	R	Y	Br	23.6	3 185.7	11.7	3 207.6	10.5	42.13	19.77
D	61.0	E	W	T	E	Y	Bl	21.5	2 856.1	7.9	3 307.3	7.4	42.09	20.50
D	56.4	O	P	G	R	Y	Br	19.3	3 290.4	7.6	3 095.4	8.2	43.30	18.40
D	96.8	O	P	G	R	Y	Br	23.8	2 807.0	5.6	2 868.0	10.7	46.90	18.50
D	87.1	O	W	G	R	Y	Y	23.7	3 263.3	6.7	3 085.5	7.9	46.11	19.80
D	81.7	O	W	G	R	Y	Y	22.6	3 176.9	11.3	3 232.7	11.6	41.38	19.73
D	91.5	E	W	G	R	Y	Bf	21.7	3 196.8	11.3	3 097.5	8.3	41.75	19.10
D	85.0 ~ 93.0	R	W	G	Rf	Y	Bf	20.6 ~ 21.7	2 820.6	4.8	3 128.7	3.7	43.02	20.08
D	80.1	O	W	T	E	Bl	Bl	32.0	2 655.8	−1.6	2 874.0	−4.9	39.00	18.40
D	60.0 ~ 65.0	O	P	G	R	Y	Br	22.5	2 770.5	14.8	2 689.5	5.3	39.87	19.79
D	80.0 ~ 86.0	O	P	G	E	Y	Br	20.0 ~ 21.0	2 915.3	10.0	3 183.0	3.2	44.16	18.75
D	87.6 ~ 93.5	O	P	G	R	Y	Br	18.6 ~ 19.7	2 940.8	10.5	2 854.5	10.3	43.20	20.50
D	74.4 ~ 85.9	O	W	G	E	Y	Br	16.0 ~ 18.2	3 115.7	9.2	3 174.0	10.7	42.32	20.63

No.	Cultivars	Released year	Sowing type	Female	Male	Gp(d)
667	Shangdou 1310	2017	Hsu	Yudou 22	Shang 8653-1-1-1-3-2	101
668	Mingdou 1	2020	Hsu	Systematic selection from Shangdou 14 mutant		105
669	Zheng 1307	2019	Hsu	Zheng 9805	Zhoudou 23	102
670	Zheng 1311	2019	Hsu	Zheng 9805	Luo F20-3	109
671	Zheng 1440	2019	Hsu	Zheng 94059	Luo 8C01	106
672	Zheng 16158	2020	Hsu	Zheng 94059	Luo 8C01	104～107
673	Zheng 16377	2020	Hsu	Zhou SP0602-B9	Zheng 9525	104～109
674	Changyidou 3	2018	Hsu	Heinong 48	Bianjingdou	108
675	Kaidou 46	2018	Hsu	Systematic selection from Xindadou 1		105
676	Kaidou 49	2019	Hsu	Kaidou 4	Dongbeidadoushu	107
677	Luodou 1	2017	Hsu	Xudou 9	Zhoudou 11	109
678	Luodou 1304	2020	Hsu	Zheng 9805	Luning 1	105～111
679	Zhoudou 23	2015	Hsu	Pudou 6018	Kefeng 36	108
680	Zhoudou 25	2019	Hsu	Ping 99016	Zheng 9525	101
681	Zhoudou 28	2019	Hsu	[(Zhonghuang 13 × Zheng 9805) F_1 × (Lindou 10 × Zhoudou 12)F_1] F_1	[(Yudou 15 × Zhoudou 19) F_1 × (Zhoudou 17 × Hedou 19)F_1] F_1	102
682	Zhoudou 29	2019	Hsu	Zhoudou 11	Peixianxiaoyoudou	108
683	Zhoudou 31	2020	Hsu	Zhoudou 23	Hedou 20	108
684	Zhoudou 32	2020	Hsu	Zhoudou 11(3)	Suinong 14	104
685	Zhoudou 34	2020	Hsu	Zhou 08010-5-2	Zheng 9805	104
686	Zhoudou 11019	2020	Hsu	Zhoudou 23	Ke 20-3	105
687	Fandou 9	2020	Hsu	Zheng 90007duozhi	Fandou 11	106～112
688	Luodou 100	2020	Hsu	Huoyin 1-6	Zhonghuang 13	108
689	Dundou 1	2015	Hsu	Yudou23	Zhoudou 12	110
690	Zhudou 19	2015	Hsu	Zheng 88013	Zhu 9702	108
691	Zhudou 20	2019	Ssu	Zheng 97196	He 99-6	103
692	Zhudou 23	2020	Hsu	Xu 99016	Fendou 56	108
693	Yandou 6	2019	Hsu	98-20-2-8	Youbian 30	108
694	Qindou 2014	2017	Hsu	96E218	Pudou 10	111
695	Qindou 2018	2019	Hsu	21A-03	Hedou 12	110
696	XD0632	2019	Hsu	(Youbian 30 × Zaoshu 18)F_1	SRF307P	110
697	Shankendou 4	2017	Hsu	98D1-4-1	Jinda 70	110
698	Shankendou 6	2020	Hsu	91(12)-10-10-6	Ludou 997	110
699	Shankenqingdou 1	2019	Hsu	[96(9)F_3-1] × Liaodou 18]F_1	Jindou 19	107
700	Jindou 228	2017	Hsu	Qindou 8 mutant	Zhonghuang 13	110

(Continued)

St	Ph(cm)	Ls	Fc	Pc	Ss	Sc	Hc	SW(g)	Yield of regional test (kg/hm²)	Increased (±%)	Yield of adaptability test(kg/hm²)	Increased (±%)	Protein content (%)	Fat content (%)
D	78.8	O	P	G	E	Y	Bf	19.2	3 356.6	8.1	3 025.4	11.2	42.11	20.49
D	79.0	O	P	G	Rf	Y	Bf	21.4	2 773.5	4.5	3 294.0	9.2	41.60	20.10
D	75.9	O	P	G	R	Y	Br	18.2	3 061.5	14.8	3 145.5	16.2	42.22	19.46
D	86.6	O	P	G	R	Y	Br	20.7	3 296.9	18.2	3 114.0	23.2	42.60	18.80
D	83.2	O	W	T	E	Y	Br	20.1	2 988.3	12.4	2 961.5	14.3	43.05	20.60
D	88.2	O	W	T	R	Y	Br	18.4	3 310.5	13.6	3 304.5	9.5	40.35	22.20
D	88.0	O	W	G	E	Y	Br	22.7	2 962.8	7.8	2 631.6	5.2	42.81	20.05
D	97.5	O	W	T	R	Y	Br	18.7	3 087.8	7.5	3 045.0	6.5	41.82	21.20
D	69.4	O	P	G	E	Y	Bf	17.0	3 265.1	6.8	3 051.2	6.7	42.23	20.20
D	83.3	O	P	G	E	Y	Bf	18.8	2 876.9	8.1	2 723.6	5.1	44.23	21.15
D	70.3	E	P	G	R	Y	Bf	23.6	3 356.5	10.3	2 883.0	12.9	41.86	19.80
D	79.0~88.0	R	P	G	R	Y	Br	19.0~21.0	2 941.5	7.3	2 668.5	6.7	43.97	19.55
D	69.9	O	W	G	R	Y	Bf	17.4	3 373.8	8.1	3 090.9	12.7	41.76	21.43
D	77.3	O	W	G	E	Y	Br	17.7	2 932.5	6.1	2 982.0	10.7	44.13	18.74
D	77.4	O	W	G	E	Y	Br	20.4	2 956.8	10.9	2 919.0	7.8	43.40	19.99
D	94.9	O	P	G	R	Y	Br	20.9	2 825.5	6.3	2 749.8	6.2	45.17	19.15
D	83.0	O	P	G	E	Y	Br	21.5	2 904.3	9.2	3 213.2	6.5	41.90	20.80
D	88.6	O	P	G	E	Y	Br	19.9	3 195.6	9.6	3 387.8	12.1	44.45	21.55
D	76.1	O	W	G	R	Y	Bf	20.6	2 950.5	11.6	3 334.5	8.1	41.54	19.70
D	87.4	O	W	G	E	Y	Bf	18.2	3 036.9	14.7	2 789.7	11.5	40.79	19.90
D	83.0 ~ 94.0	O	P	G	E	Y	Br	18.8 ~ 21.4	2 801.3	5.4	3 178.5	5.3	41.17	20.80
D	87.5	O	P	G	Rf	Y	Bf	21.9	2 836.5	6.7	3 179.1	5.4	40.81	19.40
D	60.0 ~ 70.0	E	W	G	Rf	Y	Bf	23.0 ~ 25.0	2 713.0	6.7	2 823.0	7.0	43.43	19.53
D	61.5	O	P	G	E	Y	Bf	21.0	3 112.5	5.0	3 294.0	12.1	45.89	17.46
D	50.8	E	P	G	E	Y	Bf	20.5	3 175.5	7.1	3 145.5	12.6	41.58	18.44
D	87.3	L	P	G	R	Y	Br	18.8	2 853.0	7.5	3 334.5	10.5	39.84	20.10
S	93.2	R	P	T	R	Y	Br	19.5	2 754.8	10.0	2 383.5	9.9	47.38	18.67
S	80.3	O	P	G	E	Y	Bf	18.8	2 728.5	9.0	2 617.5	13.7	47.79	17.03
S	85.0	R	P	G	E	Y	Bf	23.8	2 659.5	13.2	2 937.0	13.0	43.77	18.63
S	75.6	R	W	G	R	Y	Br	20.3	2 772.5	11.6	2 400.0	10.7	45.10	20.27
S	81.3	R	P	G	E	Y	Br	22.3	2 887.5	15.1	2 625.0	14.0	47.29	17.60
S	78.5	E	P	T	E	Y	Br	23.0 ~ 25.0	2 826.0	11.9	2 830.5	10.9	40.17	21.44
S	80.6	L	W	T	R	G	Bl	19.8	2 529.0	9.0	2 884.5	11.0	44.29	19.75
D	65.0	E	W	G	Rf	Y	Bf	22.5	2 727.0	8.8	2 446.5	6.3	48.72	17.74

No.	Cultivars	Released year	Sowing type	Female	Male	Gp(d)
701	Suike 20	2016	Hsu	(Jufeng × Yudou 21) × (Kf9507-1)	Xu 8313	101
702	Suike 23	2016	Hsu	Zheng 59	Xudou 9	107
703	Dechundou 6	2020	Hsu	Xudou 9	Jiadou 23	101
704	Dechundou 8	2016	Hsu	Xudou 9	Xudou 10	103
705	Zhongguo 18	2020	Hsu	Zhonghuang 19	Xudou 14	102
706	Zhongguo 28	2019	Hsu	Zhonghuang 37	Jiadou 24	102
707	Zhongguo 29	2018	Hsu	Ji 93060	Jiadou 9	103
708	Zhongguo 30	2019	Hsu	Zheng 9805	Jiadou 38	102
709	Xindou 18	2020	Hsu	Wandou 14	Wandou 12	101
710	Yuanyu 891	2019	Hsu	Hedou 12	Shanning 8	105
711	Sudou 029	2020	Hsu	(Ludou 12 × Fu 83-79)	Zhonghuang 13 × Fu 83-79	99
712	Wandou 701	2016	Hsu	Zhongdou 20	Zhonghuang 13	102
713	Wansu 1208	2019	Hsu	Zhongzuo 975	Guo 90-72-8	100
714	Jindou 99	2020	Hsu	Zheng 9805	Zhonghuang 13	102
715	Tianyikedou 18	2016	Hsu	Zhonghuang 13	Zhoudou 12	105
716	Tianyikedou 19	2017	Hsu	(Yudou 24 × Yudou 15)F$_1$	Zhoudou 13	105
717	Fudou 15	2016	Hsu	Meng 91-413	Fudou 9	105
718	Fudou 16	2016	Hsu	Meng 91-413	Fudou 9	107
719	Fudou 17	2018	Hsu	Zheng 97196	Fu 02122-5	101
720	Fudou 18	2018	Hsu	Fu 97211-97	Meng 9793-1	105
721	Fudou 19	2019	Hsu	Meng 91-413	Zheng 92116	102
722	Fudou 123	2020	Hsu	FuCMS5A sterile line	Fuhui 5	105
723	Fudou 163	2020	Hsu	He 99-6	Yudou 18	103
724	Fudou 169	2020	Hsu	Zheng 97196	Kefeng 29	103
725	Fu 0501	2020	Hsu	Fu 97211-97	Meng 9793-1	104
726	Fu 1232	2020	Hsu	Meng 91-413	Fudou 9	103
727	Fuzajiaodou 2	2016	Hsu	FuCMS5A sterile line	Fuhui 9	106
728	Wandou 36	2016	Hsu	Zheng 90007	Lu 99-4	104
729	Wandou 37	2016	Hsu	Meng92-40-19	Hongyinyihao	105
730	Wandou 38	2016	Hsu	WH 921	Meng 9339	104
731	Wandou 39	2017	Hsu	Hedou 3	Jidou 12	106
732	Wandou 52	2020	Hsu	Hedou 3	(Hedou 3 × Guichundou 1)F$_1$	103
733	Wandou 20001	2017	Hsu	Zhou 9521	Shangdou 6	104
734	Wandou 21020	2018	Hsu	Ji 4018	Meng 9793-1	102
735	Wandou 21116	2017	Hsu	Zhou 9521	Fu 9765	106
736	Wandou 22467	2020	Hsu	He 96-8	Huai 03-18	102
737	Wanhua 518	2018	Hsu	Zhou 9521	Fu 9765	103

(Continued)

St	Ph(cm)	Ls	Fc	Pc	Ss	Sc	Hc	SW(g)	Yield of regional test (kg/hm^2)	Increased (±%)	Yield of adaptability test(kg/hm^2)	Increased (±%)	Protein content (%)	Fat content (%)
D	64.4	R	P	G	E	Y	Br	22.6	2 857.0	2.7	2 514.2	6.1	45.33	19.98
D	72.4	E	P	T	E	Y	Br	15.5	2 678.2	4.7	2 906.0	11.9	40.80	21.40
D	62.1	E	P	G	E	Y	Br	21.6	2 603.9	5.6	2 380.4	7.7	43.15	19.42
D	51.3	E	P	T	R	Y	Tn	22.9	2 725.1	6.8	2 756.7	8.7	41.06	21.81
D	73.3	E	P	G	E	Y	Br	19.5	2 545.2	10.8	2 642.7	9.1	40.36	22.38
D	85.2	E	P	G	E	Y	Bf	20.5	2 438.9	2.8	2 294.7	3.6	38.04	23.00
S	65.5	E	W	G	E	Y	Tn	20.1	2 721.8	10.0	2 378.3	7.7	39.90	19.91
D	71.8	E	P	G	R	Y	Br	18.5	2 678.4	8.4	2 351.3	6.3	40.97	19.48
D	65.0	E	P	G	E	Y	Tn	23.0	2 674.7	8.2	2 453.7	8.3	42.88	21.13
D	81.8	E	P	G	E	Y	Br	21.8	2 525.0	6.6	2 411.9	9.3	40.58	22.03
D	75.4	E	P	G	E	Y	Br	19.5	2 418.8	6.5	2 494.2	7.5	40.79	20.28
D	60.9	E	W	G	E	Y	Br	22.0	2 705.0	6.0	2 792.1	7.5	41.50	20.29
D	71.6	E	W	G	E	Y	Br	21.3	2 497.6	5.2	2 313.0	4.3	41.39	19.32
D	74.6	E	P	G	E	Y	Bf	22.0	2 466.5	7.3	2 561.1	9.6	40.85	18.83
D	73.1	R	P	G	E	Y	Br	23.8	2 918.7	3.6	2 642.6	9.4	42.30	20.14
D	76.3	E	W	G	E	Y	Br	20.6	2 713.5	10.0	2 529.5	8.0	39.49	22.07
D	76.6	E	P	G	R	Y	Y	18.5	3 017.0	6.4	2 692.7	10.5	43.77	20.26
D	83.1	E	P	G	E	Y	Br	20.9	2 692.6	5.8	2 782.1	8.0	41.76	20.68
D	70.5	E	P	G	E	Y	Bf	20.6	2 641.2	7.1	2 284.5	2.6	43.59	18.85
D	71.9	E	P	G	R	Y	Br	21.0	2 712.0	9.6	2 451.3	7.1	42.71	19.61
D	63.9	E	P	G	E	Y	Y	18.7	2 777.1	12.3	2 367.2	7.0	39.81	20.61
D	75.4	E	P	G	E	Y	Br	23.7	2 448.8	6.3	2 452.5	4.9	44.26	18.57
D	75.1	E	P	G	E	Y	Br	19.1	2 495.3	9.7	2 714.1	13.1	40.56	20.61
D	78.5	E	P	G	E	Y	Br	19.3	2 387.8	3.8	2 668.1	9.4	40.96	19.40
D	80.0	E	P	G	E	Y	Bf	20.1	2 454.4	7.6	2 311.5	4.7	41.94	19.65
D	71.4	E	P	G	E	Y	Br	18.5	2 671.3	9.5	2 402.6	5.2	40.87	19.04
D	75.3	E	P	G	R	Y	Br	23.5	3 016.0	6.6	2 615.4	7.3	43.84	19.40
D	69.7	E	P	G	E	Y	Br	19.1	3 037.2	7.0	2 540.1	7.2	41.85	20.25
D	59.4	E	W	G	E	Y	Br	20.3	2 825.2	10.4	2 840.7	9.7	40.57	20.91
D	68.6	E	P	G	E	Y	Br	24.8	2 609.0	3.3	2 784.6	7.5	45.66	22.12
D	60.5	E	P	G	E	Y	Br	24.4	2 669.0	8.0	2 423.9	5.8	43.17	19.32
D	78.4	E	P	T	E	Y	Br	21.3	2 457.2	6.9	2 638.2	10.0	40.61	20.14
D	71.4	E	W	G	E	Y	Br	16.4	2 597.9	5.8	2 424.8	3.6	40.15	20.54
D	69.5	E	P	G	E	Y	Br	21.7	2 573.7	3.9	2 336.6	5.7	43.29	19.75
D	73.4	E	W	G	E	Y	Br	18.4	2 657.3	7.8	2 785.8	12.1	39.40	21.55
D	89.7	E	W	G	E	Y	Br	18.5	2 320.7	2.1	2 587.5	6.9	38.36	21.44
D	80.3	E	P	G	E	Y	Br	17.9	2 578.9	4.5	2 318.6	4.2	40.28	21.30

No.	Cultivars	Released year	Sowing type	Female	Male	Gp(d)
738	Meng 1301	2018	Ssu	Hedou 3	Fudou 9	106
739	HD21638	2020	Hsu	Zhou 9521	Meng 9793-1	104
740	Zayoudou 3	2016	Hsu	W018A sterile line	M0901	105
741	Wanzadou 5	2020	Hsu	W01101A sterile line	MR1312	101
742	Xuchun 4	2019	Ssp	Tie 94037	Taiwan 75	96(#)
743	Xudou 21	2015	Hsu	Youbian 30	Xudou 9	105
744	Xudou 22	2016	Hsu	Xudou 9	Sidou 288	109
745	Xudou 23	2017	Hsu	Xudou 9	Zheng 90007	110
746	Xudou 24	2018	Hsu	Xudou 9	Zheng 90007	111
747	Xudou 25	2019	Hsu	Xudou 9	Cuishandadou	104
748	Xudou 26	2020	Hsu	Xudou 9	Zheng 90007	105
749	Jindou 188	2018	Hsu	Xudou 11	Dongxin 2	105
750	Huaidou 13	2016	Hsu	Forrest	Huaidou 4	109
751	Huaidou 14	2018	Hsu	Yudou 22	Pella	109
752	Huaidou 16	2020	Hsu	Huaidou 9	Hedou 12	106
753	Huaixiandou 6	2016	Ssu	Huaidou 10	Jinhudaqingdou	98(#)
754	Huaixiandou 9	2019	Ssu	H229	Chuxiu	85(#)
755	Nannong 41	2015	Ssu	Huai 89-15	Nannong 99-6	99
756	Nannong 46	2019	Hsu	Xinliuqing	Nanchun 204	87(#)
757	Nannong 47	2019	Hsu	Zhoudou 13	Zheng 9805	108
758	Nannong 48	2017	Hsu	T22033	Q963069	109
759	Nannong 50	2019	Hsu	Zhonghuang 13	Zheng 9805	104
760	Nannong 58	2019	Hsu	NannongX0178	Puhai 10	118
761	Nannong 413	2019	Hsu	Xinliuqing	Nannong 95C-13	84(#)
762	Nannong 416	2019	Hsu	You 02-49	Nannong 95C-13	86(#)
763	Suxiandou 22	2015	Hsu	90C004	95C-13	100(#)
764	Suxiandou 23	2018	Hsu	NannongX54001	Nannong X6530	90(#)
765	Mushi 1	2015	Nsp	Heinong 37 × Kenfeng 16	Kenfeng 16	118
766	Mushi 2	2018	Nsp	Habei 46-1	Dongsheng 4805	120
767	Mushi 6	2020	Nsp	Heinong 48	Longpin 8807	120

(Continued)

St	Ph(cm)	Ls	Fc	Pc	Ss	Sc	Hc	SW(g)	Yield of regional test (kg/hm²)	Increased (±%)	Yield of adaptability test(kg/hm²)	Increased (±%)	Protein content (%)	Fat content (%)
D	69.0	E	P	G	Fe	Y	Y	18.5	3 048.0	2.8	2 869.5	2.7	45.26	19.07
D	79.2	E	P	G	E	Y	Tn	21.0	2 628.2	7.8	2 400.6	5.1	42.03	20.62
D	67.1	E	W	G	E	Y	Tn	23.6	2 673.5	5.3	2 699.1	6.4	44.19	19.96
D	75.5	E	P	T	E	Y	Br	21.4	2 498.7	8.5	2 460.8	6.1	42.16	19.34
D	56.6	O	P	G	E	G	Br	36.1 (77.2※)	9 430.5(*)/4 840.5(※)	5.8(*)/11.2(※)	10 952.9(*)/5 830.5(※)	12.4(*)/18.0(※)		
D	59.5	O	W	G	E	Y	Br	23.6	3 085.5	5.4	3 051.0	8.1	43.70	19.10
D	65.8	O	W	G	E	Y	Bf	19.3	3 103.5	7.8	3 343.5	8.0	42.50	19.80
D	67.7	O	W	G	E	Y	Br	22.4	3 222.0	6.7	2 979.0	7.9	45.50	18.20
D	69.9	O	W	G	E	Y	Bf	23.9	3 190.7	8.0	3 083.6	8.5	43.68	18.92
D	73.2	O	W	G	E	Y	Bf	25.3	2 956.5	6.3	3 006.0	7.8	44.91	16.90
D	70.7	O	W	G	E	Y	Br	22.2	3 036.0	6.0	3 034.5	8.9	44.20	18.60
D	92.5	O	P	T	E	Y	Tn	26.1	3 047.1	3.2	2 975.9	4.7	45.42	18.87
D	67.5	O	W	T	E	Y	Bl	19.2	3 124.5	8.6	3 326.1	7.5	42.90	19.70
D	65.4	O	P	T	E	Y	Bl	21.0	3 122.0	5.7	3 029.7	6.6	44.08	19.00
D	76.1	O	W	T	E	Y	Bl	25.6	3 070.5	7.2	2 983.5	6.9	47.50	18.00
D	79.4	O	P	G	E	G	Br	88.9(※)	10 483.5(*)/5 517.0(※)	7.3(*)/8.5(※)	11 863.5(*)/6 588.0(※)	4.4(*)/7.5(※)		
D	74.6	O	P	G	E	G	Br	40.0 (77.6※)	11 103.0(*)/5 602.5(※)	8.6(*)/2.1(※)	10 822.5(*)/5 527.5(※)	10.1(*)/5.3(※)		
D	76.3	O	W	T	E	Y	Bf	23.7	2 809.5	9.5	2 434.5	7.0	43.05	19.56
D	69.1	O	P	G	E	G	Br	68.9(※)	12 265.5(*)	4.5(*)	12 091.5(*)	9.3(*)		
D	74.9	O	W	G	E	Y	Bf	18.9	3 146.6	9.8	2 995.1	7.4	44.44	18.69
S	91.6	O	P	T	R	Y	Bf	21.4	3 061.5	1.1	2 517.0	−0.2	39.30	21.70
D	77.6	O	P	G	R	Y	Br	20.9	2 910.5	11.0	2 791.1	6.5	43.55	18.77
S	99.6	O	P	T	E	Y	Bl	24.5	2 969.1	14.8	2 849.7	8.7	43.91	19.19
D	69.2	O	P	G	E	G	Bf	32.0 (71.4※)	12 125.7(*)/6 236.0(※)	8.1(*)/6.4(※)	10 107.5(*)/5 353.1(※)	2.8(*)/2.0(※)		
D	67.9	O	P	G	E	Y	Bf	32.0 (66.5※)	10 950.9(*)/5 580.3(※)	7.0(*)/1.6(※)	10 719.6(*)/5 542.5(※)	9.0(*)/5.6(※)		
D	69.8	O	P	G	E	Y	Bf	78.0(※)	11 973.0(*)/5 880.0(※)	14.0(*)/9.9(※)	10 306.5(*)/5 580.0(※)	7.6(*)/5.5(※)		
D	67.0	O	P	G	E	Y	Br	73.9(※)	11 862.3(*)/6 298.5(※)	5.7(*)/7.4(※)	10 866.0(*)/5 812.5(※)	5.6(*)/3.6(※)		
S	85.0	R	W	G	R	Y	Y	20.2	2 736.8	6.0	3 010.9	13.8	37.80	22.6
N	106.2	L	W	G	R	Y	Y	21.5	2 936.9	11.1	2 904.5	10.9	38.17	21.83
S	95.0	L	P	G	R	Y	Y	20.1	2 968.3	8.4	2 871.0	10.2	45.99	17.64

No.	Cultivars	Released year	Sowing type	Female	Male	Gp(d)
768	Sudou 11	2015	Hsu	Jintanbayuehuang	Tongdou 5	107(#)
769	Sudou 12	2017	Hsu	Hedou 12	DH98-28	110
770	Sudou 13	2018	Hsu	Suxi 5	Jufengfushe M6	100
771	Sudou 16	2018	Hsu	Jintansuzhouqing	Suzao 1	80(#)
772	Sudou 17	2019	Hsu	Sudou 7	Tongdou 6	87(#)
773	Sudou 18	2017	Hsu	Sudou 7 radiation		78(#)
774	Sudou 19	2020	Hsu	Zhonghuang 13	Zhong 3126	110
775	Sudou 20	2020	Hsu	Xudou 19	Wandou 14	107
776	Sudou 21	2020	Hsu	Zhonghuang 34	Hedou 14	106
777	Suxin 5	2018	Ssp	03090-1-2-2	Tai 75-3	99(#)
778	Suxin 6	2019	Ssp	Liaoxian 1	Kui 2077	82(#)
779	Sukui 2	2016	Ssp	0118-1-1-2	Liaoxian 1	101(#)
780	Sukui 3	2019	Ssp	Liaoxian 2	Suzao 1	84(#)
781	Tongdou 11	2016	Hsu	Yin J0082	Haixi 13	121
782	Tongdou 12	2018	Hsu	Yin J0046	Tongdou 7	121
783	Jiaoda 11	2017	Ssp	$(2676 \times 2698)F_1$	$(2679 \times 2680)F_1$	85(#)
784	Jiaoda 12	2017	Ssp	Jiaoda 02-89	Jiaoda 05-133	84(#)
785	Jiaoda 22	2019	Ssp	Jiaoda 4046	Lanyudalidou 1	79(#)
786	Jiaoda 23	2019	Ssp	Jindou 39	Jiaoda 09-3	77(#)
787	Qingsu 7	2018	Ssu	Qingsu 5	Zaolvpi	98(#)
788	Qingsu 8	2018	Ssu	Qingsu 2	Huangniutabian	105(#)
789	Zheqiu 5	2018	Sau	Zheqiudou 2	Yuhangbaimaodou	100
790	Zhexian 9	2015	Ssp	Taiwan 75 Space raidation		75(#)
791	Zhexian 10	2015	Ssp	Pinxi 4074	Ya 99009	74(#)
792	Zhexian 12	2017	Ssp	H0427	Huning 95-1	70(#)
793	Zhexian 15	2020	Ssp	H0526	Zhenong 8	77(#)
794	Zhexian 16	2018	Ssp	Pinxi 2818	Huning 95-1	77(#)
795	Zhexian 18	2019	Ssp	Pinxi 39002	Jizao 1	78(#)
796	Zhexian 19	2019	Ssp	Zhexiandou 5	Kaixinlv	77(#)
797	Zhexian 84	2018	Ssu	Guangdongbaimao	V 99-5089	96(#)
798	Zhexian 85	2017	Sau	A1759	Ya 99009	74(#)

(Continued)

St	Ph(cm)	Ls	Fc	Pc	Ss	Sc	Hc	SW(g)	Yield of regional test (kg/hm²)	Increased (±%)	Yield of adaptability test(kg/hm²)	Increased (±%)	Protein content (%)	Fat content (%)
D	76.6	O	P	G	E	Y	Br	94.8(※)	11 316.0(*)/ 5 608.5(※)	7.7(*)/ 4.8(※)	10 182.0(*)/ 5 607.0(※)	6.3(*)/ 6.0(※)		
D	73.7	O	P	G	E	Y	Tn	28.4	3 265.5	8.2	3 016.5	9.3	44.20	18.70
D	67.8	L	W	G	R	Y	Bf	22.7	2 793.6	−4.2	2 724.0	10.6	46.07	18.02
D	48.3	O	P	G	E	Y	Bf	82.0(※)	11 778.8(*)/ 6 648.6(※)	5.0(*)/ 13.4(※)	10 535.6(*)/ 5 972.7(※)	2.4(*)/ 6.4(※)		
D	54.8	O	P	G	E	Y	Bf	28.9 (81.4※)	11 247.5(*)/ 5 683.2(※)	2.1(*)/ −2.9(※)	9 996.8(*)/ 5 107.7(※)	1.7(*)/ −2.7(※)		
D	43.9	E	W	G	E	Y	Bf	78.9(※)	11 292.0(*)	3.8(*)	10 993.5(*)	5.3(*)		
D	75.3	O	W	G	R	Y	Bf	16.4	3 109.5	8.5	3 049.5	9.2	41.20	20.10
D	70.6	O	W	T	E	Y	Bf	18.6	3 241.5	6.8	3 166.5	3.9	39.50	20.40
D	58.5	O	W	T	E	Y	Tn	25.6	3 181.5	4.9	3 162.0	3.8	43.00	20.20
D	45.6	O	W	G	E	G	Bf	75.1(※)	9 958.5(*)/ 5 164.5(※)	13.4(*)/ 19.0(※)	10 236.5(*)/ 5 230.1(※)	14.9(*)/ 21.0(※)		
D	37.5	O	W	G	E	G	Bf	27.5 (86.0※)	10 088.9(*)/ 5 231.1(※)	6.6(*)/ 9.6(※)	10 453.5(*)/ 5 497.5(※)	7.3(*)/ 11.3(※)		
D	41.6	O	W	G	E	G	Br	72.5(※)	11 299.5(*)/ 5 802.0(※)	10.1(*)/ 12.3(※)	10 651.5(*)/ 5 458.5(※)	8.5(*)/ 8.0(※)		
D	38.5	O	W	G	E	Y	Bl	28.6 (85.7※)	10 600.5(*)/ 5 193.0(※)	18.9(*)/ 19.2(※)	11 362.7(*)/ 5 847.3(※)	16.6(*)/ 18.3(※)		
D	73.3	E	P	G	E	Y	Bf	25.0	2 928.0	7.3	3 190.5	4.0	40.50	20.60
D	68.7	O	P	G	E	Y	Bf	24.6	3 328.5	7.8	2 707.5	9.9	42.24	19.58
D	37.8	E	W	G	E	G	Y	66.6(※)	10 448.3(*)	16.6			41.94	20.09
D	39.6	E	W	G	E	G	Y	75.1(※)	10 972.5(*)	22.5				
D	62.6	E	W	G	E	G	Y	81.4(※)	11 019.8(*)	8.4				
D	48.0	E	W	G	E	G	Y	82.2(※)	11 645.3(*)	14.5				
D	67.8	O	W	G	E	G	Bf	98.2(※)	23 661.0(*)	21.9	18 363.0(*)	22.7(*)		
D	47.6	O	W	G	E	G	Br	101.7(※)	25 952.3(*)	33.8	21 289.5(*)	42.2(*)		
D	70.8	O	P	G	E	Y	Bf	28.1	2 488.5	18.2	2 617.5	15.5	43.20	17.30
D	33.8	O	W	G	R	G	Y	88.6(※)	9 172.0(*)	9.4	9 822.0(*)	6.0	38.70	18.03
D	43.8	O	W	G	R	G	Y	78.6(※)	9 588.8(*)	9.3	10 792.3(*)	7.3	41.32	19.54
D	37.0	O	W	G	R	G	Y	72.3(※)	9 865.5(*)	2.4	8 259.0(*)	−1.7	38.34	19.87
D	41.5	O	W	G	R	G	Y	78.9(※)	11 011.5(*)	16.2	9 808.5(*)	6.9	41.80	18.50
D	39.9	O	W	G	R	G	Y	76.7(※)	10 096.5(*)	10.3	9 423.0(*)	3.4	41.93	17.61
D	43.7	O	W	G	R	G	Y	79.8(※)	9 900.0(*)	8.1	11 847.0(*)	5.5	42.65	16.23
S	58.4	O	P	G	E	G	Bf	76.1(※)	10 603.5(*)	2.7	11 334.0(*)	0.9	42.67	16.02
D	74.8	O	P	G	Fe	Y	Bf	84.3(※)	11 616.0(*)	4.0	11 029.5(*)	5.0	44.35	15.54
D	49.5	O	P	G	E	G	Bf	77.8(※)	9 582.5(*)	8.2	9 955.5(*)	15.2	42.66	16.47

No.	Cultivars	Released year	Sowing type	Female	Male	Gp(d)
799	Zhexian 86	2020	Sau	Xiaonongqiuyan	Nannong 99C-5	75(#)
800	Zhenongqiufeng 2	2020	Sau	Liuyueqing	Xiafeng 2008	79(#)
801	Zhenongqiufeng 4	2020	Sau	Liuyuebaidou	Wupiqingren	78(#)
802	Zhenong 11	2020	Ssp	Zhenong 8	GX-6	76(#)
803	Zhenong 18-2	2020	Ssp	Zhenong 8	Gaoxiong 9	83(#)
804	Quchundou 1	2017	Ssp	Zhenong 6	Shenxian 3	83(#)
805	Quqiu 7	2018	Sau	Youchu 4	Gaoxiong 2	102
806	Quxian 8	2019	Sau	Qu 9804	Shangyangdou	79(#)
807	Quxian 9	2017	Sau	Qu 9902	Liuyueban	80(#)
808	Liqiu 6	2018	Sau	Baoluodou 2	Tongxiangdadou	102
809	Gandou 9	2016	Ssp	Youchun 01-49	Mian 035	96
810	Gandou 10	2017	Ssp	Xiangchundou 10	Baxi 11	101
811	Gandou 11	2019	Ssp	Xiangchundou 10	Baxi 11	87
812	Gandou 12	2019	Ssp	Xiangchundou 10	Baxi 11	86
813	Ganheidou 1	2019	Ssp	Zhechun 2	Fengchengheidou	83
814	Fudou 71	2015	Ssp	2113	Guizao 1	104
815	Mindou 9	2020	Ssp	Mindou 6	08B4-1 (Zhenong 6 × Kfeng 72-2)	79(#)
816	Pudou 6	2017	Ssp	Yuechun 04-5	Quandou 7	99
817	Pudou 11	2016	Ssp	Pudou 10	Youchu 4	99
818	Pudou 12	2018	Ssp	Pudou 8008	Fudou 310	95
819	Xinghuadou 1	2018	Ssp	Zhe 98002	Zhe 88005-7	79(#)
820	Xinghuadou 618	2019	Ssp	Zhe 98002	Maodou 389	77(#)
821	Quandou 5	2016	Ssp	Quanxi 253-1	Quanxi 97A27-2	98
822	Quandou 12	2015	Ssp	Quanxi 9319	Quanxi 9234	106
823	Quandou 13	2015	Ssp	Quanxi 8803	Quanxi 92-108	108
824	Quandou 17	2020	Ssp	Zhe 9703	Nanchun 201	99
825	Zhongdou 44	2018	Ssp	Youchun 05-8	Jiaoda 02-89	91
826	Zhongdou 47	2020	Hsu	Zhongdou 41	Zheng 196	102
827	Zhongdou 48	2019	Ssp	Zhe 3641	Q1338	89
828	Zhongdou 53	2019	Ssu	Zhongdou 32	Shang 951099	95
829	Zhongheidou 42	2016/2019	Ssu/Hsu	American heilvdou	Youchu 5	95
830	Youchun 1204	2017/2019	Ssp	Q1295	Q1295 × Q1140 F_1	103
831	You 6019	2016/2018	Ssu	Zhongdou 32	Zheng 8516	102
832	Xingdou 5	2019	Ssu	Kefeng 6	Yudou 28	105
833	Xingdou 102	2016	Ssu	Huohuang 3	Yudou 10	106
834	Hanhuang 1	2018	Ssp	Edou 9	Xiang 228	92
835	E 2066	2018	Ssp	Edou 9	Xiang 228	91

(Continued)

St	Ph(cm)	Ls	Fc	Pc	Ss	Sc	Hc	SW(g)	Yield of regional test (kg/hm²)	Increased (±%)	Yield of adaptability test(kg/hm²)	Increased (±%)	Protein content (%)	Fat content (%)
D	59.6	O	P	G	E	G	Bf	84.6(※)	10 704.0(*)	3.5	11 884.5(*)	1.3	42.75	17.19
D	70.0	O	P	G	E	G	Br	86.4(※)	10 261.5(*)	8.5	12 622.5(*)	7.6	42.35	17.38
D	46.4	O	P	T	E	G	Bl	67.5(※)	8 446.5(*)	8.8	7 947.0(*)	11.5	40.27	15.51
D	35.4	O	W	G	E	G	Y	79.2(※)	12 907.5(*)	9.9	12 843.0(*)	10.1	35.37	14.83
D	47.4	E	W	G	R	G	Y	80.5(※)	11 929.5(*)	1.0	—	—	36.76	13.78
D	41.5	O	W	G	E	G	Bf	73.5(※)	10 473.0(*)	8.7	9 532.5(*)	13.5	40.20	17.30
D	67.0	O	P	G	Rf	Y	Bf	33.3	2 289.0	8.7	2 425.5	6.9	43.30	16.90
S	86.0	O	W	G	E	G	Bf	77.3(※)	9 391.5(*)	4.2	10 104.0(*)	7.2	46.53	16.96
D	61.5	O	P	G	E	G	Bf	80.5(※)	9 646.5(*)	5.3	9 045.0(*)	4.7	48.18	17.10
D	80.7	O	P	G	E	Y	Tn	32.9	2 178.0	11.6	2 517.0	11.0	48.40	15.60
D	40.7	O	W	G	E	Y	Bf	20.8	1 960.5	3.1	—	—	44.60	19.10
D	46.1	O	W	G	E	Y	Bf	19.0	2 214.0	9.1	—	—	39.70	21.70
D	44.6	O	W	T	E	Y	Br	21.5	2 225.1	11.1	—	—	40.00	22.00
D	48.8	O	W	T	E	Y	Br	20.1	2 175.8	8.8	—	—	42.00	21.60
D	48.4	E	P	T	E	Bl	Bl	19.5	1 966.1	−1.9	—	—	42.70	19.20
D	66.0	E	P	T	E	Y	Bf	21.8	2 128.7	7.0	2 395.2	9.0	47.58	17.18
D	44.3	E	P	G	E	G	Y	73.3(※)	10 833.9(*)	7.4			11.70(※)	4.80(※)
D	67.9	E	P	T	E	Y	Br	23.7	2 065.5	6.6	2 079.3	6.0	45.12	18.29
D	66.6	E	W	G	E	Y	Br	20.3	2 130.0	9.2	2 131.8	3.8	43.92	19.55
D	66.8	E	W	G	E	Y	Br	23.3	2 107.1	7.1	1 844.4	3.9	41.73	21.38
D	42.3	E	W	G	E	G	Y	82.2(※)	11 173.7(*)	6.0			11.47(※)	5.90(※)
D	36.5	E	W	G	E	Y	Bf	72.9(※)	10 577.3(*)	3.3			14.50(※)	4.90(※)
D	54.7	E	P	T	E	Y	Br	20.4	2 443.5	2.6	2 335.5	6.0	46.85	18.20
D	60.4	E	P	T	E	Y	Bf	21.5	2 224.5	11.8	2 536.8	16.8	42.41	19.48
S	59.6	E	W	T	E	Y	Bf	21.6	2 282.4	14.7	2 521.2	14.2	42.50	19.64
D	56.6	E	W	T	E	Y	Br	19.1	2 195.6	12.0	2 136.2	9.9	46.15	18.56
D	48.6	E	W	G	R	Y	Br	24.1	2 608.5	2.4	2 839.5	9.0	43.79	22.97
D	81.7	O	W	G	R	Y	Bf	20.9	2 808.0	5.4	2 821.5	2.7	41.82	20.63
D	49.5	E	W	G	Le	Y	Bf	19.6	2 237.7	11.5			41.50	21.30
D	65.5	E	W	G	E	Y	Bf	18.5	2 469.8	7.5			43.43	20.86
D	79.6	E	W	T	E	Bl	Bl	23.0	2 589.5	4.4			43.02	22.09
D	68.0	E	W	G	E	Y	Y	20.4	2 851.5	7.7	2 976.0	11.2	43.15	20.05
D	65.1	E	W	G	E	Y	Bf	24.4	3 256.5	7.1			42.55	20.91
D	66.1	O	P	G	Fe	Y	Bf	21.8	2 943.0	−0.8	2 704.5	2.4	45.90	20.61
D	68.6	O	P	G	E	Y	Bf	19.4	2 623.5	17.6			42.82	20.81
D	41.8	E	W	G	Fe	Y	Bf	23.3	2 725.5	6.9	2 832.0	8.8	41.95	20.28
D	38.7	L	W	G	E	Y	Bf	21.2	2 811.0	6.4	2 937.0	12.8	42.65	19.31

No.	Cultivars	Released year	Sowing type	Female	Male	Gp(d)
836	Xiangchundou V7	2015	Ssp	Fudou 310	Zhechun 0722	96
837	Xiangchun 2701	2019	Ssp	Xiangchundou 24	Youchun 01-45	99
838	Xiangchun 2704	2019	Ssp	Youchun 06-8	Xiangchundou 24	96
839	Xiangchun 2901	2020	Ssp	Youchun 06-8	Xiangchundou 26	98
840	Xiangchundou 28	2015	Ssp	Xiangchundou 13	Mian 537	92
841	Xiangchundou 30	2020	Ssp	Mian 295	Diandou 8	96
842	Xiangchunheidou 31	2020	Ssp	Hei 363	Edou 4	98
843	Hengchundou 8	2019	Ssp	20-86	99231	92
844	Nanheidou 26	2016	Ssu	Gongxuan 1 raidation		141
845	Nanxiadou 27	2015	Ssu	Rongxiandongdou raidation		137
846	Nanchundou 29	2015	Ssp	Nandou 5	9605-1-5	113
847	Nanxiadou 30	2019	Ssu	Nandou 12	Nanchundou 28	124
848	Nanchundou 31	2016	Ssp	Nandou 9		113
849	Nanxiadou 32	2017	Ssu	Nandou 22	Southern regional variety	126
850	Nanxiadou 33	2017	Ssu	Bkang 57 raidation		132
851	Nanxiadou 34	2019	Ssu	Rongxiandongdou raidation		131
852	Nanxiadou 35	2019	Ssu	Nannong 95c-5	Nandou 12	121
853	Nanchundou 36	2019	Ssp	Nandou 5	Zhechun 3	105
854	Nanchundou 37	2020	Ssp	Xidou 3	Nandou 5	103
855	Nanchundou 39	2020	Ssp	Nandou 3	Nandou 5	106
856	Gongxiadou 9	2015	Ssu	Gong 4(102)F_1	Gongfu 663	140
857	Gongxiadou 10	2015	Ssu	Gongxuan 1	Gongqiudou 3	142
858	Gongxiadou 11	2017	Ssu	Gong 4(102)F_1	Gongfu 663	125
859	Gongxiadou 12	2019	Ssu	Gongxuan 1	Zhe A3703	125
860	Gongxiadou 13	2019/2020	Ssu	Gongxuan 1	Nannong X24005	129
861	Gongxiadou 14	2019	Ssu	Gong 6(85)F_2	Gong 7103	130
862	Gongdou 23	2015	Ssp	Gongdou 18	Gong 444-1	113
863	Gongchundou 24	2016	Ssp	Gong 205-1	Gong 443-1	115
864	Gongchundou 25	2020	Ssp	Youchun 05-4	Zhe 57001	109
865	Yudou 3	2015	Ssp	Mutant strain from local variety of Zhong County		97
866	Yudou 6	2016	Ssp	Mutant strain from local variety of Zhong County		97
867	Yudou 7	2016	Ssp	Gong 205-1	443-1	98
868	Yudou 9	2017	Ssp	Mutant strain from local variety of Tongnan County		99
869	Yudou 10	2018	Ssp	Mutant strain from local variety of Tongnan County		99

(Continued)

St	Ph(cm)	Ls	Fc	Pc	Ss	Sc	Hc	SW(g)	Yield of regional test (kg/hm^2)	Increased (±%)	Yield of adaptability test(kg/hm^2)	Increased (±%)	Protein content (%)	Fat content (%)
D	59.0	E	W	T	E	Y	Tn	23.0	2 598.0	4.7	2 485.5	4.2	45.88	17.93
D	56.9	E	W	G	E	Y	Br	23.1	2 760.0	7.2	2 914.5	9.6	40.09	21.37
D	51.8	E	W	G	E	Y	Br	21.6	2 901.0	12.6	2 938.5	10.5	39.60	21.93
D	60.0	E	W	G	E	Y	Br	22.3	2 886.0	5.3	2 607.0	4.2	40.00	21.74
D	54.0	E	W	G	E	Y	Tn	21.8	2 676.0	7.5	2 509.5	5.2	38.96	22.27
D	59.9	E	W	G	E	Y	Br	22.4	2 893.5	5.6	2 599.5	3.8	39.75	21.69
D	47.0	E	W	G	E	Bl	Bl	20.9	2 899.5	5.8	2 683.5	7.2	41.40	22.54
D	52.3	E	W	G	E	Y	Br	21.2	2 748.0	6.8	2 841.0	6.8	43.64	19.51
D	67.1	E	W	T	E	Bl	Bl	31.3	1 616.6	11.5	1 717.7	14.7	45.90	17.30
D	63.0	O	W	T	E	G	Br	22.0	1 504.5	5.2	1 646.4	9.9	50.40	16.20
D	53.2	E	P	T	E	Y	Br	26.7	2 454.8	7.5	2 503.2	6.3	47.80	16.50
D	69.5	E	P	T	E	Y	Bl	26.6	2 153.4	29.7	2 109.6	6.8	50.10	17.50
D	52.6	E	P	T	E	Y	Bf	26.1	2 596.5	8.1	2 733.0	15.6	46.20	18.30
D	73.9	E	W	G	E	Y	Br	28.1	1 576.7	9.1	1 984.2	13.0	47.20	18.50
D	63.1	E	P	T	E	Y	Tn	24.4	1 535.4	6.2	2 049.9	16.7	46.40	20.10
D	66.7	E	W	T	E	Br	Tn	35.5	1 882.4	13.3	2 180.1	10.3	48.70	17.70
D	74.4	E	P	T	E	Y	Br	27.9	2 282.9	37.7	2 462.3	24.6	46.00	18.50
D	55.6	E	W	T	E	Y	Bf	26.1	2 815.8	8.3	2 804.0	2.7	47.60	18.70
D	65.2	E	W	G	E	Y	Br	26.2	3 010.1	10.7	3 117.6	14.1	43.90	19.10
D	65.3	E	P	T	E	Y	Br	29.0	2 841.9	4.5	2 869.4	5.0	43.40	21.10
D	59.7	O	W	G	E	Y	Br	20.9	1 576.2	8.7	1 641.5	9.6	43.39	19.21
D	89.7	E	W	T	E	G	Bl	25.5	1 511.3	4.4	1 569.5	4.8	48.52	17.78
D	63.4	E	P	G	E	Y	Br	21.8	1 647.3	13.9	2 036.3	15.9	42.45	19.95
D	63.6	E	W	G	E	Y	Bf	19.7	1 926.3	15.8	2 221.8	12.4	49.03	17.36
D	72.5	E	P	G	E	Y	Bf	25.3	1 748.9	5.2	2 133.0	7.9	45.61	18.87
S	90.9	E	W	T	E	Y	Br	24.0	2 007.5	20.8	2 149.1	8.8	45.96	19.32
D	48.2	O	W	T	E	Y	Br	23.6	2 473.1	8.4	2 456.7	4.3	43.76	20.83
D	41.6	O	W	G	E	Y	Y	23.4	2 426.7	5.8	2 505.0	5.9	44.71	19.74
D	71.0	E	W	T	E	Y	Br	23.0	2 762.7	6.3	2 860.8	4.7	46.79	19.58
S	68.9	O	W	G	Fe	Y	Tn	19.9	2 498.3	13.4	2 001.0	13.0	39.56	23.20
S	57.5	O	W	T	Fe	Y	Bf	22.6	2 437.5	10.5	2 304.0	11.6	44.13	18.72
D	47.1	O	W	G	Fe	Y	Y	25.5	2 323.5	13.0	2 355.0	14.0	42.25	21.51
S	59.0	E	P	G	Fe	Bl	Tn	22.0	2 487.0	13.5	2 719.5	13.6	43.70	20.00
S	55.8	E	W	G	E	Y	Br	21.5	2 583.0	9.2	2 919.0	12.2	43.90	17.30

No.	Cultivars	Released year	Sowing type	Female	Male	Gp(d)
870	Yudou 11	2018	Ssp	Mutant strain from local variety of Yongchuan County		96
871	Yudou 12	2019	Ssp	Zhechun 3	Chuandou 14	95
872	Yudou 13	2019	Ssp	Yudou 1	Zhechun 3	97
873	Yudou 14	2019	Ssp	Zhechun 3	Qianjiang high-oil high-isoflavone content local variety	94
874	Andou 8	2016	Ssp	ZYD05689	Pudingzaojiaodou	119
875	Andou 9	2016	Ssp	ZYD05615	6015	117
876	Andou 10	2020	Ssp	ZYD05689	Pudingzaojiaodou	119
877	Qiandou 9	2016	Ssp	Qiandou 94-12	Ling 86-2	117
878	Qiandou 10	2015	Ssp	97-7015	Xiangchundou 13	113
879	Qiandou 11	2016	Ssp	Dafangmaoerhui	Qiandou 08001	116
880	Qiandou 12	2018	Ssp	Qiandou 08001	Jiangkouqingpidou	114
881	Qiandou 13	2020	Ssp	Qiandou 08003	Zhenyuandahuangdou	117
882	Qiandou 14	2020	Ssp	Nannong 307	Daozhenliuyuehuang	117
883	Huachun 7	2017	Ssp	Huachun 3	Fudou 234	102
884	Huachun 8	2015	Ssp	Huachun 3	Fudou 234	97
885	Huachun 12	2018	Ssp	Guizao 1	Baxi 9	92
886	Huaxia 7	2017	Ssu	Taiwan 5 Maodou	You 04-88	80
887	Huaxia 8	2016	Ssu	Tongfeng G5	You 04-88	82
888	Huaxia 10	2016	Ssu	Huaxia 1	Huachun 1	98
889	Huaxia 13	2016	Ssu	Zhongdou 31	Baxi 13	98
890	Huaxia 14	2020	Ssu	Guixiadou 2	Nandou 12	103
891	Huaxia 16	2019	Ssu	Naiyinheidou	Huaxia 3	105
892	Huaxia 17	2019	Ssu	Shanghaihongpi	Tong 00-419	93
893	Huaxia 18	2019	Ssu	Nannong 96B-4	Gandou 5	103
894	Huaxia 19	2019	Ssu	Huachun 5	Baxi 18	94
895	Huaxia 20	2018	Ssu	Guixiadou 2	Nandou 12	102
896	Guichun 16	2015	Ssp	Guichun 3	Liudou 3	93
897	Guichun 18	2018	Ssp	Liu 8829	Guichun 6	92
898	Guichundou 106	2015	Ssp	Guichundou 1	Quandou 937	93
899	Guichundou 108	2017	Ssp	Quandou 937	Guizao 1	95
900	Guixia 6	2015	Ssu	Wumingheidou	Guixia 1	105
901	Guixia 7	2015	Ssu	Gui M32	Guixia 2	106
902	Guixia 10	2019	Ssu	Liu 8813	BR121	93
903	Guixiadou 105	2015	Ssu	Zhongdou 8	Ba 13	104
904	Guixiadou 109	2018	Ssu	Zhongdou 8	Ba 13	103

(Continued)

St	Ph(cm)	Ls	Fc	Pc	Ss	Sc	Hc	SW(g)	Yield of regional test (kg/hm²)	Increased (±%)	Yield of adaptability test(kg/hm²)	Increased (±%)	Protein content (%)	Fat content (%)
S	61.4	E	W	G	E	Y	Tn	20.4	2 454.0	3.7	2 965.5	13.9	45.70	17.90
S	59.1	E	W	G	E	Y	Br	22.4	2 907.0	10.3	2 805.0	4.8	38.70	21.70
S	55.2	E	W	G	E	Y	Bf	22.1	2 953.5	12.0	2 818.5	5.3	41.30	18.80
S	60.6	E	W	G	E	Y	Br	21.9	2 899.5	10.0	2 808.0	4.9	37.90	21.20
D	51.5	E	P	G	E	Y	Br	21.7	2 669.9	4.9	2 534.7	7.3	43.89	19.14
D	43.8	E	P	G	E	Y	Br	22.9	2 700.0	5.7	2 702.6	14.4	43.17	19.54
D	54.7	O	P	T	E	Y	Br	18.4	3 214.5	10.3	2 638.7	6.8	44.57	18.68
D	51.2	E	P	G	E	Y	Tn	16.4	2 732.4	7.5	2 769.5	17.2	46.76	18.50
D	54.5	E	P	G	E	Y	Br	18.3	2 950.5	12.3	2 701.5	0.8	41.57	19.23
D	44.7	E	P	T	E	Y	Br	17.3	2 744.0	7.4	2 567.0	8.7	40.37	20.30
D	50.5	E	P	G	E	Y	Br	24.1	3 073.2	11.7	2 576.7	10.5	43.76	19.20
S	56.5	E	P	G	E	Y	Br	23.9	2 698.5	5.5	2 724.0	10.3	44.09	19.21
D	54.0	E	P	G	E	Y	Br	17.2	2 832.0	10.7	2 763.0	11.8	41.40	19.90
D	68.7	E	P	T	E	Y	Br	21.5	2 122.1	9.5	2 246.0	14.5	43.42	18.76
D	50.3	E	P	T	E	Y	Tn	21.8	2 569.5	9.8	2 253.0	8.3	44.39	19.53
D	39.5	E	W	T	E	Y	Br	19.0	2 483.0	4.3	2 268.2	0.6	39.70	22.84
D	66.6	O	W	G	R	Y	Bf	69.9(※)	12 772.5(*)	16.8			45.50	17.00
D	55.5	O	P	G	R	G	Bf	69.5(※)	12 346.5(*)	12.3			47.40	17.50
D	59.5	O	W	T	E	Y	Y	18.8	2 850.0	11.0	2 461.5	13.8	43.17	17.74
D	67.4	E	P	T	E	Y	Br	16.8	2 768.0	0.0	2 440.4	2.1	42.09	20.02
D	69.8	O	W	T	E	Y	Br	15.9	2 695.5	3.5	2 484.0	4.7	45.40	18.35
D	72.5	E	W	T	E	Bl	Bl	13.8	2 625.8	6.0			38.88	19.90
D	48.5	O	P	T	E	Bl	Bl	28.8	2 445.0	3.4	2 317.5	1.4	43.07	19.83
D	62.5	O	P	G	E	G	Tn	34.1	2 951.1	13.1			46.50	18.60
D	65.5	E	W	T	E	Y	Br	15.3	2 868.9	4.8	2 775.45	9.3	36.90	22.65
D	73.8	E	W	T	E	Y	Tn	15.2	2 861.1	4.5	2 702.7	6.4	44.20	18.77
D	39.4	E	W	T	E	Y	Br	21.6	2 801.0	−0.1	2 172.8	3.1	42.06	22.04
D	45.6	E	W	T	E	Y	Br	20.7	2 632.7	10.6	2 350.2	4.2	44.40	18.99
D	47.6	E	P	T	E	Y	Br	21.4	2 831.9	1.0	2 291.4	8.7	39.28	21.97
S	58.2	E	P	T	E	Y	Br	18.8	2 302.5	0.8	2 293.5	0.5	47.86	18.18
D	74.7	E	P	T	Rf	Bl	Bl	11.7	2 409.6	−1.5	2 198.7	−0.2	43.84	17.85
D	94.8	E	P	T	E	Y	Br	16.0	2 599.5	8.8	2 712.0	12.2	39.99	20.63
D	68.1	O	P	T	E	Y	Tn	19.1	2 888.7	5.5	2 881.2	3.7	41.20	19.76
D	72.2	E	P	G	E	Y	Br	15.7	2 887.5	4.0	2 597.4	8.7	42.71	19.69
D	75.9	E	P	T	E	Y	Br	16.6	2 530.5	6.3	2 568.0	6.2	41.13	20.08

No.	Cultivars	Released year	Sowing type	Female	Male	Gp(d)
905	Yunhuang 12	2018	Ssp	Jinningdahuangdou × Bisong	Williams	113
906	Yunhuang 13	2018	Ssp	Systematic selection from Diandou 7		121
907	Yunhuang 14	2019	Ssp	Jinningdahuangdou	Dianfeng 1	112
908	Yunhuang 15	2019	Ssp	Diandou 4	Dian 86-5	112
909	Yunhuang 16	2020	Ssp	Dian 86-4	Jihuang 13	113
910	Yunhuang 17	2020	Ssp	nf58	Dian 86-4	114
911	Yunhuang 18	2020	Ssp	Dianfeng 1	99-4009	115

Notes：*Fresh pod yield, ※Fresh seed yield, #The number of days from the next day of sowing to the day of harvesting fresh pods.

(Continued)

St	Ph(cm)	Ls	Fc	Pc	Ss	Sc	Hc	SW(g)	Yield of regional test (kg/hm^2)	Increased (±%)	Yield of adaptability test(kg/hm^2)	Increased (±%)	Protein content (%)	Fat content (%)
D	60.8	O	W	T	E	Y	Bl	21.4	2 919.8	5.7	2 439.0	21.6	41.90	18.70
D	73.2	E	W	G	E	Y	Bl	24.5	3 362.3	21.4	2 439.0	21.6	41.18	19.50
D	59.8	L	W	T	E	Y	Bl	20.9	3 093.0	3.5	3 327.0	14.8	37.50	19.65
D	64.9	E	P	T	E	Y	Bl	25.0	3 262.5	9.1	3 501.0	20.9	37.90	19.98
D	64.2	O	W	G	E	Y	Bu	18.7	3 801.0	24.4	3 058.8	39.5	38.10	22.37
D	72.5	O	W	T	E	Y	Br	18.3	3 528.0	15.5	3 163.5	44.3	38.50	23.44
D	55.8	L	W	T	E	Y	Br	21.9	3 375.8	10.5	2 524.7	15.1	41.50	21.12

图书在版编目（CIP）数据

中国大豆品种志. 2015—2020 / 中国农业科学院作物
科学研究所编. -- 北京 : 中国农业出版社, 2025. 1.
ISBN 978-7-109-32502-9

Ⅰ. S565. 102. 92

中国国家版本馆CIP数据核字第202413C03P号

中国大豆品种志 2015—2020
ZHONGGUO DADOU PINZHONG ZHI 2015—2020

中国农业出版社出版
地址：北京市朝阳区麦子店街18号楼
邮编：100125
责任编辑：黄 宇 李 瑜 陈沛宏 杨金妹 张洪光
版式设计：王 晨 责任校对：吴丽婷 责任印制：王 宏
印刷：北京中科印刷有限公司
版次：2025年1月第1版
印次：2025年1月北京第1次印刷
发行：新华书店北京发行所
开本：787mm×1092mm 1/16
印张：50
字数：1142千字
定价：820.00元